高等数学

同步辅导与复习提高

（第三版）

金 路　徐惠平　编

复旦大学出版社

内 容 提 要

    本书是理工科、技术学科、经济与管理、医学等类学生学习高等数学课程的学习辅导书. 全书共八章：极限与连续、一元函数微分学、一元函数积分学、空间解析几何、多元函数微分学、多元函数积分学、级数和常微分方程. 本书重视基础知识的学习与基本技能的训练，强调教学内容与习题解析的同步衔接；注重知识整合，科学地指导学生进行解题；有针对性地扩展知识面，并精心选择了许多综合性问题、比较灵活的问题，以及一些研究型问题，引导学生独立思考和深入训练；注意数学建模基础的介绍和训练，培养数学的应用意识；在例题讲解中，适时穿插一些评注，起到画龙点睛的作用. 本书还对全国和一些院校的硕士研究生入学考试试题，以及一些数学竞赛试题，适当地进行选择，有机地穿插在例题和习题之中. 全书每节之后都配置了一定量的习题，并附有答案或提示.

    本书的深度和广度能适应大多数专业的数学知识学习需要，可作为高等学校理科、工科、技术学科等非数学类专业的学习指导书，也可供经济、管理和医学等有关专业使用，并可作为上述各专业的教学参考书. 同时，对于有志报考研究生的学生来说，也是一本较全面的复习用书.

第三版前言

本书自出版以来,受到了同行及学生们的普遍关注和认可.在我们结合教学的使用过程中,它有效地促进了学生解决问题的训练,提高了独立思考的主动性和学习兴趣,改善了学习效果.同时,教师和学生们也不断提出新的问题和建议,促使我们以更高的观点梳理高等数学中各部分内容之间的关系,并将一些相关数学分支的基础纳入高等数学背景下加以讨论,为学生今后的学习打好基础.在这次修订过程中,我们在更加重视基础的同时,重点在如下三个方面作了修改:

一、适度扩展了知识面,增加了一些数学基础知识内容,并更加注重各部分内容之间的联系,努力为学生研究问题和解决问题提供更多的工具和思路,提高数学的应用水平.

二、保持同步辅导与复习提高的编写宗旨,对全书从整体叙述上作了进一步的思考和加工,修改了不当之处,力争提高良好的使用体验度,切合学习和应用的实际需要.

三、增加了例题和习题,重点在于综合性问题和应用性问题,扩展了例题的多样性,并加强了数学建模基础的介绍和训练,力争使全书更加充实与全面,适用性更广.

本次修订得到了复旦大学数学科学学院和学院同事的支持和帮助,复旦大学出版社范仁梅同志和陆俊杰同志也给予了大力支持和鼓励,在此谨致衷心的感谢,同时也诚挚地恳请各位同行继续提出批评和建议.

编　者
2018 年 3 月于复旦大学

第二版前言

本书第一版出版以来,受到了同行及学生们的普遍关注,许多教师将其作为教学参考书向学生推荐,取得了良好的教学效果,使我们倍感欣慰.同时,我们在教学过程中也收到了大量的信息反馈,许多具有丰富教学经验的教师提供了中肯的意见和建议,使用本书的学生们也经常谈及他们的使用体会和希望,鼓励我们对本书进行进一步的补充与完善.

在这次修订过程中,我们基本保持了原书的编写宗旨和结构框架,对全书整体上作了全面梳理,并作了适当的增删,重点在如下几个方面作了修改:

一、在适当调整基础练习题材的基础上,重点增加了综合性例题,并注意拓展知识面,试图进一步帮助学生复习、联络已学过的内容,提高知识的应用水平,增强学生融会贯通地分析问题、解决问题的能力.

二、对全书从整体叙述上作了进一步的加工,使之更确切、科学和规范.同时对一些内容进行了细致的补充和修改,力争使内容表述更加简单易懂.

三、调整并增加了许多习题,力争使全书更加充实与全面,增强理论知识的适当充实与数学能力的科学训练效果.

四、补充了一些近年的各类试题及竞赛题,希望能为读者提供更多的信息,也使本书的适用性更广.

在本书的编写过程中,复旦大学数学科学学院和教务处给予了大力支持,数学科学学院的各位教师也提供了各种建议、支持和帮助,在此表示衷心的感谢.同时,感谢复旦大学出版社范仁梅同志的大力支持和鼓励,由于她的辛勤工作和热情帮助,本书才得以顺利出版.

我们深知一本成熟的教学资料需久经锤炼,因而仍然热切期望广大读者和同行提出宝贵的批评和建议,以期通过进一步努力,使这本书的质量提升到一个新的台阶.

编　者

2012 年 10 月于复旦大学

第一版前言

"高等数学"是大学学习中的一门重要基础课程.由于数学在自然科学、工程技术和社会科学等领域的作用越来越突出,应用面越来越广,因此社会对具有良好数学素质和创新能力强、知识面广的人才的需要也越来越迫切."高等数学"作为学生学习现代科学知识的基础课程,承载着锻炼学生逻辑思维、培养学生熟练运算能力和运用数学技术的能力,以及为后续课程提供良好基础的重任,其重要性不言而喻.而高等数学研究对象和方法的改变,对于刚从初等数学学习转到高等数学学习的学生来说,从认知、观念、心理等各个层面常常感到不适应、感到困惑.特别是对于形式多样、难易不同、方法各异的习题和练习感到无所适从、感到手足无措.虽然对于如何学好高等数学大家见仁见智,各有不同观点和方法,但学习数学知识的有效途径是多做习题,却是经过长期的数学教学实践所达成的共识.

我们通过多年的教学实践,深知学生的疑难与困惑,了解在学习方法、解题方法和技巧方面的引导对于他们的重要性.经过长期的教学实践和研究积累,查阅了各种期刊、教学参考资料和习题集,并听取了同行的意见和建议,我们编写了这本高等数学学习辅导教材,以适应教学需要.在编写过程中,我们特别注意了以下几点:

一、重视基础知识的学习与基本技能的训练,适当增强基础题目的讲解内容.这是因为只有熟练掌握了基本概念、基本原理和基本方法,才能有能力去分析和解决复杂的问题.同时,这也是锻炼逻辑思维、训练数学表达与推理的必要环节.

二、强调教学内容与例题分析的同步衔接,增强典型问题和规律性解答部分的内容,为学生课后复习与练习提供尽可能多的方法、技巧与参照,在开拓读者思路方面提供一把入门的钥匙.

三、系统总结教学内容,注重知识整合,科学地指导学生进行数学解题.在题目的选取与安排上,逐步增加综合型例题,以例题为载体,复习和运用学过的知识,培养学生综合运用数学知识去解决问题的能力.

四、解题训练的根本目的是培养和锻炼学生运用数学知识去解决数学问题的能力,因此在重视基础的同时,我们还选择了许多比较灵活的问题,以及一些研究型问题,它们需要具有一定的解题经验与较深入地思考才能够入手.通过这些例题,希望引导学生认识到独立思考和独立工作的重要性,体验分析问题、研究问题、转化问题,进而解决问题的过程.

五、对许多例题给出了多种解法,展示数学方法的灵活性与多样性.同时,在许多有启示的例题之后给出一些评注,揭示其内在蕴含的规律和可操作的方法,达到举一反三的效果.

六、由于"高等数学"是招收研究生考试的科目,我们对于全国和一些院校的硕士研究生入学考试试题,以及一些数学竞赛试题,适当地进行选择,有机地穿插在本书的例题和习题之中.这样,一方面为有志于继续深入学习的学生提供帮助,另一方面也为正在学习高等数学的学生提供更多的综合能力训练素材.

七、为使学生能够进一步掌握学习内容和进行自我训练,了解自己的学习状况,在每小节之后都配置了一定量的习题,并附有答案或提示.

在本书的编写过程中,复旦大学数学科学学院童裕孙、陈纪修、吴泉水、程晋、楼红卫、朱大训等教授提供了各种建议、支持和帮助;复旦大学教务处也予以鼓励和支持,在此表示衷心的感谢.同时,感谢复旦大学出版社范仁梅同志的大力支持和帮助,由于她的辛勤工作,本书才得以与读者见面.

囿于学识,本书错误和不当之处在所难免,殷切期望广大读者和同行提出宝贵的批评和建议.

编 者
2010 年 6 月于复旦大学

目　　录

第一章
极限与连续

§1.1　函　　数

一、函数的概念

定义 1.1.1　设 D 是实数集 **R** 的一个子集,如果按某个规则 f,使得对于 D 中每个数 x,都有唯一确定的实数 y 与之对应,则称 f 是以 D 为**定义域的(一元)函数**,称 x 为**自变量**,y 为**因变量**.这个函数关系记作

$$f:D \to \mathbf{R},$$
$$x \mapsto y.$$

又记 $y = f(x)$,并称 $R = \{f(x) \mid x \in D\}$ 为函数 f 的**值域**.

有时为明确起见,记上述函数 f 的定义域为 $D(f)$,值域为 $R(f)$.

设函数 f 的定义域为 D,在平面直角坐标系中称 $G_f = \{(x, f(x)) \mid x \in D\}$ 为函数 f 的图像.

二、函数的性质

1. 奇偶性

设函数 $f(x)$ 的定义域 $D(f)$ 关于原点对称. 如果

$$f(-x) = f(x), \quad x \in D(f),$$

则称 $f(x)$ 为**偶函数**;如果

$$f(-x) = -f(x), \quad x \in D(f),$$

则称 $f(x)$ 为**奇函数**.

偶函数的图像关于 y 轴对称,奇函数的图像关于坐标原点中心对称.

2. 周期性

对于函数 $f(x)$,如果存在正数 T,使得

$$f(x + T) = f(x), \quad x \in D(f),$$

则称 $f(x)$ 是以 T 为**周期**的**周期函数**,满足上述关系的最小正数 T 称为 $f(x)$ 的**最小正周期**.

3. 单调性

设有函数 $f(x)$,如果对于任意 $x_1, x_2 \in D \subset D(f)$,当 $x_1 < x_2$ 时,恒有

$$f(x_1) \leqslant f(x_2) \ (\text{或} f(x_1) \geqslant f(x_2)),$$

则称 $f(x)$ 在 D 上是**单调增加**(或**单调减少**)的;如果上述关系式中等号均不成立,则称 $f(x)$ 在 D 上是**严格单调增加**(或**严格单调减少**)的.

4. 有界性

设有函数 $f(x), D \subset D(f)$,如果存在常数 M,使得

$$f(x) \leqslant M, x \in D,$$

则称函数 $f(x)$ 在 D 上有**上界**,称 M 为 $f(x)$ 的一个上界;如果存在常数 m,使得

$$f(x) \geqslant m, x \in D,$$

则称函数 $f(x)$ 在 D 上有**下界**,称 m 为 $f(x)$ 的一个下界;在 D 上既有上界又有下界的函数称为在 D 上**有界**. 显然 f 是 D 上的有界函数等价于:存在正常数 K,使得

$$| f(x) | \leqslant K, x \in D.$$

如果这样的数 K 不存在,则称 $f(x)$ 在 D 上**无界**.

三、复合函数与反函数

设有函数 f 和 g,称定义在

$$\{x \mid x \in D(g), g(x) \in D(f)\}$$

上的函数 $f \circ g$ 为 f 和 g 的**复合函数**,其中

$$(f \circ g)(x) = f(g(x)).$$

对于复合函数 $f \circ g$,称 $u = g(x)$ 为中间变量,称 $x \in D(f \circ g)$ 为自变量.

设有函数 f,如果对每一个 $y \in R(f)$,有唯一的 $x \in D(f)$ 满足 $y = f(x)$,则称这个定义在 $R(f)$ 上的对应关系

$$y \longmapsto x$$

为函数 f 的**反函数**,记作 f^{-1}.

四、初等函数

常数函数,幂函数,指数函数,对数函数,三角函数,反三角函数这 6 类函数称为**基本初等函数**. 由这些基本初等函数经过有限次四则运算和复合所构成的函数,统称为**初等函数**.

例 1.1.1   求函数 $f(x) = \sqrt{\dfrac{(x-1)^2}{x-3}}$ 的定义域.

解   定义域中的点 x 应满足:

$$\frac{(x-1)^2}{x-3} \geqslant 0,$$

也就是

$$\begin{cases} (x-1)^2 \geqslant 0, \\ x-3 > 0, \end{cases} \text{或} \begin{cases} (x-1)^2 \leqslant 0, \\ x-3 < 0. \end{cases}$$

由此即得

$$x > 3, \text{或} x = 1,$$

所以函数的定义域为 $D(f) = \{1\} \cup (3, +\infty)$.

例 1.1.2   证明函数 $f(x) = \dfrac{2^x}{1+2^x}$ 在 $(-\infty, +\infty)$ 上严格单调增加.

证   任取 $x_1, x_2 \in (-\infty, +\infty)$ 且 $x_1 < x_2$,则

$$\begin{aligned} f(x_1) - f(x_2) &= \frac{2^{x_1}}{1+2^{x_1}} - \frac{2^{x_2}}{1+2^{x_2}} \\ &= \frac{2^{x_1} - 2^{x_2}}{(1+2^{x_1})(1+2^{x_2})} < 0, \end{aligned}$$

其中最后一个不等式利用了函数 $y = 2^x$ 的严格单调增加性质. 所以 $f(x)$ 在 $(-\infty, +\infty)$ 上严格单调增加.

例 1.1.3   讨论下列函数的奇偶性:

(1) $f(x) = \ln(\sin x + \sqrt{\sin^2 x + 1})$;

(2) $f(x) = x\dfrac{2^x - 1}{2^x + 1}$.

解   (1) 因为对于每个 $x \in \mathbf{R}$,有

$$f(-x) = \ln(-\sin x + \sqrt{\sin^2 x + 1}) = \ln\frac{1}{\sin x + \sqrt{\sin^2 x + 1}}$$

$$= -\ln(\sin x + \sqrt{\sin^2 x + 1}) = -f(x),$$

所以 $f(x) = \ln(\sin x + \sqrt{\sin^2 x + 1})$ 为奇函数.

(2) 因为对于每个 $x \in \mathbf{R}$,有

$$f(-x) = -x\frac{2^{-x} - 1}{2^{-x} + 1} = -x\frac{1 - 2^x}{1 + 2^x} = f(x),$$

所以 $f(x) = x\dfrac{2^x - 1}{2^x + 1}$ 为偶函数.

例 1.1.4　证明函数 $f(x) = x\sin x$ 是非周期函数.

证　用反证法. 设 $T > 0$ 是 $f(x) = x\sin x$ 的一个周期,则
$$f(x + T) = f(x), \quad x \in \mathbf{R}.$$

在上式中取 $x = 0$,有 $T\sin T = 0$,于是对某个正整数 k,成立 $T = k\pi$. 这样便有
$$f(x + T) = (x + T)\sin(x + T) = (-1)^k (x + T)\sin x.$$

再在 $f(x + T) = f(x)$ 中取 $x = \dfrac{\pi}{4}$,并注意上式可得,对于 $k = 1, 2, \cdots$,成立

$$\frac{\pi}{4}\sin\frac{\pi}{4} = (-1)^k \left(\frac{\pi}{4} + k\pi\right)\sin\frac{\pi}{4},$$

即

$$(-1)^k k = \frac{1}{4}(1 - (-1)^k),$$

这是不可能的. 因此 $f(x) = x\sin x$ 是非周期函数.

例 1.1.5　讨论下列函数是否有界:

(1) $f(x) = \arctan x, \ x \in (-\infty, +\infty)$;

(2) $f(x) = \tan x, \ x \in \left(0, \dfrac{\pi}{4}\right)$;

(3) $f(x) = \tan x, \ x \in \left(0, \dfrac{\pi}{2}\right)$;

(4) $f(x) = x\cos x, \ x \in (-\infty, +\infty)$.

解　(1) 因为 $|\arctan x| < \dfrac{\pi}{2}, \ x \in (-\infty, +\infty)$,所以 $f(x)$ 在 $(-\infty, +\infty)$ 上有界.

(2) 因为 $|\tan x| \leqslant 1, \ x \in \left(0, \dfrac{\pi}{4}\right)$,所以 $f(x)$ 在 $\left(0, \dfrac{\pi}{4}\right)$ 上有界.

(3) 函数 $f(x)$ 无界. 用反证法来证明:若 $f(x)$ 在 $\left(0, \dfrac{\pi}{2}\right)$ 上有界,则存在 $L > 0$,使得

$$|\tan x| \leqslant L, \ x \in \left(0, \dfrac{\pi}{2}\right).$$

但是,取 $x_L = \arctan(L + 1) \in \left(0, \dfrac{\pi}{2}\right)$,便有

$$|f(x_L)| = |\tan x_L| = L + 1 > L,$$

这与 L 的选取矛盾.

(4) 函数 $f(x)$ 无界. 用反证法来证明:若 f 在 $\mathbf{R}$ 上有界,则存在 $L > 0$,使得

$$|x\cos x| \leqslant L, \quad x \in \mathbf{R}.$$

但是,取 $x_n = 2n\pi(n = 1, 2, \cdots)$,便有

$$|f(x_n)| = |x_n\cos x_n| = 2n\pi,$$

取足够大的 n,例如取 $n = \left[\dfrac{L}{2\pi}\right] + 1$,便有

$$|f(x_n)| > L,$$

这与 L 的选取矛盾.

例 1.1.6 试将下列函数分解为几个简单函数的复合:

(1) $F(x) = \ln(1 + \sin^2 2x)$, $D(F) = (-\infty, +\infty)$;

(2) $F(x) = (1 + \arctan^4 3x)^3$, $D(F) = (-\infty, +\infty)$.

解 (1) 取

$$f(u) = \ln u, \quad D(f) = (0, +\infty),$$
$$g(v) = 1 + v^2, \quad D(g) = (-\infty, +\infty),$$
$$h(w) = \sin w, \quad D(h) = (-\infty, +\infty),$$
$$k(x) = 2x, \quad D(k) = (-\infty, +\infty),$$

则有

$$F = f \circ g \circ h \circ k.$$

(2) 取

$$f(u) = u^3, \quad D(f) = (-\infty, +\infty),$$
$$g(v) = 1 + v^4, \quad D(g) = (-\infty, +\infty),$$
$$h(w) = \arctan w, \quad D(h) = (-\infty, +\infty),$$
$$k(x) = 3x, \quad D(k) = (-\infty, +\infty),$$

则有

$$F = f \circ g \circ h \circ k.$$

例 1.1.7 设 $f(x) = e^{x^2}$,一元函数 φ 满足 $f[\varphi(x)] = 1 - x$,并且 $\varphi(x) \geqslant 0$,求 φ.

解 由 $f(x) = e^{x^2}$ 及 $f[\varphi(x)] = 1 - x$,得

$$f[\varphi(x)] = e^{[\varphi(x)]^2} = 1 - x,$$

因此解得 $\varphi(x) = \pm\sqrt{\ln(1 - x)}$. 又因为 $\varphi(x) \geqslant 0$,所以

$$\varphi(x) = \sqrt{\ln(1 - x)}, \quad x \leqslant 0.$$

例 1.1.8 设 $f(x) = \sqrt{x + |x|}$,求 $f[f(x)]$.

解 按定义,有

$$f[f(x)] = \sqrt{f(x) + |f(x)|} = \sqrt{\sqrt{x + |x|} + \left|\sqrt{x + |x|}\right|}.$$

当 $x \geq 0$ 时，

$$\sqrt{x+|x|} + \left|\sqrt{x+|x|}\right| = \sqrt{2x} + \sqrt{2x} = \sqrt{8x}.$$

当 $x < 0$ 时，

$$\sqrt{x+|x|} + \left|\sqrt{x+|x|}\right| = \sqrt{x-x} + \left|\sqrt{x-x}\right| = 0.$$

于是

$$f[f(x)] = \begin{cases} \sqrt[4]{8x}, & x \geq 0, \\ 0, & x < 0. \end{cases}$$

例 1.1.9 设 $f(x) = \begin{cases} x, & x < 1, \\ \ln x, & x \geq 1, \end{cases}$ $\varphi(x) = \begin{cases} e^x, & x > 0, \\ x+1, & x \leq 0, \end{cases}$ 求 $f[\varphi(x)]$.

解 显然

$$f[\varphi(x)] = \begin{cases} \varphi(x), & \varphi(x) < 1, \\ \ln\varphi(x), & \varphi(x) \geq 1. \end{cases}$$

由 φ 的定义，$\varphi(x) < 1$ 当且仅当 $x+1 < 1$，即 $x < 0$，此时 $\varphi(x) = x+1$；$\varphi(x) \geq 1$ 当且仅当 $x > 0$ 或 $x = 0$，即 $x \geq 0$，此时 $\varphi(x) = \begin{cases} e^x, & x > 0 \\ 1, & x = 0 \end{cases} = e^x, x \geq 0$. 因此

$$f[\varphi(x)] = \begin{cases} x+1, & x < 0 \\ \ln e^x, & x \geq 0 \end{cases} = \begin{cases} x+1, & x < 0, \\ x, & x \geq 0. \end{cases}$$

例 1.1.10 求下列函数的反函数：

(1) $f(x) = \dfrac{2-x}{x+1}$；

(2) $f(x) = \begin{cases} \sqrt{2x-x^2}, & 0 \leq x \leq 1, \\ 2x-1, & 1 < x \leq 2. \end{cases}$

解 (1) 设 $y = \dfrac{2-x}{x+1}$，则 $y(x+1) = 2-x$，由此解得

$$x = \frac{2-y}{y+1},$$

即 $f(x)$ 的反函数为其自身：

$$f^{-1}(x) = \frac{2-x}{x+1}, \ x \neq -1.$$

(2) 设 $y = \begin{cases} \sqrt{2x-x^2}, & 0 \leq x \leq 1, \\ 2x-1, & 1 < x \leq 2. \end{cases}$

当 $0 \leq x \leq 1$ 时，$y = \sqrt{2x-x^2}$，从中解得

$$x = 1 - \sqrt{1-y^2}, \ 0 \leq y \leq 1;$$

当 $1 < x \leqslant 2$ 时,$y = 2x - 1$,从中解得

$$x = \frac{y + 1}{2}, \ 1 < y \leqslant 3.$$

所以 $f(x)$ 的反函数为

$$f^{-1}(x) = \begin{cases} 1 - \sqrt{1 - x^2}, & 0 \leqslant x \leqslant 1, \\ \dfrac{x + 1}{2}, & 1 < x \leqslant 3. \end{cases}$$

例 1.1.11 求 $y = \sin x \mid \sin x \mid \left(\mid x \mid \leqslant \dfrac{\pi}{2} \right)$ 的反函数.

解 当 $0 \leqslant x \leqslant \dfrac{\pi}{2}$ 时,$y = \sin^2 x$,于是 $\sin x = \sqrt{y} (0 \leqslant y \leqslant 1)$,所以

$$x = \arcsin \sqrt{y}, \ 0 \leqslant y \leqslant 1.$$

当 $-\dfrac{\pi}{2} \leqslant x < 0$ 时,$y = -\sin^2 x$,于是 $\sin x = -\sqrt{-y} (-1 \leqslant y < 0)$,所以

$$x = \arcsin(-\sqrt{-y}) = -\arcsin \sqrt{-y}, \ -1 \leqslant y < 0.$$

于是 $y = \sin x \mid \sin x \mid$ 的反函数为

$$y = \begin{cases} \arcsin \sqrt{x}, & 0 \leqslant x \leqslant 1, \\ -\arcsin \sqrt{-x}, & -1 \leqslant x < 0. \end{cases}$$

例 1.1.12 已知函数 $f(x)$ 满足

$$f(x) + 2f\left(\frac{2 - x}{1 + x}\right) = 3x,$$

求 $f(x)$.

解 令 $u = \dfrac{2 - x}{1 + x}$,则 $x = \dfrac{2 - u}{u + 1}$. 代入给出的条件得

$$f\left(\frac{2 - u}{1 + u}\right) + 2f(u) = \frac{3(2 - u)}{1 + u},$$

即成立

$$f\left(\frac{2 - x}{1 + x}\right) + 2f(x) = \frac{3(2 - x)}{1 + x}.$$

此式与 $f(x) + 2f\left(\dfrac{2 - x}{1 + x}\right) = 3x$ 结合解得

$$f(x) = \frac{4 - 3x - x^2}{1 + x}.$$

例 1.1.13 设函数 f 与 g 互为反函数,且 $f(x) \neq 0$. 若函数 $y = g\left[\dfrac{2}{f(3x - 1)}\right]$ 可定义,求其反函数.

解   由 $y = g\left[\dfrac{2}{f(3x-1)}\right]$ 得

$$\frac{2}{f(3x-1)} = f(y), \text{ 即 } f(3x-1) = \frac{2}{f(y)},$$

因此

$$3x - 1 = g\left[\frac{2}{f(y)}\right], \text{ 即 } x = \frac{1}{3}\left\{1 + g\left[\frac{2}{f(y)}\right]\right\}.$$

于是所求反函数为

$$y = \frac{1}{3}\left\{1 + g\left[\frac{2}{f(x)}\right]\right\}.$$

例 1.1.14   设函数 f 在 $(0, +\infty)$ 上单调增加,证明:对于任意正数 a, b,成立
$$af(a) + bf(b) \leqslant (a+b)f(a+b).$$

证   因为 f 在 $(0, +\infty)$ 上单调增加,则由 $a < a + b$ 和 $b < a + b$ 可得
$$f(a) \leqslant f(a+b), \quad f(b) \leqslant f(a+b),$$

因此

$$af(a) \leqslant af(a+b), \quad bf(b) \leqslant bf(a+b).$$

将这两式相加便得

$$af(a) + bf(b) \leqslant (a+b)f(a+b).$$

例 1.1.15   设函数 f 在 $\mathbf{R}$ 上定义,其图像关于直线 $x = a$ 对称,也关于直线 $x = b$ 对称 $(a < b)$. 证明 f 是以 $2(b-a)$ 为周期的函数.

证   因为 f 的图像关于直线 $x = a$ 对称,所以在 $\mathbf{R}$ 上成立
$$f(a - x) = f(a + x),$$

于是

$$f(x) = f(a - (a - x)) = f(a + (a - x)) = f(2a - x).$$

因为 f 的图像关于直线 $x = b$ 对称,所以在 $\mathbf{R}$ 上成立
$$f(b - x) = f(b + x),$$

因此在 $\mathbf{R}$ 上成立

$$f(x) = f(2a - x) = f(b - (b + x - 2a))$$
$$= f(b + (b + x - 2a)) = f(x + 2(b - a)).$$

这说明 f 是以 $2(b-a)$ 为周期的函数.

1. 确定下列初等函数的定义域:

(1) $f(x) = \arctan\dfrac{x+1}{2}$;　　　　(2) $f(x) = \sqrt{2\sin^2 x + 3\cos x - 3}$;

(3) $f(x) = \dfrac{\ln(2-x)}{\sqrt{x^2-1}}$;　　　　(4) $f(x) = \dfrac{\tan x}{\sqrt{4-x^2}}$.

2. 作出下列函数的图像:

(1) $f(x) = x[\sin x]$;　　　　(2) $f(x) = 1 - |x^2 - 1|$;

(3) $f(x) = \begin{cases} \sqrt{2x - x^2}, & 0 \leqslant x \leqslant 1, \\ x^2, & 1 < x \leqslant 2. \end{cases}$

3. 判断下列函数的奇偶性:

(1) $f(x) = \sin\dfrac{x^2}{1+x^2}$;　　　　(2) $f(x) = \ln|\sec x + \tan x|$;

(3) $f(x) = \arctan 2^x - \dfrac{\pi}{4}$;　　　　(4) $f(x) = \left(\arccos x - \dfrac{\pi}{2}\right)\sin x$.

4. 设函数 $f(x)$ 满足: $D(f)$ 关于原点对称,证明: $f(x)$ 可表示成一个奇函数与一个偶函数之和.

5. 设函数 $f(x)$ 定义在 $(-\infty, +\infty)$ 上. 若有常数 $c \neq 0$,使得 $f(x+c) = -f(x)$, $x \in (-\infty, +\infty)$. 证明:函数 $f(x)$ 是一个周期函数.

6. 在下列函数中,哪些是周期函数?如果是周期函数,写出它们的最小正周期:

(1) $f(x) = x\tan x$;　　　　(2) $f(x) = |\sin 2x|$;

(3) $f(x) = \dfrac{\cos x}{x}$;　　　　(4) $f(x) = \cot(3x+1)$.

7. 判断下列函数在给定区间上是否有界:

(1) $f(x) = \dfrac{x}{1+x^2}$, $x \in \mathbf{R}$;　　　　(2) $f(x) = x^2\tan x$, $x \in \left(0, \dfrac{\pi}{4}\right)$;

(3) $f(x) = \dfrac{1-x}{x}$, $x \in (0,1)$;　　　　(4) $f(x) = \ln x - 100\sin x$, $x \in (1, +\infty)$.

8. 设 $f(x) = \begin{cases} 0, & x \leqslant 0, \\ 2^x, & x > 0, \end{cases}$ $g(x) = \begin{cases} -x^2, & x \leqslant 0, \\ x^2, & x > 0. \end{cases}$ 求 $f \circ g$, $g \circ f$, $f \circ f$, $g \circ g$.

9. 下列函数分别是由哪几个较简单的函数复合而成?

(1) $f(x) = \sqrt{1 + e^{2x}}$;

(2) $f(x) = \ln(1 + \arctan^2 x)$;

(3) $f(x) = \cos^3(1 + \sqrt{x})$.

10. 求下列函数的反函数,并指出反函数的定义域:

(1) $f(x) = \tan\dfrac{x}{2}$, $\pi < x < 3\pi$;　　　　(2) $f(x) = \dfrac{1 - 2^x}{1 + 2^x}$;

(3) $f(x) = 1 - \sqrt{1 - x^2}, \ -1 \leqslant x < 0$; (4) $f(x) = \begin{cases} (x - \pi)^2, & 0 \leqslant x < \pi, \\ \sin x, & \pi \leqslant x \leqslant \dfrac{3}{2}\pi. \end{cases}$

11. 若 $f\left(x + \dfrac{1}{x}\right) = \dfrac{x^3 + x}{x^4 + 1}$，求 $f(x)$ 的表达式.

12. 设 $f(x) = \dfrac{x}{\sqrt{1 + x^2}}$，记 $f_1(x) = f(x)$，$f_{n+1}(x) = f(f_n(x)) \ (n = 1, 2, \cdots)$，证明：

$$f_n(x) = \dfrac{x}{\sqrt{1 + nx^2}} \qquad (n = 1, 2, \cdots).$$

13. 设函数 f 定义在 $(-\infty, +\infty)$ 上，且存在正数 T 及 $k(k \neq 1)$，使得对于每个实数 x 成立 $f(x + T) = kf(x)$. 证明：f 必可分解为一个指数函数与一个周期函数之积.

14. 作出函数 $y = \arccos(\sin x)$ 的图像.

§1.2 数 列 的 极 限

知 识 要 点

一、数列的极限的概念

数列的极限是反映数列变化趋势的重要指标.

定义 1.2.1 设 $\{a_n\}$ 是数列. 如果存在常数 a，使得对于任意给定的正数 $\varepsilon > 0$，存在正整数 N，当 $n > N$ 时，成立

$$|a_n - a| < \varepsilon,$$

则称 $\{a_n\}$ 以 a 为**极限**，或称 $\{a_n\}$ **收敛**于 a，记为

$$\lim_{n \to \infty} a_n = a,$$

否则，就称数列 $\{a_n\}$ **发散**.

二、无穷小量与无穷大量

定义 1.2.2 设有数列 $\{a_n\}$. 如果 $\lim\limits_{n \to \infty} a_n = 0$，即，对于任意给定的正数 $\varepsilon > 0$，存在正整数 N，当 $n > N$ 时，成立

$$|a_n| < \varepsilon,$$

则称 $\{a_n\}$ 是**无穷小量**，记作

$$a_n = o(1), \quad n \to \infty.$$

定理 1.2.1 有限多个无穷小量的代数和为无穷小量.

定理 1.2.2 有界量和无穷小量的乘积是无穷小量.

定义 1.2.3 设 $\{a_n\}$ 是数列. 如果对于任意给定的数 $K > 0$，存在正整数 N，当

$n > N$ 时,成立

$$|a_n| > K,$$

则称 $\{a_n\}$ 是**无穷大量**,记为 $\lim\limits_{n \to \infty} a_n = \infty$.

如果上述不等式可改作 $a_n > K$(或 $a_n < -K$),则称 $\{a_n\}$ 是正(或负)无穷大量,分别记为 $\lim\limits_{n \to \infty} a_n = +\infty$ 和 $\lim\limits_{n \to \infty} a_n = -\infty$.

定理 1.2.3 设 $\{a_n\}$ 是无穷小量,且 $a_n \neq 0$,则 $\left\{\dfrac{1}{a_n}\right\}$ 是无穷大量;反之亦然.

三、收敛数列的性质

定理 1.2.4(四则运算法则) 设 $\lim\limits_{n \to \infty} a_n = A$,$\lim\limits_{n \to \infty} b_n = B$,则

$$\lim_{n \to \infty} (a_n \pm b_n) = A \pm B;$$

$$\lim_{n \to \infty} (a_n b_n) = AB;$$

$$\lim_{n \to \infty} \frac{a_n}{b_n} = \frac{A}{B} (B \neq 0).$$

定理 1.2.5(唯一性) 如果数列 $\{a_n\}$ 收敛,则 $\{a_n\}$ 的极限唯一.

定理 1.2.6(有界性) 如果数列 $\{a_n\}$ 收敛,则 $\{a_n\}$ 是有界数列.

定理 1.2.7(夹逼性) 设 $\{a_n\}$,$\{b_n\}$,$\{c_n\}$ 为数列. 如果自某项以后均有 $a_n \leqslant b_n \leqslant c_n$,且 $\lim\limits_{n \to \infty} a_n = \lim\limits_{n \to \infty} c_n = A$,则

$$\lim_{n \to \infty} b_n = A.$$

四、单调有界数列

设数列 $\{a_n\}$ 满足

$$a_n \leqslant a_{n+1}, n \geqslant 1,$$

则称 $\{a_n\}$ 是**单调增加**数列,也称作**单调上升**数列;如果

$$a_n \geqslant a_{n+1}, n \geqslant 1,$$

则称 $\{a_n\}$ 是**单调减少**数列,也称作**单调下降**数列.

定理 1.2.8 单调有界数列必有极限.

定理 1.2.9(Stolz 定理) 设 $\{a_n\}$ 是严格单调增加的正无穷大量,且

$$\lim_{n \to \infty} \frac{b_n - b_{n-1}}{a_n - a_{n-1}} = a \quad (a \text{ 可以有限,或} +\infty \text{ 与} -\infty),$$

则

$$\lim_{n \to \infty} \frac{b_n}{a_n} = a.$$

五、Cauchy 收敛准则

定理 1.2.10(Cauchy 收敛准则)　数列 $\{a_n\}$ 收敛的充要条件是:对于任意给定的 $\varepsilon > 0$,存在正整数 N,使得当 $m, n > N$ 时,成立

$$| a_n - a_m | < \varepsilon.$$

例 题 分 析

例 1.2.1　用定义证明 $\lim\limits_{n \to \infty} \dfrac{n + 3}{2n^2 - 1} = 0.$

证　分析:对于任意给定的 $\varepsilon > 0$,要 $\left| \dfrac{n + 3}{2n^2 - 1} - 0 \right| < \varepsilon$,由于 $\left| \dfrac{n + 3}{2n^2 - 1} \right| \leqslant \left| \dfrac{n + 3n}{n^2} \right|$,这只要 $\left| \dfrac{n + 3n}{n^2} \right| < \varepsilon$,即 $\dfrac{4}{n} < \varepsilon$ 即可. 于是,对于任意给定的 $\varepsilon > 0$,取 $N = \left[\dfrac{4}{\varepsilon} \right]$,则当 $n > N$ 时,便有

$$\left| \frac{n + 3}{2n^2 - 1} - 0 \right| < \varepsilon,$$

即

$$\lim_{n \to \infty} \frac{n + 3}{2n^2 - 1} = 0.$$

注　为了验证 $\lim\limits_{n \to \infty} a_n = A$,需要证明 $\{a_n - A\}$ 是无穷小量,由于这个量一般比较复杂,要从中找出 N,通常需要进行适当的放大,简化表达式.

例 1.2.2　证明 $\lim\limits_{n \to \infty} \sqrt[n]{n} = 1.$

证　记 $y_n = \sqrt[n]{n} - 1$,只要证明 $\{y_n\}$ 是无穷小量即可. 为此,对 y_n 作如下估计:由二项式定理得

$$n = (1 + y_n)^n = 1 + n y_n + \frac{n(n - 1)}{2} y_n^2 + \cdots + y_n^n > 1 + \frac{n(n - 1)}{2} y_n^2.$$

因此

$$0 < y_n < \sqrt{\frac{2}{n}}.$$

于是,对于任意给定的 $\varepsilon > 0$,取 $N = \left[\dfrac{2}{\varepsilon^2} \right]$,则当 $n > N$ 时,有

$$| y_n | < \varepsilon.$$

因此,$\{y_n\}$ 是无穷小量,于是 $\lim\limits_{n \to \infty} \sqrt[n]{n} = 1.$

例 1.2.3 计算下列极限:

(1) $\lim\limits_{n\to\infty} \dfrac{2n+4}{n^2-n}$;

(2) $\lim\limits_{n\to\infty} \dfrac{2n^2+n}{n^2-n+1}$;

(3) $\lim\limits_{n\to\infty} \dfrac{n^3+2n}{3n^2-2n+1}$;

(4) $\lim\limits_{n\to\infty}(\sqrt{n^2+n}-\sqrt{n^2-n})$;

(5) $\lim\limits_{n\to\infty} \dfrac{5(-2)^n+2\cdot 5^n}{4^n+3\cdot 5^n+7}$;

(6) $\lim\limits_{n\to\infty} \dfrac{n\cos^2 n}{3n^2+2n+1}$;

(7) $\lim\limits_{n\to\infty}\left(\dfrac{1}{n^3}+\dfrac{1+2}{n^3}+\cdots+\dfrac{1+2+\cdots+n}{n^3}\right)$;

(8) $\lim\limits_{n\to\infty} \sqrt[n]{\sin\dfrac{1}{n}+2\cos\dfrac{2}{n}}$.

解 (1) 利用定理1.2.4,可得

$$\lim_{n\to\infty}\frac{2n+4}{n^2-n}=\lim_{n\to\infty}\frac{\dfrac{2}{n}+\dfrac{4}{n^2}}{1-\dfrac{1}{n}}=\frac{\lim\limits_{n\to\infty}\left(\dfrac{2}{n}+\dfrac{4}{n^2}\right)}{\lim\limits_{n\to\infty}\left(1-\dfrac{1}{n}\right)}=\frac{0+0}{1-0}=0.$$

(2) 利用定理1.2.4,可得

$$\lim_{n\to\infty}\frac{2n^2+n}{n^2-n+1}=\lim_{n\to\infty}\frac{2+\dfrac{1}{n}}{1-\dfrac{1}{n}+\dfrac{1}{n^2}}=\frac{\lim\limits_{n\to\infty}\left(2+\dfrac{1}{n}\right)}{\lim\limits_{n\to\infty}\left(1-\dfrac{1}{n}+\dfrac{1}{n^2}\right)}$$

$$=\frac{2+0}{1-0+0}=2.$$

(3) 因为

$$\lim_{n\to\infty}\frac{3n^2-2n+1}{n^3+2n}=\lim_{n\to\infty}\frac{\dfrac{3}{n}-\dfrac{2}{n^2}+\dfrac{1}{n^3}}{1+\dfrac{2}{n^2}}=0,$$

所以

$$\lim_{n\to\infty}\frac{n^3+2n}{3n^2-2n+1}=\infty.$$

(4) 将分子有理化,可得

$$\lim_{n\to\infty}(\sqrt{n^2+n}-\sqrt{n^2-n})=\lim_{n\to\infty}\frac{2n}{\sqrt{n^2+n}+\sqrt{n^2-n}}$$

$$=\lim_{n\to\infty}\frac{2}{\sqrt{1+\dfrac{1}{n}}+\sqrt{1-\dfrac{1}{n}}}=1.$$

(5) 利用$\lim\limits_{n\to\infty}q^n=0(|q|<1)$,得

$$\lim_{n\to\infty}\frac{5(-2)^n+2\cdot5^n}{4^n+3\cdot5^n+7}=\lim_{n\to\infty}\frac{5\left(-\frac{2}{5}\right)^n+2}{\left(\frac{4}{5}\right)^n+3+7\left(\frac{1}{5}\right)^n}=\frac{2}{3}.$$

(6) 因为 $\lim_{n\to\infty}\dfrac{n}{3n^2+2n+1}=0$，即 $\left\{\dfrac{n}{3n^2+2n+1}\right\}$ 是无穷小量. 又因为

$0\leqslant\cos^2 n\leqslant1$，即 $\{\cos^2 n\}$ 是有界量，因此 $\left\{\dfrac{n\cos^2 n}{3n^2+2n+1}\right\}$ 是无穷小量，即

$$\lim_{n\to\infty}\frac{n\cos^2 n}{3n^2+2n+1}=0.$$

(7) 因为

$$1+(1+2)+\cdots+(1+2+\cdots+n)=\sum_{k=1}^{n}(1+2+\cdots+k)$$

$$=\frac{1}{2}\sum_{k=1}^{n}k(k+1)=\frac{1}{2}\left(\sum_{k=1}^{n}k^2+\sum_{k=1}^{n}k\right)=\frac{1}{2}\left[\frac{1}{6}n(n+1)(2n+1)+\frac{1}{2}n(n+1)\right],$$

所以

$$\lim_{n\to\infty}\left(\frac{1}{n^3}+\frac{1+2}{n^3}+\cdots+\frac{1+2+\cdots+n}{n^3}\right)=\lim_{n\to\infty}\frac{1}{2}\left[\frac{1}{6}\left(1+\frac{1}{n}\right)\left(2+\frac{1}{n}\right)+\frac{n+1}{2n^2}\right]=\frac{1}{6}.$$

注 常用求和公式：

$$\sum_{k=1}^{n}k=\frac{1}{2}n(n+1),\sum_{k=1}^{n}k^2=\frac{1}{6}n(n+1)(2n+1),\sum_{k=1}^{n}k^3=\left[\frac{1}{2}n(n+1)\right]^2.$$

(8) 因为当 $n\geqslant2$ 时有 $2\cos1<\sin\dfrac{1}{n}+2\cos\dfrac{2}{n}<3$，所以

$$\sqrt[n]{2\cos1}<\sqrt[n]{\sin\frac{1}{n}+2\cos\frac{2}{n}}<\sqrt[n]{3}.$$

因为 $\lim_{n\to\infty}\sqrt[n]{2\cos1}=\lim_{n\to\infty}\sqrt[n]{3}=1$，所以由极限的夹逼性质得

$$\lim_{n\to\infty}\sqrt[n]{\sin\frac{1}{n}+2\cos\frac{2}{n}}=1.$$

例 1.2.4 设 $a_i\geqslant0(i=1,2,\cdots,k)$，$A=\max\{a_1,a_2,\cdots,a_k\}$，证明

$$\lim_{n\to\infty}\sqrt[n]{a_1^n+a_2^n+\cdots+a_k^n}=A.$$

证 显然

$$A\leqslant\sqrt[n]{a_1^n+a_2^n+\cdots+a_k^n}\leqslant\sqrt[n]{k}A.$$

因为 $\lim_{n\to\infty}\sqrt[n]{k}=1$，所以由极限的夹逼性质得

$$\lim_{n\to\infty}\sqrt[n]{a_1^n+a_2^n+\cdots+a_k^n}=A.$$

例 1.2.5　说明下列数列收敛,并求其极限:

(1) $a_n = \dfrac{2^n}{n!}$　$(n = 1,2,\cdots)$;

(2) $a_1 = \sqrt{2}$, $a_{n+1} = \sqrt{3 + 2a_n}$　$(n = 1,2,\cdots)$;

(3) $a_0 = 1$, $a_n = \dfrac{1}{1 + a_{n-1}}$　$(n = 1,2,\cdots)$.

解　(1) 先证明数列 $\{a_n\}$ 收敛. 容易知道 $0 < a_n \leqslant 2$, $a_{n+1} = \dfrac{2^n}{n!} \cdot \dfrac{2}{n+1} \leqslant a_n$

$(n = 1,2,\cdots)$,即 $\{a_n\}$ 单调递减且有界,所以收敛. 记 $\lim\limits_{n\to\infty} a_n = a$,在 $a_{n+1} = a_n \cdot$

$\dfrac{2}{n+1}$ 两边取极限,得 $a = a \cdot 0 = 0$,即 $\lim\limits_{n\to\infty} a_n = 0$.

(2) 先证明数列 $\{a_n\}$ 收敛. 首先有 $0 < a_1 < 3$. 设 $0 < a_k < 3$,则

$$0 < a_{k+1} = \sqrt{3 + 2a_k} < 3,$$

由数学归纳法可知,对一切正整数 n,成立 $0 < a_n < 3$.

又由于

$$a_{n+1} - a_n = \sqrt{3 + 2a_n} - a_n = \frac{(3 - a_n)(1 + a_n)}{\sqrt{3 + 2a_n} + a_n} > 0,$$

因此数列 $\{a_n\}$ 单调增加且有界,所以它收敛,记它的极限为 a. 对 $a_{n+1} = \sqrt{3 + 2a_n}$,两边取极限得 $a = \sqrt{3 + 2a}$,解此方程得 $a = 3$(负根舍去). 于是

$$\lim_{n\to\infty} a_n = 3.$$

(3) **解法一**　设 x_0 为方程 $x = \dfrac{1}{1 + x}$ 的正根,即 $x_0 = \dfrac{\sqrt{5} - 1}{2}$. 直接计算得

$$x_0 - a_1 = \frac{1}{1 + x_0} - \frac{1}{1 + a_0} = \frac{a_0 - x_0}{(1 + x_0)(1 + a_0)},$$

$$x_0 - a_2 = \frac{1}{1 + x_0} - \frac{1}{1 + a_1} = \frac{a_1 - x_0}{(1 + x_0)(1 + a_1)} = -\frac{a_0 - x_0}{(1 + x_0)^2(1 + a_0)(1 + a_1)},$$

$$\cdots\cdots$$

$$x_0 - a_n = \frac{(-1)^{n+1}(a_0 - x_0)}{(1 + x_0)^n(1 + a_0)(1 + a_1)\cdots(1 + a_{n-1})}, \qquad n = 1,2,\cdots.$$

容易验证 $0 < a_n < 1$,于是

$$|x_0 - a_n| \leqslant \frac{|a_0 - x_0|}{|1 + x_0|^n} = \frac{1}{\left(\dfrac{\sqrt{5} + 1}{2}\right)^n} |a_0 - x_0|.$$

因为 $\lim\limits_{n\to\infty} \dfrac{1}{\left(\dfrac{\sqrt{5} + 1}{2}\right)^n} = 0$,所以 $\lim\limits_{n\to\infty} |x_0 - a_n| = 0$. 因此 $\{a_n\}$ 收敛,且

$$\lim_{n \to \infty} a_n = x_0 = \frac{\sqrt{5}-1}{2}.$$

解法二 由于

$$a_{n+2} - a_n = -\frac{a_{n+1} - a_{n-1}}{(1+a_{n+1})(1+a_{n-1})} = \frac{a_n - a_{n-2}}{(1+a_{n+1})(1+a_n)(1+a_{n-1})(1+a_{n-2})},$$

注意 $a_n > 0(n = 0,1,2,\cdots)$，$a_1 = \frac{1}{2}$，$a_2 = \frac{2}{3}$，$a_3 = \frac{3}{5}$，有 $a_2 - a_0 < 0, a_3 - a_1 > 0$. 所以 $a_{2m+2} - a_{2m}$ 与 $a_2 - a_0$ 同号，即 $a_{2m+2} - a_{2m} < 0(m = 0,1,2,\cdots)$；$a_{2m+1} - a_{2m-1}$ 与 $a_3 - a_1$ 同号，即 $a_{2m+1} - a_{2m-1} > 0(m = 1,2,\cdots)$. 也就是说，数列 $\{a_{2m}\}$ 单调减少，而 $\{a_{2m+1}\}$ 单调增加.

又易知 $0 < a_n \le 1$，从而数列 $\{a_{2m}\}$ 和 $\{a_{2m+1}\}$ 都收敛，记它们的极限分别为 x, y. 在

$$a_{2m+1} = \frac{1}{1+a_{2m}} \text{ 和 } a_{2m} = \frac{1}{1+a_{2m-1}}$$

中，令 $m \to \infty$，得

$$y = \frac{1}{1+x} \text{ 和 } x = \frac{1}{1+y},$$

所以 $x = y = \frac{\sqrt{5}-1}{2}$. 于是 $\{a_n\}$ 收敛，且 $\lim_{n \to \infty} a_n = \frac{\sqrt{5}-1}{2}$.

例 1.2.6 设 $a_1 = 2$，$a_{n+1} = \frac{1}{4}\left(3a_n + \frac{16}{a_n^3}\right)(n = 1,2,\cdots)$，证明数列 $\{a_n\}$ 收敛并求其极限.

证 易知 $a_n > 0(n = 1,2,\cdots)$. 由于

$$a_{n+1} = \frac{1}{4}\left(a_n + a_n + a_n + \frac{16}{a_n^3}\right) \ge \sqrt[4]{a_n a_n a_n \frac{16}{a_n^3}} = 2,$$

因此 $\{a_n\}$ 有下界 2.

又由于

$$a_{n+1} - a_n = -\frac{1}{4}a_n + \frac{16}{4a_n^3} = \frac{16 - a_n^4}{4a_n^3} \le 0,$$

因此数列 $\{a_n\}$ 单调减少，从而 $\{a_n\}$ 收敛.

记 $a = \lim_{n \to \infty} a_n$，显然有 $a > 0$. 在递推关系式

$$a_{n+1} = \frac{1}{4}\left(3a_n + \frac{16}{a_n^3}\right)$$

两边取极限，便得到

$$a = \lim_{n \to \infty} a_{n+1} = \lim_{n \to \infty} \frac{1}{4}\left(3a_n + \frac{16}{a_n^3}\right) = \frac{1}{4}\left(3a + \frac{16}{a^3}\right),$$

由此解得 $a = 2$，即 $\lim\limits_{n \to \infty} a_n = 2$.

例 1.2.7　设 $a_1 = 1, a_2 = 1$ 和 $a_{n+2} = a_{n+1} + a_n (n = 1, 2, \cdots)$，求极限 $\lim\limits_{n \to \infty} \dfrac{a_{n+1}}{a_n}$.

解　设实数 α, β 满足 $\alpha + \beta = 1, \alpha\beta = -1$，则

$$a_{n+2} - \alpha a_{n+1} = \beta(a_{n+1} - \alpha a_n), \quad n = 1, 2, \cdots,$$

以及

$$a_{n+2} - \beta a_{n+1} = \alpha(a_{n+1} - \beta a_n), \quad n = 1, 2, \cdots.$$

记 $b_n = a_{n+1} - \alpha a_n$，则有

$$b_{n+1} = \beta b_n, \quad n = 1, 2, \cdots.$$

注意到 $b_1 = \beta$，由此可得 $b_{n+1} = \beta^{n+1}$，$n = 1, 2, \cdots$，即

$$a_{n+1} - \alpha a_n = \beta^n, \quad n = 1, 2, \cdots.$$

类似地，可得

$$a_{n+1} - \beta a_n = \alpha^n, \quad n = 1, 2, \cdots.$$

于是，由上面两个等式得

$$a_n = \frac{\alpha^n - \beta^n}{\alpha - \beta}, \quad n = 1, 2, \cdots,$$

其中 α, β 为方程 $x^2 - x - 1 = 0$ 的两个解，可取

$$\alpha = \frac{1 + \sqrt{5}}{2}, \quad \beta = \frac{1 - \sqrt{5}}{2}.$$

由此可得

$$\lim_{n \to \infty} \frac{a_{n+1}}{a_n} = \lim_{n \to \infty} \frac{\alpha^{n+1} - \beta^{n+1}}{\alpha^n - \beta^n} = \lim_{n \to \infty} \frac{\alpha - \beta\left(\dfrac{\beta}{\alpha}\right)^n}{1 - \left(\dfrac{\beta}{\alpha}\right)^n} = \alpha = \frac{1 + \sqrt{5}}{2}.$$

注　$\{a_n\}$ 也常称为 **Fibonacci** 数列. 利用解差分方程的方法可求出它的通项：设 $a_n = \lambda^n (n = 1, 2, \cdots)$，代入差分方程 $a_{n+2} = a_{n+1} + a_n$ 并化简得

$$\lambda^2 - \lambda - 1 = 0.$$

这个方程有两个不同实根 $\lambda_1 = \dfrac{1 + \sqrt{5}}{2}, \lambda_2 = \dfrac{1 - \sqrt{5}}{2}$，因此 a_n 的形式可取为

$$a_n = c_1\left(\frac{1 + \sqrt{5}}{2}\right)^n + c_2\left(\frac{1 - \sqrt{5}}{2}\right)^n,$$

其中 c_1, c_2 是任意常数. 由于 $a_1 = 1, a_2 = 1$，所以可确定

$$c_1 = \frac{\sqrt{5}}{5}, \quad c_2 = -\frac{\sqrt{5}}{5}.$$

于是数列的通项为

$$a_n = \frac{\sqrt{5}}{5}\left(\frac{1+\sqrt{5}}{2}\right)^n - \frac{\sqrt{5}}{5}\left(\frac{1-\sqrt{5}}{2}\right)^n, \quad n = 1,2,\cdots.$$

由此易知 $\lim\limits_{n\to\infty}\dfrac{a_{n+1}}{a_n} = \dfrac{1+\sqrt{5}}{2}$.

例 1. 2. 8 求极限 $\lim\limits_{n\to\infty}\left(\dfrac{1}{n^4+1} + \dfrac{8}{n^4+8} + \cdots + \dfrac{n^3}{n^4+n^3}\right)$.

解 利用 $1^3 + 2^3 + \cdots + n^3 = \dfrac{n^2(n+1)^2}{4}$ 得

$$\frac{n^2(n+1)^2}{4(n^4+n^3)} = \frac{1}{n^4+n^3}(1^3 + 2^3 + \cdots + n^3)$$

$$\leqslant \frac{1}{n^4+1} + \frac{8}{n^4+8} + \cdots + \frac{n^3}{n^4+n^3}$$

$$\leqslant \frac{1}{n^4+1}(1^3 + 2^3 + \cdots + n^3) = \frac{n^2(n+1)^2}{4(n^4+1)}.$$

因为 $\lim\limits_{n\to\infty}\dfrac{n^2(n+1)^2}{4(n^4+n^3)} = \dfrac{1}{4}$，$\lim\limits_{n\to\infty}\dfrac{n^2(n+1)^2}{4(n^4+1)} = \dfrac{1}{4}$，所以由极限的夹逼性得

$$\lim\limits_{n\to\infty}\left(\frac{1}{n^4+1} + \frac{8}{n^4+8} + \cdots + \frac{n^3}{n^4+n^3}\right) = \frac{1}{4}.$$

例 1. 2. 9 证明 $\lim\limits_{n\to\infty}\dfrac{1}{\sqrt{n}}\sum\limits_{k=1}^{n}\dfrac{1}{\sqrt{k}} = 2$.

证法一 先来估计 $\sum\limits_{k=1}^{n}\dfrac{1}{\sqrt{k}}$. 注意到

$$2(\sqrt{k+1} - \sqrt{k}) = \frac{2}{\sqrt{k+1}+\sqrt{k}} < \frac{1}{\sqrt{k}} < \frac{2}{\sqrt{k-1}+\sqrt{k}} = 2(\sqrt{k} - \sqrt{k-1}),$$

则

$$2(\sqrt{n+1} - 1) < \sum\limits_{k=1}^{n}\frac{1}{\sqrt{k}} < 2\sqrt{n},$$

于是

$$2\left(\sqrt{1 + \frac{1}{n}} - \frac{1}{\sqrt{n}}\right) < \frac{1}{\sqrt{n}}\sum\limits_{k=1}^{n}\frac{1}{\sqrt{k}} < 2.$$

而 $\lim\limits_{n\to\infty}2\left(\sqrt{1 + \dfrac{1}{n}} - \dfrac{1}{\sqrt{n}}\right) = 2$，由极限的夹逼性得

$$\lim\limits_{n\to\infty}\frac{1}{\sqrt{n}}\sum\limits_{k=1}^{n}\frac{1}{\sqrt{k}} = 2.$$

证法二 由 Stolz 定理

$$\lim_{n \to \infty} \frac{1}{\sqrt{n}} \sum_{k=1}^{n} \frac{1}{\sqrt{k}} = \lim_{n \to \infty} \frac{\frac{1}{\sqrt{n}}}{\sqrt{n} - \sqrt{n-1}} = \lim_{n \to \infty} \frac{\sqrt{n} + \sqrt{n-1}}{\sqrt{n}} = 2.$$

例 1.2.10 (1) 设 $\lim\limits_{n \to \infty} a_n = a$，证明极限 $\lim\limits_{n \to \infty} \dfrac{a_1 + a_2 + \cdots + a_n}{n} = a.$

(2) 证明 $\lim\limits_{n \to \infty} \dfrac{1}{\sqrt[n]{n!}} = 0.$

证 (1) 由 $\lim\limits_{n \to \infty} a_n = a$ 可得，对于任意给定的 $\varepsilon > 0$，存在正整数 k，当 $n > k$ 时，成立

$$\mid a_n - a \mid < \frac{\varepsilon}{2}.$$

对上述给定的 k，存在正整数 N_1，当 $n > N_1$ 时，成立

$$\left| \frac{a_1 + a_2 + \cdots + a_k - ka}{n} \right| < \frac{\varepsilon}{2}.$$

于是取 $N = \max\{k, N_1\}$，则当 $n > N$ 时，便有

$$\left| \frac{a_1 + a_2 + \cdots + a_n}{n} - a \right|$$

$$= \left| \frac{a_1 + a_2 + \cdots + a_k - ka}{n} + \frac{(a_{k+1} - a) + (a_{k+2} - a) + \cdots + (a_n - a)}{n} \right|$$

$$\leqslant \left| \frac{a_1 + a_2 + \cdots + a_k - ka}{n} \right| + \frac{\mid a_{k+1} - a \mid + \mid a_{k+2} - a \mid + \cdots + \mid a_n - a \mid}{n}$$

$$< \frac{\varepsilon}{2} + \frac{n-k}{n} \cdot \frac{\varepsilon}{2} < \varepsilon,$$

这就是说

$$\lim_{n \to \infty} \frac{a_1 + a_2 + \cdots + a_n}{n} = a.$$

注 当 a 为 $+\infty$ 或 $-\infty$ 时上述结论仍成立，请读者自证. 另外，本题结论很容易从 Stolz 定理得到.

(2) 因为

$$0 < \frac{1}{\sqrt[n]{n!}} = \sqrt[n]{1 \cdot \frac{1}{2} \cdot \cdots \cdot \frac{1}{n}} \leqslant \frac{1 + \frac{1}{2} + \cdots + \frac{1}{n}}{n},$$

因为 $\lim\limits_{n \to \infty} \dfrac{1}{n} = 0$，所以由 (1) 知

$$\lim_{n \to \infty} \frac{1 + \frac{1}{2} + \cdots + \frac{1}{n}}{n} = \lim_{n \to \infty} \frac{1}{n} = 0,$$

且 $\lim\limits_{n\to\infty}0 = 0$,于是由极限的夹逼性质得

$$\lim_{n\to\infty} \frac{1}{\sqrt[n]{n!}} = 0.$$

例 1.2.11 （1）设 $\{a_n\}$ 为正项数列,且 $\lim\limits_{n\to\infty}a_n = a$,证明极限

$$\lim_{n\to\infty} \sqrt[n]{a_1 a_2 \cdots a_n} = a;$$

（2）设 $\{a_n\}$ 为正项数列,且 $\lim\limits_{n\to\infty}\dfrac{a_{n+1}}{a_n} = a$,证明 $\lim\limits_{n\to\infty}\sqrt[n]{a_n} = a;$

（3）设 $\{a_n\}$ 为公差 $d > 0$ 的等差数列,证明 $\lim\limits_{n\to\infty}\dfrac{n(a_1 a_2 \cdots a_n)^{\frac{1}{n}}}{a_1 + a_2 + \cdots + a_n} = \dfrac{2}{\mathrm{e}}$.

证 （1）注意到

$$\ln \sqrt[n]{a_1 a_2 \cdots a_n} = \frac{\ln a_1 + \ln a_2 + \cdots + \ln a_n}{n},$$

而

$$\lim_{n\to\infty}\ln a_n = \begin{cases} \ln a, & a > 0, \\ -\infty, & a = 0, \end{cases}$$

所以由例 1.2.10 及后面的注的结论得

$$\lim_{n\to\infty}\ln \sqrt[n]{a_1 a_2 \cdots a_n} = \begin{cases} \ln a, & a > 0, \\ -\infty, & a = 0, \end{cases}$$

即

$$\lim_{n\to\infty} \sqrt[n]{a_1 a_2 \cdots a_n} = a.$$

（2）记 $b_n = \dfrac{a_n}{a_{n-1}}(n = 1,2,\cdots)$,其中 $a_0 = 1$,则

$$\sqrt[n]{b_1 b_2 \cdots b_n} = \sqrt[n]{a_n},$$

因此由（1）得

$$\lim_{n\to\infty} \sqrt[n]{a_n} = \lim_{n\to\infty} \sqrt[n]{b_1 b_2 \cdots b_n} = \lim_{n\to\infty} \frac{a_{n+1}}{a_n} = a.$$

注 当 a 为 $+\infty$ 时结论仍成立. 另外,本题也可用定义直接证明.

（3）设 $b_n = \dfrac{n^n(a_1 a_2 \cdots a_n)}{(a_1 + a_2 + \cdots + a_n)^n}$,则

$$\frac{b_{n+1}}{b_n} = \frac{(n+1)a_{n+1}}{a_1 + a_2 + \cdots + a_{n+1}}\left[\frac{\dfrac{a_1 + a_2 + \cdots + a_n}{n}}{\dfrac{a_1 + a_2 + \cdots + a_{n+1}}{n+1}}\right]^n$$

$$= \frac{2a_{n+1}}{a_1 + a_{n+1}} \left(\frac{2a_1 + (n-1)d}{2a_1 + nd} \right)^n.$$

因为

$$\lim_{n \to \infty} \frac{2a_{n+1}}{a_1 + a_{n+1}} = \lim_{n \to \infty} \frac{2(a_1 + nd)}{2a_1 + nd} = 2,$$

$$\lim_{n \to \infty} \left(\frac{2a_1 + (n-1)d}{2a_1 + nd} \right)^n = \lim_{n \to \infty} \left(1 - \frac{1}{\frac{2a_1}{d} + n} \right)^n = \frac{1}{\mathrm{e}},$$

所以 $\lim\limits_{n \to \infty} \dfrac{b_{n+1}}{b_n} = \dfrac{2}{\mathrm{e}}$. 因此由(2)的结论知

$$\lim_{n \to \infty} \frac{n(a_1 a_2 \cdots a_n)^{\frac{1}{n}}}{a_1 + a_2 + \cdots + a_n} = \lim_{n \to \infty} \frac{b_{n+1}}{b_n} = \frac{2}{\mathrm{e}}.$$

例 1.2.12 证明数列 $\{\sin n\}$ 发散.

证 用反证法. 假设 $\{\sin n\}$ 收敛, 记其极限为 a, 则

$$\lim_{n \to \infty} [\sin(n+2) - \sin n] = \lim_{n \to \infty} \sin(n+2) - \lim_{n \to \infty} \sin n = a - a = 0.$$

由 $\sin(n+2) - \sin n = 2\sin 1 \cos(n+1)$, 因此 $\lim\limits_{n \to \infty} \cos(n+1) = 0$, 即 $\lim\limits_{n \to \infty} \cos n = 0$.
又由于 $\cos(n+1) = \cos n \cos 1 - \sin n \sin 1$, 由此又可得出 $\lim\limits_{n \to \infty} \sin n = 0$.

因为 $\sin^2 n + \cos^2 n = 1$, 令 $n \to \infty$, 便得出荒谬结论 $0 = 1$. 因此数列 $\{\sin n\}$
发散.

例 1.2.13 设 $x_1, x_2, \cdots, x_n, \cdots$ 是将方程 $\tan x = x$ 的全部正根按从小到大的次
序排成的数列, 求 $\lim\limits_{n \to \infty} (x_{n+1} - x_n)$.

解 记 $y_n = \arctan x_n$, 则 $0 < y_n < \dfrac{\pi}{2} (n = 1, 2, \cdots)$. 由于函数 $\tan x$ 以 π 为周
期, 因此

$$x_n = n\pi + y_n.$$

由假设, 数列 $\{x_n\}$ 单调增加, 因此由 y_n 的表达式可知, 数列 $\{y_n\}$ 也单调增加且有
界, 所以 $\{y_n\}$ 收敛. 于是

$$\lim_{n \to \infty} (x_{n+1} - x_n) = \lim_{n \to \infty} [\pi + (y_{n+1} - y_n)] = \pi + \lim_{n \to \infty} (y_{n+1} - y_n) = \pi.$$

例 1.2.14 (1) 设 $a_n = 1 + \dfrac{1}{2!} + \dfrac{1}{3!} + \cdots + \dfrac{1}{n!}$, 证明数列 $\{a_n\}$ 收敛;

(2) 设 $a_n = 1 + \dfrac{1}{\ln 2} + \dfrac{1}{\ln 3} + \cdots + \dfrac{1}{\ln n}$, 证明数列 $\{a_n\}$ 发散.

证 (1) 对于任何正整数 n, m, 当 $m > n$ 时, 有

$$| a_m - a_n | = \frac{1}{(n+1)!} + \frac{1}{(n+2)!} + \cdots + \frac{1}{m!}$$

$$\leqslant \frac{1}{n(n+1)} + \frac{1}{(n+1)(n+2)} + \cdots + \frac{1}{(m-1)m}$$

$$= \left(\frac{1}{n} - \frac{1}{n+1} \right) + \left(\frac{1}{n+1} - \frac{1}{n+2} \right) + \cdots + \left(\frac{1}{m-1} - \frac{1}{m} \right)$$

$$= \frac{1}{n} - \frac{1}{m} < \frac{1}{n}.$$

于是,对任意给定的 $\varepsilon > 0$,只要取 $N = \left[\dfrac{1}{\varepsilon} \right]$,当 $m > n > N$ 时,便有

$$| a_m - a_n | < \varepsilon.$$

由 Cauchy 收敛准则可知 $\{a_n\}$ 是收敛的.

(2) 取 $\varepsilon = \dfrac{1}{2}$,注意到 $\ln x < x\ (x \geqslant 1)$,则对于任何正整数 N,有

$$| a_{2N} - a_N | = \frac{1}{\ln(N+1)} + \frac{1}{\ln(N+2)} + \cdots + \frac{1}{\ln(2N)}$$

$$> \frac{1}{N+1} + \frac{1}{N+2} + \cdots + \frac{1}{2N}$$

$$\geqslant \frac{1}{2N} + \frac{1}{2N} + \cdots + \frac{1}{2N} = \frac{N}{2N} = \frac{1}{2} = \varepsilon,$$

因此由 Cauchy 收敛准则知,$\{a_n\}$ 是发散的.

例 1.2.15 设 $\{a_n\}$ 为数列,p 为正整数. 证明:

(1) 若对于 $i = 0, 1, \cdots, p-1$,均有 $\lim\limits_{k\to\infty} a_{kp+i} = \lambda$,则 $\lim\limits_{n\to\infty} a_n = \lambda$;

(2) 若 $\lim\limits_{n\to\infty}(a_{n+p} - a_n) = \lambda$,则 $\lim\limits_{n\to\infty} \dfrac{a_n}{n} = \dfrac{\lambda}{p}$.

证 (1) 对于 $i = 0, 1, \cdots, p-1$,因为 $\lim\limits_{k\to\infty} a_{kp+i} = \lambda$,由极限的定义得,对于任意给定的 $\varepsilon > 0$,存在正整数 K_i,使得当 $k > K_i$ 时,成立

$$| a_{kp+i} - \lambda | < \varepsilon.$$

取 $N = \max\limits_{0 \leqslant i \leqslant p-1}\{ pK_i \} + p$,则当 $n > N$ 时,存在 $i \in \{0, 1, \cdots, p-1\}$,使得 $n = kp + i$,且 $k > K_i$,因此有

$$| a_n - \lambda | = | a_{kp+i} - \lambda | < \varepsilon,$$

于是由极限的定义知 $\lim\limits_{n\to\infty} a_n = \lambda$.

(2) 对于 $i = 0, 1, \cdots, p-1$,记 $A_n^{(i)} = a_{(n+1)p+i} - a_{np+i}$,则由 $\lim\limits_{n\to\infty}(a_{n+p} - a_n) = \lambda$ 知 $\lim\limits_{n\to\infty} A_n^{(i)} = \lambda$,从而由例 1.2.10 知

$$\lim_{n\to\infty} \frac{A_1^{(i)} + A_2^{(i)} + \cdots + A_n^{(i)}}{n} = \lambda.$$

由于 $A_1^{(i)} + A_2^{(i)} + \cdots + A_n^{(i)} = a_{(n+1)p+i} - a_{p+i}$，则由上式易知 $\lim\limits_{n\to\infty} \dfrac{a_{(n+1)p+i}}{n} = \lambda$.

于是对于 $i = 0, 1, \cdots, p - 1$，均有

$$\lim_{n\to\infty} \frac{a_{(n+1)p+i}}{(n+1)p+i} = \lim_{n\to\infty} \frac{a_{(n+1)p+i}}{n} \cdot \frac{n}{(n+1)p+i} = \frac{\lambda}{p}.$$

于是由(1)的结论知 $\lim\limits_{n\to\infty} \dfrac{a_n}{n} = \dfrac{\lambda}{p}$.

习　　题

1. 用定义证明:

(1) $\lim\limits_{n\to\infty} \dfrac{n^2 + 2n}{2n^2 + 1} = \dfrac{1}{2}$;

(2) $\lim\limits_{n\to\infty} n(\sqrt{n^2 + 2} - n) = 1$.

2. 求下列极限:

(1) $\lim\limits_{n\to\infty} \dfrac{2n^2 + n}{n^2 + 2}$;

(2) $\lim\limits_{n\to\infty} \dfrac{5n^2 + 4}{n^3 + 2n}$;

(3) $\lim\limits_{n\to\infty} \dfrac{3n^4 + 2n}{n^3 + 2}$;

(4) $\lim\limits_{n\to\infty} \dfrac{\arctan n}{\ln(n+1)}$;

(5) $\lim\limits_{n\to\infty} \dfrac{1 - 2^n - 2^{2n}}{2 + 2^n + 2^{2n}}$;

(6) $\lim\limits_{n\to\infty} \dfrac{1 + \sqrt{2} + \cdots + \sqrt[n]{n}}{n}$;

(7) $\lim\limits_{n\to\infty} \dfrac{1}{n}\left(\sqrt{1^2 + 1} + \sqrt{2^2 + 2} + \cdots + \sqrt{n^2 + n} - \dfrac{1}{2}n(n+1) \right)$;

(8) $\lim\limits_{n\to\infty} \left(1 - \dfrac{1}{n} \right)^n$;

(9) $\lim\limits_{n\to\infty} \sqrt[n]{\arctan(n^3 + n + 2)}$;

(10) $\lim\limits_{n\to\infty} (1 + x)(1 + x^2)(1 + x^4)\cdots(1 + x^{2^n}) \ (|x| < 1)$.

3. 求极限 $\lim\limits_{n\to\infty} \left[\dfrac{1}{n^2 + n + 1} + \dfrac{2}{n^2 + n + 2} + \cdots + \dfrac{n}{n^2 + n + n} \right]$.

4. 利用"单调有界数列必收敛",证明下列数列 $\{x_n\}$ 收敛,并求出它们的极限:

(1) $-1 < x_1 < 0$, $x_{n+1} = 2x_n + x_n^2$, $n = 1, 2, \cdots$;

(2) $x_1 = \sqrt{2}$, $x_{n+1} = \sqrt{2 + x_n}$, $n = 1, 2, \cdots$;

(3) $x_1 = 1$, $x_{n+1} = 1 + \dfrac{1}{x_n}$, $n = 1, 2, \cdots$.

5. 设 $0 < a_1 < 1$, $a_{n+1} = 1 - \sqrt{1 - a_n}$ $(n = 1, 2, \cdots)$,证明数列 $\{a_n\}$ 收敛,并求出 $\lim\limits_{n\to\infty} a_n$ 和 $\lim\limits_{n\to\infty} \dfrac{a_{n+1}}{a_n}$.

6. 设 $x_1 = 1$, $x_2 = 2$, $x_{n+2} = 3x_{n+1} - 2x_n$, $n = 1, 2, \cdots$,求极限 $\lim\limits_{n\to\infty} \dfrac{x_{n+1}}{x_n}$.

7. 设 $x_1 = 1$, $x_{n+1} = 1 + \dfrac{x_n}{1 + x_n}$, $n = 1, 2, \cdots$. 证明数列 $\{x_n\}$ 收敛,并求出其极限.

8. 利用不等式 $(1 + \lambda)^n \geqslant 1 + \lambda n$ ($\lambda > -1, n \in \mathbf{N}^+$),证明数列 $\left\{\left(1 + \dfrac{1}{n}\right)^n\right\}$ 严格单调增加,$\left\{\left(1 + \dfrac{1}{n}\right)^{n+1}\right\}$ 严格单调减少,从而证明这两个数列都收敛且极限相等.

9. (1) 利用不等式 $\dfrac{x}{1+x} < \ln(1+x) < x \, (x > 0)$,证明数列 $\{a_n\}$ 收敛,其中

$$a_n = 1 + \frac{1}{2} + \cdots + \frac{1}{n} - \ln n;$$

(2) 证明:$\lim\limits_{n \to \infty} \left(\dfrac{1}{n+1} + \dfrac{1}{n+2} + \cdots + \dfrac{1}{2n} \right) = \ln 2$;

(3) 证明:$\lim\limits_{n \to \infty} \left[1 - \dfrac{1}{2} + \dfrac{1}{3} - \cdots + (-1)^{n+1} \dfrac{1}{n} \right] = \ln 2$.

10. 利用 Cauchy 收敛准则,讨论以下数列 $\{x_n\}$ 的敛散性:

(1) $x_n = \dfrac{2}{1} + \dfrac{2^2}{2!} + \cdots + \dfrac{2^n}{n!}$;

(2) $x_n = \dfrac{\sin 1}{1 \cdot 2} + \dfrac{\sin 2}{2 \cdot 3} + \cdots + \dfrac{\sin n}{n(n+1)}$;

(3) $x_n = 1 + \dfrac{1}{3} + \dfrac{1}{5} + \cdots + \dfrac{1}{2n-1}$.

§1.3 函数的极限

知识要点

一、自变量趋于有限值时函数的极限

如果在 x 趋于 x_0 的过程中,函数值 $f(x)$ 无限地接近于常数 A,即 $f(x) - A$ 趋于 0,就称 A 是 $f(x)$ 当 $x \to x_0$ 时的极限,它的精确数学描述如下.

定义 1.3.1 如果对任意给定的 $\varepsilon > 0$,总存在 $\delta > 0$,使得当 $0 < |x - x_0| < \delta$ 时,成立

$$|f(x) - A| < \varepsilon,$$

则称函数 f 当 $x \to x_0$ 时以 A 为**极限**,记作

$$\lim_{x \to x_0} f(x) = A.$$

这个极限反映了当自变量 x 趋向 x_0 的过程中 $f(x)$ 的函数值的变化趋势.

定理 1.3.1(函数极限与数列极限的关系) $\lim\limits_{x \to x_0} f(x) = A$ 的充分必要条件是:对任何收敛于 x_0 的数列 $\{x_n\}$($x_n \neq x_0, n = 1, 2, \cdots$),均有 $\lim\limits_{n \to \infty} f(x_n) = A$.

二、极限的性质

定理 1.3.2(四则运算法则) 若 $\lim\limits_{x \to x_0} f(x)$ 与 $\lim\limits_{x \to x_0} g(x)$ 均存在,则

$$\lim_{x \to x_0}[f(x) \pm g(x)] = \lim_{x \to x_0}f(x) \pm \lim_{x \to x_0}g(x);$$

$$\lim_{x \to x_0}[f(x)g(x)] = \lim_{x \to x_0}f(x) \lim_{x \to x_0}g(x);$$

$$\lim_{x \to x_0}\frac{f(x)}{g(x)} = \frac{\lim\limits_{x \to x_0}f(x)}{\lim\limits_{x \to x_0}g(x)} \quad (\lim_{x \to x_0}g(x) \neq 0).$$

定理 1.3.3 设 $r > 0$. 若当 $0 < |x - x_0| < r$ 时, 成立

$$f(x) \leqslant g(x) \leqslant h(x),$$

且 $\lim\limits_{x \to x_0}f(x) = \lim\limits_{x \to x_0}h(x) = A$, 则 $\lim\limits_{x \to x_0}g(x) = A$.

定理 1.3.4 如果 $\lim\limits_{x \to x_0}f(x)$ 存在, 则存在 $\delta > 0$, 使得 $0 < |x - x_0| < \delta$ 时, 函数 f 有界.

定理 1.3.5 设 $\lim\limits_{x \to x_0}f(x) = A, \lim\limits_{x \to x_0}g(x) = B$, 且 $A > B$, 则存在 $C \in (B, A)$ 和 $\delta > 0$, 使得当 $0 < |x - x_0| < \delta$ 时, 成立

$$f(x) > C > g(x).$$

推论 1.3.1 设 $\lim\limits_{x \to x_0}f(x) = A > 0$, 则存在 $C > 0$ 和 $\delta > 0$, 使得当 $0 < |x - x_0| < \delta$ 时, 成立

$$f(x) > C > 0.$$

推论 1.3.2 如果 $\lim\limits_{x \to x_0}f(x)$ 和 $\lim\limits_{x \to x_0}g(x)$ 均存在, 且当 $0 < |x - x_0| < r$ 时, $f(x) \leqslant g(x)$, 则

$$\lim_{x \to x_0}f(x) \leqslant \lim_{x \to x_0}g(x).$$

定理 1.3.6(复合函数的极限) 设函数 f 满足 $\lim\limits_{u \to u_0}f(u) = A$, 而函数 g 在某个 $O(x_0, \delta) \setminus \{x_0\}$ 上有定义, 且 $g(x) \neq u_0$. 若 $\lim\limits_{x \to x_0}g(x) = u_0$, 则

$$\lim_{x \to x_0}f \circ g(x) = \lim_{x \to x_0}f[g(x)] = A.$$

三、单侧极限

函数 f 在某 x_0 两侧变化趋势不一致的情况是经常发生的. 单侧极限刻画了自变量从 x_0 的一侧趋于 x_0 时函数值的变化趋势.

定义 1.3.2 如果存在实数 A, 对于任意给定的 $\varepsilon > 0$, 存在 $\delta > 0$, 使得当 $x_0 - \delta < x < x_0$ 时, 成立

$$|f(x) - A| < \varepsilon,$$

则称 A 为 $f(x)$ 在 x_0 处的**左极限**, 记作 $\lim\limits_{x \to x_0 - 0}f(x) = A$ 或 $f(x_0 - 0) = A$.

类似地, 可以定义 $f(x)$ 在 x_0 处的**右极限** $\lim\limits_{x \to x_0 + 0}f(x)$, 即 $f(x_0 + 0)$.

关于函数的极限与左、右极限,显然存在以下关系.

定理 1.3.7 $\lim\limits_{x\to x_0} f(x) = A$ 的充要条件是
$$\lim_{x\to x_0-0} f(x) = \lim_{x\to x_0+0} f(x) = A.$$

四、自变量趋于无限时的极限

定义 1.3.3 如果对于任意给定的 $\varepsilon > 0$,存在 $X > 0$,使得当 $|x| > X$ 时,成立
$$|f(x) - A| < \varepsilon,$$
则称 x 趋于无穷大时,$f(x)$ 以 A 为极限,记作
$$\lim_{x\to\infty} f(x) = A.$$

这个极限反映了当自变量 x 趋向无穷大的过程中 $f(x)$ 的函数值的变化趋势. 刻画 x 趋于正、负无穷大时,$f(x)$ 的变化趋势需要借助以下概念描述.

定义 1.3.4 如果对于任意给定的 $\varepsilon > 0$,存在 $X > 0$,使得当 $x > X$ 时,成立
$$|f(x) - A| < \varepsilon,$$
则称 x 趋于正无穷大时,$f(x)$ 以 A 为极限,记作 $\lim\limits_{x\to+\infty} f(x) = A$ 或 $f(+\infty) = A$.

类似地,可以给出 $\lim\limits_{x\to-\infty} f(x)$ 的定义.

定理 1.3.8 $\lim\limits_{x\to\infty} f(x) = A$ 的充要条件是
$$\lim_{x\to+\infty} f(x) = \lim_{x\to-\infty} f(x) = A.$$

五、两个重要极限

(1) $\lim\limits_{x\to 0} \dfrac{\sin x}{x} = 1$;

(2) $\lim\limits_{x\to\infty} \left(1 + \dfrac{1}{x}\right)^x = \mathrm{e}$,等价地,$\lim\limits_{x\to 0}(1 + x)^{\frac{1}{x}} = \mathrm{e}$.

例 题 分 析

例 1.3.1 证明 $\lim\limits_{x\to 1} \dfrac{x^2 + 3}{x + 1} = 2$.

证 对于任意给定的 $\varepsilon > 0$,要找 $\delta > 0$,使当 $0 < |x - 1| < \delta$ 时,成立
$$\left|\frac{x^2 + 3}{x + 1} - 2\right| < \varepsilon,\text{即}\left|\frac{(x-1)^2}{x+1}\right| < \varepsilon.$$

为了保证 $x > 0$,不妨设 $|x - 1| < 1$. 只要取 $\delta = \min\{\sqrt{\varepsilon}, 1\}$,那么当 $0 < |x - 1| < \delta$ 时,便成立
$$\left|\frac{x^2 + 3}{x + 1} - 2\right| = \left|\frac{(x-1)^2}{x+1}\right| \leqslant (x-1)^2 < \delta^2 \leqslant \varepsilon.$$

这就是说

$$\lim_{x \to 1} \frac{x^2 + 3}{x + 1} = 2.$$

例 1.3.2　证明 $\lim\limits_{x \to a} \cos x = \cos a$.

证　注意到

$$|\cos x - \cos a| = 2 \left| \sin \frac{x - a}{2} \sin \frac{x + a}{2} \right| \leqslant 2 \left| \sin \frac{x - a}{2} \right| \leqslant |x - a|,$$

对于任意给定的 $\varepsilon > 0$,取 $\delta = \varepsilon$,则当 $0 < |x - a| < \delta$ 时,便成立

$$|\cos x - \cos a| < \varepsilon,$$

所以

$$\lim_{x \to a} \cos x = \cos a.$$

例 1.3.3　求极限 $\lim\limits_{x \to 4} \dfrac{x^2 - 2x + 2}{x^2 - 4x + 2}$.

解　由定理 1.3.2 可知

$$\lim_{x \to 4} \frac{x^2 - 2x + 2}{x^2 - 4x + 2} = \frac{\lim\limits_{x \to 4}(x^2 - 2x + 2)}{\lim\limits_{x \to 4}(x^2 - 4x + 2)} = \frac{10}{2} = 5.$$

例 1.3.4　求极限 $\lim\limits_{x \to 1} \dfrac{x^2 - 3x + 2}{x^2 - 4x + 3}$.

解　由定理 1.3.2 可知

$$\lim_{x \to 1} \frac{x^2 - 3x + 2}{x^2 - 4x + 3} = \lim_{x \to 1} \frac{(x - 2)(x - 1)}{(x - 3)(x - 1)} = \lim_{x \to 1} \frac{x - 2}{x - 3} = \frac{1}{2}.$$

例 1.3.5　求极限 $\lim\limits_{x \to a} \dfrac{\sin x - \sin a}{x - a}$.

解　利用 $\lim\limits_{x \to 0} \dfrac{\sin x}{x} = 1$ 得

$$\lim_{x \to a} \frac{\sin x - \sin a}{x - a} = \lim_{x \to a} \frac{2 \sin \dfrac{x - a}{2} \cos \dfrac{x + a}{2}}{x - a}$$

$$= \lim_{x \to a} \frac{\sin \dfrac{x - a}{2}}{\dfrac{x - a}{2}} \lim_{x \to a} \cos \frac{x + a}{2} = \cos a.$$

例 1.3.6　设 $a > 0, a \neq 1$,证明 $\lim\limits_{x \to 0} a^x = 1$.

证　先考虑 $a > 1$ 的情形. 不妨设 $0 < x < 1$,由 $\left[\dfrac{1}{x} \right] \leqslant \dfrac{1}{x} < \left[\dfrac{1}{x} \right] + 1$ 以及指数函数的单调性,得

$$a^{\frac{1}{\left[\frac{1}{x}\right]+1}} < a^x \leqslant a^{\frac{1}{\left[\frac{1}{x}\right]}}.$$

利用数列极限 $\lim\limits_{n\to\infty}\sqrt[n]{a} = 1$ 可知, $\lim\limits_{x\to0+0} a^{\frac{1}{\left[\frac{1}{x}\right]+1}} = \lim\limits_{x\to0+0} a^{\frac{1}{\left[\frac{1}{x}\right]}} = 1$. 再利用极限的夹逼性得

$$\lim_{x\to0+0} a^x = 1.$$

当 $x < 0$ 时, 令 $t = -x$, 则 $x \to 0 - 0 \Leftrightarrow t \to 0 + 0$. 于是

$$\lim_{x\to0-0} a^x = \lim_{t\to0+0} a^{-t} = \lim_{t\to0+0} \frac{1}{a^t} = 1.$$

所以

$$\lim_{x\to0} a^x = 1.$$

当 $0 < a < 1$ 时, 利用 $a > 1$ 时的结果知

$$\lim_{x\to0} a^x = \lim_{x\to0} \frac{1}{\left(\dfrac{1}{a}\right)^x} = \frac{1}{1} = 1.$$

例 1.3.7 求下列极限:

(1) $\lim\limits_{x\to0} \dfrac{\sin3x}{x}$;

(2) $\lim\limits_{x\to0} \dfrac{\tan2x}{x}$;

(3) $\lim\limits_{x\to0} \dfrac{\sin3x}{\tan4x}$;

(4) $\lim\limits_{x\to0} \dfrac{\sin \sin x}{x}$;

(5) $\lim\limits_{x\to0} \dfrac{\arcsin x}{x}$;

(6) $\lim\limits_{x\to0} \dfrac{\arcsin2x}{\tan3x}$;

(7) $\lim\limits_{x\to0} \dfrac{1 - \cos x}{x\tan2x}$;

(8) $\lim\limits_{x\to\pi}(x - \pi)\cot x$;

(9) $\lim\limits_{x\to\frac{\pi}{2}} \dfrac{\sin x + \sin3x}{\cos2x + \cos4x}$;

(10) $\lim\limits_{x\to\infty} \dfrac{5x - 3}{x^3\sin\dfrac{1}{x^2}}$.

解 (1) 利用 $\lim\limits_{u\to0} \dfrac{\sin u}{u} = 1$, 令 $u = 3x$, 注意 $x \to 0$ 时, $u \to 0$, 则有

$$\lim_{x\to0} \frac{\sin3x}{x} = 3\lim_{u\to0} \frac{\sin u}{u} = 3.$$

(2) 注意到 $\lim\limits_{x\to0} \dfrac{\tan x}{x} = \lim\limits_{x\to0} \dfrac{\sin x}{x} \cdot \dfrac{1}{\cos x} = \lim\limits_{x\to0} \dfrac{\sin x}{x} \lim\limits_{x\to0} \dfrac{1}{\cos x} = 1$, 便有

$$\lim_{x\to0} \frac{\tan2x}{x} = \lim_{x\to0} \frac{\tan2x}{2x} \cdot 2 = 2.$$

(3) 注意到 $\lim\limits_{x\to0} \dfrac{\sin x}{x} = 1$, $\lim\limits_{x\to0} \dfrac{\tan x}{x} = 1$, 便有

$$\lim_{x \to 0} \frac{\sin 3x}{\tan 4x} = \lim_{x \to 0} \frac{\dfrac{\sin 3x}{3x}}{\dfrac{\tan 4x}{4x}} \cdot \frac{3}{4} = \frac{3}{4}.$$

(4) 令 $u = \sin x$, 注意到 $x \to 0$ 时, $u \to 0$, 便有

$$\lim_{x \to 0} \frac{\sin \sin x}{x} = \lim_{x \to 0} \left(\frac{\sin \sin x}{\sin x} \frac{\sin x}{x} \right)$$

$$= \lim_{u \to 0} \frac{\sin u}{u} \cdot \lim_{x \to 0} \frac{\sin x}{x} = 1.$$

(5) 令 $u = \arcsin x$, 则 $x = \sin u$, 注意 $x \to 0$ 时, $u \to 0$, 便有

$$\lim_{x \to 0} \frac{\arcsin x}{x} = \lim_{u \to 0} \frac{u}{\sin u} = 1.$$

(6) 利用(5) 的结论及 $\lim_{x \to 0} \dfrac{\tan x}{x} = 1$, 便有

$$\lim_{x \to 0} \frac{\arcsin 2x}{\tan 3x} = \lim_{x \to 0} \frac{\dfrac{\arcsin 2x}{2x}}{\dfrac{\tan 3x}{3x}} \frac{2}{3} = \frac{2}{3}.$$

(7) 由于 $1 - \cos x = 2\sin^2 \dfrac{x}{2}$, 因此

$$\lim_{x \to 0} \frac{1 - \cos x}{x \tan 2x} = \lim_{x \to 0} \frac{2\sin^2 \dfrac{x}{2}}{x \tan 2x} = \lim_{x \to 0} \frac{1}{4} \cdot \left(\frac{\sin \dfrac{x}{2}}{\dfrac{x}{2}} \right)^2 \cdot \frac{2x}{\tan 2x} = \frac{1}{4}.$$

(8) $\lim_{x \to \pi} (x - \pi) \cot x = \lim_{x \to \pi} (x - \pi) \dfrac{\cos x}{\sin x} = \lim_{x \to \pi} \dfrac{x - \pi}{\sin x} \cos x$

$$= \lim_{x \to \pi} \frac{x - \pi}{\sin(\pi - x)} \cos x = 1.$$

(9) 利用和差化积公式得

$$\lim_{x \to \frac{\pi}{2}} \frac{\sin x + \sin 3x}{\cos 2x + \cos 4x} = \lim_{x \to \frac{\pi}{2}} \frac{2\sin 2x \cos x}{2\cos 3x \cos x} = \lim_{x \to \frac{\pi}{2}} \frac{\sin 2x}{\cos 3x}.$$

再令 $x = \dfrac{\pi}{2} - t$, 注意当 $x \to \dfrac{\pi}{2}$ 时, $t \to 0$, 便得

$$\lim_{x \to \frac{\pi}{2}} \frac{\sin x + \sin 3x}{\cos 2x + \cos 4x} = \lim_{t \to 0} \frac{\sin 2\left(\dfrac{\pi}{2} - t \right)}{\cos 3\left(\dfrac{\pi}{2} - t \right)} = \lim_{t \to 0} \frac{\sin 2t}{-\sin 3t} = -\frac{2}{3}.$$

（10）注意到

$$\lim_{x\to\infty}x^2\sin\frac{1}{x^2} = \lim_{x\to\infty}\frac{\sin\dfrac{1}{x^2}}{\dfrac{1}{x^2}} = 1,$$

便得

$$\lim_{x\to\infty}\frac{5x-3}{x^3\sin\dfrac{1}{x^2}} = \lim_{x\to\infty}\frac{5-\dfrac{3}{x}}{x^2\sin\dfrac{1}{x^2}} = 5.$$

例 1.3.8 求下列极限：

（1）$\lim\limits_{x\to\infty}\left(1-\dfrac{2}{x}\right)^x$；（2）$\lim\limits_{x\to0}\left(1+\dfrac{x}{3}\right)^{\frac{1}{x}}$；

（3）$\lim\limits_{x\to\infty}\left(1-\dfrac{4}{x^2}\right)^x$；（4）$\lim\limits_{x\to0}\left(\dfrac{1+2\sin x}{1+\sin x}\right)^{\frac{1}{x}}$.

解 （1）若记 $u = -\dfrac{x}{2}$，则 $x\to\infty$ 时，$u\to\infty$，利用 $\lim\limits_{u\to\infty}\left(1+\dfrac{1}{u}\right)^u = e$，得

$$\lim_{x\to\infty}\left(1-\frac{2}{x}\right)^x = \lim_{u\to\infty}\left[\left(1+\frac{1}{u}\right)^u\right]^{-2} = e^{-2}.$$

（2）利用 $\lim\limits_{t\to0}(1+t)^{\frac{1}{t}} = e$，得

$$\lim_{x\to0}\left(1+\frac{x}{3}\right)^{\frac{1}{x}} = \lim_{x\to0}\left[\left(1+\frac{x}{3}\right)^{\frac{3}{x}}\right]^{\frac{1}{3}} = e^{\frac{1}{3}}.$$

（3）由 $\lim\limits_{u\to\infty}\left(1+\dfrac{1}{u}\right)^u = e$；得

$$\lim_{x\to\infty}\left(1-\frac{4}{x^2}\right)^x = \lim_{x\to\infty}\left(1+\frac{2}{x}\right)^x\left(1-\frac{2}{x}\right)^x$$

$$= \lim_{x\to\infty}\left[\left(1+\frac{1}{x/2}\right)^{x/2}\right]^2\left[\left(1+\frac{1}{-x/2}\right)^{-x/2}\right]^{-2}$$

$$= e^2\cdot e^{-2} = 1.$$

（4）因为 $\lim\limits_{x\to0}\dfrac{\sin x}{1+\sin x} = 0$，利用 $\lim\limits_{t\to0}(1+t)^{\frac{1}{t}} = e$ 和 $\lim\limits_{t\to0}\dfrac{\sin t}{t} = 1$，得

$$\lim_{x\to0}\left(\frac{1+2\sin x}{1+\sin x}\right)^{\frac{1}{x}} = \lim_{x\to0}\left(1+\frac{\sin x}{1+\sin x}\right)^{\frac{1}{x}}$$

$$= \lim_{x\to0}\left[\left(1+\frac{\sin x}{1+\sin x}\right)^{\frac{1+\sin x}{\sin x}}\right]^{\frac{\sin x}{x}\cdot\frac{1}{1+\sin x}}$$

$$= e^1 = e.$$

注 此题利用了结论:若 $\lim\limits_{x \to x_0} f(x) > 0$,且 $\lim\limits_{x \to x_0} g(x)$ 存在,则

$$\lim_{x \to x_0} f(x)^{g(x)} = \left[\lim_{x \to x_0} f(x)\right]^{\lim\limits_{x \to x_0} g(x)}.$$

例 1.3.9 求下列极限:

(1) $\lim\limits_{x \to +\infty} \sin(\sqrt{x+1} - \sqrt{x})$; (2) $\lim\limits_{x \to +\infty} (\sin\sqrt{x+1} - \sin\sqrt{x})$.

解 (1) 利用 $\lim\limits_{u \to 0} \sin u = 0$,得

$$\lim_{x \to +\infty} \sin(\sqrt{x+1} - \sqrt{x}) = \lim_{x \to +\infty} \sin\frac{1}{\sqrt{x+1} + \sqrt{x}} = 0.$$

(2) 因为

$$\sin\sqrt{x+1} - \sin\sqrt{x} = 2\sin\frac{\sqrt{x+1} - \sqrt{x}}{2}\cos\frac{\sqrt{x+1} + \sqrt{x}}{2},$$

类似于(1)知 $\lim\limits_{x \to +\infty} \sin\frac{\sqrt{x+1} - \sqrt{x}}{2} = 0$,而 $\left|\cos\frac{\sqrt{x+1} + \sqrt{x}}{2}\right| \leqslant 1$,所以

$$\lim_{x \to +\infty} (\sin\sqrt{x+1} - \sin\sqrt{x}) = 0.$$

例 1.3.10 问当 $x \to 2$ 时,下列函数的极限:

(1) $\dfrac{x^2 - 4}{x - 2} e^{\frac{1}{2-x}}$; (2) $\dfrac{2 + e^{\frac{1}{x-2}}}{1 + 2e^{\frac{2}{x-2}}} + \dfrac{|\sin(x-2)|}{x - 2}$

是否存在?

解 (1) 因为

$$\lim_{x \to 2+0} \frac{x^2 - 4}{x - 2} e^{\frac{1}{2-x}} = \lim_{x \to 2+0} (x+2) e^{\frac{1}{2-x}} = 4 \cdot 0 = 0,$$

$$\lim_{x \to 2-0} \frac{x^2 - 4}{x - 2} e^{\frac{1}{2-x}} = \lim_{x \to 2-0} (x+2) e^{\frac{1}{2-x}} = +\infty,$$

所以当 $x \to 2$ 时,$\dfrac{x^2 - 4}{x - 2} e^{\frac{1}{2-x}}$ 的极限不存在.

(2) 因为

$$\lim_{x \to 2+0} \left(\frac{2 + e^{\frac{1}{x-2}}}{1 + 2e^{\frac{2}{x-2}}} + \frac{|\sin(x-2)|}{x - 2}\right) = \lim_{x \to 2+0} \left(\frac{2e^{-\frac{2}{x-2}} + e^{-\frac{1}{x-2}}}{e^{-\frac{2}{x-2}} + 2} + \frac{\sin(x-2)}{x - 2}\right)$$

$$= 0 + 1 = 1,$$

$$\lim_{x \to 2-0} \left(\frac{2 + e^{\frac{1}{x-2}}}{1 + 2e^{\frac{2}{x-2}}} + \frac{|\sin(x-2)|}{x - 2}\right) = \lim_{x \to 2-0} \left(\frac{2 + e^{\frac{1}{x-2}}}{1 + 2e^{\frac{2}{x-2}}} - \frac{\sin(x-2)}{x - 2}\right)$$

$$= \frac{2 + 0}{1 + 0} - 1 = 1,$$

所以当 $x \to 2$ 时，$\dfrac{2 + \mathrm{e}^{\frac{1}{x-2}}}{1 + 2\mathrm{e}^{\frac{2}{x-2}}} + \dfrac{|\sin(x-2)|}{x-2}$ 极限存在，且

$$\lim_{x \to 2}\left(\frac{2 + \mathrm{e}^{\frac{1}{x-2}}}{1 + 2\mathrm{e}^{\frac{2}{x-2}}} + \frac{|\sin(x-2)|}{x-2} \right) = 1.$$

例 1.3.11 设 $f(x) = \begin{cases} \dfrac{\cos x - \cos 3x}{x^2}, & x > 0, \\[3mm] \dfrac{\sqrt{x+a} - \sqrt{a}}{x}, & x < 0. \end{cases}$ 问当正常数 a 为何值时，极限

$\lim\limits_{x \to 0} f(x)$ 存在？

解 因为

$$\lim_{x \to 0+0} f(x) = \lim_{x \to 0+0} \frac{\cos x - \cos 3x}{x^2} = \lim_{x \to 0+0} \frac{2\sin 2x \sin x}{x^2}$$

$$= \lim_{x \to 0+0} 4 \cdot \frac{\sin 2x}{2x} \cdot \frac{\sin x}{x} = 4,$$

以及

$$\lim_{x \to 0-0} f(x) = \lim_{x \to 0-0} \frac{\sqrt{x+a} - \sqrt{a}}{x} = \lim_{x \to 0-0} \frac{1}{\sqrt{x+a} + \sqrt{a}} = \frac{1}{2\sqrt{a}},$$

所以当 $\lim\limits_{x \to 0-0} f(x) = \lim\limits_{x \to 0+0} f(x)$，即 $a = \dfrac{1}{64}$ 时，$\lim\limits_{x \to 0} f(x)$ 存在，且 $\lim\limits_{x \to 0} f(x) = 4$.

例 1.3.12 求下列极限：

(1) $\lim\limits_{x \to +\infty} \dfrac{\sqrt{2x + 4\sqrt{x + \sqrt{x+2}}}}{\sqrt{x+3}}$;

(2) $\lim\limits_{x \to 2+0} \dfrac{\sqrt{x} - \sqrt{2} - \sqrt{x-2}}{\sqrt{x^2 - 4}}$;

(3) $\lim\limits_{x \to 9} \dfrac{\sqrt{3x-2} - 5}{\sqrt[3]{3x} - 3}$;

(4) $\lim\limits_{x \to +\infty} (\sqrt{\mathrm{e}^{2x} + \mathrm{e}^x} - \sqrt{\mathrm{e}^{2x} - \mathrm{e}^x})$.

解 (1)

$$\lim_{x \to +\infty} \frac{\sqrt{2x + 4\sqrt{x + \sqrt{x+2}}}}{\sqrt{x+3}} = \lim_{x \to +\infty} \frac{\sqrt{2 + 4\sqrt{\dfrac{1}{x} + \sqrt{\dfrac{1}{x^3} + \dfrac{2}{x^4}}}}}{\sqrt{1 + \dfrac{3}{x}}} = \sqrt{2}.$$

(2)

$$\lim_{x \to 2+0} \frac{\sqrt{x} - \sqrt{2} - \sqrt{x-2}}{\sqrt{x^2 - 4}} = \lim_{x \to 2+0}\left(\frac{\sqrt{x} - \sqrt{2}}{\sqrt{x^2 - 4}} - \frac{\sqrt{x-2}}{\sqrt{x^2 - 4}} \right)$$

$$= \lim_{x \to 2+0}\left(\frac{x - 2}{\sqrt{x^2 - 4}(\sqrt{x} + \sqrt{2})} - \frac{1}{\sqrt{x+2}} \right)$$

$$= \lim_{x \to 2+0} \left(\frac{1}{\sqrt{x} + \sqrt{2}} \sqrt{\frac{x-2}{x+2}} - \frac{1}{\sqrt{x+2}} \right) = -\frac{1}{2}.$$

（3）

$$\lim_{x \to 9} \frac{\sqrt{3x-2} - 5}{\sqrt[3]{3x} - 3} = \lim_{x \to 9} \frac{(\sqrt{3x-2} - 5)(\sqrt{3x-2} + 5)(\sqrt[3]{(3x)^2} + 3\sqrt[3]{3x} + 9)}{(\sqrt[3]{3x} - 3)(\sqrt[3]{(3x)^2} + 3\sqrt[3]{3x} + 9)(\sqrt{3x-2} + 5)}$$

$$= \lim_{x \to 9} \frac{\sqrt[3]{(3x)^2} + 3\sqrt[3]{3x} + 9}{\sqrt{3x-2} + 5} = \frac{27}{10}.$$

（4）注意到 $\lim\limits_{x \to +\infty} e^{-x} = 0$，便有

$$\lim_{x \to +\infty} \left(\sqrt{e^{2x} + e^x} - \sqrt{e^{2x} - e^x} \right) = \lim_{x \to +\infty} \frac{2e^x}{\sqrt{e^{2x} + e^x} + \sqrt{e^{2x} - e^x}}$$

$$= \lim_{x \to +\infty} \frac{2}{\sqrt{1 + e^{-x}} + \sqrt{1 - e^{-x}}}$$

$$= \frac{2}{1 + 1} = 1.$$

例 1.3.13　若 $\lim\limits_{x \to 1} \dfrac{ax^4 + x^2 + 3x + a}{x^3 - 1} = b$，求常数 a, b.

解　由题设得

$$\lim_{x \to 1} (ax^4 + x^2 + 3x + a) = \lim_{x \to 1} \frac{ax^4 + x^2 + 3x + a}{x^3 - 1} \cdot (x^3 - 1) = b \times 0 = 0,$$

即 $2a + 4 = 0$，所以 $a = -2$. 此时

$$b = \lim_{x \to 1} \frac{-2x^4 + x^2 + 3x - 2}{x^3 - 1} = \lim_{x \to 1} \frac{(x-1)(-2x^3 - 2x^2 - x + 2)}{(x-1)(x^2 + x + 1)}$$

$$= \lim_{x \to 1} \frac{-2x^3 - 2x^2 - x + 2}{x^2 + x + 1} = -1.$$

例 1.3.14　设 $\lim\limits_{x \to +\infty} \left(\sqrt{x^2 - x + \sin x + 2} - ax - b \right) = 0$，求常数 a, b.

解　因为 $\lim\limits_{x \to +\infty} \left(\sqrt{x^2 - x + \sin x + 2} - ax - b \right) = 0$，所以

$$\lim_{x \to +\infty} \frac{\sqrt{x^2 - x + \sin x + 2} - ax - b}{x} = 0,$$

即

$$0 = \lim_{x \to +\infty} \left(\sqrt{1 - \frac{1}{x} + \frac{\sin x}{x^2} + \frac{2}{x^2}} - a - \frac{b}{x} \right) = 1 - a,$$

因此 $a = 1$. 于是

$$b = \lim_{x \to +\infty} \left(\sqrt{x^2 - x + \sin x + 2} - ax \right) = \lim_{x \to +\infty} \left(\sqrt{x^2 - x + \sin x + 2} - x \right)$$

$$= \lim_{x \to +\infty} \frac{-x + \sin x + 2}{\sqrt{x^2 - x + \sin x + 2} + x}$$

$$= \lim_{x \to +\infty} \frac{-1 + \dfrac{\sin x}{x} + \dfrac{2}{x}}{\sqrt{1 - \dfrac{1}{x} + \dfrac{\sin x}{x^2} + \dfrac{2}{x^2}} + 1} = -\frac{1}{2}.$$

例 1.3.15 证明当 $x \to +\infty$ 时,函数 $\sin x^2$ 的极限不存在.

证 取两个数列 $x_n = \sqrt{n\pi}, y_n = \sqrt{\left(2n + \dfrac{1}{2}\right)\pi}$ $(n = 1, 2, \cdots)$,则

$$\lim_{n \to \infty} x_n = +\infty, \quad \lim_{n \to \infty} y_n = +\infty.$$

而

$$\lim_{n \to \infty} \sin(x_n)^2 = \lim_{n \to \infty} \sin n\pi = 0, \quad \lim_{n \to \infty} \sin(y_n)^2 = \lim_{n \to \infty} \sin\left(2n + \frac{1}{2}\right)\pi = 1,$$

这两个极限不相等. 因此当 $x \to +\infty$ 时,函数 $\sin x^2$ 的极限不存在.

习　题

1. 用定义证明下列极限:

(1) $\lim\limits_{x \to 2} \dfrac{x^2 - 3x}{x^2 + 2} = -\dfrac{1}{3}$;

(2) $\lim\limits_{x \to 0} \tan x = 0$.

2. 设 $\lim\limits_{x \to a} f(x) = A \neq 0$,用定义证明 $\lim\limits_{x \to a} \dfrac{1}{f(x)} = \dfrac{1}{A}$.

3. 求下列极限:

(1) $\lim\limits_{x \to 2} \dfrac{2x^2 - 6}{x^2 - 2x + 4}$;

(2) $\lim\limits_{x \to 3} \dfrac{x^2 - 9}{x^2 - 2x - 3}$;

(3) $\lim\limits_{x \to 0} \dfrac{\sin 2x - \sin x}{x}$;

(4) $\lim\limits_{x \to \pi} \dfrac{1 - \cos x}{\sin x}(\pi - x)$;

(5) $\lim\limits_{x \to 0} \dfrac{\arcsin 2x}{\arctan x}$;

(6) $\lim\limits_{x \to 0} \dfrac{\cos x - \cos 2x}{x \sin 2x}$;

(7) $\lim\limits_{h \to 0} \dfrac{\tan(x + h) - \tan x}{h}$;

(8) $\lim\limits_{x \to \infty} \left(1 + \dfrac{2}{x}\right)^{3x}$;

(9) $\lim\limits_{x \to \infty} \left(1 - \dfrac{3}{x}\right)^{\frac{x}{2}}$;

(10) $\lim\limits_{x \to \infty} \left(\dfrac{5 + 3x}{4 + 3x}\right)^{x}$;

(11) $\lim\limits_{x \to 0} \dfrac{(1 + x)^{\frac{3}{2}} - 1}{x}$;

(12) $\lim\limits_{x \to +\infty} \left(\sqrt{x^2 + 3x} - \sqrt{x^2 + x}\right)$;

(13) $\lim\limits_{x \to -\infty} \left(\sqrt{x^2 + 3x} - \sqrt{x^2 + x}\right)$;

(14) $\lim\limits_{x \to +\infty} \dfrac{2^x}{1 + 2^x}$.

4. 讨论函数

$$f(x) = \begin{cases} \dfrac{\sqrt{x+1}-1}{x}, & x \in (0,1], \\[2mm] x\cos\pi x, & x \in (1,2], \\[2mm] x\sin\dfrac{\pi}{x}, & x \in (2,3) \end{cases}$$

在 $x = 0,1,2,3$ 这 4 个点的单侧极限.

5. 讨论 $f(x) = [\sin x]$ 在 $x = 0, \dfrac{\pi}{2}, \pi$ 这 3 个点处的单侧极限.

6. 求极限 $\lim\limits_{n\to\infty}\sin(\pi\sqrt{n^2+1})$.

7. 求极限 $\lim\limits_{x\to+\infty}\sqrt{x^3}(\sqrt{x+1}-2\sqrt{x}+\sqrt{x-1})$.

8. 设 $\sum\limits_{k=1}^{n}a_k = 0$, 求 $\lim\limits_{x\to+\infty}\sum\limits_{k=1}^{n}a_k\sqrt{kx+x^2}$.

9. 若 $\lim\limits_{x\to-1}\dfrac{2x^3+mx^2+2-m}{x^2+(n+2)x-1} = -2$, 求 m,n.

10. 设 $\lim\limits_{x\to+\infty}f(x) = A$, 证明 $\lim\limits_{x\to+\infty}\dfrac{[xf(x)]}{x} = A$.

11. 设 f 是 $(-\infty, +\infty)$ 上的周期函数, 且 $\lim\limits_{x\to+\infty}f(x) = A$, 证明 $f(x) \equiv A, x \in (-\infty, +\infty)$.

§1.4 连 续 函 数

知 识 要 点

一、函数的连续性概念

函数 $f(x)$ 在某点 x_0 处连续, 是指当自变量 x 在 x_0 处有微小变化时, $f(x)$ 也在 $f(x_0)$ 附近作微小变化.

定义 1.4.1 设函数 $f(x)$ 在 x_0 的某个邻域中有定义, 若
$$\lim_{x\to x_0}f(x) = f(x_0),$$
则称 $f(x)$ 在 x_0 点**连续**.

利用"$\varepsilon-\delta$"语言, 函数 $f(x)$ 在点 x_0 连续的定义可表述为: 对于任意给定的 $\varepsilon > 0$, 存在 $\delta > 0$, 当 $|x - x_0| < \delta$ 时, 成立
$$|f(x) - f(x_0)| < \varepsilon.$$

这就是说, 某函数在 x_0 处连续意味着:

(1) 该函数在 x_0 某邻域有定义;

(2) 当 $x \to x_0$ 时函数值的极限存在;

(3) 极限值等于 x_0 处的函数值.

定理 1.4.1 如果函数 f 和 g 在 x_0 处连续,则这两个函数的和 $f + g$,差 $f - g$,积 $f \cdot g$,商 $\dfrac{f}{g}$(当 $g(x_0) \neq 0$ 时)在 x_0 处连续.

定理 1.4.2 设有函数 $f(u)$ 和 $g(x)$,$x_0 \in D(g)$,$u_0 = g(x_0) \in D(f)$. 如果 $g(x)$ 在 x_0 处连续,$f(u)$ 在 u_0 处连续,则复合函数 $f \circ g$ 在 x_0 处连续.

本定理可作如下推广.

设有函数 $f(u)$ 和 $g(x)$,$u_0 = \lim\limits_{x \to x_0} g(x) \in D(f)$. 如果 $f(u)$ 在 u_0 处连续,则

$$\lim_{x \to x_0} f(g(x)) = f(u_0) = f\left(\lim_{x \to x_0} g(x)\right),$$

即极限符号 $\lim\limits_{x \to x_0}$ 可与函数符号 f 交换次序. 这可为极限运算带来很大的便利.

二、函数的间断点

函数 $f(x)$ 在 x_0 处连续等价于

$$f(x_0 - 0) = f(x_0) = f(x_0 + 0).$$

反之,如果上述等式中某一项不存在,或者三者不全相等,$f(x)$ 在 x_0 处就发生间断,称 x_0 为 $f(x)$ 的**间断点**.

如果函数 $f(x)$ 在 $x = x_0$ 处无定义,且 $x \to x_0$ 时 $|f(x)|$ 无限地增大,则称点 x_0 为**无穷间断点**.

如果函数 $f(x)$ 在 $x = x_0$ 处左、右极限虽都存在,但并不相等,则称点 x_0 为**跳跃间断点**.

如果函数 $f(x)$ 在 $x = x_0$ 处左、右极限都存在且相等,但 $f(x)$ 在 $x = x_0$ 处没有定义或者在 $x = x_0$ 处左、右极限与 $f(x_0)$ 不相等,则称点 x_0 为**可去间断点**.

三、区间上的连续函数

在开区间 (a,b) 上每一个点都连续的函数称为 (a,b) 上的**连续函数**;设 $f(x)$ 是定义在闭区间 $[a,b]$ 上的函数,如果 $f(x)$ 是 (a,b) 上的连续函数,而且 $f(a + 0) = f(a)$,$f(b - 0) = f(b)$,则称 $f(x)$ 是闭区间 $[a,b]$ 上的连续函数.

定理 1.4.3 一切初等函数在其定义区间内都是连续的.

四、闭区间上连续函数的性质

定理 1.4.4(有界性定理) 设 $f(x)$ 是 $[a,b]$ 上的连续函数,则 $f(x)$ 在 $[a,b]$ 上有界.

定理 1.4.5(最大最小值定理) 设 $f(x)$ 是 $[a,b]$ 上的连续函数,则 $f(x)$ 在这个区间上必能取到其最大值和最小值.

定理 1.4.6(介值定理) 设 $f(x)$ 是 $[a,b]$ 上的连续函数,m 与 M 分别是 $f(x)$

在 $[a,b]$ 上的最小值和最大值,则对介于 m 和 M 之间的任一实数 c,至少存在一点 $\xi \in (a,b)$,使得

$$f(\xi) = c.$$

定理 1.4.7(零点存在定理) 设 $f(x)$ 是 $[a,b]$ 上的连续函数,且 $f(a)$ 与 $f(b)$ 异号,则至少存在一点 $\xi \in (a,b)$,使得

$$f(\xi) = 0.$$

五、无穷小量和无穷大量

为表达方便,我们以 $\lim$ 代表不同变化过程中的 $\lim\limits_{x \to x_0}$,$\lim\limits_{x \to x_0+0}$,$\lim\limits_{x \to x_0-0}$,$\lim\limits_{x \to \infty}$,$\lim\limits_{x \to +\infty}$,$\lim\limits_{x \to -\infty}$ 等.

若 $\lim \alpha(x) = 0$,则称在相应的变化过程中,$\alpha(x)$ 是**无穷小量**,记作 $\alpha(x) = o(1)$.

根据极限运算的性质易知:$\lim f(x) = A$ 的充要条件是 $f(x) - A = o(1)$;无穷小量的代数和是无穷小量;无穷小量和有界量之积是无穷小量.

如果在某变化过程中,$\lim \dfrac{1}{f(x)} = 0$,则称在这个变化过程中 $f(x)$ 为**无穷大量**,记作

$$\lim f(x) = \infty.$$

由定义立即可知,如果在某变化过程中 $\lim f(x) = 0$,且 $f(x) \neq 0$,则 $\lim \dfrac{1}{f(x)} = \infty$. 反之,若 $\lim f(x) = \infty$,则 $\lim \dfrac{1}{f(x)} = 0$.

设在某一个变化过程中,变量 u 和 v 均为无穷小量,即 $\lim u = \lim v = 0$.

如果 $\lim \dfrac{u}{v} = 0$,则称 u 是比 v **高阶的无穷小量**,或称 v 是比 u **低阶的无穷小量**,记作 $u = o(v)$;

如果 $\lim \dfrac{u}{v} = c \neq 0$,则称 u 和 v 是**同阶的无穷小量**;

如果 $\lim \dfrac{u}{v} = 1$,则称 u 和 v 是**等价的无穷小量**,记作 $u \sim v$.

等价的无穷小量具有传递性,即如果 $u \sim v$,$v \sim w$,则 $u \sim w$.

一些常用的等价量无穷小量需要记住:当 $x \to 0$ 时,有

$$\sin x \sim x, \quad \ln(1+x) \sim x, \quad \mathrm{e}^x - 1 \sim x, \quad (1+x)^\alpha - 1 \sim \alpha x.$$

定理 1.4.8 设 f,u 和 v 是定义在自变量的某一个变化过程中的函数,且在这个自变量的变化过程中有无穷小量间的等价关系 $u \sim v$.

（1）若在这个自变量的变化过程中 $\lim f \cdot v = A$，则 $\lim f \cdot u = A$；

（2）若在这个自变量的变化过程中 $\lim \dfrac{f}{v} = A$，则 $\lim \dfrac{f}{u} = A$.

这个定理说明在计算两个无穷小量之商的极限时，可以分别用分子和分母的等价无穷小量替代后再计算极限. 利用等价无穷小替代的方法，往往可以简化极限的计算. 在计算两个无穷小量之积的极限时，也可以利用等价无穷小替代的方法.

六、曲线的渐近线

如果 $\lim\limits_{x \to +\infty} f(x) = b$，或 $\lim\limits_{x \to -\infty} f(x) = b$，则称直线 $y = b$ 是曲线 $y = f(x)$ 的**水平渐近线**.

如果 $\lim\limits_{x \to x_0 + 0} f(x) = \infty$ 或 $\lim\limits_{x \to x_0 - 0} f(x) = \infty$，则称直线 $x = x_0$ 是曲线 $y = f(x)$ 的**垂直渐近线**.

如果 $\lim\limits_{x \to \infty}[f(x) - (ax + b)] = 0$，则称直线 $y = ax + b$ 为曲线 $y = f(x)$ 的**渐近线**（这里 $x \to \infty$ 也可以是 $x \to +\infty$ 或 $x \to -\infty$）. 且当 $a \neq 0$ 时称为**斜渐近线**. 注意当 $a = 0$ 时就是水平渐近线. 直线 $y = ax + b$ 为曲线 $y = f(x)$ 的渐近线的充要条件为

$$a = \lim_{x \to \infty} \frac{f(x)}{x}, \quad b = \lim_{x \to \infty}[f(x) - ax].$$

例 题 分 析

例 1.4.1 证明 $f(x) = a^x (a > 0)$ 在 $(-\infty, +\infty)$ 上连续.

证 任取 $x_0 \in (-\infty, +\infty)$，当自变量有增量 Δx 时，$y = f(x)$ 的增量为

$$\Delta y = a^{x_0 + \Delta x} - a^{x_0} = a^{x_0}(a^{\Delta x} - 1),$$

由此可知，要证 $\lim\limits_{\Delta x \to 0} \Delta y = 0$ 等价于证明 $\lim\limits_{\Delta x \to 0} a^{\Delta x} = 1$. 在上一节已经知道当 $a > 0, a \neq 1$ 时，成立 $\lim\limits_{x \to 0} a^x = 1$，而当 $a = 1$ 时，结论显然. 这就表明

$$\lim_{\Delta x \to 0} \Delta y = 0,$$

即 $f(x) = a^x$ 在 x_0 处连续. 于是 $f(x) = a^x$ 在 $(-\infty, +\infty)$ 上连续.

例 1.4.2 证明 $f(x) = \tan x$ 在 $\left(-\dfrac{\pi}{2}, \dfrac{\pi}{2}\right)$ 上连续.

证 任取 $x_0 \in \left(-\dfrac{\pi}{2}, \dfrac{\pi}{2}\right)$，当自变量有增量 Δx 时，$y = f(x)$ 的增量为

$$\Delta y = \tan(x_0 + \Delta x) - \tan x_0 = \tan \Delta x (1 + \tan(x_0 + \Delta x)\tan x_0).$$

当 Δx 充分小时，$1 + \tan(x_0 + \Delta x)\tan x_0$ 有界，且 $\Delta x \to 0$ 时 $\tan \Delta x \to 0$，所以

$$\lim_{\Delta x \to 0} \Delta y = 0,$$

即 $f(x) = \tan x$ 在 x_0 处连续. 于是 $f(x) = \tan x$ 在 $\left(-\dfrac{\pi}{2}, \dfrac{\pi}{2}\right)$ 上连续.

例 1.4.3 讨论下列函数的连续性:

(1) $f(x) = x - [x]$; (2) $f(x) = \tan x$;

(3) $f(x) = \dfrac{\sin x}{x}$; (4) $f(x) = \begin{cases} 2 - x^2, & x < 0, \\ x + 1, & x \geqslant 0. \end{cases}$

解 (1) 设 $n \in \mathbf{Z}$, 当 $x \to n - 0$ 时, $[x] = n - 1$, 所以 $f(n - 0) = n - (n - 1) = 1$; 当 $x \to n + 0$ 时, $[x] = n$, 所以 $f(n + 0) = n - n = 0$. 此时 $f(n - 0) \neq f(n + 0)$, 所以 $f(x)$ 在 $x = n$ 处间断, $x = n$ 为跳跃间断点. f 在其他点连续.

(2) 因为

$$f\left(\frac{\pi}{2} - 0\right) = + \infty, \quad f\left(\frac{\pi}{2} + 0\right) = - \infty,$$

所以 $f(x)$ 在 $x = \dfrac{\pi}{2}$ 处间断, $x = \dfrac{\pi}{2}$ 为无穷间断点. 类似地, $f(x)$ 在 $x = k\pi + \dfrac{\pi}{2}$ $(k \in \mathbf{Z})$ 处间断, $x = k\pi + \dfrac{\pi}{2}(k \in \mathbf{Z})$ 为无穷间断点. $f(x)$ 在其他点连续.

(3) 因为

$$\lim_{x \to 0} f(x) = \lim_{x \to 0} \frac{\sin x}{x} = 1,$$

但是 f 在 $x = 0$ 点没有定义, 所以 f 在 $x = 0$ 处间断, $x = 0$ 为可去间断点, $f(x)$ 在其他点都连续.

(4) 因为

$$\lim_{x \to 0 - 0} f(x) = \lim_{x \to 0 - 0} (2 - x^2) = 2,$$
$$\lim_{x \to 0 + 0} f(x) = \lim_{x \to 0 + 0} (x + 1) = 1,$$

所以 f 在 $x = 0$ 处间断, $x = 0$ 为跳跃间断点. f 在其他点连续.

例 1.4.4 设 $f(x) = \begin{cases} \dfrac{x^3 - ax^2 - x + 3}{x + 1}, & x \neq -1, \\ b, & x = -1. \end{cases}$ 确定 a, b 的值, 使函数

$f(x)$ 在 $x = -1$ 点连续.

解 要使 $f(x)$ 在 $x = -1$ 点连续, 首先必须使极限 $\lim\limits_{x \to -1} \dfrac{x^3 - ax^2 - x + 3}{x + 1}$ 存在.

注意到当 $x \to -1$ 时, 该式分母的极限为零, 因此必须

$$\lim_{x \to -1}(x^3 - ax^2 - x + 3) = 0, \text{即} -a + 3 = 0,$$

因此 $a = 3$. 此时

$$\lim_{x \to -1} f(x) = \lim_{x \to -1} \frac{x^3 - ax^2 - x + 3}{x + 1} = \lim_{x \to -1} \frac{x^3 - 3x^2 - x + 3}{x + 1}$$

$$= \lim_{x \to -1} \frac{(x - 3)(x^2 - 1)}{x + 1} = \lim_{x \to -1} (x - 3)(x - 1) = 8.$$

因此当 $\lim\limits_{x \to -1} f(x) = f(-1)$ 时,即当 $b = 8$ 时,$f(x)$ 在 $x = -1$ 点连续.

综上所述,当 $a = 3, b = 8$,时,函数 $f(x)$ 在 $x = -1$ 点连续.

例 1.4.5　求下列极限:

(1) $\lim\limits_{x \to 0} \ln(e^{2x} + 1)$;

(2) $\lim\limits_{x \to 0} \dfrac{\ln(1 + 2x)}{x}$;

(3) $\lim\limits_{x \to 0} \dfrac{e^{2\sin^2 3x} - 1}{x^2}$

(4) $\lim\limits_{x \to 1} \dfrac{\sqrt[m]{x} - 1}{\sqrt[n]{x} - 1}$ (m, n 为正整数).

解　(1) 对数函数和指数函数的复合是连续函数,由连续性得

$$\lim_{x \to 0} \ln(e^{2x} + 1) = \ln(e^0 + 1) = \ln 2.$$

(2) 利用 $\lim\limits_{x \to 0} \dfrac{\ln(1 + x)}{x} = 1$,得

$$\lim_{x \to 0} \frac{\ln(1 + 2x)}{x} = \lim_{x \to 0} \frac{\ln(1 + 2x)}{2x} 2 = 2.$$

(3) 因为 $e^x - 1 \sim x, \sin x \sim x (x \to 0)$,所以 $e^{2\sin^2 3x} - 1 \sim 2\sin^2 3x \sim 18x^2 (x \to 0)$,于是

$$\lim_{x \to 0} = \frac{e^{2\sin^2 3x} - 1}{x^2} = \lim_{x \to 0} \frac{18x^2}{x^2} = 18.$$

(4) 令 $x = (1 + t)^{mn}$,则当 $x \to 1$ 时,$t \to 0$. 于是利用 $(1 + x)^\alpha - 1 \sim \alpha x (x \to 0)$,得

$$\lim_{x \to 1} \frac{\sqrt[m]{x} - 1}{\sqrt[n]{x} - 1} = \lim_{t \to 0} \frac{(1 + t)^n - 1}{(1 + t)^m - 1} = \lim_{t \to 0} \frac{nt}{mt} = \frac{n}{m}.$$

例 1.4.6　求下列极限:

(1) $\lim\limits_{x \to \infty} \left(1 + \dfrac{1}{x} + \dfrac{1}{x^2}\right)^x$;

(2) $\lim\limits_{x \to 1} x^{\frac{x^2}{1-x}}$;

(3) $\lim\limits_{x \to 0} (\cos x)^{\frac{1}{x^2}}$;

(4) $\lim\limits_{x \to 0} [\ln(e + x)]^{\cot x}$.

解　本例的 4 个小题都要用到公式 $\lim\limits_{x \to x_0} f(x)^{g(x)} = \left[\lim\limits_{x \to x_0} f(x)\right]^{\lim\limits_{x \to x_0} g(x)}$,其中 $\lim\limits_{x \to x_0} f(x) > 0$,且 $\lim\limits_{x \to x_0} g(x)$ 存在.

(1) 由于

$$\lim_{x \to \infty} \left(1 + \frac{1}{x} + \frac{1}{x^2}\right)^x = \lim_{x \to \infty} \left[\left(1 + \frac{1}{x} + \frac{1}{x^2}\right)^{\frac{x^2}{1+x}}\right]^{\frac{1+x}{x}},$$

记 $u = \dfrac{1+x}{x^2}$，注意 $x \to \infty$ 时，$u \to 0$，则有

$$\lim_{x \to \infty} \left(1 + \frac{1}{x} + \frac{1}{x^2} \right)^{\frac{x^2}{1+x}} = \lim_{u \to 0} (1 + u)^{\frac{1}{u}} = \mathrm{e}.$$

于是

$$\lim_{x \to \infty} \left(1 + \frac{1}{x} + \frac{1}{x^2} \right)^{x} = \left[\lim_{x \to \infty} \left(1 + \frac{1}{x} + \frac{1}{x^2} \right)^{\frac{x^2}{1+x}} \right]^{\lim\limits_{x \to \infty} \frac{1+x}{x}} = \mathrm{e}^1 = \mathrm{e}.$$

（2）利用 $\lim\limits_{x \to 0} (1+x)^{\frac{1}{x}} = \mathrm{e}$，得

$$\lim_{x \to 1} x^{\frac{x^2}{1-x}} = \lim_{x \to 1} \left[(1 + x - 1)^{\frac{1}{x-1}} \right]^{-x^2} = \mathrm{e}^{-1}.$$

（3）利用 $\ln(1+x) \sim x\,(x \to 0)$，知

$$\lim_{x \to 0} (\cos x)^{\frac{1}{x^2}} = \lim_{x \to 0} \mathrm{e}^{\frac{\ln(\cos x)}{x^2}} = \mathrm{e}^{\lim\limits_{x \to 0} \frac{\ln[1+(\cos x - 1)]}{x^2}} = \mathrm{e}^{\lim\limits_{x \to 0} \frac{\cos x - 1}{x^2}},$$

而

$$\lim_{x \to 0} \frac{\cos x - 1}{x^2} = -\lim_{x \to 0} \frac{2\sin^2 \frac{x}{2}}{x^2} = -\lim_{x \to 0} \frac{1}{2} \left(\frac{\sin \frac{x}{2}}{\frac{x}{2}} \right)^2 = -\frac{1}{2},$$

所以

$$\lim_{x \to 0} (\cos x)^{\frac{1}{x^2}} = \mathrm{e}^{\lim\limits_{x \to 0} \frac{\cos x - 1}{x^2}} = \mathrm{e}^{-\frac{1}{2}}.$$

本题也可以这样做：

$$\lim_{x \to 0} (\cos x)^{\frac{1}{x^2}} = \lim_{x \to 0} (\cos^2 x)^{\frac{1}{2x^2}}$$

$$= \lim_{x \to 0} \left[(1 - \sin^2 x)^{\frac{1}{-\sin^2 x}} \right]^{-\frac{\sin^2 x}{2x^2}} = \mathrm{e}^{-\frac{1}{2}}.$$

（4）因为

$$\left[\ln(\mathrm{e} + x) \right]^{\cot x} = \mathrm{e}^{\cot x \ln[\ln(\mathrm{e}+x)]},$$

而利用 $\ln(1+x) \sim x\,(x \to 0)$，知

$$\lim_{x \to 0} \cot x \ln\left[\ln(\mathrm{e} + x) \right] = \lim_{x \to 0} \cot x \ln\left[1 + \ln\left(1 + \frac{x}{\mathrm{e}} \right) \right]$$

$$= \lim_{x \to 0} \cot x \ln\left(1 + \frac{x}{\mathrm{e}} \right) = \lim_{x \to 0} \cot x \cdot \frac{x}{\mathrm{e}}$$

$$= \lim_{x \to 0} \frac{\cos x}{\sin x} \cdot \frac{x}{\mathrm{e}} = \frac{1}{\mathrm{e}}.$$

所以

$$\lim_{x \to 0}\left[\ln(e+x)\right]^{\cot x} = e^{\lim\limits_{x \to 0}\cot x \ln(e+x)} = e^{\frac{1}{e}}.$$

例 1.4.7 设 $a > 0, b > 0$,求下列极限:

(1) $\lim\limits_{x \to \infty} \dfrac{(x+a)^a (x+b)^b}{(x+a+b)^{a+b}}$;   (2) $\lim\limits_{x \to \infty} \dfrac{(x+a)^{x+a}(x+b)^{x+b}}{(x+a+b)^{2x+a+b}}$.

解 (1) 利用极限的运算法则,得

$$\lim_{x \to \infty} \frac{(x+a)^a (x+b)^b}{(x+a+b)^{a+b}} = \lim_{x \to \infty}\frac{(x+a)^a}{(x+a+b)^a} \cdot \lim_{x \to \infty}\frac{(x+b)^b}{(x+a+b)^b}$$

$$= \lim_{x \to \infty}\frac{\left(1+\dfrac{a}{x}\right)^a}{\left(1+\dfrac{a+b}{x}\right)^a} \cdot \lim_{x \to \infty}\frac{\left(1+\dfrac{b}{x}\right)^b}{\left(1+\dfrac{a+b}{x}\right)^b} = 1 \times 1 = 1.$$

(2) 利用 $\lim\limits_{x \to \infty}\left(1+\dfrac{1}{x}\right)^x = e$,得

$$\lim_{x \to \infty}\frac{(x+a)^{x+a}(x+b)^{x+b}}{(x+a+b)^{2x+a+b}} = \lim_{x \to \infty}\frac{(x+a)^{x+a}}{(x+a+b)^{x+a}} \cdot \lim_{x \to \infty}\frac{(x+b)^{x+b}}{(x+a+b)^{x+b}}$$

$$= \lim_{x \to \infty}\left(\frac{x+a+b}{x+a}\right)^{-(x+a)} \cdot \lim_{x \to \infty}\left(\frac{x+a+b}{x+b}\right)^{-(x+b)}$$

$$= \lim_{x \to \infty}\left[\left(1+\frac{b}{x+a}\right)^{\frac{x+a}{b}}\right]^{-b} \cdot \lim_{x \to \infty}\left[\left(1+\frac{a}{x+b}\right)^{\frac{x+b}{a}}\right]^{-a}$$

$$= e^{-a-b}.$$

例 1.4.8 当 $x \to 0$ 时,确定下列函数是 x 的几阶无穷小量:

(1) $1 - \cos 4x$;   (2) $e^{2x^2} - 1$;

(3) $\sqrt{1+x} - \sqrt{1-x}$;   (4) $\sqrt[4]{1+4x} - \sqrt[5]{1+5x}$.

解 (1) 因为

$$1 - \cos 4x = 2\sin^2 2x \sim 2(2x)^2 = 8x^2, \quad x \to 0,$$

所以 $1 - \cos 4x$ 是 x 的二阶无穷小量.

(2) 因为

$$e^{2x^2} - 1 \sim 2x^2, \quad x \to 0,$$

所以 $e^{2x^2} - 1$ 是 x 的二阶无穷小量.

(3) 因为

$$\sqrt{1+x} - \sqrt{1-x} = 1 + \frac{1}{2}x + o(x) - \left(1 + \frac{1}{2}(-x) + o(x)\right)$$

$$= x + o(x), \quad x \to 0,$$

所以 $\sqrt{1+x} - \sqrt{1-x}$ 是 x 的一阶无穷小量.

(4) 本题需要将 $\sqrt[4]{1+4x}, \sqrt[5]{1+5x}$ 同时有理化,注意有公式

$$a^n - b^n = (a - b)(a^{n-1} + a^{n-2}b + \cdots + b^{n-1}).$$

取 $n = 20, a = \sqrt[4]{1+4x}, b = \sqrt[5]{1+5x}$,注意 $a \to 1, b \to 1(x \to 0)$,则

$$a^{n-1} + a^{n-2}b + \cdots + b^{n-1} \to 20, \quad x \to 0,$$

因此

$$a^{n-1} + a^{n-2}b + \cdots + b^{n-1} = 20 + o(1), \quad x \to 0.$$

由二项式定理得

$$a^n - b^n = (1+4x)^5 - (1+5x)^4$$

$$= \left[1 + 5 \cdot 4x + \frac{5 \cdot 4}{2}(4x)^2 + o(x^2)\right] - \left[1 + 4 \cdot 5x + \frac{4 \cdot 3}{2}(5x)^2 + o(x^2)\right]$$

$$= 10x^2 + o(x^2), \quad x \to 0,$$

于是

$$\sqrt[4]{1+4x} - \sqrt[5]{1+5x} = a - b = \frac{(a-b)(a^{n-1} + a^{n-2}b + \cdots + b^{n-1})}{a^{n-1} + a^{n-2}b + \cdots + b^{n-1}}$$

$$= \frac{a^n - b^n}{a^{n-1} + a^{n-2}b + \cdots + b^{n-1}} = \frac{10x^2 + o(x^2)}{20 + o(1)} = \frac{1}{2}x^2 + o(x^2), \quad x \to 0,$$

即 $\sqrt[4]{1+4x} - \sqrt[5]{1+5x}$ 是 x 的二阶无穷小量.

例 1.4.9 求下列极限:

(1) $\displaystyle\lim_{x \to 0} \frac{\sin(\sqrt{1+x^2} - 1)}{(1+x)^x - 1}$;

(2) $\displaystyle\lim_{x \to +\infty} \ln(1 + 3^x) \cdot \ln\left(1 + \frac{3}{x}\right)$;

(3) $\displaystyle\lim_{x \to 0} \frac{\frac{1}{2}(4^x + 5^x) - 9^x}{7^x - 3^x}$;

(4) $\displaystyle\lim_{x \to 0} \frac{\sqrt[3]{1+3x^2} - \sqrt{1+4x^2}}{\tan^2 2x}$.

解 (1)因为当 $x \to 0$ 时分子、分母均是无穷小量,利用 $\sin x \sim x$, $\sqrt{1+x^2} - 1$ $\sim \frac{1}{2}x^2$,可得当 $x \to 0$ 时,有

$$\sin(\sqrt{1+x^2} - 1) \sim \sqrt{1+x^2} - 1 \sim \frac{1}{2}x^2,$$

$$(1+x)^x - 1 = e^{x\ln(1+x)} - 1 \sim x\ln(1+x).$$

因此

$$\lim_{x \to 0} \frac{\sin(\sqrt{1+x^2} - 1)}{(1+x)^x - 1} = \frac{1}{2}\lim_{x \to 0} \frac{x}{\ln(1+x)} = \frac{1}{2}.$$

对上面最后一个等式,我们还利用了 $x \to 0$ 时成立 $\ln(1+x) \sim x$.

(2)利用 $\ln(1+x) \sim x(x \to 0)$ 知

$$\lim_{x \to +\infty} \ln(1 + 3^x) \cdot \ln\left(1 + \frac{3}{x}\right) = \lim_{x \to +\infty} \frac{3}{x}\ln(1 + 3^x)$$

$$= \lim_{x\to+\infty} \frac{3[\ln(1+3^{-x})+\ln3^x]}{x} = \lim_{x\to+\infty}\left[\frac{3\ln(1+3^{-x})}{x}+3\ln3\right]$$

$$= \lim_{x\to+\infty}\frac{3\ln(1+3^{-x})}{x}+3\ln3 = \lim_{x\to+\infty}\frac{3}{x3^x}+3\ln3 = 3\ln3.$$

（3）因为 $a^x-1 \sim x\ln a(x\to0)$，所以 $a^x-1 = x\ln a + o(x)(x\to0)$. 因此

$$\lim_{x\to0}\frac{\frac{1}{2}(4^x+5^x)-9^x}{7^x-3^x} = \lim_{x\to0}\frac{\frac{1}{2}(4^x-1+5^x-1)-(9^x-1)}{(7^x-1)-(3^x-1)}$$

$$= \lim_{x\to0}\frac{\frac{1}{2}[x\ln4+o(x)+x\ln5+o(x)]-[x\ln9+o(x)]}{[x\ln7+o(x)]-[x\ln3+o(x)]}$$

$$= \lim_{x\to0}\frac{1}{2}\frac{(\ln4+\ln5-2\ln9)x+o(x)}{(\ln7-\ln3)x+o(x)} = \frac{\ln20-2\ln9}{2(\ln7-\ln3)}.$$

（4）因为 $(1+x)^\alpha-1 \sim \alpha x(x\to0)$，所以 $(1+x)^\alpha-1 = \alpha x+o(x)$ $(x\to0)$. 注意到 $\tan x \sim x(x\to0)$，则有

$$\lim_{x\to0}\frac{\sqrt[3]{1+3x^2}-\sqrt{1+4x^2}}{\tan^2 2x} = \lim_{x\to0}\frac{\sqrt[3]{1+3x^2}-\sqrt{1+4x^2}}{4x^2}$$

$$= \lim_{x\to0}\frac{(\sqrt[3]{1+3x^2}-1)-(\sqrt{1+4x^2}-1)}{4x^2}$$

$$= \lim_{x\to0}\frac{x^2+o(x^2)-2x^2+o(x^2)}{4x^2}$$

$$= \lim_{x\to0}\frac{-x^2+o(x^2)}{4x^2} = -\frac{1}{4}.$$

例 1.4.10 求极限 $\lim\limits_{x\to+\infty}\left(\dfrac{\ln(x+1)}{\ln x}\right)^{2x\ln x}$.

解 记 $y = \left(\dfrac{\ln(x+1)}{\ln x}\right)^{2x\ln x}$，则 $\left(\dfrac{\ln(x+1)}{\ln x}\right)^{2x\ln x} = e^{\ln y}$. 而

$$\lim_{x\to+\infty}\ln y = \lim_{x\to+\infty}2x\ln x\ln\frac{\ln(x+1)}{\ln x} = \lim_{x\to+\infty}2x\ln x\ln\left[1+\frac{\ln\left(1+\frac{1}{x}\right)}{\ln x}\right]$$

$$= \lim_{x\to+\infty}2x\ln x\frac{\ln\left(1+\frac{1}{x}\right)}{\ln x} = \lim_{x\to\infty}2x\ln\left(1+\frac{1}{x}\right) = \lim_{x\to\infty}2x\cdot\frac{1}{x} = 2,$$

因此

$$\lim_{x\to+\infty}\left(\frac{\ln(x+1)}{\ln x}\right)^{2x\ln x} = e^{\lim\limits_{x\to+\infty}\ln y} = e^2.$$

注 在极限计算中，为了简化极限，第一，先观察是否可作等价替换；第二，是

否可计算出部分极限.

例 1. 4. 11 求极限 $\lim\limits_{n\to\infty} n^2\left(\arctan\dfrac{1}{n} - \arctan\dfrac{1}{n+1}\right)$.

解 记 $\alpha = \arctan\dfrac{1}{n}, \beta = \arctan\dfrac{1}{n+1}$,则

$$\tan(\alpha - \beta) = \frac{\dfrac{1}{n} - \dfrac{1}{n+1}}{1 + \dfrac{1}{n}\cdot\dfrac{1}{n+1}} = \frac{1}{n^2 + n + 1},$$

于是

$$\alpha - \beta = \arctan\frac{1}{n^2+n+1} \sim \frac{1}{n^2+n+1},\ n\to\infty.$$

所以

$$\lim_{n\to\infty} n^2\left(\arctan\frac{1}{n} - \arctan\frac{1}{n+1}\right) = \lim_{n\to\infty}\frac{n^2}{n^2+n+1} = 1.$$

例 1. 4. 12 证明:当 $p > 0$ 时,$\lim\limits_{n\to\infty}\dfrac{1 + 2^p + \cdots + n^p}{n^{p+1}} = \dfrac{1}{p+1}$.

证 注意到

$$n^{p+1} - (n-1)^{p+1} = n^{p+1}\left[1 - \left(1 - \frac{1}{n}\right)^{p+1}\right] = n^{p+1}\left[1 - e^{(p+1)\ln\left(1-\frac{1}{n}\right)}\right],$$

利用 $e^x - 1 \sim x\ (x\to 0)$,便有

$$1 - e^{(p+1)\ln\left(1-\frac{1}{n}\right)} \sim -(p+1)\ln\left(1 - \frac{1}{n}\right) \sim (p+1)\frac{1}{n},\ n\to\infty.$$

所以由 Stolz 定理,可得

$$\lim_{n\to\infty}\frac{1 + 2^p + \cdots + n^p}{n^{p+1}} = \lim_{n\to\infty}\frac{n^p}{n^{p+1} - (n-1)^{p+1}}$$

$$= \lim_{n\to\infty}\frac{n^p}{(p+1)n^p} = \frac{1}{p+1}.$$

例 1. 4. 13 设 $a > 0, b > 0$,求下列极限:

$(1)\ \lim\limits_{x\to 0}\dfrac{a^x - 1}{x}$;$(2)\ \lim\limits_{n\to\infty}\left(\dfrac{\sqrt[n]{a} + \sqrt[n]{b}}{2}\right)^n$;$(3)\ \lim\limits_{x\to 0}\left(\dfrac{a^{x^2} + b^{x^2}}{a^x + b^x}\right)^{\frac{1}{x}}$.

解 (1) 因为 $e^x - 1 \sim x\ (x\to 0)$,所以

$$\lim_{x\to 0}\frac{a^x - 1}{x} = \lim_{x\to 0}\frac{e^{x\ln a} - 1}{x} = \lim_{x\to 0}\frac{x\ln a}{x} = \ln a.$$

(2) 由 (1) 知

$$\lim_{n\to\infty} n(\sqrt[n]{a} - 1) = \lim_{n\to\infty}\frac{a^{\frac{1}{n}} - 1}{\frac{1}{n}} = \ln a,\ \lim_{n\to\infty} n(\sqrt[n]{b} - 1) = \ln b.$$

于是

$$\lim_{n\to\infty}\left(\frac{\sqrt[n]{a}+\sqrt[n]{b}}{2}\right)^n = \lim_{n\to\infty}\left(1+\frac{\sqrt[n]{a}-1+\sqrt[n]{b}-1}{2}\right)^n$$

$$= \mathrm{e}^{\lim\limits_{n\to\infty} n\ln\left(1+\frac{\sqrt[n]{a}-1+\sqrt[n]{b}-1}{2}\right)} = \mathrm{e}^{\lim\limits_{n\to\infty}\frac{n\left[(\sqrt[n]{a}-1)+(\sqrt[n]{b}-1)\right]}{2}}$$

$$= \mathrm{e}^{\frac{1}{2}(\ln a+\ln b)} = \sqrt{ab}.$$

(3) 因为

$$\lim_{x\to0}\left(\frac{a^{x^2}+b^{x^2}}{a^x+b^x}\right)^{\frac{1}{x}} = \mathrm{e}^{\lim\limits_{x\to0}\frac{1}{x}\ln\left(\frac{a^{x^2}+b^{x^2}}{a^x+b^x}\right)} = \mathrm{e}^{\lim\limits_{x\to0}\frac{1}{x}\left(\frac{a^{x^2}+b^{x^2}}{a^x+b^x}-1\right)},$$

而由(1)知

$$\lim_{x\to0}\frac{1}{x}\left(\frac{a^{x^2}+b^{x^2}}{a^x+b^x}-1\right) = \lim_{x\to0}\frac{1}{x(a^x+b^x)}(a^{x^2}+b^{x^2}-a^x-b^x)$$

$$= \lim_{x\to0}\frac{1}{a^x+b^x}\left(\frac{a^{x^2}-1}{x^2}\cdot x + \frac{b^{x^2}-1}{x^2}\cdot x - \frac{a^x-1}{x} - \frac{b^x-1}{x}\right)$$

$$= \frac{1}{2}(\ln a\cdot0+\ln b\cdot0-\ln a-\ln b) = -\frac{1}{2}(\ln a+\ln b).$$

于是

$$\lim_{x\to0}\left(\frac{a^{x^2}+b^{x^2}}{a^x+b^x}\right)^{\frac{1}{x}} = \frac{1}{\sqrt{ab}}.$$

例 1.4.14 已知 $\lim\limits_{x\to0}\dfrac{\ln\left[1+\dfrac{f(x)}{1-\cos x}\right]}{3^x-1} = 6$,求 $\lim\limits_{x\to0}\dfrac{f(x)}{x^3}$.

解 由题设可知

$$\lim_{x\to0}\ln\left[1+\frac{f(x)}{1-\cos x}\right] = \lim_{x\to0}\frac{\ln\left[1+\dfrac{f(x)}{1-\cos x}\right]}{3^x-1}\cdot(3^x-1) = 6\times0 = 0,$$

因此 $\lim\limits_{x\to0}\dfrac{f(x)}{1-\cos x} = 0.$ 于是利用等价无穷小量代换得

$$6 = \lim_{x\to0}\frac{\ln\left[1+\dfrac{f(x)}{1-\cos x}\right]}{3^x-1} = \lim_{x\to0}\frac{\dfrac{f(x)}{1-\cos x}}{x\ln3} = \lim_{x\to0}\frac{f(x)}{(1-\cos x)x\ln3} = \frac{2}{\ln3}\lim_{x\to0}\frac{f(x)}{x^3}.$$

因此

$$\lim_{x\to0}\frac{f(x)}{x^3} = 3\ln3.$$

例 1.4.15 设 $f(x) = \mathrm{e}^{\frac{x}{(x+1)^2}}$,求曲线 $y = f(x)$ 的渐近线.

解　易知$\lim\limits_{x\to\infty}f(x)=1$,所以$y=1$是曲线的水平渐近线.

注意$\lim\limits_{x\to-1}f(x)=0$,所以$x=-1$不是它的垂直渐近线,曲线也没有斜渐近线.

例 1.4.16　求曲线$y=(3x-1)\mathrm{e}^{\frac{1}{x-1}}$的渐近线.

解　显然$\lim\limits_{x\to 1+0}f(x)=+\infty$,所以直线$x=1$为垂直渐近线. 又因为

$$a=\lim_{x\to\infty}\frac{f(x)}{x}=\lim_{x\to\infty}\frac{3x-1}{x}\mathrm{e}^{\frac{1}{x-1}}=3,$$

$$b=\lim_{x\to\infty}[f(x)-ax]=\lim_{x\to\infty}\left[(3x-1)\mathrm{e}^{\frac{1}{x-1}}-3x\right]$$

$$=\lim_{x\to\infty}\left[3x\left(\mathrm{e}^{\frac{1}{x-1}}-1\right)-\mathrm{e}^{\frac{1}{x-1}}\right]=\lim_{x\to\infty}3x\left(\mathrm{e}^{\frac{1}{x-1}}-1\right)-1$$

$$=\lim_{x\to\infty}\frac{3x}{x-1}-1=2,$$

式中倒数第二步利用了$\mathrm{e}^{\frac{1}{x-1}}-1\sim\dfrac{1}{x-1}\ \ (x\to\infty)$,所以直线$y=3x+2$是曲线的一条斜渐近线.

例 1.4.17　证明方程$x^4-3x+1=0$在$(1,+\infty)$内有且仅有一个实根.

证　设$f(x)=x^4-3x+1$,则$f(1)=-1<0$,$f(2)=11>0$,由零点存在定理,可知存在$x_0\in(1,2)$,使$f(x_0)=0$,即方程$x^4-3x+1=0$在$(1,+\infty)$内至少有一个实根.

另一方面,任取$x_1,x_2\in(1,+\infty)$,且$x_1<x_2$,由于

$$f(x_1)-f(x_2)=(x_1-x_2)(x_1^3+x_1^2x_2+x_1x_2^2+x_2^3-3)<0,$$

因此f在$(1,+\infty)$内严格单调增加. 这就证明了方程$x^4-3x+1=0$在$(1,+\infty)$内有且仅有一个实根.

例 1.4.18　设函数f在闭区间$[a,b]$上连续,且$f(a)=f(b)$.证明存在$\xi\in[a,b]$,使得

$$f(\xi)=f\left(\xi+\frac{b-a}{2}\right).$$

证　作函数

$$F(x)=f(x)-f\left(x+\frac{b-a}{2}\right),\ x\in\left(a,\frac{b+a}{2}\right),$$

则F在闭区间$\left[a,\dfrac{b+a}{2}\right]$上连续. 因为

$$F(a)=f(a)-f\left(a+\frac{b-a}{2}\right)=f(a)-f\left(\frac{b+a}{2}\right),$$

$$F\left(\frac{a+b}{2}\right)=f\left(\frac{b+a}{2}\right)-f(b)=f\left(\frac{b+a}{2}\right)-f(a).$$

因此

$$F(a)F\left(\frac{a+b}{2}\right) = -\left[f(a) - f\left(\frac{a+b}{2}\right)\right]^2 \leqslant 0.$$

若上式中等号成立,即 $f(a) = f\left(\frac{a+b}{2}\right)$,取 $\xi = a$,便得到结论.

若上式中等号不成立,此时 $F(a)$ 与 $F\left(\frac{a+b}{2}\right)$ 异号,由零点存在定理知,存在 $\xi \in \left[a, \frac{a+b}{2}\right] \subset [a,b]$,使得 $F(\xi) = 0$,即

$$f(\xi) = f\left(\xi + \frac{b-a}{2}\right).$$

例 1.4.19 设函数 f 在闭区间 $[a,b]$ 上连续,$x_1, x_2, \cdots, x_n \in [a,b]$ 满足 $f(x_1) + f(x_2) + \cdots + f(x_n) = n$. 证明:存在 $\xi \in [a,b]$,使得 $f(\xi) = 1$.

证 因为函数 f 在 $[a,b]$ 上连续,所以它在 $[a,b]$ 上可取到最大值 M 和最小值 m. 因为

$$m \leqslant f(x_i) \leqslant M, \ i = 1,2,\cdots,n,$$

所以

$$nm \leqslant f(x_1) + f(x_2) + \cdots + f(x_n) \leqslant nM,$$

即

$$m \leqslant \frac{f(x_1) + f(x_2) + \cdots + f(x_n)}{n} \leqslant M,$$

因此 $m \leqslant 1 \leqslant M$. 于是由闭区间连续函数的介值定理得,存在 $\xi \in [a,b]$,使得
$$f(\xi) = 1.$$

例 1.4.20 设函数 $f:[a,b] \to [a,b]$ 满足:存在常数 $k(0 \leqslant k < 1)$,使得对于任意 $x', x'' \in [a,b]$,有
$$|f(x') - f(x'')| \leqslant k|x' - x''|.$$

(1) 证明 f 是 $[a,b]$ 上的连续函数;

(2) 设 $x_1 \in [a,b]$,定义 $x_{n+1} = f(x_n)(n = 1,2,\cdots)$,证明数列 $\{x_n\}$ 收敛,且其极限 ξ 满足 $f(\xi) = \xi$;

(3) 证明:满足 $f(x) = x$ 的点唯一.

证 (1) 若 $k = 0$,则由题设知对于任意 $x', x'' \in [a,b]$ 有 $f(x') = f(x'')$,因此 f 是常数函数,它显然连续.

若 $0 < k < 1$. 对于任意 $x_0 \in [a,b]$,则当 $x \in [a,b]$ 时,有
$$|f(x) - f(x_0)| \leqslant k|x - x_0|,$$

因此由极限的夹逼性质可知

$$\lim_{\substack{x \to x_0 \\ x \in [a,b]}} |f(x) - f(x_0)| = 0,$$

即

$$\lim_{\substack{x \to x_0 \\ x \in [a,b]}} f(x) = f(x_0),$$

所以 f 在点 x_0 连续(在 $[a,b]$ 的左(右)端点是右(左)连续). 由 x_0 的任意性知, f 在 $[a,b]$ 上连续.

（2）对于一切 $n \geqslant 2$, 由题设知

$$|x_{n+1} - x_n| = |f(x_n) - f(x_{n-1})| \leqslant k|x_n - x_{n-1}|$$

$$\leqslant k^2 |x_{n-1} - x_{n-2}| \leqslant \cdots \leqslant k^{n-1}|x_2 - x_1|,$$

于是当 $m > n$ 时, 有

$$|x_m - x_n| \leqslant |x_m - x_{m-1}| + |x_{m-1} - x_{m-2}| + \cdots + |x_{n+1} - x_n|$$

$$\leqslant k^{m-2}|x_2 - x_1| + k^{m-3}|x_2 - x_1| + \cdots + k^{n-1}|x_2 - x_1|$$

$$\leqslant k^{n-1}(1 + k + \cdots + k^{m-n-1})|x_2 - x_1| \leqslant \frac{k^{n-1}}{1-k}|x_2 - x_1|.$$

因为 $\lim\limits_{n \to \infty} \dfrac{k^{n-1}}{1-k}|x_2 - x_1| = 0$, 所以对于任意给定的 $\varepsilon > 0$, 存在正整数 N, 当 $n > N$ 时, 成立

$$\frac{k^n}{1-k}|x_2 - x_1| < \varepsilon.$$

于是当 $m > n > N$ 时, 成立

$$|x_m - x_n| < \frac{k^n}{1-k}|x_2 - x_1| < \varepsilon.$$

由 Cauchy 收敛原理, 数列 $\{x_n\}$ 收敛.

对于关系式 $x_{n+1} = f(x_n)$, 令 $n \to \infty$, 由 f 的连续性可知

$$\xi = \lim_{n \to \infty} x_{n+1} = \lim_{n \to \infty} f(x_n) = f(\xi).$$

（3）设 ξ, η, 满足 $f(\xi) = \xi$, $f(\eta) = \eta$, 则由题设知

$$|\xi - \eta| = |f(\xi) - f(\eta)| \leqslant k|\xi - \eta|.$$

因为 $0 \leqslant k < 1$, 所以 $|\xi - \eta| = 0$, 即 $\xi = \eta$. 这说明满足 $f(x) = x$ 的点是唯一的.

例 1.4.21 （1）证明方程 $e^x + x^{2n-1} = 0$ 有唯一的实根 $x_n (n = 1, 2, \cdots)$;

（2）证明 $\lim\limits_{n \to \infty} x_n = -1$;

（3）证明 $x_n + 1 \sim \dfrac{1}{2n} (n \to \infty)$.

证（1）设 $f_n(x) = e^x + x^{2n-1} (n = 1, 2, \cdots)$, 则 $f_n(0) = 1 > 0$, $f_n(-1) = e^{-1} - 1 < 0$, 由零点存在定理可知, 存在 $x_n \in (-1, 0)$, 使得 $f_n(x_n) = 0$, 即方程 e^x

$+ x^{2n-1} = 0$ 在 $(-1,0)$ 内至少有一个实根. 显然 $f_n(x)$ 在 $(-\infty, +\infty)$ 上严格单调增加,因此这个根在 $(-\infty, +\infty)$ 上是唯一的.

(2) 由于 x_n 满足 $x_n^{2n-1} + e^{x_n} = 0$,因此 $x_n = -e^{\frac{x_n}{2n-1}}\ (n = 1,2,\cdots)$. 因为 $x_n \in (-1,0)$,所以 $\lim\limits_{n\to\infty} \dfrac{x_n}{2n-1} = 0$,于是

$$\lim_{n\to\infty} x_n = \lim_{n\to\infty}\left(-e^{\frac{x_n}{2n-1}}\right) = -e^0 = -1.$$

(3) 利用 $e^x - 1 \sim x\,(x \to 0)$ 及 $\lim\limits_{n\to\infty} \dfrac{x_n}{2n-1} = 0$,可知

$$\lim_{n\to\infty} \frac{x_n + 1}{\dfrac{1}{n}} = \lim_{n\to\infty}\left(\frac{-e^{\frac{x_n}{2n-1}} + 1}{\dfrac{1}{n}}\right) = \lim_{n\to\infty} \frac{-\dfrac{x_n}{2n-1}}{\dfrac{1}{n}} = -\lim_{n\to\infty} x_n \cdot \lim_{n\to\infty} \frac{n}{2n-1} = \frac{1}{2},$$

所以 $x_n + 1 \sim \dfrac{1}{2n}\ (n \to \infty)$.

例 1.4.22 设 f 在 $(-\infty, +\infty)$ 上有定义,在 $x = 0$ 点连续,且 $f(0) = 4$. 证明:若在 $(-\infty, +\infty)$ 上恒成立 $f(3x) = f(x)e^x$,则 $f(x) = 4e^{\frac{1}{2}x}$.

证 对于任何给定的 $x \in (-\infty, +\infty)$,从已知得,对于每个正整数 n,有

$$f(x) = f\left(3 \cdot \frac{x}{3}\right) = f\left(\frac{x}{3}\right)e^{\frac{x}{3}} = f\left(\frac{x}{3^2}\right)e^{\frac{x}{3} + \frac{x}{3^2}} = \cdots = f\left(\frac{x}{3^n}\right)e^{\frac{x}{3} + \frac{x}{3^2} + \cdots + \frac{x}{3^n}}.$$

因为 f 在点 $x = 0$ 连续,且 $f(0) = 4$,所以

$$\lim_{n\to\infty} f\left(\frac{x}{3^n}\right) = f(0) = 4.$$

因为

$$\lim_{n\to\infty}\left(\frac{x}{3} + \frac{x}{3^2} + \cdots + \frac{x}{3^n}\right) = \lim_{n\to\infty} \frac{x}{3} \cdot \frac{1 - \dfrac{1}{3^n}}{1 - \dfrac{1}{3}} = \frac{1}{2}x,$$

所以

$$f(x) = \lim_{n\to\infty} f(x) = \lim_{n\to\infty} f\left(\frac{x}{3^n}\right)e^{\frac{x}{3} + \frac{x}{3^2} + \cdots + \frac{x}{3^n}} = 4e^{\frac{1}{2}x}.$$

例 1.4.23 设函数 $f(x)$ 是 $[0,1] \to [0,1]$ 上的连续函数,$f(0) = 0$,且 $f(f(x)) \equiv x$,证明:$f(x) \equiv x, x \in [0,1]$.

证 用反证法. 若存在 $a \in [0,1]$,使得 $f(a) \neq a$. 由于 $f(0) = 0$,因此 $a \in (0,1]$.

当 $f(a) < a$ 时,记 $b = f(a)$,则 $b > 0$. 否则的话,若 $b = 0$,则

$$a = f(f(a)) = f(b) = f(0) = 0.$$

与 $a \in (0,1]$ 矛盾. 因此 $b \in (0,a)$. 因为 $0 = f(0) < b < a = f(b)$, 对 $f(x)$ 在 $[0,b]$ 上运用介值定理, 可知存在 $c \in (0,b)$, 使得 $f(c) = b$, 所以,

$$c = f(f(c)) = f(b) = a,$$

这与 $c < b < a$ 矛盾.

当 $f(a) > a$ 时, 记 $b = f(a)$, 则 $a \in (0,b)$. 因为 $0 = f(0) < a < b = f(a)$, 对 $f(x)$ 在 $[0,a]$ 上运用介值定理, 可知存在 $c \in (0,a)$, 使得 $f(c) = a$, 所以

$$c = f(f(c)) = f(a) = b,$$

与 $c < a < b$ 矛盾.

习　题

1. 用定义证明 $y = \arctan x$ 为连续函数.

2. 确定下列函数的间断点及其类型:

(1) $f(x) = \dfrac{2}{x(x-1)}$;
(2) $f(x) = \dfrac{x-1}{x^2-1}$;

(3) $f(x) = \dfrac{x}{\tan x}$;
(4) $f(x) = x\sin\dfrac{1}{x} + \cos\dfrac{1}{x}$;

(5) $f(x) = [x] + [-x]$;
(6) $f(x) = (1+2x)^{\frac{1}{x}}$.

3. 求下列极限:

(1) $\lim\limits_{x\to 2}\dfrac{\sqrt{7+x}-3}{x-2}$;
(2) $\lim\limits_{x\to -\infty} x(\sqrt{x^2+1} - \sqrt{x^2-1})$;

(3) $\lim\limits_{x\to\infty}\dfrac{x+\sin x}{x-\cos x}$;
(4) $\lim\limits_{x\to 3}\dfrac{3^x - x^3}{x-3}$;

(5) $\lim\limits_{x\to 0}[1 + \ln(x+1)]^{\frac{2}{\sin x}}$;
(6) $\lim\limits_{x\to\infty} x^2\left(a^{\frac{1}{x}} - a^{\frac{1}{x+1}}\right)\ (a > 0)$;

(7) $\lim\limits_{x\to +\infty} x^2\left(\arcsin\dfrac{1}{x} - \arcsin\dfrac{1}{x+1}\right)$;
(8) $\lim\limits_{x\to 1} x^{\frac{x}{1-x}}$;

(9) $\lim\limits_{x\to 0}\dfrac{\sqrt[3]{1+4x}\cdot\sqrt[4]{1+3x}-1}{x}$;
(10) $\lim\limits_{n\to\infty}\left[\dfrac{\ln\left(2+\dfrac{1}{n}\right)}{\ln 2}\right]^n$.

4. 当 $x \to 0$ 时, 用 x 的幂函数表示下列函数的等价无穷小量:

(1) $x^2 + 4\sin^3 x$;
(2) $e^x - \cos x$;

(3) $(1+x)^{\ln(1+x)} - 1$;
(4) $\sqrt{1+4x^2} - \sqrt[4]{1+4x^2}$.

5. 已知当 $x \to 0$ 时, 无穷小量 $\alpha(x) = kx^2$ 与 $\beta(x) = \sqrt{1+x\arcsin x} - \sqrt{\cos x}$ 等价, 求常数 k.

6. 若 $\lim\limits_{x\to 1}\dfrac{x^{a+b} + a}{\sin\pi x} = b$, 求常数 a, b.

7. 求曲线 $y = \sqrt{x^2+2x+2}$ 的渐近线.

8. 求曲线 $y = \dfrac{x^3 - x}{x^2 - x - 6}$ 的渐近线.

9. 求曲线 $y = \dfrac{1}{x} + \ln(1 + e^x)$ 的渐近线.

10. 已知 $\lim\limits_{x \to 0}\left[1 + x + \dfrac{f(x)}{x}\right]^{\frac{1}{x}} = e^2$，求 $\lim\limits_{x \to 0}\dfrac{f(x)}{x^2}$.

11. 设 $a_1, a_2, \cdots, a_n$ 为常数，求 $\lim\limits_{x \to 0}\dfrac{1 - \cos a_1 x \cdot \cos a_2 x \cdot \cdots \cdot \cos a_n x}{x^2}$.

12. 设 $f(x)$ 是 $(0, +\infty)$ 上的连续函数，且 $f(x) = f(x^2)$，$x \in (0, +\infty)$，证明 $f(x)$ 在 $(0, +\infty)$ 上为常数.

13. 设 $f(x)$ 是 $[0,1]$ 上的非负连续函数，且 $f(0) = f(1) = 0$，证明：对于 $a \in (0,1)$，存在 $\xi \in [0,1]$，使得 $f(\xi + a) = f(\xi)$.

14. 设 f 是连续的周期函数，证明：对于任意给定的正数 L，存在无穷多个 ξ，使得 $f(\xi + L) = f(\xi)$.

15. 设 $f(x)$ 是 $[0,1]$ 上的连续函数，且 $f(0) = f(1)$，证明：对于每个正整数 n，存在 $\xi \in [0,1]$，使得 $f\left(\xi + \dfrac{1}{n}\right) = f(\xi)$.

16. （1）证明方程 $x^3 + 2x + \dfrac{1}{n} = 0$ 有唯一的实根 $x_n (n = 1,2,\cdots)$；

（2）证明数列 $\{x_n\}$ 收敛；

（3）求 $\lim\limits_{n \to \infty} x_n$.

17. 设函数 f 在 (a,b) 上连续，$x_1, x_2, \cdots, x_n \in (a,b)$，$\lambda_1, \lambda_2, \cdots, \lambda_n$ 为 n 个正数. 证明：存在 $\xi \in (a,b)$，使得

$$f(\xi) = \dfrac{\lambda_1 f(x_1) + \lambda_2 f(x_2) + \cdots + \lambda_n f(x_n)}{\lambda_1 + \lambda_2 + \cdots + \lambda_n}.$$

18. 设 f 是 $[a,b]$ 上单调增加的连续函数，满足 $a < f(x) < b (x \in [a,b])$. 取定 $x_1 \in [a,b]$，并定义 $x_{n+1} = f(x_n)(n = 1,2,\cdots)$. 证明：数列 $\{x_n\}$ 收敛，且其极限 ξ 满足 $f(\xi) = \xi$.

19. 设函数 f 在 $(-\infty, +\infty)$ 上连续，且 $\lim\limits_{x \to \infty} f(x) = +\infty$.

（1）证明 f 在 $(-\infty, +\infty)$ 上有最小值；

（2）证明：若 x_0 是 f 的一个最小值点，且 $f(x_0) < x_0$，则函数 $f \circ f$ 至少在两点处取到最小值.

20. 已知函数 f 定义在 $(-\infty, +\infty)$ 上，且在 $x = 0$ 点连续. 若 f 满足

$$f(x + y) = f(x) + f(y), x, y \in (-\infty, +\infty),$$

（1）证明：f 在 $(-\infty, +\infty)$ 上连续.

（2）证明：$f(x) = ax(x \in (-\infty, +\infty))$，其中 a 为某常数.

第二章
一元函数微分学

§2.1　微分与导数的概念

一、微分的概念

定义 2.1.1　设函数 $y = f(x)$ 定义于点 x 的某个邻域,如果存在只与 x 有关,而与 Δx 无关的数 k,使得

$$f(x + \Delta x) - f(x) = k\Delta x + o(\Delta x),$$

则称函数 f 在 x 点**可微**,称 $k\Delta x$ 为函数 $y = f(x)$ 在点 x 对应于自变量增量 Δx 的**微分**,记作 dy 或 $df(x)$.

规定 $dx = \Delta x$,则 $dy = kdx$. 由定义可知,如果函数 $y = f(x)$ 在点 x 处可微,则当 $\Delta x \to 0$ 时,$\Delta y - dy = o(\Delta x)$,且若 $k \neq 0$,则当 $\Delta x \to 0$ 时,$\Delta y \sim dy$.

定理 2.1.1　设函数 $f(x)$ 在点 x 处可微,则 $f(x)$ 在 x 处连续.

二、导数的概念

定义 2.1.2　设函数 $y = f(x)$ 在点 x 的某个邻域有定义. 如果极限

$$\lim_{\Delta x \to 0} \frac{\Delta y}{\Delta x} = \lim_{\Delta x \to 0} \frac{f(x + \Delta x) - f(x)}{\Delta x}$$

存在,则称 $f(x)$ 在点 x **可导**,并称此极限为 $f(x)$ 在点 x 的**导数**,记作 $f'(x)$,$y'(x)$,$\dfrac{df(x)}{dx}$ 或 $\dfrac{dy}{dx}$.

如果极限

$$\lim_{\Delta x \to 0+0} \frac{\Delta y}{\Delta x} = \lim_{\Delta x \to 0+0} \frac{f(x + \Delta x) - f(x)}{\Delta x}$$

存在,则称此极限为 $f(x)$ 在点 x 的**右导数**,记作 $f'_+(x)$. 类似地可定义**左导数** $f'_-(x)$.

易知,$f(x)$ 在点 x 处可导的充要条件是:在该点处,$f(x)$ 的左、右导数都存在

且相等.

定理 2.1.2 设函数 $f(x)$ 在点 x 的某个邻域有定义,则 $f(x)$ 在点 x 可导的充要条件是 $f(x)$ 在点 x 可微,且此时成立

$$f(x + \Delta x) - f(x) = f'(x)\Delta x + o(\Delta x),$$

即

$$\mathrm{d}f(x) = f'(x)\mathrm{d}x.$$

如果 f 是 (a,b) 上的可微函数,则也称 f 是 (a,b) 上的**可导函数**. 此时,我们可得到定义于 (a,b) 上的一个新的函数 f',

$$f':x \mapsto f'(x), \ x \in (a,b),$$

称 f' 为 f 的**导函数**,简称导数.

三、导数的几何意义

函数 $f(x)$ 在点 x_0 的导数 $f'(x_0)$ 就是曲线 $y = f(x)$ 在点 $(x_0, f(x_0))$ 处切线的斜率. 因此,曲线 $y = f(x)$ 在点 $P_0(x_0, f(x_0))$ 处的切线方程是

$$y - f(x_0) = f'(x_0)(x - x_0).$$

过点 P_0 且与切线垂直的直线称为曲线 $y = f(x)$ 在点 P_0 的法线. 于是,当 $f'(x_0) \neq 0$ 时,在点 P_0 的法线方程是

$$y - f(x_0) = -\frac{1}{f'(x_0)}(x - x_0).$$

例 题 分 析

例 2.1.1 用导数定义求函数 $y = \dfrac{1}{x^2}$ 的微分和导数.

解 因为

$$\Delta y = \frac{1}{(x + \Delta x)^2} - \frac{1}{x^2} = -\frac{2x\Delta x + (\Delta x)^2}{x^2(x + \Delta x)^2},$$

所以

$$\lim_{\Delta x \to 0} \frac{\Delta y}{\Delta x} = -\frac{2}{x^3},$$

即

$$y' = -\frac{2}{x^3},$$

从而微分

$$\mathrm{d}y = -\frac{2}{x^3}\mathrm{d}x.$$

例 2.1.2　用导数定义求 $y = \tan\sqrt{x}$ 的导数.

解　由 $\Delta y = \tan\sqrt{x + \Delta x} - \tan\sqrt{x}$,得

$$\lim_{\Delta x \to 0} \frac{\Delta y}{\Delta x} = \lim_{\Delta x \to 0} \frac{\tan\sqrt{x + \Delta x} - \tan\sqrt{x}}{\Delta x}$$

$$= \lim_{\Delta x \to 0} \frac{\tan(\sqrt{x + \Delta x} - \sqrt{x})(1 + \tan\sqrt{x + \Delta x}\,\tan\sqrt{x})}{\Delta x}$$

$$= (1 + \tan^2\sqrt{x}) \lim_{\Delta x \to 0} \frac{\tan(\sqrt{x + \Delta x} - \sqrt{x})}{\Delta x}$$

$$= (1 + \tan^2\sqrt{x}) \lim_{\Delta x \to 0} \frac{\sqrt{x + \Delta x} - \sqrt{x}}{\Delta x}$$

$$= (1 + \tan^2\sqrt{x}) \lim_{\Delta x \to 0} \frac{1}{\sqrt{x + \Delta x} + \sqrt{x}}$$

$$= \frac{1 + \tan^2\sqrt{x}}{2\sqrt{x}} = \frac{\sec^2\sqrt{x}}{2\sqrt{x}}.$$

即

$$(\tan\sqrt{x})' = \frac{\sec^2\sqrt{x}}{2\sqrt{x}}.$$

例 2.1.3　设 $a \in \mathbf{R}$,讨论函数

$$f(x) = \begin{cases} |x|^a |\tan x|, & 0 < |x| < \dfrac{\pi}{2}, \\ 0, & x = 0 \end{cases}$$

在点 $x = 0$ 的连续性与可微性.

解　分以下几种情形来讨论.

(1) 当 $a > 0$ 时. 因为

$$\lim_{x \to 0} f(x) = \lim_{x \to 0} |x|^a |\tan x| = 0 = f(0),$$

所以 $f(x)$ 在点 $x = 0$ 连续.

由于

$$f'(0) = \lim_{x \to 0} \frac{f(x) - f(0)}{x - 0} = \lim_{x \to 0} \frac{|x|^a |\tan x|}{x} = \lim_{x \to 0} |x|^a \left(\pm \left| \frac{\tan x}{x} \right| \right) = 0,$$

最后一步是利用了有界量与无穷小量的乘积仍是无穷小量的结论,因此函数 $f(x)$ 在点 $x = 0$ 可导,从而在点 $x = 0$ 也可微.

(2) 当 $a = 0$ 时. $f(x) = |\tan x|$. 显然

$$\lim_{x \to 0} f(x) = \lim_{x \to 0} |\tan x| = 0 = f(0),$$

所以 $f(x)$ 在点 $x = 0$ 连续. 但 $f(x)$ 在点 $x = 0$ 的左、右导数分别为

$$f'_-(0) = \lim_{x \to 0-0} \frac{f(x) - f(0)}{x - 0} = \lim_{x \to 0-0} \frac{-\tan x}{x} = -1 ;$$

$$f'_+(0) = \lim_{x \to 0+0} \frac{f(x) - f(0)}{x - 0} = \lim_{x \to 0+0} \frac{\tan x}{x} = 1 ,$$

因此 $f(x)$ 在点 $x = 0$ 不可导,从而也不可微.

(3) 当 $-1 < a < 0$ 时. 因为

$$\lim_{x \to 0} f(x) = \lim_{x \to 0} |x|^a |\tan x| = \lim_{x \to 0} |x|^{1+a} \left| \frac{\tan x}{x} \right| = 0 \cdot 1 = 0 = f(0) ,$$

所以 $f(x)$ 在点 $x = 0$ 连续. 但

$$\lim_{x \to 0+0} \frac{f(x) - f(0)}{x - 0} = \lim_{x \to 0+0} \frac{x^a \tan x}{x} = \lim_{x \to 0+0} x^a \cdot \frac{\tan x}{x} = +\infty ,$$

即 $f(x)$ 在点 $x = 0$ 的右导数不存在,因此 $f(x)$ 在点 $x = 0$ 不可导,从而也不可微.

(4) 当 $a = -1$ 时. 因为

$$\lim_{x \to 0} f(x) = \lim_{x \to 0} |x|^{-1} |\tan x| = \lim_{x \to 0} \left| \frac{\tan x}{x} \right| = 1 \neq f(0) ,$$

所以 $f(x)$ 在点 $x = 0$ 不连续. 因此 $f(x)$ 在点 $x = 0$ 不可导,从而也不可微.

(5) 当 $a < -1$ 时. 因为

$$\lim_{x \to 0} f(x) = \lim_{x \to 0} |x|^a |\tan x| = \lim_{x \to 0} |x|^{1+a} \left| \frac{\tan x}{x} \right| = +\infty ,$$

即 $f(x)$ 在点 $x = 0$ 的极限不存在,所以 f 在 $x = 0$ 点不连续. 因此 $f(x)$ 在点 $x = 0$ 不可导,从而也不可微.

综上所述:当 $a > 0$ 时,$f(x)$ 在点 $x = 0$ 连续,也可微;当 $-1 < a \leq 0$ 时,$f(x)$ 在点 $x = 0$ 连续,但不可微;当 $a \leq -1$ 时,$f(x)$ 在点 $x = 0$ 不连续,也不可微.

例 2.1.4 求曲线 $y = \ln x$ 在点 $(x_0, y_0)(x_0 > 0)$ 的切线方程和法线方程.

解 由 $y = \ln x$ 得

$$\Delta y = \ln(x_0 + \Delta x) - \ln x_0 = \ln\left(1 + \frac{\Delta x}{x_0}\right) ,$$

因此

$$f'(x_0) = \lim_{\Delta x \to 0} \frac{\Delta y}{\Delta x} = \lim_{\Delta x \to 0} \frac{\ln\left(1 + \frac{\Delta x}{x_0}\right)}{\Delta x} = \frac{1}{x_0} .$$

于是,在点 (x_0, y_0) 的切线方程为

$$y - y_0 = \frac{1}{x_0}(x - x_0) ;$$

在点 (x_0, y_0) 的法线方程为

$$y - y_0 = -x_0(x - x_0) .$$

例 2.1.5 设函数

$$f(x) = \begin{cases} \sin a(x-1), & x \le 1, \\ \ln x + b, & x > 1, \end{cases}$$

确定 a, b, 使得 $f(x)$ 在 $x = 1$ 处可导.

解 要使函数 $f(x)$ 在 $x = 1$ 处可导, 首先它必须在 $x = 1$ 处连续, 即

$$\lim_{x \to 1+0} f(x) = \lim_{x \to 1-0} f(x) = f(1),$$

而

$$\lim_{x \to 1+0} f(x) = \lim_{x \to 1+0} (\ln x + b) = b, \quad \lim_{x \to 1-0} f(x) = \lim_{x \to 1-0} \sin a(x-1) = 0, \quad f(1) = 0,$$

因此必须 $b = 0$.

要使 $f(x)$ 在 $x = 1$ 处可导, 必须成立 $f'_-(1) = f'_+(1)$, 而由定义及 $b = 0$ 得

$$f'_-(1) = \lim_{x \to 1-0} \frac{f(x) - f(1)}{x-1} = \lim_{x \to 1-0} \frac{\sin a(x-1)}{x-1} = a,$$

$$f'_+(1) = \lim_{x \to 1+0} \frac{f(x) - f(1)}{x-1} = \lim_{x \to 1+0} \frac{\ln x}{x-1} = \lim_{x \to 1+0} \frac{\ln[1+(x-1)]}{x-1} = 1.$$

因此 $a = 1$. 于是, 当 $a = 1, b = 0$ 时函数 $f(x)$ 在 $x = 1$ 处可导.

例 2.1.6 设函数 $f(x) = \lim_{n \to \infty} \sqrt[n]{1 + x^n + \left(\frac{x^2}{2}\right)^n}$ $(x > 0)$, 求 $f'(x)$.

解 当 $x > 0$ 时, 因为

$$\max\left\{1, x, \frac{x^2}{2}\right\} \le \sqrt[n]{1 + x^n + \left(\frac{x^2}{2}\right)^n} \le \sqrt[n]{3} \max\left\{1, x, \frac{x^2}{2}\right\},$$

由极限的夹逼性质得

$$f(x) = \lim_{n \to \infty} \sqrt[n]{1 + x^n + \left(\frac{x^2}{2}\right)^n} = \max\left\{1, x, \frac{x^2}{2}\right\}.$$

将上式写成分段函数便是

$$f(x) = \begin{cases} 1, & 0 < x < 1, \\ x, & 1 \le x < 2, \\ \frac{1}{2}x^2, & x \ge 2. \end{cases}$$

显然在分段表达的各开区间上, 有

$$f'(x) = \begin{cases} 0, & 0 < x < 1, \\ 1, & 1 < x < 2, \\ x, & x > 2. \end{cases}$$

在点 $x = 1$, 因为

$$f'_+(1) = \lim_{x \to 1+0} \frac{f(x) - f(1)}{x-1} = \lim_{x \to 1+0} \frac{x-1}{x-1} = 1,$$

$$f'_-(1) = \lim_{x \to 1-0} \frac{f(x) - f(1)}{x - 1} = \lim_{x \to 1+0} \frac{1 - 1}{x - 1} = 0,$$

所以 $f(x)$ 在点 $x = 1$ 不可导.

在点 $x = 2$,因为

$$f'_+(2) = \lim_{x \to 2+0} \frac{f(x) - f(2)}{x - 2} = \lim_{x \to 2+0} \frac{\dfrac{x^2}{2} - 2}{x - 2} = \lim_{x \to 2+0} \frac{x + 2}{2} = 2,$$

$$f'_-(2) = \lim_{x \to 2-0} \frac{f(x) - f(2)}{x - 2} = \lim_{x \to 2-0} \frac{x - 2}{x - 2} = 1,$$

所以 $f(x)$ 在点 $x = 2$ 不可导.

于是

$$f'(x) = \begin{cases} 0, & 0 < x < 1, \\ 1, & 1 < x < 2, \\ x, & x > 2, \\ 不存在, & x = 1,2. \end{cases}$$

例 2.1.7 设函数 $f(x)$ 在点 $x = 1$ 连续,且 $\lim\limits_{x \to 1} \dfrac{f(x)}{x - 1} = 4$,求 $f'(1)$.

解 因为 f 在点 $x = 1$ 连续,所以

$$\lim_{x \to 1} f(x) = f(1),$$

因此

$$f(1) = \lim_{x \to 1} f(x) = \lim_{x \to 1} (x - 1) \frac{f(x)}{x - 1} = 0 \cdot 4 = 0.$$

于是由导数的定义得

$$f'(1) = \lim_{x \to 1} \frac{f(x) - f(1)}{x - 1} = \lim_{x \to 1} \frac{f(x)}{x - 1} = 4.$$

例 2.1.8 设 φ 在点 $x = a$ 可导,$f(x) = \varphi(a + bx) - \varphi(a - bx)$ $(b \neq 0)$,求 $f'(0)$.

解 显然 $f(0) = 0$. 由定义,有

$$f'(0) = \lim_{x \to 0} \frac{f(x) - f(0)}{x - 0} = \lim_{x \to 0} \frac{\varphi(a + bx) - \varphi(a - bx)}{x}$$

$$= \lim_{x \to 0} \frac{[\varphi(a + bx) - \varphi(a)] - [\varphi(a - bx) - \varphi(a)]}{x}$$

$$= \lim_{x \to 0} b \cdot \frac{\varphi(a + bx) - \varphi(a)}{bx} - (-b) \cdot \frac{\varphi(a - bx) - \varphi(a)}{-bx}$$

$$= b\varphi'(a) - (-b)\varphi'(a) = 2b\varphi'(a).$$

例 2.1.9 设函数 f 在点 $x = 1$ 可导,且 $f(1) = 0$,求 $\lim\limits_{n \to \infty} \dfrac{f\left(1 + \dfrac{1}{n^2}\right)}{\left[\ln\left(1 + \dfrac{1}{n}\right)\right]^2}$.

解 因为 $\ln(1 + x) \sim x(x \to 0)$,所以

$$\lim_{n \to \infty} \frac{\ln\left(1 + \dfrac{1}{n}\right)}{\dfrac{1}{n}} = 1.$$

于是

$$\lim_{n \to \infty} \frac{f\left(1 + \dfrac{1}{n^2}\right)}{\left[\ln\left(1 + \dfrac{1}{n}\right)\right]^2} = \lim_{n \to \infty} \frac{f\left(1 + \dfrac{1}{n^2}\right)}{\dfrac{1}{n^2}} = \lim_{n \to \infty} \frac{f\left(1 + \dfrac{1}{n^2}\right) - f(1)}{\dfrac{1}{n^2}} = f'(1).$$

例 2.1.10 设函数 f, g 在点 $x = 0$ 附近有定义,且 f 在点 $x = 0$ 可导,函数 g 满足

$$\left| g(x) - f(x) \right| \leqslant \frac{\ln(1 + x^2)}{2 + \cos x}, x \in D(f) \cap D(g).$$

证明:g 在点 $x = 0$ 可导,且 $g'(0) = f'(0)$.

证 从题设可得 $g(0) = f(0)$,且

$$\left| \frac{g(x) - g(0)}{x - 0} - \frac{f(x) - f(0)}{x - 0} \right| \leqslant \frac{\ln(1 + x^2)}{x(2 + \cos x)}.$$

因为

$$\lim_{x \to 0} \frac{\ln(1 + x^2)}{x(2 + \cos x)} = \lim_{x \to 0} \frac{x^2}{x(2 + \cos x)} = \lim_{x \to 0} \frac{x}{2 + \cos x} = 0,$$

所以

$$\lim_{x \to 0} \left(\frac{g(x) - g(0)}{x - 0} - \frac{f(x) - f(0)}{x - 0} \right) = 0,$$

因此

$$\lim_{x \to 0} \frac{g(x) - g(0)}{x - 0} = \lim_{x \to 0} \frac{f(x) - f(0)}{x - 0} = f'(0).$$

这说明 g 在点 $x = 0$ 可导,且 $g'(0) = f'(0)$.

习 题

1. 半径为 $5\,\mathrm{cm}$ 的圆,如果半径增加 $0.1\,\mathrm{cm}$,试用求微分的方法计算圆面积的增加值. 如果半径再增加 $0.1\,\mathrm{cm}$,则圆面积会比原来增加多少?

2. 求微分 $\mathrm{d}y$:

(1) $y = \ln(x + 1)$; (2) $y = \sin x$.

3. 设函数 $f(x)$ 在 $x = a$ 处可导,且 $f(a) > 0$,计算下列极限:

(1) $\lim\limits_{n \to \infty} \left[\dfrac{f\left(a + \dfrac{1}{n}\right)}{f(a)} \right]^n$; (2) $\lim\limits_{n \to \infty} \left[\dfrac{f\left(a + \dfrac{1}{n}\right)}{f\left(a - \dfrac{1}{n}\right)} \right]^n$.

4. 设 $f(x)$ 是偶函数,且 $f'(0)$ 存在,求 $f'(0)$.

5. 设 $f(x) = 2^{|x-1|}$,试计算 $f'_-(1)$,$f'_+(1)$,由此说明 $f(x)$ 在点 $x = 1$ 处的可导性.

6. 求在曲线 $y = e^x$ 上点 $(1, e)$ 处的切线方程和法线方程.

7. 设 $f'(a) = A$,求 $\lim\limits_{\Delta x \to 0} \dfrac{f(a + \Delta x) - f(a - 2\Delta x)}{\Delta x}$.

8. 设函数 f 在 $x = 0$ 附近连续,且 $\lim\limits_{x \to 0} \dfrac{f(x)}{\sqrt{1 + x} - 1} = 4$,求 $f'(0)$.

9. 设函数 $f(x) = |x^3 - 1| \varphi(x)$,其中函数 φ 在点 $x = 1$ 附近连续,问:当 $\varphi(1)$ 为何值时,f 在点 $x = 1$ 可导?

10. 设函数 f 在 $(-\infty, +\infty)$ 上有定义,在区间 $[0, 2]$ 上有 $f(x) = x(x^2 - 4)$. 若 f 还满足
$$f(x) = kf(x + 2), \quad x \in (-\infty, +\infty),$$
其中 k 为常数.

(1) 写出 f 在 $[-2, 0]$ 上的表达式;

(2) 问:当 k 为何值时,f 在 $x = 0$ 处可导?

§2.2 求 导 运 算

知 识 要 点

一、四则运算的求导法则

定理 2.2.1 设 f 和 g 均是可导函数,α, β 是常数,则
$$(\alpha f + \beta g)' = \alpha f' + \beta g',$$
$$(fg)' = f'g + fg'.$$

对满足 $g(x) \neq 0$ 的点,有
$$\left(\frac{f}{g} \right)' = \frac{f'g - fg'}{g^2}.$$

二、复合函数求导的链式法则

定理 2.2.2(链式求导法则) 如果函数 $\varphi(x)$ 在 x_0 处可导,函数 $f(u)$ 在 $u_0 = \varphi(x_0)$ 处可导,则复合函数 $f \circ \varphi$ 在 x_0 处可导,且
$$(f \circ \varphi)'(x_0) = f'(u_0)\varphi'(x_0) = f'[\varphi(x_0)]\varphi'(x_0).$$

复合函数的导数可以表述为如下**链式形式**：

$$\frac{\mathrm{d}y}{\mathrm{d}x} = \frac{\mathrm{d}y}{\mathrm{d}u}\frac{\mathrm{d}u}{\mathrm{d}x}.$$

三、反函数的求导法则

可以证明,如果 $f(x)$ 是严格单调增加(或减少)的连续函数,那么, $f^{-1}(x)$ 也是严格单调增加(或减少)的连续函数.

定理 2.2.3(反函数求导法则) 设 $y = f(x)$ 是 (a,b) 上严格单调的连续函数, $x_0 \in (a,b)$. 如果 $f(x)$ 在 x_0 处可导,且 $f'(x_0) \neq 0$,那么其反函数 $f^{-1}(y)$ 在 $y_0 = f(x_0)$ 处可导,且

$$(f^{-1})'(y_0) = \frac{1}{f'(x_0)}.$$

四、基本初等函数的导数表

(1) $(c)' = 0$ （c 是常数）；

(2) $(x^{\alpha})' = \alpha x^{\alpha-1}$ （$\alpha \neq 0$）；

(3) $(a^x)' = a^x \ln a$ （$a > 0, a \neq 1$）,特别地,$(\mathrm{e}^x)' = \mathrm{e}^x$；

(4) $(\log_a x)' = \dfrac{1}{x \ln a}$ （$a > 0, a \neq 1$）,特别地,$(\ln x)' = \dfrac{1}{x}$；

(5) $(\sin x)' = \cos x$；

(6) $(\cos x)' = -\sin x$；

(7) $(\tan x)' = \sec^2 x$；

(8) $(\cot x)' = -\csc^2 x$；

(9) $(\sec x)' = \sec x \tan x$；

(10) $(\csc x)' = -\csc x \cot x$；

(11) $(\arcsin x)' = \dfrac{1}{\sqrt{1-x^2}}$；

(12) $(\arccos x)' = -\dfrac{1}{\sqrt{1-x^2}}$；

(13) $(\arctan x)' = \dfrac{1}{1+x^2}$；

(14) $(\operatorname{arccot} x)' = -\dfrac{1}{1+x^2}$；

(15) $(\operatorname{sh} x)' = \operatorname{ch} x$；

(16) $(\operatorname{ch} x)' = \operatorname{sh} x$.

五、对数求导法

所谓"对数求导法",主要用于形如
$$u(x)^{v(x)} \quad (u(x) > 0)$$
的函数的求导,这类函数称之为**幂指函数**.

利用恒等式 $A = e^{\ln A} (A > 0)$ 和链式求导法则,得到
$$\left[u(x)^{v(x)} \right]' = \left[e^{v(x)\ln u(x)} \right]' = e^{v(x)\ln u(x)} \left[v(x)\ln u(x) \right]'$$
$$= u(x)^{v(x)} \left[v'(x)\ln u(x) + v(x) \frac{u'(x)}{u(x)} \right].$$

对此类函数的另一种求导方法是:先在 $y = u(x)^{v(x)}$ 两边取自然对数得
$$\ln y = v(x)\ln u(x),$$
在等式两边对 x 求导得
$$\frac{y'}{y} = v'(x)\ln u(x) + v(x) \frac{u'(x)}{u(x)}.$$
因此
$$y' = u(x)^{v(x)} \left[v'(x)\ln u(x) + v(x) \frac{u'(x)}{u(x)} \right].$$

六、高阶导数

如果函数 $y = f(x)$ 的导数(导函数)$f'(x)$ 仍是可导函数,则可进而求出它的导数$(f'(x))'$,称之为$f(x)$ 的二阶导数,记作f'',或 y'',$\dfrac{\mathrm{d}^2 y}{\mathrm{d}x^2}$,$\dfrac{\mathrm{d}^2 f}{\mathrm{d}x^2}$. 一般地,$f(x)$ 的 n 阶导数被递推定义为
$$\frac{\mathrm{d}^n y}{\mathrm{d}x^n} = \frac{\mathrm{d}}{\mathrm{d}x}\left(\frac{\mathrm{d}^{n-1} y}{\mathrm{d}x^{n-1}} \right),$$
$\dfrac{\mathrm{d}^n y}{\mathrm{d}x^n}$ 也可记作 $y^{(n)}$,或 $f^{(n)}$,$\dfrac{\mathrm{d}^n f}{\mathrm{d}x^n}$.

七、Leibniz 公式

定理 2.2.4(Leibniz 公式)　设函数$f(x)$,$g(x)$ 具有 n 阶导数,则
$$(fg)^{(n)} = \sum_{k=0}^{n} C_n^k f^{(k)} g^{(n-k)},$$
其中$f^{(0)} = f$,$g^{(0)} = g$.

例 2.2.1 求下列函数的导数:

(1) $f(x) = \sin 2x$;　　　　　　　　(2) $f(x) = \sin^2 2x$.

解 (1) 记 $g(u) = \sin u, h(x) = 2x$, 则 f 可视为函数 g 和 h 的复合, 于是
$$y' = g'(u)h'(x) = \cos u \cdot 2 = 2\cos 2x.$$

(2) 记 $g(u) = u^2, h(x) = \sin 2x$, 则 f 可视为函数 g 和 h 的复合, 所以
$$f'(x) = g'(u)h'(x) = 2u \cdot 2\cos 2x = 2\sin 4x.$$

注 复合函数的链式求导法则用得熟练后, 可不必写出中间变量.

例 2.2.2 求下列函数的导数:

(1) $y = \dfrac{2x}{1 + x^2}$;　　　　　　　　(2) $y = x^2 e^{2x} \tan x$.

解 (1) 利用商的求导法则得
$$\left(\frac{2x}{1 + x^2}\right)' = \frac{(2x)'(1 + x^2) - (1 + x^2)' \cdot 2x}{(1 + x^2)^2} = \frac{2(1 - x^2)}{(1 + x^2)^2}.$$

(2) 利用乘积求导法则得
$$\begin{aligned}
(x^2 e^{2x} \tan x)' &= (x^2)' e^{2x} \tan x + x^2 (e^{2x})' \tan x + x^2 e^{2x} (\tan x)' \\
&= 2x e^{2x} \tan x + 2x^2 e^{2x} \tan x + x^2 e^{2x} \sec^2 x \\
&= x e^{2x} (2\tan x + 2x\tan x + x\sec^2 x).
\end{aligned}$$

例 2.2.3 求下列函数的导数:

(1) $y = \ln(e^x + \sqrt{e^{2x} + 1})$;　　　　　　　　(2) $y = [\ln \arctan(1 + x^2)]^2$.

解 (1) 利用复合函数的链式求导法则, 得
$$\begin{aligned}
f'(x) &= \frac{1}{e^x + \sqrt{e^{2x} + 1}}(e^x + \sqrt{e^{2x} + 1})' \\
&= \frac{1}{e^x + \sqrt{e^{2x} + 1}}\left[e^x + \frac{1}{2\sqrt{e^{2x} + 1}}(e^{2x} + 1)'\right] \\
&= \frac{1}{e^x + \sqrt{e^{2x} + 1}}\left(e^x + \frac{1}{\sqrt{e^{2x} + 1}}e^{2x}\right) \\
&= \frac{e^x}{\sqrt{e^{2x} + 1}}.
\end{aligned}$$

(2) 利用复合函数的链式求导法则, 得
$$\begin{aligned}
y' &= 2\ln \arctan(1 + x^2)[\ln \arctan(1 + x^2)]' \\
&= 2\ln \arctan(1 + x^2) \cdot \frac{1}{\arctan(1 + x^2)}[\arctan(1 + x^2)]'
\end{aligned}$$

$$= \frac{2\ln\arctan(1 + x^2)}{\arctan(1 + x^2)} \cdot \frac{1}{1 + (1 + x^2)^2}(1 + x^2)'$$

$$= \frac{2\ln\arctan(1 + x^2)}{\arctan(1 + x^2)} \cdot \frac{1}{1 + (1 + x^2)^2} \cdot 2x$$

$$= \frac{4x\ln\arctan(1 + x^2)}{[1 + (1 + x^2)^2]\arctan(1 + x^2)}.$$

例 2.2.4 设 $y = f^4\left(\dfrac{3x - 2}{3x + 2}\right)$,其中 $f(u) = \ln(1 + u^2)$,求 $\dfrac{dy}{dx}\Big|_{x=0}$.

解 $y = f^4\left(\dfrac{3x - 2}{3x + 2}\right)$ 是 $y = f^4(u)$ 与 $u = \dfrac{3x - 2}{3x + 2}$ 的复合,有

$$\frac{dy}{dx} = 4f^3(u)f'(u)\left(\frac{3x - 2}{3x + 2}\right)' = 4\ln^3(1 + u^2) \cdot \frac{2u}{1 + u^2} \cdot \frac{12}{(3x + 2)^2}.$$

因为当 $x = 0$ 时 $u = -1$,所以

$$\frac{dy}{dx}\Big|_{x=0} = 4\ln^3(1 + (-1)^2) \cdot \frac{2(-1)}{1 + (-1)^2} \cdot \frac{12}{(3 \times 0 + 2)^2} = -12\ln^3 2.$$

例 2.2.5 已知 $(\ln x)' = \dfrac{1}{x}$,利用反函数求导法则求 $y = e^x$ 的导数.

解 由 $y = e^x$ 知 $x = \ln y$,所以 $\dfrac{dx}{dy} = \dfrac{1}{y}$,于是

$$\frac{dy}{dx} = \frac{1}{\dfrac{dx}{dy}} = y = e^x,$$

即

$$(e^x)' = e^x.$$

例 2.2.6 设 $y = e^x + 2\log_2 x\,(x > 0)$,求其反函数 $x = x(y)$ 的二阶导数.

解 显然

$$\frac{dy}{dx} = e^x + \frac{2}{x\ln 2},$$

于是反函数 $x = x(y)$ 的导数为

$$\frac{dx}{dy} = \frac{1}{\dfrac{dy}{dx}} = \frac{1}{e^x + \dfrac{2}{x\ln 2}} = \frac{x\ln 2}{xe^x\ln 2 + 2}.$$

二阶导数为

$$\frac{d^2x}{dy^2} = \frac{d}{dy}\left(\frac{dx}{dy}\right) = \frac{d}{dx}\left(\frac{dx}{dy}\right) \cdot \frac{dx}{dy}$$

$$= \frac{d}{dx}\left(\frac{x\ln 2}{xe^x\ln 2 + 2}\right) \cdot \frac{dx}{dy}$$

$$= \frac{(2 - x^2 e^x \ln2) \ln2}{(xe^x \ln2 + 2)^2} \cdot \frac{x \ln2}{xe^x \ln2 + 2}$$

$$= \frac{x(\ln2)^2 (2 - x^2 e^x \ln2)}{(xe^x \ln2 + 2)^3}.$$

例 2.2.7 求下列函数的导数：

(1) $y = (\sin x)^{\ln x}$,   (2) $y = \left(1 + \dfrac{1}{x}\right)^x$.

解 (1) 由于 $y = e^{\ln x \cdot \ln \sin x}$，因此由链式法则可得

$$y' = e^{\ln x \cdot \ln \sin x} (\ln x \cdot \ln \sin x)' = (\sin x)^{\ln x} \left(\frac{\ln \sin x}{x} + \cot x \ln x\right).$$

此题也可以这样做：先取对数 $\ln y = \ln x \cdot \ln \sin x$，再求导，得

$$\frac{1}{y} y' = \frac{\ln \sin x}{x} + \cot x \ln x,$$

所以

$$y' = (\sin x)^{\ln x} \left(\frac{\ln \sin x}{x} + \cot x \ln x\right).$$

(2) 在 $y = \left(1 + \dfrac{1}{x}\right)^x$ 两边取对数，得

$$\ln y = x \ln\left(1 + \frac{1}{x}\right),$$

对 x 求导，可得

$$\frac{1}{y} y' = \ln\left(1 + \frac{1}{x}\right) - \frac{1}{x + 1},$$

所以

$$y' = \left(1 + \frac{1}{x}\right)^x \left[\ln\left(1 + \frac{1}{x}\right) - \frac{1}{x + 1}\right].$$

例 2.2.8 求曲线 $y = 2x + \sqrt{\dfrac{x(3x + 1)^3}{3x^2 + 1}} \cos \pi x$ 在点 $(1, -2)$ 的切线方程.

解 先求 $y_1 = \sqrt{\dfrac{x(3x + 1)^3}{3x^2 + 1}} \cos \pi x$ 的导数. 两边取绝对值，再取对数，得

$$\ln |y_1| = \frac{1}{2} [\ln |x| + 3\ln |3x + 1| - \ln(3x^2 + 1)] + \ln |\cos \pi x|,$$

对 x 求导，可得

$$\frac{1}{y_1} y_1' = \frac{1}{2}\left[\frac{1}{x} + \frac{9}{3x + 1} - \frac{6x}{3x^2 + 1}\right] - \pi \tan \pi x,$$

所以

$$y_1' = \frac{1}{2} \sqrt{\frac{x(3x+1)^3}{3x^2+1}} \cos\pi x \left[\frac{1}{x} + \frac{9}{3x+1} - \frac{6x}{3x^2+1} - 2\pi\tan\pi x \right].$$

于是

$$y' = (2x)' + \left(\sqrt{\frac{x(3x+1)^3}{3x^2+1}} \cos\pi x \right)'$$

$$= 2 + \frac{1}{2} \sqrt{\frac{x(3x+1)^3}{3x^2+1}} \cos\pi x \left[\frac{1}{x} + \frac{9}{3x+1} - \frac{6x}{3x^2+1} - 2\pi\tan\pi x \right].$$

所以 $y' \big|_{x=1} = -\frac{3}{2}$. 因此曲线在点 $(1, -2)$ 的切线方程为

$$y - (-2) = -\frac{3}{2}(x-1) \text{ 或 } 3x + 2y + 1 = 0.$$

例 2. 2. 9 设某个正圆锥体的表面积始终不变,而其高 h 以 0.04m/min 的速度缩短. 问当圆锥的高 $h = 4\,\text{m}$,底面半径 $R = 3\,\text{m}$ 时,其底面半径及其体积的变化速度是多少?

解 正圆锥体的表面积为

$$A = \pi(R^2 + R\sqrt{R^2+h^2}).$$

由题设知,A 为常量,但 $R = R(t)$,$h = h(t)$ 都随时间 t 而变. 将上式对 t 求导得

$$0 = \frac{\mathrm{d}A}{\mathrm{d}t} = \pi\left[\left(2R + \sqrt{R^2+h^2} + \frac{R^2}{\sqrt{R^2+h^2}} \right)\frac{\mathrm{d}R}{\mathrm{d}t} + \frac{Rh}{\sqrt{R^2+h^2}}\frac{\mathrm{d}h}{\mathrm{d}t} \right].$$

当 $R = 3$,$h = 4$,$\frac{\mathrm{d}h}{\mathrm{d}t} = -0.04$ 时,上式为

$$\frac{64}{5}\frac{\mathrm{d}R}{\mathrm{d}t} - \frac{0.48}{5} = 0,$$

从而

$$\frac{\mathrm{d}R}{\mathrm{d}t} = \frac{3}{400}(\text{m/min}).$$

因为正圆锥体的体积为

$$V = \frac{\pi}{3}R^2 h,$$

所以

$$\frac{\mathrm{d}V}{\mathrm{d}t} = \frac{\pi}{3}\left(2Rh\frac{\mathrm{d}R}{\mathrm{d}t} + R^2\frac{\mathrm{d}h}{\mathrm{d}t} \right).$$

当 $R = 3$,$h = 4$,$\frac{\mathrm{d}h}{\mathrm{d}t} = -0.04$ 时,$\frac{\mathrm{d}R}{\mathrm{d}t} = \frac{3}{400}$,代入上式得

$$\frac{\mathrm{d}V}{\mathrm{d}t} = -\frac{6\pi}{100}(\text{m}^3/\text{min}).$$

因此,当圆锥的高 $h = 4\,\mathrm{m}$,底面半径 $R = 3\,\mathrm{m}$ 时,其底面半径以 $\dfrac{3}{400}\mathrm{m/min}$ 速度增长,体积以 $\dfrac{6\pi}{100}\mathrm{m}^3/\mathrm{min}$ 速度减少.

例 2.2.10 设 $f(x) = \begin{cases} ax^2 + bx + c, & x > 0, \\ \mathrm{e}^x, & x \leqslant 0. \end{cases}$ 问当 a, b, c 取何值时, 函数 $f(x)$ 在 $x = 0$ 处二阶可导?

解 显然,当 $x > 0$ 时,$f'(x) = 2ax + b$;当 $x < 0$ 时,$f'(x) = \mathrm{e}^x$. 现在看 $x = 0$ 的情况.

由于

$$f'_-(0) = \lim_{x \to 0-0} \frac{f(x) - f(0)}{x - 0} = \lim_{x \to 0-0} \frac{\mathrm{e}^x - 1}{x} = 1,$$

要使

$$f'_+(0) = \lim_{x \to 0+0} \frac{f(x) - f(0)}{x - 0} = \lim_{x \to 0+0} \frac{ax^2 + bx + c - 1}{x} = 1,$$

须使 $c = 1, b = 1$. 此时 $f'(0) = 1$. 于是

$$f'(x) = \begin{cases} 2ax + 1, & x > 0. \\ \mathrm{e}^x, & x \leqslant 0. \end{cases}$$

由于

$$f''_-(0) = \lim_{x \to 0-0} \frac{f'(x) - f'(0)}{x - 0} = \lim_{x \to 0-0} \frac{\mathrm{e}^x - 1}{x} = 1,$$

要使

$$f''_+(0) = \lim_{x \to 0+0} \frac{f'(x) - f'(0)}{x - 0} = \lim_{x \to 0+0} \frac{2ax + 1 - 1}{x} = 1,$$

须使 $a = \dfrac{1}{2}$. 所以,当

$$a = \frac{1}{2}, \quad b = c = 1$$

时,$f(x)$ 在 $x = 0$ 处二阶可导.

例 2.2.11 设非负函数 $f(x)$ 有二阶导数,$y = f(\sin 2x) + \ln f(2x)$,求 y''.

解 利用四则运算的求导法则和复合函数的求导法则,得

$$y' = 2\cos(2x)f'(\sin 2x) + \frac{2f'(2x)}{f(2x)}.$$

$$y'' = 4\cos^2(2x)f''(\sin 2x) - 4\sin(2x)f'(\sin 2x) + \frac{4f(2x)f''(2x) - 4[f'(2x)]^2}{f^2(2x)}.$$

例 2.2.12 设 $y = (x + \sqrt{x^2 + 1})^n$,证明它满足方程 $(1 + x^2)y'' + xy' = n^2 y$,

并求 $y'''(0)$，$y^{(4)}(0)$.

证 对 $y = (x + \sqrt{x^2 + 1})^n$ 取自然对数得 $\ln y = n\ln(x + \sqrt{x^2 + 1})$. 关于 x 求导得

$$\frac{y'}{y} = \frac{n}{\sqrt{1 + x^2}},$$

因此 $(1 + x^2)y'^2 = n^2 y^2$. 对此式再求导得

$$2xy'^2 + 2(1 + x^2)y'y'' = 2n^2 yy',$$

注意从 $(1 + x^2)y'^2 = n^2 y^2$ 知 $y' \neq 0$，于是从上式便推出

$$(1 + x^2)y'' + xy' = n^2 y.$$

从 $\dfrac{y'}{y} = \dfrac{n}{\sqrt{1 + x^2}}$ 知 $y'(0) = n$. 再从 $(1 + x^2)y'' + xy' = n^2 y$ 知 $y''(0) = n^2$，且对该式求导得

$$(1 + x^2)y''' + 3xy'' + y' = n^2 y',$$
$$(1 + x^2)y^{(4)} + 5xy''' + 4y'' = n^2 y'',$$

因此取 $x = 0$ 得

$$y'''(0) = n(n^2 - 1), \quad y^{(4)}(0) = n^2(n^2 - 4).$$

例 2.2.13 求下列函数的 n 阶导数：

(1) $f(x) = \dfrac{1}{1 + x - 6x^2}$；(2) $y = e^{3x}\cos 4x$；(3) $y = \sin^3 x$.

解 (1) 因为

$$f(x) = \frac{1}{5}\left(\frac{2}{1 - 2x} + \frac{3}{1 + 3x}\right),$$

利用 $\left(\dfrac{1}{1 + ax}\right)^{(n)} = \dfrac{(-1)^n n! a^n}{(1 + ax)^{n+1}}(a \neq 0)$，得

$$f^{(n)}(x) = \frac{1}{5}\left[2\left(\frac{1}{1 - 2x}\right)^{(n)} + 3\left(\frac{1}{1 + 3x}\right)^{(n)}\right] = \frac{n!}{5}\left[\frac{2^{n+1}}{(1 - 2x)^{n+1}} + \frac{(-1)^n 3^{n+1}}{(1 + 3x)^{n+1}}\right].$$

(2) 直接计算得

$$y' = e^{3x}(3\cos 4x - 4\sin 4x) = 5e^{3x}\left(\frac{3}{5}\cos 4x - \frac{4}{5}\sin 4x\right) = 5e^{3x}\cos(4x + \varphi),$$

这里 $\sin\varphi = \dfrac{4}{5}$，$\cos\varphi = \dfrac{3}{5}$.

同理，有 $y'' = 5e^{3x}[3\cos(4x + \varphi) - 4\sin(4x + \varphi)] = 5^2 e^{3x}\cos(4x + 2\varphi)$.

用归纳法可知

$$y^{(n)} = 5^n e^{3x}\cos(4x + n\varphi).$$

(3) 因为

$$\sin^3 x = \frac{3}{4}\sin x - \frac{1}{4}\sin 3x,$$

利用 $(\sin ax)^{(n)} = a^n \sin\left(ax + \frac{n\pi}{2}\right)$ $(a \neq 0)$，得

$$y^{(n)} = \frac{3}{4}(\sin x)^{(n)} - \frac{1}{4}(\sin 3x)^{(n)} = \frac{3}{4}\sin\left(x + \frac{n\pi}{2}\right) - \frac{3^n}{4}\sin\left(3x + \frac{n\pi}{2}\right).$$

例 2.2.14　设 $f(x) = (x-1)^n(x^2 + 5x + 3)^n \sin^2 \frac{\pi}{2}x$，求 $f^{(n)}(1)$.

解　设 $u = (x-1)^n, v = (x^2 + 5x + 3)^n \sin^2 \frac{\pi}{2}x$，则 $f = uv$. 由于

$$u(1) = u'(1) = u''(1) = \cdots = u^{(n-1)}(1) = 0, \ u^{(n)}(1) = n!,$$

因此，由 Leibniz 公式得

$$f^{(n)}(1) = u(1)v^{(n)}(1) + nu'(1)v^{(n-1)}(1) + \cdots + nv'(1)u^{(n-1)}(1) + v(1)u^{(n)}(1)$$
$$= v(1)u^{(n)}(1) = 9^n n!.$$

例 2.2.15　设 $f(x) = x^2\ln(1+x)$，求 $f^{(n)}(0)$.

解　设 $u = x^2, v = \ln(1+x)$，则

$$u' = 2x, \quad u'' = 2, \quad u^{(n)} = 0 (n \geq 3);$$
$$(\ln(1+x))^{(n)} = \frac{(-1)^{n-1}(n-1)!}{(1+x)^n}(n \geq 1).$$

直接计算得

$$f'(x) = 2x\ln(1+x) + \frac{x^2}{1+x}, \quad f'(0) = 0,$$

$$f''(x) = 2\ln(1+x) + \frac{2x}{1+x} + \frac{2x+x^2}{(1+x)^2}, \quad f''(0) = 0.$$

当 $n \geq 3$ 时，由 Leibniz 公式得

$$f^{(n)}(x) = x^2[\ln(1+x)]^{(n)} + C_n^1 2x[\ln(1+x)]^{(n-1)} + C_n^2 2[\ln(1+x)]^{(n-2)}$$
$$= x^2\left[\frac{(-1)^{n-1}(n-1)!}{(1+x)^n}\right] + 2nx\left[\frac{(-1)^{n-2}(n-2)!}{(1+x)^{n-1}}\right]$$
$$+ n(n-1)\left[\frac{(-1)^{n-3}(n-3)!}{(1+x)^{n-2}}\right].$$

从而

$$f^{(n)}(0) = (-1)^{n-1}n(n-1)(n-3)! = \frac{(-1)^{n-1}n!}{n-2}.$$

于是

$$f^{(n)}(0) = \begin{cases} 0, & n = 1, 2, \\ \dfrac{(-1)^{n-1}n!}{n-2}, & n \geq 3. \end{cases}$$

有时候,实函数转化为复函数来求高阶导数,会有意想不到的效果,下面就是一个例子.

例 2.2.16 求函数 $f(x) = \arctan x$ 的 n 阶导数.

解 由于 $f'(x) = \dfrac{1}{1+x^2} = \dfrac{1}{2\mathrm{i}}\left(\dfrac{1}{x-\mathrm{i}} - \dfrac{1}{x+\mathrm{i}}\right)$,因此

$$f^{(n)}(x) = \frac{1}{2\mathrm{i}}\left(\left(\frac{1}{x-\mathrm{i}}\right)^{(n-1)} - \left(\frac{1}{x+\mathrm{i}}\right)^{(n-1)}\right)$$

$$= \frac{(-1)^{n-1}(n-1)!}{2\mathrm{i}}\left(\frac{1}{(x-\mathrm{i})^n} - \frac{1}{(x+\mathrm{i})^n}\right).$$

当 $n = 2m$ 时,$(x+\mathrm{i})^n - (x-\mathrm{i})^n = 2\sum_{k=1}^{m} C_{2m}^{2k-1} x^{2m-2k+1} \mathrm{i}^{2k-1}$

$$= 2\mathrm{i}\sum_{k=1}^{m}(-1)^{k-1} C_{2m}^{2k-1} x^{2m-2k+1};$$

当 $n = 2m+1$ 时,$(x+\mathrm{i})^n - (x-\mathrm{i})^n = 2\sum_{k=0}^{m} C_{2m+1}^{2k+1} x^{2m-2k} \mathrm{i}^{2k+1}$

$$= 2\mathrm{i}\sum_{k=0}^{m}(-1)^{k} C_{2m+1}^{2k+1} x^{2m-2k}.$$

所以

$$f^{(n)}(x) = \begin{cases} -(2m-1)!\dfrac{\displaystyle\sum_{k=1}^{m}(-1)^{k-1}C_{2m}^{2k-1}x^{2m-2k+1}}{(1+x^2)^{2m}}, & n = 2m, \\[4mm] (2m)!\dfrac{\displaystyle\sum_{k=0}^{m}(-1)^{k}C_{2m+1}^{2k+1}x^{2m-2k}}{(1+x^2)^{2m+1}}, & n = 2m+1. \end{cases}$$

习 题

1. 求下列函数的导数:

(1) $f(x) = \ln 2 + 2\ln x + 3\tan x$;

(2) $f(x) = x\sin x + x^2 \mathrm{e}^x$;

(3) $f(x) = \dfrac{x}{\sqrt{1+x^2}}$;

(4) $f(x) = (x^2+1)\arctan^2 x$;

(5) $f(x) = x\mathrm{e}^{-2x}\sin 4x$;

(6) $f(x) = \left(\dfrac{1-x}{1+x}\right)^2$;

(7) $f(x) = \ln\dfrac{1+\sin x}{1-\sin x}$;

(8) $f(x) = \mathrm{e}^x(\sin 2x - 2\cos 2x)$;

(9) $f(x) = x^{\mathrm{e}^x}$;

(10) $f(x) = \sqrt[4]{\dfrac{(x+1)(x+2)}{(x+4)(x+5)}}$;

(11) $f(x) = \left(\dfrac{\sin x}{x}\right)^{x^2}$;

(12) $f(x) = (\cos x)^{\frac{1}{x^2}}$.

2. 证明：曲线 $\sqrt{x} + \sqrt{y} = \sqrt{a}$ 在第一象限任意点上的切线在 x,y 轴上的截距之和为常数.

3. 当参数 a 为何值时,抛物线 $y = ax^2$ 与对数曲线 $y = \ln x$ 相切?

4. 求下列函数的二阶导数：

(1) $f(x) = x\ln^2 x$;
(2) $f(x) = x\arctan x$;

(3) $f(x) = \mathrm{e}^{-x}\cos 2x$;
(4) $f(x) = x^3\mathrm{e}^{-2x}$.

5. 求下列函数的 n 阶导数：

(1) $f(x) = \ln\dfrac{1+x}{1-x}$;
(2) $f(x) = \cos^2 2x$;

(3) $f(x) = \sqrt{1-x}$;
(4) $f(x) = \mathrm{e}^{-x}\cos 2x$.

6. 求下列函数所指定的阶的导数：

(1) $f(x) = x^2\cos 2x$, 求 $f^{(8)}(0)$;

(2) $f(x) = x\ln x$, 求 $f^{(10)}(x)$.

7. 设 $f(x) = \cos x\cos 2x\cos 3x$, 求 $f^{(n)}(x)$.

8. 设函数 f 可导, $y = f(\mathrm{e}^x)\mathrm{e}^{f(x)}$, 求 y'.

9. 设函数 f 在 $x = 2$ 的某邻域内可导, 且满足 $f'(x) = \mathrm{e}^{f(x)}$, $f(2) = 1$, 求 $f'''(2)$.

10. 设函数 f 可导, 且 $f(x) \neq 0$, $f\left(\dfrac{1}{6}\right) = 4$, $f'(x) = \sec^2\left[2\pi x + \ln^3(5 - 24x)\right]$. 记 $x = g(y)$

是 $y = f(x)$ 的反函数, 若 $z = \dfrac{1}{g(x)}$, 求 $\left.\dfrac{\mathrm{d}z}{\mathrm{d}x}\right|_{x=4}$.

11. 设 $f(x) = \begin{cases} ax + b, & x \geq 0, \\ \dfrac{\sin x + \cos x - 1}{x}, & x < 0. \end{cases}$ 问当 a,b 取何值时, 函数 f 在 $x = 0$ 处可导?

12. 设 $f(x) = \begin{cases} x^2\sin\dfrac{1}{x}, & x \neq 0, \\ 0, & x = 0. \end{cases}$ 求 $f'(0)$, $f'(x)$, 并问 $\lim\limits_{x\to 0} f'(x)$ 是否存在?

13. 证明：$\left(x^{n-1}\mathrm{e}^{\frac{1}{x}}\right)^{(n)} = \dfrac{(-1)^n}{x^{n+1}}\mathrm{e}^{\frac{1}{x}}$.

§2.3 微 分 运 算

知 识 要 点

一、基本初等函数的微分公式

对可微函数 $y = f(x)$, 其微分 $\mathrm{d}y = f'(x)\mathrm{d}x$. 由求导公式和求导运算法则, 可以直接得到如下的微分公式和微分运算法则.

(1) $\mathrm{d}(c) = 0$, c 是常数;

(2) $\mathrm{d}(x^\mu) = \mu x^{\mu-1}\mathrm{d}x(\mu \neq 0)$;

(3) $\mathrm{d}(a^x) = a^x \ln a \mathrm{d}x$ $(a > 0, a \neq 1)$,特别地,$\mathrm{d}(e^x) = e^x \mathrm{d}x$;

(4) $\mathrm{d}(\log_a x) = \dfrac{1}{x \ln a} \mathrm{d}x$ $(a > 0, a \neq 1)$,特别地,$\mathrm{d}(\ln x) = \dfrac{1}{x} \mathrm{d}x$;

(5) $\mathrm{d}(\sin x) = \cos x \mathrm{d}x$;

(6) $\mathrm{d}(\cos x) = -\sin x \mathrm{d}x$;

(7) $\mathrm{d}(\tan x) = \sec^2 x \mathrm{d}x$;

(8) $\mathrm{d}(\cot x) = -\csc^2 x \mathrm{d}x$;

(9) $\mathrm{d}(\sec x) = \sec x \tan x \mathrm{d}x$;

(10) $\mathrm{d}(\csc x) = -\csc x \cot x \mathrm{d}x$;

(11) $\mathrm{d}(\arcsin x) = \dfrac{1}{\sqrt{1 - x^2}} \mathrm{d}x$;

(12) $\mathrm{d}(\arccos x) = -\dfrac{1}{\sqrt{1 - x^2}} \mathrm{d}x$;

(13) $\mathrm{d}(\arctan x) = \dfrac{1}{1 + x^2} \mathrm{d}x$;

(14) $\mathrm{d}(\operatorname{arc} \cot x) = -\dfrac{1}{1 + x^2} \mathrm{d}x$;

(15) $\mathrm{d}(\operatorname{sh} x) = \operatorname{ch} x \mathrm{d}x$;

(16) $\mathrm{d}(\operatorname{ch} x) = \operatorname{sh} x \mathrm{d}x$.

二、微分运算法则

设 f, g 都是可微函数,α 与 β 是常数,则

(1) $\mathrm{d}(\alpha f + \beta g) = \alpha \mathrm{d}f + \beta \mathrm{d}g$;

(2) $\mathrm{d}(fg) = f \mathrm{d}g + g \mathrm{d}f$;

(3) $\mathrm{d}\left(\dfrac{f}{g}\right) = \dfrac{g \mathrm{d}f - f \mathrm{d}g}{g^2}$ $(g(x) \neq 0)$.

三、一阶微分的形式不变性

若 $y = f(u)$,$u = g(x)$ 都是可微函数,由复合函数的求导公式可得
$$\mathrm{d}y = (f \circ g)'(x)\mathrm{d}x = f'[g(x)]g'(x)\mathrm{d}x = f'(u)\mathrm{d}u.$$
由此可见,无论 u 是自变量还是中间变量,其微分形式
$$\mathrm{d}y = f'(u)\mathrm{d}u$$
始终保持不变. 这一特性称为"**一阶微分的形式不变性**".

一阶微分的形式不变性可用于计算较复杂的函数的微分.

四、隐函数求导法

如果 $F(x,y)$ 是变量 x 和 y 的一个解析式,在一定的条件下,由方程
$$F(x,y) = 0$$
决定了一个 y 关于 x 的函数 $y = y(x)$,称这类函数为**隐函数**.

在方程 $F(x,y) = 0$ 两边同时对 x 求导,并注意 y 是 x 的函数,运用求导的四则运算法则和链式求导法则得到关于 y' 的关系式,从而解得 y'. 这个方法称为**隐函数求导法**.

五、由参数方程确定的函数求导法

若函数 $y = y(x)$ 可以由下列参数方程确定:
$$\begin{cases} x = \varphi(t), \\ y = \psi(t), \end{cases} \quad t \in [\alpha, \beta],$$
其中 $\varphi(t)$ 和 $\psi(t)$ 均是可微函数,且 $\varphi'(t) \neq 0$,则有求导公式
$$\frac{dy}{dx} = \frac{\psi'(t)}{\varphi'(t)}.$$

若 $\varphi(t)$ 和 $\psi(t)$ 还是 $[\alpha, \beta]$ 上的二阶可导函数,则
$$\frac{d^2 y}{dx^2} = \frac{d}{dx}\left(\frac{dy}{dx}\right) = \frac{\psi''(t)\varphi'(t) - \psi'(t)\varphi''(t)}{[\varphi'(t)]^3}.$$

六、微分的应用:近似计算

用微分代替增量是一种较便捷的近似计算方法.

设函数 $f(x)$ 在 x_0 处可微,按微分定义有
$$f(x_0 + \Delta x) - f(x_0) = f'(x_0)\Delta x + o(\Delta x).$$
当 Δx 很小时,略去相应于高阶无穷小的项,得到
$$f(x_0 + \Delta x) - f(x_0) \approx f'(x_0)\Delta x, \text{ 或 } f(x_0 + \Delta x) \approx f(x_0) + f'(x_0)\Delta x.$$
以上两式就是利用微分作近似计算的基本公式.

例 题 分 析

例 2.3.1 设 $y = \ln\tan\dfrac{x}{2}$,求 dy.

解 利用一阶微分的形式不变性,得
$$dy = d\ln\tan\frac{x}{2} = \frac{1}{\tan\dfrac{x}{2}}d\tan\frac{x}{2}$$

$$= \frac{1}{\tan\frac{x}{2}}\sec^2\frac{x}{2}\mathrm{d}\Big(\frac{x}{2}\Big) = \frac{1}{\tan\frac{x}{2}}\sec^2\frac{x}{2}\cdot\frac{1}{2}\mathrm{d}x = \frac{1}{\sin x}\mathrm{d}x.$$

例 2.3.2 设 $y = 2\arcsin\frac{x}{2} + \frac{1}{2}x\sqrt{4-x^2}$，求它在 $x = 1$ 处的微分 $\mathrm{d}y\Big|_{x=1}$.

解 利用一阶微分的形式不变性，得

$$\mathrm{d}y = 2\mathrm{d}\arcsin\frac{x}{2} + \frac{1}{2}\mathrm{d}(x\sqrt{4-x^2})$$

$$= \frac{2}{\sqrt{1-\frac{x^2}{4}}}\mathrm{d}\Big(\frac{x}{2}\Big) + \frac{1}{2}\Big(\sqrt{4-x^2}\mathrm{d}x + x\mathrm{d}\sqrt{4-x^2}\Big)$$

$$= \frac{2}{\sqrt{4-x^2}}\mathrm{d}x + \frac{1}{2}\Big(\sqrt{4-x^2} - \frac{x^2}{\sqrt{4-x^2}}\Big)\mathrm{d}x$$

$$= \sqrt{4-x^2}\mathrm{d}x.$$

于是，当 $x = 1$ 时，

$$\mathrm{d}y\Big|_{x=1} = \sqrt{4-1^2}\mathrm{d}x = \sqrt{3}\mathrm{d}x.$$

例 2.3.3 求由方程 $y^6 + 3y^3 - 2x^3 - 3x + 2 = 0$ 所确定的满足 $y(0) = -1$ 的隐函数 $y = y(x)$ 在 $x = 0$ 处的导数.

解 方程两边同时对 x 求导，得到

$$6y^5\frac{\mathrm{d}y}{\mathrm{d}x} + 9y^2\frac{\mathrm{d}y}{\mathrm{d}x} - 6x^2 - 3 = 0,$$

由此，得

$$\frac{\mathrm{d}y}{\mathrm{d}x} = \frac{2x^2 + 1}{2y^5 + 3y^2}.$$

由于 $x = 0$ 时，$y = -1$，因此

$$\frac{\mathrm{d}y}{\mathrm{d}x}\Big|_{x=0} = \frac{2x^2 + 1}{2y^5 + 3y^2}\Big|_{x=0,y=-1} = 1.$$

例 2.3.4 求由方程 $\ln\sqrt{x^2 + y^2} = \arctan\frac{y}{x}$ 所确定的隐函数 $y = y(x)$ 的导数 y' 和 y''.

解 方程两边同时对 x 求导，得

$$\frac{x + yy'}{x^2 + y^2} = \frac{1}{1 + \frac{y^2}{x^2}}\cdot\frac{xy' - y}{x^2},$$

化简后得

$$y' = \frac{x + y}{x - y}.$$

再求一次导数,得

$$y'' = \frac{(1 + y')(x - y) - (x + y)(1 - y')}{(x - y)^2},$$

代入 y' 表达式,化简后得

$$y'' = \frac{2(x^2 + y^2)}{(x - y)^3}.$$

例 2.3.5 设由方程 $e^{x+y} - y\sin x = e$ 确定隐函数 $y = y(x)$.

(1) 求 dy;

(2) 求该方程所确定的曲线在点 $(0,1)$ 处的切线方程.

解 (1) 在方程两边取微分,并利用微分的形式不变性,得

$$e^{x+y}(dx + dy) - (\sin x dy + y\cos x dx) = 0.$$

因此

$$dy = \frac{y\cos x - e^{x+y}}{e^{x+y} - \sin x}dx.$$

(2) 由(1)知

$$\frac{dy}{dx} = \frac{y\cos x - e^{x+y}}{e^{x+y} - \sin x},$$

于是

$$\frac{dy}{dx}\bigg|_{x=0, y=1} = \frac{1 - e}{e}.$$

因此,方程所确定的曲线在点 $(0,1)$ 处的切线方程为

$$y - 1 = \frac{1 - e}{e}x, \quad 或 (1 - e)x - ey + e = 0.$$

注 求隐函数的导数,也可通过方程两边微分来求得. 在求二阶导数时,如果 y' 的表达式是商的形式,有时也可转化为乘除来求导.

例 2.3.6 求由渐开线的参数方程

$$\begin{cases} x = a(\cos t + t\sin t), \\ y = a(\sin t - t\cos t) \end{cases}$$

所确定的函数的二阶导数 $\dfrac{d^2 y}{dx^2}$.

解 利用求导公式得

$$\frac{dy}{dx} = \frac{[a(\sin t - t\cos t)]'}{[a(\cos t + t\sin t)]'} = \frac{at\sin t}{at\cos t} = \tan t.$$

再对 x 求导,得

$$\frac{\mathrm{d}^2 y}{\mathrm{d}x^2} = \frac{\mathrm{d}}{\mathrm{d}x}\left(\frac{\mathrm{d}y}{\mathrm{d}x}\right) = \frac{\dfrac{\mathrm{d}}{\mathrm{d}t}(\tan t)}{\dfrac{\mathrm{d}x}{\mathrm{d}t}} = \frac{\sec^2 t}{at\cos t} = \frac{\sec^3 t}{at}.$$

例 2.3.7 设 L 为极坐标方程 $r = a\sqrt{\cos 2\theta}$ 所确定的曲线 $(a > 0)$ ，证明 L 在 $\theta = \dfrac{\pi}{6}$ 所对应的点处有水平切线.

证 利用极坐标表示可得 L 的一种参数方程

$$\begin{cases} x = r\cos\theta = a\sqrt{\cos 2\theta}\,\cos\theta, \\ y = r\sin\theta = a\sqrt{\cos 2\theta}\,\sin\theta. \end{cases}$$

因此

$$\frac{\mathrm{d}y}{\mathrm{d}x} = \frac{(a\sqrt{\cos 2\theta}\,\sin\theta)'}{(a\sqrt{\cos 2\theta}\,\cos\theta)'} = \frac{-\dfrac{a\sin\theta\sin 2\theta}{\sqrt{\cos 2\theta}} + a\sqrt{\cos 2\theta}\,\cos\theta}{-\dfrac{a\cos\theta\sin 2\theta}{\sqrt{\cos 2\theta}} - a\sqrt{\cos 2\theta}\,\sin\theta}$$

$$= \frac{-\sin\theta\sin 2\theta + \cos 2\theta\cos\theta}{-\cos\theta\sin 2\theta - \cos 2\theta\sin\theta} = -\frac{\cos 3\theta}{\sin 3\theta} = -\cot 3\theta.$$

因为 $\dfrac{\mathrm{d}y}{\mathrm{d}x}\Big|_{\theta=\frac{\pi}{6}} = -\cot\dfrac{\pi}{2} = 0$ ，所以曲线 L 在 $\theta = \dfrac{\pi}{6}$ 所对应的点处有水平切线.

例 2.3.8 设函数 $y = y(x)$ 由 $\begin{cases} x = \arctan 2t + 1 \\ 2y = ty^2 - \mathrm{e}^t + 5 \end{cases}$ 所确定，求 $\dfrac{\mathrm{d}y}{\mathrm{d}x}$ ，$\dfrac{\mathrm{d}^2 y}{\mathrm{d}x^2}\Big|_{t=0}$.

解 对 $2y = ty^2 - \mathrm{e}^t + 5$ 关于 t 求导，得

$$2\frac{\mathrm{d}y}{\mathrm{d}t} = y^2 + 2ty\frac{\mathrm{d}y}{\mathrm{d}t} - \mathrm{e}^t,$$

因此

$$\frac{\mathrm{d}y}{\mathrm{d}t} = \frac{y^2 - \mathrm{e}^t}{2(1 - ty)}.$$

而 $x = \arctan 2t + 1$ ，所以 $\dfrac{\mathrm{d}x}{\mathrm{d}t} = \dfrac{2}{1 + 4t^2}$. 于是

$$\frac{\mathrm{d}y}{\mathrm{d}x} = \frac{\dfrac{\mathrm{d}y}{\mathrm{d}t}}{\dfrac{\mathrm{d}x}{\mathrm{d}t}} = \frac{\dfrac{y^2 - \mathrm{e}^t}{2(1 - ty)}}{\dfrac{2}{1 + 4t^2}} = \frac{(y^2 - \mathrm{e}^t)(1 + 4t^2)}{4(1 - ty)}.$$

显然 $\dfrac{\mathrm{d}x}{\mathrm{d}t}\Big|_{t=0} = 2$ ，$y|_{t=0} = 2$ ，$\dfrac{\mathrm{d}y}{\mathrm{d}t}\Big|_{t=0} = \dfrac{3}{2}$ ，且

$$\frac{\mathrm{d}^2 x}{\mathrm{d}t^2} = \frac{\mathrm{d}}{\mathrm{d}t}\left(\frac{2}{1 + 4t^2}\right) = -\frac{16t}{(1 + 4t^2)^2}, \quad \frac{\mathrm{d}^2 x}{\mathrm{d}t^2}\Big|_{t=0} = 0.$$

对 $2\dfrac{\mathrm{d}y}{\mathrm{d}t} = y^2 + 2ty\dfrac{\mathrm{d}y}{\mathrm{d}t} - \mathrm{e}^t$ 关于 t 求导,得

$$2\frac{\mathrm{d}^2 y}{\mathrm{d}t^2} = 2y\frac{\mathrm{d}y}{\mathrm{d}t} + 2y\frac{\mathrm{d}y}{\mathrm{d}t} + 2t\left(\frac{\mathrm{d}y}{\mathrm{d}t}\right)^2 + 2ty\frac{\mathrm{d}^2 y}{\mathrm{d}t^2} - \mathrm{e}^t,$$

在上式中令 $t = 0$ 得 $\left.\dfrac{\mathrm{d}^2 y}{\mathrm{d}t^2}\right|_{t=0} = \dfrac{11}{2}$. 于是

$$\frac{\mathrm{d}^2 y}{\mathrm{d}x^2}\bigg|_{t=0} = \left.\frac{\dfrac{\mathrm{d}^2 y}{\mathrm{d}t^2}\dfrac{\mathrm{d}x}{\mathrm{d}t} - \dfrac{\mathrm{d}^2 x}{\mathrm{d}t^2}\dfrac{\mathrm{d}y}{\mathrm{d}t}}{\left(\dfrac{\mathrm{d}x}{\mathrm{d}t}\right)^3}\right|_{t=0} = \frac{11}{8}.$$

例 2.3.9 设函数 $y = y(x)$ 由 $y = f(x + y)$ 所确定,其中函数 f 二阶可导,且 $f'(x) \neq 1$,求 $\dfrac{\mathrm{d}^2 y}{\mathrm{d}x^2}$.

解 对 $y = f(x + y)$ 关于 x 求导,得

$$\frac{\mathrm{d}y}{\mathrm{d}x} = f'(x + y)\left(1 + \frac{\mathrm{d}y}{\mathrm{d}x}\right),$$

于是

$$\frac{\mathrm{d}y}{\mathrm{d}x} = \frac{f'(x + y)}{1 - f'(x + y)}.$$

进一步,对 $\dfrac{\mathrm{d}y}{\mathrm{d}x} = f'(x + y)\left(1 + \dfrac{\mathrm{d}y}{\mathrm{d}x}\right)$ 关于 x 求导,得

$$\frac{\mathrm{d}^2 y}{\mathrm{d}x^2} = f''(x + y)\left(1 + \frac{\mathrm{d}y}{\mathrm{d}x}\right)^2 + f'(x + y)\frac{\mathrm{d}^2 y}{\mathrm{d}x^2},$$

于是

$$\frac{\mathrm{d}^2 y}{\mathrm{d}x^2} = \frac{f''(x + y)\left(1 + \dfrac{\mathrm{d}y}{\mathrm{d}x}\right)^2}{1 - f'(x + y)}.$$

将 $\dfrac{\mathrm{d}y}{\mathrm{d}x} = \dfrac{f'(x + y)}{1 - f'(x + y)}$ 代入上式,便得

$$\frac{\mathrm{d}^2 y}{\mathrm{d}x^2} = \frac{f''(x + y)}{\left[1 - f'(x + y)\right]^3}.$$

例 2.3.10 设函数 $y = y(x)$ 由 $y - x\mathrm{e}^{y-1} = 1$ 所确定,函数 f 二阶可导,且 $f'(0) = 1, f''(0) = 2$. 若 $z = f(\ln|y| + x^2)$,求 $\left.\dfrac{\mathrm{d}z}{\mathrm{d}x}\right|_{x=0}$ 和 $\left.\dfrac{\mathrm{d}^2 z}{\mathrm{d}x^2}\right|_{x=0}$.

解 对 $y - x\mathrm{e}^{y-1} = 1$ 关于 x 求导,得

$$y' - \mathrm{e}^{y-1} - x\mathrm{e}^{y-1}y' = 0,$$
$$y'' - 2\mathrm{e}^{y-1}y' - x\mathrm{e}^{y-1}(y')^2 - x\mathrm{e}^{y-1}y'' = 0.$$

从 $y - x\mathrm{e}^{y-1} = 1$ 得 $y'|_{x=0} = 1$. 于是从以上两式得

$$y'|_{x=0} = 1, \quad y''|_{x=0} = 2.$$

利用复合函数求导法则,得

$$\frac{\mathrm{d}z}{\mathrm{d}x} = f'(\ln|y| + x^2)\left(\frac{y'}{y} + 2x\right),$$

$$\frac{\mathrm{d}^2z}{\mathrm{d}x^2} = f''(\ln|y| + x^2)\left(\frac{y'}{y} + 2x\right)^2 + f'(\ln|y| + x^2)\left(\frac{y''y - (y')^2}{y^2} + 2\right).$$

在以上两式中令 $x = 0$,并利用已得到的 $y|_{x=0} = 1, y'|_{x=0} = 1, y''|_{x=0} = 2$,得

$$\frac{\mathrm{d}z}{\mathrm{d}x}\bigg|_{x=0} = f'(0) = 1,$$

$$\frac{\mathrm{d}^2z}{\mathrm{d}x^2}\bigg|_{x=0} = f''(0) + 3f'(0) = 5.$$

例 2.3.11　求 $\sqrt[4]{16.2}$ 的近似值.

解　应用近似计算公式 $(1 + x)^{\frac{1}{4}} \approx 1 + \frac{1}{4}x$,取 $x = \frac{0.2}{16}$,便得

$$\sqrt[4]{16.2} = \sqrt[4]{16 + 0.2} = \sqrt[4]{16\left(1 + \frac{0.2}{16}\right)}$$

$$= 2\left(1 + \frac{0.2}{16}\right)^{\frac{1}{4}} \approx 2\left(1 + \frac{1}{4}\cdot\frac{0.2}{16}\right) \approx 2.006\,25.$$

例 2.3.12　设 $a > 0$. 证明:当 $|x| \ll a^n$ 时,有近似公式

$$\sqrt[n]{a^n + x} \approx a + \frac{x}{na^{n-1}}.$$

证　考虑函数 $f(x) = \sqrt[n]{x}$,则

$$f'(x) = \frac{1}{n}x^{\frac{1}{n}-1}, \quad f'(1) = \frac{1}{n}.$$

因为当 Δx 很小时,成立

$$f(1 + \Delta x) \approx f(1) + f'(1)\Delta x,$$

即

$$\sqrt[n]{1 + \Delta x} \approx 1 + \frac{1}{n}\Delta x,$$

令 $\Delta x = \dfrac{x}{a^n}$,则当 $|x| \ll a^n$ 时,便成立

$$\sqrt[n]{1 + \frac{x}{a^n}} \approx 1 + \frac{x}{na^n}.$$

将上式两端乘以 a,则当 $|x| \ll a^n$ 时成立

$$\sqrt[n]{a^n + x} \approx a + \frac{x}{na^{n-1}}.$$

注 当 $n = 4, a = 2, x = 0.2$ 时,便有

$$\sqrt[4]{16.2} = \sqrt[4]{2^4 + 0.2} \approx 2 + \frac{0.2}{4 \cdot 2^3} \approx 2.006\,25.$$

这就是上题的结果.

例 2.3.13 求 $\cos 29°30'$ 的近似值.

解 把近似计算公式用于余弦函数,得

$$\cos(x_0 + \Delta x) \approx \cos x_0 + (\cos x)' \Big|_{x=x_0} \Delta x = \cos x_0 - \sin x_0 \Delta x.$$

取 $x_0 = \dfrac{\pi}{6}, \Delta x = -\dfrac{\pi}{360}$,便有

$$\cos 29°30' = \cos\left(\frac{\pi}{6} - \frac{\pi}{360}\right) \approx \cos \frac{\pi}{6} + \sin \frac{\pi}{6} \cdot \frac{\pi}{360}$$

$$= \frac{\sqrt{3}}{2} + \frac{1}{2} \frac{\pi}{360} \approx 0.866\,03 + 0.004\,36 = 0.870\,39.$$

习　题

1. 求下列函数的微分:

(1) $y = x^2 \tan 2x$;　　　　　(2) $y = e^{-2x} \cos x$;

(3) $y = \dfrac{1}{\sqrt{x^2 + 1}}$;　　　　　(4) $y = x^2 \ln(1 + x^2)$;

(5) $y = \ln|\cot x + \csc x|$;　　　　　(6) $y = \arctan \sqrt{x}$.

2. 已知 $f(x)$ 为可微函数,且 $f(x) > 0$,求下列函数的微分:

(1) $y = \sqrt{f(x)}$;　　　　　(2) $y = \ln f(x)$;

(3) $y = f^2(x^2)$;　　　　　(4) $y = \arctan f(2x)$.

3. 求由下列方程确定的隐函数 $y = y(x)$ 的导数 $\dfrac{dy}{dx}$:

(1) $x^2 + y^2 - 4xy = 0$;　　　　　(2) $\sin(xy) = x - y$.

4. 求由下列方程确定的隐函数 $y = y(x)$ 的二阶导数 $\dfrac{d^2 y}{dx^2}$:

(1) $y - xe^y = 1$;　　　　　(2) $y = \ln(x + y)$;

(3) $x^2 + 2xy - y^2 = 2x$;　　　　　(4) $x + y - e^{xy} = 0$.

5. 设函数 $y = y(x)$ 由方程 $xe^{f(y)} = e^y \ln 29$ 确定,其中 f 具有二阶导数,且 $f' \neq 1$,求 $\dfrac{d^2 y}{dx^2}$.

6. 在曲线 $x^3 + 3x^2 y - y^3 = 3$ 上,求平行于直线 $x + y = 1$ 的切线.

7. 求曲线 $\begin{cases} x = t^2 - 2t, \\ y = t^3 - 3t \end{cases}$ 在点 $(-1, -2)$ 处的切线方程.

8. 求由参数方程 $\begin{cases} x = 2t + |t|, \\ y = 5t^2 + 4t|t| \end{cases}$ 所确定的函数 $y = f(x)$ 在 $t = 0$ 时的导数 $\dfrac{\mathrm{d}y}{\mathrm{d}x}$.

9. 求由下列参数方程确定的函数的二阶导数 $\dfrac{\mathrm{d}^2 y}{\mathrm{d}x^2}$:

(1) $\begin{cases} x = t - \sin t, \\ y = 1 - \cos t; \end{cases}$ (2) $\begin{cases} x = \ln \sqrt{1 + t^2}, \\ y = \arctan t; \end{cases}$

(3) $\begin{cases} x = t(3 - t^2), \\ y = (1 + t)^3. \end{cases}$

10. 求曲线 $\begin{cases} x = 3t^2 + 2t, \\ e^y \sin t - y + 1 = 0 \end{cases}$ 上对应于 $t = 0$ 的点处的法线方程.

11. 计算下列函数值的近似值:

(1) $\tan 31°$; (2) $\cos 29°$;

(3) $\ln 1.01$; (4) $\sqrt[5]{33}$.

12. 设测量所得圆桌的直径为 $d_0 = 120\,\mathrm{cm}$,其绝对误差限 $\delta_d = 0.2\,\mathrm{cm}$,估计由此算得的圆桌面积 A_0 的绝对误差 δ_A 和相对误差 δ_A^*.

13. 为了使计算出球的体积能够精确到 1%,问测量球半径 R 时所允许产生的相对误差最多为多少?

§2.4 微分学中值定理

知 识 要 点

一、局部极值与 Fermat 定理

定义 2.4.1 设有函数 $f(x)$,如果在 x_0 的某个邻域 $O(x_0, \delta)$ 上恒成立
$$f(x) \leqslant f(x_0) \quad (\text{或} f(x) \geqslant f(x_0)),$$
则称 x_0 为函数 $f(x)$ 的**局部极大值点**(或**局部极小值点**),简称为**极大值点**(或**极小值点**),称 $f(x_0)$ 是函数 $f(x)$ 的**局部极大值**(或**局部极小值**),简称为**极大值**(或**极小值**).

极大值点与极小值点统称为**极值点**,极大值与极小值统称为**极值**. 必须注意:极值只取决于点 x_0 邻近函数 $f(x)$ 的性状,即只是在 x_0 的某邻域上的函数值的大小关系,所以是一种局部性质.

定理 2.4.1(Fermat 定理) 若点 x_0 是函数 $f(x)$ 的一个极值点,且 $f(x)$ 在 x_0 处可导,则必有
$$f'(x_0) = 0.$$

二、Rolle 定理

定理 2.4.2(Rolle 定理)　设函数 $f(x)$ 在 $[a,b]$ 上连续,在 (a,b) 上可导,且 $f(a) = f(b)$,则至少有一点 $\xi \in (a,b)$,使得 $f'(\xi) = 0$.

三、微分学中值定理

定理 2.4.3(Lagrange 中值定理)　设函数 $f(x)$ 在 $[a,b]$ 上连续,在 (a,b) 上可导,则至少有一点 $\xi \in (a,b)$,使得
$$f(b) - f(a) = f'(\xi)(b - a).$$

推论 2.4.1　设 $f(x)$ 是 (a,b) 上的可微函数,且对任何 $x \in (a,b)$,$f'(x) = 0$,则 $f(x)$ 在 (a,b) 上恒为常数.

推论 2.4.2　设 $f(x)$ 和 $g(x)$ 均是 (a,b) 上的可微函数,且 $f' = g'$,则必有常数 c,使得 $f(x) = g(x) + c$ 在 (a,b) 上恒成立.

四、Cauchy 中值定理

定理 2.4.4(Cauchy 中值定理)　设函数 $f(x)$ 和 $g(x)$ 均在 $[a,b]$ 上连续,在 (a,b) 上可导,且当 $x \in (a,b)$ 时 $g'(x) \neq 0$,则至少存在一点 $\xi \in (a,b)$,使得
$$\frac{f(b) - f(a)}{g(b) - g(a)} = \frac{f'(\xi)}{g'(\xi)}.$$

例 题 分 析

例 2.4.1　设 $c_1, c_2, \cdots, c_n$ 为 n 个常数,证明:方程 $c_1\cos x + c_2\cos 2x + \cdots + c_n\cos nx = 0$ 在 $(0,\pi)$ 内必有根.

证　作函数
$$f(x) = c_1\sin x + \frac{c_2}{2}\sin 2x + \cdots + \frac{c_n}{n}\sin nx,$$
则 $f(x)$ 在 $(-\infty, +\infty)$ 上连续、可导,且
$$f'(x) = c_1\cos x + c_2\cos 2x + \cdots + c_n\cos nx.$$
显然 $f(0) = f(\pi) = 0$,由 Rolle 定理知,存在 $\xi \in (0,\pi)$,使得 $f'(\xi) = 0$,即
$$c_1\cos\xi + c_2\cos 2\xi + \cdots + c_n\cos n\xi = 0,$$
这说明方程 $c_1\cos x + c_2\cos 2x + \cdots + c_n\cos nx = 0$ 在 $(0,\pi)$ 内有根.

例 2.4.2　(1) 设函数 $f(x)$ 在 $[a, +\infty)$ 上连续,在 $(a, +\infty)$ 上可导,且 $\lim\limits_{x \to +\infty} f(x) = f(a)$. 证明:至少存在一点 $\xi \in (a, +\infty)$,使得 $f'(\xi) = 0$;

(2) 设函数 $f(x)$ 在 $[0, +\infty)$ 上连续,在 $(0, +\infty)$ 上可导,且 $f(0) = 1$,$|f(x)| \leqslant e^{-x}$. 证明:至少存在一点 $\xi \in (0, +\infty)$,使得 $f'(\xi) = -e^{-\xi}$.

证 (1) 若在$(a, +\infty)$上总成立$f(x) = f(a)$,则在$(0, +\infty)$上恒有$f'(x) = 0$,取ξ为$(0, +\infty)$上任一点即可.

若有$x_0 \in (0, +\infty)$,使得$f(x_0) \neq f(a)$. 不妨设$f(x_0) > f(a)$. 因为$\lim\limits_{x \to +\infty} f(x) = f(a)$,所以存在$x_1 \in (x_0, +\infty)$,使得$f(x_1) < f(x_0)$.

因为$f(x)$在$[a, x_1]$上连续,所以在$[a, x_1]$上必取到最大值,记$\xi \in [a, x_1]$使得$f(\xi)$为$f(x)$在$[a, x_1]$上的最大值. 因为$a < x_0 < x_1$满足$f(x_0) > f(a)$,$f(x_0) > f(x_1)$,所以$a < \xi < x_1$,于是ξ也是f的极大值点. 由 Fermat 定理知,必有$f'(\xi) = 0$.

(2) 作函数$F(x) = f(x) - \mathrm{e}^{-x}$,则$F'(x) = f'(x) + \mathrm{e}^{-x}$,且$F(0) = f(1) - \mathrm{e}^0 = 0$. 又因为$|f(x)| \leq \mathrm{e}^{-x}$,而$\lim\limits_{x \to +\infty} \mathrm{e}^{-x} = 0$,由极限的夹逼性质知$\lim\limits_{x \to +\infty} |f(x)| = 0$,因此$\lim\limits_{x \to +\infty} f(x) = 0$,于是

$$\lim_{x \to +\infty} F(x) = \lim_{x \to +\infty} (f(x) - \mathrm{e}^{-x}) = 0.$$

由(1)的结论知,至少存在一点$\xi \in (0, +\infty)$,使得$F'(\xi) = 0$,即

$$f'(\xi) = -\mathrm{e}^{-\xi}.$$

例 2.4.3 设函数$f(x)$在$[a, b]$上连续,在(a, b)上二阶可导,$c \in (a, b)$,且$f(a) = f(b) = f(c)$,证明:存在$\xi \in (a, b)$,使得$f''(\xi) = 0$.

证 对$f(x)$分别在$[a, c]$和$[c, b]$上用 Rolle 定理,可知有$\xi_1 \in (a, c)$与$\xi_2 \in (c, b)$,使得$f'(\xi_1) = f'(\xi_2) = 0$.

再对f'在$[\xi_1, \xi_2]$上用 Rolle 定理便可知,存在$\xi \in (\xi_1, \xi_2) \subset (a, b)$,使得$f''(\xi) = 0$.

问:如果条件$f(a) = f(b) = f(c)$改为$f(a) = f'(a) = f(b) = 0$,会有什么结果?

例 2.4.4 证明:方程$2^x - x^2 - 1 = 0$在$(-\infty, +\infty)$上有且只有 3 个根.

证 作函数$f(x) = 2^x - x^2 - 1$,容易看出,$f(0) = f(1) = 0$.

由$f(2) = -1 < 0$,$f(5) = 6 > 0$可知,存在$a \in (2, 5)$,使$f(a) = 0$,这说明,$f(x)$至少有 3 个零点.

下面用反证法证明$f(x)$只有 3 个零点. 若不然,设$a_i (i = 1, 2, 3, 4)$是其 4 个零点,则由上例可知f''至少有两个零点. 对f''应用 Rolle 定理知f'''必有零点. 但直接计算知

$$f'''(x) = 2^x \ln^3 2 > 0,$$

这是一个矛盾.

例 2.4.5 设函数$f(x)$在$[a, b]$上连续,在(a, b)上可导,且$f(a) = f(b) = 0$,证明:存在$\xi \in (a, b)$,使得$f(\xi) + f'(\xi) = 0$.

证 作函数$F(x) = \mathrm{e}^x f(x)$,则$F'(x) = \mathrm{e}^x (f(x) + f'(x))$. 显然$F(x)$在

$[a,b]$ 上连续，在 (a,b) 上可导，且 $F(a) = F(b)$. 由 Rolle 定理可知，存在 $\xi \in (a,b)$，使得 $F'(\xi) = 0$，即 $e^{\xi}(f(\xi) + f'(\xi)) = 0$，于是 $f(\xi) + f'(\xi) = 0$.

例 2.4.6 设函数 f 在 $[a,b]$ 上可导，在 (a,b) 上二阶可导，且 $f(a) = f(b)$. 证明：存在 $\xi \in (a,b)$，使得

$$3f'(\xi) + (\xi - a)f''(\xi) = 0.$$

证 因为 $f(a) = f(b)$，所以由 Rolle 定理得，存在 $\eta \in (a,b)$，使得

$$f'(\eta) = 0.$$

再作辅助函数 $F(x) = (x - a)^3 f'(x)$，则可得 $F'(x) = 3(x - a)^2 f'(x) + (x - a)^3 f''(x)$，且

$$F(a) = F(\eta) = 0.$$

因此由 Rolle 定理得，存在 $\xi \in (a, \eta) \subset (a,b)$，使得 $F'(\xi) = 0$，即

$$3(\xi - a)^2 f'(\xi) + (\xi - a)^3 f''(\xi) = 0.$$

因为 $\xi \in (a,b)$，所以

$$3f'(\xi) + (\xi - a)f''(\xi) = 0.$$

注 此题要证明的等式可变形为

$$\frac{3}{\xi - a} + \frac{f''(\xi)}{f'(\xi)} = 0,$$

即函数 $\ln(x-a)^3 + \ln f'(x)$ 的导数存在零点. 为避开该函数无定义的情况，故取辅助函数

$$F(x) = e^{\ln(x-a)^3 + \ln f'(x)} = (x - a)^3 f'(x).$$

将需要证明的等式或不等式加以变形来推测出辅助函数的构造，是一种比较直接的思想方法.

例 2.4.7（Darboux 定理） 设函数 $f(x)$ 在 $[a,b]$ 上连续，在 $[a,b]$ 上可导，则 $f'(x)$ 可取到介于 $f'(a)$ 与 $f'(b)$ 之间的一切值.

证 先证明当 $f'(a)f'(b) < 0$ 时，存在 $\xi \in (a,b)$，使得 $f'(\xi) = 0$. 此时，不妨设 $f'(a) < 0, f'(b) > 0$，则由

$$f'(a) = \lim_{x \to a+0} \frac{f(x) - f(a)}{x - a} < 0$$

可知，在 a 点右侧附近，成立 $f(x) < f(a)$；由

$$f'(b) = \lim_{x \to b-0} \frac{f(x) - f(b)}{x - b} > 0$$

可知，在 b 点左侧附近，成立 $f(x) < f(b)$. 因此 $f(x)$ 在 $[a,b]$ 上的最小值应在 (a,b) 内取到，由 Fermat 引理可知，存在 $\xi \in (a,b)$，使得 $f'(\xi) = 0$.

一般地，对于每个给定的 $c \in (f'(a), f'(b))$（或 $(f'(b), f'(a))$），作函数 $F(x) = f(x) - cx$，则 $F'(a)F'(b) < 0$，由上面证明的结论知，存在 $\xi \in (a,b)$，使

得 $F'(\xi) = 0$，即 $f'(\xi) = c$.

注 虽然 $f'(x)$ 未必连续，但 Darboux 定理告诉我们，$f'(x)$ 有类似于连续函数的介值性质.

例 2.4.8 证明等式

$$\arctan \frac{1+x}{1-x} - \arctan x = \begin{cases} \dfrac{\pi}{4}, & x < 1, \\[3mm] -\dfrac{3\pi}{4}, & x > 1. \end{cases}$$

证 作函数 $f(x) = \arctan \dfrac{1+x}{1-x} - \arctan x$，则当 $x \neq 1$ 时，有

$$f'(x) = \frac{1}{1 + \left(\dfrac{1+x}{1-x}\right)^2}\left(\frac{1+x}{1-x}\right)' - \frac{1}{1+x^2} = \frac{1}{1 + \left(\dfrac{1+x}{1-x}\right)^2} \cdot \frac{2}{(1-x)^2} - \frac{1}{1+x^2} = 0.$$

因此在任何不含 $x = 1$ 的区间，成立 $\arctan \dfrac{1+x}{1-x} - \arctan x \equiv C$.

当 $x < 1$ 时，令 $x = 0$，便得到常数 $C = \dfrac{\pi}{4}$；当 $x > 1$ 时，令 $x \to +\infty$，便得到常数 $C = -\dfrac{3\pi}{4}$，因此

$$\arctan \frac{1+x}{1-x} - \arctan x = \begin{cases} \dfrac{\pi}{4}, & x < 1, \\[3mm] -\dfrac{3\pi}{4}, & x > 1. \end{cases}$$

例 2.4.9 证明恒等式
$$(x+a+b)^3 - (x+a-b)^3 - (x-a+b)^3 - (-x+a+b)^3 = 24abx.$$
证 作 $(-\infty, +\infty)$ 上的函数
$$f(x) = (x+a+b)^3 - (x+a-b)^3 - (x-a+b)^3 - (-x+a+b)^3,$$
则
$$f'(x) = 3(x+a+b)^2 - 3(x+a-b)^2 - 3(x-a+b)^2 + 3(-x+a+b)^2,$$
$$f''(x) = 6(x+a+b) - 6(x+a-b) - 6(x-a+b) - 6(-x+a+b) = 0,$$
所以 $f'(x)$ 在 $(-\infty, +\infty)$ 上为常数，因此
$$f'(x) = f'(0) = 24ab, \quad x \in (-\infty, +\infty).$$
因此
$$f(x) = 24abx + C, \quad x \in (-\infty, +\infty),$$
其中 C 为常数. 进一步
$$C = f(0) - 24ab \times 0 = 0,$$

因此 $f(x) = 24abx$，即
$$(x + a + b)^3 - (x + a - b)^3 - (x - a + b)^3 - (-x + a + b)^3 = 24abx.$$

例 2.4.10 证明：对于 $x \in \mathbf{R}$，成立 $\mathrm{e}^x \geqslant \mathrm{e}x$.

证 作函数 $f(t) = \mathrm{e}^t - \mathrm{e}t$，则 $f'(t) = \mathrm{e}^t - \mathrm{e}$. 由 Lagrange 中值定理，可得
$$f(x) - f(1) = f'(\xi)(x - 1),$$
即 $f(x) = (\mathrm{e}^\xi - \mathrm{e})(x - 1)$，其中 ξ 在 1 与 x 之间.

对于 $x \in \mathbf{R}$，当 $x > 1$ 时，有 $\xi > 1$，于是 $f(x) > 0$；当 $x < 1$ 时，有 $\xi < 1$，于是也有 $f(x) > 0$；且 $f(1) = 0$. 所以总成立 $f(x) \geqslant 0$，即 $\mathrm{e}^x \geqslant \mathrm{e}x, x \in \mathbf{R}$.

例 2.4.11 证明：对于 $0 < a < b < \dfrac{\pi}{2}$，成立
$$\frac{b - a}{\cos^2 a} < \tan b - \tan a < \frac{b - a}{\cos^2 b}.$$

证 作函数 $f(x) = \tan x$，则 $f'(x) = \dfrac{1}{\cos^2 x}$. 在 $[a, b]$ 上对 $f(x)$ 应用 Lagrange 中值定理，得
$$\tan b - \tan a = \frac{1}{\cos^2 \xi}(b - a),$$
其中 $a < \xi < b$. 利用 $\cos x$ 在 $(0, \pi/2)$ 上的严格单调减少性质知 $0 < \cos b < \cos \xi < \cos a$，因此
$$\frac{b - a}{\cos^2 a} < \tan b - \tan a < \frac{b - a}{\cos^2 b}.$$

例 2.4.12 证明：当 $p > 0$ 时，成立
$$\frac{1}{p + 1} n^{p+1} \leqslant 1 + 2^p + \cdots + n^p \leqslant \frac{1}{p + 1}(n + 1)^{p+1}.$$
并由此证明
$$\lim_{n \to \infty} \frac{1 + 2^p + \cdots + n^p}{n^{p+1}} = \frac{1}{p + 1}.$$

证 对函数 x^{p+1} 在 $[k, k + 1]$ 上运用 Lagrange 中值定理，可得
$$(k + 1)^{p+1} - k^{p+1} = (p + 1)\xi^p,$$
其中 $k < \xi < k + 1$. 于是
$$(p + 1)k^p \leqslant (k + 1)^{p+1} - k^{p+1} \leqslant (p + 1)(k + 1)^p, \quad k = 0, 1, \cdots, n,$$
将上述不等式相加，整理便得
$$\frac{1}{p + 1} n^{p+1} \leqslant 1 + 2^p + \cdots + n^p \leqslant \frac{1}{p + 1}(n + 1)^{p+1}.$$
在上述不等式两边除以 n^{p+1}，由极限的夹逼性质，便得

$$\lim_{n \to \infty} \frac{1 + 2^p + \cdots + n^p}{n^{p+1}} = \frac{1}{p+1}.$$

例 2.4.13　求极限 $\lim\limits_{n \to \infty} n[\arctan \ln(n+1) - \arctan \ln n]$.

解　作函数 $f(x) = \arctan \ln x$, 则 $f'(x) = \dfrac{1}{(1 + \ln^2 x)x}$. 在区间 $[n, n+1]$ 上对 $f(x)$ 运用 Lagrange 中值定理, 得

$$\arctan \ln(n+1) - \arctan \ln n = \frac{1}{(1 + \ln^2 \xi_n)\xi_n},$$

其中 $\xi_n \in (n, n+1)$. 因为

$$0 < \frac{n}{(1 + \ln^2 \xi_n)\xi_n} < \frac{n}{(1 + \ln^2 n)n} = \frac{1}{1 + \ln^2 n} \to 0 \quad (n \to \infty),$$

所以

$$\lim_{n \to \infty} n[\arctan \ln(n+1) - \arctan \ln n] = \lim_{n \to \infty} \frac{n}{(1 + \ln^2 \xi_n)\xi_n} = 0.$$

例 2.4.14　(1) 设 (a, b) 是有限开区间. 证明: 若函数 $f(x)$ 的导数 $f'(x)$ 在 (a, b) 上有界, 则 $f(x)$ 也在 (a, b) 上有界;

(2) 问 (a, b) 为无限开区间时, (1) 的结论是否仍然正确?

解　(1) **证**　因为 $f'(x)$ 在 (a, b) 上有界, 则存在常数 $M > 0$, 使得

$$|f'(x)| \leq M, \ x \in (a, b).$$

取定 (a, b) 中一点 x_0. 对于每个 $x \in (a, b)$, 由 Lagrange 中值定理, 得

$$f(x) - f(x_0) = f'(\xi)(x - x_0),$$

其中 ξ 在 x_0 与 x 之间. 因此

$$|f(x)| \leq |f(x_0)| + |f'(\xi)(x - x_0)|$$
$$\leq |f(x_0)| + M|x - x_0| < |f(x_0)| + M(b - a).$$

因此 $f(x)$ 在 (a, b) 上有界.

(2) 不一定. 例如在 $(1, +\infty)$ 上函数 $f(x) = \sqrt{x}$ 无界, 而 $f(x)$ 的导数 $f'(x) = \dfrac{1}{2\sqrt{x}}$ 有界.

例 2.4.15　设函数 $f(x)$ 在 $[0, +\infty)$ 上可导, 且 $f(0) = 0$. 证明: 若有常数 $A > 0$, 使得 $|f'(x)| \leq A|f(x)|$, $x \in [0, +\infty)$, 则

$$f(x) = 0, \quad x \in [0, +\infty).$$

证　因为 $f(x)$ 在 $\left[0, \dfrac{1}{2A}\right]$ 上连续, 所以 $|f(x)|$ 也连续, 因此 $|f(x)|$ 在 $\left[0, \dfrac{1}{2A}\right]$ 上可以取到其最大值 M. 设 $x_0 \in \left[0, \dfrac{1}{2A}\right]$, 使得 $|f(x_0)| = M$. 由 Lagrange 中

值定理得

$$M = |f(x_0)| = |f(x_0) - f(0)| = |f'(\xi) x_0| \leqslant A |f(\xi)| |x_0| \leqslant AM \frac{1}{2A} = \frac{1}{2}M,$$

其中 $\xi \in \left(0, \frac{1}{2A}\right)$. 因此 $M = 0$, 即在 $\left[0, \frac{1}{2A}\right]$ 上成立 $f(x) \equiv 0$.

同理, 记 $|f(x)|$ 在 $\left[\frac{1}{2A}, \frac{2}{2A}\right]$ 上的最大值为 M_1, 且设 $x_1 \in \left[\frac{1}{2A}, \frac{2}{2A}\right]$, 使得 $|f(x_1)| = M_1$, 则

$$M_1 = |f(x_1)| = \left|f(x_1) - f\left(\frac{1}{2A}\right)\right| = \left|f'(\xi_1)\left(x_1 - \frac{1}{2A}\right)\right|$$

$$\leqslant A |f(\xi_1)| \left|x_1 - \frac{1}{2A}\right| \leqslant \frac{1}{2}M_1,$$

其中 $\xi_1 \in \left(\frac{1}{2A}, \frac{2}{2A}\right)$. 因此 $M_1 = 0$, 即在 $\left[\frac{1}{2A}, \frac{2}{2A}\right]$ 上成立 $f(x) \equiv 0$.

用归纳法可证, 在每个 $\left[\frac{n-1}{2A}, \frac{n}{2A}\right]$ ($n = 1, 2, \cdots$) 上, 都有 $f(x) \equiv 0$. 于是

$$f(x) = 0, \quad x \in [0, +\infty).$$

例 2.4.16 设 $f(x)$ 在 $[0,1]$ 上连续, 在 $(0,1)$ 上可导, 且 $f(0) = 0$, $f(1) = 1$. 证明: 对于任何两个正数 a 和 b, 存在不同的 $\xi, \eta \in (0,1)$, 使得

$$\frac{a}{f'(\xi)} + \frac{b}{f'(\eta)} = a + b.$$

证 显然 $0 < \frac{a}{a+b} < 1$. 由于 $f(0) = 0$, $f(1) = 1$, 因此由连续函数的介值定理知, 存在 $c \in (0,1)$, 使得 $f(c) = \frac{a}{a+b}$. 在 $[0,c], [c,1]$ 上分别应用 Lagrange 中值定理, 得

$$f(c) - f(0) = f'(\xi)(c - 0), \quad \xi \in (0,c),$$
$$f(1) - f(c) = f'(\eta)(1 - c), \quad \eta \in (c,1),$$

即

$$\frac{a}{a+b} = f'(\xi)c, \quad \frac{b}{a+b} = f'(\eta)(1-c).$$

注意此时有 $f'(\xi) \neq 0$, $f'(\eta) \neq 0$, 因此

$$c = \frac{a}{(a+b)f'(\xi)}, \quad 1 - c = \frac{b}{(a+b)f'(\eta)}.$$

这两式相加后再整理, 便得

$$\frac{a}{f'(\xi)} + \frac{b}{f'(\eta)} = a + b.$$

例 2.4.17 设函数 f 在 $[0,a]$ 上具有二阶导数,且在开区间 $(0,a)$ 内取到最小值. 若 $|f''(x)| \leq M (x \in [0,a])$,证明

$$|f'(0)| + |f'(a)| \leq Ma.$$

证 由题设知,存在 $c \in (0,a)$,使得 $f(c)$ 为 f 的最小值,从而 $f'(c) = 0$.
对 f' 应用 Lagrange 中值定理得

$$f'(c) - f'(0) = f''(\xi)(c - 0), \quad \xi \in (0,c),$$
$$f'(a) - f'(c) = f''(\eta)(a - c), \quad \eta \in (c,a).$$

因为 $|f''(x)| \leq M (x \in [0,a])$,所以从以上两式得

$$|f'(0)| \leq Mc, \quad |f'(a)| \leq M(a - c).$$

将这两式相加便得

$$|f'(0)| + |f'(a)| \leq Ma.$$

例 2.4.18 证明:存在 $\xi \in (1,e)$,使得 $e^e - e = \xi e^{\xi}$.

证 对 e^x 与 $\ln x$ 在 $[1,e]$ 上用 Cauchy 中值定理,则

$$\frac{e^e - e}{\ln e - \ln 1} = \frac{e^{\xi}}{\dfrac{1}{\xi}},$$

此即 $e^e - e = \xi e^{\xi}$.

例 2.4.19 设 $0 < a < b$,证明: $\ln \dfrac{b}{a} > \dfrac{2(b - a)}{a + b}$.

证 令 $t = \dfrac{b}{a}$,则 $t > 1$,要证明的不等式转化为

$$\ln t > \frac{2(t - 1)}{1 + t}, \quad t > 1.$$

对函数 $\ln x$ 与 $\dfrac{2(x - 1)}{1 + x}$,在 $[1,t]$ 上应用 Cauchy 中值定理,则存在 $\xi \in (1,t)$,使得

$$\frac{\ln t - \ln 1}{\dfrac{2(t - 1)}{1 + t} - 0} = \frac{\dfrac{1}{\xi}}{\dfrac{4}{(1 + \xi)^2}} = \frac{(1 + \xi)^2}{4\xi} > 1,$$

所以

$$\ln t > \frac{2(t - 1)}{1 + t}.$$

例 2.4.20 设函数 f 在 $[a,b]$ 上连续,在 (a,b) 上可导 $(ab > 0)$,证明:存在 $\xi \in (a,b)$,使得

$$\frac{1}{b - a} \begin{vmatrix} b & a \\ f(b) & f(a) \end{vmatrix} = f(\xi) - \xi f'(\xi).$$

证 作函数 $F(x) = \dfrac{f(x)}{x}, G(x) = \dfrac{1}{x}$. 因为 $ab > 0$,则在 $[a,b]$ 上函数 F, G 可导,且

$$F'(x) = \frac{xf'(x) - f(x)}{x^2}, \; G'(x) = -\frac{1}{x^2}.$$

在 $[a,b]$ 上应用 Cauchy 中值定理,得

$$\frac{\dfrac{f(b)}{b} - \dfrac{f(a)}{a}}{\dfrac{1}{b} - \dfrac{1}{a}} = \frac{F(b) - F(a)}{G(b) - G(a)} = \frac{F'(\xi)}{G'(\xi)} = \frac{\dfrac{\xi f'(\xi) - f(\xi)}{\xi^2}}{-\dfrac{1}{\xi^2}},$$

其中 $\xi \in (a,b)$. 化简得

$$\frac{af(b) - bf(a)}{a - b} = f(\xi) - \xi f'(\xi),$$

这就是

$$\frac{1}{b - a} \begin{vmatrix} b & a \\ f(b) & f(a) \end{vmatrix} = f(\xi) - \xi f'(\xi).$$

例 2.4.21 设 $f(x)$ 在 $[0,1]$ 上二阶可导,$f(0) = 0, f'(1) = 0$,且 $|f''(x)| \leqslant 2$ $(x \in [0,1])$. 证明:当 $x \in [0,1]$ 时,成立 $|f(x)| \leqslant 1$.

证 当 $x \in (0,1]$ 时,对 $f(x)$ 与 $x(2 - x)$ 在 $[0,x]$ 上应用 Cauchy 中值定理,则

$$\frac{f(x)}{x(2 - x)} = \frac{f(x) - f(0)}{x(2 - x) - 0} = \frac{f'(\xi)}{2 - 2\xi},$$

其中 $0 < \xi < x$. 对 $f'(x)$ 与 $2 - 2x$ 在 $[\xi,1]$ 上继续应用 Cauchy 中值定理,就有

$$\frac{f(x)}{x(2 - x)} = \frac{f'(\xi) - f'(1)}{2 - 2\xi - (2 - 2 \cdot 1)} = \frac{f''(\eta)}{-2},$$

其中 $\xi < \eta < 1$. 于是

$$|f(x)| = |f''(\eta)| \frac{x(2 - x)}{2} \leqslant x(2 - x) \leqslant 1.$$

习 题

1. 对函数 $f(x) = x^3 + 2x^2 - x - 2$,在区间 $[-2,1]$ 上验证 Rolle 中值定理的结论.

2. 设 $p^2 - q < 0$,证明:方程 $x^3 + 3px^2 + 3qx + r = 0$ 有且仅有一个实根.

3. 设 $f(x)$ 在 $[0,1]$ 上连续,在 $(0,1)$ 上可导,且 $f(0) = f(1) = 0$,$f\left(\dfrac{1}{2}\right) = 1$,证明存在 $\xi \in (0,1)$,使得 $f'(\xi) = 1$.

4. 设 $f(x)$ 在 $[a,b]$ 上连续,在 (a,b) 上可导,$f(a) < 0, f(b) < 0$,且有 $c \in (a,b)$,使 $f(c) > 0$,证明:存在 $\xi \in (a,b)$,使得 $f(\xi) + f'(\xi) = 0$.

5. 证明当 $x > 0$ 时成立

$$\sqrt{x+1} - \sqrt{x} = \frac{1}{2\sqrt{x+\theta(x)}},$$

其中 $0 < \theta(x) < 1$,并求 $\lim\limits_{x \to 0+0} \theta(x)$ 和 $\lim\limits_{x \to \infty} \theta(x)$

6. 应用微分学中值定理证明下列不等式:

(1) $e^x \geqslant 1 + x$;

(2) 当 $0 < x < y < \dfrac{\pi}{2}$ 时,$\dfrac{y}{x} < \dfrac{\tan y}{\tan x}$;

(3) $(a+x)^a < a^{a+x}$ $(a > e, x > 0)$.

7. 设 $f(x)$ 在 $[0,1]$ 上连续,在 $(0,1)$ 上可导,证明:存在 $\xi \in (0,1)$,使得

$$f'(\xi)f(1-\xi) = f(\xi)f'(1-\xi).$$

8. 设 $f(x)$ 在 $[0, +\infty)$ 上可导,且 $0 \leqslant f(x) \leqslant \dfrac{x}{1+x^2}$,证明:存在 $\xi \in (0, +\infty)$,使得

$$f'(\xi) = \frac{1-\xi^2}{(1+\xi^2)^2}.$$

9. 设函数 f 和 g 在 $[a,b]$ 上连续,在 (a,b) 上可导,且 $f(a) = f(b) = 0$. 证明:存在 $\xi \in (a,b)$,使得

$$f'(\xi) + f(\xi)g'(\xi) = 0.$$

10. 设函数 f 和 g 在 $[a,b]$ 上具有二阶导数,且 $g''(x) \neq 0, f(a) = f(b) = 0, g(a) = g(b) = 0$.

(1) 证明:在 (a,b) 上,$g(x) \neq 0$;

(2) 存在 $\xi \in (a,b)$,使得 $\dfrac{f(\xi)}{g(\xi)} = \dfrac{f''(\xi)}{g''(\xi)}$.

11. 设函数 f 在 $[0,1]$ 上连续,在 $(0,1)$ 上可导,且 $f(0) = 0$. 证明:若 f 在 $[0,1]$ 上不恒等于零,则存在 $\xi \in (0,1)$,使得

$$f(\xi)f'(\xi) > 0.$$

12. 设函数 f 在 $(-\infty, +\infty)$ 上可导,且 $\lim\limits_{x \to \infty} f'(x) = e^2$,求 c 的值,使得

$$\lim_{x \to \infty} [f(x+4) - f(x)] = \lim_{x \to \infty} \left(\frac{x+c}{x-c} \right)^x.$$

13. 设 $f(x)$ 在 $[a,b]$ 上可导,在 (a,b) 上二阶可导,$f(a) = f(b) = 0$,且 $f'(a)f'(b) > 0$,证明:

(1) 存在 $\xi \in (a,b)$,使得 $f(\xi) = 0$;

(2) 存在 $\eta \in (a,b)$,使得 $f''(\eta) = f(\eta)$.

14. 设函数 f 在 $[a,b]$($a > 0$) 上连续,在 (a,b) 上可导,证明:存在 $\xi \in (a,b)$,使得

$$f(b) - f(a) = \xi \ln\left(\frac{b}{a} \right) f'(\xi).$$

15. 设 $f(x)$ 是 $[a,b]$ 上的连续可导函数,且在 (a,b) 内二阶可导,证明:存在 $c \in (a,b)$,使下面等式成立:

$$f(b) - 2f\left(\frac{a+b}{2} \right) + f(a) = \frac{(b-a)^2}{4} f''(c).$$

16. 设 $f(x)$ 在 $[-2,2]$ 上二阶可导, $|f(x)| \leq 1$ $(x \in [-2,2])$, 且 $f^2(0) + (f'(0))^2 = 4$, 证明:存在 $\xi \in (-2,2)$, 使得 $f(\xi) + f''(\xi) = 0$.

§2.5 L'Hospital 法则

一、$\dfrac{0}{0}$ 型的 L'Hospital 法则

定理 2.5.1 设函数 $f(x)$ 和 $g(x)$ 满足:

(1) $\lim\limits_{x \to a} f(x) = \lim\limits_{x \to a} g(x) = 0$;

(2) 在 a 的某邻域中除 a 点外可导,且 $g'(x) \neq 0$;

(3) $\lim\limits_{x \to a} \dfrac{f'(x)}{g'(x)}$ 存在(或为 ∞, $+\infty$, $-\infty$);

则有

$$\lim_{x \to a} \frac{f(x)}{g(x)} = \lim_{x \to a} \frac{f'(x)}{g'(x)}.$$

二、$\dfrac{\infty}{\infty}$ 型的 L'Hospital 法则

定理 2.5.2 设函数 $f(x)$ 和 $g(x)$ 满足:

(1) $\lim\limits_{x \to a} f(x) = \lim\limits_{x \to a} g(x) = \infty$;

(2) 在 a 的某邻域中除 a 点外可导,且 $g'(x) \neq 0$;

(3) $\lim\limits_{x \to a} \dfrac{f'(x)}{g'(x)}$ 存在(或为 ∞, $+\infty$, $-\infty$);

则有

$$\lim_{x \to a} \frac{f(x)}{g(x)} = \lim_{x \to a} \frac{f'(x)}{g'(x)}.$$

注 (1) 对于自变量 x 的其他的变化过程,如 $x \to a+0$, $x \to a-0$, $x \to +\infty$, $x \to -\infty$, $\dfrac{0}{0}$ 型和 $\dfrac{\infty}{\infty}$ 型的 L'Hospital 法则也相应地成立.

(2) 实际上,定理 2.5.2 的使用范围可以扩展为 $\dfrac{*}{\infty}$ 型极限,其中 "$*$" 代表任意变化类型的函数.

三、其他类型的不定型的计算

$\dfrac{0}{0}$ 和 $\dfrac{\infty}{\infty}$ 型不定型是最基本的类型. 还有其他类型的不定型,例如,$0 \cdot \infty$ 型,

$\infty - \infty$ 型,0^0 型,∞^0 型,1^∞ 型. 计算它们的极限,常常可以通过适当处理,转化为计算 $\dfrac{0}{0}$ 和 $\dfrac{\infty}{\infty}$ 型不定型的极限.

例 题 分 析

例 2.5.1 设 $a > 0$,求极限 $\lim\limits_{x \to a} \dfrac{x^\alpha - a^\alpha}{x^\beta - a^\beta}$.

解 这是一个求 $\dfrac{0}{0}$ 型极限的问题. 应用 L'Hospital 法则,得

$$\lim_{x \to a} \frac{x^\alpha - a^\alpha}{x^\beta - a^\beta} = \lim_{x \to a} \frac{\alpha x^{\alpha-1}}{\beta x^{\beta-1}} = \frac{\alpha}{\beta} a^{\alpha-\beta}.$$

例 2.5.2 求极限 $\lim\limits_{x \to 0} \dfrac{\sqrt{1 + 2x} - \sqrt[3]{1 + 3x}}{x^2}$.

解 这是一个 $\dfrac{0}{0}$ 型极限,连续两次使用 L'Hospital 法则,得

$$\lim_{x \to 0} \frac{\sqrt{1 + 2x} - \sqrt[3]{1 + 3x}}{x^2} = \lim_{x \to 0} \frac{(1 + 2x)^{-\frac{1}{2}} - (1 + 3x)^{-\frac{2}{3}}}{2x}$$

$$= \lim_{x \to 0} \frac{-(1 + 2x)^{-\frac{3}{2}} + 2(1 + 3x)^{-\frac{5}{3}}}{2} = \frac{1}{2}.$$

例 2.5.3 求极限 $\lim\limits_{x \to +\infty} \dfrac{\ln(x^5 + 4^x)}{x}$.

解 这是一个 $\dfrac{\infty}{\infty}$ 型极限,使用 L'Hospital 法则,得

$$\lim_{x \to +\infty} \frac{\ln(x^5 + 4^x)}{x} = \lim_{x \to +\infty} \frac{5x^4 + 4^x \ln 4}{x^5 + 4^x} = \lim_{x \to +\infty} \frac{5x^4 4^{-x} + \ln 4}{x^5 4^{-x} + 1} = \ln 4.$$

例 2.5.4 求极限 $\lim\limits_{x \to 0+0} \dfrac{\ln \tan 5x}{\ln \tan 3x}$.

解 这是一个 $\dfrac{\infty}{\infty}$ 型极限,使用 L'Hospital 法则,得

$$\lim_{x \to 0+0} \frac{\ln \tan 5x}{\ln \tan 3x} = \lim_{x \to 0+0} \frac{\dfrac{5 \sec^2 5x}{\tan 5x}}{\dfrac{3 \sec^2 3x}{\tan 3x}} = \lim_{x \to 0+0} \frac{5 \sec^2 5x}{3 \sec^2 3x} \cdot \frac{\tan 3x}{\tan 5x}$$

$$= \frac{5}{3} \lim_{x \to 0+0} \frac{\tan 3x}{\tan 5x} = \frac{5}{3} \lim_{x \to 0+0} \frac{3 \sec^2 3x}{5 \sec^2 5x} = 1.$$

例 2.5.5 求数列极限 $\lim\limits_{n \to \infty} n^2 \left(\arctan \dfrac{1}{n} - \arctan \dfrac{1}{n + 1} \right)$.

解　用 x 替换 $\dfrac{1}{n}$,将上述数列极限转化为函数极限,即求

$$\lim_{x\to 0}\frac{\arctan x-\arctan\dfrac{x}{x+1}}{x^2}.$$

这是一个 $\dfrac{0}{0}$ 型极限,由 L'Hospital 法则,得

$$\lim_{x\to 0}\frac{\arctan x-\arctan\dfrac{x}{x+1}}{x^2}=\lim_{x\to 0}\frac{\dfrac{1}{1+x^2}-\dfrac{1}{(x+1)^2+x^2}}{2x}=1.$$

于是

$$\lim_{n\to\infty}n^2\left(\arctan\frac{1}{n}-\arctan\frac{1}{n+1}\right)=1.$$

例 2.5.6　求极限 $\lim\limits_{x\to 1-0}\ln x\cdot\ln(1-x)$.

解　这是一个 $0\cdot\infty$ 型极限,将其转化为 $\dfrac{\infty}{\infty}$ 型极限,得

$$\begin{aligned}\lim_{x\to 1-0}\ln x\cdot\ln(1-x)&=\lim_{x\to 1-0}\frac{\ln(1-x)}{(\ln x)^{-1}}&&\left(\frac{\infty}{\infty}\right)\text{型}\\&=\lim_{x\to 1-0}\frac{x\ln^2 x}{1-x}&&\left(\frac{0}{0}\right)\text{型}\\&=\lim_{x\to 1-0}\frac{\ln^2 x+2\ln x}{-1}=0.\end{aligned}$$

此题也可以先用等价无穷小量代换,再应用 L'Hospital 法则来计算.

$$\begin{aligned}\lim_{x\to 1-0}\ln x\cdot\ln(1-x)&=\lim_{x\to 1-0}(x-1)\ln(1-x)\\&=\lim_{x\to 1-0}\frac{\ln(1-x)}{(x-1)^{-1}}=\lim_{x\to 1-0}(1-x)=0.\end{aligned}$$

例 2.5.7　求极限 $\lim\limits_{x\to 0}\left(\dfrac{1}{x}-\dfrac{1}{\ln(1+x)}\right)$.

解　这是一个 $\infty-\infty$ 型极限,将其转化为 $\dfrac{0}{0}$ 型极限,再应用 L'Hospital 法则.

$$\begin{aligned}\lim_{x\to 0}\left(\frac{1}{x}-\frac{1}{\ln(1+x)}\right)&=\lim_{x\to 0}\frac{\ln(1+x)-x}{x\ln(1+x)}=\lim_{x\to 0}\frac{\ln(1+x)-x}{x^2}\\&=\lim_{x\to 0}\frac{\dfrac{1}{1+x}-1}{2x}=-\frac{1}{2}.\end{aligned}$$

例 2.5.8　求极限 $\lim\limits_{x\to 0}\dfrac{1}{x}\left(\dfrac{1}{x}-\cot x\right)$.

解 这是一个 $\infty - \infty$ 型极限,将其转化为 $\dfrac{0}{0}$ 型极限. 然后先用等价无穷小量代换,再应用 L'Hospital 法则,得

$$\lim_{x \to 0} \frac{1}{x}\left(\frac{1}{x} - \cot x\right) = \lim_{x \to 0} \frac{\sin x - x\cos x}{x^2 \sin x} = \lim_{x \to 0} \frac{\sin x - x\cos x}{x^3}$$

$$= \lim_{x \to 0} \frac{x\sin x}{3x^2} = \lim_{x \to 0} \frac{\sin x}{3x} = \frac{1}{3}.$$

对于 0^0 型,∞^0 型,1^∞ 型不定型的极限, 可以利用公式 $u(x)^{v(x)} = \mathrm{e}^{v(x)\ln u(x)}$ $(u(x) > 0)$,将求 $y = u(x)^{v(x)}$ 的极限转化为求 $\ln y = v(x)\ln u(x)$ 的极限,进而化为求 $\dfrac{0}{0}$ 型或 $\dfrac{\infty}{\infty}$ 型极限,再应用 L'Hospital 法则.

例 2.5.9 求极限 $\displaystyle\lim_{x \to 0}\left(\dfrac{\arctan x}{x}\right)^{\frac{1}{x^2}}$.

解 这是一个 1^∞ 型极限. 由于 $\ln\left(\dfrac{\arctan x}{x}\right)^{\frac{1}{x^2}} = \dfrac{1}{x^2}\ln\dfrac{\arctan x}{x}$,且

$$\lim_{x \to 0} \frac{1}{x^2}\ln\frac{\arctan x}{x} = \lim_{x \to 0} \frac{\ln\dfrac{\arctan x}{x}}{x^2}$$

$$= \lim_{x \to 0} \frac{\dfrac{x}{\arctan x} \cdot \dfrac{\dfrac{x}{1 + x^2} - \arctan x}{x^2}}{2x}$$

$$= \lim_{x \to 0} \frac{\dfrac{x}{1 + x^2} - \arctan x}{2x^3}$$

$$= \lim_{x \to 0} \frac{-\dfrac{2x^2}{(1 + x^2)^2}}{6x^2} = -\frac{1}{3}.$$

因此

$$\lim_{x \to 0}\left(\frac{\arctan x}{x}\right)^{\frac{1}{x^2}} = \mathrm{e}^{\lim\limits_{x \to 0}\frac{1}{x^2}\ln\frac{\arctan x}{x}} = \mathrm{e}^{-\frac{1}{3}}.$$

例 2.5.10 求极限 $\displaystyle\lim_{x \to 0+0}\left(\dfrac{1}{\sqrt{x}}\right)^{\tan x}$.

解 这是一个 ∞^0 型极限. 因为 $\ln\left(\dfrac{1}{\sqrt{x}}\right)^{\tan x} = -\dfrac{1}{2}\tan x\ln x$,且

$$\lim_{x \to 0+0} \tan x\ln x = \lim_{x \to 0+0} \frac{\ln x}{\cot x} = \lim_{x \to 0+0} \frac{\dfrac{1}{x}}{-\csc^2 x} = \lim_{x \to 0+0}\left(-\frac{\sin x}{x} \cdot \sin x\right) = 0,$$

所以

$$\lim_{x \to 0+0} \left(\frac{1}{\sqrt{x}} \right)^{\tan x} = e^{\lim\limits_{x \to 0+0} -\frac{1}{2}\tan x \ln x} = e^0 = 1.$$

例 2.5.11 求极限 $\lim\limits_{x \to 0} (\sin^2 x)^{\frac{1}{\ln|x|}}$.

解 这是一个 0^0 型极限. 因为 $\ln(\sin^2 x)^{\frac{1}{\ln|x|}} = \frac{2\ln|\sin x|}{\ln|x|}$, 且

$$\lim_{x \to 0} \frac{\ln|\sin x|}{\ln|x|} = \lim_{x \to 0} \frac{\cot x}{\frac{1}{x}} = \lim_{x \to 0} \frac{x}{\sin x} \cdot \cos x = 1,$$

所以

$$\lim_{x \to 0} (\sin^2 x)^{\frac{1}{\ln|x|}} = e^{\lim\limits_{x \to 0} \frac{2\ln|\sin x|}{\ln|x|}} = e^2.$$

例 2.5.12 求数列极限 $\lim\limits_{n \to \infty} \left(n\tan\frac{1}{n} \right)^{n^2}$.

解 用 x 替换 $\frac{1}{n}$, 将上述数列极限转化为函数极限, 即求 $\lim\limits_{x \to 0+0} \left(\frac{\tan x}{x} \right)^{\frac{1}{x^2}}$.

因为

$$\ln\left(\frac{\tan x}{x} \right)^{\frac{1}{x^2}} = \frac{\ln\frac{\tan x}{x}}{x^2} = \frac{\ln\left(1 + \frac{\tan x}{x} - 1\right)}{x^2} \sim \frac{\frac{\tan x}{x} - 1}{x^2} = \frac{\tan x - x}{x^3} \quad (x \to 0),$$

所以

$$\begin{aligned}
\lim_{x \to 0+0} \ln\left(\frac{\tan x}{x} \right)^{\frac{1}{x^2}} &= \lim_{x \to 0+0} \frac{\tan x - x}{x^3} = \lim_{x \to 0+0} \frac{\sec^2 x - 1}{3x^2} \\
&= \lim_{x \to 0+0} \frac{1 - \cos^2 x}{3x^2\cos^2 x} = \frac{1}{3} \lim_{x \to 0+0} \frac{1 - \cos^2 x}{x^2} \\
&= \frac{1}{3} \lim_{x \to 0+0} \frac{2\sin x\cos x}{2x} = \frac{1}{3}.
\end{aligned}$$

因此

$$\lim_{x \to 0+0} \left(\frac{\tan x}{x} \right)^{\frac{1}{x^2}} = e^{\lim\limits_{x \to 0+0} \ln\left(\frac{\tan x}{x} \right)^{\frac{1}{x^2}}} = e^{\frac{1}{3}}.$$

于是

$$\lim_{n \to \infty} \left(n\tan\frac{1}{n} \right)^{n^2} = e^{\frac{1}{3}}.$$

例 2.5.13 求数列极限 $\lim\limits_{n \to \infty} \left(\frac{\pi}{2} - \arctan n \right)^{\frac{1}{\ln n}}$.

解 由于 $n \to \infty$ 是 $x \to +\infty$ 的特殊情况, 因此可以考虑函数极限

$$\lim_{x \to +\infty} \left(\frac{\pi}{2} - \arctan x \right)^{\frac{1}{\ln x}}.$$

因为

$$\lim_{x \to +\infty} \ln \left(\frac{\pi}{2} - \arctan x \right)^{\frac{1}{\ln x}} = \lim_{x \to +\infty} \frac{\ln \left(\frac{\pi}{2} - \arctan x \right)}{\ln x} \quad \left(\frac{\infty}{\infty} \text{型} \right)$$

$$= \lim_{x \to +\infty} - \frac{x}{(1 + x^2) \left(\frac{\pi}{2} - \arctan x \right)}$$

$$= \lim_{x \to +\infty} \frac{-\dfrac{x}{1 + x^2}}{\dfrac{\pi}{2} - \arctan x} \quad \left(\frac{0}{0} \text{型} \right)$$

$$= \lim_{x \to +\infty} \frac{1 - x^2}{1 + x^2} = -1,$$

所以

$$\lim_{x \to +\infty} \left(\frac{\pi}{2} - \arctan x \right)^{\frac{1}{\ln x}} = \mathrm{e}^{\lim\limits_{x \to +\infty} \ln \left(\frac{\pi}{2} - \arctan x \right)^{\frac{1}{\ln x}}} = \mathrm{e}^{-1}.$$

于是

$$\lim_{n \to \infty} \left(\frac{\pi}{2} - \arctan n \right)^{\frac{1}{\ln n}} = \mathrm{e}^{-1}.$$

例 2.5.14 设函数 $f(x)$ 在 $x = 0$ 的某个邻域上具有二阶连续导数. 证明存在不全为 0 的实数 $\lambda_1, \lambda_2, \lambda_3$, 使得

$$\lambda_1 f(x) + \lambda_2 f(2x) + \lambda_3 f(3x) - f(0) = o(x^2), x \to 0.$$

解 题目要求是找 $\lambda_1, \lambda_2, \lambda_3$, 使得

$$\lim_{x \to 0} \frac{\lambda_1 f(x) + \lambda_2 f(2x) + \lambda_3 f(3x) - f(0)}{x^2} = 0.$$

当 $\lambda_1 + \lambda_2 + \lambda_3 = 1$ 时, 上式是 $\dfrac{0}{0}$ 型极限, 应用 L'Hospital 法则, 得

$$\lim_{x \to 0} \frac{\lambda_1 f(x) + \lambda_2 f(2x) + \lambda_3 f(3x) - f(0)}{x^2}$$

$$= \lim_{x \to 0} \frac{\lambda_1 f'(x) + 2\lambda_2 f'(2x) + 3\lambda_3 f'(3x)}{2x}.$$

当 $\lambda_1 + 2\lambda_2 + 3\lambda_3 = 0$ 时, 上式仍是 $\dfrac{0}{0}$ 型极限, 再应用 L'Hospital 法则, 得

$$\lim_{x \to 0} \frac{\lambda_1 f(x) + \lambda_2 f(2x) + \lambda_3 f(3x) - f(0)}{x^2}$$

$$= \lim_{x \to 0} \frac{\lambda_1 f''(x) + 4\lambda_2 f''(2x) + 9\lambda_3 f''(3x)}{2}$$

$$= \frac{1}{2}(\lambda_1 + 4\lambda_2 + 9\lambda_3)f''(0).$$

于是只要 $\lambda_1 + 4\lambda_2 + 9\lambda_3 = 0$, 上式的极限便为 0.

注意对 $\lambda_1, \lambda_2, \lambda_3$ 的要求就是线性方程组

$$\begin{cases} \lambda_1 + \lambda_2 + \lambda_3 = 1, \\ \lambda_1 + 2\lambda_2 + 3\lambda_3 = 0, \\ \lambda_1 + 4\lambda_2 + 9\lambda_3 = 0, \end{cases}$$

由于它的系数行列式 $\begin{vmatrix} 1 & 1 & 1 \\ 1 & 2 & 3 \\ 1 & 4 & 9 \end{vmatrix} = 2 \neq 0$, 因此它有解 $\lambda_1, \lambda_2, \lambda_3$, 显然它们不全为

0, 且此时有

$$\lambda_1 f(x) + \lambda_2 f(2x) + \lambda_3 f(3x) - f(0) = o(x^2), \quad x \to 0.$$

例 2.5.15 设 $f(x) = \begin{cases} \dfrac{g(x) - \cos x}{x}, & x \neq 0, \\ a, & x = 0, \end{cases}$ 其中 $g(x)$ 在 $(-\infty, +\infty)$ 上

具有连续的二阶导数, 且 $g(0) = 1$.

(1) 确定 a, 使得 $f(x)$ 在 $x = 0$ 点连续;

(2) 当 $f(x)$ 在 $x = 0$ 点连续时, 求 $f'(x)$;

(3) 当 $f(x)$ 在 $x = 0$ 点连续时, 问 $f'(x)$ 是否在点 $x = 0$ 连续?

解 (1) 因为

$$\lim_{x \to 0} f(x) = \lim_{x \to 0} \frac{g(x) - \cos x}{x} = \lim_{x \to 0} \left(\frac{g(x) - g(0)}{x} + \frac{1 - \cos x}{x} \right)$$

$$= \lim_{x \to 0} \frac{g(x) - g(0)}{x - 0} + \lim_{x \to 0} \frac{1 - \cos x}{x} = g'(0) + \lim_{x \to 0} \frac{\sin x}{1} = g'(0),$$

所以当 $a = g'(0)$ 时, 成立 $\lim\limits_{x \to 0} f(x) = f(0)$, 此时 $f(x)$ 在 $x = 0$ 点连续.

(2) 当 $f(x)$ 在 $x = 0$ 点连续时, 有

$$f(x) = \begin{cases} \dfrac{g(x) - \cos x}{x}, & x \neq 0, \\ g'(0), & x = 0. \end{cases}$$

当 $x \neq 0$ 时, 显然

$$f'(x) = \frac{x(g'(x) + \sin x) - g(x) + \cos x}{x^2}.$$

而

$$f'(0) = \lim_{x \to 0} \frac{f(x) - f(0)}{x - 0} = \lim_{x \to 0} \frac{\dfrac{g(x) - \cos x}{x} - g'(0)}{x}$$

$$= \lim_{x \to 0} \frac{g(x) - \cos x - x g'(0)}{x^2} = \lim_{x \to 0} \frac{g'(x) + \sin x - g'(0)}{2x}$$

$$= \lim_{x \to 0} \frac{g'(x) - g'(0)}{2x} + \lim_{x \to 0} \frac{\sin x}{2x} = \frac{1}{2} g''(0) + \frac{1}{2}.$$

于是

$$f'(x) = \begin{cases} \dfrac{x(g'(x) + \sin x) - (g(x) - \cos x)}{x^2}, & x \neq 0, \\ \dfrac{1}{2} g''(0) + \dfrac{1}{2}, & x = 0. \end{cases}$$

(3) 因为

$$\lim_{x \to 0} f'(x) = \lim_{x \to 0} \frac{x(g'(x) + \sin x) - g(x) + \cos x}{x^2}$$

$$= \lim_{x \to 0} \frac{g'(x) + \sin x + x(g''(x) + \cos x) - g'(x) - \sin x}{2x}$$

$$= \lim_{x \to 0} \frac{1}{2}[g''(x) + \cos x] = \frac{1}{2} g''(0) + \frac{1}{2} = f'(0),$$

所以 $f'(x)$ 在点 $x = 0$ 连续.

例 2.5.16 设函数 f 在 $(1, +\infty)$ 上可导.

(1) 若 $\lim\limits_{x \to +\infty} f'(x) = k > 0$,证明 $\lim\limits_{x \to +\infty} f(x) = +\infty$;

(2) 若 $\lim\limits_{x \to +\infty} [f'(x) + f(x)] = l \, (-\infty < l < +\infty)$,求 $\lim\limits_{x \to +\infty} f(x)$ 和 $\lim\limits_{x \to +\infty} f'(x)$.

(1) **证** 因为 $\lim\limits_{x \to +\infty} f'(x) = k > 0$,所以存在正数 $X_0 \geqslant 1$,当 $x > X_0$ 时成立

$$f'(x) > \frac{k}{2}.$$

由 Lagrange 中值定理得,当 $x > X_0$ 时有

$$f(x) = f(X_0) + f'(\xi)(x - X_0) > f(X_0) + \frac{k}{2}(x - X_0),$$

显然不等式右面当 $x \to +\infty$ 时是正无穷大量,因此 $\lim\limits_{x \to +\infty} f(x) = +\infty$.

(2) **解** 因为 $\lim\limits_{x \to +\infty} [f'(x) + f(x)] = l$,由 L'Hospital 法则得

$$\lim_{x \to +\infty} f(x) = \lim_{x \to +\infty} \frac{e^x f(x)}{e^x} = \lim_{x \to +\infty} \frac{e^x [f'(x) + f(x)]}{e^x} = \lim_{x \to +\infty} [f'(x) + f(x)] = l.$$

进一步,有

$$\lim_{x \to +\infty} f'(x) = \lim_{x \to +\infty} [f'(x) + f(x) - f(x)]$$

$$= \lim_{x \to +\infty} \left[f'(x) + f(x) \right] - \lim_{x \to +\infty} f(x) = l - l = 0.$$

习　题

1. 求下列极限:

(1) $\lim\limits_{x \to 0} \dfrac{\tan 3x}{\sin 2x}$;

(2) $\lim\limits_{x \to 0} \dfrac{\sqrt{x+1} - 1}{\ln(x+1)}$;

(3) $\lim\limits_{x \to +\infty} \dfrac{\ln x}{\ln(x+1)}$;

(4) $\lim\limits_{x \to 0} \dfrac{\tan x - x}{x - \sin x}$;

(5) $\lim\limits_{x \to 2} \dfrac{\sqrt{x+2} - \sqrt[4]{x+14}}{x-2}$;

(6) $\lim\limits_{x \to 0} \dfrac{\arcsin 3x - 3\arcsin x}{x^3}$;

(7) $\lim\limits_{x \to +\infty} \dfrac{\ln(x^2 + 3x + 1)}{\ln(x^3 + 2x + 1)}$;

(8) $\lim\limits_{x \to 0} \dfrac{\ln(1 + x^3)}{\sin x - \tan x}$;

(9) $\lim\limits_{x \to 0} \dfrac{(e^{\sin x} - 1)\sin 2x}{1 - \cos 2x}$;

(10) $\lim\limits_{x \to 0} \dfrac{\cos(xe^x) - \cos(xe^{-x})}{x^3}$;

(11) $\lim\limits_{x \to 1} x^{\frac{x}{1-x}}$;

(12) $\lim\limits_{x \to \frac{\pi}{2}} \left(x\tan x - \dfrac{\pi}{2}\sec x \right)$;

(13) $\lim\limits_{x \to +\infty} \dfrac{x\ln(x + 2e^x)}{\ln(x + e^{x^2})}$;

(14) $\lim\limits_{x \to +\infty} x\left(\dfrac{\pi}{2} - \arcsin \dfrac{x}{\sqrt{1+x^2}} \right)$;

(15) $\lim\limits_{x \to 0} \dfrac{(1+x)^{\frac{1}{x}} - e}{x}$;

(16) $\lim\limits_{h \to 0} \dfrac{\tan(x+h) - 2\tan x + \tan(x-h)}{h^2}$;

(17) $\lim\limits_{x \to 0} \left(\dfrac{1}{x^2} - \cot^2 x \right)$;

(18) $\lim\limits_{x \to 0} \dfrac{\tan(\tan x) - \sin(\sin x)}{x^3}$;

(19) $\lim\limits_{x \to 0} \left(\dfrac{\arcsin x}{x} \right)^{\frac{1}{x^2}}$.

(20) $\lim\limits_{x \to 0} \left(\dfrac{a^x - x\ln a}{b^x - x\ln b} \right)^{\frac{1}{x^2}}$ $(a, b > 0, a \neq b)$.

2. 设 n 是正整数, 求极限 $\lim\limits_{x \to 0} \left(\dfrac{e^x + e^{2x} + \cdots + e^{nx}}{n} \right)^{\frac{e}{x}}$.

3. 求曲线 $y = \dfrac{(1+x)^{\frac{3}{2}}}{\sqrt{x}}$ 的渐近线.

4. 设在 $(0, +\infty)$ 上成立: $|f(x) - x^2| \leqslant (\ln x)^2$, 证明函数 f 在点 $x = 1$ 可导.

5. 设函数 f 在点 $x = 0$ 的某个邻域上具有连续导数, 且 $f(0) \neq 0$, $f'(0) \neq 0$. 若当 $h \to 0$ 时, $af(h) + bf(2h) - f(0)$ 是比 h 高阶的无穷小量, 求常数 a, b 的值.

6. 设函数 f 在点 $x = 0$ 的某邻域上具有连续二阶导数, 且 $f(0) = 1$, $f'(0) = 0$, $f''(0) = -1$, 求 $\lim\limits_{x \to +\infty} \left[f\left(\dfrac{2}{\sqrt{x}} \right) \right]^x$.

7. 设 $0 < x_1 < \dfrac{\pi}{2}$, $x_{n+1} = \sin x_n$ $(n = 1, 2, \cdots)$. 证明:

(1) $\lim\limits_{n \to \infty} x_n = 0$;　(2) $\lim\limits_{n \to \infty} \dfrac{1}{nx_n^2} = \dfrac{1}{3}$.

§2.6 Taylor 公式

一、带 Peano 余项的 Taylor 公式

定理 2.6.1 设函数 $f(x)$ 在 x_0 处有 n 阶导数,则

$$f(x) = \sum_{i=0}^{n} \frac{1}{i!} f^{(i)}(x_0)(x - x_0)^i + o((x - x_0)^n).$$

上述表示式称为带 **Peano 余项**的(n 阶)**Taylor 公式**.

二、带 Lagrange 余项的 Taylor 公式

定理 2.6.2 设函数 $f(x)$ 在 $[a,b]$ 上有 n 阶连续导数,且在 (a,b) 上 $n+1$ 阶可导,$x_0 \in [a,b]$ 为一定点,则对于每个 $x \in [a,b]$,成立

$$f(x) = \sum_{i=0}^{n} \frac{1}{i!} f^{(i)}(x_0)(x - x_0)^i + \frac{1}{(n+1)!} f^{(n+1)}(x_0 + \theta(x - x_0))(x - x_0)^{n+1},$$

其中 $0 < \theta < 1$.

上述表示式称为带 **Lagrange 余项**的(n 阶)**Taylor 公式**,其中

$$R(x) = \frac{f^{(n+1)}(x_0 + \theta(x - x_0))}{(n+1)!}(x - x_0)^{n+1}$$

称为 **Lagrange 余项**.

显然,带 **Lagrange** 余项的 Taylor 公式是 Lagrange 中值定理的推广.

如果存在常数 M,使得 $|f^{(n+1)}(x)| \leqslant M, x \in (a,b)$(即函数 f 的 $n+1$ 阶导数在 (a,b) 上有界),$x_0 \in (a,b)$ 为一定点,则在 (a,b) 上有如下的余项估计:

$$|R(x)| \leqslant \frac{M}{(n+1)!} |x - x_0|^{n+1}, \quad x \in (a,b).$$

三、Maclaurin 公式

如果 $x_0 = 0$,那么带有以上两种余项形式的 Taylor 公式又称为(n 阶)**Maclaurin 公式**,此即

$$f(x) = f(0) + f'(0)x + \cdots + \frac{f^{(n)}(0)}{n!}x^n + o(x^n)$$

和

$$f(x) = f(0) + f'(0)x + \cdots + \frac{f^{(n)}(0)}{n!}x^n + \frac{f^{(n+1)}(\theta x)}{(n+1)!}x^{n+1} \quad (0 < \theta < 1).$$

由此得到近似公式

$$f(x) \approx f(0) + f'(0)x + \cdots + \frac{f^{(n)}(0)}{n!}x^n.$$

常用的带 Peano 余项的 Maclaurin 公式有：

$$e^x = 1 + \frac{x}{1!} + \frac{x^2}{2!} + \cdots \frac{x^n}{n!} + o(x^n);$$

$$\sin x = x - \frac{x^3}{3!} + \frac{x^5}{5!} - \cdots + (-1)^{n-1}\frac{x^{2n-1}}{(2n-1)!} + o(x^{2n});$$

$$\cos x = 1 - \frac{x^2}{2!} + \frac{x^4}{4!} - \cdots + (-1)^n\frac{x^{2n}}{(2n)!} + o(x^{2n+1});$$

$$(1+x)^\alpha = 1 + \alpha x + \frac{\alpha(\alpha-1)}{2!}x^2 + \cdots + \frac{\alpha(a-1)\cdots(\alpha-n+1)}{n!}x^n + o(x^n);$$

$$\ln(1+x) = x - \frac{x^2}{2} + \frac{x^3}{3} - \frac{x^4}{4} + \cdots + (-1)^{n-1}\frac{x^n}{n} + o(x^n).$$

例 题 分 析

例 2.6.1　求 $f(x) = \arcsin x$ 的带 Peano 余项的三阶 Maclaurin 近似.

解　由于

$$f'(x) = \frac{1}{\sqrt{1-x^2}}, f''(x) = x(1-x^2)^{-\frac{3}{2}}, f'''(x) = (1-x^2)^{-\frac{3}{2}} + 3x^2(1-x^2)^{-\frac{5}{2}},$$

因此 $f'(0) = 1, f''(0) = 0, f'''(0) = 1$，利用带 Peano 余项的三阶 Maclaurin 公式得

$$\arcsin x = x + \frac{1}{6}x^3 + o(x^3).$$

例 2.6.2　求 $f(x) = \dfrac{1+x+x^2}{1-x+x^2}$ 的带 Peano 余项的四阶 Maclaurin 展开，并求 $f^{(4)}(0).$

解　利用

$$\frac{1}{1+u} = 1 - u + u^2 - u^3 + o(u^3),$$

得

$$\frac{1+x+x^2}{1-x+x^2} = 1 + \frac{2x}{1-x+x^2}$$
$$= 1 + 2x[1 + (x-x^2) + (x-x^2)^2 + (x-x^2)^3 + o(x^3)]$$
$$= 1 + 2x + 2x^2 - 2x^4 + o(x^4).$$

于是 $f^{(4)}(0) = 4!(-2) = -48.$

例 2.6.3 求 $f(x) = \ln(1 + x - x^2)$ 的带 Peano 余项的三阶 Maclaurin 展开.

解 利用

$$\ln(1 + u) = u - \frac{u^2}{2} + \frac{u^3}{3} + o(u^3),$$

得到

$$\ln(1 + x - x^2) = (x - x^2) - \frac{1}{2}(x - x^2)^2 + \frac{1}{3}(x - x^2)^3 + o(x^3)$$

$$= (x - x^2) - \frac{1}{2}(x^2 - 2x^3) + \frac{1}{3}x^3 + o(x^3)$$

$$= x - \frac{3}{2}x^2 + \frac{4}{3}x^3 + o(x^3).$$

例 2.6.4 求 $f(x) = \sqrt[3]{\sin x^3}$ 的到 x^{13} 项的 Maclaurin 展开.

解 利用

$$\sin u = u - \frac{u^3}{3!} + \frac{u^5}{5!} + o(u^5),$$

以及

$$(1 + u)^{\frac{1}{3}} = 1 + \frac{1}{3}u - \frac{1}{9}u^2 + o(u^2),$$

便得

$$\sqrt[3]{\sin x^3} = \left[x^3 - \frac{1}{3!}x^9 + \frac{1}{5!}x^{15} + o(x^{15}) \right]^{\frac{1}{3}} = x\left[1 - \frac{1}{3!}x^6 + \frac{1}{5!}x^{12} + o(x^{12}) \right]^{\frac{1}{3}}$$

$$= x\left[1 + \frac{1}{3}\left(-\frac{1}{3!}x^6 + \frac{1}{5!}x^{12} + o(x^{12}) \right) \right.$$

$$\left. - \frac{1}{9}\left(-\frac{1}{3!}x^6 + \frac{1}{5!}x^{12} + o(x^{12}) \right)^2 + o(x^{12}) \right]$$

$$= x - \frac{1}{18}x^7 - \frac{1}{3\,240}x^{13} + o(x^{13}).$$

例 2.6.5 求 $f(x) = \sqrt[3]{x}$ 在点 $x = 2$ 的 Taylor 展开,到 $(x - 2)^3$ 项.

解 利用

$$(1 + u)^{\frac{1}{3}} = 1 + \frac{1}{3}u - \frac{1}{9}u^2 + \frac{5}{81}u^3 + o(u^3),$$

得

$$\sqrt[3]{x} = \sqrt[3]{2 + (x - 2)} = \sqrt[3]{2}\sqrt[3]{1 + \frac{x - 2}{2}}$$

$$= \sqrt[3]{2}\left[1 + \frac{1}{3}\left(\frac{x - 2}{2} \right) - \frac{1}{9}\left(\frac{x - 2}{2} \right)^2 + \frac{5}{81}\left(\frac{x - 2}{2} \right)^3 + o((x - 2)^3) \right]$$

$$= \sqrt[3]{2} + \frac{\sqrt[3]{2}}{6}(x-2) - \frac{\sqrt[3]{2}}{36}(x-2)^2 + \frac{5\sqrt[3]{2}}{648}(x-2)^3 + o((x-2)^3).$$

例2.6.6 设 $f(x) = e^x - \dfrac{1+ax}{1+bx}$ 在 $x \to 0$ 时是与 x^3 同阶的无穷小量,求常数 a,b.

解 利用 e^x 和 $\dfrac{1}{1+x}$ 的带 Peano 余项的 Maclaurin 公式,得

$$f(x) = e^x - \frac{1+ax}{1+bx}$$

$$= 1 + x + \frac{x^2}{2} + \frac{x^3}{6} + o(x^3) - (1+ax)\left[1 - bx + (bx)^2 - (bx)^3 + o(x^3)\right]$$

$$= (1-a+b)x + \left(\frac{1}{2} + ab - b^2\right)x^2 + \left(\frac{1}{6} - ab^2 + b^3\right)x^3 + o(x^3).$$

因此,当

$$1 - a + b = 0, \quad \frac{1}{2} + ab - b^2 = 0, \quad \frac{1}{6} - ab^2 + b^3 \neq 0$$

时,即当 $a = \dfrac{1}{2}$, $b = -\dfrac{1}{2}$ 时,$f(x)$ 是与 x^3 同阶的无穷小量.

例2.6.7 利用带 Peano 余项的 Maclaurin 公式计算极限

$$\lim_{x \to 0} \frac{\sin x e^{-\frac{x^2}{2}} - x\cos x}{x^3}.$$

解 因为

$$\sin x = x - \frac{x^3}{3!} + o(x^3),$$

$$e^{-\frac{x^2}{2}} = 1 - \frac{1}{2}x^2 + o(x^3),$$

$$x\cos x = x - \frac{x^3}{2!} + o(x^3),$$

所以

$$\sin x e^{-\frac{x^2}{2}} - x\cos x = x - \frac{1}{6}x^3 - \frac{1}{2}x^3 - x + \frac{x^3}{2} + o(x^3)$$

$$= -\frac{1}{6}x^3 + o(x^3).$$

于是

$$\lim_{x \to 0} \frac{\sin x e^{-\frac{x^2}{2}} - x\cos x}{x^3} = \lim_{x \to 0} \frac{-\dfrac{1}{6}x^3 + o(x^3)}{x^3} = -\frac{1}{6}.$$

例2.6.8 求极限 $\lim\limits_{x \to +\infty} (\sqrt[6]{x^6 + x^5 - x^4 + 1} - \sqrt[6]{x^6 - x^5 + x^4 - 1})$.

解 利用

$$(1 + u)^{\frac{1}{6}} = 1 + \frac{1}{6}u + o(u),$$

得

$$\lim\limits_{x \to +\infty} (\sqrt[6]{x^6 + x^5 - x^4 + 1} - \sqrt[6]{x^6 - x^5 + x^4 - 1})$$

$$= \lim\limits_{x \to +\infty} x \left(\sqrt[6]{1 + \frac{x^5 - x^4 + 1}{x^6}} - \sqrt[6]{1 - \frac{x^5 - x^4 + 1}{x^6}} \right)$$

$$= \lim\limits_{x \to +\infty} x \left[1 + \frac{1}{6} \cdot \frac{x^5 - x^4 + 1}{x^6} + o\left(\frac{1}{x}\right) - \left(1 - \frac{1}{6} \cdot \frac{x^5 - x^4 + 1}{x^6} + o\left(\frac{1}{x}\right) \right) \right]$$

$$= \lim\limits_{x \to +\infty} \left(\frac{x^5 - x^4 + 1}{3x^5} + o(1) \right) = \frac{1}{3}.$$

例2.6.9 求极限 $\lim\limits_{x \to 0} \dfrac{1 - (\cos x)^{\tan x}}{x^3}$.

解 利用

$$e^u = 1 + u + o(u),$$

并注意到

$$\lim\limits_{x \to 0} \frac{\tan x \, \ln\cos x}{x^3} = \lim\limits_{x \to 0} \frac{\ln\cos x}{x^2} = \lim\limits_{x \to 0} - \frac{\tan x}{2x} = -\frac{1}{2},$$

得

$$\lim\limits_{x \to 0} \frac{1 - (\cos x)^{\tan x}}{x^3} = \lim\limits_{x \to 0} \frac{1 - e^{\tan x \, \ln\cos x}}{x^3}$$

$$= \lim\limits_{x \to 0} \frac{1 - [1 + \tan x \, \ln\cos x + o(\tan x \, \ln\cos x)]}{x^3}$$

$$= \lim\limits_{x \to 0} \frac{-\tan x \, \ln\cos x + o(x^3)}{x^3} = \frac{1}{2}.$$

例2.6.10 求极限 $\lim\limits_{x \to 0} \left(\dfrac{2\tan x}{x + \sin x} \right)^{\frac{1}{x(\sqrt[3]{1+3x} - 1)}}$.

解 因为

$$\sin x = x - \frac{1}{6}x^3 + o(x^3),$$

$$\tan x = x + \frac{1}{3}x^3 + o(x^3),$$

$$\sqrt[3]{1 + x} = 1 + \frac{1}{3}x + o(x),$$

$$\ln(1 + x) = x + o(x),$$

所以

$$x(\sqrt[3]{1 + 3x} - 1) = x^2 + o(x^2),$$

且

$$\ln\frac{2\tan x}{x + \sin x} = \ln\frac{2x + \frac{2}{3}x^3 + o(x^3)}{2x - \frac{1}{6}x^3 + o(x^3)} = \ln\frac{1 + \frac{1}{3}x^2 + o(x^2)}{1 - \frac{1}{12}x^2 + o(x^2)}$$

$$= \ln\left(1 + \frac{1}{3}x^2 + o(x^2)\right) - \ln\left(1 - \frac{1}{12}x^2 + o(x^2)\right)$$

$$= \left(\frac{1}{3}x^2 + o(x^2)\right) + o(x^2) - \left(-\frac{1}{12}x^2 + o(x^2)\right) + o(x^2)$$

$$= \frac{5}{12}x^2 + o(x^2).$$

所以

$$\lim_{x \to 0}\frac{\ln\dfrac{2\tan x}{x + \sin x}}{x(\sqrt[3]{1 + 3x} - 1)} = \lim_{x \to 0}\frac{\dfrac{5}{12}x^2 + o(x^2)}{x^2 + o(x^2)} = \frac{5}{12}.$$

于是

$$\lim_{x \to 0}\left(\frac{2\tan x}{x + \sin x}\right)^{\frac{1}{x(\sqrt[3]{1 + 3x} - 1)}} = e^{\lim\limits_{x \to 0}\frac{\ln\frac{2\tan x}{x + \sin x}}{x(\sqrt[3]{1 + 3x} - 1)}} = e^{\frac{5}{12}}.$$

例 2.6.11   求 $\sqrt{65}$ 的近似值,要求精确到小数点后第五位.

解   因为 $\sqrt{65} = \sqrt{64 + 1} = 8\left(1 + \dfrac{1}{64}\right)^{\frac{1}{2}}$,如果用 $(1 + x)^{\frac{1}{2}}$ 的二阶 Maclaurin

公式

$$(1 + x)^{\frac{1}{2}} = 1 + \frac{1}{2}x - \frac{1}{8}x^2 + \frac{1}{16}(1 + \theta x)^{-\frac{5}{2}}x^3$$

来计算,其误差

$$|8R_2(x)| = 8 \cdot \frac{1}{16} \cdot (1 + \theta x)^{-\frac{5}{2}}x^3 < \frac{1}{2} \cdot \frac{1}{64^3} < 0.2 \times 10^{-5}.$$

它保证了小数点后面的 5 位有效数字. 因此

$$\sqrt{65} \approx 8\left(1 + \frac{1}{2} \cdot \frac{1}{64} - \frac{1}{8} \cdot \frac{1}{64^2}\right) \approx 8.062\,26.$$

例 2.6.12   设函数 $f(x)$ 在 $[a,b]$ 上二阶可导,且 $f'(a) = f'(b) = 0$,证明:

存在 $\xi \in (a,b)$,使 $|f''(\xi)| \geqslant \dfrac{4}{(b - a)^2}|f(b) - f(a)|$.

证法一　将 $f(x)$ 分别在 $x = a, b$ 两点运用 Taylor 公式,并注意到 $f'(a) = f'(b) = 0$,可得

$$f\left(\frac{a+b}{2}\right) = f(a) + \frac{1}{2}f''(\xi_1)\left(\frac{a+b}{2} - a\right)^2, \quad a < \xi_1 < \frac{a+b}{2};$$

$$f\left(\frac{a+b}{2}\right) = f(b) + \frac{1}{2}f''(\xi_2)\left(\frac{a+b}{2} - b\right)^2, \quad \frac{a+b}{2} < \xi_2 < b.$$

两式相减,得

$$f(b) - f(a) = \frac{1}{8}(b - a)^2[f''(\xi_1) - f''(\xi_2)].$$

于是

$$|f(b) - f(a)| \leqslant \frac{1}{8}(b - a)^2(|f''(\xi_1)| + |f''(\xi_2)|).$$

不妨设 $|f''(\xi_1)| \leqslant |f''(\xi_2)|$,此时取 $\xi = \xi_2 \in (a,b)$,便有

$$|f(b) - f(a)| \leqslant \frac{1}{4}(b - a)^2|f''(\xi)|,$$

即

$$|f''(\xi)| \geqslant \frac{4}{(b - a)^2}|f(b) - f(a)|.$$

证法二　不妨设 $f(b) \geqslant f(a)$. 如果 $f\left(\frac{a+b}{2}\right) \geqslant \frac{1}{2}(f(a) + f(b))$,则由

$$f\left(\frac{a+b}{2}\right) = f(a) + \frac{1}{2}f''(\xi_1)\left(\frac{a+b}{2} - a\right)^2$$

可得

$$f''(\xi_1)\left(\frac{a+b}{2} - a\right)^2 \geqslant f(b) - f(a),$$

所以

$$|f''(\xi_1)| \geqslant \frac{4}{(b - a)^2}|f(b) - f(a)|.$$

如果 $f\left(\frac{a+b}{2}\right) \leqslant \frac{1}{2}(f(a) + f(b))$,则由

$$f\left(\frac{a+b}{2}\right) = f(b) + \frac{1}{2}f''(\xi_2)\left(\frac{a+b}{2} - b\right)^2$$

可得

$$-f''(\xi_2)\left(\frac{a+b}{2} - b\right)^2 \geqslant f(b) - f(a),$$

所以

$$|f''(\xi_2)| \geqslant \frac{4}{(b-a)^2}|f(b)-f(a)|.$$

例 2.6.13   设 $f(x)$ 在 $(-\infty,+\infty)$ 上具有三阶连续导数,且 $f(-1)=0$, $f(1)=1$, $f'(0)=0$. 证明:存在 $\xi \in (-1,1)$,使得 $f'''(\xi)=3$.

证   由 Taylor 公式得

$$f(x)=f(0)+f'(0)x+\frac{1}{2}f''(0)x^2+\frac{1}{6}f'''(\eta)x^3.$$

于是由已知条件得

$$0=f(-1)=f(0)+\frac{1}{2}f''(0)-\frac{1}{6}f'''(\eta_1), \quad \eta_1 \in (-1,0),$$

$$1=f(1)=f(0)+\frac{1}{2}f''(0)+\frac{1}{6}f'''(\eta_2), \quad \eta_2 \in (0,1).$$

将上述两式相减得 $f'''(\eta_1)+f'''(\eta_2)=6$. 设 M 与 m 为连续函数 f''' 在 $[\eta_1,\eta_2]$ 中的最大值和最小值,则

$$m \leqslant \frac{1}{2}[f'''(\eta_1)+f'''(\eta_2)] \leqslant M.$$

于是由介值定理得,存在 $\xi \in (\eta_1,\eta_2) \subset (-1,1)$,使得 $f'''(\xi)=3$.

例 2.6.14   设 $f(x)$ 在 $[0,1]$ 上三阶可导,满足 $f(0)=-1$, $f(1)=0$, $f'(0)=0$. 证明:对于任意给定的 $x \in (0,1)$,存在 $\xi \in (0,1)$,使得

$$f(x)=-1+x^2+\frac{x^2(x-1)}{6}f'''(\xi).$$

证   令 $g(x)=\dfrac{f(x)}{x-1}$, $x \in [0,1]$. 只要证 $g(x)=1+x+\dfrac{1}{6}f'''(\xi)x^2$, $\xi \in (0,1)$,即可.

显然 $g(0)=1$, $g'(0)=1$,于是由 Taylor 公式得

$$g(x)=1+x+\frac{1}{2}g''(\eta)x^2, \quad \eta \in (0,1).$$

而

$$g'(x)=\frac{f'(x)(x-1)-f(x)}{(x-1)^2},$$

$$g''(x)=\frac{f''(x)(x-1)^2-2[f'(x)(x-1)-f(x)]}{(x-1)^3}.$$

注意到 $g''(x)$ 的分子和分母当 $x=1$ 时均为零,对分子和分母这两个函数在 $[\eta,1]$ 上运用 Cauchy 中值定理,即得

$$g''(\eta)=\frac{1}{3}f'''(\xi), \quad \xi \in (\eta,1),$$

于是
$$g(x) = 1 + x + \frac{1}{6}f'''(\xi)x^2, \quad \xi \in (0,1).$$

例 2.6.15 设 $\alpha > 1$. 证明:当 $x > -1$ 时成立
$$(1+x)^\alpha \geq 1 + \alpha x,$$
且等号仅当 $x = 0$ 时成立.

证 考虑函数 $f(x) = (1+x)^\alpha$,则 $f(0) = 1$. 在 $(-1, +\infty)$ 上,有
$$f'(x) = \alpha(1+x)^{\alpha-1}, \quad f'(0) = \alpha; \quad f''(x) = \alpha(\alpha-1)(1+x)^{\alpha-2}.$$
于是,对 f 应用在 $x = 0$ 处带 Lagrange 余项的 Taylor 公式,得
$$(1+x)^\alpha = 1 + \alpha x + \frac{\alpha(\alpha-1)}{2}(1+\theta x)^{\alpha-2}x^2, \quad x > -1.$$
注意到上式中最后一项是非负的,且仅当 $x = 0$ 时为零. 所以
$$(1+x)^\alpha \geq 1 + \alpha x, \quad x > -1,$$
且等号仅当 $x = 0$ 时成立.

例 2.6.16 证明:在 $\left(0, \frac{\pi}{2}\right)$ 上成立
$$\left(\frac{\sin x}{x}\right)^3 > \cos x.$$

证 只要证明在 $\left(0, \frac{\pi}{2}\right)$ 上成立 $\sin^2 x \tan x > x^3$. 作 $g(x) = \sin^2 x \tan x - x^3$,直接计算得
$$g'(x) = 2\sin^2 x + \tan^2 x - 3x^2,$$
$$g''(x) = 2\sin 2x + 2\tan x + 2\tan^3 x - 6x,$$
$$g'''(x) = 4\cos 2x + 8\tan^2 x + 6\tan^4 x - 4,$$
$$g^{(4)}(x) = -8\sin 2x + 16\tan x + 40\tan^3 x + 24\tan^5 x.$$

由 Taylor 公式得,当 $x \in \left(0, \frac{\pi}{2}\right)$ 时成立
$$g(x) = g(0) + g'(0)x + \frac{1}{2!}g''(0)x^2 + \frac{1}{3!}g'''(0)x^3 + \frac{1}{4!}g^{(4)}(\xi)x^4,$$
其中 $\xi \in (0,x)$. 因为在 $\left(0, \frac{\pi}{2}\right)$ 上成立 $\tan x > \sin x$,所以在 $\left(0, \frac{\pi}{2}\right)$ 上成立
$$\begin{aligned}g^{(4)}(x) &= -8\sin 2x + 16\tan x + 40\tan^3 x + 24\tan^5 x\\ &> -8\sin 2x + 16\tan x > -16\sin x + 16\tan x > 0.\end{aligned}$$
由于
$$g(0) = g'(0) = g''(0) = g'''(0) = 0,$$
因此,当 $x \in \left(0, \frac{\pi}{2}\right)$ 时成立

$$g(x) = \frac{1}{4!}g^{(4)}(\xi)x^4 > 0.$$

这就是说,在 $\left(0, \frac{\pi}{2}\right)$ 上成立 $\sin^2 x \tan x - x^3 > 0$,于是有

$$\left(\frac{\sin x}{x}\right)^3 > \cos x.$$

例 2.6.17 设 $f(x)$ 在 (a,b) 上二阶可导,且存在 $x_0 \in (a,b)$,满足 $f(x_0) = f'(x_0) = 0$. 若对 $x \in (a,b)$,成立 $|f''(x)| \leqslant |f'(x)| + |f(x)|$,证明 $f(x) \equiv 0$.

证 任取 $[c,d] \subset (a,b)$,使得 $x_0 \in [c,d]$,只要证 $f(x)$ 在 $[c,d]$ 上恒为零即可. 将 $[c,d]$ 等分成若干个长度小于 $\frac{1}{2}$ 的小区间:

$$c = c_0 < c_1 < c_2 < \cdots < c_n = d.$$

设 $x_0, x \in [c_k, c_{k+1}]$,由 Taylor 公式,可得

$$f(x) = f(x_0) + f'(x_0)(x - x_0) + \frac{1}{2}f''(\xi_1)(x - x_0)^2 \tag{1}$$

和

$$f(x_0) = f(x) + f'(x)(x_0 - x) + \frac{1}{2}f''(\xi_2)(x_0 - x)^2, \tag{2}$$

其中 ξ_1, ξ_2 在 x_0, x 之间. 因此

$$f(x) = \frac{1}{2}f''(\xi_1)(x - x_0)^2, \quad f'(x) = \frac{1}{2}(f''(\xi_1) + f''(\xi_2))(x - x_0).$$

由条件 $|f''(x)| \leqslant |f'(x)| + |f(x)|$ 可知,$f''(x)$ 在 $[c_k, c_{k+1}]$ 上有界. 记

$$M_k = \sup\{|f''(x)| \mid x \in [c_k, c_{k+1}]\}, \quad h = c_{k+1} - c_k = \frac{d - c}{n},$$

则

$$|f(x)| \leqslant \frac{1}{2}M_k h^2, \quad |f'(x)| \leqslant M_k h, \quad x \in [c_k, c_{k+1}],$$

从而

$$M_k \leqslant M_k h + \frac{1}{2}M_k h^2.$$

若 $M_k \neq 0$,则 $1 \leqslant h + \frac{1}{2}h^2$,但这与 $h < \frac{1}{2}$ 矛盾. 于是必有 $M_k = 0$,即 $f''(x) = 0$ $(x \in [c_k, c_{k+1}])$. 于是由 (1) 式即得 $f(x) = 0$ $(x \in [c_k, c_{k+1}])$.

在区间 $[c_{k-1}, c_k]$,$[c_{k+1}, c_{k+2}]$ 中分别取 $x_0 = c_k$ 和 $x_0 = c_{k+1}$,重复上述过程,可知

$$f(x) = 0, \quad x \in [c_{k-1}, c_k] \cup [c_{k+1}, c_{k+2}], \cdots$$

所以

$$f(x) = 0, \quad x \in [c,d].$$

例 2.6.18 设函数 f 在 $[a,b]$ 上二阶可导,且 $|f''(x)| \geqslant m$ (m 为正常数).

(1) 若 $f(a) = f(b) = 0$,证明:$\max\limits_{a \leqslant x \leqslant b} |f(x)| \geqslant \dfrac{m}{8}(b-a)^2$;

(2) 记 $A = (a, f(a))$, $B = (b, f(b))$,证明:曲线 $y = f(x)$ ($x \in [a,b]$) 上必有点 $C = (c, f(c))$,使得 $\triangle ABC$ 的面积 $S_{\triangle ABC} \geqslant \dfrac{m}{16}(b-a)^3$.

证 (1) 因为函数 f 在 $[a,b]$ 上连续,所以 $|f|$ 也在 $[a,b]$ 上连续,因此存在 $x_0 \in [a,b]$,使得

$$|f(x_0)| = \max\limits_{a \leqslant x \leqslant b} |f(x)|.$$

因为 $|f''(x)| \geqslant m > 0$,所以 f 不是常数.进一步,由 $f(a) = f(b) = 0$ 可知, $x_0 \in (a,b)$,且 x_0 是 f 的极值点.因此由 Fermat 定理知

$$f'(x_0) = 0.$$

由 Taylor 公式得

$$f(x) = f(x_0) + f'(x_0)(x - x_0) + \frac{1}{2}f''(\xi)(x - x_0)^2 = f(x_0) + \frac{1}{2}f''(\xi)(x - x_0)^2.$$

若 $x_0 \in \left(a, \dfrac{a+b}{2}\right]$,则由上式得

$$0 = f(b) = f(x_0) + \frac{1}{2}f''(\xi)(b - x_0)^2,$$

因此

$$|f(x_0)| = \frac{1}{2}|f''(\xi)|(b - x_0)^2 \geqslant \frac{m}{2}(b - x_0)^2 \geqslant \frac{m}{8}(b - a)^2.$$

若 $x_0 \in \left[\dfrac{a+b}{2}, b\right)$,则同样有

$$0 = f(a) = f(x_0) + \frac{1}{2}f''(\xi)(a - x_0)^2.$$

于是也有 $|f(x_0)| \geqslant \dfrac{m}{8}(b-a)^2$.

综上便有

$$\max\limits_{a \leqslant x \leqslant b} |f(x)| = |f(x_0)| \geqslant \frac{m}{8}(b-a)^2.$$

(2) 作函数

$$F(x) = \frac{1}{2}\begin{vmatrix} 1 & 1 & 1 \\ a & b & x \\ f(a) & f(b) & f(x) \end{vmatrix}.$$

显然 $F(a) = F(b) = 0$ 且 $F''(x) = \frac{1}{2}(b-a)f''(x)$. 因此 $|F''(x)| \geq \frac{m}{2}(b-a)$. 于是由(1)便知,存在 $x_0 \in (a,b)$,使得

$$|F(x_0)| = \max_{a \leq x \leq b}|F(x)| \geq \frac{1}{8} \cdot \frac{m}{2}(b-a) \cdot (b-a)^2 = \frac{m}{16}(b-a)^3.$$

取 $C = (x_0, f(x_0))$. 注意到 $|F(x_0)|$ 就是 $\triangle ABC$ 的面积,因此

$$S_{\triangle ABC} \geq \frac{m}{16}(b-a)^3.$$

习　题

1. 求下列函数的四阶 Maclaurin 公式:

(1) $\dfrac{1}{\sqrt{(1-x)^3}}$;　　　　　　　　(2) $\dfrac{x}{\sqrt{1+x^2}}$;

(3) $\sqrt{(1+x)^5}$.

2. 求下列函数的 n 阶 Maclaurin 公式:

(1) $\ln(2+x)$;　　　　　　　　　(2) $\ln(2-3x+x^2)$;

(3) $\dfrac{1}{\sqrt{1-x}}$;　　　　　　　　　(4) $x^2\cos^2 x$.

3. 求下列函数的 Maclaurin 公式到所指定的项:

(1) $\tan x$ 到含 x^3 的项;　　　　(2) $e^{\frac{x^2}{2}}\cos x$ 到含 x^4 的项.

4. 写出 $x\ln x$ 在 $x=1$ 处的三阶 Taylor 公式.

5. 设极限 $\lim\limits_{x \to 1} \dfrac{\sqrt{x^4+3} - (A+B(x-1))}{(x-1)^2} = C$,求常数 A, B, C.

6. 利用 $\sqrt{1+x}$ 的二阶 Maclaurin 公式,计算 $\sqrt{62}$ 的近似值,并估计这一近似的误差.

7. 估计 $e^x \approx 1 + x + \dfrac{x^2}{2} + \dfrac{x^3}{6}$, $|x| < \dfrac{1}{4}$ 的绝对误差.

8. 利用 Taylor 公式计算极限:

(1) $\lim\limits_{x \to 0} \dfrac{\sin x \ln(1+x) - x^2}{x^3}$;　　　(2) $\lim\limits_{n \to \infty} n^{\frac{3}{2}}(\sqrt{n-1} - 2\sqrt{n} + \sqrt{n+1})$;

(3) $\lim\limits_{x \to 0} \dfrac{xe^{\frac{x^2}{2}} - \sin x}{x^2 \sin x}$;　　　　　(4) $\lim\limits_{x \to 0} \dfrac{\sin x \cdot \arctan x - x^2}{x^4}$;

(5) $\lim\limits_{n \to \infty} n^2\left(\arctan\dfrac{1}{n} - \arctan\dfrac{1}{n+1}\right)$;　　(6) $\lim\limits_{n \to \infty} n\sin(2\pi en!)$.

9. 设函数 f 在 $(-\infty, +\infty)$ 上具有非负二阶导数,且 $\lim\limits_{x \to 0}\dfrac{f(x)}{x} = 1$,证明在 $(-\infty, +\infty)$ 上有 $f(x) \geq x$.

10. 证明:当 $x > 1$ 时成立 $e^x > \dfrac{e}{2}(x^2+1)$.

11. 设函数 f 在 $[0,1]$ 上有二阶导数，$f(0) = f(1) = 0$，且 $|f''(x)| \leq 2$. 证明：$|f'(x)| \leq 1$.

12. 设函数 $f(x)$ 在 $(-\infty, +\infty)$ 上具有三阶导数，且 $f(x)$，$f'''(x)$ 在 $(-\infty, +\infty)$ 上有界，证明 $f'(x)$，$f''(x)$ 在 $(-\infty, +\infty)$ 上也有界.

13. 设函数 $f(x)$ 在 $[a,b]$ 上有二阶导数，证明存在 $\xi \in (a,b)$，使

$$f(a) - 2f\left(\frac{a+b}{2}\right) + f(b) = \frac{(b-a)^2}{4} f''(\xi).$$

14. 设函数 $f(x)$ 在点 x_0 附近有 $n+1$ 阶导数，且成立

$$f(x_0 + h) = f(x_0) + f'(x_0)h + \cdots + \frac{f^{(n-1)}(x_0)}{(n-1)!}h^{n-1} + \frac{f^{(n)}(x_0 + \theta h)}{n!}h^n,$$
$$0 < \theta < 1.$$

且 $f^{(n+1)}(x_0) \neq 0$，证明

$$\lim_{h \to 0} \theta = \frac{1}{n+1}.$$

15. 设函数 f 在点 $x = 0$ 附近有二阶导数，且成立

$$\lim_{x \to 0}\left(1 + x + \frac{f(x)}{x}\right)^{\frac{1}{x}} = e^3,$$

求 $f(0)$，$f'(0)$，$f''(0)$ 及 $\lim_{x \to 0}\left(1 + \frac{f(x)}{x}\right)^{\frac{1}{x}}$.

16. 设 $f(x) = e^{x^2}\sin x$，求 $f^{(2n)}(0)(n \geq 1)$.

17. 证明 e 是无理数.

18. 设 $P(x)$ 为 n 次多项式，且满足 $P(a) > 0$，$P^{(k)}(a) > 0(k = 1,2,\cdots,n)$，证明 $P(x)$ 没有大于 a 的实零点.

19. 设 $P_n(x) = 1 + x + \frac{x^2}{2!} + \cdots + \frac{x^n}{n!}$.

(1) 证明 $P_{2n}(x)$ 没有实零点；

(2) 证明 $P_{2n+1}(x)$ 有且仅有一个实零点.

§2.7　函数的单调性和凸性

知 识 要 点

一、函数的单调性

下面的定理表明，用导数的符号可以确定函数的单调性.

定理 2.7.1　设函数 $f(x)$ 在 $[a,b]$ 上连续，在 (a,b) 上可导，则 $f(x)$ 在 $[a,b]$ 上单调增加（或单调减少）的充要条件是对任何 $x \in (a,b)$，成立

$$f'(x) \geq 0(\text{或} f'(x) \leq 0).$$

如果函数 $f(x)$ 在 $[a,b]$ 上连续，在 (a,b) 上可导，且对任何 $x \in (a,b)$，有

$$f'(x) > 0 \ (\text{或} f'(x) < 0),$$

则函数 $f(x)$ 在 $[a,b]$ 上严格单调增加(或严格单调减少).

二、函数的极值

使函数 $f(x)$ 的导数 $f'(x) = 0$ 的点 x_0 称为它的**驻点**. 一个函数的极值点只可能出现在它的驻点或不可导的点之中,但这些点是否为极值点,需要进一步判断.

定理 2.7.2(极值的充分条件一) 设函数 $f(x)$ 在点 x_0 连续. 如果存在 $\delta > 0$,使得在 $(x_0 - \delta, x_0)$ 上,有 $f'(x) \leq 0$,而在 $(x_0, x_0 + \delta)$ 上,有 $f'(x) \geq 0$,则 x_0 是 $f(x)$ 的极小值点;如果在 $(x_0 - \delta, x_0)$ 上有 $f'(x) \geq 0$,而在 $(x_0, x_0 + \delta)$ 上,有 $f'(x) \leq 0$,则 x_0 是 $f(x)$ 的极大值点.

定理 2.7.3(极值的充分条件二) 设 x_0 是函数 $f(x)$ 的驻点,且在 x_0 处 $f(x)$ 的二阶导数存在,则当 $f''(x_0) > 0$ 时,x_0 为 $f(x)$ 的极小值点;当 $f''(x_0) < 0$ 时,x_0 为 $f(x)$ 的极大值点.

注 当 $f'(x_0) = f''(x_0) = 0$ 时,x_0 可能为 $f(x)$ 的极值点,也可能不是,需另行讨论.

三、最大值和最小值

极值是函数的一种局部性质,而最大值与最小值则是函数在一个区间上的整体性质.

如果函数 $f(x)$ 在闭区间 $[a,b]$ 上连续,由连续函数的性质可知它在该区间上必能取到最大值 M 和最小值 m. 如果 M 或 m 不是端点的函数值,那么它们必定在 (a,b) 中某极值点上达到. 这样,函数 $f(x)$ 在 $[a,b]$ 上取最大值或最小值的点必是下列 3 类点之一:$f(x)$ 的驻点、不可导的点、区间端点. 比较这些点上的函数值,其最大、最小者即为函数的最大值和最小值.

如果函数 $f(x)$ 定义在开区间 (a,b) 上,也有以下最大值和最小值的判断方法.

定理 2.7.4 设 $f(x)$ 在 (a,b) 上具有连续导数,且 $f'(x)$ 在 (a,b) 上只有唯一的零点 x_0. 如果 $f''(x_0) > 0$,则 x_0 是 $f(x)$ 在 (a,b) 上的最小值点;如果 $f''(x_0) < 0$,则 x_0 是 $f(x)$ 在 (a,b) 上的最大值点.

四、函数的凸性

定义 2.7.1 设 $f(x)$ 是区间 I 上的连续函数,如果对 I 上任意两点 x_1, x_2,恒有

$$f\left(\frac{x_1 + x_2}{2}\right) \leq \frac{1}{2}[f(x_1) + f(x_2)],$$

则称曲线 $y = f(x)$ 在 I 上是**下凸**的,也称函数 $f(x)$ 在 I 上是下凸的;如果恒有

$$f\left(\frac{x_1 + x_2}{2}\right) \geqslant \frac{1}{2}[f(x_1) + f(x_2)],$$

则称曲线 $y = f(x)$ 在 I 上是**上凸**的,也称函数 $f(x)$ 在 I 上是上凸的.

定义 2.7.2 设函数 f 是区间 I 上的连续函数,如果对 I 上的任意两点 x_1, x_2,以及任意 $\lambda \in (0,1)$,恒有

$$f(\lambda x_1 + (1 - \lambda)x_2) \leqslant \lambda f(x_1) + (1 - \lambda)f(x_2),$$

则称曲线 $y = f(x)$ 在 I 上是**下凸**的,也称函数 f 在 I 上是下凸的;如果恒有

$$f(\lambda x_1 + (1 - \lambda)x_2) \geqslant \lambda f(x_1) + (1 - \lambda)f(x_2),$$

则称曲线 $y = f(x)$ 在 I 上是**上凸**的,也称函数 f 在 I 上是上凸的.

由于在定义中的函数 f 连续,可以证明定义 2.7.1 和定义 2.7.2 是等价的(见下面的例 2.7.22).

如果 $f(x)$ 在 (a,b) 上二阶可导,可以利用二阶导数的符号来判定曲线的凸性.

定理 2.7.5 设函数 $f(x)$ 在 $[a,b]$ 上连续,在 (a,b) 上二阶可导. 如果 $f''(x)$ 在 (a,b) 上恒为非负,则曲线 $y = f(x)$ 在 $[a,b]$ 上是下凸的;如果 $f''(x)$ 在 (a,b) 上恒为非正,则曲线 $y = f(x)$ 在 $[a,b]$ 上是上凸的.

五、曲线的拐点

曲线 $y = f(x)$ 上的上凸与下凸的分界点称为该曲线的**拐点**. 由拐点的定义及凸性的判别准则知道,可以根据函数的二阶导数寻求其拐点:先找出 $f''(x)$ 的零点和 $f''(x)$ 不存在的点,再讨论这些点两侧 $f''(x)$ 的符号. 如果 x_0 是这种类型的点,在 x_0 两侧 $f''(x)$ 异号,则 $(x_0, f(x_0))$ 是曲线 $y = f(x)$ 的拐点;如在 x_0 两侧 $f''(x)$ 同号,则 $(x_0, f(x_0))$ 不是曲线 $y = f(x)$ 的拐点.

六、函数图像的描绘

一般可按下列步骤作出函数的图像:

(1) 确定函数 $f(x)$ 的定义域,分析函数的对称性、周期性等;

(2) 计算 $f'(x)$,求出驻点和不可导的点,确定 $f(x)$ 的单调性和极值点;

(3) 计算 $f''(x)$,确定相应于图像上凸和下凸的区间,找出拐点;

(4) 讨论图像有无斜渐近线和垂直、水平渐近线;

(5) 标出图像上的特殊点,如相应于极值的点、拐点、图像与坐标轴的交点等,然后用光滑曲线相连.

例 题 分 析

例 2.7.1 讨论下列函数的单调性:

(1) $f(x) = x^3 - 3x^2 - 9x + 9$;　　　　　(2) $f(x) = x^{\frac{1}{x^2}}$ $(x > 0)$.

解 (1) 函数 $f(x)$ 的定义域为 $(-\infty, +\infty)$,直接计算得 $f'(x) = 3(x^2 - 2x - 3)$.

令 $f'(x) = 0$,得驻点 $x = -1, x = 3$. 把 $(-\infty, +\infty)$ 分为 3 个区间,列于表 2.7.1 中,讨论如下(单调增加用记号 ↗ 表示,单调减少用记号 ↘ 表示).

表 2.7.1

x	$(-\infty, -1)$	$(-1, 3)$	$(3, +\infty)$
$f'(x)$	+	−	+
$f(x)$	↗	↘	↗

因此,函数 f 在 $(-\infty, -1]$ 和 $[3, +\infty)$ 上单调增加,在 $[-1, 3]$ 上单调减少.

(2) 直接计算得

$$f'(x) = \left(e^{\frac{\ln x}{x^2}}\right)' = e^{\frac{\ln x}{x^2}}\left(\frac{\ln x}{x^2}\right)' = x^{\frac{1}{x^2}}\frac{1 - 2\ln x}{x^3} = x^{\frac{1}{x^2}-3}(1 - 2\ln x), \quad x > 0.$$

令 $f'(x) = 0$,得驻点 $x = \sqrt{e}$.

因为当 $0 < x < \sqrt{e}$ 时,$f'(x) > 0$;当 $x > \sqrt{e}$ 时,$f'(x) < 0$,所以函数 $f(x)$ 在 $(0, \sqrt{e}]$ 上单调增加,在 $[\sqrt{e}, +\infty]$ 上单调减少.

例 2.7.2 证明:当 $0 < x < 1$ 时成立

$$x > 1 + \ln x.$$

证法一 作函数 $f(x) = x - \ln x - 1$,则 $f'(x) = 1 - \frac{1}{x}$.

当 $0 < x < 1$ 时,对函数 f 在 $[x, 1]$ 上应用 Lagrange 中值定理,得到

$$f(1) - f(x) = f'(\xi)(1 - x),$$

其中 $\xi \in (x, 1)$,即

$$0 - (x - \ln x - 1) = \left(1 - \frac{1}{\xi}\right)(1 - x).$$

注意到 $1 - \frac{1}{\xi} < 0, 1 - x > 0$,便得

$$x > 1 + \ln x.$$

证法二 作函数 $f(x) = x - \ln x - 1$,则

$$f'(x) = 1 - \frac{1}{x} < 0, \quad x \in (0, 1).$$

因此 f 在 $(0,1]$ 上严格单调减少,于是
$$f(x) > f(1) = 0, \quad x \in (0,1),$$
即
$$x > 1 + \ln x, \quad x \in (0,1).$$

例 2.7.3 证明:当 $x < 0$ 时,成立
$$\mathrm{e}^{2x} > \frac{1+x}{1-x}.$$

证 作函数 $f(x) = (1-x)\mathrm{e}^{2x} - 1 - x$,则
$$f'(x) = -\mathrm{e}^{2x} + 2(1-x)\mathrm{e}^{2x} - 1 = (1-2x)\mathrm{e}^{2x} - 1,$$
$$f''(x) = -2\mathrm{e}^{2x} + 2(1-2x)\mathrm{e}^{2x} = -4x\mathrm{e}^{2x} > 0, \, x < 0.$$
因此,$f'(x)$ 在 $(-\infty, 0]$ 上严格单调增加,从而当 $x < 0$ 时,$f'(x) < f'(0) = 0$.
这样,$f(x)$ 在 $(-\infty, 0]$ 上严格单调减少,从而当 $x < 0$ 时,
$$f(x) > f(0) = 0,$$
即
$$\mathrm{e}^{2x} > \frac{1+x}{1-x}.$$

例 2.7.4 证明:当 $x < 0$ 时成立
$$\frac{1}{x} + \frac{1}{\ln(1-x)} < 1.$$

证 要证的不等式等价于
$$\frac{\ln(1-x)}{x} - \ln(1-x) + 1 < 0, \quad x < 0.$$

设 $f(x) = \frac{\ln(1-x)}{x} - \ln(1-x) + 1$,则
$$f'(x) = -\frac{x + \ln(1-x)}{x^2}, \quad x < 0.$$

考虑函数 $g(x) = x + \ln(1-x)$,则 $g'(x) = 1 - \frac{1}{1-x} > 0 \quad (x < 0)$,且
$g(0) = 0$,所以
$$g(x) = x + \ln(1-x) < 0, \quad x < 0.$$
因此
$$f'(x) = -\frac{x + \ln(1-x)}{x^2} > 0, \quad x < 0.$$
因为 $\lim\limits_{x \to 0-0} f(x) = 0$,所以当 $x < 0$ 时成立
$$f(x) = \frac{\ln(1-x)}{x} - \ln(1-x) + 1 < \lim\limits_{x \to 0-0} f(x) = 0,$$

于是,当 $x < 0$ 时,成立

$$\frac{1}{x} + \frac{1}{\ln(1-x)} < 1.$$

例 2.7.5 证明:当 $x > 0$ 时,成立

$$\ln\left(1 + \frac{1}{x}\right) < \frac{1}{\sqrt{x^2 + x}}.$$

证 作函数 $f(x) = \dfrac{1}{\sqrt{x^2 + x}} - \ln\left(1 + \dfrac{1}{x}\right)$,则当 $x > 0$ 时,成立

$$f'(x) = -\frac{2x+1}{2(x^2+x)^{\frac{3}{2}}} + \frac{1}{x(x+1)} = \frac{2\sqrt{x(x+1)} - (2x+1)}{2(x^2+x)^{\frac{3}{2}}} < 0,$$

这里利用了 $2\sqrt{x(x+1)} < 2x + 1 \quad (x > 0)$,因此 $f(x)$ 在 $(0, +\infty)$ 上严格单调减少. 于是

$$f(x) > \lim_{x \to +\infty} f(x) = \lim_{x \to +\infty} \left[\frac{1}{\sqrt{x^2+x}} - \ln\left(1 + \frac{1}{x}\right)\right] = 0, \quad x > 0.$$

这就是

$$\ln\left(1 + \frac{1}{x}\right) < \frac{1}{\sqrt{x^2+x}}, \quad x > 0.$$

例 2.7.6 证明:当 $x \in \left(0, \dfrac{\pi}{2}\right)$ 时,成立

$$\frac{\tan x}{x} > \frac{x}{\sin x}.$$

证 只要证明 $\sin x \tan x - x^2 > 0 \left(x \in \left(0, \dfrac{\pi}{2}\right)\right)$.

作函数 $f(x) = \sin x \tan x - x^2 \left(x \in \left[0, \dfrac{\pi}{2}\right)\right)$,则

$$f'(x) = \sin x + \tan x \sec x - 2x,$$

$$f''(x) = \cos x + \sec^3 x + \tan^2 x \sec x - 2 = \cos x + \sec x(\sec^2 x + \tan^2 x) - 2 \geqslant \cos x$$

$$+ \sec x - 2 \geqslant 2\sqrt{\cos x \sec x} - 2 = 0.$$

所以 f' 在 $\left[0, \dfrac{\pi}{2}\right)$ 上严格单调增加,因此

$$f'(x) > f'(0) = 0, \quad x \in \left(0, \frac{\pi}{2}\right).$$

于是 f 也在 $\left[0, \dfrac{\pi}{2}\right)$ 上严格单调增加,所以

$$f(x) > f(0) = 0, \quad x \in \left(0, \frac{\pi}{2}\right),$$

即

$$\sin x \tan x - x^2 > 0, \quad x \in \left(0, \frac{\pi}{2}\right).$$

例 2.7.7　设 n 为正整数,证明当 $x \geqslant y \geqslant 0$ 时成立:

$$\sqrt[n]{x} - \sqrt[n]{y} \leqslant \sqrt[n]{x - y}.$$

证　令 $x - y = t$,则不等式等价于

$$\sqrt[n]{y + t} - \sqrt[n]{y} \leqslant \sqrt[n]{t}, \quad t \geqslant 0.$$

作函数 $f(t) = \sqrt[n]{t} - \sqrt[n]{y + t} + \sqrt[n]{y}$,它在 $[0, +\infty)$ 上连续,且

$$f'(t) = \frac{1}{n}\left(\frac{1}{t^{1 - \frac{1}{n}}} - \frac{1}{(y + t)^{1 - \frac{1}{n}}}\right) \geqslant 0, \quad t > 0.$$

因此 $f(t)$ 在 $[0, +\infty)$ 上单调增加,所以当 $t \geqslant 0$ 时成立 $f(t) \geqslant f(0) = 0$,即

$$\sqrt[n]{t} - \sqrt[n]{y + t} + \sqrt[n]{y} \geqslant 0,$$

于是,当 $x \geqslant y \geqslant 0$ 时,成立

$$\sqrt[n]{x} - \sqrt[n]{y} \leqslant \sqrt[n]{x - y}.$$

例 2.7.8　设 $f(x)$ 在 $[a, b]$ 上连续,在 (a, b) 上可导,且为非线性函数,证明:存在 $\xi \in (a, b)$,使得

$$|f'(\xi)| > \frac{|f(b) - f(a)|}{b - a}.$$

证法一　不妨设 $f(b) \geqslant f(a)$. 用反证法,如果总有 $|f'(x)| \leqslant \dfrac{f(b) - f(a)}{b - a}$ $(x \in (a, b))$. 作函数

$$F(x) = f(x) - f(a) - \frac{f(b) - f(a)}{b - a}(x - a),$$

则

$$F'(x) = f'(x) - \frac{f(b) - f(a)}{b - a} \leqslant 0, \, x \in (a, b).$$

所以 $F(x)$ 在 $[a, b]$ 上递减,于是,当 $a \leqslant x \leqslant b$ 时,有 $F(a) \geqslant F(x) \geqslant F(b)$. 但是 $F(a) = F(b) = 0$,所以 $F(x) \equiv 0 (x \in [a, b])$,因此 $f(x)$ 为线性函数. 这与假设条件矛盾.

证法二　不妨设 $f(b) \geqslant f(a)$. 作函数

$$F(x) = f(x) - f(a) - \frac{f(b) - f(a)}{b - a}(x - a).$$

由已知条件知,必存在 $c \in (a, b)$,使得 $F(c) \neq 0$.

若 $F(c) > 0$,则

$$\frac{f(c) - f(a)}{c - a} > \frac{f(b) - f(a)}{b - a},$$

对 $f(x)$ 在 $[a,c]$ 上运用 Lagrange 中值定理,便有 $\xi \in (a,c)$,使得

$$f'(\xi) > \frac{f(b) - f(a)}{b - a}.$$

若 $F(c) < 0$,则易知

$$\frac{f(c) - f(b)}{c - b} > \frac{f(b) - f(a)}{b - a},$$

对 $f(x)$ 在 $[c,b]$ 上运用 Lagrange 中值定理,便有 $\xi \in (c,b)$,使得

$$f'(\xi) > \frac{f(b) - f(a)}{b - a}.$$

总之,存在 $\xi \in (a,b)$,使得

$$| f'(\xi) | > \frac{| f(b) - f(a) |}{b - a}.$$

例 2.7.9 (1)(**Young 不等式**)设 $a,b \geqslant 0$,p,q 是满足 $\frac{1}{p} + \frac{1}{q} = 1$ 的正数,证明:

$$ab \leqslant \frac{1}{p}a^p + \frac{1}{q}b^q;$$

(2)(**Hölder 不等式**)设 $a_i, b_i \geqslant 0 (i = 1,2,\cdots,n)$,$p,q$ 是满足 $\frac{1}{p} + \frac{1}{q} = 1$ 的正数,证明:

$$\sum_{i=1}^{n} a_i b_i \leqslant \left(\sum_{i=1}^{n} a_i^{\,p} \right)^{\frac{1}{p}} \left(\sum_{i=1}^{n} b_i^{\,q} \right)^{\frac{1}{q}};$$

(3)(**Minkowski 不等式**)设 $a_i, b_i \geqslant 0 (i = 1,2,\cdots,n)$,$p > 1$,证明:

$$\left(\sum_{i=1}^{n} (a_i + b_i)^p \right)^{\frac{1}{p}} \leqslant \left(\sum_{i=1}^{n} a_i^{\,p} \right)^{\frac{1}{p}} + \left(\sum_{i=1}^{n} b_i^{\,p} \right)^{\frac{1}{p}}.$$

证 (1)当 a,b 中任何一个为 0 时,结论显然成立.

当 a,b 都大于 0 时,作函数 $f(x) = \dfrac{1}{p}x^p + \dfrac{1}{q}b^q - bx (x \geqslant 0)$,则

$$f'(x) = x^{p-1} - b.$$

令 $f'(x) = 0$,得驻点 $x = b^{\frac{1}{p-1}}$.

因为当 $0 < x < b^{\frac{1}{p-1}}$ 时,$f'(x) < 0$;当 $x > b^{\frac{1}{p-1}}$ 时,$f'(x) > 0$,所以 $f(x)$ 在 $[0, b^{\frac{1}{p-1}}]$ 上单调减少,在 $[b^{\frac{1}{p-1}}, +\infty)$ 上单调增加.

于是,当 $0 \leqslant x \leqslant b^{\frac{1}{p-1}}$ 时,$f(x) \geqslant f(b^{\frac{1}{p-1}}) = 0$;当 $x \geqslant b^{\frac{1}{p-1}}$ 时,$f(x) \geqslant f(b^{\frac{1}{p-1}}) = 0$,即对于每个 $x \geqslant 0$,总有 $f(x) \geqslant 0$,因此

$$\frac{1}{p}x^p + \frac{1}{q}b^q \geqslant bx.$$

特别地,当 $x = a$ 时,成立

$$\frac{1}{p}a^p + \frac{1}{q}b^q \geqslant ab.$$

注 将数值不等式转化为函数不等式,用函数的单调性来讨论是一个常用的方法,在第三章中证明积分不等式时也可用这方法.

(2) 记 $A_i = \dfrac{a_i}{\left(\sum\limits_{i=1}^{n} a_i^p\right)^{\frac{1}{p}}}$, $B_i = \dfrac{b_i}{\left(\sum\limits_{i=1}^{n} b_i^q\right)^{\frac{1}{q}}}$ $(i = 1, 2, \cdots, n)$. 则由(1) 得

$$A_i B_i \leqslant \frac{1}{p}A_i^p + \frac{1}{q}B_i^q = \frac{1}{p}\frac{a_i^p}{\sum\limits_{i=1}^{n} a_i^p} + \frac{1}{q}\frac{b_i^q}{\sum\limits_{i=1}^{n} b_i^q}, i = 1, 2, \cdots, n.$$

将这 n 个不等式相加得

$$\sum_{i=1}^{n} A_i B_i \leqslant \frac{1}{p}\sum_{i=1}^{n}\frac{a_i^p}{\sum\limits_{i=1}^{n} a_i^p} + \frac{1}{q}\sum_{i=1}^{n}\frac{b_i^q}{\sum\limits_{i=1}^{n} b_i^q} = \frac{1}{p} + \frac{1}{q} = 1.$$

这个不等式两边同乘 $\left(\sum\limits_{i=1}^{n} a_i^p\right)^{\frac{1}{p}}\left(\sum\limits_{i=1}^{n} b_i^q\right)^{\frac{1}{q}}$,便得

$$\sum_{i=1}^{n} a_i b_i \leqslant \left(\sum_{i=1}^{n} a_i^p\right)^{\frac{1}{p}}\left(\sum_{i=1}^{n} b_i^q\right)^{\frac{1}{q}}.$$

(3) 取 q 为满足 $\dfrac{1}{p} + \dfrac{1}{q} = 1$ 的正数,则 $(p-1)q = p$. 由(2)的结论得

$$\sum_{i=1}^{n} (a_i + b_i)^p = \sum_{i=1}^{n} (a_i + b_i)^{p-1}a_i + \sum_{i=1}^{n} (a_i + b_i)^{p-1}b_i$$

$$\leqslant \left(\sum_{i=1}^{n} a_i^p\right)^{\frac{1}{p}}\left(\sum_{i=1}^{n} (a_i + b_i)^{(p-1)q}\right)^{\frac{1}{q}} + \left(\sum_{i=1}^{n} b_i^p\right)^{\frac{1}{p}}\left(\sum_{i=1}^{n} (a_i + b_i)^{(p-1)q}\right)^{\frac{1}{q}}$$

$$= \left[\left(\sum_{i=1}^{n} a_i^p\right)^{\frac{1}{p}} + \left(\sum_{i=1}^{n} b_i^p\right)^{\frac{1}{p}}\right]\left(\sum_{i=1}^{n} (a_i + b_i)^{(p-1)q}\right)^{\frac{1}{q}}$$

$$= \left[\left(\sum_{i=1}^{n} a_i^p\right)^{\frac{1}{p}} + \left(\sum_{i=1}^{n} b_i^p\right)^{\frac{1}{p}}\right]\left(\sum_{i=1}^{n} (a_i + b_i)^p\right)^{\frac{1}{q}},$$

所以

$$\left(\sum_{i=1}^{n} (a_i + b_i)^p\right)^{\frac{1}{p}} \leqslant \left(\sum_{i=1}^{n} a_i^p\right)^{\frac{1}{p}} + \left(\sum_{i=1}^{n} b_i^p\right)^{\frac{1}{p}}.$$

例 2.7.10 求下列函数的极值:

(1) $f(x) = (x - 2)e^{-x}$; (2) $f(x) = (x - 3)\sqrt[3]{x^2}$.

解 (1) 直接计算得

$$f'(x) = e^{-x} - (x - 2)e^{-x} = (3 - x)e^{-x},$$
$$f''(x) = (x - 4)e^{-x}.$$

令 $f'(x) = 0$,得 $f(x)$ 的驻点为 $x = 3$.

因 $f''(3) = -e^{-3} < 0$,所以 $x = 3$ 是 $f(x)$ 的极大值点,极大值为 $f(3) = e^{-3}$ (实际上,它也是 $f(x)$ 的最大值).

(2) 直接计算得

$$f'(x) = \sqrt[3]{x^2} + \frac{2(x - 3)}{3\sqrt[3]{x}} = \frac{5x - 6}{3\sqrt[3]{x}}.$$

令 $f'(x) = 0$,得 $f(x)$ 的驻点为 $x = \dfrac{6}{5}$. 显然 $x = 0$ 是 $f(x)$ 的不可导点.

因为当 $x < 0$ 时 $f'(x) > 0$;当 $0 < x < \dfrac{6}{5}$ 时 $f'(x) < 0$;当 $x > \dfrac{6}{5}$ 时 $f'(x) > 0$,

所以 $x = 0$ 是 $f(x)$ 的极大值点,极大值为 $f(0) = 0$;$x = \dfrac{6}{5}$ 是 $f(x)$ 的极小值点,极

小值为 $f\left(\dfrac{6}{5}\right) = -\dfrac{9}{5}\sqrt[3]{\dfrac{36}{25}}$.

例 2.7.11 (1) 求函数 $f(x) = \dfrac{2x}{1 + x^2}$ $(x \in (-\infty, +\infty))$ 的最值;

(2) 设函数 $f(x) = ax^3 - 6ax^2 + b$ 在区间 $[-1, 4]$ 上的最大值为 3,最小值为 -29,且 $a > 0$,求 a, b;

(3) 求 A 的最小值,使得 $f(x) = 5x^2 + \dfrac{A}{x^5}$ $(x > 0)$ 的值不小于 28.

解 (1) 由于

$$f'(x) = \frac{2(1 - x^2)}{(1 + x^2)^2},$$

因此 $f(x)$ 有两个驻点 $x = -1, x = 1$.

因为当 $x < -1$ 时,$f'(x) < 0$;当 $-1 < x < 1$ 时,$f'(x) > 0$;当 $x > 1$ 时,$f'(x) < 0$,所以 $f(x)$ 在 $(-\infty, -1]$ 上单调减少,在 $[-1, 1]$ 上单调增加,在 $(1, +\infty)$ 上单调减少. 进一步,$\lim\limits_{x \to -\infty} f(x) = \lim\limits_{x \to +\infty} f(x) = 0$. 由此可知,$f(x)$ 在 $x = -1$ 取到最小值,最小值为 $f(-1) = -1$;在 $x = 1$ 取到最大值,最大值为 $f(1) = 1$.

(2) 令 $f'(x) = 3ax^2 - 12ax = 0$ 得驻点 $x = 0, x = 4$. 因为 $a > 0$,且

$$f(-1) = b - 7a, \quad f(0) = b, \quad f(4) = b - 32a,$$

所以 $f(0) = b$ 为最大值,因此 $b = 3$;$f(4) = b - 32a$ 为最小值,因此 $a = 1$.

(3) 问题等价于求 A 的最小值,使得
$$28x^5 - 5x^7 \leq A.$$
因此只要取 A 为 $g(x) = 28x^5 - 5x^7$ 在 $(0, +\infty)$ 上的最大值即可.

因为 $g'(x) = 140x^4 - 35x^6$,$g''(x) = 560x^3 - 210x^5$,令 $g'(x) = 0$ 得出在 $(0, +\infty)$ 上的解 $x = 2$. 因为 $g''(2) = -2240$,所以 $g(2) = 256$ 为极大值,且是 $g(x)$ 在 $(0, +\infty)$ 上的唯一极值,因此它也是最大值. 于是,$A = 256$ 便为所求.

例 2.7.12 设 $a > \ln 2 - 1$,证明:当 $x > 0$ 时成立
$$x^2 - 2ax + 1 < e^x.$$

证 作函数 $f(x) = e^x - x^2 + 2ax - 1$,则
$$f'(x) = e^x - 2x + 2a, \quad f''(x) = e^x - 2.$$
因此仅在 $x = \ln 2$ 处有 $f''(x) = 0$. 因为当 $x < \ln 2$ 时 $f''(x) < 0$;当 $x > \ln 2$ 时 $f''(x) > 0$,所以 $x = \ln 2$ 是 $f'(x)$ 的最小值点,且 $f'(\ln 2) = 2 - 2\ln 2 + 2a > 0$. 因此成立
$$f'(x) \geq f'(\ln 2) > 0, \quad -\infty < x < +\infty.$$
这说明函数 $f(x)$ 在 $(-\infty, +\infty)$ 上严格单调增加. 因为 $f(0) = 0$,所以当 $x > 0$ 时,成立 $f(x) > 0$,即
$$x^2 - 2ax + 1 < e^x, \quad x > 0.$$

例 2.7.13 设 $1 < a < b$,$f(x) = \dfrac{1}{x} + \ln x$,证明
$$0 < f(b) - f(a) \leq \frac{1}{4}(b - a).$$

证 显然 $f'(x) = \dfrac{x - 1}{x^2}$. 由 Lagrange 中值定理得
$$f(b) - f(a) = \frac{\xi - 1}{\xi^2}(b - a) > 0, \quad 1 < a < \xi < b.$$

为证明右面的不等式,考察函数 $g(x) = \dfrac{x - 1}{x^2}$. 易知 $g'(x) = \dfrac{2 - x}{x^3}$,令 $g'(x) = 0$ 得驻点 $x = 2$. 因为当 $1 < x < 2$ 时 $g'(x) > 0$;当 $x > 2$ 时 $g'(x) < 0$,所以 $g(2) = \dfrac{1}{4}$ 为极大值,且它是 $g(x)$ 在 $(1, +\infty)$ 上的唯一极值,因此也是最大值,即
$$g(x) = \frac{x - 1}{x^2} \leq \frac{1}{4}, \quad x \in (1, +\infty).$$
于是
$$f(b) - f(a) = \frac{\xi - 1}{\xi^2}(b - a) \leq \frac{1}{4}(b - a).$$

例 2.7.14 设函数 $f(x)$ 在 $(-\infty, +\infty)$ 上具有连续的二阶导数,且满足

$$xf''(x) + 2xf(x)[f'(x)]^2 = 1 - e^{-x}.$$

（1）若 $f(x_0)(x_0 \neq 0)$ 为 $f(x)$ 的极值，证明它是极小值；

（2）若 $f(0)$ 为 $f(x)$ 的极值，那么它是极大值还是极小值？

解　（1）证　若 $f(x_0)(x_0 \neq 0)$ 为 $f(x)$ 的极值，则 $f'(x_0) = 0$. 从

$$xf''(x) + 2xf(x)[f'(x)]^2 = 1 - e^{-x}$$

得

$$f''(x_0) = \frac{1 - e^{-x_0}}{x_0} > 0.$$

所以 $f(x_0)$ 为极小值.

（2）若 $f(0)$ 为 f 的极值，则 $f'(0) = 0$. 由于

$$
\begin{aligned}
f''(0) &= \lim_{x \to 0} f''(x) = \lim_{x \to 0} \frac{1 - e^{-x} - 2xf(x)[f'(x)]^2}{x} \\
&= \lim_{x \to 0} \left[\frac{1 - e^{-x}}{x} - 2f(x)[f'(x)]^2 \right] \\
&= \lim_{x \to 0} \frac{1 - e^{-x}}{x} - 2f(0)[f'(0)]^2 \\
&= \lim_{x \to 0} \frac{1 - e^{-x}}{x} = 1,
\end{aligned}
$$

因此 $f(0)$ 为极小值.

例 2.7.15　设 $a \in \mathbf{R}$，问方程 $x^2 e^{-x} = a$ 有几个实根？

解　考虑函数 $f(x) = x^2 e^{-x}$，则 $f'(x) = e^{-x} x(2 - x)$. 令 $f'(x) = 0$，得驻点 $x = 0, x = 2$. 函数 $f(x)$ 的单调性和极值情况如表 2.7.2 所示.

表 2.7.2

x	$(-\infty, 0)$	0	$(0, 2)$	2	$(2, +\infty)$
f'	$-$	0	$+$	0	$-$
f	↘	极小值点	↗	极大值点	↘

易知

$$f(0) = 0, \quad f(2) = 4e^{-2}, \quad \lim_{x \to -\infty} f(x) = +\infty, \quad \lim_{x \to +\infty} f(x) = 0.$$

因此 $f(0) = 0$ 为 $f(x)$ 的最小值，但 $f(x)$ 没有最大值.

结合上面的讨论与 $f(x)$ 的连续性可知（见图 2.7.1）：

（1）当 $a < 0$ 时，方程没有实根（这也可以从函数表达式直接看出）；

（2）当 $a = 0$ 时，方程有 1 个实根 $x = 0$；

（3）当 $0 < a < 4e^{-2}$ 时，方程有 3 个实根；

（4）当 $a = 4e^{-2}$ 时，方程有 2 个实根；

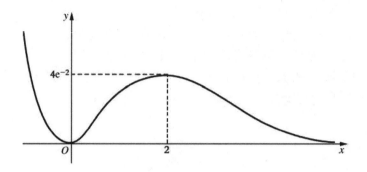

图 2.7.1

(5) 当 $a > 4e^{-2}$ 时,方程有 1 个实根.

例 2.7.16 设 $f_n(x) = \cos x + \cos^2 x + \cdots + \cos^n x$ $(n = 1,2,\cdots)$. 证明:

(1) 对于每个 n,方程 $f_n(x) = 1$ 在 $\left[0, \dfrac{\pi}{3}\right)$ 内有且仅有一个根 x_n;

(2) $\lim\limits_{n \to \infty} x_n = \dfrac{\pi}{3}$.

证 (1) 作函数 $F_n(x) = f_n(x) - 1$,则
$$F_n(0) = n - 1 \geqslant 0,$$
$$F_n\left(\frac{\pi}{3}\right) = \frac{\cos\dfrac{\pi}{3}\left(1 - \cos^n\dfrac{\pi}{3}\right)}{1 - \cos\dfrac{\pi}{3}} - 1 < \frac{\cos\dfrac{\pi}{3}}{1 - \cos\dfrac{\pi}{3}} - 1 = 0.$$

所以由零点存在定理知,$F_n(x)$ 在 $\left[0, \dfrac{\pi}{3}\right)$ 内至少有一个零点. 又因为
$$F_n'(x) = -\sin x[1 + 2\cos x + \cdots + n\cos^{n-1} x] < 0, \quad x \in \left(0, \frac{\pi}{3}\right),$$

所以 $F_n(x)$ 在 $\left[0, \dfrac{\pi}{3}\right)$ 上严格单调减少,从而 $F_n(x)$ 在 $\left[0, \dfrac{\pi}{3}\right)$ 内有且仅有一个零点. 即方程 $f_n(x) = 1$ 在 $\left[0, \dfrac{\pi}{3}\right)$ 内有且仅有一个根.

(2) 显然 $x_1 = 0, x_2 \in \left(0, \dfrac{\pi}{3}\right)$. 由于 x_n 是方程 $f_n(x) = 1$ 在 $\left[0, \dfrac{\pi}{3}\right)$ 内的根,则 $F_n(x_n) = 0$,且当 $n \geqslant 2$ 时,有
$$F_n(x_{n-1}) = \cos x_{n-1} + \cos^2 x_{n-1} + \cdots + \cos^n x_{n-1} - 1$$
$$= \cos^n x_{n-1} + F_{n-1}(x_{n-1}) = \cos^n x_{n-1} > 0.$$

由(1)可知 $F_n(x)$ 在 $\left[0, \dfrac{\pi}{3}\right)$ 上严格单调减少,从而 $x_{n-1} < x_n$,即 $\{x_n\}$ 是单调增加数

列. 又由于 $0 \leqslant x_n < \dfrac{\pi}{3}$，所以 $\{x_n\}$ 收敛. 记 $\lim\limits_{n \to \infty} x_n = a$.

注意到 $0 < x_2 < x_n < \dfrac{\pi}{3}$（$n > 2$），所以 $0 < \cos x_n < \cos x_2 < 1$，于是 $\lim\limits_{n \to \infty} \cos^n x_n$

$= 0$，且 $a \in \left(0, \dfrac{\pi}{3}\right]$. 因为

$$1 = f_n(x_n) = \cos x_n + \cos^2 x_n + \cdots + \cos^n x_n = \frac{\cos x_n (1 - \cos^n x_n)}{1 - \cos x_n},$$

令 $n \to \infty$，得

$$1 = \frac{\cos a}{1 - \cos a},$$

解得 $\cos a = \dfrac{1}{2}$，因此 $a = \dfrac{\pi}{3}$，即

$$\lim_{n \to \infty} x_n = \frac{\pi}{3}.$$

在一些特殊情况下，特别是在处理实际问题中，最大值或最小值的问题可作如下简化处理：如果函数 f 在区间 I 上连续，则在 I 内只存在唯一的极值点. 若 $x_0 \in I$ 为极大（小）值点，则 x_0 必是 f 在 I 上的最大（小）值点.

例 2.7.17 求点 $(0,1)$ 到曲线 $y = x^2 - x$ 的最短距离.

解 因为点 $(0,1)$ 到曲线上点 (x,y) 的距离为 $d = \sqrt{x^2 + (x^2 - x - 1)^2}$，要使 d 最小，只要 d^2 最小即可.

考虑函数

$$f(x) = x^2 + (x^2 - x - 1)^2, \quad x \in (-\infty, +\infty),$$

令

$$f'(x) = 2x + 2(2x - 1)(x^2 - x - 1) = 2(x - 1)^2(2x + 1) = 0,$$

得

$$x = 1, \quad x = -\frac{1}{2}.$$

因为当 $x < -\dfrac{1}{2}$ 时 $f'(x) < 0$，当 $x > -\dfrac{1}{2}$ 时 $f'(x) > 0$，所以 $x = 1$ 并不是极值点，$x = -\dfrac{1}{2}$ 才是极小值点（唯一极值点），也是最小值点. 因此点 $(0,1)$ 到曲线 $y = x^2 - x$ 的最短距离为

$$d\left(-\frac{1}{2}\right) = \sqrt{\left(-\frac{1}{2}\right)^2 + \left[\left(-\frac{1}{2}\right)^2 - \left(-\frac{1}{2}\right) - 1\right]^2} = \frac{\sqrt{5}}{4}.$$

例 2.7.18 作半径为 r 的球的外切正圆锥，问此圆锥的高为何值时，其体积 V

最小?并求出 V 的最小值.

解 记 R 和 h 分别为正圆锥的底面半径和高(截面图见图 2.7.2),则

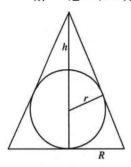

$$\frac{R}{h} = \frac{r}{\sqrt{(h-r)^2 - r^2}},$$

于是 $R = \dfrac{rh}{\sqrt{h^2 - 2rh}}$,从而

$$V = \frac{\pi}{3}R^2 h = \frac{\pi r^2}{3} \cdot \frac{h^2}{h - 2r}, \quad 2r < h < +\infty.$$

易知 $V' = \dfrac{\pi r^2}{3} \cdot \dfrac{h^2 - 4rh}{(h-2r)^2}$,令 $V' = 0$ 得 $h = 4r$.

图 2.7.2

因为当 $2r < h < 4r$ 时,$V' < 0$;当 $h > 4r$ 时,$V' > 0$,所以 $V(4r)$ 为极小值,且是 V 的唯一极值,因此 $V(4r)$ 也是最小值.

因此当 $h = 4r$ 时,外切正圆锥的体积 V 最小,且最小值 $V(4r) = \dfrac{8}{3}\pi r^3$.

例 2.7.19 如图 2.7.3 所示,直线 $y = t (t > 0)$ 与曲线 $y = \dfrac{2x}{1 + x^2}$ 交于两点 A, B,过 A, B 的平行于 y 轴的两条直线与 $y = t$ 和 x 轴围成一个矩形,将这矩形绕 x 轴旋转一周,可得一个圆柱体,求此圆柱体的最大体积.

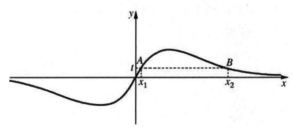

图 2.7.3

解 设点 A, B 的横坐标分别为 x_1, x_2,则它们是方程

$$\frac{2x}{1 + x^2} = t$$

的两个解,于是

$$|x_2 - x_1| = \frac{2\sqrt{1 - t^2}}{t}.$$

所以圆柱体的体积为

$$V = \pi t^2 \frac{2\sqrt{1 - t^2}}{t} = 2\pi t\sqrt{1 - t^2}, \quad 0 < t < 1.$$

求导得 $V' = 2\pi \sqrt{1-t^2} - \dfrac{2\pi t^2}{\sqrt{1-t^2}}$. 令 $V = 0$, 解得唯一的驻点 $t = \dfrac{1}{\sqrt{2}}$. 而

$$V'' = 2\pi \frac{t(2t^2-3)}{\sqrt{(1-t^2)^3}},$$

代入 $t = \dfrac{1}{\sqrt{2}}$, 得 $V''\left(\dfrac{1}{\sqrt{2}}\right) = -8\pi < 0$. 所以 $t = \dfrac{1}{\sqrt{2}}$ 是极大值点,且是唯一极值点,因此

也是最大值点. 于是,当 $t = \dfrac{1}{\sqrt{2}}$ 时,圆柱体的体积取到最大值,最大值为 $V\left(\dfrac{1}{\sqrt{2}}\right) = \pi$.

例 2.7.20 讨论下列曲线的凸性与拐点:

(1) $y = x^2 \ln x$; 　　　　　　　　(2) $y = \sqrt[3]{\dfrac{x^2}{1+x}}$.

解 (1) 由计算可得

$$y' = 2x\ln x + x, \quad y'' = 2\ln x + 3.$$

令 $y'' = 0$, 得 $x = \mathrm{e}^{-\frac{3}{2}}$.

因为在 $\left(0, \mathrm{e}^{-\frac{3}{2}}\right)$ 上, $y'' < 0$; 在 $(\mathrm{e}^{-\frac{3}{2}}, +\infty)$ 上, $y'' > 0$, 所以, 在区间 $(0, \mathrm{e}^{-\frac{3}{2}})$

上, 曲线上凸; 在区间 $(\mathrm{e}^{-\frac{3}{2}}, +\infty)$ 上, 曲线下凸. 而点 $\left(\mathrm{e}^{-\frac{3}{2}}, -\dfrac{3}{2}\mathrm{e}^{-3}\right)$ 为曲线

$y = x^2 \ln x$ 的拐点.

(2) 函数的定义域为 $x \neq 1$. 由计算可得

$$y' = \frac{x+2}{3x^{\frac{1}{3}}(x+1)^{\frac{4}{3}}}, \quad y'' = -\frac{2(x^2+4x+1)}{9x^{\frac{4}{3}}(x+1)^{\frac{7}{3}}}, \quad x \neq 0, -1.$$

令 $y'' = 0$, 得 $x = -2-\sqrt{3}, x = -2+\sqrt{3}$. 注意 $x = 0$ 是一阶、二阶导数都不存在的

点. y'' 的符号如表 2.7.3 所示.

表 2.7.3

x	$(-\infty, -2-\sqrt{3})$	$(-2-\sqrt{3}, -1)$	$(-1, -2+\sqrt{3})$	$(-2+\sqrt{3}, 0)$	$(0, +\infty)$
y''	$+$	$-$	$+$	$-$	$-$

因此, 在 $(-\infty, -2-\sqrt{3})$ 和 $(-1, -2+\sqrt{3})$ 上, 曲线下凸; 在 $(-2-\sqrt{3}, -1)$,

$(-2+\sqrt{3}, 0)$ 和 $(0, +\infty)$ 上, 曲线上凸. $\left(-2-\sqrt{3}, -\sqrt[3]{\dfrac{5+3\sqrt{3}}{2}}\right)$,

$\left(-2+\sqrt{3}, \sqrt[3]{\dfrac{-5+3\sqrt{3}}{2}}\right)$ 为曲线 $y = \sqrt[3]{\dfrac{x^2}{1+x}}$ 的拐点.

例2.7.21 设 $a > 0$,证明曲线 $y = e^x + ax^5$ 有拐点.

证 直接计算知

$$y' = e^x + 5ax^4, \quad y'' = e^x + 20ax^3, \quad y''' = e^x + 60ax^2.$$

若 $a > 0$,则

$$\lim_{x \to -\infty} y'' = -\infty, \quad \lim_{x \to +\infty} y'' = +\infty,$$

因此方程 $y'' = e^x + 20ax^3 = 0$ 有解 x_0.

因为 $y''' = e^x + 60ax^2 > 0$,所以 y'' 严格单调增加. 于是当 $x < x_0$ 时,$y'' < 0$;当 $x > x_0$ 时,$y'' > 0$. 这说明 $(x_0, e^{x_0} + ax_0^5)$ 是曲线 $y = e^x + ax^5$ 的拐点.

例2.7.22 (1) 设在定义2.7.1意义下连续函数 $f(x)$ 在区间 I 上是下凸的,证明:对于任何 $x_i \in I (i = 1, 2, \cdots, n)$,成立

$$f\left(\frac{x_1 + x_2 + \cdots + x_n}{n}\right) \leqslant \frac{1}{n}[f(x_1) + f(x_2) + \cdots + f(x_n)];$$

(2) 证明:对于任何 n 个正数 $x_i (i = 1, 2, \cdots, n)$,成立

$$\sqrt[n]{x_1 x_2 \cdots x_2} \leqslant \frac{x_1 + x_2 + \cdots + x_n}{n};$$

(3) 证明定义2.7.1与定义2.7.2是等价的.

证 (1) 由下凸的定义知

$$f\left(\frac{x_1 + x_2}{2}\right) \leqslant \frac{1}{2}[f(x_1) + f(x_2)], f\left(\frac{x_3 + x_4}{2}\right) \leqslant \frac{1}{2}[f(x_3) + f(x_4)],$$

因此

$$f\left(\frac{x_1 + x_2 + x_3 + x_4}{4}\right) \leqslant \frac{1}{2}\left(f\left(\frac{x_1 + x_2}{2}\right) + f\left(\frac{x_3 + x_4}{2}\right)\right)$$

$$\leqslant \frac{1}{4}[f(x_1) + f(x_2) + f(x_3) + f(x_4)].$$

于是,用归纳法易证:当 $n = 2^m$ 时,原不等式成立.

对任意给定的自然数 n,总有自然数 m,使得 $2^{m-1} \leqslant n < 2^m$. 记

$$\bar{x} = \frac{x_1 + x_2 + \cdots + x_n}{n},$$

对 $x_i (i = 1, 2, \cdots, n)$ 与 $2^m - n$ 个 $\bar{x}$ 一共 2^m 个数运用上述不等式,有

$$f\left(\frac{x_1 + \cdots + x_n + (2^m - n)\bar{x}}{2^m}\right) \leqslant \frac{1}{2^m}[f(x_1) + \cdots + f(x_n) + (2^m - n)f(\bar{x})],$$

整理后便得

$$f\left(\frac{x_1 + x_2 + \cdots + x_n}{n}\right) \leqslant \frac{1}{n}[f(x_1) + f(x_2) + \cdots + f(x_n)].$$

(2) 令 $f(x) = -\ln x$，则 $f''(x) = \dfrac{1}{x^2} > 0(x \in (0, +\infty))$，因此 f 在 $(0, +\infty)$ 上是下凸的. 于是由 (1) 的结论知

$$-\ln\left(\frac{x_1 + x_2 + \cdots + x_n}{n}\right) \leqslant -\frac{1}{n}\big[\ln(x_1) + \ln(x_2) + \cdots + \ln(x_n)\big],$$

由此便得

$$\sqrt[n]{x_1 x_2 \cdots x_n} \leqslant \frac{x_1 + x_2 + \cdots + x_n}{n}.$$

(3) 显然只要证明从定义 2.7.1 能推出定义 2.7.2 即可. 我们只证下凸情形.

设定义 2.7.1 成立. 对 I 上的任意两点 x_1', x_2'，以及任何有理数 $\dfrac{m}{n} \in (0,1)$ (m, n 为正整数)，在 (1) 中取 $x_1 = x_2 = \cdots = x_m = x_1', x_{m+1} = \cdots = x_n = x_2'$，便有

$$f\left(\frac{m}{n}x_1' + \frac{n-m}{n}x_2'\right) \leqslant \frac{m}{n}f(x_1') + \frac{n-m}{n}f(x_2').$$

对于任何 $\lambda \in (0,1)$，可取有理数列 $\{c_k\}$，满足 $c_k \in (0,1)$，且 $\lim\limits_{k\to\infty} c_k = \lambda$. 由上面的不等式知，对于每个有理数 c_k，成立

$$f\left(c_k x_1' + (1-c_k)x_2'\right) \leqslant c_k f(x_1') + (1-c_k)f(x_2').$$

在上式取极限得

$$\lim_{k\to\infty} f\left(c_k x_1' + (1-c_k)x_2'\right) \leqslant \lim_{k\to\infty}\left(c_k f(x_1') + (1-c_k)f(x_2')\right) = \lambda f(x_1') + (1-\lambda)f(x_2').$$

利用函数 f 在区间 I 上的连续性得

$$\lim_{k\to\infty} f\left(c_k x_1' + (1-c_k)x_2'\right) = f\left(\lim_{k\to\infty}(c_k x_1' + (1-c_k)x_2')\right) = f\left(\lambda x_1' + (1-\lambda)x_2'\right).$$

于是

$$f\left(\lambda x_1' + (1-\lambda)x_2'\right) \leqslant \lambda f(x_1') + (1-\lambda)f(x_2').$$

这说明定义 2.7.2 成立.

例 2.7.23 作出函数 $y = \sqrt[3]{\dfrac{x^2}{1+x}}$ 的图像.

解 函数的定义域为 $x \neq -1$. 由例 2.7.20 的 (2) 知

$$y' = \frac{x+2}{3x^{\frac{1}{3}}(x+1)^{\frac{4}{3}}}, \quad y'' = -\frac{2(x^2 + 4x + 1)}{9x^{\frac{4}{3}}(x+1)^{\frac{7}{3}}}, \quad x \neq 0, -1.$$

令 $y' = 0$ 得 $x = -2$，且 $x = 0$ 是函数不可导的点. y' 的符号如表 2.7.4 所示.

因此函数在 $(-\infty, -2]$ 和 $[0, +\infty)$ 上单调增加，在 $[-2, -1)$ 和 $(-1, 0]$ 上单调减少. $f(-2) = -\sqrt[3]{4}$ 为极大值；$f(0) = 0$ 为极小值.

表 2.7.4

x	$(-\infty, -2)$	-2	$(-2, -1)$	$(-1, 0)$	0	$(0, +\infty)$
y'	$+$	0	$-$	$-$	不存在	$+$

另外,已经知道,曲线 $y = \sqrt[3]{\dfrac{x^2}{1+x}}$ 在 $(-\infty, -2-\sqrt{3})$ 和 $(-1, -2+\sqrt{3})$ 上是下凸的;在 $(-2-\sqrt{3}, -1)$、$(-2+\sqrt{3}, 0)$ 和 $(0, +\infty)$ 上是上凸的. $\left(-2-\sqrt{3}, -\sqrt[3]{\dfrac{5+3\sqrt{3}}{2}}\right)$, $\left(-2+\sqrt{3}, \sqrt[3]{\dfrac{-5+3\sqrt{3}}{2}}\right)$ 为其拐点.

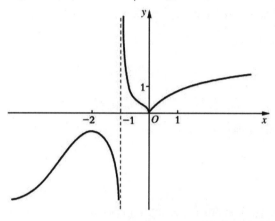

图 2.7.4

因为

$$\lim_{x \to 1-0} \sqrt[3]{\frac{x^2}{1+x}} = -\infty, \qquad \lim_{x \to 1+0} \sqrt[3]{\frac{x^2}{1+x}} = +\infty,$$

所以直线 $x = -1$ 是曲线 $y = \sqrt[3]{\dfrac{x^2}{1+x}}$ 的垂直渐近线. 因为

$$\lim_{x \to -\infty} \sqrt[3]{\frac{x^2}{1+x}} = -\infty, \qquad \lim_{x \to +\infty} \sqrt[3]{\frac{x^2}{1+x}} = +\infty,$$

且 $\lim\limits_{x \to \infty} \dfrac{\sqrt[3]{\dfrac{x^2}{1+x}}}{x} = 0$,所以曲线 $y = \sqrt[3]{\dfrac{x^2}{1+x}}$ 没有其他的渐近线.

函数的图像见图 2.7.4.

例 2.7.24 作出函数 $\begin{cases} x = a\cos^3 t, \\ y = a\sin^3 t \end{cases} (0 \leqslant t \leqslant 2\pi)$ 的图像,其中 $a > 0$ 为常数.

解　易知该函数的图像关于 x 轴与 y 轴都对称. 因此只需考察参数 t 在 $\left[0,\dfrac{\pi}{2}\right]$ 中变化的情形即可, 即画出第一象限的图像, 其余部分可由对称性得到.

当 $t\in\left(0,\dfrac{\pi}{2}\right)$ 时, 有

$$\frac{\mathrm{d}y}{\mathrm{d}x}=\frac{(a\sin^3 t)'}{(a\cos^3 t)'}=\frac{3a\sin^2 t\cos t}{-3a\cos^2 t\sin t}=-\tan t<0,$$

且

$$\lim_{t\to 0+0}\frac{\mathrm{d}y}{\mathrm{d}x}=0,\qquad \lim_{t\to\frac{\pi}{2}-0}\frac{\mathrm{d}y}{\mathrm{d}x}=-\infty.$$

注意 $t=0$ 对应的点为 $(a,0)$, $t=\dfrac{\pi}{2}$ 对应的点为 $(0,a)$. 以上的计算说明, 函数在第一象限的图像是单调减少函数的图像, 且在点 $(a,0)$ 和 $(0,a)$ 分别与 x 轴和 y 轴相切.

又由于当 $t\in\left(0,\dfrac{\pi}{2}\right)$ 时, 有

$$\frac{\mathrm{d}^2 y}{\mathrm{d}x^2}=\frac{\mathrm{d}}{\mathrm{d}x}\left(\frac{\mathrm{d}y}{\mathrm{d}x}\right)=\frac{(-\tan t)'}{(a\cos^3 t)'}=\frac{-\sec^2 t}{-3a\cos^2 t\sin t}=\frac{1}{3a\cos^4 t\sin t}>0,$$

因此在第一象限函数的图像是下凸的.

综合以上讨论, 作出函数的图像, 如图 2.7.5 所示.

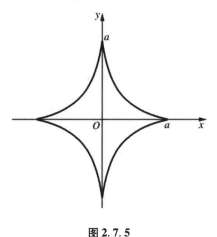

图 2.7.5

例 2.7.25　在宽为 $a\mathrm{m}$ 的河的某处修建一宽为 $b\mathrm{m}$ 的运河, 二者垂直相交, 问若不计船的宽度, 能驶进这条运河的船, 其最大长度是多少?

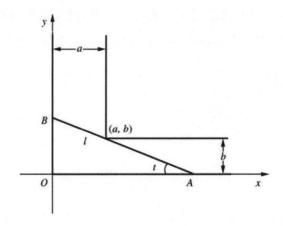

图 2.7.6

解　如图 2.7.6 建立坐标系. 注意当船的一侧含 (a,b) 点时, 才取能驶进运河的最大长度. 此时, 记船头和船尾所在的点分别为 A,B, 并记船长度 $|AB|=l$, 以及 $\angle OAB = t$, 则

$$l = \frac{a}{\cos t} + \frac{b}{\sin t}, \ t \in \left(0, \frac{\pi}{2}\right).$$

此时

$$\frac{\mathrm{d}l}{\mathrm{d}t} = \frac{a\sin t}{\cos^2 t} - \frac{b\cos t}{\sin^2 t} = \frac{b\sin t}{\cos^2 t}\left(\frac{a}{b} - \cot^3 t\right).$$

因为在 $\left(0, \frac{\pi}{2}\right)$ 中上式第一个因子为正, 所以 $\frac{\mathrm{d}l}{\mathrm{d}t}$ 与第二个因子的符号相同, 而当 t 从 0 变化到 $\frac{\pi}{2}$ 时, $\cot t$ 从 $+\infty$ 严格单调减少地变化到 0, 因此连续函数 $\frac{\mathrm{d}l}{\mathrm{d}t}$ 严格单调增加地从负值变化为正值, 且经过其唯一零点 t_0, 此时 $\cot t_0 = \sqrt[3]{\frac{a}{b}}$. 故 l 在 t_0 点取得最小值, 其最小值为

$$l\big|_{t=t_0} = \frac{a}{\cos t_0} + \frac{b}{\sin t_0} = \frac{a\sqrt{1+\cot^2 t_0}}{\cot t_0} + b\sqrt{1+\cot^2 t_0}$$

$$= \frac{a\sqrt{1+\sqrt[3]{\left(\frac{a}{b}\right)^2}}}{\sqrt[3]{\frac{a}{b}}} + b\sqrt{1+\sqrt[3]{\left(\frac{a}{b}\right)^2}} = (a^{\frac{2}{3}} + b^{\frac{2}{3}})^{\frac{3}{2}}.$$

即能驶进运河的船, 其最大长度为 $\left(a^{\frac{2}{3}} + b^{\frac{2}{3}}\right)^{\frac{3}{2}} m$.

例 2.7.26 一只昆虫在田野上的飞行路线的方程为

$$\begin{cases} x = \dfrac{\cos t}{2 + \sin t}, & \quad 0 \leqslant t \leqslant 2\pi, \\ y = 3 + \sin 2t - 2\sin^2 t, \end{cases}$$

其图像见图 2.7.7. 问这只昆虫在原点两侧的横向与纵向能飞的范围?

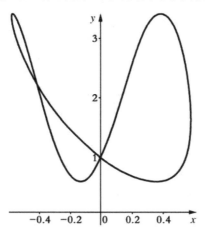

图 2.7.7

解 这个问题就是要分别求出 x 和 y 的取值范围. 由于函数的连续性,只要确定 x 和 y 的最大值与最小值即可做到.

由于

$$\frac{\mathrm{d}x}{\mathrm{d}t} = \left(\frac{\cos t}{2 + \sin t} \right)' = - \frac{2\sin t + 1}{(2 + \sin t)^2},$$

令 $\dfrac{\mathrm{d}x}{\mathrm{d}t} = 0$,得其在 $(0, 2\pi)$ 中的解 $t = \dfrac{7}{6}\pi$ 和 $t = \dfrac{11}{6}\pi$.

因为

$$x \big|_{t=0} = x \big|_{t=2\pi} = \frac{1}{2}, \quad x \big|_{t=\frac{7}{6}\pi} = - \frac{\sqrt{3}}{3}, \quad x \big|_{t=\frac{11}{6}\pi} = \frac{\sqrt{3}}{3},$$

所以 x 在 $[0, 2\pi]$ 上的最大值为 $\dfrac{\sqrt{3}}{3}$,最小值为 $-\dfrac{\sqrt{3}}{3}$,因此昆虫在原点两侧的横向能飞的范围是 $\left[-\dfrac{\sqrt{3}}{3}, \dfrac{\sqrt{3}}{3} \right]$.

由于

$$\frac{\mathrm{d}y}{\mathrm{d}t} = (3 + \sin 2t - 2\sin^2 t)' = 2\cos 2t - 2\sin 2t,$$

令 $\dfrac{\mathrm{d}y}{\mathrm{d}t} = 0$,得其在$(0,2\pi)$中的解 $t = \dfrac{1}{8}\pi$ 和 $t = \dfrac{5}{8}\pi$.

因为

$$y\big|_{t=0} = y\big|_{t=2\pi} = 3, \quad y\big|_{t=\frac{1}{8}\pi} = 2 + \sqrt{2}, \quad y\big|_{t=\frac{5}{8}\pi} = 2 - \sqrt{2},$$

所以 y 在 $[0,2\pi]$ 上的最大值为 $2 + \sqrt{2}$,最小值为 $2 - \sqrt{2}$,因此昆虫在原点两侧的纵向能飞的范围是 $[2 - \sqrt{2}, 2 + \sqrt{2}]$.

例 2.7.27 有一瓷碗,其形状为半径为 a 的半球.现于碗中放置一长为 l 的均匀铁棒($l > 2a$),求该铁棒平衡时的位置.

解 以半球形瓷碗的球心为原点,且作方向为铅直向下的直线为 x 轴(见图 2.7.8).若 $l > 4a$,显然铁棒不能达到平衡,因此设 $2a < l \leqslant 4a$.

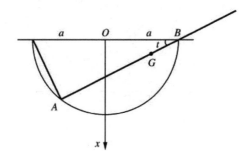

图 2.7.8

记铁棒与碗底的接触点为 A,与碗边缘的接触点为 B.因为铁棒是均匀的,所以其质心在棒的中心,记其中心点为 G.若记 $\angle OBA = t$,则 G 在 x 轴方向的坐标为

$$x = |GB|\sin t = (|AB| - |AG|)\sin t = \left(2a\cos t - \dfrac{l}{2}\right)\sin t.$$

铁棒平衡的位置是其质心最低的位置,因此问题化为求 x 的最大值.

因为

$$\dfrac{\mathrm{d}x}{\mathrm{d}t} = 2a(\cos^2 t - \sin^2 t) - \dfrac{l}{2}\cos t = 4a\cos^2 t - \dfrac{l}{2}\cos t - 2a,$$

令 $\dfrac{\mathrm{d}x}{\mathrm{d}t} = 0$,得 $\cos t = \dfrac{l + \sqrt{l^2 + 128a^2}}{16a}$(注意这里舍去了不合实际的负值).由问题的实际可知 x 一定有最大值,于是当倾角

$$t = \arccos \dfrac{l + \sqrt{l^2 + 128a^2}}{16a}$$

时,铁棒达到平衡.

例 2.7.28 设函数 $f(x)$ 在 $[0, +\infty)$ 上二阶可导,且在 $(0, +\infty)$ 上成立

$f''(x) < f(x)$. 又已知 $f(0) = 1$, $f'(0) \leqslant 1$, 证明: 当 $x > 0$ 时成立 $f(x) < e^x$.

证 作函数 $F(x) = f(x)e^{-x}$, 只要证明当 $x > 0$ 时成立 $F(x) < 1$ 即可. 显然

$$F'(x) = (f'(x) - f(x))e^{-x}, \quad x \in (0, +\infty).$$

作函数 $G(x) = (f'(x) - f(x))e^x$, 则由假设知

$$G'(x) = (f''(x) - f(x))e^x < 0, \quad x \in (0, +\infty),$$

因此 $G(x)$ 在 $[0, +\infty)$ 上严格单调减少, 所以

$$G(x) = (f'(x) - f(x))e^x < G(0) \leqslant 0, \quad x \in (0, +\infty).$$

于是

$$f'(x) - f(x) < 0, \quad x \in (0, +\infty).$$

从而得到 $F'(x) < 0 (x \in (0, +\infty))$. 因此 $F(x)$ 在 $[0, +\infty)$ 上严格单调减少, 所以

$$F(x) < F(0) = 1, \quad x \in (0, +\infty),$$

即

$$f(x) < e^x, \quad x \in (0, +\infty).$$

习　题

1. 求下列函数的单调区间及极值:

(1) $f(x) = x^3 - 6x^2 - 15x + 5$;

(2) $f(x) = xe^{-x^2}$;

(3) $f(x) = \dfrac{x^2}{1 + x}$;

(4) $f(x) = (x + 1)\ln(x + 1)$.

2. 证明:

(1) 当 $x > 0$ 时, $\ln(1 + x) > x - \dfrac{x^2}{2}$;

(2) 当 $x > 0$ 时, $\arctan x > x - \dfrac{x^3}{3}$;

(3) 当 $x > 0$ 时, $(a + x)^a < a^{a+x} (a > e)$;

(4) $\arctan b - \arctan a > \dfrac{b - a}{\sqrt{1 + b^2} \sqrt{1 + a^2}} (0 < a < b)$;

(5) 当 $0 < x < \dfrac{\pi}{4}$ 时, $(\sin x)^{\cos x} < (\cos x)^{\sin x}$.

3. 设 $0 < a < b$, 证明: $\ln \dfrac{b}{a} > \dfrac{2(b - a)}{a + b}$.

4. 证明: 当 $e < a < b < e^2$ 时, $\ln^2 b - \ln^2 a > \dfrac{4}{e^2}(b - a)$.

5. 证明: (1) 函数 $f(x) = (1 + a^x)^{\frac{1}{x}}$ 在 $(0, +\infty)$ 内单调减少　$(a > 0)$;

(2) $(x^a + y^a)^{\frac{1}{a}} > (x^b + y^b)^{\frac{1}{b}} \quad (x, y > 0, b > a > 0)$.

6. 求下列函数在指定区间的最大值与最小值:

(1) $f(x) = x^3 + 3x^2 - 9x + 9$ 在 $[-4, 1]$ 内;

(2) $f(x) = \dfrac{x}{1 + \sqrt{x}}$ 在 $[1, 2)$ 内;

(3) $f(x) = (x-1)^2(x+1)^{\frac{1}{3}}$ 在 $[-2,1]$ 内;   (4) $f(x) = 4e^x - e^{2x}$ 在 $[0,1]$ 内.

7. 讨论曲线 $y = 4\ln x + k$ 与 $y = 4x + \ln^4 x$ 的交点个数.

8. 设 $a \in (0,1)$, 问方程 $a^x - \log_a x = 0$ 有几个实根?

9. 设 $a_n = n^2 \left(\dfrac{2}{3} \right)^n (n = 1,2,\cdots)$, 求数列 $\{a_n\}$ 最大项.

10. 对于大于 2 的正整数, 证明: $\ln^2 n > \ln(n-1)\ln(n+1)$.

11. 某服装厂年产衬衫 20 万件, 分若干批进行生产, 每批生产准备费为 1 万元. 假设产品均匀投入市场, 且上一批售完后立即生产下一批, 即平均库存量为批量的一半, 每年每件衬衫的库存费为 0.8 元. 问: 如何选择批量, 使一年中库存费与生产准备费的和最小?

12. 在曲线 $\sqrt{x} + \sqrt{y} = \sqrt{a}$ 上找一点 P, 使在该点处的切线与两坐标轴所围成的面积最大, 并求出这最大面积值.

13. 一个灯泡吊在半径为 r 的圆桌的正上方, 桌上任意点受到的照度与光线的入射角的余弦成正比(入射角是光线与桌面的垂线之间的夹角), 而与光源的距离的平方成反比. 要使桌子的边缘得到最强照度, 问灯泡应挂在桌面上面多高?

14. 求下列曲线上凸与下凸相应的区间及拐点:

(1) $y = x^3 - 3x^2 - 9x + 9$;   (2) $y = \ln(x + \sqrt{x^2+1})$;

(3) $y = xe^x$;   (4) $y = \dfrac{x}{1+x^2}$.

15. 求下列曲线的拐点:

(1) $\begin{cases} x = t^2, \\ y = 3t + t^3, \end{cases} t > 0$;   (2) $\begin{cases} x = 2a\cot\theta, \\ y = 2a\sin^2\theta, \end{cases} 0 < \theta < \pi$.

16. 利用函数的凸性, 证明不等式:

(1) $\dfrac{1}{2}(e^x + e^y) > e^{\frac{x+y}{2}}$, 其中 $x \neq y$;

(2) $\sqrt{1 + x^2} + \sqrt{1 + y^2} > \sqrt{4 + (x+y)^2}$, 其中 $x \neq y$.

17. 设函数 f 在 $(-\infty, +\infty)$ 上有界, 二阶可导, 且 $f''(x) \geq 0$. 证明: f 在 $(-\infty, +\infty)$ 上是常值函数.

18. 设函数 f 和 g 在 $[a,b]$ 上连续, 在 (a,b) 上可导, 且 $g'(x) > 0$. 证明: 若 $\dfrac{f'(x)}{g'(x)}$ 在 (a,b) 上单调增加, 则 $\dfrac{f(x) - f(a)}{g(x) - g(a)}$ 也在 (a,b) 上单调增加.

19. 设函数 f 在 $[0, +\infty)$ 上二阶可导, 且 $f(0) = \lim\limits_{x \to +\infty} f(x) = 0$. 证明: 若 f 在 $(0, +\infty)$ 上满足方程

$$f''(x) + \cos f'(x) = e^{f(x)},$$

则 $f(x) \equiv 0, x \in [0, +\infty)$.

20. 设函数 f 在 (a,b) 上具有二阶导数, 且 $f''(x) \geq 0$. 证明: 对于任意 $x_i \in (a,b)$ 和满足 $\sum\limits_{i=1}^{n} \lambda_i = 1$ 的 $\lambda_i > 0 (i = 1,2,\cdots,n)$, 成立

$$f\left(\sum_{i=1}^{n} \lambda_i x_i\right) \leqslant \sum_{i=1}^{n} \lambda_i f(x_i).$$

21. 利用上题的结论证明：

(1) 设 $p > 1$, 对于任何 n 个正数 $x_i (i = 1, 2, \cdots, n)$, 成立

$$\left(\frac{x_1 + x_2 + \cdots + x_n}{n}\right)^p \leqslant \frac{1}{n}(x_1^p + x_2^p + \cdots + x_n^p);$$

(2) 对于任何 n 个正数 $x_i (i = 1, 2, \cdots, n)$, 成立

$$\frac{x_1 + x_2 + \cdots + x_n}{n} \leqslant (x_1^{x_1} x_2^{x_2} \cdots x_n^{x_n})^{\frac{1}{x_1 + x_2 + \cdots + x_n}}.$$

第三章
一元函数积分学

§3.1　定积分的概念、性质和微积分基本定理

一、定积分的定义

定义 3.1.1　设 $f(x)$ 是 $[a,b]$ 上的有界函数. 对 $[a,b]$ 的任意分划

$$D: a = x_0 < x_1 < \cdots < x_n = b,$$

任取 $\xi_i \in [x_{i-1}, x_i]$，并记 $\Delta x_i = x_i - x_{i-1} \quad (i = 1, 2, \cdots, n)$. 作和式

$$\sigma = \sum_{i=1}^{n} f(\xi_i) \Delta x,$$

称之为 **Riemann 和**. 记 $\lambda = \max_i \Delta x_i$，如果极限 $\lim\limits_{\lambda \to 0} \sum\limits_{i=1}^{n} f(\xi_i) \Delta x_i$ 存在，就称 $f(x)$ 是 $[a,b]$ 上的 **Riemann 可积函数**，简称为**可积函数**；称此极限为 $f(x)$ 在 $[a,b]$ 上的 **Riemann 积分**，简称为**定积分**，记作 $\int_a^b f(x)\,\mathrm{d}x$，即

$$\int_a^b f(x)\,\mathrm{d}x = \lim_{\lambda \to 0} \sum_{i=1}^{n} f(\xi_i) \Delta x_i.$$

在记号 $\int_a^b f(x)\,\mathrm{d}x$ 中，称 $f(x)$ 为**被积函数**，x 为**积分变量**，并分别称 a, b 为积分的**下限与上限**.

注意，积分值与积分变量符号的选取无关，即

$$\int_a^b f(x)\,\mathrm{d}x = \int_a^b f(t)\,\mathrm{d}t.$$

规定

$$\int_a^a f(x)\,\mathrm{d}x = 0, \text{以及} \ a > b \ \text{时}, \int_a^b f(x)\,\mathrm{d}x = -\int_b^a f(x)\,\mathrm{d}x.$$

定理 3.1.1　（1）若 $f(x)$ 是 $[a,b]$ 上的连续函数（或者是最多只有有限个间断点的有界函数），则 $f(x)$ 在 $[a,b]$ 上可积；

（2）设 $f(x)$ 是 $[a,b]$ 上的单调函数,则 $f(x)$ 在 $[a,b]$ 上可积.

二、定积分的性质

设 $f(x)$ 和 $g(x)$ 的是 $[a,b]$ 上的可积函数,则其定积分具有下列性质.

性质 3.1.1　对任何常数 $\alpha,\beta,\alpha f(x) + \beta g(x)$ 也是 $[a,b]$ 上的可积函数,且

$$\int_a^b [\alpha f(x) + \beta g(x)] \mathrm{d}x = \alpha \int_a^b f(x) \mathrm{d}x + \beta \int_a^b g(x) \mathrm{d}x.$$

这一性质称为定积分的"线性"性质.

性质 3.1.2　对任何一点 c,成立

$$\int_a^b f(x) \mathrm{d}x = \int_a^c f(x) \mathrm{d}x + \int_c^b f(x) \mathrm{d}x,$$

其中 c 的位置应保证上述等式右端的两个积分有意义.

这个性质称为定积分的"可加性".

性质 3.1.3　如果在 $[a,b]$ 上 $f(x) \leqslant g(x)$,则

$$\int_a^b f(x) \mathrm{d}x \leqslant \int_a^b g(x) \mathrm{d}x.$$

这个性质称为定积分的"单调性". 特别地,有

$$\left| \int_a^b f(x) \mathrm{d}x \right| \leqslant \int_a^b | f(x) | \mathrm{d}x.$$

注　进一步还可以得到:如果 $f(x)$ 和 $g(x)$ 在 $[a,b]$ 上连续,满足 $f(x) \leqslant g(x)$,且 $f(x)$ 不恒等于 $g(x)$,则

$$\int_a^b f(x) \mathrm{d}x < \int_a^b g(x) \mathrm{d}x.$$

性质 3.1.4(积分中值定理)　设 $f(x)$ 是 $[a,b]$ 上的连续函数,则在 $[a,b]$ 上至少存在一点 ξ,使得

$$\int_a^b f(x) \mathrm{d}x = f(\xi)(b - a).$$

三、定积分的几何意义

从几何上说, $\int_a^b f(x) \mathrm{d}x$ 表示由曲线 $y = f(x)$,直线 $x = a, x = b$ 和 x 轴所围成的平面图形面积的代数和.

四、原函数

定义 3.1.2　设函数 $F(x)$ 和 $f(x)$ 均定义于某区间上,如果在该区间上成立

$$F'(x) = f(x),$$

则称 $F(x)$ 为 $f(x)$ 在该区间上的一个**原函数**.

定理 3.1.2 如果定义于某区间的函数 $f(x)$ 存在原函数,则其任意两个原函数只差一个常数.

定理 3.1.3 设函数 $f(x)$ 在 $[a,b]$ 上连续,则函数

$$F(x) = \int_a^x f(t)\,\mathrm{d}t$$

在 $[a,b]$ 上可导,且导数为

$$F'(x) = f(x), \quad x \in [a,b].$$

注 在定理中出现的 $\int_a^x f(t)\,\mathrm{d}t$ 是"变上限"的定积分,它是上限变量的函数. 这个定理也说明了,若函数 $f(x)$ 在某个区间上连续,则它在该区间上必有原函数.

推论 3.1.1 设函数 f 在 $[a,b]$ 上连续,函数 g 在 $[a,b]$ 上可导,且 $a \leqslant g(x) \leqslant b (x \in [a,b])$,则函数

$$F(x) = \int_a^{g(x)} f(t)\,\mathrm{d}t$$

在 $[a,b]$ 上可导,且导数为

$$F'(x) = f[g(x)]g'(x), \quad x \in [a,b].$$

五、微积分基本定理

定理 3.1.4(Newton-Leibniz 公式) 设 $f(x)$ 是 $[a,b]$ 上的连续函数,$F(x)$ 是 $f(x)$ 的一个原函数,则

$$\int_a^b f(x)\,\mathrm{d}x = F(b) - F(a).$$

注 常记 $F(x)\Big|_a^b = F(b) - F(a)$.

例 题 分 析

例 3.1.1 证明:$\dfrac{\pi}{9\sqrt{3}} < \displaystyle\int_{\frac{1}{\sqrt{3}}}^{\sqrt{3}} x^2 \arctan x\,\mathrm{d}x < \dfrac{2\pi}{\sqrt{3}}$.

证 因为函数 $f(x) = x^2 \arctan x$ 的导数满足

$$f'(x) = 2x\arctan x + \frac{x^2}{1+x^2} > 0, \quad x \in \left[\frac{1}{\sqrt{3}}, \sqrt{3}\right],$$

因此 $f(x)$ 在 $\left[\dfrac{1}{\sqrt{3}}, \sqrt{3}\right]$ 上严格单调增加. 于是

$$\frac{\pi}{18} = f\left(\frac{1}{\sqrt{3}}\right) \leqslant x^2 \arctan x \leqslant f(\sqrt{3}) = \pi, \quad x \in \left[\frac{1}{\sqrt{3}}, \sqrt{3}\right],$$

且等号至多在区间的两个端点成立. 于是

$$\int_{\frac{1}{\sqrt{3}}}^{\sqrt{3}} \frac{\pi}{18} \mathrm{d}x < \int_{\frac{1}{\sqrt{3}}}^{\sqrt{3}} x^2 \arctan x \mathrm{d}x < \int_{\frac{1}{\sqrt{3}}}^{\sqrt{3}} \pi \mathrm{d}x,$$

即

$$\frac{\pi}{9\sqrt{3}} < \int_{\frac{1}{\sqrt{3}}}^{\sqrt{3}} x^2 \arctan x \mathrm{d}x < \frac{2\pi}{\sqrt{3}}.$$

例 3.1.2 设 $F(x) = \int_0^{\sin 2x} \ln(1 - t^2) \mathrm{d}t$,求 $F'(x)$.

解 将积分上限 $\sin 2x$ 看作中间变量,记

$$f(u) = \int_0^u \ln(1 - t^2) \mathrm{d}t, \quad u = g(x) = \sin 2x,$$

则 $F = f \circ g$. 由链式求导公式,得

$$F'(x) = f'(u)g'(x) = \ln(1 - u^2) \cdot 2\cos 2x = 4\cos 2x \ln|\cos 2x|.$$

例 3.1.3 设 $F(x) = \int_{\cos 2x}^{x^2} \frac{\ln(1 + t^2)}{1 + t^2} \mathrm{d}t$,求 $F'(x)$.

解 先将积分写成

$$F(x) = \int_{\cos 2x}^{0} \frac{\ln(1 + t^2)}{1 + t^2} \mathrm{d}t + \int_0^{x^2} \frac{\ln(1 + t^2)}{1 + t^2} \mathrm{d}t$$

$$= \int_0^{x^2} \frac{\ln(1 + t^2)}{1 + t^2} \mathrm{d}t - \int_0^{\cos 2x} \frac{\ln(1 + t^2)}{1 + t^2} \mathrm{d}t,$$

对 x 求导,得

$$F'(x) = \frac{\ln(1 + x^4)}{1 + x^4}(x^2)' - \frac{\ln(1 + \cos^2 2x)}{1 + \cos^2 2x}(\cos 2x)'$$

$$= \frac{2x\ln(1 + x^4)}{1 + x^4} + \frac{2\sin 2x \ln(1 + \cos^2 2x)}{1 + \cos^2 2x}.$$

例 3.1.4 计算 $\lim\limits_{x \to 0} \dfrac{\int_0^{\tan 2x} \ln(1 + t^2) \mathrm{d}t}{x^2 \sin x}$.

解 由 L'Hospital 法则及等价无穷小量的性质,得

$$\lim_{x \to 0} \frac{\int_0^{\tan 2x} \ln(1 + t^2) \mathrm{d}t}{x^2 \sin x} = \lim_{x \to 0} \frac{\int_0^{\tan 2x} \ln(1 + t^2) \mathrm{d}t}{x^3}$$

$$= \lim_{x \to 0} \frac{\ln(1 + \tan^2 2x) \cdot 2\sec^2 2x}{3x^2}$$

$$= \frac{2}{3} \lim_{x \to 0} \frac{\ln(1 + \tan^2 2x)}{x^2} = \frac{2}{3} \lim_{x \to 0} \frac{\tan^2 2x}{x^2} = \frac{8}{3}.$$

例 3.1.5 计算下列定积分:

$(1) \int_1^2 \sqrt{x}(\sqrt{x} + 5x) \mathrm{d}x$; $(2) \int_0^1 \frac{x^2}{1 + x} \mathrm{d}x$; $(3) \int_0^{\frac{\pi}{4}} \tan^2 x \mathrm{d}x.$

解 (1) 注意到 $\dfrac{x^{1+p}}{1+p}$ 是 $x^p(p \neq -1)$ 的一个原函数,所以

$$\int_1^2 \sqrt{x}(\sqrt{x}+5x)\,dx = \int_1^2 \left(x + 5x^{\frac{3}{2}}\right)dx$$

$$= \int_1^2 x\,dx + 5\int_1^2 x^{\frac{3}{2}}\,dx$$

$$= \left.\frac{x^2}{2}\right|_1^2 + \left.2x^{\frac{5}{2}}\right|_1^2 = -\frac{1}{2} + 8\sqrt{2}.$$

(2) 因为

$$\frac{x^2}{1+x} = x - 1 + \frac{1}{1+x},$$

且 $\ln(1+x)$ 是 $\dfrac{1}{1+x}$ 的一个原函数,所以

$$\int_0^1 \frac{x^2}{1+x}\,dx = \int_0^1 x\,dx - \int_0^1 dx + \int_0^1 \frac{1}{1+x}\,dx$$

$$= \left.\frac{x^2}{2}\right|_0^1 - \left.x\right|_0^1 + \left.\ln(1+x)\right|_0^1 = -\frac{1}{2} + \ln 2.$$

(3) 因为 $\tan^2 x = \sec^2 x - 1$,而 $\tan x$ 是 $\sec^2 x$ 的一个原函数,所以

$$\int_0^{\frac{\pi}{4}} \tan^2 x\,dx = \int_0^{\frac{\pi}{4}} (\sec^2 x - 1)\,dx = \left.(\tan x - x)\right|_0^{\frac{\pi}{4}} = 1 - \frac{\pi}{4}.$$

例 3.1.6 求函数 $f(t) = \displaystyle\int_0^3 x\,|\,x - t\,|\,dx$ 在 $[0,4]$ 上的最大值和最小值.

解 当 $0 \leqslant t \leqslant 3$ 时,有

$$f(t) = \int_0^t x(t-x)\,dx + \int_t^3 x(x-t)\,dx$$

$$= t\int_0^t x\,dx - \int_0^t x^2\,dx + \int_t^3 x^2\,dx - t\int_t^3 x\,dx$$

$$= \frac{1}{3}t^3 - \frac{9}{2}t + 9;$$

当 $3 \leqslant t \leqslant 4$ 时,有

$$f(t) = \int_0^3 x(t-x)\,dx = t\int_0^3 x\,dx - \int_0^3 x^2\,dx = \frac{9}{2}t - 9.$$

于是,当 $0 \leqslant t < 3$ 时,$f'(t) = t^2 - \dfrac{9}{2}$,驻点为 $t = \dfrac{3}{\sqrt{2}}$,且显然当 $3 \leqslant t \leqslant 4$ 时,f 单调增加.

因为

$$f(0) = 9, \quad f\left(\frac{3}{\sqrt{2}}\right) = 9 - \frac{9}{\sqrt{2}}, \quad f(3) = \frac{9}{2}, \quad f(4) = 9,$$

所以 f 在 $[0,4]$ 上的最大值为 $f(0) = f(4) = 9$，最小值为 $f\left(\dfrac{3}{\sqrt{2}}\right) = 9 - \dfrac{9}{\sqrt{2}}$.

例 3.1.7 （1）证明：$\lim\limits_{n\to\infty}\displaystyle\int_0^{\frac{\pi}{2}} \sin^n x \, \mathrm{d}x = 0$；

（2）证明：$\lim\limits_{n\to\infty}\left(\displaystyle\int_0^{\frac{\pi}{2}} \sin^n x \, \mathrm{d}x\right)^{\frac{1}{n}} = 1$；

（3）设闭区间 $[a,b]$ 上的连续函数 $f \geqslant 0$，连续函数 $g \geqslant 0$ 且 g 至多仅在有限个点处取零值. 证明：$\lim\limits_{n\to\infty}\left(\displaystyle\int_a^b f^n(x)g(x)\,\mathrm{d}x\right)^{\frac{1}{n}} = \max\limits_{a\leqslant x\leqslant b} f(x)$.

证 （1）对任意给定的 $\varepsilon > 0$（不妨取 $0 < \varepsilon < \dfrac{\pi}{2}$），有

$$\int_0^{\frac{\pi}{2}} \sin^n x \, \mathrm{d}x = \int_0^{\frac{\pi}{2}-\varepsilon} \sin^n x \, \mathrm{d}x + \int_{\frac{\pi}{2}-\varepsilon}^{\frac{\pi}{2}} \sin^n x \, \mathrm{d}x$$

$$< \int_0^{\frac{\pi}{2}-\varepsilon} \sin^n x \, \mathrm{d}x + \varepsilon < \int_0^{\frac{\pi}{2}-\varepsilon} \sin^n\left(\frac{\pi}{2}-\varepsilon\right)\mathrm{d}x + \varepsilon$$

$$< \left(\frac{\pi}{2}-\varepsilon\right)\sin^n\left(\frac{\pi}{2}-\varepsilon\right) + \varepsilon.$$

由于 $0 < \sin\left(\dfrac{\pi}{2}-\varepsilon\right) < 1$，因此 $\sin^n\left(\dfrac{\pi}{2}-\varepsilon\right) \to 0$ （$n\to\infty$）. 于是，对上述的 ε，存在正整数 N，当 $n > N$ 时，有 $\sin^n\left(\dfrac{\pi}{2}-\varepsilon\right) < \dfrac{2}{\pi}\varepsilon$，此时

$$0 < \int_0^{\frac{\pi}{2}} \sin^n x \, \mathrm{d}x < \varepsilon + \varepsilon = 2\varepsilon.$$

由极限的定义知

$$\lim_{n\to\infty}\int_0^{\frac{\pi}{2}} \sin^n x \, \mathrm{d}x = 0.$$

（2）因为在 $\left[0,\dfrac{\pi}{2}\right]$ 上成立 $\dfrac{2}{\pi}x \leqslant \sin x \leqslant 1$，所以在 $\left[0,\dfrac{\pi}{2}\right]$ 上成立

$$\left(\frac{2}{\pi}\right)^n x^n \leqslant \sin^n x \leqslant 1.$$

于是

$$\frac{\pi}{2(n+1)} = \int_0^{\frac{\pi}{2}}\left(\frac{2}{\pi}\right)^n x^n \, \mathrm{d}x \leqslant \int_0^{\frac{\pi}{2}} \sin^n x \, \mathrm{d}x \leqslant \int_0^{\frac{\pi}{2}} \mathrm{d}x = \frac{\pi}{2}.$$

因此

$$\sqrt[n]{\frac{\pi}{2(n+1)}} \leqslant \left(\int_0^{\frac{\pi}{2}} \sin^n x \, \mathrm{d}x\right)^{\frac{1}{n}} \leqslant \sqrt[n]{\frac{\pi}{2}}.$$

因为 $\lim\limits_{n\to\infty}\sqrt[n]{\dfrac{\pi}{2(n+1)}}=\lim\limits_{n\to\infty}\sqrt[n]{\dfrac{\pi}{2}}=1$，所以由极限的夹逼性质得

$$\lim_{n\to\infty}\left(\int_0^{\frac{\pi}{2}}\sin^n x\,dx\right)^{\frac{1}{n}}=1.$$

（3）当 f 恒等于零时，结论显然成立. 现假设 f 不恒等于零.

由于 f 在 $[a,b]$ 上连续，则在 $[a,b]$ 上取到最大值，记

$$f(x_0)=\max_{a\leqslant x\leqslant b}f(x),$$

此时 $f(x_0)>0$. 显然

$$\left(\int_a^b f^n(x)g(x)\,dx\right)^{\frac{1}{n}}\leqslant f(x_0)\left(\int_a^b g(x)\,dx\right)^{\frac{1}{n}}.$$

对于任意给定的 $\varepsilon>0$（不妨设 $0<\varepsilon<f(x_0)$），因为 f 在 x_0 点连续，所以存在区间 $[\alpha,\beta]\subset[a,b]$，使得在 $[\alpha,\beta]$ 上成立

$$f(x)>f(x_0)-\varepsilon.$$

于是

$$\left(\int_a^b f^n(x)g(x)\,dx\right)^{\frac{1}{n}}\geqslant\left(\int_\alpha^\beta f^n(x)g(x)\,dx\right)^{\frac{1}{n}}\geqslant(f(x_0)-\varepsilon)\left(\int_\alpha^\beta g(x)\,dx\right)^{\frac{1}{n}}.$$

因为 $\lim\limits_{n\to\infty}\left(\int_a^b g(x)\,dx\right)^{\frac{1}{n}}=1,\ \lim\limits_{n\to\infty}\left(\int_\alpha^\beta g(x)\,dx\right)^{\frac{1}{n}}=1$，所以存在 $N>0$，当 $n>N$ 时，成立

$$\left(\int_a^b g(x)\,dx\right)^{\frac{1}{n}}<\frac{f(x_0)+\varepsilon}{f(x_0)},\ \text{以及}\ \left(\int_\alpha^\beta g(x)\,dx\right)^{\frac{1}{n}}>\frac{f(x_0)-2\varepsilon}{f(x_0)-\varepsilon},$$

于是当 $n>N$ 时，成立

$$f(x_0)-2\varepsilon\leqslant\left(\int_a^b f^n(x)g(x)\,dx\right)^{\frac{1}{n}}\leqslant f(x_0)+\varepsilon,$$

因此

$$\left|\left(\int_a^b f^n(x)g(x)\,dx\right)^{\frac{1}{n}}-f(x_0)\right|\leqslant 2\varepsilon.$$

由极限的定义知

$$\lim_{n\to\infty}\left(\int_a^b f^n(x)g(x)\,dx\right)^{\frac{1}{n}}=f(x_0)=\max_{a\leqslant x\leqslant b}f(x).$$

例 3.1.8 利用定积分证明：当 $p>0$ 时，$\lim\limits_{n\to\infty}\dfrac{1+2^p+\cdots+n^p}{n^{p+1}}=\dfrac{1}{p+1}$.

证 记 $x_k=\dfrac{k}{n}\ (k=0,1,\cdots,n)$，$\Delta x_k=x_k-x_{k-1}=\dfrac{1}{n}$，则由定积分的定义得

$$\lim_{n\to\infty}\frac{1+2^p+\cdots+n^p}{n^{p+1}}=\lim_{n\to\infty}\sum_{k=1}^n x_k^p\Delta x_k=\int_0^1 x^p\,dx=\frac{1}{p+1}.$$

例 3.1.9 计算

$$\lim_{n\to\infty}\left[\frac{1+\ln\left(1+\dfrac{1}{n}\right)}{n+\dfrac{1}{1}}+\frac{1+\ln\left(1+\dfrac{2}{n}\right)}{n+\dfrac{1}{2}}+\cdots+\frac{1+\ln\left(1+\dfrac{n}{n}\right)}{n+\dfrac{1}{n}}\right].$$

解 由于

$$\frac{1+\ln\left(1+\dfrac{1}{n}\right)}{n+\dfrac{1}{1}}+\frac{1+\ln\left(1+\dfrac{2}{n}\right)}{n+\dfrac{1}{2}}+\cdots+\frac{1+\ln\left(1+\dfrac{n}{n}\right)}{n+\dfrac{1}{n}}$$

$$<\frac{1+\ln\left(1+\dfrac{1}{n}\right)}{n}+\frac{1+\ln\left(1+\dfrac{2}{n}\right)}{n}+\cdots+\frac{1+\ln\left(1+\dfrac{n}{n}\right)}{n},$$

且

$$\frac{1+\ln\left(1+\dfrac{1}{n}\right)}{n+\dfrac{1}{1}}+\frac{1+\ln\left(1+\dfrac{2}{n}\right)}{n+\dfrac{1}{2}}+\cdots+\frac{1+\ln\left(1+\dfrac{n}{n}\right)}{n+\dfrac{1}{n}}$$

$$\geqslant\frac{1+\ln\left(1+\dfrac{1}{n}\right)}{n+1}+\frac{1+\ln\left(1+\dfrac{2}{n}\right)}{n+1}+\cdots+\frac{1+\ln\left(1+\dfrac{n}{n}\right)}{n+1}.$$

而由定积分的定义得

$$\lim_{n\to\infty}\left[\frac{1+\ln\left(1+\dfrac{1}{n}\right)}{n}+\frac{1+\ln\left(1+\dfrac{2}{n}\right)}{n}+\cdots+\frac{1+\ln\left(1+\dfrac{n}{n}\right)}{n}\right]=\int_0^1[1+\ln(1+x)]\mathrm{d}x,$$

以及

$$\lim_{n\to\infty}\left[\frac{1+\ln\left(1+\dfrac{1}{n}\right)}{n+1}+\frac{1+\ln\left(1+\dfrac{2}{n}\right)}{n+1}+\cdots+\frac{1+\ln\left(1+\dfrac{n}{n}\right)}{n+1}\right]$$

$$=\lim_{n\to\infty}\left[\frac{1+\ln\left(1+\dfrac{1}{n}\right)}{n}+\frac{1+\ln\left(1+\dfrac{2}{n}\right)}{n}+\cdots+\frac{1+\ln\left(1+\dfrac{n}{n}\right)}{n}\right]\cdot\frac{n}{n+1}$$

$$=\int_0^1[1+\ln(1+x)]\mathrm{d}x.$$

所以由极限的夹逼性质得

$$\lim_{n\to\infty}\left[\frac{1+\ln\left(1+\dfrac{1}{n}\right)}{n+\dfrac{1}{1}}+\frac{1+\ln\left(1+\dfrac{2}{n}\right)}{n+\dfrac{1}{2}}+\cdots+\frac{1+\ln\left(1+\dfrac{n}{n}\right)}{n+\dfrac{1}{n}}\right]$$

$$= \int_0^1 \left[1 + \ln(1+x) \right] \mathrm{d}x = (1+x)\ln(1+x) \mid_0^1 = 2\ln2.$$

例 3.1.10 设 $\varphi(x)$ 是 $[-a,a]$ 上的连续正值函数，定义

$$f(x) = \int_{-a}^{a} \mid x - t \mid \varphi(t)\mathrm{d}t, \quad x \in [-a,a].$$

证明曲线 $y = f(x)$ 在 $[-a,a]$ 上是下凸的.

证 利用定积分的性质，得

$$f(x) = \int_{-a}^{x} \mid x - t \mid \varphi(t)\mathrm{d}t + \int_{x}^{a} \mid x - t \mid \varphi(t)\mathrm{d}t$$

$$= \int_{-a}^{x} (x-t)\varphi(t)\mathrm{d}t + \int_{x}^{a} (t-x)\varphi(t)\mathrm{d}t$$

$$= x\int_{-a}^{x} \varphi(t)\mathrm{d}t - \int_{-a}^{x} t\varphi(t)\mathrm{d}t + \int_{x}^{a} t\varphi(t)\mathrm{d}t - x\int_{x}^{a} \varphi(t)\mathrm{d}t.$$

于是

$$f'(x) = \int_{-a}^{x} \varphi(t)\mathrm{d}t + x\varphi(x) - x\varphi(x) - x\varphi(x) - \left[\int_{x}^{a} \varphi(t)\mathrm{d}t - x\varphi(x) \right]$$

$$= \int_{-a}^{x} \varphi(t)\mathrm{d}t - \int_{x}^{a} \varphi(t)\mathrm{d}t.$$

所以

$$f''(x) = \varphi(x) - \left[-\varphi(x) \right] = 2\varphi(x) > 0, \quad x \in [-a,a].$$

因此曲线 $y = f(x)$ 在 $[-a,a]$ 上是下凸的.

例 3.1.11 设函数 $f(x), g(x)$ 在 $[a,b]$ 上连续，且 $g(x)$ 不变号. 证明：存在 $\xi \in [a,b]$，使得

$$\int_a^b f(x)g(x)\mathrm{d}x = f(\xi)\int_a^b g(x)\mathrm{d}x.$$

证 因为 $f(x)$ 在 $[a,b]$ 上连续，所以在 $[a,b]$ 上可取到最大值和最小值，设 m, M 分别是 $f(x)$ 的最小值和最大值，则 $m \leqslant f(x) \leqslant M, x \in [a,b]$. 设 $g(x) \geqslant 0$，则

$$m\int_a^b g(x)\mathrm{d}x \leqslant \int_a^b f(x)g(x)\mathrm{d}x \leqslant M\int_a^b g(x)\mathrm{d}x,$$

或

$$m \leqslant \frac{\int_a^b f(x)g(x)\mathrm{d}x}{\int_a^b g(x)\mathrm{d}x} \leqslant M.$$

由连续函数的介值定理，存在 $\xi \in [a,b]$，使 $f(\xi) = \dfrac{\int_a^b f(x)g(x)\mathrm{d}x}{\int_a^b g(x)\mathrm{d}x}$，这也就是

$$\int_a^b f(x) g(x) \mathrm{d}x = f(\xi) \int_a^b g(x) \mathrm{d}x.$$

例 3. 1. 12 求极限 $\lim\limits_{n \to \infty} \int_n^{n+a} \dfrac{\cos x}{x} \mathrm{d}x$ （a 为正常数）.

解 由上例的结论知

$$\int_n^{n+a} \frac{\cos x}{x} \mathrm{d}x = \cos \xi \int_n^{n+a} \frac{1}{x} \mathrm{d}x = \cos \xi \ln \frac{n+a}{n},$$

这里 $n \leqslant \xi \leqslant n + a$. 注意到 $\cos x$ 有界, $\ln \dfrac{n+a}{n} \to 0$ （$n \to \infty$）. 所以

$$\lim_{n \to \infty} \int_n^{n+a} \frac{\cos x}{x} \mathrm{d}x = 0.$$

例 3. 1. 13 设函数 $f(x)$ 在 $[0,1]$ 上连续, 且 $f(x) \leqslant 1$ （$x \in [0,1]$）. 证明: 方程

$$2x - \int_0^x f(t) \mathrm{d}t = 1$$

在 $[0,1]$ 上仅有一个实根.

证 作函数 $F(x) = 2x - \int_0^x f(t) \mathrm{d}t - 1$ （$x \in [0,1]$）. 由积分中值定理得, 存在 $\eta \in [0,1]$, 使得 $\int_0^1 f(t) \mathrm{d}t = f(\eta)$. 由于 $f(x) \leqslant 1$ （$x \in [0,1]$）, 因此

$$F(1) = 2 - \int_0^1 f(t) \mathrm{d}t - 1 = 1 - f(\eta) \geqslant 0.$$

若 $f(\eta) = 1$, 则 $F(1) = 0$.

若 $f(\eta) < 1$, 则 $F(1) > 0$. 因为 $F(0) = -1 < 0$, 所以由零点存在定理知, 存在 $\xi \in (0,1)$, 使得 $F(\xi) = 0$.

总之, 总有 $\xi \in [0,1]$, 使得 $F(\xi) = 0$. 又因为 $F'(x) = 2 - f(x) > 0$, $x \in [0,1]$, 所以 $F(x)$ 在 $[0,1]$ 上严格单调增加. 因此在 $[0,1]$ 上仅有一个 ξ, 使得 $F(\xi) = 0$, 即方程

$$2x - \int_0^x f(t) \mathrm{d}t = 1$$

在 $[0,1]$ 上仅有一个根.

例 3. 1. 14（Cauchy 不等式） 设函数 $f(x), g(x)$ 在 $[a,b]$ 上连续, 则成立

$$\left(\int_a^b f(x) g(x) \mathrm{d}x \right)^2 \leqslant \int_a^b f^2(x) \mathrm{d}x \int_a^b g^2(x) \mathrm{d}x.$$

证法一 显然对于每个 $t \in \mathbf{R}$, 有 $\int_a^b (f(x) + tg(x))^2 \mathrm{d}x \geqslant 0$, 即

$$\int_a^b f^2(x) \mathrm{d}x + 2t \int_a^b f(x) g(x) \mathrm{d}x + t^2 \int_a^b g^2(x) \mathrm{d}x \geqslant 0.$$

所以其判别式

$$\Delta = 4\left(\int_a^b f(x)g(x)\,\mathrm{d}x\right)^2 - 4\int_a^b f^2(x)\,\mathrm{d}x \int_a^b g^2(x)\,\mathrm{d}x \le 0,$$

即

$$\left(\int_a^b f(x)g(x)\,\mathrm{d}x\right)^2 \le \int_a^b f^2(x)\,\mathrm{d}x \int_a^b g^2(x)\,\mathrm{d}x.$$

证法二 作函数 $F(t) = \int_a^t f^2(x)\,\mathrm{d}x \int_a^t g^2(x)\,\mathrm{d}x - \left(\int_a^t f(x)g(x)\,\mathrm{d}x\right)^2, t \in [a,b]$,

则

$$F'(t) = f^2(t)\int_a^t g^2(x)\,\mathrm{d}x + g^2(t)\int_a^t f^2(x)\,\mathrm{d}x - 2f(t)g(t)\int_a^t f(x)g(x)\,\mathrm{d}x$$

$$= \int_a^t [f(t)g(x) - f(x)g(t)]^2\,\mathrm{d}x \ge 0,$$

所以 F 在 $[a,b]$ 上单调增加,因此有 $F(b) \ge F(a) = 0$,即

$$\left(\int_a^b f(x)g(x)\,\mathrm{d}x\right)^2 \le \int_a^b f^2(x)\,\mathrm{d}x \int_a^b g^2(x)\,\mathrm{d}x.$$

注 从 Cauchy 不等式立即得到:

(1) 设函数 $f(x)$ 在 $[a,b]$ 上连续,则

$$\left(\int_a^b f(x)\,\mathrm{d}x\right)^2 \le \int_a^b 1^2\,\mathrm{d}x \int_a^b f^2(x)\,\mathrm{d}x \le (b-a)\int_a^b f^2(x)\,\mathrm{d}x.$$

(2) (**Minkowski 不等式**) 设函数 f 和 g 在 $[a,b]$ 上连续,则

$$\left[\int_a^b (f(x) + g(x))^2\,\mathrm{d}x\right]^{\frac{1}{2}} \le \left[\int_a^b f^2(x)\,\mathrm{d}x\right]^{\frac{1}{2}} + \left[\int_a^b g^2(x)\,\mathrm{d}x\right]^{\frac{1}{2}}.$$

例 3.1.15 设正值函数 $f(x)$ 在 $[a,b]$ 上连续,$\int_a^b f(x)\,\mathrm{d}x = A$,证明:

$$\int_a^b f(x)\mathrm{e}^{f(x)}\,\mathrm{d}x \cdot \int_a^b \frac{1}{f(x)}\,\mathrm{d}x \ge (b-a)(b-a+A).$$

证 由 Cauchy 不等式,可得

$$\int_a^b f(x)\mathrm{e}^{f(x)}\,\mathrm{d}x \cdot \int_a^b \frac{1}{f(x)}\,\mathrm{d}x \ge \left(\int_a^b \sqrt{f(x)}\mathrm{e}^{\frac{1}{2}f(x)}\frac{1}{\sqrt{f(x)}}\,\mathrm{d}x\right)^2$$

$$= \left(\int_a^b \mathrm{e}^{\frac{1}{2}f(x)}\,\mathrm{d}x\right)^2 \ge \left(\int_a^b \left(1 + \frac{1}{2}f(x)\right)\mathrm{d}x\right)^2$$

$$= \left(b - a + \frac{1}{2}A\right)^2 \ge (b-a)(b-a+A),$$

其中利用了不等式 $\mathrm{e}^x \ge 1 + x$.

例 3.1.16 设函数 $f(x)$ 在 $[a,b]$ 上有连续导数,且 $f(a) = 0$. 证明

$$\int_a^b [f(x)]^2\,\mathrm{d}x \le \frac{(b-a)^2}{2}\int_a^b [f'(x)]^2\,\mathrm{d}x.$$

证　因为 $f(a) = 0$，所以由 Newton-Leibniz 公式知，对于每个 $x \in [a,b]$，有

$$f(x) = f(x) - f(a) = \int_a^x f'(t)\mathrm{d}t.$$

因此由 Cauchy 不等式得到

$$[f(x)]^2 = \left(\int_a^x f'(t)\mathrm{d}t\right)^2 \leqslant (x-a)\int_a^x [f'(t)]^2\mathrm{d}t \leqslant (x-a)\int_a^b [f'(t)]^2\mathrm{d}t.$$

在上式取积分便得

$$\int_a^b [f(x)]^2\mathrm{d}x \leqslant \int_a^b \left\{(x-a)\int_a^b [f'(t)]^2\mathrm{d}t\right\}\mathrm{d}x$$

$$= \int_a^b (x-a)\mathrm{d}x \cdot \int_a^b [f'(t)]^2\mathrm{d}t \leqslant \frac{(b-a)^2}{2}\int_a^b [f'(x)]^2\mathrm{d}x.$$

例 3.1.17　设函数 f 在 $[0,1]$ 上连续，在 $(0,1)$ 内可导，且 $f(0) = f(1) = 0$，$|f'(x)| \leqslant 4$. 证明：$\int_0^1 |f(x)|\,\mathrm{d}x \leqslant 1$.

证　设 $x \in (0,1)$，对 $f(x)$ 分别在 $[0,x]$，$[x,1]$ 上应用 Lagrange 中值定理，得

$$f(x) - f(0) = f'(\xi)x, \quad 0 < \xi < x,$$

以及

$$f(x) - f(1) = f'(\eta)(x-1), \quad x < \eta < 1.$$

因此

$$|f(x)| \leqslant 4x, \quad |f(x)| \leqslant 4(1-x).$$

于是

$$\int_0^1 |f(x)|\,\mathrm{d}x = \int_0^{\frac{1}{2}} |f(x)|\,\mathrm{d}x + \int_{\frac{1}{2}}^1 |f(x)|\,\mathrm{d}x \leqslant \int_0^{\frac{1}{2}} 4x\mathrm{d}x + \int_{\frac{1}{2}}^1 4(1-x)\mathrm{d}x = 1.$$

例 3.1.18　设函数 f 在 $[a,b]$ 上具有连续导数，证明

$$\max_{a \leqslant x \leqslant b} |f(x)| \leqslant \frac{1}{b-a}\left|\int_a^b f(x)\mathrm{d}x\right| + \int_a^b |f'(x)|\mathrm{d}x.$$

证　由积分中值定理知，存在 $\xi \in [a,b]$，使得

$$f(\xi) = \frac{1}{b-a}\int_a^b f(x)\mathrm{d}x.$$

对于每个 $x \in [a,b]$，由 Newton-Leibniz 公式得

$$f(x) - f(\xi) = \int_\xi^x f'(x)\mathrm{d}x.$$

因此

$$|f(x)| \leqslant |f(\xi)| + \left|\int_\xi^x f'(x)\mathrm{d}x\right| = \frac{1}{b-a}\left|\int_a^b f(x)\mathrm{d}x\right| + \left|\int_\xi^x f'(x)\mathrm{d}x\right|$$

$$\leqslant \frac{1}{b-a}\left|\int_a^b f(x)\mathrm{d}x\right| + \left|\int_\xi^x |f'(x)|\,\mathrm{d}x\right| \leqslant \frac{1}{b-a}\left|\int_a^b f(x)\mathrm{d}x\right| + \int_a^b |f'(x)|\,\mathrm{d}x.$$

于是由 $x \in [a,b]$ 的任意性,便得

$$\max_{a\leqslant x\leqslant b} |f(x)| \leqslant \frac{1}{b-a}\left|\int_a^b f(x)\mathrm{d}x\right| + \int_a^b |f'(x)|\mathrm{d}x.$$

例 3.1.19 (1) 证明

$$\ln \sqrt{2n+1} < 1 + \frac{1}{3} + \cdots + \frac{1}{2n-1} \leqslant 1 + \ln \sqrt{2n-1} \quad (n = 1,2,\cdots);$$

(2) 求极限 $\displaystyle\lim_{n\to\infty} \frac{1}{\ln n}\int_0^{\frac{\pi}{2}} \frac{\sin^2 nx}{\sin x}\mathrm{d}x.$

解 (1) 证 利用

$$\frac{2}{2k+1} < \int_{2k-1}^{2k+1} \frac{1}{x}\mathrm{d}x < \frac{2}{2k-1}, \quad k = 1,2,\cdots,$$

可得

$$1 + \frac{1}{3} + \cdots + \frac{1}{2n-1} \leqslant 1 + \frac{1}{2}\int_1^{2n-1} \frac{\mathrm{d}x}{x} = 1 + \ln \sqrt{2n-1},$$

以及

$$1 + \frac{1}{3} + \cdots + \frac{1}{2n-1} > \frac{1}{2}\int_1^{2n+1} \frac{\mathrm{d}x}{x} = \ln \sqrt{2n+1}, \quad n = 1,2,\cdots.$$

(2) **解** 由于

$$\frac{\sin^2 nx}{\sin x} = \frac{1 - \cos 2nx}{2\sin x}$$

$$= \frac{1}{2\sin x}\sum_{k=0}^{n-1} [\cos 2kx - \cos 2(k+1)x]$$

$$= \frac{1}{\sin x}\sum_{k=0}^{n-1} \sin(2k+1)x\sin x = \sum_{k=0}^{n-1} \sin(2k+1)x,$$

注意到 $\displaystyle\int_0^{\frac{\pi}{2}} \sin(2k+1)x\mathrm{d}x = \left.\frac{-1}{2k+1}\cos(2k+1)x\right|_0^{\frac{\pi}{2}} = \frac{1}{2k+1}$,便得

$$\int_0^{\frac{\pi}{2}} \frac{\sin^2 nx}{\sin x}\mathrm{d}x = \int_0^{\frac{\pi}{2}} \sum_{k=0}^{n-1} \sin(2k+1)x\mathrm{d}x = \sum_{k=0}^{n-1}\int_0^{\frac{\pi}{2}} \sin(2k+1)x\mathrm{d}x = \sum_{k=0}^{n-1} \frac{1}{2k+1}.$$

利用(1)的结果,可得

$$\frac{1}{2}\frac{\ln(2n+1)}{\ln n} < \frac{1}{\ln n}\int_0^{\frac{\pi}{2}} \frac{\sin^2 nx}{\sin x}\mathrm{d}x < \frac{1}{\ln n} + \frac{1}{2}\frac{\ln(2n-1)}{\ln n}.$$

而由 L'Hospital 法则得

$$\lim_{x\to+\infty} \frac{\ln(2x+1)}{\ln x} = \lim_{x\to+\infty} \frac{\frac{2}{2x+1}}{\frac{1}{x}} = 1, \quad \lim_{x\to+\infty} \frac{\ln(2x-1)}{\ln x} = \lim_{x\to+\infty} \frac{\frac{2}{2x-1}}{\frac{1}{x}} = 1,$$

所以

$$\lim_{n\to\infty}\frac{1}{2}\frac{\ln(2n+1)}{\ln n}=\lim_{n\to\infty}\left[\frac{1}{\ln n}+\frac{1}{2}\frac{\ln(2n-1)}{\ln n}\right]=\frac{1}{2}.$$

由极限的夹逼性质,便得

$$\lim_{n\to\infty}\frac{1}{\ln n}\int_0^{\frac{\pi}{2}}\frac{\sin^2 nx}{\sin x}\mathrm{d}x=\frac{1}{2}.$$

习　题

1. 试用定积分表示下列各个极限:

(1) $\displaystyle\lim_{n\to\infty}\frac{1}{n^4}\sum_{k=1}^{n}k^3$;

(2) $\displaystyle\lim_{n\to\infty}\frac{1}{n}\sum_{k=1}^{n}\frac{nk}{n^2+k^2}$;

(3) $\displaystyle\lim_{n\to\infty}\frac{1}{n}\sum_{k=1}^{n}\frac{k}{\sqrt{n^2+k^2}}$;

(4) $\displaystyle\lim_{n\to\infty}\frac{1}{n}\sqrt[n]{(n+1)(n+2)\cdots(2n)}$.

2. 证明下列不等式:

(1) $\dfrac{1}{2}<\displaystyle\int_0^{\frac{1}{2}}\frac{1}{\sqrt{1-x^3}}\mathrm{d}x<\frac{\pi}{6}$;

(2) $2<\displaystyle\int_{-1}^{1}\sqrt{1+x^6}\mathrm{d}x<\frac{5}{2}$.

3. 计算下列导数:

(1) $\dfrac{\mathrm{d}}{\mathrm{d}x}\displaystyle\int_0^{\tan2x}\sqrt{1+t^2}\mathrm{d}t$;

(2) $\dfrac{\mathrm{d}}{\mathrm{d}x}\displaystyle\int_{-x}^{\ln(1+x)}\ln(1+t^2)\,\mathrm{d}t$.

4. 求下列极限:

(1) $\displaystyle\lim_{x\to0}\frac{\displaystyle\int_0^x\sin^2 t\mathrm{d}t}{x^2\ln(1+x)}$;

(2) $\displaystyle\lim_{x\to0}\frac{\displaystyle\int_0^{\sin2x}(\mathrm{e}^{t^2}-1)\mathrm{d}t}{x^2\sin x}$.

5. 计算下列定积分:

(1) $\displaystyle\int_0^{\frac{\pi}{4}}\sin2x\mathrm{d}x$;

(2) $\displaystyle\int_0^{\frac{\pi}{2}}\frac{\cos x}{1+\sin x}\mathrm{d}x$;

(3) $\displaystyle\int_0^1\frac{x\mathrm{d}x}{\sqrt{1+x^2}}$;

(4) $\displaystyle\int_1^e(1+\ln x)\mathrm{d}x$.

6. 证明方程 $\displaystyle\int_0^x\sqrt{1+t^4}\mathrm{d}t+\int_{\cos x}^0\mathrm{e}^{-t^2}\mathrm{d}t=0$ 有且只有一个实根.

7. 设函数 $f(x)$ 在 $\left[-\dfrac{1}{a},a\right]$ 上非负连续 $(a>0)$,且 $\displaystyle\int_{-\frac{1}{a}}^{a}xf(x)\mathrm{d}x=0$,证明:

$$\int_{-\frac{1}{a}}^{a}x^2f(x)\mathrm{d}x\leqslant\int_{-\frac{1}{a}}^{a}f(x)\mathrm{d}x.$$

8. 设 $f(x)$ 在 $[0,+\infty]$ 上连续,且单调递增,证明:对于任意给定的 $b>a>0$,成立

$$\int_a^b xf(x)\mathrm{d}x\geqslant\frac{1}{2}\left(b\int_0^b f(x)\mathrm{d}x-a\int_0^a f(x)\mathrm{d}x\right).$$

9. 设函数 $f(x)$ 在 $[a,b]$ 上连续,且 $f(x)>0$. 证明: $\displaystyle\int_a^b f(x)\mathrm{d}x\int_a^b\frac{\mathrm{d}x}{f(x)}\geqslant(b-a)^2$.

10. 设函数 $f(x)$ 在 $[a,b]$ 上导数连续,且 $f(a) = f(b) = 0$. 证明:

$$\frac{4}{(b-a)^2}\int_a^b |f(x)| \, dx \leqslant \max_{a \leqslant x \leqslant b} |f'(x)|.$$

11. 设函数 f 在 $[0,1]$ 上导数连续,且 $f(0) = f(1) = 0$. 证明

$$\int_0^1 f^2(x) \, dx \leqslant \frac{1}{8}\int_0^1 [f'(x)]^2 \, dx.$$

12. 确定常数 a,b,c,使得 $\lim\limits_{x\to 0} \dfrac{1}{\ln(a+bx)} \displaystyle\int_0^x \dfrac{t^3\cos t}{t + c\sin\dfrac{t}{2}} dt = 2$.

13. 设函数 f 在 $[0,1]$ 上连续,$\displaystyle\int_0^1 f(x)\,dx = 0$,$\displaystyle\int_0^1 xf(x)\,dx = 1$,证明:

(1) 存在 $a \in [0,1]$,使得 $|f(a)| > 4$;

(2) 存在 $b \in [0,1]$,使得 $|f(b)| = 4$.

14. 设函数 f 在 $[0,1]$ 上可导,且 $f(0) = 0, 0 \leqslant f'(x) \leqslant 1$. 证明

$$\int_0^1 f^3(x)\,dx \leqslant \left[\int_0^1 f(x)\,dx\right]^2.$$

15. 设函数 f 和 g 在 $[a,b]$ 上连续,p,q 是满足 $\dfrac{1}{p} + \dfrac{1}{q} = 1$ 的正数. 利用 Young 不等式

$$st \leqslant \frac{1}{p}s^p + \frac{1}{q}t^q \quad (s,t \geqslant 0)$$

证明 Hölder 不等式

$$\int_a^b |f(x)g(x)| \, dx \leqslant \left(\int_a^b |f(x)|^p dx\right)^{\frac{1}{p}} \left(\int_a^b |g(x)|^q dx\right)^{\frac{1}{q}}.$$

16. 设函数 f 在 $[a,b]$ 上连续,且在 (a,b) 上成立 $f(x) \neq 0$. 证明:

(1) 存在 $\xi \in (a,b)$,使得

$$\frac{b^2 - a^2}{\displaystyle\int_a^b f(x)\,dx} = \frac{2\xi}{f(\xi)};$$

(2) 若 f 还在 (a,b) 上可导,且 $f(a) = 0$,则存在与 (1) 中 ξ 相异的 $\eta \in (a,b)$,使得

$$f'(\eta)(b^2 - a^2) = \frac{2\xi}{\xi - a}\int_a^b f(x)\,dx.$$

17. 设函数 f 在 $[-a,a]$ 上非负连续 $(a > 0)$,且 $\displaystyle\int_{-a}^a f(x)\,dx = \int_{-a}^a x^2 f(x)\,dx = 1$,$\displaystyle\int_{-a}^a xf(x)\,dx = 0$.

证明:对于任意给定的 $u \in [-a,0]$,成立

$$\int_{-a}^u f(x)\,dx \leqslant \frac{1}{1+u^2}.$$

18. 设 $f(x) = \cos x$,若 $B = \lim\limits_{n\to\infty}\left[\displaystyle\sum_{k=1}^n f\left(\frac{k}{n}\right) - An\right]$ 存在,求常数 A,B.

§3.2 不定积分的计算

一、不定积分的概念

定义 3.2.1 函数 $f(x)$ 的原函数全体称作 $f(x)$ 的不定积分,记作 $\int f(x)\mathrm{d}x$.

因此,如果 $F(x)$ 是 $f(x)$ 的一个原函数,即 $F'(x) = f(x)$,则

$$\int f(x)\mathrm{d}x = F(x) + c,$$

其中 c 为任意常数.

求不定积分的运算恰是求导运算(或求微分运算)的逆运算,即

$$\left(\int f(x)\mathrm{d}x\right)' = f(x), \quad \int F'(x)\mathrm{d}x = F(x) + c;$$

亦即

$$\mathrm{d}\left(\int f(x)\mathrm{d}x\right) = f(x)\mathrm{d}x, \quad \int \mathrm{d}F(x) = F(x) + c.$$

二、基本不定积分表

(1) $\int x^{\alpha}\mathrm{d}x = \dfrac{1}{\alpha + 1}x^{\alpha+1} + c \ (\alpha \neq -1)$;

(2) $\int \dfrac{1}{x}\mathrm{d}x = \ln|x| + c$;

(3) $\int a^{x}\mathrm{d}x = \dfrac{1}{\ln a}a^{x} + c \quad (a > 0, a \neq 1)$,特别地 $\int e^{x}\mathrm{d}x = e^{x} + c$;

(4) $\int \sin x\mathrm{d}x = -\cos x + c$;

(5) $\int \cos x\mathrm{d}x = \sin x + c$;

(6) $\int \sec^{2}x\mathrm{d}x = \tan x + c$;

(7) $\int \csc^{2}x\mathrm{d}x = -\cot x + c$;

(8) $\int \sec x\tan x\mathrm{d}x = \sec x + c$;

(9) $\int \csc x\cot x\mathrm{d}x = -\csc x + c$;

(10) $\displaystyle\int \frac{1}{\sqrt{1-x^2}}\mathrm{d}x = \arcsin x + c$;

(11) $\displaystyle\int \frac{1}{1+x^2}\mathrm{d}x = \arctan x + c$;

(12) $\displaystyle\int \mathrm{sh}x\mathrm{d}x = \mathrm{ch}x + c$;

(13) $\displaystyle\int \mathrm{ch}x\mathrm{d}x = \mathrm{sh}x + c$.

三、不定积分的线性性质

定理 3.2.1　设函数 $f(x)$ 和 $g(x)$ 的原函数都存在,α,β 是两个常数,则

$$\int [\alpha f(x) + \beta g(x)]\mathrm{d}x = \alpha\int f(x)\mathrm{d}x + \beta\int g(x)\mathrm{d}x.$$

四、第一类换元积分法(凑微分法)

定理 3.2.2　设 $\int f(u)\mathrm{d}u = F(u) + c$,$\varphi$ 是可微函数,则

$$\int f[\varphi(x)]\varphi'(x)\mathrm{d}x = F[\varphi(x)] + c.$$

实施第一类换元法的过程为:令 $u = \varphi(x)$,那么

$$\int f[\varphi(x)]\varphi'(x)\mathrm{d}x = \int f[\varphi(x)]\mathrm{d}\varphi(x) = \int f(u)\mathrm{d}u$$
$$= F(u) + c = F(\varphi(x)) + c.$$

五、第二类换元积分法

定理 3.2.3　设函数 $f(x)$ 连续,函数 $\varphi(x)$ 具有连续导数,$\varphi^{-1}(x)$ 存在且可导,而且

$$\int f[\varphi(u)]\varphi'(u)\mathrm{d}u = F(u) + c,$$

则

$$\int f(x)\mathrm{d}x = F[\varphi^{-1}(x)] + c.$$

实施第二类换元法的过程为:令 $x = \varphi(t)$,那么

$$\int f(x)\mathrm{d}x = \int f[\varphi(u)]\varphi'(u)\mathrm{d}u = F(u) + c = F[\varphi^{-1}(x)] + c.$$

六、分部积分法

定理 3.2.4　设 $u = u(x)$,$v = v(x)$ 具有连续导数,则有分部积分公式

$$\int u'v\mathrm{d}x = uv - \int uv'\mathrm{d}x,$$

或

$$\int v\mathrm{d}u = uv - \int u\mathrm{d}v.$$

七、有理函数的积分

多项式之商称之为**有理函数**. 设 $P_m(x)$ 和 $Q_n(x)$ 分别是 m 次和 n 次多项式. 在计算 $\dfrac{P_m(x)}{Q_n(x)}$ 的不定积分时, 可以先将它化为多项式与真分式(即 $m < n$ 情形) 之和, 而多项式部分的积分毫无困难. 对于真分式的情况, 关键在于再把它拆分成简单分式的代数和, 即, 如果在实数域上作 $Q_n(x)$ 的因式分解, 则其因子或为 $(x - a)^k$ $(k \geqslant 1)$, 或为 $(x^2 + \alpha x + \beta)^k$ $(\alpha^2 - 4\beta < 0, k \geqslant 1)$ 的形式, 于是有理函数 $\dfrac{P_m(x)}{Q_n(x)}(m < n)$ 可以表示成以下 4 种形式的简单分式的代数和:

(1) $\dfrac{1}{x - a}$;

(2) $\dfrac{1}{(x - a)^k}$ $(k \geqslant 2)$;

(3) $\dfrac{Ax + B}{x^2 + \alpha x + \beta}$;

(4) $\dfrac{Ax + B}{(x^2 + \alpha x + \beta)^k}$ $(k \geqslant 2)$.

而这 4 类简单分式的不定积分可以通过适当方法计算出来.

八、三角函数有理式的积分

三角函数有理式指形如 $R(\sin x, \cos x)$ 的函数, 其中 $R(u, v)$ 是二元有理函数, 即两个关于 u, v 的二元多项式之商.

任何三角函数有理式的积分

$$\int R(\sin x, \cos x)\mathrm{d}x$$

都可以通过万能代换 $t = \tan\dfrac{x}{2}$ 化为关于 t 的有理函数的积分. 此时 $x = 2\arctan t$, $\mathrm{d}x = \dfrac{2}{1 + t^2}\mathrm{d}t, \sin x = \dfrac{2t}{1 + t^2}, \cos x = \dfrac{1 - t^2}{1 + t^2}$. 因此

$$\int R(\sin x, \cos x)\mathrm{d}x = \int R\left(\frac{2t}{1 + t^2}, \frac{1 - t^2}{1 + t^2}\right)\frac{2\mathrm{d}t}{1 + t^2},$$

右面的积分就是有理函数的积分.

九、某些无理函数的积分

某些无理函数的积分可以通过适当的变量代换,化为有理函数的积分.

常见的一类积分形如

$$\int R\left(x, \sqrt[n]{\frac{ax+b}{cx+e}}\right)\mathrm{d}x \quad (ae-bc \neq 0),$$

其中 $R(x,y)$ 表示两个变量 x,y 的有理函数,即两个关于 x,y 的二元多项式之商.

作变量代换 $t = \sqrt[n]{\frac{ax+b}{cx+e}}$,则 $x = \varphi(t) = \frac{b-et^n}{ct^n-a}$,因而由

$$\int R\left(x, \sqrt[n]{\frac{ax+b}{cx+e}}\right)\mathrm{d}x = \int R(\varphi(t),t)\varphi'(t)\mathrm{d}t,$$

便化为关于 t 的有理函数的积分,用前面介绍的方法总可以将它求出来.

另一类是形如

$$\int R(x, \sqrt{ax^2+bx+c})\mathrm{d}x,$$

其中当 $a > 0$ 时,$b^2-4ac \neq 0$;当 $a < 0$ 时,$b^2-4ac > 0$. 由于

$$ax^2+bx+c = a\left[\left(x+\frac{b}{2a}\right)^2 + \frac{4ac-b^2}{4a^2}\right],$$

记 $k^2 = \left|\frac{4ac-b^2}{2a^2}\right|$,因此通过变量代换 $u = x + \frac{b}{2a}$,可将上述积分化为以下 3 种形式的积分之一:

$$\int R(u, \sqrt{u^2+k^2})\mathrm{d}u, \int R(u, \sqrt{u^2-k^2})\mathrm{d}u, \int R(u, \sqrt{k^2-u^2})\mathrm{d}u.$$

分别作变换 $u = k\tan t, u = k\sec t, u = k\sin t$,便可将它们化为三角函数有理式的积分.

另外,还可作 Euler 变换:

当 $a > 0$ 时,$\sqrt{ax^2+bx+c} = t \pm \sqrt{a}x$;

当 $c > 0$ 时,$\sqrt{ax^2+bx+c} = tx \pm \sqrt{c}$;

当 $ax^2+bx+c = a(x-\lambda)(x-\mu)$ 时,$\sqrt{ax^2+bx+c} = t(x-\lambda)$;

可将 $\int R(x, \sqrt{ax^2+bx+c})\mathrm{d}x$ 化为有理函数的积分.

十、进一步的不定积分表

(1) $\int \sec x \mathrm{d}x = \ln|\sec x + \tan x| + c$;

(2) $\int \csc x \mathrm{d}x = \ln | \csc x - \cot x | + c;$

(3) $\int \dfrac{\mathrm{d}x}{x^2 - a^2} = \dfrac{1}{2a} \ln \left| \dfrac{x-a}{x+a} \right| + c;$

(4) $\int \dfrac{\mathrm{d}x}{\sqrt{x^2 \pm a^2}} = \ln \left| x + \sqrt{x^2 \pm a^2} \right| + c;$

(5) $\int \sqrt{a^2 - x^2}\, \mathrm{d}x = \dfrac{1}{2} \left[x \sqrt{a^2 - x^2} + a^2 \arcsin \dfrac{x}{a} \right] + c;$

(6) $\int \sqrt{x^2 + a^2}\, \mathrm{d}x = \dfrac{1}{2} \left[x \sqrt{x^2 + a^2} + a^2 \ln(x + \sqrt{x^2 + a^2}) \right] + c;$

(7) $\int \mathrm{e}^{ax} \sin bx \mathrm{d}x = \dfrac{\mathrm{e}^{ax}}{a^2 + b^2} (a \sin bx - b \cos bx) + c;$

(8) $\int \mathrm{e}^{ax} \cos bx \mathrm{d}x = \dfrac{\mathrm{e}^{ax}}{a^2 + b^2} (b \sin bx + a \cos bx) + c.$

例 题 分 析

例 3.2.1 计算下列不定积分:

(1) $\int \left(2x^2 - \dfrac{1}{\sqrt{x}} + 3\sqrt{x} \right) \mathrm{d}x;$ (2) $\int \cot^2 x \mathrm{d}x;$

(3) $\int (2^x + 3^x)^2 \mathrm{d}x;$ (4) $\int \dfrac{x^4}{1 + x^2} \mathrm{d}x.$

解 (1) $\int \left(2x^2 - \dfrac{1}{\sqrt{x}} + 3\sqrt{x} \right) \mathrm{d}x = 2 \int x^2 \mathrm{d}x - \int \dfrac{1}{\sqrt{x}} \mathrm{d}x + 3 \int \sqrt{x} \mathrm{d}x$

$$= \dfrac{2}{3} x^3 - 2\sqrt{x} + 2x^{\frac{3}{2}} + c.$$

(2) $\int \cot^2 x \mathrm{d}x = \int (\csc^2 x - 1) \mathrm{d}x = - \cot x - x + c.$

(3) $\int (2^x + 3^x)^2 \mathrm{d}x = \int (2^{2x} + 2 \cdot 6^x + 3^{2x}) \mathrm{d}x = \dfrac{2^{2x}}{\ln 4} + \dfrac{2}{\ln 6} \cdot 6^x + \dfrac{3^{2x}}{\ln 9} + c.$

(4) $\int \dfrac{x^4}{1 + x^2} \mathrm{d}x = \int \left(x^2 - 1 + \dfrac{1}{1 + x^2} \right) \mathrm{d}x = \dfrac{x^3}{3} - x + \arctan x + c.$

例 3.2.2 计算下列不定积分:

(1) $\int \sin 2x \mathrm{d}x;$ (2) $\int \dfrac{x}{x^2 + 1} \mathrm{d}x;$

(3) $\int \dfrac{\mathrm{d}x}{2x - 1};$ (4) $\int \dfrac{1}{\sqrt{2x + 1}} \mathrm{d}x;$

(5) $\int \dfrac{1}{x\ln^2 x}\mathrm{d}x$;
(6) $\int \mathrm{e}^x \cos(2\mathrm{e}^x)\,\mathrm{d}x$;

(7) $\int \cos^5 x \sin x\,\mathrm{d}x$;
(8) $\int \dfrac{\mathrm{e}^{3\sqrt{x}}}{\sqrt{x}}\mathrm{d}x$.

解　(1) $\int \sin 2x\,\mathrm{d}x = \dfrac{1}{2}\int \sin 2x\,\mathrm{d}(2x) = -\dfrac{1}{2}\cos 2x + c$.

(2) $\int \dfrac{x}{x^2+1}\mathrm{d}x = \dfrac{1}{2}\int \dfrac{\mathrm{d}(x^2+1)}{x^2+1} = \dfrac{1}{2}\ln(x^2+1) + c$.

(3) $\int \dfrac{\mathrm{d}x}{2x-1} = \dfrac{1}{2}\int \dfrac{\mathrm{d}(2x-1)}{2x-1} = \dfrac{1}{2}\ln|2x-1| + c$.

(4) $\int \dfrac{1}{\sqrt{2x+1}}\mathrm{d}x = \dfrac{1}{2}\int \dfrac{1}{\sqrt{2x+1}}\mathrm{d}(2x+1) = \sqrt{2x+1} + c$.

(5) $\int \dfrac{1}{x\ln^2 x}\mathrm{d}x = \int \dfrac{1}{\ln^2 x}\mathrm{d}\ln x = -\dfrac{1}{\ln x} + c$.

(6) $\int \mathrm{e}^x \cos(2\mathrm{e}^x)\,\mathrm{d}x = \dfrac{1}{2}\int \cos(2\mathrm{e}^x)\mathrm{d}(2\mathrm{e}^x) = \dfrac{1}{2}\sin(2\mathrm{e}^x) + c$.

(7) $\int \cos^5 x \sin x\,\mathrm{d}x = -\int \cos^5 x\,\mathrm{d}\cos x = -\dfrac{1}{6}\cos^6 x + c$.

(8) $\int \dfrac{\mathrm{e}^{3\sqrt{x}}}{\sqrt{x}}\mathrm{d}x = \dfrac{2}{3}\int \mathrm{e}^{3\sqrt{x}}\mathrm{d}(3\sqrt{x}) = \dfrac{2}{3}\mathrm{e}^{3\sqrt{x}} + c$.

注　所谓凑微分法, 就是把要计算的积分凑成一个较简单或已知求解方法的积分. 在用基本积分公式时, 要注意形式的一致性.

例 3.2.3　计算下列不定积分:

(1) $\int \sin^2 x\,\mathrm{d}x$;
(2) $\int \sin^3 x\,\mathrm{d}x$;

(3) $\int \sin 5x \sin 7x\,\mathrm{d}x$;
(4) $\int \tan^4 x\,\mathrm{d}x$.

解　(1) $\int \sin^2 x\,\mathrm{d}x = \dfrac{1}{2}\int(1-\cos 2x)\,\mathrm{d}x = \dfrac{x}{2} - \dfrac{1}{4}\sin 2x + c$.

(2) $\int \sin^3 x\,\mathrm{d}x = -\int(1-\cos^2 x)\,\mathrm{d}\cos x = -\cos x + \dfrac{1}{3}\cos^3 x + c$.

注　三角函数幂的积分的要点是降幂.

(3) $\int \sin 5x \sin 7x\,\mathrm{d}x = \int \dfrac{-1}{2}(\cos 12x - \cos 2x)\,\mathrm{d}x$

$\qquad\qquad\qquad = -\dfrac{1}{2}\int \cos 12x\,\mathrm{d}x + \dfrac{1}{2}\int \cos 2x\,\mathrm{d}x$

$\qquad\qquad\qquad = -\dfrac{1}{24}\sin 12x + \dfrac{1}{4}\sin 2x + c$.

(4) $\displaystyle\int \tan^4 x\,\mathrm{d}x = \int(\sec^2 x - 1)\tan^2 x\,\mathrm{d}x = \int \tan^2 x\,\mathrm{d}\tan x - \int \tan^2 x\,\mathrm{d}x$

$\displaystyle\qquad\quad = \int(1 - \sec^2 x)\,\mathrm{d}x + \frac{1}{3}\tan^3 x = x - \tan x + \frac{1}{3}\tan^3 x + c.$

例 3.2.4 计算下列不定积分:

(1) $\displaystyle\int \frac{\mathrm{d}x}{x^2 + 4x + 5}$; (2) $\displaystyle\int \frac{(2x+3)\,\mathrm{d}x}{x^2 + 4x + 5}$; (3) $\displaystyle\int \frac{(2x+3)\,\mathrm{d}x}{\sqrt{x^2 + 2x + 2}}$.

解 (1) $\displaystyle\int \frac{\mathrm{d}x}{x^2 + 4x + 5} = \int \frac{\mathrm{d}(x+2)}{1 + (x+2)^2} = \arctan(x+2) + c.$

(2) $\displaystyle\int \frac{(2x+3)\,\mathrm{d}x}{x^2 + 4x + 5} = \int \frac{\mathrm{d}(x^2 + 4x + 5)}{x^2 + 4x + 5} - \int \frac{\mathrm{d}x}{x^2 + 4x + 5}$

$\displaystyle\qquad\quad = \ln(x^2 + 4x + 5) - \arctan(x+2) + c.$

(3) $\displaystyle\int \frac{(2x+3)\,\mathrm{d}x}{\sqrt{x^2 + 2x + 2}} = \int \frac{\mathrm{d}(x^2 + 2x + 2)}{\sqrt{x^2 + 2x + 2}} + \int \frac{\mathrm{d}(x+1)}{\sqrt{(x+1)^2 + 1}}$

$\displaystyle\qquad\quad = 2\sqrt{x^2 + 2x + 2} + \ln(x + 1 + \sqrt{x^2 + 2x + 2}) + c.$

注 上述类型的积分,总是先处理分子上的一次项,再考虑常数项.

例 3.2.5 计算下列不定积分:

(1) $\displaystyle\int x\arcsin x\,\mathrm{d}x$; (2) $\displaystyle\int x\ln^2 x\,\mathrm{d}x$;

(3) $\displaystyle\int x\sin^2 2x\,\mathrm{d}x$; (4) $\displaystyle\int x^2\cos 3x\,\mathrm{d}x$.

解 (1) 运用分部积分公式,得

$$\int x\arcsin x\,\mathrm{d}x = \frac{1}{2}\int \arcsin x\,\mathrm{d}x^2 = \frac{1}{2}x^2\arcsin x - \frac{1}{2}\int \frac{x^2}{\sqrt{1-x^2}}\,\mathrm{d}x$$

$$= \frac{1}{2}x^2\arcsin x + \frac{1}{2}\int \sqrt{1-x^2}\,\mathrm{d}x - \frac{1}{2}\int \frac{1}{\sqrt{1-x^2}}\,\mathrm{d}x$$

$$= \frac{1}{4}(2x^2 - 1)\arcsin x + \frac{1}{4}x\sqrt{1-x^2} + c,$$

其中运用了公式 $\displaystyle\int \sqrt{1-x^2}\,\mathrm{d}x = \frac{1}{2}\arcsin x + \frac{1}{2}x\sqrt{1-x^2} + c.$

(2) 连续运用分部积分公式,得

$$\int x\ln^2 x\,\mathrm{d}x = \frac{1}{2}\int \ln^2 x\,\mathrm{d}x^2 = \frac{1}{2}x^2\ln^2 x - \frac{1}{2}\int x^2 2\ln x \cdot \frac{1}{x}\,\mathrm{d}x$$

$$= \frac{1}{2}x^2\ln^2 x - \frac{1}{2}\int \ln x\,\mathrm{d}x^2 = \frac{1}{2}x^2(\ln^2 x - \ln x) + \frac{1}{2}\int x^2 \frac{1}{x}\,\mathrm{d}x$$

$$= \frac{1}{4}x^2(2\ln^2 x - 2\ln x + 1) + c.$$

（3）显然

$$\int x\sin^2 2x\,\mathrm{d}x = \frac{1}{2}\int x(1-\cos 4x)\,\mathrm{d}x = \frac{1}{4}x^2 - \frac{1}{2}\int x\cos 4x\,\mathrm{d}x.$$

再运用分部积分公式,得

$$\int x\cos 4x\,\mathrm{d}x = \frac{1}{4}\int x\,\mathrm{d}\sin 4x$$

$$= \frac{1}{4}x\sin 4x - \frac{1}{4}\int \sin 4x\,\mathrm{d}x$$

$$= \frac{1}{4}x\sin 4x + \frac{1}{16}\cos 4x + c,$$

所以

$$\int x\sin^2 2x\,\mathrm{d}x = \frac{1}{4}x^2 - \frac{1}{8}x\sin 4x - \frac{1}{32}\cos 4x + c.$$

（4）连续运用分部积分公式,得

$$\int x^2\cos 3x\,\mathrm{d}x = \frac{1}{3}\int x^2\,\mathrm{d}\sin 3x = \frac{1}{3}x^2\sin 3x - \frac{2}{3}\int x\sin 3x\,\mathrm{d}x$$

$$= \frac{1}{3}x^2\sin 3x + \frac{2}{9}\int x\,\mathrm{d}\cos 3x$$

$$= \frac{1}{3}x^2\sin 3x + \frac{2}{9}x\cos 3x - \frac{2}{9}\int \cos 3x\,\mathrm{d}x$$

$$= \left(\frac{1}{3}x^2 - \frac{2}{27}\right)\sin 3x + \frac{2}{9}x\cos 3x + c.$$

注 在计算幂函数与其他4类基本初等函数乘积的积分时,对幂函数与三角函数的乘积以及幂函数与指数函数的乘积的积分,需要先将三角函数或指数函数"塞"到微分中,然后用分部积分公式,这样做的目的是降低幂函数的幂次;对幂函数与反三角函数的乘积以及幂函数与对数函数的乘积的积分,则相反,需要先将幂函数"塞"到微分中,然后用分部积分公式,这样做是为了降低反三角函数和对数函数的幂次.

例 3.2.6 计算下列不定积分:

（1）$\displaystyle\int e^{-2\sqrt{x}}\,\mathrm{d}x$;

（2）$\displaystyle\int \cos \ln x\,\mathrm{d}x$;

（3）$\displaystyle\int \frac{\ln\sin x}{\sin^2 x}\cos x\,\mathrm{d}x$;

（4）$\displaystyle\int x(\arctan x)^2\,\mathrm{d}x$.

解 （1）先作换元,再运用分部积分法. 令 $t = \sqrt{x}$,则 $x = t^2$,$\mathrm{d}x = 2t\mathrm{d}t$,于是

$$\int e^{-2\sqrt{x}}\,\mathrm{d}x = \int 2te^{-2t}\,\mathrm{d}t = -\int t\mathrm{d}e^{-2t}$$

$$= -t\mathrm{e}^{-2t} + \int \mathrm{e}^{-2t}\mathrm{d}t = -t\mathrm{e}^{-2t} - \frac{1}{2}\mathrm{e}^{-2t} + c$$

$$= -\sqrt{x}\mathrm{e}^{-2\sqrt{x}} - \frac{1}{2}\mathrm{e}^{-2\sqrt{x}} + c.$$

（2）令 $t = \ln x$，则 $x = \mathrm{e}^t$，$\mathrm{d}x = \mathrm{e}^t\mathrm{d}t$，于是

$$\int \cos \ln x \mathrm{d}x = \int \mathrm{e}^t \cos t \mathrm{d}t$$

$$= \frac{\mathrm{e}^t(\cos t + \sin t)}{2} + c = \frac{x(\cos \ln x + \sin \ln x)}{2} + c,$$

这里利用了公式 $\int \mathrm{e}^{ax}\cos bx\mathrm{d}x = \dfrac{\mathrm{e}^{ax}}{a^2 + b^2}(b\sin bx + a\cos bx) + c.$

（3）令 $u = \dfrac{1}{\sin x}$，则

$$\int \frac{\ln \sin x}{\sin^2 x}\cos x\mathrm{d}x = \int \frac{\ln \sin x}{\sin^2 x}\mathrm{d}\sin x = -\int \ln \sin x \mathrm{d}\frac{1}{\sin x}$$

$$= \int \ln u \mathrm{d}u = u\ln u - \int \mathrm{d}u = u\ln u - u + c = -\frac{\ln \sin x}{\sin x} - \frac{1}{\sin x} + c.$$

（4）利用分部积分法得

$$\int x(\arctan x)^2\mathrm{d}x = \frac{x^2}{2}(\arctan x)^2 - \int \frac{x^2}{1 + x^2}\arctan x\mathrm{d}x$$

$$= \frac{x^2}{2}(\arctan x)^2 - \int \arctan x\mathrm{d}x + \int \frac{1}{1 + x^2}\arctan x\mathrm{d}x$$

$$= \frac{x^2}{2}(\arctan x)^2 - x\arctan x + \int \frac{x}{1 + x^2}\mathrm{d}x + \frac{1}{2}(\arctan x)^2$$

$$= \frac{1 + x^2}{2}(\arctan x)^2 - x\arctan x + \frac{1}{2}\ln(1 + x^2) + c.$$

例 3.2.7 计算下列不定积分：

（1）$\int x \sqrt{1 - 3x}\mathrm{d}x$；

（2）$\int \dfrac{\mathrm{d}x}{\sqrt{x}(1 + \sqrt[3]{x})}$；

（3）$\int \sqrt{\dfrac{1 + x}{x}}\mathrm{d}x$；

（4）$\int \dfrac{x\mathrm{e}^x}{\sqrt{\mathrm{e}^x - 1}}\mathrm{d}x$；

（5）$\int \dfrac{\arcsin \mathrm{e}^x}{\mathrm{e}^x}\mathrm{d}x.$

解 （1）令 $t = \sqrt{1 - 3x}$，则 $x = \dfrac{1}{3}(1 - t^2)$，$\mathrm{d}x = -\dfrac{2}{3}t\mathrm{d}t.$ 于是

$$\int x \sqrt{1 - 3x}\mathrm{d}x = -\frac{2}{9}\int (1 - t^2)t^2\mathrm{d}t = -\frac{2}{9}\int (t^2 - t^4)\mathrm{d}t$$

$$= -\frac{2}{27}t^3 + \frac{2}{45}t^5 + c = -\frac{2}{27}(1 - 3x)^{\frac{3}{2}} + \frac{2}{45}(1 - 3x)^{\frac{5}{2}} + c.$$

(2) 令 $t = \sqrt[6]{x}$, 则 $x = t^6$, $dx = 6t^5 dt$. 于是

$$\int \frac{dx}{\sqrt{x}(1 + \sqrt[3]{x})} = \int \frac{6t^2}{1 + t^2} dt = 6\int \left(1 - \frac{1}{1 + t^2}\right) dt$$

$$= 6(t - \arctan t) + c = 6(\sqrt[6]{x} - \arctan \sqrt[6]{x}) + c.$$

(3) 令 $t = \sqrt{\dfrac{1 + x}{x}}$, 则 $x = \dfrac{1}{t^2 - 1}$, 于是

$$\int \sqrt{\frac{1 + x}{x}} dx = \int t d\frac{1}{t^2 - 1} = \frac{t}{t^2 - 1} - \int \frac{dt}{t^2 - 1}$$

$$= \frac{t}{t^2 - 1} - \frac{1}{2}\ln\left|\frac{t - 1}{t + 1}\right| + c = \sqrt{x(x + 1)} - \frac{1}{2}\ln\left|\frac{\sqrt{\dfrac{1 + x}{x}} - 1}{\sqrt{\dfrac{1 + x}{x}} + 1}\right| + c.$$

注 在本题中,若算出 $dx = -\dfrac{2t dt}{(t^2 - 1)^2}$ 代入积分,则自找麻烦. 另外,本题也可以这样做:

$$\int \sqrt{\frac{1 + x}{x}} dx = \int \frac{1 + x}{\sqrt{x + x^2}} dx$$

$$= \frac{1}{2}\int \frac{d(x + x^2)}{\sqrt{x + x^2}} + \frac{1}{2}\int \frac{1}{\sqrt{\left(x + \dfrac{1}{2}\right)^2 - \dfrac{1}{4}}} dx$$

$$= \sqrt{x + x^2} + \frac{1}{2}\ln\left|x + \frac{1}{2} + \sqrt{x + x^2}\right| + c.$$

(4) 令 $u = \sqrt{e^x - 1}$, 则 $x = \ln(1 + u^2)$, $dx = \dfrac{2u}{1 + u^2} du$, 于是

$$\int \frac{x e^x}{\sqrt{e^x - 1}} dx = 2\int \ln(1 + u^2) du$$

$$= 2\left[u\ln(1 + u^2) - 2\int \frac{u^2}{1 + u^2} du\right]$$

$$= 2u\ln(1 + u^2) - 4\int \left(1 - \frac{1}{1 + u^2}\right) du$$

$$= 2u\ln(1 + u^2) - 4u + 4\arctan u + c$$

$$= (2x - 4)\sqrt{e^x - 1} + 4\arctan\sqrt{e^x - 1} + c.$$

(5) 利用分部积分法得

$$\int \frac{\arcsin e^x}{e^x} dx = -\int \arcsin e^x de^{-x} = -e^{-x}\arcsin e^x + \int \frac{1}{\sqrt{1-e^{2x}}} dx.$$

令 $u = \sqrt{1-e^{2x}}$，则 $x = \frac{1}{2}\ln(1-u^2)$，$dx = -\frac{u}{1-u^2}du$，因此

$$\int \frac{1}{\sqrt{1-e^{2x}}} dx = \int \frac{1}{u^2-1} du = \frac{1}{2}\int \left(\frac{1}{u-1} - \frac{1}{u+1}\right) du$$

$$= \frac{1}{2}\ln\left|\frac{u-1}{u+1}\right| + c = \ln \frac{e^x}{\sqrt{1-e^{2x}}+1} + c.$$

于是

$$\int \frac{\arcsin e^x}{e^x} dx = -e^{-x}\arcsin e^x + \ln \frac{e^x}{\sqrt{1-e^{2x}}+1} + c.$$

例 3.2.8 计算下列不定积分：

(1) $\int \frac{1}{\sqrt{(x^2+1)^3}} dx$；

(2) $\int \frac{\arcsin x}{\sqrt{(x^2+1)^3}} dx$；

(3) $\int \frac{x^3}{(x^2-1)\sqrt{1-x^2}} dx$；

(4) $\int \frac{xe^{\arctan x}}{\sqrt{(1+x^2)^3}} dx.$

解 (1) **解法一** 作变换 $x = \tan t \left(-\frac{\pi}{2} < t < \frac{\pi}{2}\right)$，则有 $dx = \sec^2 t dt$，

$\sqrt{(x^2+1)^3} = \sec^3 t.$ 于是

$$\int \frac{1}{\sqrt{(x^2+1)^3}} dx = \int \cos t dt = \sin t + c = \frac{x}{\sqrt{x^2+1}} + c.$$

解法二

$$\int \frac{1}{\sqrt{(x^2+1)^3}} dx = \int \frac{x^2+1-x^2}{\sqrt{(x^2+1)^3}} dx = \int \frac{dx}{\sqrt{x^2+1}} + \int x d\frac{1}{\sqrt{x^2+1}}$$

$$= \int \frac{dx}{\sqrt{x^2+1}} + \frac{x}{\sqrt{x^2+1}} - \int \frac{dx}{\sqrt{x^2+1}} = \frac{x}{\sqrt{x^2+1}} + c.$$

解法三

$$\int \frac{1}{\sqrt{(x^2+1)^3}} dx = \int \frac{1}{x^3\sqrt{(1+x^{-2})^3}} dx = -\frac{1}{2}\int \frac{d(1+x^{-2})}{\sqrt{(1+x^{-2})^3}}$$

$$= \frac{1}{\sqrt{1+x^{-2}}} + c = \frac{x}{\sqrt{x^2+1}} + c.$$

(2) 利用(1)的结果，可得

$$\int \frac{\arcsin x}{\sqrt{(x^2+1)^3}} dx = \int \arcsin x d\frac{x}{\sqrt{x^2+1}}$$

$$= \frac{x\arcsin x}{\sqrt{x^2 + 1}} - \int \frac{x}{\sqrt{1 - x^4}} dx$$

$$= \frac{x\arcsin x}{\sqrt{x^2 + 1}} - \frac{1}{2}\arcsin x^2 + c.$$

(3) **解法一**　作变换 $x = \sin t\left(-\frac{\pi}{2} < t < \frac{\pi}{2}\right)$，则有 $dx = \cos t dt$，$\sqrt{1 - x^2} = \cos t$. 于是

$$\int \frac{x^3}{(x^2 - 1)\sqrt{1 - x^2}} dx = \int \frac{\sin^3 t}{(\sin^2 t - 1)\cos t} \cos t dt = -\int \frac{\sin^3 t}{\cos^2 t} dt$$

$$= \int \frac{(1 - \cos^2 t)}{\cos^2 t} d\cos t = \int \frac{1}{\cos^2 t} d\cos t - \int d\cos t$$

$$= -\frac{1}{\cos t} - \cos t + c = -\frac{1}{\sqrt{1 - x^2}} - \sqrt{1 - x^2} + c.$$

解法二

$$\int \frac{x^3}{(x^2 - 1)\sqrt{1 - x^2}} dx = \int \frac{x^3 - x + x}{(x^2 - 1)\sqrt{1 - x^2}} dx$$

$$= \int \frac{x}{\sqrt{1 - x^2}} dx + \int \frac{x}{(x^2 - 1)\sqrt{1 - x^2}} dx$$

$$= -\frac{1}{2}\int \frac{1}{\sqrt{1 - x^2}} d(1 - x^2) - \int \frac{x}{(1 - x^2)^{\frac{3}{2}}} dx$$

$$= -\sqrt{1 - x^2} + \frac{1}{2}\int \frac{1}{(1 - x^2)^{\frac{3}{2}}} d(1 - x^2) = -\sqrt{1 - x^2} - \frac{1}{\sqrt{1 - x^2}} + c.$$

(4) **解法一**　作变换 $x = \tan t\left(-\frac{\pi}{2} < t < \frac{\pi}{2}\right)$，则有 $dx = \sec^2 t dt$，$\sqrt{(x^2 + 1)^3} = \sec^3 t$. 于是

$$\int \frac{xe^{\arctan x}}{\sqrt{(1 + x^2)^3}} dx = \int e^t \sin t dt$$

$$= \frac{e^t}{2}(\sin t - \cos t) + c = \frac{(x - 1)e^{\arctan x}}{2\sqrt{1 + x^2}} + c.$$

解法二　利用分部积分法得

$$\int \frac{xe^{\arctan x}}{\sqrt{(1 + x^2)^3}} dx = \int \frac{x}{\sqrt{1 + x^2}} de^{\arctan x} = \frac{xe^{\arctan x}}{\sqrt{1 + x^2}} - \int \frac{e^{\arctan x}}{\sqrt{(1 + x^2)^3}} dx$$

$$= \frac{xe^{\arctan x}}{\sqrt{1 + x^2}} - \int \frac{1}{\sqrt{1 + x^2}} de^{\arctan x} = \frac{xe^{\arctan x}}{\sqrt{1 + x^2}} - \frac{e^{\arctan x}}{\sqrt{1 + x^2}} - \int \frac{xe^{\arctan x}}{\sqrt{(1 + x^2)^3}} dx.$$

移项后整理便得

$$\int \frac{x \mathrm{e}^{\arctan x}}{\sqrt{(1+x^2)^3}} \mathrm{d}x = \frac{(x-1)\mathrm{e}^{\arctan x}}{2\sqrt{1+x^2}} + c.$$

例 3.2.9 计算下列不定积分:

(1) $\int \dfrac{1}{x(x^4+1)} \mathrm{d}x$;   (2) $\int \dfrac{1+x}{x(1+x\mathrm{e}^x)} \mathrm{d}x$.

解 (1) **解法一**

$$\int \frac{1}{x(x^4+1)} \mathrm{d}x = \int \frac{1}{x^5(x^{-4}+1)} \mathrm{d}x$$

$$= -\frac{1}{4}\int \frac{1}{x^{-4}+1} \mathrm{d}(x^{-4}+1) = -\frac{1}{4}\ln(x^{-4}+1) + c.$$

解法二

$$\int \frac{1}{x(x^4+1)} \mathrm{d}x = \int \frac{x^4+1-x^4}{x(x^4+1)} \mathrm{d}x$$

$$= \int \frac{1}{x} \mathrm{d}x - \frac{1}{4}\int \frac{\mathrm{d}x^4}{x^4+1} = \ln|x| - \frac{1}{4}\ln(x^4+1) + c.$$

解法三

$$\int \frac{1}{x(x^4+1)} \mathrm{d}x = \int \frac{x^3}{x^4(x^4+1)} \mathrm{d}x$$

$$= \frac{1}{4}\int \frac{1}{x^4(x^4+1)} \mathrm{d}x^4 = \frac{1}{4}\int \left(\frac{1}{x^4} - \frac{1}{x^4+1}\right) \mathrm{d}x^4$$

$$= \frac{1}{4}\ln\left|\frac{x^4}{x^4+1}\right| + c = \ln|x| - \frac{1}{4}\ln(x^4+1) + c.$$

(2) 令 $u = x\mathrm{e}^x$,则

$$\int \frac{1+x}{x(1+x\mathrm{e}^x)} \mathrm{d}x = \int \frac{(1+x)\mathrm{e}^x}{x\mathrm{e}^x(1+x\mathrm{e}^x)} \mathrm{d}x = \int \frac{1}{x\mathrm{e}^x(1+x\mathrm{e}^x)} \mathrm{d}(x\mathrm{e}^x)$$

$$= \int \frac{1}{u(1+u)} \mathrm{d}u = \int \left(\frac{1}{u} - \frac{1}{1+u}\right) \mathrm{d}u$$

$$= \ln\left|\frac{u}{1+u}\right| + c = \ln\left|\frac{x\mathrm{e}^x}{1+x\mathrm{e}^x}\right| + c.$$

例 3.2.10 (1) 计算 $\int \dfrac{1}{x^4+1} \mathrm{d}x$ 和 $\int \dfrac{x^2}{x^4+1} \mathrm{d}x$;

(2) 计算 $\int \dfrac{\sin x \mathrm{d}x}{2\sin x + 3\cos x}$ 和 $\int \dfrac{\cos x \mathrm{d}x}{2\sin x + 3\cos x}$.

解 (1) 由

$$\int \frac{x^2+1}{x^4+1} \mathrm{d}x = \int \frac{1+x^{-2}}{x^2+x^{-2}} \mathrm{d}x = \int \frac{\mathrm{d}(x-x^{-1})}{(x-x^{-1})^2+2} = \frac{1}{\sqrt{2}}\arctan\frac{x^2-1}{\sqrt{2}x} + c$$

和

$$\int \frac{x^2 - 1}{x^4 + 1} dx = \int \frac{1 - x^{-2}}{x^2 + x^{-2}} dx = \int \frac{d(x + x^{-1})}{(x + x^{-1})^2 - 2} = \frac{1}{2\sqrt{2}} \ln \frac{x^2 - \sqrt{2}x + 1}{x^2 + \sqrt{2}x + 1} + c$$

可得

$$\int \frac{1}{x^4 + 1} dx = \frac{1}{2\sqrt{2}} \arctan \frac{x^2 - 1}{\sqrt{2}x} - \frac{1}{4\sqrt{2}} \ln \frac{x^2 - \sqrt{2}x + 1}{x^2 + \sqrt{2}x + 1} + c,$$

以及

$$\int \frac{x^2}{x^4 + 1} dx = \frac{1}{2\sqrt{2}} \arctan \frac{x^2 - 1}{\sqrt{2}x} + \frac{1}{4\sqrt{2}} \ln \frac{x^2 - \sqrt{2}x + 1}{x^2 + \sqrt{2}x + 1} + c.$$

(2) 记 $A = \int \frac{\sin x dx}{2\sin x + 3\cos x}, B = \int \frac{\cos x dx}{2\sin x + 3\cos x}$,则

$$2A + 3B = \int dx = x + c,$$

$$2B - 3A = \int \frac{d(2\sin x + 3\cos x)}{2\sin x + 3\cos x} = \ln|2\sin x + 3\cos x| + c.$$

所以

$$A = \frac{1}{13}(2x - 3\ln|2\sin x + 3\cos x|) + c,$$

$$B = \frac{1}{13}(3x + 2\ln|2\sin x + 3\cos x|) + c.$$

例 3.2.11 计算下列不定积分：

(1) $\int \frac{dx}{x(x+1)(x+2)}$;

(2) $\int \frac{(x+1)dx}{x(x+2)(x^2+1)}$;

(3) $\int \frac{(x^2+4)dx}{x(x^3+1)}$;

(4) $\int \frac{dx}{x^4 - 1}$.

解 (1) 因为

$$\frac{1}{x(x+1)(x+2)} = \frac{x+1-x}{x(x+1)(x+2)}$$

$$= \frac{1}{x(x+2)} - \frac{1}{(x+1)(x+2)} = \frac{1}{2} \cdot \frac{1}{x} - \frac{1}{x+1} + \frac{1}{2} \cdot \frac{1}{x+2},$$

所以

$$\int \frac{dx}{x(x+1)(x+2)} = \frac{1}{2} \int \left(\frac{1}{x} + \frac{1}{x+2}\right) dx - \int \frac{1}{x+1} dx = \frac{1}{2} \ln \frac{|x(x+2)|}{(x+1)^2} + c.$$

(2) 设 $\frac{x+1}{x(x+2)(x^2+1)} = \frac{A}{x} + \frac{B}{x+2} + \frac{Cx+D}{x^2+1}$. 两端同乘 $x(x+2)(x^2+1)$,

得

$$x + 1 = A(x + 2)(x^2 + 1) + Bx(x^2 + 1) + (Cx + D)x(x + 2),$$

比较左、右两边同次幂的系数,可得

$$\begin{cases} A + B + C = 0, \\ 2A + 2C + D = 0, \\ A + B + 2D = 1, \\ 2A = 1. \end{cases}$$

解此方程组,得

$$A = \frac{1}{2}, \quad B = \frac{1}{10}, \quad C = -\frac{3}{5}, \quad D = \frac{1}{5}.$$

于是

$$\int \frac{(x + 1)\,\mathrm{d}x}{x(x + 2)(x^2 + 1)} = \frac{1}{2}\int \frac{\mathrm{d}x}{x} + \frac{1}{10}\int \frac{\mathrm{d}x}{x + 2} - \frac{1}{5}\int \frac{3x - 1}{x^2 + 1}\mathrm{d}x$$

$$= \frac{1}{10}\ln \left| \frac{x^5(x + 2)}{(x^2 + 1)^3} \right| + \frac{1}{5}\arctan x + c.$$

注 在确定待定系数 A, B, C, D 时,也可在恒等式

$$x + 1 = A(x + 2)(x^2 + 1) + Bx(x^2 + 1) + (Cx + D)x(x + 2)$$

中取一些特殊的 x 值,例如,令 $x = 0$,得 $A = \frac{1}{2}$;令 $x = -2$,得 $B = \frac{1}{10}$;分别令 $x = 1, x = -1$,可解得 $C = -\frac{3}{5}, D = \frac{1}{5}$. 有时,同时用这两种方法效率更高.

(3) 设

$$\frac{x^2 + 4}{x(x^3 + 1)} = \frac{A}{x} + \frac{B}{x + 1} + \frac{Cx + D}{x^2 - x + 1},$$

右端通分后,比较左、右两边的分子,即得

$$x^2 + 4 = A(x + 1)(x^2 - x + 1) + Bx(x^2 - x + 1) + (Cx + D)x(x + 1),$$

令 $x = 0$,得 $A = 4$;令 $x = -1$,得 $B = -\frac{5}{3}$. 比较左、右两边 x^3, x 的系数,可得

$$\begin{cases} A + B + C = 0, \\ B + D = 0. \end{cases}$$

解此方程组,得

$$C = -\frac{7}{3}, \quad D = \frac{5}{3}.$$

于是

$$\int \frac{(x^2 + 4)\,\mathrm{d}x}{x(x^3 + 1)} = 4\int \frac{\mathrm{d}x}{x} - \frac{5}{3}\int \frac{\mathrm{d}x}{x + 1} - \frac{1}{3}\int \frac{7x - 5}{x^2 - x + 1}\mathrm{d}x$$

$$= 4\ln |x| - \frac{5}{3}\ln |x + 1| - \frac{7}{6}\int \frac{2x - 1}{x^2 - x + 1}\mathrm{d}x + \frac{1}{2}\int \frac{\mathrm{d}x}{x^2 - x + 1}$$

$$= \frac{1}{6}\ln \frac{x^{24}}{(x+1)^{10}(x^2-x+1)^7} + \frac{1}{\sqrt{3}}\arctan \frac{2x-1}{\sqrt{3}} + c.$$

(4) 由

$$\frac{1}{x^4-1} = \frac{1}{(x^2-1)(x^2+1)} = \frac{1}{2}\left(\frac{1}{x^2-1} - \frac{1}{x^2+1}\right)$$

可得

$$\int \frac{dx}{x^4-1} = \frac{1}{2}\int \left(\frac{1}{x^2-1} - \frac{1}{x^2+1}\right)dx$$

$$= \frac{1}{4}\ln \left|\frac{x-1}{x+1}\right| - \frac{1}{2}\arctan x + c.$$

例 3.2.12　计算下列不定积分:

(1) $\displaystyle\int \frac{dx}{2+\cos x}$;　　　　(2) $\displaystyle\int \frac{\cos^2 x}{1+\sin x \cos x}dx$;

(3) $\displaystyle\int \frac{dx}{\sqrt[3]{1+x^3}}$;　　　　(4) $\displaystyle\int \frac{dx}{\sqrt{(x+a)(x+b)}}$ $(x>-a, b>a)$.

解　(1) 作万能代换 $t = \tan \dfrac{x}{2}$,即 $x = 2\arctan t$,得

$$\int \frac{dx}{2+\cos x} = \int \frac{\dfrac{2}{1+t^2}}{2+\dfrac{1-t^2}{1+t^2}}dt = 2\int \frac{1}{t^2+3}dt$$

$$= \frac{2}{\sqrt{3}}\arctan \frac{t}{\sqrt{3}} + c = \frac{2}{\sqrt{3}}\arctan \left(\frac{1}{\sqrt{3}}\tan \frac{x}{2}\right) + c.$$

(2) 作变量代换 $t = \tan x$,则 $x = \arctan t$, $dx = \dfrac{1}{1+t^2}dt$,于是

$$\int \frac{\cos^2 x}{1+\sin x \cos x}dx = \int \frac{1}{\tan^2 x + \tan x + 1}dx$$

$$= \int \frac{1}{(t^2+t+1)(1+t^2)}dt = \int \left(\frac{t+1}{t^2+t+1} - \frac{t}{1+t^2}\right)dt$$

$$= \frac{1}{2}\int \frac{2t+1}{t^2+t+1}dt + \frac{1}{2}\int \frac{1}{t^2+t+1}dt - \int \frac{t}{1+t^2}dt$$

$$= \frac{1}{2}\ln(t^2+t+1) + \frac{1}{\sqrt{3}}\arctan \frac{2t+1}{\sqrt{3}} - \frac{1}{2}\ln(1+t^2) + c$$

$$= \frac{1}{2}\ln(1+\sin x \cos x) + \frac{1}{\sqrt{3}}\arctan \frac{2\tan x + 1}{\sqrt{3}} + c.$$

(3) 作变换 $\dfrac{\sqrt[3]{1+x^3}}{x} = t$,则

$$x^3 = \frac{1}{t^3 - 1}, \quad 3x^2 dx = -\frac{3t^2 dt}{(t^3 - 1)^2}, \quad \frac{dx}{x} = -\frac{t^2 dt}{t^3 - 1}.$$

于是

$$\int \frac{dx}{\sqrt[3]{1 + x^3}} = \int \frac{dx}{x \frac{\sqrt[3]{1 + x^3}}{x}} = -\int \frac{t dt}{t^3 - 1}$$

$$= \frac{1}{3} \int \left(\frac{t - 1}{t^2 + t + 1} - \frac{1}{t - 1} \right) dt = \frac{1}{3} \int \frac{t - 1}{t^2 + t + 1} dt - \frac{1}{3} \ln | t - 1 |$$

$$= \frac{1}{6} \int \frac{2t + 1}{t^2 + t + 1} dt - \frac{1}{2} \int \frac{1}{t^2 + t + 1} dt - \frac{1}{3} \ln | t - 1 |$$

$$= \frac{1}{6} \ln(t^2 + t + 1) - \frac{1}{\sqrt{3}} \arctan \frac{2t + 1}{\sqrt{3}} - \frac{1}{3} \ln | t - 1 | + c$$

$$= \frac{1}{6} \ln \frac{\left(\frac{\sqrt[3]{(1 + x^3)^2}}{x^2} + \frac{\sqrt[3]{1 + x^3}}{x} + 1 \right)}{\left(\frac{\sqrt[3]{1 + x^3}}{x} - 1 \right)^2} - \frac{1}{\sqrt{3}} \arctan \frac{2 \sqrt[3]{1 + x^3} + x}{\sqrt{3} x} + c.$$

（4）作变换 $x + a = (b - a) \mathrm{sh}^2 t (t > 0)$，则

$$x + b = (b - a) \mathrm{ch}^2 t,$$

$$dx = 2(b - a) \mathrm{sh} t \mathrm{ch} t dt.$$

于是

$$\int \frac{dx}{\sqrt{(x + a)(x + b)}} = \int \frac{2(b - a) \mathrm{sh} t \mathrm{ch} t}{\sqrt{(b - a)^2 \mathrm{sh}^2 t \mathrm{ch}^2 t}} dt$$

$$= 2 \int dt = 2t + c = 2 \mathrm{sh}^{-1} \sqrt{\frac{x + a}{b - a}} + c$$

$$= 2 \ln \left(\sqrt{\frac{x + a}{b - a}} + \sqrt{\frac{x + a}{b - a} + 1} \right) + c$$

$$= 2 \ln(\sqrt{x + a} + \sqrt{x + b}) + c.$$

例 3.2.13 计算下列不定积分：

（1）$\displaystyle\int \frac{dx}{x \sqrt{x^2 - 2x - 3}}$; （2）$\displaystyle\int \frac{dx}{x + \sqrt{x^2 + 2x + 2}}$.

解 （1）**解法一** 作变换 $u = x - 1$，再作变换 $u = 2 \mathrm{sec} t$，得

$$\int \frac{dx}{x \sqrt{x^2 - 2x - 3}} = \int \frac{dx}{x \sqrt{(x - 1)^2 - 4}} = \int \frac{du}{(u + 1) \sqrt{u^2 - 4}}$$

$$= \int \frac{2 \mathrm{sec} t \mathrm{tan} t}{(2 \mathrm{sec} t + 1) 2 \mathrm{tan} t} dt = \int \frac{1}{2 + \mathrm{cos} t} dt$$

$$= \frac{2}{\sqrt{3}}\arctan\left(\frac{1}{\sqrt{3}}\tan\frac{t}{2}\right) + c.$$

最后一步是利用了上一题的结果. 由于

$$\tan\frac{t}{2} = \frac{\sin t}{1 + \cos t} = \frac{\tan t}{\sec t + 1} = \frac{\sqrt{\left(\frac{u}{2}\right)^2 - 1}}{\frac{u}{2} + 1} = \frac{\sqrt{x^2 - 2x - 3}}{x + 1},$$

因此

$$\int \frac{\mathrm{d}x}{x\sqrt{x^2 - 2x - 3}} = \frac{2}{\sqrt{3}}\arctan\left(\frac{\sqrt{x^2 - 2x - 3}}{\sqrt{3}(x + 1)}\right) + c.$$

解法二　作 Euler 变换 $\sqrt{x^2 - 2x - 3} = x - t$, 则

$$x = \frac{t^2 + 3}{2(t - 1)}, \quad \sqrt{x^2 - 2x - 3} = -\frac{t^2 - 2t - 3}{2(t - 1)}, \quad \mathrm{d}x = \frac{t^2 - 2t - 3}{2(t - 1)^2}\mathrm{d}t.$$

于是

$$\int \frac{\mathrm{d}x}{x\sqrt{x^2 - 2x - 3}} = -\int \frac{2}{t^2 + 3}\mathrm{d}t$$

$$= -\frac{2}{\sqrt{3}}\arctan\frac{t}{\sqrt{3}} + c = \frac{2}{\sqrt{3}}\arctan\frac{\sqrt{x^2 - 2x - 3} - x}{\sqrt{3}} + c.$$

解法三

$$\int \frac{\mathrm{d}x}{x\sqrt{x^2 - 2x - 3}} = \int \frac{\mathrm{d}x}{x^2\sqrt{1 - 2x^{-1} - 3x^{-2}}} = -\frac{1}{\sqrt{3}}\frac{\mathrm{d}(\sqrt{3}x^{-1})}{\sqrt{\frac{4}{3} - \left(\frac{1}{\sqrt{3}} + \sqrt{3}x^{-1}\right)^2}}$$

$$= -\frac{1}{\sqrt{3}}\arcsin\frac{x + 3}{2x} + c.$$

(2) 作 Euler 变换, 令 $\sqrt{x^2 + 2x + 2} = t - x$, 则

$$x = \frac{t^2 - 2}{2(t + 1)}, \quad \mathrm{d}x = \frac{1}{2}\left(1 + \frac{1}{(t + 1)^2}\right)\mathrm{d}t.$$

所以

$$\int \frac{\mathrm{d}x}{x + \sqrt{x^2 + 2x + 2}} = \frac{1}{2}\int \frac{1}{t}\left(1 + \frac{1}{(t + 1)^2}\right)\mathrm{d}t.$$

而

$$\frac{1}{t(t + 1)^2} = \frac{1}{t} - \frac{t + 2}{(t + 1)^2} = \frac{1}{t} - \frac{1}{t + 1} - \frac{1}{(t + 1)^2},$$

于是

$$\int \frac{\mathrm{d}x}{x + \sqrt{x^2 + 2x + 2}} = \frac{1}{2} \int \left(\frac{2}{t} - \frac{1}{t+1} - \frac{1}{(t+1)^2} \right) \mathrm{d}t$$

$$= \frac{1}{2} \ln \frac{t^2}{t+1} + \frac{1}{2(t+1)} + c$$

$$= \frac{1}{2} \ln \frac{(x + \sqrt{x^2 + 2x + 2})^2}{x + \sqrt{x^2 + 2x + 2} + 1} + \frac{1}{2(x + \sqrt{x^2 + 2x + 2} + 1)} + c.$$

例 3.2.14 计算下列不定积分：

(1) $\int x \sqrt{x^2 + 2x + 2} \mathrm{d}x$；　　　　(2) $\int \csc^4 x \mathrm{d}x$.

解 (1)

$$\int x \sqrt{x^2 + 2x + 2} \mathrm{d}x = \frac{1}{2} \int (2x + 2) \sqrt{x^2 + 2x + 2} \, \mathrm{d}x - \int \sqrt{x^2 + 2x + 2} \, \mathrm{d}x$$

$$= \frac{1}{3} \sqrt{(x^2 + 2x + 2)^3} - \int \sqrt{x^2 + 2x + 2} \, \mathrm{d}x,$$

而

$$\int \sqrt{x^2 + 2x + 2} \, \mathrm{d}x = x \sqrt{x^2 + 2x + 2} - \int \frac{x(x+1)}{\sqrt{x^2 + 2x + 2}} \, \mathrm{d}x$$

$$= x \sqrt{x^2 + 2x + 2} - \int \sqrt{x^2 + 2x + 2} \, \mathrm{d}x + \int \frac{x+2}{\sqrt{x^2 + 2x + 2}} \, \mathrm{d}x,$$

注意等式两边都有 $\int \sqrt{x^2 + 2x + 2} \, \mathrm{d}x$，移项便得

$$\int \sqrt{x^2 + 2x + 2} \, \mathrm{d}x$$

$$= \frac{1}{2} x \sqrt{x^2 + 2x + 2} + \frac{1}{4} \int \frac{2x + 2}{\sqrt{x^2 + 2x + 2}} \, \mathrm{d}x + \frac{1}{2} \int \frac{\mathrm{d}x}{\sqrt{x^2 + 2x + 2}}$$

$$= \frac{1}{2}(x + 1) \sqrt{x^2 + 2x + 2} + \frac{1}{2} \ln(x + 1 + \sqrt{x^2 + 2x + 2}) + c.$$

从而

$$\int x \sqrt{x^2 + 2x + 2} \, \mathrm{d}x$$

$$= \frac{1}{3} \sqrt{(x^2 + 2x + 2)^3} - \frac{1}{2}(x + 1) \sqrt{x^2 + 2x + 2}$$

$$- \frac{1}{2} \ln(x + 1 + \sqrt{x^2 + 2x + 2}) + c.$$

(2) 利用分部积分，得

$$\int \csc^4 x \mathrm{d}x = - \int \csc^2 x \mathrm{d}\cot x$$

$$= -\csc^2 x \cot x - 2\int \cot^2 x \csc^2 x \mathrm{d}x$$

$$= -\csc^2 x \cot x - 2\int (\csc^2 x - 1)\csc^2 x \mathrm{d}x$$

$$= -\csc^2 x \cot x - 2\int \csc^4 x \mathrm{d}x + 2\int \csc^2 x \mathrm{d}x$$

$$= -\csc^2 x \cot x - 2\int \csc^4 x \mathrm{d}x - 2\cot x.$$

注意等式两边都有 $\int \csc^4 x \mathrm{d}x$, 移项便得

$$\int \csc^4 x \mathrm{d}x = -\frac{1}{3}\csc^2 x \cot x - \frac{2}{3}\cot x + c.$$

例 3.2.15 计算下列不定积分:

(1) $\displaystyle\int \frac{\mathrm{d}x}{\sin x \cos^2 x}$;   (2) $\displaystyle\int \frac{\mathrm{d}x}{\tan^2 x + 2}$;

(3) $\displaystyle\int \frac{\mathrm{d}x}{\sin^3 x \cos^3 x}$;   (4) $\displaystyle\int \frac{\mathrm{d}x}{\sin^4 x + \cos^4 x}$.

解 (1) **解法一**

$$\int \frac{\mathrm{d}x}{\sin x \cos^2 x} = \int \frac{\sin^2 x + \cos^2 x}{\sin x \cos^2 x}\mathrm{d}x = \int \frac{\sin x \mathrm{d}x}{\cos^2 x} + \int \frac{\mathrm{d}x}{\sin x}$$

$$= \sec x + \ln|\csc x - \cot x| + c.$$

解法二

$$\int \frac{\mathrm{d}x}{\sin x \cos^2 x} = \int \frac{\sin x \mathrm{d}x}{\sin^2 x \cos^2 x} = -\int \frac{\mathrm{d}\cos x}{(1 - \cos^2 x)\cos^2 x}$$

$$= -\int \frac{\mathrm{d}\cos x}{\cos^2 x} - \int \frac{\mathrm{d}\cos x}{1 - \cos^2 x} = \sec x - \frac{1}{2}\ln \frac{1 + \cos x}{1 - \cos x} + c.$$

解法三

$$\int \frac{\mathrm{d}x}{\sin x \cos^2 x} = \int \frac{1}{\sin x}\mathrm{d}\tan x = \frac{\tan x}{\sin x} + \int \tan x \frac{\cos x}{\sin^2 x}\mathrm{d}x$$

$$= \sec x + \int \frac{1}{\sin x}\mathrm{d}x = \sec x + \ln|\csc x - \cot x| + c.$$

(2) 令 $t = \tan x$, 则 $x = \arctan t$, $\mathrm{d}x = \dfrac{1}{1 + t^2}\mathrm{d}t$. 于是

$$\int \frac{\mathrm{d}x}{\tan^2 x + 2} = \int \frac{\mathrm{d}t}{(t^2 + 2)(t^2 + 1)} = \int \frac{\mathrm{d}t}{t^2 + 1} - \int \frac{\mathrm{d}t}{t^2 + 2}$$

$$= \arctan t - \frac{1}{\sqrt{2}}\arctan \frac{t}{\sqrt{2}} + c = x - \frac{1}{\sqrt{2}}\arctan \frac{\tan x}{\sqrt{2}} + c.$$

（3）解法一

$$\int \frac{dx}{\sin^3 x \cos^3 x} = \int \frac{(\sin^2 x + \cos^2 x)^2}{\sin^3 x \cos^3 x} dx$$

$$= \int \frac{\sin x dx}{\cos^3 x} + 2 \int \frac{dx}{\sin x \cos x} + \int \frac{\cos x dx}{\sin^3 x}$$

$$= -\int \frac{d\cos x}{\cos^3 x} + 2 \int \frac{d(2x)}{\sin 2x} + \int \frac{d\sin x}{\sin^3 x}$$

$$= \frac{1}{2}(\sec^2 x - \csc^2 x) + 2\ln|\csc 2x - \cot 2x| + c.$$

解法二

$$\int \frac{dx}{\sin^3 x \cos^3 x} = \int \frac{dx}{\tan^3 x \cos^6 x}$$

$$= \int \frac{\sec^4 x}{\tan^3 x} d\tan x = \int \frac{(\tan^2 x + 1)^2}{\tan^3 x} d\tan x$$

$$= \int \left(\tan x + \frac{2}{\tan x} + \frac{1}{\tan^3 x} \right) d\tan x$$

$$= \frac{1}{2}(\tan^2 x - \cot^2 x) + 2\ln|\tan x| + c.$$

（4）解法一

$$\int \frac{1}{\sin^4 x + \cos^4 x} dx = \int \frac{\sec^4 x}{\tan^4 x + 1} dx = \int \frac{\tan^2 x + 1}{\tan^4 x + 1} d\tan x$$

$$= \int \frac{1 + \tan^{-2} x}{\tan^2 x + \tan^{-2} x} d\tan x$$

$$= \int \frac{1}{(\tan x - \tan^{-1} x)^2 + 2} d(\tan x - \tan^{-1} x)$$

$$= \frac{1}{\sqrt{2}} \arctan \frac{\tan x - \tan^{-1} x}{\sqrt{2}} + c.$$

解法二

$$\int \frac{dx}{\sin^4 x + \cos^4 x} = \int \frac{dx}{1 - 2\sin^2 x \cos^2 x} = \int \frac{dx}{1 - \frac{1}{2}\sin^2 2x}$$

$$= \int \frac{2\sec^2 2x dx}{2\sec^2 2x - \tan^2 2x} = \int \frac{d\tan 2x}{2 + \tan^2 2x}$$

$$= \frac{\sqrt{2}}{2} \arctan \frac{\tan 2x}{\sqrt{2}} + c.$$

例 3. 2. 16　计算下列不定积分：

(1) $\displaystyle\int \frac{\tan^2 x - \cot^2 x}{\tan^2 x + \cot^2 x}\mathrm{d}x$;　　　(2) $\displaystyle\int e^{-2x}(1 + \cot x)^2 \mathrm{d}x$.

(3) $\displaystyle\int \frac{\mathrm{d}x}{\sin x + \sin a}$　$\left(a \neq k\pi + \dfrac{\pi}{2}, k = 0, \pm 1, \pm 2, \cdots\right)$;

(4) $\displaystyle\int \frac{\mathrm{d}x}{a\sin x + b\cos x}$　$(ab \neq 0)$.

解　(1) **解法一**

$$
\begin{aligned}
\int \frac{\tan^2 x - \cot^2 x}{\tan^2 x + \cot^2 x}\mathrm{d}x &= \int \frac{\dfrac{\sin^2 x}{\cos^2 x} - \dfrac{\cos^2 x}{\sin^2 x}}{\dfrac{\sin^2 x}{\cos^2 x} + \dfrac{\cos^2 x}{\sin^2 x}}\mathrm{d}x \\
&= \int \frac{\sin^4 x - \cos^4 x}{\sin^4 x + \cos^4 x}\mathrm{d}x = \int \frac{\sin^2 x - \cos^2 x}{1 - 2\sin^2 x\cos^2 x}\mathrm{d}x \\
&= \int \frac{-\cos 2x}{1 - \dfrac{1}{2}\sin^2 2x}\mathrm{d}x = -\int \frac{\mathrm{d}\sin 2x}{2 - \sin^2 2x} \\
&= \frac{1}{2\sqrt{2}}\ln\frac{\sqrt{2} - \sin 2x}{\sqrt{2} + \sin 2x} + c.
\end{aligned}
$$

解法二

$$
\begin{aligned}
\int \frac{\tan^2 x - \cot^2 x}{\tan^2 x + \cot^2 x}\mathrm{d}x &= \int \frac{\sec^2 x - \csc^2 x}{\tan^2 x + \cot^2 x}\mathrm{d}x \\
&= \int \frac{\mathrm{d}(\tan x + \cot x)}{(\tan x + \cot x)^2 - 2} = \frac{1}{2\sqrt{2}}\ln\frac{\tan x + \cot x - \sqrt{2}}{\tan x + \cot x + \sqrt{2}} + c.
\end{aligned}
$$

(2) 利用分部积分法，得

$$
\begin{aligned}
\int e^{-2x}(1 + \cot x)^2 \mathrm{d}x &= \int e^{-2x}(1 + \cot^2 x + 2\cot x)\mathrm{d}x \\
&= \int e^{-2x}\csc^2 x\,\mathrm{d}x + 2\int e^{-2x}\cot x\,\mathrm{d}x \\
&= -\int e^{-2x}\mathrm{d}\cot x + 2\int e^{-2x}\cot x\,\mathrm{d}x \\
&= -e^{-2x}\cot x - 2\int e^{-2x}\cot x\,\mathrm{d}x + 2\int e^{-2x}\cot x\,\mathrm{d}x \\
&= -e^{-2x}\cot x + c.
\end{aligned}
$$

(3) 由和差化积公式得

$$
\int \frac{\mathrm{d}x}{\sin x + \sin a} = \frac{1}{\cos a}\int \frac{\cos\left(\dfrac{x + a}{2} - \dfrac{x - a}{2}\right)}{2\sin\dfrac{x + a}{2}\cos\dfrac{x - a}{2}}\mathrm{d}x
$$

$$= \frac{1}{\cos a} \int \frac{\cos \frac{x+a}{2}}{2\sin \frac{x+a}{2}} dx + \frac{1}{\cos a} \int \frac{\sin \frac{x-a}{2}}{2\cos \frac{x-a}{2}} dx$$

$$= \frac{1}{\cos a} \ln \left| \frac{\sin \frac{x+a}{2}}{\cos \frac{x-a}{2}} \right| + c.$$

（4）因为 $a\sin x + b\cos x = \sqrt{a^2 + b^2}\sin(x + \varphi)$，其中 $\cos\varphi = \frac{a}{\sqrt{a^2 + b^2}}$，$\sin\varphi = \frac{b}{\sqrt{a^2 + b^2}}$，所以

$$\int \frac{dx}{a\sin x + b\cos x} = \frac{1}{\sqrt{a^2 + b^2}} \int \frac{dx}{\sin(x + \varphi)}$$

$$= \frac{1}{\sqrt{a^2 + b^2}} \ln |\csc(x + \varphi) - \cot(x + \varphi)| + c.$$

例 3.2.17 设 $I_n = \int \frac{\sin nx}{\sin x} dx$ （$n = 1, 2, \cdots$），试求出 I_n 的递推关系式，并计算 $\int \frac{\sin 4x}{\sin x} dx$.

解 当 $n > 2$ 时，有

$$I_n = \int \frac{\sin nx}{\sin x} dx = \int \frac{\sin(n-1)x\cos x + \sin x\cos(n-1)x}{\sin x} dx$$

$$= \int \frac{\sin(n-1)x\cos x}{\sin x} dx + \int \cos(n-1)x dx$$

$$= \frac{1}{2} \int \frac{\sin nx + \sin(n-2)x}{\sin x} dx + \frac{1}{n-1}\sin(n-1)x$$

$$= \frac{1}{2} \int \frac{\sin nx}{\sin x} dx + \frac{1}{2} \int \frac{\sin(n-2)x}{\sin x} dx + \frac{1}{n-1}\sin(n-1)x$$

$$= \frac{1}{2} I_n + \frac{1}{2} I_{n-2} + \frac{1}{n-1}\sin(n-1)x.$$

于是

$$I_n = I_{n-2} + \frac{2}{n-1}\sin(n-1)x.$$

因为 $I_2 = \int \frac{\sin 2x}{\sin x} dx = 2\int \cos x dx = 2\sin x + c$，所以

$$\int \frac{\sin 4x}{\sin x} dx = I_4 = I_2 + \frac{2}{3}\sin 3x = 2\sin x + \frac{2}{3}\sin 3x + c.$$

例 3.2.18 设 $f(x^2 - 1) = \ln \dfrac{x^2}{x^2 - 2}$, 且 $f[g(x)] = \ln x$, 求 $\int g(x) \, \mathrm{d}x$.

解 令 $t = x^2 - 1$, 则

$$f(t) = \ln \frac{t+1}{t-1}, \quad t > 1.$$

再令 $x = \dfrac{t+1}{t-1}$, 则 $t = \dfrac{x+1}{x-1}$, 因此 $f\left(\dfrac{x+1}{x-1}\right) = \ln x$, 于是

$$g(x) = \frac{x+1}{x-1}, \quad x > 1.$$

所以

$$\int g(x) \, \mathrm{d}x = \int \frac{x-1+2}{x-1} \mathrm{d}x = x + 2\ln(x-1) + c.$$

例 3.2.19 设 $\int f(x) \, \mathrm{d}x = \sin x \tan x + c$ （c 是任意常数）, 求 $\int x f''(x) \, \mathrm{d}x$.

解 由 $\int f(x) \, \mathrm{d}x = \sin x \tan x + c$ 知

$$f(x) = (\sin x \tan x)' = \sin x + \sin x \sec^2 x,$$

于是

$$f'(x) = \cos x + \sec x + 2\sec x \tan^2 x.$$

利用分部积分法, 得

$$\begin{aligned}
\int x f''(x) \, \mathrm{d}x &= \int x \, \mathrm{d}f'(x) = x f'(x) - \int f'(x) \, \mathrm{d}x \\
&= x(\cos x + \sec x + 2\sec x \tan^2 x) - f(x) + c \\
&= x(\cos x + \sec x + 2\sec x \tan^2 x) - \sin x(1 + \sec^2 x) + c.
\end{aligned}$$

例 3.2.20 设 $f'(\mathrm{e}^x) = \dfrac{x^2}{(x+2)^2}$, 求 $f(x)$.

解 因为 $f'(\mathrm{e}^x) = \dfrac{x^2}{(x+2)^2}$, 所以

$$\begin{aligned}
f(\mathrm{e}^x) &= \int [f(\mathrm{e}^x)]' \, \mathrm{d}x = \int f'(\mathrm{e}^x) \mathrm{e}^x \, \mathrm{d}x = \int \frac{x^2 \mathrm{e}^x}{(x+2)^2} \mathrm{d}x \\
&= -\int x^2 \mathrm{e}^x \, \mathrm{d}\left(\frac{1}{x+2}\right) = -\frac{x^2 \mathrm{e}^x}{x+2} + \int \frac{(x^2+2x)\mathrm{e}^x}{x+2} \mathrm{d}x \\
&= -\frac{x^2 \mathrm{e}^x}{x+2} + \int x \mathrm{e}^x \, \mathrm{d}x = -\frac{x^2 \mathrm{e}^x}{x+2} + \int x \, \mathrm{d}\mathrm{e}^x = \frac{x^2 \mathrm{e}^x}{x+2} + x\mathrm{e}^x - \int \mathrm{e}^x \, \mathrm{d}x \\
&= -\frac{x^2 \mathrm{e}^x}{x+2} + x\mathrm{e}^x - \mathrm{e}^x + c.
\end{aligned}$$

令 $u = \mathrm{e}^x$ 得 $f(u) = -\dfrac{u \ln^2 u}{\ln u + 2} + u\ln u - u + c$, 于是

$$f(x) = -\frac{x\ln^2 x}{\ln x + 2} + x\ln x - x + c.$$

例 3.2.21 设函数 $y = y(x)$ 由方程 $y(x - y)^2 = x$ 确定,求 $\int \frac{1}{x - 3y}\mathrm{d}x$.

解 令 $x - y = t$,则由假设得 $yt^2 = x$,因此

$$x = \frac{t^3}{t^2 - 1}, \quad y = \frac{t}{t^2 - 1}, \quad \mathrm{d}x = \frac{t^2(t^2 - 3)}{(t^2 - 1)^2}\mathrm{d}t, \quad x - 3y = \frac{t(t^2 - 3)}{t^2 - 1}.$$

于是

$$\int \frac{1}{x - 3y}\mathrm{d}x = \int \frac{t}{t^2 - 1}\mathrm{d}t = \frac{1}{2}\ln|t^2 - 1| + c = \frac{1}{2}\ln|(x - y)^2 - 1| + c.$$

例 3.2.22 计算 $\int \max(1, x^2)\mathrm{d}x$.

解 由

$$\max(1, x^2) = \begin{cases} 1, & |x| < 1, \\ x^2, & |x| \geqslant 1, \end{cases}$$

可得

$$\int \max(1, x^2)\mathrm{d}x = \begin{cases} x + c_1, & |x| < 1, \\ \frac{1}{3}x^3 + c_2, & |x| \geqslant 1. \end{cases}$$

注意连续函数 $\max(1, x^2)$ 的原函数应该连续,因此由函数在点 $x = 1$ 连续得 $1 + c_1 = \frac{1}{3} + c_2$,即 $c_2 = \frac{2}{3} + c_1$. 同理由函数在点 $x = -1$ 连续得 $-1 + c_1 = -\frac{1}{3} + c_2$,即 $c_2 = -\frac{2}{3} + c_1$. 于是

$$\int \max(1, x^2)\mathrm{d}x = \begin{cases} x + c, & |x| < 1, \\ \frac{1}{3}x^3 + \frac{2}{3} + c, & x \geqslant 1, \\ \frac{1}{3}x^3 - \frac{2}{3} + c, & x \leqslant -1. \end{cases}$$

例 3.2.23 求下列不定积分的递推关系式:

$$(1) I_n = \int \mathrm{e}^x \sin^n x\, \mathrm{d}x\,; \qquad (2) J_n = \int \frac{x^n}{\sqrt{1 - x^2}}\mathrm{d}x.$$

解 (1) 易知

$$I_0 = \int \mathrm{e}^x \mathrm{d}x = \mathrm{e}^x + c,$$

$$I_1 = \int \mathrm{e}^x \sin x\, \mathrm{d}x = \frac{1}{2}\mathrm{e}^x(\sin x - \cos x) + c.$$

当 $n \geqslant 2$ 时,

$$I_n = \int e^x \sin^n x dx = e^x \sin^n x - n \int e^x \sin^{n-1} x \cos x dx$$

$$= e^x \sin^n x - n e^x \sin^{n-1} x \cos x + n \int e^x [(n-1) \sin^{n-2} x \cos^2 x - \sin^n x] dx$$

$$= e^x \sin^n x - n e^x \sin^{n-1} x \cos x + n[(n-1)I_{n-2} - nI_n],$$

于是

$$I_n = \frac{1}{1+n^2} e^x (\sin^n x - n \sin^{n-1} x \cos x) + \frac{n(n-1)}{1+n^2} I_{n-2}, \quad n = 2,3,4,\cdots.$$

（2）易知

$$J_0 = \int \frac{1}{\sqrt{1-x^2}} dx = \arcsin x + c,$$

$$J_1 = \int \frac{x}{\sqrt{1-x^2}} dx = -\sqrt{1-x^2} + c.$$

当 $n \geqslant 2$ 时,

$$J_n = \int \frac{x^n}{\sqrt{1-x^2}} dx = -\int x^{n-1} d\sqrt{1-x^2} = -x^{n-1}\sqrt{1-x^2} + (n-1)\int x^{n-2}\sqrt{1-x^2} dx$$

$$= -x^{n-1}\sqrt{1-x^2} + (n-1)\int \frac{x^{n-2}(1-x^2)}{\sqrt{1-x^2}} dx = -x^{n-1}\sqrt{1-x^2} + (n-1)(J_{n-2} - J_n),$$

于是

$$J_n = -\frac{1}{n} x^{n-1}\sqrt{1-x^2} + \frac{n-1}{n} J_{n-2}, \quad n = 2,3,4,\cdots.$$

习　题

1. 计算下列不定积分:

(1) $\int 2^x 3^{-x} dx$;

(2) $\int (x^2 - x^{-1})\sqrt{x} dx$;

(3) $\int \frac{(1-x^2)^{\frac{3}{2}} - 1}{\sqrt{1-x^2}} dx$;

(4) $\int \frac{(x+1)^3}{x^2} dx$;

(5) $\int \tan x (\tan x + \sec x) dx$;

(6) $\int \left(\cos^2 \frac{x}{2} + \frac{3}{1+x^2} \right) dx$.

2. 计算下列不定积分:

(1) $\int \frac{x dx}{2x^2 + 5}$;

(2) $\int \frac{4x+3}{x^2 + 2x + 2} dx$;

(3) $\int \frac{(x+1) dx}{\sqrt{x^2 + 4}}$;

(4) $\int \frac{\arcsin x}{\sqrt{1-x^2}} dx$;

(5) $\int \dfrac{e^x - 1}{1 + 3e^x} dx$;

(6) $\int x \sqrt{1 - x^2} dx$;

(7) $\int x^{-2} \sin \dfrac{2}{x} dx$;

(8) $\int \dfrac{dx}{\sin x \cos x}$;

(9) $\int \dfrac{dx}{\sqrt{e^{2x} - 1}}$;

(10) $\int \dfrac{x dx}{\sqrt{x + 1} + \sqrt{x}}$;

(11) $\int \dfrac{\sin 2x}{\sqrt{4 - \sin^2 x}} dx$;

(12) $\int \dfrac{dx}{x^2 \sqrt{4x^2 + 1}}$;

(13) $\int \dfrac{x + 1}{x(x + \ln x)} dx$;

(14) $\int \dfrac{1}{x(x^3 + 1)} dx$;

(15) $\int \dfrac{dx}{x + \sqrt{x + 1}}$;

(16) $\int \dfrac{\sqrt{x} + 1}{\sqrt{1 - x}} dx$;

(17) $\int \sqrt{\dfrac{1 - x}{1 + x}} dx$;

(18) $\int \dfrac{dx}{x \sqrt{1 + x}}$;

(19) $\int \dfrac{\arctan x}{x^2(1 + x^2)} dx$;

(20) $\int \dfrac{x}{(x^2 + 1) \sqrt{1 - x^2}} dx$.

3. 计算下列不定积分:

(1) $\int \sin^4 x dx$;

(2) $\int \dfrac{\tan x}{\tan^2 x - 1} dx$;

(3) $\int \dfrac{dx}{1 + 2\tan x}$;

(4) $\int \dfrac{\cos x}{1 + \cos x} dx$;

(5) $\int \dfrac{\cos 2x}{1 + \sin^2 x} dx$;

(6) $\int \dfrac{dx}{\sin x + 3\cos x + 2}$;

(7) $\int \dfrac{1}{\sin x \cos^3 x} dx$;

(8) $\int \dfrac{dx}{\sin^4 x \cos^4 x}$;

(9) $\int \dfrac{\sin x \cos x}{\sin x + \cos x} dx$;

(10) $\int \dfrac{dx}{\cos x + \cos a}$ $(a \neq k\pi, k = 1, 2, \cdots)$.

4. 计算下列不定积分:

(1) $\int x 2^x dx$;

(2) $\int \arctan x dx$;

(3) $\int x^3 \ln x dx$;

(4) $\int \dfrac{\arcsin x}{x^2} dx$;

(5) $\int x^2 \cos^2 x dx$;

(6) $\int \dfrac{x dx}{\tan^2 x}$;

(7) $\int \dfrac{\ln(\ln x)}{x} dx$;

(8) $\int \ln(\sqrt{x} + \sqrt{x + 1}) dx$;

(9) $\int x^2 \sqrt{x^2 + 1} dx$;

(10) $\int \dfrac{x \arcsin x}{(1 - x^2)^2} dx$;

(11) $\int x \sqrt{\dfrac{x}{x + 1}} dx$;

(12) $\int (x + 1) \sqrt{x^2 + x + 1} dx$.

5. 计算下列不定积分:

(1) $\int \dfrac{dx}{(x-1)(x+3)}$;

(2) $\int \dfrac{x}{x^4-1} dx$;

(3) $\int \dfrac{x dx}{x^4-4x^2+3}$;

(4) $\int \dfrac{(x+1)^3}{(x^2+1)^2} dx$;

(5) $\int \dfrac{x dx}{(x-1)(x-2)(x-3)}$;

(6) $\int \dfrac{(x+1) dx}{(x^2-2x+5)^2}$;

(7) $\int \dfrac{x^2 dx}{(x-1)(x+2)(x^2+1)}$;

(8) $\int \dfrac{2(x+1) dx}{(x-1)(x^2+1)^2}$.

6. 计算 $\int \dfrac{\sin^3 x}{\sin x + \cos x} dx$ 和 $\int \dfrac{\cos^3 x}{\sin x + \cos x} dx$.

7. 已知 $f'(e^x) = xe^{-x}$, 且 $f(1) = 0$, 求 $f(x)$.

8. 若 $\int \dfrac{\sin x}{f(x)} dx = \arctan(\cos x) + c$, 求 $\int f(x) dx$.

9. 设 F 是函数 f 的在 $(0, +\infty)$ 上的一个原函数, 且 $F(1) = \dfrac{\sqrt{2}}{4}\pi$. 若在 $(0, +\infty)$ 上有

$$F(x)f(x) = \dfrac{\arctan \sqrt{x}}{\sqrt{x}(1+x)},$$

求 f 在 $(0, +\infty)$ 上的表达式.

10. 求 $\int \max\{1, e^x\} dx$.

11. 已知函数 f 在 $(0, +\infty)$ 上可导, 且 $f(x) > 0$, $\lim\limits_{x \to +\infty} f(x) = 1$. 若 f 还满足

$$\lim_{h \to 0}\left[\dfrac{f(x+xh)}{f(x)}\right]^{\frac{1}{h}} = e^{\frac{1}{x}}, \quad x > 0,$$

求 f 的表达式.

12. 已知函数 f 定义在 $(-\infty, +\infty)$ 上, 且满足

$$f(x+y) = f(x)f(y), \quad x, y \in (-\infty, +\infty).$$

若 f 还满足 $f'(0) = 1$, 求 f 的表达式.

13. 设 f 在 $(-\infty, +\infty)$ 上有连续二阶导数, 且 $f'(x) \neq 0$. 证明

$$\int\left[\dfrac{f(x)}{f'(x)} - \dfrac{f^2(x)f''(x)}{f'^3(x)}\right]dx = \dfrac{1}{2}\left[\dfrac{f(x)}{f'(x)}\right]^2 + c.$$

14. 设 $I_n = \int \dfrac{1}{\sin^n x} dx$ $(n = 1, 2, \cdots)$, 试求出 I_n 的递推关系式.

15. 设 $p_n(x)$ 是一个 n 次多项式, 求 $\int \dfrac{p_n(x)}{(x-a)^{n+1}} dx$.

§3.3 定积分的计算

Newton-Leibniz 公式说明,只要知道定积分中被积函数的原函数,则该原函数在积分区间两端取值之差,就是定积分的值.因而为求定积分似应先算出相应的不定积分.但定积分计算的目标毕竟并非原函数而是积分的值,所以计算不定积分时的常用方法应转变为直接适用于定积分计算的运算法则.而且,由于定积分本身的特性,其计算还有着独特的方法.

一、分部积分法

定理 3.3.1 设 u,v 是 $[a,b]$ 上的连续可微函数,则

$$\int_a^b u(x)\,dv(x) = u(x)v(x)\,\Big|_a^b - \int_a^b v(x)\,du(x).$$

二、换元积分法

定理 3.3.2 设 $f(x)$ 是 $[a,b]$ 上的连续函数,$\varphi(x)$ 是定义于 α 和 β 间的连续可微函数,其值域包含于 $[a,b]$,且 $a = \varphi(\alpha), b = \varphi(\beta)$,则

$$\int_a^b f(x)\,dx = \int_\alpha^\beta f[\varphi(t)]\varphi'(t)\,dt.$$

定积分的换元法,要特别注意积分上、下限的对应关系.

在定积分的计算中,还有以下常用结论,它们常会简化计算.

(1) 设 $f(x)$ 是 $[-a,a]$ 上的连续函数 $(a > 0)$,则成立

$$\int_{-a}^a f(x)\,dx = \int_0^a [f(x) + f(-x)]\,dx.$$

特别地,如果 $f(x)$ 是 $[-a,a]$ 上的奇函数,则

$$\int_{-a}^a f(x)\,dx = 0;$$

如果 $f(x)$ 是 $[-a,a]$ 上的偶函数,则

$$\int_{-a}^a f(x)\,dx = 2\int_0^a f(x)\,dx.$$

(2) 设 $f(x)$ 是 $(-\infty, +\infty)$ 上以 T 为周期的连续函数,则对任何实数 a,总有

$$\int_a^{a+T} f(x)\,dx = \int_0^T f(x)\,dx.$$

例 3.3.1 计算下列定积分：

(1) $\displaystyle\int_0^{\frac{1}{2}} \ln(1-x)\,\mathrm{d}x$；   (2) $\displaystyle\int_0^{\pi} x\cos^2 x\,\mathrm{d}x$；

(3) $\displaystyle\int_{-\frac{1}{2}}^{\frac{1}{2}} \frac{x\arcsin x}{\sqrt{1-x^2}}\,\mathrm{d}x$；   (4) $\displaystyle\int_0^1 x\ln(x+\sqrt{1+x^2})\,\mathrm{d}x$.

解 （1）由分部积分公式，可得

$$\int_0^{\frac{1}{2}} \ln(1-x)\,\mathrm{d}x = -\int_0^{\frac{1}{2}} \ln(1-x)\,\mathrm{d}(1-x)$$

$$= -(1-x)\ln(1-x)\,\Big|_0^{\frac{1}{2}} - \int_0^{\frac{1}{2}}\mathrm{d}x = \frac{1}{2}(\ln 2 - 1).$$

（2）由分部积分公式，可得

$$\int_0^{\pi} x\cos^2 x\,\mathrm{d}x = \frac{1}{2}\int_0^{\pi} x(1+\cos 2x)\,\mathrm{d}x = \frac{1}{2}\int_0^{\pi} x\,\mathrm{d}x + \frac{1}{4}\int_0^{\pi} x\,\mathrm{d}\sin 2x$$

$$= \frac{\pi^2}{4} + \frac{1}{4}x\sin 2x\,\Big|_0^{\pi} - \frac{1}{4}\int_0^{\pi}\sin 2x\,\mathrm{d}x = \frac{\pi^2}{4}.$$

（3）由分部积分公式，可得

$$\int_{-\frac{1}{2}}^{\frac{1}{2}} \frac{x\arcsin x}{\sqrt{1-x^2}}\,\mathrm{d}x = -\int_{-\frac{1}{2}}^{\frac{1}{2}} \arcsin x\,\mathrm{d}\sqrt{1-x^2}$$

$$= -\sqrt{1-x^2}\arcsin x\,\Big|_{-\frac{1}{2}}^{\frac{1}{2}} + \int_{-\frac{1}{2}}^{\frac{1}{2}} \frac{1}{\sqrt{1-x^2}}\sqrt{1-x^2}\,\mathrm{d}x$$

$$= -\frac{\pi}{6}\sqrt{3} + \int_{-\frac{1}{2}}^{\frac{1}{2}}\mathrm{d}x = 1 - \frac{\pi}{6}\sqrt{3}.$$

（4）由分部积分公式得

$$\int_0^1 x\ln(x+\sqrt{1+x^2})\,\mathrm{d}x$$

$$= \frac{1}{2}\int_0^1 \ln(x+\sqrt{1+x^2})\,\mathrm{d}(1+x^2)$$

$$= \frac{1}{2}(1+x^2)\ln(x+\sqrt{1+x^2})\,\Big|_0^1 - \frac{1}{2}\int_0^1 (1+x^2)\frac{1}{\sqrt{1+x^2}}\,\mathrm{d}x$$

$$= \ln(1+\sqrt{2}) - \frac{1}{2}\int_0^1 \sqrt{1+x^2}\,\mathrm{d}x$$

$$= \ln(1+\sqrt{2}) - \frac{1}{4}x\sqrt{1+x^2}\,\Big|_0^1 - \frac{1}{4}\ln(x+\sqrt{1+x^2})\,\Big|_0^1$$

$$= \frac{3}{4}\ln(1 + \sqrt{2}) - \frac{\sqrt{2}}{4}.$$

例 3.3.2 计算下列定积分:

$(1) \int_1^{16} \sqrt{\sqrt{x} - 1}\, dx;$ $\qquad\qquad$ $(2) \int_{-2}^{-\sqrt{2}} \frac{1}{x\sqrt{x^2 - 1}}\, dx;$

$(3) \int_0^\pi \sin^3 x\, dx;$ $\qquad\qquad$ $(4) \int_{\frac{1}{3}}^{\frac{1}{2}} \frac{1}{x\ln x}\, dx.$

解 (1) 令 $t = \sqrt{\sqrt{x} - 1}$,则 $x = (t^2 + 1)^2$,$dx = 4t(t^2 + 1)\, dt$,且当 $x = 1$ 时 $t = 0$;当 $x = 16$ 时,$t = \sqrt{3}$. 于是

$$\int_1^{16} \sqrt{\sqrt{x} - 1}\, dx = 4\int_0^{\sqrt{3}} t^2(t^2 + 1)\, dt$$

$$= 4\int_0^{\sqrt{3}} (t^4 + t^2)\, dt = 4\left[\frac{t^5}{5} + \frac{t^3}{3}\right]\Bigg|_0^{\sqrt{3}} = \frac{56\sqrt{3}}{5}.$$

(2) **解法一** 作变量代换 $x = \sec t$,则 $dx = \sec t \tan t\, dt$,且当 $x = -2$ 时,$t = \frac{2}{3}\pi$;当 $x = -\sqrt{2}$ 时,$t = \frac{3}{4}\pi$,于是

$$\int_{-2}^{-\sqrt{2}} \frac{1}{x\sqrt{x^2 - 1}}\, dx = \int_{\frac{2}{3}\pi}^{\frac{3}{4}\pi} \frac{\sec t \tan t}{\sec t(-\tan t)}\, dt = -\int_{\frac{2}{3}\pi}^{\frac{3}{4}\pi} dt = -\frac{\pi}{12}.$$

解法二 用凑微分的方法.

$$\int_{-2}^{-\sqrt{2}} \frac{1}{x\sqrt{x^2 - 1}}\, dx = \int_{-2}^{-\sqrt{2}} \frac{d\left(\frac{1}{x}\right)}{\sqrt{1 - \left(\frac{1}{x}\right)^2}} = \arcsin\frac{1}{x}\Bigg|_{-2}^{-\sqrt{2}} = -\frac{\pi}{12}.$$

(3) 凑微分得

$$\int_0^\pi \sin^3 x\, dx = -\int_0^\pi (1 - \cos^2 x)\, d\cos x$$

$$= \left(\frac{1}{3}\cos^3 x - \cos x\right)\Bigg|_0^\pi = \frac{4}{3}.$$

(4) 凑微分得

$$\int_{\frac{1}{3}}^{\frac{1}{2}} \frac{1}{x\ln x}\, dx = \int_{\frac{1}{3}}^{\frac{1}{2}} \frac{1}{\ln x}\, d\ln x = \ln|\ln x|\ \Bigg|_{\frac{1}{3}}^{\frac{1}{2}}$$

$$= \ln\left|\ln\frac{1}{2}\right| - \ln\left|\ln\frac{1}{3}\right| = \ln\frac{\ln 2}{\ln 3}.$$

注 在运用凑微分的方法时,如果没有作新的换元,则定积分的上、下限无需改变. 其次,不定积分计算中所用的各种方法和技巧都可以平行地用于定积分的

计算.

例3.3.3 计算下列定积分:

(1) $\int_0^1 \dfrac{2x+3}{\sqrt{x^2+1}}\,\mathrm{d}x$;

(2) $\int_0^{\frac{\pi}{2}} \sqrt{1-\sin 2x}\,\mathrm{d}x$;

(3) $\int_0^{2\pi} x\,|\sin x|\,\mathrm{d}x$;

(4) $\int_0^{\frac{\pi}{2}} \sin^3 x \cos^2 x\,\mathrm{d}x$.

解 (1) 将此积分分为两部分,得

$$\int_0^1 \frac{2x+3}{\sqrt{x^2+1}}\mathrm{d}x = \int_0^1 \frac{\mathrm{d}(x^2+1)}{\sqrt{x^2+1}} + \int_0^1 \frac{3}{\sqrt{x^2+1}}\mathrm{d}x$$

$$= \left(2\sqrt{x^2+1} + 3\ln(x+\sqrt{x^2+1})\right)\Big|_0^1 = 2\sqrt{2}-2+3\ln(1+\sqrt{2}).$$

(2) 注意 $1-\sin 2x = \sin^2 x + \cos^2 x - 2\sin x\cos x = (\sin x - \cos x)^2$,得

$$\int_0^{\frac{\pi}{2}} \sqrt{1-\sin 2x}\mathrm{d}x$$

$$= \int_0^{\frac{\pi}{2}} \sqrt{(\sin x - \cos x)^2}\mathrm{d}x$$

$$= \int_0^{\frac{\pi}{2}} |\sin x - \cos x|\,\mathrm{d}x$$

$$= \int_0^{\frac{\pi}{4}} |\sin x - \cos x|\,\mathrm{d}x + \int_{\frac{\pi}{4}}^{\frac{\pi}{2}} |\sin x - \cos x|\,\mathrm{d}x$$

$$= \int_0^{\frac{\pi}{4}} (\cos x - \sin x)\mathrm{d}x + \int_{\frac{\pi}{4}}^{\frac{\pi}{2}} (\sin x - \cos x)\mathrm{d}x$$

$$= \left[\sin x + \cos x\right]\Big|_0^{\frac{\pi}{4}} + \left[-\cos x - \sin x\right]\Big|_{\frac{\pi}{4}}^{\frac{\pi}{2}} = 2\sqrt{2}-2.$$

(3) 在积分 $\int_0^{2\pi} x\,|\sin x|\,\mathrm{d}x$ 中,令 $x = 2\pi - t$,则 $\mathrm{d}x = -\mathrm{d}t$,且当 $x = 0$ 时, $t = 2\pi$;当 $x = 2\pi$ 时, $t = 0$. 于是

$$\int_0^{2\pi} x\,|\sin x|\,\mathrm{d}x = -\int_{2\pi}^0 (2\pi - t)\,|\sin t|\,\mathrm{d}t$$

$$= 2\pi\int_0^{2\pi} |\sin x|\,\mathrm{d}x - \int_0^{2\pi} x\,|\sin x|\,\mathrm{d}x,$$

所以

$$\int_0^{2\pi} x\,|\sin x|\,\mathrm{d}x = \pi\int_0^{2\pi} |\sin x|\,\mathrm{d}x = 2\pi\int_0^{\pi} \sin x\mathrm{d}x = 4\pi.$$

(4) 显然

$$\int_0^{\frac{\pi}{2}} \sin^3 x \cos^2 x\mathrm{d}x = \int_0^{\frac{\pi}{2}} \sin^3 x\mathrm{d}x - \int_0^{\frac{\pi}{2}} \sin^5 x\mathrm{d}x,$$

利用公式

$$\int_0^{\frac{\pi}{2}} \sin^{2n+1}x\mathrm{d}x = \frac{(2n)!!}{(2n+1)!!}$$

可得

$$\int_0^{\frac{\pi}{2}} \sin^3 x\cos^2 x\mathrm{d}x = \frac{2}{3} - \frac{4\cdot 2}{5\cdot 3} = \frac{2}{15}.$$

例 3.3.4 设函数 $f(x)$ 在 $[0,1]$ 上连续.

（1）证明：$\int_0^{\frac{\pi}{2}} f(\sin x)\mathrm{d}x = \int_0^{\frac{\pi}{2}} f(\cos x)\mathrm{d}x$；

（2）证明：$\int_0^{\pi} f(\sin x)\mathrm{d}x = 2\int_0^{\frac{\pi}{2}} f(\sin x)\mathrm{d}x$；

（3）计算 $\int_0^{\frac{\pi}{2}} \dfrac{\cos^3 x}{\sin^3 x + \cos^3 x}\mathrm{d}x$.

解 （1）**证** 令 $x = \dfrac{\pi}{2} - t$，则 $\mathrm{d}x = -\mathrm{d}t$，且当 $x = 0$ 时 $t = \dfrac{\pi}{2}$；当 $x = \dfrac{\pi}{2}$ 时，$t = 0$. 于是

$$\int_0^{\frac{\pi}{2}} f(\sin x)\mathrm{d}x = -\int_{\frac{\pi}{2}}^0 f\left[\sin\left(\frac{\pi}{2} - t\right)\right]\mathrm{d}t = -\int_{\frac{\pi}{2}}^0 f(\cos t)\mathrm{d}t = \int_0^{\frac{\pi}{2}} f(\cos x)\mathrm{d}x.$$

（2）**证** 显然

$$\int_0^{\pi} f(\sin x)\mathrm{d}x = \int_0^{\frac{\pi}{2}} f(\sin x)\mathrm{d}x + \int_{\frac{\pi}{2}}^{\pi} f(\sin x)\mathrm{d}x.$$

在积分 $\int_{\frac{\pi}{2}}^{\pi} f(\sin x)\mathrm{d}x$ 中，令 $x = \pi - t$，则 $\mathrm{d}x = -\mathrm{d}t$，且当 $x = \dfrac{\pi}{2}$ 时，$t = \dfrac{\pi}{2}$；当 $x = \pi$ 时，$t = 0$. 于是

$$\int_{\frac{\pi}{2}}^{\pi} f(\sin x)\mathrm{d}x = -\int_{\frac{\pi}{2}}^0 f(\sin t)\mathrm{d}t = \int_0^{\frac{\pi}{2}} f(\sin x)\mathrm{d}x,$$

所以

$$\int_0^{\pi} f(\sin x)\mathrm{d}x = 2\int_0^{\frac{\pi}{2}} f(\sin x)\mathrm{d}x.$$

（3）**解** 由（1）的结论知，

$$\int_0^{\frac{\pi}{2}} \frac{\cos^3 x}{\sin^3 x + \cos^3 x}\mathrm{d}x = \int_0^{\frac{\pi}{2}} \frac{\sin^3 x}{\sin^3 x + \cos^3 x}\mathrm{d}x,$$

于是

$$\int_0^{\frac{\pi}{2}} \frac{\cos^3 x}{\sin^3 x + \cos^3 x}\mathrm{d}x = \frac{1}{2}\int_0^{\frac{\pi}{2}} \frac{\sin^3 x + \cos^3 x}{\sin^3 x + \cos^3 x}\mathrm{d}x = \frac{\pi}{4}.$$

例 3.3.5 设 $[0,1]$ 上的连续函数 $f(x)$ 满足 $f(x) = \dfrac{1}{\sqrt{(x^2+1)^3}} - \int_0^1 f(x)\,\mathrm{d}x$，求 $f(x)$.

解 记 $c = \int_0^1 f(x)\,\mathrm{d}x$. 在 $f(x) = \dfrac{1}{\sqrt{(x^2+1)^3}} - c$ 两边，从 0 到 1 积分，则

$$\int_0^1 f(x)\,\mathrm{d}x = \int_0^1 \frac{\mathrm{d}x}{\sqrt{(x^2+1)^3}} - c,$$

即

$$\int_0^1 f(x)\,\mathrm{d}x = \frac{1}{2}\int_0^1 \frac{\mathrm{d}x}{\sqrt{(x^2+1)^3}}.$$

在上式的积分 $\int_0^1 \dfrac{\mathrm{d}x}{\sqrt{(x^2+1)^3}}$ 中，令 $x = \tan t$，则 $\mathrm{d}x = \sec^2 t\,\mathrm{d}t$，且当 $x = 0$ 时，$t = 0$；当 $x = 1$ 时，$t = \dfrac{\pi}{4}$. 于是

$$\int_0^1 f(x)\,\mathrm{d}x = \frac{1}{2}\int_0^{\frac{\pi}{4}} \frac{\sec^2 t\,\mathrm{d}t}{\sec^3 t} = \frac{1}{2}\int_0^{\frac{\pi}{4}} \cos t\,\mathrm{d}t = \frac{\sqrt{2}}{4},$$

所以

$$f(x) = \frac{1}{\sqrt{(x^2+1)^3}} - \frac{\sqrt{2}}{4}.$$

例 3.3.6 设 $f(x) = \begin{cases} 1 + 3x^2, & x \leqslant 0, \\ \dfrac{\mathrm{e}^x}{1+\mathrm{e}^x}, & x > 0, \end{cases}$ 计算 $I = \int_0^4 f(x-2)\,\mathrm{d}x$.

解 令 $t = x - 2$，则 $\mathrm{d}x = \mathrm{d}t$，且当 $x = 0$ 时，$t = -2$；当 $x = 4$ 时，$t = 2$. 于是

$$I = \int_{-2}^2 f(t)\,\mathrm{d}t = \int_{-2}^0 (1 + 3t^2)\,\mathrm{d}t + \int_0^2 \frac{\mathrm{e}^t}{1+\mathrm{e}^t}\,\mathrm{d}t$$

$$= (t + t^3)\Big|_{-2}^0 + \ln(1+\mathrm{e}^t)\Big|_0^2 = 10 + \ln\frac{1+\mathrm{e}^2}{2}.$$

例 3.3.7 计算下列定积分：

(1) $\displaystyle\int_{-\frac{\pi}{2}}^{\frac{\pi}{2}} \frac{\sin x + 2\cos x}{1+\sin^2 x}\,\mathrm{d}x$;

(2) $\displaystyle\int_{-\frac{\pi}{2}}^{\frac{\pi}{2}} \frac{1}{1+\mathrm{e}^x}\sin^6 x\,\mathrm{d}x$;

(3) $\displaystyle\int_{-\frac{\pi}{4}}^{\frac{\pi}{4}} \frac{1}{1+\sin x}\,\mathrm{d}x$;

(4) $\displaystyle\int_0^1 \frac{\ln(1+x)}{1+x^2}\,\mathrm{d}x$.

解 (1) 因为 $\dfrac{\sin x}{1+\sin^2 x}$ 是奇函数，所以 $\displaystyle\int_{-\frac{\pi}{2}}^{\frac{\pi}{2}} \frac{\sin x}{1+\sin^2 x}\,\mathrm{d}x = 0$；因为 $\dfrac{\cos x}{1+\sin^2 x}$ 是

偶函数,所以 $\int_{-\frac{\pi}{2}}^{\frac{\pi}{2}} \frac{\cos x}{1 + \sin^2 x} dx = 2\int_0^{\frac{\pi}{2}} \frac{\cos x}{1 + \sin^2 x} dx$. 于是

$$\int_{-\frac{\pi}{2}}^{\frac{\pi}{2}} \frac{\sin x + 2\cos x}{1 + \sin^2 x} dx = \int_{-\frac{\pi}{2}}^{\frac{\pi}{2}} \frac{\sin x}{1 + \sin^2 x} dx + 2\int_{-\frac{\pi}{2}}^{\frac{\pi}{2}} \frac{\cos x}{1 + \sin^2 x} dx$$

$$= 4\int_0^{\frac{\pi}{2}} \frac{\cos x}{1 + \sin^2 x} dx = 4\int_0^{\frac{\pi}{2}} \frac{1}{1 + \sin^2 x} d\sin x$$

$$= 4\arctan\sin x \Big|_0^{\frac{\pi}{2}} = \pi$$

(2) 令 $x = -t$,则 $dx = -dt$,且当 $x = -\frac{\pi}{2}$ 时,$t = \frac{\pi}{2}$;当 $x = \frac{\pi}{2}$ 时,$t = -\frac{\pi}{2}$. 于是

$$\int_{-\frac{\pi}{2}}^{\frac{\pi}{2}} \frac{1}{1 + e^x} \sin^6 x dx = \int_{-\frac{\pi}{2}}^{\frac{\pi}{2}} \frac{1}{1 + e^{-t}} \sin^6 t dt$$

$$= \int_{-\frac{\pi}{2}}^{\frac{\pi}{2}} \frac{e^t}{1 + e^t} \sin^6 t dt = -\int_{-\frac{\pi}{2}}^{\frac{\pi}{2}} \frac{1}{1 + e^x} \sin^6 x dx + \int_{-\frac{\pi}{2}}^{\frac{\pi}{2}} \frac{e^x + 1}{1 + e^x} \sin^6 x dx$$

$$= -\int_{-\frac{\pi}{2}}^{\frac{\pi}{2}} \frac{1}{1 + e^x} \sin^6 x dx + \int_{-\frac{\pi}{2}}^{\frac{\pi}{2}} \sin^6 x dx,$$

所以

$$\int_{-\frac{\pi}{2}}^{\frac{\pi}{2}} \frac{1}{1 + e^x} \sin^6 x dx = \frac{1}{2}\int_{-\frac{\pi}{2}}^{\frac{\pi}{2}} \sin^6 x dx = \int_0^{\frac{\pi}{2}} \sin^6 x dx = \frac{5}{32}\pi.$$

(3) 显然

$$\int_{-\frac{\pi}{4}}^{\frac{\pi}{4}} \frac{1}{1 + \sin x} dx = \int_{-\frac{\pi}{4}}^0 \frac{1}{1 + \sin x} dx + \int_0^{\frac{\pi}{4}} \frac{1}{1 + \sin x} dx,$$

对 $\int_{-\frac{\pi}{4}}^0 \frac{1}{1 + \sin x} dx$ 作变换 $x = -t$,得

$$\int_{-\frac{\pi}{4}}^0 \frac{1}{1 + \sin x} dx = \int_0^{\frac{\pi}{4}} \frac{1}{1 - \sin t} dt.$$

于是

$$\int_{-\frac{\pi}{4}}^{\frac{\pi}{4}} \frac{1}{1 + \sin x} dx = \int_0^{\frac{\pi}{4}} \frac{1}{1 - \sin x} dx + \int_0^{\frac{\pi}{4}} \frac{1}{1 + \sin x} dx$$

$$= \int_0^{\frac{\pi}{4}} \left(\frac{1}{1 + \sin x} + \frac{1}{1 - \sin x} \right) dx = 2\int_0^{\frac{\pi}{4}} \frac{1}{\cos^2 x} dx$$

$$= 2\tan x \Big|_0^{\frac{\pi}{4}} = 2.$$

(4) 令 $x = \tan t$ 得

$$\int_0^1 \frac{\ln(1+x)}{1+x^2}dx = \int_0^{\frac{\pi}{4}} \frac{\ln(1+\tan t)}{1+\tan^2 t}\sec^2 t dt = \int_0^{\frac{\pi}{4}} \ln(1+\tan t)dt.$$

令 $t = \dfrac{\pi}{4} - u$ 得

$$\int_0^{\frac{\pi}{4}} \ln(1+\tan t)dt = \int_0^{\frac{\pi}{4}} \ln\left[1 + \tan\left(\frac{\pi}{4} - u\right)\right]du$$

$$= \int_0^{\frac{\pi}{4}} \ln\left[1 + \frac{1-\tan u}{1+\tan u}\right]du = \int_0^{\frac{\pi}{4}} \ln \frac{2}{1+\tan u}du$$

$$= \frac{\pi}{4}\ln 2 - \int_0^{\frac{\pi}{4}} \ln(1+\tan u)du.$$

所以

$$\int_0^{\frac{\pi}{4}} \ln(1+\tan t)dt = \frac{\pi}{8}\ln 2,$$

于是

$$\int_0^1 \frac{\ln(1+x)}{1+x^2}dx = \frac{\pi}{8}\ln 2.$$

例 3.3.8 设函数 $f(x)$，$g(x)$ 在 $[-a,a]$ 上连续，且 $g(x)$ 为偶函数，以及对于每个 $x \in [-a,a]$，成立

$$f(x) + f(-x) = c \quad (c \text{ 为常数}).$$

(1) 证明：$\displaystyle\int_{-a}^a f(x)g(x)dx = c\int_0^a g(x)dx$；

(2) 计算 $\displaystyle\int_{-\frac{\pi}{2}}^{\frac{\pi}{2}} \cos^4 x \arctan e^x dx$；(3) 计算 $\displaystyle\int_{-1}^1 \ln(1+x^2)\arccos x dx$.

解 (1) **证** 由于

$$f(x) - \frac{c}{2} + f(-x) - \frac{c}{2} = 0,$$

可知 $f(x) - \dfrac{c}{2}$ 为奇函数，于是

$$\int_{-a}^a \left(f(x) - \frac{c}{2}\right)g(x)dx = 0,$$

再注意到 $g(x)$ 为偶函数，便得

$$\int_{-a}^a f(x)g(x)dx = \frac{c}{2}\int_{-a}^a g(x)dx = c\int_0^a g(x)dx.$$

(2) **解法一** 注意到

$$\arctan e^x + \arctan e^{-x} = \frac{\pi}{2},$$

再利用(1)的结果,便得

$$\int_{-\frac{\pi}{2}}^{\frac{\pi}{2}} \cos^4 x \arctan e^x \, dx = \frac{\pi}{2} \int_0^{\frac{\pi}{2}} \cos^4 x \, dx = \frac{3}{32} \pi^2.$$

解法二 令 $x = -t$, 则 $dx = -dt$, 且当 $x = -\frac{\pi}{2}$ 时, $t = \frac{\pi}{2}$; 当 $x = \frac{\pi}{2}$ 时,

$t = -\frac{\pi}{2}$. 于是

$$\int_{-\frac{\pi}{2}}^{\frac{\pi}{2}} \cos^4 x \arctan e^x \, dx = \int_{-\frac{\pi}{2}}^{\frac{\pi}{2}} \cos^4 t \arctan e^{-t} \, dt$$

$$= \int_{-\frac{\pi}{2}}^{\frac{\pi}{2}} \cos^4 t \left(\frac{\pi}{2} - \arctan e^t \right) dt.$$

所以

$$\int_{-\frac{\pi}{2}}^{\frac{\pi}{2}} \cos^4 x \arctan e^x \, dx = \frac{\pi}{4} \int_{-\frac{\pi}{2}}^{\frac{\pi}{2}} \cos^4 x \, dx = \frac{3}{32} \pi^2.$$

(3) **解** 令 $x = -t$, 则 $dx = -dt$, 于是

$$\int_{-1}^{1} \ln(1 + x^2) \arccos x \, dx = \int_{-1}^{1} \ln(1 + t^2) \arccos(-t) \, dt.$$

注意 $\arccos x + \arccos(-x) = \pi$, 则

$$\int_{-1}^{1} \ln(1 + x^2) \arccos x \, dx = \int_{-1}^{1} \ln(1 + x^2)(\pi - \arccos x) \, dx,$$

所以

$$\int_{-1}^{1} \ln(1 + x^2) \arccos x \, dx = \pi \int_0^1 \ln(1 + x^2) \, dx$$

$$= \pi x \ln(1 + x^2) \Big|_0^1 - \pi \int_0^1 \frac{2x^2 \, dx}{1 + x^2}$$

$$= \pi \ln 2 - 2\pi \int_0^1 dx + 2\pi \int_0^1 \frac{dx}{1 + x^2}$$

$$= \pi \left(\ln 2 - 2 + \frac{\pi}{2} \right).$$

例 3.3.9 计算积分 $\int_0^{\frac{\pi}{2}} \frac{\sin(2n-1)x}{\sin x} \, dx$ (n 为正整数).

解法一 记 $I_n = \int_0^{\frac{\pi}{2}} \frac{\sin(2n-1)x}{\sin x} \, dx$, 则当 $n > 1$ 时, 有

$$I_n = \int_0^{\frac{\pi}{2}} \frac{\sin[(2n-3)x + 2x]}{\sin x} \, dx$$

$$= \int_0^{\frac{\pi}{2}} \frac{\sin(2n-3)x \cos 2x + \cos(2n-3)x \sin 2x}{\sin x} \, dx$$

$$= \int_0^{\frac{\pi}{2}} \frac{\sin(2n-3)x(1-2\sin^2x)}{\sin x}dx + 2\int_0^{\frac{\pi}{2}} \cos(2n-3)x\cos x dx$$

$$= \int_0^{\frac{\pi}{2}} \frac{\sin(2n-3)x}{\sin x}dx - 2\int_0^{\frac{\pi}{2}} \sin(2n-3)x\sin x dx + 2\int_0^{\frac{\pi}{2}} \cos(2n-3)x\cos x dx$$

$$= I_{n-1} + 2\int_0^{\frac{\pi}{2}} \cos(2n-2)x dx = I_{n-1},$$

所以

$$I_n = I_{n-1} = \cdots = I_1 = \frac{\pi}{2}.$$

解法二　因为当 $n \geqslant 1$ 时,有

$$I_{n+1} - I_n = \int_0^{\frac{\pi}{2}} \frac{\sin(2n+1)x - \sin(2n-1)x}{\sin x}dx = 2\int_0^{\frac{\pi}{2}} \cos 2nx dx = 0,$$

即

$$I_{n+1} = I_n,$$

且

$$I_1 = \int_0^{\frac{\pi}{2}} 1 dx = \frac{\pi}{2},$$

所以

$$I_n = \frac{\pi}{2}, \quad n \text{ 为正整数}.$$

解法三　先来证明三角公式

$$\frac{\sin(2n-1)x}{\sin x} = 1 + 2\sum_{k=1}^{n-1} \cos 2kx.$$

将和差化积三角公式

$$\sin(2k+1)x - \sin(2k-1)x = 2\sin x\cos 2kx, \quad k = 1,2,\cdots,n-1$$

相加,就有

$$\sin(2n-1)x - \sin x = 2\sum_{k=1}^{n-1} \sin x\cos 2kx,$$

所以

$$\frac{\sin(2n-1)x}{\sin x} = 1 + 2\sum_{k=1}^{n-1} \cos 2kx.$$

于是

$$\int_0^{\frac{\pi}{2}} \frac{\sin(2n-1)x}{\sin x}dx = \int_0^{\frac{\pi}{2}} \left(1 + 2\sum_{k=1}^{n-1} \cos 2kx\right)dx = \int_0^{\frac{\pi}{2}} 1 dx = \frac{\pi}{2}.$$

注　用同样方法可得, $\int_0^{\frac{\pi}{2}} \frac{\sin 2nx}{\sin x}dx = 2\left[1 - \frac{1}{3} + \frac{1}{5} - \cdots + \frac{(-1)^{n-1}}{2n-1}\right]$ (n 为

正整数).

例 3.3.10　证明: $\int_0^{\frac{\pi}{2}} \frac{\sin x}{1 + x^2} \mathrm{d}x < \int_0^{\frac{\pi}{2}} \frac{\cos x}{1 + x^2} \mathrm{d}x.$

证　易知

$$\int_0^{\frac{\pi}{2}} \frac{\sin x - \cos x}{1 + x^2} \mathrm{d}x = \sqrt{2} \int_0^{\frac{\pi}{2}} \frac{\sin\left(x - \frac{\pi}{4} \right)}{1 + x^2} \mathrm{d}x,$$

令 $t = x - \dfrac{\pi}{4}$, 则

$$\int_0^{\frac{\pi}{2}} \frac{\sin\left(x - \frac{\pi}{4} \right)}{1 + x^2} \mathrm{d}x = \int_{-\frac{\pi}{4}}^{\frac{\pi}{4}} \frac{\sin t}{1 + \left(t + \frac{\pi}{4} \right)^2} \mathrm{d}t$$

$$= \int_0^{\frac{\pi}{4}} \frac{\sin t}{1 + \left(t + \frac{\pi}{4} \right)^2} \mathrm{d}t + \int_{-\frac{\pi}{4}}^0 \frac{\sin t}{1 + \left(t + \frac{\pi}{4} \right)^2} \mathrm{d}t.$$

在最后一个积分中, 令 $t = -x$, 则

$$\int_{-\frac{\pi}{4}}^0 \frac{\sin t}{1 + \left(t + \frac{\pi}{4} \right)^2} \mathrm{d}t = -\int_0^{\frac{\pi}{4}} \frac{\sin x}{1 + \left(\frac{\pi}{4} - x \right)^2} \mathrm{d}x,$$

所以

$$\int_0^{\frac{\pi}{2}} \frac{\sin\left(x - \frac{\pi}{4} \right)}{1 + x^2} \mathrm{d}x = \int_0^{\frac{\pi}{4}} \frac{\sin x}{1 + \left(x + \frac{\pi}{4} \right)^2} \mathrm{d}x - \int_0^{\frac{\pi}{4}} \frac{\sin x}{1 + \left(\frac{\pi}{4} - x \right)^2} \mathrm{d}x$$

$$= \int_0^{\frac{\pi}{4}} \left[\frac{\sin x}{1 + \left(x + \frac{\pi}{4} \right)^2} - \frac{\sin x}{1 + \left(\frac{\pi}{4} - x \right)^2} \right] \mathrm{d}x < 0,$$

即

$$\int_0^{\frac{\pi}{2}} \frac{\sin x}{1 + x^2} \mathrm{d}x < \int_0^{\frac{\pi}{2}} \frac{\cos x}{1 + x^2} \mathrm{d}x.$$

例 3.3.11　设函数 $f(x)$ 在 $[0, \pi]$ 上连续, 且 $\int_0^{\pi} f(x) \sin x \mathrm{d}x = 0$, $\int_0^{\pi} f(x) \cos x \mathrm{d}x = 0$, 证明: $f(x)$ 在 $(0, \pi)$ 内至少有两个零点.

证　由于在 $[0, \pi]$ 上 $\sin x \geqslant 0$, 而 $\int_0^{\pi} f(x) \sin x \mathrm{d}x = 0$, 因此 $f(x)$ 在 $(0, \pi)$ 内一定变号, 即在 $(0, \pi)$ 内至少有一个零点. 如果 $f(x)$ 在 $(0, \pi)$ 内只有一个零点

$x = a$,则 $f(x)$ 在 $x = a$ 的两侧异号,因而函数 $f(x)\sin(x - a)$ 在 $(0,\pi)$ 内保持同号,且不恒为零,所以

$$\int_0^\pi f(x)\sin(x - a)\mathrm{d}x \neq 0.$$

但是由题设条件知

$$\int_0^\pi f(x)\sin(x - a)\mathrm{d}x = \cos a\int_0^\pi f(x)\sin x\mathrm{d}x - \sin a\int_0^\pi f(x)\cos x\mathrm{d}x = 0,$$

这是个矛盾,故 $f(x)$ 在 $(0,\pi)$ 内至少有两个零点.

例 3.3.12 （1）设 $f(x)$ 是周期为 $T(T > 0)$ 的连续函数,证明

$$\lim_{x\to\infty}\frac{1}{x}\int_0^x f(u)\mathrm{d}u = \frac{1}{T}\int_0^T f(u)\mathrm{d}u;$$

（2）求极限 $\lim\limits_{x\to\infty}\dfrac{1}{x}\int_0^x |\sin u|\,\mathrm{d}u$.

解 （1）**证法一** 作函数 $g(x) = \int_0^x f(u)\mathrm{d}u - \dfrac{x}{T}\int_0^T f(u)\mathrm{d}u$,则 $g(x)$ 在 $(-\infty, +\infty)$ 上连续. 由于

$$g(x + T) = \int_0^{x+T} f(u)\mathrm{d}u - \frac{x + T}{T}\int_0^T f(u)\mathrm{d}u$$

$$= \int_0^x f(u)\mathrm{d}u + \int_x^{x+T} f(u)\mathrm{d}u - \frac{x + T}{T}\int_0^T f(u)\mathrm{d}u$$

$$= \int_0^x f(u)\mathrm{d}u + \int_0^T f(u)\mathrm{d}u - \frac{x + T}{T}\int_0^T f(u)\mathrm{d}u$$

$$= \int_0^x f(u)\mathrm{d}u - \frac{x}{T}\int_0^T f(u)\mathrm{d}u = g(x),$$

即 $g(x)$ 是周期为 T 的连续函数,所以它一定是有界函数. 于是

$$\lim_{x\to\infty}\frac{1}{x}g(x) = 0,$$

即

$$\lim_{x\to\infty}\frac{1}{x}\int_0^x f(u)\mathrm{d}u = \frac{1}{T}\int_0^T f(u)\mathrm{d}u.$$

证法二 将 x 表示成 $x = nT + T_x$,其中 n 是整数,$T_x \in [0,T)$,则

$$\int_0^x f(u)\mathrm{d}u = \int_0^{nT} f(u)\mathrm{d}u + \int_{nT}^{nT+T_x} f(u)\mathrm{d}u.$$

由于 f 是以 T 为周期函数,因此对任何实数 a,总有 $\int_a^{a+T} f(x)\mathrm{d}x = \int_0^T f(x)\mathrm{d}x$. 于是,当 $n > 0$ 时,有

$$\int_0^{nT} f(u)\mathrm{d}u = \int_0^T f(u)\mathrm{d}u + \int_T^{2T} f(u)\mathrm{d}u + \cdots + \int_{(n-1)T}^{nT} f(u)\mathrm{d}u$$

$$= \int_0^T f(u)\,\mathrm{d}u + \int_T^{T+T} f(u)\,\mathrm{d}u + \cdots + \int_{(n-1)T}^{(n-1)T+T} f(u)\,\mathrm{d}u = n\int_0^T f(u)\,\mathrm{d}u.$$

当 $n < 0$ 时,有

$$\int_0^{nT} f(u)\,\mathrm{d}u = -\int_{nT}^0 f(u)\,\mathrm{d}u$$

$$= -\left(\int_{nT}^{(n+1)T} f(u)\,\mathrm{d}u + \cdots + \int_{-2T}^{-T} f(u)\,\mathrm{d}u + \int_{-T}^0 f(u)\,\mathrm{d}u \right)$$

$$= -\left(\int_{nT}^{nT+T} f(u)\,\mathrm{d}u + \cdots + \int_{-2T}^{-2T+T} f(u)\,\mathrm{d}u + \int_{-T}^{-T+T} f(u)\,\mathrm{d}u \right) = n\int_0^T f(u)\,\mathrm{d}u,$$

以及

$$\int_{nT}^{nT+Tx} f(u)\,\mathrm{d}u = \int_0^{Tx} f(u)\,\mathrm{d}u.$$

总之,对于每个 x,成立

$$\int_0^x f(u)\,\mathrm{d}u = n\int_0^T f(u)\,\mathrm{d}u + \int_0^{Tx} f(u)\,\mathrm{d}u.$$

因为

$$\left| \int_0^{Tx} f(u)\,\mathrm{d}u \right| \leqslant \int_0^{Tx} |f(u)|\,\mathrm{d}u \leqslant \int_0^T |f(u)|\,\mathrm{d}u,$$

所以 $\lim\limits_{x\to\infty} \dfrac{1}{x}\int_0^{Tx} f(u)\,\mathrm{d}u = 0.$ 又显然 $\lim\limits_{x\to\infty} \dfrac{n}{x} = \dfrac{1}{T}.$ 于是

$$\lim_{x\to\infty} \frac{1}{x}\int_0^x f(u)\,\mathrm{d}u = \lim_{x\to\infty} \frac{n}{x}\int_0^T f(u)\,\mathrm{d}u + \lim_{x\to\infty} \frac{1}{x}\int_0^{Tx} f(u)\,\mathrm{d}u = \frac{1}{T}\int_0^T f(u)\,\mathrm{d}u.$$

(2) 因为 $|\sin x|$ 是周期为 π 的函数,由(1)的结论知

$$\lim_{x\to\infty} \frac{1}{x}\int_0^x |\sin u|\,\mathrm{d}u = \frac{1}{\pi}\int_0^\pi |\sin x|\,\mathrm{d}x = \frac{1}{\pi}\int_0^\pi \sin x\,\mathrm{d}x = \frac{2}{\pi}.$$

例 3.3.13 设 $f(x)$ 是 $[a,b]$ 上的连续单调增加函数,证明

$$\int_a^b xf(x)\,\mathrm{d}x \geqslant \frac{a+b}{2}\int_a^b f(x)\,\mathrm{d}x.$$

证法一 将 b 看作为变量来证明函数不等式. 作函数

$$F(u) = \int_a^u xf(x)\,\mathrm{d}x - \frac{a+u}{2}\int_a^u f(x)\,\mathrm{d}x, \quad u \in [a,b],$$

则

$$F'(u) = \frac{u-a}{2}f(u) - \frac{1}{2}\int_a^u f(x)\,\mathrm{d}x = \frac{1}{2}\int_a^u (f(u) - f(x))\,\mathrm{d}x \geqslant 0,$$

即 $F(u)$ 在 $[a,b]$ 上单调增加. 注意到 $F(a) = 0$,就有

$$F(u) \geqslant F(a) = 0, \quad u \in [a,b].$$

特别地,取 $u = b$ 即得结论.

证法二　利用对称性,注意 $\int_a^b \left(x - \dfrac{a+b}{2} \right) \mathrm{d}x = 0$. 由于 f 单调增加,可得

$$\int_a^b \left[f(x) - f\left(\frac{a+b}{2} \right) \right] \left(x - \frac{a+b}{2} \right) \mathrm{d}x \geqslant 0.$$

但是

$$\int_a^b \left[f(x) - f\left(\frac{a+b}{2} \right) \right] \left(x - \frac{a+b}{2} \right) \mathrm{d}x$$

$$= \int_a^b f(x) \left(x - \frac{a+b}{2} \right) \mathrm{d}x - f\left(\frac{a+b}{2} \right) \int_a^b \left(x - \frac{a+b}{2} \right) \mathrm{d}x$$

$$= \int_a^b f(x) \left(x - \frac{a+b}{2} \right) \mathrm{d}x,$$

这里利用了 $\int_a^b \left(x - \dfrac{a+b}{2} \right) \mathrm{d}x = 0$. 所以

$$\int_a^b f(x) \left(x - \frac{a+b}{2} \right) \mathrm{d}x \geqslant 0,$$

即

$$\int_a^b x f(x) \, \mathrm{d}x \geqslant \frac{a+b}{2} \int_a^b f(x) \, \mathrm{d}x.$$

证法三　利用对称性,记 $c = \dfrac{a+b}{2}, h = \dfrac{b-a}{2}$,令 $x = t + c$,则

$$\int_a^b f(x)(x-c)\,\mathrm{d}x = \int_{-h}^h f(t+c)t\,\mathrm{d}t = \int_{-h}^0 f(t+c)t\,\mathrm{d}t + \int_0^h f(t+c)t\,\mathrm{d}t,$$

在 $\int_{-h}^0 f(t+c)t\,\mathrm{d}t$ 中,令 $t = -u$,得

$$\int_{-h}^0 f(t+c)t\,\mathrm{d}t = \int_h^0 f(c-u)u\,\mathrm{d}u = -\int_0^h f(c-t)t\,\mathrm{d}t.$$

于是

$$\int_a^b f(x)(x-c)\,\mathrm{d}x = \int_0^h [f(c+t) - f(c-t)]t\,\mathrm{d}t \geqslant 0,$$

即

$$\int_a^b x f(x)\,\mathrm{d}x \geqslant \frac{a+b}{2} \int_a^b f(x)\,\mathrm{d}x.$$

证法四　利用积分中值定理(见例 3.1.11),得

$$\int_a^b f(x) \left(x - \frac{a+b}{2} \right) \mathrm{d}x$$

$$= \int_a^{\frac{a+b}{2}} f(x) \left(x - \frac{a+b}{2} \right) \mathrm{d}x + \int_{\frac{a+b}{2}}^b f(x) \left(x - \frac{a+b}{2} \right) \mathrm{d}x$$

$$= f(\xi_1)\int_a^{\frac{a+b}{2}}\left(x - \frac{a+b}{2}\right)\mathrm{d}x + f(\xi_2)\int_{\frac{a+b}{2}}^b\left(x - \frac{a+b}{2}\right)\mathrm{d}x$$

$$= [f(\xi_2) - f(\xi_1)]\frac{(b-a)^2}{8},$$

其中 $\xi_1 \in \left[a, \dfrac{a+b}{2}\right]$, $\xi_2 \in \left[\dfrac{a+b}{2}, b\right]$. 由于 $f(x)$ 单调增加,所以 $f(\xi_2) \geqslant f(\xi_1)$,于是 $\int_a^b f(x)\left(x - \dfrac{a+b}{2}\right)\mathrm{d}x \geqslant 0$,即

$$\int_a^b x f(x)\mathrm{d}x \geqslant \frac{a+b}{2}\int_a^b f(x)\mathrm{d}x.$$

例 3.3.14 设函数 $f(x)$ 在 $[0,1]$ 上具有连续导数,且 $f(0) = 0$, $f(1) = 1$. 证明

$$\int_0^1 |f(x) - f'(x)|\,\mathrm{d}x \geqslant \mathrm{e}^{-1}.$$

证 由于 $f(0) = 0$, $f(1) = 1$,因此

$$\int_0^1 |f(x) - f'(x)|\,\mathrm{d}x \geqslant \int_0^1 \mathrm{e}^{-x}|f(x) - f'(x)|\,\mathrm{d}x$$

$$= \int_0^1 |[\mathrm{e}^{-x}f(x)]'|\,\mathrm{d}x \geqslant \left|\int_0^1 [\mathrm{e}^{-x}f(x)]'\,\mathrm{d}x\right| = \left|[\mathrm{e}^{-x}f(x)]\,\Big|_0^1\right|$$

$$= |\mathrm{e}^{-1}f(1) - \mathrm{e}^0 f(0)| = \mathrm{e}^{-1}.$$

例 3.3.15 设函数 $f(x)$ 在 $[a,b]$ 上具有连续导数,证明

$$\lim_{\lambda \to \infty}\int_a^b f(x)\sin\lambda x\,\mathrm{d}x = 0.$$

证 因为 $f'(x)$ 在 $[a,b]$ 上连续,所以在 $[a,b]$ 上有界. 因此存在正常数 M,使得

$$|f'(x)| \leqslant M, \quad x \in [a,b].$$

由分部积分公式得

$$\int_a^b f(x)\sin\lambda x\,\mathrm{d}x = -\frac{1}{\lambda}\int_a^b f(x)\,\mathrm{d}\cos\lambda x$$

$$= -\frac{1}{\lambda}\left[(f(x)\cos\lambda x)\,\Big|_a^b - \int_a^b f'(x)\cos\lambda x\,\mathrm{d}x\right]$$

$$= -\frac{1}{\lambda}[f(b)\cos\lambda b - f(a)\cos\lambda a] + \frac{1}{\lambda}\int_a^b f'(x)\cos\lambda x\,\mathrm{d}x.$$

显然, $f(b)\cos\lambda b - f(a)\cos\lambda a$ 有界,所以

$$\lim_{\lambda \to \infty}\frac{1}{\lambda}[f(b)\cos\lambda b - f(a)\cos\lambda a] = 0.$$

因为

$$\left| \int_a^b f'(x)\cos\lambda x\,dx \right| \le \int_a^b |f'(x)\cos\lambda x|\,dx \le \int_a^b M\,dx = M(b-a),$$

所以

$$\lim_{\lambda\to\infty}\frac{1}{\lambda}\int_a^b f'(x)\cos\lambda x\,dx = 0.$$

于是

$$\lim_{\lambda\to\infty}\int_a^b f(x)\sin\lambda x\,dx = 0.$$

例 3.3.16 设函数 $f(x),g(x)$ 在 $[a,b]$ 上连续. 证明:存在 $\xi \in (a,b)$,使得

$$f(\xi)\int_\xi^b g(x)\,dx = g(\xi)\int_a^\xi f(x)\,dx.$$

证 作函数 $F(x) = \int_a^x f(t)\,dt\int_x^b g(t)\,dt$,则

$$F'(x) = f(x)\int_x^b g(t)\,dt - g(x)\int_a^x f(t)\,dt.$$

显然 $F(a) = F(b) = 0.$ 于是由 Rolle 定理得,存在 $\xi \in (a,b)$,使得 $F'(\xi) = 0$,即

$$f(\xi)\int_\xi^b g(t)\,dt - g(\xi)\int_a^\xi f(t)\,dt = 0.$$

于是

$$f(\xi)\int_\xi^b g(x)\,dx = g(\xi)\int_a^\xi f(x)\,dx.$$

例 3.3.17 设函数 $f(x)$ 在 $[a,b]$ 上二阶可导,证明:存在 $\xi \in (a,b)$,使得

$$\int_a^b f(x)\,dx = (b-a)f\left(\frac{a+b}{2}\right) + \frac{1}{24}(b-a)^3 f''(\xi).$$

证 设 $F(x) = \int_a^x f(u)\,du$,则 $F'(x) = f(x)$. 记 $h = \dfrac{b-a}{2}, c = \dfrac{a+b}{2}$,对 $F(x)$ 在 $x = c$ 点应用二阶 Taylor 公式,有

$$F(x) = F(c) + F'(c)(x-c) + \frac{F''(c)}{2}(x-c)^2 + \frac{F'''(\eta)}{6}(x-c)^3, \quad \eta \in (x,c)$$

分别代入 $x = a,b$,注意 $b - c = \dfrac{b-a}{2} = -(a-c)$,则

$$F(a) = F(c) - F'(c)h + \frac{F''(c)}{2}h^2 - \frac{F'''(\xi_1)}{6}h^3, \quad \xi_1 \in (a,c),$$

$$F(b) = F(c) + F'(c)h + \frac{F''(c)}{2}h^2 + \frac{F'''(\xi_2)}{6}h^3, \quad \xi_2 \in (c,b).$$

上述两式相减便得

$$F(b) - F(a) = 2F'(c)h + \frac{F'''(\xi_1) + F'''(\xi_2)}{6}h^3,$$

由 Darboux 定理,存在 ξ 介于 ξ_1 和 ξ_2 之间,使得

$$F'''(\xi) = \frac{F'''(\xi_1) + F'''(\xi_2)}{2}.$$

所以

$$\int_a^b f(x)\,\mathrm{d}x = (b-a)f\left(\frac{a+b}{2}\right) + \frac{1}{24}(b-a)^3 f''(\xi),$$

其中 $\xi \in (a,b)$.

例 3.3.18(积分第二中值定理) (1)设函数 f 在 $[a,b]$ 上的连续,函数 g 在 $[a,b]$ 上的非负、单调减少,且具有连续导数.证明:存在 $\xi \in [a,b]$,使得

$$\int_a^b f(x)g(x)\,\mathrm{d}x = g(a)\int_a^\xi f(x)\,\mathrm{d}x;$$

(2)设函数 f 在 $[a,b]$ 上的连续,函数 g 在 $[a,b]$ 上的单调并具有连续导数.证明:存在 $\xi \in [a,b]$,使得

$$\int_a^b f(x)g(x)\,\mathrm{d}x = g(a)\int_a^\xi f(x)\,\mathrm{d}x + g(b)\int_\xi^b f(x)\,\mathrm{d}x.$$

证 (1)记 $F(x) = \int_a^x f(t)\,\mathrm{d}t$,则函数 F 在 $[a,b]$ 上的连续.记 $m = \min\limits_{a \le x \le b} F(x)$, $M = \max\limits_{a \le x \le b} F(x)$.因为函数 g 在 $[a,b]$ 上单调递减,所以 $g'(x) \le 0$.

利用分部积分公式得

$$\int_a^b f(x)g(x)\,\mathrm{d}x = \int_a^b g(x)\,\mathrm{d}F(x) = F(b)g(b) - \int_a^b F(x)g'(x)\,\mathrm{d}x.$$

因为

$$\int_a^b F(x)g'(x)\,\mathrm{d}x \le m\int_a^b g'(x)\,\mathrm{d}x = m[g(b) - g(a)],$$

$$\int_a^b F(x)g'(x)\,\mathrm{d}x \ge M\int_a^b g'(x)\,\mathrm{d}x = M[g(b) - g(a)],$$

且

$$mg(b) \le F(b)g(b) \le Mg(b),$$

所以

$$\int_a^b f(x)g(x)\,\mathrm{d}x \le Mg(b) - M[g(b) - g(a)] = Mg(a),$$

$$\int_a^b f(x)g(x)\,\mathrm{d}x \ge mg(b) - m[g(b) - g(a)] = mg(a),$$

即

$$mg(a) \le \int_a^b f(x)g(x)\,\mathrm{d}x \le Mg(a).$$

因为函数 F 在 $[a,b]$ 上的连续,由介值定理可知,存在 $\xi \in [a,b]$,使得

$$\int_a^b f(x)g(x)\,\mathrm{d}x = g(a)F(\xi) = g(a)\int_a^\xi f(x)\,\mathrm{d}x.$$

注 若关于函数 g 的条件改为:g 在 $[a,b]$ 上的非负、单调增加,且具有连续导数,则(1)的结论变为:存在 $\xi \in [a,b]$,使得

$$\int_a^b f(x)g(x)\,\mathrm{d}x = g(b)\int_\xi^b f(x)\,\mathrm{d}x.$$

(2) 不妨设 g 在 $[a,b]$ 上单调减少(单调增加的情形可由上面注的结论同样证明). 记 $h(x) = g(x) - g(b)(x \in [a,b])$,则函数 h 在 $[a,b]$ 上非负、单调减少. 由(1)的结论知,存在 $\xi \in [a,b]$,使得

$$\int_a^b f(x)h(x)\,\mathrm{d}x = h(a)\int_a^\xi f(x)\,\mathrm{d}x,$$

即

$$\int_a^b f(x)g(x)\,\mathrm{d}x - g(b)\int_a^b f(x)\,\mathrm{d}x = [g(a) - g(b)]\int_a^\xi f(x)\,\mathrm{d}x.$$

于是

$$\int_a^b f(x)g(x)\,\mathrm{d}x = g(a)\int_a^\xi f(x)\,\mathrm{d}x + g(b)\left[\int_a^b f(x)\,\mathrm{d}x - \int_a^\xi f(x)\,\mathrm{d}x\right]$$

$$= g(a)\int_a^\xi f(x)\,\mathrm{d}x + g(b)\int_\xi^b f(x)\,\mathrm{d}x.$$

注 在此例中,若将函数 g 具有连续导数这个条件去掉,结论依然成立.

例 3.3.19 设函数 $f(x)$ 在 $(0, +\infty)$ 上二阶可导,且 $f''(x) \geqslant 0$. 又已知 u 是在 $[a,b]$ 上连续的正值函数. 证明

$$\frac{1}{b-a}\int_a^b f[u(t)]\,\mathrm{d}t \geqslant f\left[\frac{1}{b-a}\int_a^b u(t)\,\mathrm{d}t\right].$$

证 记 $x_0 = \dfrac{1}{b-a}\int_a^b u(t)\,\mathrm{d}t$,显然 $x_0 > 0$. 因为 $f''(x) \geqslant 0 (x \in (0, +\infty))$,则由 Taylor 公式得

$$f(x) = f(x_0) + f'(x_0)(x - x_0) + \frac{1}{2}f''(\xi)(x - x_0)^2 \geqslant f(x_0) + f'(x_0)(x - x_0),$$

其中 ξ 在 x_0 与 x 之间. 将 $x = u(t)$ 代入上式得

$$f[u(t)] \geqslant f\left[\frac{1}{b-a}\int_a^b u(t)\,\mathrm{d}t\right] + f'\left[\frac{1}{b-a}\int_a^b u(t)\,\mathrm{d}t\right]\left[u(t) - \frac{1}{b-a}\int_a^b u(t)\,\mathrm{d}t\right].$$

将上式在 $[a,b]$ 上取定积分得

$$\int_a^b f[u(t)]\,\mathrm{d}t \geqslant (b-a)f\left[\frac{1}{b-a}\int_a^b u(t)\,\mathrm{d}t\right] + f'\left[\frac{1}{b-a}\int_a^b u(t)\,\mathrm{d}t\right]\left[\int_a^b u(t)\,\mathrm{d}t - \int_a^b u(t)\,\mathrm{d}t\right]$$

$$= (b-a)f\left[\frac{1}{b-a}\int_a^b u(t)\,\mathrm{d}t\right],$$

即

$$\frac{1}{b-a}\int_a^b f[u(t)]\mathrm{d}t \geqslant f\Big[\frac{1}{b-a}\int_a^b u(t)\mathrm{d}t\Big].$$

注　因为 $f(x) = -\ln x$ 满足 $f''(x) = \dfrac{1}{x^2} \geqslant 0 (x > 0)$，则由本例知，对于 $[a,b]$ 上连续的正值函数 u，成立

$$\frac{1}{b-a}\int_a^b \ln[u(t)]\mathrm{d}t \leqslant \ln\Big[\frac{1}{b-a}\int_a^b u(t)\mathrm{d}t\Big].$$

例 3. 3. 20　证明：当 $x \in \Big(0, \dfrac{\pi}{2}\Big)$ 时，成立

$$\sqrt{\frac{1-\sin x}{1+\sin x}} < \frac{\ln(1+\sin x)}{x}.$$

证　要证 $\sqrt{\dfrac{1-\sin x}{1+\sin x}} < \dfrac{\ln(1+\sin x)}{x}$ $\Big(x \in \Big(0, \dfrac{\pi}{2}\Big)\Big)$，只要证

$$\frac{x\cos x}{1+\sin x} < \ln(1+\sin x), \quad x \in \Big(0, \frac{\pi}{2}\Big).$$

因为

$$\Big(\frac{\cos x}{1+\sin x}\Big)' = \frac{-1}{1+\sin x} < 0, \quad x \in \Big[0, \frac{\pi}{2}\Big],$$

所以 $\dfrac{\cos x}{1+\sin x}$ 在 $\Big[0, \dfrac{\pi}{2}\Big]$ 上严格单调减少，于是当 $x \in \Big(0, \dfrac{\pi}{2}\Big)$ 时，

$$\ln(1+\sin x) = \int_0^x \frac{\cos t}{1+\sin t}\mathrm{d}t > \int_0^x \frac{\cos x}{1+\sin x}\mathrm{d}t = \frac{x\cos x}{1+\sin x}.$$

例 3. 3. 21　设函数 f 在 $[a,b]$ 上可导，且 f' 在 $[a,b]$ 上单调减少，并满足 $|f'(x)| \geqslant m > 0$. 证明

$$\Big|\int_a^b \cos f(x)\mathrm{d}x\Big| \leqslant \frac{2}{m}.$$

证　因为 $|f'(x)| \geqslant m > 0$，由 Darboux 定理（见例 2. 4. 7）知，$f'(x)$ 在 $[a,b]$ 上保号，不妨设 $f'(x) > 0$. 由假设知 $\dfrac{1}{f'}$ 单调增加，因此由积分第二中值定理（见例 3. 3. 18 及注）得

$$\int_a^b \cos f(x)\mathrm{d}x = \int_a^b \frac{1}{f'(x)}\big[\cos f(x)\big]f'(x)\mathrm{d}x$$

$$= \frac{1}{f'(b)}\int_\xi^b \big[\cos f(x)\big]f'(x)\mathrm{d}x.$$

于是

$$\left| \int_a^b \cos f(x) \, dx \right| = \left| \frac{1}{f'(b)} \int_\xi^b \left[\cos f(x) \right] f'(x) \, dx \right|$$

$$= \left| \frac{1}{f'(b)} \right| \cdot \left| \sin f(b) - \sin f(\xi) \right| \leqslant \frac{2}{m}.$$

习　题

1. 计算下列定积分:

(1) $\displaystyle\int_0^{\frac{\pi}{2}} x^2 \sin x \, dx$;

(2) $\displaystyle\int_0^\pi x \sin^3 x \, dx$;

(3) $\displaystyle\int_0^{\frac{\pi}{2}} e^{2x} \sin x \, dx$;

(4) $\displaystyle\int_0^1 x \arcsin x \, dx$;

(5) $\displaystyle\int_0^1 x \arctan x \, dx$;

(6) $\displaystyle\int_0^1 \ln(1 + x^2) \, dx$;

(7) $\displaystyle\int_0^{\frac{\pi}{4}} x \tan^2 x \, dx$;

(8) $\displaystyle\int_0^1 x^2 \sqrt{1 + x^2} \, dx$.

2. 计算下列定积分:

(1) $\displaystyle\int_1^2 \frac{1}{x(1 + \ln x)} \, dx$;

(2) $\displaystyle\int_{\sqrt{2}}^2 \frac{(x + 2)}{x^2 \sqrt{x^2 - 1}} \, dx$;

(3) $\displaystyle\int_{-1}^1 \frac{(x + 1)}{2 - x^2} \, dx$;

(4) $\displaystyle\int_0^1 \frac{\arctan x}{(1 + x^2)^{3/2}} \, dx$;

(5) $\displaystyle\int_0^1 \frac{\sqrt{e^x - 1}}{e^x} \, dx$;

(6) $\displaystyle\int_0^{\frac{\pi}{2}} \frac{\sin^3 x}{\sin x + \cos x} \, dx$;

(7) $\displaystyle\int_0^{\frac{\pi}{4}} \frac{1}{\cos^4 \theta + \sin^4 \theta} \, d\theta$;

(8) $\displaystyle\int_0^1 x^3 \sqrt{1 - x^2} \, dx$.

3. 计算下列定积分:

(1) $\displaystyle\int_0^2 \max(x, x^2) \, dx$;

(2) $\displaystyle\int_0^2 |x - 1| \, e^x \, dx$;

(3) $\displaystyle\int_{-1}^1 \frac{1}{1 + 2^{\frac{1}{x}}} \, dx$;

(4) $\displaystyle\int_{-\frac{\pi}{2}}^{\frac{\pi}{2}} \sqrt{\cos x - \cos^3 x} \, dx$;

(5) $\displaystyle\int_0^\pi \sin^2 x \cos^3 x \, dx$;

(6) $\displaystyle\int_0^2 x [x^2] \, dx$.

4. 设 n 为正整数,计算下列定积分:

(1) $I_n = \displaystyle\int_0^1 (1 - x^2)^n \, dx$;　　　(2) $I_n = \displaystyle\int_0^\pi \frac{\sin^2 nx}{\sin x} \, dx$.

5. 设函数 f 连续,且 $f(0) = 1$,求 $\displaystyle\lim_{x \to 0} \frac{\displaystyle\int_0^x (x - t) f(t) \, dt}{x^2}$.

6. 设 $f(x)$ 是 $(-\infty, +\infty)$ 上的连续函数,$F(x) = \displaystyle\int_0^x (x - 2t) f(t) \, dt$,证明:

(1) 若 $f(x)$ 为偶函数,则 $F(x)$ 也是偶函数;

(2) 若 $f(x)$ 为递减函数,则 $F(x)$ 是递增函数.

7. 设 $f(x) = \begin{cases} 1 + x^2, & x \leqslant 0, \\ e^{-x}, & x > 0, \end{cases}$ 计算 $I = \int_0^3 f(x-1)\mathrm{d}x$.

8. 设 $[0, \pi]$ 上的连续函数 $f(x)$ 满足 $f(x) = \sin x + 2\int_0^\pi f(x)\mathrm{d}x$,求 $f(x)$.

9. 设函数 $f(x)$ 在 $(1, +\infty)$ 上连续且单调减少,证明

$$\int_1^{n+1} f(x)\mathrm{d}x \leqslant \sum_{k=1}^n f(k) \leqslant f(1) + \int_1^n f(x)\mathrm{d}x.$$

10. (1) 设函数 f 在 $[a, b]$ 上连续,证明:

$$\int_a^b f(x)\mathrm{d}x = \frac{1}{2}\int_a^b [f(x) + f(a+b-x)]\mathrm{d}x;$$

(2) 利用 (1) 的结论计算 $\int_0^\pi \dfrac{x\sin x}{1 + \cos^2 x}\mathrm{d}x$ 和 $\int_0^{\frac{\pi}{2}} \dfrac{1}{1 + \tan^\alpha x}\mathrm{d}x (\alpha > 0)$.

11. 设函数 $f(x), g(x)$ 在 $[a, b]$ 上连续,且 $g(x) \neq 0$. 证明:存在 $\xi \in (a, b)$,使得

$$\frac{\int_a^b f(x)\mathrm{d}x}{\int_a^b g(x)\mathrm{d}x} = \frac{f(\xi)}{g(\xi)}.$$

12. 设函数 $f(x)$ 在 $[0, 1]$ 上具有二阶连续导数,且 $f(0) = f(1) = 0$. 证明:

(1) $\int_0^1 f(x)\mathrm{d}x = \dfrac{1}{2}\int_0^1 x(x-1)f''(x)\mathrm{d}x$;

(2) $\int_0^1 f(x)\mathrm{d}x \leqslant \dfrac{1}{12}\max\limits_{0\leqslant x\leqslant 1}|f''(x)|$.

13. 设函数 f 在 $[a, b]$ 上连续,且 $\int_a^b f(x)\mathrm{d}x = 0$. 证明:存在 $\xi \in (a, b)$,使得

$$\int_a^\xi f(x)\mathrm{d}x = f(\xi).$$

14. 设函数 $f(x)$ 在 $[0, 1]$ 上二阶导数连续,且 $f'(0) = f'(1) = 0$,证明存在 $x_0 \in (0, 1)$,使得

$$\int_0^1 f(x)\mathrm{d}x = \frac{f(0) + f(1)}{2} + \frac{f''(x_0)}{6}.$$

15. 设函数 $f(x)$ 在 $[0, \pi]$ 上连续,证明:$\lim\limits_{n\to+\infty}\int_0^\pi |\sin nx| f(x)\mathrm{d}x = \dfrac{2}{\pi}\int_0^\pi f(x)\mathrm{d}x$.

16. 设函数 f, g 在 $[0, 1]$ 上具有连续导数,且 $f(0) = 0, f'(x) \geqslant 0, g'(x) \geqslant 0$. 证明:对任何 $\alpha \in (0, 1)$,成立

$$\int_0^\alpha g(x)f'(x)\mathrm{d}x + \int_0^1 f(x)g'(x)\mathrm{d}x \geqslant f(\alpha)g(1).$$

17. 设 $f(x) = \int_0^x (t - t^2)\sin^{2n}t\,\mathrm{d}t (n$ 是正整数),证明:当 $x \geqslant 0$ 时,成立

$$f(x) \leqslant \frac{1}{(2n+2)(2n+3)}.$$

18. 设函数 $f(x)$ 在 $[a, b]$ 上具有连续二阶导数,且 $f''(x) \geqslant 0 (x \in [a, b])$. 又已知 $\omega(x)$ 是在 $[a, b]$ 上连续的非负函数,且满足 $\int_a^b \omega(x)\mathrm{d}x = 1$. 证明:

(1) $a \leqslant \int_a^b x\omega(x)\mathrm{d}x \leqslant b$；

(2) $\int_a^b \omega(x)f(x)\mathrm{d}x \geqslant f\left[\int_a^b x\omega(x)\mathrm{d}x\right]$．

19. 设函数 f 在 $\left[0,\dfrac{\pi}{2}\right]$ 上连续，且满足 $f(x) > 0 \left(x \in \left(0,\dfrac{\pi}{2}\right)\right)$，以及

$$f^2(x) = \int_0^x f(t)\frac{\tan t}{\sqrt{1 + 2\tan^2 t}}\mathrm{d}t,$$

求 f 在 $\left[0,\dfrac{\pi}{2}\right]$ 上的表达式．

20. 设 n,a 和 b 为正整数，$f(x) = \dfrac{x^n(a - bx)^n}{n!}$．

(1) 证明 $f\left(\dfrac{a}{b} - x\right) = f(x)$；

(2) 证明 $f^{(k)}(x)(0 \leqslant k \leqslant 2n)$ 当 $x = 0$ 和 $x = \dfrac{a}{b}$ 时取值为整数；

(3) 若假设 π 为有理数，即 $\pi = \dfrac{a}{b}$ (a,b 为既约正整数)，证明 $\int_0^\pi f(x)\sin x\mathrm{d}x$ 为整数．进一步，应用反证法证明 π 必为无理数．

21. 设函数 $f(x)$ 在 $[a,b]$ 上有二阶连续导数，$f''(x) \neq 0$，$f(a) = f(b) = 0$，且有 $x_0 \in (a,b)$，使 $y_0 = f(x_0) > 0$，$f'(x_0) = 0$．证明：

(1) 存在 $x_1 \in (a,x_0)$ 和 $x_2 \in (x_0,b)$，使得 $f(x_1) = f(x_2) = \dfrac{y_0}{2}$；

(2) $\int_a^b f(x)\mathrm{d}x < y_0(x_2 - x_1)$．

§3.4　定积分的应用

知 识 要 点

一、微元法

若某个量 I 与变量 x 的变化区间 $[a,b]$ 有关，而且

(1) 满足关于区间的可加性，即整体等于局部之和；

(2) 它在 $[x,x + \mathrm{d}x]$ 上的部分量 ΔI 近似于 $\mathrm{d}x$ 的一个线性函数，即 $\Delta I - \mathrm{d}I = o(\mathrm{d}x)$，其中 $\mathrm{d}I = f(x)\mathrm{d}x$ 称之为量 I 的**微元**；

则

$$I = \int_a^b f(x)\mathrm{d}x.$$

在应用问题中往往略去关于 $\Delta I - \mathrm{d}I = o(\mathrm{d}x)$ 的验证．

二、面积问题(直角坐标下的区域)

由曲线 $y = f(x), y = g(x), x = a, x = b$ 所围区域的面积为

$$A = \int_a^b | f(x) - g(x) | \, dx.$$

对用极坐标表示的区域

$$\{ (r, \theta) \mid r = r(\theta), \alpha \leqslant \theta \leqslant \beta \},$$

即曲边扇形,它的面积为

$$A = \frac{1}{2} \int_\alpha^\beta [r(\theta)]^2 d\theta.$$

若曲线 L 是用参数形式

$$\begin{cases} x = x(t), \\ y = y(t), \end{cases} t \in [\alpha, \beta]$$

表达的,其中 $y(t)$ 在 $[\alpha, \beta]$ 上连续,$x(t)$ 在 $[\alpha, \beta]$ 上具有连续导数,且 $x'(t) \neq 0$. 记 $x(\alpha) = a, x(\beta) = b$,则曲线 L,直线 $x = a, x = b$ 及 x 轴所围平面图形的面积为

$$A = \int_\alpha^\beta | y(t) x'(t) | \, dt.$$

一般地,若封闭简单曲线 L 是用参数形式

$$\begin{cases} x = x(t), \\ y = y(t), \end{cases} t \in [\alpha, \beta]$$

表达的,其中 $y(t)$ 在 $[\alpha, \beta]$ 上连续,$x'(t)$ 在 $[\alpha, \beta]$ 上可积,那么它所围图形的面积为

$$A = \left| \int_\alpha^\beta y(t) x'(t) dt \right|.$$

三、已知平行截面面积求体积

设空间体 Ω 介于平面 $x = a$ 和 $x = b$ 之间,它被垂直于 x 轴的平面截出的面积为 $A(x)$,那么它的体积为

$$V = \int_a^b A(x) dx.$$

四、旋转体的体积

若空间旋转体 Ω 是由平面图形

$$\{ (x, y) \mid 0 \leqslant y \leqslant f(x), a \leqslant x \leqslant b \}$$

绕 x 轴旋转一周而成,则它的体积为

$$V = \pi \int_a^b [f(x)]^2 dx.$$

五、曲线的弧长

若光滑曲线 L 的参数方程为

$$\begin{cases} x = x(t), \\ y = y(t), \end{cases} \quad \alpha \leqslant t \leqslant \beta,$$

那么它的弧长

$$s = \int_\alpha^\beta \sqrt{[x'(t)]^2 + [y'(t)]^2} \, \mathrm{d}t.$$

特别地,若曲线 L 的方程为

$$y = f(x), \quad a \leqslant x \leqslant b,$$

则其弧长为

$$s = \int_a^b \sqrt{1 + [f'(x)]^2} \, \mathrm{d}x.$$

若曲线 L 可以用极坐标方程

$$r = r(\theta), \quad \alpha \leqslant \theta \leqslant \beta$$

表示时,则其弧长为

$$s = \int_\alpha^\beta \sqrt{r^2(\theta) + r'^2(\theta)} \, \mathrm{d}\theta.$$

六、旋转曲面的面积

设曲线 L 的参数方程为

$$\begin{cases} x = x(t), \\ y = y(t), \end{cases} \quad \alpha \leqslant t \leqslant \beta,$$

则 L 绕 x 轴旋转一周所得的旋转曲面 Σ 的面积为

$$A = 2\pi \int_\alpha^\beta y(t) \sqrt{[x'(t)]^2 + [y'(t)]^2} \, \mathrm{d}t.$$

特别地,若曲线 L 的方程为

$$y = f(x), \quad a \leqslant x \leqslant b,$$

则旋转曲面 Σ 的面积为

$$A = 2\pi \int_a^b f(x) \sqrt{1 + [f'(x)]^2} \, \mathrm{d}x.$$

七、曲线的曲率

曲率反映了曲线的弯曲程度. 若光滑曲线 L 的参数方程为

$$\begin{cases} x = x(t), \\ y = y(t), \end{cases} \quad \alpha \leqslant t \leqslant \beta,$$

且 $x(t), y(t)$ 有二阶导数,则对于每个 $t \in [\alpha, \beta]$,曲线在对应点的曲率为

$$K = \left| \frac{\mathrm{d}\varphi}{\mathrm{d}s} \right| = \left| \frac{\frac{\mathrm{d}\varphi}{\mathrm{d}t}}{\frac{\mathrm{d}s}{\mathrm{d}t}} \right| = \frac{|x'(t)y''(t) - x''(t)y'(t)|}{\left(x'^2(t) + y'^2(t) \right)^{\frac{3}{2}}}.$$

特别地,如果曲线由 $y = y(x)$ 表示,且 $y(x)$ 有二阶导数,那么曲率

$$K = \frac{|y''|}{(1 + y'^2)^{\frac{3}{2}}}.$$

若曲线在某点的曲率 $K \neq 0$,则 $R = \dfrac{1}{K}$ 为曲线在该点的曲率半径.

八、定积分的实际应用

定积分在实际应用中起着重要作用. 由已知的分布密度求分布总量类型问题,例如,求物体的质量,常可用微元法来解决. 另一类问题是计算动态过程的累积效应,例如,计算力所做的功,也可以用微元法来解决. 事实上,在社会实践中,许多要求计算累积效应的问题常常会应用定积分来解决,这需要具体问题具体分析,灵活运用,建立适当的数学模型.

例 题 分 析

例 3.4.1 设 D 为 $y = x^2$ 及 $y = x + 2$ 所围平面图形(见图 3.4.1).

(1) 求 D 的面积;

(2) 求 D 绕 x 轴旋转一周所成旋转体的体积.

解 (1) 先求出两曲线交点为 $(-1,1)$ 和 $(2,4)$. 如果以 x 为积分变量,取积分区间为 $[-1,2]$,则 D 的面积为

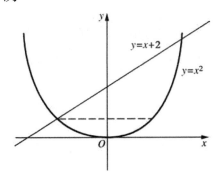

图 3.4.1

$$A = \int_{-1}^{2} (x + 2 - x^2) \,\mathrm{d}x = \left(\frac{1}{2}x^2 + 2x - \frac{1}{3}x^3 \right) \Big|_{-1}^{2} = \frac{9}{2}.$$

如果以 y 为积分变量,则应取积分区间 $[0,4]$,此时需分为两段 $[0,1]$, $[1,4]$,于是

$$A = \int_0^1 (\sqrt{y} - (-\sqrt{y}))\mathrm{d}y + \int_1^4 (\sqrt{y} - (y-2))\mathrm{d}y$$

$$= \frac{4}{3}y^{\frac{3}{2}} \Big|_0^1 + \left(\frac{2}{3}y^{\frac{3}{2}} - \frac{y^2}{2} + 2y \right) \Big|_1^4 = \frac{9}{2}.$$

(2) D 绕 x 轴旋转一周所成旋转体的体积为

$$V = \pi \int_{-1}^2 (x+2)^2 \mathrm{d}x - \pi \int_{-1}^2 (x^2)^2 \mathrm{d}x = \pi \frac{(x+2)^3}{3} \Big|_{-1}^2 - \pi \frac{x^5}{5} \Big|_{-1}^2 = \frac{72}{5}\pi.$$

例 3.4.2 (1) 计算双纽线 $r^2 = a^2\cos2\theta$ 所围平面图形的面积(见图 3.4.2, $a > 0$);

(2) 求该图形在 $r \geqslant \dfrac{a}{\sqrt{2}}$ 部分的面积;

(3) 求该图形在圆 $x^2 + y^2 = \sqrt{2}ay$ 内部的面积.

解 (1) 由对称性,只要计算该图形在第一象限部分的面积,再乘以 4,便是所求面积. 由面积计算公式,得

$$A = 4 \cdot \frac{1}{2} \int_0^{\frac{\pi}{4}} a^2\cos2\theta \mathrm{d}\theta = a^2.$$

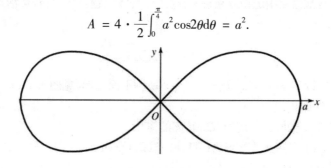

图 3.4.2

(2) 同样地,由对称性,只要计算第一象限部分的面积,乘以 4 便是所求面积. 在第一象限,双纽线 $r^2 = a^2\cos2\theta$ 与圆 $r = \dfrac{a}{\sqrt{2}}$ 在 $\theta = \dfrac{\pi}{6}$ 对应的点处相交. 于是所求面积为

$$A = 4 \cdot \frac{1}{2} \int_0^{\frac{\pi}{6}} \left[a^2\cos2\theta - \frac{a^2}{2} \right]\mathrm{d}\theta$$

$$= 2a^2 \int_0^{\frac{\pi}{6}} \cos2\theta \mathrm{d}\theta - \frac{\pi a^2}{6} = \left(\frac{\sqrt{3}}{2} - \frac{\pi}{6} \right)a^2.$$

(3) 由对称性,只计算第一象限部分的面积,乘以 2 便是所求面积. 圆 $x^2 + y^2 = \sqrt{2}ay$ 用极坐标表示就是 $r = \sqrt{2}a\sin\theta$,在第一象限,它与双纽线 $r^2 = a^2\cos2\theta$ 在 $\theta = \dfrac{\pi}{6}$ 对应的点处相交. 于是

$$A = 2\left[\frac{1}{2}\int_0^{\frac{\pi}{6}}(\sqrt{2}a\sin\theta)^2\mathrm{d}\theta + \frac{1}{2}\int_{\frac{\pi}{6}}^{\frac{\pi}{4}}a^2\cos2\theta\mathrm{d}\theta\right]$$

$$= a^2\left[\int_0^{\frac{\pi}{6}}2\sin^2\theta\mathrm{d}\theta + \int_{\frac{\pi}{6}}^{\frac{\pi}{4}}\cos2\theta\mathrm{d}\theta\right] = a^2\left(\frac{\pi}{6} + \frac{1-\sqrt{3}}{2}\right).$$

例 3.4.3　求由方程 $y^2 - 2xy + x^3 = 0$ 所确定的曲线所围封闭图形的面积(见图 3.4.3).

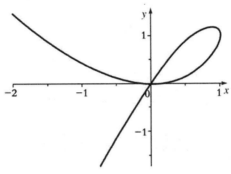

图 3.4.3

解法一　由方程直接得到 $y = x(1 \pm \sqrt{1-x})(0 \leqslant x \leqslant 1)$. 因此

$$A = \int_0^1 x(1 + \sqrt{1-x})\mathrm{d}x - \int_0^1 x(1 - \sqrt{1-x})\mathrm{d}x$$

$$= 2\int_0^1 x\sqrt{1-x}\mathrm{d}x = 2\int_0^1 (1-t)\sqrt{t}\mathrm{d}t = \frac{8}{15}.$$

解法二　令 $y = tx$, 便从 $y^2 - 2xy + x^3 = 0$ 得到该曲线的参数方程

$$\begin{cases} x = 2t - t^2, \\ y = 2t^2 - t^3. \end{cases}$$

其封闭部分是参数从 $t = 0$ 到 $t = 2$ 之间的一段. 因此

$$A = \left|\int_0^2 (2t^2 - t^3)(2 - 2t)\mathrm{d}t\right| = \left|\int_0^2 (4t^2 - 6t^3 + 2t^4)\mathrm{d}t\right| = \frac{8}{15}.$$

例 3.4.4　已知一个三棱锥的底面积为 S, 高为 h. 求这个三棱锥的体积.

解　以三棱锥的顶点为原点, 沿三棱锥的高向下作 x 轴(见图 3.4.4), 过 x 轴上的任一点 x 作平行于底面的平面, 可得三棱锥的一个截面. 设此截面的面积为 $A(x)$, 则由相似三角形的关系, 可得

$$\frac{A(x)}{S} = \left(\frac{x}{h}\right)^2,$$

于是, 所求体积为

$$V = \int_0^h A(x)\mathrm{d}x = \frac{S}{h^2}\int_0^h x^2\mathrm{d}x = \frac{1}{3}Sh.$$

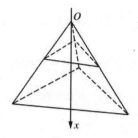

图 3.4.4

例 3.4.5 求由圆面 $(x-3)^2 + (y-4)^2 \leqslant 1$ 分别绕 x 轴和 y 轴旋转一周所得旋转体的体积.

解 先求绕 x 轴旋转一周所得的旋转体的体积. 由于 $y = 4 \pm \sqrt{1-(x-3)^2}$,因此可得

$$V_x = \pi \int_2^4 \left\{ \left[4 + \sqrt{1-(x-3)^2} \right]^2 - \left[4 - \sqrt{1-(x-3)^2} \right]^2 \right\} dx$$

$$= 16\pi \int_2^4 \sqrt{1-(x-3)^2}\,dx = 8\pi^2.$$

再求绕 y 轴旋转一周所得的旋转体的体积,由于 $x = 3 \pm \sqrt{1-(y-4)^2}$,因此

$$V_y = \pi \int_3^5 \left\{ \left[3 + \sqrt{1-(y-4)^2} \right]^2 - \left[3 - \sqrt{1-(y-4)^2} \right]^2 \right\} dy$$

$$= 12\pi \int_3^5 \sqrt{1-(y-4)^2}\,dy = 6\pi^2.$$

例 3.4.6 一注水容器,其内壁是由曲线段 $y = \arctan x (0 \leqslant x \leqslant 1)$ 绕 y 轴旋转一周形成的(见图 3.4.5). 现向该容器内注水,注水速度为 $\dfrac{\pi}{4} - y$,其中 y 是容器内水面的高度. 求液面升到容器高度一半时液面上升的速度.

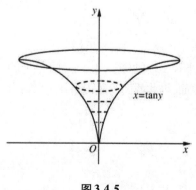

图 3.4.5

解 由计算旋转体体积的公式得,当液面的高度为 $y = y(t)$ 时(t 是时间),容器内液体的体积为

$$V = \pi \int_0^y \tan^2 u\,du.$$

所以

$$\frac{dV}{dt} = \pi\tan^2 y \frac{dy}{dt}.$$

已知 $\dfrac{dV}{dt} = \dfrac{\pi}{4} - y$,所以

$$\frac{\mathrm{d}y}{\mathrm{d}t} = \frac{\dfrac{\pi}{4} - y}{\pi \tan^2 y}.$$

于是当液面升到容器高度一半,即当 $y = \dfrac{\pi}{8}$ 时,液面上升的速度为

$$\frac{\mathrm{d}y}{\mathrm{d}t}\bigg|_{y=\frac{\pi}{8}} = \frac{\dfrac{\pi}{4} - y}{\pi \tan^2 y}\bigg|_{y=\frac{\pi}{8}} = \frac{3 + 2\sqrt{2}}{8}.$$

例 3.4.7 求曲线段 $y = \dfrac{1}{2}x^2$ 的弧长,其中 $0 \leqslant x \leqslant 1$.

解 由 $\mathrm{d}s = \sqrt{1 + (y')^2}\,\mathrm{d}x = \sqrt{1 + x^2}\,\mathrm{d}x$ 得

$$x = \int_0^1 \sqrt{1 + x^2}\,\mathrm{d}x = \frac{1}{2}\left(x\sqrt{1 + x^2} + \ln(x + \sqrt{1 + x^2}) \right)\bigg|_0^1 = \frac{\sqrt{2}}{2} + \frac{1}{2}\ln(1 + \sqrt{2}).$$

例 3.4.8 求曲线 $r = a\sin^3\dfrac{\theta}{3}$ 的周长,其中 $a > 0$.

解 由于 $r' = a\sin^2\dfrac{\theta}{3}\cos\dfrac{\theta}{3}$,因此 $r^2 + r'^2 = a^2\sin^4\dfrac{\theta}{3}$. 于是

$$s = \int_0^{3\pi} \sqrt{r^2 + (r')^2}\,\mathrm{d}\theta = \int_0^{3\pi} a\sin^2\frac{\theta}{3}\,\mathrm{d}\theta$$

$$= \frac{a}{2}\int_0^{3\pi}\left(1 - \cos\frac{2\theta}{3} \right)\mathrm{d}\theta = \frac{3}{2}\pi a.$$

例 3.4.9 已知曲线 $y = \displaystyle\int_0^x \sqrt{\sin t}\,\mathrm{d}t \,(0 \leqslant x \leqslant \pi)$.

(1) 求该曲线的弧长;

(2) 证明:该曲线与直线 $x = \pi$, $y = 0$ 所围平面图形的面积不小于 π.

解 (1) 曲线的弧长为

$$s = \int_0^\pi \sqrt{1 + y'^2}\,\mathrm{d}x = \int_0^\pi \sqrt{1 + \sin x}\,\mathrm{d}x$$

$$= \int_0^\pi \sqrt{\sin^2\frac{x}{2} + \cos^2\frac{x}{2} + 2\sin\frac{x}{2}\cos\frac{x}{2}}\,\mathrm{d}x = \int_0^\pi \left(\sin\frac{x}{2} + \cos\frac{x}{2} \right)\mathrm{d}x = 4.$$

(2) **证** 该曲线与直线 $x = \pi$, $y = 0$ 所围平面图形的面积为

$$A = \int_0^\pi \left(\int_0^x \sqrt{\sin t}\,\mathrm{d}t \right)\mathrm{d}x.$$

注意当 $0 \leqslant x \leqslant \pi$ 时有 $\sqrt{\sin x} \geqslant \sin x$,因此

$$\int_0^x \sqrt{\sin t}\,\mathrm{d}t \geqslant \int_0^x \sin t\,\mathrm{d}t = 1 - \cos x.$$

于是

$$A \geqslant \int_0^\pi (1 - \cos x)\,dx = \pi.$$

例3.4.10　求由曲线 $y = \dfrac{2}{3}x^{\frac{3}{2}}\ (0 \leqslant x \leqslant 1)$ 绕 x 轴旋转一周所得的旋转曲面的面积.

解　所求旋转面的面积为

$$A = \int_0^1 2\pi f(x)\,\sqrt{1 + [f'(x)]^2}\,dx$$

$$= \int_0^1 2\pi \frac{2}{3}x^{\frac{3}{2}}\,\sqrt{1 + x}\,dx$$

$$= \frac{2}{3}\pi \int_0^1 \sqrt{x^2 + x}\,d(x^2 + x) - \frac{2}{3}\pi \int_0^1 \sqrt{x^2 + x}\,dx$$

$$= \frac{4}{9}\pi \sqrt{(x^2 + x)^3}\,\Big|_0^1 - \frac{1}{3}\pi \Big[\Big(x + \frac{1}{2} \Big) \sqrt{x^2 + x} - \frac{1}{4}\ln\Big(x + \frac{1}{2} + \sqrt{x^2 + x} \Big) \Big]\,\Big|_0^1$$

$$= \Big[\frac{7\sqrt{2}}{18} + \frac{1}{6}\ln(1 + \sqrt{2}) \Big]\pi.$$

例3.4.11　求由双曲线段 $\dfrac{x^2}{a^2} - \dfrac{y^2}{b^2} = 1\,(a > b > 0, |x| \leqslant 2a)$ 绕 y 轴旋转一周所得旋转曲面的面积.

解　因为 $x = \dfrac{a}{b}\sqrt{y^2 + b^2}\,(0 \leqslant y \leqslant \sqrt{3}b)$,所以

$$x' = \frac{a}{b}\frac{y}{\sqrt{y^2 + b^2}}, \quad 1 + (x')^2 = \frac{(a^2 + b^2)y^2 + b^4}{b^2(y^2 + b^2)}.$$

记 $c = \sqrt{a^2 + b^2}$. 利用对称性,所求面积为

$$A = 4\pi \int_0^{\sqrt{3}b} x\,\sqrt{1 + (x')^2}\,dy$$

$$= \frac{4\pi a}{b^2} \int_0^{\sqrt{3}b} \sqrt{c^2 y^2 + b^4}\,dy$$

$$= \frac{2\pi a}{b^2 c} \Big[cy\sqrt{c^2 y^2 + b^4} + b^4 \ln\Big(cy + \sqrt{c^2 y^2 + b^4} \Big) \Big]\,\Big|_0^{\sqrt{3}b}$$

$$= \frac{2\pi a}{c} \Big(\sqrt{3}c\sqrt{3c^2 + b^2} + b^2 \ln\frac{\sqrt{3}c + \sqrt{3c^2 + b^2}}{b} \Big).$$

例3.4.12　星形线的方程为 $\begin{cases} x = a\cos^3 t, \\ y = a\sin^3 t \end{cases}$ $(0 \leqslant t \leqslant 2\pi, a > 0,$见图3.4.6$)$.

(1) 求它所围图形的面积;

(2) 求它的弧长;

(3)求它绕 x 轴旋转一周所成旋转曲面的面积;

(4)求该旋转曲面所围旋转体的体积.

解 (1)利用对称性知,星形线所围图形的面积是它在第一象限部分面积的4倍.因此,它所围图形的面积为

$$A = 4\left|\int_0^{\frac{\pi}{2}} a\sin^3 t \cdot 3a\cos^2 t\sin t \mathrm{d}t\right|$$

$$= 12a^2\left|\int_0^{\frac{\pi}{2}}(\sin^4 t - \sin^6 t)\mathrm{d}t\right| = \frac{3\pi}{8}a^2.$$

(2)同样利用对称性得,星形线的弧长为

$$A = 4\int_0^{\frac{\pi}{2}}\sqrt{(a\sin^3 t)'^2 + (a\cos^3 t)'^2}\,\mathrm{d}t = 12a\int_0^{\frac{\pi}{2}}\sin t\cos t\mathrm{d}t = 6a.$$

(3)旋转曲面的面积为

$$A = 2\cdot 2\pi\int_0^{\frac{\pi}{2}}(a\sin^3 t)\sqrt{(a\sin^3 t)'^2 + (a\cos^3 t)'^2}\,\mathrm{d}t$$

$$= 12\pi a^2\int_0^{\frac{\pi}{2}}\sin^4 t\cos t\mathrm{d}t = \frac{12}{5}\pi a^2.$$

(4)旋转体的体积为

$$A = 2\pi\int_0^a y^2\mathrm{d}x = 2\pi\int_0^{\frac{\pi}{2}}(a\sin^3 t)^2\cdot 3a\cos^2 t\sin t\mathrm{d}t$$

$$= 6\pi a^3\int_0^{\frac{\pi}{2}}\sin^7 t(1 - \sin^2 t)\mathrm{d}t = \frac{32}{105}\pi a^3.$$

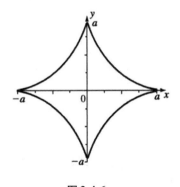

图 3.4.6

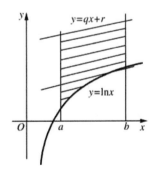

图 3.4.7

例 3.4.13 设 $a > 1$. 已知直线 $y = qx + r$ 满足 $qx + r \geqslant \ln x$ ($x \in [a, b]$),求 q, r 的值,使

$$I = \int_a^b (qx + r - \ln x)\mathrm{d}x$$

达到最小.

解　由定积分的几何意义知,I 就是图 3.4.7 中阴影部分所示的面积. 因此当直线 $y = qx + r$ 与曲线 $y = \ln x$ 相切时 I 最小.

相切时必须满足斜率相同. 因为 $(\ln x)' = \dfrac{1}{x}$,所以 $\dfrac{1}{x} = q$. 因此直线 $y = qx + r$ 与曲线 $y = \ln x$ 的切点为 $\left(\dfrac{1}{q}, \ln \dfrac{1}{q} \right)$,且 $r = -1 - \ln q$. 从而切线方程为

$$y = qx - 1 - \ln q.$$

此时

$$I = \int_a^b (qx - 1 - \ln q - \ln x)\,\mathrm{d}x = \frac{q}{2}(b^2 - a^2) - (b - a)\ln q - \int_a^b (1 + \ln x)\,\mathrm{d}x.$$

令 $\dfrac{\mathrm{d}I}{\mathrm{d}q} = \dfrac{1}{2}(b^2 - a^2) - \dfrac{b - a}{q} = 0$ 得 $q = \dfrac{2}{a + b}$. 因为 $\dfrac{\mathrm{d}^2 I}{\mathrm{d}q^2} = \dfrac{b - a}{q^2} > 0$,所以 $q = \dfrac{2}{a + b}$ 是极小值点. 而它是唯一的极值点,也是最小值点.

于是当 $q = \dfrac{2}{a + b}, r = \ln \dfrac{a + b}{2} - 1$ 时 I 最小.

例 3.4.14　已知旋轮线一拱 $L: x = a(t - \sin t), y = a(1 - \cos t)(0 \leqslant t \leqslant 2\pi, a > 0,$见图 3.4.8).

（1）求 L 的弧长;

（2）求 L 绕其对称轴 $x = \pi a$ 旋转一周所成旋转曲面的面积;

（3）求 L 与 x 轴所围图形绕直线 $y = 2a$ 旋转一周所成旋转体的体积.

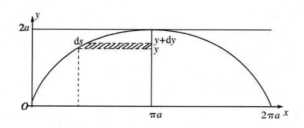

图 3.4.8

解　（1）由于 $x'^2 + y'^2 = a^2(1 - \cos t)^2 + a^2 \sin^2 t = 4a^2 \sin^2 \dfrac{t}{2}$,于是

$$s = \int_0^{2\pi} \sqrt{x'^2 + y'^2}\,\mathrm{d}t = 2a\int_0^{2\pi} \sin \frac{t}{2}\,\mathrm{d}t = 8a.$$

（2）对于 $y(0 \leqslant y \leqslant 2a)$ 处的微元 $\mathrm{d}y$,它所对应的小弧段绕其对称轴 $x = \pi a$ 旋转一周所成旋转曲面可以看成一个小圆台,于是其侧面积微元为

$$2\pi(\pi a - x)\,\mathrm{d}s$$

其中 x 为 y 对应的点, ds 为 dy 对应的小弧段的弧长微元. 注意到

$$ds = \sqrt{[x'(t)]^2 + [y'(t)]^2}\, dt = 2a\sin\frac{t}{2}dt,$$

那么旋转曲面的面积为

$$A = \int_0^{4a} 2\pi(\pi a - x)\,ds = 2\pi\int_0^\pi [\pi a - a(t - \sin t)] \cdot 2a\sin\frac{t}{2}dt$$

$$= 4\pi a^2\int_0^\pi \left(\pi\sin\frac{t}{2} - t\sin\frac{t}{2} + \sin t\sin\frac{t}{2}\right)dt = 8\pi a^2\left(\pi - \frac{4}{3}\right).$$

（3）先算由曲线 L, y 轴, 直线 $y = 2a$ 以及直线 $x = 2\pi a$ 所围图形绕直线 $y = 2a$ 旋转一周所成旋转体的体积 V_1. 对于 $x(0 \leqslant x \leqslant 2\pi a)$ 处的微元 dx, 它所对应的小旋转体可以看成一个半径为 $2a - y$, 高为 dx 的小圆柱体. 于是其体积微元为

$$\pi(2a - y)^2 dx.$$

于是

$$V_1 = \int_0^{2a\pi} \pi(2a - y)^2 dx = \pi\int_0^{2\pi}[2a - a(1 - \cos t)]^2 a(1 - \cos t)\,dt$$

$$= \pi a^3\int_0^{2\pi}(1 + \cos t)^2(1 - \cos t)\,dt = \pi^2 a^3.$$

再计算由 x 轴、y 轴、直线 $y = 2a$ 以及直线 $x = 2\pi a$ 所围图形绕直线 $y = 2a$ 旋转一周所成旋转体的体积 V_2. 它是一个半径为 $2a$, 高为 $2\pi a$ 的圆柱体体积, 因此

$$V_2 = \pi(2a)^2 \cdot 2\pi a = 8\pi^2 a^3.$$

于是 L 与 x 轴所围图形绕直线 $y = 2a$ 旋转一周所成旋转体的体积为

$$V = V_2 - V_1 = 7\pi^2 a^3.$$

例 3.4.15 设有曲线 $y = \sqrt{x - 1}$. 过原点作其切线, 并记该曲线、切线及 x 轴围成的平面图形为 D.

（1）求 D 绕 x 轴旋转一周所成旋转体的体积;

（2）求该旋转体的表面积;

（3）求 D 绕直线 $x = 2$ 旋转一周所成旋转体的体积.

解 设曲线 $y = \sqrt{x - 1}$ 上的切点为 (x_0, y_0), 即 $(x_0, \sqrt{x_0 - 1})$, 则过原点的切线方程为

$$y = \frac{1}{2\sqrt{x_0 - 1}}x.$$

切线须过 $(x_0, \sqrt{x_0 - 1})$, 所以 $x_0 = 2$, 此时 $y_0 = 1$. 于是切线方程为

$$y = \frac{1}{2}x.$$

（1）旋转体的体积为

$$V = \pi\int_0^2 \left(\frac{1}{2}x\right)^2 dx - \pi\int_1^2 (\sqrt{x-1})^2 dx = \frac{\pi}{6}.$$

（2）曲线 $y = \sqrt{x-1}$ （$1 \le x \le 2$）绕 x 轴旋转一周所成旋转曲面的面积为

$$A_1 = 2\pi\int_1^2 \sqrt{x-1}\sqrt{1+\left(\frac{1}{2\sqrt{x-1}}\right)^2}\, dx = \pi\int_1^2 \sqrt{4x-3}\, dx = \frac{\pi}{6}(5\sqrt{5}-1).$$

直线 $y = \frac{1}{2}x$ （$0 \le x \le 2$）绕 x 轴旋转一周所成旋转曲面的面积为

$$A_2 = 2\pi\int_0^2 \frac{1}{2}x\sqrt{1+\left(\frac{1}{2}\right)^2}\, dx = \frac{\pi\sqrt{5}}{2}\int_0^2 x\, dx = \pi\sqrt{5}.$$

于是，旋转体的表面积为

$$A = A_1 + A_2 = \frac{\pi}{6}(11\sqrt{5}-1).$$

（3）切线 $y = \frac{1}{2}x$，x 轴及直线 $x = 2$ 所围成的三角形绕直线 $x = 2$ 旋转一周所成圆锥体的体积为 $V_1 = \frac{4}{3}\pi$.

曲线 $y = \sqrt{x-1}$（即 $x = 1 + y^2$），x 轴及直线 $x = 2$ 所围图形绕直线 $x = 2$ 旋转一周所成旋转体的体积为

$$V_2 = \pi\int_0^1 [2-(1+y^2)]^2 dy = \pi\int_0^1 (1-y^2)^2 dy = \frac{8}{15}\pi.$$

于是，D 绕直线 $x = 2$ 旋转一周所成旋转体的体积为

$$V_1 - V_2 = \frac{4}{3}\pi - \frac{8}{15}\pi = \frac{4}{5}\pi.$$

例 3.4.16 证明：椭圆 $\dfrac{x^2}{a^2} + \dfrac{y^2}{b^2} = 1$（$a > b$）的周长与正弦曲线 $y = c\sin\dfrac{x}{b}$ 的一个波的弧长相等，其中 $c = \sqrt{a^2-b^2}$.

证 椭圆的参数方程可取为 $x = a\cos t, y = b\sin t (0 \le t \le 2\pi)$，由对称性，椭圆的周长为

$$s_1 = 4\int_0^{\frac{\pi}{2}} \sqrt{[(a\cos t)']^2 + [(b\sin t)']^2}\, dt = 4\int_0^{\frac{\pi}{2}} \sqrt{a^2\sin^2 t + b^2\cos^2 t}\, dt.$$

同样地，由正弦曲线的特点，$y = c\sin\dfrac{x}{b}$ 的一个波的弧长为

$$s_2 = 4\int_0^{\frac{\pi b}{2}} \sqrt{1 + \left[\left(c\sin\frac{x}{b}\right)'\right]^2}\, dx = 4\int_0^{\frac{\pi b}{2}} \sqrt{1 + \frac{c^2}{b^2}\cos^2\frac{x}{b}}\, dx$$

$$= \frac{4}{b}\int_0^{\frac{\pi b}{2}} \sqrt{b^2 + (a^2-b^2)\cos^2\frac{x}{b}}\, dx = 4\int_0^{\frac{\pi}{2}} \sqrt{a^2\cos^2 t + b^2\sin^2 t}\, dt,$$

其中最后一步是作了变量代换 $t = \dfrac{x}{b}$.

对 $\displaystyle\int_0^{\frac{\pi}{2}} \sqrt{a^2 \sin^2 t + b^2 \cos^2 t}\ \mathrm{d}t$,作变换 $t = \dfrac{\pi}{2} - x$,得

$$\int_0^{\frac{\pi}{2}} \sqrt{a^2 \sin^2 t + b^2 \cos^2 t}\ \mathrm{d}t = -\int_{\frac{\pi}{2}}^0 \sqrt{a^2 \sin^2\left(\dfrac{\pi}{2} - x\right) + b^2 \cos^2\left(\dfrac{\pi}{2} - x\right)}\ \mathrm{d}x$$

$$= \int_0^{\frac{\pi}{2}} \sqrt{a^2 \cos^2 x + b^2 \sin^2 x}\ \mathrm{d}x.$$

于是 $s_1 = s_2$.

例 3.4.17　求曲线 $y = \sin x$ 在点 $\left(\dfrac{\pi}{2}, 1\right)$ 的曲率和曲率圆方程.

解　易知曲率

$$K = \frac{|y''|}{(1 + y'^2)^{\frac{3}{2}}} = \frac{|\sin x|}{(1 + \cos^2 x)^{\frac{3}{2}}}.$$

于是,在点 $\left(\dfrac{\pi}{2}, 1\right)$ 的曲率为 $K = 1$,曲率半径 $R = 1$.

由于曲线 $y = \sin x$ 在点 $\left(\dfrac{\pi}{2}, 1\right)$ 的切线的斜率为 $(\sin x)'\Big|_{x = \frac{\pi}{2}} = 0$,因此曲率圆的圆心在直线 $x = \dfrac{\pi}{2}$ 上,且与点 $\left(\dfrac{\pi}{2}, 1\right)$ 的距离为 1,并在曲线弯曲的一侧. 于是曲率圆的圆心为 $\left(\dfrac{\pi}{2}, 0\right)$,曲率圆方程为

$$\left(x - \frac{\pi}{2}\right)^2 + y^2 = 1.$$

例 3.4.18　求曲线 $y = \mathrm{e}^x$ 上曲率最大的点.

解　直接计算知

$$K = \frac{|y''|}{(1 + y'^2)^{\frac{3}{2}}} = \frac{\mathrm{e}^x}{(1 + \mathrm{e}^{2x})^{\frac{3}{2}}}.$$

对其求导,得

$$K' = \frac{\mathrm{e}^x}{(1 + \mathrm{e}^{2x})^{\frac{3}{2}}} - \frac{3\mathrm{e}^{3x}}{(1 + \mathrm{e}^{2x})^{\frac{5}{2}}},$$

令 $K' = 0$,得 $x = -\dfrac{1}{2}\ln 2$.

因为当 $x < -\dfrac{1}{2}\ln 2$ 时,$K' > 0$;当 $x > -\dfrac{1}{2}\ln 2$ 时,$K' < 0$,所以曲率在 $x = -\dfrac{1}{2}\ln 2$ 点取到最大值,即点 $\left(-\dfrac{\ln 2}{2}, \dfrac{1}{\sqrt{2}}\right)$ 为曲线 $y = \mathrm{e}^x$ 上曲率最大的点.

例 3.4.19 求星形线 $\begin{cases} x = a\cos^3 t, \\ y = a\sin^3 t \end{cases}$ $(0 \leqslant t \leqslant 2\pi, a > 0)$ 在 $t = \dfrac{\pi}{4}$ 所对应的点的曲率.

解 直接计算得

$$x' = -3a\cos^2 t\sin t, \quad x'\big|_{t = \frac{\pi}{4}} = -\frac{3a\sqrt{2}}{4},$$

$$x'' = 6a\cos t\sin^2 t - 3a\cos^3 t, \quad x''\big|_{t = \frac{\pi}{4}} = \frac{3a\sqrt{2}}{4},$$

$$y' = 3a\sin^2 t\cos t, \quad y'\big|_{t = \frac{\pi}{4}} = \frac{3a\sqrt{2}}{4},$$

$$y'' = 6a\sin t\cos^3 t - 3a\sin^3 t, \quad y''\big|_{t = \frac{\pi}{4}} = \frac{3a\sqrt{2}}{4}.$$

于是,星形线在 $t = \dfrac{\pi}{4}$ 所对应的点的曲率为

$$K = \frac{|x'(t)y''(t) - x''(t)y'(t)|}{\left(x'^2(t) + y'^2(t) \right)^{\frac{3}{2}}}\Bigg|_{t = \frac{\pi}{4}} = \frac{2}{3a}.$$

例 3.4.20 设点 A 位于半径为 a 的圆周内且距圆心的距离为 $b(0 \leqslant b < a)$. 从点 A 向圆周上的所有点的切线作垂线,求所有垂足所围成的图形的面积 S.

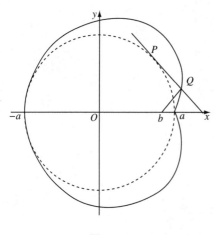

图 3.4.9

解 设圆周的方程为 $x^2 + y^2 = a^2$,点 A 位于 $(b, 0)$(见图 3.4.9). 在圆周上任取点 $P(x_0, y_0)$,则圆周在点 P 的切线 L 的方程为 $x_0 x + y_0 y = a^2$. 由于过点 A 且与切线 L 垂直的直线方程可表为参数方程:$x = x_0 s + b$, $y = y_0 s$,代入 L 的方程便得垂足 Q 所对应的参数为 $s = 1 - \dfrac{bx_0}{a^2}$,因此垂足

$$Q = \left(x_0\left(1 - \frac{bx_0}{a^2} \right) + b, y_0\left(1 - \frac{bx_0}{a^2} \right) \right).$$

由于圆周上的点 $P(x_0, y_0)$ 的坐标可用参数方程 $x_0 = a\cos t$,$y_0 = a\sin t$ 表示,因此垂足 Q 的轨迹用参数方程可表示为

$$\begin{cases} x = b + a\cos t - b\cos^2 t, \\ y = a\sin t - b\sin t\cos t, \end{cases} t \in [0, 2\pi].$$

于是 Q 的轨迹所围图形的面积为

216

$$S = \left| \int_0^{2\pi} (a\sin t - b\sin t\cos t)(-a\sin t + 2b\sin t\cos t)\,dt \right|$$

$$= \left| \int_0^{2\pi} \sin^2 t(a^2 - 3ab\cos t + 2b^2\cos^2 t)\,dt \right| = \left(a^2 + \frac{b^2}{2} \right)\pi.$$

例 3.4.21 根据统计资料,我国 1990 年的石油消费量为 1.45 亿吨,2004 年的石油消费量为 2.9 亿吨,假设石油消费量的变化是按指数增长的,试以此估计我国 2010 年的石油消费量,并计算 1990 年至 2009 年的累计石油消费量.

解 以 1990 年为时间的起点,设第 t 年的石油消费量为 $y(t)$,则由假设得

$$y(t) = 1.45\mathrm{e}^{kt}.$$

将 $t = 14$,$y(14) = 2.9$ 代入上式,可得 $k = 0.05$,于是

$$y(t) = 1.45\mathrm{e}^{0.05t},$$

由此得

$$y(20) = 1.45\mathrm{e}^{0.05 \times 20} \approx 3.94(\text{亿吨}),$$

即我国 2010 年的石油消费量大约为 3.94 亿吨. 而 1990 年至 2009 年的累计石油消费量为

$$M = \int_0^{20} 1.45\mathrm{e}^{0.05t}\,dt = 29(\mathrm{e} - 1) \approx 49.83(\text{亿吨}).$$

例 3.4.22 有一长为 $l = \sqrt{5}$,质量为 M 的均匀细杆,杆的两端分别放在 xy 平面中的 x,y 轴上,坐标分别为 $(1,0)$ 和 $(0,2)$. 有一单位质点 P 位于坐标原点,求细杆对质点 P 的引力(见图 3.4.10).

解 易知,细杆位于直线 $y = 2 - 2x$ 上,杆上相应于 $[x, x + dx]$ 的部分质量为 $\dfrac{M}{l}ds$,它对质点 P 的引力大小的微元为

$$\mathrm{d}F = G\frac{M\mathrm{d}s}{l \cdot r^2} = GM\frac{\mathrm{d}x}{r^2},$$

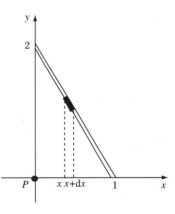

图 3.4.10

其中 G 为万有引力常数,$r = \sqrt{x^2 + (2-2x)^2} = \sqrt{5x^2 - 8x + 4}$,$\mathrm{d}s = \sqrt{(\mathrm{d}x)^2 + (\mathrm{d}y)^2} = \sqrt{5}\mathrm{d}x$. 于是,$x$ 方向和 y 方向的引力微元分别为

$$\mathrm{d}F_x = GM\frac{x\mathrm{d}x}{r^3}, \quad \mathrm{d}F_y = GM\frac{2(1-x)\mathrm{d}x}{r^3}.$$

所以

$$F_x = \int_0^1 GM\frac{x}{(5x^2 - 8x + 4)^{\frac{3}{2}}}\mathrm{d}x$$

$$= \frac{GM}{10}\int_0^1 \frac{\mathrm{d}(5x^2-8x+4)}{(5x^2-8x+4)^{\frac{3}{2}}} + \frac{4GM}{25\sqrt{5}}\int_0^1 \frac{\mathrm{d}\left(x-\frac{4}{5}\right)}{\left[\left(x-\frac{4}{5}\right)^2+\frac{4}{25}\right]^{\frac{3}{2}}}$$

$$= -\frac{GM}{5}\frac{1}{\sqrt{5x^2-8x+4}}\bigg|_0^1 + \frac{GM}{\sqrt{5}}\frac{x-\frac{4}{5}}{\sqrt{\left(x-\frac{4}{5}\right)^2+\frac{4}{25}}}\bigg|_0^1 = \frac{GM}{2},$$

以及

$$F_y = \int_0^1 GM\frac{2(1-x)}{(5x^2-8x+4)^{\frac{3}{2}}}\mathrm{d}x = 2GM\int_0^1\frac{1}{(5x^2-8x+4)^{\frac{3}{2}}}\mathrm{d}x - GM$$

$$= \frac{2GM}{5\sqrt{5}}\int_0^1\frac{\mathrm{d}\left(x-\frac{4}{5}\right)}{\left[\left(x-\frac{4}{5}\right)^2+\frac{4}{25}\right]^{\frac{3}{2}}} - GM$$

$$= \frac{5GM}{2\sqrt{5}}\frac{x-\frac{4}{5}}{\sqrt{\left(x-\frac{4}{5}\right)^2+\frac{4}{25}}}\bigg|_0^1 - GM = \frac{GM}{2},$$

其中利用了 $\int \frac{a^2}{\sqrt{(x^2+a^2)^3}}\mathrm{d}x = \frac{x}{\sqrt{x^2+a^2}} + c.$ 所以细杆对质点 P 的引力为

$$F = \frac{GM}{2}(1,1).$$

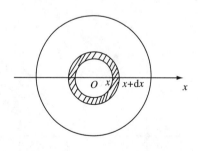

图 3.4.11

例 3.4.23　设一半径为 r，面密度为 σ 的均匀圆板的中心正上方 a 处，有一质量为 m 的质点，求质点与圆板之间的引力.

解　由于圆板的对称性和质地的均匀性，质点与圆板之间的引力在指向圆心方向的分量为零，故只需计算与圆板垂直方向的引力.

取圆板中心为坐标原点，任取一半径方向为 x 轴（见图 3.4.11）. 在圆盘中坐标轴上的点 $x(x \geqslant 0)$ 处，对应于 $[x, x+\mathrm{d}x]$ 的部分的小圆环的面积为 $2\pi x\mathrm{d}x$，质量为 $2\sigma\pi x\mathrm{d}x$，故其与质点在与圆板垂直方向的引力为

$$\mathrm{d}F = G\frac{2m\sigma\pi x\mathrm{d}x}{x^2+a^2}\cdot\frac{a}{\sqrt{x^2+a^2}} = 2Gam\sigma\pi\frac{x\mathrm{d}x}{(x^2+a^2)^{\frac{3}{2}}},$$

其中 G 为引力常数. 因此质点与圆板在与圆板垂直方向的引力为

$$F = 2Gam\sigma\pi\int_0^r \frac{x\mathrm{d}x}{(x^2 + a^2)^{\frac{3}{2}}} = 2Gm\sigma\pi\left(1 - \frac{a}{\sqrt{r^2 + a^2}}\right).$$

例3.4.24 设有一个等腰梯形的铁片,上底长为 a,下底长为 $2a$,高为 h. 现将铁片竖直放入水中(上底与水面平行),上底与水面的距离为 H,求铁片一侧所受到的水的压力(设水密度为1).

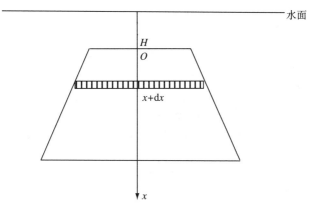

图 3.4.12

解 根据力学定律,物体在水面下 h 处所受的压强为 $p = \rho g h$,其中 g 为重力加速度. 此问题 $\rho = 1$.

以上底中心为原点、重力方向为正向建立 x 轴. 在坐标为 x 处作一条与 x 轴垂直的弦,该弦上各点所受压强均为 $(H + x)g$.

相应于 $[x, x + \mathrm{d}x]$ 在梯形上截取与液面平行的部分,由相似关系,可得该部分相应的面积微元为

$$\mathrm{d}A = a\left(1 + \frac{1}{h}x\right)\mathrm{d}x.$$

所以

$$\mathrm{d}F = (H + x)g \cdot a\left(1 + \frac{1}{h}x\right)\mathrm{d}x,$$

从而铁片一侧所受的水压力为

$$F = ag\int_0^h (H + x)\left(1 + \frac{1}{h}x\right)\mathrm{d}x = agh\left(\frac{3}{2}H + \frac{5}{6}h\right).$$

例3.4.25 某建筑工地打地基时需用汽锤将桩打入土层,汽锤每次击打,都要克服土层对桩的阻力而做功. 设土层对桩的阻力的大小与桩被击入地下的深度成正比(比例系数为 k,$k > 0$). 汽锤第一次将桩打进地下 a m,根据设计方案,要求汽锤每次打桩时所做的功与前一次击打时所做的功之比为常数 $r(0 < r < 1)$,问:

（1）汽锤击打桩 3 次后,可将桩打入地下多深?

（2）若击打次数不限,汽锤至多能将桩打入地下多深?

解 （1）取土层表面桩的击入点为原点,击入方向为坐标轴正向,作 x 轴. 设汽锤第二次击打后,桩打入地下深度为 b m,则

$$r\int_0^a kx\mathrm{d}x = \int_a^b kx\mathrm{d}x,\ 即,r\frac{1}{2}a^2 = \frac{1}{2}(b^2 - a^2),$$

解得 $b = a\sqrt{1 + r}$ m.

设汽锤第三次击打后,桩打入地下深度为 c,则

$$r\int_a^b kx\mathrm{d}x = \int_b^c kx\mathrm{d}x,\ 即,r\frac{1}{2}(b^2 - a^2) = \frac{1}{2}(c^2 - b^2),$$

解得 $c = a\sqrt{1 + r + r^2}$,即汽锤击打桩 3 次后,可将桩打入地下 $a\sqrt{1 + r + r^2}$ m.

（2）设汽锤第 k 次击打后,桩打入地下深度为 a_k m,则

$$r\int_{a_{k-1}}^{a_k} kx\mathrm{d}x = \int_{a_k}^{a_{k+1}} kx\mathrm{d}x,$$

即

$$r\frac{1}{2}(a_k^2 - a_{k-1}^2) = \frac{1}{2}(a_{k+1}^2 - a_k^2),$$

于是可得

$$a_{k+1}^2 - a_k^2 = r(a_k^2 - a_{k-1}^2) = \cdots = r^{k-1}(a_2^2 - a_1^2) = r^k a^2,$$

以及

$$a_{k+1}^2 - ra_k^2 = a_k^2 - ra_{k-1}^2 = \cdots = a_2^2 - ra_1^2 = a^2,$$

解得

$$a_k^2 = \frac{a^2(1 - r^k)}{1 - r}.$$

令 $k \to \infty$,则 $a_k^2 \to \dfrac{a^2}{1 - r}$. 所以,汽锤至多能将桩打入地下 $\dfrac{a}{\sqrt{1 - r}}$ m.

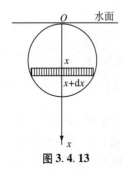

图 3.4.13

例 3.4.26 将一个半径为 r、比重为 ρ 的均匀球体放入比重为 ρ_0 的液体中,球体恰与液面相切,现在若把球体提出液面,问需做多少功?

解 以球体与液面相切的那点为坐标原点,与液面垂直向下建立 x 轴(见图 3.4.13). 考虑液面下 x 处厚度为 $\mathrm{d}x$ 的圆形薄片的做功情况. 半径为 r 的球恰好离开液面,则圆形薄片的位移恰恰为 $2r$,其在液体中移动的距离为 x,在液体上面移动的距离为 $2r - x$,薄片的面积为 $(2rx - x^2)\pi$,于是功的微元为

$$dW = \left(\rho g \pi (2r - x)(2rx - x^2) + (\rho - \rho_0) g \pi x (2rx - x^2) \right) dx,$$

则球恰好离开液面至少要做的功为

$$W = \rho g \pi \int_0^{2r} (2r - x)(2rx - x^2) dx + (\rho - \rho_0) g \pi \int_0^{2r} x(2rx - x^2) dx$$

$$= (2\rho - \rho_0) g \pi \int_0^{2r} x(2rx - x^2) dx$$

$$= \frac{4}{3} \pi r^4 g (2\rho - \rho_0).$$

例 3.4.27　某企业生产某产品的边际成本为 $C'(x) = x^2 - 4x + 6$（单位：元／单位产品），边际收益为 $R'(x) = 105 - 2x$，其中 x 为产量. 已知没有产品时没有收益，且固定成本为 100 元. 若生产的产品都会售出，则

（1）求产量为多少时，利润最大；

（2）问当利润最大时，最大利润是多少？

解　（1）利润函数为 $L(x) = R(x) - C(x)$. 因为

$$L'(x) = R'(x) - C'(x) = 105 - 2x - (x^2 - 4x + 6)$$

$$= 99 + 2x - x^2 = (11 - x)(9 + x),$$

令 $L'(x) = 0$，得 $x = 11$（$x = -9$ 舍去）. 因为

$$L''(x) = 2 - 2x, \quad L''(11) = -20 < 0,$$

所以 $x = 11$ 为极大值点，又由于它是唯一的极值点，因此它就是最大值点，于是当产量为 11 单位时，利润最大.

（2）注意到 $R(0) = 0, C(0) = 100$，则最大利润为

$$L(11) = L(0) + \int_0^{11} L'(x) dx = R(0) - C(0) + \int_0^{11} \left[R'(x) - C'(x) \right] dx$$

$$= -100 + \int_0^{11} (99 + 2x - x^2) dx$$

$$= -100 + \left(99x + x^2 - \frac{x^3}{3} \right) \Big|_0^{11} = \frac{1\,999}{3} (\text{元}).$$

例 3.4.28　已知两个球的半径分别为 r 和 $kr(k \geqslant 1)$，且球心距为 $d(d > r + kr)$. 问：将光源置于两球外，且在球心连线上的什么位置，可使两球面被光线照亮部分的面积达到最大？

解　先求出置于半径为 r 的球外，且距球面距离为 h 的点处的光源 P 可照亮球面部分的面积. 取过球心及点 P 的一张平面，它将球截成一个圆. 在这张平面上，记球心为原点 O，过 O 与 P 点，且方向为铅直向下的直线为 x 轴，并相应地作出 y 轴（见图 3.4.14），则截成的圆的方程为

$$x^2 + y^2 = r^2.$$

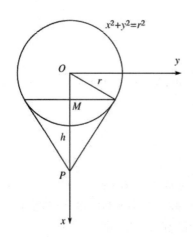
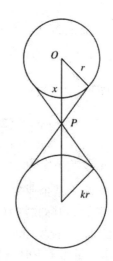

图 3.4.14

从 P 点作圆的两条切线,记连接两个切点的弦与 x 轴的交点为 M,且记 $|OM| = a$,则

$$\frac{a}{r} = \frac{r}{h+r}, \text{因此}, a = \frac{r^2}{h+r}.$$

于是,由旋转曲面面积的计算公式,光源 P 可照亮球面部分的面积为

$$S = \int_a^r 2\pi y \sqrt{1 + \left(\frac{\mathrm{d}y}{\mathrm{d}x}\right)^2} \mathrm{d}x = \int_a^r 2\pi y \sqrt{1 + \left(-\frac{x}{y}\right)^2} \mathrm{d}x$$

$$= \int_a^r 2\pi r \mathrm{d}x = 2\pi r(r - a) = \frac{2\pi r^2 h}{h+r}.$$

再解决题目所求问题. 设光源置于两球连心线上距小球球心 O 的距离为 x 的 P 点,则由前面的计算知,两球面被照亮的部分的面积之和为

$$A(x) = \frac{2\pi r^2 (x - r)}{x} + \frac{2\pi (kr)^2 (d - x - kr)}{d - x}$$

$$= 2\pi \left[r^2 \left(1 - \frac{r}{x} \right) + k^2 r^2 \left(1 - \frac{kr}{d - x} \right) \right].$$

因此

$$A'(x) = 2\pi \left[\frac{r^3}{x^2} - \frac{k^3 r^3}{(d - x)^2} \right].$$

令 $A'(x) = 0$,得 $x = \dfrac{d}{1 + k^{\frac{3}{2}}}$. 易知它就是 $A(x)$ 的最大值点,即将光源置于两球心连线上时,在距小球球心 $\dfrac{d}{1 + k^{\frac{3}{2}}}$ 处,可使两球面被光线照亮部分的面积最大.

例 3.4.29 求由抛物线 $y^2 = 4ax$ 与过其焦点的弦所围的图形面积的最小值.

解 建立极坐标系,取抛物线 $y^2 = 4ax$ 的焦点 $(a,0)$ 为极点,x 轴为极轴,建立极坐标. 由于 $x = r\cos\theta + a, y = r\sin\theta$,可得抛物线的极坐标方程为

$$r = \frac{2a}{1 - \cos\theta}.$$

记过焦点的弦与极轴正向的夹角(即极角) 为 $\alpha(0 < \alpha < \pi)$,则它与抛物线所围的面积为

$$A(\alpha) = \frac{1}{2}\int_\alpha^{\alpha+\pi} \frac{4a^2}{(1 - \cos\theta)^2}\mathrm{d}\theta.$$

易知

$$A'(\alpha) = 2a^2\left(\frac{1}{(1 + \cos\alpha)^2} - \frac{1}{(1 - \cos\alpha)^2}\right) = -\frac{8a^2\cos\alpha}{\sin^4\alpha}.$$

令 $A'(\alpha) = 0$,得到 $\alpha = \frac{\pi}{2}$. 因为当 $0 < \alpha < \frac{\pi}{2}$ 时,$A'(\alpha) < 0$;当 $\frac{\pi}{2} < \alpha < \pi$ 时,$A'(\alpha) > 0$,所以 $A(\alpha)$ 在 $\alpha = \frac{\pi}{2}$ 取到极小值,显然也是最小值. 因此最小值为

$$A\left(\frac{\pi}{2}\right) = 2a^2\int_{\frac{\pi}{2}}^{\frac{3\pi}{2}} \frac{1}{(1 - \cos\theta)^2}\mathrm{d}\theta = -a^2\int_{\frac{\pi}{2}}^{\frac{3\pi}{2}}\left(1 + \cot^2\frac{\theta}{2}\right)\mathrm{d}\left(\cot\frac{\theta}{2}\right) = \frac{8}{3}a^2.$$

习　题

1. 求抛物线 $y = x^2$ 与直线 $y = 2x + 3$ 所围图形的面积.

2. 求由曲线 $y = x^2, y = \frac{1}{4}x^2$ 和直线 $y = 1$ 所围图形的面积.

3. 已知抛物线 $y = 1 - x^2(x \geq 0)$ 和 x 轴、y 轴所围的图形被抛物线 $y = kx^2$ 分成面积相等的两部分,求常数 k 的值.

4. 求由旋轮线 $x = a(t - \sin t), y = a(1 - \cos t)(a > 0, 0 \leq t \leq 2\pi)$ 与 x 轴所围图形的面积.

5. 求由 $r = 2\cos\theta$ 与 $r = 2\sin\theta$ 所围公共部分图形的面积.

6. 求由 $r = 1 + \cos\theta$ 与 $r = 3\cos\theta$ 所围公共部分图形的面积.

7. 求圆的渐开线 $x = a(\cos t + t\sin t), y = a(\sin t - t\cos t)(0 \leq t \leq 2\pi)$ 与线段 $x = a(-2\pi a \leq y \leq 0)$ 所围图形的面积,其中 $a > 0$.

8. 求由圆盘 $(x - 2)^2 + (y - 3)^2 \leq 1$ 分别绕 x 轴和 y 轴旋转一周所得旋转体的体积.

9. 求由旋轮线 $x = a(t - \sin t), y = a(1 - \cos t)(a > 0, 0 \leq t \leq 2\pi)$ 与 x 轴所围图形绕 x 轴旋转一周所成旋转体的体积.

10. 求由 $r = 1 + \cos\theta$ 所围图形绕极轴旋转一周所得旋转体体积.

11. 当由抛物线 $y^2 = 4ax(a > 0)$ 与过焦点的弦所围图形的面积取最小值时(见例 3.4.29),求出这时的平面图形绕 x 轴旋转一周所得旋转体的体积.

12. 求下列曲线段的弧长:

(1) $y = \mathrm{e}^x$ $(0 \leqslant x \leqslant 2)$;

(2) $y = \dfrac{1}{2}(\mathrm{e}^x + \mathrm{e}^{-x})$ $(-1 \leqslant x \leqslant 1)$;

(3) $x = a(\cos t + t\sin t), y = a(\sin t - t\cos t)$ $(a > 0, 0 \leqslant t \leqslant 2\pi)$;

(4) $r = a\theta$ $(a > 0, 0 \leqslant \theta \leqslant 2\pi)$.

13. 求下列曲线在指定点的曲率:

(1) $y = x^2$, 在点 $(1,1)$;

(2) $x = 3t^2, y = 2t^3$, 在 $t = 1$ 对应的点.

14. 求下列曲线的曲率和曲率半径:

(1) $y = x + \dfrac{1}{x}$ $(x > 0)$;

(2) $y = x^3 + 3x$;

(3) $r = a\theta$ $(a > 0)$;

(4) $x = a(t - \sin t), y = a(1 - \cos t)$ $(a > 0)$.

15. 求曲线 $y = \ln x$ 上曲率最大的点, 并求出该点的曲率圆方程.

16. 求下列旋转曲面的面积:

(1) $y = \sin x$ $(0 \leqslant x \leqslant \pi)$ 绕 x 轴旋转一周生成的曲面;

(2) 旋轮线 $x = a(t - \sin t), y = a(1 - \cos t)$ $(a > 0, 0 \leqslant t \leqslant 2\pi)$ 绕 x 轴一周生成的曲面;

(3) 双纽线 $r^2 = a^2\cos 2\theta$ 绕极轴旋转一周产生的曲面.

17. 过点 $(1,0)$ 作曲线 $y = \sqrt{x-2}$ 的切线, 求由曲线 $y = \sqrt{x-2}$ 与该切线, 以及 x 轴所围图形绕 x 轴旋转一周所得旋转体的体积.

18. 在 y 轴上取坐标为 $t(0 \leqslant t \leqslant 1)$ 的点 A, 并过 A 作平行于 x 轴的直线 AB. 记直线 AB 与抛物线 $y = x^2$ 及 y 轴所围图形为 D_1, 直线 AB 与抛物线 $y = x^2$ 及直线 $x = 1$ 所围图形为 D_2, 且记 D_1 与 D_2 的面积之和为 $S(t)$, 求 $S(t)(0 \leqslant t \leqslant 1)$ 的最大值和最小值.

19. 已知曲线 L 的方程为 $\begin{cases} x = t^2 + 1, \\ y = 4t - t^2, \end{cases}$ $t \geqslant 0$.

(1) 讨论曲线 L 的凸性;

(2) 过点 $(-1,0)$ 引 L 的切线, 求切点 (x_0, y_0), 并写出该切线的方程;

(3) 求该切线与 L (对应于 $x \leqslant x_0$ 内的部分) 及 x 轴所围成的平面图形的面积.

20. 设 D_1 是由抛物线 $y = 2x^2$ 和直线 $x = a, x = 2, y = 0$ 所围成的平面图形; D_2 是由抛物线 $y = 2x^2$ 和直线 $x = a, y = 0$ 所围成的平面图形, 其中 $0 < a < 2$.

(1) 求 D_1 绕 x 轴旋转一周所成旋转体的体积 V_1, 且求 D_2 绕 y 轴旋转一周所成旋转体的体积 V_2;

(2) 问当 a 为何值时, $V_1 + V_2$ 取最大值? 并求此最大值.

21. 在 xy 平面上过坐标原点作曲线 $y = \ln x$ 的切线, 记该切线与曲线 $y = \ln x$ 及 x 轴所围图形为 D.

(1) 求 D 的面积;

(2) 求 D 绕直线 $x = e$ 旋转一周所得旋转体的体积.

22. 有一等腰三角形薄板,底边长为 a m,高为 h m,薄板垂直倒立于水中,底边与水平面相齐. 求水对薄板的侧压力.

23. 设有一半径为 R、高为 H 的均匀圆柱体平放在水深为 $2R$ 的水池中(即圆柱体的侧面与水面相切),圆柱体的密度为 ρ,现将圆柱体抬出水面,需做多少功(设水的密度为 1)?

24. 设有一均匀的半径为 r 的圆形薄片,其质量为 M. 在圆心的正上方有一个单位质点,质点到圆心的距离为 a.

(1) 求薄片的边界对该质点的引力;

(2) 求薄片对该质点的引力;

(3) 如果圆心的正上方有一条长为 l、质量为 m 的均匀细杆垂直于薄片,下端距圆心为 a,求薄片对细杆的引力.

§3.5 反 常 积 分

知 识 要 点

Riemann 积分处理的是有限区间上的有界函数,当问题涉及无穷区间或无界函数时,就需要把积分概念作进一步扩充.

一、无穷限的反常积分

定义 3.5.1 设函数 $f(x)$ 定义于 $[a, +\infty)$,且在任何有限区间 $[a,A]$ 上可积. 如果

$$\lim_{A \to +\infty} \int_a^A f(x)\,\mathrm{d}x$$

存在,则称反常积分 $\int_a^{+\infty} f(x)\,\mathrm{d}x$ **收敛**,并规定其积分值为

$$\int_a^{+\infty} f(x)\,\mathrm{d}x = \lim_{A \to +\infty} \int_a^A f(x)\,\mathrm{d}x.$$

否则,称反常积分 $\int_a^{+\infty} f(x)\,\mathrm{d}x$ **发散**.

类似地,对于 $(-\infty, b]$ 上的函数 $f(x)$,如果 $\lim\limits_{A \to -\infty} \int_A^b f(x)\,\mathrm{d}x$ 存在,则称反常积分 $\int_{-\infty}^b f(x)\,\mathrm{d}x$ 收敛,且规定 $\int_{-\infty}^b f(x)\,\mathrm{d}x = \lim\limits_{A \to -\infty} \int_A^b f(x)\,\mathrm{d}x$. 否则,称反常积分 $\int_{-\infty}^b f(x)\,\mathrm{d}x$ 发散.

当 $f(x)$ 在 $(-\infty, a]$,$[a, +\infty)$ 上的反常积分均收敛时,称 $f(x)$ 在 $(-\infty, +\infty)$ 上可积,即反常积分收敛,且规定

$$\int_{-\infty}^{+\infty} f(x)\,\mathrm{d}x = \int_{-\infty}^{a} f(x)\,\mathrm{d}x + \int_{a}^{+\infty} f(x)\,\mathrm{d}x.$$

否则,称 f 的反常积分 $\int_{-\infty}^{+\infty} f(x)\,\mathrm{d}x$ 发散.

二、比较判别法

定理 3.5.1(比较判别法) 设 $f(x)$ 和 $g(x)$ 均是 $[a, +\infty)$ 上的函数,且在任何有限区间 $[a, A]$ 上可积. 如果

$$|f(x)| \leqslant g(x), \quad x \in [a, +\infty),$$

则当 $\int_{a}^{+\infty} g(x)\,\mathrm{d}x$ 收敛时, $\int_{a}^{+\infty} f(x)\,\mathrm{d}x$ 和 $\int_{a}^{+\infty} |f(x)|\,\mathrm{d}x$ 均收敛;当 $\int_{a}^{+\infty} f(x)\,\mathrm{d}x$ 发散时, $\int_{a}^{+\infty} |f(x)|\,\mathrm{d}x$ 和 $\int_{a}^{+\infty} g(x)\,\mathrm{d}x$ 均发散.

特别地,若 $\int_{a}^{+\infty} |f(x)|\,\mathrm{d}x$ 收敛,则 $\int_{a}^{+\infty} f(x)\,\mathrm{d}x$ 收敛.

推论 3.5.1 设函数 $f(x)$ 在 $[a, +\infty)$ 上有定义 $(a > 0)$,且在任何有限区间 $[a, A]$ 上均可积. 如果存在 $p > 1$,使得

$$\lim_{A \to +\infty} x^p |f(x)| = C \geqslant 0,$$

则 $\int_{a}^{+\infty} f(x)\,\mathrm{d}x$ 和 $\int_{a}^{+\infty} |f(x)|\,\mathrm{d}x$ 均收敛;如果存在 $p \leqslant 1$,使得

$$\lim_{A \to +\infty} x^p |f(x)| = C > 0(或 +\infty),$$

则 $\int_{a}^{+\infty} |f(x)|\,\mathrm{d}x$ 发散.

三、无界函数的反常积分

定义 3.5.2 设对于任意给定的 $\varepsilon > 0$,函数 $f(x)$ 在 $(a, a + \varepsilon)$ 中无界,但在 $[a + \varepsilon, b]$ 上可积. 如果

$$\lim_{\varepsilon \to 0+0} \int_{a+\varepsilon}^{b} f(x)\,\mathrm{d}x$$

存在,则称反常积分 $\int_{a}^{b} f(x)\,\mathrm{d}x$ **收敛**,并规定其积分值为

$$\int_{a}^{b} f(x)\,\mathrm{d}x = \lim_{\varepsilon \to 0+0} \int_{a+\varepsilon}^{b} f(x)\,\mathrm{d}x.$$

否则,称反常积分 $\int_{a}^{b} f(x)\,\mathrm{d}x$ **发散**.

类似地,设对任意给定的 $\varepsilon > 0$,函数 $f(x)$ 在 $(b - \varepsilon, b)$ 上无界,但在 $[a, b - \varepsilon]$ 上可积. 如果 $\lim_{\varepsilon \to 0+0} \int_{a}^{b-\varepsilon} f(x)\,\mathrm{d}x$ 存在,则称反常积分 $\int_{a}^{b} f(x)\,\mathrm{d}x$ 收敛,且规定 $\int_{a}^{b} f(x)\,\mathrm{d}x =$

$\lim\limits_{\varepsilon \to 0+0} \int_a^{b-\varepsilon} f(x)\,\mathrm{d}x$；否则，称反常积分 $\int_a^b f(x)\,\mathrm{d}x$ 发散.

设 $a < c < b$，函数 $f(x)$ 在 c 的任何邻域中无界. 若反常积分 $\int_a^c f(x)\,\mathrm{d}x$ 和 $\int_c^b f(x)\,\mathrm{d}x$ 均收敛，则称反常积分 $\int_a^b f(x)\,\mathrm{d}x$ 收敛，且规定

$$\int_a^b f(x)\,\mathrm{d}x = \int_a^c f(x)\,\mathrm{d}x + \int_c^b f(x)\,\mathrm{d}x.$$

否则，就称反常积分 $\int_a^b f(x)\,\mathrm{d}x$ 发散.

定理 3.5.2(比较判别法) 设函数 $f(x)$ 和 $g(x)$ 均在点 a 附近无界，但在任何区间 $[a+\varepsilon, b]\,(\varepsilon > 0)$ 上可积，且

$$|f(x)| \leqslant g(x), \quad x \in (a, b],$$

则当 $\int_a^b g(x)\,\mathrm{d}x$ 收敛时，$\int_a^b f(x)\,\mathrm{d}x$ 和 $\int_a^b |f(x)|\,\mathrm{d}x$ 均收敛；当 $\int_a^b f(x)\,\mathrm{d}x$ 发散时，$\int_a^b |f(x)|\,\mathrm{d}x$ 和 $\int_a^b g(x)\,\mathrm{d}x$ 均发散.

特别地，若 $\int_a^b |f(x)|\,\mathrm{d}x$ 收敛，则 $\int_a^b f(x)\,\mathrm{d}x$ 收敛.

推论 3.5.2 设函数 $f(x)$ 在任何区间 $[a+\varepsilon, b]\,(\varepsilon > 0)$ 可积，如果存在 $p < 1$，使得

$$\lim_{x \to a+0} (x-a)^p |f(x)| = c \geqslant 0,$$

则 $\int_a^b f(x)\,\mathrm{d}x$ 和 $\int_a^b |f(x)|\,\mathrm{d}x$ 均收敛；如果存在 $p \geqslant 1$，使得

$$\lim_{x \to a+0} (x-a)^p |f(x)| = c > 0(\text{或} + \infty),$$

则 $\int_a^b |f(x)|\,\mathrm{d}x$ 发散.

定积分的一系列运算法则，如线性运算法则、换元积分法、分部积分法，同样适用于反常积分.

四、Cauchy 主值积分

设 $f(x)$ 是 $(-\infty, +\infty)$ 上的函数，且在任何有限区间上可积，若 $\lim\limits_{B \to +\infty} \int_{-B}^{B} f(x)\,\mathrm{d}x$ 存在，则规定

$$(\mathrm{CPV})\int_{-\infty}^{+\infty} f(x)\,\mathrm{d}x = \lim_{B \to +\infty} \int_{-B}^{B} f(x)\,\mathrm{d}x,$$

称之为 $f(x)$ 在 $(-\infty, +\infty)$ 上的 **Cauchy 主值积分**.

类似地,设 $f(x)$ 在 (a,b) 中的点 c 附近无界,规定

$$(\mathrm{CPV})\int_a^b f(x)\,\mathrm{d}x = \lim_{\varepsilon \to 0+0}\Big[\int_a^{c-\varepsilon} f(x)\,\mathrm{d}x + \int_{c+\varepsilon}^b f(x)\,\mathrm{d}x\Big],$$

称其为 $f(x)$ 在 $[a,b]$ 上的 Cauchy 主值积分.

五、$\boldsymbol{\Gamma}$ 函数和 $\mathbf{B}$ 函数

函数

$$\Gamma(s) = \int_0^{+\infty} x^{s-1}\mathrm{e}^{-x}\,\mathrm{d}x \quad (s > 0)$$

称为 **$\boldsymbol{\Gamma}$ 函数**,它是参数 s 的函数. 函数

$$\mathrm{B}(p,q) = \int_0^1 x^{p-1}(1-x)^{q-1}\,\mathrm{d}x \quad (p > 0, q > 0)$$

称为 **$\mathbf{B}$ 函数**,它是参数 p,q 的函数.

Γ 函数和 B 函数的性质如下:

(1) **递推公式**:$\Gamma(s+1) = s\Gamma(s)\ (s > 0)$;

(2) **余元公式**:$\Gamma(s)\Gamma(1-s) = \dfrac{\pi}{\sin s\pi}\ (s \in (0,1))$;

(3) **对称性**:$\mathrm{B}(p,q) = \mathrm{B}(q,p)$;

(4) **$\mathbf{B}$ 函数与 $\boldsymbol{\Gamma}$ 函数的联系公式**:$\mathrm{B}(p,q) = \dfrac{\Gamma(p)\Gamma(q)}{\Gamma(p+q)}\ (p > 0, q > 0)$;

(5) **Stirling 公式**:Γ 函数有如下的渐近估计:

$$\Gamma(s+1) = \sqrt{2\pi s}\Big(\frac{s}{\mathrm{e}}\Big)^s \mathrm{e}^{\frac{\theta}{12s}},\ s > 0,$$

其中 $\theta \in (0,1)$. 特别地,当 $s = n$ 为正整数时,有估计

$$n! = \sqrt{2\pi n}\Big(\frac{n}{\mathrm{e}}\Big)^n \mathrm{e}^{\frac{\theta}{12n}}.$$

若在自变量的某一个变化过程中,变量 u 和 v 均为无穷大量,且在这个变化过程中成立 $\lim \dfrac{u}{v} = 1$,则称 u 和 v 是等价的无穷大量,记作 $u \sim v$. 从这个公式立即得到 $n \to \infty$ 过程中的等价关系:

$$n! \sim \sqrt{2\pi n}\Big(\frac{n}{\mathrm{e}}\Big)^n.$$

注 (1) $\Gamma\Big(\dfrac{1}{2}\Big) = \sqrt{\pi}$;(2) $\displaystyle\int_0^{+\infty} \mathrm{e}^{-x^2}\,\mathrm{d}x = \dfrac{1}{2}\Gamma\Big(\dfrac{1}{2}\Big) = \dfrac{\sqrt{\pi}}{2}$.

例 3.5.1 按定义讨论反常积分 $\int_0^{+\infty} e^{-x}\cos 2x\,dx$ 的收敛性.

解 对任何 $A > 0$,有

$$\int_0^A e^{-x}\cos 2x\,dx = \frac{1}{5}\big[e^{-A}(2\sin 2A - \cos 2A) + 1 \big].$$

于是

$$\lim_{A\to +\infty}\int_0^A e^{-x}\cos 2x\,dx = \frac{1}{5}.$$

因此,这个反常积分收敛,且此时

$$\int_0^{+\infty} e^{-x}\cos 2x\,dx = \frac{1}{5}.$$

例 3.5.2 讨论下列反常积分的收敛性:

(1) $\int_1^{+\infty} \dfrac{x^2\cos^3 x\,dx}{x^4 + 1}$; 　　　　(2) $\int_0^1 \dfrac{1}{\sqrt{x}}\sin\dfrac{1}{x}\,dx$.

解 (1) 因为

$$\left| \frac{x^2\cos^3 x}{x^4 + 1} \right| \leqslant \frac{1}{x^2},$$

而 $\int_1^{+\infty} \dfrac{1}{x^2}dx$ 收敛,由比较判别法知 $\int_1^{+\infty} \dfrac{x^2\cos^3 x\,dx}{x^4 + 1}$ 收敛.

(2) 因为

$$\left| \frac{1}{\sqrt{x}}\sin\frac{1}{x} \right| \leqslant \frac{1}{\sqrt{x}},$$

而 $\int_0^1 \dfrac{1}{\sqrt{x}}dx$ 收敛,由比较判别法知 $\int_0^1 \dfrac{1}{\sqrt{x}}\sin\dfrac{1}{x}\,dx$ 收敛.

例 3.5.3 讨论下列反常积分的敛散性:

(1) $\int_1^{+\infty} \dfrac{1}{x + 2}\arcsin\dfrac{1}{x}\,dx$; 　　　　(2) $\int_0^1 \dfrac{\sin x}{\sqrt{x^3}}dx$;

(3) $\int_1^{+\infty} \dfrac{dx}{\sqrt[3]{x^{\lambda+3} + 3x + 1}}$; 　　　　(4) $\int_0^1 \dfrac{\arcsin x}{\sqrt{1 - x^{2\lambda}}}dx$;

(5) $\int_0^{+\infty} \dfrac{\ln(1 + x)}{x^p}dx$.

解 (1) 因为

$$\lim_{x\to +\infty} x^2\frac{1}{x + 2}\arcsin\frac{1}{x} = 1,$$

而 $\int_1^{+\infty} x^{-2}\mathrm{d}x$ 收敛,由比较判别法知原反常积分收敛.

(2) 显然 $x = 0$ 是奇点. 因为
$$\lim_{x\to 0+0} x^{\frac{1}{2}} \frac{\sin x}{\sqrt{x^3}} = 1,$$

而 $\int_0^1 \frac{1}{\sqrt{x}}\mathrm{d}x$ 收敛,由比较判别法知原反常积分收敛.

(3) 当 $\lambda \leqslant -2$ 时,因为
$$\lim_{x\to +\infty} x^{\frac{1}{3}} \frac{1}{\sqrt[3]{x^{\lambda+3} + 3x + 1}} = \begin{cases} \dfrac{1}{\sqrt[3]{3}}, & \lambda < -2, \\[2mm] \dfrac{1}{\sqrt[3]{4}}, & \lambda = -2, \end{cases}$$

而 $\int_1^{+\infty} x^{-\frac{1}{3}}\mathrm{d}x$ 发散,所以 $\int_1^{+\infty} \dfrac{\mathrm{d}x}{\sqrt[3]{x^{\lambda+3} + 3x + 1}}$ 发散;

当 $\lambda > -2$ 时,因为
$$\lim_{x\to +\infty} x^{\frac{\lambda+3}{3}} \frac{1}{\sqrt[3]{x^{\lambda+3} + 3x + 1}} = 1,$$

而 $\int_1^{+\infty} x^{-\frac{\lambda+3}{3}}\mathrm{d}x$ 当 $-2 < \lambda \leqslant 0$ 时发散,当 $\lambda > 0$ 时收敛,所以 $\int_1^{+\infty} \dfrac{\mathrm{d}x}{\sqrt[3]{x^{\lambda+3} + 3x + 1}}$ 也当 $-2 < \lambda \leqslant 0$ 时发散,当 $\lambda > 0$ 时收敛.

综上所述,反常积分 $\int_1^{+\infty} \dfrac{\mathrm{d}x}{\sqrt[3]{x^{\lambda+3} + 3x + 1}}$ 当 $\lambda \leqslant 0$ 时发散;当 $\lambda > 0$ 时收敛.

(4) 显然 $x = 1$ 是奇点. 因为
$$1 - x^\lambda \sim \lambda(1 - x) \quad (x \to 1 - 0),$$
所以
$$\lim_{x\to 1-0} (1 - x)^{\frac{1}{2}} \frac{\arcsin x}{\sqrt{1 - x^{2\lambda}}} = \frac{\pi}{2\sqrt{2\lambda}},$$

由推论 3.5.2 知, $\int_0^1 \dfrac{\arcsin x}{\sqrt{1 - x^{2\lambda}}}\mathrm{d}x$ 收敛.

注 在(4)中,若 $\lambda \leqslant 0$,则被积函数无意义.

(5) 显然 $x = 0$ 可能是奇点. 将原积分写成
$$\int_0^{+\infty} \frac{\ln(1 + x)}{x^p}\mathrm{d}x = \int_0^1 \frac{\ln(1 + x)}{x^p}\mathrm{d}x + \int_1^{+\infty} \frac{\ln(1 + x)}{x^p}\mathrm{d}x.$$

先考虑 $\int_0^1 \dfrac{\ln(1 + x)}{x^p}\mathrm{d}x$. 因为

$$\lim_{x \to 0+0} x^{p-1} \frac{\ln(1+x)}{x^p} = 1,$$

所以当 $p - 1 < 1$ 时,即当 $p < 2$ 时 $\int_0^1 \frac{\ln(1+x)}{x^p} dx$ 收敛,而当 $p - 1 \geqslant 1$ 时,即当 $p \geqslant 2$ 时发散.

再考虑 $\int_1^{+\infty} \frac{\ln(1+x)}{x^p} dx$. 对于每个 $p > 1$,因为

$$\lim_{x \to +\infty} x^{\frac{p+1}{2}} \frac{\ln(1+x)}{x^p} = 0,$$

而 $\frac{p+1}{2} > 1$,所以 $\int_1^{+\infty} \frac{\ln(1+x)}{x^p} dx$ 收敛.

当 $p \leqslant 1$ 时,由于 $\lim_{x \to +\infty} x \frac{\ln(1+x)}{x^p} = +\infty$,因此 $\int_1^{+\infty} \frac{\ln(1+x)}{x^p} dx$ 发散.

综上所述,反常积分 $\int_0^{+\infty} \frac{\ln(1+x)}{x^p} dx$ 当 $1 < p < 2$ 时收敛;当 $p \leqslant 1$ 或 $p \geqslant 2$ 时发散.

例 3.5.4 计算下列反常积分:

(1) $\int_{-\infty}^{+\infty} \frac{dx}{x^2 + 2x + 2}$;

(2) $\int_1^2 \frac{x dx}{\sqrt{x-1}}$;

(3) $\int_1^{+\infty} \frac{\ln(x + \sqrt{1 + x^2})}{x^2} dx$;

(4) $\int_{-1}^1 \frac{dx}{(2-x)\sqrt{1 - x^2}}$;

(5) $\int_0^{+\infty} \frac{\arctan x}{(1 + x^2)^{\frac{5}{2}}} dx$;

(6) $\int_1^{+\infty} \frac{dx}{e^x + e^{2-x}}$;

(7) $\int_{-\frac{\pi}{2}}^{\frac{\pi}{2}} \frac{e^{-x^2}}{\sqrt[3]{x}(1 + \cos x)} dx$;

(8) $\int_{-\infty}^{+\infty} \frac{dx}{e^x + 12e^{-x} + 7}$.

解 (1) 由于 $\arctan(x + 1)$ 是 $\frac{1}{x^2 + 2x + 2}$ 的一个原函数,所以

$$\int_{-\infty}^{+\infty} \frac{dx}{x^2 + 2x + 2} = \arctan(x+1) \Big|_{-\infty}^{+\infty} = \pi.$$

(2) 令 $t = \sqrt{x-1}$,即 $x = 1 + t^2$,则 $dx = 2t dt$;当 $x = 1$ 时,$t = 0$;当 $x = 2$ 时,$t = 1$. 所以

$$\int_1^2 \frac{x dx}{\sqrt{x-1}} = \int_0^1 \frac{(1+t^2)2t dt}{t} = 2\int_0^1 (1 + t^2) dt = \frac{8}{3}.$$

(3) 利用分部积分公式,可得

$$\int_1^{+\infty} \frac{\ln(x + \sqrt{1 + x^2})}{x^2} dx = -\int_1^{+\infty} \ln(x + \sqrt{1 + x^2}) d\frac{1}{x}$$

$$= -\left. \frac{\ln(x + \sqrt{1 + x^2})}{x} \right|_1^{+\infty} + \int_1^{+\infty} \frac{1}{x\sqrt{1 + x^2}} dx$$

$$= \ln(1 + \sqrt{2}) - \int_1^{+\infty} \frac{1}{\sqrt{1 + x^{-2}}} d(x^{-1})$$

$$= \ln(1 + \sqrt{2}) - \left. \ln(x^{-1} + \sqrt{1 + x^{-2}}) \right|_1^{+\infty}$$

$$= 2\ln(1 + \sqrt{2}).$$

(4) 令 $x = \sin t$,得

$$\int_{-1}^1 \frac{dx}{(2 - x)\sqrt{1 - x^2}} = \int_{-\frac{\pi}{2}}^{\frac{\pi}{2}} \frac{dt}{2 - \sin t}.$$

再令 $u = \tan \dfrac{t}{2}$,得

$$\int_{-\frac{\pi}{2}}^{\frac{\pi}{2}} \frac{dt}{2 - \sin t} = \int_{-1}^1 \frac{du}{u^2 - u + 1} = \int_{-1}^1 \frac{du}{\left(u - \frac{1}{2}\right)^2 + \frac{3}{4}} = \left. \frac{2}{\sqrt{3}} \arctan \frac{(2u - 1)}{\sqrt{3}} \right|_{-1}^1 = \frac{\pi}{\sqrt{3}}.$$

于是

$$\int_{-1}^1 \frac{dx}{(2 - x)\sqrt{1 - x^2}} = \frac{\pi}{\sqrt{3}}.$$

(5) 令 $x = \tan t$,得

$$\int_0^{+\infty} \frac{\arctan x}{(1 + x^2)^{\frac{5}{2}}} dx = \int_0^{\frac{\pi}{2}} t \cos^3 t \, dt = \int_0^{\frac{\pi}{2}} t(1 - \sin^2 t) \, d\sin t$$

$$= \int_0^{\frac{\pi}{2}} t \, d\left(\sin t - \frac{1}{3}\sin^3 t\right) = \left[t\left(\sin t - \frac{1}{3}\sin^3 t\right) \right]_0^{\frac{\pi}{2}} - \int_0^{\frac{\pi}{2}} \left(\sin t - \frac{1}{3}\sin^3 t\right) dt$$

$$= \frac{\pi}{3} - \int_0^{\frac{\pi}{2}} \left(\sin t - \frac{1}{3}\sin^3 t\right) dt = \frac{\pi}{3} - \int_0^{\frac{\pi}{2}} \sin t \, dt - \frac{1}{3}\int_0^{\frac{\pi}{2}}(1 - \cos^2 t) \, d\cos t = \frac{\pi}{3} - \frac{7}{9}.$$

(6) 凑微分得

$$\int_1^{+\infty} \frac{dx}{e^x + e^{2-x}} = \int_1^{+\infty} \frac{e^x dx}{e^{2x} + e^2} = \frac{1}{e}\int_1^{+\infty} \frac{d(e^{x-1})}{1 + (e^{x-1})^2}$$

$$= \left. \frac{1}{e}\arctan(e^{x-1}) \right|_1^{+\infty} = \frac{\pi}{4e}.$$

(7) 因为 $\dfrac{e^{-x^2}}{\sqrt[3]{x}(1 + \cos x)}$ 是奇函数,且 $\displaystyle\int_{-\frac{\pi}{2}}^{\frac{\pi}{2}} \frac{e^{-x^2}}{\sqrt[3]{x}(1 + \cos x)} dx$ 收敛,所以

$$\int_{-\frac{\pi}{2}}^{\frac{\pi}{2}} \frac{e^{-x^2}}{\sqrt[3]{x}(1 + \cos x)} dx = 0.$$

(8)

$$\int_{-\infty}^{+\infty} \frac{\mathrm{d}x}{\mathrm{e}^x + 12\mathrm{e}^{-x} + 7} = \int_{-\infty}^{+\infty} \frac{\mathrm{d}\mathrm{e}^x}{(\mathrm{e}^x)^2 + 7\mathrm{e}^x + 12} = \int_{-\infty}^{+\infty} \frac{\mathrm{d}\mathrm{e}^x}{(\mathrm{e}^x + 3)(\mathrm{e}^x + 4)}$$

$$= \int_{-\infty}^{+\infty} \left(\frac{1}{\mathrm{e}^x + 3} - \frac{1}{\mathrm{e}^x + 4} \right) \mathrm{d}\mathrm{e}^x = \ln \frac{\mathrm{e}^x + 3}{\mathrm{e}^x + 4} \bigg|_{-\infty}^{+\infty} = \ln \frac{4}{3}.$$

例 3.5.5 用 Γ 函数值表示 $\int_0^1 \sqrt[4]{1 - x^4}\,\mathrm{d}x$.

解 令 $t = x^4$, 则 $x = \sqrt[4]{t}, \mathrm{d}x = \dfrac{1}{4} t^{-\frac{3}{4}} \mathrm{d}t$. 于是

$$\int_0^1 \sqrt[4]{1 - x^4}\,\mathrm{d}x = \frac{1}{4} \int_0^1 (1 - t)^{\frac{1}{4}} t^{-\frac{3}{4}} \mathrm{d}t = \frac{1}{4} \int_0^1 t^{\frac{1}{4} - 1} (1 - t)^{\frac{5}{4} - 1} \mathrm{d}t$$

$$= \frac{1}{4} \mathrm{B} \left(\frac{1}{4}, \frac{5}{4} \right) = \frac{1}{4} \frac{\Gamma\left(\dfrac{1}{4}\right) \Gamma\left(\dfrac{5}{4}\right)}{\Gamma\left(\dfrac{1}{4} + \dfrac{5}{4}\right)}$$

$$= \frac{1}{4} \frac{\dfrac{1}{4}\Gamma^2\left(\dfrac{1}{4}\right)}{\dfrac{1}{2}\Gamma\left(\dfrac{1}{2}\right)} = \frac{1}{8\sqrt{\pi}} \Gamma^2\left(\frac{1}{4}\right).$$

例 3.5.6 计算下列反常积分:

(1) $\displaystyle\int_0^{+\infty} x^2 \mathrm{e}^{-x^2}\,\mathrm{d}x$; $\qquad\qquad$ (2) $\displaystyle\int_0^{\frac{\pi}{2}} \cos^{\frac{5}{2}}x \sin^{\frac{3}{2}}x\,\mathrm{d}x$;

(3) $\displaystyle\int_0^{\frac{\pi}{2}} \tan^{\alpha}x\,\mathrm{d}x \quad (0 < \alpha < 1)$; $\quad$ (4) $\displaystyle\int_0^{+\infty} \frac{x^{m-1}}{1 + x^n}\,\mathrm{d}x \quad (0 < m < n)$.

解 (1) 令 $t = x^2$, 则 $x = \sqrt{t}, \mathrm{d}x = \dfrac{1}{2\sqrt{t}} \mathrm{d}t$, 于是

$$\int_0^{+\infty} x^2 \mathrm{e}^{-x^2}\,\mathrm{d}x = \frac{1}{2} \int_0^{+\infty} t^{\frac{1}{2}} \mathrm{e}^{-t}\,\mathrm{d}t = \frac{1}{2} \Gamma\left(\frac{3}{2}\right) = \frac{\sqrt{\pi}}{4}.$$

(2) 令 $t = \cos^2 x$, 则 $\sin^2 x = 1 - t, \mathrm{d}t = -2\cos x \sin x\,\mathrm{d}x$, 当 $x = 0$ 时, $t = 1$; 当 $x = \dfrac{\pi}{2}$ 时, $t = 0$. 所以

$$\int_0^{\frac{\pi}{2}} \cos^{\frac{5}{2}}x \sin^{\frac{3}{2}}x\,\mathrm{d}x = \frac{1}{2} \int_0^1 t^{\frac{7}{4} - 1} (1 - t)^{\frac{5}{4} - 1} \mathrm{d}t$$

$$= \frac{1}{2} \mathrm{B}\left(\frac{7}{4}, \frac{5}{4}\right) = \frac{1}{2} \frac{\Gamma\left(\dfrac{7}{4}\right) \Gamma\left(\dfrac{5}{4}\right)}{\Gamma(3)}$$

$$= \frac{1}{2} \cdot \frac{\frac{3}{4} \cdot \frac{1}{4} \Gamma\left(\frac{3}{4}\right)\Gamma\left(\frac{1}{4}\right)}{2} = \frac{3}{64} \frac{\pi}{\sin\frac{\pi}{4}} = \frac{3\sqrt{2}}{64}\pi.$$

(3) 令 $t = \cos^2 x$ 可得

$$\int_0^{\frac{\pi}{2}} \tan^\alpha x \mathrm{d}x = \int_0^{\frac{\pi}{2}} \sin^\alpha x \cos^{-\alpha} x \mathrm{d}x = \frac{1}{2}\int_0^1 t^{\frac{1-\alpha}{2}-1}(1-t)^{\frac{1+\alpha}{2}-1}\mathrm{d}t$$

$$= \frac{1}{2}\mathrm{B}\left(\frac{1-\alpha}{2}, \frac{1+\alpha}{2}\right) = \frac{1}{2}\Gamma\left(\frac{1-\alpha}{2}\right)\Gamma\left(\frac{1+\alpha}{2}\right)$$

$$= \frac{\pi}{2\sin\frac{1-\alpha}{2}\pi} = \frac{\pi}{2\cos\frac{\alpha}{2}\pi}.$$

(4) 令 $u = x^n$, 则 $x = \sqrt[n]{u}$, $\mathrm{d}x = \frac{1}{n}u^{\frac{1}{n}-1}\mathrm{d}u$, 于是

$$\int_0^{+\infty} \frac{x^{m-1}}{1+x^n}\mathrm{d}x = \frac{1}{n}\int_0^{+\infty} \frac{u^{\frac{m}{n}-1}}{1+u}\mathrm{d}u.$$

再令 $t = \frac{u}{1+u}$, 则 $u = \frac{1}{1-t}-1$, $\mathrm{d}u = \frac{1}{(1-t)^2}\mathrm{d}t$, 因此

$$\int_0^{+\infty} \frac{u^{\frac{m}{n}-1}}{1+u}\mathrm{d}u = \int_0^1 t^{\frac{m}{n}-1}(1-t)^{-\frac{m}{n}}\mathrm{d}u$$

$$= \mathrm{B}\left(\frac{m}{n}, \frac{n-m}{n}\right) = \Gamma\left(\frac{m}{n}\right)\Gamma\left(\frac{n-m}{n}\right) = \frac{\pi}{\sin\frac{m}{n}\pi}.$$

于是

$$\int_0^{+\infty} \frac{x^{m-1}}{1+x^n}\mathrm{d}x = \frac{\pi}{n\sin\frac{m}{n}\pi}.$$

注 利用变换 $t = \frac{x}{1+x}$ 可以得出:

$$\mathrm{B}(p,q) = \int_0^1 t^{p-1}(1-t)^{q-1}\mathrm{d}t = \int_0^{+\infty} \frac{x^{p-1}}{(1+x)^{p+q}}\mathrm{d}x.$$

例 3.5.7 计算反常积分 $\int_0^{\frac{\pi}{2}} \cos 2nx \ln\cos x \mathrm{d}x$ (n 为正整数).

解 先用分部积分公式消去 "ln", 可得

$$\int_0^{\frac{\pi}{2}} \cos 2nx \ln\cos x \mathrm{d}x = \frac{1}{2n}\int_0^{\frac{\pi}{2}} \ln\cos x \mathrm{d}\sin 2nx$$

$$= \frac{1}{2n} \sin 2nx \ln\cos x \bigg|_0^{\frac{\pi}{2}} + \frac{1}{2n} \int_0^{\frac{\pi}{2}} \frac{\sin 2nx \sin x}{\cos x} dx$$

$$= \frac{1}{2n} \int_0^{\frac{\pi}{2}} \frac{\sin 2nx \sin x}{\cos x} dx.$$

利用积化和差三角公式

$$\sin 2nx \sin x = \frac{1}{2} (\cos(2n-1)x - \cos(2n+1)x)$$

可得

$$\int_0^{\frac{\pi}{2}} \cos 2nx \ln\cos x dx = \frac{1}{4n} \int_0^{\frac{\pi}{2}} \frac{\cos(2n-1)x}{\cos x} dx - \frac{1}{4n} \int_0^{\frac{\pi}{2}} \frac{\cos(2n+1)x}{\cos x} dx.$$

在积分 $\int_0^{\frac{\pi}{2}} \frac{\cos(2n-1)x}{\cos x} dx$ 中,令 $x = \frac{\pi}{2} - t$,则 $dx = -dt$,且当 $x = 0$ 时,$t = \frac{\pi}{2}$;

当 $x = \frac{\pi}{2}$ 时,$t = 0$. 于是

$$\int_0^{\frac{\pi}{2}} \frac{\cos(2n-1)x}{\cos x} dx = (-1)^{n-1} \int_0^{\frac{\pi}{2}} \frac{\sin(2n-1)t}{\sin t} dt,$$

所以

$$\int_0^{\frac{\pi}{2}} \cos 2nx \ln\cos x dx = \frac{(-1)^{n-1}}{4n} \int_0^{\frac{\pi}{2}} \frac{\sin(2n-1)t}{\sin t} dt - \frac{(-1)^n}{4n} \int_0^{\frac{\pi}{2}} \frac{\sin(2n+1)t}{\sin t} dt$$

$$= \frac{(-1)^{n-1}}{4n} \left(\frac{\pi}{2} + \frac{\pi}{2} \right) = \frac{(-1)^{n-1}}{4n} \pi.$$

这里,利用了例 3.3.9 的结果.

例 3.5.8　计算 $\int_0^{+\infty} e^{-x} \sin^n x dx$ (n 为正整数).

解　记 $I_n = \int_0^{+\infty} e^{-x} \sin^n x dx$. 当 $n > 1$ 时,由分部积分公式,可得

$$I_n = -\int_0^{+\infty} \sin^n x de^{-x} = -e^{-x} \sin^n x \bigg|_0^{+\infty} + n \int_0^{+\infty} e^{-x} \sin^{n-1} x \cos x dx$$

$$= -n \int_0^{+\infty} \sin^{n-1} x \cos x de^{-x}$$

$$= -n e^{-x} \sin^{n-1} x \cos x \bigg|_0^{+\infty} + n \int_0^{+\infty} e^{-x} [(n-1) \sin^{n-2} x \cos^2 x - \sin^n x] dx$$

$$= n \int_0^{+\infty} e^{-x} [(n-1) \sin^{n-2} x - n \sin^n x] dx,$$

所以

$$I_n = \frac{n(n-1)}{n^2+1} I_{n-2}, \quad n = 2, 3, \cdots.$$

而

$$I_0 = \int_0^{+\infty} e^{-x} dx = 1,$$

$$I_1 = \int_0^{+\infty} e^{-x} \sin x dx = -\int_0^{+\infty} \sin x de^{-x}$$

$$= -e^{-x} \sin x \Big|_0^{+\infty} + \int_0^{+\infty} e^{-x} \cos x dx = -\int_0^{+\infty} \cos x de^{-x}$$

$$= -e^{-x} \cos x \Big|_0^{+\infty} - \int_0^{+\infty} e^{-x} \sin x dx$$

$$= 1 - \int_0^{+\infty} e^{-x} \sin x dx = 1 - I_1,$$

即 $I_1 = \dfrac{1}{2}$. 于是

$$I_n = \begin{cases} \dfrac{2m(2m-1)(2m-2)(2m-3)\cdots 2 \cdot 1}{(4m^2+1)(4(m-1)^2+1)\cdots(2^2+1)}, & n = 2m \\[4mm] \dfrac{(2m+1)(2m)(2m-1)(2m-2)\cdots 3 \cdot 2}{((2m+1)^2+1)((2m-1)^2+1)\cdots(3^2+1)} \cdot \dfrac{1}{2}, & n = 2m+1 \end{cases}$$

$$= \begin{cases} \dfrac{(2m)!}{\prod\limits_{k=1}^{m}(4k^2+1)}, & n = 2m, \\[6mm] \dfrac{(2m+1)!}{\prod\limits_{k=0}^{m}((2k+1)^2+1)}, & n = 2m+1. \end{cases}$$

例 3.5.9 设 $f(x) = \dfrac{1 + 2x\ln(1+x^2)}{1+x^2}$,讨论 $f(x)$ 在 $(-\infty, +\infty)$ 上的积分.

解 因为

$$\lim_{x \to +\infty} x \frac{1 + 2x\ln(1+x^2)}{1+x^2} = +\infty,$$

所以反常积分 $\displaystyle\int_{-\infty}^{+\infty} \frac{1 + 2x\ln(1+x^2)}{1+x^2} dx$ 发散. 但是

$$\lim_{B \to +\infty} \int_{-B}^{B} \frac{1 + 2x\ln(1+x^2)}{1+x^2} dx = \lim_{B \to +\infty} \left[\arctan x + \frac{1}{2}\ln^2(1+x^2) \right] \Big|_{-B}^{B} = \pi,$$

于是

$$(\mathrm{CPV}) \int_{-\infty}^{+\infty} f(x) dx = \pi.$$

例 3.5.10 设 $f(x) = x^{-\frac{7}{3}}$,讨论 $f(x)$ 在 $[-2,3]$ 上的积分.

解 因为反常积分 $\displaystyle\int_{-2}^{0} x^{-\frac{7}{3}} dx$ 和 $\displaystyle\int_{0}^{3} x^{-\frac{7}{3}} dx$ 都发散,所以 $\displaystyle\int_{-2}^{3} x^{-\frac{7}{3}} dx$ 发散. 但是,

$$\lim_{\varepsilon \to 0+0} \left(\int_{-2}^{-\varepsilon} x^{-\frac{7}{3}} \mathrm{d}x + \int_{\varepsilon}^{3} x^{-\frac{7}{3}} \mathrm{d}x \right) = -\frac{3}{4} \lim_{\varepsilon \to 0+0} \left(x^{-\frac{4}{3}} \Big|_{-2}^{-\varepsilon} + x^{-\frac{4}{3}} \Big|_{\varepsilon}^{3} \right) = \frac{9\sqrt[3]{4} - 4\sqrt[3]{9}}{48}.$$

所以

$$(\text{CPV}) \int_{-2}^{3} x^{-\frac{7}{3}} \mathrm{d}x = \frac{9\sqrt[3]{4} - 4\sqrt[3]{9}}{48}.$$

例 3.5.11　(1) 设函数 $f(x), g(x)$ 在 $[a, +\infty)$ 上具有连续导数,且 $g(x)$ 在 $[a, +\infty)$ 上有界,$\lim_{x \to +\infty} f(x) = 0$. 证明:若 $\int_{a}^{+\infty} |f'(x)| \mathrm{d}x$ 收敛,则 $\int_{a}^{+\infty} f(x) g'(x) \mathrm{d}x$ 收敛;

(2) 讨论反常积分 $\int_{1}^{+\infty} \frac{\sin x}{x} \mathrm{d}x$ 和 $\int_{e}^{+\infty} \frac{\cos x}{\ln x} \mathrm{d}x$ 的收敛性.

证　对于任何给定的 $A > a$,由分部积分公式得

$$\int_{a}^{A} f(x) g'(x) \mathrm{d}x = f(A) g(A) - f(a) g(a) - \int_{a}^{A} f'(x) g(x) \mathrm{d}x.$$

由于 $g(x)$ 在 $[a, +\infty)$ 上有界,$\lim_{x \to +\infty} f(x) = 0$,因此 $\lim_{x \to +\infty} f(A) g(A) = 0$.

因为在 $[a, +\infty)$ 上有 $|f'(x) g(x)| \le M |f'(x)|$ (其中常数 $M > 0$ 是 $g(x)$ 在 $[a, +\infty)$ 上的一个界),而 $\int_{a}^{+\infty} |f'(x)| \mathrm{d}x$ 收敛,由比较判别法知,$\int_{a}^{+\infty} f'(x) g(x) \mathrm{d}x$ 收敛. 于是,极限

$$\lim_{A \to +\infty} \int_{a}^{A} f(x) g'(x) \mathrm{d}x = -f(a) g(a) - \int_{a}^{+\infty} f'(x) g(x) \mathrm{d}x$$

存在,即 $\int_{a}^{+\infty} f(x) g'(x) \mathrm{d}x$ 收敛.

(2) 记 $f(x) = \frac{1}{x}, g(x) = -\cos x$. 因为

$$\int_{1}^{+\infty} |f'(x)| \mathrm{d}x = \int_{1}^{+\infty} \frac{1}{x^2} \mathrm{d}x \text{ 收敛},$$

$$|g(x)| \le 1, \text{且} \lim_{x \to +\infty} f(x) = 0,$$

所以 $\int_{1}^{+\infty} \frac{\sin x}{x} \mathrm{d}x = \int_{1}^{+\infty} f(x) g'(x) \mathrm{d}x$ 收敛.

同理,由于

$$\int_{e}^{+\infty} \left| \left(\frac{1}{\ln x} \right)' \right| \mathrm{d}x = \int_{e}^{+\infty} \frac{1}{x \ln^2 x} \mathrm{d}x = 1,$$

$$\lim_{x \to +\infty} \frac{1}{\ln x} = 0, \text{且} |\sin x| \le 1,$$

所以 $\int_{e}^{+\infty} \frac{\cos x}{\ln x} \mathrm{d}x = \int_{e}^{+\infty} \frac{1}{\ln x} (\sin x)' \mathrm{d}x$ 收敛.

注 事实上有更广泛的结论:若下列两个条件之一满足,则 $\int_a^{+\infty} f(x)g(x)\mathrm{d}x$ 收敛:

(1) (**Abel 判别法**) $\int_a^{+\infty} f(x)\mathrm{d}x$ 收敛,函数 $g(x)$ 在 $[a, +\infty)$ 上单调有界;

(2) (**Dirichlet 判别法**) 函数 $F(A) = \int_a^A f(x)\mathrm{d}x$ 在 $[a, +\infty)$ 上有界,$g(x)$ 在 $[a, +\infty)$ 上单调且 $\lim\limits_{x\to+\infty} g(x) = 0$.

注意,这两个判别法对函数 f 和 g 在 $[a, +\infty)$ 上并没有作恒非负或恒非正的要求,它是判别一般函数的反常积分的收敛性的一种方法.

例如 $\int_1^{+\infty} \dfrac{\sin x}{x}\mathrm{d}x$,由于 A 的函数 $\int_1^A \sin x\mathrm{d}x$ 显然有界,$\dfrac{1}{x}$ 在 $[1, +\infty)$ 上单调减少且 $\lim\limits_{x\to+\infty} \dfrac{1}{x} = 0$,因此由 Dirichlet 判别法知,$\int_1^{+\infty} \dfrac{\sin x}{x}\mathrm{d}x$ 收敛.

再例如 $\int_1^{+\infty} \dfrac{\sin x\arctan x}{x}\mathrm{d}x$,由于 $\int_1^{+\infty} \dfrac{\sin x}{x}\mathrm{d}x$ 收敛,$\arctan x$ 在 $[1, +\infty)$ 上单调增加且有界,因此由 Abel 判别法知,$\int_1^{+\infty} \dfrac{\sin x\arctan x}{x}\mathrm{d}x$ 收敛.

例 3.5.12 计算下列反常积分:

(1) $\displaystyle\int_0^{+\infty} \dfrac{\ln x}{1 + x^2}\mathrm{d}x$;　　　　(2) $\displaystyle\int_0^{+\infty} \dfrac{\ln x}{a^2 + x^2}\mathrm{d}x$　$(a > 0)$;

(3) $\displaystyle\int_0^{\frac{\pi}{2}} \ln\tan x\mathrm{d}x$.

解 (1) 将原积分表为

$$\int_0^{+\infty} \frac{\ln x}{1 + x^2}\mathrm{d}x = \int_0^1 \frac{\ln x}{1 + x^2}\mathrm{d}x + \int_1^{+\infty} \frac{\ln x}{1 + x^2}\mathrm{d}x.$$

对第一个积分作变量代换 $x = \dfrac{1}{t}$,得

$$\int_0^1 \frac{\ln x}{1 + x^2}\mathrm{d}x = \int_{+\infty}^1 \frac{\ln\frac{1}{t}}{1 + \left(\frac{1}{t}\right)^2}\left(-\frac{1}{t^2}\right)\mathrm{d}t = -\int_1^{+\infty} \frac{\ln t}{1 + t^2}\mathrm{d}t,$$

于是

$$\int_0^{+\infty} \frac{\ln x}{1 + x^2}\mathrm{d}x = 0.$$

(2) **解法一** 作变量代换 $x = at$,并利用(1)的结论得

$$\int_0^{+\infty} \frac{\ln x}{a^2 + x^2}\mathrm{d}x = \frac{1}{a}\int_0^{+\infty} \frac{\ln t + \ln a}{1 + t^2}\mathrm{d}t$$

$$= \frac{1}{a}\left(\int_0^{+\infty} \frac{\ln t}{1+t^2}\mathrm{d}t + \ln a \int_0^{+\infty} \frac{1}{1+t^2}\mathrm{d}t\right) = \frac{\ln a}{a}\int_0^{+\infty} \frac{1}{1+t^2}\mathrm{d}t = \frac{\pi\ln a}{2a}.$$

解法二 作变量代换 $x = \dfrac{1}{t}$, 得

$$\int_0^{+\infty} \frac{\ln x}{a^2 + x^2}\mathrm{d}x = -\int_0^{+\infty} \frac{\ln t}{1 + a^2 t^2}\mathrm{d}t.$$

再对后一积分作变量代换 $u = a^2 t$, 得

$$\int_0^{+\infty} \frac{\ln x}{a^2 + x^2}\mathrm{d}x = -\int_0^{+\infty} \frac{\ln t}{1 + a^2 t^2}\mathrm{d}t = -\int_0^{+\infty} \frac{\ln u - 2\ln a}{a^2 + u^2}\mathrm{d}u$$

$$= -\int_0^{+\infty} \frac{\ln u}{a^2 + u^2}\mathrm{d}u + 2\ln a \int_0^{+\infty} \frac{1}{a^2 + u^2}\mathrm{d}u = -\int_0^{+\infty} \frac{\ln u}{a^2 + u^2}\mathrm{d}u + \frac{\pi\ln a}{a}.$$

因此

$$\int_0^{+\infty} \frac{\ln x}{a^2 + x^2}\mathrm{d}x = \frac{\pi\ln a}{2a}.$$

(3) 作变量代换 $x = \dfrac{\pi}{2} - t$, 得

$$\int_0^{\frac{\pi}{2}} \ln\tan x \,\mathrm{d}x = -\int_{\frac{\pi}{2}}^0 \ln\tan\left(\frac{\pi}{2} - t\right)\mathrm{d}t = \int_0^{\frac{\pi}{2}} \ln\cot t \,\mathrm{d}t = -\int_0^{\frac{\pi}{2}} \ln\tan t \,\mathrm{d}t,$$

于是

$$\int_0^{\frac{\pi}{2}} \ln\tan x \,\mathrm{d}x = 0.$$

注 事实上, 对(1)中的积分 $\displaystyle\int_0^{+\infty} \frac{\ln x}{1+x^2}\mathrm{d}x$ 作变量代换 $x = \tan t$, 便有

$$\int_0^{+\infty} \frac{\ln x}{1+x^2}\mathrm{d}x = \int_0^{\frac{\pi}{2}} \ln\tan t \,\mathrm{d}t.$$

例 3.5.13 设 D 是位于曲线 $\sqrt{x}\,a^{-\frac{x}{2a}}\ (x \geqslant 0)$ 下方, x 轴上方的平面图形, 其中 $a > 1$.

(1) 求 D 的面积;

(2) 求 D 绕 x 轴旋转一周所成旋转体的体积 $V(a)$;

(3) 问: 当 a 为何值时, $V(a)$ 最小? 最小值是多少?

解 (1) D 的面积为

$$\int_0^{+\infty} \sqrt{x}\,a^{-\frac{x}{2a}}\mathrm{d}x = \int_0^{+\infty} \sqrt{x}\,\mathrm{e}^{-\frac{\ln a}{2a}x}\mathrm{d}x = \left(\frac{2a}{\ln a}\right)^{\frac{3}{2}}\int_0^{+\infty} \sqrt{u}\,\mathrm{e}^{-u}\mathrm{d}u$$

$$= \left(\frac{2a}{\ln a}\right)^{\frac{3}{2}}\Gamma\left(\frac{3}{2}\right) = \frac{1}{2}\left(\frac{2a}{\ln a}\right)^{\frac{3}{2}}\Gamma\left(\frac{1}{2}\right) = \frac{\sqrt{\pi}}{2}\left(\frac{2a}{\ln a}\right)^{\frac{3}{2}}.$$

（2）D 绕 x 轴旋转一周所成旋转体的体积为

$$V(a) = \pi \int_0^{+\infty} (\sqrt{x} a^{-\frac{x}{2a}})^2 \mathrm{d}x = \pi \int_0^{+\infty} x a^{-\frac{x}{a}} \mathrm{d}x = -\frac{a}{\ln a} \pi \int_0^{+\infty} x \mathrm{d}a^{-\frac{x}{a}}$$

$$= -\frac{a}{\ln a} \pi \Big[(x a^{-\frac{x}{a}}) \Big|_0^{+\infty} - \int_0^{+\infty} a^{-\frac{x}{a}} \mathrm{d}x \Big] = \frac{a^2 \pi}{\ln^2 a}.$$

（3）令

$$V'(a) = \pi \frac{2a\ln^2 a - 2a\ln a}{\ln^4 a} = 0,$$

得 $V(a)$ 在 $(1, +\infty)$ 上的驻点 $a = \mathrm{e}$. 显然,当 $1 < a < \mathrm{e}$ 时,$V'(a) < 0$;当 $a > \mathrm{e}$ 时,$V'(a) > 0$,所以 $a = \mathrm{e}$ 是极小值点. 它又是 $V(a)$ 在 $(1, +\infty)$ 上的唯一极值点,因此是最小值点. 这就是说,当 $a = \mathrm{e}$ 时 $V(a)$ 最小,且最小值为 $V(\mathrm{e}) = \pi \mathrm{e}^2$.

例 3.5.14 设函数 f 在 $(-\infty, +\infty)$ 上有界,且具有连续导数. 若存在常数 a,使得

$$|f(x) + f'(x)| \leqslant a, \quad x \in (-\infty, +\infty),$$

证明:$|f(x)| \leqslant a, \quad x \in (-\infty, +\infty)$.

证 考虑 $F(x) = f(x)\mathrm{e}^x (x \in (-\infty, +\infty))$,则 $F'(x) = [f(x) + f'(x)]\mathrm{e}^x$. 由假设知 $|F'(x)| \leqslant a\mathrm{e}^x$,即

$$-a\mathrm{e}^x \leqslant F'(x) \leqslant a\mathrm{e}^x, \quad x \in (-\infty, +\infty).$$

对上式取积分,得

$$-a\int_{-\infty}^x \mathrm{e}^t \mathrm{d}t \leqslant \int_{-\infty}^x F'(t)\mathrm{d}t \leqslant a\int_{-\infty}^x \mathrm{e}^t \mathrm{d}t, \quad x \in (-\infty, +\infty).$$

由于 f 在 $(-\infty, +\infty)$ 上有界,因此 $\lim\limits_{x \to -\infty} F(x) = \lim\limits_{x \to -\infty} \mathrm{e}^x f(x) = 0$. 于是从上式得

$$-a\mathrm{e}^x \leqslant F(x) \leqslant a\mathrm{e}^x, \quad x \in (-\infty, +\infty).$$

即

$$|f(x)| \leqslant a, \quad x \in (-\infty, +\infty).$$

例 3.5.15 设函数 f 在 $[a, b]$ 上具有二阶连续导数,且 $f(a) = f(b) = 0$,$f(x) \neq 0, x \in (a, b)$. 证明:当下式的积分收敛时,有

$$\int_a^b \left| \frac{f''(x)}{f(x)} \right| \mathrm{d}x \geqslant \frac{4}{b - a}.$$

证法一 因为 $|f(x)|$ 在 $[a, b]$ 上连续,所以存在 $x_0 \in [a, b]$,使得

$$|f(x_0)| = \max_{x \in [a,b]} \{|f(x)|\}.$$

由于 $f(a) = f(b) = 0, f(x) \neq 0 (x \in (a, b))$,因此 $x_0 \in (a, b)$,且 $f(x_0) \neq 0$. 由 Lagrange 中值定理得

$$f(x_0) = f(x_0) - f(a) = f'(\xi)(x_0 - a), \quad \xi \in (a, x_0),$$
$$-f(x_0) = f(b) - f(x_0) = f'(\eta)(b - x_0), \quad \eta \in (x_0, b).$$

于是

$$\int_a^b \left| \frac{f''(x)}{f(x)} \right| \mathrm{d}x \geqslant \int_a^b \left| \frac{f''(x)}{f(x_0)} \right| \mathrm{d}x = \frac{1}{\mid f(x_0) \mid} \int_a^b \mid f''(x) \mid \mathrm{d}x$$

$$\geqslant \frac{1}{\mid f(x_0) \mid} \int_\xi^\eta \mid f''(x) \mid \mathrm{d}x \geqslant \frac{1}{\mid f(x_0) \mid} \left| \int_\xi^\eta f''(x) \mathrm{d}x \right|$$

$$= \frac{1}{\mid f(x_0) \mid} \mid f'(\eta) - f'(\xi) \mid = \frac{1}{\mid f(x_0) \mid} \left| -\frac{f(x_0)}{b - x_0} - \frac{f(x_0)}{x_0 - a} \right|$$

$$= \frac{b - a}{(b - x_0)(x_0 - a)} \geqslant \frac{4}{b - a}.$$

这里利用了几何平均值不小于调和平均值的结论,在此时就是

$$\sqrt{\frac{1}{(b - x_0)(x_0 - a)}} \geqslant \frac{2}{b - x_0 + x_0 - a} = \frac{2}{b - a}.$$

证法二 记 $c = \int_a^b \mid f''(x) \mid \mathrm{d}x.$ 显然 $\mid f(x) \mid$ 的最大值在 (a, b) 内取到,记 $x_0 \in (a, b)$,使得 $\mid f(x_0) \mid = \max\limits_{a \leqslant x \leqslant b} \mid f(x) \mid$,则 $f'(x_0) = 0.$ 不妨设 $f(x_0) \geqslant 0$,于是对于 $u, v \in [a, b] (u \geqslant v)$,有

$$\int_v^u \mid f''(x) \mid \mathrm{d}x \geqslant \left| \int_v^u f''(x) \mathrm{d}x \right| \geqslant f'(v) - f'(u),$$

所以

$$f'(v) - f'(u) \leqslant \int_a^b \mid f''(x) \mid \mathrm{d}x = c.$$

两边关于 v 在 $[a, x_0]$ 上积分,得

$$f(x_0) - (x_0 - a)f'(u) \leqslant c(x_0 - a).$$

继续关于 u 在 $[x_0, b]$ 上积分,得

$$(b - x_0)f(x_0) - (x_0 - a)(0 - f(x_0)) \leqslant c(x_0 - a)(b - x_0),$$

即

$$f(x_0) \leqslant \frac{c(x_0 - a)(b - x_0)}{b - a} \leqslant \frac{b - a}{4}c,$$

所以

$$\int_a^b \left| \frac{f''(x)}{f(x)} \right| \mathrm{d}x \geqslant \frac{1}{f(x_0)} \int_a^b \mid f''(x) \mid \mathrm{d}x \geqslant \frac{4}{b - a}.$$

例 3.5.16 证明不存在 $[0, +\infty)$ 上满足方程

$$\frac{\mathrm{d}y}{\mathrm{d}x} = 1 + x^2 + y^2$$

的可导函数.

证 用反证法. 假设存在 $[0, +\infty)$ 上满足所给方程的可导函数 $y = y(x)$,则

$\dfrac{\mathrm{d}y}{\mathrm{d}x} = 1 + x^2 + y^2 > 0$，因此 $y(x)$ 在 $[0, +\infty)$ 上严格单调增加. 又因为

$$y(x) = y(0) + \int_0^x y'(t)\mathrm{d}t = y(0) + \int_0^x (1 + t^2 + y^2)\mathrm{d}t > y(0) + \int_0^x \mathrm{d}t = y(0) + x,$$

所以 $\lim\limits_{x \to +\infty} y(x) = +\infty$.

记 $y_0 = y(0)$，则存在 $y = y(x)(x \in [0, +\infty))$ 的反函数 $x = x(y)(y \in [y_0, +\infty))$，它严格单调增加，且

$$\lim\limits_{y \to +\infty} x(y) = +\infty.$$

由于

$$x'(y) = \frac{1}{y'(x)} = \frac{1}{1 + x^2 + y^2},$$

因此

$$x(y) = x(y_0) + \int_{y_0}^y x'(t)\mathrm{d}t = x(y(0)) + \int_{y_0}^y \frac{1}{1 + x^2 + t^2}\mathrm{d}t$$

$$= \int_{y_0}^y \frac{1}{1 + x^2 + t^2}\mathrm{d}t \leqslant \int_{y_0}^y \frac{1}{1 + t^2}\mathrm{d}t < \int_{y_0}^{+\infty} \frac{1}{1 + t^2}\mathrm{d}t = \frac{\pi}{2} - \arctan y_0.$$

于是

$$\lim\limits_{y \to +\infty} x(y) < +\infty.$$

这与刚才得出的 $\lim\limits_{y \to +\infty} x(y) = +\infty$ 相矛盾. 因此不存在 $[0, +\infty)$ 上满足所给方程的可导函数.

例 3.5.17 计算反常积分 $I = \displaystyle\int_{-\infty}^{+\infty} |x - a|^{\frac{1}{2}} \dfrac{b}{(x - a)^2 + b^2}\mathrm{d}x(b > 0)$.

解 作变换 $x - a = u$ 得

$$I = \int_{-\infty}^{+\infty} |u|^{\frac{1}{2}} \frac{b}{u^2 + b^2}\mathrm{d}u = 2\int_0^{+\infty} u^{\frac{1}{2}} \frac{b}{u^2 + b^2}\mathrm{d}u.$$

再作变换 $\dfrac{u^{\frac{1}{2}}}{\sqrt{b}} = v$ 得

$$I = 4\sqrt{b}\int_0^{+\infty} \frac{v^2}{1 + v^4}\mathrm{d}v.$$

作变换 $v = \dfrac{1}{w}$ 可知

$$\int_0^{+\infty} \frac{v^2}{1 + v^4}\mathrm{d}v = \int_0^{+\infty} \frac{1}{1 + w^4}\mathrm{d}w,$$

因此

$$\int_0^{+\infty} \frac{v^2}{1+v^4} dv = \frac{1}{2}\int_0^{+\infty} \frac{1+v^2}{1+v^4} dv = \frac{1}{2}\int_0^{+\infty} \frac{1+\dfrac{1}{v^2}}{v^2+\dfrac{1}{v^2}} dv$$

$$= \frac{1}{2}\int_0^{+\infty} \frac{d\left(v-\dfrac{1}{v}\right)}{\left(v-\dfrac{1}{v}\right)^2+2} = \frac{1}{2\sqrt{2}}\arctan\frac{1}{\sqrt{2}}\left(v-\frac{1}{v}\right)\Bigg|_0^{+\infty} = \frac{\pi}{2\sqrt{2}}.$$

于是

$$I = \sqrt{2b}\pi.$$

例 3.5.18 设 $p \in \mathbf{R}$.

(1) 讨论反常积分 $\displaystyle\int_1^{+\infty} \frac{\ln x}{x^p} dx$ 的敛散性;

(2) 讨论反常积分 $\displaystyle\int_0^{+\infty} (\ln x)\sin(x^p) dx$ 的敛散性.

解 (1) 当 $p \leqslant 1$ 时,因为

$$\frac{\ln x}{x^p} \geqslant \frac{1}{x^p}, \quad x \geqslant e,$$

而反常积分 $\displaystyle\int_1^{+\infty} \frac{1}{x^p} dx$ 发散,所以 $\displaystyle\int_1^{+\infty} \frac{\ln x}{x^p} dx$ 发散.

当 $p > 1$ 时,取 q 满足 $1 < q < p$,因为

$$\lim_{x\to+\infty} x^q \frac{\ln x}{x^p} = \lim_{x\to+\infty} \frac{\ln x}{x^{p-q}} = 0,$$

所以反常积分 $\displaystyle\int_1^{+\infty} \frac{\ln x}{x^p} dx$ 收敛.

综上所述,反常积分 $\displaystyle\int_1^{+\infty} \frac{\ln x}{x^p} dx$ 当 $p > 1$ 时收敛,当 $p \leqslant 1$ 时发散.

(2) 由于 $x = 0$ 可能为奇点,将所讨论的反常积分写成

$$\int_0^{+\infty} (\ln x)\sin(x^p) dx = \int_0^1 (\ln x)\sin(x^p) dx + \int_1^{+\infty} (\ln x)\sin(x^p) dx.$$

因为 $|(\ln x)\sin(x^p)| \leqslant |\ln x|\ (0 < x \leqslant 1)$,而易知 $\displaystyle\int_0^1 |\ln x|\ dx$ 收敛,所以对于

任何 $p \in \mathbf{R}$,积分 $\displaystyle\int_0^1 (\ln x)\sin(x^p) dx$ 绝对收敛.

现在考虑反常积分 $\displaystyle\int_1^{+\infty} (\ln x)\sin(x^p) dx$ 的敛散性.

显然当 $p = 0$ 时,$\displaystyle\int_1^{+\infty} (\ln x)\sin(x^0) dx$ 发散.

当 $p < 0$ 时,因为 $(\ln x)\sin(x^p) \sim \dfrac{\ln x}{x^{-p}}\,(x \to +\infty)$,所以 $\displaystyle\int_1^{+\infty}(\ln x)\sin(x^p)\,\mathrm{d}x$ 与 $\displaystyle\int_1^{+\infty}\dfrac{\ln x}{x^{-p}}\,\mathrm{d}x$ 同时收敛或同时发散. 由 (1) 可知,当 $p < -1$ 时 $\displaystyle\int_1^{+\infty}(\ln x)\sin(x^p)\,\mathrm{d}x$ 收敛,当 $-1 \leqslant p < 0$ 时 $\displaystyle\int_1^{+\infty}(\ln x)\sin(x^p)\,\mathrm{d}x$ 发散.

当 $p > 0$ 时,因为变量代换不影响积分的敛散性,利用变量代换 $x = t^{\frac{1}{p}}$ 将所考虑的积分化为

$$\int_1^{+\infty}(\ln x)\sin(x^p)\,\mathrm{d}x = \frac{1}{p^2}\int_1^{+\infty}t^{\frac{1}{p}-1}(\ln t)\sin t\,\mathrm{d}t.$$

当 $0 < p \leqslant 1$ 时,若 $\displaystyle\int_1^{+\infty}t^{\frac{1}{p}-1}(\ln t)\sin t\,\mathrm{d}t$ 收敛,则 $\displaystyle\lim_{A \to +\infty}\int_A^{+\infty}t^{\frac{1}{p}-1}(\ln t)\sin t\,\mathrm{d}t = 0$,因此数列的极限

$$\lim_{n \to +\infty}\int_{2n\pi}^{2n\pi+\pi}t^{\frac{1}{p}-1}(\ln t)\sin t\,\mathrm{d}t$$

$$= \lim_{n \to +\infty}\left(\int_{2n\pi}^{+\infty}t^{\frac{1}{p}-1}(\ln t)\sin t\,\mathrm{d}t - \int_{2n\pi+\pi}^{+\infty}t^{\frac{1}{p}-1}(\ln t)\sin t\,\mathrm{d}t\right) = 0,$$

但

$$\int_{2n\pi}^{2n\pi+\pi}t^{\frac{1}{p}-1}(\ln t)\sin t\,\mathrm{d}t \geqslant \int_{2n\pi}^{2n\pi+\pi}\sin t\,\mathrm{d}t = 2,$$

这是一个矛盾. 因此当 $0 < p \leqslant 1$ 时,反常积分 $\displaystyle\int_1^{+\infty}t^{\frac{1}{p}-1}(\ln t)\sin t\,\mathrm{d}t$ 发散,于是反常积分 $\displaystyle\int_1^{+\infty}(\ln x)\sin(x^p)\,\mathrm{d}x$ 发散.

当 $p > 1$ 时,因为当 $t \geqslant \mathrm{e}^{\frac{p}{p-1}}$ 时,函数 $t^{\frac{1}{p}-1}\ln t$ 单调减少趋于零,且函数 $F(A) = \displaystyle\int_1^A \sin t\,\mathrm{d}t = \cos 1 - \cos A$ 在 $[1, +\infty)$ 上有界,由 Dirichlet 判别法可知,反常积分 $\displaystyle\int_1^{+\infty}t^{\frac{1}{p}-1}(\ln t)\sin t\,\mathrm{d}t$ 收敛,于是反常积分 $\displaystyle\int_1^{+\infty}(\ln x)\sin(x^p)\,\mathrm{d}x$ 收敛.

综上所述,反常积分 $\displaystyle\int_0^{+\infty}(\ln x)\sin(x^p)\,\mathrm{d}x$ 当 $|p| > 1$ 时收敛,当 $|p| \leqslant 1$ 时发散.

例 3.5.19 求下列极限:

(1) $\displaystyle\lim_{n \to \infty}\frac{n}{\sqrt[n]{n!}}$;   (2) $\displaystyle\lim_{n \to \infty}\left(1 + \frac{1}{n}\right)^{n^2}\frac{n!}{n^n\sqrt{n}}$.

解 (1) 由 Stirling 公式知 $n! \sim \sqrt{2\pi n}\left(\dfrac{n}{\mathrm{e}}\right)^n\,(n \to \infty)$,所以

$$\lim_{n\to\infty}\frac{\sqrt[n]{n!}}{\sqrt[n]{\sqrt{2\pi}n^{n+\frac{1}{2}}e^{-n}}}=\lim_{n\to\infty}\sqrt[n]{\frac{n!}{\sqrt{2\pi}n^{n+\frac{1}{2}}e^{-n}}}=1.$$

于是利用等价无穷大量代换的方法得

$$\lim_{n\to\infty}\frac{n}{\sqrt[n]{n!}}=\lim_{n\to\infty}\frac{n}{\sqrt[n]{\sqrt{2\pi}n^{n+\frac{1}{2}}e^{-n}}}=e.$$

（2）因为 $n!\sim\sqrt{2\pi n}\left(\dfrac{n}{e}\right)^n(n\to\infty)$，所以

$$\lim_{n\to\infty}\left(1+\frac{1}{n}\right)^{n^2}\frac{n!}{n^n\sqrt{n}}=\sqrt{2\pi}\lim_{n\to\infty}\left[\left(1+\frac{1}{n}\right)^n e^{-1}\right]^n=\sqrt{2\pi}\lim_{n\to\infty}e^{\left[n\ln\left(1+\frac{1}{n}\right)-1\right]}.$$

因为

$$\lim_{n\to\infty}n\left[n\ln\left(1+\frac{1}{n}\right)-1\right]=\lim_{n\to\infty}n\left[n\left(\frac{1}{n}-\frac{1}{2n^2}+o\left(\frac{1}{n^2}\right)\right)-1\right]$$

$$=\lim_{n\to\infty}\left(-\frac{1}{2}+o(1)\right)=-\frac{1}{2},$$

所以

$$\lim_{n\to\infty}\left(1+\frac{1}{n}\right)^{n^2}\frac{n!}{n^n\sqrt{n}}=\sqrt{\frac{2\pi}{e}}.$$

习　题

1. 计算下列无穷限的反常积分：

（1）$\displaystyle\int_2^{+\infty}\frac{1}{(x-1)(x+2)}dx$；

（2）$\displaystyle\int_0^{+\infty}\frac{x-1}{(x^2+1)(x+1)}dx$；

（3）$\displaystyle\int_0^{+\infty}\frac{x}{(1+x^2)^{\frac{3}{2}}}dx$；

（4）$\displaystyle\int_1^{+\infty}\frac{\arctan x}{1+x^2}dx$；

（5）$\displaystyle\int_2^{+\infty}\frac{\arcsin\frac{1}{x}}{x\sqrt{x^2-1}}dx$；

（6）$\displaystyle\int_0^{+\infty}\frac{1}{(1+x^2)^{\frac{3}{2}}}dx$；

（7）$\displaystyle\int_1^{+\infty}\frac{1}{x\sqrt{1+2x^2+2x^4}}dx$；

（8）$\displaystyle\int_0^{+\infty}\frac{\arctan x}{(1+x^2)^{\frac{3}{2}}}dx$；

（9）$\displaystyle\int_{-\infty}^{+\infty}\frac{x^3\ln|x|}{1+x^6}dx$；

（10）$\displaystyle\int_0^{+\infty}\frac{xe^{-x}}{(1+e^{-x})^2}dx$.

2. 判别下列无穷限反常积分的收敛性：

（1）$\displaystyle\int_1^{+\infty}\frac{\arctan(\sin x)}{x^2+1}dx$；

（2）$\displaystyle\int_1^{+\infty}\frac{1}{\sqrt{x^2+x}}dx$；

（3）$\displaystyle\int_1^{+\infty}\frac{1}{x+e^x}dx$；

（4）$\displaystyle\int_1^{+\infty}\frac{\ln x}{\sqrt{x^3+1}}dx$；

(5) $\int_1^{+\infty} \arctan \dfrac{1}{x^2} dx$;

(6) $\int_1^{+\infty} \dfrac{\sqrt{x^2+1}-x}{\ln(x+1)-\ln x} dx$.

3. 计算下列反常积分：

(1) $\int_0^1 \dfrac{x}{\sqrt{1-x}} dx$;

(2) $\int_0^1 \dfrac{x+1}{\sqrt{x(1-x)}} dx$;

(3) $\int_0^1 (x+1)\ln x dx$;

(4) $\int_{-1}^1 x\sqrt{\dfrac{1-x}{1+x}} dx$.

4. 判别下列反常积分的收敛性：

(1) $\int_0^{+\infty} \dfrac{\arctan x}{\sqrt{1+x^4}} dx$;

(2) $\int_1^2 \dfrac{\sin x}{\ln x} dx$;

(3) $\int_0^{+\infty} \dfrac{\sin x}{x\sqrt{x+1}} dx$;

(4) $\int_0^{+\infty} \dfrac{\cos x}{x^2} dx$.

5. 计算下列 Cauchy 主值积分：

(1) $(\text{CPV})\int_{-2}^1 \dfrac{1}{x^{\frac{5}{3}}} dx$;

(2) $(\text{CPV})\int_{-\infty}^{+\infty} \dfrac{x}{x^2+2} dx$.

6. 把下列积分表示为 Γ 函数：

(1) $\int_0^{+\infty} x e^{-x^3} dx$;

(2) $\int_0^{+\infty} \dfrac{x^2}{2^x} dx$.

7. 利用 Γ 函数计算下列积分：

(1) $\int_0^{+\infty} x^{\frac{1}{2}} e^{-3x} dx$;

(2) $\int_0^{+\infty} x^5 e^{-x^3} dx$.

8. 利用 B 函数计算下列积分：

(1) $\int_0^{\frac{\pi}{2}} \cos^6 x \sin^8 x dx$;

(2) $\int_0^{\frac{\pi}{2}} \cos^{\frac{3}{2}} x \sin^{\frac{5}{2}} x dx$;

(3) $\int_0^{+\infty} \dfrac{\sqrt[4]{x}}{(1+x)^2} dx$;

(4) $\int_0^1 \dfrac{dx}{\sqrt[n]{1-x^n}}$ （n 为正整数）.

9. 计算 $\int_0^{+\infty} \dfrac{1}{(1+x^2)(1+x^a)} dx$（$a$ 是正常数）.

10. 求常数 a,b 的值，使得 $\int_1^{+\infty} \left[\dfrac{2x^2+bx+a}{x(2x+a)} - 1 \right] dx = 1$.

11. 设函数 f 满足 $f(1)=1$，且当 $x \geqslant 1$ 时

$$f'(x) = \dfrac{1}{x^2+f^2(x)} .$$

证明：极限 $\lim\limits_{x\to+\infty} f(x)$ 存在，且极限值小于 $1+\dfrac{\pi}{4}$.

12. 证明：反常积分 $\int_1^{+\infty} \sin x^2 dx$ 收敛.

13. 证明：当 $a,b>0$ 时，只要下式两边的反常积分有意义，就有

$$\int_0^{+\infty} f\left(ax+\dfrac{b}{x}\right) dx = \dfrac{1}{a}\int_0^{+\infty} f\left(\sqrt{x^2+4ab}\right) dx.$$

14. 设 f 是 $[a, +\infty)$ 上非负的单调减少函数. 证明:若 $\int_a^{+\infty} f(x)\,\mathrm{d}x$ 收敛,则 $\lim\limits_{x \to +\infty} x f(x) = 0$.

15. 计算 $\int_0^\pi \left(\dfrac{\sin\theta}{1 + \cos\theta}\right)^{\alpha-1} \dfrac{\mathrm{d}\theta}{1 + k\cos\theta}$,其中 $0 < k < 1, 0 < \alpha < 2$ 为常数.

16. 利用 B 函数的性质以及 Stirling 公式求极限 $\lim\limits_{n \to \infty} \sqrt{n} \int_0^1 (1 - x^2)^n\,\mathrm{d}x$.

第四章

空间解析几何

§4.1 向量的内积、外积与混合积

一、空间直角坐标系

在空间取定一点 O,过点 O 作 3 条相互垂直的数轴,它们都以 O 为原点,且都取相同的长度单位. 这 3 条数轴通常分别称为 x 轴、y 轴和 z 轴,统称**坐标轴**. 它们的正方向符合右手定则,即以右手握住 z 轴,当右手的 4 个手指从 x 轴正向以 $\dfrac{\pi}{2}$ 角度转向 y 轴正向时,拇指的指向就是 z 轴的正向. 这样的 3 条坐标轴就组成了一个空间直角坐标系. 点 O 称为**坐标原点**,简称**原点**. 习惯上,把 x 轴和 y 轴配置在水平面上,而 z 轴则铅垂向上,当然它们要符合右手定则.

空间上的点 M 与 $\mathbf{R}^3$ 中的元素 (x,y,z) 有一一对应关系. 称 (x,y,z) 为 M 的**坐标**. 显然,原点 O 的坐标为 $(0,0,0)$.

设 $M_1(x_1,y_1,z_1)$,$M_2(x_2,y_2,z_2)$ 为空间上两点. M_1 与 M_2 的**距离**为
$$d = \sqrt{(x_2 - x_1)^2 + (y_2 - y_1)^2 + (z_2 - z_1)^2}.$$
显然,点 $M(x,y,z)$ 与原点 $O(0,0,0)$ 的距离为 $\sqrt{x^2 + y^2 + z^2}$.

二、向量

既有大小又有方向的量称为**向量**. 从几何上看,向量就是空间上的有向线段,即规定了一端为起点,另一端为终点,并确定由起点指向终点为方向的线段.

空间上的任意向量 $\boldsymbol{x}$,可以与 $\mathbf{R}^3$ 中的元素一一对应,且可以表为 $\boldsymbol{x} = (x,y,z)$ 或 $\boldsymbol{x} = x\boldsymbol{i} + y\boldsymbol{j} + z\boldsymbol{k}$,其中 x,y,z 称为向量 $\boldsymbol{x}$ 的**坐标**. 空间中起点为 $M_1(x_1,y_1,z_1)$,终点为 $M_2(x_2,y_2,z_2)$ 的向量为 $\overrightarrow{M_1M_2} = (x_2 - x_1, y_2 - y_1, z_2 - z_1)$.

三、向量的内积、外积与混合积

与平面向量一样,对于空间向量可以定义加法、减法和与数的乘法,空间向量

的加法也满足平行四边形法则.

定义 4.1.1 设向量 $\boldsymbol{x} = (x_1, x_2, x_3), \boldsymbol{y} = (y_1, y_2, y_3)$, 定义

$$\boldsymbol{x} \cdot \boldsymbol{y} = x_1 y_1 + x_2 y_2 + x_3 y_3,$$

它称为 $\boldsymbol{x}$ 和 $\boldsymbol{y}$ 的**内积**(或**数量积**、**点积**).

1. 内积具有的性质

(1) 对于任意向量 $\boldsymbol{x}, \boldsymbol{y}$, 成立

$$\boldsymbol{x} \cdot \boldsymbol{y} = \boldsymbol{y} \cdot \boldsymbol{x}.$$

(2) 对于任意向量 $\boldsymbol{x}, \boldsymbol{y}, \boldsymbol{z}$ 和 $\lambda, \mu \in \mathbf{R}$, 成立

$$(\lambda \boldsymbol{x} + \mu \boldsymbol{y}) \cdot \boldsymbol{z} = \lambda(\boldsymbol{x} \cdot \boldsymbol{z}) + \mu(\boldsymbol{y} \cdot \boldsymbol{z}),$$
$$\boldsymbol{z} \cdot (\lambda \boldsymbol{x} + \mu \boldsymbol{y}) = \lambda(\boldsymbol{z} \cdot \boldsymbol{x}) + \mu(\boldsymbol{z} \cdot \boldsymbol{y}).$$

(3) 对于任意向量 $\boldsymbol{x}, \boldsymbol{y}$, 成立

$$\boldsymbol{x} \cdot \boldsymbol{y} = \|\boldsymbol{x}\| \|\boldsymbol{y}\| \cos\theta,$$

其中 θ 为 $\boldsymbol{x}$ 与 $\boldsymbol{y}$ 的夹角. 称 $\|\boldsymbol{y}\| \cos\theta$ 为 $\boldsymbol{y}$ 在 $\boldsymbol{x}$ 方向上的**投影**.

若 $\boldsymbol{x} = (x_1, x_2, x_3) \neq \boldsymbol{0}$, 称

$$\cos\alpha = \frac{x_1}{\|\boldsymbol{x}\|}, \ \cos\beta = \frac{x_2}{\|\boldsymbol{x}\|}, \ \cos\gamma = \frac{x_3}{\|\boldsymbol{x}\|}$$

为向量 $\boldsymbol{x}$ 的**方向余弦**. 其中 α, β, γ 就是 $\boldsymbol{x}$ 与 x 轴, y 轴和 z 轴正向的夹角. 显然

$$\cos^2\alpha + \cos^2\beta + \cos^2\gamma = 1.$$

定义 4.1.2 设 $\boldsymbol{x} = (x_1, x_2, x_3), \boldsymbol{y} = (y_1, y_2, y_3)$, 定义

$$\boldsymbol{x} \times \boldsymbol{y} = (x_2 y_3 - x_3 y_2, x_3 y_1 - x_1 y_3, x_1 y_2 - x_2 y_1)$$
$$= (x_2 y_3 - x_3 y_2)\boldsymbol{i} + (x_3 y_1 - x_1 y_3)\boldsymbol{j} + (x_1 y_2 - x_2 y_1)\boldsymbol{k},$$

它称为 $\boldsymbol{x}$ 和 $\boldsymbol{y}$ 的**外积**(或**向量积**、**叉积**).

$\boldsymbol{x}$ 和 $\boldsymbol{y}$ 的外积可以用行列式形式表示为

$$\boldsymbol{x} \times \boldsymbol{y} = \begin{vmatrix} \boldsymbol{i} & \boldsymbol{j} & \boldsymbol{k} \\ x_1 & x_2 & x_3 \\ y_1 & y_2 & y_3 \end{vmatrix}.$$

2. 外积具有的性质

(1) 对于任意向量 $\boldsymbol{x}, \boldsymbol{y}$, 成立

$$\boldsymbol{x} \times \boldsymbol{y} = -\boldsymbol{y} \times \boldsymbol{x}.$$

(2) 对于任意向量 $\boldsymbol{x}, \boldsymbol{y}, \boldsymbol{z}$ 和 $\lambda, \mu \in \mathbf{R}$, 成立

$$(\lambda \boldsymbol{x} + \mu \boldsymbol{y}) \times \boldsymbol{z} = \lambda(\boldsymbol{x} \times \boldsymbol{z}) + \mu(\boldsymbol{y} \times \boldsymbol{z}),$$
$$\boldsymbol{z} \times (\lambda \boldsymbol{x} + \mu \boldsymbol{y}) = \lambda(\boldsymbol{z} \times \boldsymbol{x}) + \mu(\boldsymbol{z} \times \boldsymbol{y}).$$

(3) 对于任意向量 $\boldsymbol{x}, \boldsymbol{y}$, 成立

$$\|\boldsymbol{x} \times \boldsymbol{y}\| = \|\boldsymbol{x}\| \|\boldsymbol{y}\| \sin\theta,$$

其中 $\theta(0 \leqslant \theta \leqslant \pi)$ 是 x 和 y 的夹角.

(4) 对于任意向量 $x, y, x \times y$ 与 x 垂直(即正交),也与 y 垂直.

易知,两个非零向量 x, y 平行的充分必要条件是

$$x \times y = 0.$$

外积的几何意义　$x \times y$ 是一个与 x 和 y 所确定的平面垂直的向量, $x, y, x \times y$ 构成一个右手系,即伸平右手,先用除拇指外的四指指向 x 方向,再顺势向 y 方向弯曲,则拇指所指的方向就是 $x \times y$ 的方向. $\| x \times y \|$ 就是以 x 和 y 为邻边的平行四边形的面积.

定义 4.1.3　对于任意向量 $x = (x_1, x_2, x_3), y = (y_1, y_2, y_3), z = (z_1, z_2, z_3)$, $x \times y$ 与 z 的内积,即

$$(x \times y) \cdot z = (x_2 y_3 - x_3 y_2) z_1 + (x_3 y_1 - x_1 y_3) z_2 + (x_1 y_2 - x_2 y_1) z_3,$$

称为依顺序 x, y, z 的**混合积**.

显然

$$(x \times y) \cdot z = \begin{vmatrix} z_1 & z_2 & z_3 \\ x_1 & x_2 & x_3 \\ y_1 & y_2 & y_3 \end{vmatrix} = \begin{vmatrix} x_1 & x_2 & x_3 \\ y_1 & y_2 & y_3 \\ z_1 & z_2 & z_3 \end{vmatrix}.$$

3. 混合积具有的性质

(1) 将 x, y, z 进行轮换,所得的混合积不变,即

$$(x \times y) \cdot z = (y \times z) \cdot x = (z \times x) \cdot y.$$

(2) 任意交换 x, y, z 中两个量的位置,所得的混合积相差一个符号. 例如,

$$(y \times x) \cdot z = -(x \times y) \cdot z.$$

混合积的几何意义　x, y, z 的混合积的绝对值是以向量 x, y, z 为邻边的平行六面体的体积.

4. 几个常用结论

(1) $\mathbf{R}^3$ 中任意 3 个向量 u, v, w 共面的充分必要条件是

$$(u \times v) \cdot w = 0.$$

等价地, $\mathbf{R}^3$ 中任意 4 个点 $(a_1, a_2, a_3), (b_1, b_2, b_3), (c_1, c_2, c_3), (d_1, d_2, d_3)$ 共面的充分必要条件是

$$\begin{vmatrix} b_1 - a_1 & b_2 - a_2 & b_3 - a_3 \\ c_1 - a_1 & c_2 - a_2 & c_3 - a_3 \\ d_1 - a_1 & d_2 - a_2 & d_3 - a_3 \end{vmatrix} = 0.$$

(2) $\mathbf{R}^3$ 中任意 4 个点 $(a_1, a_2, a_3), (b_1, b_2, b_3), (c_1, c_2, c_3), (d_1, d_2, d_3)$ 构成的四面体的体积为

$$V = \pm \frac{1}{6} \begin{vmatrix} b_1 - a_1 & b_2 - a_2 & b_3 - a_3 \\ c_1 - a_1 & c_2 - a_2 & c_3 - a_3 \\ d_1 - a_1 & d_2 - a_2 & d_3 - a_3 \end{vmatrix},$$

上式中符号的选择必须与行列式的符号一致.

例 题 分 析

例 4.1.1 已知向量 $a = (2,1,1), b = (3, -1, 0), c = (1, 0, -1)$.

(1) 求 $(2a + 3b) \cdot c$;　　　　(2) 求 $a \times b$;

(3) 求 $(a \times b) \cdot c$;　　　　(4) 求 $(a \times b) \times c$.

(5) 问 a 与 b 是否共线?　　　(6) 问 a, b, c 是否共面?

解 (1) 由内积的定义和性质得

$(2a + 3b) \cdot c = 2a \cdot c + 3b \cdot c$

$= 2[2 \times 1 + 1 \times 0 + 1 \times (-1)] + 3[3 \times 1 + (-1) \times 0 + 0 \times (-1)]$

$= 11.$

(2) 由外积的定义得

$$a \times b = \begin{vmatrix} i & j & k \\ 2 & 1 & 1 \\ 3 & -1 & 0 \end{vmatrix} = i + 3j - 5k.$$

(3) 利用(2)得

$(a \times b) \cdot c = (i + 3j - 5k) \cdot (i - k) = 1 \times 1 + 3 \times 0 + (-5) \times (-1) = 6,$

或

$$(a \times b) \cdot c = \begin{vmatrix} 1 & 0 & -1 \\ 2 & 1 & 1 \\ 3 & -1 & 0 \end{vmatrix} = 6.$$

(4) 利用(2)得

$$(a \times b) \times c = \begin{vmatrix} i & j & k \\ 1 & 3 & -5 \\ 1 & 0 & -1 \end{vmatrix} = -3i - 4j - 3k.$$

(5) 由(2)的计算知 $a \times b \neq \mathbf{0}$, 因此 a 与 b 不平行, 即 a 与 b 不共线.

(6) 由(3)的计算, $(a \times b) \cdot c = 6 \neq 0$, 所以 a, b, c 不共面.

例 4.1.2 设空间 3 点 $A(4, -3, -7)$, $B(2, -1, -4)$, $C(4, 1, 5)$ (见图 4.1.1).

(1) 求 $\angle ABC$;

(2) 求 $\overrightarrow{BA}$ 在 $\overrightarrow{BC}$ 方向上的投影;

(3) 过点 A 作直线 BC 的垂线,求它与直线 BC 的交点 D 的坐标;

(4) 求 $\triangle ABC$ 的面积.

解 显然 $\overrightarrow{BA} = (2, -2, -3), \overrightarrow{BC} = (2, 2, 9)$.

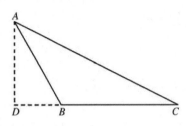

图 4.1.1

(1) 因为

$$\cos\angle ABC = \frac{\overrightarrow{BA} \cdot \overrightarrow{BC}}{\| \overrightarrow{BA} \| \ \| \overrightarrow{BC} \|}$$

$$= \frac{2 \times 2 + (-2) \cdot 2 + (-3) \cdot 9}{\sqrt{2^2 + (-2)^2 + (-3)^2}\sqrt{2^2 + 2^2 + 9^2}} = -\frac{27}{\sqrt{1\,513}},$$

所以 $\angle ABC = \arccos\left(-\dfrac{27}{\sqrt{1\,513}}\right)$.

(2) $\overrightarrow{BA}$ 在 $\overrightarrow{BC}$ 方向上的投影为

$$\| \overrightarrow{AB} \| \cos\angle ABC = \sqrt{17}\left(-\frac{27}{\sqrt{1\,513}}\right) = -\frac{27}{\sqrt{89}}.$$

(3) 设 D 的坐标为 (x, y, z). 因为 $\overrightarrow{BD}$ 与 $\overrightarrow{BC}$ 平行,所以存在常数 λ,使得 $\overrightarrow{BD} = \lambda\overrightarrow{BC}$,即

$$(x - 2, y + 1, z + 4) = \lambda(2, 2, 9).$$

由于 $\overrightarrow{BD}$ 的长度就是 $\overrightarrow{BA}$ 在 $\overrightarrow{BC}$ 方向上的投影的绝对值,因此

$$\frac{27}{\sqrt{89}} = \| \overrightarrow{BD} \| = | \lambda | \ \| \overrightarrow{BC} \| = | \lambda | \sqrt{89},$$

所以 $| \lambda | = \dfrac{27}{89}$. 注意到 $\angle ABC$ 为钝角,所以 $\lambda = -\dfrac{27}{89}$,因此

$$x = 2 - \frac{27}{89} \times 2 = \frac{124}{89}, y = -1 - \frac{27}{89} \times 2 = -\frac{143}{89}, z = -4 - \frac{27}{89} \times 9 = -\frac{599}{89},$$

即 D 的坐标为 $\left(\dfrac{124}{89}, -\dfrac{143}{89}, -\dfrac{599}{89}\right)$.

(4) **解法一** $\triangle ABC$ 的 BC 边上的高的长度为

$$h = \| \overrightarrow{BA} \| \sin(\pi - \angle ABC) = \sqrt{17}\sin\angle ABC = \sqrt{17}\sqrt{1 - \cos^2\angle ABC} = \sqrt{\frac{784}{89}}.$$

于是, $\triangle ABC$ 的面积为

$$\frac{1}{2} \parallel \overrightarrow{BC} \parallel h = \frac{1}{2} \sqrt{89} \sqrt{\frac{784}{89}} = 14.$$

解法二　因为

$$\overrightarrow{BA} \times \overrightarrow{BC} = \begin{vmatrix} \boldsymbol{i} & \boldsymbol{j} & \boldsymbol{k} \\ 2 & -2 & -3 \\ 2 & 2 & 9 \end{vmatrix} = -12\boldsymbol{i} - 24\boldsymbol{j} + 8\boldsymbol{k},$$

所以 $\triangle ABC$ 的面积为

$$\frac{1}{2} \parallel \overrightarrow{BA} \times \overrightarrow{BC} \parallel = \frac{1}{2} \sqrt{(-12)^2 + (-24)^2 + 8^2} = 14.$$

例 4.1.3　利用向量积证明关于三角形的正弦定理.

证　记三角形的 3 个顶点为 A, B, C, 其对边分别记为 a, b, c, 则 $\triangle ABC$ 的面积为

$$S_{\triangle ABC} = \frac{1}{2} \parallel \overrightarrow{BA} \times \overrightarrow{BC} \parallel = \frac{1}{2} \parallel \overrightarrow{BA} \parallel \parallel \overrightarrow{BC} \parallel \sin B = \frac{1}{2} ac \sin B.$$

同理

$$S_{\triangle ABC} = \frac{1}{2} \parallel \overrightarrow{AB} \times \overrightarrow{AC} \parallel = \frac{1}{2} \parallel \overrightarrow{AB} \parallel \parallel \overrightarrow{AC} \parallel \sin A = \frac{1}{2} bc \sin A.$$

$$S_{\triangle ABC} = \frac{1}{2} \parallel \overrightarrow{CA} \times \overrightarrow{CB} \parallel = \frac{1}{2} \parallel \overrightarrow{CA} \parallel \parallel \overrightarrow{CB} \parallel \sin C = \frac{1}{2} ab \sin C.$$

因此 $ac \sin B = bc \sin A = ab \sin C$. 于是

$$\frac{a}{\sin A} = \frac{b}{\sin B} = \frac{c}{\sin C}.$$

例 4.1.4　已知 3 个向量 $\boldsymbol{a}, \boldsymbol{b}, \boldsymbol{c}$ 满足 $\boldsymbol{a} + \boldsymbol{b} + \boldsymbol{c} = \boldsymbol{0}$, 且 $\parallel \boldsymbol{a} \parallel = 3$, $\parallel \boldsymbol{b} \parallel = 1$, $\parallel \boldsymbol{c} \parallel = 4$, 求 $\boldsymbol{a} \cdot \boldsymbol{b} + \boldsymbol{b} \cdot \boldsymbol{c} + \boldsymbol{c} \cdot \boldsymbol{a}$.

解　由 $\boldsymbol{a} + \boldsymbol{b} + \boldsymbol{c} = \boldsymbol{0}$ 得

$$\begin{aligned}
0 &= (\boldsymbol{a} + \boldsymbol{b} + \boldsymbol{c}) \cdot (\boldsymbol{a} + \boldsymbol{b} + \boldsymbol{c}) \\
&= \boldsymbol{a} \cdot \boldsymbol{a} + \boldsymbol{b} \cdot \boldsymbol{b} + \boldsymbol{c} \cdot \boldsymbol{c} + 2(\boldsymbol{a} \cdot \boldsymbol{b} + \boldsymbol{b} \cdot \boldsymbol{c} + \boldsymbol{c} \cdot \boldsymbol{a}) \\
&= \parallel \boldsymbol{a} \parallel^2 + \parallel \boldsymbol{b} \parallel^2 + \parallel \boldsymbol{c} \parallel^2 + 2(\boldsymbol{a} \cdot \boldsymbol{b} + \boldsymbol{b} \cdot \boldsymbol{c} + \boldsymbol{c} \cdot \boldsymbol{a}) \\
&= 3^2 + 1^2 + 4^2 + 2(\boldsymbol{a} \cdot \boldsymbol{b} + \boldsymbol{b} \cdot \boldsymbol{c} + \boldsymbol{c} \cdot \boldsymbol{a}) \\
&= 26 + 2(\boldsymbol{a} \cdot \boldsymbol{b} + \boldsymbol{b} \cdot \boldsymbol{c} + \boldsymbol{c} \cdot \boldsymbol{a}).
\end{aligned}$$

于是

$$\boldsymbol{a} \cdot \boldsymbol{b} + \boldsymbol{b} \cdot \boldsymbol{c} + \boldsymbol{c} \cdot \boldsymbol{a} = -13.$$

例 4.1.5　设 $\boldsymbol{a}, \boldsymbol{b}$ 为满足 $\parallel \boldsymbol{a} \parallel = 2$, $\parallel \boldsymbol{b} \parallel = \sqrt{2}$ 的向量. 若 $\parallel \boldsymbol{a} \times \boldsymbol{b} \parallel = 2$, 求 $\boldsymbol{a} \cdot \boldsymbol{b}$.

解 记 a 与 b 的夹角为 θ. 由已知得

$$2 = \|a \times b\| = \|a\| \|b\| \sin\theta = 2\sqrt{2}\sin\theta,$$

所以 $\sin\theta = \dfrac{\sqrt{2}}{2}$. 因此

$$\cos\theta = \pm\dfrac{\sqrt{2}}{2}.$$

于是

$$a \cdot b = \|a\| \|b\| \cos\theta = 2\sqrt{2}\left(\pm\dfrac{\sqrt{2}}{2}\right) = \pm 2.$$

例 4.1.6 设 a,b 为两个不共线的非零向量. 试证明：$(a - b) \times (a + b) = 2(a \times b)$，并说明该式的几何意义.

证 利用向量积的运算律得

$$(a - b) \times (a + b) = a \times a + a \times b - b \times a - b \times b$$
$$= a \times b - b \times a = 2(a \times b).$$

由上式得 $\|(a - b) \times (a + b)\| = 2\|a \times b\|$. 因此其几何意义是：以平行四边形两对角线为邻边的平行四边形的面积等于原平行四边形面积的两倍.

例 4.1.7 设 a,b 为满足 $\|a\| = 3, \|b\| = 5$ 的向量，且 a 与 b 的夹角 (a,b) 为 $\dfrac{\pi}{6}$. 求以 $m = 2a - 3b, n = a + b$ 为邻边的平行四边形面积.

解 由 m, n 为邻边的平行四边形的面积为

$$S = \|m \times n\| = \|(2a - 3b) \times (a + b)\| = 5\|a \times b\|$$
$$= 5\|a\| \|b\| \sin(a,b) = 5 \times 3 \times 5\sin\dfrac{\pi}{6} = \dfrac{75}{2}.$$

例 4.1.8 已知 a,b 为非零向量，且 $3a - b$ 与 $2a + b$ 垂直，$3a + 2b$ 与 $4a - b$ 垂直，求 a 与 b 的夹角和 $\dfrac{\|a\|}{\|b\|}$.

解 由假设知

$$\begin{cases} (3a - b) \cdot (2a + b) = 0, \\ (3a + 2b) \cdot (4a - b) = 0, \end{cases}$$

即

$$\begin{cases} 6\|a\|^2 + a \cdot b - \|b\|^2 = 0, \\ 12\|a\|^2 + 5a \cdot b - 2\|b\|^2 = 0. \end{cases}$$

因此 $a \cdot b = 0$，即 a 与 b 的夹角为 $\dfrac{\pi}{2}$. 此时，还有

$$6\|a\|^2 - \|b\|^2 = 0,$$

因此 $\dfrac{\|\boldsymbol{a}\|}{\|\boldsymbol{b}\|} = \dfrac{1}{\sqrt{6}}$.

例 4.1.9 已知以空间 4 点 $A(2,1,-1),B(3,0,1),C(2,-1,3),D$ 为顶点的四面体的体积为 5,且 D 在 y 轴上,求点 D 的坐标.

解 因为 D 在 y 轴上,可设 D 的坐标为 $(0,y,0)$. 由已知得

$$\pm \frac{1}{6} \begin{vmatrix} 3-2 & 0-1 & 1-(-1) \\ 2-2 & -1-1 & 3-(-1) \\ 0-2 & y-1 & 0-(-1) \end{vmatrix} = 5,$$

即

$$\pm \frac{1}{6}(2-4y) = 5,$$

因此

$$y = -7 \text{ 或 } y = 8.$$

即 D 的坐标为 $(0,-7,0)$ 或 $(0,8,0)$.

例 4.1.10 设 $\boldsymbol{a},\boldsymbol{b},\boldsymbol{c}$ 为 3 个向量,λ,μ,ν 为实数,证明:向量 $\lambda\boldsymbol{b}-\mu\boldsymbol{c}$,$\mu\boldsymbol{c}-\nu\boldsymbol{a},\nu\boldsymbol{a}-\lambda\boldsymbol{b}$ 共面.

证 因为

$$\big[(\lambda\boldsymbol{b}-\mu\boldsymbol{c})\times(\mu\boldsymbol{c}-\nu\boldsymbol{a}) \big] \cdot (\nu\boldsymbol{a}-\lambda\boldsymbol{b})$$

$$= (\lambda\mu\boldsymbol{b}\times\boldsymbol{c}-\lambda\nu\boldsymbol{b}\times\boldsymbol{a}-\mu^2\boldsymbol{c}\times\boldsymbol{c}+\mu\nu\boldsymbol{c}\times\boldsymbol{a}) \cdot (\nu\boldsymbol{a}-\lambda\boldsymbol{b})$$

$$= (\lambda\mu\boldsymbol{b}\times\boldsymbol{c}-\lambda\nu\boldsymbol{b}\times\boldsymbol{a}+\mu\nu\boldsymbol{c}\times\boldsymbol{a}) \cdot (\nu\boldsymbol{a}-\lambda\boldsymbol{b})$$

$$= \lambda\mu\nu(\boldsymbol{b}\times\boldsymbol{c})\cdot\boldsymbol{a}-\lambda^2\mu(\boldsymbol{b}\times\boldsymbol{c})\cdot\boldsymbol{b}-\lambda\nu^2(\boldsymbol{b}\times\boldsymbol{a})\cdot\boldsymbol{a}+\lambda^2\nu(\boldsymbol{b}$$

$$\times\boldsymbol{a})\cdot\boldsymbol{b}+\mu\nu^2(\boldsymbol{c}\times\boldsymbol{a})\cdot\boldsymbol{a}-\lambda\mu\nu(\boldsymbol{c}\times\boldsymbol{a})\cdot\boldsymbol{b}$$

$$= \lambda\mu\nu(\boldsymbol{b}\times\boldsymbol{c})\cdot\boldsymbol{a}-\lambda\mu\nu(\boldsymbol{c}\times\boldsymbol{a})\cdot\boldsymbol{b} = 0,$$

所以向量 $\lambda\boldsymbol{b}-\mu\boldsymbol{c},\mu\boldsymbol{c}-\nu\boldsymbol{a},\nu\boldsymbol{a}-\lambda\boldsymbol{b}$ 共面.

例 4.1.11 设 $\boldsymbol{a},\boldsymbol{b},\boldsymbol{c}$ 为 3 个不共面的向量. 证明:对于每个向量 $\boldsymbol{d}$,存在唯一的一组数 λ,μ,ν,使得 $\boldsymbol{d}=\lambda\boldsymbol{a}+\mu\boldsymbol{b}+\nu\boldsymbol{c}$,并写出 λ,μ,ν 的表达式.

证 记 $\boldsymbol{a}=(a_1,a_2,a_3),\boldsymbol{b}=(b_1,b_2,b_3),\boldsymbol{c}=(c_1,c_2,c_3)$.

向量 $\boldsymbol{d}=(d_1,d_2,d_3)$ 可以表示为 $\boldsymbol{d}=\lambda\boldsymbol{a}+\mu\boldsymbol{b}+\nu\boldsymbol{c}$,等价于下面的线性方程组有解

$$\begin{cases} a_1\lambda+b_1\mu+c_1\nu=d_1, \\ a_2\lambda+b_2\mu+c_2\nu=d_2, \\ a_3\lambda+b_3\mu+c_3\nu=d_3. \end{cases}$$

因为 $\boldsymbol{a},\boldsymbol{b},\boldsymbol{c}$ 不共面,所以这个方程组的系数行列式

$$\begin{vmatrix} a_1 & b_1 & c_1 \\ a_2 & b_2 & c_2 \\ a_3 & b_3 & c_3 \end{vmatrix} = (\boldsymbol{a} \times \boldsymbol{b}) \cdot \boldsymbol{c} \neq 0,$$

由 Cramer 法则知,方程组有唯一解,因此 $\boldsymbol{d}$ 可以表示为 $\boldsymbol{d} = \lambda \boldsymbol{a} + \mu \boldsymbol{b} + \nu \boldsymbol{c}$,且表示法唯一.

现求 λ, μ, ν 的表达式.

方法一:由 Cramer 法则得

$$\lambda = \frac{\begin{vmatrix} d_1 & b_1 & c_1 \\ d_2 & b_2 & c_2 \\ d_3 & b_3 & c_3 \end{vmatrix}}{\begin{vmatrix} a_1 & b_1 & c_1 \\ a_2 & b_2 & c_2 \\ a_3 & b_3 & c_3 \end{vmatrix}} = \frac{(\boldsymbol{d} \times \boldsymbol{b}) \cdot \boldsymbol{c}}{(\boldsymbol{a} \times \boldsymbol{b}) \cdot \boldsymbol{c}}.$$

同理,$\mu = \dfrac{(\boldsymbol{a} \times \boldsymbol{d}) \cdot \boldsymbol{c}}{(\boldsymbol{a} \times \boldsymbol{b}) \cdot \boldsymbol{c}}, \nu = \dfrac{(\boldsymbol{a} \times \boldsymbol{b}) \cdot \boldsymbol{d}}{(\boldsymbol{a} \times \boldsymbol{b}) \cdot \boldsymbol{c}}.$

方法二:对 $\boldsymbol{d} = \lambda \boldsymbol{a} + \mu \boldsymbol{b} + \nu \boldsymbol{c}$ 与 $\boldsymbol{b}$ 作外积,再与 $\boldsymbol{c}$ 作内积得

$$(\boldsymbol{d} \times \boldsymbol{b}) \cdot \boldsymbol{c} = \lambda (\boldsymbol{a} \times \boldsymbol{b}) \cdot \boldsymbol{c} + \mu (\boldsymbol{b} \times \boldsymbol{b}) \cdot \boldsymbol{c} + \nu (\boldsymbol{c} \times \boldsymbol{b}) \cdot \boldsymbol{c},$$

注意到 $(\boldsymbol{b} \times \boldsymbol{b}) \cdot \boldsymbol{c} = 0, (\boldsymbol{c} \times \boldsymbol{b}) \cdot \boldsymbol{c} = 0$,便得

$$\lambda = \frac{(\boldsymbol{d} \times \boldsymbol{b}) \cdot \boldsymbol{c}}{(\boldsymbol{a} \times \boldsymbol{b}) \cdot \boldsymbol{c}}.$$

同理,可得 $\mu = \dfrac{(\boldsymbol{a} \times \boldsymbol{d}) \cdot \boldsymbol{c}}{(\boldsymbol{a} \times \boldsymbol{b}) \cdot \boldsymbol{c}}, \nu = \dfrac{(\boldsymbol{a} \times \boldsymbol{b}) \cdot \boldsymbol{d}}{(\boldsymbol{a} \times \boldsymbol{b}) \cdot \boldsymbol{c}}.$

例 4.1.12 设 $\boldsymbol{a}, \boldsymbol{b}, \boldsymbol{c}$ 为 3 个向量,证明:$(\boldsymbol{a} \times \boldsymbol{b}) \times \boldsymbol{c} = (\boldsymbol{a} \cdot \boldsymbol{c}) \boldsymbol{b} - (\boldsymbol{b} \cdot \boldsymbol{c}) \boldsymbol{a}.$

证 记 $\boldsymbol{a} = (a_1, a_2, a_3), \boldsymbol{b} = (b_1, b_2, b_3), \boldsymbol{c} = (c_1, c_2, c_3)$,则

$(\boldsymbol{a} \times \boldsymbol{b}) \times \boldsymbol{c} = (a_2 b_3 - a_3 b_2, a_3 b_1 - a_1 b_3, a_1 b_2 - a_2 b_1) \times (c_1, c_2, c_3)$

$= ((a_3 b_1 - a_1 b_3) c_3 - (a_1 b_2 - a_2 b_1) c_2, (a_1 b_2 - a_2 b_1) c_1 - (a_2 b_3 - a_3 b_2) c_3,$
$(a_2 b_3 - a_3 b_2) c_2 - (a_3 b_1 - a_1 b_3) c_1)$

$= ((a_2 c_2 + a_3 c_3) b_1 - a_1 (b_2 c_2 + b_3 c_3), (a_1 c_1 + a_3 c_3) b_2 - a_2 (b_1 c_1 + b_3 c_3),$
$(a_1 c_1 + a_2 c_2) b_3 - a_3 (b_1 c_1 + b_2 c_2))$

$= (a_1 c_1 + a_2 c_2 + a_3 c_3) (b_1, b_2, b_3) - (b_1 c_1 + b_2 c_2 + b_3 c_3) (a_1, a_2, a_3)$

$= (\boldsymbol{a} \cdot \boldsymbol{c}) \boldsymbol{b} - (\boldsymbol{b} \cdot \boldsymbol{c}) \boldsymbol{a}.$

例 4.1.13 设 $\boldsymbol{a}, \boldsymbol{b}, \boldsymbol{c}$ 为 3 个非零向量,且 $\boldsymbol{a}$ 与 $\boldsymbol{b}$ 不垂直,m 为实数,求满足
$\begin{cases} \boldsymbol{a} \cdot \boldsymbol{y} = m \\ \boldsymbol{b} \times \boldsymbol{y} = \boldsymbol{c} \end{cases}$ 的向量 $\boldsymbol{y}$.

解 由 $b \times y = c$ 并利用上例,得

$$c \times a = (b \times y) \times a = (b \cdot a)y - (y \cdot a)b = (b \cdot a)y - mb,$$

运算中利用了已知条件 $a \cdot y = m$. 因此

$$y = \frac{c \times a + mb}{a \cdot b}.$$

例 4.1.14 设 A, B, C 为空间 3 点, O 为坐标原点. 若

$$\overrightarrow{OB} \times \overrightarrow{OC} + \overrightarrow{OC} \times \overrightarrow{OA} + \overrightarrow{OA} \times \overrightarrow{OB} = \mathbf{0},$$

证明:(1) 向量 $\overrightarrow{OA}, \overrightarrow{OB}, \overrightarrow{OC}$ 共面;(2) 点 A, B, C 共线.

证 (1) 对 $\overrightarrow{OB} \times \overrightarrow{OC} + \overrightarrow{OC} \times \overrightarrow{OA} + \overrightarrow{OA} \times \overrightarrow{OB} = \mathbf{0}$ 两边与 $\overrightarrow{OA}$ 作内积,得

$$(\overrightarrow{OB} \times \overrightarrow{OC} + \overrightarrow{OC} \times \overrightarrow{OA} + \overrightarrow{OA} \times \overrightarrow{OB}) \cdot \overrightarrow{OA} = 0,$$

注意到 $(\overrightarrow{OC} \times \overrightarrow{OA}) \cdot \overrightarrow{OA} = 0, (\overrightarrow{OA} \times \overrightarrow{OB}) \cdot \overrightarrow{OA} = 0$,便得

$$(\overrightarrow{OB} \times \overrightarrow{OC}) \cdot \overrightarrow{OA} = 0.$$

这说明向量 $\overrightarrow{OA}, \overrightarrow{OB}, \overrightarrow{OC}$ 共面.

(2) **证法一** 将 $\overrightarrow{OB} \times \overrightarrow{OC} + \overrightarrow{OC} \times \overrightarrow{OA} + \overrightarrow{OA} \times \overrightarrow{OB} = \mathbf{0}$ 改写成

$$(\overrightarrow{OB} - \overrightarrow{OC}) \times (\overrightarrow{OC} - \overrightarrow{OA}) = \mathbf{0},$$

即

$$\overrightarrow{CB} \times \overrightarrow{AC} = \mathbf{0}.$$

这说明向量 $\overrightarrow{CB}$ 与 $\overrightarrow{AC}$ 平行,因此点 A, B, C 共线.

证法二 由(1) 知向量 $\overrightarrow{OA}, \overrightarrow{OB}, \overrightarrow{OC}$ 共面,所以不妨设存在常数 λ, μ,使得

$$\overrightarrow{OA} = \lambda \overrightarrow{OB} + \mu \overrightarrow{OC},$$

将此式代入已知的 $\overrightarrow{OB} \times \overrightarrow{OC} + \overrightarrow{OC} \times \overrightarrow{OA} + \overrightarrow{OA} \times \overrightarrow{OB} = \mathbf{0}$ 得

$$(1 - \lambda - \mu)(\overrightarrow{OB} \times \overrightarrow{OC}) = \mathbf{0}.$$

(i) 若 $\overrightarrow{OB} \times \overrightarrow{OC} = \mathbf{0}$,则 $\overrightarrow{OB}$ 与 $\overrightarrow{OC}$ 共线. 由 $\overrightarrow{OA} = \lambda \overrightarrow{OB} + \mu \overrightarrow{OC}$,知 $\overrightarrow{OA}, \overrightarrow{OB}, \overrightarrow{OC}$ 共线,因此点 O, A, B, C 共线.

(ii) 若 $1 - \lambda - \mu = 0$,此时

$$\overrightarrow{AB} = \overrightarrow{OB} - \overrightarrow{OA} = \overrightarrow{OB} - (\lambda \overrightarrow{OB} + \mu \overrightarrow{OC}) = \mu(\overrightarrow{OB} - \overrightarrow{OC}) = \mu \overrightarrow{CB},$$

于是点 A, B, C 共线.

习　　　题

1. 已知 $a = (1, -2, 2), b = (-3, 6, 2)$. 求:

(1) $\|a\|$;   (2) $a \cdot b$;

(3) $(3a + 2b) \cdot (a - 3b)$;   (4) a 与 b 的夹角;

(5) $a \times b$;   (6) $(a \times b) \cdot k$.

2. 已知向量 a, b 满足 $\|a\| = 11, \|b\| = 23, \|a - b\| = 30$,求 $\|a + b\|$.

3. 已知空间 3 点 $A(1, 0, 2), B(4, -1, 0), C(2, 2, 1)$,求 $\triangle ABC$ 的面积.

4. 证明:3 个向量 a,b,c 共面的充要条件为:存在不全为零的实数 α,β,γ,使得 $\alpha a + \beta b + \gamma c = 0$.

5. 设 a,b 为满足 $\|a\| = 2$,$\|b\| = 1$ 的向量,且 a 与 b 的夹角为 $\frac{\pi}{4}$. 求以 $m = 5a + b,n = a - b$ 为邻边的三角形面积.

6. 已知向量 $a = (2,1,3),b = (x,y,z)$,若 $a \times c = b$ 有解 c,问 x,y,z 应满足什么条件?

7. 证明:对任意向量 a,b 成立 $\|a + b\|^2 + \|a - b\|^2 = 2(\|a\|^2 + \|b\|^2)$,并说明其几何意义.

8. 设 3 个向量 a,b,c 满足 $(a \times b) \cdot c = 2$,求 $[(a + b) \times (b + c)] \cdot (c + a)$.

9. 设 3 个非零向量 a,b,c 满足 $a = b \times c,b = c \times a,c = a \times b$,求 $\|a\| + \|b\| + \|c\|$.

10. 问向量 $a = (2,3,-1),b = (1,-1,3),c = (1,9,-11)$ 是否共面?

11. 已知 a,b,c 都不是零向量,

(1) 问 $a = b$ 与 $a \cdot c = b \cdot c$ 是否必等价?

(2) 问 $a = b$ 与 $a \times c = b \times c$ 是否必等价?

(3) 问 $a = b$ 与 $\begin{cases} a \cdot c = b \cdot c \\ a \times c = b \times c \end{cases}$ 是否等价?

12. 利用向量的乘积性质证明

$$\begin{vmatrix} a_1 & b_1 & c_1 \\ a_2 & b_2 & c_2 \\ a_3 & b_3 & c_3 \end{vmatrix} \leqslant \prod_{i=1}^{3} \sqrt{a_i^2 + b_i^2 + c_i^2}.$$

§4.2 平面和直线

知识要点

一、平面方程的几种形式

若平面 π 的法向量为 $n(A,B,C)$,而且过点 $P_0(x_0,y_0,z_0)$,则平面 π 的方程为

$$A(x - x_0) + B(y - y_0) + C(z - z_0) = 0,$$

这个关系式称为平面的**点法式方程**.

记常数 $D = -(Ax_0 + By_0 + Cz_0)$,则上述方程可以写成

$$Ax + By + Cz + D = 0.$$

这个关系式称为平面的**一般方程**. 平面方程都可以表示为这种形式. 反之,这种形式的方程表示的就是一张平面.

若平面 π 过不共线的 3 个点 $P_0(x_0,y_0,z_0),P_1(x_1,y_1,z_1),P_2(x_2,y_2,z_2)$,则 π 的方程为

$$\begin{vmatrix} x - x_0 & y - y_0 & z - z_0 \\ x_1 - x_0 & y_1 - y_0 & z_1 - z_0 \\ x_2 - x_0 & y_2 - y_0 & z_2 - z_0 \end{vmatrix} = 0,$$

它称为平面的**三点式方程**.

形式为

$$\frac{x}{a} + \frac{y}{b} + \frac{z}{c} = 1$$

的方程称为平面的**截距式方程**,其中 a,b,c 依次称为该平面在 x,y,z 轴上的**截距**,此时平面的法向量为 $\boldsymbol{n} = \left(\dfrac{1}{a}, \dfrac{1}{b}, \dfrac{1}{c} \right)$.

二、直线方程的几种形式

若直线 L 的方向向量为 $\boldsymbol{v}(l,m,n)$,且它过点 $P_0(x_0,y_0,z_0)$,则直线 L 的方程为

$$\frac{x - x_0}{l} = \frac{y - y_0}{m} = \frac{z - z_0}{n},$$

它称为直线的**对称式方程**或**点向式方程**.

若直线 L 过两个点 $P_0(x_0,y_0,z_0)$ 和 $P_1(x_1,y_1,z_1)$,则它的方程为

$$\frac{x - x_0}{x_1 - x_0} = \frac{y - y_0}{y_1 - y_0} = \frac{z - z_0}{z_1 - z_0},$$

它称为直线的**两点式方程**.

若在直线的对称式方程中记 $\dfrac{x - x_0}{l} = \dfrac{y - y_0}{m} = \dfrac{z - z_0}{n} = t$,便得

$$\begin{cases} x = x_0 + t\,l, \\ y = y_0 + t\,m, \\ z = z_0 + t\,n, \end{cases}$$

它称为直线的**参数方程**,其中 t 是参数.

空间中两张互不平行的平面 $\pi_1 : A_1 x + B_1 y + C_1 z + D_1 = 0$ 和 $\pi_2 : A_2 x + B_2 y + C_2 z + D_2 = 0$ 的交线是一条直线. 即

$$\begin{cases} A_1 x + B_1 y + C_1 z + D_1 = 0, \\ A_2 x + B_2 y + C_2 z + D_2 = 0 \end{cases}$$

同样表示一条直线,它称为直线的**一般方程**.

三、平面束

设空间直线 L 的一般方程为

$$\begin{cases} A_1 x + B_1 y + C_1 z + D_1 = 0, \\ A_2 x + B_2 y + C_2 z + D_2 = 0. \end{cases}$$

对于任意一组不同时为零的常数 λ,μ,方程

$$\lambda(A_1 x + B_1 y + C_1 z + D_1) + \mu(A_2 x + B_2 y + C_2 z + D_2) = 0$$

就确定了一族通过 L 的平面,它称为通过 L 的**平面束**,以上方程也称为通过 L 的**平面束方程**.

常将通过 L 的平面束方程写成

$$A_1 x + B_1 y + C_1 z + D_1 + k(A_2 x + B_2 y + C_2 z + D_2) = 0$$

(注意这个束中不包含平面 $A_2 x + B_2 y + C_2 z + D_2 = 0$),或

$$k(A_1 x + B_1 y + C_1 z + D_1) + A_2 x + B_2 y + C_2 z + D_2 = 0$$

(注意这个束中不包含平面 $A_1 x + B_1 y + C_1 z + D_1 = 0$).

四、点到平面、直线的距离

1. 点到平面的距离

已知平面 $\pi : Ax + By + Cz + D = 0$,则空间中的点 $P(x^*, y^*, z^*)$ 到平面 π 的距离为

$$d = \frac{|Ax^* + By^* + Cz^* + D|}{\sqrt{A^2 + B^2 + C^2}}.$$

2. 点到直线的距离

已知直线 L:

$$\frac{x - x_0}{l} = \frac{y - y_0}{m} = \frac{z - z_0}{n},$$

记 $\boldsymbol{v}(l, m, n)$ 为它的方向向量,$\boldsymbol{v}_0 = \dfrac{\boldsymbol{v}}{\|\boldsymbol{v}\|}$,且记 $P_0 = (x_0, y_0, z_0)$,那么空间中的点 $P(x^*, y^*, z^*)$ 到直线 L 的距离为

$$d = \|\overrightarrow{P_0 P} \times \boldsymbol{v}_0\| = \frac{1}{\|\boldsymbol{v}\|} \|\overrightarrow{P_0 P} \times \boldsymbol{v}\|.$$

五、交角

1. 平面与平面的交角

空间中两张平面的交角就是它们的法向量的交角 θ(通常取 $0 \leqslant \theta \leqslant \dfrac{\pi}{2}$). 若两张平面的方程为

$$A_1 x + B_1 y + C_1 z + D_1 = 0$$

和

$$A_2 x + B_2 y + C_2 z + D_2 = 0,$$

那么它们的交角 θ 满足

$$\cos\theta = \frac{|\boldsymbol{n}_1 \cdot \boldsymbol{n}_2|}{\|\boldsymbol{n}_1\| \|\boldsymbol{n}_2\|} = \frac{|A_1 A_2 + B_1 B_2 + C_1 C_2|}{\sqrt{A_1^2 + B_1^2 + C_1^2} \cdot \sqrt{A_2^2 + B_2^2 + C_2^2}}.$$

特别地,有

（1） 当 $A_1 A_2 + B_1 B_2 + C_1 C_2 = 0$ 时,这两张平面垂直;

（2） 当 $\dfrac{A_1}{A_2} = \dfrac{B_1}{B_2} = \dfrac{C_1}{C_2} \neq \dfrac{D_1}{D_2}$ 时,这两张平面平行;

（3） 当 $\dfrac{A_1}{A_2} = \dfrac{B_1}{B_2} = \dfrac{C_1}{C_2} = \dfrac{D_1}{D_2}$ 时,这两张平面重合.

2. 直线与直线的交角

空间中两条直线的交角就是它们的方向向量的交角 θ（通常取 $0 \leqslant \theta \leqslant \dfrac{\pi}{2}$）.

若两条直线的方程为

$$\frac{x - x_1}{l_1} = \frac{y - y_1}{m_1} = \frac{z - z_1}{n_1}$$

和

$$\frac{x - x_2}{l_2} = \frac{y - y_2}{m_2} = \frac{z - z_2}{n_2},$$

那么它们的交角 θ 满足

$$\cos\theta = \frac{|l_1 l_2 + m_1 m_2 + n_1 n_2|}{\sqrt{l_1^2 + m_1^2 + n_1^2} \cdot \sqrt{l_2^2 + m_2^2 + n_2^2}}.$$

特别地,有

（1） 当 $l_1 l_2 + m_1 m_2 + n_1 n_2 = 0$ 时,这两条直线垂直;

（2） 当 $\dfrac{l_1}{l_2} = \dfrac{m_1}{m_2} = \dfrac{n_1}{n_2}$ 时,这两条直线平行;

（3） 若 $\dfrac{l_1}{l_2} = \dfrac{m_1}{m_2} = \dfrac{n_1}{n_2}$,且两条直线有一个公共点,则这两条直线重合.

3. 平面与直线的交角

直线与平面的交角是直线与它在平面上的垂直投影所夹的角 θ（通常取 $0 \leqslant \theta \leqslant \dfrac{\pi}{2}$）.

若平面方程为

$$Ax + By + Cz + D = 0,$$

直线方程为

$$\frac{x - x_0}{l} = \frac{y - y_0}{m} = \frac{z - z_0}{n},$$

那么它们的交角 θ 满足

$$\sin\theta = |\cos\varphi| = \frac{|Al + Bm + Cn|}{\sqrt{A^2 + B^2 + C^2} \cdot \sqrt{l^2 + m^2 + n^2}}.$$

特别地,有

(1) 当 $\dfrac{A}{l} = \dfrac{B}{m} = \dfrac{C}{n}$ 时,平面与直线垂直;

(2) 当 $Al + Bm + Cn = 0$ 时,平面与直线平行;

(3) 若 $Al + Bm + Cn = 0$,且平面与直线有一个公共点,则直线位于平面上.

例 题 分 析

例 4.2.1 确定 k 的值,使得平面 $\pi : x + 2y + kz + 3 = 0$ 满足下列条件之一:

(1) 过点 $(1, 2, -1)$;

(2) 与平面 $3x + 2y + 6z + 7 = 0$ 垂直;

(3) 与平面 $2x + 4y + 2z + 9 = 0$ 平行;

(4) 与平面 $x - y + z + 1 = 0$ 的夹角为 $\dfrac{\pi}{3}$;

(5) 与原点的距离为 1;

(6) 在 z 轴的截距为 -9.

解 (1) 平面 π 过点 $(1, 2, -1)$,则该点满足平面方程,即 $1 + 2 \times 2 - k + 3 = 0$. 因此 $k = 8$.

(2) 平面 π 与平面 $3x + 2y + 6z + 7 = 0$ 垂直,则平面 π 的法向量 $\boldsymbol{n} = (1, 2, k)$ 与平面 $3x + 2y + 6z + 7 = 0$ 的法向量 $\boldsymbol{n}_1 = (3, 2, 6)$ 垂直,即 $\boldsymbol{n} \cdot \boldsymbol{n}_1 = 3 + 2 \times 2 + 6k = 0$. 因此

$$k = -\frac{7}{6}.$$

(3) 平面 π 与平面 $2x + 4y + 2z + 9 = 0$ 平行,则平面 π 的法向量 $\boldsymbol{n} = (1, 2, k)$ 与平面 $2x + 4y + 2z + 9 = 0$ 的法向量 $\boldsymbol{n}_1 = (2, 4, 2)$ 平行,即

$$\frac{1}{2} = \frac{2}{4} = \frac{k}{2}.$$

因此 $k = 1$.

(4) 平面 π 与平面 $x - y + z + 1 = 0$ 的夹角为 $\dfrac{\pi}{3}$,即

$$\frac{|1 \times 1 + 2 \times (-1) + k|}{\sqrt{1^2 + (-1)^2 + 1^2} \sqrt{1^2 + 2^2 + k^2}} = \cos\frac{\pi}{3} = \frac{1}{2},$$

即 $2 \mid k - 1 \mid = \sqrt{3} \sqrt{5 + k^2}$. 解得
$$k = 4 + \sqrt{27}, \text{或} k = 4 - \sqrt{27}.$$

（5）平面 π 与原点的距离为 1，就是
$$\frac{\mid 0 + 2 \times 0 + k \times 0 + 3 \mid}{\sqrt{1^2 + 2^2 + k^2}} = 1,$$

即 $3 = \sqrt{5 + k^2}$. 解得 $k = 2$，或 $k = -2$.

（6）将平面 π 的方程改写为截距式方程就是
$$\frac{x}{-3} + \frac{y}{-\dfrac{3}{2}} + \frac{z}{-\dfrac{3}{k}} = 1,$$

由平面 π 在 z 轴的截距为 -9 知 $-\dfrac{3}{k} = -9$，因此 $k = \dfrac{1}{3}$.

例 4.2.2　求过 3 张平面 $x - y + z = 1, x - 2y - z = 0, 3x + y + 2z = 7$ 的交点，且与平面 $2x + 5y + z = 8$ 平行的平面方程.

解　三张平面的交点就是方程组
$$\begin{cases} x - y + z = 1, \\ x - 2y - z = 0, \\ 3x + y + 2z = 7 \end{cases}$$

的解所对应的点，即 $(2,1,0)$.

由于所求平面 π 与平面 $2x + 5y + z = 8$ 平行，因此可取 π 的法向量为 $\boldsymbol{n} = (2,5,1)$. 于是所求平面的方程为
$$2(x - 2) + 5(y - 1) + (z - 0) = 0, \text{即}, 2x + 5y + z - 9 = 0.$$

例 4.2.3　已知平面 π 的法向量为 $(1,4,9)$，且与 3 个坐标平面所围的四面体的体积为 8，求该平面的方程.

解　由于平面 π 的法向量为 $(1,4,9)$，所以可设 π 的方程为
$$x + 4y + 9z + D = 0,$$

其截距式方程为
$$\frac{x}{-D} + \frac{y}{-\dfrac{D}{4}} + \frac{z}{-\dfrac{D}{9}} = 1.$$

由于平面 π 与 3 个坐标平面所围的四面体的体积为 8，即
$$\left| \frac{1}{6}(-D)\left(-\frac{D}{4}\right)\left(-\frac{D}{9}\right) \right| = 8,$$

因此
$$D = 12 \text{ 或 } D = -12.$$

于是所求平面方程为

$$x + 4y + 9z + 12 = 0, 或 x + 4y + 9z - 12 = 0.$$

例4.2.4 已知平面 π 过点 $P_1(0,2,1)$ 和 $P_2(1,0,2)$,且与平面 $2x + y - 5z = 0$ 垂直,求 π 的方程.

解 显然所求平面的法向量 $\boldsymbol{n}$ 既垂直于向量 $\overrightarrow{P_1P_2} = (1, -2, 1)$ 又垂直于平面 $2x + y - 5z = 0$ 的法向量 $\boldsymbol{n}_1 = (2, 1, -5)$,所以可取

$$\boldsymbol{n} = \overrightarrow{P_1P_2} \times \boldsymbol{n}_1 = \begin{vmatrix} \boldsymbol{i} & \boldsymbol{j} & \boldsymbol{k} \\ 1 & -2 & 1 \\ 2 & 1 & -5 \end{vmatrix} = 9\boldsymbol{i} + 7\boldsymbol{j} + 5\boldsymbol{k},$$

于是所求平面方程为

$$9(x - 0) + 7(y - 2) + 5(z - 1) = 0, 即, 9x + 7y + 5z - 19 = 0.$$

例4.2.5 已知平面 $\pi_1: 2x - 3y - z + 3 = 0$ 和 $\pi_2: x + y + z = 0$. 求过 π_1 和 π_2 的交线且与 π_2 垂直的平面方程.

解法一 平面 π_1 的法向量 $\boldsymbol{n}_1 = (2, -3, -1)$,$\pi_2$ 的法向量 $\boldsymbol{n}_2 = (1,1,1)$,因此 π_1 和 π_2 的交线的方向向量可取为

$$\boldsymbol{l} = \boldsymbol{n}_1 \times \boldsymbol{n}_2 = \begin{vmatrix} \boldsymbol{i} & \boldsymbol{j} & \boldsymbol{k} \\ 2 & -3 & -1 \\ 1 & 1 & 1 \end{vmatrix} = -2\boldsymbol{i} - 3\boldsymbol{j} + 5\boldsymbol{k}.$$

所求平面既垂直于 $\boldsymbol{l}$ 又垂直于 π_2,因此它的法向量可取为

$$\boldsymbol{n} = \boldsymbol{l} \times \boldsymbol{n}_2 = \begin{vmatrix} \boldsymbol{i} & \boldsymbol{j} & \boldsymbol{k} \\ -2 & -3 & 5 \\ 1 & 1 & 1 \end{vmatrix} = -8\boldsymbol{i} + 7\boldsymbol{j} + \boldsymbol{k}.$$

在 π_1 和 π_2 的交线上任取一点 $(-1,0,1)$,则所求平面方程为

$$-8(x + 1) + 7(y - 0) + (z - 1) = 0, 即, 8x - 7y - z + 9 = 0.$$

解法二 过 π_1 和 π_2 的交线的平面可设为

$$2x - 3y - z + 3 + \lambda(x + y + z) = 0,$$

即

$$(2 + \lambda)x + (-3 + \lambda)y + (-1 + \lambda)z + 3 = 0.$$

因为所求平面与 π_2 垂直,所以

$$(2 + \lambda) + (-3 + \lambda) + (-1 + \lambda) = 0,$$

解得 $\lambda = \dfrac{2}{3}$,于是所求平面方程为

$$\left(2 + \frac{2}{3}\right)x + \left(-3 + \frac{2}{3}\right)y + \left(-1 + \frac{2}{3}\right)z + 3 = 0, 即, 8x - 7y - z + 9 = 0.$$

例4.2.6 求经过点 $P(2, -3, -1)$ 且与平面 $3x - 2y + 2z - 7 = 0$ 垂直的直

线方程.

解 直线的方向向量可取为已知平面的法向量$(3,-2,2)$,因此所求直线的方程为

$$\frac{x-2}{3}=\frac{y+3}{-2}=\frac{z+1}{2}.$$

例 4.2.7 求过点$P(1,-2,-1)$,且与直线$\begin{cases} 2x-y-3z=0 \\ x+2y-5z-1=0 \end{cases}$平行的直线方程.

解 平面$2x-y-3z=0$的法向量$\boldsymbol{n}_1=(2,-1,-3)$和$x+2y-5z-1=0$的法向量$\boldsymbol{n}_2=(1,2,-5)$的向量积,就是所求直线的方向向量$\boldsymbol{l}$. 因此

$$\boldsymbol{l}=\boldsymbol{n}_1\times\boldsymbol{n}_2=\begin{vmatrix} \boldsymbol{i} & \boldsymbol{j} & \boldsymbol{k} \\ 2 & -1 & -3 \\ 1 & 2 & -5 \end{vmatrix}=11\boldsymbol{i}+7\boldsymbol{j}+5\boldsymbol{k}.$$

于是所求直线的方程为

$$\frac{x-1}{11}=\frac{y+2}{7}=\frac{z+1}{5}.$$

例 4.2.8 求过点$P_0(0,-2,1)$,与直线$L_1:\dfrac{x-2}{4}=\dfrac{y-2}{3}=\dfrac{z}{1}$垂直,而且与直线$L_2:\dfrac{x-1}{2}=\dfrac{y+2}{4}=\dfrac{z-3}{3}$相交的直线方程.

解法一 设所求直线L的方程为

$$\frac{x}{m}=\frac{y+2}{n}=\frac{z-1}{p}.$$

取L_2上的点$M(1,-2,3)$. 因为L与L_2相交,即共面,则向量$\overrightarrow{P_0M}=(1,0,2)$,直线$L$的方向向量$\boldsymbol{l}=(m,n,p)$,以及$L_2$的方向向量$\boldsymbol{l}_2=(2,4,3)$共面. 因此

$$\begin{vmatrix} 1 & 0 & 2 \\ 2 & 4 & 3 \\ m & n & p \end{vmatrix}=-8m+n+4p=0.$$

又由于所求直线与L_1垂直,所以

$$4m+3n+p=0,$$

因此由以上两式得$m=\dfrac{11}{28}p,n=-\dfrac{6}{7}p$,因此

$$\frac{m}{11}=\frac{n}{-24}=\frac{p}{28}.$$

于是所求直线方程为

$$\frac{x}{11} = \frac{y+2}{-24} = \frac{z-1}{28}.$$

解法二　沿用解法一中的记号. 过点 $P_0(0,-2,1)$ 且与直线 L_1 垂直的平面方程为

$$4(x-0)+3(y+2)+(z-1)=0,即,4x+3y+z+5=0.$$

过点 $P_0(0,-2,1)$ 和直线 L_2 的平面方程为(平面上的点 $P(x,y,z)$ 满足:$\overrightarrow{P_0P}$,$\overrightarrow{P_0M}$,l_2 共面)

$$(\overrightarrow{P_0P} \times \overrightarrow{P_0M}) \cdot l_2 = \begin{vmatrix} x-0 & y+2 & z-1 \\ 1 & 0 & 2 \\ 2 & 4 & 3 \end{vmatrix} = 0,即\ 8x-y-4z+2=0.$$

注意所求直线为以上得出的两张平面的交线,于是其方程为

$$\begin{cases} 4x+3y+z+5=0, \\ 8x-y-4z+2=0. \end{cases}$$

它的对称式方程便是

$$\frac{x}{11} = \frac{y+2}{-24} = \frac{z-1}{28}.$$

例 4.2.9　求过点 $P_0(2,6,3)$,与平面 $\pi:x-2y+3z-5=0$ 平行,而且与直线 $L:\dfrac{x-2}{-5} = \dfrac{y-2}{-8} = \dfrac{z-6}{2}$ 相交的直线方程.

解法一　过点 $P_0(2,6,3)$ 且与平面 $\pi:x-2y+3z-5=0$ 平行的平面 π_1 的方程为

$$(x-2)-2(y-6)+3(z-3)=0,即\ x-2y+3z+1=0.$$

直线 L 的参数方程为 $\begin{cases} x=-5t+2, \\ y=-8t+2, \\ z=2t+6, \end{cases}$ 将其带入平面 π_1 的方程得

$$(-5t+2)-2(-8t+2)+3(2t+6)+1=0,$$

解得 $t=-1$,因此直线 L 与平面 π_1 的交点为 $P_1(7,10,4)$.

过点 P_0 和 P_1 的直线便是所求直线,其方程为

$$\frac{x-2}{7-2} = \frac{y-6}{10-6} = \frac{z-3}{4-3},即,\frac{x-2}{5} = \frac{y-6}{4} = \frac{z-3}{1}.$$

解法二　设所求直线 L_1 的方向向量为 $l_1=(m,n,p)$,它过点 $P_0(2,6,3)$. 因为 L_1 与平面 π 平行,所以

$$m-2n+3p=0.$$

由已知,直线 L 过点 $P_2(2,2,6)$,且方向向量为 $l=(-5,-8,2)$. 显然,若直线 L_1 为所求,则向量 l,l_1、$\overrightarrow{P_0P_2}$ 共面,因此

$$\begin{vmatrix} -5 & -8 & 2 \\ m & n & p \\ 0 & -4 & 3 \end{vmatrix} = 16m - 15n - 20p = 0.$$

此式结合 $m - 2n + 3p = 0$ 便得 $m = 5p, n = 4p$. 于是所求直线 L_1 的方程为

$$\frac{x-2}{5} = \frac{y-6}{4} = \frac{z-3}{1}.$$

例 4.2.10 求直线 $L: \dfrac{x+2}{3} = \dfrac{y-2}{-1} = \dfrac{z+1}{2}$ 在平面 $\pi: 2x + 3y + 2z - 7 = 0$

上的投影直线的方程.

解法一 先求直线 L 与平面 π 的交点. L 的参数方程为 $\begin{cases} x = 3t - 2, \\ y = -t + 2, \\ z = 2t - 1, \end{cases}$ 将其带

入平面 π 的方程得

$$2(3t - 2) + 3(-t + 2) + 2(2t - 1) - 7 = 0,$$

解得 $t = 1$, 因此交点为 $P_1(1,1,1)$.

过直线 L 上的点 $(-2, 2, -1)$ 作平面 π 的垂线, 其方程为

$$\frac{x+2}{2} = \frac{y-2}{3} = \frac{z+1}{2}.$$

它与平面 π 的交点为 $P_2\left(-\dfrac{20}{17}, \dfrac{55}{17}, -\dfrac{3}{17}\right)$.

过 P_1, P_2 两点的直线, 便是所求直线, 它的方程为

$$\frac{x-1}{-37} = \frac{y-1}{38} = \frac{z-1}{-20}.$$

解法二 将直线 L 的方程改写为一般方程

$$\begin{cases} x + 3y - 4 = 0, \\ 2y + z - 3 = 0. \end{cases}$$

于是过 L 的平面方程可表为

$$x + 3y - 4 + \lambda(2y + z - 3) = 0, \text{即}, x + (3 + 2\lambda)y + \lambda z - (4 + 3\lambda) = 0.$$

这族平面中与平面 π 垂直的平面必须满足

$$2 + 3(3 + 2\lambda) + 2\lambda = 0,$$

解得 $\lambda = -\dfrac{11}{8}$. 因此过 L 且与平面 π 垂直的平面方程为

$$8x + 2y - 11z + 1 = 0.$$

该平面与平面 π 的交线即为所求直线, 它的方程为

$$\begin{cases} 2x + 3y + 2z - 7 = 0, \\ 8x + 2y - 11z + 1 = 0. \end{cases}$$

例 4.2.11 已知两直线 $L_1: \dfrac{x+1}{3} = \dfrac{y-2}{-1} = \dfrac{z-1}{2}$ 和 $L_2: \dfrac{x-2}{2} = \dfrac{y+3}{1} = \dfrac{z+1}{0}$.

(1) 求与直线 L_1 和 L_2 都垂直且相交的直线方程 L;

(2) 分别求 L 与 L_1 和 L_2 的交点.

解法一 (1) 直线 L_1 的方向向量为 $\boldsymbol{l}_1 = (3,-1,2)$, L_2 的方向向量为 $\boldsymbol{l}_2 = (2,1,0)$, 因此直线 L 的方向向量可取为

$$\boldsymbol{l} = \boldsymbol{l}_1 \times \boldsymbol{l}_2 = \begin{vmatrix} \boldsymbol{i} & \boldsymbol{j} & \boldsymbol{k} \\ 3 & -1 & 2 \\ 2 & 1 & 0 \end{vmatrix} = -2\boldsymbol{i} + 4\boldsymbol{j} + 5\boldsymbol{k}.$$

过 L_1 且平行于向量 $\boldsymbol{l}$ 的平面 π_1 的方程为

$$\begin{vmatrix} x+1 & y-2 & z-1 \\ 3 & -1 & 2 \\ -2 & 4 & 5 \end{vmatrix} = 0, 即, 13x + 19y - 10z - 15 = 0,$$

过 L_2 且平行于向量 $\boldsymbol{l}$ 的平面 π_2 的方程为

$$\begin{vmatrix} x-2 & y+3 & z+1 \\ 2 & 1 & 0 \\ -2 & 4 & 5 \end{vmatrix} = 0, 即, 5x - 10y + 10z - 30 = 0.$$

所求直线 L 就是这两张平面的交线, 因此 L 的方程为

$$\begin{cases} 13x + 19y - 10z - 15 = 0, \\ 5x - 10y + 10z - 30 = 0. \end{cases}$$

(2) 直线 L_1 的参数方程为 $\begin{cases} x = 3t - 1, \\ y = -t + 2, \\ z = 2t + 1. \end{cases}$ L_1 与平面 π_2 的交点就是 L 与 L_1 的交点. 将 L_1 的参数方程表示代入 π_2 的方程得

$$5(3t-1) - 10(-t+2) + 10(2t+1) - 30 = 0,$$

解得 $t = 1$. 因此 L 与 L_1 的交点为 $(2,1,3)$.

直线 L_2 的参数方程为 $\begin{cases} x = 2t + 2, \\ y = t - 3, \\ z = -1. \end{cases}$ L_2 与平面 π_1 的交点, 就是 L 与 L_2 的交点.

将 L_2 的参数方程表示代入 π_1 的方程得

$$13(2t+2) + 19(t-3) - 10(-1) - 15 = 0,$$

解得 $t = \dfrac{4}{5}$. 因此 L 与 L_2 的交点为 $\left(\dfrac{18}{5}, -\dfrac{11}{5}, -1 \right)$.

解法二 沿用解法一的记号.记 L 与 L_1 的交点为 $P_1(x_1,y_1,z_1)$，L 与 L_2 的交点为 $P_2(x_2,y_2,z_2)$.利用 L_1 和 L_2 的参数表示知

$$\begin{cases} x_1 = 3t_1 - 1, \\ y_1 = -t_1 + 2, \\ z_1 = 2t_1 + 1. \end{cases} \qquad \begin{cases} x_2 = 2t_2 + 2, \\ y_2 = t_2 - 3, \\ z_2 = -1. \end{cases}$$

由于所求直线 L 与直线 L_1 和 L_2 都垂直，因此 $\overrightarrow{P_1P_2} \perp l_1$，$\overrightarrow{P_1P_2} \perp l_2$.于是

$$\begin{cases} \overrightarrow{P_1P_2} \cdot l_1 = 0, \\ \overrightarrow{P_1P_2} \cdot l_2 = 0, \end{cases} \quad 即, \begin{cases} 5t_2 - 14t_1 + 10 = 0, \\ 5t_2 - 5t_1 + 1 = 0. \end{cases}$$

解得 $t_1 = 1, t_2 = \dfrac{4}{5}$.因此 L 与 L_1 的交点为 $(2,1,3)$，L 与 L_2 的交点为 $\left(\dfrac{18}{5}, -\dfrac{11}{5}, -1\right)$.于是，与直线 L_1 和 L_2 都垂直且相交的直线方程 L 为

$$\frac{x-2}{\dfrac{18}{5}-2} = \frac{y-1}{-\dfrac{11}{5}-1} = \frac{z-3}{-1-3}, \quad 即, \frac{x-2}{2} = \frac{y-1}{-4} = \frac{z-3}{-5}.$$

例 4.2.12 求直线 $\begin{cases} 3x - 2y + z - 24 = 0 \\ x - 3y + 2z = 0 \end{cases}$ 与平面 $5x + 7y - 3z + 4 = 0$ 的夹角.

解 直线的方向向量可取为

$$l = \begin{vmatrix} i & j & k \\ 3 & -2 & 1 \\ 1 & -3 & 2 \end{vmatrix} = -i - 5j - 7k.$$

平面 $5x + 7y - 3z + 4 = 0$ 的法向量为 $n = (5,7,-3)$.因此所求直线与平面的夹角的正弦为

$$\sin\theta = \frac{|(-1) \times 5 + (-5) \times 7 + (-7)(-3)|}{\sqrt{(-1)^2 + (-5)^2 + (-7)^2}\sqrt{5^2 + 7^2 + (-3)^2}} = \frac{19}{5\sqrt{249}}.$$

所以夹角为

$$\theta = \arcsin\frac{19}{5\sqrt{249}}.$$

例 4.2.13 求过点 $P_1(0,0,1)$ 和 $P_2(3,0,0)$，且与平面 $y + z - 1 = 0$ 成 $45°$ 角的平面方程.

解 设所求平面的方程为 $Ax + By + Cz + D = 0$.因为它过点 $P_1(0,0,1)$ 和 $P_2(3,0,0)$，所以

$$\begin{cases} C + D = 0, \\ 3A + D = 0. \end{cases}$$

又由于所求平面与 $y + z - 1 = 0$ 成 $45°$ 角，所以

$$\frac{|B + C|}{\sqrt{2} \cdot \sqrt{A^2 + B^2 + C^2}} = \frac{1}{\sqrt{2}},$$

因此

$$A^2 - 2BC = 0.$$

结合上面的关系式可得

$$A : B : C : D = 6 : 1 : 18 : (-18),$$

或

$$A = C = D = 0, \quad B \neq 0.$$

因此所求平面方程为

$$6x + y + 18z - 18 = 0 \text{ 或 } y = 0.$$

例 4.2.14 一平面过直线 $L_1 : \begin{cases} x - 2y + 6 = 0, \\ x + y + z + 1 = 0, \end{cases}$ 且与直线 $L_2 : \dfrac{x-2}{1} = \dfrac{y-5}{1} = \dfrac{z-3}{2}$ 的夹角为 $\dfrac{\pi}{6}$,求该平面的方程.

解 过直线 L_1 的平面可表为

$$x - 2y + 6 + \lambda(x + y + z + 1) = 0,$$

即

$$(1 + \lambda)x + (-2 + \lambda)y + \lambda z + 6 + \lambda = 0.$$

其法向量可取为 $\boldsymbol{n} = (1 + \lambda, -2 + \lambda, \lambda)$.

直线 L_2 的方向向量可取为 $\boldsymbol{l} = (1, 1, 2)$,若所求平面与直线 L_2 的夹角为 $\dfrac{\pi}{6}$,则

$$\sin\frac{\pi}{6} = \frac{|\boldsymbol{n} \cdot \boldsymbol{l}|}{\|\boldsymbol{n}\| \cdot \|\boldsymbol{l}\|} = \frac{|4\lambda - 1|}{\sqrt{(1 + \lambda)^2 + (-2 + \lambda)^2 + \lambda^2} \cdot \sqrt{6}},$$

即 λ 满足

$$23\lambda^2 - 10\lambda - 13 = 0.$$

因此 $\lambda = 1$ 或 $\lambda = -\dfrac{13}{23}$.

于是所求平面的方程为

$$2x - y + z + 7 = 0 \text{ 或 } 10x - 59y - 13z + 125 = 0.$$

例 4.2.15 设一平面与平面 $x + 3y + 2z = 0$ 平行,且与 3 个坐标平面围成的四面体的体积为 6,求该平面的方程.

解 设所求平面的方程 $x + 3y + 2z + \lambda = 0$,则它在 x 轴、y 轴、z 轴的截距分别为 $-\lambda$,$-\dfrac{\lambda}{3}$,$-\dfrac{\lambda}{2}$. 因此由已知得

$$\frac{1}{6}\left|(-\lambda)\left(-\frac{\lambda}{3}\right)\left(-\frac{\lambda}{2}\right)\right| = 6.$$

所以
$$\lambda = \pm 6.$$
因此所求平面方程为
$$x + 3y + 2z + 6 = 0 \text{ 或 } x + 3y + 2z - 6 = 0.$$

例 4. 2. 16 求点 $P_0(1, 0, -1)$ 与直线 $L: \begin{cases} x - y - 3 = 0 \\ 3x - y + z - 1 = 0 \end{cases}$ 的距离.

解法一 直线 L 的方向向量可取为
$$l = \begin{vmatrix} i & j & k \\ 1 & -1 & 0 \\ 3 & -1 & 1 \end{vmatrix} = -i - j + 2k,$$

将其单位化得
$$l_0 = \frac{l}{\|l\|} = \frac{1}{\sqrt{(-1)^2 + (-1)^2 + 2^2}}(-1, -1, 2) = \frac{1}{\sqrt{6}}(-1, -1, 2).$$

取 L 上一点 $P(-1, -4, 0)$,则
$$\overrightarrow{P_0P} \times l_0 = \frac{1}{\sqrt{6}} \begin{vmatrix} i & j & k \\ -2 & -4 & 1 \\ -1 & -1 & 2 \end{vmatrix} = \frac{1}{\sqrt{6}}(-7i + 3j - 2k).$$

于是,点 $P_0(1, 0, -1)$ 与直线 L 的距离为
$$d = \|\overrightarrow{P_0P} \times l_0\| = \sqrt{\frac{31}{3}}.$$

解法二 由解法一知,直线 L 的方向向量可取为 $l = (-1, -1, 2)$. 过点 P_0 且与 L 垂直的平面 π 为
$$-(x - 1) - (y - 0) + 2(z + 1) = 0, \text{即}, x + y - 2z - 3 = 0.$$

直线 L 的参数方程可表为 $\begin{cases} y = x - 3, \\ z = -2x - 2, \end{cases}$ 代入平面 π 的方程便得 L 与 π 的交点
$$P_1 = \left(\frac{1}{3}, -\frac{8}{3}, -\frac{8}{3}\right).$$

点 P_0 与 P_1 的距离,就是 P_0 与直线 L 的距离,它为
$$d = \sqrt{\left(\frac{1}{3} - 1\right)^2 + \left(-\frac{8}{3} - 0\right)^2 + \left(-\frac{8}{3} + 1\right)^2} = \sqrt{\frac{31}{3}}.$$

例 4. 2. 17 已知两直线 $L_1: \dfrac{x}{-2} = \dfrac{y - 1}{0} = \dfrac{z + 2}{1}$ 和 $L_2: \dfrac{x + 1}{1} = \dfrac{y + 1}{2} = \dfrac{z - 2}{-1}$.

（1）验证 L_1 与 L_2 不共面；

（2）求 L_1 与 L_2 之间的距离；

（3）求与 L_1 和 L_2 距离相等的平面 π 的方程.

解 (1) 取 L_1 上的一点 $P_1(0,1,-2)$ 和 L_2 上一点 $P_2(-1,-1,2)$. 只要验证 $\overrightarrow{P_1P_2}$、L_1 的方向向量 $l_1=(-2,0,1)$、L_2 的方向向量 $l_2=(1,2,-1)$ 不共面即可. 因为

$$(\overrightarrow{P_1P_2} \times l_1) \cdot l_2 = \begin{vmatrix} -1 & -2 & 4 \\ -2 & 0 & 1 \\ 1 & 2 & -1 \end{vmatrix} = -12 \neq 0,$$

所以 L_1 与 L_2 不共面.

(2) 过 L_1 且与 L_2 平行的平面方程为(平面上的点 $P(x,y,z)$ 满足: $\overrightarrow{P_1P}$, l_1, l_2 共面)

$$\begin{vmatrix} x-0 & y-1 & z+2 \\ -2 & 0 & 1 \\ 1 & 2 & -1 \end{vmatrix} = 0, 即, 2x+y+4z+7=0.$$

L_2 上的点 $P_2(-1,-1,2)$ 与这个平面的距离, 就是 L_1 与 L_2 之间的距离, 它为

$$d = \frac{|2 \times (-1) + (-1) + 4 \times 2 + 7|}{\sqrt{2^2+1^2+4^2}} = \frac{12}{\sqrt{21}}.$$

(3) 取 L_1 上的一点 $P_1(0,1,-2)$ 和 L_2 上一点 $P_2(-1,-1,2)$. 显然与 L_1 和 L_2 距离相等的平面 π 必过线段 P_1P_2 的中点 $P_3\left(-\frac{1}{2},0,0\right)$, 且 π 与 L_1 和 L_2 平行, 因此 π 的法向量可取为

$$l_1 \times l_2 = \begin{vmatrix} i & j & k \\ -2 & 0 & 1 \\ 1 & 2 & -1 \end{vmatrix} = -2i - j - 4k.$$

于是, 所求平面 π 的方程为

$$-2\left(x+\frac{1}{2}\right) - y - 4z = 0, 即, 2x+y+4z+1=0.$$

例 4.2.18 已知直线 $L: \frac{x-x_0}{l} = \frac{y-y_0}{m} = \frac{z-z_0}{n}$, 其中 $l^2+m^2+n^2=1$. 求点 $P_0(a,b,c)$ 关于 L 的对称点.

解 过点 P_0 且与直线 L 垂直的平面方程 π 为

$$l(x-a) + m(y-b) + n(z-c) = 0,$$

直线 L 的参数方程为 $\begin{cases} x = lt + x_0, \\ y = mt + y_0, \\ z = nt + z_0. \end{cases}$ 代入平面 π 的方程, 并利用 $l^2+m^2+n^2=1$, 得

$$t_0 = l(a-x_0) + m(b-y_0) + n(c-z_0).$$

因此 L 与平面 π 的交点为 $P_1(x_0 + lt_0, y_0 + mt_0, z_0 + nt_0)$.

记 P_2 为 P_0 关于 L 的对称点,则 $\overrightarrow{P_0P_2} = 2\overrightarrow{P_0P_1}$. 因此

$$
\begin{aligned}
P_2 &= P_0 + 2\overrightarrow{P_0P_1} = (a, b, c) + 2(x_0 - a + lt_0, y_0 - b + mt_0, z_0 - c + nt_0) \\
&= (2x_0 - a + 2lt_0, 2y_0 - b + 2mt_0, 2z_0 - c + 2nt_0),
\end{aligned}
$$

其中 $t_0 = l(a - x_0) + m(b - y_0) + n(c - z_0)$.

例 4.2.19 已知入射光线的路径方程为 $L: \dfrac{x-1}{4} = \dfrac{y-1}{3} = \dfrac{z-2}{1}$,求该光线

经平面 $\pi: x + 2y + 5z + 17 = 0$ 反射后的反射光线的方程.

解 入射光线经过点 $P(1,1,2)$,如果确定了 P 关于反射平面 π 的对称点 Q,
以及直线 L 与平面 π 的交点 R,则过点 Q 和 R 的直线就是反射线.

先求 P 关于反射平面 π 的对称点 Q. 过 P 点且垂直于平面 π 的直线方程为

$$
\frac{x-1}{1} = \frac{y-1}{2} = \frac{z-2}{5},
$$

其参数方程为

$$
\begin{cases}
x = 1 + t, \\
y = 1 + 2t, \\
z = 2 + 5t,
\end{cases}
$$

设 $Q = (1 + t, 1 + 2t, 2 + 5t)$,则线段 PQ 的中点 $\left(\dfrac{2+t}{2}, 1 + t, \dfrac{4+5t}{2}\right)$ 在平面 π 上,

因此

$$
\frac{2+t}{2} + 2(1 + t) + 5 \cdot \frac{4+5t}{2} + 17 = 0,
$$

于是 $t = -2$,从而得到 P 关于反射平面 π 的对称点 $Q = (-1, -3, -8)$.

再求直线 L 与平面 π 的交点 R. 直线 L 的参数方程为

$$
\begin{cases}
x = 1 + 4t, \\
y = 1 + 3t, \\
z = 2 + t,
\end{cases}
$$

代入平面 π 的方程得

$$
(1 + 4t) + 2(1 + 3t) + 5(2 + t) + 17 = 0,
$$

因此 $t = -2$,从而得到 L 与平面 π 的交点 $R = (-7, -5, 0)$.

于是,过点 Q 和 R 的直线的方程,即反射线的方程为

$$
\frac{x+7}{3} = \frac{y+5}{1} = \frac{z}{-4}.
$$

1. 求过点 $P(1,0,2)$ 及 y 轴的平面方程.

2. 求过点 $P_1(2,-1,-1)$ 和 $P_2(1,2,3)$,且与平面 $2x+3y-5z+6=0$ 垂直的平面方程.

3. 求过点 $P(4,-1,2)$,且与 3 个坐标轴的正向夹角相等的直线方程.

4. 求过点 $P(3,-2,7)$,且与平面 $3x-2y+7z-8=0$ 垂直的直线方程.

5. 求过点 $P(-1,2,3)$ 且与向量 $\boldsymbol{a}=(4,3,1)$ 垂直,并与直线 $L:\dfrac{x-1}{2}=y+2=z-3$ 相交的直线方程.

6. 一平面过直线 $\dfrac{x-1}{1}=\dfrac{y+1}{2}=\dfrac{z-2}{-1}$ 且平行于直线 $\dfrac{x+1}{-2}=\dfrac{y}{1}=\dfrac{z-1}{0}$,求该平面的方程.

7. 求经过原点且与两平面 $x+2y+3z-13=0$ 和 $3x+y-z-1=0$ 都垂直的平面方程.

8. 求过点 $(-2,3,-1)$ 和直线 $\begin{cases}3x-2y+z-1=0 \\ 2x-y=0\end{cases}$ 的平面方程.

9. 求过直线 $\dfrac{x}{2}=\dfrac{y}{-1}=\dfrac{z-1}{2}$ 且平行于直线 $\dfrac{x-1}{0}=\dfrac{y}{1}=\dfrac{z}{-1}$ 的平面方程.

10. 求过点 $(3,3,-1)$ 且与平面 $x+3y-z-1=0$ 和 $2x+4y+z+3=0$ 都平行的直线方程.

11. 求过直线 $\begin{cases}x-2y-z+3=0, \\ x+y-z-1=0,\end{cases}$ 且与平面 $x-2y-z=0$ 垂直的平面方程.

12. 已知一直线过点 $(3,4,5)$,且方向向量为 $(2,-3,6)$,求点 $P(-1,2,5)$ 与该直线的距离.

13. 问 4 个点 $P(3,1,6),P(4,0,8),P(1,5,7),P(0,8,10)$ 是否共面?若共面,写出该平面的方程.

14. 作一平面,使它经过 z 轴,且与平面 $2x+y-\sqrt{5}z-7=0$ 的夹角为 $\dfrac{\pi}{3}$.

15. 求直线 $\dfrac{x+15}{8}=\dfrac{y}{-1}=\dfrac{z+8}{4}$ 与直线 $\begin{cases}x+5y+8=0 \\ 2y+11z+1=0\end{cases}$ 的夹角.

16. 求直线 $\dfrac{x+4}{2}=\dfrac{y-4}{-1}=\dfrac{z+1}{-2}$ 与直线 $\dfrac{x+5}{-4}=\dfrac{y-5}{3}=\dfrac{z-5}{5}$ 的距离.

17. 求过点 $P_0(0,0,1)$,且与直线 $L_1:\dfrac{x}{1}=\dfrac{y-1}{-1}=\dfrac{z+1}{1}$ 和 $L_2:\dfrac{x+2}{1}=\dfrac{y}{2}=\dfrac{z-1}{-1}$ 均相交的直线方程.

18. 已知直线 $L_1:\begin{cases}\dfrac{y}{b}+\dfrac{z}{c}=1, \\ x=0,\end{cases}$ 和 $L_2:\begin{cases}\dfrac{x}{a}-\dfrac{z}{c}=1, \\ y=0.\end{cases}$

(1) 求包含 L_1 且平行于 L_2 的平面方程;

(2) 若 L_1 与 L_2 的距离为 $2d$,验证: $\dfrac{1}{d^2}=\dfrac{1}{a^2}+\dfrac{1}{b^2}+\dfrac{1}{c^2}$.

19. 已知两张平行的平面 $\pi_1:Ax+By+Cz+D_1=0$ 和 $\pi_2:Ax+By+Cz+D_2=0$,证明它

们之间的距离为

$$d = \frac{|D_1 - D_2|}{\sqrt{A^2 + B^2 + C^2}}.$$

20. 已知两条异面直线 $L_1 : \dfrac{x - x_1}{l_1} = \dfrac{y - y_1}{m_1} = \dfrac{z - z_1}{n_1}$ 和 $L_2 : \dfrac{x - x_2}{l_2} = \dfrac{y - y_2}{m_2} = \dfrac{z - z_2}{n_2}$. 记 L_1 上的点 $P_1 = (x_1, y_1, z_1)$，方向向量 $\boldsymbol{v}_1 = (l_1, m_1, n_1)$；$L_2$ 上的点 $P_2 = (x_2, y_2, z_2)$，方向向量 $\boldsymbol{v}_2 = (l_2, m_2, n_2)$. 证明这两条直线之间的距离为

$$d = \frac{|(\boldsymbol{v}_1 \times \boldsymbol{v}_2) \cdot \overrightarrow{P_1 P_2}|}{\|\boldsymbol{v}_1 \times \boldsymbol{v}_2\|}.$$

§4.3 曲面、曲线和二次曲面

知 识 要 点

一、曲面方程

若空间的曲面 Σ 上的任意一点的坐标 (x, y, z) 都满足方程 $F(x, y, z) = 0$，同时，坐标满足 $F(x, y, z) = 0$ 的点都在曲面 Σ 上，则称

$$F(x, y, z) = 0$$

为**曲面 Σ 的方程**. 该形式的曲面方程也称为**曲面的一般方程**.

形式为

$$\begin{cases} x = x(u, v), \\ y = y(u, v), \\ z = z(u, v) \end{cases}$$

的曲面方程，称为**曲面的参数方程**.

由一条定曲线绕一条定直线旋转一周生成的曲面称为**旋转曲面**. 称曲线 C 为该旋转曲面的**母线**，直线 L 为该旋转曲面的**旋转轴**，简称**轴**.

在 yz 平面上的曲线 $f(y, z) = 0$ 绕 z 轴旋转一周生成的旋转曲面的方程为

$$f(\pm \sqrt{x^2 + y^2}, z) = 0,$$

它绕 y 轴旋转一周生成曲面的方程为

$$f(y, \pm \sqrt{x^2 + z^2}) = 0.$$

在 xy 平面上的曲线 $g(x, y) = 0$ 绕 x 轴旋转一周生成的旋转曲面的方程为

$$g(x, \pm \sqrt{y^2 + z^2}) = 0,$$

它绕 y 轴旋转一周生成曲面的方程为

$$g(\pm \sqrt{x^2 + z^2}, y) = 0.$$

在 zx 平面上的曲线 $h(x,z) = 0$ 绕 x 轴旋转一周生成的旋转曲面的方程为

$$h(x, \pm \sqrt{y^2 + z^2}) = 0,$$

它绕 z 轴旋转一周生成的旋转曲面的方程为

$$h(\pm \sqrt{x^2 + y^2}, z) = 0.$$

若给定一条曲线 C 和一条直线 L,平行于 L 的直线 L_C 沿曲线 C 移动所形成的曲面称为**柱面**,定曲线 C 称为柱面的**准线**,动直线 L_C 称为柱面的**母线**.

给定一条空间曲线 C 和不在 C 上的一点 P,当 C 上的点 M 沿曲线 C 移动时,连接点 P 和 M 的直线 PM 所形成的曲面称为**锥面**,称点 P 为该锥面的**顶点**,曲线 C 为该锥面的**准线**,直线 PM 为该锥面的**母线**.

二、空间曲线方程

曲线方程可以表示为

$$\begin{cases} F(x,y,z) = 0, \\ G(x,y,z) = 0, \end{cases}$$

它称为**曲线的一般方程**.

形式为

$$\begin{cases} x = x(t), \\ y = y(t), \quad T_1 \leq t \leq T_2 \\ z = z(t), \end{cases}$$

的曲线方程,称为**曲线的参数方程**.

三、二次曲面

空间直角坐标系中与三元二次方程

$$a_{11}x^2 + a_{22}y^2 + a_{33}z^2 + 2a_{12}xy + 2a_{13}xz + 2a_{23}yz + b_1x + b_2y + b_3z + c = 0$$

对应的曲面称为**二次曲面**.

由二次型理论,经过对坐标变量的正交变换和平移变换(注意,这些变换并不改变曲面的几何形状),可以使二次曲面的方程中只有非交叉项(即两个不同变量的乘积项)的二次项,并可将其简化为不同时含有某个变量的一次项和二次项,且含一次项的变量只有一个(此时可化为不含常数项)的形式,共有 17 种,此类方程称为**二次曲面的标准方程**. 常见的由标准方程表示的二次曲面如下:

椭球面:$\dfrac{x^2}{a^2} + \dfrac{y^2}{b^2} + \dfrac{z^2}{c^2} = 1$.

单叶双曲面:$\dfrac{x^2}{a^2} + \dfrac{y^2}{b^2} - \dfrac{z^2}{c^2} = 1$.

双叶双曲面$:\dfrac{x^2}{a^2} + \dfrac{y^2}{b^2} - \dfrac{z^2}{c^2} = -1.$

椭圆锥面$:\dfrac{x^2}{a^2} + \dfrac{y^2}{b^2} - \dfrac{z^2}{c^2} = 0.$

椭圆抛物面$:z = \dfrac{x^2}{a^2} + \dfrac{y^2}{b^2}.$

双曲抛物面$:z = \dfrac{x^2}{a^2} - \dfrac{y^2}{b^2}.$

椭圆柱面$:\dfrac{x^2}{a^2} + \dfrac{y^2}{b^2} = 1.$

双曲柱面$:\dfrac{x^2}{a^2} - \dfrac{y^2}{b^2} = 1.$

抛物柱面$:y^2 = 2px.$

例 题 分 析

例 4.3.1 求平面 $2x - y - 2z + 4 = 0$ 和平面 $4x - 8y + z - 6 = 0$ 的交角的平分面方程.

解 设 $P(x,y,z)$ 为所求平面上任一点,则点 P 到两已知平面的距离相等,所以

$$\frac{|2x - y - 2z + 4|}{\sqrt{2^2 + (-1)^2 + (-2)^2}} = \frac{|4x - 8y + z - 6|}{\sqrt{4^2 + (-8)^2 + 1^2}},$$

即

$$\frac{|2x - y - 2z + 4|}{3} = \frac{|4x - 8y + z - 6|}{9}.$$

因此

$$6x - 3y - 6z + 12 = \pm(4x - 8y + z - 6).$$

于是所求平面方程为

$$2x + 5y - 7z + 18 = 0, \text{或} 10x - 11y - 5z + 6 = 0.$$

例 4.3.2 讨论平面 $x + 4y - 8z + m = 0$ 与球面 $x^2 + y^2 + z^2 - 4x + 6y - 2z + 5 = 0$ 的位置关系.

解 将球面 $x^2 + y^2 + z^2 - 4x + 6y - 2z + 5 = 0$ 写为

$$(x - 2)^2 + (y + 3)^2 + (z - 1)^2 = 9.$$

它是球心在点 $P_0(2, -3, 1)$,半径为 3 的球面.球心 $P_0(2, -3, 1)$ 到平面 $x + 4y - 8z + m = 0$ 的距离为

$$d = \frac{|2 + 4(-3) - 8 + m|}{\sqrt{1^2 + 4^2 + 8^2}} = \frac{|m - 18|}{9}.$$

因此

（1）当 $0 \leqslant d < 3$，即当 $-9 < m < 45$ 时，平面与球面相交；

（2）当 $d = 3$，即当 $m = 27$ 或 $m = -9$ 时，平面与球面相切；

（3）当 $d > 3$，即当 $m < -9$ 或 $m > 45$ 时，平面与球面相离.

例 4.3.3 问曲线 $\begin{cases} x = 3\sin t \\ y = 4\sin t \\ z = 5\cos t \end{cases} (0 \leqslant t < 2\pi)$ 表示何种图形？

解 从曲线的参数方程中消去参数 t，得

$$\begin{cases} x^2 + y^2 + z^2 = 25, \\ 4x - 3y = 0. \end{cases}$$

它表示一个过原点的平面截球心为原点的球面 $x^2 + y^2 + z^2 = 25$ 所成的曲线，因此它是一个圆心在原点，半径为 5 的圆.

例 4.3.4 求椭圆抛物面 $x = y^2 + z^2$ 与平面 $x + 2y - z = 0$ 的交线在 3 个坐标平面上的投影曲线的方程.

解 将所给的两个曲面方程联立

$$\begin{cases} x = y^2 + z^2, \\ x + 2y - z = 0. \end{cases}$$

从中消去 z 得 $x^2 + 4xy + 5y^2 - x = 0$，于是，两曲面的交线在 Oxy 平面的投影曲线的方程为

$$\begin{cases} x^2 + 4xy + 5y^2 - x = 0, \\ z = 0. \end{cases}$$

同理，交线在 Oyz 平面的投影曲线的方程为

$$\begin{cases} y^2 + z^2 + 2y - z = 0, \\ x = 0. \end{cases}$$

在 zx 平面的投影曲线的方程为

$$\begin{cases} x^2 + 5z^2 - 2xz - 4x = 0, \\ y = 0. \end{cases}$$

例 4.3.5 求曲线 $\begin{cases} z = x^2 + 4y^2 \\ 2x - 4y + z = 0 \end{cases}$ 的参数方程.

解 从 $\begin{cases} z = x^2 + 4y^2 \\ 2x - 4y + z = 0 \end{cases}$ 中消去变量 z，得

$$(x + 1)^2 + 4\left(y - \frac{1}{2}\right)^2 = 2,$$

将其参数化得 $x = -1 + \sqrt{2}\cos t, y = \dfrac{1}{2} + \dfrac{1}{\sqrt{2}}\sin t (t \in [0, 2\pi))$. 再代入平面方程

$2x - 4y + z = 0$,得

$$z = 4 - 2\sqrt{2}\cos t + 2\sqrt{2}\sin t.$$

因此曲线的参数方程为

$$\begin{cases} x = -1 + \sqrt{2}\cos t, \\ y = \dfrac{1}{2} + \dfrac{1}{\sqrt{2}}\sin t, \qquad t \in [0, 2\pi). \\ z = 4 - 2\sqrt{2}\cos t + 2\sqrt{2}\sin t, \end{cases}$$

注 此类问题的答案并不一定是唯一的.

例 4.3.6 设 xy 平面上的曲线 L 的极坐标方程为 $r^2 = a^2\cos 2\theta$,求它分别绕 x 轴和 y 轴旋转一周所成旋转曲面的方程.

解 将 L 的方程写为直角坐标形式便是

$$(x^2 + y^2)^2 = a^2(x^2 - y^2).$$

于是,L 绕 x 轴旋转一周所成旋转曲面的方程为

$$(x^2 + y^2 + z^2)^2 = a^2(x^2 - y^2 - z^2).$$

L 绕 y 轴旋转一周所成旋转曲面的方程为

$$(x^2 + y^2 + z^2)^2 = a^2(x^2 + z^2 - y^2).$$

例 4.3.7 已知直线 $L_1:\begin{cases} y = mx \\ z = nx \end{cases}$ 和圆 $L_2:\begin{cases} x^2 + y^2 + z^2 = a^2, \\ z = 0, \end{cases}$ 求与直线 L_1 平行且与圆 L_2 相交的动直线产生的曲面方程.

解 将直线 L_1 的方程写为对称式方程

$$\frac{x}{1} = \frac{y}{m} = \frac{z}{n}.$$

设 $P_0(x_0, y_0, z_0)$ 为圆 L_2 上任一点,此时 $x_0^2 + y_0^2 = a^2$,$z_0 = 0$,则过点 P_0 且与直线 L_1 平行的直线为

$$\frac{x - x_0}{1} = \frac{y - y_0}{m} = \frac{z}{n}.$$

因此 $x_0 = x - \dfrac{z}{n}$,$y_0 = y - \dfrac{mz}{n}$,代入 $x_0^2 + y_0^2 = a^2$ 便得所求的曲面方程

$$(nx - z)^2 + (ny - mz)^2 = n^2 a^2.$$

例 4.3.8 求直线 $L_1: \dfrac{x-2}{1} = \dfrac{y-3}{1} = \dfrac{z-4}{2}$ 绕直线 $L_2:\begin{cases} x = 1 \\ y = z \end{cases}$ 旋转一周所产生的旋转曲面的方程.

解 易知 L_1 与 L_2 有交点 $P_0(1, 2, 2)$. L_1 的方向向量可取为 $\boldsymbol{\nu}_1 = (1, 1, 2)$,$L_2$ 的方向向量可取为 $\boldsymbol{\nu}_2 = (0, 1, 1)$,因此 L_1 与 L_2 的交角 θ 满足

$$\cos\theta = \frac{|\boldsymbol{v}_1 \cdot \boldsymbol{v}_2|}{\|\boldsymbol{v}_1\| \cdot \|\boldsymbol{v}_2\|} = \frac{\sqrt{3}}{2}.$$

设 $P(x,y,z)$ 为所求旋转曲面上的任一点,则 $\overrightarrow{P_0P}$ 与 L_2 的夹角也应为 θ,于是

$$\frac{|\overrightarrow{P_0P} \cdot \boldsymbol{v}_2|}{\|\overrightarrow{P_0P}\| \cdot \|\boldsymbol{v}_2\|} = \frac{\sqrt{3}}{2},$$

即

$$\frac{|y - 2 + z - 2|}{\sqrt{(x-1)^2 + (y-2)^2 + (z-2)^2} \cdot \sqrt{2}} = \frac{\sqrt{3}}{2}.$$

化简得

$$2(y + z - 4)^2 = 3[(x-1)^2 + (y-2)^2 + (z-2)^2],$$

这就是所求旋转曲面的方程.

例 4.3.9 求直线 $L:\begin{cases} x - 3y - 2z + 2 = 0 \\ x - y + 2z - 2 = 0 \end{cases}$ 绕 y 轴旋转一周所成曲面的方程,

并求该曲面与平面 $y = 0, y = 2$ 所围立体的体积.

解 从直线 L 的方程可得出,直线上 L 上的点满足

$$\begin{cases} x = 2y, \\ z = 1 - \dfrac{y}{2}. \end{cases}$$

取 L 上任一点 $P(x_0, y_0, z_0)$,则它到 y 轴的距离为 $\sqrt{x_0^2 + z_0^2}$,当它绕 y 轴旋转至点 $P(x,y,z)$ 时,有 $y = y_0$,且 P 到 y 轴的距离为 $\sqrt{x^2 + z^2}$,因此 $\sqrt{x^2 + z^2} = \sqrt{x_0^2 + z_0^2}$.

注意 P_0 在 L 上,因此 $(x_0, y_0, z_0) = \left(2y_0, y_0, 1 - \dfrac{y_0}{2}\right)$,从而

$$\sqrt{x^2 + z^2} = \sqrt{(2y)^2 + \left(1 - \frac{y}{2}\right)^2},$$

整理得

$$x^2 - \frac{17}{4}y^2 + z^2 + y - 1 = 0,$$

这就是所求曲面的方程.

该曲面与平面 $y = 0, y = 2$ 所围立体的体积为

$$V = \pi\int_0^2 (x^2 + z^2)\,\mathrm{d}y = \pi\int_0^2 \left(\frac{17}{4}y^2 - y + 1\right)\mathrm{d}y = \frac{34\pi}{3}.$$

注 在例 4.3.8 中,L_1 与 L_2 有交点;而在例 4.3.9 中,L 与 y 轴无交点,所以采取了不同方法.

例 4.3.10 求直线 $L_1: \dfrac{x-2}{2} = \dfrac{y-1}{3} = z + 1$ 绕直线 $L_2: \begin{cases} x = 1 \\ y = 2 \end{cases}$ 旋转一周所产

生的旋转曲面的方程.

解 设 $P_0(x_0,y_0,z_0)$ 为直线 L_1 上任一点,因为 L_2 平行于 z 轴,所以当点 P_0 转到点 $P(x,y,z)$ 时,点 P 的坐标应满足

$$\begin{cases} (x-1)^2 + (y-2)^2 = (x_0-1)^2 + (y_0-2)^2, \\ z = z_0. \end{cases}$$

注意 $P_0(x_0,y_0,z_0)$ 为直线 L_1 上的点,它应满足

$$\begin{cases} x_0 = 2z_0 + 4, \\ y_0 = 3z_0 + 4, \end{cases}$$

因此旋转曲面的方程为

$$(x-1)^2 + (y-2)^2 = (x_0-1)^2 + (y_0-2)^2$$
$$= (2z_0+4-1)^2 + (3z_0+4-2)^2 = (2z+3)^2 + (3z+2)^2,$$

即

$$x^2 + y^2 - 13z^2 - 2x - 4y - 24z - 8 = 0.$$

例 4.3.11 求以曲线 $C:\begin{cases} x^2 + y^2 + z^2 = 1, \\ x + y + z = 0 \end{cases}$ 为准线,母线的方向向量为 $(1,1,$

$1)$ 的柱面的方程.

解 设 $M_0(x_0,y_0,z_0)$ 为准线上任一点,则过 M_0 点且方向向量为 $(1,1,1)$ 的直线 L 必在所给柱面上,而直线 L 的方程为

$$x - x_0 = y - y_0 = z - z_0 \overset{\text{记}}{=} u.$$

由于 $M_0(x_0,y_0,z_0)$ 满足 $\begin{cases} x_0^2 + y_0^2 + z_0^2 = 1 \\ x_0 + y_0 + z_0 = 0, \end{cases}$ 由此式与上式得 $u = \dfrac{1}{3}(x+y+z)$,从

而可得直线 L 上的点 (x,y,z) 满足

$$\left[x - \frac{1}{3}(x+y+z) \right]^2 + \left[y - \frac{1}{3}(x+y+z) \right]^2 + \left[z - \frac{1}{3}(x+y+z) \right]^2 = 1,$$

即

$$x^2 + y^2 + z^2 - xy - yz - zx = \frac{3}{2}.$$

这就是所求柱面的方程.

例 4.3.12 求顶点在原点、准线为 $\begin{cases} x^2 - 2z + 1 = 0 \\ y - z + 1 = 0 \end{cases}$ 的锥面方程.

解 设 $P(x,y,z)$ 为锥面上任一点,由于锥面的顶点是原点,则过 P 和原点的直线在锥面上. 设这条直线与准线的交点为 $P_1(x_1,y_1,z_1)$,则有

$$\frac{x}{x_1} = \frac{y}{y_1} = \frac{z}{z_1}.$$

又由于点 P_1 在准线上, 因此

$$\begin{cases} x_1^2 - 2z_1 + 1 = 0, \\ y_1 - z_1 + 1 = 0. \end{cases}$$

记 $\dfrac{x}{x_1} = \dfrac{y}{y_1} = \dfrac{z}{z_1} = t$, 则 $x_1 = \dfrac{x}{t}, y_1 = \dfrac{y}{t}, z_1 = \dfrac{z}{t}$, 代入上面的关系式, 得

$$\begin{cases} \left(\dfrac{x}{t}\right)^2 - 2\dfrac{z}{t} + 1 = 0, \\ \dfrac{y}{t} - \dfrac{z}{t} + 1 = 0. \end{cases}$$

从中消去 t, 便得

$$x^2 + y^2 - z^2 = 0.$$

这就是所求的锥面方程.

例 4.3.13 试对 t 的不同值, 说明二次曲面 $x^2 - 2z^2 = 3y^2 + 2tx$ 的类型.

解 将曲面方程配方得

$$(x - t)^2 - 3y^2 - 2z^2 = t^2.$$

因此该曲面当 $t \neq 0$ 时是双叶双曲面. 当 $t = 0$ 时是椭圆锥面.

例 4.3.14 问由参数方程 $\begin{cases} x = u\cos v \\ y = u\sin v \\ z = u\cot\alpha \end{cases}$ $(0 \leqslant v < 2\pi, -\infty < u < +\infty,$

$\alpha \in (0, \pi/2)$ 为定值) 表示的曲面是何种曲面?

解 因为

$$x^2 + y^2 = u^2 = z^2 \tan^2\alpha,$$

因此该参数方程表示的曲面为椭圆锥面.

例 4.3.15 求双叶双曲面 $-\dfrac{x^2}{9} - \dfrac{y^2}{16} + \dfrac{z^2}{25} = 1$ 的参数方程.

解 将曲面方程 $-\dfrac{x^2}{9} - \dfrac{y^2}{16} + \dfrac{z^2}{25} = 1$ 改写为 $\left(\dfrac{z}{5}\right)^2 - \left(\sqrt{\dfrac{x^2}{9} + \dfrac{y^2}{16}}\right)^2 = 1.$ 由于

$\mathrm{ch}^2 u - \mathrm{sh}^2 u = 1$, 可令

$$\sqrt{\dfrac{x^2}{9} + \dfrac{y^2}{16}} = \mathrm{sh}u, \quad \dfrac{z}{5} = \pm\,\mathrm{ch}u, \quad u \in [0, +\infty).$$

再将 $\sqrt{\dfrac{x^2}{9} + \dfrac{y^2}{16}} = \mathrm{sh}u$ 参数化得

$$x = 3\mathrm{sh}u\cos v, \quad y = 4\mathrm{sh}u\sin v, v \in [0, 2\pi).$$

于是曲面 $-\dfrac{x^2}{9} - \dfrac{y^2}{16} + \dfrac{z^2}{25} = 1$ 的参数方程为

$$\begin{cases} x = 3\mathrm{sh}u\cos v, \\ y = 4\mathrm{sh}u\sin v, \quad u \in [0, +\infty), v \in [0, 2\pi) \\ z = \pm 5\mathrm{ch}u, \end{cases}$$

例 4.3.16 已知双曲抛物面 $\Sigma: z = \dfrac{x^2}{9} - \dfrac{y^2}{4}$.

（1）求直线 $\dfrac{x-3}{3} = \dfrac{y-2}{2} = \dfrac{z+1}{4}$ 与 Σ 的交点；

（2）说明直线 $\dfrac{x}{3} = \dfrac{y-2}{-2} = \dfrac{z+1}{2}$ 与 Σ 的位置关系.

解 （1）将直线 $\dfrac{x-3}{3} = \dfrac{y-2}{2} = \dfrac{z+1}{4}$ 写为参数方程的形式

$$\begin{cases} x = 3t + 3, \\ y = 2t + 2, \\ z = 4t - 1. \end{cases}$$

将它代入 Σ 的方程 $z = \dfrac{x^2}{9} - \dfrac{y^2}{4}$, 得

$$4t - 1 = \frac{(3t+3)^2}{9} - \frac{(2t+2)^2}{4}.$$

解之得 $t = \dfrac{1}{4}$. 因此该直线与 Σ 的交点为 $\left(\dfrac{15}{4}, \dfrac{5}{2}, 0\right)$.

（2）将直线 $\dfrac{x}{3} = \dfrac{y-2}{-2} = \dfrac{z+1}{2}$ 写为参数方程的形式：

$$\begin{cases} x = 3t, \\ y = -2t + 2, \\ z = 2t - 1. \end{cases}$$

它总满足关系式 $z = \dfrac{x^2}{9} - \dfrac{y^2}{4}$, 因此该直线在双曲抛物面 Σ 上.

例 4.3.17 设过点 $(-1, c, c)$ 的直线 L 的方程为 $\begin{cases} cx + y + z = c, \\ x - cy + cz = -1, \end{cases}$ 其中 c 为实数.

（1）求直线 L 的对称式方程；

（2）当 c 连续变化时, L 随之移动而生成曲面 Σ, 求曲面 Σ 与平面 $z = t$ 的交线的方程, 其中 t 为常数；

（3）求由曲面 Σ、平面 $z = 0$ 和 $z = 1$ 所围立体的体积.

解 （1）L 的方向向量可取为

$$\begin{vmatrix} \boldsymbol{i} & \boldsymbol{j} & \boldsymbol{k} \\ c & 1 & 1 \\ 1 & -c & c \end{vmatrix} = 2c\boldsymbol{i} + (1 - c^2)\boldsymbol{j} - (1 + c^2)\boldsymbol{k},$$

因此 L 的对称式方程为

$$\frac{x + 1}{2c} = \frac{y - c}{1 - c^2} = \frac{z - c}{-1 - c^2}.$$

（2）在以上方程中令 $z = t$，得

$$\begin{cases} x = \dfrac{-2ct + (c^2 - 1)}{1 + c^2}, \\ y = \dfrac{2c + (c^2 - 1)t}{1 + c^2}, \\ z = t, \end{cases}$$

这就是曲面 Σ 与平面 $z = t$ 的交线的参数方程，其中 c 为参数.

进一步，由上式知

$$\begin{cases} x = A - Bt, \\ y = At + B, \end{cases}$$

其中 $A = \dfrac{c^2 - 1}{1 + c^2}, B = \dfrac{2c}{1 + c^2}$. 显然 $A^2 + B^2 = 1$，于是

$$x^2 + y^2 = A^2(1 + t^2) + B^2(1 + t^2) = 1 + t^2,$$

因此曲面 Σ 与平面 $z = t$ 的交线的方程又可表为

$$\begin{cases} x^2 + y^2 = 1 + t^2, \\ z = t. \end{cases}$$

（3）由（2）可知，过 $(0,0,z)$ 点且与 Oxy 平面平行的平面截由曲面 Σ、平面 $z = 0$ 和 $z = 1$ 所围立体的截面均为圆，其面积为

$$A(z) = \pi(1 + z^2),$$

因此该立体的体积为

$$V = \int_0^1 A(z)\mathrm{d}z = \pi \int_0^1 (1 + z^2)\mathrm{d}z = \frac{4\pi}{3}.$$

例 4.3.18 已知直线 $L: \begin{cases} y = 0, \\ x = z \end{cases}$，和球面 $\Sigma: x^2 + y^2 + z^2 = 4z$. 平行于直线 L 的光线射到球面 Σ 上，求此时该球面在 Oxy 平面所形成的阴影区域及其面积.

解 光线射到球面上，在 Oxy 平面所形成的阴影区域是一个柱面 Σ_1 与 Oxy 平面的交线所围区域，这时柱面 Σ_1 以球面上的一个大圆 C（其所在平面与光线，即直线 L 垂直）为准线，母线与光线平行.

先求大圆 C 的方程. 直线 L 的方向向量可取为 $v = \begin{vmatrix} i & j & k \\ 0 & 1 & 0 \\ 1 & 0 & -1 \end{vmatrix} = -i - k$, 因

此过球面 Σ 的球心 $(0,0,2)$ 且与直线 L 垂直的平面方程为 $x + z - 2 = 0$. 于是大圆 C 的方程为

$$\begin{cases} x^2 + y^2 + z^2 = 4z, \\ x + z - 2 = 0. \end{cases}$$

再求柱面 Σ_1 的方程. 设 $P(x,y,z)$ 为 Σ_1 上任一点, 则过 P 点且平行于 L 的直线与大圆 C 交于一点 $P_0(x_0,y_0,z_0)$, 此时

$$\begin{cases} x_0^2 + y_0^2 + z_0^2 = 4z_0, \\ x_0 + z_0 - 2 = 0. \end{cases}$$

由于 $\overrightarrow{P_0P} = (x - x_0, y - y_0, z - z_0) // v$, 所以存在实数 λ, 使得

$$\begin{cases} x = x_0 + \lambda, \\ y = y_0, \\ z = z_0 + \lambda. \end{cases}$$

将此式代入上式, 并消去 λ 得

$$(x - z + 2)^2 + 2y^2 = 8,$$

这就是柱面 Σ_1 的方程. 因此所求阴影区域为曲线

$$\begin{cases} (x - z + 2)^2 + 2y^2 = 8, \\ z = 0 \end{cases}$$

所围区域. 它是一个长轴为 $2\sqrt{2}$, 短轴为 2 的椭圆, 其面积为 $4\sqrt{2}\pi$.

习　题

1. 问直线 $\begin{cases} x = 2t - 3 \\ y = 3t - 2 \\ z = -4t + 6 \end{cases}$ 与直线 $\begin{cases} x = t + 5 \\ y = -4t - 1 \\ z = t - 4 \end{cases}$ 是否相交? 若相交, 求出其交点.

2. 求形式为 $ax^2 + by^2 + cz^2 = 1$ 的曲面方程, 使它经过点 $(2,1,1)$ 和曲线 $\begin{cases} 4x^2 - 9y^2 = 1, \\ z = 2. \end{cases}$

3. 求曲线 $\begin{cases} x^2 + 3z^2 = 9 \\ y = 0 \end{cases}$ 绕 z 轴旋转一周所产生的旋转曲面的方程.

4. 已知直线 $L: \begin{cases} x = a, \\ y = 0. \end{cases}$ 求一曲面, 使它上面的任一点到 L 的距离与到 Oxy 平面的距离相等.

5. 求顶点在原点、准线为 $\begin{cases} x^2 + y^2 = a^2 \\ z = c \end{cases}$ $(a,c > 0)$ 的锥面方程.

6. 求曲线 $\begin{cases} x^2 + (y+2)^2 + (z-1)^2 = 25 \\ x^2 + y^2 + z^2 = 16 \end{cases}$ 在 Oxy 平面上的投影曲线的方程.

7. 求曲线 $\begin{cases} (x+2)^2 - z^2 = 4 \\ (x-2)^2 + y^2 = 4 \end{cases}$ 在 Oyz 平面上的投影曲线的方程.

8. 求曲线 $\begin{cases} z = 2x^2 + y^2 \\ 4x - 2y + z - 1 = 0 \end{cases}$ 的参数方程.

9. 求直线 $\dfrac{x-2}{3} = \dfrac{y}{2} = \dfrac{z}{6}$ 绕 x 轴旋转一周所成曲面的方程.

10. 已知直线 $L_1 : \dfrac{x}{l} = \dfrac{y}{m} = \dfrac{z}{n}$ 和 $L_2 : \dfrac{x}{a} = \dfrac{y}{b} = \dfrac{z}{c}$，求 L_1 绕 L_2 旋转一周所成曲面的方程.

11. 已知一柱面的准线方程为 $\begin{cases} 4x^2 - y^2 = 1, \\ z = 0, \end{cases}$ 母线的方向为 $(0,1,1)$，求此柱面的方程.

12. 试对 t 的不同值，说明二次曲面 $5x^2 - 2y^2 = 6z^2 + 2t$ 的类型.

13. 求曲面 $z = x^2 + 4y^2 - 1$ 的参数方程.

14. 求直线 $\dfrac{x-3}{3} = \dfrac{y-4}{-6} = \dfrac{z+2}{4}$ 与椭球面 $\dfrac{x^2}{81} + \dfrac{y^2}{36} + \dfrac{z^2}{9} = 1$ 的交点.

15. 设有点 $A(1,0,0)$ 和 $B(0,1,1)$.

(1) 求过 A,B 的直线绕 z 轴旋转一周所成的旋转曲面 Σ 的方程;

(2) 求由 Σ 及两平面 $z = 0, z = 1$ 所围立体的体积.

16. 记椭圆 $\dfrac{x^2}{4} + \dfrac{y^2}{3} = 1$ 绕 x 轴旋转一周所成的椭球面为 Σ_1，并记过点 $(4,0)$ 且与椭圆 $\dfrac{x^2}{4} + \dfrac{y^2}{3} = 1$ 相切的直线绕 x 轴旋转一周所成的锥面为 Σ_2.

(1) 求 Σ_1 和 Σ_2 的方程;

(2) 求 Σ_1 与 Σ_2 之间的立体的体积.

第五章

多元函数微分学

§5.1 多元函数的极限与连续

一、开集与闭集、区域

设 S 为 $\mathbf{R}^n$ 中的子集(也称之为 $\mathbf{R}^n$ 中的**点集**),$x \in \mathbf{R}^n$.如果存在 $r > 0$,使得 $O(x,r) \subset S$,则称 x 为 S 的**内点**;如果对于任何 $r > 0$,均有 $O(x,r) \cap S \neq \varnothing$,且 $O(x,r) \cap (\mathbf{R}^n \backslash S) \neq \varnothing$,则称 x 为 S 的**边界点**.S 的内点全体称为 S 的**内部**,记作 $\mathring{S}$;S 的边界点全体称为 S 的**边界**,记作 ∂S.

设 $S \subset \mathbf{R}^n$,如果 S 中的每一点均为 S 的内点,则称 S 为**开集**;如果 $\partial S \subset S$,则称 S 为**闭集**.可以知道,开集的补集是闭集,闭集的补集是开集.

设 $S \subset \mathbf{R}^n$,如果对 S 中任意两点 x, y,都有一条完全落在 S 中的折线将 x 和 y 连接起来,则称 S 为**连通**的.$\mathbf{R}^n$ 中的连通开集称为**开区域**,简称为**区域**.开区域连同它的边界组成的点集称为**闭区域**.

二、多元函数的极限的概念

多元函数的极限和连续的概念与一元情况类似,源于同一类型问题的考虑.下面我们以二元函数为例给出极限和连续的定义.

定义5.1.1 设 $f(x,y)$ 是定义于 $D \subset \mathbf{R}^2$ 上的一个函数,(x_0, y_0) 是 D 的一个内点或边界点,A 是某个常数.如果对任意给定的 $\varepsilon > 0$,存在 $\delta > 0$,使得当 $(x,y) \in D$ 且 $0 < \sqrt{(x - x_0)^2 + (y - y_0)^2} < \delta$ 时,成立
$$|f(x,y) - A| < \varepsilon,$$
则称(在 D 中)当 $(x,y) \to (x_0, y_0)$ 时,$f(x,y)$ 以 A 为**极限**,记作 $\lim\limits_{(x,y) \to (x_0,y_0)} f(x,y) = A$.此时也称 A 为函数 $f(x,y)$ 在点 (x_0, y_0) 的极限.

这种极限也称为**二重极限**.

对于二元函数 f,还有下面一种极限体现其值的变化趋势.

定义 5.1.2 如果对于每个固定的 $x \neq x_0$，极限 $\lim\limits_{y \to y_0} f(x, y)$ 存在，并且极限
$$\lim_{x \to x_0} \lim_{y \to y_0} f(x, y)$$
存在，则称此极限值为函数 $f(x, y)$ 在点 (x_0, y_0) 先 y 后 x 的**二次极限**.

同样可定义先 x 后 y 的 $\lim\limits_{y \to y_0} \lim\limits_{x \to x_0} f(x, y)$ 的二次极限.

注意，二次极限存在不能保证二重极限存在. 二重极限存在同样也不能保证二次极限存在.

三、多元函数连续的概念

定义 5.1.3 设函数 $f(x, y)$ 定义于 $\mathbf{R}^2$ 中的（开或闭）区域 D 上，$(x_0, y_0) \in D$. 如果
$$\lim_{(x, y) \to (x_0, y_0)} f(x, y) = f(x_0, y_0),$$
则称 $f(x, y)$ 在点 (x_0, y_0) 点**连续**. 如果 $f(x, y)$ 在 D 上的每一点处均连续，则称 $f(x, y)$ 是 D 上的**连续函数**.

多元函数的极限的四则运算满足与一元情形相类似的法则，即和、差、积、商的极限等于极限的和、差、积、商. 当然，在商的情况下，应以分母的极限非零为条件. 进一步要指出的是，关于极限的夹逼性质，在多元情形也成立.

多元连续函数经四则运算后仍保持连续性（商的情况下要求分母非零）. 另外一个重要的结论就是：多元初等函数在其定义区域上是连续的. 一个函数的定义区域是指包含在其定义域中的区域.

四、有界闭区域上连续函数的性质

与闭区间上连续函数相类似，有界闭区域上连续的多元函数有如下性质：

定理 5.1.1 若 $f(x, y)$ 是 $\mathbf{R}^2$ 中有界闭区域 D 上的连续函数，则它必在 D 上有界.

定理 5.1.2 若 $f(x, y)$ 是 $\mathbf{R}^2$ 中有界闭区域 D 上的连续函数，则它必定能在 D 上取到其最大值与最小值.

注 事实上，只要 D 是有界闭集，上述两个结论依然成立.

定理 5.1.3 设 $f(x, y)$ 是 $\mathbf{R}^2$ 中有界闭区域 D 上的连续函数，m 和 M 分别是 $f(x, y)$ 在 D 上的最小值和最大值，则对介于 m 和 M 间的任何实数 C，必存在 $(\xi, \eta) \in D$，使得
$$f(\xi, \eta) = C.$$

例 5.1.1 设 $f(x,y) = \arcsin \dfrac{x-y}{x+y}$.

(1) 求函数 $f(x,y)$ 的定义域；

(2) 求函数 $f(x,y)$ 的值域；

(3) 指出 $f(x,y)$ 的定义域是否为开集、闭集或两者都不是；

(4) 指出 $f(x,y)$ 的定义域是否有界；

(5) 描述函数的等位线.

解 (1) 因为反正弦函数的定义域为 $[-1,1]$，所以要使函数 f 有意义，必须

$$-1 \leqslant \frac{x-y}{x+y} \leqslant 1, 且 x+y \neq 0.$$

当 $x+y>0$ 时，上式为

$$\begin{cases} x \geqslant 0, \\ y \geqslant 0, \end{cases} 且 (x,y) \neq (0,0).$$

当 $x+y<0$ 时，上式为

$$\begin{cases} x \leqslant 0, \\ y \leqslant 0, \end{cases} 且 (x,y) \neq (0,0).$$

因此函数的定义域为 (见图 5.1.1)

$D_f = \{(x,y) \mid x \geqslant 0, y \geqslant 0\} \cup \{(x,y) \mid x \leqslant 0, y \leqslant 0\} \setminus \{(0,0)\}.$

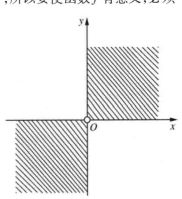

图 5.1.1

(2) 显然函数 $f(x,y)$ 的值域为 $\left[-\dfrac{\pi}{2}, \dfrac{\pi}{2}\right]$.

(3) 由于函数 $f(x,y)$ 的定义域 D_f 既含有它的边界点 (例如包含 $(0,1)$)，又不含有它的边界点 $(0,0)$，因此 D_f 既不是开集也不是闭集.

(4) 显然 D_f 是无界的.

(5) 函数 $f(x,y)$ 的等位线方程为

$$\arcsin \frac{x-y}{x+y} = C\left(-\frac{\pi}{2} \leqslant C \leqslant \frac{\pi}{2}\right), 且 (x,y) \in D_f,$$

其图像见图 5.1.2.

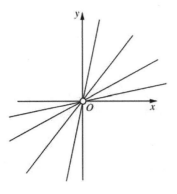

图 5.1.2

例 5.1.2 问当 $(x,y) \to (0,0)$ 时，下列函数的极限是否存在？

(1) $f(x,y) = \dfrac{x^2 y^2}{x^4 + y^4}$; (2) $f(x,y) = \dfrac{x^2 y^2}{x^2 + y^6}$;

(3) $f(x,y) = \dfrac{xy}{\sqrt{x+y+1}-1}$.

解 （1）因为在直线 $y = kx(k \neq 0)$ 上，当 $x \neq 0$ 时，成立

$$f(x,y) = \frac{k^2 x^4}{x^4 + k^4 x^4} = \frac{k^2}{1 + k^4},$$

所以

$$\lim_{\substack{(x,y) \to (0,0) \\ y = kx}} f(x,y) = \lim_{x \to 0} \frac{k^2 x^4}{x^4 + k^4 x^4} = \frac{k^2}{1 + k^4}.$$

这说明，对于不同的 $k(k \neq 0)$，当 (x,y) 沿直线 $y = kx$ 趋向原点时，$f(x,y)$ 有不同的极限，因此当 $(x,y) \to (0,0)$ 时，函数 $f(x,y)$ 的极限不存在.

（2）因为

$$x^2 + y^6 = \frac{1}{2}x^2 + \frac{1}{2}x^2 + y^6 \geqslant 3\left(\frac{1}{2}x^2 \cdot \frac{1}{2}x^2 y^6\right)^{\frac{1}{3}} = \frac{3}{\sqrt[3]{4}}x^{\frac{4}{3}}y^2,$$

所以当 $(x,y) \neq (0,0)$ 时，若 $x \neq 0$ 且 $y \neq 0$，则成立

$$|f(x,y)| = \frac{x^2 y^2}{x^2 + y^6} \leqslant \frac{x^2 y^2}{\dfrac{3}{\sqrt[3]{4}}x^{\frac{4}{3}}y^2} = \frac{\sqrt[3]{4}}{3}x^{\frac{2}{3}},$$

而 $x = 0$ 或 $y = 0$，上式显然也成立. 由于 $\lim\limits_{(x,y) \to (0,0)} \dfrac{\sqrt[3]{4}}{3}x^{\frac{2}{3}} = 0$，因此由极限的夹逼性质知，当 $(x,y) \to (0,0)$ 时，函数 $f(x,y)$ 的极限存在，且

$$\lim_{(x,y) \to (0,0)} f(x,y) = 0.$$

（3）显然

$$f(x,y) = \frac{xy(\sqrt{x + y + 1} + 1)}{x + y}.$$

因为在曲线 $y = -x + kx^2 (k \neq 0)$ 上，当 $x \neq 0$ 时，成立

$$f(x,y) = \frac{(-1 + kx)(\sqrt{1 + kx^2} + 1)}{k},$$

所以

$$\lim_{\substack{(x,y) \to (0,0) \\ y = -x + kx^2}} f(x,y) = -\frac{2}{k}.$$

这说明，对于不同的 $k(k \neq 0)$，当 (x,y) 沿曲线 $y = -x + kx^2$ 趋向原点时，$f(x,y)$ 有不同的极限，因此当 $(x,y) \to (0,0)$ 时，函数 $f(x,y)$ 的极限不存在.

例 5.1.3 设 $f(x,y) = \begin{cases} x\sin\dfrac{1}{y} + y\sin\dfrac{1}{x}, & xy \neq 0, \\ 0, & xy = 0. \end{cases}$

（1）问函数 $f(x,y)$ 在点 $(0,0)$ 的极限是否存在？

（2）问函数 $f(x,y)$ 在点 $(0,0)$ 的两个二次极限是否存在？

解 （1）因为
$$|f(x,y)| \leqslant |x| + |y|,$$
而 $\lim\limits_{(x,y)\to(0,0)}(|x|+|y|) = 0$，所以 $\lim\limits_{(x,y)\to(0,0)}f(x,y) = 0$. 因此 f 在点 $(0,0)$ 的极限存在.

（2）由于对于每个 $x \neq 0$，当 $y \to 0$ 时，$x\sin\dfrac{1}{y}$ 的极限不存在，而 $y\sin\dfrac{1}{x} \to 0$，因此 $\lim\limits_{y\to 0}f(x,y)$ 不存在. 于是二次极限 $\lim\limits_{x\to 0}\lim\limits_{y\to 0}f(x,y)$ 也不存在. 同理可知 $\lim\limits_{y\to 0}\lim\limits_{x\to 0}f(x,y)$ 不存在.

下例给出了 $\lim\limits_{x\to x_0}\lim\limits_{y\to y_0}f(x,y) = \lim\limits_{(x,y)\to(x_0,y_0)}f(x,y)$ 的一个充分条件.

例 5.1.4 若二元函数 $f(x,y)$ 在点 (x_0,y_0) 存在二重极限
$$\lim_{(x,y)\to(x_0,y_0)}f(x,y) = A,$$
且当 $x \neq x_0$ 时存在极限
$$\lim_{y\to y_0}f(x,y) = \varphi(x),$$
证明：$\lim\limits_{x\to x_0}\varphi(x) = A.$

证 对于任意给定的 $\varepsilon > 0$，因为 $\lim\limits_{(x,y)\to(x_0,y_0)}f(x,y) = A$，所以存在 $\delta > 0$，使得当 $0 < \sqrt{(x-x_0)^2 + (y-y_0)^2} < \delta$ 时，成立
$$|f(x,y) - A| < \frac{\varepsilon}{2}.$$

于是对于每个满足 $0 < |x-x_0| < \delta$ 的 x，令 $y \to y_0$，便得到
$$|\varphi(x) - A| = \lim_{y\to y_0}|f(x,y) - A| \leqslant \frac{\varepsilon}{2} < \varepsilon.$$

这就是说，对于任意给定的 $\varepsilon > 0$，存在 $\delta > 0$，使得当 $0 < |x-x_0| < \delta$ 时，成立
$$|\varphi(x) - A| < \varepsilon.$$

因此，由极限的定义知 $\lim\limits_{x\to x_0}\varphi(x) = A.$

例 5.1.5 问下列极限是否存在？若存在，求出其极限：

（1）$\lim\limits_{(x,y)\to(0,0)}\dfrac{\ln[1+\sin 2(x^2+y^2)]}{x^2+y^2}$；　　　　（2）$\lim\limits_{(x,y)\to(0,0)}(x^2+y^2)^{2x^2y^2}$；

（3）$\lim\limits_{\substack{x\to+\infty\\y\to+\infty}}(x^2+y^2)\mathrm{e}^{-(x+y)}$；　　　　（4）$\lim\limits_{\substack{x\to+\infty\\y\to+\infty}}\dfrac{\mathrm{e}^{x+y}}{x^2+y^2}$.

解 （1）利用无穷小量的等价关系 $\ln(1+t) \sim t\,(t \to 0)$，得
$$\lim_{(x,y)\to(0,0)}\frac{\ln[1+\sin 2(x^2+y^2)]}{x^2+y^2} = \lim_{(x,y)\to(0,0)}\frac{\sin 2(x^2+y^2)}{x^2+y^2} = 2.$$

（2）因为

$$2x^2y^2 \leqslant x^4 + y^4 \leqslant (x^2 + y^2)^2,$$

所以当 $x^2 + y^2 < 1$ 时,有

$$1 \geqslant (x^2 + y^2)^{2x^2y^2} \geqslant (x^2 + y^2)^{(x^2+y^2)^2}.$$

因为

$$\lim_{(x,y)\to(0,0)} (x^2 + y^2)^{(x^2+y^2)^2} = \lim_{t\to 0+0} t^{t^2} = e^{\lim\limits_{t\to 0+0} t^2\ln t} = e^0 = 1 \ (\text{记 } t = x^2 + y^2),$$

所以由极限的夹逼性质知

$$\lim_{(x,y)\to(0,0)} (x^2 + y^2)^{2x^2y^2} = 1.$$

(3) 因为当 $x > 0, y > 0$ 时,成立

$$0 < (x^2 + y^2)e^{-(x+y)} = \frac{x^2}{e^{x+y}} + \frac{y^2}{e^{x+y}} < \frac{x^2}{e^x} + \frac{y^2}{e^y},$$

而 $\lim\limits_{\substack{x\to +\infty \\ y\to +\infty}} \left(\dfrac{x^2}{e^x} + \dfrac{y^2}{e^y} \right) = 0$,所以由极限的夹逼性质知

$$\lim_{\substack{x\to +\infty \\ y\to +\infty}} (x^2 + y^2)e^{-(x+y)} = 0.$$

(4) 由于当 $u > 0$ 时成立 $e^u > \dfrac{u^3}{6}$,因此当 $x > 0, y > 0$ 时,成立

$$\frac{e^{x+y}}{x^2 + y^2} > \frac{(x+y)^3}{6(x^2+y^2)} > \frac{(x+y)^3}{6(x+y)^2} = \frac{x+y}{6}.$$

由于当 $x \to +\infty, y \to +\infty$ 时 $x + y \to +\infty$,因此当 $x \to +\infty, y \to +\infty$ 时,$\dfrac{e^{x+y}}{x^2+y^2}$ 的极限不存在.

注　由不等式 $\dfrac{e^{x+y}}{x^2+y^2} > \dfrac{x+y}{6}$ 知,函数 $\dfrac{e^{x+y}}{x^2+y^2}$ 是 $x \to +\infty, y \to +\infty$ 时的正无穷大量,即

$$\lim_{\substack{x\to +\infty \\ y\to +\infty}} \frac{e^{x+y}}{x^2+y^2} = +\infty.$$

例 5.1.6　问下列函数在点 $(0,0)$ 是否连续?

(1) $f(x,y) = \begin{cases} \dfrac{x^3 - xy^2}{x^2 + y^2}, & x^2 + y^2 \neq 0, \\ 0, & x^2 + y^2 = 0; \end{cases}$

(2) $f(x,y) = \begin{cases} \dfrac{x^3 - y^2}{x^2 + y^2}, & x^2 + y^2 \neq 0, \\ 0, & x^2 + y^2 = 0. \end{cases}$

解　(1) 作极坐标变换 $x = r\cos\theta, y = r\sin\theta$,则 f 可表示为

$$f(r\cos\theta, r\sin\theta) = r\cos\theta(\cos^2\theta - \sin^2\theta).$$

因为
$$\lim_{(x,y)\to(0,0)} f(x,y) = \lim_{r\to 0} r\cos\theta(\cos^2\theta - \sin^2\theta) = 0 = f(0,0),$$
所以 $f(x,y)$ 在点 $(0,0)$ 连续.

（2）因为当 (x,y) 沿 x 轴趋于 $(0,0)$ 时,有
$$\lim_{\substack{(x,y)\to(0,0)\\y=0}} f(x,y) = \lim_{x\to 0} x = 0,$$
当 (x,y) 沿 y 轴趋于 $(0,0)$ 时,有
$$\lim_{\substack{(x,y)\to(0,0)\\x=0}} f(x,y) = \lim_{x\to 0}(-1) = -1,$$
所以当 (x,y) 趋于 $(0,0)$ 时, $f(x,y)$ 的极限不存在,因此 $f(x,y)$ 在点 $(0,0)$ 不连续.

例 5.1.7 设 $f(x,y) = x^2 e^{-(x^2-y)}$.

（1）证明: $f(x,y)$ 沿任何射线 $x = t\cos\alpha, y = t\sin\alpha(0 \leq t < +\infty)$ 当 $t \to +\infty$ 时的极限为 0,这里 $\alpha \in [0, 2\pi)$ 为常数;

（2）问:当 $x \to +\infty, y \to +\infty$ 时, $f(x,y)$ 的极限是否为 0?

解 （1）**证** 在射线 $x = t\cos\alpha, y = t\sin\alpha$ 上, $f(x,y)$ 的值为
$$f(t\cos\alpha, t\sin\alpha) = t^2\cos^2\alpha e^{-(t^2\cos^2\alpha - t\sin\alpha)}, \quad 0 \leq t < +\infty.$$

当 $\alpha = \dfrac{\pi}{2}$ 或 $\dfrac{3\pi}{2}$ 时, $f(t\cos\alpha, t\sin\alpha) = 0$,因此 $\lim\limits_{t\to +\infty} f(t\cos\alpha, t\sin\alpha) = 0$;

当 $\alpha \neq \dfrac{\pi}{2}, \dfrac{3\pi}{2}$ 时,由 L'Hospital 法则得
$$\begin{aligned}
\lim_{t\to +\infty} f(t\cos\alpha, t\sin\alpha) &= \cos^2\alpha \lim_{t\to +\infty} \frac{t^2}{e^{t^2\cos^2\alpha - t\sin\alpha}}\\
&= \cos^2\alpha \lim_{t\to +\infty} \frac{2t}{(2t\cos^2\alpha - \sin\alpha)e^{t^2\cos^2\alpha - t\sin\alpha}}\\
&= \cos^2\alpha \lim_{t\to +\infty} \frac{2}{\left(2\cos^2\alpha - \dfrac{\sin\alpha}{t}\right)e^{t^2\cos^2\alpha - t\sin\alpha}} = 0.
\end{aligned}$$

（2）当 $x \to +\infty, y \to +\infty$ 时, $f(x,y)$ 的极限不是 0. 这是因为 $f(x,y)$ 沿抛物线 $y = x^2$ 当 $x \to +\infty$ 时,有 $f(x, x^2) = x^2 \to +\infty$.

注 结合（1）的结论可知,当 $x \to +\infty, y \to +\infty$ 时, $f(x,y)$ 的极限不存在.

例 5.1.8 讨论函数 $f(x,y) = \begin{cases} \sqrt{1-x^2-y^2}, & x^2+y^2 \leq 1 \\ 0, & x^2+y^2 > 1 \end{cases}$ 的连续性.

解 当 $x^2+y^2 < 1$ 时,由于 $f(x,y)$ 与初等函数 $\sqrt{1-x^2-y^2}$ 恒等,因而 $f(x,y)$ 是连续的. 同理,当 $x^2+y^2 > 1$ 时, $f(x,y) = 0$,所以 $f(x,y)$ 也是连续的.

对于每个满足 $x_0^2 + y_0^2 = 1$ 的点 (x_0, y_0),因为

$$\lim_{\substack{(x,y)\to(x_0,y_0)\\x^2+y^2\leqslant 1}} f(x,y) = \lim_{\substack{(x,y)\to(x_0,y_0)\\x^2+y^2\leqslant 1}} \sqrt{1-x^2-y^2} = \sqrt{1-x_0^2-y_0^2} = 0,$$

以及

$$\lim_{\substack{(x,y)\to(x_0,y_0)\\x^2+y^2>1}} f(x,y) = \lim_{\substack{(x,y)\to(x_0,y_0)\\x^2+y^2>1}} 0 = 0,$$

所以

$$\lim_{(x,y)\to(x_0,y_0)} f(x,y) = 0 = f(x_0,y_0).$$

因此 $f(x,y)$ 在点 (x_0,y_0) 连续.

综上所述,函数 $f(x,y)$ 在 $\mathbf{R}^2$ 上连续.

例 5.1.9 设 $f(x,y)$ 是 $\mathbf{R}^2$ 上的连续函数,且 $\lim\limits_{x^2+y^2\to+\infty} f(x,y)$ 存在,证明 $f(x,y)$ 在 $\mathbf{R}^2$ 上有界.

证 记 $\lim\limits_{x^2+y^2\to+\infty} f(x,y) = A$,由极限的定义可知,存在 $r > 0$,当 $\sqrt{x^2+y^2} > r$ 时,成立

$$|f(x,y) - A| < 1,\text{所以},|f(x,y)| < |A| + 1.$$

因为 $f(x,y)$ 在有界闭区域 $D = \{(x,y) \mid \sqrt{x^2+y^2} \leqslant r\}$ 上连续,所以它在 D 上有界,因此存在 $K > 0$,使得

$$|f(x,y)| \leqslant K, \quad (x,y) \in D.$$

取 $M = \max\{|A|+1, K\}$,则在 $\mathbf{R}^2$ 上便成立 $|f(x,y)| \leqslant M$,这说明 $f(x,y)$ 在 $\mathbf{R}^2$ 上有界.

例 5.1.10 设 $f(x,y)$ 是 $\mathbf{R}^2$ 上的连续函数,满足:

(1) 当 $(x,y) \neq (0,0)$ 时,成立 $f(x,y) > 0$;

(2) 对于任意 (x,y) 与 $c > 0$,成立 $f(cx,cy) = cf(x,y)$.

证明:存在常数 $a > 0, b > 0$,使得

$$a\sqrt{x^2+y^2} \leqslant f(x,y) \leqslant b\sqrt{x^2+y^2}, \quad (x,y) \in \mathbf{R}^2.$$

证 因为单位圆 $D = \{(x,y) \mid x^2+y^2 = 1\}$ 是 $\mathbf{R}^2$ 上的有界闭集,则 $f(x,y)$ 在 D 上取到最小值 a 和最大值 b,即

$$a \leqslant f(x,y) \leqslant b, \quad (x,y) \in D,$$

且由假设(1) 知 $a > 0, b > 0$.

对于任何 $(x,y) \neq (0,0)$,因为 $\dfrac{1}{\sqrt{x^2+y^2}}(x,y) \in D$,所以

$$a \leqslant f\left(\frac{1}{\sqrt{x^2+y^2}}(x,y)\right) \leqslant b,$$

由假设(2)知 $f\left(\dfrac{1}{\sqrt{x^2+y^2}}(x,y)\right)=\dfrac{1}{\sqrt{x^2+y^2}}f(x,y)$，因此由上式得

$$a\sqrt{x^2+y^2}\leqslant f(x,y)\leqslant b\sqrt{x^2+y^2}.$$

由假设(2)，$f(0,0)=f(2\cdot0,2\cdot0)=2f(0,0)$，从而 $f(0,0)=0$，上式也成立. 因此上式对所有 $(x,y)\in\mathbf{R}^2$ 皆成立.

习　　题

1. 设 $f(x,y)=\dfrac{x^2y^2}{x^2y^2+(x-y)^2}$.

(1) 证明 $\lim\limits_{x\to0}\lim\limits_{y\to0}f(x,y)=\lim\limits_{y\to0}\lim\limits_{x\to0}f(x,y)=0$；

(2) 证明 $\lim\limits_{(x,y)\to(0,0)}f(x,y)$ 不存在.

2. 下列极限是否存在?若存在，求出极限.

(1) $\lim\limits_{(x,y)\to(0,0)}(x+y)\ln(x^2+y^2)$；　　　　(2) $\lim\limits_{(x,y)\to(0,0)}\dfrac{1-\cos(x^2+y^2)}{(x^2+y^2)^3}$；

(3) $\lim\limits_{\substack{x\to+\infty\\y\to+\infty}}\left(\dfrac{xy}{x^2+y^2}\right)^{x+y}$；　　　　(4) $\lim\limits_{\substack{x\to\infty\\y\to4}}\left(1+\dfrac{1}{x}\right)^{\frac{x^2}{x+y}}$.

3. 问下列函数在点 $(0,0)$ 是否连续?

(1) $f(x,y)=\begin{cases}\dfrac{x^3y}{x^6+y^2},&x^2+y^2\neq0,\\0,&x^2+y^2=0;\end{cases}$

(2) $f(x,y)=\begin{cases}\sin\dfrac{x^3+y^3}{x^2+y^2},&x^2+y^2\neq0,\\0,&x^2+y^2=0.\end{cases}$

4. 设 $f(x,y)=\dfrac{y}{1+xy}-\dfrac{1-y\sin\dfrac{\pi x}{y}}{\arctan x}(x>0,y>0)$. 求：

(1) $g(x)=\lim\limits_{y\to+\infty}f(x,y)\ (x>0)$；

(2) $\lim\limits_{x\to0+0}g(x)$.

5. 设 D 是 Oxy 平面中的有界闭区域，M_0 为 D 外的一点. 证明：在 D 中必存在点 P_0 和 P_1，使它们分别为 D 中离 M_0 最近和最远的点.

§5.2　偏导数、全微分、方向导数和梯度

知 识 要 点

我们仍以二元函数为例，给出相关的概念及性质.

一、偏导数

定义 5.2.1 设 $D \subset \mathbf{R}^2$ 为区域，$f(x,y)$ 是定义在 D 上的二元函数，$(x_0,y_0) \in D$ 为一定点. 如果存在极限

$$\lim_{\Delta x \to 0} \frac{f(x_0 + \Delta x, y_0) - f(x_0,y_0)}{\Delta x},$$

则称函数 $f(x,y)$ 在点 (x_0,y_0) 关于 x **可偏导**，并称此极限值为 $f(x,y)$ 在点 (x_0,y_0) 关于 x 的**偏导数**，记为

$$\frac{\partial z}{\partial x}(x_0,y_0)\Big(或 f'_x(x_0,y_0),\frac{\partial f}{\partial x}(x_0,y_0)\Big).$$

类似地可定义 $\dfrac{\partial z}{\partial y}(x_0,y_0)\Big(或 f'_y(x_0,y_0),\dfrac{\partial f}{\partial y}(x_0,y_0)\Big).$

若函数 $f(x,y)$ 在点 (x_0,y_0) 关于 x 和 y 均可偏导，就称 $f(x,y)$ 在点 (x_0,y_0) 可偏导. 如果 $f(x,y)$ 在区域 D 上每一点均可偏导，就称 $f(x,y)$ 在 D 上可偏导.

从偏导数的定义可以看出，一个多元函数关于某个变量求偏导数，就是将其他变量看成常数，对该变量求导数.

偏导数的几何意义：$f'_x(x_0,y_0)$ 就是曲面 $z = f(x,y)$ 与平面 $y = y_0$ 的交线

$$\begin{cases} y = y_0, \\ z = f(x,y) \end{cases}$$

在点 (x_0,y_0) 处的切线关于 x 轴的斜率.

注意，在一元函数情形，可导必定连续，但对多元函数来讲，类似性质并不成立，即可偏导未必能推出连续.

二、全微分

定义 5.2.2 设 $D \subset \mathbf{R}^2$ 为区域，$f(x,y)$ 是定义在 D 上的二元函数，$(x_0,y_0) \in D$ 为一定点. 若存在只与点 (x_0,y_0) 有关而与 Δx 及 Δy 无关的常数 A 和 B，使得

$$\Delta z = f(x + \Delta x, y + \Delta y) - f(x,y) = A\Delta x + B\Delta y + o\left(\sqrt{\Delta x^2 + \Delta y^2}\right),$$

这里 $o\left(\sqrt{\Delta x^2 + \Delta y^2}\right)$ 表示在 $\sqrt{\Delta x^2 + \Delta y^2} \to 0$ 时比 $\sqrt{\Delta x^2 + \Delta y^2}$ 高阶的无穷小量，则称函数 $f(x,y)$ 在点 (x_0,y_0) 处**可微**，并称其线性主要部分 $A\Delta x + B\Delta y$ 为 $f(x,y)$ 在点 (x_0,y_0) 处的**全微分**，记为 $\mathrm{d}z(x_0,y_0)$ 或 $\mathrm{d}z\big|_{(x_0,y_0)}$.

如果函数 $f(x,y)$ 在区域 D 上每一点处均可微，就称 $f(x,y)$ 在 D 上可微. 此时成立

$$\mathrm{d}z = \frac{\partial f}{\partial x}(x,y)\,\mathrm{d}x + \frac{\partial f}{\partial y}(x,y)\,\mathrm{d}y.$$

注意,若函数 $f(x,y)$ 在点 (x_0,y_0) 可微,则 $f(x,y)$ 在点 (x_0,y_0) 连续,且 $f(x,y)$ 在点 (x_0,y_0) 可偏导. 反之不然. 为推出可微性,必须加上更强的条件.

定理 5.2.1 设函数 $f(x,y)$ 在点 (x_0,y_0) 的某个邻域上存在偏导数,并且偏导数在点 (x_0,y_0) 连续,那么 $f(x,y)$ 在点 (x_0,y_0) 可微.

若 $f(x,y)$ 在点 (x_0,y_0) 可微,那么由定义,在点 (x_0,y_0) 附近成立 $\Delta z \approx \mathrm{d}z$,因此

$$f(x_0 + \Delta x, y_0 + \Delta y) \approx f(x_0,y_0) + f_x'(x_0,y_0)\Delta x + f_y'(x_0,y_0)\Delta y,$$

其误差是比 $\sqrt{\Delta x^2 + \Delta y^2}$ 高阶的无穷小量. 这就是说, $f(x_0 + \Delta x, y_0 + \Delta y)$ 可以用 $\Delta x, \Delta y$ 的线性函数来近似计算.

三、方向导数

定义 5.2.3 设 $D \subset \mathbf{R}^2$ 为区域, $f(x,y)$ 是定义在 D 上的二元函数, $(x_0,y_0) \in D$ 为一定点, $l = (\cos\alpha, \cos\beta)(=(\cos\alpha, \sin\alpha))$ 为一个方向(其中 α, β 分别为 l 与 x 轴, y 轴正向的夹角). 如果极限

$$\lim_{t \to 0+0} \frac{f(x_0 + t\cos\alpha, y_0 + t\sin\alpha) - f(x_0,y_0)}{t}$$

存在,则称此极限为函数 $f(x,y)$ 在点 (x_0,y_0) 沿方向 l 的**方向导数**,记为

$$\frac{\partial f}{\partial l}(x_0,y_0).$$

方向导数可如下计算.

定理 5.2.2 如果函数 $f(x,y)$ 在点 (x_0,y_0) 可微,那么对于任一方向 $l = (\cos\alpha, \sin\alpha)$, $f(x,y)$ 在点 (x_0,y_0) 沿方向 l 的方向导数存在,且

$$\frac{\partial f}{\partial l}(x_0,y_0) = \frac{\partial f}{\partial x}(x_0,y_0)\cos\alpha + \frac{\partial f}{\partial y}(x_0,y_0)\sin\alpha.$$

四、梯度

定义 5.2.4 如果函数 $f(x,y)$ 在点 (x_0,y_0) 可偏导,则称向量 $(f_x'(x_0,y_0), f_y'(x_0,y_0))$ 为 $f(x,y)$ 在点 (x_0,y_0) 的**梯度**,记为 $\mathbf{grad}f(x_0,y_0)$,即

$$\mathbf{grad}f(x_0,y_0) = f_x'(x_0,y_0)\boldsymbol{i} + f_y'(x_0,y_0)\boldsymbol{j}.$$

因此,若 $f(x,y)$ 在点 (x_0,y_0) 可微,则沿方向 $l = (\cos\alpha, \sin\alpha)$ 的方向导数可表为

$$\frac{\partial f}{\partial l}(x_0,y_0) = \mathbf{grad}f(x_0,y_0) \cdot \boldsymbol{l}.$$

由此可见,函数 f 在每个可微且梯度不为零的点,沿任何方向的方向导数的绝对值不会超过它在该点的梯度的模 $\|\mathbf{grad}f\|$,且最大值 $\|\mathbf{grad}f\|$ 在梯度方向达到.

这就是说,沿着梯度方向函数值增加最快. 同样, f 的方向导数的最小值 $-\parallel\mathbf{grad}f\parallel$ 在梯度的反方向达到,或者说,沿着梯度相反方向函数值减少最快.

五、高阶偏导数

设二元函数 $f(x,y)$ 在区域 $D \subset \mathbf{R}^2$ 上具有偏导数

$$\frac{\partial z}{\partial x} = f_x'(x,y) \text{ 和 } \frac{\partial z}{\partial y} = f_y'(x,y),$$

那么在 D 上, $f_x'(x,y)$ 和 $f_y'(x,y)$ 都是 x,y 的二元函数. 如果这两个偏导函数的偏导数也存在,则称它们是 $f(x,y)$ 的**二阶偏导数**.

按照对自变量的求导次序的不同,二阶偏导数有下列 4 种:

$$\frac{\partial^2 z}{\partial x^2} = \frac{\partial}{\partial x}\left(\frac{\partial z}{\partial x}\right) = \frac{\partial}{\partial x}(f_x'(x,y)) = f_{xx}''(x,y),$$

$$\frac{\partial^2 z}{\partial x \partial y} = \frac{\partial}{\partial x}\left(\frac{\partial z}{\partial y}\right) = \frac{\partial}{\partial x}(f_y'(x,y)) = f_{yx}''(x,y),$$

$$\frac{\partial^2 z}{\partial y \partial x} = \frac{\partial}{\partial y}\left(\frac{\partial z}{\partial x}\right) = \frac{\partial}{\partial y}(f_x'(x,y)) = f_{xy}''(x,y),$$

$$\frac{\partial^2 z}{\partial y^2} = \frac{\partial}{\partial y}\left(\frac{\partial z}{\partial y}\right) = \frac{\partial}{\partial y}(f_y'(x,y)) = f_{yy}''(x,y).$$

其中第二、第三两个二阶偏导数称为混合偏导数.

可类似定义三阶、四阶以至更高阶偏导数. 二阶及二阶以上的偏导数统称为**高阶偏导数**.

一般来说, $f_{xy}''(x,y)$ 与 $f_{yx}''(x,y)$ 并不一定相等,但有如下结论.

定理 5.2.3 如果函数 $f(x,y)$ 的偏导数 $f_{xy}''(x,y)$ 和 $f_{yx}''(x,y)$ 均在点 (x_0,y_0) 连续,那么

$$f_{xy}''(x_0,y_0) = f_{yx}''(x_0,y_0).$$

例 题 分 析

例 5.2.1 求下列函数的偏导数:

(1) $z = \dfrac{xy}{x-y} + \mathrm{e}^{3x}\cos 2y$;　　　　(2) $z = \arctan(y\sqrt{x})$;

(3) $z = \displaystyle\int_x^{y^2} \sin(1+t^2)\mathrm{d}t$;　　　　(4) $u = z^{xy}$　　$(x,y,z > 0)$;

(5) $z = \mathrm{e}^{-x} - f(x-2y)$,且当 $y = 0$ 时 $z = x^2$.

解 (1) 由求导法则得

$$\frac{\partial z}{\partial x} = \frac{y(x-y) - xy}{(x-y)^2} + 3\mathrm{e}^{3x}\cos 2y = -\frac{y^2}{(x-y)^2} + 3\mathrm{e}^{3x}\cos 2y;$$

$$\frac{\partial z}{\partial y} = \frac{x(x-y)+xy}{(x-y)^2} - 2\mathrm{e}^{3x}\sin 2y = \frac{x^2}{(x-y)^2} - 2\mathrm{e}^{3x}\sin 2y.$$

（2）由求导法则得

$$\frac{\partial z}{\partial x} = \frac{1}{1+(y\sqrt{x})^2}\cdot\frac{y}{2\sqrt{x}} = \frac{y}{2\sqrt{x}(1+xy^2)}, \quad \frac{\partial z}{\partial y} = \frac{1}{1+(y\sqrt{x})^2}\cdot\sqrt{x} = \frac{\sqrt{x}}{1+xy^2}.$$

（3）由求导法则得

$$\frac{\partial z}{\partial x} = -\sin(1+x^2), \quad \frac{\partial z}{\partial y} = \sin[1+(y^2)^2]\cdot 2y = 2y\sin(1+y^4).$$

（4）对 $u = z^{x^y}$ 两边取自然对数得 $\ln u = x^y \ln z$，因此由求导法则得

$$\frac{1}{u}\frac{\partial u}{\partial x} = yx^{y-1}\ln z, \text{ 即}\frac{\partial u}{\partial x} = yx^{y-1}z^{x^y}\ln z.$$

$$\frac{1}{u}\frac{\partial u}{\partial y} = x^y\ln x\ln z, \text{ 即}\frac{\partial u}{\partial y} = x^y z^{x^y}\ln x\ln z.$$

$$\frac{1}{u}\frac{\partial u}{\partial z} = \frac{1}{z}x^y, \text{ 即}\frac{\partial u}{\partial z} = x^y z^{x^y-1}.$$

（5）由 $y = 0$ 时 $z = x^2$ 得 $x^2 = \mathrm{e}^{-x} - f(x)$，因此

$$f(x) = \mathrm{e}^{-x} - x^2,$$

从而

$$z = \mathrm{e}^{-x} - f(x-2y) = \mathrm{e}^{-x} - \mathrm{e}^{2y-x} + (x-2y)^2.$$

于是

$$\frac{\partial z}{\partial x} = -\mathrm{e}^{-x} + \mathrm{e}^{2y-x} + 2(x-2y),$$

$$\frac{\partial z}{\partial y} = -2\mathrm{e}^{2y-x} - 4(x-2y).$$

在求函数 $f(x,y)$ 在某一定点 (x_0, y_0) 处的偏导数时，由偏导数的定义，可以有一种简便的方法. 例如求 $f'_x(x_0, y_0)$ 时，可先将 y_0 代入函数得到 $f(x, y_0)$，再计算 $\frac{\mathrm{d}}{\mathrm{d}x}f(x, y_0)$，那么 $\frac{\mathrm{d}}{\mathrm{d}x}f(x, y_0)\Big|_{x=x_0}$ 便是 $f'_x(x_0, y_0)$. 这个方法对于多元函数都适用.

例 5.2.2 设 $f(x,y) = x\arctan(x+y) + \sin y\ln(1+x^2+y^2)$，求 $f'_x(0,0)$.

解 先代入 $y = 0$ 得

$$f(x,0) = x\arctan x,$$

因为

$$\frac{\mathrm{d}}{\mathrm{d}x}f(x,0) = \arctan x + \frac{x}{1+x^2},$$

所以

$$f'_x(0,0) = \frac{\mathrm{d}}{\mathrm{d}x} f(x,0)\bigg|_{x=0} = \left(\arctan x + \frac{x}{1+x^2}\right)\bigg|_{x=0} = 0.$$

例 5.2.3 设一元函数 f 在 $(0,+\infty)$ 上连续，$f(1)=3$，并且对于所有 $x,y \in (0,+\infty)$，满足

$$\int_1^{xy} f(t)\,\mathrm{d}t = y\int_1^x f(t)\,\mathrm{d}t + x\int_1^y f(t)\,\mathrm{d}t,$$

求 f.

解 将上式关于 x 求偏导得

$$yf(xy) = yf(x) + \int_1^y f(t)\,\mathrm{d}t.$$

令 $x=1$，得

$$yf(y) = yf(1) + \int_1^y f(t)\,\mathrm{d}t = 3y + \int_1^y f(t)\,\mathrm{d}t.$$

将上式关于 y 求偏导得

$$f(y) + yf'(y) = 3 + f(y),\ \text{即}\ f'(y) = \frac{3}{y}.$$

取积分便得

$$f(y) = 3\ln y + C.$$

由 $f(1)=3$ 得 $C=3$，所以

$$f(y) = 3\ln y + 3.$$

例 5.2.4 求下列全微分：

(1) 求函数 $u = \sin \dfrac{1}{\sqrt{x^2+y^2+z^2}}$ 在 $P\left(\dfrac{\sqrt{2}}{2}, \dfrac{1}{2}, -\dfrac{1}{2}\right)$ 点的全微分；

(2) 设 $z = f(x)^{g(y)}$，其中 $f(x),g(y)$ 皆为可导函数，且 $f(x)$ 是正值函数，求 $\mathrm{d}z$.

解 (1) 因为

$$\frac{\partial u}{\partial x} = \cos \frac{1}{\sqrt{x^2+y^2+z^2}} \cdot \frac{-x}{(x^2+y^2+z^2)^{\frac{3}{2}}}, \quad \frac{\partial u}{\partial x}(P) = -\frac{\sqrt{2}}{2}\cos 1;$$

$$\frac{\partial u}{\partial y} = \cos \frac{1}{\sqrt{x^2+y^2+z^2}} \cdot \frac{-y}{(x^2+y^2+z^2)^{\frac{3}{2}}}, \quad \frac{\partial u}{\partial y}(P) = -\frac{1}{2}\cos 1;$$

$$\frac{\partial u}{\partial z} = \cos \frac{1}{\sqrt{x^2+y^2+z^2}} \cdot \frac{-z}{(x^2+y^2+z^2)^{\frac{3}{2}}}, \quad \frac{\partial u}{\partial z}(P) = \frac{1}{2}\cos 1.$$

所以在 $P\left(\dfrac{\sqrt{2}}{2}, \dfrac{1}{2}, -\dfrac{1}{2}\right)$ 点的全微分为

$$\mathrm{d}z = \frac{\partial u}{\partial x}(P)\mathrm{d}x + \frac{\partial u}{\partial y}(P)\mathrm{d}y + \frac{\partial u}{\partial z}(P)\mathrm{d}z = -\cos 1\left(\frac{\sqrt{2}}{2}\mathrm{d}x + \frac{1}{2}\mathrm{d}y - \frac{1}{2}\mathrm{d}z\right).$$

（2）因为

$$\frac{\partial z}{\partial x} = \frac{\partial}{\partial x}(e^{g(y)\ln f(x)}) = e^{g(y)\ln f(x)}g(y)\frac{f'(x)}{f(x)} = g(y)f'(x)f(x)^{g(y)-1},$$

$$\frac{\partial z}{\partial y} = g'(y)f(x)^{g(y)}\ln f(x),$$

所以

$$dz = g(y)f'(x)f(x)^{g(y)-1}dx + g'(y)f(x)^{g(y)}\ln f(x)dy.$$

例 5.2.5 求函数 $z = 1 - \left(\dfrac{x^2}{a^2} + \dfrac{y^2}{b^2}\right)$ 在 $P_0\left(\dfrac{a}{\sqrt{2}}, \dfrac{b}{\sqrt{2}}\right)$ 点沿曲线 $\dfrac{x^2}{a^2} + \dfrac{y^2}{b^2} = 1$ 在该点的内法向的方向导数.

解 曲线 $\dfrac{x^2}{a^2} + \dfrac{y^2}{b^2} = 1$ 在 P_0 点附近可以表示成 $y = \dfrac{b}{a}\sqrt{a^2 - x^2}$, 因此其切线的斜率为

$$y'\big|_{x=\frac{a}{\sqrt{2}}} = -\frac{bx}{a\sqrt{a^2-x^2}}\bigg|_{x=\frac{a}{\sqrt{2}}} = -\frac{b}{a},$$

法线的斜率为 $-\dfrac{1}{y'\big|_{x=\frac{a}{\sqrt{2}}}} = \dfrac{a}{b}$. 于是, 若记内法线方向的单位向量为 $\boldsymbol{n} = (\cos\alpha,$ $\sin\alpha)$, 则

$$\cos\alpha = -\frac{b}{\sqrt{a^2+b^2}}, \quad \sin\alpha = -\frac{a}{\sqrt{a^2+b^2}}.$$

因为 $\dfrac{\partial z}{\partial x} = -\dfrac{2x}{a^2}, \dfrac{\partial z}{\partial y} = -\dfrac{2y}{b^2}$, 所以

$$\frac{\partial z}{\partial \boldsymbol{n}} = \frac{\partial z}{\partial x}\bigg|_{(\frac{a}{\sqrt{2}},\frac{b}{\sqrt{2}})}\cos\alpha + \frac{\partial z}{\partial y}\bigg|_{(\frac{a}{\sqrt{2}},\frac{b}{\sqrt{2}})}\sin\alpha$$

$$= -\frac{2}{\sqrt{2}a}\left(-\frac{b}{\sqrt{a^2+b^2}}\right) - \frac{2}{\sqrt{2}b}\left(-\frac{a}{\sqrt{a^2+b^2}}\right) = \frac{\sqrt{2(a^2+b^2)}}{ab}.$$

例 5.2.6 设函数 $u = 1 - \sqrt{x^2 + y^2 + z^2}$.

（1）求该函数在点 $M(x_0, y_0, z_0)$ $(x_0^2 + y_0^2 + z_0^2 \neq 0)$ 处沿方向 $\boldsymbol{l} = (\cos\alpha, \cos\beta, \cos\gamma)$ 的方向导数;

（2）问在点 $M(x_0, y_0, z_0)$ 处, 沿哪个方向的方向导数分别为最大、最小以及等于 0?

解 （1）直接计算知

$$\frac{\partial u}{\partial x} = -\frac{x}{\sqrt{x^2+y^2+z^2}}, \quad \frac{\partial u}{\partial y} = -\frac{y}{\sqrt{x^2+y^2+z^2}}, \quad \frac{\partial u}{\partial z} = -\frac{z}{\sqrt{x^2+y^2+z^2}}.$$

因此在点 $M(x_0,y_0,z_0)$ 处沿方向 $\boldsymbol{l} = (\cos\alpha,\cos\beta,\cos\gamma)$ 的方向导数为

$$\frac{\partial u}{\partial \boldsymbol{l}}(M) = \frac{\partial u}{\partial x}(M)\cos\alpha + \frac{\partial u}{\partial y}(M)\cos\beta + \frac{\partial u}{\partial z}(M)\cos\gamma$$

$$= -\frac{x_0}{\sqrt{x_0^2 + y_0^2 + z_0^2}}\cos\alpha - \frac{y_0}{\sqrt{x_0^2 + y_0^2 + z_0^2}}\cos\beta - \frac{z_0}{\sqrt{x_0^2 + y_0^2 + z_0^2}}\cos\gamma.$$

（2）注意到

$$\boldsymbol{r}_0 = \left(\frac{x_0}{\sqrt{x_0^2 + y_0^2 + z_0^2}}, \frac{y_0}{\sqrt{x_0^2 + y_0^2 + z_0^2}}, \frac{z_0}{\sqrt{x_0^2 + y_0^2 + z_0^2}} \right)$$

就是向量 $\overrightarrow{OM}$ 方向的单位向量,因此由（1）得,函数 u 在点 M 处沿方向 $\boldsymbol{l} = (\cos\alpha,$ $\cos\beta,\cos\gamma)$ 的方向导数

$$\frac{\partial u}{\partial \boldsymbol{l}}(M) = -\boldsymbol{r}_0 \cdot \boldsymbol{l} = -\cos(\boldsymbol{r}_0,\boldsymbol{l}),$$

其中 $(\boldsymbol{r}_0,\boldsymbol{l})$ 为 $\boldsymbol{r}_0$ 与 $\boldsymbol{l}$ 的夹角. 于是

（a）当 $\boldsymbol{l}$ 与 $\overrightarrow{OM}$ 的方向相反时, $\dfrac{\partial u}{\partial \boldsymbol{l}}(M)$ 取最大值 1;

（b）当 $\boldsymbol{l}$ 与 $\overrightarrow{OM}$ 的方向相同时, $\dfrac{\partial u}{\partial \boldsymbol{l}}(M)$ 取最小值 -1;

（c）当 $\boldsymbol{l}$ 与 $\overrightarrow{OM}$ 的方向垂直时, $\dfrac{\partial u}{\partial \boldsymbol{l}}(M)$ 等于 0.

例 5.2.7 设 $f(x,y) = \begin{cases} y\arctan\dfrac{1}{\sqrt{x^2+y^2}}, & x^2+y^2 \neq 0, \\ 0, & x^2+y^2 = 0. \end{cases}$ 讨论 $f(x,y)$ 在点 $(0,0)$ 的连续性、可偏导性与可微性.

解 因为 $\arctan\dfrac{1}{\sqrt{x^2+y^2}}$ 有界,所以

$$\lim_{(x,y)\to(0,0)} f(x,y) = \lim_{(x,y)\to(0,0)} y\arctan\frac{1}{\sqrt{x^2+y^2}} = 0 = f(0,0),$$

因此 $f(x,y)$ 在点 $(0,0)$ 连续.

因为

$$f_x'(0,0) = \lim_{x\to0}\frac{f(x,0)-f(0,0)}{x-0} = \lim_{x\to0}\frac{0}{x} = 0,$$

$$f_y'(0,0) = \lim_{y\to0}\frac{f(0,y)-f(0,0)}{y-0} = \lim_{y\to0}\frac{y\arctan\dfrac{1}{|y|}}{y} = \lim_{y\to0}\arctan\frac{1}{|y|} = \frac{\pi}{2},$$

所以 $f(x,y)$ 在点 $(0,0)$ 可偏导.

令
$$f(x,y) - f(0,0) = f_x'(0,0)x + f_y'(0,0)y + \varepsilon(x,y),$$
则

$$\frac{\varepsilon(x,y)}{\sqrt{x^2+y^2}} = \frac{y\arctan\dfrac{1}{\sqrt{x^2+y^2}} - \dfrac{\pi}{2}y}{\sqrt{x^2+y^2}} = \frac{y}{\sqrt{x^2+y^2}}\left(\arctan\frac{1}{\sqrt{x^2+y^2}} - \frac{\pi}{2}\right).$$

因为 $\left|\dfrac{y}{\sqrt{x^2+y^2}}\right| \leqslant 1$，且 $\arctan\dfrac{1}{\sqrt{x^2+y^2}} - \dfrac{\pi}{2} \to 0$ （ $\sqrt{x^2+y^2} \to 0$ ），所以

$$\lim_{\sqrt{x^2+y^2}\to 0} \frac{\varepsilon(x,y)}{\sqrt{x^2+y^2}} = 0,$$

即 $\varepsilon(x,y) = o(\sqrt{x^2+y^2})$ （ $\sqrt{x^2+y^2} \to 0$ ）. 于是

$$f(x,y) - f(0,0) = f_x'(0,0)x + f_y'(0,0)y + o(\sqrt{x^2+y^2}),$$

所以 $f(x,y)$ 在点 $(0,0)$ 可微.

例 5.2.8 设 $f(x,y) = \sqrt{4x^2 + y^4}$.

(1) 求 $f(x,y)$ 的偏导数；

(2) 计算 $\mathbf{grad}f(1,-1)$；

(3) 计算 $\dfrac{\partial f}{\partial \boldsymbol{v}}(1,-1)$，其中 $\boldsymbol{v}$ 是与 x 轴正向夹角为 $\dfrac{\pi}{4}$ 方向的单位向量；

(4) 计算 $\dfrac{\partial f}{\partial \boldsymbol{l}}(1,-1)$，其中 $\boldsymbol{l}$ 是 $\mathbf{grad}f(1,-1)$ 方向的单位向量；

(5) 对平面上每一点，指出在哪个方向 $f(x,y)$ 的函数值增加最快.

解 (1) 当 $(x,y) \neq (0,0)$ 时，有

$$f_x'(x,y) = \frac{1}{2\sqrt{4x^2+y^4}} \cdot 8x = \frac{4x}{\sqrt{4x^2+y^4}},$$

$$f_y'(x,y) = \frac{1}{2\sqrt{4x^2+y^4}} \cdot 4y^3 = \frac{2y^3}{\sqrt{4x^2+y^4}}.$$

当 $(x,y) = (0,0)$ 时，由于

$$\frac{f(0+\Delta x,0) - f(0,0)}{\Delta x} = \frac{2|\Delta x|}{\Delta x},$$

而上式当 $\Delta x \to 0$ 时无极限，因此 $f_x'(0,0)$ 不存在. 但

$$f_y'(0,0) = \lim_{\Delta y \to 0} \frac{f(0,0+\Delta y) - f(0,0)}{\Delta y} = \lim_{\Delta y \to 0} \frac{(\Delta y)^2}{\Delta y} = 0.$$

于是

$$f'_x(x,y) = \begin{cases} \dfrac{4x}{\sqrt{4x^2+y^4}}, & x^2+y^2 \neq 0, \\ \text{不存在}, & x^2+y^2 = 0; \end{cases}$$

$$f'_y(x,y) = \begin{cases} \dfrac{2y^3}{\sqrt{4x^2+y^4}}, & x^2+y^2 \neq 0, \\ 0 & x^2+y^2 = 0. \end{cases}$$

(2) $\mathbf{grad}f(1,-1) = f'_x(1,-1)\mathbf{i} + f'_y(1,-1)\mathbf{j} = \dfrac{4}{\sqrt{5}}\mathbf{i} - \dfrac{2}{\sqrt{5}}\mathbf{j}.$

(3) 因为 $\mathbf{v} = \left(\cos\dfrac{\pi}{4}, \sin\dfrac{\pi}{4}\right)$,所以

$$\dfrac{\partial f}{\partial \mathbf{v}}(1,-1) = f'_x(1,-1)\cos\dfrac{\pi}{4} + f'_y(1,-1)\sin\dfrac{\pi}{4} = \dfrac{4}{\sqrt{5}}\cdot\dfrac{\sqrt{2}}{2} - \dfrac{2}{\sqrt{5}}\cdot\dfrac{\sqrt{2}}{2} = \sqrt{\dfrac{2}{5}}.$$

(4) 因为 $\mathbf{l}$ 是 $\mathbf{grad}f(1,-1)$ 方向的单位向量,所以

$$\dfrac{\partial f}{\partial \mathbf{l}}(1,-1) = \|\mathbf{grad}f(1,-1)\| = \sqrt{\left(\dfrac{4}{\sqrt{5}}\right)^2 + \left(-\dfrac{2}{\sqrt{5}}\right)^2} = 2.$$

(5) 当 $(x,y) \neq (0,0)$ 时,有

$$\mathbf{grad}f(x,y) = \dfrac{4x}{\sqrt{4x^2+y^4}}\mathbf{i} + \dfrac{2y^3}{\sqrt{4x^2+y^4}}\mathbf{j} \neq \mathbf{0},$$

因此在点 (x,y) 沿梯度 $\mathbf{grad}f(x,y)$ 方向,$f(x,y)$ 的函数值增加最快.

当 $(x,y) = (0,0)$ 时,因为

$$f(x,y) - f(0,0) = \sqrt{4x^2+y^4} = \sqrt{4(x^2+y^2) - (4y^2-y^4)},$$

而当 $|y|$ 充分小时成立 $4y^2 > y^4$,因此在以点 $(0,0)$ 为中心的半径充分小的任意圆周上,当 $y = 0$ 时 $f(x,y) - f(0,0)$ 最大,即函数值增加最大. 这就是说,在点 $(0,0)$ 处,沿 x 轴正反两个方向 $f(x,y)$ 的函数值增加最快.

例 5.2.9 设

$$f(x,y) = \begin{cases} \dfrac{2xy^2}{x^2+y^2}, & x^2+y^2 \neq 0, \\ 0, & x^2+y^2 = 0. \end{cases}$$

(1) 问函数 $f(x,y)$ 是否在点 $(0,0)$ 连续?

(2) 问函数 $f(x,y)$ 是否在点 $(0,0)$ 可偏导?

(3) 问 $f(x,y)$ 在点 $(0,0)$ 沿方向 $\mathbf{l} = (\cos\alpha, \sin\alpha)$ 的方向导数是否存在?

(4) 问函数 $f(x,y)$ 是否在点 $(0,0)$ 可微?

解 (1) 因为

$$|f(x,y)| = \left|\frac{2xy}{x^2+y^2}y\right| \leqslant \left|\frac{x^2+y^2}{x^2+y^2}y\right| = |y|,$$

所以

$$\lim_{(x,y)\to(0,0)} f(x,y) = 0 = f(0,0),$$

所以 $f(x,y)$ 在点 $(0,0)$ 连续.

（2）因为

$$f_x'(0,0) = \lim_{\Delta x\to 0}\frac{f(0+\Delta x,0)-f(0,0)}{\Delta x} = \lim_{\Delta x\to 0}\frac{0}{\Delta x} = 0,$$

同理 $f_y'(0,0) = 0$，所以函数 $f(x,y)$ 在点 $(0,0)$ 可偏导.

（3）$f(x,y)$ 在点 $(0,0)$ 沿方向 $\boldsymbol{l} = (\cos\alpha,\sin\alpha)$ 的方向导数为

$$\frac{\partial f}{\partial \boldsymbol{l}}(0,0) = \lim_{t\to 0+0}\frac{f(0+t\cos\alpha,0+t\sin\alpha)-f(0,0)}{t}$$

$$= \lim_{t\to 0+0}\frac{2\cos\alpha\sin^2\alpha}{\cos^2\alpha+\sin^2\alpha} = 2\cos\alpha\sin^2\alpha.$$

（4）函数 $f(x,y)$ 在点 $(0,0)$ 不可微. 否则的话，由定理 5.2.2，$f(x,y)$ 在点 $(0,0)$ 沿任何方向 $\boldsymbol{l} = (\cos\alpha,\sin\alpha)$ 的方向导数为

$$\frac{\partial f}{\partial \boldsymbol{l}}(0,0) = \frac{\partial f}{\partial x}(0,0)\cos\alpha + \frac{\partial f}{\partial y}(0,0)\sin\alpha = 0.$$

这与（3）的结论矛盾.

注 此例也说明了，函数可微是沿各方向的方向导数皆存在的充分条件，但不是必要条件.

例 5.2.10 设 $u = \dfrac{x^2}{a^2} + \dfrac{y^2}{b^2} + \dfrac{z^2}{c^2}$.

（1）求它在点 $M(x,y,z)$ 沿向径 $\boldsymbol{r} = (x,y,z)$ 方向的方向导数；

（2）问在何情形下，此方向导数等于在该点梯度的模？

解 （1）向径 $\boldsymbol{r} = (x,y,z)$ 的方向余弦为

$$\cos\alpha = \frac{x}{r},\quad \cos\beta = \frac{y}{r},\quad \cos\gamma = \frac{z}{r},$$

其中 $r = \sqrt{x^2+y^2+z^2}$. 于是 u 在点 $M(x,y,z)$ 沿向径 $\boldsymbol{r} = (x,y,z)$ 方向的方向导数为

$$\frac{\partial u}{\partial \boldsymbol{r}} = \frac{\partial u}{\partial x}\cos\alpha + \frac{\partial u}{\partial y}\cos\beta + \frac{\partial u}{\partial z}\cos\gamma$$

$$= \frac{2x}{a^2}\cdot\frac{x}{r} + \frac{2y}{b^2}\cdot\frac{y}{r} + \frac{2z}{c^2}\cdot\frac{z}{r} = \frac{2}{r}\left(\frac{x^2}{a^2} + \frac{y^2}{b^2} + \frac{z^2}{c^2}\right).$$

（2）u 在点 $M(x,y,z)$ 的梯度为

$$\mathbf{grad}u = \left(\frac{\partial u}{\partial x}, \frac{\partial u}{\partial y}, \frac{\partial u}{\partial z}\right) = \left(\frac{2x}{a^2}, \frac{2y}{b^2}, \frac{2z}{c^2}\right).$$

当向径 $r = (x,y,z)$ 的方向与 $\mathbf{grad}u$ 的方向一致时,沿向径 $r = (x,y,z)$ 方向的方向导数将等于梯度的模. 因此必须有

$$\frac{\frac{2x}{a^2}}{x} = \frac{\frac{2y}{b^2}}{y} = \frac{\frac{2z}{c^2}}{z},$$

即

$$\mid a \mid = \mid b \mid = \mid c \mid.$$

因此当 $\mid a \mid = \mid b \mid = \mid c \mid$ 时,沿向径 r 方向的方向导数等于梯度的模.

例 5.2.11 设一元函数 f,g 具有二阶连续导数,$z = x^2 f\left(\frac{y}{x}\right) + \frac{1}{y^2}g\left(\frac{y}{x}\right)$. 求 $\frac{\partial^2 z}{\partial x^2}, \frac{\partial^2 z}{\partial x \partial y}, \frac{\partial^2 z}{\partial y^2}.$

解 由求导法则得

$$\frac{\partial z}{\partial x} = 2xf\left(\frac{y}{x}\right) - yf'\left(\frac{y}{x}\right) - \frac{1}{x^2 y}g'\left(\frac{y}{x}\right),$$

$$\frac{\partial z}{\partial y} = xf'\left(\frac{y}{x}\right) - \frac{2}{y^3}g\left(\frac{y}{x}\right) + \frac{1}{xy^2}g'\left(\frac{y}{x}\right).$$

进一步得

$$\frac{\partial^2 z}{\partial x^2} = 2f\left(\frac{y}{x}\right) - \frac{2y}{x}f'\left(\frac{y}{x}\right) + \frac{y^2}{x^2}f''\left(\frac{y}{x}\right) + \frac{2}{x^3 y}g'\left(\frac{y}{x}\right) + \frac{1}{x^4}g''\left(\frac{y}{x}\right),$$

$$\frac{\partial^2 z}{\partial x \partial y} = f'\left(\frac{y}{x}\right) - \frac{y}{x}f''\left(\frac{y}{x}\right) + \frac{1}{x^2 y^2}g'\left(\frac{y}{x}\right) - \frac{1}{x^3 y}g''\left(\frac{y}{x}\right),$$

$$\frac{\partial^2 z}{\partial y^2} = f''\left(\frac{y}{x}\right) + \frac{6}{y^4}g\left(\frac{y}{x}\right) - \frac{4}{xy^3}g'\left(\frac{y}{x}\right) + \frac{1}{x^2 y^2}g''\left(\frac{y}{x}\right).$$

例 5.2.12 设

$$f(x,y) = \begin{cases} xy\dfrac{x^2 - y^2}{x^2 + y^2}, & x^2 + y^2 \neq 0, \\ 0, & x^2 + y^2 = 0. \end{cases}$$

(1) 求 $f'_x(0,y)$ 和 $f'_y(x,0)$;

(2) 求 $f''_{xy}(0,0)$ 和 $f''_{yx}(0,0)$.

解 (1) 由定义

$$f'_x(0,y) = \lim_{\Delta x \to 0}\frac{f(0 + \Delta x, y) - f(0,y)}{\Delta x} = \lim_{\Delta x \to 0} y\frac{\Delta x^2 - y^2}{\Delta x^2 + y^2} = -y.$$

同理 $f'_y(x,0) = x$.

（2）由（1）的结果知

$$f''_{xy}(0,0) = \frac{\mathrm{d}}{\mathrm{d}y} f'_x(0,y) \bigg|_{y=0} = \frac{\mathrm{d}}{\mathrm{d}y}(-y) \bigg|_{y=0} = -1,$$

$$f''_{yx}(0,0) = \frac{\mathrm{d}}{\mathrm{d}x} f'_y(x,0) \bigg|_{x=0} = \frac{\mathrm{d}}{\mathrm{d}x}(x) \bigg|_{x=0} = 1.$$

注 此例说明 $f''_{xy}(x,y)$ 与 $f''_{yx}(x,y)$ 并不一定相等.

例 5.2.13 已知二元函数 $f(x,y)$ 满足 $f''_{xx}(x,y) = 3x^2y$,且 $f'_x(0,y) = \cos y$, $f(0,y) = \sin y$,求 $f(x,y)$.

解 由于 $f''_{xx}(x,y) = 3x^2y$,关于 x 积分得

$$f'_x(x,y) = x^3y + \varphi(y),$$

其中 $\varphi(y)$ 是 y 的函数. 因为 $f'_x(0,y) = \cos y$,代入上式得 $\varphi(y) = \cos y$,所以

$$f'_x(x,y) = x^3y + \cos y.$$

再对上式关于 x 积分,得

$$f(x,y) = \frac{1}{4}x^4y + x\cos y + \psi(y),$$

其中 $\psi(y)$ 是 y 的函数. 因为 $f(0,y) = \sin y$,代入上式得 $\psi(y) = \sin y$,所以

$$f(x,y) = \frac{1}{4}x^4y + x\cos y + \sin y.$$

例 5.2.14 已知在全平面上 $(y^3\sin x - ay^2 + 5)\mathrm{d}x + (xy + by^2\cos x)\mathrm{d}y$ 是某个二元函数 u 的全微分,求常数 a,b.

解 由假设知

$$\mathrm{d}u = (y^3\sin x - ay^2 + 5)\mathrm{d}x + (xy + by^2\cos x)\mathrm{d}y,$$

即

$$u'_x(x,y) = y^3\sin x - ay^2 + 5, \qquad u'_y(x,y) = xy + by^2\cos x.$$

直接计算得

$$u''_{xy}(x,y) = 3y^2\sin x - 2ay, \qquad u''_{yx}(x,y) = y - by^2\sin x.$$

显然 u''_{xy} 和 u''_{yx} 连续,因此 $u''_{xy} = u''_{yx}$,即

$$3y^2\sin x - 2ay = y - by^2\sin x.$$

比较 y 和 y^2 的系数得

$$a = -\frac{1}{2}, \; b = -3.$$

例 5.2.15 一工厂要建造一个下部为正圆柱,上部为半球形,且球半径与圆柱半径相同的密封容器. 设计要求圆柱的高 20m,半径为 5m. 问圆柱的高和半径的微小变化分别对容器体积的影响程度是多少?

解 设圆柱的高为 h,半径为 r,则容器的体积为

$$V = \pi r^2 h + \frac{2}{3}\pi r^3.$$

当圆柱的高 h 和半径 r 发生微小变化 dh 和 dr 时，容器体积的变化为

$$\Delta V \approx dV = \frac{\partial V}{\partial h}dh + \frac{\partial V}{\partial r}dr = \pi r^2 dh + 2\pi r(h + r)dr.$$

当 $h = 20, r = 5$ 时，有

$$\Delta V \approx 25\pi dh + 250\pi dr.$$

这说明，当圆柱的半径 r 变化一个单位时，容器的体积 V 将发生 250π 单位的变化；当圆柱的高 h 变化一个单位时，容器的体积 V 将发生 25π 单位的变化. 可见，半径的变化对容器体积的变化的影响是其高发生相同变化的 10 倍，因此在质量控制时，要对半径的准确度予以特别重视.

例 5.2.16 设 f 是具有二阶导数的一元函数，$u = f(r)$，$r = \sqrt{x^2 + y^2 + z^2}$，若 u 满足调和方程

$$\frac{\partial^2 u}{\partial x^2} + \frac{\partial^2 u}{\partial y^2} + \frac{\partial^2 u}{\partial z^2} = 0,$$

且 $f(1) = -1, f'(1) = 1$，求 f.

解 易算得

$$\frac{\partial r}{\partial x} = \frac{x}{r}, \qquad \frac{\partial u}{\partial x} = f'(r)\frac{\partial r}{\partial x} = f'(r)\frac{x}{r},$$

所以

$$\frac{\partial^2 u}{\partial x^2} = f''(r)\left(\frac{x}{r}\right)^2 + f'(r)\frac{r - \frac{x^2}{r}}{r^2} = f''(r)\left(\frac{x}{r}\right)^2 + f'(r)\frac{y^2 + z^2}{r^3}.$$

同理

$$\frac{\partial^2 u}{\partial y^2} = f''(r)\left(\frac{y}{r}\right)^2 + f'(r)\frac{x^2 + z^2}{r^3},$$

$$\frac{\partial^2 u}{\partial z^2} = f''(r)\left(\frac{z}{r}\right)^2 + f'(r)\frac{x^2 + y^2}{r^3}.$$

由已知条件得

$$\frac{\partial^2 u}{\partial x^2} + \frac{\partial^2 u}{\partial y^2} + \frac{\partial^2 u}{\partial z^2} = f''(r) + \frac{2}{r}f'(r) = 0,$$

所以 $r^2 f'(r)$ 关于 r 的导数为

$$[r^2 f'(r)]' = r^2 f''(r) + 2rf'(r) = 0,$$

于是 $r^2 f'(r) = C_1$. 由 $f'(1) = 1$ 得 $C_1 = 1$，所以

$$f'(r) = \frac{1}{r^2}.$$

积分得 $f(r) = -\dfrac{1}{r} + C_2$. 因为 $f(1) = -1$,所以 $C_2 = 0$. 因此

$$f(r) = -\frac{1}{r}.$$

习　题

1. 求下列函数的偏导数或全微分:

(1) $z = \operatorname{arccot} \dfrac{y}{x}$,求 $\dfrac{\partial z}{\partial x}, \dfrac{\partial z}{\partial y}$;

(2) $z = (1 + xy)^y$,求 $\dfrac{\partial z}{\partial x}, \dfrac{\partial z}{\partial y}$;

(3) $z = \left(\dfrac{y}{x}\right)^{\frac{x}{y}}$,求 $\dfrac{\partial z}{\partial x}\Big|_{(1,2)}$;

(4) $u = \ln(x^2 + y^2 + z^2)$,求 $\mathrm{d}u$;

(5) $z = x\mathrm{e}^{x+y} + (x + 1)\ln(1 + y)$,求 $\mathrm{d}z\big|_{(1,0)}$;

(6) $z = f(4x^2 - y^2)$,其中一元函数 f 可微,且 $f'(0) = \dfrac{1}{2}$,求 $\mathrm{d}z\big|_{(1,2)}$.

2. 设 $f(x,y) = \begin{cases} (x^2 + y^2)\sin\dfrac{1}{x^2 + y^2}, & x^2 + y^2 \neq 0, \\ 0, & x^2 + y^2 = 0. \end{cases}$ 问:

(1) $f(x,y)$ 在点 $(0,0)$ 是否连续?

(2) $f(x,y)$ 在点 $(0,0)$ 是否可偏导?

(3) $f_x'(x,y)$ 在点 $(0,0)$ 是否连续?

(4) $f(x,y)$ 在点 $(0,0)$ 是否可微?

3. 设 $f(x,y) = x^2\mathrm{e}^y + (x - 1)^2\left[\ln(1 + y) + \arctan\dfrac{y}{x}\right]$,求 $f_x'(1,0), f_y'(1,0)$.

4. 曲线 $\begin{cases} z = \dfrac{x^2 + y^2}{4} \\ y = 4 \end{cases}$ 在点 $(2,4,5)$ 处的切线与 x 轴的正向所夹的角度是多少?

5. 如果可微函数 $f(x,y)$ 在点 $(1,2)$ 处的从点 $(1,2)$ 到点 $(2,2)$ 方向的方向导数为 2,从点 $(1,2)$ 到点 $(1,1)$ 方向的方向导数为 -2. 求:

(1) 这个函数在点 $(1,2)$ 处的梯度;

(2) 点 $(1,2)$ 处的从点 $(1,2)$ 到点 $(4,6)$ 方向的方向导数.

6. 证明:函数 $z = \dfrac{y}{x^2}$ 在椭圆 $x^2 + 2y^2 = c^2$ (c 是常数)上任一点处沿椭圆法向的方向导数等于 0.

7. 已知二元函数 $f(x,y)$ 满足

$$f_x'(x,y) = -\sin y + \frac{1}{1 - xy}, \quad f(0,y) = 2\sin y + y^2,$$

求 $f(x,y)$ 的表达式.

8. 设 $z = \arcsin \dfrac{x}{\sqrt{x^2 + y^2}}$，求 $\dfrac{\partial z}{\partial x}, \dfrac{\partial^2 z}{\partial x^2}, \dfrac{\partial^2 z}{\partial y \partial x}$.

9. 证明：函数 $u = \dfrac{1}{2a\sqrt{\pi t}}\mathrm{e}^{-\frac{(x-b)^2}{4a^2 t}}$（$a, b$ 为常数）当 $t > 0$ 时满足方程

$$\frac{\partial u}{\partial t} = a^2 \frac{\partial^2 u}{\partial x^2}.$$

10. 设 $u(x,y) = yf\left(\dfrac{x}{y}\right) + xg\left(\dfrac{y}{x}\right)$，其中函数 f, g 具有二阶连续导数. 证明：

$$x\frac{\partial^2 u}{\partial x^2} + y\frac{\partial^2 u}{\partial x \partial y} = 0.$$

11. 设二元函数 $f(x,y)$ 具有二阶连续导数，且满足 $\dfrac{\partial^2 f}{\partial x^2} = y, \dfrac{\partial^2 f}{\partial x \partial y} = x + y, \dfrac{\partial^2 f}{\partial y^2} = x$，求 $f(x,y)$.

12. 设 $u(x,y) = \varphi(x+y) + \varphi(x-y) + \displaystyle\int_{x-y}^{x+y} \psi(t)\,\mathrm{d}t$，其中函数 φ 具有二阶导数，ψ 具有一阶导数，求 $\dfrac{\partial^2 u}{\partial x^2} - \dfrac{\partial^2 u}{\partial y^2}$.

13. 有一边长分别为 $x = 6\mathrm{m}$ 与 $y = 8\mathrm{m}$ 的矩形，如果 x 边增加 $5\mathrm{cm}$，而 y 边减少 $10\mathrm{cm}$，问这个矩形的对角线的长度如何变化？

14. 设 f 是具有连续二阶导数的一元函数，$u = f(\ln r)$，$r = \sqrt{x^2 + y^2}$，若 u 满足方程

$$\frac{\partial^2 u}{\partial x^2} + \frac{\partial^2 u}{\partial y^2} = (x^2 + y^2)^{\frac{3}{2}},$$

求 f.

§5.3 复合函数和隐函数的微分法

知 识 要 点

一、复合函数微分法

定理5.3.1（链式法则） 设函数 $u = u(x,y)$，$v = v(x,y)$ 均在点 (x_0, y_0) 可偏导，$u_0 = u(x_0, y_0)$，$v_0 = (x_0, y_0)$. 如果二元函数 $z = f(u, v)$ 在 (u_0, v_0) 可微，则复合函数

$$z = f\left[u(x,y), v(x,y)\right]$$

在点 (x_0, y_0) 可偏导，且成立

$$\frac{\partial z}{\partial x}(x_0, y_0) = \frac{\partial z}{\partial u}(u_0, v_0)\frac{\partial u}{\partial x}(x_0, y_0) + \frac{\partial z}{\partial v}(u_0, v_0)\frac{\partial v}{\partial x}(x_0, y_0);$$

$$\frac{\partial z}{\partial y}(x_0, y_0) = \frac{\partial z}{\partial u}(u_0, v_0)\frac{\partial u}{\partial y}(x_0, y_0) + \frac{\partial z}{\partial v}(u_0, v_0)\frac{\partial v}{\partial y}(x_0, y_0).$$

推论 5.3.1 设函数 $x = x(t), y = y(t)$ 均在点 t_0 可导，$x_0 = x(t_0), y_0 = y(t_0)$. 如果二元函数 $z = f(x, y)$ 在点 (x_0, y_0) 可微，则复合函数
$$z = f[x(t), y(t)]$$
在点 t_0 可导，且成立
$$\frac{\mathrm{d}z}{\mathrm{d}t}(t_0) = \frac{\partial z}{\partial x}(x_0, y_0)\frac{\mathrm{d}x}{\mathrm{d}t}(t_0) + \frac{\partial z}{\partial y}(x_0, y_0)\frac{\mathrm{d}y}{\mathrm{d}t}(t_0).$$

推论 5.3.2 设函数 $y = y(x)$ 在点 x_0 可导，$y_0 = y(x_0)$. 如果二元函数 $z = f(x, y)$ 在点 (x_0, y_0) 可微，则复合函数
$$z = f[x, y(x)]$$
在点 x_0 可导，且成立
$$\frac{\mathrm{d}z}{\mathrm{d}x}(x_0) = \frac{\partial z}{\partial x}(x_0, y_0) + \frac{\partial z}{\partial y}(x_0, y_0)\frac{\mathrm{d}y}{\mathrm{d}x}(x_0).$$

二、隐函数存在定理

定理 5.3.2(隐函数存在定理) 设二元函数 $F(x, y)$ 在点 $P_0(x_0, y_0)$ 的某个邻域 $O(P_0, r)$ 内有定义. 若

(1) $F(x_0, y_0) = 0$；

(2) 在 $O(P_0, r)$ 上，$F(x, y)$ 的偏导数 F_x', F_y' 均连续；

(3) $F_y'(x_0, y_0) \neq 0$；

则在点 (x_0, y_0) 附近，由 $F(x, y) = 0$ 唯一确定一个一元隐函数
$$y = f(x), \quad x \in (x_0 - \delta, x_0 + \delta),$$
其中 δ 是某一适当正数，满足：

(1) 在 $(x_0 - \delta, x_0 + \delta)$ 上成立 $F(x, f(x)) = 0$，且 $y_0 = f(x_0)$；

(2) 函数 $f(x)$ 在 $(x_0 - \delta, x_0 + \delta)$ 上具有连续导数，且
$$\frac{\mathrm{d}f}{\mathrm{d}x}(x) = -\frac{F_x'(x, y)}{F_y'(x, y)}.$$

在具体计算中(当定理的条件满足时)，由方程 $F(x, y) = 0$ 所确定的隐函数 $y = f(x)$ 的偏导数通常可如下直接计算：在方程两边对 x 求导，并利用复合函数求导的链式规则，便得
$$\frac{\partial F}{\partial x} + \frac{\partial F}{\partial y}\frac{\mathrm{d}y}{\mathrm{d}x} = 0,$$
于是
$$\frac{\mathrm{d}y}{\mathrm{d}x} = -\frac{F_x}{F_y}.$$

定理 5.3.3(多元隐函数存在定理) 设 $n + 1$ 元函数 $F(x_1, \cdots, x_n, y)$ 在点

$P_0(x_1^0, \cdots, x_n^0, y_0)$ 的某个邻域 $O(P_0, r)$ 上有定义,记 $\boldsymbol{x}_0 = (x_1^0, \cdots, x_n^0)$. 若

(1) $F(x_1^0, \cdots, x_n^0, y_0) = 0$;

(2) 在 $O(P_0, r)$ 上,函数 $F(x_1, \cdots, x_n, y)$ 的各个偏导数 $F'_{x_i}(i = 1, \cdots, n)$,$F'_y$ 均连续;

(3) $F'_y(x_1^0, \cdots, x_n^0, y_0) \neq 0$;

则在点 $(x_1^0, \cdots, x_n^0, y_0)$ 附近,由 $F(x_1, \cdots, x_n, y) = 0$ 唯一确定的一个 n 元隐函数

$$y = f(x_1, \cdots, x_n), \quad (x_1, \cdots, x_n) \in O(\boldsymbol{x}_0, \delta),$$

其中 δ 是某一适当正数,满足:

(1) 在 $O(\boldsymbol{x}_0, \delta)$ 上成立 $F(x_1, \cdots, x_n, f(x_1, \cdots, x_n)) = 0$,且 $y_0 = f(x_1^0, \cdots, x_n^0)$;

(2) 函数 $f(x_1, \cdots, x_n)$ 在 $O(\boldsymbol{x}_0, \delta)$ 上有连续偏导数,且

$$\frac{\partial f}{\partial x_i}(x_1, \cdots, x_n) = -\frac{F'_{x_i}(x_1, \cdots, x_n, y)}{F'_y(x_1, \cdots, x_n, y)}, \quad i = 1, \cdots, n.$$

在具体计算中(当定理的条件满足时),由方程 $F(x_1, \cdots, x_n, y) = 0$ 所确定的隐函数 $y = f(x_1, \cdots, x_n)$ 的偏导数通常可如下直接计算:在方程两边对 x_i 求偏导,得

$$\frac{\partial F}{\partial x_i} + \frac{\partial F}{\partial y}\frac{\partial y}{\partial x_i} = 0,$$

于是

$$\frac{\partial y}{\partial x_i} = -\frac{F'_{x_i}}{F'_y}, \quad i = 1, \cdots, n.$$

三、全微分的形式不变性

若 m 元函数 $u = f(y_1, \cdots, y_m)$ 可微,则无论 $(y_1, \cdots, y_m)$ 是自变量还是可微的中间变量,因变量 u 的全微分的形式是不变的,即总有

$$\mathrm{d}u = \sum_{i=1}^{m} \frac{\partial u}{\partial y_i}\mathrm{d}y_i$$

的形式. 这称为**全微分的形式不变性**.

四、向量值隐函数存在定理

定理 5.3.4(二元向量值隐函数存在定理) 设四元函数 $F(x, y, u, v)$ 和 $G(x, y, u, v)$ 在点 (x_0, y_0, u_0, v_0) 的某个邻域上有定义. 若

(1) $F(x_0, y_0, u_0, v_0) = 0, G(x_0, y_0, u_0, v_0) = 0$;

(2) 在闭长方体 $D = \{(x, y, u, v) \mid |x - x_0| \leqslant a, |y - y_0| \leqslant b, |u - u_0| \leqslant c, |v - v_0| \leqslant d\}$ 上,函数 $F(x, y, u, v), G(x, y, u, v)$ 连续,且具有连续偏导数;

(3) 在 (x_0, y_0, u_0, v_0) 点,行列式

$$\frac{D(F,G)}{D(u,v)} = \begin{vmatrix} F'_u & F'_v \\ G'_u & G'_v \end{vmatrix} \neq 0;$$

则存在 $\delta > 0$ 和在 (x_0, y_0) 的 δ 邻域上定义的函数

$$u = f(x,y) \text{ 和 } v = g(x,y), (x,y) \in O((x_0,y_0),\delta),$$

满足:

(1) $\begin{cases} F(x,y,f(x,y),g(x,y)) = 0, \\ G(x,y,f(x,y),g(x,y)) = 0, \end{cases}$ 以及 $u_0 = f(x_0,y_0), v_0 = g(x_0,y_0)$;

(2) 函数 $f(x,y)$ 和 $g(x,y)$ 在 $O((x_0,y_0),\delta)$ 上具有连续的偏导数, 且

$$\begin{pmatrix} \dfrac{\partial u}{\partial x} & \dfrac{\partial u}{\partial y} \\ \dfrac{\partial v}{\partial x} & \dfrac{\partial v}{\partial y} \end{pmatrix} = - \begin{pmatrix} F'_u & F'_v \\ G'_u & G'_v \end{pmatrix}^{-1} \begin{pmatrix} F'_x & F'_y \\ G'_x & G'_y \end{pmatrix}.$$

在具体计算中(当定理的条件满足时),由函数方程组

$$\begin{cases} F(x,y,u,v) = 0, \\ G(x,y,u,v) = 0 \end{cases}$$

所确定的隐函数 $u = f(x,y), v = g(x,y)$ 的偏导数可如下直接计算:将方程组的两个方程分别对 x 求偏导,就有

$$\begin{cases} \dfrac{\partial F}{\partial x} + \dfrac{\partial F}{\partial u}\dfrac{\partial u}{\partial x} + \dfrac{\partial F}{\partial v}\dfrac{\partial v}{\partial x} = 0, \\ \dfrac{\partial G}{\partial x} + \dfrac{\partial G}{\partial u}\dfrac{\partial u}{\partial x} + \dfrac{\partial G}{\partial v}\dfrac{\partial v}{\partial x} = 0, \end{cases}$$

解此方程组便得 $\dfrac{\partial u}{\partial x}$ 和 $\dfrac{\partial v}{\partial x}$.

同理,将函数方程组的两个方程分别对 y 求偏导,就有

$$\begin{cases} \dfrac{\partial F}{\partial y} + \dfrac{\partial F}{\partial u}\dfrac{\partial u}{\partial y} + \dfrac{\partial F}{\partial v}\dfrac{\partial v}{\partial y} = 0, \\ \dfrac{\partial G}{\partial y} + \dfrac{\partial G}{\partial u}\dfrac{\partial u}{\partial y} + \dfrac{\partial G}{\partial v}\dfrac{\partial v}{\partial y} = 0, \end{cases}$$

解此方程组便得 $\dfrac{\partial u}{\partial y}$ 和 $\dfrac{\partial v}{\partial y}$.

一般地有下述定理.

定理 5.3.5(多元向量值隐函数存在定理) 设有 m 个 $n+m$ 元函数 $F_1(x_1, \cdots, x_n, y_1, \cdots, y_m), F_2(x_1, \cdots, x_n, y_1, \cdots, y_m), \cdots, F_m(x_1, \cdots, x_n, y_1, \cdots, y_m)$,它们在点 $P_0(x_1^0, \cdots, x_n^0, y_1^0, \cdots, y_m^0)$ 的某邻域 $O(P_0, r)$ 上有定义,而且

(1) $F_i(x_1^0, \cdots, x_n^0, y_1^0, \cdots, y_m^0) = 0, i = 1,2,\cdots,m$;

(2) 在 $O(P_0, r)$ 中,每个 $F_i(x_1, \cdots, x_n, y_1, \cdots, y_m)$ 的 $n+m$ 个一阶偏导数均连

续；

(3) $\left.\dfrac{D(F_1,\cdots,F_m)}{D(y_1,\cdots,y_m)}\right|_{P_0} \neq 0;$

则存在 $\delta > 0$ 和在 $\boldsymbol{x}_0 = (x_1^0,\cdots,x_n^0)$ 的 δ 邻域上定义的 m 个 n 元函数 $f_i(x_1,\cdots,x_n)$ $(i = 1,2,\cdots,m)$，使得

(1) $F_i(x_1,\cdots,x_n,f_1(x_1,\cdots,x_n),\cdots,f_m(x_1\cdots,x_n)) = 0,\ (x_1,\cdots,x_n) \in O(\boldsymbol{x}_0,\delta)$，且

$$y_i^0 = f_i(x_1^0,\cdots,x_n^0),\ i = 1,2,\cdots,m;$$

(2) 诸 $f_i(x_1,\cdots,x_n)$ 在 $O(\boldsymbol{x}_0,\delta)$ 上可微，而且

$$\begin{pmatrix} \dfrac{\partial f_1}{\partial x_1} & \cdots & \dfrac{\partial f_1}{\partial x_n} \\ \vdots & & \vdots \\ \dfrac{\partial f_m}{\partial x_1} & \cdots & \dfrac{\partial f_m}{\partial x_n} \end{pmatrix} = -\begin{pmatrix} \dfrac{\partial F_1}{\partial y_1} & \cdots & \dfrac{\partial F_1}{\partial y_m} \\ \vdots & & \vdots \\ \dfrac{\partial F_m}{\partial y_1} & \cdots & \dfrac{\partial F_m}{\partial y_m} \end{pmatrix}^{-1}\begin{pmatrix} \dfrac{\partial F_1}{\partial x_1} & \cdots & \dfrac{\partial F_1}{\partial x_n} \\ \vdots & & \vdots \\ \dfrac{\partial F_m}{\partial x_1} & \cdots & \dfrac{\partial F_m}{\partial x_n} \end{pmatrix}.$$

注 $\dfrac{D(F_1,\cdots,F_m)}{D(y_1,\cdots,y_m)} = \det\begin{pmatrix} \dfrac{\partial F_1}{\partial y_1} & \cdots & \dfrac{\partial F_1}{\partial y_m} \\ \vdots & & \vdots \\ \dfrac{\partial F_m}{\partial y_1} & \cdots & \dfrac{\partial F_m}{\partial y_m} \end{pmatrix}$ 为 Jacobi 行列式.

例 题 分 析

例 5.3.1 求导数或偏导数：

(1) 设 $z = \arctan(xy)$，$y = e^x$，求 $\dfrac{dz}{dx}$；

(2) 设 $u = \ln[1 + (x + y + z)^2]$，$x = s - t$，$y = \cos(s + t)$，$z = \sin(s + t)$，求 $\left.\dfrac{\partial u}{\partial s}\right|_{s=1,t=-1}$；

(3) 设 $u = e^{xz} + \sin(yz)$，其中 $z = z(x,y)$ 是由方程 $\cos^2 x + \cos^2 y + \cos^2 z = 1$ 所确定的函数，求 $\dfrac{\partial u}{\partial x}$；

(4) 设 $\begin{cases} u + v = x + y \\ \dfrac{\sin u}{\sin v} = \dfrac{x}{y} \end{cases}$ 确定了函数 $u = u(x,y)$，$v = v(x,y)$，求 $\dfrac{\partial u}{\partial x}$，$\dfrac{\partial v}{\partial x}$.

解 (1) 由链式规则得

$$\dfrac{dz}{dx} = \dfrac{\partial z}{\partial x}\dfrac{dx}{dx} + \dfrac{\partial z}{\partial y}\dfrac{dy}{dx} = \dfrac{y}{1 + x^2 y^2} \cdot 1 + \dfrac{x}{1 + x^2 y^2} \cdot e^x = \dfrac{e^x(1 + x)}{1 + x^2 e^{2x}}.$$

（2）由链式规则得

$$\frac{\partial u}{\partial s} = \frac{\partial u}{\partial x}\frac{\partial x}{\partial s} + \frac{\partial u}{\partial y}\frac{\partial y}{\partial s} + \frac{\partial u}{\partial z}\frac{\partial z}{\partial s}$$

$$= \frac{2(x+y+z)}{1+(x+y+z)^2} \cdot 1 + \frac{2(x+y+z)}{1+(x+y+z)^2} \cdot (-\sin(s+t))$$

$$+ \frac{2(x+y+z)}{1+(x+y+z)^2} \cdot \cos(s+t)$$

$$= \frac{2(x+y+z)}{1+(x+y+z)^2}[1 - \sin(s+t) + \cos(s+t)].$$

当 $s=1, t=-1$ 时，$x=2, y=1, z=0$，于是

$$\left.\frac{\partial u}{\partial s}\right|_{s=1,t=-1} = \frac{2(2+1+0)}{1+(2+1+0)^2}[1-\sin 0 + \cos 0] = \frac{6}{5}.$$

（3）对 $\cos^2 x + \cos^2 y + \cos^2 z = 1$ 关于 x 求偏导，得

$$-2\cos x \sin x - 2\cos z \sin z \frac{\partial z}{\partial x} = 0,$$

因此 $\frac{\partial z}{\partial x} = -\frac{\sin 2x}{\sin 2z}.$ 于是

$$\frac{\partial u}{\partial x} = e^{xz}\left(z + x\frac{\partial z}{\partial x}\right) + \cos(yz) \cdot y\frac{\partial z}{\partial x}$$

$$= e^{xz}\left(z - x\frac{\sin 2x}{\sin 2z}\right) - y\cos(yz)\frac{\sin 2x}{\sin 2z} = ze^{xz} - [xe^{xz} + y\cos(yz)]\frac{\sin 2x}{\sin 2z}.$$

（4）将原方程组改写为

$$\begin{cases} u + v = x + y, \\ y\sin u = x\sin v, \end{cases}$$

对这两个方程关于 x 求偏导，得

$$\begin{cases} \dfrac{\partial u}{\partial x} + \dfrac{\partial v}{\partial x} = 1, \\ y\cos u \dfrac{\partial u}{\partial x} = \sin v + x\cos v \dfrac{\partial v}{\partial x}. \end{cases}$$

将 $\frac{\partial u}{\partial x}, \frac{\partial v}{\partial x}$ 看成未知量，解这个方程组，便得

$$\frac{\partial u}{\partial x} = \frac{\sin v + x\cos v}{x\cos v + y\cos u}, \qquad \frac{\partial v}{\partial x} = \frac{y\cos u - \sin v}{x\cos v + y\cos u}.$$

例 5.3.2 已知函数 $z = z(x,y)$ 由方程 $yz = \arctan(xz)$ 确定，求 $\mathrm{d}z$.

解法一 记 $F(x,y,z) = yz - \arctan(xz)$，则

$$F_x' = -\frac{z}{1+x^2z^2}, \quad F_y' = z, \quad F_z' = y - \frac{x}{1+x^2z^2}.$$

315

因此

$$\frac{\partial z}{\partial x} = -\frac{F'_x}{F'_z} = \frac{z}{y(1 + x^2 z^2) - x}, \quad \frac{\partial z}{\partial y} = -\frac{F'_y}{F'_z} = -\frac{z(1 + x^2 z^2)}{y(1 + x^2 z^2) - x}.$$

于是

$$\mathrm{d}z = \frac{\partial z}{\partial x}\mathrm{d}x + \frac{\partial z}{\partial y}\mathrm{d}y = \frac{1}{y(1 + x^2 z^2) - x}\left[z\mathrm{d}x - z(1 + x^2 z^2)\mathrm{d}y\right].$$

解法二 对方程 $yz = \arctan(xz)$ 两边取微分,并利用全微分的形式不变性,得

$$z\mathrm{d}y + y\mathrm{d}z = \frac{z\mathrm{d}x + x\mathrm{d}z}{1 + x^2 z^2},$$

移项整理便得

$$\mathrm{d}z = \frac{1}{y(1 + x^2 z^2) - x}\left[z\mathrm{d}x - z(1 + x^2 z^2)\mathrm{d}y\right].$$

例5.3.3 已知方程组 $\begin{cases} \mathrm{e}^{\frac{u}{x}}\cos\dfrac{v}{y} = \dfrac{x}{\sqrt{2}}, \\ \mathrm{e}^{\frac{u}{x}}\sin\dfrac{v}{y} = \dfrac{y}{\sqrt{2}}, \end{cases}$ 确定 u, v 是 x, y 的函数,求当 $x = 1$,

$y = 1, u = 0, v = \dfrac{\pi}{4}$ 时的微分 $\mathrm{d}u, \mathrm{d}v$.

解 对

$$\begin{cases} \mathrm{e}^{\frac{u}{x}}\cos\dfrac{v}{y} = \dfrac{x}{\sqrt{2}}, \\ \mathrm{e}^{\frac{u}{x}}\sin\dfrac{v}{y} = \dfrac{y}{\sqrt{2}}, \end{cases}$$

中的两个方程分别取微分,并利用全微分的形式不变性,得

$$\begin{cases} \mathrm{e}^{\frac{u}{x}}\cos\dfrac{v}{y}\dfrac{x\mathrm{d}u - u\mathrm{d}x}{x^2} - \mathrm{e}^{\frac{u}{x}}\sin\dfrac{v}{y}\dfrac{y\mathrm{d}v - v\mathrm{d}y}{y^2} = \dfrac{\mathrm{d}x}{\sqrt{2}}, \\ \mathrm{e}^{\frac{u}{x}}\sin\dfrac{v}{y}\dfrac{x\mathrm{d}u - u\mathrm{d}x}{x^2} + \mathrm{e}^{\frac{u}{x}}\cos\dfrac{v}{y}\dfrac{y\mathrm{d}v - v\mathrm{d}y}{y^2} = \dfrac{\mathrm{d}y}{\sqrt{2}}. \end{cases}$$

当 $x = 1, y = 1, u = 0, v = \dfrac{\pi}{4}$ 时,便有

$$\begin{cases} \mathrm{d}u - \mathrm{d}v + \dfrac{\pi}{4}\mathrm{d}y = \mathrm{d}x, \\ \mathrm{d}u + \mathrm{d}v - \dfrac{\pi}{4}\mathrm{d}y = \mathrm{d}y. \end{cases}$$

因此,当 $x = 1, y = 1, u = 0, v = \dfrac{\pi}{4}$ 时,有

$$\mathrm{d}u = \frac{1}{2}(\mathrm{d}x + \mathrm{d}y), \quad \mathrm{d}v = -\frac{1}{2}\mathrm{d}x + \left(\frac{\pi}{4} + \frac{1}{2}\right)\mathrm{d}y.$$

注 从以上结果立即得到,当 $x = 1, y = 1, u = 0, v = \frac{\pi}{4}$ 时,有

$$\frac{\partial u}{\partial x} = \frac{1}{2}, \quad \frac{\partial u}{\partial y} = \frac{1}{2}, \quad \frac{\partial v}{\partial x} = -\frac{1}{2}, \quad \frac{\partial v}{\partial y} = \frac{\pi}{4} + \frac{1}{2}.$$

例 5.3.4 设 $u = f(x,y,z), g(\sin x, \mathrm{e}^y, z) = 0, y = x^3$,其中函数 f, g 具有一阶连续偏导数,且 $\frac{\partial g}{\partial z} \neq 0$,求 $\frac{\mathrm{d}u}{\mathrm{d}x}$.

解 对 $g(\sin x, \mathrm{e}^y, z) = 0$ 两边关于 x 求偏导,并注意 $y = x^3$,得

$$g_1' \cos x + g_2' \mathrm{e}^y \cdot 3x^2 + g_3' \frac{\mathrm{d}z}{\mathrm{d}x} = 0,$$

于是

$$\frac{\mathrm{d}z}{\mathrm{d}x} = -\frac{g_1' \cos x + 3x^2 g_2' \mathrm{e}^y}{g_3'}.$$

因此

$$\frac{\mathrm{d}u}{\mathrm{d}x} = f_x' + f_y' \frac{\mathrm{d}y}{\mathrm{d}x} + f_z' \frac{\mathrm{d}z}{\mathrm{d}x} = f_x' + 3x^2 f_y' - \frac{f_z'(g_1' \cos x + 3x^2 g_2' \mathrm{e}^y)}{g_3'}.$$

例 5.3.5 已知方程组 $\begin{cases} x = (t+1)\cos z, \\ y = t\sin z, \end{cases}$ 确定 z, t 是 x, y 的隐函数,求 $\frac{\partial z}{\partial x}$.

解 对 $\begin{cases} x = (t+1)\cos z \\ y = t\sin z \end{cases}$ 中的两个方程分别关于 x 求偏导,得

$$\begin{cases} \cos z \dfrac{\partial t}{\partial x} - (t+1)\sin z \dfrac{\partial z}{\partial x} = 1, \\ \sin z \dfrac{\partial t}{\partial x} + t\cos z \dfrac{\partial z}{\partial x} = 0. \end{cases}$$

从这个方程组便可解得

$$\frac{\partial z}{\partial x} = -\frac{\sin z}{(1+t)\sin^2 z + t\cos^2 z} = -\frac{\tan^2 z}{y + x\tan^3 z}.$$

例 5.3.6 设 $z = f(\mathrm{e}^x \sin y, x^2 + y^2)$,其中 f 具有二阶连续偏导数,求 $\frac{\partial^2 z}{\partial x \partial y}$.

解 由链式求导法则得

$$\frac{\partial z}{\partial y} = f_1' \cdot \mathrm{e}^x \cos y + f_2' \cdot 2y.$$

进一步得

$$\frac{\partial^2 z}{\partial x \partial y} = \frac{\partial}{\partial x}\left(\frac{\partial z}{\partial y}\right) = (f_{11}'' \cdot \mathrm{e}^x \sin y + f_{12}'' \cdot 2x)\mathrm{e}^x \cos y + f_1' \mathrm{e}^x \cos y$$

$$+ (f_{21}'' \cdot e^x \sin y + f_{22}'' \cdot 2x)2y$$

$$= f_{11}'' e^{2x} \sin y \cos y + 2f_{12}'' e^x (x \cos y + y \sin y) + 4xy f_{22}'' + f_1' e^x \cos y.$$

例 5.3.7 已知函数 $z = z(x, y)$ 由方程 $x^2 + y^2 + h^2(z) = 1$ 确定,其中函数 h 具有二阶连续导数,且 $h(z) \neq 0, h'(z) \neq 0$,求 $\dfrac{\partial^2 z}{\partial x \partial y}$.

解 对 $x^2 + y^2 + h^2(z) = 1$ 两边关于 y 求偏导,得

$$2y + 2h(z)h'(z)\frac{\partial z}{\partial y} = 0,$$

因此 $\dfrac{\partial z}{\partial y} = -\dfrac{y}{h(z)h'(z)}$. 类似地可得 $\dfrac{\partial z}{\partial x} = -\dfrac{x}{h(z)h'(z)}$. 再对上式关于 x 求偏导得

$$2[h'(z)]^2 \frac{\partial z}{\partial x} \frac{\partial z}{\partial y} + 2h(z)h''(z) \frac{\partial z}{\partial x} \frac{\partial z}{\partial y} + 2h(z)h'(z) \frac{\partial^2 z}{\partial x \partial y} = 0.$$

因此

$$\frac{\partial^2 z}{\partial x \partial y} = -\frac{[h'(z)]^2 + h(z)h''(z)}{h(z)h'(z)} \frac{\partial z}{\partial x} \frac{\partial z}{\partial y} = -\frac{[h'(z)]^2 + h(z)h''(z)}{[h(z)h'(z)]^3} xy.$$

例 5.3.8 设 $z = z(x, y)$ 具有连续偏导数. 证明 $z = f\left(\dfrac{x}{y}\right)$($f$ 是可微的一元函数) 的充分必要条件是:$x \dfrac{\partial z}{\partial x} + y \dfrac{\partial z}{\partial y} = 0$.

证 必要性. 因为 $z = f\left(\dfrac{x}{y}\right)$,所以

$$\frac{\partial z}{\partial x} = f'\left(\frac{x}{y}\right)\frac{1}{y}, \qquad \frac{\partial z}{\partial y} = f'\left(\frac{x}{y}\right)\left(-\frac{x}{y^2}\right).$$

因此

$$x \frac{\partial z}{\partial x} + y \frac{\partial z}{\partial y} = x f'\left(\frac{x}{y}\right)\frac{1}{y} - y f'\left(\frac{x}{y}\right)\frac{x}{y^2} = 0.$$

充分性. 设 $z = z(x, y)$ 满足 $x \dfrac{\partial z}{\partial x} + y \dfrac{\partial z}{\partial y} = 0$. 作变换 $u = \dfrac{x}{y}, v = y$,记 $f(u, v)$ $= z(uv, v) = z(x, y)$,则

$$\frac{\partial z}{\partial x} = \frac{\partial f}{\partial u} \frac{\partial u}{\partial x} + \frac{\partial f}{\partial v} \frac{\partial v}{\partial x} = \frac{\partial f}{\partial u} \frac{1}{y},$$

$$\frac{\partial z}{\partial y} = \frac{\partial f}{\partial u} \frac{\partial u}{\partial y} + \frac{\partial f}{\partial v} \frac{\partial v}{\partial y} = -\frac{\partial f}{\partial u} \frac{x}{y^2} + \frac{\partial f}{\partial v}.$$

因此

$$x \frac{\partial z}{\partial x} + y \frac{\partial z}{\partial y} = \frac{\partial f}{\partial u} \frac{x}{y} - \frac{\partial f}{\partial u} \frac{x}{y} + y \frac{\partial f}{\partial v} = y \frac{\partial f}{\partial v}.$$

由假设得

$$\frac{\partial f}{\partial v} = 0.$$

这就是说, f 只是 u 的函数 $f(u)$, 即 $f(u,v) = f(u)$. 因此

$$z = z(x,y) = f(u) = f\left(\frac{x}{y}\right).$$

例 5.3.9 如果定义在 $\mathbf{R}^3$ 上的三元函数 $f(x,y,z)$ 满足: 对于任意的 (x,y,z) $\in \mathbf{R}^3$ 及正实数 t, 成立

$$f(tx,ty,tz) = t^n f(x,y,z),$$

则称 $f(x,y,z)$ 为 **n 次齐次函数**. 证明三元可微函数 f 为 n 次齐次函数的充要条件是

$$x\frac{\partial f}{\partial x} + y\frac{\partial f}{\partial y} + z\frac{\partial f}{\partial z} = nf.$$

证 必要性. 若三元函数 $f(x,y,z)$ 为 n 次齐次函数, 则对任意的 $(x,y,z) \in \mathbf{R}^3$ 及正实数 t, 成立

$$f(tx,ty,tz) = t^n f(x,y,z).$$

对上式关于 t 求导, 得

$$x\frac{\partial f}{\partial x}(tx,ty,tz) + y\frac{\partial f}{\partial y}(tx,ty,tz) + z\frac{\partial f}{\partial z}(tx,ty,tz) = nt^{n-1}f(x,y,z),$$

令 $t = 1$, 便得

$$x\frac{\partial f}{\partial x}(x,y,z) + y\frac{\partial f}{\partial y}(x,y,z) + z\frac{\partial f}{\partial z}(x,y,z) = nf(x,y,z).$$

充分性. 对于每个 $(x_0,y_0,z_0) \in \mathbf{R}^3$. 考虑函数 $F(t) = \dfrac{f(tx_0,ty_0,tz_0)}{t^n}\ (t > 0)$.

因为

$$F'(t) = \frac{tx_0\frac{\partial f}{\partial x}(tx_0,ty_0,tz_0) + ty_0\frac{\partial f}{\partial y}(tx_0,ty_0,tz_0) + tz_0\frac{\partial f}{\partial z}(tx_0,ty_0,tz_0) - nf(tx_0,ty_0,tz_0)}{t^{n+1}},$$

且 $x\frac{\partial f}{\partial x} + y\frac{\partial f}{\partial y} + z\frac{\partial f}{\partial z} = nf$, 所以

$$F'(t) = 0.$$

因此 $F(t)$ 在 $(0, +\infty)$ 上是常数, 于是

$$F(t) = \frac{f(tx_0,ty_0,tz_0)}{t^n} = F(1) = f(x_0,y_0,z_0), \quad t > 0,$$

即

$$f(tx_0,ty_0,tz_0) = t^n f(x_0,y_0,z_0), \quad t > 0.$$

由 $(x_0,y_0,z_0) \in \mathbf{R}^3$ 的任意性, 便知 $f(x,y,z)$ 为 n 次齐次函数.

例 5.3.10 引入新变量 $u = x - at, v = x + at$, 解波动方程 $\dfrac{\partial^2 z}{\partial t^2} = a^2\dfrac{\partial^2 z}{\partial x^2}$.

解 将 u, v 看成中间变量,则

$$\frac{\partial z}{\partial x} = \frac{\partial z}{\partial u} \frac{\partial u}{\partial x} + \frac{\partial z}{\partial v} \frac{\partial v}{\partial x} = \frac{\partial z}{\partial u} + \frac{\partial z}{\partial v};$$

$$\frac{\partial z}{\partial t} = \frac{\partial z}{\partial u} \frac{\partial u}{\partial t} + \frac{\partial z}{\partial v} \frac{\partial v}{\partial t} = -a \frac{\partial z}{\partial u} + a \frac{\partial z}{\partial v}.$$

进一步求偏导,得

$$\frac{\partial^2 z}{\partial x^2} = \frac{\partial^2 z}{\partial u^2} \frac{\partial u}{\partial x} + \frac{\partial^2 z}{\partial v \partial u} \frac{\partial v}{\partial x} + \frac{\partial^2 z}{\partial u \partial v} \frac{\partial u}{\partial x} + \frac{\partial^2 z}{\partial v^2} \frac{\partial v}{\partial x}$$

$$= \frac{\partial^2 z}{\partial u^2} + 2 \frac{\partial^2 z}{\partial u \partial v} + \frac{\partial^2 z}{\partial v^2},$$

$$\frac{\partial^2 z}{\partial t^2} = -a \left(\frac{\partial^2 z}{\partial u^2} \frac{\partial u}{\partial t} + \frac{\partial^2 z}{\partial v \partial u} \frac{\partial v}{\partial t} \right) + a \left(\frac{\partial^2 z}{\partial u \partial v} \frac{\partial u}{\partial t} + \frac{\partial^2 z}{\partial v^2} \frac{\partial v}{\partial t} \right)$$

$$= a^2 \frac{\partial^2 z}{\partial u^2} - 2a^2 \frac{\partial^2 z}{\partial u \partial v} + a^2 \frac{\partial^2 z}{\partial v^2}.$$

于是,原方程变为

$$\frac{\partial^2 z}{\partial u \partial v} = 0.$$

积分得

$$\frac{\partial z}{\partial v} = f(v),$$

再积分一次得

$$z = \int f(v) \mathrm{d}v + \psi(u).$$

记 $\varphi(v) = \int f(v) \mathrm{d}v$,则方程 $\dfrac{\partial^2 z}{\partial t^2} = a^2 \dfrac{\partial^2 z}{\partial x^2}$ 的解为

$$z = \varphi(v) + \psi(u) = \varphi(x + at) + \psi(x - at),$$

其中 $\varphi(v), \psi(u)$ 为二阶可导函数.

例 5.3.11 已知方程 $x^2 \dfrac{\partial^2 z}{\partial x^2} - y^2 \dfrac{\partial^2 z}{\partial y^2} = 0.$

(1) 作变换 $u = xy, v = \dfrac{x}{y}$ 将该方程变换成关于自变量 u, v 的方程;

(2) 找出该方程在第一象限上的一个非常数解.

解 (1) 将 u, v 看成中间变量,则

$$\frac{\partial z}{\partial x} = \frac{\partial z}{\partial u} \frac{\partial u}{\partial x} + \frac{\partial z}{\partial v} \frac{\partial v}{\partial x} = y \frac{\partial z}{\partial u} + \frac{1}{y} \frac{\partial z}{\partial v},$$

$$\frac{\partial z}{\partial y} = \frac{\partial z}{\partial u} \frac{\partial u}{\partial y} + \frac{\partial z}{\partial v} \frac{\partial v}{\partial y} = x \frac{\partial z}{\partial u} - \frac{x}{y^2} \frac{\partial z}{\partial v}.$$

进一步求偏导得

$$\frac{\partial^2 z}{\partial x^2} = y\frac{\partial^2 z}{\partial u^2}\frac{\partial u}{\partial x} + y\frac{\partial^2 z}{\partial v\partial u}\frac{\partial v}{\partial x} + \frac{1}{y}\frac{\partial^2 z}{\partial u\partial v}\frac{\partial u}{\partial x} + \frac{1}{y}\frac{\partial^2 z}{\partial v^2}\frac{\partial v}{\partial x}$$

$$= y^2\frac{\partial^2 z}{\partial u^2} + 2\frac{\partial^2 z}{\partial u\partial v} + \frac{1}{y^2}\frac{\partial^2 z}{\partial v^2},$$

$$\frac{\partial^2 z}{\partial y^2} = x\left(\frac{\partial^2 z}{\partial u^2}\frac{\partial u}{\partial y} + \frac{\partial^2 z}{\partial v\partial u}\frac{\partial v}{\partial y}\right) - \frac{x}{y^2}\left(\frac{\partial^2 z}{\partial u\partial v}\frac{\partial u}{\partial y} + \frac{\partial^2 z}{\partial v^2}\frac{\partial v}{\partial y}\right) + \frac{2x}{y^3}\frac{\partial z}{\partial v}$$

$$= x^2\frac{\partial^2 z}{\partial u^2} - \frac{2x^2}{y^2}\frac{\partial^2 z}{\partial u\partial v} + \frac{x^2}{y^4}\frac{\partial^2 z}{\partial v^2} + \frac{2x}{y^3}\frac{\partial z}{\partial v}.$$

于是

$$x^2\frac{\partial^2 z}{\partial x^2} - y^2\frac{\partial^2 z}{\partial y^2} = 4x^2\frac{\partial^2 z}{\partial u\partial v} - \frac{2x}{y}\frac{\partial z}{\partial v} = 4x^2\left(\frac{\partial^2 z}{\partial u\partial v} - \frac{1}{2u}\frac{\partial z}{\partial v}\right).$$

所以原方程变为

$$\frac{\partial^2 z}{\partial u\partial v} - \frac{1}{2u}\frac{\partial z}{\partial v} = 0.$$

（2）将 $\dfrac{\partial^2 z}{\partial u\partial v} - \dfrac{1}{2u}\dfrac{\partial z}{\partial v} = 0$ 表示为

$$\frac{\dfrac{\partial}{\partial u}\left(\dfrac{\partial z}{\partial v}\right)}{\dfrac{\partial z}{\partial v}} = \frac{1}{2u},$$

对上式积分得

$$\frac{\partial z}{\partial v} = \varphi(v)\sqrt{u},$$

这里 $\varphi(v)$ 为可导函数. 因此

$$z = \sqrt{u}\int \varphi(v)\,\mathrm{d}v + \psi(u),$$

这里 $\psi(u)$ 为二阶可导函数. 取 $\varphi(v) = 1, \psi(u) = 0$,便得方程 $x^2\dfrac{\partial^2 z}{\partial x^2} - y^2\dfrac{\partial^2 z}{\partial y^2} = 0$
第一象限上的一个非常数解

$$z = v\sqrt{u} = \sqrt{\frac{x^3}{y}}.$$

例5.3.12 设 $z = z(x,y)$ 具有二阶连续偏导数. 作自变量变换 $u = \dfrac{x}{y}, v = x$,
以及因变量变换 $w = xz - y$,将方程

$$y\frac{\partial^2 z}{\partial y^2} + 2\frac{\partial z}{\partial y} = \frac{2}{x}$$

变换成关于变量 u, v, w 的方程.

解 由 $w = xz - y$ 得

$$z = \frac{w}{x} + \frac{y}{x}.$$

对 y 求偏导, 得

$$\frac{\partial z}{\partial y} = \frac{1}{x} + \frac{1}{x}\frac{\partial w}{\partial y} = \frac{1}{x} + \frac{1}{x}\left(\frac{\partial w}{\partial u}\frac{\partial u}{\partial y} + \frac{\partial w}{\partial v}\frac{\partial v}{\partial y}\right) = \frac{1}{x} - \frac{1}{y^2}\frac{\partial w}{\partial u}.$$

再对 y 求偏导, 得

$$\frac{\partial^2 z}{\partial y^2} = \frac{2}{y^3}\frac{\partial w}{\partial u} - \frac{1}{y^2}\left(\frac{\partial^2 w}{\partial u^2}\frac{\partial u}{\partial y} + \frac{\partial^2 w}{\partial v\partial u}\frac{\partial v}{\partial y}\right) = \frac{2}{y^3}\frac{\partial w}{\partial u} + \frac{x}{y^4}\frac{\partial^2 w}{\partial u^2}.$$

因此

$$y\frac{\partial^2 z}{\partial y^2} + 2\frac{\partial z}{\partial y} = \frac{x}{y^3}\frac{\partial^2 w}{\partial u^2} + \frac{2}{x}.$$

代入原方程并化简得

$$\frac{\partial^2 w}{\partial u^2} = 0.$$

这就是关于变量 u, v, w 的方程.

注 能否求出原方程的解? 这个问题留给读者解答.

例 5.3.13 设 $z = f(x, y)$ 具有连续偏导数, 且 $f_x'^2(x, y) + f_y'^2(x, y) \neq 0$.

(1) 设 (x_0, y_0) 为 $f(x, y)$ 的定义域中一点. 证明: $f(x, y)$ 的过 (x_0, y_0) 的等值线在该点与 $f(x, y)$ 的梯度 **grad** $f(x_0, y_0)$ 正交;

(2) 若 $f(x, y) = \ln(x^2 + y^2)$, 记它过 $(1, 1)$ 点的等值线为 L, $\boldsymbol{l}$ 是与 L 在 $(1, 1)$ 点垂直的方向, 求 $\frac{\partial f}{\partial \boldsymbol{l}}(1, 1)$.

解 (1) **证** 函数 $f(x, y)$ 的过 (x_0, y_0) 的等值线方程为 $f(x, y) = f(x_0, y_0)$, 要证明的是: 它在点 (x_0, y_0) 的切线与 **grad** $f(x_0, y_0)$ 正交.

因为 $f_x'^2(x, y) + f_y'^2(x, y) \neq 0$, 所以 f_x', f_y' 不同时为零, 不妨设 $f_y'(x_0, y_0) \neq 0$. 由隐函数存在定理知, 在点 (x_0, y_0) 附近从 $f(x, y) - f(x_0, y_0) = 0$ 可解出 $y = y(x)$, 即等值线的方程可表示为

$$y = y(x), \quad x \in O(x_0, \delta), \text{且 } y(x_0) = y_0.$$

它满足

$$f(x, y(x)) - f(x_0, y_0) = 0, \quad x \in O(x_0, \delta),$$

其中 δ 是某个正数.

对上式关于 x 求导, 得

$$f_x'(x, y) + f_y'(x, y)y'(x) = 0,$$

因此在点 (x_0, y_0) 成立

$$f_x'(x_0, y_0) + f_y'(x_0, y_0)y'(x_0) = 0.$$

注意到 $\boldsymbol{\tau} = (1, y'(x_0))$ 就是等值线在点 (x_0, y_0) 的切向量，$\mathbf{grad}f(x_0, y_0) = (f_x'(x_0, y_0), f_y'(x_0, y_0))$，上式便是

$$\boldsymbol{\tau} \cdot \mathbf{grad}f(x_0, y_0) = 0.$$

因此 $f(x, y)$ 的过 (x_0, y_0) 的等值线在该点与 $f(x, y)$ 的梯度 $\mathbf{grad}f(x_0, y_0)$ 正交.

（2）由（1）的结论，$\boldsymbol{l}$ 的方向与 $\pm\,\mathbf{grad}f(1, 1)$ 的方向相同（注意，与 L 在点 $(1, 1)$ 垂直的方向有两个）. 因为

$$\mathbf{grad}f(1, 1) = (f_x'(1, 1), f_y'(1, 1)) = \left(\frac{2x}{x^2 + y^2}\bigg|_{x=1, y=1}, \frac{2y}{x^2 + y^2}\bigg|_{x=1, y=1}\right) = (1, 1),$$

所以，当 $\boldsymbol{l}$ 与 $\mathbf{grad}f(1, 1)$ 同向时，有

$$\frac{\partial f}{\partial \boldsymbol{l}}(1, 1) = \|\mathbf{grad}f(1, 1)\| = \sqrt{2};$$

当 $\boldsymbol{l}$ 与 $\mathbf{grad}f(1, 1)$ 反向时，有

$$\frac{\partial f}{\partial \boldsymbol{l}}(1, 1) = -\|\mathbf{grad}f(1, 1)\| = -\sqrt{2}.$$

例 5.3.14 设函数 $u = u(x, y, z)$ 由方程 $\dfrac{x^2}{a^2 + u} + \dfrac{y^2}{b^2 + u} + \dfrac{z^2}{c^2 + u} = 1$ 确定，证明

$$\|\mathbf{grad}u\|^2 = 2\boldsymbol{r} \cdot \mathbf{grad}u,$$

其中 $\boldsymbol{r} = (x, y, z)$，$a, b, c$ 为常数.

证 对方程 $\dfrac{x^2}{a^2 + u} + \dfrac{y^2}{b^2 + u} + \dfrac{z^2}{c^2 + u} = 1$ 两边关于 x 求偏导得

$$\frac{2x}{a^2 + u} - \left[\frac{x^2}{(a^2 + u)^2} + \frac{y^2}{(b^2 + u)^2} + \frac{z^2}{(c^2 + u)^2}\right]\frac{\partial u}{\partial x} = 0,$$

因此

$$\frac{\partial u}{\partial x} = \frac{1}{H}\frac{2x}{a^2 + u},$$

其中 $H = \dfrac{x^2}{(a^2 + u)^2} + \dfrac{y^2}{(b^2 + u)^2} + \dfrac{z^2}{(c^2 + u)^2}$.

同理

$$\frac{\partial u}{\partial y} = \frac{1}{H}\frac{2y}{b^2 + u}, \quad \frac{\partial u}{\partial z} = \frac{1}{H}\frac{2z}{c^2 + u}.$$

于是

$$\mathbf{grad}u = \left(\frac{\partial u}{\partial x}, \frac{\partial u}{\partial y}, \frac{\partial u}{\partial z}\right) = \frac{2}{H}\left(\frac{x}{a^2 + u}, \frac{y}{b^2 + u}, \frac{z}{c^2 + u}\right),$$

此时

$$\|\operatorname{\mathbf{grad}} u\|^2 = \frac{4}{H^2}\Big[\frac{x^2}{(a^2+u)^2} + \frac{y^2}{(b^2+u)^2} + \frac{z^2}{(c^2+u)^2}\Big] = \frac{4}{H^2}\cdot H = \frac{4}{H}.$$

由假设得

$$2\boldsymbol{r}\cdot\operatorname{\mathbf{grad}} u = \frac{4}{H}\Big[\frac{x^2}{a^2+u} + \frac{y^2}{b^2+u} + \frac{z^2}{c^2+u}\Big] = \frac{4}{H}.$$

于是

$$\|\operatorname{\mathbf{grad}} u\|^2 = 2\boldsymbol{r}\cdot\operatorname{\mathbf{grad}} u.$$

习　题

1. 设方程 $\sin y + \mathrm{e}^x - xy^2 = 0$ 确定隐函数 $y = y(x)$,求 $\dfrac{\mathrm{d}y}{\mathrm{d}x}$.

2. 设方程 $z - x = \arctan\dfrac{y}{z-x}$ 确定隐函数 $z = z(x,y)$,求 $\mathrm{d}z$.

3. 设 $\begin{cases} xu - yv = 0, \\ yu + xv = 1, \end{cases}$ 求 $\dfrac{\partial u}{\partial x},\dfrac{\partial u}{\partial y}$.

4. 设 $z = uv, x = \mathrm{e}^u\cos v, y = \mathrm{e}^u\sin v$ $(u\in(-\infty,+\infty),v\in(-\pi/2,\pi/2))$,求 $\dfrac{\partial z}{\partial x},\dfrac{\partial z}{\partial y}$.

5. 设 $z = f(x^2 - y^2,\mathrm{e}^{xy})$,其中 f 具有二阶连续偏导数,求 $\dfrac{\partial^2 z}{\partial x\partial y}$.

6. 设方程 $\dfrac{x}{z} = \ln\dfrac{z}{y}$ 确定隐函数 $z = z(x,y)$,求 $\dfrac{\partial z}{\partial x},\dfrac{\partial^2 z}{\partial x^2},\dfrac{\partial^2 z}{\partial x\partial y}$.

7. 证明:若

$$x^2y^2 + x^2 + y^2 - 1 = 0,$$

则当 $xy > 0$ 时,成立

$$\frac{\mathrm{d}x}{\sqrt{1-x^4}} + \frac{\mathrm{d}y}{\sqrt{1-y^4}} = 0.$$

8. 设 $z = z(x,y)$ 由方程 $\dfrac{x}{z} = \varphi\Big(\dfrac{y}{z}\Big)$ 确定,其中一元函数 φ 具有二阶连续导数. 证明

$$\frac{\partial^2 z}{\partial x^2}\cdot\frac{\partial^2 z}{\partial y^2} = \Big(\frac{\partial^2 z}{\partial x\partial y}\Big)^2.$$

9. 设变量代换 $\begin{cases} u = x - 2y \\ v = x + ay \end{cases}$ 可把方程 $6\dfrac{\partial^2 z}{\partial x^2} + \dfrac{\partial^2 z}{\partial x\partial y} - \dfrac{\partial^2 z}{\partial y^2} = 0$ 简化为 $\dfrac{\partial^2 z}{\partial u\partial v} = 0$,求常数 a.

10. 利用变换 $x = u, y = \dfrac{u}{1+uv}, z = \dfrac{u}{1+uw}$ 将方程

$$x^2\frac{\partial z}{\partial x} + y^2\frac{\partial z}{\partial y} = z^2$$

变换为函数 $w = w(u,v)$ 的微分方程.

11. 设二元函数 F 可表示为:对于任意 x,y,$F(x,y) = f(x) + g(y)$,其中 f,g 具有连续导数.

并且在极坐标变换 $x = r\cos\theta, y = r\sin\theta$ 下，$F(r\cos\theta, r\sin\theta) = S(r)$，求 F 的表达式.

12. 若二元函数 $f(\xi, \eta)$ 具有二阶连续偏导数，且满足 Laplace 方程 $\dfrac{\partial^2 f}{\partial \xi^2} + \dfrac{\partial^2 f}{\partial \eta^2} = 0$，证明函数 $z = f(x^2 - y^2, 2xy)$ 也满足 Laplace 方程 $\dfrac{\partial^2 z}{\partial x^2} + \dfrac{\partial^2 z}{\partial y^2} = 0.$

13. 设函数 $f(u, v)$ 具有二阶连续偏导数，且满足 $\dfrac{\partial^2 f}{\partial u^2} + \dfrac{\partial^2 f}{\partial v^2} = 1$. 又设 $g(x, y) = f\left[xy, \dfrac{1}{2}(x^2 - y^2)\right]$，求 $\dfrac{\partial^2 g}{\partial x^2} + \dfrac{\partial^2 g}{\partial y^2}.$

14. 设三元函数 f 具有二阶连续偏导数，且 f 为 n 次齐次函数，证明：f 满足
$$\left(x\frac{\partial}{\partial x} + y\frac{\partial}{\partial y} + z\frac{\partial}{\partial z}\right)^2 f(x, y, z) = n(n-1)f(x, y, z).$$

15. 设函数 $f(u, v)$ 由 $f[xg(y), y] = x + g(y)$ 确定，其中函数 $g(y)$ 具有连续导数，且 $g(y) \neq 0$，求 $\dfrac{\partial^2 f}{\partial u \partial v}.$

16. 设函数 $u = f(x, y, z)$ 具有连续偏导数，又设函数 $y = y(x)$ 和 $z = z(x)$ 分别由方程组
$$\begin{cases} e^{xy} - xy = 2, \\ e^x = \displaystyle\int_0^{x-z} \frac{\sin t}{t}\,dt \end{cases}$$
确定，求 $\dfrac{du}{dx}.$

17. 设函数 $u = u(x, y)$ 由方程组
$$\begin{cases} u = f(x, y, z, t), \\ g(y, z, t) = 0, \\ h(z, t) = 0 \end{cases}$$
确定，其中 $f(x, y, z, t)$, $g(y, z, t)$, $h(z, t)$ 具有连续偏导数. 求 $\dfrac{\partial u}{\partial x}$, $\dfrac{\partial u}{\partial y}.$

§5.4 可 微 映 射

本节中的向量皆用列向量表示. 设 D 是 $\mathbf{R}^n$ 中的区域. 称映射 $\boldsymbol{f}: D \subset \mathbf{R}^n \to \mathbf{R}^m$ 为 (n 元 m 值) **向量值函数**. 显然，$\boldsymbol{f}$ 对应于 m 个 n 元函数：
$$\begin{cases} u_1 = f_1(x_1, \cdots, x_n), \\ \cdots\cdots \\ u_m = f_m(x_1, \cdots, x_n), \end{cases}$$
因此，常把映射 $\boldsymbol{f}$ 用分量表示为 $\boldsymbol{f} = (f_1, \cdots, f_m)^{\mathrm{T}}$. 当 $m = 1$ 时，$\boldsymbol{f}$ 就是 n 元函数.

一、连续映射

定义 5.4.1 设 D 是 $\mathbf{R}^n$ 中的一个区域，$f: D \to \mathbf{R}^m$ 是以 D 为定义域的映射，$a \in \mathbf{R}^m, x_0 \in \mathbf{R}^n$. 如果

$$\lim_{x \to x_0} \| f(x) - a \| = 0,$$

则称当 $x \to x_0$ 时 f 以 a 为**极限**，记作 $\lim\limits_{x \to x_0} f(x) = a$.

当 $x_0 \in D$ 时，如果

$$\lim_{x \to x_0} f(x) = f(x_0),$$

则称映射 f 在点 x_0 连续；如果 f 在 D 上的每一点处连续，则称 f 为 D 上的**连续映射**或**连续的向量值函数**.

定理 5.4.1 设 f 是从 $\mathbf{R}^n$ 上某区域 D 到 $\mathbf{R}^m$ 的映射，

$$f: (x_1, \cdots, x_n)^{\mathrm{T}} \mapsto (u_1, \cdots, u_m)^{\mathrm{T}},$$

其中 $u_i = f_i(x_1, \cdots, x_n)(i = 1, \cdots, m)$. $a = (a_1, \cdots, a_m)^{\mathrm{T}}$ 为常向量，则

(1) $\lim\limits_{x \to x_0} f(x) = a$ 的充要条件是 $\lim\limits_{x \to x_0} f_i(x) = a_i (i = 1, \cdots, m)$；

(2) f 在点 $x_0 \in D$ 连续的充要条件是 m 个 n 元函数 $f_1, \cdots, f_m$ 均在点 x_0 连续.

二、可微映射

定义 5.4.2 设 D 是 $\mathbf{R}^n$ 中的一个区域，$f: D \to \mathbf{R}^m$ 是以 D 为定义域的映射，$x_0 \in D$. 如果对于自变量 $x = (x_1, \cdots, x_n)^{\mathrm{T}}$ 的增量 $\Delta x = (\Delta x_1, \cdots, \Delta x_n)^{\mathrm{T}}$，因变量 $u = (u_1, \cdots, u_m)^{\mathrm{T}}$ 的增量 $\Delta u = (\Delta u_1, \cdots, \Delta u_m)^{\mathrm{T}}$ 可以分解为

$$\Delta u = f(x_0 + \Delta x) - f(x_0) = J \Delta x + o(\| \Delta x \|),$$

其中 J 是一个 $m \times n$ 阵，$o(\| \Delta x \|)$ 是 m 维空间 $\mathbf{R}^m$ 中的向量，它的各分量均是比 $\| \Delta x \|$ 高阶的无穷小量，则称映射 f 在 x_0 点**可微**，其微分为

$$\mathrm{d}u = J \mathrm{d}x,$$

其中 $\mathrm{d}u = (\mathrm{d}u_1, \cdots, \mathrm{d}u_m)^{\mathrm{T}}, \mathrm{d}x = (\mathrm{d}x_1, \cdots, \mathrm{d}x_n)^{\mathrm{T}}$. 这里的 J 称为映射 f 的 **Jacobi 矩阵**，也称作映射 f 在 x_0 点的导数，常记作 $f'(x_0)$.

如果 f 在 D 上的每一点处可微，则称 f 为 D 上的**可微映射**.

定理 5.4.2 设 f 是从 $\mathbf{R}^n$ 上某区域 D 到 $\mathbf{R}^m$ 的映射，

$$f: (x_1, \cdots, x_n)^{\mathrm{T}} \mapsto (u_1, \cdots, u_m)^{\mathrm{T}},$$

其中 $u_i = f_i(x_1, \cdots, x_n)(i = 1, \cdots, m)$，则映射 f 在点 $x_0 \in D$ 可微的充要条件是诸 f_i 在点 x_0 均可微. 当 f 在点 x_0 可微时，相应的 Jacobi 矩阵为

$$J = f'(x_0) = \begin{pmatrix} \dfrac{\partial f_1}{\partial x_1} & \cdots & \dfrac{\partial f_1}{\partial x_n} \\ \vdots & & \vdots \\ \dfrac{\partial f_m}{\partial x_1} & \cdots & \dfrac{\partial f_m}{\partial x_n} \end{pmatrix}\Bigg|_{x^{(0)}},$$

此时有

$$\mathrm{d}u = f'(x_0)\mathrm{d}x.$$

三、复合映射求导的链式法则

设 $g:D_g \subset \mathbf{R}^n \to \mathbf{R}^m$，$(x_1,\cdots,x_n)^{\mathrm{T}} \mapsto (y_1,\cdots,y_m)^{\mathrm{T}}$，记 $y = g(x)$；又设 $f:D_f \subset \mathbf{R}^m \to \mathbf{R}^k$，$(y_1,\cdots,y_m)^{\mathrm{T}} \mapsto (u_1,\cdots,u_k)^{\mathrm{T}}$，记 $u = f(y)$. 考察定义于 $D(f \circ g)$ 上的复合映射 $f \circ g:D(f \circ g) \subset \mathbf{R}^n \to \mathbf{R}^k$，它用分量表示就是 $f \circ g = (u_1,\cdots,u_k)^{\mathrm{T}}$，其中

$$u_j = u_j(y_1(x_1,\cdots,x_n),\cdots,y_m(x_1,\cdots,x_n)),\ j=1,\cdots,k.$$

定理 5.4.3　如果 f 与 g 均是可微映射，则

$$(f \circ g)'(x) = f'(y)g'(x).$$

上式写成矩阵形式就是

$$\begin{pmatrix} \dfrac{\partial u_1}{\partial x_1} & \cdots & \dfrac{\partial u_1}{\partial x_n} \\ \vdots & & \vdots \\ \dfrac{\partial u_k}{\partial x_1} & \cdots & \dfrac{\partial u_k}{\partial x_n} \end{pmatrix}_{k \times n} = \begin{pmatrix} \dfrac{\partial u_1}{\partial y_1} & \cdots & \dfrac{\partial u_1}{\partial y_m} \\ \vdots & & \vdots \\ \dfrac{\partial u_k}{\partial y_1} & \cdots & \dfrac{\partial u_k}{\partial y_m} \end{pmatrix}_{k \times m} \begin{pmatrix} \dfrac{\partial y_1}{\partial x_1} & \cdots & \dfrac{\partial y_1}{\partial x_n} \\ \vdots & & \vdots \\ \dfrac{\partial y_m}{\partial x_1} & \cdots & \dfrac{\partial y_m}{\partial x_n} \end{pmatrix}_{m \times n}.$$

例 题 分 析

例 5.4.1　设向量值函数

$$f(x,y) = \left(\ln(1+x^2+y^2),\ \frac{\sin[(x-1)^2+y^2]}{(x-1)^2+y^2},\ \frac{\mathrm{e}^{-(x-1)^2-y^2}-1}{(x-1)^2+y^2} \right)^{\mathrm{T}},$$

求 $\lim\limits_{(x,y)\to(1,0)} f(x,y)$.

解　显然

$$\lim_{(x,y)\to(1,0)} \ln(1+x^2+y^2) = \ln(1+1^2+0^2) = \ln 2,$$

且利用 $\sin u \sim u$ 以及 $\mathrm{e}^u - 1 \sim u\,(u \to 0)$，得

$$\lim_{(x,y)\to(1,0)} \frac{\sin[(x-1)^2+y^2]}{(x-1)^2+y^2} = 1,\quad \lim_{(x,y)\to(1,0)} \frac{\mathrm{e}^{-(x-1)^2-y^2}-1}{(x-1)^2+y^2} = -1.$$

所以

$$\lim_{(x,y)\to(1,0)} f(x,y) = (\ln 2,1,-1)^{\mathrm{T}}.$$

例 5.4.2 考察向量值函数

$$f(x,y) = \begin{cases} \left(\dfrac{\sin(xy)}{\sqrt{x^2+y^2}}, \cos(xy) \right)^{\mathrm{T}}, & x^2+y^2 \neq 0, \\ (0,1)^{\mathrm{T}}, & x^2+y^2 = 0 \end{cases}$$

的连续性.

解 显然 $\dfrac{\sin(xy)}{\sqrt{x^2+y^2}}$ 在 $\mathbf{R}^2 \setminus \{(0,0)\}$ 上连续. $\cos(xy)$ 在 $\mathbf{R}^2$ 上连续, 所以 f 在 $\mathbf{R}^2 \setminus \{(0,0)\}$ 上连续.

因为

$$\left| \frac{\sin(xy)}{\sqrt{x^2+y^2}} \right| \leqslant \frac{|xy|}{\sqrt{x^2+y^2}} \leqslant \frac{1}{2} \sqrt{x^2+y^2},$$

所以 $\lim\limits_{(x,y) \to (0,0)} \dfrac{\sin(xy)}{\sqrt{x^2+y^2}} = 0$. 又显然 $\lim\limits_{(x,y) \to (0,0)} \cos(xy) = 1$, 所以

$$\lim_{(x,y) \to (0,0)} f(x,y) = (0,1) = f(0,0),$$

因此 f 在点 $(0,0)$ 也连续. 于是 f 在 $\mathbf{R}^2$ 上连续.

例 5.4.3 求向量值函数 $f: (\varphi, \theta)^{\mathrm{T}} \to (x,y,z)^{\mathrm{T}}$ 的 Jacobi 矩阵, 其中

$$x = \cos\theta\cos\varphi, \quad y = \sin\theta\cos\varphi, \quad z = \sin\varphi.$$

解 向量值函数 f 的 Jacobi 矩阵为

$$f'(\varphi, \theta) = \begin{pmatrix} x'_\varphi & x'_\theta \\ y'_\varphi & y'_\theta \\ z'_\varphi & z'_\theta \end{pmatrix} = \begin{pmatrix} -\cos\theta\sin\varphi & -\sin\theta\cos\varphi \\ -\sin\theta\sin\varphi & \cos\theta\cos\varphi \\ \cos\varphi & 0 \end{pmatrix}.$$

例 5.4.4 求向量值函数 $f(x,y,z) = (u,v)^{\mathrm{T}}$ 在点 $(1,-1,2)$ 的微分, 其中 $u = xy+yz+zx, v = xyz$.

解 向量值函数 f 的 Jacobi 矩阵为

$$f'(x,y,z) = \begin{pmatrix} u'_x & u'_y & u'_z \\ v'_x & v'_y & v'_z \end{pmatrix} = \begin{pmatrix} y+z & x+z & y+x \\ yz & xz & xy \end{pmatrix},$$

因此

$$f'(1,-1,2) = \begin{pmatrix} 1 & 3 & 0 \\ -2 & 2 & -1 \end{pmatrix}.$$

于是, f 在点 $(1,-1,2)$ 的微分为 $\mathrm{d}f = f'(1,-1,2)(\mathrm{d}x,\mathrm{d}y,\mathrm{d}z)^{\mathrm{T}}$, 即

$$\begin{pmatrix} \mathrm{d}u \\ \mathrm{d}v \end{pmatrix} = \begin{pmatrix} 1 & 3 & 0 \\ -2 & 2 & -1 \end{pmatrix} \begin{pmatrix} \mathrm{d}x \\ \mathrm{d}y \\ \mathrm{d}z \end{pmatrix} = \begin{pmatrix} \mathrm{d}x + 3\mathrm{d}y \\ -2\mathrm{d}x + 2\mathrm{d}y - \mathrm{d}z \end{pmatrix}.$$

注 将上式的微分用分量表示就是

$$\mathrm{d}u = \mathrm{d}x + 3\mathrm{d}y, \quad \mathrm{d}v = -2\mathrm{d}x + 2\mathrm{d}y - \mathrm{d}z.$$

例 5.4.5 已知映射 $\boldsymbol{f} : (x,y,z)^{\mathrm{T}} \to (p(x,y,z), q(x,y,z), r(x,y,z))^{\mathrm{T}}$ 的 Jacobi 矩阵为

$$\begin{pmatrix} \sin x & 0 & 0 \\ yz & xz & xy \\ 0 & \sin z & y\cos z \end{pmatrix},$$

求函数 p,q,r.

解 由 Jacobi 矩阵的定义知

$$p_x'(x,y,z) = \sin x, \quad p_y'(x,y,z) = 0, \quad p_z'(x,y,z) = 0.$$

从 $p_x'(x,y,z) = \sin x$ 得 $p(x,y,z) = -\cos x + \varphi(y,z)$. 此时 $p_y'(x,y,z) = \varphi_y'(y,z)$, 与上式比较得 $\varphi_y' = 0$. 同理 $\varphi_z' = 0$, 因此 φ 是常数. 于是

$$p(x,y,z) = -\cos x + C_1, \quad C_1 \text{ 是任意常数}.$$

再由 Jacobi 矩阵的定义知

$$q_x'(x,y,z) = yz, \quad q_y'(x,y,z) = xz, \quad q_z'(x,y,z) = xy.$$

从 $q_x'(x,y,z) = yz$ 得 $q(x,y,z) = xyz + \psi(y,z)$, 因此 $q_y'(x,y,z) = xz + \psi_y'(y,z)$. 与上式比较得 $\psi_y' = 0$. 同理可知 $\psi_z' = 0$. 因此 ψ 是常数. 于是

$$q(x,y,z) = xyz + C_2, \quad C_2 \text{ 是任意常数}.$$

用同样的方法可知

$$r(x,y,z) = y\sin z + C_3, \quad C_3 \text{ 是任意常数}.$$

例 5.4.6 设

$$\boldsymbol{f} : (r,\theta)^{\mathrm{T}} \to (r\cos\theta, r\sin\theta)^{\mathrm{T}}, \quad \boldsymbol{g} : (x,y)^{\mathrm{T}} \to \left(\sqrt{x^2 + y^2}, \arctan\frac{y}{x} \right)^{\mathrm{T}}$$

为两个映射, 其中 $a < r < +\infty$, $-\dfrac{\pi}{2} < \theta < \dfrac{\pi}{2}$ $(a > 0)$. 求 $\boldsymbol{f} \circ \boldsymbol{g}$ 的导数.

解 因为

$$\boldsymbol{f}'(r,\theta) = \begin{pmatrix} \cos\theta & -r\sin\theta \\ \sin\theta & r\cos\theta \end{pmatrix}, \quad \boldsymbol{g}'(x,y) = \begin{pmatrix} \dfrac{x}{\sqrt{x^2+y^2}} & \dfrac{y}{\sqrt{x^2+y^2}} \\ -\dfrac{y}{x^2+y^2} & \dfrac{x}{x^2+y^2} \end{pmatrix},$$

所以

$$(\boldsymbol{f} \circ \boldsymbol{g})'(x,y) = \boldsymbol{f}'(r,\theta) \cdot \boldsymbol{g}'(x,y)$$

$$= \begin{pmatrix} \cos\theta & -r\sin\theta \\ \sin\theta & r\cos\theta \end{pmatrix} \begin{pmatrix} \dfrac{x}{\sqrt{x^2+y^2}} & \dfrac{y}{\sqrt{x^2+y^2}} \\ -\dfrac{y}{x^2+y^2} & \dfrac{x}{x^2+y^2} \end{pmatrix}$$

$$= \begin{pmatrix} \dfrac{x\cos\theta}{\sqrt{x^2+y^2}} + \dfrac{yr\sin\theta}{x^2+y^2} & \dfrac{y\cos\theta}{\sqrt{x^2+y^2}} - \dfrac{xr\sin\theta}{x^2+y^2} \\ \dfrac{x\sin\theta}{\sqrt{x^2+y^2}} - \dfrac{yr\cos\theta}{x^2+y^2} & \dfrac{y\sin\theta}{\sqrt{x^2+y^2}} + \dfrac{xr\cos\theta}{x^2+y^2} \end{pmatrix}$$

$$= \begin{pmatrix} 1 & 0 \\ 0 & 1 \end{pmatrix}.$$

最后一式成立是因为 $x = r\cos\theta, y = r\sin\theta, x^2 + y^2 = r^2$.

例 5.4.7 求由方程组 $\begin{cases} x + y = u + v, \\ \dfrac{x}{y} = \dfrac{\sin u}{\sin v} \end{cases}$ 确定的映射 $(x,y)^{\mathrm{T}} \mapsto (u,v)^{\mathrm{T}}$ 的

Jacobi 矩阵.

解 对方程组中的方程求微分,得到

$$\begin{cases} \mathrm{d}x + \mathrm{d}y = \mathrm{d}u + \mathrm{d}v, \\ \dfrac{1}{y}\mathrm{d}x - \dfrac{x}{y^2}\mathrm{d}y = \dfrac{\cos u}{\sin v}\mathrm{d}u - \dfrac{\sin u\cos v}{\sin^2 v}\mathrm{d}v. \end{cases}$$

解此方程组,得到

$$\mathrm{d}u = \dfrac{\sin v + x\cos v}{x\cos v + y\cos u}\mathrm{d}x + \dfrac{x\cos v - \sin u}{x\cos v + y\cos u}\mathrm{d}y,$$

$$\mathrm{d}v = \dfrac{y\cos u - \sin v}{x\cos v + y\cos u}\mathrm{d}x + \dfrac{y\cos u + \sin u}{x\cos v + y\cos u}\mathrm{d}y.$$

因此

$$\frac{\partial u}{\partial x} = \frac{\sin v + x\cos v}{x\cos v + y\cos u}, \quad \frac{\partial u}{\partial y} = \frac{x\cos v - \sin u}{x\cos v + y\cos u},$$

$$\frac{\partial v}{\partial x} = \frac{y\cos u - \sin v}{x\cos v + y\cos u}, \quad \frac{\partial v}{\partial y} = \frac{y\cos u + \sin u}{x\cos v + y\cos u}.$$

于是映射的 Jacobi 矩阵为

$$\begin{pmatrix} \dfrac{\partial u}{\partial x} & \dfrac{\partial u}{\partial y} \\ \dfrac{\partial v}{\partial x} & \dfrac{\partial v}{\partial y} \end{pmatrix} = \begin{pmatrix} \dfrac{\sin v + x\cos v}{x\cos v + y\cos u} & \dfrac{x\cos v - \sin u}{x\cos v + y\cos u} \\ \dfrac{y\cos u - \sin v}{x\cos v + y\cos u} & \dfrac{y\cos u + \sin u}{x\cos v + y\cos u} \end{pmatrix}.$$

1. 设映射 $f(u,v) = (u\cos v, u\sin v, v)^{\mathrm{T}}$，求 $f'(1,\pi)$.

2. 求由方程组 $\begin{cases} u^2 + v^2 - xy = 0 \\ uv - x^2 + y^2 = 0 \end{cases}$ 确定的映射 $(u,v)^{\mathrm{T}} \mapsto (x,y)^{\mathrm{T}}$ 的 Jacobi 矩阵.

3. 设 $f:\mathbf{R}^3 \to \mathbf{R}^3$ 为向量值函数.

(1) 如果坐标分量函数 $f_1(x,y,z) = x, f_2(x,y,z) = y, f_3(x,y,z) = z$，验证 f 的导数是单位阵；

(2) 写出坐标分量函数的一般形式，使 f 的导数是单位阵；

(3) 如果已知 f 的导数是对角阵 $\mathrm{diag}(p(x),q(y),r(z))$，那么坐标分量函数应该具有什么样的形式？

4. 设向量值函数 $f:\mathbf{R}^2 \to \mathbf{R}^3$ 的坐标分量函数为

$$\begin{cases} x = u^2 + v^2, \\ y = u^2 - v^2, \\ z = uv. \end{cases}$$

向量值函数 $g:\mathbf{R}^2 \to \mathbf{R}^2$ 的坐标分量函数为

$$\begin{cases} u = r\cos\theta, \\ v = r\sin\theta. \end{cases}$$

求复合函数 $f \circ g$ 的 Jacobi 矩阵.

5. 设 $u = \dfrac{x}{\sqrt{1-r^2}}, v = \dfrac{y}{\sqrt{1-r^2}}, w = \dfrac{z}{\sqrt{1-r^2}}$，其中 $r = \sqrt{x^2+y^2+z^2}$，求 Jacobi 行列式

$$\frac{D(u,v,w)}{D(x,y,z)} = \begin{vmatrix} \dfrac{\partial u}{\partial x} & \dfrac{\partial u}{\partial y} & \dfrac{\partial u}{\partial z} \\ \dfrac{\partial v}{\partial x} & \dfrac{\partial v}{\partial y} & \dfrac{\partial v}{\partial z} \\ \dfrac{\partial w}{\partial x} & \dfrac{\partial w}{\partial y} & \dfrac{\partial w}{\partial z} \end{vmatrix}.$$

§5.5 Taylor 公式

知 识 要 点

一、二元函数的 Taylor 公式

定理5.5.1 设二元函数 $f(x,y)$ 在点 (x_0,y_0) 的 δ 邻域上具有 $n+1$ 阶连续偏导数，则当 $\sqrt{\Delta x^2 + \Delta y^2} < \delta$ 时，成立

$$f(x_0 + \Delta x, y_0 + \Delta y) = f(x_0,y_0) + \left(\Delta x \frac{\partial}{\partial x} + \Delta y \frac{\partial}{\partial y}\right)f(x_0,y_0)$$

$$+ \frac{1}{2!}\Big(\Delta x \frac{\partial}{\partial x} + \Delta y \frac{\partial}{\partial y} \Big)^2 f(x_0, y_0) + \cdots + \frac{1}{n!}\Big(\Delta x \frac{\partial}{\partial x} + \Delta y \frac{\partial}{\partial y} \Big)^n f(x_0, y_0)$$

$$+ \frac{1}{(n+1)!}\Big(\Delta x \frac{\partial}{\partial x} + \Delta y \frac{\partial}{\partial y} \Big)^{n+1} f(x_0 + \theta \Delta x, y_0 + \theta \Delta y),$$

其中 $0 < \theta < 1$, 而

$$\Big(\Delta x \frac{\partial}{\partial x} + \Delta y \frac{\partial}{\partial y} \Big)^k f(x, y) = \sum_{i=0}^{k} C_k^i \frac{\partial^k}{\partial x^{k-i} \partial y^i} f(x, y)(\Delta x)^{k-i} (\Delta y)^i,$$

$$k = 1, 2, \cdots, n, n+1.$$

称

$$R_n = \frac{1}{(n+1)!}\Big(\Delta x \frac{\partial}{\partial x} + \Delta y \frac{\partial}{\partial y} \Big)^{n+1} f(x_0 + \theta \Delta x, y_0 + \theta \Delta y)$$

为 **Lagrange 余项**.

注 (1) 如果函数 $f(x, y)$ 在点 (x_0, y_0) 的 δ 邻域中所有的 $n+1$ 阶偏导数都有界, 且其绝对值均不超过 M, 则 Taylor 公式中的 Lagrange 余项有以下估计:

$$\mid R_n \mid \leqslant \frac{2^{\frac{n+1}{2}} M}{(n+1)!} \Big[(\Delta x)^2 + (\Delta y)^2 \Big]^{\frac{n+1}{2}},$$

此时便有

$$R_n = o\left(\Big[(\Delta x)^2 + (\Delta y)^2 \Big]^{\frac{n}{2}} \right).$$

(2) 由定理 5.5.1 直接得到: 若二元函数 $f(x, y)$ 在区域 D 上具有连续偏导数, 则对于每个 $(x_0, y_0) \in D$, 都存在一个 (x_0, y_0) 的邻域, 在其上成立

$$f(x, y) - f(x_0, y_0) = f_x'(x_0 + \theta \Delta x, y_0 + \theta \Delta y) \Delta x + f_y'(x_0 + \theta \Delta x, y_0 + \theta \Delta y) \Delta y,$$

其中 $\Delta x = x - x_0, \Delta y = y - y_0, 0 < \theta < 1$. 因此我们容易得到下述推论.

推论 5.5.1 如果一个二元函数在区域 $D \subset \mathbf{R}^2$ 上的偏导数恒为零, 那么它在 D 上必是常值函数.

关于函数 $f(x, y)$ 的 Taylor 展开, 除了按定理 5.5.1 直接计算的方法之外, 也可以用间接展开法, 其根据是如下的定理.

定理 5.5.2 设二元函数 $f(x, y)$ 在点 (x_0, y_0) 的 δ 邻域上具有 $n+1$ 阶连续偏导数, 若

$$f(x, y) = \sum_{i+j=0}^{n} a_{ij} (x - x_0)^i (y - y_0)^j + o(\rho^n),$$

其中 $\rho = \sqrt{(x - x_0)^2 + (y - y_0)^2}$, 则

$$a_{ij} = \frac{1}{i!j!} \frac{\partial^{i+j} f}{\partial x^i \partial y^j}(x_0, y_0), \quad i + j \leqslant n,$$

即 $\displaystyle\sum_{i+j=0}^{n} a_{ij}(x - x_0)^i (y - y_0)^j$ 是 $f(x,y)$ 在点 (x_0,y_0) 的 n 阶 Taylor 多项式.

二、n 元函数的 Taylor 公式

定理 5.5.3 设 n 元函数 $f(x_1,\cdots,x_n)$ 在点 $(x_1^0,\cdots,x_n^0)$ 附近具有 $m+1$ 阶各个连续偏导数,则在该点附近成立如下的 m 阶 Taylor 公式:

$$f(x_1^0 + \Delta x_1,\cdots,x_n^0 + \Delta x_n) = \sum_{k=0}^{m} \frac{1}{k!}\left(\sum_{i=1}^{n} \Delta x_i \frac{\partial}{\partial x_i}\right)^k f(x_1^0,\cdots,x_n^0) + R_m,$$

其中 Lagrange 余项

$$R_m = \frac{1}{(m+1)!}\left(\sum_{i=1}^{n} \Delta x_i \frac{\partial}{\partial x_i}\right)^{m+1} f(x_1^0 + \theta\Delta x_1,\cdots,x_n^0 + \theta\Delta x_n), 0 < \theta < 1.$$

例 题 分 析

例 5.5.1 在点 $(1,1)$ 按 Taylor 公式展开函数 $f(x,y) = x^3 + y^3 - 3xy$.

解 直接计算得

$$f(1,1) = -1,$$
$$f_x'(x,y) = 3x^2 - 3y, \quad f_x'(1,1) = 0,$$
$$f_{xx}''(x,y) = 6x, \quad f_{xx}''(1,1) = 6,$$
$$f_{xy}''(x,y) = -3, \quad f_{xy}''(1,1) = -3,$$
$$f_{xxx}'''(x,y) = 6, \quad f_{xxx}'''(1,1) = 6,$$
$$f_{xyy}'''(x,y) = 0, \quad f_{xyy}'''(1,1) = 0,$$
$$f_{xxy}'''(x,y) = 0, \quad f_{xxy}'''(1,1) = 0.$$

由对称性知

$$f_y'(1,1) = 0, \quad f_{yy}''(1,1) = 6, \quad f_{yyy}'''(1,1) = 6,$$

且 f 的高于三阶的偏导数皆为零. 于是,由 Taylor 公式得

$$f(x,y) = -1 + \frac{1}{2!}\left[6(x-1)^2 + 2(-3)(x-1)(y-1) + 6(y-1)^2\right]$$

$$+ \frac{1}{3!}\left[6(x-1)^3 + 6(y-1)^3\right]$$

$$= -1 + 3(x-1)^2 - 3(x-1)(y-1) + 3(y-1)^2 + (x-1)^3$$

$$+ (y-1)^3.$$

例 5.5.2 设 $f(x,y) = \arctan\dfrac{1+x+y}{1-x+y}$,求它精确到 x 和 y 的二次项的近似公式.

解法一 直接计算得

$$f_x'(x,y) = \frac{2(1+y)}{(1-x+y)^2 + (1+x+y)^2},$$

$$f_y'(x,y) = -\frac{2x}{(1-x+y)^2 + (1+x+y)^2},$$

$$f_{xx}''(x,y) = \frac{-8x(1+y)}{[(1-x+y)^2 + (1+x+y)^2]^2},$$

$$f_{yy}''(x,y) = \frac{8x(1+y)}{[(1-x+y)^2 + (1+x+y)^2]^2},$$

$$f_{xy}''(x,y) = \frac{-2[(1-x+y)^2 + (1+x+y)^2] + 8x^2}{[(1-x+y)^2 + (1+x+y)^2]^2}.$$

因此

$$f(0,0) = \frac{\pi}{4}, \quad f_x'(0,0) = 1, \quad f_y'(0,0) = 0,$$

$$f_{xx}''(0,0) = 0, \quad f_{yy}''(0,0) = 0, \quad f_{xy}''(0,0) = -1.$$

于是由定理 5.5.1 得

$$f(x,y) = f(0,0) + f_x'(0,0)x + f_y'(0,0)y$$

$$+ \frac{1}{2}[f_{xx}''(0,0)x^2 + 2f_{xy}''(0,0)xy + f_{yy}''(0,0)y^2] + o(x^2 + y^2),$$

即

$$\arctan\frac{1+x+y}{1-x+y} = \frac{\pi}{4} + x - xy + o(x^2 + y^2),$$

因此精确到二次项的近似公式为

$$\arctan\frac{1+x+y}{1-x+y} \approx \frac{\pi}{4} + x - xy.$$

解法二 记 $u = \dfrac{x}{1+y}$，则

$$\arctan\frac{1+x+y}{1-x+y} = \arctan\frac{1+u}{1-u}.$$

根据一元函数 $\arctan u$ 的 Taylor 公式，当 $|u|$ 很小时，成立

$$\arctan\frac{1+u}{1-u} = \arctan 1 + \arctan u = \frac{\pi}{4} + u + o(u^2),$$

且由于 $\dfrac{x}{1+y} \sim x((x,y) \to (0,0))$，于是

$$\arctan\frac{1+x+y}{1-x+y} = \arctan\frac{1+u}{1-u} = \frac{\pi}{4} + \frac{x}{1+y} + o(x^2).$$

又由于 $\dfrac{1}{1+y} = 1 - y + o(y)(y \to 0)$，且 $x \cdot o(y) = o(x^2 + y^2)$，于是当 $x^2 + y^2$ 很

小时,成立
$$\arctan \frac{1 + x + y}{1 - x + y} = \frac{\pi}{4} + x - xy + o(x^2 + y^2),$$
即
$$\arctan \frac{1 + x + y}{1 - x + y} \approx \frac{\pi}{4} + x - xy.$$

例 5.5.3 求 $f(x,y,z) = \sqrt{1 - x^2 - y^2 - z^2}$ 在点 $(0,0,0)$ 的四阶 Taylor 多项式.

解 利用 $\sqrt{1 + u} = 1 + \frac{1}{2}u - \frac{1}{8}u^2 + o(u^2)(u \to 0)$,得

$$\begin{aligned}
\sqrt{1 - x^2 - y^2 - z^2} &= \sqrt{1 - (x^2 + y^2 + z^2)} \\
&= 1 + \frac{1}{2}(x^2 + y^2 + z^2) - \frac{1}{8}(x^2 + y^2 + z^2)^2 \\
&\quad + o\left((x^2 + y^2 + z^2)^2\right).
\end{aligned}$$

于是,$f(x,y,z)$ 在点 $(0,0,0)$ 的四阶 Taylor 多项式为
$$1 + \frac{1}{2}(x^2 + y^2 + z^2) - \frac{1}{8}(x^2 + y^2 + z^2)^2.$$

例 5.5.4 设 $f(x,y) = \dfrac{\mathrm{e}^{x+y}}{1 - x - y}$,求 $f(x,y)$ 在点 $(0,0)$ 的三阶 Taylor 多项式,并计算 $\dfrac{\partial^2 f}{\partial x \partial y}(0,0)$.

解 利用 $\mathrm{e}^u = 1 + u + \frac{1}{2}u^2 + \frac{1}{6}u^3 + o(u^3)$,得

$$\mathrm{e}^{x+y} = 1 + (x + y) + \frac{1}{2}(x + y)^2 + \frac{1}{6}(x + y)^3 + o((x + y)^3);$$

再利用 $\dfrac{1}{1 - u} = 1 + u + u^2 + u^3 + o(u^3) \quad (u \to 0)$,得

$$\frac{1}{1 - x - y} = 1 + (x + y) + (x + y)^2 + (x + y)^3 + o((x + y)^3).$$

因此

$$\begin{aligned}
\frac{\mathrm{e}^{x+y}}{1 - x - y} &= \left[1 + (x + y) + \frac{1}{2}(x + y)^2 + \frac{1}{6}(x + y)^3 + o((x + y)^3)\right] \\
&\quad \times \left[1 + (x + y) + (x + y)^2 + (x + y)^3 + o((x + y)^3)\right] \\
&= 1 + 2(x + y) + \frac{5}{2}(x + y)^2 + \frac{8}{3}(x + y)^3 + o((x + y)^3)
\end{aligned}$$

$$= 1 + 2(x + y) + \frac{5}{2}(x + y)^2 + \frac{8}{3}(x + y)^3 + o\left((x^2 + y^2)^{\frac{3}{2}}\right).$$

于是, $\dfrac{e^{x+y}}{1 - x - y}$ 的三阶 Taylor 多项式为

$$1 + 2(x + y) + \frac{5}{2}(x + y)^2 + \frac{8}{3}(x + y)^3,$$

且

$$\frac{\partial^2 f}{\partial x \partial y}(0,0) = 5.$$

例 5.5.5 设 f 是区域 D 上的可微函数, $l_1 = (\cos\alpha_1, \cos\beta_1, \cos\gamma_1)$, $l_2 = (\cos\alpha_2, \cos\beta_2, \cos\gamma_2)$, $l_3 = (\cos\alpha_3, \cos\beta_3, \cos\gamma_3)$ 是 3 个线性无关的单位向量. 证明若在 D 上成立 $\dfrac{\partial f}{\partial l_i} \equiv 0 (i = 1,2,3)$, 则 f 在 D 上是常值函数, 即

$$f \equiv C.$$

证 因为 l_1, l_2, l_3 线性无关, 所以

$$\begin{vmatrix} \cos\alpha_1 & \cos\beta_1 & \cos\gamma_1 \\ \cos\alpha_2 & \cos\beta_2 & \cos\gamma_2 \\ \cos\alpha_3 & \cos\beta_3 & \cos\gamma_3 \end{vmatrix} \neq 0.$$

对于每个 $(x,y,z) \in D$, 由假设

$$\frac{\partial f}{\partial l_i}(x,y,z) = \frac{\partial f}{\partial x}(x,y,z)\cos\alpha_i + \frac{\partial f}{\partial y}(x,y,z)\cos\beta_i + \frac{\partial f}{\partial z}(x,y,z)\cos\gamma_i = 0, i = 1,2,3,$$

而把 $\dfrac{\partial f}{\partial x}(x,y,z), \dfrac{\partial f}{\partial y}(x,y,z), \dfrac{\partial f}{\partial z}(x,y,z)$ 看成未知量时, 这个方程组只有零解, 因此

$$\frac{\partial f}{\partial x}(x,y,z) = \frac{\partial f}{\partial y}(x,y,z) = \frac{\partial f}{\partial z}(x,y,z) = 0.$$

由 $(x,y,z) \in D$ 的任意性, 上式在 D 上恒成立, 因此 f 在 D 上是常值函数.

例 5.5.6 求极限 $\lim\limits_{(x,y) \to (0,0)} \dfrac{1 - \cos(1 + x)(x^2 + y^2)}{(x^2 + y^2)^2}$.

解 因为 $\cos u = 1 - \dfrac{1}{2}u^2 + o(u^2)(u \to 0)$, 所以

$$1 - \cos(1 + x)(x^2 + y^2) = \frac{1}{2}(1 + x)^2(x^2 + y^2)^2 + o((1 + x)^2(x^2 + y^2)^2).$$

因此

$$\lim_{(x,y) \to (0,0)} \frac{1 - \cos(1 + x)(x^2 + y^2)}{(x^2 + y^2)^2}$$

$$= \lim_{(x,y) \to (0,0)} \left[\frac{1}{2}(1 + x)^2 + \frac{o((1 + x)^2(x^2 + y^2)^2)}{(x^2 + y^2)^2} \right]$$

$$= \lim_{(x,y)\to(0,0)} \frac{1}{2}(1 + x)^2 = \frac{1}{2}.$$

例 5.5.7 设函数 $f(x,y)$ 在 $\mathbf{R}^2$ 上具有连续偏导数,且在 $\mathbf{R}^2$ 上满足

$$|f'_x(x,y)| \leqslant M, \quad |f'_y(x,y)| \leqslant M,$$

其中 M 为正常数. 证明:对于 $\mathbf{R}^2$ 中任意两点 P,Q,成立

$$|f(P) - f(Q)| \leqslant \sqrt{2}M \| P - Q \|.$$

证 记 $P = (x_1,y_1), Q = (x_2,y_2), \Delta x = x_1 - x_2, \Delta y = y_1 - y_2.$ 由 Taylor 公式得

$$f(P) - f(Q) = f(x_2 + \Delta x, y_2 + \Delta y) - f(x_2,y_2)$$
$$= f'_x(x_2 + \theta\Delta x, y_2 + \theta\Delta y)\Delta x + f'_y(x_2 + \theta\Delta x, y_2 + \theta\Delta y)\Delta y.$$

于是

$$|f(P) - f(Q)| \leqslant |f'_x(x_2 + \theta\Delta x, y_2 + \theta\Delta y)| \| \Delta x \|$$

$$+ |f'_y(x_2 + \theta\Delta x, y_2 + \theta\Delta y)| \| \Delta y \| \leqslant M(|\Delta x| + |\Delta y|) \leqslant \sqrt{2}M \sqrt{\Delta x^2 + \Delta y^2}$$

$$= \sqrt{2}M \| P - Q \|.$$

例 5.5.8 已知二元函数 $f(x,y)$ 在点 $(0,0)$ 的某个邻域上连续,且极限
$\lim\limits_{(x,y)\to(0,0)} \dfrac{f(x,y) - \sin(xy)}{(x^2 + y^2)^2}$ 存在.

(1) 证明:$f'_x(0,0) = 0, f'_y(0,0) = 0$;

(2) 问点 $(0,0)$ 是否为 $f(x,y)$ 的极值点?

解 (1) **证** 记 $\lim\limits_{(x,y)\to(0,0)} \dfrac{f(x,y) - \sin(xy)}{(x^2 + y^2)^2} = a.$ 显然

$$\lim_{(x,y)\to(0,0)} [f(x,y) - \sin(xy)] = 0,$$
$$f(0,0) = \lim_{(x,y)\to(0,0)} f(x,y) = 0.$$

进一步得

$$\frac{f(x,y) - \sin(xy)}{(x^2 + y^2)^2} = a + o(1) \ (\rho = \sqrt{x^2 + y^2} \to 0),$$

所以

$$f(x,y) = \sin(xy) + a(x^2 + y^2)^2 + o((x^2 + y^2)^2) \ (\rho \to 0).$$

注意到 $\sin u = u - \dfrac{1}{3!}u^3 + o(u^3) = u + o(u^2) \ (u \to 0)$,所以当 $\rho \to 0$ 时,有

$$f(x,y) = xy + o((xy)^2) + a(x^2 + y^2)^2 + o((x^2 + y^2)^2)$$
$$= xy + a(x^2 + y^2)^2 + o((x^2 + y^2)^2),$$

于是

$$f'_x(0,0) = 0, \quad f'_y(0,0) = 0.$$

（2）**解**　因为 $f(x,y) = xy + a(x^2 + y^2)^2 + o((x^2 + y^2)^2)(\rho \to 0)$，且 $f(0,0) = 0$，所以当 $y = x$ 时，有

$$f(x,x) - f(0,0) = x^2 + 4ax^4 + o(x^4) = x^2(1 + o(1)) \quad (x \to 0).$$

因此，当 $|x|$ 充分小且 $x \neq 0$ 时，$f(x,x) - f(0,0) > 0$.

同理，当 $y = -x$ 时，有

$$f(x,-x) - f(0,0) = -x^2(1 + o(1)) \quad (x \to 0),$$

因此当 $|x|$ 充分小且当 $x \neq 0$ 时，$f(x,-x) - f(0,0) < 0$.

综上所述，$(0,0)$ 不是 $f(x,y)$ 的极值点.

习　题

1. 在点 $(1,2)$ 按 Taylor 公式展开函数 $f(x,y) = x - 2y + x^2 + 4y^2 - 3xy$.

2. 求 $f(x,y) = \dfrac{x}{y}$ 在点 $(1,1)$ 的三阶 Taylor 多项式.

3. 求 $f(x,y) = (x + y)\sin(x - y)$ 在点 $(0,0)$ 的三阶 Taylor 多项式.

4. 求 $f(x,y) = \begin{cases} \dfrac{1 - e^{x(x^2+y^2)}}{x^2 + y^2}, & (x,y) \neq (0,0), \\ 0, & (x,y) = (0,0) \end{cases}$ 在 $(0,0)$ 点的四阶 Taylor 多项式，并计算

$\dfrac{\partial^2 f}{\partial x \partial y}(0,0)$ 和 $\dfrac{\partial^4 f}{\partial x^4}(0,0)$.

5. 证明：当 $x^2 + y^2$ 充分小时，成立

$$\frac{\cos x}{\cos y} \approx 1 - \frac{1}{2}x^2 + \frac{1}{2}y^2.$$

6. 已知方程 $z^3 - 2xz + y = 0$ 确定 z 是 x 和 y 的隐函数 $z = z(x,y)$，且 $x = 1, y = 1$ 时 $z = 1$，求这个隐函数在点 $(1,1)$ 的二阶 Taylor 多项式.

§5.6　偏导数的几何应用

知 识 要 点

一、空间曲面的切平面

设一个空间曲面 Σ 由形如

$$F(x,y,z) = 0$$

的方程给出，$P_0(x_0, y_0, z_0)$ 为曲面上的一点. 如果 F 的 3 个一阶偏导数 F_x', F_y', F_z' 在点 P_0 连续，且不全为零，则该曲面在点 P_0 的切平面方程为

$$F_x'(x_0,y_0,z_0)(x - x_0) + F_y'(x_0,y_0,z_0)(y - y_0) + F_z'(x_0,y_0,z_0)(z - z_0) = 0.$$

过点 P_0 且与 Σ 在该点的切平面垂直的直线，称为 Σ 在点 P_0 处的**法线**. 因此，法

线方程为

$$\frac{x - x_0}{F'_x(x_0, y_0, z_0)} = \frac{y - y_0}{F'_y(x_0, y_0, z_0)} = \frac{z - z_0}{F'_z(x_0, y_0, z_0)}.$$

向量 $\boldsymbol{n} = (F'_x(x_0, y_0, z_0), F'_y(x_0, y_0, z_0), F'_z(x_0, y_0, z_0))$ 是曲面在点 P_0 的一个**法向量**.

特别地,当曲面 Σ 由显式方程

$$z = f(x, y), \quad (x, y) \in D$$

给出时(D 为 $\mathbf{R}^2$ 中的区域),曲面 Σ 在点 $P_0(x_0, y_0, z_0)$ $(z_0 = f(x_0, y_0))$ 的切平面方程为

$$f'_x(x_0, y_0)(x - x_0) + f'_y(x_0, y_0)(y - y_0) - (z - f(x_0, y_0)) = 0.$$

法线方程为

$$\frac{x - x_0}{f'_x(x_0, y_0)} = \frac{y - y_0}{f'_y(x_0, y_0)} = \frac{z - z_0}{-1}.$$

此时,曲面 Σ 在点 $P_0(x_0, y_0, z_0)$ 处的法向量可取为 $\boldsymbol{n} = (f'_x(x_0, y_0), f'_y(x_0, y_0), -1)$.

设空间曲面 Σ 由参数方程

$$\begin{cases} x = x(u, v), \\ y = y(u, v), \\ z = z(u, v) \end{cases}$$

给出,$P_0(x_0, y_0, z_0)$ 是该曲面上一点,且在点 P_0 处的矩阵 $\begin{pmatrix} x'_u & x'_v \\ y'_u & y'_v \\ z'_u & z'_v \end{pmatrix}$ 满秩,其中

$$x_0 = x(u_0, v_0), \quad y_0 = y(u_0, v_0), \quad z_0 = z(u_0, v_0),$$

则曲面 Σ 在点 P_0 处的切平面方程为

$$\left.\frac{D(y, z)}{D(u, v)}\right|_{P_0}(x - x_0) + \left.\frac{D(z, x)}{D(u, v)}\right|_{P_0}(y - y_0) + \left.\frac{D(x, y)}{D(u, v)}\right|_{P_0}(z - z_0) = 0.$$

法线方程为

$$\frac{x - x_0}{\left.\dfrac{D(y, z)}{D(u, v)}\right|_{P_0}} = \frac{y - y_0}{\left.\dfrac{D(z, x)}{D(u, v)}\right|_{P_0}} = \frac{z - z_0}{\left.\dfrac{D(x, y)}{D(u, v)}\right|_{P_0}}.$$

注 $\dfrac{D(x, y)}{D(u, v)} = \begin{vmatrix} x'_u & x'_v \\ y'_u & y'_v \end{vmatrix}$ 为 Jacobi 行列式,另两个类似.

二、空间曲线的切线

设空间曲线 Γ 的参数方程为

$$\begin{cases} x = x(t), \\ y = y(t), \quad t \in [a,b]. \\ z = z(t), \end{cases}$$

如果 $x(t),y(t),z(t)$ 关于 t 都具有连续导数,且 $(x'(t),y'(t),z'(t))^{\mathrm{T}} \neq \mathbf{0}$,则称相应的空间曲线为**光滑曲线**.

如果 Γ 是一条光滑的空间曲线,则 Γ 在点 $P_0(x(t_0),y(t_0),z(t_0))$ 处的切线方程为

$$\frac{x - x(t_0)}{x'(t_0)} = \frac{y - y(t_0)}{y'(t_0)} = \frac{z - z(t_0)}{z'(t_0)}.$$

向量 $\boldsymbol{\tau} = (x'(t_0),y'(t_0),z'(t_0))$ 为曲线 Γ 在点 P_0 的一个**切向量**.

过点 P_0 且与 Γ 在该点的切线垂直的平面,称为 Γ 在点 P_0 处的**法平面**. 因此,法平面的方程为

$$x'(t_0)(x - x(t_0)) + y'(t_0)(y - y(t_0)) + z'(t_0)(z - z(t_0)) = 0.$$

空间曲线还可以表示为两张空间曲面的交线. 设曲线 Γ 的方程为

$$\begin{cases} F(x,y,z) = 0, \\ G(x,y,z) = 0. \end{cases}$$

若 $P_0(x_0,y_0,z_0)$ 是 Γ 上的一点,且

$$\left. \begin{pmatrix} \dfrac{\partial F}{\partial x} & \dfrac{\partial F}{\partial y} & \dfrac{\partial F}{\partial z} \\ \dfrac{\partial G}{\partial x} & \dfrac{\partial G}{\partial y} & \dfrac{\partial G}{\partial z} \end{pmatrix} \right|_{(x_0,y_0,z_0)}$$

是满秩的,则曲线 Γ 在 P_0 处的切线方程为

$$\frac{x - x_0}{\left.\dfrac{D(F,G)}{D(y,z)}\right|_{P_0}} = \frac{y - y_0}{\left.\dfrac{D(F,G)}{D(z,x)}\right|_{P_0}} = \frac{z - z_0}{\left.\dfrac{D(F,G)}{D(x,y)}\right|_{P_0}}.$$

法平面方程为

$$\left.\frac{D(F,G)}{D(y,z)}\right|_{P_0}(x - x_0) + \left.\frac{D(F,G)}{D(z,x)}\right|_{P_0}(y - y_0) + \left.\frac{D(F,G)}{D(x,y)}\right|_{P_0}(z - z_0) = 0.$$

三、夹角

两条曲线在交点处的夹角是指这两条曲线在交点处的切向量之间的夹角. 两张曲面在交线上一点的夹角是指这两张曲面在该点的法向量之间的夹角. 如果两张曲面在交线上每一点正交,即夹角为 $\dfrac{\pi}{2}$,就称这两张曲面**正交**.

例 5.6.1 求曲面 $3^{\frac{x}{z}} + 3^{\frac{y}{z}} = 18$ 在点 $(2,2,1)$ 处的切平面方程和法线方程.

解 令 $F(x,y,z) = 3^{\frac{x}{z}} + 3^{\frac{y}{z}} - 18$,则曲面方程为 $F(x,y,z) = 0$. 因为

$$F_x'(x,y,z) = \frac{1}{z}3^{\frac{x}{z}}\ln3, \quad F_y'(x,y,z) = \frac{1}{z}3^{\frac{y}{z}}\ln3,$$

$$F_z'(x,y,z) = -\frac{x}{z^2}3^{\frac{x}{z}}\ln3 - \frac{y}{z^2}3^{\frac{y}{z}}\ln3,$$

所以曲面在点 $(2,2,1)$ 处的法向量可取为

$$(F_x', F_y', F_z')\big|_{(2,2,1)} = (9\ln3, 9\ln3, -36\ln3).$$

进一步可取法向量为 $\boldsymbol{n} = (1,1,-4)$. 因此曲面 $3^{\frac{x}{z}} + 3^{\frac{y}{z}} = 18$ 在点 $(2,2,1)$ 处的切平面方程为

$$(x-2) + (y-2) - 4(z-1) = 0, 即 x + y - 4z = 0,$$

法线方程为

$$\frac{x-2}{1} = \frac{y-2}{1} = \frac{z-1}{-4}.$$

例 5.6.2 记由曲线 $\begin{cases} x^2 + 2y^2 = 12 \\ z = 0 \end{cases}$ 绕 y 轴旋转一周所成的旋转曲面为 Σ.

（1）求 Σ 在点 $(0,2,2)$ 处的指向外侧的单位法向量 $\boldsymbol{n}$;

（2）求函数 $u = 1 + \sqrt{x^2 + y^2 + z^2}$ 在点 $(0,2,2)$ 处沿方向 $\boldsymbol{n}$ 的方向导数.

解 （1）显然 Σ 的方程为 $x^2 + z^2 + 2y^2 = 12$. 记 $F(x,y,z) = x^2 + z^2 + 2y^2 - 12$,则 Σ 的方程为 $F(x,y,z) = 0$. 因为

$$F_x'(x,y,z) = 2x, \quad F_y'(x,y,z) = 4y, \quad F_z'(x,y,z) = 2z,$$

所以 Σ 在点 $(0,2,2)$ 的法向量为

$$(F_x'(0,2,2), F_y'(0,2,2), F_z'(0,2,2)) = (0,8,4).$$

指向外侧的单位法向量为

$$\boldsymbol{n} = \frac{1}{\sqrt{0^2 + 8^2 + 4^2}}(0,8,4) = \frac{1}{\sqrt{5}}(0,2,1).$$

（2）由于

$$u_x'(0,2,2) = \frac{x}{\sqrt{x^2+y^2+z^2}}\bigg|_{(0,2,2)} = 0, \quad u_y'(0,2,2) = \frac{y}{\sqrt{x^2+y^2+z^2}}\bigg|_{(0,2,2)} = \frac{1}{\sqrt{2}},$$

$$u_z'(0,2,2) = \frac{z}{\sqrt{x^2+y^2+z^2}}\bigg|_{(0,2,2)} = \frac{1}{\sqrt{2}}.$$

所以

$$\frac{\partial u}{\partial \boldsymbol{n}}(0,2,2) = u'_x(0,2,2) \times 0 + u'_y(0,2,2) \times \frac{2}{\sqrt{5}} + u'_z(0,2,2) \times \frac{1}{\sqrt{5}} = \frac{3}{\sqrt{10}}.$$

例 5.6.3　在曲面 $z = xy$ 上求一点,使得曲面在该点的法线垂直于平面 $x + 3y + z + 9 = 0$,并写出这条法线的方程.

解　设所求点为 $P(x_0, y_0, z_0)$. 曲面 $z = xy$ 在点 P 的法向量为 $\boldsymbol{n} = (y_0, x_0, -1)$. 平面 $x + 3y + z + 9 = 0$ 的法向量为 $\boldsymbol{n}_1 = (1,3,1)$. 若 $z = xy$ 在点 P 的法线垂直于所给平面,则 $\boldsymbol{n}_1 /\!/ \boldsymbol{n}$,即

$$\frac{y_0}{1} = \frac{x_0}{3} = \frac{-1}{1},$$

所以 $y_0 = -1, x_0 = -3, z_0 = x_0 y_0 = 3$. 于是所求的点为 $(-3, -1, 3)$,所求法线的方程为

$$\frac{x+3}{1} = \frac{y+1}{3} = \frac{z-3}{1}.$$

例 5.6.4　(1) 求曲线 $\begin{cases} x + y + z = 0 \\ x^2 + y^2 + z^2 = 6 \end{cases}$ 在点 $(1, -2, 1)$ 处的切线方程和法平面方程;

(2) 求过直线 $\begin{cases} 2x - y + z + 4 = 0 \\ x - y + 2z - 2 = 0 \end{cases}$ 且与 (1) 中所得切线平行的平面方程.

解　(1)　**解法一**　记 $F(x,y,z) = x + y + z, G(x,y,z) = x^2 + y^2 + z^2 - 6$,则曲线方程为

$$\begin{cases} F(x,y,z) = 0, \\ G(x,y,z) = 0. \end{cases}$$

因为

$$\left.\frac{D(F,G)}{D(x,y)}\right|_{(1,-2,1)} = \left.\begin{vmatrix} F'_x & F'_y \\ G'_x & G'_y \end{vmatrix}\right|_{(1,-2,1)} = \left.\begin{vmatrix} 1 & 1 \\ 2x & 2y \end{vmatrix}\right|_{(1,-2,1)} = -6,$$

$$\left.\frac{D(F,G)}{D(z,x)}\right|_{(1,-2,1)} = \left.\begin{vmatrix} F'_z & F'_x \\ G'_z & G'_x \end{vmatrix}\right|_{(1,-2,1)} = \left.\begin{vmatrix} 1 & 1 \\ 2z & 2x \end{vmatrix}\right|_{(1,-2,1)} = 0,$$

$$\left.\frac{D(F,G)}{D(y,z)}\right|_{(1,-2,1)} = \left.\begin{vmatrix} F'_y & F'_z \\ G'_y & G'_z \end{vmatrix}\right|_{(1,-2,1)} = \left.\begin{vmatrix} 1 & 1 \\ 2y & 2z \end{vmatrix}\right|_{(1,-2,1)} = 6,$$

所以曲线在点 $(1, -2, 1)$ 处的切向量可取为 $(6, 0, -6)$. 于是,曲线在点 $(1, -2, 1)$ 的切线方程为

$$\frac{x-1}{6} = \frac{y-(-2)}{0} = \frac{z-1}{-6}, \quad 即 \begin{cases} x + z = 2, \\ y = -2. \end{cases}$$

法平面方程为

$$6(x-1)+0(y-(-2))-6(z-1)=0, 即 x=z.$$

解法二 因为 $\dfrac{D(F,G)}{D(y,z)}\Big|_{(1,-2,1)}=6$，所以在 $(1,-2,1)$ 点附近，由

$\begin{cases} x+y+z=0 \\ x^2+y^2+z^2=6 \end{cases}$ 确定 y,z 是 x 的函数 $y=y(x),z=z(x)$. 对该方程组中的方程关

于 x 求导，得

$$\begin{cases} 1+\dfrac{\mathrm{d}y}{\mathrm{d}x}+\dfrac{\mathrm{d}z}{\mathrm{d}x}=0, \\[2mm] 2x+2y\dfrac{\mathrm{d}y}{\mathrm{d}x}+2z\dfrac{\mathrm{d}z}{\mathrm{d}x}=0. \end{cases}$$

在点 $(1,-2,1)$ 上式为

$$\begin{cases} 1+\dfrac{\mathrm{d}y}{\mathrm{d}x}+\dfrac{\mathrm{d}z}{\mathrm{d}x}=0, \\[2mm] 1-2\dfrac{\mathrm{d}y}{\mathrm{d}x}+\dfrac{\mathrm{d}z}{\mathrm{d}x}=0. \end{cases}$$

所以在点 $(1,-2,1)$ 处 $\dfrac{\mathrm{d}y}{\mathrm{d}x}=0,\dfrac{\mathrm{d}z}{\mathrm{d}x}=-1$. 于是，曲线在点 $(1,-2,1)$ 处的切向量可

取为 $(1,0,-1)$.

余下过程同解法一.

解法三 因为平面 $x+y+z=0$ 在点 $(1,-2,1)$ 的法向量为 $\boldsymbol{n}_1=(1,1,1)$，

球面 $x^2+y^2+z^2=6$ 在点 $(1,-2,1)$ 的法向量可取为 $\boldsymbol{n}_2=(x,y,z)\big|_{(1,-2,1)}=$

$(1,-2,1)$，则曲线在点 $(1,-2,1)$ 处的切向量可取为

$$\boldsymbol{n}_1\times\boldsymbol{n}_2=\begin{vmatrix} \boldsymbol{i} & \boldsymbol{j} & \boldsymbol{k} \\ 1 & 1 & 1 \\ 1 & -2 & 1 \end{vmatrix}=3\boldsymbol{i}-3\boldsymbol{k},$$

即 $(3,0,-3)$. 余下过程同解法一.

(2) 过直线 $\begin{cases} 2x-y+z+4=0 \\ x-y+2z-2=0 \end{cases}$ 的平面的方程可设为

$$2x-y+z+4+\lambda(x-y+2z-2)=0,$$

即

$$(2+\lambda)x+(-1-\lambda)y+(1+2\lambda)z+4-2\lambda=0.$$

若需要平面与 (1) 中所得切线平行，则其法向量 $\boldsymbol{n}=(2+\lambda,-1-\lambda,1+2\lambda)$ 应

与该切线的方向向量 $\boldsymbol{\tau}=(1,0,-1)$ 垂直，即

$$\boldsymbol{n}\cdot\boldsymbol{\tau}=(2+\lambda)-(1+2\lambda)=0,$$

因此 $\lambda=1$. 于是所求平面方程为

$$3x - 2y + 3z + 2 = 0.$$

例 5.6.5 证明:曲线 $L: \begin{cases} x = ae^t \cos t \\ y = ae^t \sin t \\ z = ae^t \end{cases}$ 与锥面 $x^2 + y^2 = z^2$ 的各母线相交的角度相同.

证 易知曲线 L 在锥面 $x^2 + y^2 = z^2$ 上. 对于曲线 L 的任一点 (x,y,z), 锥面与之相交的母线的方向向量可取为 $\boldsymbol{l} = (x,y,z)$. 而 L 在该点的切向量可取为

$$\boldsymbol{\tau} = (ae^t(\cos t - \sin t), ae^t(\sin t + \cos t), ae^t) = (x - y, x + y, z).$$

因此曲线 L 与锥面上与之相交的母线的夹角的余弦为

$$\begin{aligned} \cos\theta &= \frac{\boldsymbol{l} \cdot \boldsymbol{\tau}}{\|\boldsymbol{l}\| \cdot \|\boldsymbol{\tau}\|} \\ &= \frac{x(x-y) + y(x+y) + z^2}{\sqrt{x^2 + y^2 + z^2}\sqrt{(x-y)^2 + (x+y)^2 + z^2}} \\ &= \frac{\sqrt{x^2 + y^2 + z^2}}{\sqrt{(x-y)^2 + (x+y)^2 + z^2}} = \frac{\sqrt{x^2 + y^2 + z^2}}{\sqrt{2(x^2 + y^2) + z^2}}. \end{aligned}$$

注意到点 (x,y,z) 在锥面 $x^2 + y^2 = z^2$ 上, 则

$$\cos\theta = \frac{\sqrt{2z^2}}{\sqrt{3z^2}} = \sqrt{\frac{2}{3}}.$$

这说明曲线 L 与锥面上与之相交的母线的夹角总相同.

例 5.6.6 求曲线 $L: \begin{cases} x = t \\ y = -t^2 \\ z = t^3 \end{cases}$ 上与平面 $\pi: x + 2y + z = 4$ 平行的切线方程.

解 记 $P(t, -t^2, t^3)$ 为曲线 L 上的点. 显然平面 π 的法向量可取为 $\boldsymbol{n} = (1,2,1)$, 曲线 L 在点 P 的切向量可取为 $\boldsymbol{\tau} = (1, -2t, 3t^2)$. 若 L 在点 P 的切线与平面 π 平行, 必须 $\boldsymbol{\tau}$ 与 $\boldsymbol{n}$ 垂直, 即 $\boldsymbol{\tau} \cdot \boldsymbol{n} = 0$, 也就是

$$1 - 4t + 3t^2 = 0.$$

解这个方程得 $t = 1, t = \dfrac{1}{3}$.

(1) 当 $t = 1$ 时, 它对应 L 上的点为 $P_1(1, -1, 1)$, L 在这点的切向量为 $(1, -2, 3)$, 切线方程为

$$\frac{x-1}{1} = \frac{y+1}{-2} = \frac{z-1}{3}.$$

(2) 当 $t = \dfrac{1}{3}$ 时, 它对应 L 上的点为 $P_2\left(\dfrac{1}{3}, -\dfrac{1}{9}, \dfrac{1}{27}\right)$, L 在这点的切向量为

$\left(1, -\frac{2}{3}, \frac{1}{3}\right)$，切线方程为

$$\frac{x - \frac{1}{3}}{1} = \frac{y + \frac{1}{9}}{-\frac{2}{3}} = \frac{z - \frac{1}{27}}{\frac{1}{3}},$$

即

$$\frac{3x - 1}{3} = \frac{9y + 1}{-6} = \frac{27z - 1}{9}.$$

例 5.6.7 证明曲面 $xy = z^2$ 与球面 $x^2 + y^2 + z^2 = a^2 (a > 0)$ 正交.

证 在曲面 $xy = z^2$ 与球面 $x^2 + y^2 + z^2 = a^2$ 的任一交点 (x, y, z) 处，曲面 $xy = z^2$ 的法向量为 $\boldsymbol{n}_1 = (y, x, -2z)$，球面 $x^2 + y^2 + z^2 = a^2$ 的法向量为 $\boldsymbol{n}_2 = (2x, 2y, 2z)$. 于是，在两曲面的任一交点 (x, y, z) 处，有

$$\boldsymbol{n}_1 \cdot \boldsymbol{n}_2 = y \cdot 2x + x \cdot 2y + 2z \cdot (-2z) = 4(xy - z^2) = 0.$$

因此两曲面是正交的.

例 5.6.8 过直线 $L: \begin{cases} 10x + 2y - 2z = 27 \\ x + y - z = 0 \end{cases}$ 作曲面 $\Sigma: 3x^2 + y^2 - z^2 = 27$ 的切平面，求此切平面的方程.

解 设 $P_0(x_0, y_0, z_0)$ 为曲面 Σ 上的点，易知曲面 Σ 在点 P_0 的法向量可取为

$$\boldsymbol{n} = (3x_0, y_0, -z_0),$$

切平面的方程为

$$3x_0(x - x_0) + y_0(y - y_0) - z_0(z - z_0) = 0,$$

即

$$3x_0 x + y_0 y - z_0 z - 27 = 0.$$

过直线 L 的平面 π 的方程可设为

$$10x + 2y - 2z - 27 + \lambda(x + y - z) = 0,$$

即

$$(10 + \lambda)x + (2 + \lambda)y - (2 + \lambda)z - 27 = 0.$$

若平面 π 是曲面 Σ 在点 P_0 的切平面，则必须要求它过点 P_0，即

$$(10 + \lambda)x_0 + (2 + \lambda)y_0 - (2 + \lambda)z_0 - 27 = 0;$$

而且必须使 π 的方程与 Σ 在点 P_0 的切平面的方程表示同一张平面，即可设

$$\begin{cases} 10 + \lambda = 3x_0, \\ 2 + \lambda = y_0, \\ 2 + \lambda = z_0. \end{cases}$$

因此

$$\begin{cases} \lambda = -1, \\ x_0 = 3, \\ y_0 = 1, \\ z_0 = 1, \end{cases} \text{或} \begin{cases} \lambda = -19, \\ x_0 = -3, \\ y_0 = -17, \\ z_0 = -17. \end{cases}$$

于是所求的平面方程为

$$9x + y - z - 27 = 0,$$

或

$$-9x - 17y + 17z - 27 = 0.$$

例 5.6.9 设直线 L: $\begin{cases} x + y + a = 0 \\ 2x + by - z - 3 = 0 \end{cases}$ 在平面 π 上,而平面 π 与抛物面

$z = \dfrac{1}{2}(x^2 + y^2)$ 相切于点 $(1, -3, 5)$,求常数 a, b.

解法一 易知抛物面 $z = \dfrac{1}{2}(x^2 + y^2)$ 在点 $(1, -3, 5)$ 处的法向量可取为

$$\boldsymbol{n} = (x, y, -1)|_{(1,-3,5)} = (1, -3, -1),$$

而平面 π 与该抛物面相切于点 $(1, -3, 5)$,所以平面 π 的方程为

$$(x - 1) - 3(y + 3) - (z - 5) = 0, \text{即 } x - 3y - z - 5 = 0.$$

由于直线 L 的方程可表为参数形式

$$\begin{cases} x = x, \\ y = -x - a, \\ z = -3 + 2x - b(x + a), \end{cases}$$

且它在平面 π 上,因此总成立

$$x + 3(x + a) - [-3 + 2x - b(x + a)] - 5 = 0.$$

比较系数得

$$\begin{cases} 2 + b = 0, \\ 3a + ab - 2 = 0. \end{cases}$$

于是

$$b = -2, \quad a = 2.$$

解法二 过直线 L 的平面 π 的方程可设为

$$2x + by - z - 3 + \lambda(x + y + a) = 0,$$

即

$$(2 + \lambda)x + (b + \lambda)y - z - 3 + \lambda a = 0.$$

其法向量可取为 $\boldsymbol{n}_1 = (2 + \lambda, b + \lambda, -1)$.

由于抛物面 $z = \dfrac{1}{2}(x^2 + y^2)$ 在点 $(1, -3, 5)$ 处的法向量可取为

$$\boldsymbol{n} = (x, y, -1)\big|_{(1,-3,5)} = (1, -3, -1),$$

而平面 π 与抛物面在点 $(1, -3, 5)$ 处相切，因此 $\boldsymbol{n}_1 /\!/ \boldsymbol{n}$，即

$$\frac{2 + \lambda}{1} = \frac{b + \lambda}{-3} = \frac{-1}{-1}.$$

解之得 $\lambda = -1, b = -2$. 此时平面 π 的方程便为

$$x - 3y - z - 3 - a = 0.$$

又由于该平面必须过 $(1, -3, 5)$ 点，因此 $a = 2$.

例 5.6.10 已知椭球面 $\Sigma: x^2 + 2y^2 + 3z^2 = 84$ 和平面 $\pi: x + 4y + 6z = 84$.

(1) 求椭球面 Σ 上与平面 π 平行的切平面；

(2) 求椭球面 Σ 与平面 π 之间的最短距离.

解 (1) 设 $F(x, y, z) = x^2 + 2y^2 + 3z^2 - 84$，则椭球面方程为 $F(x, y, z) = 0$. 因为

$$F'_x(x, y, z) = 2x, \quad F'_y(x, y, z) = 4y, \quad F'_z(x, y, z) = 6z,$$

所以在椭球面上点 $P_0(x_0, y_0, z_0)$ 的法向量可取为 $\boldsymbol{n} = (x_0, 2y_0, 3z_0)$. 要使该曲面在点 P_0 的切平面与平面 $x + 4y + 6z = 8$ 平行，只要 $\boldsymbol{n} /\!/ (1, 4, 6)$，即

$$(x_0, 2y_0, 3z_0) = \lambda(1, 4, 6),$$

其中 λ 为常数. 因此 $x_0 = \lambda, y_0 = 2\lambda, z_0 = 2\lambda$. 因为 P_0 是椭球面上的点，所以

$$\lambda^2 + 2(2\lambda)^2 + 3(2\lambda)^2 = 84,$$

因此当 $\lambda = 2$ 或 $\lambda = -2$ 时，它们所对应的椭球面上的点处的切平面就会与平面 $x + 4y + 6z = 8$ 平行.

$\lambda = 2$ 对应的椭球面上的点为 $P_1(2, 4, 4)$，在该点的切平面方程为

$2(x - 2) + 8(y - 4) + 12(z - 4) = 0$，即 $x + 4y + 6z - 42 = 0$；

$\lambda = -2$ 对应的椭球面上的点为 $P_2(-2, -4, -4)$，在该点的切平面方程为

$2(x + 2) + 8(y + 4) + 12(z + 4) = 0$，即 $x + 4y + 6z + 42 = 0$.

(2) 由于平面 π 在 z 轴的截距为 14. 椭球面 Σ 的平行于 π 的两个切平面在 z 轴的截距分别为 7 和 -7（切点为 P_1, P_2），又显然椭球面 Σ 位于这两张切平面之间，所以平面 π 与椭球面 Σ 不相交. 因此切点 P_1, P_2 到 π 的距离最小者，就是 Σ 与 π 的距离.

因为 P_1 与 π 的距离为

$$d_1 = \frac{|2 + 4 \times 4 + 6 \times 4 - 84|}{\sqrt{1 + 4^2 + 6^2}} = \frac{42}{\sqrt{53}},$$

P_2 与 π 的距离为

$$d_2 = \frac{|-2 + 4 \times (-4) + 6 \times (-4) - 84|}{\sqrt{1 + 4^2 + 6^2}} = \frac{126}{\sqrt{53}},$$

所以 Σ 与 π 的距离为 $\dfrac{42}{\sqrt{53}}$.

注 也可以用 Lagrange 乘数法来求椭球面 Σ 与平面 π 之间的最短距离:记 (x,y,z) 为 Σ 上的点,它与平面 π 的距离为 $d = \dfrac{|\,x + 4y + 6z - 84\,|}{\sqrt{53}}$. 于是,求 Σ 与 π 之间的最短距离,就是求 d 的最小值,这只要考虑函数 $53d^2 = (x + 4y + 6z - 84)^2$ 在约束条件 $x^2 + 2y^2 + 3z^2 = 84$ 下的最小值即可.

例 5.6.11 试确定正数 λ,使得曲面 $xyz = \lambda$ 与椭球面 $\dfrac{x^2}{a^2} + \dfrac{y^2}{b^2} + \dfrac{z^2}{c^2} = 1$ 在第一卦限中的某点相切($a,b,c > 0$).

解 易知曲面 $xyz = \lambda$ 的法向量可取为 $\boldsymbol{n}_1 = (yz, xz, xy)$,椭球面 $\dfrac{x^2}{a^2} + \dfrac{y^2}{b^2} + \dfrac{z^2}{c^2} = 1$ 的法向量可取为 $\boldsymbol{n}_2 = \left(\dfrac{x}{a^2}, \dfrac{y}{b^2}, \dfrac{z}{c^2}\right)$,要使它们在某点 $P_0(x_0, y_0, z_0)$ 相切,则要求

(1) x_0, y_0, z_0 是方程组 $\begin{cases} \dfrac{x^2}{a^2} + \dfrac{y^2}{b^2} + \dfrac{z^2}{c^2} = 1 \\ xyz = \lambda \end{cases}$ 的解;

(2) 在点 $P_0(x_0, y_0, z_0)$ 处,$\boldsymbol{n}_1 \parallel \boldsymbol{n}_2$,即

$$(y_0 z_0, x_0 z_0, x_0 y_0) = k\left(\dfrac{x_0}{a^2}, \dfrac{y_0}{b^2}, \dfrac{z_0}{c^2}\right).$$

从(2)的条件知 $y_0 z_0 = k\dfrac{x_0}{a^2}, x_0 z_0 = k\dfrac{y_0}{b^2}, x_0 y_0 = k\dfrac{z_0}{c^2}$,其中 k 为常数. 将这些式子分别代入 $xyz = \lambda$,得

$$x_0^2 = \dfrac{\lambda}{k}a^2, \quad y_0^2 = \dfrac{\lambda}{k}b^2, \quad z_0^2 = \dfrac{\lambda}{k}c^2.$$

再将这些式子代入 $\dfrac{x^2}{a^2} + \dfrac{y^2}{b^2} + \dfrac{z^2}{c^2} = 1$ 得 $\dfrac{\lambda}{k} = \dfrac{1}{3}$,因此

$$x_0 = \dfrac{1}{\sqrt{3}}a, \quad y_0 = \dfrac{1}{\sqrt{3}}b, \quad z_0 = \dfrac{1}{\sqrt{3}}c.$$

(因为要找在第一卦限中的点,所以只取了正值). 要使 $P_0(x_0, y_0, z_0)$ 是曲面 $xyz = \lambda$ 上的点,则

$$\lambda = x_0 y_0 z_0 = \dfrac{abc}{3\sqrt{3}}.$$

直接验证可知,λ 和 x_0, y_0, z_0 满足条件(1),(2). 因此当 $\lambda = \dfrac{abc}{3\sqrt{3}}$ 时,曲面 $xyz = \lambda$

与椭球面 $\dfrac{x^2}{a^2} + \dfrac{y^2}{b^2} + \dfrac{z^2}{c^2} = 1$ 在点 $P_0(x_0, y_0, z_0)$ 相切.

例 5.6.12 已知曲面 $\Sigma : \mathrm{e}^{2x-z} = f(\pi y - \sqrt{2}z)$,其中 f 为具有连续导数的一元函数. 证明:曲面 Σ 在任意一点的切平面都平行于一条定直线.

证 要证 Σ 在任意一点的切平面都平行于一条定直线,只要证 Σ 在任意一点的法向量都垂直于一个定向量.

曲面 Σ 的方程为 $F(x,y,z) = \mathrm{e}^{2x-z} - f(\pi y - \sqrt{2}z) = 0$,所以 Σ 在任意一点 (x,y,z) 处的法向量为

$$\boldsymbol{n} = (F_x', F_y', F_z') = \left(2\mathrm{e}^{2x-z}, -\pi f'(\pi y - \sqrt{2}z), -\mathrm{e}^{2x-z} + \sqrt{2}f'(\pi y - \sqrt{2}z) \right).$$

设定向量为 $\boldsymbol{a} = (l, m, n)$,要使 $\boldsymbol{n}$ 与 $\boldsymbol{a}$ 垂直,只要 $\boldsymbol{n} \cdot \boldsymbol{a} = 0$. 取

$$l = \pi, \quad m = 2\sqrt{2}, \quad n = 2\pi,$$

则

$$\boldsymbol{n} \cdot \boldsymbol{a} = 2\pi \mathrm{e}^{2x-z} - 2\sqrt{2}\pi f'(\pi y - \sqrt{2}z) - 2\pi \mathrm{e}^{2x-z} + 2\sqrt{2}\pi f'(\pi y - \sqrt{2}z) = 0,$$

这就是说,曲面 Σ 在任意一点的法向量 $\boldsymbol{n}$ 都垂直于定向量 $\boldsymbol{a} = (\pi, 2\sqrt{2}, 2\pi)$.

例 5.6.13 已知曲面 $\Sigma : ax + by + cz = f(x^2 + y^2 + z^2)$,其中 f 为具有连续导数的一元函数. 证明:曲面 Σ 在任意一点处的法线都与直线 $L : \dfrac{x}{a} = \dfrac{y}{b} = \dfrac{z}{c}$ 共面 (a, b, c 不全为零).

证 易知曲面 Σ 在任意一点 $P_0(x_0, y_0, z_0)$ 处的法向量可取为

$$\boldsymbol{n} = (a - 2x_0 f'(k_0), b - 2y_0 f'(k_0), c - 2z_0 f'(k_0)),$$

其中 $k_0 = x_0^2 + y_0^2 + z_0^2$.

直线 L 的方向向量为 $\boldsymbol{\tau} = (a, b, c)$,且过原点 $O(0, 0, 0)$.

因为 $\overrightarrow{OP_0}, \boldsymbol{\tau}, \boldsymbol{n}$ 满足

$$
(\overrightarrow{OP_0} \times \boldsymbol{\tau}) \cdot \boldsymbol{n} = \begin{vmatrix} x_0 & y_0 & z_0 \\ a & b & c \\ a - 2x_0 f'(k_0) & b - 2y_0 f'(k_0) & c - 2z_0 f'(k_0) \end{vmatrix}
$$

$$
= [a - 2x_0 f'(k_0)](cy_0 - bz_0) + [b - 2y_0 f'(k_0)](az_0 - cx_0) +
$$
$$
[c - 2z_0 f'(k_0)](bx_0 - ay_0)
$$

$$
= [(acy_0 - abz_0) + (abz_0 - bcx_0) + (bcx_0 - acy_0)]
$$
$$
- 2[x_0(cy_0 - bz_0) + y_0(az_0 - cx_0) + z_0(bx_0 - ay_0)]f'(k_0)
$$

$$
= 0,
$$

所以向量 $\overrightarrow{OP_0}, \boldsymbol{\tau}, \boldsymbol{n}$ 共面,这就说明 Σ 在点 P_0 处的法线与直线 L 共面.

例 5.6.14 已知曲面 $F\left(\dfrac{x-a}{z-c},\dfrac{y-b}{z-c}\right)=0$ $(a,b,c$ 为常数$)$,其中 F 具有二阶连续偏导数,且 $F_1'^2+F_2'^2\neq 0$.

(1) 证明该曲面的切平面皆过一定点;

(2) 若 $F\left(\dfrac{x-a}{z-c},\dfrac{y-b}{z-c}\right)=0$ 确定了隐函数 $z=z(x,y)$,证明它满足方程

$$\frac{\partial^2 z}{\partial x^2}\cdot\frac{\partial^2 z}{\partial y^2}-\left(\frac{\partial^2 z}{\partial x\partial y}\right)^2=0.$$

证 (1) 曲面上任意点 (x,y,z) 处的法向量为

$$\boldsymbol{n}=\left(\frac{1}{z-c}F_1',\ \frac{1}{z-c}F_2',\ -\frac{1}{(z-c)^2}\big[(x-a)F_1'+(y-b)F_2'\big]\right),$$

因此曲面在点 (x,y,z) 处的切平面方程为

$$\frac{1}{z-c}F_1'(X-x)+\frac{1}{z-c}F_2'(Y-y)-\frac{1}{(z-c)^2}\big[(x-a)F_1'+(y-b)F_2'\big](Z-z)=0,$$

即

$$F_1'\big[(X-x)(z-c)-(Z-z)(x-a)\big]+F_2'\big[(Y-y)(z-c)-(Z-z)(y-b)\big]=0.$$

显然 $X=a,Y=b,Z=c$ 满足上面的方程,这就是说,切平面过定点 (a,b,c).

(2) 若方程 $F\left(\dfrac{x-a}{z-c},\dfrac{y-b}{z-c}\right)=0$ 确定了隐函数 $z=z(x,y)$,对该方程两边分别关于 x,y 求偏导,得

$$\begin{cases}F_1'\left[\dfrac{1}{z-c}-\dfrac{x-a}{(z-c)^2}\dfrac{\partial z}{\partial x}\right]+F_2'\left[-\dfrac{y-b}{(z-c)^2}\dfrac{\partial z}{\partial x}\right]=0,\\[3mm]F_1'\left[-\dfrac{x-a}{(z-c)^2}\dfrac{\partial z}{\partial y}\right]+F_2'\left[\dfrac{1}{z-c}-\dfrac{y-b}{(z-c)^2}\dfrac{\partial z}{\partial y}\right]=0.\end{cases}$$

因为 F_1',F_2' 不同时为零,所以

$$\begin{vmatrix}\dfrac{1}{z-c}-\dfrac{x-a}{(z-c)^2}\dfrac{\partial z}{\partial x} & -\dfrac{y-b}{(z-c)^2}\dfrac{\partial z}{\partial x}\\[4mm]-\dfrac{x-a}{(z-c)^2}\dfrac{\partial z}{\partial y} & \dfrac{1}{z-c}-\dfrac{y-b}{(z-c)^2}\dfrac{\partial z}{\partial y}\end{vmatrix}=0,$$

化简得

$$(x-a)\frac{\partial z}{\partial x}+(y-b)\frac{\partial z}{\partial y}=z-c.$$

(注意,上式说明了 $x=a$ 且 $y=b$ 时,可推出 $z=c$,而曲面方程中说明 $z\neq c$. 因此点 (a,b) 不在函数 $z=z(x,y)$ 的定义域中).

再对上式两边分别关于 x,y 求偏导,得

$$\begin{cases} \dfrac{\partial z}{\partial x} + (x-a)\dfrac{\partial^2 z}{\partial x^2} + (y-b)\dfrac{\partial^2 z}{\partial x \partial y} = \dfrac{\partial z}{\partial x}, \\[3mm] (x-a)\dfrac{\partial^2 z}{\partial x \partial y} + \dfrac{\partial z}{\partial y} + (y-b)\dfrac{\partial^2 z}{\partial y^2} = \dfrac{\partial z}{\partial y}, \end{cases}$$

化简得

$$\begin{cases} (x-a)\dfrac{\partial^2 z}{\partial x^2} = -(y-b)\dfrac{\partial^2 z}{\partial x \partial y}, \\[3mm] (y-b)\dfrac{\partial^2 z}{\partial y^2} = -(x-a)\dfrac{\partial^2 z}{\partial x \partial y}. \end{cases}$$

因此当 $(x-a)(y-b) \neq 0$ 时,从上式可以立即看出

$$\frac{\partial^2 z}{\partial x^2} \cdot \frac{\partial^2 z}{\partial y^2} - \left(\frac{\partial^2 z}{\partial x \partial y}\right)^2 = 0.$$

当 $x=a, y \neq b$ 时,从上面的方程组可推出 $\dfrac{\partial^2 z}{\partial y^2} = 0, \dfrac{\partial^2 z}{\partial x \partial y} = 0$,因此上式也成立. 同理,当 $x \neq a, y = b$ 时,上式也成立.

综上所述,$\dfrac{\partial^2 z}{\partial x^2} \cdot \dfrac{\partial^2 z}{\partial y^2} - \left(\dfrac{\partial^2 z}{\partial x \partial y}\right)^2 = 0$ 总成立.

习　题

1. 求曲线 $x = \dfrac{t^4}{4}, y = \dfrac{t^3}{3}, z = \dfrac{t^2}{2}$ 在 $t=1$ 对应的点处的切线和法平面方程.

2. 求曲面 $z - \mathrm{e}^z + 2xy = 3$ 在点 $(1,2,0)$ 处的切平面方程.

3. 已知平面 π 是曲面 $z = x^2 + y^2$ 的切平面,且 π 与直线 $L: \begin{cases} x+2z = 1 \\ y+2z = 2 \end{cases}$ 垂直,求 π 的方程.

4. 求曲线 $\begin{cases} x^2 + y^2 + z\mathrm{e}^z = 2 \\ x^2 + xy + y^2 = 1 \end{cases}$ 在点 $(1,-1,0)$ 处的切线方程.

5. 过直线 $\begin{cases} 3x - 2y - z = 5 \\ x + y + z = 0 \end{cases}$ 作曲面 $16x^2 - 16y^2 + 16z = 5$ 的切平面,求该切平面的方程.

6. 求原点到曲面 $z = y\tan\dfrac{x}{a}$ 在点 $\left(\dfrac{\pi a}{4}, a, a\right)$ 处的切平面的距离.

7. 求曲面 $\begin{cases} x = u\mathrm{e}^v \\ y = v\mathrm{e}^u \\ z = u+v \end{cases}$ 在 $u=v=0$ 所对应的点处的切平面方程.

8. 已知椭球面 $\Sigma: \dfrac{x^2}{2} + y^2 + \dfrac{z^2}{4} = 1$ 和平面 $\pi: 2x + 2y + z + 5 = 0$.

(1) 求椭球面 Σ 上与平面 π 平行的切平面;

(2) 求椭球面 Σ 上与平面 π 之间的最短距离.

9. 求过直线 $L:\begin{cases} x + 2y + z - 1 = 0, \\ x - y - 2z + 3 = 0 \end{cases}$ 且与曲线 $C:\begin{cases} x^2 + y^2 = \dfrac{1}{2}z^2, \\ x + y + 2z = 4 \end{cases}$ 在点 $P_0(1, -1, 2)$ 处的切线平行的平面方程.

10. 求圆柱面 $x^2 + y^2 = R^2$ 与球面 $(x - R)^2 + y^2 + z^2 = R^2 (R > 0)$ 在点 $\left(\dfrac{1}{2}R, \dfrac{\sqrt{3}}{2}R, 0\right)$ 处的交角.

11. 证明曲线 $x = a\cos t, y = a\sin t, z = bt$ 的切线与 z 轴成定角 $(a, b > 0)$.

12. 设 $A^2 + B^2 + C^2 \neq 0, a^2 + b^2 + c^2 \neq 0$. 证明平面 $Ax + By + Cz = D$ 与曲面 $ax^2 + by^2 + cz^2 = 1$ 相切的充要条件为 $\dfrac{A^2}{a} + \dfrac{B^2}{b} + \dfrac{C^2}{c} = D^2$.

13. 证明:曲面 $F(ax - by, cx - bz) = 0$ 上任一点处的切平面都与一个常向量平行,其中 F 具有连续偏导数.

14. 证明曲面 $z = xf\left(\dfrac{y}{x}\right)$ 上任一点处的切平面都过原点,其中一元函数 f 具有连续导数.

15. 已知曲面 $\Sigma : x + y + z = f(xy + yz + zx)$,其中 f 为具有连续导数的一元函数. 证明:曲面 Σ 在任意一点处的法线都与直线 $x = y = z$ 共面.

§5.7 极 值

知 识 要 点

一、极值的概念

定义 5.7.1 若在点 $\boldsymbol{x}_0$ 的某个邻域 $O(\boldsymbol{x}_0, r)$ 上,n 元函数 f 满足
$$f(\boldsymbol{x}_0) \geqslant f(\boldsymbol{x}) (\text{或} f(\boldsymbol{x}_0) \leqslant f(\boldsymbol{x})),$$
则称 $f(\boldsymbol{x}_0)$ 为函数 f 的**极大值**(或**极小值**);相应地,称 $\boldsymbol{x}_0$ 为 f 的**极大值点**(或**极小值点**);极大值与极小值统称为**极值**,极大值点与极小值点统称为**极值点**.

二、极值的必要条件

定理 5.7.1 设 $\boldsymbol{x}_0$ 为 n 元函数 $f(\boldsymbol{x})$ 的极值点,且 $f(\boldsymbol{x})$ 在 $\boldsymbol{x}_0$ 点可偏导,则 $f(\boldsymbol{x})$ 在 $\boldsymbol{x}_0$ 点的各个一阶偏导数均为零,即
$$f_1'(\boldsymbol{x}_0) = f_2'(\boldsymbol{x}_0) = \cdots = f_n'(\boldsymbol{x}_0) = 0.$$
使函数 $f(\boldsymbol{x})$ 的各个一阶偏导数同时为零的点称为 $f(\boldsymbol{x})$ 的**驻点**. 注意,使一个函数的偏导数不存在的点,可能是该函数的极值点.

三、极值的充分条件

如何判断一般多元函数的驻点是否为极值点?在二元函数情形,下面的定理提供了一个充分条件.

定理 5.7.2 设 (x_0, y_0) 为二元函数 $f(x, y)$ 的驻点,即在点 (x_0, y_0) 处成立

$$f'_x(x_0, y_0) = f'_y(x_0, y_0) = 0,$$

且 $f(x, y)$ 在点 (x_0, y_0) 附近具有二阶连续偏导数. 记

$$A = f''_{xx}(x_0, y_0), \quad B = f''_{xy}(x_0, y_0), \quad C = f''_{yy}(x_0, y_0),$$

并记

$$\Delta = AC - B^2,$$

则

(1) 若 $\Delta > 0$,则当 $A > 0$ 时 $f(x_0, y_0)$ 为函数 f 的极小值;当 $A < 0$ 时,$f(x_0, y_0)$ 为函数 f 的极大值;

(2) 若 $\Delta < 0$,则 $f(x_0, y_0)$ 不是函数 f 的极值.

注意,当 $\Delta = 0$ 时,$f(x_0, y_0)$ 可能是极值,也可能不是极值.

下面的定理是在一般 n 元函数情形的推广.

定理 5.7.3 设 n 元函数 $f(\boldsymbol{x})$ 在 $\boldsymbol{x}_0$ 的某邻域上具有各个二阶连续偏导数,$\boldsymbol{x}_0$ 是 $f(\boldsymbol{x})$ 的一个驻点,记 $f(\boldsymbol{x})$ 的 Hesse 矩阵为

$$\boldsymbol{H} = \begin{pmatrix} f''_{11} & f''_{12} & \cdots & f''_{1n} \\ f''_{21} & f''_{22} & \cdots & f''_{2n} \\ \vdots & \vdots & & \vdots \\ f''_{n1} & f''_{n2} & \cdots & f''_{nn} \end{pmatrix}.$$

若在点 $\boldsymbol{x}_0$ 处 $\det(\boldsymbol{H}) \neq 0$,则

(1) 当在点 $\boldsymbol{x}_0$ 处 $\boldsymbol{H}$ 正定时,$\boldsymbol{x}_0$ 为 $f(\boldsymbol{x})$ 的极小值点;

(2) 当在点 $\boldsymbol{x}_0$ 处 $\boldsymbol{H}$ 负定时,$\boldsymbol{x}_0$ 是 $f(\boldsymbol{x})$ 的极大值点;

(3) 当在点 $\boldsymbol{x}_0$ 处 $\boldsymbol{H}$ 既非正定也非负定时,$\boldsymbol{x}_0$ 不是 $f(\boldsymbol{x})$ 的极值点.

记

$$A_k = \begin{vmatrix} f''_{11} & \cdots & f''_{1k} \\ \vdots & & \vdots \\ f''_{k1} & \cdots & f''_{kk} \end{vmatrix}_{x = x_0}, \quad k = 1, 2, \cdots, n.$$

推论 5.7.1 设 n 元函数 $f(\boldsymbol{x})$ 在点 $\boldsymbol{x}_0$ 附近具有二阶连续偏导数,且 $\boldsymbol{x}_0$ 为 $f(\boldsymbol{x})$ 的驻点. 若在点 $\boldsymbol{x}_0$ 处 $\det(\boldsymbol{H}) \neq 0$,则

(1) 若在点 $\boldsymbol{x}_0$ 成立 $A_k > 0 (k = 1, 2, \cdots, n)$,则 $f(\boldsymbol{x}_0)$ 为 $f(\boldsymbol{x})$ 的极小值;

(2) 若在点 $\boldsymbol{x}_0$ 成立 $(-1)^k A_k > 0 (k = 1, 2, \cdots, n)$,则 $f(\boldsymbol{x}_0)$ 为 $f(\boldsymbol{x})$ 的极大值;

(3) 若(1)的条件不满足,(2)的条件也不满足,则 $f(x_0)$ 不是 $f(x)$ 的极值.

四、函数的最值

最值问题是求一个函数在某个区域上的最大值和最小值. 最大值和最小值统称为**最值**. 对于有界闭区域,要注意的是,函数的最值点可能在区域内部(此时必是极值点),也可能在区域的边界上. 因此,在求函数的最值时,不但要求出它在区域内部的所有可能极值点,而且也要求出它在区域边界上的可能极值点或最值点,再将这些点的函数值加以比较,从中找出该函数在整个区域上的最值.

计算函数在区域边界上的最值时常常较为复杂. 在实际问题中,往往可以根据问题的性质,判定函数的最值点就在区域内部. 此时,若函数的偏导数在区域内处处存在,则只要比较函数在区域内部的驻点的值就能得到最值. 特别地,如果函数在区域内只有一个驻点,就可以断定它就是函数的最值点.

五、条件极值

以三元函数为例,条件极值问题的提法是:求目标函数
$$u = F(x,y,z)$$
在约束条件
$$G(x,y,z) = 0 \left(或 \begin{cases} G(x,y,z) = 0 \\ H(x,y,z) = 0 \end{cases} \right)$$
下的极值. 使目标函数取条件极值的点称为**条件极值点**.

对于一个约束条件 $G(x,y,z) = 0$ 的问题,我们引入 Lagrange **函数**
$$L(x,y,z,\lambda) = F(x,y,z) + \lambda G(x,y,z)$$
(λ 称为 Lagrange **乘数**),则条件极值点就在方程组
$$\begin{cases} L'_x = F'_x + \lambda G'_x = 0, \\ L'_y = F'_y + \lambda G'_y = 0, \\ L'_z = F'_z + \lambda G'_z = 0, \\ L'_\lambda = G(x,y,z) = 0 \end{cases}$$
的所有解 (x,y,z,λ) 所对应的点 (x,y,z) 中. 用这种方法来求可能的条件极值点的方法,称为 **Lagrange 乘数法**.

类似地,求函数 $u = F(x,y,z)$ 在约束条件 $\begin{cases} G(x,y,z) = 0 \\ H(x,y,z) = 0 \end{cases}$ 下的可能极值点的 Lagrange 乘数法为:构造 Lagrange 函数
$$L(x,y,z,\lambda,\mu) = F(x,y,z) + \lambda G(x,y,z) + \mu H(x,y,z),$$
则条件极值点就在方程组

$$
\begin{cases}
L'_x = F'_x + \lambda G'_x + \mu H'_x = 0, \\
L'_y = F'_y + \lambda G'_y + \mu H'_y = 0, \\
L'_z = F'_z + \lambda G'_z + \mu H'_z = 0, \\
L'_\lambda = G(x,y,z) = 0, \\
L'_\mu = H(x,y,z) = 0
\end{cases}
$$

的所有解 (x,y,z,λ,μ) 所对应的点 (x,y,z) 中.

在实际问题中往往遇到的是求最值问题, 这时可以根据问题本身的性质判定最值的存在性. 这样的话, 只要把用 Lagrange 乘数法所解得的点的函数值加以比较, 最大的 (最小的) 就是所考虑问题的最大值 (最小值).

上述的 Lagrange 乘数法可以推广到多个约束条件的情况. 欲解带有 $m(m < n)$ 个约束条件的极值问题

$$
\begin{cases}
\min F(x_1, \cdots, x_n) \text{ 或 } \max F(x_1, \cdots, x_n), \\
G_1(x_1, \cdots, x_n) = 0, \\
\qquad \cdots\cdots \\
G_m(x_1, \cdots, x_n) = 0,
\end{cases}
$$

可作 Lagrange 函数

$$
L(x_1, \cdots, x_n, \lambda_1, \cdots, \lambda_m) = F(x_1, \cdots, x_n) + \sum_{i=1}^{m} \lambda_i G_i(x_1, \cdots, x_n),
$$

并构造共含 $n + m$ 个方程的方程组:

$$
\begin{cases}
\dfrac{\partial L}{\partial x_j} = \dfrac{\partial F}{\partial x_j} + \sum\limits_{i=1}^{m} \lambda_i \dfrac{\partial G_i}{\partial x_j} = 0, \quad j = 1, \cdots, n, \\
\dfrac{\partial L}{\partial \lambda_i} = G_i(x_1, \cdots, x_n) = 0, \quad i = 1, \cdots, m,
\end{cases}
$$

根据此方程组的解所对应的 $(x_1, \cdots, x_n)$, 再讨论它是否确为所求的极值点.

例 题 分 析

例 5.7.1 求函数 $f(x,y) = x^3 + 3xy + y^3$ 的极值.

解 解方程组

$$
\begin{cases}
f'_x(x,y) = 3x^2 + 3y = 0, \\
f'_y(x,y) = 3x + 3y^2 = 0
\end{cases}
$$

得驻点 $(-1,-1),(0,0)$. 再计算二阶偏导数:

$$
f''_{xx}(x,y) = 6x, \quad f''_{xy}(x,y) = 3, \quad f''_{yy}(x,y) = 6y.
$$

此时

$$
\Delta(x,y) = f''_{xx}(x,y) f''_{yy}(x,y) - \left[f''_{xy}(x,y) \right]^2 = 36xy - 9.
$$

因为在点 $(-1, -1), \Delta(-1, -1) = 27 > 0$, 且 $f''_{xx}(-1, -1) = -6 < 0$, 所以 $f(-1, -1) = 1$ 为极大值.

因为在点 $(0, 0), \Delta(0, 0) = -9 < 0$, 所以 $f(0, 0) = 0$ 不是极值.

例 5.7.2　求函数 $f(x, y) = x^4 + y^4 - 2x^2 + 4xy - 2y^2$ 的极值.

解　解方程组
$$\begin{cases} f'_x(x, y) = 4x^3 - 4x + 4y = 0, \\ f'_y(x, y) = 4y^3 + 4x - 4y = 0 \end{cases}$$

得驻点 $(0, 0), (\sqrt{2}, -\sqrt{2}), (-\sqrt{2}, \sqrt{2})$. 再计算二阶偏导数:
$$f''_{xx}(x, y) = 12x^2 - 4, \quad f''_{xy}(x, y) = 4, \quad f''_{yy}(x, y) = 12y^2 - 4.$$

此时
$$\Delta(x, y) = f''_{xx}(x, y) f''_{yy}(x, y) - [f''_{xy}(x, y)]^2 = 16(3x^2 - 1)(3y^2 - 1) - 16.$$

在点 $(\sqrt{2}, -\sqrt{2})$, 因为
$$\Delta(\sqrt{2}, -\sqrt{2}) = 384 > 0, \quad f''_{xx}(\sqrt{2}, -\sqrt{2}) = 20 > 0,$$

因此 $f(\sqrt{2}, -\sqrt{2}) = -8$ 为极小值.

同理, $(-\sqrt{2}, \sqrt{2})$ 为极小值点, $f(-\sqrt{2}, \sqrt{2}) = -8$ 为极小值.

在点 $(0, 0), \Delta(0, 0) = 0$. 前面定理指出的判别法失效.

由于在直线 $y = x$ 上, 当 $x \neq 0$ 时, 有
$$f(x, x) = 2x^4 > 0;$$

在直线 $y = 0$ 上, 当 $x \neq 0$ 且 $|x|$ 充分小时, 有
$$f(x, 0) = x^4 - 2x^2 = -x^2(2 - x^2) < 0.$$

注意到 $f(0, 0) = 0$, 因此点 $(0, 0)$ 不是极值点.

例 5.7.3　已知函数 $f(x, y) = (y - x^2)(y - 2x^2)$.

(1) 证明: 当 $f(x, y)$ 限制在每条过原点的直线上取值时, $f(0, 0)$ 是极小值;

(2) 问 $f(x, y)$ 是否有极值?

解　(1) **证**　当 $f(x, y)$ 限制在过原点的直线 $y = kx(k \neq 0)$ 上取值时, 有
$$f(x, kx) = (kx - x^2)(kx - 2x^2) = k^2x^2 - 3kx^3 + 2x^4 \xlongequal{\text{记为}} g(x),$$

因为
$$g'(x) = 2k^2x - 9kx^2 + 8x^3, \quad g''(x) = 2k^2 - 18kx + 24x^2,$$

所以 $g'(0) = 0, g''(0) = 2k^2 > 0$, 因此 $g(0)$ 是极小值. 这就是说 $f(0, 0) = 0$ 是 $f(x, kx)$ 的极小值.

当 $f(x, y)$ 限制在过原点的直线 $y = 0$ (即 x 轴) 上取值时, $f(x, 0) = 2x^4$, 此时显然 $f(0, 0) = 0$ 是极小值.

当 $f(x, y)$ 限制在过原点的直线 $x = 0$ (即 y 轴) 上取值时, $f(0, y) = y^2$, 此时

显然 $f(0,0) = 0$ 是极小值.

综上所述, 当 $f(x,y)$ 限制在每条过原点的直线上取值时, $f(0,0)$ 是极小值.

（2）解方程组
$$\begin{cases} f_x'(x,y) = -6xy + 8x^3 = 0, \\ f_y'(x,y) = 2y - 3x^2 = 0 \end{cases}$$

得唯一驻点 $(0,0)$. 由
$$f_{xx}''(x,y) = -6y + 24x^2, \quad f_{xy}''(x,y) = -6x, \quad f_{yy}''(x,y) = 2$$
可知, $\Delta = f_{xx}''(0,0)f_{yy}''(0,0) - [f_{xy}''(0,0)]^2 = 0$, 无法用定理 5.7.2 来判断.

但当 $y = 3x^2 (x \neq 0)$ 时, $f(x, 3x^2) = 2x^4 > 0$; 当 $y = \dfrac{3}{2}x^2 (x \neq 0)$ 时,

$f\left(x, \dfrac{3}{2}x^2\right) = -\dfrac{1}{4}x^4 < 0$, 因此 $f(0,0) = 0$ 不是 $f(x,y)$ 的极值.

因此, 函数 $f(x,y)$ 没有极值.

例 5.7.4 （1）求函数 $f(x,y) = (x^2 + y^2)\mathrm{e}^{-(x^2+y^2)}$ 的极值和最值;

（2）求函数 $f(x,y) = (ax^2 + by^2)\mathrm{e}^{-(x^2+y^2)}$ $(a,b \neq 0,$ 且 $a \neq b)$ 的最值.

解 （1）解方程组
$$\begin{cases} f_x'(x,y) = [2x - 2x(x^2 + y^2)]\mathrm{e}^{-(x^2+y^2)} = 0, \\ f_y'(x,y) = [2y - 2y(x^2 + y^2)]\mathrm{e}^{-(x^2+y^2)} = 0 \end{cases}$$
知, 驻点集合由点 $(0,0)$ 和圆周 $x^2 + y^2 = 1$ 上的所有点构成.

先考察点 $(0,0)$. 因为总成立
$$f(x,y) = (x^2 + y^2)\mathrm{e}^{-(x^2+y^2)} \geqslant 0 = f(0,0), \quad (x,y) \in \mathbf{R}^2,$$
所以 $f(0,0) = 0$ 为极小值, 也是最小值.

再考察圆周 $x^2 + y^2 = 1$ 上的点. 为此考虑函数 $g(t) = t\mathrm{e}^{-t}$. 因为
$$g'(t) = (1 - t)\mathrm{e}^{-t}, \quad g''(t) = (t - 2)\mathrm{e}^{-t},$$
所以 $t = 1$ 是 g 的唯一驻点, 且 $g''(1) = -\mathrm{e}^{-1} < 0$, 因此 $g(1) = \mathrm{e}^{-1}$ 是 g 的极大值, 由于它是唯一的极值, 它也是 g 的最大值, 即总成立
$$t\mathrm{e}^{-t} \leqslant \mathrm{e}^{-1}, \quad t \in (-\infty, +\infty).$$
于是对于每个满足圆周 $x_0^2 + y_0^2 = 1$ 的点 (x_0, y_0), 以下不等式总成立:
$$f(x,y) = (x^2 + y^2)\mathrm{e}^{-(x^2+y^2)} \leqslant \mathrm{e}^{-1} = f(x_0, y_0), \quad (x,y) \in \mathbf{R}^2.$$
这就是说, 圆周 $x^2 + y^2 = 1$ 上的点都是 $f(x,y)$ 的极大值点, 也是最大值点. 最大值为 e^{-1}.

（2）解方程组
$$\begin{cases} f_x'(x,y) = [2ax - 2x(ax^2 + by^2)]\mathrm{e}^{-(x^2+y^2)} = 0, \\ f_y'(x,y) = [2by - 2y(ax^2 + by^2)]\mathrm{e}^{-(x^2+y^2)} = 0 \end{cases}$$

得 $f(x,y)$ 的驻点 $(0,0),(1,0),(-1,0),(0,1)$ 和 $(0,-1)$. 显然

$$\lim_{x^2+y^2\to+\infty} f(x,y) = \lim_{x^2+y^2\to+\infty}(ax^2+by^2)\mathrm{e}^{-(x^2+y^2)} = 0, 且 f(0,0) = 0.$$

（ⅰ）当 $a > 0, b > 0$ 时，显然 f 的最小值为 $f(0,0) = 0$, 且在其他点 $f(x,y)$ 取正值, 由 $\lim\limits_{x^2+y^2\to+\infty} f(x,y) = 0$ 可知, 这时最大值必在 $\mathbf{R}^2$ 上某点取到;

（ⅱ）当 $a < 0, b < 0$ 时, 同（1）同样的讨论可知, 函数 $f(x,y)$ 的最大值和最小值必在 $\mathbf{R}^2$ 上的点取到;

（ⅲ）当 a 和 b 异号时, 显然 $f(x,y)$ 可取负值, 也可取正值, 由 $\lim\limits_{x^2+y^2\to+\infty} f(x,y) = 0$ 可知, 函数 $f(x,y)$ 的最大值和最小值必在 $\mathbf{R}^2$ 上的点取到.

综上所述, 函数 $f(x,y)$ 的最大值点和最小值点必在 $\mathbf{R}^2$ 上, 因此也相应地是极大值点和极小值点, 因而它们必在驻点之中. 于是比较 $f(x,y)$ 在这些驻点的值:

$$f(0,0) = 0, \quad f(1,0) = f(-1,0) = a\mathrm{e}^{-1}, \quad f(0,1) = f(0,-1) = b\mathrm{e}^{-1},$$

便知 $f(x,y)$ 的最大值为 $\max\{0, a\mathrm{e}^{-1}, b\mathrm{e}^{-1}\}$, 最小值为 $\min\{0, a\mathrm{e}^{-1}, b\mathrm{e}^{-1}\}$.

例 5.7.5 求函数 $f(x,y,z) = x^2 + y^2 + z^3 + 2x + 12yz + 4$ 的极值.

解 解方程组

$$\begin{cases} f'_x(x,y,z) = 2x + 2 = 0, \\ f'_y(x,y,z) = 2y + 12z = 0, \\ f'_z(x,y,z) = 3z^2 + 12y = 0 \end{cases}$$

得驻点 $(-1,0,0),(-1,-144,24)$. 计算得

$$f''_{xx}(x,y,z) = 2, \quad f''_{xy}(x,y,z) = 0, \quad f''_{xz}(x,y,z) = 0,$$
$$f''_{yx}(x,y,z) = 0, \quad f''_{yy}(x,y,z) = 2, \quad f''_{yz}(x,y,z) = 12,$$
$$f''_{zx}(x,y,z) = 0, \quad f''_{zy}(x,y,z) = 12, \quad f''_{zz}(x,y,z) = 6z.$$

在点 $(-1,0,0)$, 有

$$A_1 = 2, \quad A_2 = \begin{vmatrix} 2 & 0 \\ 0 & 2 \end{vmatrix} = 4, \quad A_3 = \begin{vmatrix} 2 & 0 & 0 \\ 0 & 2 & 12 \\ 0 & 12 & 0 \end{vmatrix} = -288.$$

由推论 5.7.1 知点 $(-1,0,0)$ 不是极值点.

在点 $(-1,-144,24)$, 有

$$A_1 = 2, \quad A_2 = \begin{vmatrix} 2 & 0 \\ 0 & 2 \end{vmatrix} = 4, \quad A_3 = \begin{vmatrix} 2 & 0 & 0 \\ 0 & 2 & 12 \\ 0 & 12 & 144 \end{vmatrix} = 288,$$

由推论 5.7.1 知点 $(-1,-144,24)$ 是极小值点, $f(-1,-144,24) = -6\,909$ 为极小值.

例 5.7.6 求曲线 $\begin{cases} z = \sqrt{x} \\ y = 0 \end{cases}$ 与直线 $\begin{cases} x + 2y - 3 = 0 \\ z = 0 \end{cases}$ 的距离.

解 记 $A(x_1, y_1, z_1)$ 为曲线 $\begin{cases} z = \sqrt{x} \\ y = 0 \end{cases}$ 上的点，$B(x_2, y_2, z_2)$ 为直线 $\begin{cases} x + 2y - 3 = 0 \\ z = 0 \end{cases}$ 上的点. 问题是求 A、B 两点距离的最小值. 为此考虑该距离的平方

$$p = (x_2 - x_1)^2 + (y_2 - y_1)^2 + (z_2 - z_1)^2.$$

由两曲线的方程知 $z_1 = \sqrt{x_1}, y_1 = 0, x_2 = 3 - 2y_2, z_2 = 0$，代入上式得

$$p = (3 - 2y_2 - x_1)^2 + y_2^2 + x_1.$$

问题转化为求 p 的最小值. 令

$$\begin{cases} \dfrac{\partial p}{\partial x_1} = -2(3 - 2y_2 - x_1) + 1 = 0, \\ \dfrac{\partial p}{\partial y_2} = -4(3 - 2y_2 - x_1) + 2y_2 = 0. \end{cases}$$

解此方程组得唯一驻点 $(x_1, y_2) = \left(\dfrac{1}{2}, 1\right)$. 由几何直观可以看出，$p$ 的最小值必存

在，因此在这个唯一驻点所对应的曲线 $\begin{cases} z = \sqrt{x} \\ y = 0 \end{cases}$ 上的点 $\left(\dfrac{1}{2}, 0, \dfrac{\sqrt{2}}{2}\right)$ 与直线

$\begin{cases} x + 2y - 3 = 0 \\ z = 0 \end{cases}$ 上的点 $(1, 1, 0)$ 之间的距离之平方就是 p 的最小值，其值为 $\dfrac{7}{4}$. 因

此所求曲线与直线的距离为 $\dfrac{\sqrt{7}}{2}$.

例 5.7.7 设 $z = z(x, y)$ 是由 $x^2 - 6xy + 10y^2 - 2yz - z^2 + 18 = 0$ 确定的隐函数，求它的极值.

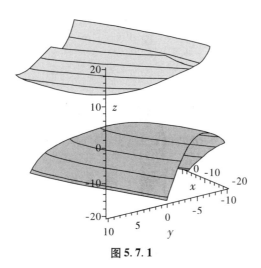

图 5.7.1

解 所给方程是双叶双曲面的方程(这可以通过对坐标变量作正交变换的方法看出来,曲面如图5.7.1所示). 这个方程它实际上确定了两个函数. 一个函数的图像在上方且向上弯曲,另一个函数的图像在下方且向下弯曲.

我们现在求这两个函数的极值.

先统一求函数 $z = z(x,y)$ 的驻点. 对 $x^2 - 6xy + 10y^2 - 2yz - z^2 + 18 = 0$ 两边分别关于 x,y 求偏导,得

$$2x - 6y - 2y\frac{\partial z}{\partial x} - 2z\frac{\partial z}{\partial x} = 0,$$

$$-6x + 20y - 2y\frac{\partial z}{\partial y} - 2z - 2z\frac{\partial z}{\partial y} = 0.$$

令 $\frac{\partial z}{\partial x} = 0, \frac{\partial z}{\partial y} = 0$,得

$$\begin{cases} x - 3y = 0 \\ -3x + 10y - z = 0, \end{cases} \text{因此} \begin{cases} x = 3y, \\ z = y. \end{cases}$$

代入原方程 $x^2 - 6xy + 10y^2 - 2yz - z^2 + 18 = 0$ 得 $y = \pm 3$,因此 $z = z(x,y)$ 的驻点为 $(9,3)$,$(-9,-3)$. 此时 $z(9,3) = 3, z(-9,-3) = -3$.

再对上面两个有偏导数的式子分别关于 x,y 求偏导,得

$$2 - 2y\frac{\partial^2 z}{\partial x^2} - 2\left(\frac{\partial z}{\partial x}\right)^2 - 2z\frac{\partial^2 z}{\partial x^2} = 0,$$

$$-6 - 2y\frac{\partial^2 z}{\partial x \partial y} - 2\frac{\partial z}{\partial x} - 2\frac{\partial z}{\partial y}\frac{\partial z}{\partial x} - 2z\frac{\partial^2 z}{\partial x \partial y} = 0,$$

$$20 - 2y\frac{\partial^2 z}{\partial y^2} - 2\frac{\partial z}{\partial y} - 2\frac{\partial z}{\partial y} - 2\left(\frac{\partial z}{\partial y}\right)^2 - 2z\frac{\partial^2 z}{\partial y^2} = 0.$$

因此在点 $(9,3)$ 成立

$$1 - 6\frac{\partial^2 z}{\partial x^2} = 0, \quad -1 - 2\frac{\partial^2 z}{\partial x \partial y} = 0, \quad 5 - 3\frac{\partial^2 z}{\partial y^2} = 0.$$

所以

$$A = \frac{\partial^2 z}{\partial x^2} = \frac{1}{6}, \quad B = \frac{\partial^2 z}{\partial x \partial y} = -\frac{1}{2}, \quad C = \frac{\partial^2 z}{\partial y^2} = \frac{5}{3}.$$

因为 $AC - B^2 = \frac{1}{36} > 0, A > 0$,所以 $z(9,3) = 3$ 为极小值. 这就是图像在上方的函数的极小值.

类似地,经计算可得,在点 $(-9,-3)$,有

$$A = \frac{\partial^2 z}{\partial x^2} = -\frac{1}{6}, \quad B = \frac{\partial^2 z}{\partial x \partial y} = \frac{1}{2}, \quad C = \frac{\partial^2 z}{\partial y^2} = -\frac{5}{3},$$

此时 $AC - B^2 > 0, A < 0$,所以 $z(-9,-3) = -3$ 为极大值. 这就是图像在下方的

函数的极大值.

例 5.7.8 求函数 $f(x,y) = x^2 - 2xy + 2y$ 在区域
$$\Omega = \{(x,y) \mid 0 \leqslant x \leqslant 3, 0 \leqslant y \leqslant 2\}$$
上的最大值和最小值.

解 先求函数 f 在 Ω 内部的驻点. 令

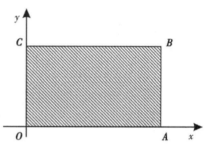

$$\begin{cases} f'_x = 2x - 2y = 0, \\ f'_y = -2x + 2 = 0, \end{cases}$$

得 $x = 1, y = 1$,即驻点为 $(1,1)$,它在 Ω 中,
且 $f(1,1) = 1$.

再考察函数 f 在 Ω 的边界上的情况(见
图 5.7.2).

图 5.7.2

在线段 OA: $y = 0, 0 \leqslant x \leqslant 3$ 上,有
$$f(x,0) = x^2,$$
因此 f 在 OA 上的最大值为 $f(3,0) = 9$,最小值为 $f(0,0) = 0$.

在线段 AB: $x = 3, 0 \leqslant y \leqslant 2$ 上,有
$$f(3,y) = 9 - 4y,$$
因此 f 在 AB 上的最大值为 $f(3,0) = 9$,最小值为 $f(3,2) = 1$.

在线段 CB: $y = 2, 0 \leqslant x \leqslant 3$ 上,有
$$f(x,2) = x^2 - 4x + 4,$$
因此 f 在 CB 上的最大值为 $f(0,2) = 4$,最小值为 $f(2,2) = 0$.

在线段 OC: $x = 0, 0 \leqslant y \leqslant 2$ 上,有
$$f(0,y) = 2y,$$
因此 f 在 OC 上的最大值为 $f(0,2) = 4$,最小值为 $f(0,0) = 0$.

综上可知,f 在 Ω 的边界上的最大值为 $f(3,0) = 9$,最小值为
$$f(0,0) = f(2,2) = 0.$$

再与 f 在 Ω 内的驻点的值 $f(1,1) = 1$ 相比较可知,f 在 Ω 上的最大值为 $f(3,0)$
$= 9$,最小值为 $f(0,0) = f(2,2) = 0$.

例 5.7.9 证明:当 $x \geqslant 0, y \geqslant 0$ 时,成立
$$\frac{x^2 + y^2}{4} \leqslant \frac{\mathrm{e}^{x+y}}{\mathrm{e}^2}.$$

证 记 $D = \{(x,y) \mid x \geqslant 0, y \geqslant 0\}$,并作函数 $f(x,y) = (x^2 + y^2)\mathrm{e}^{-(x+y)}$
$(x,y \in D)$. 显然
$$f(x,y) \geqslant 0, \text{以及} \lim_{\substack{x^2+y^2 \to +\infty \\ (x,y) \in D}} f(x,y) = 0,$$
因此 $f(x,y)$ 必在 D 上取到最大值.

先求 $f(x,y)$ 在 D 内部的驻点. 令

$$\begin{cases} f_x'(x,y) = [2x - (x^2 + y^2)]\mathrm{e}^{-(x+y)} = 0, \\ f_y'(x,y) = [2y - (x^2 + y^2)]\mathrm{e}^{-(x+y)} = 0, \end{cases}$$

得 $f(x,y)$ 在 D 内部的驻点 $(1,1)$.

在右半 x 轴:$y = 0(x \geqslant 0)$ 上,$f(x,0) = x^2\mathrm{e}^{-x}$,此时 $\dfrac{\mathrm{d}f}{\mathrm{d}x}(x,0) = (2x - x^2)\mathrm{e}^{-x}$.

因为当 $0 < x < 2$ 时,$\dfrac{\mathrm{d}f}{\mathrm{d}x}(x,0) > 0$;当 $x > 2$ 时,$\dfrac{\mathrm{d}f}{\mathrm{d}x}(x,0) < 0$. 所以 $f(2,0)$ 为 $f(x,0)$ $= x^2\mathrm{e}^{-x}$ 在 $[0, +\infty)$ 上的最大值,也是 $f(x,y)$ 在右半 x 轴上的最大值.

同理可知,$f(0,2)$ 为 $f(x,y)$ 在上半 y 轴:$x = 0(y \geqslant 0)$ 上的最大值.

因为

$$f(1,1) = 2\mathrm{e}^{-2}, \quad f(2,0) = f(0,2) = 4\mathrm{e}^{-2},$$

所以 $f(x,y)$ 在 D 上的最大值为 $f(2,0) = f(0,2) = 4\mathrm{e}^{-2}$. 因此在 D 上成立

$$(x^2 + y^2)\mathrm{e}^{-(x+y)} \leqslant 4\mathrm{e}^{-2},$$

即

$$\frac{x^2 + y^2}{4} \leqslant \frac{\mathrm{e}^{x+y}}{\mathrm{e}^2}, \quad x \geqslant 0, y \geqslant 0.$$

例 5.7.10 设 V 是由椭球面 $\dfrac{x^2}{a^2} + \dfrac{y^2}{b^2} + \dfrac{z^2}{c^2} = 1$ 的切平面和 3 个坐标平面所围成的四面体体积,求 V 的最小值.

解 由于椭球面具有对称性,因此只考虑椭球面在第一卦限上的点 $P(x,y,z)(x,y,z > 0)$ 即可. 易知椭球面在点 P 的切平面的方程为

$$\frac{x}{a^2}(X - x) + \frac{y}{b^2}(Y - y) + \frac{z}{c^2}(Z - z) = 0,$$

即

$$\frac{xX}{a^2} + \frac{yY}{b^2} + \frac{zZ}{c^2} = 1.$$

此平面在 3 个坐标轴的截距分别为 $\dfrac{a^2}{x}, \dfrac{b^2}{y}, \dfrac{c^2}{z}$,因此它与 3 个坐标平面所围四面体的体积为

$$V = \frac{a^2 b^2 c^2}{6xyz}.$$

显然只要求出 $\dfrac{1}{V}$ 的最大值,便能求出 V 的最小值. 因此问题可以转化为求目标函数 $f(x,y,z) = xyz$ 在约束条件 $\dfrac{x^2}{a^2} + \dfrac{y^2}{b^2} + \dfrac{z^2}{c^2} = 1$ 下的最大值问题.

为此,作 Lagrange 函数:

$$L(x,y,z,\lambda) = xyz + \lambda\left(1 - \frac{x^2}{a^2} - \frac{y^2}{b^2} - \frac{z^2}{c^2}\right),$$

并令

$$\begin{cases} L'_x = yz - \dfrac{2\lambda x}{a^2} = 0, \\[2mm] L'_y = xz - \dfrac{2\lambda y}{b^2} = 0, \\[2mm] L'_z = xy - \dfrac{2\lambda z}{c^2} = 0, \\[2mm] L'_\lambda = 1 - \dfrac{x^2}{a^2} - \dfrac{y^2}{b^2} - \dfrac{z^2}{c^2} = 0. \end{cases}$$

注意 $x,y,z > 0$(此时 $\lambda \neq 0$),由方程组的第一、第二和第三式得 $\dfrac{x^2}{a^2} = \dfrac{y^2}{b^2} = \dfrac{z^2}{c^2}$,代入第四式得

$$x = \frac{\sqrt{3}}{3}a, \quad y = \frac{\sqrt{3}}{3}b, \quad z = \frac{\sqrt{3}}{3}c.$$

显然,这个驻点必是 $f(x,y,z)$ 在约束条件下的最大值点,其最大值为

$$f\left(\frac{\sqrt{3}}{3}a, \frac{\sqrt{3}}{3}b, \frac{\sqrt{3}}{3}c\right) = \frac{\sqrt{3}}{9}abc.$$

于是便得到 V 的最小值为 $V_{\min} = \dfrac{a^2 b^2 c^2}{6xyz} = \dfrac{\sqrt{3}abc}{2}$.

例 5.7.11 问如何在已知的直圆锥中嵌入具有最大体积的长方体?

解 设圆锥的底半径为 R,高为 h. 以过圆锥底面的平面为 Oxy 平面,底面中心为原点,以过底面中心与圆锥顶点的直线为 z 轴,方向铅直向上. 此时圆锥顶点的坐标为 $(0,0,h)$,而圆锥面就可看成直线 $\dfrac{y}{R} + \dfrac{z}{h} = 1$ 在 $y,z \geq 0$ 的一段绕 z 轴旋转一周而成,因此其方程为

$$\frac{\sqrt{x^2 + y^2}}{R} + \frac{z}{h} = 1,$$

即

$$\frac{x^2 + y^2}{R^2} = \left(1 - \frac{z}{h}\right)^2.$$

现在问题就化为求在上述约束条件下,求函数

$$V = 4xyz \quad (0 < x < R, 0 < y < R, 0 < z < h)$$

的最大值问题. 为解此问题,作 Lagrange 函数

$$L(x,y,z,\lambda) = 4xyz + \lambda\left[\frac{x^2 + y^2}{R^2} - \left(1 - \frac{z}{h}\right)^2\right],$$

并令

$$\begin{cases} L_x' = 4yz + \dfrac{2\lambda x}{R^2} = 0, \\[2mm] L_y' = 4xz + \dfrac{2\lambda y}{R^2} = 0, \\[2mm] L_z' = 4xy + \dfrac{2\lambda}{h}\left(1 - \dfrac{z}{h}\right) = 0, \\[2mm] L_\lambda' = \dfrac{x^2 + y^2}{R^2} - \left(1 - \dfrac{z}{h}\right)^2 = 0. \end{cases}$$

将方程组中的第一式乘以 x,将第二式乘以 y,再相减得

$$\frac{2\lambda x^2}{R^2} = \frac{2\lambda y^2}{R^2},$$

因此 $x = y$(注意本问题可以排除 $\lambda = 0$ 的情况). 代入方程组中的第一式得 $\lambda = -2R^2 z$. 再代入第三式得

$$\frac{x^2}{R^2} = \frac{z}{h}\left(1 - \frac{z}{h}\right),$$

并由第四式得

$$\frac{2x^2}{R^2} = \left(1 - \frac{z}{h}\right)^2.$$

联立这两个方程,解得

$$z = \frac{h}{3}, \text{因此} \; x = y = \frac{\sqrt{2}}{3}R.$$

显然 V 在所考虑的范围中应有最大值,因此这唯一的可能极值点就是最大值点. 这就是说,当 $z = \dfrac{h}{3}, x = y = \dfrac{\sqrt{2}}{3}R$ 时,V 取最大值,且最大值为 $V_{\max} = \dfrac{8}{27}R^2 h$.

因此,嵌入长和宽均为 $\dfrac{2\sqrt{2}}{3}R$,高为 $\dfrac{1}{3}h$ 的长方体体积最大.

例 5.7.12　求 $u = x^2 + 4y^2 + 2z^2 - 6x + 5$ 在区域 $\Omega = \{(x,y,z) \mid x^2 + y^2 + z^2 \leqslant 100\}$ 上的最大值和最小值.

解　先求函数 u 在 Ω 内部的驻点. 令

$$\begin{cases} u_x' = 2x - 6 = 0, \\ u_y' = 8y = 0, \\ u_z' = 4z = 0, \end{cases}$$

得 $x = 3, y = 0, z = 0$,即驻点为 $(3,0,0)$,它在 Ω 中.

再求函数 u 在 Ω 的边界上的可能极值点. 为此,作 Lagrange 函数

$$L(x,y,z,\lambda) = x^2 + 4y^2 + 2z^2 - 6x + 5 + \lambda(100 - x^2 - y^2 - z^2),$$

并令

$$\begin{cases} L_x' = 2x - 6 - 2\lambda x = 0, \\ L_y' = 8y - 2\lambda y = 0, \\ L_z' = 4z - 2\lambda z = 0, \\ L_\lambda' = 100 - x^2 - y^2 - z^2 = 0. \end{cases}$$

解此方程组得可能的条件极值点:$(-3,0,\sqrt{91})$ 和 $(-3,0,-\sqrt{91})$(对应 $\lambda = 2$),$(-1,\sqrt{99},0)$ 和 $(-1,-\sqrt{99},0)$(对应 $\lambda = 4$),$(10,0,0)\left(对应 \lambda = \dfrac{7}{10}\right)$,$(-10,0,0)\left(对应 \lambda = \dfrac{13}{10}\right)$. 因为

$$u(3,0,0) = -4, u(-10,0,0) = 165, u(10,0,0) = 45,$$
$$u(-1,\sqrt{99},0) = u(-1,-\sqrt{99},0) = 408,$$
$$u(-3,0,\sqrt{91}) = u(-3,0,-\sqrt{91}) = 214,$$

所以 $u(3,0,0) = -4$ 为最小值,$u(-1,\sqrt{99},0) = u(-1,-\sqrt{99},0) = 408$ 为最大值.

例 5.7.13 求函数 $u = \dfrac{x^2}{a^2} + \dfrac{y^2}{b^2} + \dfrac{z^2}{c^2}$ 在圆周 $\begin{cases} x^2 + y^2 + z^2 = 1 \\ x\cos\alpha + y\cos\beta + z\cos\gamma = 0 \end{cases}$ 上的最大值和最小值,其中 $a > b > c > 0, \cos^2\alpha + \cos^2\beta + \cos^2\gamma = 1$.

解 作 Lagrange 函数

$$L(x,y,z,\lambda,\mu) = \dfrac{x^2}{a^2} + \dfrac{y^2}{b^2} + \dfrac{z^2}{c^2} - \lambda(x^2 + y^2 + z^2 - 1)$$
$$- \mu(x\cos\alpha + y\cos\beta + z\cos\gamma),$$

并令

$$\begin{cases} L_x' = \dfrac{2x}{a^2} - 2\lambda x - \mu\cos\alpha = 0, \\ L_y' = \dfrac{2y}{b^2} - 2\lambda y - \mu\cos\beta = 0, \\ L_z' = \dfrac{2z}{c^2} - 2\lambda z - \mu\cos\gamma = 0, \\ x^2 + y^2 + z^2 - 1 = 0, \\ x\cos\alpha + y\cos\beta + z\cos\gamma = 0. \end{cases}$$

将方程组中的第一式乘以 x,将第二式乘以 y,将第三式乘以 z,再相加得

$$2\left(\frac{x^2}{a^2} + \frac{y^2}{b^2} + \frac{z^2}{c^2}\right) - 2\lambda(x^2 + y^2 + z^2) - \mu(x\cos\alpha + y\cos\beta + z\cos\gamma) = 0.$$

再由第四式和第五式得,对于满足方程组的点 (x, y, z),成立

$$u = \frac{x^2}{a^2} + \frac{y^2}{b^2} + \frac{z^2}{c^2} = \lambda.$$

因为圆周 $\begin{cases} x^2 + y^2 + z^2 = 1 \\ x\cos\alpha + y\cos\beta + z\cos\gamma = 0 \end{cases}$ 是有界闭集,所以函数 u 在该圆周上必有最大值和最小值. 而上式说明 u 的最大、最小值就是满足方程组的 λ 之最大、最小值.

现在确定满足方程组的 λ. 将方程组中的第一式乘以 $\cos\alpha$,将第二式乘以 $\cos\beta$,将第三式乘以 $\cos\gamma$,再相加,并注意到 $x\cos\alpha + y\cos\beta + z\cos\gamma = 0, \cos^2\alpha + \cos^2\beta + \cos^2\gamma = 1$,便得

$$\mu = 2\left(\frac{x\cos\alpha}{a^2} + \frac{y\cos\beta}{b^2} + \frac{z\cos\gamma}{c^2}\right).$$

将其代入方程组的前 3 个方程得

$$\begin{cases} \left(\dfrac{\sin^2\alpha}{a^2} - \lambda\right)x - \dfrac{\cos\alpha\cos\beta}{b^2}y - \dfrac{\cos\alpha\cos\gamma}{c^2}z = 0, \\ -\dfrac{\cos\alpha\cos\beta}{a^2}x + \left(\dfrac{\sin^2\beta}{b^2} - \lambda\right)y - \dfrac{\cos\beta\cos\gamma}{c^2}z = 0, \\ -\dfrac{\cos\alpha\cos\gamma}{a^2}x - \dfrac{\cos\beta\cos\gamma}{b^2}y + \left(\dfrac{\sin^2\gamma}{c^2} - \lambda\right)z = 0. \end{cases}$$

由方程组的第四式,这个方程组必存在非零解(因为 u 在圆周上必有最大值和最小值),因此其系数行列式为零. 计算这个行列式,得

$$-\lambda\left[\lambda^2 - \left(\frac{\sin^2\alpha}{a^2} + \frac{\sin^2\beta}{b^2} + \frac{\sin^2\gamma}{c^2}\right)\lambda + \frac{\cos^2\alpha}{b^2c^2} + \frac{\cos^2\beta}{a^2c^2} + \frac{\cos^2\gamma}{a^2b^2}\right] = 0.$$

显然函数 u 在圆周上的最大值和最小值不为 0,因此它的最大值和最小值必是方程

$$\lambda^2 - \left(\frac{\sin^2\alpha}{a^2} + \frac{\sin^2\beta}{b^2} + \frac{\sin^2\gamma}{c^2}\right)\lambda + \frac{\cos^2\alpha}{b^2c^2} + \frac{\cos^2\beta}{a^2c^2} + \frac{\cos^2\gamma}{a^2b^2} = 0$$

的两个根之最大、最小者.

注　从上面的例子可以看到,在实际问题化为条件极值问题后,有时并不需要完全解出相应的方程组就能求出极值,这是一种常见方法. 读者可通过对问题的理解,灵活地解决问题.

例 5.7.14　求正数 a, b,使得椭圆 $\dfrac{x^2}{a^2} + \dfrac{y^2}{b^2} = 1$ 包含圆 $(x-1)^2 + y^2 = 1$,且面积最小.

解　为使椭圆$\dfrac{x^2}{a^2} + \dfrac{y^2}{b^2} = 1$既包含圆$(x-1)^2 + y^2 = 1$,又面积最小,首先要圆内切于椭圆. 由于它们的图像关于x轴的对称性,因此圆和椭圆内切等价于方程组

$$\begin{cases} (x-1)^2 + y^2 = 1 \\ \dfrac{x^2}{a^2} + \dfrac{y^2}{b^2} = 1 \end{cases} \quad \text{关于}x\text{有且只有一个解. 从方程组中消去}y,\text{得}$$

$$\left(\frac{1}{a^2} - \frac{1}{b^2}\right)x^2 + \frac{2}{b^2}x - 1 = 0.$$

要使这个方程只有一个解(重根),a和b必须满足关系式

$$a^2 + b^4 - a^2 b^2 = 0.$$

现求满足以上关系式的椭圆$\dfrac{x^2}{a^2} + \dfrac{y^2}{b^2} = 1$中之面积最小者. 这就是求目标函数$f(a,b) = \pi a b$在条件$a^2 + b^4 - a^2 b^2 = 0$下的极小值问题. 为此作 Lagrange 函数

$$L(a,b,\lambda) = \pi a b + \lambda(a^2 + b^4 - a^2 b^2),$$

并令

$$\begin{cases} L_a' = \pi b + 2\lambda a(1 - b^2) = 0, \\ L_b' = \pi a + 2\lambda b(2b^2 - a^2) = 0, \\ L_\lambda' = a^2 + b^4 - a^2 b^2 = 0. \end{cases}$$

消去λ,得到$a = \sqrt{2}b^2$ ($a = -\sqrt{2}b^2$舍去),再代入约束条件$a^2 + b^4 - a^2 b^2 = 0$,得

$$a = \frac{3\sqrt{2}}{2}, \quad b = \frac{\sqrt{6}}{2}.$$

所以当$a = \dfrac{3\sqrt{2}}{2}$, $b = \dfrac{\sqrt{6}}{2}$时,椭圆$\dfrac{x^2}{a^2} + \dfrac{y^2}{b^2} = 1$包含圆$(x-1)^2 + y^2 = 1$,且面积最小,此时椭圆面积为$S = \pi a b = \dfrac{3\sqrt{3}}{2}\pi$.

例 5.7.15　(1) 设α, β为满足$\dfrac{1}{\alpha} + \dfrac{1}{\beta} = 1$的正数. 求函数$f(x,y) = \dfrac{1}{\alpha}x^\alpha + \dfrac{1}{\beta}y^\beta$ ($x > 0, y > 0$)在约束条件$xy = 1$下的最小值;

(2) 利用(1)的结果证明:对于任何正数u, v,成立不等式

$$uv \leqslant \frac{1}{\alpha}u^\alpha + \frac{1}{\beta}v^\beta.$$

证　(1) 作 Lagrange 函数

$$L(x,y,\lambda) = \frac{1}{\alpha}x^\alpha + \frac{1}{\beta}y^\beta + \lambda(1 - xy),$$

并考察方程组

$$\begin{cases} L'_x = x^{\alpha-1} - \lambda y = 0, \\ L'_y = y^{\beta-1} - \lambda x = 0, \\ L'_\lambda = 1 - xy = 0. \end{cases}$$

由方程组的前两式得 $\lambda xy = x^\alpha = y^\beta$，由第三式得 $\lambda = x^\alpha = y^\beta$. 于是当 $x > 0$，$y > 0$ 时，$x = \lambda^{\frac{1}{\alpha}}, y = \lambda^{\frac{1}{\beta}}$，所以 $1 = xy = \lambda^{\frac{1}{\alpha}+\frac{1}{\beta}} = \lambda$，于是 $x = 1, y = 1$.

显然，$f(x, y) = \dfrac{1}{\alpha}x^\alpha + \dfrac{1}{\beta}y^\beta$ 在约束条件下无最大值（事实上，当 $x \to 0 + 0$ 时，由 $xy = 1$ 知，$f(x, y) \to + \infty$），所以这个唯一的可能极值点必是它的最小值点，即当 $xy = 1$ 时，成立

$$1 \leqslant \frac{1}{\alpha}x^\alpha + \frac{1}{\beta}y^\beta.$$

因此，$f(1, 1) = 1$ 就是 $f(x, y)$ 的最小值.

（2）对于任何正数 u, v，令 $x = \dfrac{u}{(uv)^{\frac{1}{\alpha}}}, y = \dfrac{v}{(uv)^{\frac{1}{\beta}}}$，则 $xy = 1$. 利用（1）的结果知

$$1 \leqslant \frac{1}{\alpha} \cdot \frac{u^\alpha}{uv} + \frac{1}{\beta} \cdot \frac{v^\beta}{uv},$$

即

$$uv \leqslant \frac{1}{\alpha}u^\alpha + \frac{1}{\beta}v^\beta.$$

例 5.7.16 （1）求函数 $f(x, y, z) = x^a y^b z^c (x > 0, y > 0, z > 0)$ 在约束条件 $x^k + y^k + z^k = 1$ 下的最大值，其中 k, a, b, c 均为正常数；

（2）利用（1）的结果证明：对于任何正数 u, v, w，成立不等式

$$\left(\frac{u}{a}\right)^a \left(\frac{v}{b}\right)^b \left(\frac{w}{c}\right)^c \leqslant \left(\frac{u + v + w}{a + b + c}\right)^{a+b+c}.$$

证 （1）利用函数 $\ln u$ 的严格单调增加性，可转化为考虑函数

$$\ln x^a y^b z^c = a\ln x + b\ln y + c\ln z$$

在约束条件 $x^k + y^k + z^k = 1$ 下的极值问题. 为此，作 Lagrange 函数

$$L(x, y, z, \lambda) = a\ln x + b\ln y + c\ln z + \lambda(1 - x^k - y^k - z^k),$$

并考察方程组

$$\begin{cases} L_x' = \dfrac{a}{x} - \lambda k x^{k-1} = 0, \\[2mm] L_y' = \dfrac{b}{y} - \lambda k y^{k-1} = 0, \\[2mm] L_z' = \dfrac{c}{z} - \lambda k z^{k-1} = 0, \\[2mm] L_\lambda' = 1 - x^k - y^k - z^k = 0. \end{cases}$$

由这个方程组的前 3 式解得 $k\lambda = \dfrac{a}{x^k} = \dfrac{b}{y^k} = \dfrac{c}{z^k}$，再代入第四式得到 $k\lambda =$

$\dfrac{1}{a+b+c}$，因此

$$x = \left(\frac{a}{a+b+c}\right)^{\frac{1}{k}}, \quad y = \left(\frac{b}{a+b+c}\right)^{\frac{1}{k}}, \quad z = \left(\frac{c}{a+b+c}\right)^{\frac{1}{k}}.$$

显然，函数 $a\ln x + b\ln y + c\ln z$ 在约束条件下无最小值，所以这个唯一的可能极值点必是它的最大值点，即当 $x^k + y^k + z^k = 1$ 时，成立

$$a\ln x + b\ln y + c\ln z$$
$$\leqslant a\ln\left(\frac{a}{a+b+c}\right)^{\frac{1}{k}} + b\ln\left(\frac{b}{a+b+c}\right)^{\frac{1}{k}} + c\ln\left(\frac{c}{a+b+c}\right)^{\frac{1}{k}}$$
$$= \ln\left[\frac{a^a b^b c^c}{(a+b+c)^{a+b+c}}\right]^{\frac{1}{k}}.$$

于是便得

$$f(x,y,z) = x^a y^b z^c \leqslant \left[\frac{a^a b^b c^c}{(a+b+c)^{a+b+c}}\right]^{\frac{1}{k}}.$$

因此，$f(x,y,z)$ 的最大值为 $\left[\dfrac{a^a b^b c^c}{(a+b+c)^{a+b+c}}\right]^{\frac{1}{k}}$.

（2）取 $k = 1$. 对于任何正数 u, v, w，令 $x = \dfrac{u}{u+v+w}, y = \dfrac{v}{u+v+w}, z = \dfrac{w}{u+v+w}$，则 $x + y + z = 1$. 利用（1）的结果，知

$$x^a y^b z^c \leqslant \frac{a^a b^b c^c}{(a+b+c)^{a+b+c}},$$

即

$$\left(\frac{u}{u+v+w}\right)^a \left(\frac{v}{u+v+w}\right)^b \left(\frac{w}{u+v+w}\right)^c \leqslant \frac{a^a b^b c^c}{(a+b+c)^{a+b+c}}.$$

整理后便得到

$$\left(\frac{u}{a}\right)^a \left(\frac{v}{b}\right)^b \left(\frac{w}{c}\right)^c \leqslant \left(\frac{u+v+w}{a+b+c}\right)^{a+b+c}.$$

例 5.7.17 证明:当 $0 < x < 1, y > 0$ 时,成立
$$yx^y(1-x) < \mathrm{e}^{-1}.$$

证 对于每个固定的 $x \in (0,1)$,作函数 $f(y) = yx^y(1-x) (y \in (0,+\infty))$,则
$$f'(y) = x^y(1-x) + yx^y(1-x)\ln x,$$

令 $f'(y) = 0$ 得 $y = -\dfrac{1}{\ln x}$,易知它是 $f(y)$ 在 $(0,+\infty)$ 上的最大值点,于是
$$f(y) \leqslant f\left(-\frac{1}{\ln x}\right) = \frac{x-1}{\ln x}\mathrm{e}^{-1}, \quad y \in (0,+\infty).$$

令 $g(x) = \dfrac{x-1}{\ln x}(x \in (0,1))$,则 $g'(x) = \dfrac{x\ln x - x + 1}{x\ln^2 x}$.

再令 $h(x) = x\ln x - x + 1(x \in (0,1))$,则 $h'(x) = \ln x < 0(x \in (0,1))$,所以 $h(x)$ 在 $(0,1)$ 上严格单调减少,而 $h(1) = 0$,于是成立 $h(x) > 0(x \in (0,1))$.

因此 $g'(x) > 0(x \in (0,1))$,$g(x)$ 在 $(0,1)$ 上严格单调增加,又因为 $\lim\limits_{x \to 1-0} g(x) = 1$,所以 $g(x) < 1$,即 $\dfrac{x-1}{\ln x} < 1(x \in (0,1))$.

综上所述,对于每个 $x \in (0,1)$,成立
$$f(y) = yx^y(1-x) \leqslant \frac{x-1}{\ln x}\mathrm{e}^{-1} < \mathrm{e}^{-1}, \quad y \in (0,+\infty),$$

即所要证明的结论成立.

习　题

1. 求函数 $f(x,y) = x^3y^2(6-x-y)$ 在第一象限中的极值.

2. 求函数 $f(x,y) = x^4 + y^4 - x^2 - 2xy - y^2$ 的极值.

3. 求函数 $z = x^2 + y^2 - xy$ 在区域 $D = \{(x,y) \mid |x| + |y| \leqslant 1\}$ 上的最大值和最小值.

4. 求由方程 $2x^2 + y^2 + z^2 + 2xy - 2x - 2y - 4z + 4 = 0$ 确定的隐函数 $z = z(x,y)$ 的极值.

5. 求函数 $f(x,y,z) = x^2 + y^2 + z^2$ 在约束条件 $ax + by + cz = 1$ 下的最小值.

6. 求函数 $z = x^2 + y^2 - 12x + 16y$ 在区域 $D = \{(x,y) \mid x^2 + y^2 \leqslant 25\}$ 上的最大值和最小值.

7. 求椭圆 $\begin{cases} x^2 + y^2 = 1 \\ x + y + z = 1 \end{cases}$ 的长半轴与短半轴.

8. 求直线 $4x + 3y = 16$ 与椭圆 $18x^2 + 5y^2 = 45$ 之间的最短距离.

9. 求曲线 $\begin{cases} x + y + 3z - 5 = 0 \\ x^2 + y^2 - 2z^2 = 0 \end{cases}$ 上与 Oxy 平面距离最远和最近的点.

10. 在所有棱长之和为 $12a$ 的长方体中,求出具有最大体积者.

11. 求平面 $Ax + By + Cz = 0$ 与柱面 $\dfrac{x^2}{a^2} + \dfrac{y^2}{b^2} = 1$ 相交所成的椭圆的面积,其中 A,B,C 不为零, a,b 为正数.

12. 在椭球面 $2x^2 + 2y^2 + z^2 = 1$ 上找一点,使得函数 $f(x,y,z) = x^2 + y^2 + z^2$ 在该点沿方向 $l = (1, -1, 0)$ 的方向导数最大.

13. 当 $x > 0, y > 0, z > 0$ 时,求函数 $f(x,y,z) = \ln x + 2\ln y + 3\ln z$ 在球面 $x^2 + y^2 + z^2 = 6R^2$ 上的最大值. 并由此证明:当 a,b,c 为正实数时,成立不等式

$$ab^2 c^3 \leqslant 108 \left(\frac{a + b + c}{6} \right)^6.$$

14. 设椭球面的方程为

$$ax^2 + by^2 + cz^2 + 2exy + 2fyz + 2gzx = 1,$$

证明:这个椭球面的 3 个半轴之长恰为矩阵

$$\begin{pmatrix} a & e & g \\ e & b & f \\ g & f & c \end{pmatrix}$$

的 3 个特征值的平方根的倒数.

15. 证明:当 $x \geqslant 1, y \geqslant 0$ 时,成立

$$xy \leqslant x\ln x - x + \mathrm{e}^y.$$

第六章

多元函数积分学

§6.1 二重积分

一、二重积分的概念

定义 6.1.1 设 D 是 $\mathbf{R}^2$ 中的有界闭区域,f 是 D 上的有界函数. 把 D 分割为 n 个内部互不相交的小闭区域 $\Delta D_1,\Delta D_2,\cdots,\Delta D_n$. 记 ΔD_i 面积为 $\Delta \sigma_i$,并记 ΔD_i 的直径(即 ΔD_i 中任意两点距离的最大值) 为 $d_i(i=1,2,\cdots,n)$. 在每个 ΔD_i 上任取一点 (ξ_i,η_i),作和式

$$\sum_{i=1}^{n} f(\xi_i,\eta_i)\Delta \sigma_i.$$

如果当 $\lambda = \max\{d_1,\cdots,d_n\} \to 0$ 时,上述和式的极限存在,且与区域 D 的分法和点 (ξ_i,η_i) 的取法无关,则称函数 f 在 D 上**可积**,并称该和式的极限值为 f 在 D 上的**二重积分**,记为 $\iint\limits_{D} f \mathrm{d}\sigma$. 在直角坐标系 Oxy 下,也常记为 $\iint\limits_{D} f(x,y)\mathrm{d}\sigma$,即

$$\iint\limits_{D} f(x,y)\mathrm{d}\sigma = \lim_{\lambda \to 0}\sum_{i=1}^{n}f(\xi_i,\eta_i)\Delta \sigma_i.$$

关于二元函数的可积性,有下面的一个充分条件.

定理 6.1.1 如果二元函数 f 在有界闭区域 $D \subset \mathbf{R}^2$ 上连续,则 f 在 D 上可积.

二重积分的几何意义:设 f 是定义于区域 D 上的一个非负二元连续函数. 以区域 D 为底,曲面 $z = f(x,y)$ 为顶,侧面是以 D 的边界为准线,母线平行于 z 轴的柱面所围成的空间立体,称之为**曲顶柱体**. 这个曲顶柱体的体积就是

$$V = \iint\limits_{D} f(x,y)\mathrm{d}\sigma.$$

在直角坐标系 Oxy 下,通常用 $\mathrm{d}x\mathrm{d}y$ 来表示面积元素 $\mathrm{d}\sigma$,因此

$$\iint\limits_{D} f(x,y)\mathrm{d}\sigma = \iint\limits_{D} f(x,y)\mathrm{d}x\mathrm{d}y.$$

二、二重积分的性质

设 $D \subset \mathbf{R}^2$ 为有界闭区域.

（1）若二元函数 f 和 g 在 D 上可积，α, β 为常数. 则函数 $\alpha f + \beta g$ 也在 D 上可积，且成立

$$\iint\limits_D (\alpha f + \beta g) \,\mathrm{d}\sigma = \alpha \iint\limits_D f \mathrm{d}\sigma + \beta \iint\limits_D g \mathrm{d}\sigma.$$

（2）若 D 可分解为内部互不相交的区域 D_1 与 D_2 的并. 若二元函数 f 在 D 上可积，则 f 也在 D_1 和 D_2 上可积；反之，若 f 在 D_1 和 D_2 上可积，则 f 也在 D 上可积. 此时成立

$$\iint\limits_D f \mathrm{d}\sigma = \iint\limits_{D_1} f \mathrm{d}\sigma + \iint\limits_{D_2} f \mathrm{d}\sigma.$$

（3）若二元函数 f 和 g 在 D 上可积，且在 D 上成立 $f \leqslant g$，则

$$\iint\limits_D f \mathrm{d}\sigma \leqslant \iint\limits_D g \mathrm{d}\sigma.$$

特别地，有

$$\left| \iint\limits_D f \mathrm{d}\sigma \right| \leqslant \iint\limits_D |f| \,\mathrm{d}\sigma.$$

（4）记 σ 为 D 的面积，则

$$\iint\limits_D \mathrm{d}\sigma = \iint\limits_D 1 \mathrm{d}\sigma = \sigma.$$

（5）若二元函数 f 在 D 上可积，M, m 分别为 f 在 D 上的上、下界，即在 D 上成立 $m \leqslant f \leqslant M$. 记 σ 为 D 的面积，则

$$m\sigma \leqslant \iint\limits_D f \mathrm{d}\sigma \leqslant M\sigma.$$

（6）（**中值定理**）若二元函数 f 为在有界闭区域 D 上的连续函数，σ 为 D 的面积，则存在 $(\xi, \eta) \in D$，使得

$$\iint\limits_D f(x, y) \,\mathrm{d}\sigma = f(\xi, \eta)\sigma.$$

三、二重积分计算

设平面闭区域 D 可以表示为

$$D = \{ (x, y) \mid y_1(x) \leqslant y \leqslant y_2(x), a \leqslant x \leqslant b \},$$

其中 $y_1(x), y_2(x)$ 为 $[a, b]$ 上的一元连续函数. 若二元函数 $f(x, y)$ 在 D 上连续，则

$$\iint\limits_D f(x, y) \,\mathrm{d}x\mathrm{d}y = \int_a^b \mathrm{d}x \int_{y_1(x)}^{y_2(x)} f(x, y) \,\mathrm{d}y.$$

类似地,若函数 $f(x,y)$ 在区域 $D = \{(x,y) \mid x_1(y) \leqslant x \leqslant x_2(y), c \leqslant y \leqslant d\}$ 上连续,其中 $x_1(y), x_2(y)$ 是 $[c,d]$ 上的一元连续函数,则有

$$\iint\limits_D f(x,y)\,\mathrm{d}x\mathrm{d}y = \int_c^d \mathrm{d}y \int_{x_1(y)}^{x_2(y)} f(x,y)\,\mathrm{d}x.$$

特别地,记 $[a,b] \times [c,d] = \{(x,y) \mid a \leqslant x \leqslant b, c \leqslant y \leqslant d\}$,且函数 $f(x,y)$ 在 $[a,b] \times [c,d]$ 上连续,则

$$\iint\limits_{[a,b]\times[c,d]} f(x,y)\,\mathrm{d}x\mathrm{d}y = \int_a^b \mathrm{d}x \int_c^d f(x,y)\,\mathrm{d}y = \int_c^d \mathrm{d}y \int_a^b f(x,y)\,\mathrm{d}x.$$

因此,若一元函数 $f(x)$ 在闭区间 $[a,b]$ 上连续,$g(y)$ 在闭区间 $[c,d]$ 上连续,则成立

$$\iint\limits_{[a,b]\times[c,d]} f(x)g(y)\,\mathrm{d}x\mathrm{d}y = \int_a^b f(x)\,\mathrm{d}x \cdot \int_c^d g(y)\,\mathrm{d}y.$$

四、利用积分区域的对称性简化二重积分计算

对于积分区域是对称的情况,若被积函数具有一定的奇偶性,常常会使计算简化. 下面我们列出一些规律:

1. 若积分区域 D 关于 x 轴对称(即 $(x,y) \in D \Rightarrow (x, -y) \in D$)

记 D_1 为 D 在半平面 $y \geqslant 0$(或 $y \leqslant 0$)中的部分,则

(1)若被积函数 $f(x,y)$ 满足 $f(x, -y) = f(x,y)$,$(x,y) \in D$,即 $f(x,y)$ 关于 y 是偶函数,则

$$\iint\limits_D f(x,y)\,\mathrm{d}x\mathrm{d}y = 2\iint\limits_{D_1} f(x,y)\,\mathrm{d}x\mathrm{d}y;$$

(2)若被积函数 $f(x,y)$ 满足 $f(x, -y) = -f(x,y)$,$(x,y) \in D$,即 $f(x,y)$ 关于 y 是奇函数,则

$$\iint\limits_D f(x,y)\,\mathrm{d}x\mathrm{d}y = 0.$$

2. 若积分区域关于 y 轴对称(即 $(x,y) \in D \Rightarrow (-x,y) \in D$)

记 D_1 为 D 在半平面 $x \geqslant 0$(或 $x \leqslant 0$)中的部分,则

(1)若被积函数 $f(x,y)$ 满足 $f(-x,y) = f(x,y)$,$(x,y) \in D$,即 $f(x,y)$ 关于 x 是偶函数,则

$$\iint\limits_D f(x,y)\,\mathrm{d}x\mathrm{d}y = 2\iint\limits_{D_1} f(x,y)\,\mathrm{d}x\mathrm{d}y;$$

(2)若被积函数 $f(x,y)$ 满足 $f(-x,y) = -f(x,y)$,$(x,y) \in D$,即 $f(x,y)$ 关于 x 是奇函数,则

$$\iint\limits_D f(x,y)\,\mathrm{d}x\mathrm{d}y = 0.$$

五、二重积分的变量代换公式

定理 6.1.2 设 $f(x,y)$ 是 Oxy 平面中闭区域 D 上的连续函数,变换

$$\varphi : \begin{cases} x = x(u,v), \\ y = y(u,v) \end{cases}$$

把 Ouv 平面上的闭区域 D' 一一对应地映射为区域 D,而且

(1) $x(u,v)$,$y(u,v)$ 在 D' 上具有连续一阶偏导数;

(2) 在 D' 上 φ 的 Jacobi 行列式

$$\frac{D(x,y)}{D(u,v)} \neq 0,$$

则有

$$\iint\limits_{D} f(x,y)\,\mathrm{d}x\mathrm{d}y = \iint\limits_{D'} f(x(u,v),y(u,v)) \left| \frac{D(x,y)}{D(u,v)} \right| \mathrm{d}u\mathrm{d}v.$$

六、利用极坐标变换计算二重积分

在极坐标变换

$$\begin{cases} x = r\cos\theta, \\ y = r\sin\theta, \end{cases} \quad 0 \leqslant \theta < 2\pi, 0 \leqslant r < +\infty$$

下,若直角坐标系 Oxy 中的区域 D 对应的区域为 $D' = \{(r,\theta) \mid (r\cos\theta, r\sin\theta) \in D\}$(它是 D 在以 r 轴为横轴,θ 轴为纵轴的 $Or\theta$ 平面上的对应区域),则有极坐标变换下的变量代换公式

$$\iint\limits_{D} f(x,y)\,\mathrm{d}x\mathrm{d}y = \iint\limits_{D'} f(r\cos\theta, r\sin\theta)\,r\mathrm{d}r\mathrm{d}\theta.$$

七、广义二重积分

平面 $\mathbf{R}^2$ 中无界区域上的广义二重积分以及无界函数的广义二重积分是通过常义二重积分来逼近的,具体详细定义及性质参见有关教材. 关于广义二重积分的可积性有一个重要结论:二元函数 f 在区域 D 上可积的充分必要条件是 $|f|$ 在 D 上可积. 至于广义二重积分的计算,在一些条件之下,同样可以采用化二重积分为二次积分和变量代换的方法来实现.

例 题 分 析

例 6.1.1 (1) 证明:当 $|xy| \leqslant 1$ 时成立

$$1 - \frac{1}{2}|xy| \leqslant \cos\sqrt{|xy|} \leqslant 1 - \frac{1}{2}|xy| + \frac{x^2y^2}{24};$$

(2) 估计 $\iint\limits_{D} \cos \sqrt{xy}\,\mathrm{d}x\mathrm{d}y$ 的值，其中 $D = \{(x,y) \mid 0 \leqslant x \leqslant 1, 0 \leqslant y \leqslant 1\}$.

解 （1）**证** 因为当 $0 \leqslant x \leqslant 1$ 时，成立

$$0 \leqslant x - \frac{x^3}{6} \leqslant \sin x \leqslant x,$$

所以 $\left(x - \dfrac{x^3}{6}\right)^2 \leqslant \sin^2 x \leqslant x^2$，因此

$$x^2 - \frac{x^4}{3} \leqslant \sin^2 x \leqslant x^2.$$

因此当 $0 \leqslant x \leqslant 1$ 时，成立

$$1 - \frac{1}{2}x^2 \leqslant \cos x = 1 - 2\sin^2 \frac{x}{2} \leqslant 1 - \frac{1}{2}x^2 + \frac{x^4}{24}.$$

于是 $|xy| \leqslant 1$ 时，成立

$$1 - \frac{1}{2}|xy| \leqslant \cos \sqrt{|xy|} \leqslant 1 - \frac{1}{2}|xy| + \frac{x^2y^2}{24}.$$

（2）**解** 由（1）得

$$\iint\limits_{D}\left(1 - \frac{1}{2}xy\right)\mathrm{d}x\mathrm{d}y \leqslant \iint\limits_{D} \cos \sqrt{xy}\,\mathrm{d}x\mathrm{d}y \leqslant \iint\limits_{D}\left(1 - \frac{1}{2}xy + \frac{1}{24}x^2y^2\right)\mathrm{d}x\mathrm{d}y.$$

因为

$$\iint\limits_{D}\left(1 - \frac{1}{2}xy\right)\mathrm{d}x\mathrm{d}y = \iint\limits_{D}\mathrm{d}x\mathrm{d}y - \frac{1}{2}\iint\limits_{D}xy\,\mathrm{d}x\mathrm{d}y = 1 - \frac{1}{2}\int_0^1 x\mathrm{d}x\int_0^1 y\mathrm{d}y = \frac{7}{8},$$

$$\iint\limits_{D}\left(1 - \frac{1}{2}xy + \frac{1}{24}x^2y^2\right)\mathrm{d}x\mathrm{d}y = \iint\limits_{D}\mathrm{d}x\mathrm{d}y - \frac{1}{2}\iint\limits_{D}xy\,\mathrm{d}x\mathrm{d}y + \frac{1}{24}\iint\limits_{D}x^2y^2\,\mathrm{d}x\mathrm{d}y$$

$$= 1 - \frac{1}{2}\int_0^1 x\mathrm{d}x\int_0^1 y\mathrm{d}y + \frac{1}{24}\int_0^1 x^2\mathrm{d}x\int_0^1 y^2\mathrm{d}y = \frac{95}{108},$$

所以

$$\frac{7}{8} \leqslant \iint\limits_{D} \cos \sqrt{xy}\,\mathrm{d}x\mathrm{d}y \leqslant \frac{95}{108}.$$

例6.1.2 （1）设函数 $f(x)$ 在 $[a,b]$ 上连续，且恒大于零. 利用二重积分的方法证明：

$$\int_a^b f(x)\,\mathrm{d}x\int_a^b \frac{1}{f(x)}\mathrm{d}x \geqslant (b-a)^2;$$

（2）利用（1）的结论证明：

$$\int_0^\pi x\mathrm{e}^{\sin x}\,\mathrm{d}x\int_0^{\frac{\pi}{2}} \mathrm{e}^{-\cos x}\,\mathrm{d}x \geqslant \frac{\pi^3}{4}.$$

证 （1）设 $D = [a,b] \times [a,b]$，则

$$\int_a^b f(x)\mathrm{d}x \int_a^b \frac{1}{f(x)}\mathrm{d}x = \int_a^b f(x)\mathrm{d}x \int_a^b \frac{1}{f(y)}\mathrm{d}y = \iint\limits_D \frac{f(x)}{f(y)}\mathrm{d}x\mathrm{d}y.$$

同理

$$\int_a^b f(x)\mathrm{d}x \int_a^b \frac{1}{f(x)}\mathrm{d}x = \int_a^b f(y)\mathrm{d}y \int_a^b \frac{1}{f(x)}\mathrm{d}x = \iint\limits_D \frac{f(y)}{f(x)}\mathrm{d}x\mathrm{d}y.$$

显然,D 的面积为 $(b-a)^2$. 于是

$$\begin{aligned}
\int_a^b f(x)\mathrm{d}x \int_a^b \frac{1}{f(x)}\mathrm{d}x &= \frac{1}{2}\iint\limits_D \left[\frac{f(x)}{f(y)} + \frac{f(y)}{f(x)}\right]\mathrm{d}x\mathrm{d}y \\
&= \frac{1}{2}\iint\limits_D \left[\frac{f^2(x) + f^2(y)}{f(x)f(y)}\right]\mathrm{d}x\mathrm{d}y \geqslant \frac{1}{2}\iint\limits_D \frac{2f(x)f(y)}{f(x)f(y)}\mathrm{d}x\mathrm{d}y \\
&= \iint\limits_D \mathrm{d}x\mathrm{d}y = (b-a)^2.
\end{aligned}$$

（2）作变换 $x = \dfrac{\pi}{2} + t$,则

$$\begin{aligned}
\int_0^\pi x\mathrm{e}^{\sin x}\mathrm{d}x &= \int_{-\frac{\pi}{2}}^{\frac{\pi}{2}}\left(\frac{\pi}{2} + t\right)\mathrm{e}^{\cos t}\mathrm{d}t \\
&= \frac{\pi}{2}\int_{-\frac{\pi}{2}}^{\frac{\pi}{2}}\mathrm{e}^{\cos t}\mathrm{d}t + \int_{-\frac{\pi}{2}}^{\frac{\pi}{2}} t\mathrm{e}^{\cos t}\mathrm{d}t = \pi\int_0^{\frac{\pi}{2}}\mathrm{e}^{\cos t}\mathrm{d}t.
\end{aligned}$$

于是由（1）的结论知

$$\int_0^\pi x\mathrm{e}^{\sin x}\mathrm{d}x \int_0^{\frac{\pi}{2}}\mathrm{e}^{-\cos x}\mathrm{d}x = \pi\int_0^{\frac{\pi}{2}}\mathrm{e}^{\cos x}\mathrm{d}x \int_0^{\frac{\pi}{2}}\mathrm{e}^{-\cos x}\mathrm{d}x \geqslant \pi\left(\frac{\pi}{2}\right)^2 = \frac{\pi^3}{4}.$$

例 6.1.3 计算 $\iint\limits_D \dfrac{x^2}{y^2}\mathrm{d}x\mathrm{d}y$,其中 D 是由曲线 $xy = 2$,$y = 1 + x^2$ 及直线 $x = 2$ 所围成的闭区域(见图 6.1.1).

解法一 将区域 D 表示为

$$D = \left\{(x,y)\ \middle|\ \frac{2}{x} \leqslant y \leqslant 1 + x^2, 1 \leqslant x \leqslant 2\right\},$$

则

$$\begin{aligned}
\iint\limits_D \frac{x^2}{y^2}\mathrm{d}x\mathrm{d}y &= \int_1^2 \mathrm{d}x \int_{\frac{2}{x}}^{1+x^2} \frac{x^2}{y^2}\mathrm{d}y = \int_1^2 x^2\left(-\frac{1}{y}\right)\Bigg|_{\frac{2}{x}}^{1+x^2}\mathrm{d}x \\
&= \int_1^2 \left(\frac{x^3}{2} - \frac{x^2}{1+x^2}\right)\mathrm{d}x = \frac{7}{8} + \arctan 2 - \frac{\pi}{4}.
\end{aligned}$$

解法二 将区域 D 分割成两个区域 D_1 和 D_2,其中

$$D_1 = \left\{(x,y)\ \middle|\ \frac{2}{y} \leqslant x \leqslant 2, 1 \leqslant y \leqslant 2\right\},$$

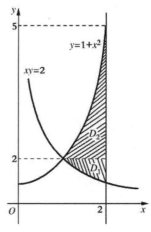

图 6.1.1

$$D_2 = \left\{(x,y) \;\middle|\; \sqrt{y-1} \leqslant x \leqslant 2, 2 \leqslant y \leqslant 5\right\}.$$

则

$$\begin{aligned}
\iint_D \frac{x^2}{y^2}\mathrm{d}x\mathrm{d}y &= \iint_{D_1} \frac{x^2}{y^2}\mathrm{d}x\mathrm{d}y + \iint_{D_2} \frac{x^2}{y^2}\mathrm{d}x\mathrm{d}y \\
&= \int_1^2 \mathrm{d}y \int_{\frac{2}{y}}^2 \frac{x^2}{y^2}\mathrm{d}x + \int_2^5 \mathrm{d}y \int_{\sqrt{y-1}}^2 \frac{x^2}{y^2}\mathrm{d}x \\
&= \frac{8}{3}\int_1^5 \frac{1}{y^2}\mathrm{d}y - \frac{8}{3}\int_1^2 \frac{1}{y^5}\mathrm{d}y - \frac{1}{3}\int_2^5 \frac{\sqrt{(y-1)^3}}{y^2}\mathrm{d}y \\
&= \frac{7}{8} + \arctan 2 - \frac{\pi}{4}.
\end{aligned}$$

在解法二中我们略去了最后一步积分的计算. 读者不难发现, 这种解法要比解法一复杂得多. 有时选错积分次序, 甚至会出现无法计算的情况. 因此, 适当选取积分的次序, 对计算二重积分非常重要.

例 6.1.4 计算下列二重积分:

(1) $\displaystyle\iint_D \left| xy - \frac{1}{4} \right| \mathrm{d}x\mathrm{d}y$, 其中 $D = [0,1] \times [0,1]$;

(2) $\displaystyle\iint_D x\left[|y| + \sin y \cos(x^2 + y^2) \right]\mathrm{d}x\mathrm{d}y$, 其中 D 是由曲线 $y = \sin x$ 和 $y = -\sin x$ 在 $0 \leqslant x \leqslant \pi$ 的部分所围成的闭区域.

解 (1) 用曲线 $xy = \frac{1}{4}$ 将 D 分成 D_1 和 D_2 两部分 (见图 6.1.2), 其中

$$D_1 = \left\{(x,y) \;\middle|\; 0 \leqslant y \leqslant 1, 0 \leqslant x \leqslant \frac{1}{4}\right\} \cup \left\{(x,y) \;\middle|\; 0 \leqslant y \leqslant \frac{1}{4x}, \frac{1}{4} \leqslant x \leqslant 1\right\},$$

$$D_2 = \left\{(x,y) \;\middle|\; \frac{1}{4x} \leqslant y \leqslant 1, \frac{1}{4} \leqslant x \leqslant 1\right\}.$$

在 D_1 上, $\left| xy - \frac{1}{4} \right| = \frac{1}{4} - xy$; 在 D_2 上, $\left| xy - \frac{1}{4} \right| = xy - \frac{1}{4}$, 因此

$$\begin{aligned}
\iint_D \left| xy - \frac{1}{4} \right|\mathrm{d}x\mathrm{d}y &= \iint_{D_1} \left| xy - \frac{1}{4} \right|\mathrm{d}x\mathrm{d}y + \iint_{D_2} \left| xy - \frac{1}{4} \right|\mathrm{d}x\mathrm{d}y \\
&= \iint_{D_1} \left(\frac{1}{4} - xy \right)\mathrm{d}x\mathrm{d}y + \iint_{D_2} \left(xy - \frac{1}{4} \right)\mathrm{d}x\mathrm{d}y.
\end{aligned}$$

因为

$$\begin{aligned}
\iint_{D_1} \left(\frac{1}{4} - xy \right)\mathrm{d}x\mathrm{d}y &= \int_0^{\frac{1}{4}} \mathrm{d}x \int_0^1 \left(\frac{1}{4} - xy \right)\mathrm{d}y + \int_{\frac{1}{4}}^1 \mathrm{d}x \int_0^{\frac{1}{4x}} \left(\frac{1}{4} - xy \right)\mathrm{d}y \\
&= \int_0^{\frac{1}{4}} \left(\frac{1}{4} - \frac{x}{2} \right)\mathrm{d}x + \int_{\frac{1}{4}}^1 \frac{1}{32x}\mathrm{d}x = \frac{1}{16}\left(\frac{3}{4} + \ln 2 \right),
\end{aligned}$$

以及

$$\iint\limits_{D_2}\Big(xy-\frac{1}{4}\Big)\mathrm{d}x\mathrm{d}y = \int_{\frac{1}{4}}^{1}\mathrm{d}x\int_{\frac{1}{4x}}^{1}\Big(xy-\frac{1}{4}\Big)\mathrm{d}y$$

$$= \int_{\frac{1}{4}}^{1}\Big(\frac{x}{2}+\frac{1}{32x}-\frac{1}{4}\Big)\mathrm{d}x = \frac{1}{16}\Big(\frac{3}{4}+\ln 2\Big),$$

所以

$$\iint\limits_{D}\Big(xy-\frac{1}{4}\Big)\mathrm{d}x\mathrm{d}y = \frac{1}{8}\Big(\frac{3}{4}+\ln 2\Big).$$

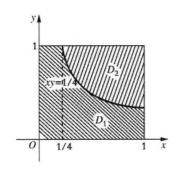

图 6.1.2   图 6.1.3

（2）因为 D 关于 x 轴对称，$x\sin y\cos(x^2+y^2)$ 关于 y 是奇函数，所以

$$\iint\limits_{D}x\sin y\cos(x^2+y^2)\mathrm{d}x\mathrm{d}y = 0.$$

由于 $x\mid y\mid$ 关于 y 是偶函数，因此

$$\iint\limits_{D}x\mid y\mid\mathrm{d}x\mathrm{d}y = 2\iint\limits_{D_1}x\mid y\mid\mathrm{d}x\mathrm{d}y,$$

其中 D_1 是 D 的上半部分，即 $D_1 = \{(x,y)\mid 0\leqslant y\leqslant \sin x,0\leqslant x\leqslant \pi\}$（见图6.1.3），因此

$$\iint\limits_{D}x[\mid y\mid + \sin y\cos(x^2+y^2)]\mathrm{d}x\mathrm{d}y$$

$$= \iint\limits_{D}x\mid y\mid\mathrm{d}x\mathrm{d}y + \iint\limits_{D}x\sin y\cos(x^2+y^2)\mathrm{d}x\mathrm{d}y$$

$$= 2\iint\limits_{D_1}x\mid y\mid\mathrm{d}x\mathrm{d}y = 2\iint\limits_{D_1}xy\mathrm{d}x\mathrm{d}y$$

$$= 2\int_{0}^{\pi}x\mathrm{d}x\int_{0}^{\sin x}y\mathrm{d}y = \int_{0}^{\pi}x\sin^2 x\mathrm{d}x = \frac{\pi^2}{4}.$$

例 6.1.5 交换下列二次积分的积分次序并计算其值：

379

（1）$I_1 = \int_0^1 dx \int_0^{x^2} \dfrac{y(e^y - e)}{1 - \sqrt{y}} dy$；

（2）$I_2 = \int_1^2 dx \int_{\sqrt{x}}^x \cos \dfrac{\pi x}{y} dy + \int_2^4 dx \int_{\sqrt{x}}^2 \cos \dfrac{\pi x}{y} dy$.

解 （1）设 $D = \left\{ (x,y) \mid 0 \leqslant y \leqslant x^2, 0 \leqslant x \leqslant 1 \right\}$，则

$$I_1 = \iint\limits_D \dfrac{y(e^y - e)}{1 - \sqrt{y}} dxdy.$$

因为 D 还可以表示为

$$D = \left\{ (x,y) \,\Big|\, \sqrt{y} \leqslant x \leqslant 1, 0 \leqslant y \leqslant 1 \right\},$$

所以

$$\iint\limits_D \dfrac{y(e^y - e)}{1 - \sqrt{y}} dxdy = \int_0^1 dy \int_{\sqrt{y}}^1 \dfrac{y(e^y - e)}{1 - \sqrt{y}} dx.$$

于是

$$I_1 = \int_0^1 dy \int_{\sqrt{y}}^1 \dfrac{y(e^y - e)}{1 - \sqrt{y}} dx = \int_0^1 \dfrac{y(e^y - e)}{1 - \sqrt{y}} dy \int_{\sqrt{y}}^1 dx$$

$$= \int_0^1 y(e^y - e) dy = \int_0^1 y e^y dy - e \int_0^1 y dy = 1 - \dfrac{e}{2}.$$

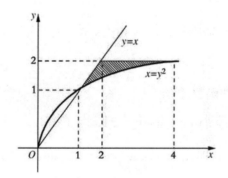

图 6.1.4

（2）设 $D = \left\{ (x,y) \,\Big|\, \sqrt{x} \leqslant y \leqslant x, 1 \leqslant x \leqslant 2 \right\} \cup \left\{ (x,y) \,\Big|\, \sqrt{x} \leqslant y \leqslant 2, 2 \leqslant x \right.$

$\left. \leqslant 4 \right\}$（见图 6.1.4），则

$$I_2 = \int_1^2 dx \int_{\sqrt{x}}^x \cos \dfrac{\pi x}{y} dy + \int_2^4 dx \int_{\sqrt{x}}^2 \cos \dfrac{\pi x}{y} dy = \iint\limits_D \cos \dfrac{\pi x}{y} dxdy.$$

又因为 D 还可以表示为

$$D = \left\{ (x,y) \,\middle|\, y \leqslant x \leqslant y^2, 1 \leqslant y \leqslant 2 \right\},$$

所以

$$\iint\limits_{D} \cos \frac{\pi x}{y} \mathrm{d}x\mathrm{d}y = \int_1^2 \mathrm{d}y \int_y^{y^2} \cos \frac{\pi x}{y} \mathrm{d}x.$$

于是

$$I_2 = \int_1^2 \mathrm{d}y \int_y^{y^2} \cos \frac{\pi x}{y} \mathrm{d}x = \int_1^2 \left[\frac{y}{\pi} \sin \frac{\pi x}{y} \right]\Bigg|_y^{y^2} \mathrm{d}y = \int_1^2 \frac{y}{\pi} \sin \pi y \, \mathrm{d}y = -\frac{3}{\pi^2}.$$

例 6.1.6 设二元函数 $f(x,y) = \begin{cases} x^2 y, & 1 \leqslant x \leqslant 2, 0 \leqslant y \leqslant x, \\ 0, & \text{其他点.} \end{cases}$

计算 $\iint\limits_{D} f(x,y)\mathrm{d}x\mathrm{d}y$,其中 $D = \left\{ (x,y) \,\middle|\, x^2 + y^2 \geqslant 2x \right\}$.

解 注意到函数 $f(x,y)$ 只在 D 中的区域 $D_1 = \left\{ (x,y) \,\middle|\, \sqrt{2x - x^2} \leqslant y \leqslant x, \right.$

$\left. 1 \leqslant x \leqslant 2 \right\}$(见图 6.1.5)上可能不等于零,于是

$$\iint\limits_{D} f(x,y)\mathrm{d}x\mathrm{d}y = \iint\limits_{D \backslash D_1} f(x,y)\mathrm{d}x\mathrm{d}y + \iint\limits_{D_1} f(x,y)\mathrm{d}x\mathrm{d}y$$

$$= \iint\limits_{D_1} f(x,y)\mathrm{d}x\mathrm{d}y = \int_1^2 \mathrm{d}x \int_{\sqrt{2x-x^2}}^x x^2 y \, \mathrm{d}y$$

$$= \int_1^2 (x^4 - x^3)\,\mathrm{d}x = \frac{49}{20}.$$

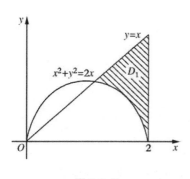

图 6.1.5

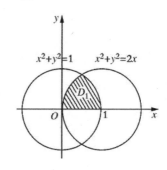

图 6.1.6

例 6.1.7 计算 $\iint\limits_{D} \sqrt{x^2 + y^2}\,\mathrm{d}x\mathrm{d}y$,其中 $D = \left\{ (x,y) \,\middle|\, x^2 + y^2 \leqslant 1, x^2 + y^2 \leqslant 2x \right\}$.

解 记 D_1 为 D 在半平面 $y \geqslant 0$ 的部分(见图 6.1.6),即

$$D_1 = \left\{ (x,y) \,\middle|\, x^2 + y^2 \leqslant 1, x^2 + y^2 \leqslant 2x, y \geqslant 0 \right\}.$$

由积分区域 D 关于 x 轴对称,被积函数关于 y 是偶函数知

$$I = \iint\limits_{D} \sqrt{x^2 + y^2}\,\mathrm{d}x\mathrm{d}y = 2\iint\limits_{D_1} \sqrt{x^2 + y^2}\,\mathrm{d}x\mathrm{d}y.$$

再作极坐标变换 $x = r\cos\theta, y = r\sin\theta$,则区域 D_1 对应于

$$D_1' = \left\{ (r,\theta) \,\middle|\, 0 \leqslant r \leqslant 1, 0 \leqslant r \leqslant 2\cos\theta, 0 \leqslant \theta \leqslant \pi/2 \right\}$$

$$= \left\{ (r,\theta) \,\middle|\, 0 \leqslant r \leqslant 1, 0 \leqslant \theta \leqslant \pi/3 \right\} \cup \left\{ (r,\theta) \,\middle|\, 0 \leqslant r \leqslant 2\cos\theta, \pi/3 \leqslant \theta \leqslant \pi/2 \right\}.$$

因此

$$\iint\limits_{D_1} \sqrt{x^2 + y^2}\,\mathrm{d}x\mathrm{d}y = \iint\limits_{D_1'} r^2\mathrm{d}r\mathrm{d}\theta = \int_0^{\frac{\pi}{3}} \mathrm{d}\theta \int_0^1 r^2\mathrm{d}r + \int_{\frac{\pi}{3}}^{\frac{\pi}{2}} \mathrm{d}\theta \int_0^{2\cos\theta} r^2\mathrm{d}r$$

$$= \frac{\pi}{9} + \frac{8}{3}\int_{\frac{\pi}{3}}^{\frac{\pi}{2}} \cos^3\theta\mathrm{d}\theta = \frac{\pi + 16}{9} - \sqrt{3}.$$

于是

$$\iint\limits_{D} \sqrt{x^2 + y^2}\,\mathrm{d}x\mathrm{d}y = \frac{2(\pi + 16)}{9} - 2\sqrt{3}.$$

例 6.1.8 设 $a > 0$,证明

$$\left(\int_0^a \mathrm{e}^{-t^2}\mathrm{d}t \right)^2 + \int_0^1 \frac{\mathrm{e}^{-a^2(1+t^2)}}{1 + t^2}\mathrm{d}t = \frac{\pi}{4}.$$

证 作变换 $u = \arctan t$,则

$$\int_0^1 \frac{\mathrm{e}^{-a^2(1+t^2)}}{1 + t^2}\mathrm{d}t = \int_0^{\frac{\pi}{4}} \mathrm{e}^{-\frac{a^2}{\cos^2 u}}\mathrm{d}u.$$

而

$$\left(\int_0^a \mathrm{e}^{-t^2}\mathrm{d}t \right)^2 = \int_0^a \mathrm{e}^{-x^2}\mathrm{d}x \cdot \int_0^a \mathrm{e}^{-y^2}\mathrm{d}y = \iint\limits_{[0,a]\times[0,a]} \mathrm{e}^{-(x^2+y^2)}\mathrm{d}x\mathrm{d}y.$$

作极坐标变换 $x = r\cos\theta, y = r\sin\theta$,则 $[0,a] \times [0,a]$ 对应于

$$D' = \left\{ (r,\theta) \,\middle|\, 0 \leqslant r \leqslant \frac{a}{\cos\theta}, 0 \leqslant \theta \leqslant \frac{\pi}{4} \right\} \cup \left\{ (r,\theta) \,\middle|\, 0 \leqslant r \leqslant \frac{a}{\sin\theta}, \frac{\pi}{4} \leqslant \theta \leqslant \frac{\pi}{2} \right\}.$$

于是

$$\iint\limits_{[0,a]\times[0,a]} \mathrm{e}^{-(x^2+y^2)}\mathrm{d}x\mathrm{d}y = \iint\limits_{\substack{0\leqslant\theta\leqslant\frac{\pi}{4} \\ 0\leqslant r\leqslant\frac{a}{\cos\theta}}} \mathrm{e}^{-r^2} r\mathrm{d}r\mathrm{d}\theta + \iint\limits_{\substack{\frac{\pi}{4}\leqslant\theta\leqslant\frac{\pi}{2} \\ 0\leqslant r\leqslant\frac{a}{\sin\theta}}} \mathrm{e}^{-r^2} r\mathrm{d}r\mathrm{d}\theta$$

$$= \int_0^{\frac{\pi}{4}} \mathrm{d}\theta \int_0^{\frac{a}{\cos\theta}} \mathrm{e}^{-r^2} r\mathrm{d}r + \int_{\frac{\pi}{4}}^{\frac{\pi}{2}} \mathrm{d}\theta \int_0^{\frac{a}{\sin\theta}} \mathrm{e}^{-r^2} r\mathrm{d}r$$

$$= \frac{1}{2}\int_0^{\frac{\pi}{4}} \left(1 - \mathrm{e}^{-\frac{a^2}{\cos^2\theta}} \right)\mathrm{d}\theta + \frac{1}{2}\int_{\frac{\pi}{4}}^{\frac{\pi}{2}} \left(1 - \mathrm{e}^{-\frac{a^2}{\sin^2\theta}} \right)\mathrm{d}\theta$$

$$= \frac{\pi}{4} - \int_0^{\frac{\pi}{4}} e^{-\frac{a^2}{\cos^2\theta}} d\theta,$$

这里利用了 $\int_0^{\frac{\pi}{4}} e^{-\frac{a^2}{\cos^2\theta}} d\theta = \int_{\frac{\pi}{4}}^{\frac{\pi}{2}} e^{-\frac{a^2}{\sin^2\theta}} d\theta.$ 于是

$$\left(\int_0^a e^{-t^2} dt \right)^2 + \int_0^1 \frac{e^{-a^2(1+t^2)}}{1+t^2} dt = \frac{\pi}{4} - \int_0^{\frac{\pi}{4}} e^{-\frac{a^2}{\cos^2\theta}} d\theta + \int_0^{\frac{\pi}{4}} e^{-\frac{a^2}{\cos^2 u}} du = \frac{\pi}{4}.$$

注　事实上,由被积函数与积分区域关于直线 $y = x$ 的对称性可以得到

$$\iint\limits_{[0,a]\times[0,a]} e^{-(x^2+y^2)} dxdy = 2 \iint\limits_{\substack{0 \leqslant x \leqslant a \\ 0 \leqslant y \leqslant x}} e^{-(x^2+y^2)} dxdy$$

$$= 2 \iint\limits_{\substack{0 \leqslant \theta \leqslant \frac{\pi}{4} \\ 0 \leqslant r \leqslant \frac{a}{\cos\theta}}} e^{-r^2} rdrd\theta = 2\int_0^{\frac{\pi}{4}} d\theta \int_0^{\frac{a}{\cos\theta}} e^{-r^2} rdr$$

$$= \int_0^{\frac{\pi}{4}} \left(1 - e^{-\frac{a^2}{\cos^2\theta}} \right) d\theta = \frac{\pi}{4} - \int_0^{\frac{\pi}{4}} e^{-\frac{a^2}{\cos^2\theta}} d\theta.$$

例 6.1.9　计算二重积分 $\iint\limits_D (x+y) dxdy$,其中 D 是由 $x^2+y^2 = x+y$ 所围的闭区域.

解　由于 $x^2+y^2 = x+y$ 就是 $\left(x - \frac{1}{2} \right)^2 + \left(y - \frac{1}{2} \right)^2 = \frac{1}{2}$,作变换 $x = \frac{1}{2} + r\cos\theta, y = \frac{1}{2} + r\sin\theta$,则区域 D 对应于

$$D' = \left\{ (r,\theta) \,\middle|\, 0 \leqslant r \leqslant \frac{1}{\sqrt{2}}, 0 \leqslant \theta \leqslant 2\pi \right\}.$$

于是

$$\iint\limits_D (x+y) dxdy = \iint\limits_{D'} [r(\cos\theta+\sin\theta)+1] rdrd\theta$$

$$= \int_0^{2\pi} d\theta \int_0^{\frac{1}{\sqrt{2}}} [r(\cos\theta+\sin\theta)+1] rdr = 2\pi \int_0^{\frac{1}{\sqrt{2}}} rdr = \frac{\pi}{2}.$$

例 6.1.10　求曲线 $\left(\frac{x^2}{a^2} + \frac{y^2}{b^2} \right)^2 = \frac{xy}{c^2}$　$(a,b,c > 0)$ 所围图形的面积(见图 6.1.7).

解　由曲线的方程 $\left(\frac{x^2}{a^2} + \frac{y^2}{b^2} \right)^2 = \frac{xy}{c^2}$ 可以看出,该曲线在第一、第三象限上,且关于原点对称. 因此只需计算该曲线所围图形在第一象限部分的面积,再乘以 2,便得到整个图形的面积.

设该图形在第一象限的部分为 D. 作广义极坐标变换

$$x = ar\cos\theta, \quad y = br\sin\theta,$$

则这个变换的 Jacobi 行列式为

$$\frac{D(x,y)}{D(r,\theta)} = \begin{vmatrix} a\cos\theta & -ar\sin\theta \\ b\sin\theta & br\cos\theta \end{vmatrix} = abr.$$

在 $Or\theta$ 平面上这条曲线的方程是

$$r^2 = \frac{ab}{c^2}\sin\theta\cos\theta,$$

且 D 所对应的区域为

$$D' = \left\{ (r,\theta) \,\middle|\, 0 \leqslant \theta \leqslant \frac{\pi}{2}, 0 \leqslant r \leqslant \sqrt{\frac{ab}{c^2}\sin\theta\cos\theta} \right\}.$$

因此所求的面积为

$$2\iint_D \mathrm{d}x\mathrm{d}y = 2\iint_{D'} abr\mathrm{d}r\mathrm{d}\theta = 2ab\int_0^{\frac{\pi}{2}} \mathrm{d}\theta \int_0^{\sqrt{\frac{ab}{c^2}\sin\theta\cos\theta}} r\mathrm{d}r$$

$$= \frac{a^2b^2}{c^2} \int_0^{\frac{\pi}{2}} \sin\theta\cos\theta\mathrm{d}\theta = \frac{a^2b^2}{2c^2}.$$

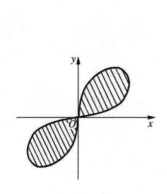

图 6.1.7

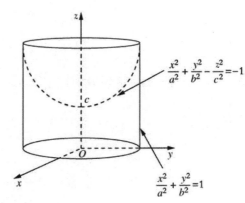

图 6.1.8

例 6.1.11　求曲线 $\left(\dfrac{x}{a}\right)^{\frac{2}{3}} + \left(\dfrac{y}{b}\right)^{\frac{2}{3}} = 1$，$\left(\dfrac{x}{a}\right)^{\frac{2}{3}} + \left(\dfrac{y}{b}\right)^{\frac{2}{3}} = 4$ 与直线 $\dfrac{x}{a} = \dfrac{y}{b}$，

$\dfrac{8x}{a} = \dfrac{y}{b}(a,b>0)$ 在第一象限所围图形的面积.

解　记该图形为 D. 作变量代换

$$x = ar\cos^3\theta, \quad y = br\sin^3\theta,$$

— 384 —

则 $\dfrac{D(x,y)}{D(r,\theta)} = 3abr\sin^2\theta\cos^2\theta$，且 D 对应于

$$D_1 = \left\{ (r,\theta) \,\middle|\, \frac{\pi}{4} \leqslant \theta \leqslant \arctan 2\,, 1 \leqslant r \leqslant 8 \right\}.$$

于是，所求面积为

$$\iint\limits_{D} \mathrm{d}x\mathrm{d}y = 3ab\iint\limits_{D_1} r\sin^2\theta\cos^2\theta\mathrm{d}r\mathrm{d}\theta = 3ab\int_{\frac{\pi}{4}}^{\arctan 2} \sin^2\theta\cos^2\theta\mathrm{d}\theta\int_1^8 r\mathrm{d}r$$

$$= \frac{189}{2}ab\int_{\frac{\pi}{4}}^{\arctan 2} \sin^2\theta\cos^2\theta\mathrm{d}\theta = \frac{189}{16}ab\left(\arctan\frac{1}{3} + \frac{6}{25} \right).$$

例 6.1.12　求曲面 $\dfrac{x^2}{a^2} + \dfrac{y^2}{b^2} - \dfrac{z^2}{c^2} = -1$ 与柱面 $\dfrac{x^2}{a^2} + \dfrac{y^2}{b^2} = 1\,(a,b,c > 0)$ 所围立体的体积（见图 6.1.8，只画出了上半部分的示意图）.

解　由立体的对称性，只要计算立体在第一卦限部分的体积，再乘以 8，就是整个立体的体积. 由二重积分的几何意义可知，所求立体的体积为

$$V = 8 \iint\limits_{\substack{\frac{x^2}{a^2}+\frac{y^2}{b^2}\leqslant 1 \\ x\geqslant 0, y\geqslant 0}} c\sqrt{1 + \frac{x^2}{a^2} + \frac{y^2}{b^2}}\,\mathrm{d}x\mathrm{d}y.$$

作广义极坐标变换 $x = ar\cos\theta, y = br\sin\theta$，则 $\dfrac{D(x,y)}{D(r,\theta)} = abr.$ 于是

$$V = 8 \iint\limits_{\substack{\frac{x^2}{a^2}+\frac{y^2}{b^2}\leqslant 1 \\ x\geqslant 0, y\geqslant 0}} c\sqrt{1 + \frac{x^2}{a^2} + \frac{y^2}{b^2}}\,\mathrm{d}x\mathrm{d}y$$

$$= 8 \iint\limits_{\substack{0\leqslant r\leqslant 1 \\ 0\leqslant\theta\leqslant\frac{\pi}{2}}} c\sqrt{1 + r^2}\,abr\mathrm{d}r\mathrm{d}\theta = 8abc\int_0^{\frac{\pi}{2}}\mathrm{d}\theta\int_0^1 \sqrt{1 + r^2}\,r\mathrm{d}r$$

$$= 4\pi abc\int_0^1 \sqrt{1 + r^2}\,r\mathrm{d}r = \frac{4\pi abc}{3}(2\sqrt{2} - 1).$$

例 6.1.13　已知曲面 $\Sigma_1 : Rz = x^2 + y^2 + R^2$ 和 $\Sigma_2 : Rz = x^2 + y^2$. 证明：$\Sigma_1$ 上任一点处的切平面与曲面 Σ_2 所围成的立体的体积与该点的位置无关.

证　对于 Σ_1 上任一 $P_0(x_0, y_0, z_0)$，Σ_1 在点 P_0 处的切平面 Π_0 的方程为

$$2x_0 x + 2y_0 y - Rz + (R^2 - x_0^2 - y_0^2) = 0.$$

Π_0 与 Σ_2 的交线为

$$\begin{cases} 2x_0 x + 2y_0 y - Rz + (R^2 - x_0^2 - y_0^2) = 0, \\ Rz = x^2 + y^2, \end{cases}$$

它在 Oxy 平面的投影曲线为

$$\begin{cases} (x - x_0)^2 + (y - y_0)^2 = R^2, \\ z = 0, \end{cases}$$

记这个投影曲线所围区域为 D,则平面 Π_0 与曲面 Σ_2 所围成的立体的体积为

$$V = \iint_D \left[\frac{1}{R}(2x_0 x + 2y_0 y - x_0^2 - y_0^2 + R^2) - \frac{1}{R}(x^2 + y^2) \right] \mathrm{d}x\mathrm{d}y$$

$$= \frac{1}{R} \iint_D [R^2 - (x - x_0)^2 - (y - y_0)^2] \mathrm{d}x\mathrm{d}y.$$

作变量代换

$$x = x_0 + r\cos\theta, \quad y = y_0 + r\sin\theta,$$

则 D 对应于 $D_1 = \{(r,\theta) \mid 0 \leqslant \theta \leqslant 2\pi, 0 \leqslant r \leqslant R\}$,于是

$$V = \frac{1}{R} \iint_{D_1} (R^2 - r^2) r \mathrm{d}r\mathrm{d}\theta = \frac{1}{R} \int_0^{2\pi} \mathrm{d}\theta \int_0^R (R^2 - r^2) r \mathrm{d}r = \frac{1}{2}\pi R^3.$$

这说明平面 Π_0 与曲面 Σ_2 所围成的立体的体积与点 $P_0(x_0, y_0, z_0)$ 的位置无关.

例 6.1.14 计算二重积分 $\displaystyle\iint_{|x|+|y| \leqslant \frac{\pi}{4}} (x - y)^2 \tan^2(x + y) \mathrm{d}x\mathrm{d}y.$

证 作变量代换

$$u = x + y, \quad v = x - y,$$

则区域 $D = \left\{(x,y) \,\middle|\, |x| + |y| \leqslant \frac{\pi}{4}\right\}$ 对应于 $D_1 = \left\{(u,v) \,\middle|\, |u| \leqslant \frac{\pi}{4}, |v| \leqslant \frac{\pi}{4}\right\}$,且

$$\frac{D(u,v)}{D(x,y)} = \begin{vmatrix} 1 & 1 \\ 1 & -1 \end{vmatrix} = -2.$$

因此 $\dfrac{D(x,y)}{D(u,v)} = -\dfrac{1}{2}$. 于是

$$\iint_{|x|+|y| \leqslant \frac{\pi}{4}} (x - y)^2 \tan^2(x + y) \mathrm{d}x\mathrm{d}y = \frac{1}{2} \iint_{|u| \leqslant \frac{\pi}{4}, |v| \leqslant \frac{\pi}{4}} v^2 \tan^2 u \, \mathrm{d}u\mathrm{d}v$$

$$= \frac{1}{2} \int_{-\frac{\pi}{4}}^{\frac{\pi}{4}} v^2 \mathrm{d}v \int_{-\frac{\pi}{4}}^{\frac{\pi}{4}} \tan^2 u \, \mathrm{d}u = 2 \int_0^{\frac{\pi}{4}} v^2 \mathrm{d}u \int_0^{\frac{\pi}{4}} \tan^2 u \, \mathrm{d}u$$

$$= \frac{\pi^3}{96} \int_0^{\frac{\pi}{4}} \tan^2 u \, \mathrm{d}u = \frac{\pi^3}{96} \int_0^{\frac{\pi}{4}} (\sec^2 u - 1) \, \mathrm{d}u = \frac{\pi^3}{96}\left(1 - \frac{\pi}{4}\right).$$

例 6.1.15 (1) 证明

$$\iint_{x^2+y^2 \leqslant 1} f(ax + by) \mathrm{d}x\mathrm{d}y = 2 \int_{-1}^1 \sqrt{1 - u^2} f(u\sqrt{a^2 + b^2}) \, \mathrm{d}u,$$

其中 $a^2 + b^2 \neq 0$, f 是连续函数.

(2) 利用(1)的结论计算 $\displaystyle\iint_{x^2+y^2 \leqslant 1} |3x + 4y| \, \mathrm{d}x\mathrm{d}y.$

解 (1) **证** 作变量代换

$$u = \frac{ax + by}{\sqrt{a^2 + b^2}}, \quad v = \frac{bx - ay}{\sqrt{a^2 + b^2}},$$

则 $u^2 + v^2 = x^2 + y^2$,区域 $D = \{(x,y) \mid x^2 + y^2 \le 1\}$ 对应于 $D_1 = \{(u,v) \mid u^2 + v^2 \le 1\}$,且

$$\frac{D(u,v)}{D(x,y)} = \frac{1}{a^2 + b^2}\begin{vmatrix} a & b \\ b & -a \end{vmatrix} = -1.$$

因此 $\frac{D(x,y)}{D(u,v)} = -1$. 于是

$$\iint\limits_{x^2+y^2 \le 1} f(ax + by)\mathrm{d}x\mathrm{d}y = \iint\limits_{u^2+v^2 \le 1} f(u\sqrt{a^2 + b^2})\mathrm{d}u\mathrm{d}v$$

$$= \int_{-1}^{1}\mathrm{d}u\int_{-\sqrt{1-u^2}}^{\sqrt{1-u^2}} f(u\sqrt{a^2 + b^2})\mathrm{d}v = 2\int_{-1}^{1}\sqrt{1-u^2}f(u\sqrt{a^2 + b^2})\mathrm{d}u.$$

(2) **解** 利用(1)得

$$\iint\limits_{x^2+y^2 \le 1} |3x + 4y|\mathrm{d}x\mathrm{d}y$$

$$= 2\int_{-1}^{1}\sqrt{1-u^2}|5u|\mathrm{d}u$$

$$= 20\int_{0}^{1}\sqrt{1-u^2}u\mathrm{d}u = -\frac{20}{3}(1-u^2)^{\frac{3}{2}}\Big|_{0}^{1} = \frac{20}{3}.$$

注 在(1)中所考虑的变换,就是希望以 $ax + by = 0$ 为一个坐标轴,以与之垂直的直线 $bx - ay = 0$ 为另一个坐标轴,乘上因子 $\frac{1}{\sqrt{a^2 + b^2}}$ 就是使变换成为正交变换,这样便有 $u^2 + v^2 = x^2 + y^2$.

例 6.1.16 计算二重积分 $\iint\limits_{D}\sqrt{\dfrac{x}{y^2 + xy^3}}\mathrm{d}x\mathrm{d}y$,其中 D 是由抛物线 $y^2 = x, y^2 = 3x$ 与双曲线 $xy = 1, xy = 3$ 所围成的闭区域(见图 6.1.9).

解 作变量代换 $u = \dfrac{y^2}{x}, v = xy$,则区域 D 对应于 Ouv 平面上的矩形区域

$$D' = \{(u,v) \mid 1 \le u \le 3, 1 \le v \le 3\}.$$

因为

$$\frac{D(u,v)}{D(x,y)} = \begin{vmatrix} -\dfrac{y^2}{x^2} & \dfrac{2y}{x} \\ y & x \end{vmatrix} = -\frac{3y^2}{x},$$

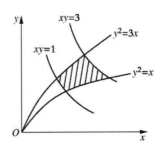

图 6.1.9

所以

$$\frac{D(x,y)}{D(u,v)} = \left(\frac{D(u,v)}{D(x,y)}\right)^{-1} = -\frac{x}{3y^2} = -\frac{1}{3u}.$$

于是

$$\iint\limits_{D} \sqrt{\frac{x}{y^2 + xy^3}} \mathrm{d}x\mathrm{d}y$$

$$= \iint\limits_{D'} \sqrt{\frac{1}{u(1+v)}} \cdot \frac{1}{3u} \mathrm{d}u\mathrm{d}v$$

$$= \frac{1}{3}\int_1^3 u^{-\frac{3}{2}}\mathrm{d}u\int_1^3 \frac{1}{\sqrt{1+v}}\mathrm{d}v$$

$$= \frac{4\sqrt{3}}{9}(\sqrt{3}-1)(2-\sqrt{2}).$$

例 6.1.17 计算二重积分 $\displaystyle\iint\limits_{D}\frac{(\sqrt{x}+\sqrt{y})^4}{x^2}\mathrm{d}x\mathrm{d}y$,其中 D 是由直线 $y=0$,$y=x$ 与

曲线 $\sqrt{x}+\sqrt{y}=1$,$\sqrt{x}+\sqrt{y}=2$ 所围成的闭区域.

解 作变量代换 $u=\sqrt{x}+\sqrt{y}$,$v=\dfrac{y}{x}$,则区域 D 对应于 Ouv 平面上的矩形区域

$$D' = \{(u,v) \mid 1 \leqslant u \leqslant 2, 0 \leqslant v \leqslant 1\}.$$

因为

$$\frac{D(u,v)}{D(x,y)} = \begin{vmatrix} \dfrac{1}{2\sqrt{x}} & \dfrac{1}{2\sqrt{y}} \\ -\dfrac{y}{x^2} & \dfrac{1}{x} \end{vmatrix} = \frac{1}{2x^2}(\sqrt{x}+\sqrt{y}),$$

所以

$$\frac{D(x,y)}{D(u,v)} = \left(\frac{D(u,v)}{D(x,y)}\right)^{-1} = \frac{2x^2}{\sqrt{x}+\sqrt{y}} = \frac{2x^2}{u}.$$

于是

$$\iint\limits_{D}\frac{(\sqrt{x}+\sqrt{y})^4}{x^2}\mathrm{d}x\mathrm{d}y = \iint\limits_{D'}\frac{u^4}{x^2}\cdot\frac{2x^2}{u}\mathrm{d}u\mathrm{d}v$$

$$= 2\int_1^2 u^3\mathrm{d}u\int_0^1\mathrm{d}v = \frac{15}{2}.$$

例 6.1.18 计算下列广义二重积分:

(1) $\displaystyle\iint\limits_{\mathbf{R}^2}\frac{\sqrt{x^2+y^2}}{(1+x^2+y^2)^2}\mathrm{d}x\mathrm{d}y$; (2) $\displaystyle\iint\limits_{\substack{x+y\geqslant 1 \\ 0\leqslant x\leqslant 1}}\frac{\mathrm{d}x\mathrm{d}y}{(x+y)^p}(p>0).$

解 （1）作变量代换 $x = r\cos\theta, y = r\sin\theta$，得

$$\iint\limits_{\mathbf{R}^2} \frac{\sqrt{x^2 + y^2}}{(1 + x^2 + y^2)^2} \mathrm{d}x\mathrm{d}y$$

$$= \iint\limits_{\substack{0 \leqslant \theta \leqslant 2\pi \\ 0 \leqslant r < +\infty}} \frac{r^2}{(1 + r^2)^2} \mathrm{d}r\mathrm{d}\theta$$

$$= \int_0^{2\pi} \mathrm{d}\theta \int_0^{+\infty} \frac{r^2}{(1 + r^2)^2} \mathrm{d}r = 2\pi \int_0^{+\infty} \frac{r^2}{(1 + r^2)^2} \mathrm{d}r.$$

作变量代换 $r = \tan t$，得

$$\int_0^{+\infty} \frac{r^2}{(1 + r^2)^2} \mathrm{d}r = \int_0^{\frac{\pi}{2}} \frac{\tan^2 t \sec^2 t}{\sec^4 t} \mathrm{d}t = \int_0^{\frac{\pi}{2}} \sin^2 t \mathrm{d}t = \frac{\pi}{4}.$$

于是

$$\iint\limits_{\mathbf{R}^2} \frac{\sqrt{x^2 + y^2}}{(1 + x^2 + y^2)^2} \mathrm{d}x\mathrm{d}y = \frac{\pi^2}{2}.$$

（2）作变量代换 $u = x, v = x + y$，即 $x = u, y = v - u$，则 $\dfrac{D(x, y)}{D(u, v)} = 1$. 因此，

当 $R > 1$ 时，有

$$I(R) = \iint\limits_{\substack{1 \leqslant x+y \leqslant R \\ 0 \leqslant x \leqslant 1}} \frac{\mathrm{d}x\mathrm{d}y}{(x + y)^p} = \iint\limits_{\substack{0 \leqslant u \leqslant 1 \\ 1 \leqslant v \leqslant R}} \frac{\mathrm{d}u\mathrm{d}v}{v^p} = \int_0^1 \mathrm{d}u \int_1^R \frac{1}{v^p} \mathrm{d}v = \int_1^R \frac{1}{v^p} \mathrm{d}v.$$

因为当 $R \to +\infty$ 时，$\displaystyle\int_1^R \frac{1}{v^p} \mathrm{d}v$ 当 $p > 1$ 时收敛，当 $p \leqslant 1$ 时发散，所以广义二重

积分 $\displaystyle\iint\limits_{\substack{x+y \geqslant 1 \\ 0 \leqslant x \leqslant 1}} \frac{\mathrm{d}x\mathrm{d}y}{(x + y)^p}$ 当 $p > 1$ 时收敛，且

$$\iint\limits_{\substack{x+y \geqslant 1 \\ 0 \leqslant x \leqslant 1}} \frac{\mathrm{d}x\mathrm{d}y}{(x + y)^p} = \lim_{R \to +\infty} I(R) = \int_1^{+\infty} \frac{1}{v^p} \mathrm{d}v = \frac{1}{p - 1}.$$

而当 $p \leqslant 1$ 时，$\displaystyle\iint\limits_{\substack{x+y \geqslant 1 \\ 0 \leqslant x \leqslant 1}} \frac{\mathrm{d}x\mathrm{d}y}{(x + y)^p}$ 发散.

综上所述，当 $p > 1$ 时，$\displaystyle\iint\limits_{\substack{x+y \geqslant 1 \\ 0 \leqslant x \leqslant 1}} \frac{\mathrm{d}x\mathrm{d}y}{(x + y)^p} = \frac{1}{p - 1}$（收敛）；当 $p \leqslant 1$ 时，$\displaystyle\iint\limits_{\substack{x+y \geqslant 1 \\ 0 \leqslant x \leqslant 1}} \frac{\mathrm{d}x\mathrm{d}y}{(x + y)^p}$

发散.

例 6.1.19 计算广义二重积分 $\displaystyle\iint\limits_{\mathbf{R}^2} \min\{x, y\} \mathrm{e}^{-(x^2+y^2)} \mathrm{d}x\mathrm{d}y$.

解 利用广义二重积分的可加性与二重积分化成二次积分的公式，得

$$\iint\limits_{\mathbf{R}^2} \min\{x,y\}\, e^{-(x^2+y^2)}\,dxdy$$

$$= \iint\limits_{x \leqslant y} \min\{x,y\}\, e^{-(x^2+y^2)}\,dxdy + \iint\limits_{x \geqslant y} \min\{x,y\}\, e^{-(x^2+y^2)}\,dxdy$$

$$= \iint\limits_{x \leqslant y} x\, e^{-(x^2+y^2)}\,dxdy + \iint\limits_{x \geqslant y} y\, e^{-(x^2+y^2)}\,dxdy$$

$$= \int_{-\infty}^{+\infty} dy \int_{-\infty}^{y} x\, e^{-(x^2+y^2)}\,dx + \int_{-\infty}^{+\infty} dx \int_{-\infty}^{x} y\, e^{-(x^2+y^2)}\,dy$$

$$= \int_{-\infty}^{+\infty} e^{-y^2} dy \int_{-\infty}^{y} x\, e^{-x^2}\,dx + \int_{-\infty}^{+\infty} e^{-x^2} dx \int_{-\infty}^{x} y\, e^{-y^2}\,dy$$

$$= -\frac{1}{2} \int_{-\infty}^{+\infty} e^{-2y^2}\,dy - \frac{1}{2} \int_{-\infty}^{+\infty} e^{-2x^2}\,dx$$

$$= -\int_{-\infty}^{+\infty} e^{-2x^2}\,dx = -2 \int_{0}^{+\infty} e^{-2x^2}\,dx.$$

作变换 $u = \sqrt{2}\,x$，并利用 $\int_0^{+\infty} e^{-x^2}\,dx = \dfrac{\sqrt{\pi}}{2}$，得

$$\int_0^{+\infty} e^{-2x^2}\,dx = \frac{1}{\sqrt{2}} \int_0^{+\infty} e^{-u^2}\,du = \frac{\sqrt{\pi}}{2\sqrt{2}}.$$

于是

$$\iint\limits_{\mathbf{R}^2} \min\{x,y\}\, e^{-(x^2+y^2)}\,dxdy = -\sqrt{\frac{\pi}{2}}.$$

习　题

1. 计算二重积分 $\displaystyle\iint\limits_{x^2+y^2 \leqslant r^2} \frac{a\varphi(x) + b\varphi(y)}{\varphi(x) + \varphi(y)}\,dxdy$，其中 φ 是连续函数，a,b 为常数.

2. 设一元函数 $f(x)$ 在 $[a,b]$ 上连续，证明 $\left[\displaystyle\int_a^b f(x)\,dx\right]^2 \leqslant (b-a) \displaystyle\int_a^b [f(x)]^2\,dx$.

3. 设一元函数 $f(x)$ 在 $[0,1]$ 上连续且单调增加，证明 $\displaystyle\int_0^1 f(x)\,dx \leqslant 2\displaystyle\int_0^1 xf(x)\,dx$.

4. 设一元函数 $f(x)$ 在 $[0,1]$ 上连续，且 $\displaystyle\int_0^1 f(x)\,dx = A$，求 $\displaystyle\int_0^1 dx \displaystyle\int_x^1 f(x)f(y)\,dy$.

5. 设一元函数 $f(x)$ 在 $[a,b]$ 上连续，证明：

$$\int_a^b dy \int_a^y (y-x)^{n-1} f(x)\,dx = \frac{1}{n} \int_a^b (b-t)^n f(t)\,dt.$$

6. 计算下列二重积分：

(1) $\displaystyle\iint\limits_{D} e^{\frac{x}{y}}\,dxdy$，其中 D 是由抛物线 $y^2 = x$，直线 $x = 0$，$y = 1$ 所围成的闭区域；

(2) 计算 $\iint\limits_{D} |\sin(x-y)| \,dxdy$,其中 D 为直线 $x=0,y=0$ 和 $x+y=\dfrac{\pi}{2}$ 所围成的闭区域;

(3) $\iint\limits_{D} y\,dxdy$,其中 D 是圆 $x^2+y^2 \leq ax$ 与 $x^2+y^2 \leq ay$ 的公共部分$(a>0)$;

(4) $\iint\limits_{D} \sqrt{x^2+y^2}\,dxdy$,其中 D 是由圆 $x^2+y^2=1$ 与曲线 $r=1+\cos\theta$ 所围成的闭区域中右面的一个;

(5) $\iint\limits_{D} (x^2+y^2+x)\,dxdy$,其中 D 是由椭圆 $\dfrac{x^2}{a^2}+\dfrac{y^2}{b^2}=1$ 所围成的闭区域;

(6) $\iint\limits_{D} |x^2+y^2-1|\,dxdy$,其中 $D=\{(x,y) \mid 0 \leq x \leq 1, 0 \leq y \leq 1\}$;

(7) $\iint\limits_{D} \dfrac{y}{x+y}\mathrm{e}^{(x+y)^2}\,dxdy$,其中 D 是由直线 $x+y=1,y=0,x=0$ 所围成的闭区域;

(8) $\iint\limits_{D} xy\,dxdy$,其中 D 是由抛物线 $y=x^2,y=\dfrac{1}{4}x^2,x=y^2,x=\dfrac{1}{4}y^2$ 所围成的闭区域;

(9) $\iint\limits_{D} (x+y)^2\,dxdy$,其中 $D=\{(x,y) \mid x^2+y^2 \leq 2ax, x^2+y^2 \geq ax\}$ $(a>0)$;

(10) $\iint\limits_{D} y\,dxdy$,其中 D 是由曲线 $\left(\dfrac{x}{a}+\dfrac{y}{b}\right)^3=\dfrac{xy}{c^2}$ 所围的闭区域$(x,y \geq 0)$.

7. 求下列二次积分:

(1) $\displaystyle\int_1^5 dy \int_y^5 \dfrac{1}{y\ln x}\,dx$;

(2) $\displaystyle\int_0^1 dx \int_x^1 x^2 \mathrm{e}^{-y^2}\,dy$;

(3) $\displaystyle\int_0^1 dy \int_{\frac{y}{2}}^y \cos x^2\,dx + \int_1^2 dy \int_{\frac{y}{2}}^1 \cos x^2\,dx$.

8. 设一元函数 f 在原点附近可微,且 $f(0)=0$,求极限
$$\lim_{t \to 0+0} \dfrac{\iint\limits_{x^2+y^2 \leq t^2} f\left(\sqrt{x^2+y^2}\right)\,dxdy}{\pi t^3}.$$

9. 求 $\iint\limits_{D} \max\{xy,1\}\,dxdy$,其中 $D=\{(x,y) \mid 0 \leq x \leq 2, 0 \leq y \leq 2\}$.

10. 求由曲线 $(x^2+y^2)^2=a(x^3-3xy^2)$ 围成的图形的面积$(a>0)$.

11. 求曲面 $\left(\dfrac{x^2}{a^2}+\dfrac{y^2}{b^2}\right)^2+\dfrac{z}{c}=1$ 与平面 $z=0$ 所围立体的体积$(a,b,c>0)$.

12. 计算二重积分 $\iint\limits_{D} \sqrt{\sqrt{x}+\sqrt{y}}\,dxdy$,其中 D 是由曲线 $\sqrt{x}+\sqrt{y}=1$,直线 $x=0$ 和 $y=0$ 所围成的闭区域.

13. 设二元函数 f 在 $[-1,1]\times[-1,1]$ 上连续,且 $f(0,0)=0$. 若 f 在 $(0,0)$ 点可微,求极限
$$\lim_{x \to 0+0} \dfrac{\displaystyle\int_0^{x^2} dt \int_{\sqrt{t}}^x f(t,u)\,du}{1-\mathrm{e}^{-\frac{x^4}{4}}}.$$

14. 设 $f(x,y) = \begin{cases} x^2 y, & 1 \leq x \leq 2, 0 \leq y \leq x, \\ 0, & \text{其他}, \end{cases}$ $D = \{(x,y) \mid x^2 + y^2 \geq 2x\}$，求 $\iint\limits_{D} f(x,y) \mathrm{d}x\mathrm{d}y$.

15. 计算广义二重积分 $\iint\limits_{D} \dfrac{xy}{x^2 + y^2} \mathrm{e}^{-xy} \mathrm{d}x\mathrm{d}y$，其中 $D = \{(x,y) \mid x > 0, y > 0, xy \geq 1\}$.

16. 设 $f(x) = \begin{cases} \sin x, & 0 \leq x \leq 2, \\ 0, & \text{其他}, \end{cases}$，求 $\iint\limits_{\mathbf{R}^2} f(x) f(y - x) \mathrm{d}x\mathrm{d}y$.

§6.2　三　重　积　分

知 识 要 点

一、三重积分的概念

定义 6.2.1　设 Ω 是 $\mathbf{R}^3$ 中的有界闭区域, f 是 Ω 上的有界函数. 把 Ω 分割为 n 个内部互不相交的小闭区域 $\Delta\Omega_1, \Delta\Omega_2, \cdots, \Delta\Omega_n$. 记 $\Delta\Omega_i$ 的体积为 ΔV_i, 并记 $\Delta\Omega_i$ 的直径(即 $\Delta\Omega_i$ 中任意两点距离的最大值) 为 $d_i (i = 1, 2, \cdots, n)$. 在每个 $\Delta\Omega_i$ 上任取一点 (ξ_i, η_i, ζ_i), 作和式

$$\sum_{i=1}^{n} f(\xi_i, \eta_i, \zeta_i) \Delta V_i.$$

如果当 $\lambda = \max\{d_1, \cdots, d_n\} \to 0$ 时, 上述和式的极限存在, 且与区域 Ω 的分法和点 (ξ_i, η_i, ζ_i) 的取法无关, 则称函数 f 在 Ω 上**可积**, 并称该和式的极限值为 f 在 D 上的**三重积分**, 记为 $\iiint\limits_{\Omega} f \mathrm{d}V$. 在直角坐标系 $Oxyz$ 下, 也常记为 $\iiint\limits_{\Omega} f(x,y,z) \mathrm{d}V$, 即

$$\iiint\limits_{\Omega} f(x,y,z) \mathrm{d}V = \lim_{\lambda \to 0} \sum_{i=1}^{n} f(\xi_i, \eta_i, \zeta_i) \Delta V_i.$$

在直角坐标系 $Oxyz$ 下, 体积元素 $\mathrm{d}V$ 通常记作 $\mathrm{d}x\mathrm{d}y\mathrm{d}z$. 因此

$$\iiint\limits_{\Omega} f(x,y,z) \mathrm{d}V = \iiint\limits_{\Omega} f(x,y,z) \mathrm{d}x\mathrm{d}y\mathrm{d}z.$$

三重积分与二重积分有着类似的性质, 这里不一一列出. 注意, $\iiint\limits_{\Omega} \mathrm{d}V = \iiint\limits_{\Omega} 1 \mathrm{d}V$ 就是 Ω 的体积.

二、三重积分的计算

如果积分区域 Ω 表示为

$$\Omega = \{(x,y,z) \mid z_1(x,y) \leq z \leq z_2(x,y), (x,y) \in D\},$$

则

$$\iiint_\Omega f(x,y,z)\mathrm{d}x\mathrm{d}y\mathrm{d}z = \iint_D \left\{ \int_{z_1(x,y)}^{z_2(x,y)} f(x,y,z)\mathrm{d}z \right\} \mathrm{d}x\mathrm{d}y = \iint_D \mathrm{d}x\mathrm{d}y \int_{z_1(x,y)}^{z_2(x,y)} f(x,y,z)\mathrm{d}z.$$

进一步,如果积分区域 Ω 可表示为

$$\Omega = \{(x,y,z) \mid z_1(x,y) \leqslant z \leqslant z_2(x,y), y_1(x) \leqslant y \leqslant y_2(x), a \leqslant x \leqslant b\},$$

则可将三重积分化为三次积分:

$$\iiint_\Omega f(x,y,z)\mathrm{d}x\mathrm{d}y\mathrm{d}z = \int_a^b \mathrm{d}x \int_{y_1(x)}^{y_2(x)} \mathrm{d}y \int_{z_1(x,y)}^{z_2(x,y)} f(x,y,z)\mathrm{d}z.$$

注意,在计算三重积分时,须根据积分区域及被积函数的具体情况,灵活决定 3 个变量的积分顺序.

如果 Ω 界于平面 $z = a$ 于 $z = b$ 之间,对每个固定的 $z \in [a,b]$,记 Ω_z 为过 $(0,0,z)$ 点的平面 $Z = z$ 截 Ω 产生的截面在 Oxy 平面的投影,则

$$\iiint_\Omega f(x,y,z)\mathrm{d}x\mathrm{d}y\mathrm{d}z = \int_a^b \left\{ \iint_{\Omega_z} f(x,y,z)\mathrm{d}x\mathrm{d}y \right\} \mathrm{d}z = \int_a^b \mathrm{d}z \iint_{\Omega_z} f(x,y,z)\mathrm{d}x\mathrm{d}y.$$

三、三重积分的变量代换公式

定理 6.2.1 设 f 是 $Oxyz$ 空间中闭区域 Ω 上的三元连续函数,变换

$$\varphi : \begin{cases} x = x(u,v,w) \\ y = y(u,v,w) \\ z = z(u,v,w) \end{cases}$$

把 $Ouvw$ 空间上的闭区域 Ω' 一一对应地映射为区域 Ω,而且

(1) $x(u,v,w), y(u,v,w), z(u,v,w)$ 在 Ω' 上具有连续一阶偏导数;

(2) 在 Ω' 上 φ 的 Jacobi 行列式

$$\frac{D(x,y,z)}{D(u,v,w)} \neq 0,$$

则有

$$\iiint_\Omega f(x,y,z)\mathrm{d}x\mathrm{d}y\mathrm{d}z = \iiint_{\Omega'} f(x(u,v,w),y(u,v,w),z(u,v,w)) \left| \frac{D(x,y,z)}{D(u,v,w)} \right| \mathrm{d}u\mathrm{d}v\mathrm{d}w.$$

四、利用柱坐标和球坐标变换计算三重积分

计算三重积分时,常用到两种重要的变换. 一种是柱坐标变换

$$\begin{cases} x = r\cos\theta, \\ y = r\sin\theta, \\ z = z, \end{cases}$$

这个变换的 Jacobi 行列式

$$\frac{D(x,y,z)}{D(r,\theta,z)} = r.$$

另一种是球坐标变换

$$\begin{cases} x = r\sin\varphi\cos\theta, \\ y = r\sin\varphi\sin\theta, \\ z = r\cos\varphi, \end{cases}$$

这个变换的 Jacobi 行列式

$$\frac{D(x,y,z)}{D(r,\varphi,\theta)} = r^2\sin\varphi.$$

利用变量代换公式,便可得到运用这两种变换的变量代换公式,这里就不详细写出.

例 6.2.1　计算三重积分 $\iiint\limits_{\Omega} x^3 y^2 z \mathrm{d}x\mathrm{d}y\mathrm{d}z$,其中 Ω 为曲面 $z = xy$,平面 $y = x, x = 1$ 和 $z = 0$ 所围的闭区域(见图 6.2.1).

解　因为区域 Ω 可表示为

$$\Omega = \{(x,y,z) \mid 0 \le z \le xy, 0 \le y \le x, 0 \le x \le 1\},$$

所以

$$\iiint\limits_{\Omega} x^3 y^2 z \mathrm{d}x\mathrm{d}y\mathrm{d}z = \int_0^1 x^3 \mathrm{d}x \int_0^x y^2 \mathrm{d}y \int_0^{xy} z\mathrm{d}z$$

$$= \frac{1}{2}\int_0^1 x^5 \mathrm{d}x \int_0^x y^4 \mathrm{d}y = \frac{1}{10}\int_0^1 x^{10}\mathrm{d}x = \frac{1}{110}.$$

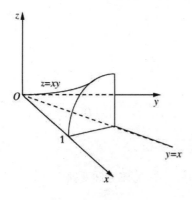

图 6.2.1

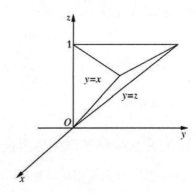

图 6.2.2

例 6.2.2　计算三重积分 $\iiint\limits_{\Omega} x\sqrt{1 + z^4}\mathrm{d}x\mathrm{d}y\mathrm{d}z$,其中 Ω 为平面 $y = x, y = z, x = 0$

和 $z = 1$ 所围的闭区域(见图 6.2.2).

解 因为区域 Ω 可表示为

$$\Omega = \{(x,y,z) \mid 0 \leqslant x \leqslant y, 0 \leqslant y \leqslant z, 0 \leqslant z \leqslant 1\},$$

所以

$$\iiint\limits_{\Omega} x\sqrt{1+z^4}\,\mathrm{d}x\mathrm{d}y\mathrm{d}z = \int_0^1 \mathrm{d}z \int_0^z \mathrm{d}y \int_0^y x\sqrt{1+z^4}\,\mathrm{d}x$$

$$= \frac{1}{2}\int_0^1 \mathrm{d}z \int_0^z y^2\sqrt{1+z^4}\,\mathrm{d}y = \frac{1}{6}\int_0^1 z^3\sqrt{1+z^4}\,\mathrm{d}z$$

$$= \frac{2\sqrt{2}-1}{36}.$$

注 本题中 Ω 还可表示为 $\Omega = \{(x,y,z) \mid y \leqslant z \leqslant 1, x \leqslant y \leqslant 1, 0 \leqslant x \leqslant 1\}$,但此时三次积分 $\int_0^1 \mathrm{d}x \int_x^1 \mathrm{d}y \int_y^1 x\sqrt{1+z^4}\,\mathrm{d}z$ 难以计算. 因此在将三重积分化为三次积分时,仍要注意积分次序的选取.

例 6.2.3 计算三次积分 $\int_0^1 \mathrm{d}x \int_0^{1-x} \mathrm{d}y \int_0^{1-x-y} (1-z)\mathrm{e}^{-(1-y-z)^2}\mathrm{d}z$.

解 直接按此积分顺序来计算则无法进行,因此考虑交换积分次序. 记 Ω 为平面 $x+y+z=1$ 与 3 个坐标平面所围的四面体,则

$$\int_0^1 \mathrm{d}x \int_0^{1-x} \mathrm{d}y \int_0^{1-x-y} (1-z)\mathrm{e}^{-(1-y-z)^2}\mathrm{d}z = \iiint\limits_{\Omega} (1-z)\mathrm{e}^{-(1-y-z)^2}\mathrm{d}x\mathrm{d}y\mathrm{d}z$$

$$= \int_0^1 \mathrm{d}z \int_0^{1-z} \mathrm{d}y \int_0^{1-y-z} (1-z)\mathrm{e}^{-(1-y-z)^2}\mathrm{d}x = \int_0^1 \mathrm{d}z \int_0^{1-z} (1-z)(1-y-z)\mathrm{e}^{-(1-y-z)^2}\mathrm{d}y$$

$$= \int_0^1 (1-z)\mathrm{d}z \int_0^{1-z} (1-y-z)\mathrm{e}^{-(1-y-z)^2}\mathrm{d}y = \frac{1}{2}\int_0^1 (1-z)(1-\mathrm{e}^{-(1-z)^2})\mathrm{d}z = \frac{1}{4\mathrm{e}}.$$

在计算三重积分时,利用积分区域的对称性也常可以简化计算. 例如,当积分区域 Ω 关于 Oxy 平面对称(即 $(x,y,z) \in \Omega \Rightarrow (x,y,-z) \in \Omega$)时,有

(1) 若 $f(x,y,z)$ 关于 z 是偶函数,即 $f(x,y,-z) = f(x,y,z)$,记 Ω 的上半部分(或下半部分)为 Ω',则

$$\iiint\limits_{\Omega} f(x,y,z)\mathrm{d}x\mathrm{d}y\mathrm{d}z = 2\iiint\limits_{\Omega'} f(x,y,z)\mathrm{d}x\mathrm{d}y\mathrm{d}z;$$

(2) 若 $f(x,y,z)$ 关于 z 是奇函数,即 $f(x,y,-z) = -f(x,y,z)$,则

$$\iiint\limits_{\Omega} f(x,y,z)\mathrm{d}x\mathrm{d}y\mathrm{d}z = 0.$$

例 6.2.4 计算三重积分 $\iiint\limits_{\Omega} (\mathrm{e}^{|z|} + 2xy + z^3)\mathrm{d}x\mathrm{d}y\mathrm{d}z$,$\Omega$ 为球面 $x^2 + y^2 + z^2 = 1$ 所围成的闭区域.

解 因为 Ω 关于 Oxy 平面对称，$\mathrm{e}^{|z|}$ 是偶函数，z^3 是奇函数，所以

$$\iiint\limits_{\Omega} \mathrm{e}^{|z|}\mathrm{d}x\mathrm{d}y\mathrm{d}z = 2\iiint\limits_{\substack{x^2+y^2+z^2\le 1\\ z\ge 0}} \mathrm{e}^z\mathrm{d}x\mathrm{d}y\mathrm{d}z, \qquad \iiint\limits_{\Omega} z^3\mathrm{d}x\mathrm{d}y\mathrm{d}z = 0.$$

同理 $\iiint\limits_{\Omega} xy\mathrm{d}x\mathrm{d}y\mathrm{d}z = 0$，所以

$$\iiint\limits_{\Omega} (\mathrm{e}^{|z|} + 2xy + z^3)\mathrm{d}x\mathrm{d}y\mathrm{d}z = 2\iiint\limits_{\substack{x^2+y^2+z^2\le 1\\ z\ge 0}} \mathrm{e}^z\mathrm{d}x\mathrm{d}y\mathrm{d}z.$$

记 Ω_z 为过点 $(0,0,z)$ 的平面 $Z = z$ 截 Ω 产生的截面在 Oxy 平面的投影，则 $\Omega_z = \{(x,y)\mid x^2 + y^2 \le 1 - z^2\}$，而 $\iint\limits_{x^2+y^2\le 1-z^2} \mathrm{d}x\mathrm{d}y$ 就是半径为 $\sqrt{1-z^2}$ 的圆的面积，其值为 $\pi(1-z^2)$，所以

$$\iiint\limits_{\substack{x^2+y^2+z^2\le 1\\ z\ge 0}} \mathrm{e}^z\mathrm{d}x\mathrm{d}y\mathrm{d}z = \int_0^1 \mathrm{e}^z\mathrm{d}z \iint\limits_{x^2+y^2\le 1-z^2} \mathrm{d}x\mathrm{d}y = \pi\int_0^1 (1-z^2)\mathrm{e}^z\mathrm{d}z = \pi.$$

于是

$$\iiint\limits_{\Omega} (\mathrm{e}^{|z|} + 2xy + z^3)\mathrm{d}x\mathrm{d}y\mathrm{d}z = 2\pi.$$

注 在计算形如 $\iiint\limits_{\Omega} f(z)g(x,y)\mathrm{d}x\mathrm{d}y\mathrm{d}z$ 的三重积分时，常用上例的方法，即先计算二重积分 $h(z) = \iint\limits_{\Omega_z} g(x,y)\mathrm{d}x\mathrm{d}y$，再计算定积分 $\int_a^b f(z)h(z)\mathrm{d}z$。

例 6.2.5 计算三重积分 $\iiint\limits_{\Omega} z\cos(x^2+y^2)\mathrm{d}x\mathrm{d}y\mathrm{d}z$，其中 Ω 为球面 $x^2+y^2+z^2 = R^2$ 与平面 $z = 0$ 在 $z \ge 0$ 部分所围成的区域$(R > 0)$。

解 记 Ω_z 为过点 $(0,0,z)(0\le z\le R)$ 的平面 $Z = z$ 截 Ω 产生的截面在 Oxy 平面的投影，则 $\Omega_z = \{(x,y)\mid x^2+y^2\le R-z^2\}$，因此

$$\iiint\limits_{\Omega} z\cos(x^2+y^2)\mathrm{d}x\mathrm{d}y\mathrm{d}x = \int_0^R z\mathrm{d}z \iint\limits_{x^2+y^2\le R^2-z^2} \cos(x^2+y^2)\mathrm{d}x\mathrm{d}y.$$

作极坐标变换 $x = r\cos\theta, y = r\sin\theta$，得

$$\iint\limits_{x^2+y^2\le R^2-z^2} \cos(x^2+y^2)\mathrm{d}x\mathrm{d}y = \int_0^{2\pi}\mathrm{d}\theta\int_0^{\sqrt{R^2-z^2}} r\cos(r^2)\mathrm{d}r$$

$$= 2\pi\int_0^{\sqrt{R^2-z^2}} r\cos(r^2)\mathrm{d}r = \pi\sin(R^2-z^2).$$

于是

$$\iiint\limits_{\Omega} z\cos(x^2+y^2)\mathrm{d}x\mathrm{d}y\mathrm{d}z = \pi\int_0^R z\sin(R^2-z^2)\mathrm{d}z$$

$$= -\frac{\pi}{2}\int_0^R \sin(R^2 - z^2)\mathrm{d}(R^2 - z^2) = \frac{\pi}{2}(1 - \cos R^2).$$

例 6.2.6 计算三重积分 $\iiint\limits_{\Omega} \sqrt{x^2 + y^2}\mathrm{d}x\mathrm{d}y\mathrm{d}z$,其中 Ω 为平面曲线 $\begin{cases} y^2 = 2z \\ x = 0 \end{cases}$ 绕 z

轴旋转一周所成的旋转曲面与平面 $z = 8$ 所围成的有界闭区域.

解 曲线 $\begin{cases} y^2 = 2z \\ x = 0 \end{cases}$ 绕 z 轴旋转一周所成的旋转曲面的方程为 $z = \frac{1}{2}(x^2 + y^2)$,

它与平面 $z = 8$ 的交线在 Oxy 平面的投影为 $\begin{cases} x^2 + y^2 = 16, \\ z = 0. \end{cases}$

作柱坐标变换 $x = r\cos\theta, y = r\sin\theta, z = z$,则 Ω 对应于区域

$$\Omega' = \left\{(r, \theta, z) \;\middle|\; \frac{1}{2}r^2 \leqslant z \leqslant 8, 0 \leqslant r \leqslant 4, 0 \leqslant \theta \leqslant 2\pi\right\}.$$

因此

$$\iiint\limits_{\Omega} \sqrt{x^2 + y^2}\mathrm{d}x\mathrm{d}y\mathrm{d}z = \iiint\limits_{\Omega'} r^2 \mathrm{d}r\mathrm{d}\theta\mathrm{d}z$$

$$= \int_0^{2\pi}\mathrm{d}\theta\int_0^4\mathrm{d}r\int_{\frac{1}{2}r^2}^8 r^2 \mathrm{d}z = 2\pi\int_0^4 r^2\left(8 - \frac{1}{2}r^2\right)\mathrm{d}r = \frac{2\,048}{15}\pi.$$

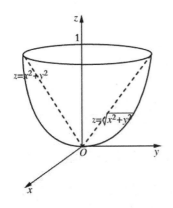

图 6.2.3

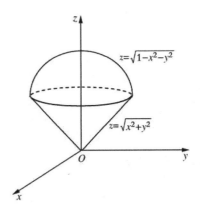

图 6.2.4

例 6.2.7 计算三重积分 $\iiint\limits_{\Omega}(x^2 + y)\sqrt{x^2 + y^2}\mathrm{d}x\mathrm{d}y\mathrm{d}z$,其中 Ω 是曲面 $z = x^2 + y^2$

和 $z = \sqrt{x^2 + y^2}$ 所围成的有界闭区域(见图 6.2.3).

解 因为 Ω 关于 Ozx 平面对称,$y\sqrt{x^2 + y^2}$ 关于 y 是奇函数,所以

$$\iiint\limits_{\Omega} y\sqrt{x^2 + y^2}\mathrm{d}x\mathrm{d}y\mathrm{d}z = 0.$$

再计算 $\iiint\limits_{\Omega} x^2 \sqrt{x^2 + y^2}\mathrm{d}x\mathrm{d}y\mathrm{d}z$. 作柱坐标变换 $x = r\cos\theta, y = r\sin\theta, z = z$, 则 Ω 对应于区域

$$\Omega' = \{(r,\theta,z) \mid r^2 \leqslant z \leqslant r, 0 \leqslant r \leqslant 1, 0 \leqslant \theta \leqslant 2\pi\}.$$

因此

$$\iiint\limits_{\Omega} x^2 \sqrt{x^2 + y^2}\mathrm{d}x\mathrm{d}y\mathrm{d}z = \iiint\limits_{\Omega'} x^2 \sqrt{x^2 + y^2}\mathrm{d}r\mathrm{d}\theta\mathrm{d}z$$

$$= \int_0^{2\pi}\mathrm{d}\theta\int_0^1\mathrm{d}r\int_{r^2}^r r^4\cos^2\theta\mathrm{d}z = \int_0^{2\pi}\cos^2\theta\mathrm{d}\theta\int_0^1 (r^5 - r^6)\,\mathrm{d}r = \frac{\pi}{42}.$$

于是

$$\iiint\limits_{\Omega} (x^2 + y) \sqrt{x^2 + y^2}\mathrm{d}x\mathrm{d}y\mathrm{d}z = \frac{\pi}{42}.$$

例 6.2.8　计算三重积分 $\iiint\limits_{\Omega} \dfrac{\sin\dfrac{\pi}{2}\sqrt{x^2 + y^2 + z^2}}{\sqrt{x^2 + y^2 + z^2}}\mathrm{d}x\mathrm{d}y\mathrm{d}z$, 其中 Ω 是曲面 $z = \sqrt{x^2 + y^2}$ 与 $z = \sqrt{1 - x^2 - y^2}$ 所围成的有界闭区域 (见图 6.2.4).

解　作球坐标变换 $x = r\sin\varphi\cos\theta, y = r\sin\varphi\sin\theta, z = r\cos\varphi$, 则 Ω 对应于区域
$$\Omega' = \{(r,\theta,z) \mid 0 \leqslant r \leqslant 1, 0 \leqslant \varphi \leqslant \pi/4, 0 \leqslant \theta \leqslant 2\pi\}.$$

因此

$$\iiint\limits_{\Omega} \frac{\sin\dfrac{\pi}{2}\sqrt{x^2 + y^2 + z^2}}{\sqrt{x^2 + y^2 + z^2}}\mathrm{d}x\mathrm{d}y\mathrm{d}z = \iiint\limits_{\Omega'} r\sin\varphi\sin\frac{\pi}{2}r\mathrm{d}r\mathrm{d}\varphi\mathrm{d}\theta$$

$$= \int_0^{2\pi}\mathrm{d}\theta\int_0^{\frac{\pi}{4}}\sin\varphi\mathrm{d}\varphi\int_0^1 r\sin\frac{\pi}{2}r\mathrm{d}r = 2\pi\left(1 - \frac{\sqrt{2}}{2}\right)\int_0^1 r\sin\frac{\pi}{2}r\mathrm{d}r = \frac{8}{\pi}\left(1 - \frac{\sqrt{2}}{2}\right).$$

例 6.2.9　计算三重积分 $\iiint\limits_{\Omega}(x + y + z)^2\mathrm{d}x\mathrm{d}y\mathrm{d}z$, 其中 Ω 为抛物面 $x^2 + y^2 = 2az$ 与球面 $x^2 + y^2 + z^2 = 3a^2(a > 0)$ 所围的区域.

解　由于 Ω 关于 Oyz 平面和 Ozx 平面都对称, 则

$$\iiint\limits_{\Omega} xy\mathrm{d}x\mathrm{d}y\mathrm{d}z = \iiint\limits_{\Omega} yz\mathrm{d}x\mathrm{d}y\mathrm{d}z = \iiint\limits_{\Omega} zx\mathrm{d}x\mathrm{d}y\mathrm{d}z = 0,$$

于是

$$\iiint\limits_{\Omega}(x + y + z)^2\mathrm{d}x\mathrm{d}y\mathrm{d}z = \iiint\limits_{\Omega}(x^2 + y^2 + z^2)\mathrm{d}x\mathrm{d}y\mathrm{d}z.$$

应用柱坐标变换 $x = r\cos\theta, y = r\sin\theta, z = z$, 便得

$$\iiint_{\Omega} (x + y + z)^2 \mathrm{d}x\mathrm{d}y\mathrm{d}z = \int_0^{2\pi} \mathrm{d}\theta \int_0^{\sqrt{2}a} r\mathrm{d}r \int_{\frac{r^2}{2a}}^{\sqrt{3a^2-r^2}} (r^2 + z^2)\mathrm{d}z$$

$$= 2\pi \int_0^{\sqrt{2}a} \left(r^2\sqrt{3a^2 - r^2} - \frac{r^4}{2a} + \frac{1}{3}(3a^2 - r^2)^{\frac{3}{2}} - \frac{r^6}{24a^3} \right) r\mathrm{d}r$$

$$= 2\pi \int_0^{\sqrt{2}a} \left(3a^2\sqrt{3a^2 - r^2} - \frac{2}{3}(3a^2 - r^2)^{\frac{3}{2}} - \frac{r^4}{2a} - \frac{r^6}{24a^3} \right) r\mathrm{d}r$$

$$= \frac{108\sqrt{3} - 97}{30}\pi a^5.$$

例 6.2.10 求曲面 $(x^2 + y^2 + z^2)^3 = a^3 xyz(a > 0)$ 所围立体的体积.

解 由于乘积 xyz 必须非负以及立体的对称性,故所求立体体积是其在第一卦限部分 Ω 的体积的 4 倍.

作球坐标变换 $x = r\sin\varphi\cos\theta, y = r\sin\varphi\sin\theta, z = r\cos\varphi$,则 Ω 对应于区域

$$\Omega' = \left\{ (r,\varphi,\theta) \mid 0 \leqslant r \leqslant a\sqrt[3]{\sin\theta\cos\theta\sin^2\varphi\cos\varphi}, 0 \leqslant \varphi \leqslant \pi/2, 0 \leqslant \theta \leqslant \pi/2 \right\}.$$

于是,所求体积

$$V = 4\iiint_{\Omega} \mathrm{d}x\mathrm{d}y\mathrm{d}z = 4\iiint_{\Omega'} r^2\sin\varphi\mathrm{d}r\mathrm{d}\varphi\mathrm{d}\theta$$

$$= 4\int_0^{\frac{\pi}{2}} \mathrm{d}\theta \int_0^{\frac{\pi}{2}} \mathrm{d}\varphi \int_0^{a\sqrt[3]{\sin\theta\cos\theta\sin^2\varphi\cos\varphi}} r^2\sin\varphi\mathrm{d}r$$

$$= \frac{4a^3}{3}\int_0^{\frac{\pi}{2}} \mathrm{d}\theta \int_0^{\frac{\pi}{2}} \sin\theta\cos\theta\sin^3\varphi\cos\varphi\mathrm{d}\varphi = \frac{a^3}{6}.$$

例 6.2.11 求极限 $\lim\limits_{t \to 0+0} \dfrac{1}{t^4} \iiint\limits_{\frac{x^2}{a^2}+\frac{y^2}{b^2}+\frac{z^2}{c^2} \leqslant t^2} f\left(\sqrt{\dfrac{x^2}{a^2} + \dfrac{y^2}{b^2} + \dfrac{z^2}{c^2}}\right)\mathrm{d}x\mathrm{d}y\mathrm{d}z (a,b,c > 0)$,其中一元函数 f 在原点附近连续,$f(0) = 0$,且 $f'(0)$ 存在.

解 作广义球坐标变换 $x = ar\sin\varphi\cos\theta, y = br\sin\varphi\sin\theta, z = cr\cos\varphi$,则 $\left\{ (x,y,z) \mid \dfrac{x^2}{a^2} + \dfrac{y^2}{b^2} + \dfrac{z^2}{c^2} \leqslant t^2 \right\}$ 对应于 $\{ (r,\varphi,\theta) \mid 0 \leqslant r \leqslant t, 0 \leqslant \varphi \leqslant \pi, 0 \leqslant \theta \leqslant 2\pi \}$,且 $\dfrac{D(x,y,z)}{D(r,\varphi,\theta)} = abcr^2\sin\varphi$,那么当 $t > 0$,且在 0 附近时,有

$$\iiint\limits_{\frac{x^2}{a^2}+\frac{y^2}{b^2}+\frac{z^2}{c^2} \leqslant t^2} f\left(\sqrt{\frac{x^2}{a^2} + \frac{y^2}{b^2} + \frac{z^2}{c^2}}\right)\mathrm{d}x\mathrm{d}y\mathrm{d}z$$

$$= abc\int_0^{2\pi} \mathrm{d}\theta \int_0^{\pi} \mathrm{d}\varphi \int_0^t f(r)r^2\sin\varphi\mathrm{d}r = 4abc\pi\int_0^t r^2 f(r)\mathrm{d}r.$$

于是,利用 L' Hospital 法则,得

$$\lim_{t \to 0+0} \frac{1}{t^4} \iiint_{x^2+y^2+z^2 \leqslant t^2} f\left(\sqrt{\frac{x^2}{a^2} + \frac{y^2}{b^2} + \frac{z^2}{c^2}}\right) \mathrm{d}x\mathrm{d}y\mathrm{d}z$$

$$= \lim_{t \to 0+0} \frac{4abc\pi \int_0^t r^2 f(r)\,\mathrm{d}r}{t^4}$$

$$= \lim_{t \to 0+0} \frac{4abc\pi t^2 f(t)}{4t^3} = \lim_{t \to 0+0} \frac{abc\pi f(t)}{t}$$

$$= \lim_{t \to 0+0} \frac{abc\pi[f(t) - f(0)]}{t - 0} = abc\pi f'(0).$$

例 6.2.12　计算三重积分 $\iiint_{\Omega}(x^2 + y^2 + z^2)\mathrm{d}x\mathrm{d}y\mathrm{d}z$，其中 Ω 是曲面 $x^2 + y^2 + z^2 = x + y + z$ 所围成的闭区域.

解　曲面方程可写为 $\left(x - \dfrac{1}{2}\right)^2 + \left(y - \dfrac{1}{2}\right)^2 + \left(z - \dfrac{1}{2}\right)^2 = \dfrac{3}{4}$. 作变换 $x = u + \dfrac{1}{2}$, $y = v + \dfrac{1}{2}, z = w + \dfrac{1}{2}$，则 Ω 对应于区域

$$\Omega' = \left\{(u,v,w) \mid u^2 + v^2 + w^2 \leqslant \frac{3}{4}\right\},$$

且 $\dfrac{D(x,y,z)}{D(u,v,w)} = 1$. 因此

$$\iiint_{\Omega}(x^2 + y^2 + z^2)\mathrm{d}x\mathrm{d}y\mathrm{d}z = \iiint_{u^2+v^2+w^2 \leqslant \frac{3}{4}}\left(u^2 + v^2 + w^2 + u + v + w + \frac{3}{4}\right)\mathrm{d}u\mathrm{d}v\mathrm{d}w.$$

由对称性可得

$$\iiint_{u^2+v^2+w^2 \leqslant \frac{3}{4}} u\,\mathrm{d}u\mathrm{d}v\mathrm{d}w = \iiint_{u^2+v^2+w^2 \leqslant \frac{3}{4}} v\,\mathrm{d}u\mathrm{d}v\mathrm{d}w = \iiint_{u^2+v^2+w^2 \leqslant \frac{3}{4}} w\,\mathrm{d}u\mathrm{d}v\mathrm{d}w = 0,$$

且显然有 $\displaystyle\iiint_{u^2+v^2+w^2 \leqslant \frac{3}{4}} \mathrm{d}u\mathrm{d}v\mathrm{d}w = \frac{\sqrt{3}\pi}{2}$（它是半径为 $\dfrac{\sqrt{3}}{2}$ 的球体积）.

作球坐标变换 $u = r\sin\varphi\cos\theta, v = r\sin\varphi\sin\theta, w = r\cos\varphi$，则

$$\iiint_{u^2+v^2+w^2 \leqslant \frac{3}{4}}(u^2 + v^2 + w^2)\mathrm{d}u\mathrm{d}v\mathrm{d}w = \int_0^{2\pi}\mathrm{d}\theta\int_0^{\pi}\mathrm{d}\varphi\int_0^{\frac{\sqrt{3}}{2}} r^4\sin\varphi\,\mathrm{d}r = \frac{9\pi}{40}\sqrt{3}.$$

于是

$$\iiint_{\Omega}(x^2 + y^2 + z^2)\mathrm{d}x\mathrm{d}y\mathrm{d}z = \frac{3\sqrt{3}\pi}{5}.$$

例 6.2.13　计算三重积分 $\iiint_{\Omega}(y - z)\arctan(1 + \mathrm{e}^z)\mathrm{d}x\mathrm{d}y\mathrm{d}z$，其中 Ω 是曲面

$x^2 + \dfrac{1}{4}(y-z)^2 = R^2$ 与 $z = 0, z = h(R > 0, h > 0)$ 所围成的有界闭区域.

解 作变换 $x = u, y - z = 2v, z = w$, 则 Ω 对应于区域
$$\Omega' = \{(u,v,w) \mid 0 \leqslant w \leqslant h, u^2 + v^2 \leqslant R^2\},$$
且
$$\frac{D(x,y,z)}{D(u,v,w)} = \begin{vmatrix} 1 & 0 & 0 \\ 0 & 2 & 1 \\ 0 & 0 & 1 \end{vmatrix} = 2.$$

因此
$$\iiint\limits_{\Omega} (y-z)\arctan(1+\mathrm{e}^z)\mathrm{d}x\mathrm{d}y\mathrm{d}z = 4\iiint\limits_{\Omega'} v\arctan(1+\mathrm{e}^w)\mathrm{d}u\mathrm{d}v\mathrm{d}w$$

$$= 4\int_0^h \arctan(1+\mathrm{e}^w)\mathrm{d}w \iint\limits_{u^2+v^2 \leqslant R^2} v\mathrm{d}u\mathrm{d}v = 4\int_0^h 0\mathrm{d}w = 0.$$

这里利用了对称性, 得 $\iint\limits_{u^2+v^2 \leqslant R^2} v\mathrm{d}u\mathrm{d}v = 0$.

例 6.2.14 计算三重积分 $\iiint\limits_{\Omega} (x^2 + 2y^2 + 3z^2)\mathrm{d}x\mathrm{d}y\mathrm{d}z$, 其中 Ω 是椭球面 $\dfrac{x^2}{4} + \dfrac{y^2}{9} + \dfrac{z^2}{16} = 1$ 所围成的闭区域.

解法一 记 Ω_x 为过 $(x,0,0)(-2 \leqslant x \leqslant 2)$ 点的平面 $X = x$ 截 Ω 产生的截面在 Oyz 平面的投影, 则 $\Omega_x = \left\{(y,z) \,\middle|\, \dfrac{y^2}{9} + \dfrac{z^2}{16} \leqslant 1 - \dfrac{x^2}{4}\right\}$. 显然
$$\iint\limits_{\Omega_x} \mathrm{d}y\mathrm{d}z = \iint\limits_{\frac{y^2}{9}+\frac{z^2}{16} \leqslant 1-\frac{x^2}{4}} \mathrm{d}y\mathrm{d}z = 12\pi\left(1 - \frac{x^2}{4}\right),$$
因此
$$\iiint\limits_{\Omega} x^2\mathrm{d}x\mathrm{d}y\mathrm{d}z = \int_{-2}^2 x^2\mathrm{d}x \iint\limits_{\Omega_x} \mathrm{d}y\mathrm{d}z = \int_{-2}^2 12\pi\left(1 - \frac{x^2}{4}\right)x^2\mathrm{d}x = \frac{128}{5}\pi.$$
同理
$$\iiint\limits_{\Omega} y^2\mathrm{d}x\mathrm{d}y\mathrm{d}z = \int_{-3}^3 y^2\mathrm{d}y \iint\limits_{\frac{x^2}{4}+\frac{z^2}{16} \leqslant 1-\frac{y^2}{9}} \mathrm{d}z\mathrm{d}x = \int_{-3}^3 8\pi\left(1 - \frac{y^2}{9}\right)y^2\mathrm{d}y = \frac{288}{5}\pi.$$

$$\iiint\limits_{\Omega} z^2\mathrm{d}x\mathrm{d}y\mathrm{d}z = \int_{-4}^4 z^2\mathrm{d}z \iint\limits_{\frac{x^2}{4}+\frac{y^2}{9} \leqslant 1-\frac{z^2}{16}} \mathrm{d}x\mathrm{d}y = \int_{-4}^4 6\pi\left(1 - \frac{z^2}{16}\right)z^2\mathrm{d}z = \frac{512}{5}\pi.$$

于是
$$\iiint\limits_{\Omega} (x^2 + 2y^2 + 3z^2)\mathrm{d}x\mathrm{d}y\mathrm{d}z = \iiint\limits_{\Omega} x^2\mathrm{d}x\mathrm{d}y\mathrm{d}z + 2\iiint\limits_{\Omega} y^2\mathrm{d}x\mathrm{d}y\mathrm{d}z + 3\iiint\limits_{\Omega} z^2\mathrm{d}x\mathrm{d}y\mathrm{d}z = 448\pi.$$

解法二 作变换 $x = 2u, y = 3v, z = 4w$，则 $\dfrac{D(x,y,z)}{D(u,v,w)} = 24$，因此

$$\iiint\limits_{\Omega} (x^2 + 2y^2 + 3z^2)\mathrm{d}x\mathrm{d}y\mathrm{d}z = 24 \iiint\limits_{u^2+v^2+w^2\leqslant 1} (4u^2 + 18v^2 + 48w^2)\mathrm{d}u\mathrm{d}v\mathrm{d}w.$$

由对称性知

$$\iiint\limits_{u^2+v^2+w^2\leqslant 1} u^2\mathrm{d}u\mathrm{d}v\mathrm{d}w = \iiint\limits_{u^2+v^2+w^2\leqslant 1} v^2\mathrm{d}u\mathrm{d}v\mathrm{d}w = \iiint\limits_{u^2+v^2+w^2\leqslant 1} w^2\mathrm{d}u\mathrm{d}v\mathrm{d}w.$$

因此

$$\iiint\limits_{u^2+v^2+w^2\leqslant 1} (4u^2 + 18v^2 + 48w^2)\mathrm{d}u\mathrm{d}v\mathrm{d}w$$

$$= \frac{70}{3} \iiint\limits_{u^2+v^2+w^2\leqslant 1} (u^2 + v^2 + w^2)\mathrm{d}u\mathrm{d}v\mathrm{d}w$$

$$= \frac{70}{3} \int_0^{2\pi} \mathrm{d}\theta \int_0^{\pi} \mathrm{d}\varphi \int_0^1 r^4\sin\varphi \mathrm{d}r = \frac{56}{3}\pi,$$

其中在计算三重积分时利用了球坐标变换. 于是

$$\iiint\limits_{\Omega} (x^2 + 2y^2 + 3z^2)\mathrm{d}x\mathrm{d}y\mathrm{d}z = 448\pi.$$

例 6.2.15 设 $f(x_1, x_2, x_3) = \sum\limits_{i,j=1}^{3} a_{ij}x_i x_j$，其中 $A = (a_{ij})_{3\times 3}$ 为三阶正定矩阵. 计算三重积分

$$I = \iiint\limits_{\Omega} \mathrm{e}^{\sqrt{f(x_1,x_2,x_3)}}\mathrm{d}x_1\mathrm{d}x_2\mathrm{d}x_3,$$

其中 Ω 是空间区域 $\{(x_1, x_2, x_3) \mid f(x_1, x_2, x_3) \leqslant 1\}$.

解 因为 $A = (a_{ij})_{3\times 3}$ 为三阶正定矩阵，所以存在三阶正交矩阵 S，使得

$$S^{\mathrm{T}}AS = \begin{pmatrix} \lambda_1 & 0 & 0 \\ 0 & \lambda_2 & 0 \\ 0 & 0 & \lambda_3 \end{pmatrix},$$

其中 $\lambda_1, \lambda_2, \lambda_3$ 为 A 的特征值，且它们均为正数.

作变换 $\begin{pmatrix} x_1 \\ x_2 \\ x_3 \end{pmatrix} = S \begin{pmatrix} y_1 \\ y_2 \\ y_3 \end{pmatrix}$，则

$$f(x_1, x_2, x_3) = \lambda_1 y_1^2 + \lambda_2 y_2^2 + \lambda_3 y_3^2,$$

且变换的 Jacobi 矩阵为 S，它满足 $|\det(S)| = 1$. 于是

$$I = \iiint\limits_{\Omega} \mathrm{e}^{\sqrt{f(x_1,x_2,x_3)}}\mathrm{d}x_1\mathrm{d}x_2\mathrm{d}x_3 = \iiint\limits_{\lambda_1 y_1^2 + \lambda_2 y_2^2 + \lambda_3 y_3^2 \leqslant 1} \mathrm{e}^{\sqrt{\lambda_1 y_1^2 + \lambda_2 y_2^2 + \lambda_3 y_3^2}}\mathrm{d}y_1\mathrm{d}y_2\mathrm{d}y_3.$$

再作广义球坐标变换

$$y_1 = \frac{1}{\sqrt{\lambda_1}} r\sin\varphi\cos\theta, \quad y_2 = \frac{1}{\sqrt{\lambda_2}} r\sin\varphi\cos\theta, \quad y_3 = \frac{1}{\sqrt{\lambda_3}} r\cos\varphi,$$

则

$$I = \frac{1}{\sqrt{\lambda_1\lambda_2\lambda_3}} \int_0^{2\pi} d\theta \int_0^{\pi} \sin\varphi d\varphi \int_0^1 r^2 e^r dr = \frac{1}{\sqrt{\lambda_1\lambda_2\lambda_3}} \int_0^1 r^2 e^r dr$$

$$= \frac{4\pi}{\sqrt{\lambda_1\lambda_2\lambda_3}}(e-2) = \frac{4\pi(e-2)}{\sqrt{\det(A)}}.$$

例 6.2.16　设 $0 < a < b, 0 < p < q, h > 0$. 计算三重积分 $\iiint\limits_{\Omega} x^2 dxdydz$, 其中 Ω 是曲面 $z = ay^2, z = by^2 (y > 0), z = px, z = qx$ 和 $z = h$ 所围区域.

解　作变量代换

$$u = \frac{x}{z}, \quad v = \frac{y^2}{z}, \quad w = z,$$

即

$$x = uw, \quad y = \sqrt{vw}, \quad z = w,$$

则 Ω 变为

$$\Omega' = \left\{ (u,v,w) \,\middle|\, \frac{1}{q} \leqslant u \leqslant \frac{1}{p}, \frac{1}{b} \leqslant v \leqslant \frac{1}{a}, 0 \leqslant w \leqslant h \right\},$$

且

$$\frac{D(x,y,z)}{D(u,v,w)} = \begin{vmatrix} w & 0 & u \\ 0 & \frac{1}{2}v^{-\frac{1}{2}}w^{\frac{1}{2}} & \frac{1}{2}v^{\frac{1}{2}}w^{-\frac{1}{2}} \\ 0 & 0 & 1 \end{vmatrix} = \frac{1}{2}v^{-\frac{1}{2}}w^{\frac{3}{2}}.$$

于是

$$\iiint\limits_{\Omega} x^2 dxdydz = \iiint\limits_{\Omega'} u^2 w^2 v^{-\frac{1}{2}} w^{\frac{3}{2}} dudvdw$$

$$= \frac{1}{2} \int_0^h dw \int_{\frac{1}{b}}^{\frac{1}{a}} dv \int_{\frac{1}{q}}^{\frac{1}{p}} u^2 v^{-\frac{1}{2}} w^{\frac{7}{2}} du$$

$$= \frac{1}{6} \left(\frac{1}{p^3} - \frac{1}{q^3} \right) \int_0^h w^{\frac{7}{2}} dw \int_{\frac{1}{b}}^{\frac{1}{a}} v^{-\frac{1}{2}} dv$$

$$= \frac{2}{27} \left(\frac{1}{p^3} - \frac{1}{q^3} \right) \left(\frac{1}{\sqrt{a}} - \frac{1}{\sqrt{b}} \right) h^{\frac{9}{2}}.$$

例 6.2.17　设 $\Omega = \{ (x,y,z) \mid x^2 + y^2 + z^2 \leqslant 1 \}$, 证明

$$\frac{4\pi}{3} < \iiint\limits_{\Omega} \sqrt[5]{x + 2y - 2z + 29} dxdydz < \frac{8\pi}{3}.$$

解 作函数 $f(x,y,z) = x + 2y - 2z + 29$. 由于

$$f'_x(x,y,z) = 1, \quad f'_y(x,y,z) = 2, \quad f'_z(x,y,z) = -2,$$

所以函数 $f(x,y,z)$ 在 Ω 的内部无驻点, 因此必在 Ω 的边界上取到最大、最小值.

作 Lagrange 函数

$$L(x,y,z,\lambda) = x + 2y - 2z + 29 + \lambda(x^2 + y^2 + z^2 - 1),$$

并令

$$\begin{cases} L'_x = 1 + 2\lambda x = 0, \\ L'_y = 2 + 2\lambda y = 0, \\ L'_z = -2 + 2\lambda z = 0, \\ L'_\lambda = x^2 + y^2 + z^2 - 1 = 0, \end{cases}$$

得可能极值点 $\left(\dfrac{1}{3}, \dfrac{2}{3}, -\dfrac{2}{3}\right)$ 和 $\left(-\dfrac{1}{3}, -\dfrac{2}{3}, \dfrac{2}{3}\right)$.

由于 $f(x,y,z)$ 在 Ω 的边界 $\{(x,y,z) \mid x^2 + y^2 + z^2 = 1\}$ 上连续, 所以必取到最大值与最小值. 因此 $f\left(\dfrac{1}{3}, \dfrac{2}{3}, -\dfrac{2}{3}\right) = 32$ 为最大值, $f\left(-\dfrac{1}{3}, -\dfrac{2}{3}, \dfrac{2}{3}\right) = 26$ 为最小值. 它们也分别是 $f(x,y,z)$ 在 Ω 上的最大、最小值. 注意到 $f(x,y,z)$ 在 Ω 上不恒为常数, 于是

$$\frac{4\pi}{3} < \frac{4\sqrt[5]{26}\pi}{3} = \iiint_\Omega \sqrt[5]{26}\,\mathrm{d}x\mathrm{d}y\mathrm{d}z < \iiint_\Omega \sqrt[5]{x + 2y - 2z + 29}\,\mathrm{d}x\mathrm{d}y\mathrm{d}z < \iiint_\Omega \sqrt[5]{32}\,\mathrm{d}x\mathrm{d}y\mathrm{d}z = \frac{8\pi}{3}.$$

习　题

1. 适当交换积分次序, 计算 $\displaystyle\int_0^1 \mathrm{d}x \int_0^x \mathrm{d}y \int_0^y \frac{\sin z}{(1-z)^2}\mathrm{d}z$.

2. 计算下列三重积分:

(1) $\displaystyle\iiint_\Omega (x + y + z)\,\mathrm{d}x\mathrm{d}y\mathrm{d}z$, 其中 Ω 是由平面 $x + y + z = 1$ 以及 3 个坐标平面所围成的闭区域.

(2) $\displaystyle\iiint_\Omega \frac{\mathrm{e}^z}{\sqrt{x^2 + y^2}}\mathrm{d}x\mathrm{d}y\mathrm{d}z$, 其中 Ω 是由 $z = \sqrt{x^2 + y^2}$, $z = 1$ 和 $z = 2$ 所围成的闭区域;

(3) $\displaystyle\iiint_\Omega (x + z)\,\mathrm{d}x\mathrm{d}y\mathrm{d}z$, 其中 Ω 是由 $z = \sqrt{x^2 + y^2}$ 与 $z = \sqrt{1 - x^2 - y^2}$ 所围成的闭区域;

(4) $\displaystyle\iiint_\Omega \sqrt{1 - \frac{x^2}{a^2} - \frac{y^2}{b^2} - \frac{z^2}{c^2}}\mathrm{d}x\mathrm{d}y\mathrm{d}z$, 其中 Ω 是由 $\dfrac{x^2}{a^2} + \dfrac{y^2}{b^2} + \dfrac{z^2}{c^2} = 1$ 所围成的闭区域;

(5) $\displaystyle\iiint_\Omega (x^2 + y^2)\,\mathrm{d}x\mathrm{d}y\mathrm{d}z$, 其中 Ω 是由 $x^2 + y^2 = 2z$ 与 $z = 2$ 所围成的闭区域;

(6) $\displaystyle\iiint_\Omega (x^2 + y^2 + z^2)\,\mathrm{d}x\mathrm{d}y\mathrm{d}z$, 其中 Ω 是由 $\dfrac{z^2}{c^2} = \dfrac{x^2}{a^2} + \dfrac{y^2}{b^2}$ 与平面 $z = c$ 所围成的闭区域 $(a,b,c > 0)$;

(7) $\displaystyle\iiint\limits_{\Omega} \frac{\mathrm{d}x\mathrm{d}y\mathrm{d}z}{x^2 + y^2 + (z-2)^2}$,其中 Ω 是由 $x^2 + y^2 + z^2 = 1$ 所围成的闭区域.

3. 计算三重积分 $\displaystyle\iiint\limits_{\Omega} (x + y + z)^2 \mathrm{d}x\mathrm{d}y\mathrm{d}z$,其中 Ω 为抛物体 $2az \geqslant x^2 + y^2$ 与球体 $x^2 + y^2 + z^2 \leqslant 3a^2$ 的公共部分 $(a > 0)$.

4. 计算三重积分 $\displaystyle\iiint\limits_{\Omega} \frac{xyz\mathrm{d}x\mathrm{d}y\mathrm{d}z}{\sqrt{a^2x^2 + b^2y^2 + c^2z^2}}$,其中 Ω 为球体 $x^2 + y^2 + z^2 \leqslant R^2$ 在 $x \geqslant 0, y \geqslant 0$, $z \geqslant 0$ 的部分 $(a > b > c > 0)$.

5. 计算三重积分 $\displaystyle\iiint\limits_{\Omega} (x^2 + y^2) \mathrm{d}x\mathrm{d}y\mathrm{d}z$,其中 Ω 为平面曲线 $\begin{cases} y^2 - (z-1)^2 = 1 \\ x = 0 \end{cases}$ 绕 z 轴旋转一周所成的旋转曲面与平面 $z = 0, z = 2$ 所围成的有界闭区域.

6. 求由曲面 $(z+1)^2 = (x - z - 1)^2 + y^2$ 与平面 $z = 0$ 所围成的立体的体积.

7. 设一元函数 f 在 $[0,1]$ 上连续,证明:
$$\int_0^1 \mathrm{d}x \int_0^x \mathrm{d}y \int_0^y f(x)f(y)f(z)\,\mathrm{d}z = \frac{1}{3!}\left(\int_0^1 f(x)\,\mathrm{d}x\right)^3.$$

8. 设一元函数 f 在 $[0, +\infty)$ 上连续,且恒大于零. 记
$$F(t) = \frac{\displaystyle\iiint\limits_{\Omega(t)} f(x^2 + y^2 + z^2)\,\mathrm{d}x\mathrm{d}y\mathrm{d}z}{\displaystyle\iint\limits_{D(t)} f(x^2 + y^2)\,\mathrm{d}x\mathrm{d}y}, \quad G(t) = \frac{\displaystyle\iint\limits_{D(t)} f(x^2 + y^2)\,\mathrm{d}x\mathrm{d}y}{\displaystyle\int_{-t}^{t} f(x^2)\,\mathrm{d}x}, \quad t > 0,$$
其中 $\Omega(t) = \{(x,y,z) \mid x^2 + y^2 + z^2 \leqslant t^2\}$,$D(t) = \{(x,y,z) \mid x^2 + y^2 \leqslant t^2\}$.

(1) 证明函数 $F(t)$ 在 $(0, +\infty)$ 上单调增加;

(2) 证明:在 $(0, +\infty)$ 上成立 $F(t) > \dfrac{2}{\pi} G(t)$.

§6.3　重积分的应用和含参变量积分

知识要点

一、空间区域的体积

利用二重积分可以计算一些曲顶柱体的体积,它只是利用三重积分计算体积的一个特例. 已经知道,$Oxyz$ 空间的区域 Ω 的体积为 $V = \displaystyle\iiint\limits_{\Omega} \mathrm{d}V$. 若 Ω 可以表示为
$$\Omega = \{(x,y,z) \mid z_1(x,y) \leqslant z \leqslant z_2(x,y), (x,y) \in D\},$$
则
$$V = \iiint\limits_{\Omega} \mathrm{d}x\mathrm{d}y\mathrm{d}z = \iint\limits_{D}\left\{\int_{z_1(x,y)}^{z_2(x,y)} \mathrm{d}z\right\}\mathrm{d}x\mathrm{d}y = \iint\limits_{D}[z_2(x,y) - z_1(x,y)]\,\mathrm{d}x\mathrm{d}y.$$
这就是利用二重积分计算区域的体积的计算公式.

二、曲面的面积

利用二重积分可以计算平面图形的面积. 进一步, 它也可以用来计算曲面的面积.

设曲面 Σ 的参数方程为

$$\begin{cases} x = x(u,v), \\ y = y(u,v), \quad (u,v) \in D, \\ z = z(u,v), \end{cases}$$

若该方程中各函数具有连续的一阶偏导数, 且矩阵 $\begin{pmatrix} x'_u & x'_v \\ y'_u & y'_v \\ z'_u & z'_v \end{pmatrix}$ 满秩, 则曲面 Σ 的面积

为

$$S = \iint\limits_D \sqrt{EG - F^2}\, du dv,$$

其中 $E = x_u'^2 + y_u'^2 + z_u'^2, G = x_v'^2 + y_v'^2 + z_v'^2, F = x'_u x'_v + y'_u y'_v + z'_u z'_v$. 注意以下等式成立

$$EG - F^2 = \left[\frac{D(y,z)}{D(u,v)}\right]^2 + \left[\frac{D(z,x)}{D(u,v)}\right]^2 + \left[\frac{D(x,y)}{D(u,v)}\right]^2, \quad (u,v) \in D.$$

特别地, 若曲面 Σ 的方程为

$$z = f(x,y), \quad (x,y) \in D,$$

则它的面积为

$$S = \iint\limits_D \sqrt{1 + f_x'^2 + f_y'^2}\, dx dy.$$

三、物体的质量和质心

以下我们只给出利用三重积分计算空间物体的物理量的方法, 对于平面物体, 也有类似的利用二重积分进行计算的公式.

若一物体占有空间区域 Ω, 在点 (x,y,z) 处的密度为 $\rho(x,y,z)$, 则该物体的质量为

$$m = \iiint\limits_\Omega \rho(x,y,z)\, dV,$$

且物体的质心的坐标 $(\bar{x}, \bar{y}, \bar{z})$ 这样计算:

$$\bar{x} = \frac{1}{m}\iiint\limits_\Omega x\rho(x,y,z)\, dV, \quad \bar{y} = \frac{1}{m}\iiint\limits_\Omega y\rho(x,y,z)\, dV, \quad \bar{z} = \frac{1}{m}\iiint\limits_\Omega z\rho(x,y,z)\, dV.$$

四、物体的转动惯量

若一物体占有空间区域 Ω,在点 (x,y,z) 处的密度为 $\rho(x,y,z)$,则该物体关于 3 个坐标轴的转动惯量为

$$I_x = \iiint\limits_{\Omega} (y^2 + z^2)\rho(x,y,z)\,\mathrm{d}V,$$

$$I_y = \iiint\limits_{\Omega} (x^2 + z^2)\rho(x,y,z)\,\mathrm{d}V,$$

$$I_z = \iiint\limits_{\Omega} (x^2 + y^2)\rho(x,y,z)\,\mathrm{d}V.$$

关于原点的转动惯量为

$$I_0 = \iiint\limits_{\Omega} (x^2 + y^2 + z^2)\rho(x,y,z)\,\mathrm{d}V.$$

关于 3 个坐标平面的转动惯量为

$$I_{xy} = \iiint\limits_{\Omega} z^2\rho(x,y,z)\,\mathrm{d}V,\quad I_{yz} = \iiint\limits_{\Omega} x^2\rho(x,y,z)\,\mathrm{d}V,\quad I_{zx} = \iiint\limits_{\Omega} y^2\rho(x,y,z)\,\mathrm{d}V.$$

五、物体的引力

若一物体占有空间区域 Ω,在点 (x,y,z) 处的密度为 $\rho(x,y,z)$,则该物体对位于 Ω 之外一点 $M(x_0,y_0,z_0)$ 处的单位质量的引力 $\boldsymbol{F} = (F_x, F_y, F_z)$ 可按以下公式计算:

$$F_x = G\iiint\limits_{\Omega} \frac{\rho(x,y,z)(x - x_0)}{r^3}\mathrm{d}V,$$

$$F_y = G\iiint\limits_{\Omega} \frac{\rho(x,y,z)(y - y_0)}{r^3}\mathrm{d}V,$$

$$F_z = G\iiint\limits_{\Omega} \frac{\rho(x,y,z)(z - z_0)}{r^3}\mathrm{d}V,$$

其中 G 是引力常数,$r = \sqrt{(x - x_0)^2 + (y - y_0)^2 + (z - z_0)^2}$.

例 题 分 析

例 6.3.1 (1) 求曲面 $y = x^2 + z^2$,$y = 2(x^2 + z^2)$,平面 $z = x$,$z = x^2$ 所围立体的体积;

(2) 求空间立体 $\Omega = \left\{(x,y,z)\,\middle|\, 0 \leqslant \dfrac{x^2}{a^2} + \dfrac{y^2}{b^2} - \dfrac{z^2}{c^2} \leqslant 1, -c \leqslant z \leqslant c\right\}$ 的体积

(见图 6.3.1,$a,b,c > 0$).

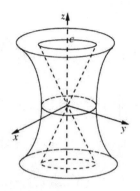

图 6.3.1

解　（1）所围立体在 Ozx 平面的投影为
$$D = \{(z,x) \mid 0 \leqslant x \leqslant 1, x^2 \leqslant z \leqslant x\},$$
于是所求的立体体积
$$V = \iint_D [2(x^2 + z^2) - (x^2 + z^2)] \mathrm{d}z\mathrm{d}x = \int_0^1 \mathrm{d}x \int_{x^2}^x (x^2 + z^2)\mathrm{d}z$$

$$= \int_0^1 \left(\frac{4}{3}x^3 - x^4 - \frac{1}{3}x^6\right)\mathrm{d}x = \frac{3}{35}.$$

（2）记 $\Omega_1 = \left\{(x,y,z) \left| \dfrac{x^2}{a^2} + \dfrac{y^2}{b^2} - \dfrac{z^2}{c^2} \leqslant 1, -c \leqslant z \leqslant c\right.\right\}$，并记 Ω_{1z} 为过点 $(0,0,z)$ 的平面 $Z = z$ 截 Ω_1 产生的截面在 Oxy 平面的投影. 显然 Ω_{1z} 的面积为 $\pi ab\left(1 + \dfrac{z^2}{c^2}\right)$，则 Ω_1 的体积为
$$V_1 = \iiint_{\Omega_1} \mathrm{d}x\mathrm{d}y\mathrm{d}z = \int_{-c}^c \mathrm{d}z \iint_{\Omega_{1z}} \mathrm{d}x\mathrm{d}y = \int_{-c}^c \pi ab\left(1 + \frac{z^2}{c^2}\right)\mathrm{d}z = \frac{8}{3}\pi abc.$$

记 $\Omega_2 = \left\{(x,y,z) \left| \dfrac{x^2}{a^2} + \dfrac{y^2}{b^2} \leqslant \dfrac{z^2}{c^2}, -c \leqslant z \leqslant c\right.\right\}$，并记 Ω_{2z} 为过点 $(0,0,z)$ 的平面 $Z = z$ 截 Ω_2 产生的截面在 Oxy 平面的投影. 显然，Ω_{2z} 的面积为 $\pi ab\dfrac{z^2}{c^2}$，则 Ω_2 的体积为
$$V_2 = \iiint_{\Omega_2} \mathrm{d}x\mathrm{d}y\mathrm{d}z = \int_{-c}^c \mathrm{d}z \iint_{\Omega_{2z}} \mathrm{d}x\mathrm{d}y = \int_{-c}^c \pi ab\frac{z^2}{c^2}\mathrm{d}z = \frac{2}{3}\pi abc.$$
于是，Ω 的体积 $V = V_1 - V_2 = 2\pi abc.$

例 6.3.2　求曲面 $\left(\dfrac{x^2}{a^2} + \dfrac{y^2}{b^2}\right)^2 + \dfrac{z^4}{c^4} = 1$ 所围立体的体积（$a,b,c > 0$）.

解　由于立体关于每个坐标平面都对称，因此只要计算该立体在第一卦限部

分的体积再乘以 8,便是总体积. 记该立体在第一卦限部分为 Ω,即

$$\Omega = \left\{ (x,y,z) \,\middle|\, 0 \leqslant z \leqslant c \sqrt[4]{1 - \left(\frac{x^2}{a^2} + \frac{y^2}{b^2} \right)^2}, \quad \frac{x^2}{a^2} + \frac{y^2}{b^2} \leqslant 1, x \geqslant 0, y \geqslant 0 \right\},$$

那么所求立体的体积 $V = 8 \iiint\limits_{\Omega} \mathrm{d}x\mathrm{d}y\mathrm{d}z$.

作广义柱坐标变换 $x = ar\cos\theta, y = br\sin\theta, z = z$,得

$$\iiint\limits_{\Omega} \mathrm{d}x\mathrm{d}y\mathrm{d}z = ab \iiint\limits_{\substack{0 \leqslant \theta \leqslant \pi/2, 0 \leqslant r \leqslant 1 \\ 0 \leqslant z \leqslant c\sqrt[4]{1-r^4}}} r\mathrm{d}r\mathrm{d}\theta\mathrm{d}z = ab \int_0^{\frac{\pi}{2}} \mathrm{d}\theta \int_0^1 r\mathrm{d}r \int_0^{c\sqrt[4]{1-r^4}} \mathrm{d}z$$

$$= \frac{\pi}{2} abc \int_0^1 r \cdot \sqrt[4]{1 - r^4} \,\mathrm{d}r.$$

作变换 $r = t^{1/4}$,则

$$\int_0^1 r \cdot \sqrt[4]{1 - r^4} \,\mathrm{d}r = \frac{1}{4} \int_0^1 t^{\frac{1}{2}-1} \cdot (1 - t)^{\frac{5}{4}-1} \mathrm{d}t$$

$$= \frac{1}{4} \mathrm{B}\left(\frac{1}{2}, \frac{5}{4} \right) = \frac{1}{4} \frac{\Gamma\left(\frac{1}{2} \right) \Gamma\left(\frac{5}{4} \right)}{\Gamma\left(\frac{7}{4} \right)}$$

$$= \frac{\sqrt{\pi}}{4} \frac{\Gamma\left(\frac{5}{4} \right)}{\Gamma\left(\frac{7}{4} \right)} = \frac{\sqrt{\pi}}{12} \frac{\Gamma\left(\frac{1}{4} \right)}{\Gamma\left(\frac{3}{4} \right)}$$

$$= \frac{\sqrt{\pi}}{12} \frac{\Gamma^2\left(\frac{1}{4} \right)}{\Gamma\left(\frac{3}{4} \right)\Gamma\left(\frac{1}{4} \right)} = \frac{1}{12} \frac{1}{\sqrt{\pi}} \sin \frac{\pi}{4} \cdot \Gamma^2\left(\frac{1}{4} \right)$$

$$= \frac{1}{12} \frac{1}{\sqrt{2\pi}} \Gamma^2\left(\frac{1}{4} \right).$$

这些步骤中利用了 Γ 函数和 B 函数的性质,以及 $\Gamma\left(\frac{1}{2} \right) = \sqrt{\pi}$. 于是所求立体的体积

$$V = \frac{abc \sqrt{\pi}}{3 \sqrt{2}} \Gamma^2\left(\frac{1}{4} \right).$$

例 6.3.3 求曲面
$$(a_1 x + b_1 y + c_1 z)^2 + (a_2 x + b_2 y + c_2 z)^2 + (a_3 x + b_3 y + c_3 z)^2 = R^2$$
所围立体 Ω 的体积,其中

$$\Delta = \begin{vmatrix} a_1 & b_1 & c_1 \\ a_2 & b_2 & c_2 \\ a_3 & b_3 & c_3 \end{vmatrix} \neq 0, \quad R > 0.$$

解　作变换
$$u = a_1 x + b_1 y + c_1 z, \ v = a_2 x + b_2 y + c_2 z, \ w = a_3 x + b_3 y + c_3 z.$$
易知 $\dfrac{D(u,v,w)}{D(x,y,z)} = \Delta$, 所以 $\dfrac{D(x,y,z)}{D(u,v,w)} = \dfrac{1}{\Delta}$. 此时, 立体 Ω 对应于 $Ouvw$ 空间的区域 $\{(u,v,w) \mid u^2 + v^2 + w^2 \leqslant R^2\}$. 于是, 所求立体的体积为
$$V = \iiint\limits_{\Omega} \mathrm{d}x\mathrm{d}y\mathrm{d}z = \frac{1}{|\Delta|} \iiint\limits_{u^2+v^2+w^2 \leqslant R^2} \mathrm{d}u\mathrm{d}v\mathrm{d}w = \frac{4\pi R^3}{3|\Delta|}.$$
最后一步利用了球体积的计算公式.

例 6.3.4　求球面 $x^2 + y^2 + z^2 = 3a^2 (a > 0)$ 和抛物面 $x^2 + y^2 = 2az$ 在 $z \geqslant 0$ 部分所围立体的表面积(见图 6.3.2).

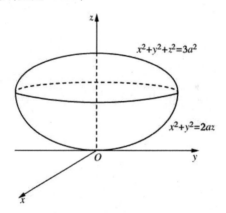

图 6.3.2

解　从 $\begin{cases} x^2 + y^2 + z^2 = 3a^2 \\ x^2 + y^2 = 2az \end{cases}$ 中消去 z 可知, 立体在 Oxy 平面的投影区域为
$$D = \{(x,y) \mid x^2 + y^2 \leqslant 2a^2\}.$$

显然, 立体表面的球面部分的方程为 $z = \sqrt{3a^2 - x^2 - y^2} ((x,y) \in D)$, 于是它的面积为

$$S_1 = \iint\limits_{D} \sqrt{1 + z_x'^2 + z_y'^2}\,\mathrm{d}x\mathrm{d}y = \iint\limits_{D} \sqrt{1 + \left(\frac{-x}{\sqrt{3a^2 - x^2 - y^2}}\right)^2 + \left(\frac{-y}{\sqrt{3a^2 - x^2 - y^2}}\right)^2}\,\mathrm{d}x\mathrm{d}y$$

$$= \sqrt{3}a \iint\limits_{D} \frac{1}{\sqrt{3a^2 - x^2 - y^2}}\,\mathrm{d}x\mathrm{d}y = \sqrt{3}a \int_0^{2\pi} \mathrm{d}\theta \int_0^{\sqrt{2}a} \frac{r}{\sqrt{3a^2 - r^2}}\,\mathrm{d}r$$

$$= 2\pi\sqrt{3}a \int_0^{\sqrt{2}a} \frac{r}{\sqrt{3a^2 - r^2}}\,\mathrm{d}r = (6 - 2\sqrt{3})\pi a^2.$$

立体表面的抛物面部分的方程为 $z = \dfrac{1}{2a}(x^2 + y^2) ((x,y) \in D)$, 于是它的面积

为

$$S_2 = \iint_D \sqrt{1 + z'^2_x + z'^2_y}\,dxdy = \iint_D \sqrt{1 + \left(\frac{x}{a}\right)^2 + \left(\frac{y}{a}\right)^2}\,dxdy$$

$$= \frac{1}{a}\iint_D \sqrt{a^2 + x^2 + y^2}\,dxdy = \frac{1}{a}\int_0^{2\pi}d\theta\int_0^{\sqrt{2}a}\sqrt{a^2 + r^2}\,rdr$$

$$= \frac{2\pi}{a}\int_0^{\sqrt{2}a}\sqrt{a^2 + r^2}\,rdr = \frac{2}{3}(3\sqrt{3} - 1)\pi a^2.$$

从而立体的表面积为

$$S_1 + S_2 = \frac{16}{3}\pi a^2.$$

例 6.3.5 （1）求曲面 $ax = yz$ 包含在曲面 $y^2 + z^2 = a^2$ 内的部分的面积($a > 0$)；

（2）求曲面 $z = \sqrt{x^2 - y^2}$ 包含在柱面 $(x^2 + y^2)^2 = a^2(x^2 - y^2)$ 内部那部分的面积.

解 （1）曲面 $ax = yz$ 的方程可表为 $x = \dfrac{yz}{a}$，因此

$$\frac{\partial x}{\partial y} = \frac{z}{a}, \qquad \frac{\partial x}{\partial z} = \frac{y}{a}.$$

所讨论的包含在曲面 $y^2 + z^2 = a^2$ 内的曲面在 Oyz 平面的投影为

$$D = \{(y,z) \mid y^2 + z^2 \leqslant a^2\},$$

于是

$$S = \iint_D \sqrt{1 + \left(\frac{\partial x}{\partial y}\right)^2 + \left(\frac{\partial x}{\partial z}\right)^2}\,dydz = \iint_D \sqrt{1 + \frac{y^2 + z^2}{a^2}}\,dydz$$

$$= a^2\int_0^{2\pi}d\theta\int_0^1\sqrt{1 + r^2}\,rdr = \frac{2\pi a^2}{3}(2\sqrt{2} - 1),$$

其中二重积分计算时作了变换 $y = ar\cos\theta, z = ar\sin\theta.$

（2）由于曲面 $(x^2 + y^2)^2 = a^2(x^2 - y^2)$ 和 $z = \sqrt{x^2 - y^2}$ 关于 Oyz 平面和 Ozx 平面是对称的,因此只要计算该曲面在第一卦限部分的面积再乘以 4,便是所求的面积.

记 D 为 $\begin{cases}(x^2 + y^2)^2 = a^2(x - y^2) \\ z = 0\end{cases}$ 所围平面区域在第一象限部分,即

$$D = \{(x,y) \mid (x^2 + y^2)^2 \leqslant a^2(x^2 - y^2), x \geqslant 0, y \geqslant 0\},$$

D 的图形见图 6.3.3. 对于曲面方程 $z = \sqrt{x^2 - y^2}$ 有

$$\frac{\partial z}{\partial x} = \frac{x}{\sqrt{x^2 - y^2}}, \qquad \frac{\partial z}{\partial y} = -\frac{y}{\sqrt{x^2 - y^2}},$$

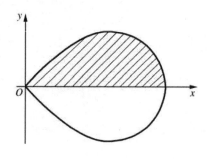

图 6.3.3

则所求面积为

$$S = 4 \iint_D \sqrt{1 + \left(\frac{\partial z}{\partial x}\right)^2 + \left(\frac{\partial z}{\partial y}\right)^2} \mathrm{d}x\mathrm{d}y = 4 \iint_D \frac{\sqrt{2}x}{\sqrt{x^2 - y^2}} \mathrm{d}x\mathrm{d}y.$$

作极坐标变换 $x = r\cos\theta, y = r\sin\theta$,则 D 对应于

$$D = \{(r, \theta) \mid 0 \leqslant r \leqslant a\sqrt{\cos 2\theta}, 0 \leqslant \theta \leqslant \pi/4\}.$$

于是

$$\begin{aligned}
S &= 4 \iint_{D'} \frac{\sqrt{2}r\cos\theta}{r\sqrt{\cos 2\theta}} r\mathrm{d}r\mathrm{d}\theta = 4\sqrt{2}\int_0^{\frac{\pi}{4}} \frac{\cos\theta\mathrm{d}\theta}{\sqrt{\cos 2\theta}} \int_0^{a\sqrt{\cos 2\theta}} r\mathrm{d}r \\
&= 2\sqrt{2}a^2 \int_0^{\frac{\pi}{4}} \cos\theta\sqrt{\cos 2\theta}\mathrm{d}\theta = 2\sqrt{2}a^2 \int_0^{\frac{\pi}{4}} \cos\theta\sqrt{1 - 2\sin^2\theta}\mathrm{d}\theta \\
&= 4a^2 \int_0^{\frac{1}{\sqrt{2}}} \sqrt{\frac{1}{2} - u^2}\mathrm{d}u = \frac{\pi a^2}{2},
\end{aligned}$$

式中倒数第二步利用了变量代换 $u = \sin\theta$.

例 6.3.6 求椭球面 $\dfrac{x^2 + y^2}{a^2} + \dfrac{z^2}{b^2} = 1$ 在第一卦限部分 Σ 的面积 $(a > b > 0)$.

解 Σ 的参数方程可取为

$$x = a\cos\theta\sin\varphi, \quad y = a\sin\theta\sin\varphi, \quad z = b\cos\varphi, 0 \leqslant \theta \leqslant \frac{\pi}{2}, \quad 0 \leqslant \varphi \leqslant \frac{\pi}{2}.$$

因为

$$\frac{D(x, y)}{D(\varphi, \theta)} = \begin{vmatrix} a\cos\theta\cos\varphi & -a\sin\theta\sin\varphi \\ a\sin\theta\cos\varphi & a\cos\theta\sin\varphi \end{vmatrix} = a^2\sin\varphi\cos\varphi,$$

$$\frac{D(z, x)}{D(\varphi, \theta)} = \begin{vmatrix} -b\sin\varphi & 0 \\ a\cos\theta\cos\varphi & -a\sin\theta\sin\varphi \end{vmatrix} = ab\sin\theta\sin^2\varphi,$$

$$\frac{D(y, z)}{D(\varphi, \theta)} = \begin{vmatrix} a\sin\theta\cos\varphi & a\cos\theta\sin\varphi \\ -b\sin\varphi & 0 \end{vmatrix} = ab\cos\theta\sin^2\varphi.$$

所以

$$\sqrt{EG-F^2}=\sqrt{\left[\frac{D(x,y)}{D(\varphi,\theta)}\right]^2+\left[\frac{D(z,x)}{D(\varphi,\theta)}\right]^2+\left[\frac{D(y,z)}{D(\varphi,\theta)}\right]^2}$$

$$=a\sin\varphi\sqrt{a^2\cos^2\varphi+b^2\sin^2\varphi}.$$

于是,Σ 的面积为

$$S=\iint\limits_{\substack{0\le\theta\le\pi/2\\0\le\varphi\le\pi/2}}\sqrt{EG-F^2}\,\mathrm{d}\varphi\mathrm{d}\theta=\int_0^{\frac{\pi}{2}}\mathrm{d}\theta\int_0^{\frac{\pi}{2}}a\sin\varphi\sqrt{a^2\cos^2\varphi+b^2\sin^2\varphi}\,\mathrm{d}\varphi$$

$$=\frac{\pi a}{2}\int_0^{\frac{\pi}{2}}\sqrt{b^2+(a^2-b^2)\cos^2\varphi}\,\sin\varphi\mathrm{d}\varphi=\frac{\pi a}{2}\int_0^1\sqrt{b^2+(a^2-b^2)t^2}\,\mathrm{d}t$$

$$=\frac{\pi a\sqrt{a^2-b^2}}{4}\left(\frac{a}{\sqrt{a^2-b^2}}+\frac{b^2}{a^2-b^2}\ln\frac{a+\sqrt{a^2-b^2}}{b}\right),$$

其中倒数第二步作了变量代换 $t=\cos\varphi$.

例 6.3.7 设一高度为 $h(t)$(t 为时间)的雪堆在融化过程中,其侧面满足方程 $z=h(t)-\dfrac{2(x^2+y^2)}{h(t)}$,$(x,y)\in D(t)$,其中 $D(t)=\{(x,y)\mid x^2+y^2\le h^2(t)/2\}$(长度单位为 cm,时间单位为 h,其形状如图 6.3.4 所示).已知体积减小的速率与侧面积成正比(比例系数为 0.9),问高度为 130cm 的雪堆全部融化需多少时间?

解 设 t 时刻雪堆的体积为 $V(t)$,侧面积为 $S(t)$,现计算它们的表达式.依题意,雪堆侧面的方程为

$$z=h(t)-\frac{2(x^2+y^2)}{h(t)},\quad(x,y)\in D(t),$$

由于

$$\frac{\partial z}{\partial x}=-\frac{4x}{h(t)},\quad\frac{\partial z}{\partial y}=-\frac{4y}{h(t)},$$

因此

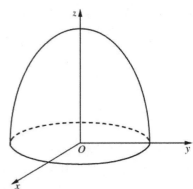

图 6.3.4

$$S(t)=\iint\limits_{D(t)}\sqrt{1+\left(\frac{\partial z}{\partial x}\right)^2+\left(\frac{\partial z}{\partial y}\right)^2}\,\mathrm{d}x\mathrm{d}y$$

$$=\iint\limits_{D(t)}\frac{\sqrt{h^2(t)+16(x^2+y^2)}}{h(t)}\,\mathrm{d}x\mathrm{d}y.$$

作极坐标变换 $x=r\cos\theta,y=r\sin\theta$,得

$$S(t)=\iint\limits_{\substack{0\le\theta\le2\pi\\0\le r\le h(t)/\sqrt{2}}}\frac{\sqrt{h^2(t)+16r^2}}{h(t)}r\mathrm{d}r\mathrm{d}\theta$$

$$= \frac{1}{h(t)}\int_0^{2\pi}\mathrm{d}\theta\int_0^{\frac{h(t)}{\sqrt{2}}} \sqrt{h^2(t)+16r^2}\, r\mathrm{d}r$$

$$= \frac{2\pi}{h(t)}\int_0^{\frac{h(t)}{\sqrt{2}}} \sqrt{h^2(t)+16r^2}\, r\mathrm{d}r = \frac{13\pi}{12}h^2(t).$$

作同样的变换,得

$$V(t) = \iint_{D(t)}\left[h(t)-\frac{2(x^2+y^2)}{h(t)}\right]\mathrm{d}x\mathrm{d}y$$

$$= \iint_{D(t)}h(t)\mathrm{d}x\mathrm{d}y - \iint_{D(t)}\frac{2(x^2+y^2)}{h(t)}\mathrm{d}x\mathrm{d}y$$

$$= h(t)\pi\frac{h^2(t)}{2} - \iint_{D(t)}\frac{2(x^2+y^2)}{h(t)}\mathrm{d}x\mathrm{d}y$$

$$= \frac{\pi h^3(t)}{2} - \int_0^{2\pi}\mathrm{d}\theta\int_0^{\frac{h(t)}{\sqrt{2}}}\frac{2r^3}{h(t)}\mathrm{d}r = \frac{\pi}{4}h^3(t).$$

再计算雪堆全部融化的时间. 雪堆体积减小的速度为 $-\dfrac{\mathrm{d}V}{\mathrm{d}t}$,由假设它与 $S(t)$
成正比,比例系数为 0.9,即

$$-\frac{\mathrm{d}V}{\mathrm{d}t} = 0.9S(t).$$

将 $V(t)$ 和 $S(t)$ 的表达式代入上式,得

$$\frac{3\pi}{4}h^2(t)\frac{\mathrm{d}h(t)}{\mathrm{d}t} = -0.9\frac{13\pi}{12}h^2(t),$$

化简得 $\dfrac{\mathrm{d}h(t)}{\mathrm{d}t} = -\dfrac{13}{10}$,于是 $h(t) = -\dfrac{13}{10}t + C$. 由假设 $h(0) = 130$,因此

$$h(t) = -\frac{13}{10}t + 130.$$

雪全部融化即高度 $h(t) = 0$,此时由上式得 $t = 100$. 这就是说,高度为 130cm
的雪堆全部融化需要 100h.

例 6.3.8 设某均匀薄板由一半径为 a 的半圆和在
其底边直径上拼加一个与直径同宽度的长方形构成. 欲
使整个薄板的质心在半圆的圆心处,求长方形的长度.

解 取半圆的圆心为原点,过其底边直径且方向向
右的直线为 x 轴,取 y 轴过圆心与 x 轴垂直,方向指向半
圆方向(见图 6.3.5).此时半圆可表示为

$$D_1 = \{(x,y)\mid 0\leqslant y\leqslant\sqrt{a^2-x^2}, -a\leqslant x\leqslant a\}.$$

记长方形的长为 b,则长方形可表示为

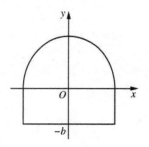

图 6.3.5

$$D_2 = \{(x,y) \mid -a \leqslant x \leqslant a, -b \leqslant y \leqslant 0\}.$$

记薄板的质心为 $(\bar{x}, \bar{y})$. 由于薄板是均匀的,可设其密度为 1. 由对称性知 $\bar{x} = 0$. 为使薄板的质心在圆心处,即在原点,则须使

$$\bar{y} = \frac{1}{m} \iint_{D_1+D_2} y \mathrm{d}x\mathrm{d}y = 0, 即 \iint_{D_1+D_2} y\mathrm{d}x\mathrm{d}y = 0,$$

其中 m 为薄板的质量. 由于

$$\iint_{D_1+D_2} y\mathrm{d}x\mathrm{d}y = \iint_{D_1} y\mathrm{d}x\mathrm{d}y + \iint_{D_2} y\mathrm{d}x\mathrm{d}y$$

$$= \int_{-a}^{a} \mathrm{d}x \int_{0}^{\sqrt{a^2-x^2}} y\mathrm{d}y + \int_{-a}^{a} \mathrm{d}x \int_{-b}^{0} y\mathrm{d}y$$

$$= \frac{1}{2} \int_{-a}^{a} (a^2 - x^2)\mathrm{d}x - \frac{1}{2}\int_{-a}^{a} b^2 \mathrm{d}x = \frac{2}{3}a^3 - ab^2.$$

因此当 $b = \sqrt{\dfrac{2}{3}}a$ 时,薄板质心在圆心处.

例 6.3.9 设有一半径为 R 的球体,P_0 是球表面上一定点. 若球体上任意一点的密度与该点到 P_0 的距离的平方成正比(比例常数为 k),求该球体的质心.

解 以 P_0 为原点,过 P_0 与球心的直线为 z 轴作直角坐标系,且使 z 轴的方向为从 P_0 到球心的方向,则这时球体表面的方程为 $x^2 + y^2 + (z - R)^2 = R^2$(见图 6.3.6). 由假设知,球体上任一点 (x,y,z) 的密度为 $\rho(x,y,z) = k(x^2 + y^2 + z^2)$.

记球体所占的空间区域为 Ω,则球体的质量为

$$m = \iiint_{\Omega} \rho(x,y,z)\mathrm{d}x\mathrm{d}y\mathrm{d}z = k\iiint_{\Omega} (x^2 + y^2 + z^2)\mathrm{d}x\mathrm{d}y\mathrm{d}z.$$

作球坐标变换 $x = r\cos\theta\sin\varphi, y = r\sin\theta\sin\varphi, z = r\cos\varphi$,则 Ω 对应于 $\Omega' = \{(r, \varphi, \theta) \mid 0 \leqslant r \leqslant 2R\cos\varphi, 0 \leqslant \varphi \leqslant \pi/2, 0 \leqslant \theta \leqslant 2\pi\}$. 因此

$$m = k\iiint_{\Omega'} r^4\sin\varphi\mathrm{d}r\mathrm{d}\varphi\mathrm{d}\theta = k\int_{0}^{2\pi}\mathrm{d}\theta \int_{0}^{\frac{\pi}{2}} \sin\varphi\mathrm{d}\varphi \int_{0}^{2R\cos\varphi} r^4\mathrm{d}r$$

$$= \frac{64\pi kR^5}{5} \int_{0}^{\frac{\pi}{2}} \cos^5\varphi\sin\varphi\mathrm{d}\varphi = \frac{32}{15}\pi kR^5.$$

设质心坐标为 $(\bar{x}, \bar{y}, \bar{z})$. 由对称性 $\bar{x} = 0, \bar{y} = 0$. 进一步,有

$$\bar{z} = \frac{1}{m}\iiint_{\Omega} z\rho(x,y,z)\mathrm{d}x\mathrm{d}y\mathrm{d}z = \frac{k}{m}\iiint_{\Omega} z(x^2 + y^2 + z^2)\mathrm{d}x\mathrm{d}y\mathrm{d}z.$$

同计算球体质量的方法一样,有

$$\bar{z} = \frac{k}{m}\iiint_{\Omega'} r^5\cos\varphi\sin\varphi\mathrm{d}r\mathrm{d}\varphi\mathrm{d}\theta = \frac{k}{m}\int_{0}^{2\pi}\mathrm{d}\theta \int_{0}^{\frac{\pi}{2}} \sin\varphi\cos\varphi\mathrm{d}\varphi \int_{0}^{2R\cos\varphi} r^5\mathrm{d}r$$

$$= \frac{64\pi kR^6}{3m}\int_0^{\frac{\pi}{2}} \cos^7\varphi\sin\varphi\,\mathrm{d}\varphi = \frac{8}{3m}\pi kR^6 = \frac{5}{4}R.$$

因此质心为 $\left(0,0,\dfrac{5}{4}R\right)$.

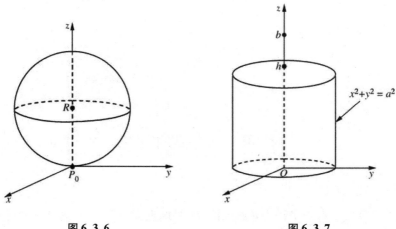

图 6.3.6   图 6.3.7

例 6.3.10 求具有均匀密度的圆柱形物体 $x^2 + y^2 \le a^2 (0 \le z \le h)$ 对位于 $P(0,0,b)(b > h > 0)$ 的质点的引力(见图 6.3.7),其中圆柱形物体的质量为 M,质点的质量为 m.

解 设圆柱的密度为 ρ(由于物体是均匀密度,它是常数).记圆柱形物体对质点的引力为 $\boldsymbol{F} = (F_x, F_y, F_z)$.由圆柱的对称性知 $F_x = F_y = 0$.进一步,有

$$F_z = \iiint\limits_{\substack{x^2+y^2\le a^2 \\ 0\le z\le h}} \frac{Gm\rho(z-b)\,\mathrm{d}x\mathrm{d}y\mathrm{d}z}{\left[x^2 + y^2 + (z-b)^2\right]^{\frac{3}{2}}},$$

其中 G 是引力常数.

作柱坐标变换 $x = r\cos\theta, y = r\sin\theta, z = z$,得

$$F_z = \iiint\limits_{\substack{0\le\theta\le 2\pi \\ 0\le r\le a \\ 0\le z\le h}} \frac{Gm\rho(z-b)r\,\mathrm{d}r\mathrm{d}\theta\mathrm{d}z}{\left[r^2 + (z-b)^2\right]^{\frac{3}{2}}}$$

$$= Gm\rho \int_0^{2\pi}\mathrm{d}\theta \int_0^a r\,\mathrm{d}r \int_0^h \frac{z-b}{\left[r^2 + (z-b)^2\right]^{\frac{3}{2}}}\mathrm{d}z$$

$$= 2\pi Gm\rho \int_0^a r\left[\frac{1}{\sqrt{r^2 + b^2}} - \frac{1}{\sqrt{r^2 + (h-b)^2}}\right]\mathrm{d}r$$

$$= 2\pi Gm\rho\left[\sqrt{a^2 + b^2} - \sqrt{a^2 + (b-h)^2} - h\right].$$

因为圆柱形物体的质量 $M = \pi a^2 h\rho$,所以

$$F_z = \frac{2GmM}{a^2h}\left[\sqrt{a^2 + b^2} - \sqrt{a^2 + (b-h)^2} - h\right].$$

例 6.3.11 将均匀的抛物形物体 $\Omega = \{(x,y,z) \mid x^2 + y^2 \leq z \leq 1\}$ 放在水平桌面上,求当该物体处于稳定状态时,它的轴线与桌面的夹角.

解 由于物体是均匀的,不妨设其密度为 1,则物体的质量为

$$m = \iiint_\Omega \mathrm{d}x\mathrm{d}y\mathrm{d}z = \int_0^{2\pi}\mathrm{d}\theta\int_0^1 r\mathrm{d}r\int_{r^2}^1 \mathrm{d}z = \frac{\pi}{2},$$

其中计算积分时利用了柱坐标变换 $x = r\cos\theta, y = r\sin\theta, z = z$. 记物体的质心为 $(\bar{x},\bar{y},\bar{z})$. 由于物体是均匀的,由对称性知 $\bar{x} = \bar{y} = 0$,且

$$\bar{z} = \frac{1}{m}\iiint_\Omega z\mathrm{d}x\mathrm{d}y\mathrm{d}z = \frac{1}{m}\int_0^{2\pi}\mathrm{d}\theta\int_0^1 r\mathrm{d}r\int_{r^2}^1 z\mathrm{d}z = \frac{\pi}{3m} = \frac{2}{3}.$$

于是物体的质心为 $Q\left(0,0,\frac{2}{3}\right)$.

当物体的质心最低时,它处于稳定状态. 由对称性知,只要考虑将平面 $x = 0$ 与该物体边界的交线 $L:\begin{cases} z = y^2 \\ x = 0 \end{cases}$ 上与质心最近的点作为稳定时物体与桌面的接触点即可(见图 6.3.8). 此时交线上的任一点 $(0,y,y^2)$ 与质心的距离 ρ 的平方为 $\rho^2 = y^2 + \left(y^2 - \frac{2}{3}\right)^2$.

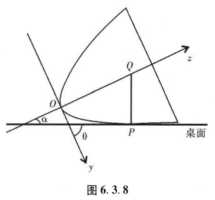

图 6.3.8

易知当 $y = \frac{1}{\sqrt{6}}$ 时,ρ^2 取最小值,因此 ρ 也取最小值. 所以可取物体与桌面的接触点为 $P\left(0,\frac{1}{\sqrt{6}},\frac{1}{6}\right)$. 此时交线 L 的切线与 y 轴夹角 θ 的正切 $\tan\theta = \left.\frac{\mathrm{d}z}{\mathrm{d}y}\right|_{y=\frac{1}{\sqrt{6}}} = \left.\frac{\mathrm{d}(y^2)}{\mathrm{d}y}\right|_{y=\frac{1}{\sqrt{6}}} = \frac{2}{\sqrt{6}}$. 于是物体轴线与桌面的夹角为

$$\alpha = \frac{\pi}{2} - \theta = \frac{\pi}{2} - \arctan\frac{2}{\sqrt{6}} = \arctan\frac{\sqrt{6}}{2}.$$

例 6.3.12 求均匀薄片

$$D = \{(x,y) \mid 0 \leq x \leq a, 0 \leq y \leq a - \sqrt{2ax - x^2}\} \quad (a > 0)$$

分别关于 x 轴和 y 轴的转动惯量(见图 6.3.9).

解 不妨设薄片的密度为 $\rho = 1$,则薄片关于 x 轴的转动惯量为

$$I_x = \iint_D y^2\mathrm{d}x\mathrm{d}y = \int_0^a \mathrm{d}x\int_0^{a-\sqrt{2ax-x^2}} y^2\mathrm{d}y$$

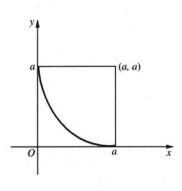

图 6.3.9

$$= \frac{1}{3} \int_0^a (a - \sqrt{2ax - x^2})^3 \, dx.$$

作变换 $x = 2a\sin^2 t$, 得

$$I_x = \frac{2a^4}{3} \int_0^{\frac{\pi}{4}} \sin 2t (1 - \sin 2t)^3 \, dt.$$

再作变换 $u = 2t$, 得

$$I_x = \frac{a^4}{3} \int_0^{\frac{\pi}{2}} \sin u (1 - \sin u)^3 \, du = \frac{a^4}{16}(16 - 5\pi).$$

同理

$$I_y = \iint_D x^2 \, dx dy = \int_0^a dy \int_0^{a - \sqrt{2ay - y^2}} x^2 \, dx = \frac{a^4}{16}(16 - 5\pi).$$

例 6.3.13 求曲面 $\dfrac{x^2}{a^2} + \dfrac{y^2}{b^2} = \dfrac{z^2}{c^2}$ 与平面 $z = c$ 所围成的均匀物体分别关于 3 个坐标平面的转动惯量 $(a, b, c > 0)$.

解 不妨设物体的密度为 $\rho = 1$. 记曲面 $\dfrac{x^2}{a^2} + \dfrac{y^2}{b^2} = \dfrac{z^2}{c^2}$ 与平面 $z = c$ 所围成的立体为 Ω, 则物体关于 Oxy 平面的转动惯量为

$$I_{xy} = \iiint_\Omega z^2 \, dx dy dz.$$

作变换 $x = ar\cos\theta, y = br\sin\theta, z = ct$, 则 $\dfrac{D(x, y, z)}{D(r, \theta, t)} = abcr$, 且 Ω 对应于

$$\Omega' = \{(r, \theta, t) \mid r \leqslant t \leqslant 1, 0 \leqslant r \leqslant 1, 0 \leqslant \theta \leqslant 2\pi\}.$$

于是

$$I_{xy} = \iiint_\Omega z^2 \, dx dy dz = abc^3 \int_0^{2\pi} d\theta \int_0^1 r \, dr \int_r^1 t^2 \, dt.$$

$$= \frac{2\pi abc^3}{3} \int_0^1 r(1 - r^3) \, dr = \frac{\pi abc^3}{5}.$$

同理, 关于 Oyz 平面的转动惯量为

$$I_{yz} = \iiint_\Omega x^2 \, dx dy dz = a^3 bc \int_0^{2\pi} \cos^2\theta \, d\theta \int_0^1 r^3 \, dr \int_r^1 dt$$

$$= \pi a^3 bc \int_0^1 r^3 (1 - r) \, dr = \frac{\pi a^3 bc}{20}.$$

由对称性知, 关于 Ozx 平面的转动惯量为

$$I_{zx} = \frac{\pi ab^3 c}{20}.$$

例 6.3.14 一个密度为 μ 的均匀圆锥体由锥面 $Rz = h\sqrt{x^2 + y^2}$ 和平面 $z = h$

围成(此时圆锥体的底面半径为 R,高为 h),求它关于底面直径的转动惯量.

解 由对称性,不妨取平行于 x 轴的底面直径 L 为旋转轴.此时圆锥体上的点 (x,y,z) 到 L 的距离为 $\rho = \sqrt{y^2 + (z-h)^2}$,则圆锥体上包含此点的体积为 $\mathrm{d}V$ 的微元关于 L 的转动惯量为 $\mathrm{d}I = \rho^2 \mu \mathrm{d}V = \mu[y^2 + (z-h)^2]\mathrm{d}V$.由微元法可知,圆锥体关于 L 的转动惯量为

$$I = \iiint\limits_{\Omega} \mu[y^2 + (z-h)^2]\mathrm{d}V = \mu\int_0^{2\pi}\mathrm{d}\theta\int_0^R r\mathrm{d}r\int_{\frac{h}{R}r}^h [r^2\sin^2\theta + (z-h)^2]\mathrm{d}z$$

$$= \frac{\mu}{60}\pi R^2 h(3R^2 + 2h^2),$$

其中计算三重积分时利用了柱坐标变换 $x = r\cos\theta,\ y = r\sin\theta,\ z = z$.

* 含参变量积分

设 f 是定义在闭矩形 $[a,b]\times[c,d]$ 上的二元连续函数,则

$$I(y) = \int_a^b f(x,y)\mathrm{d}x,\quad y \in [c,d]$$

确定了一个关于 y 的一元函数.由于式中的 y 可以看成一个参变量,因此称它为含参变量 y 的积分.关于这个函数,有以下结论.

定理 6.3.1(连续性定理) 设二元函数 $f(x,y)$ 在闭矩形 $[a,b]\times[c,d]$ 上连续,则函数

$$I(y) = \int_a^b f(x,y)\mathrm{d}x$$

在 $[c,d]$ 上连续.

由这个结论可知

$$\lim_{y\to y_0}\int_a^b f(x,y)\mathrm{d}x = \int_a^b \lim_{y\to y_0} f(x,y)\mathrm{d}x,\quad y_0 \in [c,d].$$

即极限运算与积分号可以交换.

定理 6.3.2(积分次序交换定理) 设二元函数 $f(x,y)$ 在闭矩形 $[a,b]\times[c,d]$ 上连续,则

$$\int_c^d \mathrm{d}y\int_a^b f(x,y)\mathrm{d}x = \int_a^b \mathrm{d}x\int_c^d f(x,y)\mathrm{d}y.$$

定理 6.3.3(积分号下求导定理) 设二元函数 $f(x,y)$ 和 $f_y'(x,y)$ 均在闭矩形 $[a,b]\times[c,d]$ 上连续,则函数

$$I(y) = \int_a^b f(x,y)\mathrm{d}x$$

在 $[c,d]$ 上可导,并且在 $[c,d]$ 上成立

$$\frac{\mathrm{d}I}{\mathrm{d}y}(y) = \int_a^b f_y'(x,y)\mathrm{d}x.$$

这个定理的结论也可写为

$$\frac{\mathrm{d}}{\mathrm{d}y}\int_a^b f(x,y)\,\mathrm{d}x = \int_a^b \frac{\partial}{\partial y}f(x,y)\,\mathrm{d}x.$$

即求导运算与积分号可以交换.

推论 6.3.1 设二元函数 $f(x,y)$, $f_y'(x,y)$ 均在闭矩形 $[a,b]\times[c,d]$ 上连续, 又设一元函数 $a(y)$, $b(y)$ 均在 $[c,d]$ 上可导, 且满足 $a\leqslant a(y)\leqslant b$, $a\leqslant b(y)\leqslant b$, 则函数

$$F(y) = \int_{a(y)}^{b(y)} f(x,y)\,\mathrm{d}x$$

在 $[c,d]$ 上可导, 且在 $[c,d]$ 上成立

$$F'(y) = \int_{a(y)}^{b(y)} f_y'(x,y)\,\mathrm{d}x + f(b(y),y)b'(y) - f(a(y),y)a'(y).$$

例 6.3.15 求极限 $\lim\limits_{\alpha\to 0}\int_0^{1+\alpha}\dfrac{\mathrm{d}x}{1+x^2+\alpha^2}$.

解 由积分中值定理, 可得

$$\int_0^{1+\alpha}\frac{\mathrm{d}x}{1+x^2+\alpha^2} = \int_0^1\frac{\mathrm{d}x}{1+x^2+\alpha^2} + \int_1^{1+\alpha}\frac{\mathrm{d}x}{1+x^2+\alpha^2}$$

$$= \int_0^1\frac{\mathrm{d}x}{1+x^2+\alpha^2} + \frac{\alpha}{1+\xi^2+\alpha^2},$$

其中 ξ 在 1 与 $1+\alpha$ 之间. 由于 $f(x,\alpha)=\dfrac{1}{1+x^2+\alpha^2}$ 在 $[0,1]\times\left[-\dfrac{1}{2},\dfrac{1}{2}\right]$ 上连续, 因此由定理 6.3.1 可知,

$$\lim_{\alpha\to 0}\int_0^1\frac{\mathrm{d}x}{1+x^2+\alpha^2} = \int_0^1\left(\lim_{\alpha\to 0}\frac{1}{1+x^2+\alpha^2}\right)\mathrm{d}x = \int_0^1\frac{1}{1+x^2}\mathrm{d}x = \frac{\pi}{4}.$$

因为 $\left|\dfrac{\alpha}{1+\xi^2+\alpha^2}\right|\leqslant|\alpha|$, 所以 $\lim\limits_{\alpha\to 0}\dfrac{\alpha}{1+\xi^2+\alpha^2}=0$. 于是

$$\lim_{\alpha\to 0}\int_0^{1+\alpha}\frac{\mathrm{d}x}{1+x^2+\alpha^2} = \lim_{\alpha\to 0}\int_0^1\frac{\mathrm{d}x}{1+x^2+\alpha^2} + \lim_{\alpha\to 0}\frac{\alpha}{1+\xi^2+\alpha^2} = \frac{\pi}{4}.$$

例 6.3.16 设

$$F(y) = \int_0^y \frac{\ln(1+xy)}{x}\mathrm{d}x, \quad y>0,$$

求 $F'(y)$.

解 由推论 6.3.1 知

$$F'(y) = \frac{\ln(1+y^2)}{y} + \int_0^y\frac{1}{1+xy}\mathrm{d}x = \frac{\ln(1+y^2)}{y} + \left(\frac{\ln(1+xy)}{y}\right)\Big|_0^y = \frac{2}{y}\ln(1+y^2).$$

例 6.3.17 计算 $I = \int_0^1\dfrac{x^b-x^a}{\ln x}\mathrm{d}x$, 其中 $b>a>0$.

解   由于

$$\int_a^b x^y \mathrm{d}y = \frac{x^b - x^a}{\ln x},$$

因此

$$I = \int_0^1 \mathrm{d}x \int_a^b x^y \mathrm{d}y.$$

而 $f(x,y) = x^y$ 在闭矩形 $[0,1] \times [a,b]$ 上连续(这里定义 $0^y = 0, y \in [a,b]$),所以积分次序可以交换,即

$$I = \int_0^1 \mathrm{d}x \int_a^b x^y \mathrm{d}y = \int_a^b \mathrm{d}y \int_0^1 x^y \mathrm{d}x = \int_a^b \frac{1}{1+y} \mathrm{d}y = \ln\frac{1+b}{1+a}.$$

例 6.3.18   计算

$$I(\theta) = \int_0^\pi \ln(1 + \theta\cos x) \mathrm{d}x \,(|\theta| < 1).$$

解   对于任意满足 $|\theta| < 1$ 的 θ,取正数 $a < 1$,使得 $|\theta| \leqslant a$. 记 $f(x,\theta) = \ln(1 + \theta\cos x)$,易知 $f(x,\theta)$ 与 $f'_\theta(x,\theta) = \dfrac{\cos x}{1 + \theta\cos x}$ 都在闭矩形 $[0,\pi] \times [-a,a]$ 上连续. 因此由定理 6.3.3 知

$$I'(\theta) = \int_0^\pi \frac{\cos x}{1 + \theta\cos x}\mathrm{d}x = \frac{1}{\theta}\int_0^\pi \left(1 - \frac{1}{1 + \theta\cos x}\right)\mathrm{d}x = \frac{\pi}{\theta} - \frac{1}{\theta}\int_0^\pi \frac{\mathrm{d}x}{1 + \theta\cos x}.$$

对于最后一个积分,作万能代换 $t = \tan\dfrac{x}{2}$,得

$$\int_0^\pi \frac{\mathrm{d}x}{1 + \theta\cos x} = \int_0^{+\infty} \frac{2\mathrm{d}t}{1 + t^2 + \theta(1 - t^2)} = \frac{2}{1 + \theta}\int_0^{+\infty} \frac{\mathrm{d}t}{1 + \dfrac{1 - \theta}{1 + \theta}t^2}$$

$$= \frac{2}{\sqrt{1 - \theta^2}}\left(\arctan\sqrt{\frac{1 - \theta}{1 + \theta}}\, t\right)\Bigg|_0^{+\infty} = \frac{\pi}{\sqrt{1 - \theta^2}}.$$

于是

$$I'(\theta) = \frac{\pi}{\theta} - \frac{\pi}{\theta\sqrt{1 - \theta^2}}.$$

此式再对 θ 积分,便得

$$I(\theta) = \pi\ln(1 + \sqrt{1 - \theta^2}) + c.$$

由 $I(\theta)$ 的定义知 $I(0) = 0$,代入上式得 $c = -\pi\ln 2$,于是

$$I(\theta) = \pi\ln\frac{1 + \sqrt{1 - \theta^2}}{2}.$$

1. 求下列立体的体积：

(1) 曲面 $az = x^2 + y^2$ 和 $2az = a^2 - x^2 - y^2$ 所围成的立体 $(a > 0)$；

(2) 曲面 $(x^2 + y^2 + z^2)^2 = a^2(x^2 + y^2)$ 所围成的立体 $(a > 0)$；

(3) 曲面 $\dfrac{x^2}{a^2} + \dfrac{y^2}{b^2} + \dfrac{z^2}{c^2} = 1$ 与 $\dfrac{x^2}{a^2} + \dfrac{y^2}{b^2} = \dfrac{z}{c}$ 所围成的立体 $(a, b, c > 0)$.

2. 求下列曲面的面积：

(1) 求曲面 $x^2 + y^2 = a^2$ 被两平面 $x + z = 0, x - z = 0$ 所截的在 $x \geq 0, y \geq 0$ 部分的面积 $(a > 0)$；

(2) 设一平面曲线的方程为

$$y = \frac{1}{4}(x^2 - 2\ln x), \quad 1 \leq x \leq 4,$$

求该曲线绕 y 轴旋转一周所得旋转曲面的面积；

(3) 求曲面 $x^2 + y^2 = 2az$ 包含在柱面 $(x^2 + y^2)^2 = 2a^2 xy$ 内的那部分面积 $(a > 0)$.

3. 设一物体所占的区域由曲面 $az = x^2 + y^2$ 和 $z = 2a - \sqrt{x^2 + y^2}$ 所围成 $(a > 0)$，其密度为常数 1.

(1) 求该物体的质心；

(2) 求该物体关于 z 轴的转动惯量.

4. 求均匀椭球体 $\varOmega = \left\{ (x, y, z) \,\middle|\, \dfrac{x^2}{a^2} + \dfrac{y^2}{b^2} + \dfrac{z^2}{c^2} \leq 1 \right\}$ 关于 3 个坐标平面的转动惯量.

5. 求高为 h，顶角为 2α 的均匀圆锥体对位于它的顶点的质点的引力，这里设圆锥体的密度为常数 ρ，质点的质量为 1.

6. 设有一半径为 R 的球形物体，其内任意一点 P 处的密度为 $\rho = \dfrac{1}{\| PP_0 \|}$，其中 P_0 为一定点，且 P_0 到球心的距离 r_0 大于 R，求该物体的质量.

以下为含参变量积分部分的习题.

7. 求下列极限：

(1) $\displaystyle\lim_{\alpha \to 0} \int_0^1 \frac{\mathrm{d}x}{1 + x^2 \cos \alpha x}$；

(2) $\displaystyle\lim_{n \to \infty} \int_0^1 \frac{\mathrm{d}x}{1 + \left(1 + \dfrac{x}{n}\right)^n}$.

8. 求函数 $I(y) = \displaystyle\int_y^{y^2} \frac{\cos xy}{x}\mathrm{d}x$ 的导数.

9. 利用积分号下求导法计算下列积分：

(1) $\displaystyle\int_0^{\frac{\pi}{2}} \ln(\alpha^2 - \sin^2 x)\mathrm{d}x \quad (\alpha > 1)$；

(2) $\displaystyle\int_0^\pi \ln(1 - 2\alpha \cos x + \alpha^2)\mathrm{d}x \quad (|\alpha| < 1)$.

10. 设函数 $f(u, v)$ 在 $\mathbf{R}^2$ 上具有二阶连续偏导数. 证明：函数

$$w(x, y, z) = \int_0^{2\pi} f(x + z\cos\theta, y + z\sin\theta)\mathrm{d}\theta$$

满足偏微分方程

$$z\left(\frac{\partial^2 w}{\partial x^2} + \frac{\partial^2 w}{\partial y^2} - \frac{\partial^2 w}{\partial z^2} \right) = \frac{\partial w}{\partial z}.$$

§6.4 两类曲线积分

一、第一类曲线积分的概念

定义 6.4.1 设 L 是 $\mathbf{R}^3$ 中一条光滑的曲线, f 是定义于 L 上的有界函数, 把 L 顺次地分成 n 个小弧段 $P_0 P_1, P_1 P_2, \cdots, P_{n-1} P_n$, 其长度分别为 $\Delta s_1, \Delta s_2, \cdots, \Delta s_n$, 在第 i 个小弧段 $P_{i-1} P_i$ 上任意取点 $(\xi_i, \eta_i, \zeta_i)(i = 1, 2, \cdots, n)$, 作和式

$$\sum_{i=1}^{n} f(\xi_i, \eta_i, \zeta_i) \Delta s_i.$$

如果当各小弧段长度的最大值 $\lambda \to 0$ 时, 这个和式的极限存在, 且极限值与 L 的分法及 (ξ_i, η_i, ζ_i) 的取法无关, 则称此极限值为函数 f 在曲线 L 上的**第一类曲线积分**, 记作 $\int_L f(x, y, z) \mathrm{d}s$, 即

$$\int_L f(x, y, z) \mathrm{d}s = \lim_{\lambda \to 0} \sum_{i=1}^{n} f(\xi_i, \eta_i, \zeta_i) \Delta s_i.$$

二、第一类曲线积分的性质

(1) 设 f, g 是光滑曲线 L 上的连续函数, α, β 是两个常数, 则

$$\int_L [\alpha f(x, y, z) + \beta g(x, y, z)] \mathrm{d}s = \alpha \int_L f(x, y, z) \mathrm{d}s + \beta \int_L g(x, y, z) \mathrm{d}s.$$

(2) 设曲线 L 由 L_1 和 L_2 两段光滑曲线组成, f 是 L 上的连续函数, 则

$$\int_L f(x, y, z) \mathrm{d}s = \int_{L_1} f(x, y, z) \mathrm{d}s + \int_{L_2} f(x, y, z) \mathrm{d}s.$$

三、第一类曲线积分的计算

定理 6.4.1 设连续函数 f 定义于光滑曲线 L 上, L 的参数方程为

$$\begin{cases} x = x(t), \\ y = y(t), \quad \alpha \leqslant t \leqslant \beta, \\ z = z(t), \end{cases}$$

则

$$\int_L f(x, y, z) \mathrm{d}s = \int_a^\beta f(x(t), y(t), z(t)) \sqrt{[x'(t)]^2 + [y'(t)]^2 + [z'(t)]^2} \mathrm{d}t.$$

对定义于平面光滑曲线

$$\begin{cases} x = x(t), \\ y = y(t), \end{cases} \quad \alpha \leqslant t \leqslant \beta$$

上的连续函数 f, 成立

$$\int_L f(x,y)\,\mathrm{d}s = \int_\alpha^\beta f(x(t),y(t)) \sqrt{[x'(t)]^2 + [y'(t)]^2}\,\mathrm{d}t.$$

特别地, 如果光滑曲线 L 的方程为 $y = y(x)(a \leqslant x \leqslant b)$, 则

$$\int_L f(x,y)\,\mathrm{d}s = \int_a^b f(x,y(x)) \sqrt{1 + [y'(x)]^2}\,\mathrm{d}x.$$

如果光滑曲线 L 的方程可用极坐标表示为 $r = r(\theta)(\alpha \leqslant \theta \leqslant \beta)$, 则

$$\int_L f(x,y)\,\mathrm{d}s = \int_\alpha^\beta f(r(\theta)\cos\theta, r(\theta)\sin\theta) \sqrt{[r(\theta)]^2 + [r'(\theta)]^2}\,\mathrm{d}\theta.$$

四、第二类曲线积分的概念

定义 6.4.2 设向量值函数 $\boldsymbol{F} = P\boldsymbol{i} + Q\boldsymbol{j} + R\boldsymbol{k}$ 定义于 $\mathbf{R}^3$ 空间中一条光滑的有向曲线 L 上, L 的始点为 A, 终点为 B. 在 L 上自 A 至 B 依次插入一组点 $M_i(x_i, y_i, z_i)(i = 0,1,\cdots,n)$, 将 L 分成 n 个小弧段, 其中 $M_0 = A, M_n = B$. 记 $\Delta x_i = x_i - x_{i-1}$, $\Delta y_i = y_i - y_{i-1}, \Delta z_i = z_i - z_{i-1}$ 并记 $\boldsymbol{r} = x\boldsymbol{i} + y\boldsymbol{j} + z\boldsymbol{k}, \Delta \boldsymbol{r}_i = \Delta x_i\boldsymbol{i} + \Delta y_i\boldsymbol{j} + \Delta z_i\boldsymbol{k}(i = 1,2,\cdots,n)$. 在每个 $M_{i-1}M_i$ 上任取一点 (ξ_i, η_i, ζ_i), 作和式

$$\sum_{i=1}^n \boldsymbol{F}(\xi_i, \eta_i, \zeta_i) \cdot \Delta \boldsymbol{r}_i$$

$$= \sum_{i=1}^n [P(\xi_i, \eta_i, \zeta_i)\Delta x_i + Q(\xi_i, \eta_i, \zeta_i)\Delta y_i + R(\xi_i, \eta_i, \zeta_i)\Delta z_i].$$

如果当各小弧段长度的最大值 $\lambda \to 0$ 时, 上述和式的极限存在, 且极限值与 L 的分法及 (ξ_i, η_i, ζ_i) 的取法无关, 则称此极限值为函数 $\boldsymbol{F}$ 沿有向曲线 L 的**第二类曲线积分**, 记作 $\int_L \boldsymbol{F} \cdot \mathrm{d}\boldsymbol{r}$ 或 $\int_L P(x,y,z)\,\mathrm{d}x + Q(x,y,z)\,\mathrm{d}y + R(x,y,z)\,\mathrm{d}z$, 即

$$\int_L \boldsymbol{F} \cdot \mathrm{d}\boldsymbol{r} = \int_L P(x,y,z)\,\mathrm{d}x + Q(x,y,z)\,\mathrm{d}y + R(x,y,z)\,\mathrm{d}z$$

$$= \lim_{\lambda \to 0} \sum_{i=1}^n [P(\xi_i, \eta_i, \zeta_i)\Delta x_i + Q(\xi_i, \eta_i, \zeta_i)\Delta y_i + R(\xi_i, \eta_i, \zeta_i)\Delta z_i].$$

在讨论第二类曲线积分时, 如果积分路径 L 是一条封闭曲线, 则 L 上的积分又常记作

$$\oint_L \boldsymbol{F} \cdot \mathrm{d}\boldsymbol{r} \text{ 或} \oint_L P\mathrm{d}x + Q\mathrm{d}y + R\mathrm{d}z.$$

五、第二类曲线积分的性质

(1) 设 $\boldsymbol{F}$ 和 $\boldsymbol{G}$ 都是有向光滑曲线 L 上的连续向量值函数, α, β 是两个常数, 则

$$\int_L (\alpha \boldsymbol{F} + \beta \boldsymbol{G}) \cdot \mathrm{d}\boldsymbol{r} = \alpha \int_L \boldsymbol{F} \cdot \mathrm{d}\boldsymbol{r} + \beta \int_L \boldsymbol{G} \cdot \mathrm{d}\boldsymbol{r}.$$

（2）设曲线 L 由两段有向光滑曲线 L_1 和 L_2 组成，且它们的方向相应地一致. 若 $\boldsymbol{F}$ 是 L 上的连续向量值函数，则

$$\int_L \boldsymbol{F} \cdot \mathrm{d}\boldsymbol{r} = \int_{L_1} \boldsymbol{F} \cdot \mathrm{d}\boldsymbol{r} + \int_{L_2} \boldsymbol{F} \cdot \mathrm{d}\boldsymbol{r}.$$

（3）设 L 是有向光滑曲线，L^- 是与 L 反向的有向曲线. 若 $\boldsymbol{F}$ 是 L 上的连续向量值函数，则

$$\int_L \boldsymbol{F} \cdot \mathrm{d}\boldsymbol{r} = - \int_{L^-} \boldsymbol{F} \cdot \mathrm{d}\boldsymbol{r}.$$

六、第二类曲线积分的计算

定理 6.4.2　设函数 $\boldsymbol{F}(x,y,z) = P(x,y,z)\boldsymbol{i} + Q(x,y,z)\boldsymbol{j} + R(x,y,z)\boldsymbol{k}$，又设有向光滑曲线 L 的方程为

$$\boldsymbol{r} = \boldsymbol{r}(t) = x(t)\boldsymbol{i} + y(t)\boldsymbol{j} + z(t)\boldsymbol{k}, \ t: a \to b,$$

其中 "$t: a \to b$" 表示当参数 t 自 a 单调地变到 b 时，$\boldsymbol{r}(t)$ 自 L 的起点移动至终点，则

$$\int_L \boldsymbol{F} \cdot \mathrm{d}\boldsymbol{r} = \int_a^b \boldsymbol{F}(\boldsymbol{r}(t)) \cdot \boldsymbol{r}'(t) \mathrm{d}t$$

$$= \int_a^b [P(x(t),y(t),z(t))x'(t) + Q(x(t),y(t),z(t))y'(t)$$

$$+ R(x(t),y(t),z(t))z'(t)] \mathrm{d}t.$$

七、两类曲线积分的关系

若以弧长为参数将光滑曲线 L 的参数方程表示为

$$\boldsymbol{r}(s) = x(s)\boldsymbol{i} + y(s)\boldsymbol{j} + z(s)\boldsymbol{k},$$

其中 s 为自 L 的始点到 $\boldsymbol{r}(s)$ 所对应的点的曲线段的弧长. 记 L 在 $(x(s),y(s),z(s))$ 处沿参数增加方向的单位切向量为 $\boldsymbol{\tau}$，即 $\mathrm{d}\boldsymbol{r} = \boldsymbol{\tau}\mathrm{d}s$，则向量值函数 $\boldsymbol{F} = P\boldsymbol{i} + Q\boldsymbol{j} + R\boldsymbol{k}$ 沿有向曲线 L 的积分

$$\int_L P\mathrm{d}x + Q\mathrm{d}y + R\mathrm{d}z = \int_L \boldsymbol{F} \cdot \mathrm{d}\boldsymbol{r} = \int_L \boldsymbol{F} \cdot \boldsymbol{\tau}\mathrm{d}s$$

$$= \int_L [P(x,y,z)\cos(\boldsymbol{\tau},x) + Q(x,y,z)\cos(\boldsymbol{\tau},y) + R(x,y,z)\cos(\boldsymbol{\tau},z)] \mathrm{d}s.$$

八、曲线积分的应用

（1）设 L 为 Oxy 平面上的曲线，记以 L 为准线，母线平行于 z 轴的柱面为 Σ. 若

被积函数 $f(x,y) \geq 0$，则 Σ 在 Oxy 平面和曲面 $z = f(x,y)$ 之间部分的面积为

$$\int_L f(x,y)\,\mathrm{d}s.$$

（2）若一空间曲线 L 上分布着质量，密度函数为 $\rho(x,y,z)$，则 L 的质量为

$$m = \int_L \rho(x,y,z)\,\mathrm{d}s,$$

且 L 的质心坐标 $(\bar{x}, \bar{y}, \bar{z})$ 如下计算：

$$\bar{x} = \frac{1}{m}\int_L x\rho(x,y,z)\,\mathrm{d}s, \quad \bar{y} = \frac{1}{m}\int_L y\rho(x,y,z)\,\mathrm{d}s, \quad \bar{z} = \frac{1}{m}\int_L z\rho(x,y,z)\,\mathrm{d}s.$$

（3）若一物体受力场 $\boldsymbol{F}$ 作用，在 (x,y,z) 处所受的力为

$$\boldsymbol{F}(x,y,z) = P(x,y,z)\boldsymbol{i} + Q(x,y,z)\boldsymbol{j} + R(x,y,z)\boldsymbol{k},$$

L 为场中一条定向的路径，则该物体从 L 的起点沿 L 移动到 L 的终点，$\boldsymbol{F}$ 所做的功为

$$W = \int_L \boldsymbol{F} \cdot \mathrm{d}\boldsymbol{r}$$

例 题 分 析

例 6.4.1 计算第一类曲线积分 $\int_L y\,\mathrm{d}s$，其中

（1）L 为由直线 $y = x$ 及抛物线 $y^2 = 2x$ 所围成的有界区域的整个边界；

（2）L 为上半心脏线，其极坐标表示为 $r = a(1 + \cos\theta)\,(0 \leq \theta \leq \pi)$，其中 $a > 0$.

解 （1）将 L 分为两个曲线段 L_1 和 L_2（见图 6.4.1），其中

$$L_1: y = x \quad (0 \leq x \leq 2); \quad L_2: y^2 = 2x \quad (0 \leq y \leq 2).$$

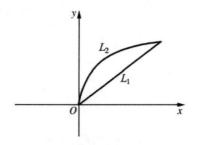

图 6.4.1

因为 L_1 的方程为 $y = x(0 \leq x \leq 2)$，所以 $\dfrac{\mathrm{d}y}{\mathrm{d}x} = 1$，因此

$$\int_{L_1} y\,\mathrm{d}s = \int_0^2 x\sqrt{1 + 1^2}\,\mathrm{d}x = 2\sqrt{2}.$$

因为 L_2 可表示为 $x = \dfrac{1}{2}y^2 (0 \leqslant y \leqslant 2)$，所以 $\dfrac{\mathrm{d}x}{\mathrm{d}y} = y$，因此

$$\int_{L_2} y\mathrm{d}s = \int_0^2 y\sqrt{1 + y^2}\,\mathrm{d}y = \frac{1}{3}(5\sqrt{5} - 1).$$

所以

$$\int_L y\mathrm{d}s = \int_{L_1} y\mathrm{d}s + \int_{L_2} y\mathrm{d}s = 2\sqrt{2} + \frac{1}{3}(5\sqrt{5} - 1).$$

（2）因为 L 的方程可表示为

$$x = r\cos\theta = a(1 + \cos\theta)\cos\theta, \quad y = r\sin\theta = a(1 + \cos\theta)\sin\theta, \quad 0 \leqslant \theta \leqslant \pi,$$

且

$$\sqrt{[r(\theta)]^2 + [r'(\theta)]^2} = a\sqrt{2(1 + \cos\theta)},$$

因此

$$\int_L y\mathrm{d}s = \int_0^\pi a(1 + \cos\theta)\sin\theta\, a\sqrt{2(1 + \cos\theta)}\,\mathrm{d}\theta$$

$$= \int_0^\pi \sqrt{2}a^2(1 + \cos\theta)^{\frac{3}{2}}\sin\theta\,\mathrm{d}\theta = \frac{16}{5}a^2.$$

例 6.4.2 计算第一类曲线积分 $\displaystyle\int_L \frac{xz^2}{x^2 + y^2}\mathrm{d}s$，其中 L 是螺线 $x = a\cos t, y = a\sin t, z = at\,(a > 0)$ 上对应于 $t = 0$ 与 $t = 2\pi$ 的两点之间的一段.

解 由曲线积分的计算公式得

$$\int_L \frac{xz^2}{x^2 + y^2}\mathrm{d}s$$

$$= \int_0^{2\pi} \frac{a\cos t(at)^2}{(a\cos t)^2 + (a\sin t)^2}\sqrt{(-a\sin t)^2 + (a\cos t)^2 + a^2}\,\mathrm{d}t$$

$$= \sqrt{2}a^2\int_0^{2\pi} t^2\cos t\,\mathrm{d}t = 4\sqrt{2}\pi a^2.$$

例 6.4.3 计算第一类曲线积分 $\displaystyle\int_L (2xy + 3x^2 + 4y^2)\mathrm{d}s$，其中 L 是椭圆 $\left\{(x,y)\,\Big|\,\dfrac{x^2}{4} + \dfrac{y^2}{3} = 1\right\}$，其弧长为 K.

解 因为积分路径关于 x 轴对称，且被积函数 $2xy$ 关于 y 是奇函数，所以

$$\int_L 2xy\,\mathrm{d}s = 0.$$

因为在 L 上成立 $3x^2 + 4y^2 = 12$，且 $\displaystyle\int_L \mathrm{d}s$ 就是 L 的弧长，它为 K，所以

$$\int_L (3x^2 + 4y^2)\,\mathrm{d}s = 12\int_L \left(\frac{x^2}{4} + \frac{y^2}{3}\right)\mathrm{d}s = 12\int_L \mathrm{d}s = 12K.$$

于是

$$\int_L (2xy + 3x^2 + 4y^2)\,\mathrm{d}s = \int_L 2xy\,\mathrm{d}s + \int_L (3x^2 + 4y^2)\,\mathrm{d}s = 12K.$$

注 注意积分路径和被积函数的对称性,常常会使计算简化. 例如,若积分路径 L 关于 x 轴(y 轴) 对称,则

(1) 若被积函数 f 满足关于 $y(x)$ 是偶函数,则

$$\int_L f(x,y)\,\mathrm{d}s = 2\int_{L_1} f(x,y)\,\mathrm{d}s,$$

其中 L_1 是 L 在 x 轴上方(y 轴右方) 的部分;

(2) 若被积函数 f 关于 $y(x)$ 是奇函数,则

$$\int_L f(x,y)\,\mathrm{d}s = 0.$$

例 6.4.4 计算 $\int_L (x^2 + 2y^2 + 3z)\,\mathrm{d}s$,其中 L 为球面 $x^2 + y^2 + z^2 = a^2$ 和平面 $x + y + z = 0$ 的交线$(a > 0)$.

解 由于 L 为球面 $x^2 + y^2 + z^2 = a^2$ 和经过球心平面 $x + y + z = 0$ 的交线,它是一个半径为 a 的圆周,因此由积分路径 L 的对称性得

$$\int_L x^2\,\mathrm{d}s = \int_L y^2\,\mathrm{d}s = \int_L z^2\,\mathrm{d}s = \frac{1}{3}\int_L (x^2 + y^2 + z^2)\,\mathrm{d}s.$$

由于在 L 上成立 $x^2 + y^2 + z^2 = a^2$,因此

$$\int_L (x^2 + y^2 + z^2)\,\mathrm{d}s = \int_L a^2\,\mathrm{d}s = a^2\int_L \mathrm{d}s = 2\pi a^3.$$

同理

$$\int_L x\,\mathrm{d}s = \int_L y\,\mathrm{d}s = \int_L z\,\mathrm{d}s = \frac{1}{3}\int_L (x + y + z)\,\mathrm{d}s = \frac{1}{3}\int_L 0\,\mathrm{d}s = 0.$$

于是

$$\int_L (x^2 + 2y^2 + 3z)\,\mathrm{d}s = \int_L x^2\,\mathrm{d}s + 2\int_L y^2\,\mathrm{d}s + 3\int_L z\,\mathrm{d}s = 2\pi a^3.$$

例 6.4.5 计算 $\int_L |x|\,\mathrm{d}s$,其中 L 为椭球面 $x^2 + y^2 + 4z^2 = 1$ 和平面 $y = \sqrt{3}x$ 的交线.

解 从椭球面方程 $x^2 + y^2 + 4z^2 = 1$ 和平面方程 $y = \sqrt{3}x$ 中消去 y,得

$$x^2 + z^2 = \frac{1}{4},$$

这就是曲线 L 在 Ozx 平面的投影曲线的方程. 因此可取 L 的参数方程为

$$z = \frac{1}{2}\cos t, \quad x = \frac{1}{2}\sin t, \quad y = \frac{\sqrt{3}}{2}\sin t, \quad 0 \leqslant t \leqslant 2\pi.$$

易知

$$\sqrt{x'^2 + y'^2 + z'^2} = \frac{1}{2}\sqrt{1 + 3\cos^2 t},$$

于是

$$\int_L |x|\, \mathrm{d}s = \frac{1}{4}\int_0^{2\pi} |\sin t|\ \sqrt{1 + 3\cos^2 t}\ \mathrm{d}t = \frac{1}{2}\int_0^{\pi} \sin t\ \sqrt{1 + 3\cos^2 t}\ \mathrm{d}t$$

$$\xlongequal{u = \cos t} \frac{1}{2}\int_{-1}^{1} \sqrt{1 + 3u^2}\, \mathrm{d}u = \int_0^1 \sqrt{1 + 3u^2}\, \mathrm{d}u = \frac{1}{2\sqrt{3}}[\, 2\sqrt{3} + \ln(2 + \sqrt{3})\,].$$

例 6.4.6 设 L 为曲面 $x^2 + y^2 = az$ 和 $y = x\tan\dfrac{z}{a}(a > 0)$ 的交线从 $O(0,0,0)$ 到 $A(x_0, y_0, z_0)$ 的一段，求 L 的弧长.

解 利用极坐标 $x = r\cos\theta, y = r\sin\theta$，从第一个曲面方程得 $r^2 = az$，从第二个曲面方程得 $\tan\theta = \tan\dfrac{z}{a}$，进而得到 $z = a\theta, r = a\sqrt{\theta}$. 于是可得到 L 的一个参数方程

$$x = a\sqrt{\theta}\cos\theta, \quad y = a\sqrt{\theta}\sin\theta, \quad z = a\theta, \quad 0 \leqslant \theta \leqslant \frac{z_0}{a}.$$

易知 $\sqrt{x'^2 + y'^2 + z'^2} = a\left(\sqrt{\theta} + \dfrac{1}{2\sqrt{\theta}}\right)$. 于是 L 的弧长为

$$s = \int_L \mathrm{d}s = a\int_0^{\frac{z_0}{a}} \left(\sqrt{\theta} + \frac{1}{2\sqrt{\theta}}\right)\mathrm{d}\theta = \sqrt{az_0}\left(\frac{2z_0}{3a} + 1\right).$$

例 6.4.7 求圆柱面 $x^2 + y^2 = a^2$ 介于平面 $z = y$ 与 Oxy 平面之间部分 Σ 的面积.

解 由 Σ 的对称性，只要计算它在第一卦限部分的面积，再乘以 4，便是 Σ 的面积. 记 L 为 Oxy 平面的曲线 $x^2 + y^2 = a^2(x \geqslant 0, y \geqslant 0)$，其参数方程为

$$x = a\cos\theta, \quad y = a\sin\theta \quad \left(0 \leqslant \theta \leqslant \frac{\pi}{2}\right),$$

且 $\sqrt{x'^2 + y'^2} = a$，则 Σ 在第一卦限部分的面积为

$$\int_L y\,\mathrm{d}s = \int_0^{\frac{\pi}{2}} a^2 \sin\theta\,\mathrm{d}\theta = a^2.$$

因此 Σ 的面积为 $4a^2$.

例 6.4.8 求曲线 $L_1 : y = \dfrac{1}{3}x^3 (0 \leqslant x \leqslant 1)$ 绕直线 $L_2 : 4x + 3y = 0$ 旋转一周所成的旋转曲面的面积.

解 设 (x, y) 为曲线 L_1 上一点,则它到直线 L_2 的距离为 $\rho = \dfrac{1}{5} \mid 4x + 3y \mid$.

曲线 L_1 上包含该点且长为 $\mathrm{d}s$ 的曲线微元绕直线 L_2 旋转一周所成的小旋转曲面微元的面积为 $2\pi\rho\mathrm{d}s$,因此由微元法可知,曲线 L_1 绕直线 L_2 旋转一周所成的旋转曲面的面积为

$$\int_{L_1} 2\pi\rho\mathrm{d}s = \frac{2\pi}{5} \int_{L_1} \mid 4x + 3y \mid \mathrm{d}s$$

$$= \frac{2\pi}{5} \int_0^1 (4x + x^3)\sqrt{1 + x^4}\, \mathrm{d}x$$

$$= \frac{2\pi}{5} \left(4\int_0^1 x \sqrt{1 + x^4}\, \mathrm{d}x + \int_0^1 x^3 \sqrt{1 + x^4}\, \mathrm{d}x \right).$$

$$= \frac{2\pi}{5} \left(2\int_0^1 \sqrt{1 + t^2}\, \mathrm{d}t + \frac{1}{4}\int_0^1 \sqrt{1 + x^4}\, \mathrm{d}x^4 \right)$$

$$= \frac{\pi}{5} \left[\frac{8}{3}\sqrt{2} - \frac{1}{3} + 2\ln(1 + \sqrt{2}) \right]$$

例 6.4.9 设 L 为球面 $x^2 + y^2 + z^2 = a^2$ 在第一卦限部分的边界,其上均匀分布着质量,求 L 的质心坐标.

解 记 L 的质心坐标为 $(\bar{x}, \bar{y}, \bar{z})$,不妨取密度 $\rho = 1$. 显然 L 的周长为 $\dfrac{3}{2}\pi a$,因此 L 的质量 $m = \dfrac{3}{2}\pi a$.

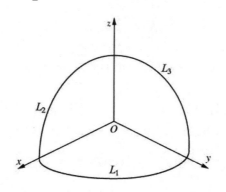

图 6.4.2

显然,L 在 Oxy 平面部分 L_1(见图 6.4.2)可用参数

$$x = a\cos\theta, \quad y = a\sin\theta, \quad 0 \leqslant \theta \leqslant \frac{\pi}{2}$$

表示,于是

$$\int_{L_1} x\mathrm{d}s = \int_0^{\frac{\pi}{2}} a\cos\theta \sqrt{(-a\sin\theta)^2 + (a\cos\theta)^2}\,\mathrm{d}\theta = a^2\int_0^{\frac{\pi}{2}}\cos\theta\mathrm{d}\theta = a^2.$$

同理,记 L 在 Ozx 平面部分为 L_2,则 $\int_{L_2} x\mathrm{d}s = a^2$. 记 L 在 Oyz 平面部分为 L_3,则此时有 $x = 0$,因此

$$\int_{L_3} x\mathrm{d}s = \int_{L_3} 0\mathrm{d}s = 0.$$

所以

$$\bar{x} = \frac{1}{m}\int_L x\mathrm{d}s = \frac{2}{3\pi a}\left(\int_{L_1} x\mathrm{d}s + \int_{L_2} x\mathrm{d}s + \int_{L_3} x\mathrm{d}s\right) = \frac{4a}{3\pi}.$$

由同样的计算可知

$$\bar{y} = \bar{z} = \frac{4a}{3\pi}.$$

例 6.4.10 计算下列第二类曲线积分:

(1) $\int_L e^x\cos y\mathrm{d}x - e^x\sin y\mathrm{d}y$,其中 L 为折线 OAB,方向从 O 到 B,这里 $O(0,0)$,$A(\pi/2,\pi/2)$,$B(\pi,0)$ 为平面上 3 点;

(2) $\int_L \dfrac{x\mathrm{d}x + y\mathrm{d}y + z\mathrm{d}z}{(x^2 + y^2 + z^2)^{\frac{3}{2}}}$,其中 L 为直线 $\dfrac{x-1}{1} = \dfrac{y-1}{-1} = \dfrac{z-1}{0}$ 上从 $A(2,0,1)$ 到 $B(1,1,1)$ 的一段.

解 (1) 取线段 $\overline{OA},\overline{AB}$ 的定向与 L 相同,则显然 $\overline{OA}$ 的方程为 $y = x, x:0\to\dfrac{\pi}{2}$;$\overline{AB}$ 的方程为 $y = \pi - x, x: \pi/2 \to \pi$. 于是

$$\int_L e^x\cos y\mathrm{d}x - e^x\sin y\mathrm{d}y$$

$$= \int_{\overline{OA}} e^x\cos y\mathrm{d}x - e^x\sin y\mathrm{d}y + \int_{\overline{AB}} e^x\cos y\mathrm{d}x - e^x\sin y\mathrm{d}y$$

$$= \int_0^{\frac{\pi}{2}} e^x(\cos x - \sin x)\mathrm{d}x + \int_{\frac{\pi}{2}}^{\pi} e^x[\cos(\pi - x) + \sin(\pi - x)]\mathrm{d}x$$

$$= [e^x\cos x]\Big|_0^{\frac{\pi}{2}} + [e^x\cos(\pi - x)]\Big|_{\frac{\pi}{2}}^{\pi} = e^{\pi} - 1.$$

(2) 直线 $\dfrac{x-1}{1} = \dfrac{y-1}{-1} = \dfrac{z-1}{0}$ 的参数方程为

$$x = 1 + t, \quad y = 1 - t, \quad z = 1,$$

而由 L 的定义知,L 是直线上从 $t=1$ 对应的点 A 到 $t=0$ 对应的点 B 之间的一段. 于是

$$\int_L \frac{x\mathrm{d}x + y\mathrm{d}y + z\mathrm{d}z}{(x^2+y^2+z^2)^{\frac{3}{2}}} = \int_1^0 \frac{(1+t)-(1-t)}{\left[(1+t)^2+(1-t)^2+1\right]^{\frac{3}{2}}}\mathrm{d}t$$

$$= -2\int_0^1 \frac{t}{(2t^2+3)^{\frac{3}{2}}}\mathrm{d}t = \frac{1}{\sqrt{5}} - \frac{1}{\sqrt{3}}.$$

例 6.4.11 记 $I(a) = \int_L (1+y^3)\mathrm{d}x + (2x+y)\mathrm{d}y \, (a>0)$,其中 L 为有向曲线 $y = a\sin x \,(0 \leqslant x \leqslant \pi)$,方向从 $O(0,0)$ 到 $A(\pi,0)$.

(1) 求 $I(a)$;(2) 问当 a 为何值时,$I(a)$ 最小?

解 (1) 因为 L 的方程为 $y = a\sin x \,(x: 0 \to \pi)$,因此

$$I(a) = \int_0^\pi \left[1 + a^3\sin^3 x + (2x+a\sin x)a\cos x\right]\mathrm{d}x$$

$$= \int_0^\pi \mathrm{d}x + a^3\int_0^\pi \sin^3 x\mathrm{d}x + 2a\int_0^\pi x\cos x\mathrm{d}x + a^2\int_0^\pi \sin x\cos x\mathrm{d}x$$

$$= \pi + a^3\int_0^\pi (\cos^2 x - 1)\mathrm{d}\cos x + 2a\int_0^\pi x\mathrm{d}\sin x + a^2\int_0^\pi \sin x\mathrm{d}\sin x$$

$$= \pi + \frac{4}{3}a^3 - 2a\int_0^\pi \sin x\mathrm{d}x = \pi + \frac{4}{3}a^3 - 4a.$$

(2) 显然 $I'(a) = 4a^2 - 4$, $I''(a) = 8a$,令 $I'(a) = 0$ 得驻点 $a = 1$($a = -1$ 舍去),因为 $I''(1) = 8 > 0$,所以 $a = 1$ 为极小值点. 又因为它是 $I(a)$ 在 $(0, +\infty)$ 唯一极值点,它就是最小值点. 这就是说,当 $a = 1$ 时,$I(a)$ 最小.

例 6.4.12 计算曲线积分 $\int_L (y-z)\mathrm{d}x + (z-x)\mathrm{d}y + (x-y)\mathrm{d}z$,其中 L 为椭球面 $\dfrac{x^2}{4} + \dfrac{y^2}{9} + \dfrac{z^2}{4} = 1$ 与平面 $y = 3x$ 的交线,自 x 轴的正向看,为逆时针方向.

解 从椭球面方程 $\dfrac{x^2}{4} + \dfrac{y^2}{9} + \dfrac{z^2}{4} = 1$ 和平面方程 $y = 3x$ 中消去 y,得

$$\frac{x^2}{\dfrac{4}{5}} + \frac{z^2}{4} = 1,$$

这就是曲线 L 在 Ozx 平面的投影曲线的方程,它是一个椭圆,因此可取 L 的参数方程为

$$x = \frac{2}{\sqrt{5}}\cos t, \quad z = 2\sin t, \quad y = \frac{6}{\sqrt{5}}\cos t, \quad t: 0 \to 2\pi.$$

于是

$$\int_L (y-z)\mathrm{d}x + (z-x)\mathrm{d}y + (x-y)\mathrm{d}z$$

$$= \int_0^{2\pi} \left[-\left(\frac{6}{\sqrt{5}}\cos t - 2\sin t\right)\frac{2}{\sqrt{5}}\sin t - \left(2\sin t - \frac{2}{\sqrt{5}}\cos t\right)\frac{6}{\sqrt{5}}\sin t + \left(\frac{2}{\sqrt{5}}\cos t - \frac{6}{\sqrt{5}}\cos t\right)2\cos t \right]\mathrm{d}t$$

$$= -\frac{16}{\sqrt{5}}\pi.$$

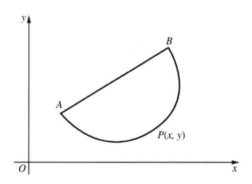

图 6.4.3

例 6.4.13 已知质点 P 沿着以线段 $\overline{AB}$ 为直径的半圆周(图 6.4.3),从点 $A(1,2)$ 运动到点 $B(3,4)$ 的过程中受力 $\boldsymbol{F}$ 的作用,$\boldsymbol{F}$ 的大小等于点 P 与原点 O 之间的距离,其方向垂直于线段 $\overline{OP}$ 且与 y 轴正向的夹角小于 $\frac{\pi}{2}$,求力 $\boldsymbol{F}$ 对质点所做的功.

解 依已知,质点 P 在点 (x,y) 处所受的力的大小为 $\|\boldsymbol{F}\| = \sqrt{x^2 + y^2}$. 由于与向量 $\overrightarrow{OP} = x\boldsymbol{i} + y\boldsymbol{j}$ 垂直的向量可取为 $\pm(-y\boldsymbol{i} + x\boldsymbol{j})$,其中与 y 轴正向的夹角小于 $\frac{\pi}{2}$ 的是 $-y\boldsymbol{i} + x\boldsymbol{j}$,因此与 $\boldsymbol{F}$ 同向的单位向量为 $\frac{1}{\sqrt{(-y)^2 + x^2}}(-y\boldsymbol{i} + x\boldsymbol{j})$,于是 $\boldsymbol{F}$ 可表为

$$\boldsymbol{F} = \sqrt{x^2 + y^2}\frac{1}{\sqrt{(-y)^2 + x^2}}(-y\boldsymbol{i} + x\boldsymbol{j}) = -y\boldsymbol{i} + x\boldsymbol{j}.$$

因此 P 沿着以线段 $\overline{AB}$ 为直径的半圆周 $\overset{\frown}{AB}$,从点 A 运动到点 B 时,$\boldsymbol{F}$ 对质点所做的功为

$$W = \int_{\overset{\frown}{AB}} \boldsymbol{F} \cdot \mathrm{d}\boldsymbol{r} = \int_{\overset{\frown}{AB}} -y\mathrm{d}x + x\mathrm{d}y.$$

注意到线段 $\overline{AB}$ 的中点为 $(2,3)$,长度为 $2\sqrt{2}$,所以半圆 $\overset{\frown}{AB}$ 的参数方程可取为

$$x = 2 + \sqrt{2}\cos t, \quad y = 3 + \sqrt{2}\sin t, \quad t: -\frac{3\pi}{4} \to \frac{\pi}{4}.$$

于是

$$W = \int_{\overset{\frown}{AB}} -y\mathrm{d}x + x\mathrm{d}y = \int_{-\frac{3\pi}{4}}^{\frac{\pi}{4}} \left[-(3 + \sqrt{2}\sin t)(-\sqrt{2}\sin t) + (2 + \sqrt{2}\cos t)\sqrt{2}\cos t \right]\mathrm{d}t$$

$$= \int_{-\frac{3\pi}{4}}^{\frac{\pi}{4}} 2\mathrm{d}t + \int_{-\frac{3\pi}{4}}^{\frac{\pi}{4}} (3\sqrt{2}\sin t + 2\sqrt{2}\cos t)\mathrm{d}t = 2(\pi - 1).$$

例6.4.14 （1）设 L 为 $\mathbf{R}^2$ 中的光滑曲线，P,Q 为在 L 上连续的二元函数. 证明：

$$\left| \int_L P(x,y)\mathrm{d}x + Q(x,y)\mathrm{d}y \right| \leqslant SM,$$

其中 S 为 L 的弧长，$M = \max\limits_{(x,y) \in L} \sqrt{P^2(x,y) + Q^2(x,y)}$；

（2）记 $I_R = \int_L \dfrac{y\mathrm{d}x - x\mathrm{d}y}{(x^2 + xy + y^2)^2}$，其中 L 是圆周 $x^2 + y^2 = R^2$，证明 $\lim\limits_{R \to +\infty} I_R = 0$.

证 （1）因为

$$\int_L P\mathrm{d}x + Q\mathrm{d}y = \int_L \left[P(x,y)\cos(\boldsymbol{\tau},x) + Q(x,y)\cos(\boldsymbol{\tau},y) \right]\mathrm{d}s,$$

其中 $\boldsymbol{\tau}$ 为沿参数增加方向的单位切向量，此时 $\cos^2(\boldsymbol{\tau},x) + \cos^2(\boldsymbol{\tau},y) = 1$. 因为

$$| P(x,y)\cos(\boldsymbol{\tau},x) + Q(x,y)\cos(\boldsymbol{\tau},y) |$$

$$\leqslant \sqrt{P^2(x,y) + Q^2(x,y)}\sqrt{\cos^2(\boldsymbol{\tau},x) + \cos^2(\boldsymbol{\tau},y)} = \sqrt{P^2(x,y) + Q^2(x,y)},$$

所以

$$\left| \int_L P\mathrm{d}x + Q\mathrm{d}y \right| \leqslant \int_L | P(x,y)\cos(\boldsymbol{\tau},x) + Q(x,y)\cos(\boldsymbol{\tau},y) | \mathrm{d}s$$

$$\leqslant \int_L \sqrt{P^2(x,y) + Q^2(x,y)}\mathrm{d}s \leqslant \int_L M\mathrm{d}s = SM.$$

（2）记

$$P(x,y) = \frac{y}{(x^2 + xy + y^2)^2}, \quad Q(x,y) = -\frac{x}{(x^2 + xy + y^2)^2}.$$

因为在圆周 $x^2 + y^2 = R^2$ 上成立

$$\sqrt{P^2(x,y) + Q^2(x,y)} = \frac{\sqrt{x^2 + y^2}}{(x^2 + xy + y^2)^2} = \frac{R}{(x^2 + xy + y^2)^2}$$

$$\leqslant \frac{R}{(x^2 + y^2 - | xy |)^2} \leqslant \frac{R}{\left[x^2 + y^2 - \frac{1}{2}(x^2 + y^2) \right]^2}$$

— 434 —

$$= \frac{R}{\left[\frac{1}{2}(x^2 + y^2)\right]^2} = \frac{4}{R^3},$$

且 L 的周长为 $2\pi R$. 于是,利用(1)的结论得

$$|I_R| \leqslant 2\pi R \cdot \frac{4}{R^3} = \frac{8\pi}{R^2},$$

所以 $\lim\limits_{R \to +\infty} I_R = 0$.

习　题

1. 计算下列第一类曲线积分:

(1) $\int_L |y| \, \mathrm{d}s$,其中 $L = \left\{(x, y) \left| y^2 = 2px, 0 \leqslant x \leqslant \frac{p}{2}\right.\right\}$;

(2) $\int_L (xy + yz + zx) \mathrm{d}s$,其中 L 为球面 $x^2 + y^2 + z^2 = a^2$ 和平面 $x + y + z = \frac{3a}{2}(a > 0)$ 的交线;

(3) $\int_L \frac{1}{x^2 + y^2 + z^2} \mathrm{d}s$,其中 L 为曲线 $x = \mathrm{e}^t \cos t, y = \mathrm{e}^t \sin t, z = \mathrm{e}^t$ 上相应于 t 从 0 到 2π 的一段弧;

(4) $\int_L z \mathrm{d}s$,其中 L 为曲面 $x^2 + y^2 = z^2$ 和 $y^2 = ax(a > 0)$ 的交线上自 $O(0,0,0)$ 到 $A(a, a, a\sqrt{2})$ 的一段.

2. 设椭圆 $L = \left\{(x, y) \left| \frac{x^2}{4} + y^2 = 1\right.\right\}$ 的周长为 l,求 $\int_L (xy + x^2 + 4y^2) \mathrm{d}s$.

3. 计算下列第二类曲线积分:

(1) $\int_L \frac{\mathrm{d}x + \mathrm{d}y}{|x| + |y|}$,其中 L 是以 $A(1, 0), B(0, 1), C(-1, 0), D(0, -1)$ 为顶点的正方形的边界,定向取逆时针方向;

(2) $\oint_L \frac{xy}{x^2 + y^2}(y\mathrm{d}x - x\mathrm{d}y)$,其中 L 为双纽线 $r^2 = a^2 \cos 2\theta$ 的右面的一半,定向取逆时针方向;

(3) $\int_L (y^2 - z^2) \mathrm{d}x + (z^2 - x^2) \mathrm{d}y + (x^2 - y^2) \mathrm{d}z$,其中 L 为球面 $x^2 + y^2 + z^2 = 1$ 在第一卦限部分的边界曲线,自 z 轴的正方向看为逆时针方向;

(4) $\int_L (y - z) \mathrm{d}x + (z - x) \mathrm{d}y + (x - y) \mathrm{d}z$,其中 L 为球面 $x^2 + y^2 + z^2 = a^2(a > 0)$ 与平面 $y = x\tan\alpha \left(0 < \alpha < \frac{\pi}{2}\right)$ 的交线,自 x 轴的正方向看为逆时针方向.

4. 若悬链线的一段 $y = \frac{a}{2}\left(\mathrm{e}^{\frac{x}{a}} + \mathrm{e}^{-\frac{x}{a}}\right)(0 \leqslant x \leqslant a)$ 上每一点的密度与该点的纵坐标成反比,且在点 $(0, a)$ 处的密度等于 p,求该曲线段的质量.

5. 在力场 $\boldsymbol{F}(x, y, z) = yz\boldsymbol{i} + zx\boldsymbol{j} + xy\boldsymbol{k}$ 的作用下,一质点由原点沿直线运动到椭球面 $\dfrac{x^2}{a^2} + \dfrac{y^2}{b^2}$

$+\dfrac{z^2}{c^2} = 1$ 上的点 $M(\xi, \eta, \zeta)$, 问 M 在该椭球面的何处时, F 所做的功最大?

6. 证明 $\oint_L \sqrt{b^4 x^2 + a^4 y^2}\,(x\mathrm{d}y - y\mathrm{d}x) = a^2 b^2 s$, 其中 L 为椭圆 $\dfrac{x^2}{a^2} + \dfrac{y^2}{b^2} = 1$, 取逆时针方向, s 为其周长.

§6.5　两类曲面积分

知识要点

一、第一类曲面积分的概念

定义 6.5.1　设有界函数 f 定义于光滑曲面 Σ 上. 把 Σ 任意地分割成 n 个小曲面 $\Delta\Sigma_1, \Delta\Sigma_2, \cdots, \Delta\Sigma_n$, 记 $\Delta\Sigma_i$ 的面积为 $\Delta S_i (i = 1, 2, \cdots, n)$. 任取 $(\xi_i, \eta_i, \zeta_i) \in \Delta\Sigma_i$, 作和式

$$\sum_{i=1}^{n} f(\xi_i, \eta_i, \zeta_i)\Delta S_i.$$

记 λ 为诸 $\Delta\Sigma_i$ 的直径最大值. 如果当 $\lambda \to 0$ 时, 上述和式的极限存在, 且极限值与 Σ 的分法及 (ξ_i, η_i, ζ_i) 的取法无关, 则称此极限值为 f 在 Σ 上的**第一类曲面积分**, 记作 $\iint\limits_{\Sigma} f(x, y, z)\mathrm{d}S$ 或 $\iint\limits_{\Sigma} f\mathrm{d}S$, 即

$$\iint\limits_{\Sigma} f(x, y, z)\mathrm{d}S = \lim_{\lambda \to 0} \sum_{i=1}^{n} f(\xi_i, \eta_i, \zeta_i)\Delta S_i.$$

二、第一类曲面积分的性质

(1) 设函数 f, g 在曲面 Σ 上连续, α, β 为常数, 则

$$\iint\limits_{\Sigma} (\alpha f + \beta g)\mathrm{d}S = \alpha \iint\limits_{\Sigma} f\mathrm{d}S + \beta \iint\limits_{\Sigma} g\mathrm{d}S.$$

(2) 设曲面 Σ 被分割为曲面 Σ_1 与 Σ_2 的并, 且函数 f 在曲面 Σ 上连续, 则

$$\iint\limits_{\Sigma} f\mathrm{d}S = \iint\limits_{\Sigma_1} f\mathrm{d}S + \iint\limits_{\Sigma_2} f\mathrm{d}S.$$

注意, $\iint\limits_{\Sigma} \mathrm{d}S$ 就是曲面 Σ 的面积.

三、第一类曲面积分的计算

定理 6.5.1　设光滑曲面 Σ 的方程为

$$\boldsymbol{r} = x(u, v)\boldsymbol{i} + y(u, v)\boldsymbol{j} + z(u, v)\boldsymbol{k}, \quad (u, v) \in D,$$

即 $\begin{cases} x = x(u,v), \\ y = y(u,v), \quad (u,v) \in D. \text{ 又设函数} f \text{ 在曲面} \Sigma \text{ 上连续,则} \\ z = z(u,v), \end{cases}$

$$\iint_{\Sigma} f(x,y,z)\,\mathrm{d}S = \iint_{D} f(x(u,v),y(u,v),z(u,v))\,\sqrt{EG - F^2}\,\mathrm{d}u\mathrm{d}v,$$

其中 $EG - F^2 = \left[\dfrac{D(y,z)}{D(u,v)}\right]^2 + \left[\dfrac{D(z,x)}{D(u,v)}\right]^2 + \left[\dfrac{D(x,y)}{D(u,v)}\right]^2.$

特别地,若光滑曲面 Σ 的方程为

$$z = z(x,y), \quad (x,y) \in D,$$

则

$$\iint_{\Sigma} f(x,y,z)\,\mathrm{d}S = \iint_{D} f(x,y,z(x,y))\,\sqrt{1 + z_x'^2 + z_y'^2}\,\mathrm{d}x\mathrm{d}y.$$

四、第二类曲面积分的概念

定义 6.5.2 设 $\boldsymbol{F} = P\boldsymbol{i} + Q\boldsymbol{j} + R\boldsymbol{k}$ 是定义在光滑的有向曲面 Σ 上的向量值函数. 把 Σ 任意地分割成 n 个小有向曲面 $\Delta\Sigma_1, \Delta\Sigma_2, \cdots, \Delta\Sigma_n$, 记 $\Delta\Sigma_i$ 的面积为 ΔS_i. 在每个 $\Delta\Sigma_i$ 上任取一点 $P_i(\xi_i, \eta_i, \zeta_i)$, 记 $\boldsymbol{n}_i$ 为有向曲面 Σ 在 P_i 处的单位法向量,并记向量 $\Delta\boldsymbol{S}_i = \boldsymbol{n}_i\Delta S_i (i = 1,2,\cdots,n)$, 作和式

$$\sum_{i=1}^{n} \boldsymbol{F}(\xi_i, \eta_i, \zeta_i) \cdot \Delta\boldsymbol{S}_i.$$

记 λ 为诸 $\Delta\Sigma_i$ 的直径的最大值,如果当 $\lambda \to 0$ 时,上述和式的极限存在,且极限值与 Σ 的分法及 (ξ_i, η_i, ζ_i) 的取法无关,则称此极限值为 $\boldsymbol{F}$ 在有向曲面 Σ 上的**第二类曲面积分**,记作 $\displaystyle\iint_{\Sigma} \boldsymbol{F} \cdot \mathrm{d}\boldsymbol{S}$, 即

$$\iint_{\Sigma} \boldsymbol{F} \cdot \mathrm{d}\boldsymbol{S} = \lim_{\lambda \to 0} \sum_{i=1}^{n} \boldsymbol{F}(\xi_i, \eta_i, \zeta_i) \cdot \Delta\boldsymbol{S}_i.$$

上面定义的第二类曲面积分又可表示为

$$\iint_{\Sigma} \boldsymbol{F} \cdot \mathrm{d}\boldsymbol{S} = \iint_{\Sigma} P(x,y,z)\,\mathrm{d}y\mathrm{d}z + Q(x,y,z)\,\mathrm{d}z\mathrm{d}x + R(x,y,z)\,\mathrm{d}x\mathrm{d}y.$$

五、第二类曲面积分的性质

(1) 设向量值函数 $\boldsymbol{F}, \boldsymbol{G}$ 在有向曲面 Σ 上连续,α, β 为常数,则

$$\iint_{\Sigma} (\alpha\boldsymbol{F} + \beta\boldsymbol{G}) \cdot \mathrm{d}\boldsymbol{S} = \alpha\iint_{\Sigma} \boldsymbol{F} \cdot \mathrm{d}\boldsymbol{S} + \beta\iint_{\Sigma} \boldsymbol{G} \cdot \mathrm{d}\boldsymbol{S}.$$

(2) 设有向曲面 Σ 被分割为 Σ_1 与 Σ_2 的并,且 Σ_1 与 Σ_2 的定向与 Σ 一致. 若向

量值函数 $\boldsymbol{F}$ 在 Σ 上连续,则

$$\iint_{\Sigma} \boldsymbol{F} \cdot \mathrm{d}\boldsymbol{S} = \iint_{\Sigma_1} \boldsymbol{F} \cdot \mathrm{d}\boldsymbol{S} + \iint_{\Sigma_2} \boldsymbol{F} \cdot \mathrm{d}\boldsymbol{S}.$$

(3) 设 Σ^+,Σ^- 是由同一曲面 Σ 取相反法向量所得的两有向曲面. 若向量值函数 $\boldsymbol{F}$ 在 Σ 上连续,则

$$\iint_{\Sigma^-} \boldsymbol{F} \cdot \mathrm{d}\boldsymbol{S} = - \iint_{\Sigma^+} \boldsymbol{F} \cdot \mathrm{d}\boldsymbol{S}.$$

六、第二类曲面积分的计算

设定向光滑曲面 Σ 以参数方程 $\boldsymbol{r} = x(u,v)\boldsymbol{i} + y(u,v)\boldsymbol{j} + z(u,v)\boldsymbol{k},(u,v) \in D$ 的形式给出,则其单位法向量 $\boldsymbol{n} = (\cos\alpha,\cos\beta,\cos\gamma)$($\alpha,\beta,\gamma$ 分别为 $\boldsymbol{n}$ 与 x,y,z 轴正向的夹角)可如下计算:

$$(\cos\alpha,\cos\beta,\cos\gamma) = \pm \frac{1}{\sqrt{EG-F^2}}\left(\frac{D(y,z)}{D(u,v)},\frac{D(z,x)}{D(u,v)},\frac{D(x,y)}{D(u,v)}\right),$$

其中 $\pm$ 号取决于曲面的定向.

定理 6.5.2 设定向光滑曲面 Σ 的参数方程为 $\boldsymbol{r} = x(u,v)\boldsymbol{i} + y(u,v)\boldsymbol{j} + z(u,v)\boldsymbol{k}((u,v) \in D)$,若 $\boldsymbol{F}(x,y,z) = P(x,y,z)\boldsymbol{i} + Q(x,y,z)\boldsymbol{j} + R(x,y,z)\boldsymbol{k}$ 在 Σ 上连续,则有

$$\iint_{\Sigma} \boldsymbol{F} \cdot \mathrm{d}\boldsymbol{S} = \iint_{\Sigma} P(x,y,z)\mathrm{d}y\mathrm{d}z + Q(x,y,z)\mathrm{d}z\mathrm{d}x + R(x,y,z)\mathrm{d}x\mathrm{d}y$$

$$= \pm \iint_{D}\left[P\frac{D(y,z)}{D(u,v)} + Q\frac{D(z,x)}{D(u,v)} + R\frac{D(x,y)}{D(u,v)}\right]\mathrm{d}u\mathrm{d}v.$$

其中 $\pm$ 号取决于曲面 Σ 的定向.

因此,当曲面方程为 $z = z(x,y),(x,y) \in D$ 时,有

$$\iint_{\Sigma} P(x,y,z)\mathrm{d}y\mathrm{d}z + Q(x,y,z)\mathrm{d}z\mathrm{d}x + R(x,y,z)\mathrm{d}x\mathrm{d}y$$

$$= \pm \iint_{D}\left[-z_x' P(x,y,z(x,y)) - z_y' Q(x,y,z(x,y)) + R(x,y,z(x,y))\right]\mathrm{d}x\mathrm{d}y,$$

其中,当 Σ 选定上侧时,取"$+$"号;当 Σ 选定下侧时,取"$-$"号.

特别地,当曲面方程为 $z = z(x,y),(x,y) \in D$ 时,有

$$\iint_{\Sigma} R(x,y,z)\mathrm{d}x\mathrm{d}y = \pm \iint_{D} R(x,y,z(x,y))\mathrm{d}x\mathrm{d}y,$$

其中,当 Σ 选定上侧时,取"$+$"号;当 Σ 选定下侧时,取"$-$"号.

当曲面方程为 $x = x(y,z),(y,z) \in D$ 时,则

$$\iint_{\Sigma} P(x,y,z)\mathrm{d}y\mathrm{d}z = \pm \iint_{D} P(x(y,z),y,z)\mathrm{d}y\mathrm{d}z,$$

其中,当 Σ 选定前侧时,取"+"号;当 Σ 选定后侧时,取"-"号.

当曲面方程为 $y = y(z,x),(z,x) \in D$ 时,则

$$\iint\limits_{\Sigma} Q(x,y,z)\mathrm{d}z\mathrm{d}x = \pm \iint\limits_{D} Q(x,y(z,x),z)\mathrm{d}z\mathrm{d}x,$$

其中,当 Σ 选定右侧时,取"+"号;当 Σ 选定左侧时,取"-"号.

七、两类曲面积分的关系

记有向曲面 Σ 在指定一侧的单位法向量 $\boldsymbol{n}$ 的方向余弦为 $\cos(\boldsymbol{n},x),\cos(\boldsymbol{n},y),$ $\cos(\boldsymbol{n},z)((\boldsymbol{n},x),(\boldsymbol{n},y),(\boldsymbol{n},z)$ 分别为 $\boldsymbol{n}$ 与 x,y,z 轴正向的夹角),若 $\boldsymbol{F}(x,y,z) = P(x,y,z)\boldsymbol{i} + Q(x,y,z)\boldsymbol{j} + R(x,y,z)\boldsymbol{k}$,则

$$\iint\limits_{\Sigma} \boldsymbol{F} \cdot \mathrm{d}\boldsymbol{S} = \iint\limits_{\Sigma} [P(x,y,z)\cos(\boldsymbol{n},x) + Q(x,y,z)\cos(\boldsymbol{n},y) + R(x,y,z)\cos(\boldsymbol{n},z)]\mathrm{d}S.$$

八、曲面积分的应用

(1) 若一空间曲面 Σ 上分布着质量,密度函数为 $\rho(x,y,z)$,则 Σ 的质量为

$$m = \iint\limits_{\Sigma} \rho(x,y,z)\mathrm{d}S,$$

且 Σ 的质心坐标 $(\overline{x},\overline{y},\overline{z})$ 如下计算:

$$\overline{x} = \frac{1}{m}\iint\limits_{\Sigma} x\rho(x,y,z)\mathrm{d}S, \quad \overline{y} = \frac{1}{m}\iint\limits_{\Sigma} y\rho(x,y,z)\mathrm{d}S, \quad \overline{z} = \frac{1}{m}\iint\limits_{\Sigma} z\rho(x,y,z)\mathrm{d}S.$$

(2) 设某种流体的流速场为

$$\boldsymbol{v} = \boldsymbol{v}(x,y,z), \quad (x,y,z) \in \Omega,$$

若 Σ 是 Ω 中的有向曲面,那么单位时间内按 Σ 的指定侧通过 Σ 的流量为

$$\Phi = \iint\limits_{\Sigma} \boldsymbol{v} \cdot \mathrm{d}\boldsymbol{S}.$$

例 题 分 析

例 6.5.1 计算第一类曲面积分 $\iint\limits_{\Sigma} xyz\mathrm{d}S$,其中 Σ 是平面 $x + y + z = 1$ 与 3 个坐标平面所围立体的表面.

解 记 $\Sigma_1, \Sigma_2, \Sigma_3, \Sigma_4$ 分别表示该四面体的表面在 Oxy 平面,Oyz 平面,Ozx 平面和平面 $x + y + z = 1$ 上的部分(见图 6.5.1),则

$$\iint\limits_{\Sigma} xyz\mathrm{d}S = \iint\limits_{\Sigma_1} xyz\mathrm{d}S + \iint\limits_{\Sigma_2} xyz\mathrm{d}S + \iint\limits_{\Sigma_3} xyz\mathrm{d}S + \iint\limits_{\Sigma_4} xyz\mathrm{d}S.$$

因为在 Σ_1 上被积函数 $xyz = 0$,所以 $\iint\limits_{\Sigma_1} xyz\mathrm{d}S = 0$.

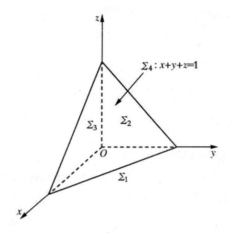

图 6.5.1

同理 $\iint\limits_{\Sigma_2} xyz\mathrm{d}S = 0, \iint\limits_{\Sigma_3} xyz\mathrm{d}S = 0.$

由于平面 Σ_4 的方程可表为 $z = 1 - x - y, 0 \leqslant y \leqslant 1 - x, 0 \leqslant x \leqslant 1$,此时 $\sqrt{1 + z_x'^2 + z_y'^2} = \sqrt{3}$,因此

$$\iint\limits_{\Sigma_4} xyz\mathrm{d}S = \iint\limits_{\substack{0 \leqslant x \leqslant 1 \\ 0 \leqslant y \leqslant 1-x}} \sqrt{3}xy(1 - x - y)\mathrm{d}x\mathrm{d}y$$

$$= \sqrt{3}\int_0^1 \mathrm{d}x \int_0^{1-x} xy(1 - x - y)\mathrm{d}y = \frac{\sqrt{3}}{120}.$$

于是

$$\iint\limits_{\Sigma} xyz\mathrm{d}S = \frac{\sqrt{3}}{120}.$$

例 6.5.2　计算第一类曲面积分 $\iint\limits_{\Sigma}(x + y^2 + z^3)\mathrm{d}S$,其中 Σ 是球面 $x^2 + y^2 + z^2 = a^2$.

解　因为曲面 Σ 关于 Oyz 平面对称,且函数 x 关于 x 是奇函数,所以

$$\iint\limits_{\Sigma} x\mathrm{d}S = 0.$$

同理 $\iint\limits_{\Sigma} z^3\mathrm{d}S = 0$. 因为曲面 Σ 关于 Ozx 平面对称,且函数 y^2 关于 y 是偶函数,则

$$\iint\limits_{\Sigma} y^2\mathrm{d}S = 2\iint\limits_{\Sigma_1} y^2\mathrm{d}S,$$

其中 $\Sigma_1 = \{(x,y,z) \mid x^2 + y^2 + z^2 = a^2, y \geqslant 0\}$.

由于 Σ_1 的方程可表为 $y = \sqrt{a^2 - x^2 - z^2}, x^2 + z^2 \leq a^2$, 此时

$$\sqrt{1 + y_x'^2 + y_z'^2} = \frac{a}{\sqrt{a^2 - x^2 - z^2}},$$

所以

$$\iint\limits_{\Sigma_1} y^2 \mathrm{d}S = \iint\limits_{x^2+z^2 \leq a^2} (a^2 - x^2 - z^2) \frac{a}{\sqrt{a^2 - x^2 - z^2}} \mathrm{d}z\mathrm{d}x$$

$$= a \iint\limits_{x^2+z^2 \leq a^2} \sqrt{a^2 - x^2 - z^2} \mathrm{d}z\mathrm{d}x = a \int_0^{2\pi} \mathrm{d}\theta \int_0^a \sqrt{a^2 - r^2} r \mathrm{d}\theta = \frac{2\pi}{3} a^4.$$

因此 $\iint\limits_{\Sigma} y^2 \mathrm{d}S = \frac{4\pi}{3} a^4$, 于是

$$\iint\limits_{\Sigma} (x + y^2 + z^3) \mathrm{d}S = \iint\limits_{\Sigma} x \mathrm{d}s + \iint\limits_{\Sigma} y^2 \mathrm{d}S + \iint\limits_{\Sigma} z^3 \mathrm{d}S = \frac{4\pi}{3} a^4.$$

注 利用积分曲面的对称性,常常会使计算第一类曲面积分简化. 这与用对称性简化重积分或第一类曲线积分的计算之原理类似,此处就不一一列举相关结论,读者可自行给出.

注意,利用积分曲面对变量的轮换对称性也可简化计算. 例如,在上例中计算 $\iint\limits_{\Sigma} y^2 \mathrm{d}S$ 时,利用球面 $x^2 + y^2 + z^2 = a^2$ 的轮换对称性可知

$$\iint\limits_{\Sigma} x^2 \mathrm{d}S = \iint\limits_{\Sigma} y^2 \mathrm{d}S = \iint\limits_{\Sigma} z^2 \mathrm{d}S,$$

于是

$$\iint\limits_{\Sigma} y^2 \mathrm{d}S = \frac{1}{3} \iint\limits_{\Sigma} (x^2 + y^2 + z^2) \mathrm{d}S = \frac{1}{3} \iint\limits_{\Sigma} a^2 \mathrm{d}S = \frac{a^2}{3} \iint\limits_{\Sigma} \mathrm{d}S = \frac{a^2}{3} \cdot 4\pi a^2 = \frac{4\pi}{3} a^4.$$

例 6.5.3 计算第一类曲面积分 $\iint\limits_{\Sigma} (x^2 + y) \mathrm{d}S$,其中 Σ 是圆柱面 $x^2 + y^2 = a^2$ $(0 \leq z \leq b)$.

解法一 因为圆柱面 Σ 关于 Ozx 平面对称,所以

$$\iint\limits_{\Sigma} y \mathrm{d}S = 0.$$

又由圆柱面 Σ 的对称性得

$$\iint\limits_{\Sigma} x^2 \mathrm{d}S = \iint\limits_{\Sigma} y^2 \mathrm{d}S.$$

因此

$$\iint\limits_{\Sigma} (x^2 + y) \mathrm{d}S = \iint\limits_{\Sigma} x^2 \mathrm{d}S = \frac{1}{2} \iint\limits_{\Sigma} (x^2 + y^2) \mathrm{d}S = \frac{a^2}{2} \iint\limits_{\Sigma} \mathrm{d}S = \frac{a^2}{2} \cdot 2\pi ab = \pi a^3 b,$$

这里利用了 $\iint\limits_{\Sigma}\mathrm{d}S = 2\pi ab$ 为圆柱面 Σ 的面积.

解法二 将圆柱面 Σ 用参数方程表示为

$$\begin{cases} x = a\cos\theta, \\ y = a\sin\theta, \qquad 0 \leq \theta \leq 2\pi, \qquad 0 \leq z \leq b. \\ z = z, \end{cases}$$

则

$$\frac{D(x,y)}{D(\theta,z)} = 0, \qquad \frac{D(y,z)}{D(\theta,z)} = a\cos\theta, \qquad \frac{D(z,x)}{D(\theta,z)} = a\sin\theta,$$

所以

$$\sqrt{EG - F^2} = \sqrt{\left[\frac{D(x,y)}{D(\theta,z)}\right]^2 + \left[\frac{D(y,z)}{D(\theta,z)}\right]^2 + \left[\frac{D(z,x)}{D(\theta,z)}\right]^2} = a.$$

于是,有

$$\iint\limits_{\Sigma}(x^2 + y)\mathrm{d}S = \iint\limits_{\substack{0\leq\theta\leq 2\pi \\ 0\leq z\leq b}} (a^2\cos^2\theta + a\sin\theta)a\mathrm{d}\theta\mathrm{d}z$$

$$= a\int_0^{2\pi}(a^2\cos^2\theta + a\sin\theta)\mathrm{d}\theta\int_0^b\mathrm{d}z = ab\int_0^{2\pi}(a^2\cos^2\theta + a\sin\theta)\mathrm{d}\theta = \pi a^3 b.$$

例 6.5.4 记 $\rho(x,y,z)$ 为原点与椭球面 $\Sigma: \dfrac{x^2}{a^2} + \dfrac{y^2}{b^2} + \dfrac{z^2}{c^2} = 1 (a > 0, b > 0,$ $c > 0)$ 在点 (x,y,z) 处的切平面之间的距离,求 $\iint\limits_{\Sigma}\rho(x,y,z)\mathrm{d}S.$

解 易知椭球面 Σ 在点 (x,y,z) 处的切平面方程为

$$\frac{xX}{a^2} + \frac{yY}{b^2} + \frac{zZ}{c^2} = 1,$$

由点到平面的距离公式知

$$\rho(x,y,z) = \frac{1}{\sqrt{\dfrac{x^2}{a^4} + \dfrac{y^2}{b^4} + \dfrac{z^2}{c^4}}},$$

由于 $\rho(x,y,z)$ 分别关于 x,y,z 都是偶函数,且 Σ 关于 3 个坐标平面都对称,因此

$$\iint\limits_{\Sigma}\rho(x,y,z)\mathrm{d}S = 8\iint\limits_{\Sigma_1}\rho(x,y,z)\mathrm{d}S,$$

其中 Σ_1 是 Σ 在第一卦限的部分 $\dfrac{x^2}{a^2} + \dfrac{y^2}{b^2} + \dfrac{z^2}{c^2} = 1 (x \geq 0, y \geq 0, z \geq 0).$

由于 Σ_1 的方程可表为

$$z = c \sqrt{1 - \frac{x^2}{a^2} - \frac{y^2}{b^2}}, \quad (x,y) \in D,$$

其中 $D = \left\{ (x,y) \left| \frac{x^2}{a^2} + \frac{y^2}{b^2} \leqslant 1, x \geqslant 0, y \geqslant 0 \right. \right\}$，且 $\sqrt{1 + z_x'^2 + z_y'^2} = \frac{c^2}{z} \sqrt{\frac{x^2}{a^4} + \frac{y^2}{b^4} + \frac{z^2}{c^4}}$，

因此

$$\iint\limits_{\Sigma_1} \rho(x,y,z)\,\mathrm{d}S = \iint\limits_{D} \rho(x,y,z) \frac{c^2}{z} \sqrt{\frac{x^2}{a^4} + \frac{y^2}{b^4} + \frac{z^2}{c^4}}\,\mathrm{d}x\mathrm{d}y$$

$$= \iint\limits_{D} \frac{c^2}{z}\,\mathrm{d}x\mathrm{d}y = c \iint\limits_{D} \frac{1}{\sqrt{1 - \frac{x^2}{a^2} - \frac{y^2}{b^2}}}\,\mathrm{d}x\mathrm{d}y.$$

作变换 $x = ar\cos\theta, y = br\sin\theta$，便得

$$\iint\limits_{\Sigma_1} \rho(x,y,z)\,\mathrm{d}S = c \int_0^{\frac{\pi}{2}} \mathrm{d}\theta \int_0^1 \frac{abr}{\sqrt{1-r^2}}\,\mathrm{d}r = \frac{\pi}{2}abc.$$

于是

$$\iint\limits_{\Sigma} \rho(x,y,z)\,\mathrm{d}S = 4\pi abc.$$

例 6.5.5　设 $f(x,y,z) = \begin{cases} x^2 + y^2, & z \geqslant \sqrt{x^2+y^2}, \\ 0, & z < \sqrt{x^2+y^2}, \end{cases}$ 求 $F(t) = \iint\limits_{S(t)} f(x,y,z)\,\mathrm{d}S$，其中

$S(t) = \left\{ (x,y,z) \mid x^2+y^2+z^2 = t^2 \right\} (t \in \mathbf{R})$.

解　当 $t = 0$ 时，显然 $F(t) = 0$.

当 $t \neq 0$ 时. 注意到 f 只有当 $z \geqslant \sqrt{x^2+y^2}$ 时才可能非 0，因此利用曲面积分的性质，得

$$F(t) = \iint\limits_{S(t)} f(x,y,z)\,\mathrm{d}S = \iint\limits_{\substack{x^2+y^2+z^2 = t^2 \\ z \geqslant \sqrt{x^2+y^2}}} (x^2+y^2)\,\mathrm{d}S.$$

由于当 $z \geqslant \sqrt{x^2+y^2}$ 时，球面 $x^2+y^2+z^2 = t^2$ 可以表示为 $z = \sqrt{t^2-x^2-y^2}$，此时

$$\sqrt{1 + z_x'^2 + z_y'^2} = \frac{|t|}{\sqrt{t^2-x^2-y^2}},$$因此

$$\iint\limits_{\substack{x^2+y^2+z^2 = t^2 \\ z \geqslant \sqrt{x^2+y^2}}} (x^2+y^2)\,\mathrm{d}S = |t| \iint\limits_{x^2+y^2 \leqslant \frac{t^2}{2}} \frac{x^2+y^2}{\sqrt{t^2-x^2-y^2}}\,\mathrm{d}x\mathrm{d}y,$$

再作极坐标变换 $x = r\cos\theta, y = r\sin\theta$，得

$$F(t) = |t| \iint\limits_{x^2+y^2 \leqslant \frac{t^2}{2}} \frac{x^2+y^2}{\sqrt{t^2-x^2-y^2}}\,\mathrm{d}x\mathrm{d}y = |t| \int_0^{2\pi} \mathrm{d}\theta \int_0^{\frac{|t|}{\sqrt{2}}} \frac{r^3}{\sqrt{t^2-r^2}}\,\mathrm{d}r$$

$$= 2\pi \mid t \mid \int_0^{\frac{\mid t \mid}{\sqrt{2}}} \frac{r^3}{\sqrt{t^2 - r^2}} \mathrm{d}r = \frac{\pi}{6}(8 - 5\sqrt{2})t^4.$$

总之,成立

$$F(t) = \frac{\pi}{6}(8 - 5\sqrt{2})t^4, \quad t \in \mathbf{R}.$$

例 6.5.6 求柱面 $x^2 + y^2 = ax$ 位于球面 $x^2 + y^2 + z^2 = a^2$ 内部的部分 Σ 的面积($a > 0$).

解法一 由 Σ 关于 Ozx 平面和 Oxy 平面的对称性,Σ 的面积是其在第一卦限部分 Σ_1 的面积的 4 倍. 而 Σ_1 的方程为

$$y = \sqrt{ax - x^2}, \quad (z, x) \in D,$$

其中 $D = \{(z, x) \mid 0 \leqslant x \leqslant a, 0 \leqslant z \leqslant \sqrt{a^2 - ax}\}$. 此时 $\sqrt{1 + y_z'^2 + y_x'^2} = \dfrac{a}{2\sqrt{ax - x^2}}$,

于是 Σ_1 的面积为

$$\iint\limits_{\Sigma_1} \mathrm{d}S = \iint\limits_{D} \frac{a}{2\sqrt{ax - x^2}} \mathrm{d}z \mathrm{d}x$$

$$= \frac{a}{2} \int_0^a \mathrm{d}x \int_0^{\sqrt{a^2 - ax}} \frac{1}{\sqrt{ax - x^2}} \mathrm{d}z = \frac{a\sqrt{a}}{2} \int_0^a \frac{1}{\sqrt{x}} \mathrm{d}x = a^2.$$

于是 Σ 的面积为 $4a^2$.

解法二 利用第一类曲线积分计算. 沿用解法一中的记号,且记曲线 L 为 Oxy 平面上的曲线 $\begin{cases} x^2 + y^2 = ax, \\ y \geqslant 0, \end{cases}$ 则 Σ_1 的面积为

$$\int_L \sqrt{a^2 - x^2 - y^2} \mathrm{d}s = \int_L \sqrt{a^2 - ax} \mathrm{d}s.$$

由于 L 的参数方程可取为 $x = \dfrac{a}{2} + \dfrac{a}{2}\cos\theta, y = \dfrac{a}{2}\sin\theta$ $(0 \leqslant \theta \leqslant \pi)$,因此

$$\int_L \sqrt{a^2 - ax} \mathrm{d}s = \int_0^\pi \sqrt{a^2 - a\left(\frac{a}{2} + \frac{a}{2}\cos\theta\right)} \frac{a}{2} \mathrm{d}\theta$$

$$= \frac{a^2}{2} \int_0^\pi \sqrt{\frac{1 - \cos\theta}{2}} \mathrm{d}\theta = \frac{a^2}{2} \int_0^\pi \sin\frac{\theta}{2} \mathrm{d}\theta = a^2,$$

即 Σ_1 的面积为 a^2,进而知 Σ 的面积为 $4a^2$.

例 6.5.7 已知螺旋面片 $\Sigma: x = r\cos\theta, y = r\sin\theta, z = \theta (0 \leqslant \theta \leqslant 2\pi, 0 \leqslant r \leqslant 1)$,
(1) 求 Σ 的面积;(2) 计算 $\iint\limits_{\Sigma} \sqrt{x^2 + y^2} \mathrm{d}S$.

解 直接计算得

$$\frac{D(x,y)}{D(r,\theta)} = r, \quad \frac{D(y,z)}{D(r,\theta)} = \sin\theta, \quad \frac{D(z,x)}{D(r,\theta)} = -\cos\theta,$$

所以

$$\sqrt{EG - F^2} = \sqrt{\left[\frac{D(x,y)}{D(r,\theta)}\right]^2 + \left[\frac{D(y,z)}{D(r,\theta)}\right]^2 + \left[\frac{D(z,x)}{D(r,\theta)}\right]^2} = \sqrt{1 + r^2}.$$

（1）Σ 的面积为

$$\iint\limits_{\Sigma} dS = \iint\limits_{\substack{0 \leqslant \theta \leqslant 2\pi \\ 0 \leqslant r \leqslant 1}} \sqrt{1 + r^2}\, drd\theta = \int_0^{2\pi} d\theta \int_0^1 \sqrt{1 + r^2}\, dr$$

$$= 2\pi \int_0^1 \sqrt{1 + r^2}\, dr = \pi[\sqrt{2} + \ln(1 + \sqrt{2})].$$

（2）直接利用曲面积分计算公式，得

$$\iint\limits_{\Sigma} \sqrt{x^2 + y^2}\, dS = \iint\limits_{\substack{0 \leqslant \theta \leqslant 2\pi \\ 0 \leqslant r \leqslant 1}} r \sqrt{1 + r^2}\, drd\theta = \int_0^{2\pi} d\theta \int_0^1 r \sqrt{1 + r^2}\, dr$$

$$= 2\pi \int_0^1 r \sqrt{1 + r^2}\, dr = \frac{2\pi}{3}(2\sqrt{2} - 1).$$

例 6.5.8　计算第一类曲面积分 $\displaystyle\iint\limits_{\Sigma} \frac{dS}{\sqrt{x^2 + y^2 + (z - h)^2}}$，其中 Σ 为球面 $x^2 + y^2 + z^2 = R^2$，且 h 和 R 是不相等的正数.

解法一　将球面 Σ 分为上下两个半球面 Σ_1, Σ_2，其中

$$\Sigma_1: z = \sqrt{R^2 - x^2 - y^2}, \quad x^2 + y^2 \leqslant R^2,$$

$$\Sigma_2: z = -\sqrt{R^2 - x^2 - y^2}, \quad x^2 + y^2 \leqslant R^2.$$

对于 Σ_1 有 $\sqrt{1 + z_x'^2 + z_y'^2} = \dfrac{R}{\sqrt{R^2 - x^2 - y^2}}$，于是

$$\iint\limits_{\Sigma_1} \frac{dS}{\sqrt{x^2 + y^2 + (z - h)^2}}$$

$$= \iint\limits_{x^2 + y^2 \leqslant R^2} \frac{R dxdy}{\sqrt{x^2 + y^2 + \left(\sqrt{R^2 - x^2 - y^2} - h\right)^2} \sqrt{R^2 - x^2 - y^2}}$$

$$= R\int_0^{2\pi} d\theta \int_0^R \frac{r}{\sqrt{R^2 - 2h\sqrt{R^2 - r^2} + h^2} \sqrt{R^2 - r^2}}\, dr$$

$$= 2\pi R \int_0^R \frac{r}{\sqrt{R^2 - 2h\sqrt{R^2 - r^2} + h^2} \sqrt{R^2 - r^2}}\, dr.$$

令 $u = \sqrt{R^2 - r^2}$，得

$$\iint_{\Sigma_1} \frac{\mathrm{d}S}{\sqrt{x^2 + y^2 + (z-h)^2}} = 2\pi R \int_0^R \frac{1}{\sqrt{R^2 - 2hu + h^2}} \mathrm{d}u = \frac{2\pi R}{h}\left(\sqrt{R^2 + h^2} - |R - h|\right).$$

同理可知 $\displaystyle\iint_{\Sigma_2} \frac{\mathrm{d}S}{\sqrt{x^2 + y^2 + (z-h)^2}} = \frac{2\pi R}{h}\left(R + h - \sqrt{R^2 + h^2}\right).$

于是

$$\iint_{\Sigma} \frac{\mathrm{d}S}{\sqrt{x^2 + y^2 + (z-h)^2}} = \left(\iint_{\Sigma_1} + \iint_{\Sigma_2}\right) \frac{\mathrm{d}S}{\sqrt{x^2 + y^2 + (z-h)^2}}$$

$$= \frac{2\pi R}{h}\left[(R + h) - |R - h|\right]$$

$$= \begin{cases} \dfrac{4\pi R^2}{h}, & R < h, \\ 4\pi R, & 0 < h < R. \end{cases}$$

解法二 球面 Σ 的参数方程可取为

$x = R\cos\theta\sin\varphi,\ y = R\sin\theta\sin\varphi,\ z = R\cos\varphi\ (0 \leqslant \varphi \leqslant \pi, 0 \leqslant \theta \leqslant 2\pi)$,

直接计算知

$$E = x_\varphi'^2 + y_\varphi'^2 + z_\varphi'^2 = R^2, \quad G = x_\theta'^2 + y_\theta'^2 + z_\theta'^2 = R^2\sin^2\varphi,$$

$$F = x_\theta'x_\varphi' + y_\theta'y_\varphi' + z_\theta'z_\varphi' = 0, \quad EG - F^2 = R^4\sin^2\varphi.$$

于是

$$\iint_{\Sigma} \frac{\mathrm{d}S}{\sqrt{x^2 + y^2 + (z-h)^2}}$$

$$= \iint_{\substack{0 \leqslant \varphi \leqslant \pi \\ 0 \leqslant \theta \leqslant 2\pi}} \frac{R^2\sin\varphi\,\mathrm{d}\varphi\,\mathrm{d}\theta}{\sqrt{R^2\cos^2\theta\sin^2\varphi + R^2\sin^2\theta\sin^2\varphi + (R\cos\varphi - h)^2}}$$

$$= R^2 \int_0^{2\pi} \mathrm{d}\theta \int_0^{\pi} \frac{\sin\varphi}{\sqrt{R^2 - 2Rh\cos\varphi + h^2}} \mathrm{d}\varphi$$

$$= 2\pi R^2 \int_0^{\pi} \frac{\sin\varphi}{\sqrt{R^2 - 2Rh\cos\varphi + h^2}} \mathrm{d}\varphi$$

$$= \frac{\pi R}{h} \int_0^{\pi} \frac{1}{\sqrt{R^2 - 2Rh\cos\varphi + h^2}} \mathrm{d}(R^2 - 2Rh\cos\varphi + h^2)$$

$$= \frac{2\pi R}{h}\left[(R + h) - |R - h|\right]$$

$$= \begin{cases} \dfrac{4\pi R^2}{h}, & R < h, \\ 4\pi R, & 0 < h < R. \end{cases}$$

例 6.5.9 设曲面 Σ 为锥面 $z = \sqrt{x^2 + y^2}$ 被柱面 $x^2 + y^2 = ax$ 截下的部分

$(a > 0)$,其上均匀分布着质量,求 Σ 的质心坐标.

解 设曲面 Σ 的密度为常数 ρ. 由 Σ 的方程 $z = \sqrt{x^2 + y^2}$ 得

$$\sqrt{1 + z_x'^2 + z_y'^2} = \sqrt{2},$$

且 Σ 在 Oxy 平面的投影区域为 $\{(x,y) \mid x^2 + y^2 \leqslant ax\}$. 于是,$\Sigma$ 的质量为

$$m = \iint_{\Sigma} \rho \mathrm{d}S = \iint_{x^2+y^2 \leqslant ax} \rho \sqrt{2}\mathrm{d}x\mathrm{d}y = \sqrt{2}\rho \iint_{x^2+y^2 \leqslant ax} \mathrm{d}x\mathrm{d}y = \frac{\sqrt{2}}{4}\pi\rho a^2.$$

记 Σ 的质心为 $(\bar{x}, \bar{y}, \bar{z})$,则

$$\bar{x} = \frac{1}{m}\iint_{\Sigma} x\rho \mathrm{d}S = \frac{1}{m}\iint_{x^2+y^2 \leqslant ax} x\rho \sqrt{2}\mathrm{d}x\mathrm{d}y = \frac{\sqrt{2}\rho}{m}\int_{-\frac{\pi}{2}}^{\frac{\pi}{2}}\mathrm{d}\theta\int_0^{a\cos\theta} r^2\cos\theta\mathrm{d}r$$

$$= \frac{\sqrt{2}}{3m}\rho a^3\int_{-\frac{\pi}{2}}^{\frac{\pi}{2}}\cos^4\theta\mathrm{d}\theta = \frac{a}{2},$$

其中计算二重积分时利用了极坐标变换 $x = r\cos\theta, y = r\sin\theta$.

继续计算得

$$\bar{y} = \frac{1}{m}\iint_{\Sigma} y\rho \mathrm{d}S = \frac{1}{m}\iint_{x^2+y^2 \leqslant ax} y\rho \sqrt{2}\mathrm{d}x\mathrm{d}y = 0,$$

这里利用了二重积分的积分区域的对称性.

$$\bar{z} = \frac{1}{m}\iint_{\Sigma} z\rho \mathrm{d}S = \frac{1}{m}\iint_{x^2+y^2 \leqslant ax} \sqrt{x^2 + y^2}\rho \sqrt{2}\,\mathrm{d}x\mathrm{d}y = \frac{\sqrt{2}\rho}{m}\int_{-\frac{\pi}{2}}^{\frac{\pi}{2}}\mathrm{d}\theta\int_0^{a\cos\theta} r^2\mathrm{d}r$$

$$= \frac{\sqrt{2}}{3m}\rho a^3\int_{-\frac{\pi}{2}}^{\frac{\pi}{2}}\cos^3\theta\mathrm{d}\theta = \frac{16a}{9\pi}.$$

于是 Σ 的质心为 $\left(\dfrac{a}{2}, 0, \dfrac{16a}{9\pi}\right)$.

例 6.5.10 计算第二类曲面积分 $\displaystyle\iint_{\Sigma}(x + 2)\mathrm{d}y\mathrm{d}z + z\mathrm{d}x\mathrm{d}y$,$\Sigma$ 是以 $A(1,0,0)$,$B(0,1,0)$,$C(0,0,1)$ 为顶点的三角形的上侧(见图 6.5.1).

解法一 先计算 $\displaystyle\iint_{\Sigma} z\mathrm{d}x\mathrm{d}y$. 此时将 Σ 的方程表为

$$\Sigma: z = 1 - x - y, \quad (x,y) \in D_{xy},$$

这里 $D_{xy} = \{(x,y) \mid 0 \leqslant x \leqslant 1, 0 \leqslant y \leqslant 1 - x\}$ 为 Σ 在 Oxy 平面的投影区域. 注意 Σ 取上侧,则

$$\iint_{\Sigma} z\mathrm{d}x\mathrm{d}y = \iint_{D_{xy}}(1 - x - y)\mathrm{d}x\mathrm{d}y = \int_0^1\mathrm{d}x\int_0^{1-x}(1 - x - y)\mathrm{d}y = \frac{1}{6}.$$

再计算 $\displaystyle\iint_{\Sigma}(x + 2)\mathrm{d}y\mathrm{d}z$,此时将 Σ 的方程表为

$$\Sigma: x = 1 - y - z, \quad (y,z) \in D_{yz},$$

这里 $D_{yz} = \{(y,z) \mid 0 \leqslant y \leqslant 1, 0 \leqslant z \leqslant 1 - y\}$ 为 Σ 在 Oyz 平面的投影区域. 注意 Σ 取上侧, 则

$$\iint\limits_{\Sigma} (x+2)\mathrm{d}y\mathrm{d}z = \iint\limits_{D_{yz}} (3-y-z)\mathrm{d}y\mathrm{d}z = \int_0^1 \mathrm{d}y \int_0^{1-y} (3-y-z)\mathrm{d}z = \frac{7}{6}.$$

于是

$$\iint\limits_{\Sigma} (x+2)\mathrm{d}y\mathrm{d}z + z\mathrm{d}x\mathrm{d}y = \iint\limits_{\Sigma} (x+2)\mathrm{d}y\mathrm{d}z + \iint\limits_{\Sigma} z\mathrm{d}x\mathrm{d}y = \frac{4}{3}.$$

解法二 以 A, B, C 为顶点的三角形 Σ 在平面 $x + y + z = 1$ 上, 取上侧, 则其单位法向量为 $\boldsymbol{n} = \frac{1}{\sqrt{3}}(1,1,1)$, 即 $\cos(\boldsymbol{n},x) = \frac{1}{\sqrt{3}}, \cos(\boldsymbol{n},y) = \frac{1}{\sqrt{3}}, \cos(\boldsymbol{n},z) = \frac{1}{\sqrt{3}}$. 所以

$$\iint\limits_{\Sigma} (x+2)\mathrm{d}y\mathrm{d}z + z\mathrm{d}x\mathrm{d}y = \iint\limits_{\Sigma} [(x+2)\cos(\boldsymbol{n},x) + z\cos(\boldsymbol{n},z)]\mathrm{d}S$$

$$= \frac{1}{\sqrt{3}} \iint\limits_{\Sigma} (x+2+z)\mathrm{d}S.$$

由于 Σ 的方程可表为 $\Sigma: z = 1 - x - y, (x,y) \in D_{xy}$, 这里 $D_{xy} = \{(x,y) \mid 0 \leqslant x \leqslant 1, 0 \leqslant y \leqslant 1 - x\}$ 为 Σ 在 Oxy 平面的投影区域, 且 $\sqrt{1 + z_x'^2 + z_y'^2} = \sqrt{3}$, 因此

$$\iint\limits_{\Sigma} (x+2+z)\mathrm{d}S = \iint\limits_{D_{xy}} [x+2+(1-x-y)]\sqrt{3}\mathrm{d}x\mathrm{d}y$$

$$= \sqrt{3} \int_0^1 \mathrm{d}x \int_0^{1-x} (3-y)\mathrm{d}y = \frac{4}{3}\sqrt{3}.$$

于是

$$\iint\limits_{\Sigma} (x+2)\mathrm{d}y\mathrm{d}z + z\mathrm{d}x\mathrm{d}y = \frac{4}{3}.$$

例 6.5.11 计算第二类曲面积分 $\iint\limits_{\Sigma} x(y-z)\mathrm{d}y\mathrm{d}z + (\sin x - y)z\mathrm{d}x\mathrm{d}y$, 其中 Σ 为圆柱面的一段 $x^2 + y^2 = 1(0 \leqslant z \leqslant 1)$, 定向取外侧.

解法一 因为曲面 $x^2 + y^2 = 1$ 的法向量与 z 轴垂直, 所以

$$\iint\limits_{\Sigma} (\sin x - y)z\mathrm{d}x\mathrm{d}y = \iint\limits_{\Sigma} (\sin x - y)z\cos(\boldsymbol{n},z)\mathrm{d}S = 0.$$

现计算 $\iint\limits_{\Sigma} x(y-z)\mathrm{d}y\mathrm{d}z$. 平面 Oyz 将 Σ 分为前后两个部分 Σ_1, Σ_2, 其中

$$\Sigma_1: x = \sqrt{1-y^2}, \quad -1 \leqslant y \leqslant 1, 0 \leqslant z \leqslant 1,$$

$$\Sigma_2: x = -\sqrt{1-y^2}, \quad -1 \leqslant y \leqslant 1, 0 \leqslant z \leqslant 1.$$

因为 Σ 定向为外侧,所以 Σ_1 定向为前侧,Σ_2 定向为后侧. 于是

$$\iint\limits_{\Sigma_1} x(y-z)\mathrm{d}y\mathrm{d}z = \iint\limits_{\substack{-1 \leqslant y \leqslant 1 \\ 0 \leqslant z \leqslant 1}} \sqrt{1-y^2}(y-z)\mathrm{d}y\mathrm{d}z$$

$$= \int_0^1 \mathrm{d}z \int_{-1}^1 \sqrt{1-y^2}(y-z)\mathrm{d}y = -\int_0^1 z\mathrm{d}z \int_{-1}^1 \sqrt{1-y^2}\mathrm{d}y = -\frac{\pi}{4},$$

以及

$$\iint\limits_{\Sigma_2} x(y-z)\mathrm{d}y\mathrm{d}z = -\iint\limits_{\substack{-1 \leqslant y \leqslant 1 \\ 0 \leqslant z \leqslant 1}} (-\sqrt{1-y^2})(y-z)\mathrm{d}y\mathrm{d}z$$

$$= \int_0^1 \mathrm{d}z \int_{-1}^1 \sqrt{1-y^2}(y-z)\mathrm{d}y = -\int_0^1 z\mathrm{d}z \int_{-1}^1 \sqrt{1-y^2}\mathrm{d}y = -\frac{\pi}{4}.$$

因此

$$\iint\limits_{\Sigma} x(y-z)\mathrm{d}y\mathrm{d}z = \left(\iint\limits_{\Sigma_1} + \iint\limits_{\Sigma_2} \right) x(y-z)\mathrm{d}y\mathrm{d}z = -\frac{\pi}{2}.$$

于是

$$\iint\limits_{\Sigma} x(y-z)\mathrm{d}y\mathrm{d}z + (\sin x - y)z\mathrm{d}x\mathrm{d}y$$

$$= \iint\limits_{\Sigma} x(y-z)\mathrm{d}y\mathrm{d}z + \iint\limits_{\Sigma} (\sin x - y)z\mathrm{d}x\mathrm{d}y = -\frac{\pi}{2}.$$

解法二 如解法一利用平面 Oyz 将 Σ 分为前后两个部分 Σ_1,Σ_2,其中 Σ_1 定向为前侧,Σ_2 定向为后侧. 此时 Σ_1 和 Σ_2 的单位法向量分别为

$$\boldsymbol{n}_1 = \frac{1}{\sqrt{1+(x_y')^2+(x_z')^2}}(1,-x_y',-x_z')$$

$$= \frac{1}{\sqrt{1+(x_y')^2+(x_z')^2}}\left(1,\frac{y}{\sqrt{1-y^2}},0\right),$$

与

$$\boldsymbol{n}_2 = \frac{1}{-\sqrt{1+(x_y')^2+(x_z')^2}}(1,-x_y',-x_z')$$

$$= \frac{1}{\sqrt{1+(x_y')^2+(x_z')^2}}\left(-1,\frac{y}{\sqrt{1-y^2}},0\right).$$

于是

$$\iint\limits_{\Sigma_1} x(y-z)\mathrm{d}y\mathrm{d}z + (\sin x - y)z\mathrm{d}x\mathrm{d}y$$

$$= \iint\limits_{\Sigma_1} [x(y-z)\cos(\boldsymbol{n},x) + (\sin x - y)z\cos(\boldsymbol{n},z)]\mathrm{d}S$$

$$= \iint\limits_{\Sigma_1} x(y-z)\cos(\boldsymbol{n},x)\,\mathrm{d}S$$

$$= \iint\limits_{D_{yz}} \sqrt{1-y^2}\,(y-z)\,\frac{1}{\sqrt{1+(x_y')^2+(x_z')^2}}\,\sqrt{1+(x_y')^2+(x_z')^2}\,\mathrm{d}y\mathrm{d}z$$

$$= \iint\limits_{D_{yz}} \sqrt{1-y^2}\,(y-z)\,\mathrm{d}y\mathrm{d}z,$$

其中 $D_{yz} = \{(z,y) \mid -1 \leqslant y \leqslant 1, 0 \leqslant z \leqslant 1\}$.

同理

$$\iint\limits_{\Sigma_2} x(y-z)\,\mathrm{d}y\mathrm{d}z + (\sin x - y)z\,\mathrm{d}x\mathrm{d}y = \iint\limits_{D_{yz}} \sqrt{1-y^2}\,(y-z)\,\mathrm{d}y\mathrm{d}z.$$

于是

$$\iint\limits_{\Sigma} x(y-z)\,\mathrm{d}y\mathrm{d}z + (\sin x - y)z\,\mathrm{d}x\mathrm{d}y$$

$$= \iint\limits_{\Sigma_1} x(y-z)\,\mathrm{d}y\mathrm{d}z + (\sin x - y)z\,\mathrm{d}x\mathrm{d}y + \iint\limits_{\Sigma_2} x(y-z)\,\mathrm{d}y\mathrm{d}z + (\sin x - y)z\,\mathrm{d}x\mathrm{d}y$$

$$= 2\iint\limits_{D_{yz}} \sqrt{1-y^2}(y-z)\,\mathrm{d}y\mathrm{d}z = 2\int_0^1 \mathrm{d}z\int_{-1}^1 \sqrt{1-y^2}\,(y-z)\,\mathrm{d}y$$

$$= -2\int_0^1 z\,\mathrm{d}z\int_{-1}^1 \sqrt{1-y^2}\,\mathrm{d}y = -\frac{\pi}{2}.$$

解法三　利用柱面坐标,将圆柱面 Σ 用参数方程表示为

$$\begin{cases} x = \cos\theta, \\ y = \sin\theta, \quad 0 \leqslant \theta \leqslant 2\pi, \quad 0 \leqslant z \leqslant 1, \\ z = z, \end{cases}$$

则

$$\frac{D(x,y)}{D(\theta,z)} = 0, \qquad \frac{D(y,z)}{D(\theta,z)} = \cos\theta, \qquad \frac{D(z,x)}{D(\theta,z)} = \sin\theta,$$

所以

$$\iint\limits_{\Sigma} x(y-z)\,\mathrm{d}y\mathrm{d}z + (\sin x - y)z\,\mathrm{d}x\mathrm{d}y$$

$$= \iint\limits_{\substack{0\leqslant\theta\leqslant2\pi \\ 0\leqslant z\leqslant1}} \left[\cos\theta(\sin\theta - z)\frac{D(y,z)}{D(\theta,z)} + (\sin\cos\theta - \sin\theta)z\frac{D(x,y)}{D(\theta,z)} \right]\mathrm{d}\theta\mathrm{d}z$$

$$= \iint\limits_{\substack{0\leqslant\theta\leqslant2\pi \\ 0\leqslant z\leqslant1}} \cos\theta(\sin\theta - z)\cos\theta\,\mathrm{d}\theta\mathrm{d}z = -\frac{\pi}{2}.$$

最后说明一下为什么这里的二重积分号的前面取"+". Σ 的单位法向量可如下计算:

$$\left(\cos\alpha,\cos\beta,\cos\gamma\right) = \pm\frac{1}{\sqrt{EG - F^2}}\left(\frac{D(y,z)}{D(\theta,z)},\frac{D(z,x)}{D(\theta,z)},\frac{D(x,y)}{D(\theta,z)}\right)$$

$$= \pm\left(\cos\theta,\sin\theta,0\right).$$

因为曲面 Σ 的定向为外侧, 由柱面坐标的几何意义知, 当取"+"号时, 如上的单位法向量才指向外侧, 于是积分号前取"+"号.

例 6. 5. 12　计算第二类曲面积分 $\iint\limits_{\Sigma}(ax^2 + by^2 + bz^2)\mathrm{d}y\mathrm{d}z$, 其中 Σ 为半球面 $x = \sqrt{R^2 - y^2 - z^2}(R > 0)$ 被锥面 $x = \sqrt{y^2 + z^2}$ 所截的部分的后侧.

解　易知 Σ 在 Oyz 平面的投影区域为

$$D = \left\{(y,z)\,\middle|\,y^2 + z^2 \leqslant \frac{R^2}{2}\right\}.$$

由于 Σ 取后侧, 因此

$$\iint\limits_{\Sigma}(ax^2 + by^2 + bz^2)\mathrm{d}y\mathrm{d}z = -\iint\limits_{D}\left[a(R^2 - y^2 - z^2) + by^2 + bz^2\right]\mathrm{d}y\mathrm{d}z$$

$$= -\iint\limits_{D}\left[aR^2 + (b - a)(y^2 + z^2)\right]\mathrm{d}y\mathrm{d}z$$

$$= -\int_0^{2\pi}\mathrm{d}\theta\int_0^{\frac{R}{\sqrt{2}}}\left[aR^2 + (b - a)r^2\right]r\mathrm{d}r$$

$$= -\frac{\pi R^4}{8}(3a + b),$$

其中计算二重积分时利用了极坐标变换.

例 6. 5. 13　计算曲面积分 $\iint\limits_{\Sigma}(z^2 + x)\mathrm{d}y\mathrm{d}z + \sqrt{2z}\,\mathrm{d}x\mathrm{d}y$, 其中 Σ 为抛物面 $z = \frac{1}{2}(x^2 + y^2)$ 在平面 $z = 0$ 与 $z = 2$ 之间的部分, 方向取下侧 (见图 6. 5. 2).

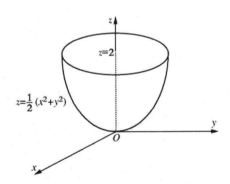

图 6. 5. 2

解 Σ 的方程为 $z = \dfrac{1}{2}(x^2 + y^2)(x^2 + y^2 \leqslant 4)$，此时 $z_x' = x$，且 Σ 的定向为下侧. 记 Σ 在 Oxy 面的投影区域 $D = \{(x,y) \mid x^2 + y^2 \leqslant 4\}$，于是利用计算公式得

$$\iint\limits_{\Sigma}(z^2 + x)\mathrm{d}y\mathrm{d}z + \sqrt{2z}\,\mathrm{d}x\mathrm{d}y = -\iint\limits_{D}\left[\left(\left(\frac{1}{2}(x^2+y^2)\right)^2 + x\right)(-z_x') + \sqrt{x^2+y^2}\right]\mathrm{d}x\mathrm{d}y$$

$$= -\iint\limits_{D}\left[\left(\left(\frac{1}{2}(x^2+y^2)\right)^2 + x\right)(-x) + \sqrt{x^2+y^2}\right]\mathrm{d}x\mathrm{d}y$$

$$= -\int_0^{2\pi}\mathrm{d}\theta\int_0^2\left(-\frac{1}{4}r^5\cos\theta - r^2\cos^2\theta + r\right)r\mathrm{d}r = -\frac{4}{3}\pi,$$

其中计算二重积分时利用了极坐标变换.

例 6.5.14 计算第二类曲面积分 $\iint\limits_{\Sigma}x^2\mathrm{d}y\mathrm{d}z + z^2\mathrm{d}x\mathrm{d}y$，其中 Σ 为抛物面 $z = x^2 + y^2$ 介于 $z = 0$ 与 $z = 1$ 之间的部分，定向为下侧.

解法一 先计算 $\iint\limits_{\Sigma}z^2\mathrm{d}x\mathrm{d}y$. Σ 在 Oxy 面的投影为 $D_{xy} = \{(x,y) \mid x^2 + y^2 \leqslant 1\}$，且定向为下侧，于是

$$\iint\limits_{\Sigma}z^2\mathrm{d}x\mathrm{d}y = -\iint\limits_{D_{xy}}(x^2+y^2)^2\mathrm{d}x\mathrm{d}y = -\int_0^{2\pi}\mathrm{d}\theta\int_0^1 r^5\mathrm{d}r = -\frac{\pi}{3}.$$

再计算 $\iint\limits_{\Sigma}x^2\mathrm{d}y\mathrm{d}z$. 平面 Oyz 将 Σ 分为前后两个部分 Σ_1，Σ_2，其中

$$\Sigma_1 : x = \sqrt{z - y^2}, \quad (y,z) \in D_{yz},$$
$$\Sigma_2 : x = -\sqrt{z - y^2}, \quad (y,z) \in D_{yz}.$$

这里 $D_{yz} = \{(x,y) \mid 0 \leqslant y \leqslant 1, y^2 \leqslant z \leqslant 1\}$ 为 Σ 在 Oyz 平面的投影区域. 因为 Σ 定向为下侧，所以 Σ_1 定向为前侧，Σ_2 定向为后侧. 因此

$$\iint\limits_{\Sigma}x^2\mathrm{d}y\mathrm{d}z = \iint\limits_{\Sigma_1}x^2\mathrm{d}y\mathrm{d}z + \iint\limits_{\Sigma_2}x^2\mathrm{d}y\mathrm{d}z$$

$$= \iint\limits_{D_{yz}}\left[\sqrt{z-y^2}\right]^2\mathrm{d}y\mathrm{d}z - \iint\limits_{D_{yz}}\left[-\sqrt{(z-y^2)}\right]^2\mathrm{d}y\mathrm{d}z = 0.$$

于是

$$\iint\limits_{\Sigma}x^2\mathrm{d}y\mathrm{d}z + z^2\mathrm{d}x\mathrm{d}y = \iint\limits_{\Sigma}x^2\mathrm{d}y\mathrm{d}z + \iint\limits_{\Sigma}z^2\mathrm{d}x\mathrm{d}y = -\frac{\pi}{3}.$$

解法二 Σ 的方程为 $z = x^2 + y^2(x^2 + y^2 \leqslant 1)$，此时 $z_x' = 2x$，且 Σ 的定向为下侧，记 $D_{xy} = \{(x,y) \mid x^2 + y^2 \leqslant 1\}$，于是

$$\iint\limits_{\Sigma}x^2\mathrm{d}y\mathrm{d}z + z^2\mathrm{d}x\mathrm{d}y = -\iint\limits_{D_{xy}}\left[x^2(-z_x') + (x^2+y^2)^2\right]\mathrm{d}x\mathrm{d}y$$

$$= -\iint\limits_{D_{xy}} \left[-2x^3 + (x^2 + y^2)^2 \right] dxdy = 2\iint\limits_{D_{xy}} x^3 dxdy - \iint\limits_{D_{xy}} (x^2 + y^2)^2 dxdy$$

$$= -\iint\limits_{D_{xy}} (x^2 + y^2)^2 dxdy = -\int_0^{2\pi} d\theta \int_0^1 r^5 dr = -\frac{\pi}{3}.$$

这里 $\iint\limits_{D_{xy}} x^3 dxdy = 0$ 是利用了 D_{xy} 关于 y 轴的对称性.

例 6.5.15 计算第二类曲面积分 $\iint\limits_{\Sigma} xyzdxdy$,其中 Σ 为球面 $x^2 + y^2 + z^2 = 1$ 在 $x \geqslant 0, y \geqslant 0$ 的部分,并定向为球面的外侧.

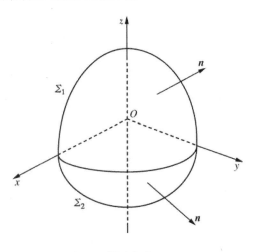

图 6.5.3

解法一 平面 Oxy 将 Σ 分为上下两部分 Σ_1, Σ_2(见图 6.5.3),其中

$$\Sigma_1: z = \sqrt{1 - x^2 - y^2}, \quad (x, y) \in D_{xy},$$

$$\Sigma_2: z = -\sqrt{1 - x^2 - y^2}, \quad (x, y) \in D_{xy},$$

这里 $D_{xy} = \{(x, y) \mid x^2 + y^2 \leqslant 1, x \geqslant 0, y \geqslant 0\}$ 为 Σ 在 Oxy 平面的投影区域. 因为 Σ 定向为外侧,所以 Σ_1 定向为上侧,Σ_2 定向为下侧. 于是

$$\iint\limits_{\Sigma} xyzdxdy = \iint\limits_{\Sigma_1} xyzdxdy + \iint\limits_{\Sigma_2} xyzdxdy$$

$$= \iint\limits_{D_{xy}} xy\sqrt{1 - x^2 - y^2}dxdy - \iint\limits_{D_{xy}} xy(-\sqrt{1 - x^2 - y^2})dxdy$$

$$= 2\iint\limits_{D_{xy}} xy\sqrt{1 - x^2 - y^2}dxdy$$

$$= 2\int_0^{\frac{\pi}{2}} d\theta \int_0^1 r^3 \sin\theta\cos\theta \sqrt{1 - r^2}dr = \frac{2}{15}.$$

453

解法二 曲面 Σ 的参数方程为

$$x = \sin\varphi\cos\theta, \ y = \sin\varphi\sin\theta, \ z = \cos\varphi, \ 0 \leqslant \theta \leqslant \frac{\pi}{2}, \ 0 \leqslant \varphi \leqslant \pi.$$

易计算

$$\frac{D(x,y)}{D(\varphi,\theta)} = \sin\varphi\cos\varphi,$$

所以

$$\iint\limits_{\Sigma} xyz\mathrm{d}x\mathrm{d}y = \iint\limits_{\substack{0 \leqslant \theta \leqslant \frac{\pi}{2} \\ 0 \leqslant \varphi \leqslant \pi}} \sin^3\varphi\cos^2\varphi\sin\theta\cos\theta\mathrm{d}\varphi\mathrm{d}\theta$$

$$= \int_0^\pi \sin^3\varphi\cos^2\varphi\mathrm{d}\varphi \int_0^{\frac{\pi}{2}} \sin\theta\cos\theta\mathrm{d}\theta = \frac{2}{15}.$$

最后说明一下为什么这里在二重积分号前取"+". 因为曲面 Σ 的定向为外侧,所以在 Σ 的上半部分的方向余弦 $\cos\gamma > 0$,下半部分 $\cos\gamma < 0$(除去 $\varphi = \frac{\pi}{2}$ 时的边界),而由方向余弦的计算公式知

$$\cos\gamma = \pm \frac{1}{\sqrt{EG - F^2}} \frac{D(x,y)}{D(\varphi,\theta)} = \pm \frac{\sin\varphi\cos\varphi}{\sqrt{EG - F^2}}.$$

要这个等式成立,在 Σ 的上、下两部分都必须取"+"号,因此上式可以统一地取"+"号. 于是积分号前取"+"号.

例 6.5.16 已知某流体的速度场为 $v = xy\boldsymbol{i} + yz\boldsymbol{j} + xz\boldsymbol{k}$,$\Sigma$ 为上半椭球面 $\frac{x^2}{a^2} + \frac{y^2}{b^2} + \frac{z^2}{c^2} = 1 (z \geqslant 0)$,求沿 Σ 的上侧方向的穿过 Σ 的流量.

解 沿 Σ 的上侧方向的穿过 Σ 的流量为

$$\iint\limits_{\Sigma} xy\mathrm{d}y\mathrm{d}z + yz\mathrm{d}z\mathrm{d}x + xz\mathrm{d}x\mathrm{d}y,$$

其中 Σ 取上侧.

利用广义球面坐标,就可得曲面 Σ 的参数方程为

$$x = a\sin\varphi\cos\theta, \ y = b\sin\varphi\sin\theta, \ z = c\cos\varphi, \ 0 \leqslant \theta \leqslant 2\pi, \ 0 \leqslant \varphi \leqslant \frac{\pi}{2}.$$

易计算

$$\frac{D(y,z)}{D(\varphi,\theta)} = bc\sin^2\varphi\cos\theta, \quad \frac{D(z,x)}{D(\varphi,\theta)} = ac\sin^2\varphi\sin\theta, \quad \frac{D(x,y)}{D(\varphi,\theta)} = ab\sin\varphi\cos\varphi.$$

因此

$$\iint\limits_{\Sigma} xy\mathrm{d}y\mathrm{d}z + yz\mathrm{d}z\mathrm{d}x + xz\mathrm{d}x\mathrm{d}y$$

$$= \iint\limits_{\substack{0 \leqslant \theta \leqslant 2\pi \\ 0 \leqslant \varphi \leqslant \frac{\pi}{2}}} (ab^2 c\sin^4\varphi\cos^2\theta\sin\theta + abc^2\sin^3\varphi\cos\varphi\sin^2\theta + a^2bc\sin^2\varphi\cos^2\varphi\cos\theta)\,\mathrm{d}\varphi\mathrm{d}\theta$$

$$= abc\int_0^{\frac{\pi}{2}}\mathrm{d}\varphi\int_0^{2\pi}(b\sin^4\varphi\cos^2\theta\sin\theta + c\sin^3\varphi\cos\varphi\sin^2\theta + a\sin^2\varphi\cos^2\varphi\cos\theta)\,\mathrm{d}\theta$$

$$= \frac{1}{4}\pi abc^2.$$

请读者自行考虑一下为什么这里在二重积分号前取"+".

例 6.5.17 设 Σ 是球面 $x^2 + y^2 + z^2 = a^2$ 在第一卦限的部分,计算第一类曲面积分 $\iint\limits_{\Sigma} xyz(y^2z^2 + z^2x^2 + x^2y^2)\,\mathrm{d}S$.

解 记 $\boldsymbol{n}$ 为 Σ 的外法向单位向量,则

$$\boldsymbol{n} = (\cos\alpha, \cos\beta, \cos\gamma) = \left(\frac{x}{a}, \frac{y}{a}, \frac{z}{a}\right).$$

于是

$$\iint\limits_{\Sigma} xyz(y^2z^2 + z^2x^2 + x^2y^2)\,\mathrm{d}S = a\iint\limits_{\Sigma}\left(y^3z^3\frac{x}{a} + z^3x^3\frac{y}{a} + x^3y^3\frac{z}{a}\right)\mathrm{d}S$$

$$= a\iint\limits_{\Sigma}(y^3z^3\cos\alpha + z^3x^3\cos\beta + x^3y^3\cos\gamma)\,\mathrm{d}S$$

$$= a\iint\limits_{\Sigma} y^3z^3\,\mathrm{d}y\mathrm{d}z + z^3x^3\,\mathrm{d}z\mathrm{d}x + x^3y^3\,\mathrm{d}x\mathrm{d}y.$$

由对称性知

$$\iint\limits_{\Sigma} y^3z^3\,\mathrm{d}y\mathrm{d}z = \iint\limits_{\Sigma} z^3x^3\,\mathrm{d}z\mathrm{d}x = \iint\limits_{\Sigma} x^3y^3\,\mathrm{d}x\mathrm{d}y.$$

记 $D = \{(x,y) \mid x^2 + y^2 \leqslant a^2, x \geqslant 0, y \geqslant 0\}$,它是 Σ 在 Oxy 平面的投影区域,则

$$\iint\limits_{\Sigma} xyz(y^2z^2 + z^2x^2 + x^2y^2)\,\mathrm{d}S = 3a\iint\limits_{\Sigma} x^3y^3\,\mathrm{d}x\mathrm{d}y$$

$$= 3a\iint\limits_{D} x^3y^3\,\mathrm{d}x\mathrm{d}y = 3a\int_0^{\frac{\pi}{2}}\mathrm{d}\theta\int_0^a r^7\sin^3\theta\cos^3\theta\,\mathrm{d}r$$

$$= \frac{3a^9}{8}\int_0^{\frac{\pi}{2}}\sin^3\theta\cos^3\theta\,\mathrm{d}\theta = \frac{a^9}{32},$$

其中计算二重积分时利用了极坐标变换.

1. 计算下列第一类曲面积分:

(1) $\iint\limits_{\Sigma}(x^2 + y^2 + z^2)\mathrm{d}S$,其中 Σ 为八面体 $|x| + |y| + |z| = 1$ 的表面;

(2) $\iint\limits_{\Sigma}(x^3 + z)\mathrm{d}S$,其中 Σ 为抛物面 $z = x^2 + y^2$ 被平面 $z = 2$ 截下的有限部分;

(3) $\iint\limits_{\Sigma}(xy + yz + zx)\mathrm{d}S$,其中 Σ 为圆锥面 $z = \sqrt{x^2 + y^2}$ 被柱面 $x^2 + y^2 = 2ax$ 截下的有限部分($a > 0$);

(4) $\iint\limits_{\Sigma}z^2\mathrm{d}S$,其中 Σ 为圆锥面的一部分,其参数方程为 $x = r\cos\theta\sin\alpha, y = r\sin\theta\sin\alpha$, $z = r\cos\alpha(0 \leqslant r \leqslant h, 0 \leqslant \theta \leqslant 2\pi)$,这里 $0 < \alpha < \pi/2, h > 0$ 为常数.

2. 求锥面 $x^2 = y^2 + z^2$ 包含在柱面 $x^2 + y^2 = R^2(R > 0)$ 内的部分的面积.

3. 设半径为 R 的球面 S 的球心在定球面 $\Sigma: x^2 + y^2 + z^2 = a^2(a > 0)$ 上,问 R 取何值时,球面 S 在定球面 Σ 内部的部分面积最大?

4. 设一元函数 f 连续,Σ 为球面 $x^2 + y^2 + z^2 = 1$. 证明

$$\iint\limits_{\Sigma}f(ax + by + cz)\mathrm{d}S = 2\pi\int_{-1}^{1}f(u\sqrt{a^2 + b^2 + c^2})\mathrm{d}u.$$

5. 计算下列第二类曲面积分:

(1) $\iint\limits_{\Sigma}x\mathrm{d}y\mathrm{d}z + y\mathrm{d}z\mathrm{d}x + z\mathrm{d}x\mathrm{d}y$,其中 Σ 为锥面 $z = \sqrt{x^2 + y^2}$ 被平面 $z = h$ 所截的有限部分的外侧;

(2) $\iint\limits_{\Sigma}xz\mathrm{d}y\mathrm{d}z + yz\mathrm{d}z\mathrm{d}x + z^2\mathrm{d}x\mathrm{d}y$,其中 Σ 为上半球面 $z = \sqrt{R^2 - x^2 - y^2}$,定向为上侧;

(3) $\iint\limits_{\Sigma}\mathrm{e}^{z^4}(x^2 + y^2)\mathrm{d}x\mathrm{d}y$,其中 Σ 为锥面 $z = \sqrt{x^2 + y^2}$ 与两平面 $z = 1, z = 3$ 所围立体的表面,定向取外侧;

(4) $\iint\limits_{\Sigma}x^2\mathrm{d}y\mathrm{d}z + y^2\mathrm{d}z\mathrm{d}x + (x - a)\mathrm{d}x\mathrm{d}y$,其中 Σ 为上半球面 $z = c + \sqrt{R^2 - (x - a)^2 - (y - b)^2}$ 的上侧;

(5) $\oiint\limits_{\Sigma}\dfrac{x\mathrm{d}y\mathrm{d}z + z^2\mathrm{d}x\mathrm{d}y}{x^2 + y^2 + z^2}$,其中 Σ 是由曲面 $x^2 + y^2 = R^2$ 及两平面 $z = R, z = -R(R > 0)$ 所围立体表面的外侧.

6. 设 f 是连续的一元函数,计算积分 $\oiint\limits_{\Sigma}[x + (y - z)f(xyz)]\mathrm{d}y\mathrm{d}z + [y + (z - x)f(xyz)]\mathrm{d}z\mathrm{d}x + [z + (x - y)f(xyz)]\mathrm{d}x\mathrm{d}y$,其中 Σ 为球面 $x^2 + y^2 + z^2 = R^2$ 的外侧.

7. 求金属薄片 $z = \dfrac{1}{2}(x^2 + y^2)$ 介于平面 $z = 0$ 和 $z = 1$ 之间部分的质量,其中面密度为 $\rho(x, y, z) = z$.

8. 求面密度为 ρ_0 的均匀半球壳 $x^2 + y^2 + z^2 = R^2(z \geqslant 0)$ 关于 z 轴的转动惯量.

§6.6 Green 公式及其应用

一、Green 公式

定理 6.6.1(Green 公式)   设平面闭区域 D 的边界由分段光滑的闭曲线构成,二元函数 P,Q 在 D 上具有连续一阶偏导数,则有

$$\oint_{\partial D} P\mathrm{d}x + Q\mathrm{d}y = \iint_D \left(\frac{\partial Q}{\partial x} - \frac{\partial P}{\partial y}\right)\mathrm{d}x\mathrm{d}y,$$

其中 ∂D 取正向.

注   对于平面区域 D,其边界 ∂D 的**正向**规定如下:当观察者沿 ∂D 的这个方向行进时,区域 D 在他近旁的部分总是处于他的左侧.

推论 6.6.1   若 D 为一平面区域,其边界为分段光滑的闭曲线,则 D 的面积为

$$A = \oint_{\partial D} x\mathrm{d}y = -\oint_{\partial D} y\mathrm{d}x = \frac{1}{2}\oint_{\partial D} x\mathrm{d}y - y\mathrm{d}x,$$

其中 ∂D 取正向.

注   Green 公式还有一种重要形式,即

$$\oint_{\partial \Omega}\left[P\cos(\boldsymbol{n},x) + Q\cos(\boldsymbol{n},y)\right]\mathrm{d}s = \iint_\Omega \left(\frac{\partial P}{\partial x} + \frac{\partial Q}{\partial y}\right)\mathrm{d}x\mathrm{d}y,$$

其中 $\boldsymbol{n}$ 为 $\partial \Omega$ 的单位外法向量.

二、第二类曲线积分与路径无关的条件

设 D 为一平面区域,如果 D 中任意一条闭曲线都可以不触及 ∂D 连续地收缩到一点,则称 D 为**单连通区域**,否则称为**复连通区域**.

设 D 为一平面区域,若对 D 内任意两点 A,B,第二类曲线积分

$$\int_{\overset{\frown}{AB}} P\mathrm{d}x + Q\mathrm{d}y$$

仅与起点 A 和终点 B 有关,与连接 A,B 的路径 $\overset{\frown}{AB}$ 无关,则称在 D 上曲线积分 $\int_{\overset{\frown}{AB}} P\mathrm{d}x + Q\mathrm{d}y$ **与路径无关**.

设 $P\mathrm{d}x + Q\mathrm{d}y$ 是区域 D 上的微分形式,若存在二元函数 U,使得在 D 上成立

$$\mathrm{d}U = P\mathrm{d}x + Q\mathrm{d}y,$$

则称 U 是 $P\mathrm{d}x + Q\mathrm{d}y$ 在 D 上的**原函数**.

定理 6.6.2 设 D 是平面单连通区域,且 P, Q 是 D 上具有连续一阶偏导数的二元函数,则以下 4 个命题等价:

(1) 对 D 内任意一条光滑(或分段光滑)闭曲线 L,

$$\oint_L P\mathrm{d}x + Q\mathrm{d}y = 0;$$

(2) 在 D 内曲线积分 $\int_{\widehat{AB}} P\mathrm{d}x + Q\mathrm{d}y$ 与路径无关;

(3) 存在 D 上的函数 U,使得

$$\mathrm{d}U = P\mathrm{d}x + Q\mathrm{d}y,$$

即 U 是 $P\mathrm{d}x + Q\mathrm{d}y$ 在 D 上的原函数;

(4) 在 D 内成立

$$\frac{\partial Q}{\partial x} = \frac{\partial P}{\partial y}.$$

注 此时 $P\mathrm{d}x + Q\mathrm{d}y$ 的全体原函数可表为

$$U(x,y) = \int_{(x_0,y_0)}^{(x,y)} P(x,y)\mathrm{d}x + Q(x,y)\mathrm{d}y + c,$$

这里 (x_0, y_0) 是 D 中一定点,c 是任意常数.

三、利用原函数计算第二类曲线积分

定理 6.6.3 设 D 为平面区域,P 和 Q 为 D 上的二元连续函数. 那么曲线积分 $\oint_L P\mathrm{d}x + Q\mathrm{d}y$ 与路径无关的充分必要条件是:在 D 上存在 $P\mathrm{d}x + Q\mathrm{d}y$ 的一个原函数 $U(x,y)$. 此时,对于 D 内任意两点 $A(x_A, y_A)$,$B(x_B, y_B)$,有

$$\int_{\widehat{AB}} P\mathrm{d}x + Q\mathrm{d}y = U(x_B, y_B) - U(x_A, y_A),$$

其中 $\widehat{AB}$ 为任意从 A 到 B 的路径.

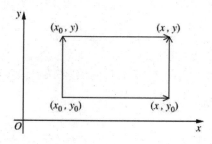

图 6.6.1

设在 D 上存在 $P\mathrm{d}x + Q\mathrm{d}y$ 的原函数. 为求 $P\mathrm{d}x + Q\mathrm{d}y$ 的原函数,适当取 D 中一定点 (x_0, y_0),常用的是如图 6.6.1 所示的两个积分路径,此时有

$$U(x,y) = \int_{x_0}^{x} P(x, y_0)\,\mathrm{d}x + \int_{y_0}^{y} Q(x, y)\,\mathrm{d}y + c,$$

或

$$U(x,y) = \int_{y_0}^{y} Q(x_0, y)\,\mathrm{d}y + \int_{x_0}^{x} P(x, y)\,\mathrm{d}x + c,$$

其中 c 是任意常数.

还可以用如下方法来求原函数:对方程

$$\frac{\partial U}{\partial x} = P(x, y)$$

两边关于 x 求积分,得

$$U(x,y) = \Phi(x,y) + \varphi(y),$$

这里 $\Phi(x,y)$ 是已确定的函数,$\varphi(y)$ 是待定函数. 再由方程

$$\frac{\partial}{\partial y}[\Phi(x,y) + \varphi(y)] = Q(x,y)$$

确定 $\varphi'(y)$,进而确定 $\varphi(y)$,从而得到 $U(x,y)$.

例 题 分 析

例 6.6.1　求星形线 $x = a\cos^3 t, y = a\sin^3 t\,(0 \le t \le 2\pi)$ 所围平面图形的面积,这里 $a > 0$.

解　记星形线所围图形为 D,它的面积为

$$A = \frac{1}{2}\oint_{\partial D} x\mathrm{d}y - y\mathrm{d}x$$

$$= \frac{1}{2}\int_0^{2\pi} [a\cos^3 t \cdot 3a\sin^2 t\cos t - a\sin^3 t \cdot 3a\cos^2 t(-\sin t)]\mathrm{d}t$$

$$= \frac{3a^2}{2}\int_0^{2\pi} \sin^2 t\cos^2 t\,\mathrm{d}t = \frac{3a^2}{8}\int_0^{2\pi} \sin^2 2t\,\mathrm{d}t = \frac{3a^2\pi}{8}.$$

例 6.6.2　计算第二类曲线积分 $\displaystyle\int_L \frac{(a_1 x + b_1 y + c_1)\mathrm{d}x + (a_2 x + b_2 y + c_2)\mathrm{d}y}{|x| + |y|}$,

其中 L 为曲线 $\{(x,y)\mid |x| + |y| = 2\}$,定向为逆时针方向($a_1, b_1, c_1, a_2, b_2, c_2$ 为常数).

解　记 $D = \{(x,y)\mid |x| + |y| \le 2\}$,则 L 为 D 的边界,且 D 的面积为 8. 因为在 L 上成立 $|x| + |y| = 2$,所以利用 Green 公式得

$$\int_L \frac{(a_1 x + b_1 y + c_1)\,dx + (a_2 x + b_2 y + c_2)\,dy}{|x| + |y|}$$

$$= \frac{1}{2}\int_L (a_1 x + b_1 y + c_1)\,dx + (a_2 x + b_2 y + c_2)\,dy$$

$$= \frac{1}{2}\iint_D (a_2 - b_1)\,dxdy = 4(a_2 - b_1).$$

例 6.6.3　设 C 是光滑的简单闭曲线,$\boldsymbol{n}$ 是 C 的单位外法向量,$\boldsymbol{l}$ 是任意固定的非零向量,记 $(\boldsymbol{l},\boldsymbol{n})$ 为 $\boldsymbol{l}$ 与 $\boldsymbol{n}$ 的夹角,证明

$$\oint_C \cos(\boldsymbol{l},\boldsymbol{n})\,ds = 0.$$

证　记 $\boldsymbol{l} = a\boldsymbol{i} + b\boldsymbol{j}$($a,b$ 为常数),且 $\boldsymbol{n}$ 可表示为 $\boldsymbol{n} = \cos(\boldsymbol{n},x)\boldsymbol{i} + \cos(\boldsymbol{n},y)\boldsymbol{j}$,其中 $(\boldsymbol{n},x)$,$(\boldsymbol{n},y)$ 分别表示 $\boldsymbol{n}$ 与 x,y 轴正向的夹角. 因为 $\boldsymbol{n}$ 是单位向量,所以

$$\cos(\boldsymbol{l},\boldsymbol{n}) = \frac{\boldsymbol{l} \cdot \boldsymbol{n}}{\|\boldsymbol{l}\|\,\|\boldsymbol{n}\|} = \frac{1}{\|\boldsymbol{l}\|}[a\cos(\boldsymbol{n},x) + b\cos(\boldsymbol{n},y)].$$

记 C 所围区域为 D,则

$$\oint_C \cos(\boldsymbol{l},\boldsymbol{n})\,ds = \frac{1}{\|\boldsymbol{l}\|}\oint_C [a\cos(\boldsymbol{n},x) + b\cos(\boldsymbol{n},y)]\,ds$$

$$= \frac{1}{\|\boldsymbol{l}\|}\oint_C a\,dy - b\,dx = \frac{1}{\|\boldsymbol{l}\|}\iint_D 0\,dxdy = 0.$$

上式中倒数第二步是利用了 Green 公式.

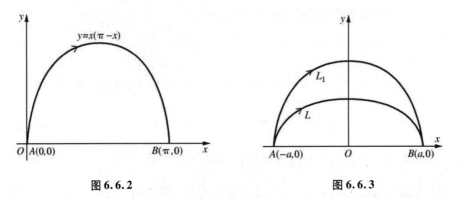

图 6.6.2　　　　　　　　　　　图 6.6.3

例 6.6.4　计算第二类曲线积分 $\int_L (\sin y + y)\,dx + x\cos y\,dy$,其中 L 为曲线 $y = x(\pi - x)$ 在第一象限上的部分,方向为从 $A(0,0)$ 到 $B(\pi,0)$(见图 6.6.2).

解　添加线段 $\overline{BA}$:$y = 0$,$x:\pi \to 0$. 设曲线 L 与 $\overline{BA}$ 所围区域为 D,则由 Green 公式得

$$\left(\int_L + \int_{\overline{BA}}\right)(\sin y + y)\,dx + x\cos y\,dy = \iint_D dx\,dy$$

$$= \int_0^\pi dx \int_0^{x(\pi-x)} dy = \int_0^\pi x(\pi - x)\,dx = \frac{1}{6}\pi^3,$$

且

$$\int_{\overline{BA}}(\sin y + y)\,dx + x\cos y\,dy = \int_\pi^0 0\,dx = 0.$$

于是

$$\int_L (\sin y + y)\,dx + x\cos y\,dy$$

$$= \iint_D dx\,dy - \int_{\overline{BA}}(\sin y + y)\,dx + x\cos y\,dy = \frac{1}{6}\pi^3.$$

例 6.6.5 计算第二类曲线积分 $I = \int_L \dfrac{(x-y)\,dx + (x+y)\,dy}{x^2 + y^2}$，其中 L 是从

$A(-a, 0)$ 经上半椭圆周 $\dfrac{x^2}{a^2} + \dfrac{y^2}{b^2} = 1(y \geqslant 0)$ 到 $B(a, 0)$ 的弧段 $(a > b > 0$，见

图 6.6.3).

解法一 记 L_1 为从 $A(-a, 0)$ 经上半圆周 $x^2 + y^2 = a^2, y \geqslant 0$ 到 $B(a, 0)$ 的
弧段. 记 D 为 L 和 L_1 所围区域，则由 Green 公式得

$$\int_{L+L_1^-} \frac{(x-y)\,dx + (x+y)\,dy}{x^2 + y^2} = \iint_D \left[\frac{\partial}{\partial x}\left(\frac{x+y}{x^2+y^2}\right) - \frac{\partial}{\partial y}\left(\frac{x-y}{x^2+y^2}\right)\right]dx\,dy = \iint_D 0\,dx\,dy = 0,$$

因此

$$I = \int_L \frac{(x-y)\,dx + (x+y)\,dy}{x^2 + y^2} = \int_{L_1} \frac{(x-y)\,dx + (x+y)\,dy}{x^2 + y^2}.$$

注意到 L_1 的参数方程可取为 $x = a\cos\theta, y = a\sin\theta(\theta: \pi \to 0)$，我们有

$$\int_{L_1} \frac{(x-y)\,dx + (x+y)\,dy}{x^2 + y^2}$$

$$= \int_\pi^0 \left[(\cos\theta - \sin\theta)(-\sin\theta) + (\cos\theta + \sin\theta)\cos\theta\right]d\theta$$

$$= \int_\pi^0 d\theta = -\pi.$$

于是

$$I = -\pi.$$

注 在上例中，因为 $\dfrac{x-y}{x^2+y^2}$ 和 $\dfrac{x+y}{x^2+y^2}$ 在原点处不可偏导，所以在选取辅助曲

线 L_1 时,没有选取常见的连接 A,B 的直线段. 这是因为该直线段过原点,从而无法直接利用 Green 公式的结论. 事实上,沿这条直线段的曲线积分也不存在.

解法二 沿用解法一的记号. 因为

$$\frac{\partial}{\partial x}\left(\frac{x+y}{x^2+y^2}\right) = \frac{y^2-x^2-2xy}{(x^2+y^2)^2} = \frac{\partial}{\partial y}\left(\frac{x-y}{x^2+y^2}\right), \quad (x,y) \neq (0,0),$$

所以在不包含原点的任何单连通区域上,曲线积分

$$\int_C \frac{(x-y)\mathrm{d}x + (x+y)\mathrm{d}y}{x^2+y^2}$$

与积分路径无关. 显然可取一个这种区域,使 L 和 L_1 位于其中. 因此

$$I = \int_L \frac{(x-y)\mathrm{d}x + (x+y)\mathrm{d}y}{x^2+y^2} = \int_{L_1} \frac{(x-y)\mathrm{d}x + (x+y)\mathrm{d}y}{x^2+y^2} = -\pi.$$

例 6.6.6 设 φ 是具有连续导数的一元函数,满足 $\varphi(0) = 0$. 曲线 $\overparen{AB}$ 的极坐标方程为 $r = a(1-\cos\theta)(\theta: 0 \to \pi, a > 0$ 为常数),而 A,B 分别是 $\theta = 0$ 和 $\theta = \pi$ 对应的点(见图 6.6.4),求

$$\int_{\overparen{AB}} [\varphi(y)\mathrm{e}^x - \pi y]\mathrm{d}x + [\varphi'(y)\mathrm{e}^x - \pi]\mathrm{d}y.$$

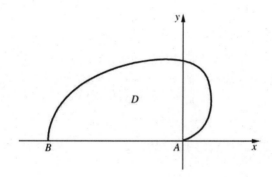

图 6.6.4

解 添加线段 $\overline{BA}$: $y = 0$, $x: -2a \to 0$. 设 $\overparen{AB}$ 与 $\overline{BA}$ 所围区域为 D,则由 Green 公式得

$$\left(\int_{\overparen{AB}} + \int_{\overline{BA}}\right)[\varphi(y)\mathrm{e}^x - \pi y]\mathrm{d}x + [\varphi'(y)\mathrm{e}^x - \pi]\mathrm{d}y$$

$$= \iint_D \left[\frac{\partial}{\partial x}(\varphi'(y)\mathrm{e}^x - \pi) - \frac{\partial}{\partial y}(\varphi(y)\mathrm{e}^x - \pi y)\right]\mathrm{d}x\mathrm{d}y$$

$$= \iint_D [\varphi'(y)\mathrm{e}^x - (\varphi'(y)\mathrm{e}^x - \pi)]\mathrm{d}x\mathrm{d}y = \iint_D \pi \mathrm{d}x\mathrm{d}y$$

$$= \pi \int_0^\pi \mathrm{d}\theta \int_0^{a(1-\cos\theta)} r\mathrm{d}r = \frac{\pi a^2}{2} \int_0^\pi (1-\cos\theta)^2 \mathrm{d}\theta = \frac{3}{4}\pi^2 a^2,$$

且

$$\int_{\overset{\frown}{BA}} [\varphi(y)\mathrm{e}^x - \pi y]\mathrm{d}x + [\varphi'(y)\mathrm{e}^x - \pi]\mathrm{d}y$$

$$= \int_{-2a}^0 [\varphi(0)\mathrm{e}^x - \pi \times 0]\mathrm{d}x = \int_{-2a}^0 0\mathrm{d}x = 0.$$

于是

$$\int_{\overset{\frown}{AB}} [\varphi(y)\mathrm{e}^x - \pi y]\mathrm{d}x + [\varphi'(y)\mathrm{e}^x - \pi]\mathrm{d}y = \frac{3}{4}\pi^2 a^2.$$

例 6.6.7 计算曲线积分 $I = \oint_L \dfrac{(x-2)\mathrm{d}y - y\mathrm{d}x}{4(x-2)^2 + 9y^2}$,其中 L 是下列简单闭曲线,定向为逆时针方向:

(1) 点 $(2,0)$ 在 L 所围区域之外;

(2) 点 $(2,0)$ 在 L 所围区域之内.

解 记 $P(x,y) = -\dfrac{y}{4(x-2)^2 + 9y^2}$,$Q(x,y) = \dfrac{x-2}{4(x-2)^2 + 9y^2}$,则

$$\frac{\partial P}{\partial y} = -\frac{4(x-2)^2 - 9y^2}{[4(x-2)^2 + 9y^2]^2} = \frac{\partial Q}{\partial x}, \quad (x,y) \neq (2,0).$$

(1) 当点 $(2,0)$ 在 L 所围区域之外时,由 Green 公式得

$$I = \oint_L \frac{(x-2)\mathrm{d}y - y\mathrm{d}x}{4(x-2)^2 + 9y^2} = 0.$$

(2) 当点 $(2,0)$ 在 L 所围区域之内时,由于 P,Q 在点 $(2,0)$ 不可偏导,因此不能直接运用 Green 公式,需作一定的变通.

取 L_1 为包含于 L 所围区域之内的小椭圆 $4(x-2)^2 + 9y^2 = r^2$,定向为逆时针方向,并记 L 与 L_1 所围区域为 D,则由 Green 公式得

$$\oint_{L+L_1^-} \frac{(x-2)\mathrm{d}y - y\mathrm{d}x}{4(x-2)^2 + 9y^2} = \iint_D 0\mathrm{d}x\mathrm{d}y = 0,$$

因此

$$I = \oint_L \frac{(x-2)\mathrm{d}y - y\mathrm{d}x}{4(x-2)^2 + 9y^2} = \int_{L_1} \frac{(x-2)\mathrm{d}y - y\mathrm{d}x}{4(x-2)^2 + 9y^2}.$$

由于 L_1 的参数方程可取为 $x = 2 + \dfrac{r}{2}\cos t, y = \dfrac{r}{3}\sin t (t: 0 \to 2\pi)$,因此

$$\int_{L_1} \frac{(x-2)\mathrm{d}y - y\mathrm{d}x}{4(x-2)^2 + 9y^2} = \frac{1}{6}\int_0^{2\pi} \mathrm{d}t = \frac{\pi}{3}.$$

于是

$$I = \oint_L \frac{(x-2)\mathrm{d}y - y\mathrm{d}x}{4(x-2)^2 + 9y^2} = \frac{\pi}{3}.$$

例 6.6.8 计算曲线积分 $I = \oint_L \dfrac{x\mathrm{d}y - y\mathrm{d}x}{Ax^2 + 2Bxy + Cy^2}(A > 0, AC - B^2 > 0)$，其中 L 是圆周 $x^2 + y^2 = a^2$，定向为逆时针方向.

解 直接计算知

$$\frac{\partial}{\partial x}\left(\frac{x}{Ax^2 + 2Bxy + Cy^2}\right) = \frac{-Ax^2 + Cy^2}{(Ax^2 + 2Bxy + Cy^2)^2} = \frac{\partial}{\partial y}\left(\frac{-y}{Ax^2 + 2Bxy + Cy^2}\right).$$

记 L' 为椭圆 $Ax^2 + 2Bxy + Cy^2 = 1$，则由 Green 公式可得

$$I = \oint_L \frac{x\mathrm{d}y - y\mathrm{d}x}{Ax^2 + 2Bxy + Cy^2} = \oint_{L'} \frac{x\mathrm{d}y - y\mathrm{d}x}{Ax^2 + 2Bxy + Cy^2} = \oint_{L'} x\mathrm{d}y - y\mathrm{d}x.$$

再找曲线 L' 的便于计算曲线积分的参数方程. 由于

$$Ax^2 + 2Bxy + Cy^2 = A\left(x + \frac{B}{A}y\right)^2 + \left(C - \frac{B^2}{A}\right)y^2,$$

因此可取 L' 的参数方程为

$$x + \frac{B}{A}y = \frac{1}{\sqrt{A}}\cos t, \quad y = \sqrt{\frac{A}{AC - B^2}}\sin t \quad (0 \leqslant t \leqslant 2\pi),$$

此时有 $x\mathrm{d}y - y\mathrm{d}x = \dfrac{1}{\sqrt{AC - B^2}}\mathrm{d}t$，于是

$$I = \oint_{L'} x\mathrm{d}y - y\mathrm{d}x = \int_0^{2\pi} \frac{1}{\sqrt{AC - B^2}}\mathrm{d}t = \frac{2\pi}{\sqrt{AC - B^2}}.$$

例 6.6.9 在区域 $D = \{(x,y) \mid y > 0\}$ 上，微分形式

$$\omega = \sqrt{x^2 + y^2}\,\mathrm{d}x + y\ln(x + \sqrt{x^2 + y^2})\,\mathrm{d}y$$

是否为某个函数的全微分？若是，求其原函数.

解 $P(x,y) = \sqrt{x^2 + y^2}$，$Q(x,y) = y\ln(x + \sqrt{x^2 + y^2})$，则在 D 上成立

$$\frac{\partial P}{\partial y} = \frac{y}{\sqrt{x^2 + y^2}} = \frac{\partial Q}{\partial x},$$

因此 ω 是某个函数的全微分.

为求 ω 的原函数，取定点 $(0,1)$，则 ω 的全体原函数可表为

$$U(x,y) = \int_{(0,1)}^{(x,y)} \sqrt{x^2 + y^2}\,\mathrm{d}x + y\ln(x + \sqrt{x^2 + y^2})\,\mathrm{d}y + c,$$

其中 c 是任意常数.

取折线 $(0,1) \to (0,y) \to (x,y)$ 为积分路径，则 ω 的全体原函数为

$$U(x,y) = \int_1^y y \ln y \, dy + \int_0^x \sqrt{x^2 + y^2} \, dx + c$$

$$= -\frac{y^2}{4} + \frac{1}{2} \left[x \sqrt{x^2 + y^2} + y^2 \ln(x + \sqrt{x^2 + y^2}) \right] + c,$$

其中 c 是任意常数.

例 6.6.10 设 L 为抛物线 $2x = \pi y^2$ 上从 $O(0,0)$ 到 $A(\pi/2, 1)$ 的弧段,求

$$\int_L (2xy^3 - y^2 \cos x) \, dx + (1 - 2y \sin x + 3x^2 y^2) \, dy.$$

解 由于直接利用抛物线的方程来计算该曲线积分很困难,因此另寻他法.
记 $P(x,y) = 2xy^3 - y^2 \cos x$, $Q(x,y) = 1 - 2y \sin x + 3x^2 y^2$,则

$$\frac{\partial P}{\partial y} = 6xy^2 - 2y\cos x = \frac{\partial Q}{\partial x}.$$

解法一 由上式知,曲线积分

$$\int_L (2xy^3 - y^2 \cos x) \, dx + (1 - 2y \sin x + 3x^2 y^2) \, dy$$

与路径无关. 取从 $O(0,0)$ 到 $A(\pi/2, 1)$ 的新路径为:从 $O(0,0)$ 到 $B(\pi/2, 0)$ 的直线段 $\overline{OB}$,再连接从 $B(\pi/2, 0)$ 到 $A(\pi/2, 1)$ 的直线段 $\overline{BA}$. 此时

$$\int_L (2xy^3 - y^2 \cos x) \, dx + (1 - 2y \sin x + 3x^2 y^2) \, dy$$

$$= \left(\int_{\overline{OB}} + \int_{\overline{BA}} \right) (2xy^3 - y^2 \cos x) \, dx + (1 - 2y \sin x + 3x^2 y^2) \, dy$$

$$= 0 + \int_{\overline{BA}} (2xy^3 - y^2 \cos x) \, dx + (1 - 2y \sin x + 3x^2 y^2) \, dy$$

$$= \int_0^1 \left[1 - 2y \sin \frac{\pi}{2} + 3 \left(\frac{\pi}{2} \right)^2 y^2 \right] dy = \frac{\pi^2}{4}.$$

解法二 由 $\dfrac{\partial P}{\partial y} = \dfrac{\partial Q}{\partial x}$ 知,微分形式 $P(x,y) \, dx + Q(x,y) \, dy$ 有原函数,先求其原函数 $U(x,y)$. 对方程

$$\frac{\partial U}{\partial x} = P(x,y) = 2xy^3 - y^2 \cos x$$

关于 x 积分得

$$U(x,y) = x^2 y^3 - y^2 \sin x + \varphi(y).$$

再令

$$\frac{\partial U}{\partial y} = 3x^2 y^2 - 2y \sin x + \varphi'(y) = Q(x,y) = 1 - 2y \sin x + 3x^2 y^2,$$

得 $\varphi'(y) = 1$,于是 $\varphi(y) = y + c$. 因此,微分形式 $P(x,y) \, dx + Q(x,y) \, dy$ 的全体原

函数为
$$U(x,y) = x^2y^3 - y^2\sin x + y + c,$$
其中 c 是任意常数. 取其中一个原函数 $U(x,y) = x^2y^3 - y^2\sin x + y$, 那么

$$\int_L (2xy^3 - y^2\cos x)\mathrm{d}x + (1 - 2y\sin x + 3x^2y^2)\mathrm{d}y$$

$$= U\left(\frac{\pi}{2},1\right) - U(0,0) = \left(\frac{\pi}{2}\right)^2 - \sin\frac{\pi}{2} + 1 - 0 = \frac{\pi^2}{4}.$$

例 6.6.11 设平面区域 $D = \{(x,y) \mid y > 0\}$, 试确定 λ, 使得在 D 上曲线积分 $\int_L \dfrac{x}{y^2}(x^2 + y^2)^\lambda(y\mathrm{d}x - x\mathrm{d}y)$ 与路径无关.

解 记 $P(x,y) = \dfrac{x}{y}(x^2 + y^2)^\lambda$, $Q(x,y) = -\dfrac{x^2}{y^2}(x^2 + y^2)^\lambda$. 要在 D 上使曲线积分与路径无关, 当且仅当在 D 上成立 $\dfrac{\partial P}{\partial y} = \dfrac{\partial Q}{\partial x}$, 即

$$\frac{x}{y^2}(x^2+y^2)^{\lambda-1}\left[2\lambda y^2 - (x^2+y^2)\right] = \frac{x}{y^2}(x^2+y^2)^{\lambda-1}\left[-2\lambda x^2 - 2(x^2+y^2)\right],$$
化简之就是

$$(2\lambda + 1)(x^2 + y^2) = 0.$$

因此, 只有当 $\lambda = -\dfrac{1}{2}$ 时, 曲线积分 $\int_L \dfrac{x}{y^2}(x^2 + y^2)^\lambda(y\mathrm{d}x - x\mathrm{d}y)$ 与路径无关.

例 6.6.12 设一元函数 f 在 $(-\infty, +\infty)$ 上连续.

(1) 证明 $\oint_C f(x^2 + y^2)(x\mathrm{d}x + y\mathrm{d}y) = 0$, 其中 C 是分段光滑的闭曲线;

(2) 若 $\int_0^4 f(x)\mathrm{d}x = A$, 求 $\int_L f(x^2 + y^2)(x\mathrm{d}x + y\mathrm{d}y)$, 其中 L 为上半圆周 $y = \sqrt{2x - x^2}$, 起点为 $(0,0)$, 终点为 $(2,0)$.

解 (1) **证** 因为 f 在 $(-\infty, +\infty)$ 上连续, 所以在 $(-\infty, +\infty)$ 上存在原函数. 设 F 为 f 的一个原函数, 即满足 $F' = f$. 因为

$$\mathrm{d}\left[\frac{1}{2}F(x^2 + y^2)\right] = F'(x^2 + y^2)(x\mathrm{d}x + y\mathrm{d}y) = f(x^2 + y^2)(x\mathrm{d}x + y\mathrm{d}y),$$

所以在 Oxy 平面上, $\dfrac{1}{2}F(x^2 + y^2)$ 就是 $f(x^2 + y^2)(x\mathrm{d}x + y\mathrm{d}y)$ 的一个原函数, 因此

$$\oint_C f(x^2 + y^2)(x\mathrm{d}x + y\mathrm{d}y) = 0.$$

(2) **解** 由 (1) 的证明知, 在 Oxy 平面上 $f(x^2 + y^2)(x\mathrm{d}x + y\mathrm{d}y)$ 有原函数, 因

此曲线积分 $\int_C f(x^2 + y^2)(x\mathrm{d}x + y\mathrm{d}y)$ 与路径 C 无关. 取起点为 $(0,0)$, 终点为 $(2,0)$ 的直线段 $L_1 : y = 0 \ (x : 0 \to 2)$, 则

$$\int_L f(x^2 + y^2)(x\mathrm{d}x + y\mathrm{d}y) = \int_{L_1} f(x^2 + y^2)(x\mathrm{d}x + y\mathrm{d}y)$$

$$= \int_0^2 f(x^2)x\mathrm{d}x = \frac{1}{2}\int_0^4 f(u)\mathrm{d}u = \frac{A}{2}.$$

例 6.6.13 设 f 是在 $(-\infty, +\infty)$ 上具有连续导数的一元函数, 且 $f(0) = 0$. 若在 $\mathbf{R}^2$ 上曲线积分 $\int_L [e^x + 2f(x)]y\mathrm{d}x - f(x)\mathrm{d}y$ 与路径无关.

(1) 求 f;

(2) 求曲线积分 $\int_{(0,0)}^{(1,2)} [e^x + 2f(x)]y\mathrm{d}x - f(x)\mathrm{d}y$.

解 (1) 因为曲线积分 $\int_L [e^x + 2f(x)]y\mathrm{d}x - f(x)\mathrm{d}y$ 与路径无关, 所以

$$\frac{\partial}{\partial y}\{[e^x + 2f(x)]y\} = \frac{\partial}{\partial x}[-f(x)],$$

即

$$e^x + 2f(x) = -f'(x),$$

所以 $e^{3x} + 2e^{2x}f(x) + e^{2x}f'(x) = 0$, 即

$$[e^{2x}f(x)]' = -e^{3x}.$$

对上式取积分得

$$e^{2x}f(x) = -\frac{1}{3}e^{3x} + c,$$

即

$$f(x) = -\frac{1}{3}e^x + ce^{-2x}.$$

因为 $f(0) = 0$, 所以 $c = \frac{1}{3}$, 因此

$$f(x) = \frac{1}{3}(e^{-2x} - e^x).$$

(2) 由 (1) 得

$$[e^x + 2f(x)]y\mathrm{d}x - f(x)\mathrm{d}y$$

$$= \left[e^x + \frac{2}{3}(e^{-2x} - e^x)\right]y\mathrm{d}x - \frac{1}{3}(e^{-2x} - e^x)\mathrm{d}y$$

$$= \mathrm{d}\left[\frac{1}{3}(e^x - e^{-2x})y\right].$$

即 $\frac{1}{3}(e^x - e^{-2x})y$ 是 $[e^x + 2f(x)]ydx - f(x)dy$ 的一个原函数,于是

$$\int_{(0,0)}^{(1,2)} [e^x + 2f(x)]ydx - f(x)dy = \left[\frac{1}{3}(e^x - e^{-2x})y\right]\Big|_{(0,0)}^{(1,2)} = \frac{2}{3}(e - e^{-2}).$$

例 6. 6. 14 已知 f 是 $(-\infty, +\infty)$ 上具有连续导数的一元函数,且 $f(1) = 1$.
设 $D = \{(x,y) \mid x > 0\}$,若在 D 上曲线积分 $\int_L \frac{1}{2x^2 + f(y)}(ydx - xdy)$ 与路径无关.

(1) 求函数 f;

(2) 求 $\int_C \frac{1}{2x^2 + f(y)}(ydx - xdy)$,其中 C 为星形线 $x^{\frac{2}{3}} + y^{\frac{2}{3}} = a^{\frac{2}{3}} (a > 0)$,取逆时针方向.

解   记 $P(x,y) = \frac{y}{2x^2 + f(y)}$, $Q(x,y) = \frac{-x}{2x^2 + f(y)}$.

(1) 因为在 D 上曲线积分 $\int_L \frac{1}{2x^2 + f(y)}(ydx - xdy)$ 与路径无关,所以在 D 上成
立 $\frac{\partial P}{\partial y} = \frac{\partial Q}{\partial x}$,即

$$\frac{2x^2 + f(y) - yf'(y)}{[2x^2 + f(y)]^2} = \frac{2x^2 - f(y)}{[2x^2 + f(y)]^2},$$

化简得 $yf'(y) = 2f(y)$,于是

$$\frac{f'(y)}{f(y)} = \frac{2}{y}.$$

在等式两边取积分便得 $f(y) = ky^2 (k 是常数)$. 又因为 $f(1) = 1$,所以 $k = 1$,于是

$$f(y) = y^2, \quad y \in (-\infty, +\infty).$$

(2) 此时 $\int_C \frac{1}{2x^2 + f(y)}(ydx - xdy) = \int_C \frac{ydx - xdy}{2x^2 + y^2}$. 直接利用星形线 C 的方程或
其参数方程来计算都会遇到困难,因此需另寻他途.

取 C_1 为包含于 C 所围区域之内的小椭圆 $2x^2 + y^2 = r^2$,定向为逆时针方向,则
由 Green 公式知

$$\int_C \frac{ydx - xdy}{2x^2 + y^2} = \int_{C_1} \frac{ydx - xdy}{2x^2 + y^2}.$$

由于 C_1 的参数方程可取为 $x = \frac{r}{\sqrt{2}}\cos t$, $y = r\sin t (t: 0 \to 2\pi)$,因此

$$\int_{C_1} \frac{ydx - xdy}{2x^2 + y^2} = -\frac{1}{\sqrt{2}}\int_0^{2\pi} dt = -\sqrt{2}\pi.$$

于是

$$\int_C \frac{1}{2x^2 + f(y)}(y\mathrm{d}x - x\mathrm{d}y) = -\sqrt{2}\pi.$$

例 6.6.15 设函数 $z = f(x,y)$ 在区域 $D = \{(x,y) \mid x^2 + y^2 \leqslant a^2\}$ $(a > 0)$ 上具有连续的偏导数,且在 D 的边界 ∂D 上成立 $f(x,y) = 0$.

(1) 证明:$\displaystyle\iint_D f(x,y)\mathrm{d}x\mathrm{d}y = -\iint_D y\frac{\partial f}{\partial y}(x,y)\mathrm{d}x\mathrm{d}y$;

(2) 证明:$\displaystyle\left|\iint_D f(x,y)\mathrm{d}x\mathrm{d}y\right| \leqslant \frac{\pi}{3}a^3 \max_{(x,y)\in D}\left[\left(\frac{\partial f}{\partial x}\right)^2 + \left(\frac{\partial f}{\partial y}\right)^2\right]^{\frac{1}{2}}$.

证 (1) 由 Green 公式得

$$\int_{\partial D} yf(x,y)\mathrm{d}x = -\iint_D \left[f(x,y) + y\frac{\partial f}{\partial y}(x,y)\right]\mathrm{d}x\mathrm{d}y,$$

由于在 ∂D 上成立 $f(x,y) = 0$,因此 $\displaystyle\int_{\partial D} yf(x,y)\mathrm{d}x = 0$,于是从上式便得

$$\iint_D f(x,y)\mathrm{d}x\mathrm{d}y = -\iint_D y\frac{\partial f}{\partial y}(x,y)\mathrm{d}x\mathrm{d}y.$$

(2) 完全类似于(1) 的证明可知

$$\iint_D f(x,y)\mathrm{d}x\mathrm{d}y = -\iint_D x\frac{\partial f}{\partial x}(x,y)\mathrm{d}x\mathrm{d}y.$$

结合(1) 的结论便知

$$\iint_D f(x,y)\mathrm{d}x\mathrm{d}y = -\frac{1}{2}\iint_D \left[x\frac{\partial f}{\partial x}(x,y) + y\frac{\partial f}{\partial y}(x,y)\right]\mathrm{d}x\mathrm{d}y.$$

因此

$$\left|\iint_D f(x,y)\mathrm{d}x\mathrm{d}y\right| \leqslant \frac{1}{2}\iint_D \left|x\frac{\partial f}{\partial x}(x,y) + y\frac{\partial f}{\partial y}(x,y)\right|\mathrm{d}x\mathrm{d}y$$

$$\leqslant \frac{1}{2}\iint_D \sqrt{x^2 + y^2}\sqrt{\left[\frac{\partial f}{\partial x}(x,y)\right]^2 + \left[\frac{\partial f}{\partial y}(x,y)\right]^2}\mathrm{d}x\mathrm{d}y$$

$$\leqslant \frac{1}{2}\max_{(x,y)\in D}\left[\left(\frac{\partial f}{\partial x}\right)^2 + \left(\frac{\partial f}{\partial y}\right)^2\right]^{\frac{1}{2}}\iint_D \sqrt{x^2 + y^2}\mathrm{d}x\mathrm{d}y$$

$$= \frac{\pi}{3}a^3 \max_{(x,y)\in D}\left[\left(\frac{\partial f}{\partial x}\right)^2 + \left(\frac{\partial f}{\partial y}\right)^2\right]^{\frac{1}{2}}.$$

在上面的运算中利用了不等式 $|a_1b_1 + a_2b_2| \leqslant \sqrt{a_1^2 + a_2^2} \cdot \sqrt{b_1^2 + b_2^2}$,以及

$$\iint_D \sqrt{x^2 + y^2}\mathrm{d}x\mathrm{d}y = \frac{2\pi}{3}a^3.$$

例 6.6.16 设函数 $z = f(x,y)$ 在区域 $x^2 + y^2 \leqslant 1$ 上有连续的偏导数,且在 x^2

$+ y^2 = 1$ 上恒为零,证明:$f(0,0) = \lim\limits_{\varepsilon \to 0+0} \dfrac{-1}{2\pi} \iint\limits_{D(\varepsilon)} \dfrac{xf'_x(x,y) + yf'_y(x,y)}{x^2 + y^2} \mathrm{d}x\mathrm{d}y$,其中 $D(\varepsilon)$ 为圆环域 $\varepsilon^2 \leqslant x^2 + y^2 \leqslant 1$.

证 显然区域 $x^2 + y^2 \leqslant r^2$ 的边界 $x^2 + y^2 = r^2 (r > 0)$ 的单位外法向量 $\boldsymbol{n}$ 的方向余弦为

$$\cos(\boldsymbol{n},x) = \frac{x}{\sqrt{x^2 + y^2}}, \quad \cos(\boldsymbol{n},y) = \frac{y}{\sqrt{x^2 + y^2}},$$

因此由 Green 公式得

$$\int\limits_{x^2+y^2=1} \frac{f(x,y)}{\sqrt{x^2 + y^2}} \mathrm{d}s - \int\limits_{x^2+y^2=\varepsilon^2} \frac{f(x,y)}{\sqrt{x^2 + y^2}} \mathrm{d}s$$

$$= \int\limits_{x^2+y^2=1} \left(\frac{x^2 f(x,y)}{\sqrt{x^2 + y^2}} + \frac{y^2 f(x,y)}{\sqrt{x^2 + y^2}} \right) \frac{1}{x^2 + y^2} \mathrm{d}s - \int\limits_{x^2+y^2=\varepsilon^2} \left(\frac{x^2 f(x,y)}{\sqrt{x^2 + y^2}} + \frac{y^2 f(x,y)}{\sqrt{x^2 + y^2}} \right) \frac{1}{x^2 + y^2} \mathrm{d}s$$

$$= \int\limits_{\partial D(\varepsilon)} \left(\frac{xf(x,y)}{x^2 + y^2} \cos(\boldsymbol{n},x) + \frac{yf(x,y)}{x^2 + y^2} \cos(\boldsymbol{n},y) \right) \mathrm{d}s$$

$$= \iint\limits_{D(\varepsilon)} \left[\left(\frac{xf'_x(x,y)}{x^2 + y^2} + \frac{y^2 - x^2}{(x^2 + y^2)^2} \right) + \left(\frac{yf'_y(x,y)}{x^2 + y^2} + \frac{x^2 - y^2}{(x^2 + y^2)^2} \right) \right] \mathrm{d}x\mathrm{d}y$$

$$= \iint\limits_{D(\varepsilon)} \frac{xf'_x(x,y) + yf'_y(x,y)}{x^2 + y^2} \mathrm{d}x\mathrm{d}y.$$

由于在 $x^2 + y^2 = 1$ 上 $f(x,y) = 0$,于是

$$\int\limits_{x^2+y^2=\varepsilon^2} \frac{f(x,y)}{\sqrt{x^2 + y^2}} \mathrm{d}s = - \iint\limits_{D(\varepsilon)} \frac{xf'_x(x,y) + yf'_y(x,y)}{x^2 + y^2} \mathrm{d}x\mathrm{d}y.$$

由积分中值定理得 $\int\limits_{x^2+y^2=\varepsilon^2} \dfrac{f(x,y)}{\sqrt{x^2 + y^2}} \mathrm{d}s = \dfrac{1}{\varepsilon} \int\limits_{x^2+y^2=\varepsilon^2} f(x,y) \mathrm{d}s = 2\pi f(\xi,\eta)$,其中 (ξ,η) 为 $x^2 + y^2 = \varepsilon^2$ 上某一点. 由连续性知 $\lim\limits_{\varepsilon \to 0+0} f(\xi,\eta) = f(0,0)$,因此由上式得

$$f(0,0) = \lim\limits_{\varepsilon \to 0+0} \frac{-1}{2\pi} \iint\limits_{D(\varepsilon)} \frac{xf'_x(x,y) + yf'_y(x,y)}{x^2 + y^2} \mathrm{d}x\mathrm{d}y.$$

习 题

1. 计算双纽线 $(x^2 + y^2)^2 = a^2(x^2 - y^2)(a > 0)$ 所围平面图形的面积.

2. 利用 Green 公式计算下列曲线积分:

(1) $\int\limits_L \sqrt{x^2 + y^2} \mathrm{d}x + y[xy + \ln(x + \sqrt{x^2 + y^2})] \mathrm{d}y$,其中 L 是以点 $A(1,1)$,$B(2,2)$ 和 $C(1,3)$ 为顶点的三角形的正向边界;

(2) $\int\limits_L [e^x \sin y - b(x + y)] \mathrm{d}x + [e^x \cos y - ax] \mathrm{d}y (a > 0, b > 0)$,其中 L 为上半圆弧

$y = \sqrt{2ax - x^2}$，方向自 $(2a,0)$ 到 $(0,0)$；

(3) $\displaystyle\oint_L \frac{x\mathrm{d}y - y\mathrm{d}x}{4x^2 + y^2}$，其中 L 是圆周 $(x-1)^2 + y^2 = 4$，定向为逆时针方向；

(4) $\displaystyle\int_L \left(\frac{xy^2}{\sqrt{4 + x^2 y^2}} + \frac{1}{\pi}x \right)\mathrm{d}x + \left(\frac{x^2 y}{\sqrt{4 + x^2 y^2}} - x + y \right)\mathrm{d}y$，其中 L 是摆线 $\begin{cases} x = a(t - \sin t) \\ y = a(1 - \cos t) \end{cases}$

$(a > 0)$ 上自 $(0,0)$ 至 $(2\pi a, 0)$ 的一段.

3. 计算曲线积分 $\displaystyle\int_L (x^2 + 1 - e^y \sin x)\mathrm{d}y - e^y \cos x \mathrm{d}x$，其中 L 是抛物线 $y = x^2$ 从点 $(0,0)$ 到 $(1,1)$ 的一段.

4. 证明曲线积分 $\displaystyle\int_L \frac{(x+2y)\mathrm{d}x + y\mathrm{d}y}{(x+y)^2}$ 在半平面 $D = \{(x,y) \mid x + y > 0\}$ 上与路径无关，并

计算 $\displaystyle\int_{(1,2)}^{(2,1)} \frac{(x+2y)\mathrm{d}x + y\mathrm{d}y}{(x+y)^2}$，这里积分路径不与直线 $y = -x$ 相交.

5. 设 $D = \{(x,y) \mid y > 0\}$，问微分形式 $\omega = \dfrac{y\mathrm{d}x - x\mathrm{d}y}{3x^2 - 2xy + 3y^2}$ 在 D 上是否有原函数？若有，

试求之.

6. 选取 a, b，使得微分形式 $\omega = \dfrac{(y^2 + 2xy + ax^2)\mathrm{d}x - (x^2 + 2xy + by^2)\mathrm{d}y}{(x^2 + y^2)^2}$ 为某个二元函数

u 的全微分，并求出 u.

7. 设二元函数 Q 在全平面上具有连续偏导数，且在 Oxy 平面上曲线积分 $\displaystyle\int_L 2xy\mathrm{d}x + Q(x,y)\mathrm{d}y$ 与

路径无关. 若对于任意 t，恒有

$$\int_{(0,0)}^{(t,1)} 2xy\mathrm{d}x + Q(x,y)\mathrm{d}y = \int_{(0,0)}^{(1,t)} 2xy\mathrm{d}x + Q(x,y)\mathrm{d}y,$$

求函数 Q.

8. 已知 f 是在 $(-\infty, +\infty)$ 上具有连续导数的一元函数，L 是上半平面 $D = \{(x,y) \mid y > 0\}$ 内的有向分段光滑曲线，起点为 (a,b)，终点为 (c,d). 记

$$I = \int_L \frac{1}{y}[1 + y^2 f(xy)]\mathrm{d}x + \frac{x}{y^2}[y^2 f(xy) - 1]\mathrm{d}y.$$

(1) 证明：在 D 上曲线积分 I 与路径 L 无关；

(2) 当 $ab = cd$ 时，求 I 的值.

9. 已知 f 是在 $(-\infty, +\infty)$ 上具有连续导数的一元函数，且在任意围绕原点的分段光滑简

单闭曲线 L（定向取逆时针方向）上，曲线积分 $\displaystyle\oint_L \frac{f(y)\mathrm{d}x + 2xy\mathrm{d}y}{2x^2 + y^4}$ 的值恒为同一常数.

(1) 证明：对于右半平面 $D = \{(x,y) \mid x > 0\}$ 内的任意分段光滑有向简单闭曲线 C，有

$$\oint_C \frac{f(y)\mathrm{d}x + 2xy\mathrm{d}y}{2x^2 + y^4} = 0;$$

(2) 求函数 f 的表达式.

10. 设平面区域 $D = \{(x,y) \mid 0 \leq x \leq \pi, 0 \leq y \leq \pi\}$，$D$ 的边界 ∂D 取正向. 证明：

(1) $\oint_{\partial D} xe^{\sin y}\mathrm{d}y - ye^{-\sin x}\mathrm{d}x = \oint_{\partial D} xe^{-\sin y}\mathrm{d}y - ye^{\sin x}\mathrm{d}x$;

(2) $\oint_{\partial D} xe^{\sin y}\mathrm{d}y - ye^{-\sin x}\mathrm{d}x \geqslant 2\pi^2$.

11. 设函数 $f(x,y)$ 在区域 $D = \{(x,y) \mid x^2 + y^2 \leqslant 1\}$ 上具有二阶连续偏导数,且满足

$$\frac{\partial^2 f}{\partial x^2} + \frac{\partial^2 f}{\partial y^2} = \mathrm{e}^{-(x^2+y^2)},$$

证明:

$$\iint_D \left(x\frac{\partial f}{\partial x}(x,y) + y\frac{\partial f}{\partial y}(x,y) \right)\mathrm{d}x\mathrm{d}y = \frac{\pi}{2\mathrm{e}}.$$

§6.7   Gauss 公式和 Stokes 公式

知识要点

一、Gauss 公式

定理 6.7.1（Gauss 公式）   设空间闭区域 Ω 的边界为分片光滑闭曲面,函数 P,Q,R 在 Ω 上具有连续偏导数,则

$$\iiint_\Omega \left(\frac{\partial P}{\partial x} + \frac{\partial Q}{\partial y} + \frac{\partial R}{\partial z} \right)\mathrm{d}x\mathrm{d}y\mathrm{d}z$$

$$= \iint_{\partial \Omega} \left[P\cos(\boldsymbol{n},x) + Q\cos(\boldsymbol{n},y) + R\cos(\boldsymbol{n},z) \right]\mathrm{d}S$$

$$= \iint_{\partial \Omega} P\mathrm{d}y\mathrm{d}z + Q\mathrm{d}z\mathrm{d}x + R\mathrm{d}x\mathrm{d}y,$$

其中 $\partial\Omega$ 的定向为外侧.

推论 6.7.1   设 Ω 为一空间区域,其边界为分片光滑闭曲面,则

$$V = \iiint_\Omega \mathrm{d}x\mathrm{d}y\mathrm{d}z = \iint_{\partial \Omega} x\mathrm{d}y\mathrm{d}z = \iint_{\partial \Omega} y\mathrm{d}z\mathrm{d}x = \iint_{\partial \Omega} z\mathrm{d}x\mathrm{d}y$$

$$= \frac{1}{3}\iint_{\partial \Omega} x\mathrm{d}y\mathrm{d}z + y\mathrm{d}z\mathrm{d}x + z\mathrm{d}x\mathrm{d}y = \frac{1}{3}\iint_{\partial \Omega} \boldsymbol{r} \cdot \boldsymbol{n}\mathrm{d}S,$$

其中 $\partial\Omega$ 的定向为外侧,$\boldsymbol{r},\boldsymbol{n}$ 分别为 $\partial\Omega$ 上的点 (x,y,z) 处的位置向量(即 $\boldsymbol{r} = (x,y,z)$)和单位外法向量.

二、Stokes 公式

定理 6.7.2（Stokes 公式）   设 Σ 为光滑的定向曲面,其边界 $\partial\Sigma$ 为分段光滑闭曲线. 如果三元函数 P,Q,R 在 Σ 及其边界上具有连续偏导数,则

$$\int_{\partial\Sigma} P\mathrm{d}x + Q\mathrm{d}y + R\mathrm{d}z$$

$$= \iint_{\Sigma}\left(\frac{\partial R}{\partial y} - \frac{\partial Q}{\partial z}\right)\mathrm{d}y\mathrm{d}z + \left(\frac{\partial P}{\partial z} - \frac{\partial R}{\partial x}\right)\mathrm{d}z\mathrm{d}x + \left(\frac{\partial Q}{\partial x} - \frac{\partial P}{\partial y}\right)\mathrm{d}x\mathrm{d}y$$

$$= \iint_{\Sigma}\left[\left(\frac{\partial R}{\partial y} - \frac{\partial Q}{\partial z}\right)\cos(\boldsymbol{n},x) + \left(\frac{\partial P}{\partial z} - \frac{\partial R}{\partial x}\right)\cos(\boldsymbol{n},y) + \left(\frac{\partial Q}{\partial x} - \frac{\partial P}{\partial y}\right)\cos(\boldsymbol{n},z)\right]\mathrm{d}S,$$

其中边界 $\partial\Sigma$ 按诱导定向.

注 $\partial\Sigma$ 的诱导定向是指:右手的四指按 $\partial\Sigma$ 的正向弯曲时,拇指的指向为定向曲面 Σ 的法向.

为便于记忆,常将 Stokes 公式表示为

$$\oint_{\partial\Sigma} P\mathrm{d}x + Q\mathrm{d}y + R\mathrm{d}z = \iint_{\Sigma}\begin{vmatrix} \mathrm{d}y\mathrm{d}z & \mathrm{d}z\mathrm{d}x & \mathrm{d}x\mathrm{d}y \\ \dfrac{\partial}{\partial x} & \dfrac{\partial}{\partial y} & \dfrac{\partial}{\partial z} \\ P & Q & R \end{vmatrix}$$

$$= \iint_{\Sigma}\begin{vmatrix} \cos(\boldsymbol{n},x) & \cos(\boldsymbol{n},y) & \cos(\boldsymbol{n},z) \\ \dfrac{\partial}{\partial x} & \dfrac{\partial}{\partial y} & \dfrac{\partial}{\partial z} \\ P & Q & R \end{vmatrix}\mathrm{d}S.$$

例 题 分 析

例 6.7.1 计算第二类曲面积分 $\displaystyle\iint_{\Sigma} x\mathrm{d}y\mathrm{d}z + y\mathrm{d}z\mathrm{d}x + z\mathrm{d}x\mathrm{d}y$,其中 Σ 是由两曲面 $x^2 + y^2 = az$ 与 $z = 2a - \sqrt{x^2 + y^2}$ 所围有界区域 Ω 的表面的外侧(见图 6.7.1),这里 $a > 0$.

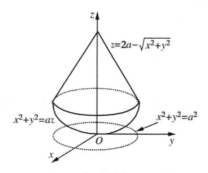

图 6.7.1

解 由 Gauss 公式得

$$\iint_{\Sigma} x\mathrm{d}y\mathrm{d}z + y\mathrm{d}z\mathrm{d}x + z\mathrm{d}x\mathrm{d}y = \iiint_{\Omega} 3\mathrm{d}x\mathrm{d}y\mathrm{d}z.$$

在柱坐标 $x = r\cos\theta, y = r\sin\theta, z = z$ 变换下,区域 Ω 对应于

$$\Omega' = \left\{ (r,\theta,z) \mid 0 \leqslant \theta \leqslant 2\pi, 0 \leqslant r \leqslant a, \frac{r^2}{a} \leqslant z \leqslant 2a - r \right\},$$

因此

$$\iiint\limits_{\Omega} \mathrm{d}x\mathrm{d}y\mathrm{d}z = \int_0^{2\pi} \mathrm{d}\theta \int_0^a \mathrm{d}r \int_{\frac{r^2}{a}}^{2a-r} r\mathrm{d}z = 2\pi \int_0^a \left(2a - r - \frac{r^2}{a} \right) r\mathrm{d}r = \frac{5}{6}\pi a^3.$$

于是

$$\iint\limits_{\Sigma} x\mathrm{d}y\mathrm{d}z + y\mathrm{d}z\mathrm{d}x + z\mathrm{d}x\mathrm{d}y = \frac{5}{2}\pi a^3.$$

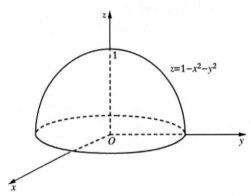

图 6.7.2

例 6.7.2 计算:第二类曲面积分 $\iint\limits_{\Sigma} (y^2 - x)\mathrm{d}y\mathrm{d}z + (z^2 - y)\mathrm{d}z\mathrm{d}x +$ $(x^2 - z)\mathrm{d}x\mathrm{d}y$,其中 Σ 是曲面 $z = 1 - x^2 - y^2 (0 \leqslant z \leqslant 1)$ 的上侧(见图 6.7.2).

解 添加 Oxy 平面上的辅助平面片 $\Sigma_1: z = 0 (x^2 + y^2 \leqslant 1)$,并定向为下侧. 记 Σ 与 Σ_1 所围区域为 Ω,则由 Gauss 公式得

$$\left(\iint\limits_{\Sigma} + \iint\limits_{\Sigma_1} \right) (y^2 - x)\mathrm{d}y\mathrm{d}z + (z^2 - y)\mathrm{d}z\mathrm{d}x + (x^2 - z)\mathrm{d}x\mathrm{d}y$$

$$= \iiint\limits_{\Omega} \left[\frac{\partial}{\partial x}(y^2 - x) + \frac{\partial}{\partial y}(z^2 - y) + \frac{\partial}{\partial z}(x^2 - z) \right] \mathrm{d}x\mathrm{d}y\mathrm{d}z$$

$$= -3 \iiint\limits_{\Omega} \mathrm{d}x\mathrm{d}y\mathrm{d}z.$$

利用柱坐标变换 $x = r\cos\theta, y = r\sin\theta, z = z$,得

$$\iiint\limits_{\Omega} \mathrm{d}x\mathrm{d}y\mathrm{d}z = \int_0^{2\pi} \mathrm{d}\theta \int_0^1 \mathrm{d}r \int_0^{1-r^2} r\mathrm{d}z = 2\pi \int_0^1 r(1 - r^2)\mathrm{d}r = \frac{\pi}{2}.$$

注意 Σ_1 与 Oyz 平面和 Ozx 平面皆垂直,且取下侧,则

$$\iint_{\Sigma_1}(y^2-x)\mathrm{d}y\mathrm{d}z+(z^2-y)\mathrm{d}z\mathrm{d}x+(x^2-z)\mathrm{d}x\mathrm{d}y=\iint_{\Sigma_1}(x^2-z)\mathrm{d}x\mathrm{d}y$$

$$=-\iint_{x^2+y^2\leqslant1}(x^2-0)\mathrm{d}x\mathrm{d}y=-\frac{\pi}{4}.$$

所以

$$\iint_{\Sigma}(y^2-x)\mathrm{d}y\mathrm{d}z+(z^2-y)\mathrm{d}z\mathrm{d}x+(x^2-z)\mathrm{d}x\mathrm{d}y$$

$$=-3\iiint_{\Omega}\mathrm{d}x\mathrm{d}y\mathrm{d}z-\iint_{\Sigma_1}(y^2-x)\mathrm{d}y\mathrm{d}z+(z^2-y)\mathrm{d}z\mathrm{d}x+(x^2-z)\mathrm{d}x\mathrm{d}y$$

$$=-\frac{3\pi}{2}+\frac{\pi}{4}=-\frac{5\pi}{4}.$$

注 在计算第二类曲面积分时,利用 Gauss 公式常常能简化计算. 如果积分曲面不是封闭的,则需要添加辅助曲面使它与 Σ 合起来构成封闭曲面. 这时要注意:

（1）辅助曲面的定向要与 Σ 相配,以构成封闭曲面的外法向或内法向;

（2）在构造的辅助曲面上,曲面积分是能够计算的;

（3）在封闭曲面所围空间区域上,满足应用 Gauss 公式的条件.

例 6.7.3 计算第二类曲面积分 $\displaystyle\iint_{\Sigma}(4xz+x)\mathrm{d}y\mathrm{d}z-2yz\mathrm{d}z\mathrm{d}x-(z^2+2)\mathrm{d}x\mathrm{d}y$,其中 Σ 是曲线 $\begin{cases}z=\mathrm{e}^y,\ 0\leqslant y\leqslant1\\x=0\end{cases}$ 绕 z 轴旋转一周所生成的旋转曲面,定向为下侧（见图 6.7.3）.

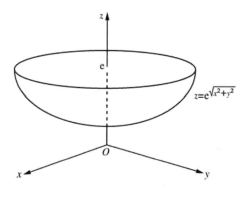

图 6.7.3

解 易知 Σ 的方程为

$$z=\mathrm{e}^{\sqrt{x^2+y^2}},\quad x^2+y^2\leqslant1.$$

添加辅助平面片 $\Sigma_1 : z = \mathrm{e}(x^2 + y^2 \leqslant 1)$，并定向为上侧. 记 Σ 与 Σ_1 所围区域为 Ω，则由 Gauss 公式得

$$\left(\iint_{\Sigma} + \iint_{\Sigma_1} \right) (4xz + x)\mathrm{d}y\mathrm{d}z - 2yz\mathrm{d}z\mathrm{d}x - (z^2 + 2)\mathrm{d}x\mathrm{d}y$$

$$= \iiint_{\Omega} \left[\frac{\partial}{\partial x}(4xz + x) + \frac{\partial}{\partial y}(-2yz) + \frac{\partial}{\partial z}(-z^2 - 2) \right] \mathrm{d}x\mathrm{d}y\mathrm{d}z$$

$$= \iiint_{\Omega} \mathrm{d}x\mathrm{d}y\mathrm{d}z = \int_0^{2\pi} \mathrm{d}\theta \int_0^1 \mathrm{d}r \int_{\mathrm{e}^r}^{\mathrm{e}} r\mathrm{d}z$$

$$= 2\pi \int_0^1 (\mathrm{e} - \mathrm{e}^r) r\mathrm{d}r = \pi(\mathrm{e} - 2),$$

其中三重积分的计算采用了柱坐标变换.

因为

$$\iint_{\Sigma_1} (4xz + x)\mathrm{d}y\mathrm{d}z - 2yz\mathrm{d}z\mathrm{d}x - (z^2 + 2)\mathrm{d}x\mathrm{d}y = \iint_{\Sigma_1} (-z^2 - 2)\mathrm{d}x\mathrm{d}y$$

$$= \iint_{x^2 + y^2 \leqslant 1} (-\mathrm{e}^2 - 2)\mathrm{d}x\mathrm{d}y = -\pi(2 + \mathrm{e}^2),$$

所以

$$\iint_{\Sigma} (4xz + x)\mathrm{d}y\mathrm{d}z - 2yz\mathrm{d}z\mathrm{d}x - (z^2 + 2)\mathrm{d}x\mathrm{d}y$$

$$= \pi(\mathrm{e} - 2) - \iint_{\Sigma_1} (4xz + x)\mathrm{d}y\mathrm{d}z - 2yz\mathrm{d}z\mathrm{d}x - (z^2 + 2)\mathrm{d}x\mathrm{d}y$$

$$= \pi(\mathrm{e} - 2) + \pi(2 + \mathrm{e}^2) = \pi\mathrm{e}(1 + \mathrm{e}).$$

例 6.7.4 设 f 是具有连续导数的一元函数，计算第二类曲面积分

$$\iint_{\Sigma} [x^3 + f(yz)]\mathrm{d}y\mathrm{d}z + [y^3 + yf(yz)]\mathrm{d}z\mathrm{d}x + [z^3 - zf(yz)]\mathrm{d}x\mathrm{d}y,$$

其中 Σ 为锥面 $x = \sqrt{y^2 + z^2}$ 和两个半球面 $x = \sqrt{1 - y^2 - z^2}, x = \sqrt{4 - y^2 - z^2}$ 所围立体 Ω 的表面的外侧.

解 记

$$P(x,y,z) = x^3 + f(yz), \quad Q(x,y,z) = y^3 + yf(yz), \quad R(x,y,z) = z^3 - zf(yz),$$

则

$$\frac{\partial P}{\partial x} = 3x^2, \quad \frac{\partial Q}{\partial y} = 3y^2 + f(yz) + yzf'(yz), \quad \frac{\partial R}{\partial z} = 3z^2 - f(yz) - yzf'(yz),$$

于是

$$\frac{\partial P}{\partial x} + \frac{\partial Q}{\partial y} + \frac{\partial R}{\partial z} = 3(x^2 + y^2 + z^2).$$

由 Gauss 公式得

$$\iint_{\Sigma} \left[x^3 + f(yz) \right] dydz + \left[y^3 + yf(yz) \right] dzdx + \left[z^3 - zf(yz) \right] dxdy$$

$$= \iiint_{\Omega} 3(x^2 + y^2 + z^2) dxdydz = 3\iiint_{\Omega} (x^2 + y^2 + z^2) dxdydz,$$

利用球坐标变换 $y = r\sin\varphi\cos\theta, z = r\sin\varphi\sin\theta, x = r\cos\varphi$，得

$$\iiint_{\Omega} (x^2 + y^2 + z^2) dxdydz = \int_0^{2\pi} d\theta \int_0^{\frac{\pi}{4}} d\varphi \int_1^2 r^4 \sin\varphi dr = \frac{31\pi}{5}(2 - \sqrt{2}).$$

于是

$$\iint_{\Sigma} \left[x^3 + f(yz) \right] dydz + \left[y^3 + yf(yz) \right] dzdx + \left[z^3 - zf(yz) \right] dxdy = \frac{93\pi}{5}(2 - \sqrt{2}).$$

例 6.7.5 计算第二类曲面积分 $\displaystyle\iint_{\Sigma} \frac{xdydz + ydzdx + zdxdy}{(x^2 + y^2 + z^2)^{3/2}}$，其中 Σ 是椭球面 $\dfrac{x^2}{a^2} + \dfrac{y^2}{b^2} + \dfrac{z^2}{c^2} = 1$ 的外侧 $(a > 0, b > 0, c > 0)$.

解 记

$$P(x,y,z) = \frac{x}{(x^2 + y^2 + z^2)^{3/2}}, \quad Q(x,y,z) = \frac{y}{(x^2 + y^2 + z^2)^{3/2}},$$

$$R(x,y,z) = \frac{z}{(x^2 + y^2 + z^2)^{3/2}},$$

易验证在非原点处成立

$$\frac{\partial P}{\partial x} + \frac{\partial Q}{\partial y} + \frac{\partial R}{\partial z} = 0.$$

在椭球面 Σ 所围的区域中取辅助小球面 $\Sigma_1: x^2 + y^2 + z^2 = r^2$，定向取内侧，并记 Σ 与 Σ_1 所围区域为 Ω（注意它不含原点）. 由 Gauss 公式得

$$\left(\iint_{\Sigma} + \iint_{\Sigma_1} \right) \frac{xdydz + ydzdx + zdxdy}{(x^2 + y^2 + z^2)^{3/2}} = \iiint_{\Omega} \left(\frac{\partial P}{\partial x} + \frac{\partial Q}{\partial y} + \frac{\partial R}{\partial z} \right) dxdydz = 0.$$

注意在 Σ_1 上成立 $x^2 + y^2 + z^2 = r^2$，且 Σ_1 的定向为内侧，再利用 Gauss 公式，得

$$\iint_{\Sigma_1} \frac{xdydz + ydzdx + zdxdy}{(x^2 + y^2 + z^2)^{3/2}} = \frac{1}{r^3} \iint_{\Sigma_1} xdydz + ydzdx + zdxdy$$

$$= -\frac{1}{r^3} \iiint_{x^2+y^2+z^2 \leq r^2} 3dxdydz = -\frac{1}{r^3} \cdot 3 \cdot \frac{4}{3}\pi r^3 = -4\pi.$$

于是

$$\iint_{\Sigma} \frac{xdydz + ydzdx + zdxdy}{(x^2 + y^2 + z^2)^{3/2}} = -\iint_{\Sigma_1} \frac{xdydz + ydzdx + zdxdy}{(x^2 + y^2 + z^2)^{3/2}} = 4\pi.$$

例 6.7.6 计算曲面积分 $\displaystyle\iint_{\Sigma} (x + y - z) dydz + (y + z - x) dzdx + (z + x -$

$y) \mathrm{d}x\mathrm{d}y$,其中 Σ 为曲面 $|x+y-z|+|y+z-x|+|z+x-y|=1$,定向为外侧.

解 由 Gauss 公式得

$$\iint_{\Sigma}(x+y-z)\mathrm{d}y\mathrm{d}z+(y+z-x)\mathrm{d}z\mathrm{d}x+(z+x-y)\mathrm{d}x\mathrm{d}y=\iiint_{\Omega}3\mathrm{d}x\mathrm{d}y\mathrm{d}z,$$

其中 Ω 为曲面 $|x+y-z|+|y+z-x|+|z+x-y|=1$ 所围区域:

$$\Omega=\{(x,y,z)\mid|x+y-z|+|y+z-x|+|z+x-y|\leqslant1\}.$$

作变换 $u=x+y-z, v=y+z-x, w=z+x-y$,则 Ω 对应于区域

$$\Omega'=\{(u,v,w)\mid|u|+|v|+|w|\leqslant1\},$$

它是正八面体,体积为 $\dfrac{4}{3}$. 易计算该变换的 Jacobi 行列式 $\dfrac{D(x,y,z)}{D(u,v,w)}=\dfrac{1}{4}$,则

$$\iiint_{\Omega}\mathrm{d}x\mathrm{d}y\mathrm{d}z=\iiint_{\Omega'}\frac{1}{4}\mathrm{d}u\mathrm{d}v\mathrm{d}w=\frac{1}{4}\cdot\frac{4}{3}=\frac{1}{3}.$$

因此

$$\iint_{\Sigma}(x+y-z)\mathrm{d}y\mathrm{d}z+(y+z-x)\mathrm{d}z\mathrm{d}x+(z+x-y)\mathrm{d}x\mathrm{d}y=1.$$

例 6.7.7 计算第二类曲面积分 $\displaystyle\iint_{\Sigma}xy^2\mathrm{d}y\mathrm{d}z+yz^2\mathrm{d}z\mathrm{d}x+zx^2\mathrm{d}x\mathrm{d}y$,其中 Σ 是椭球面 $\dfrac{x^2}{a^2}+\dfrac{y^2}{b^2}+\dfrac{z^2}{c^2}=1$ 的外侧.

解 由 Gauss 公式得

$$\iint_{\Sigma}xy^2\mathrm{d}y\mathrm{d}z+yz^2\mathrm{d}z\mathrm{d}x+zx^2\mathrm{d}x\mathrm{d}y=\iiint_{\frac{x^2}{a^2}+\frac{y^2}{b^2}+\frac{z^2}{c^2}\leqslant1}(x^2+y^2+z^2)\mathrm{d}x\mathrm{d}y\mathrm{d}z.$$

作变换 $x=au, y=bv, z=cw$,得

$$\iiint_{\frac{x^2}{a^2}+\frac{y^2}{b^2}+\frac{z^2}{c^2}\leqslant1}(x^2+y^2+z^2)\mathrm{d}x\mathrm{d}y\mathrm{d}z=abc\iiint_{u^2+v^2+w^2\leqslant1}(a^2u^2+b^2v^2+c^2w^2)\mathrm{d}u\mathrm{d}v\mathrm{d}w.$$

由对称性知

$$\iiint_{u^2+v^2+w^2\leqslant1}u^2\mathrm{d}u\mathrm{d}v\mathrm{d}w=\iiint_{u^2+v^2+w^2\leqslant1}v^2\mathrm{d}u\mathrm{d}v\mathrm{d}w=\iiint_{u^2+v^2+w^2\leqslant1}w^2\mathrm{d}u\mathrm{d}v\mathrm{d}w,$$

因此

$$\iiint_{u^2+v^2+w^2\leqslant1}(a^2u^2+b^2v^2+c^2w^2)\mathrm{d}u\mathrm{d}v\mathrm{d}w$$

$$=\frac{a^2+b^2+c^2}{3}\iiint_{u^2+v^2+w^2\leqslant1}(u^2+v^2+w^2)\mathrm{d}u\mathrm{d}v\mathrm{d}w$$

$$=\frac{a^2+b^2+c^2}{3}\int_0^{2\pi}\mathrm{d}\theta\int_0^{\pi}\mathrm{d}\varphi\int_0^1r^4\sin\varphi\mathrm{d}r=\frac{4}{15}(a^2+b^2+c^2)\pi,$$

其中在计算三重积分时利用了球坐标变换. 于是

$$\iint\limits_{\Sigma} xy^2 \mathrm{d}y\mathrm{d}z + yz^2 \mathrm{d}z\mathrm{d}x + zx^2 \mathrm{d}x\mathrm{d}y = \frac{4}{15}abc(a^2 + b^2 + c^2)\pi.$$

例 6.7.8 计算第二类曲面积分 $\iint\limits_{\Sigma} x^3 \mathrm{d}y\mathrm{d}z + y^3 \mathrm{d}z\mathrm{d}x + z^2 \mathrm{d}x\mathrm{d}y$, 其中 Σ 为抛物面 $z = x^2 + y^2$ 被平面 $z = 2x$ 所截的部分的下侧.

解 添加平面 $z = 2x$ 上被抛物面 $z = x^2 + y^2$ 所截下的平面片 Σ_1, 并取定向为上侧. 记 Σ 与 Σ_1 所围区域为 Ω, 则由 Gauss 公式得

$$\iint\limits_{\Sigma} x^3 \mathrm{d}y\mathrm{d}z + y^3 \mathrm{d}z\mathrm{d}x + z^2 \mathrm{d}x\mathrm{d}y$$

$$= \iiint\limits_{\Omega} (3x^2 + 3y^2 + 2z) \mathrm{d}x\mathrm{d}y\mathrm{d}z - \iint\limits_{\Sigma_1} x^3 \mathrm{d}y\mathrm{d}z + y^3 \mathrm{d}z\mathrm{d}x + z^2 \mathrm{d}x\mathrm{d}y.$$

易知

$$\Omega = \{ (x,y,z) \mid x^2 + y^2 \leqslant z \leqslant 2x, x^2 + y^2 \leqslant 2x \},$$

因此

$$\iiint\limits_{\Omega} (3x^2 + 3y^2 + 2z) \mathrm{d}x\mathrm{d}y\mathrm{d}z = \iint\limits_{x^2+y^2 \leqslant 2x} \mathrm{d}x\mathrm{d}y \int_{x^2+y^2}^{2x} (3x^2 + 3y^2 + 2z) \mathrm{d}z$$

$$= \iint\limits_{x^2+y^2 \leqslant 2x} \left[6x(x^2 + y^2) + 4x^2 - 4(x^2 + y^2)^2 \right] \mathrm{d}x\mathrm{d}y$$

$$= \int_{-\frac{\pi}{2}}^{\frac{\pi}{2}} \mathrm{d}\theta \int_0^{2\cos\theta} (6r^3\cos\theta + 4r^2\cos^2\theta - 4r^4) r\mathrm{d}r$$

$$= \frac{176}{15} \int_{-\frac{\pi}{2}}^{\frac{\pi}{2}} \cos^6\theta \mathrm{d}\theta = \frac{11}{3}\pi,$$

其中计算二重积分时利用了极坐标变换.

由于 Σ_1 的方程为 $z = 2x(x^2 + y^2 \leqslant 2x)$, 定向为上侧, 此时 $z_x' = 2, z_y' = 0$, 因此

$$\iint\limits_{\Sigma_1} x^3 \mathrm{d}y\mathrm{d}z + y^3 \mathrm{d}z\mathrm{d}x + z^2 \mathrm{d}x\mathrm{d}y = \iint\limits_{x^2+y^2 \leqslant 2x} (-2x^3 + 4x^2) \mathrm{d}x\mathrm{d}y$$

$$= \int_{-\frac{\pi}{2}}^{\frac{\pi}{2}} \mathrm{d}\theta \int_0^{2\cos\theta} (-2r^3\cos^3\theta + 4r^2\cos^2\theta) r\mathrm{d}r$$

$$= \int_{-\frac{\pi}{2}}^{\frac{\pi}{2}} \left(-\frac{64}{5}\cos^8\theta + 16\cos^6\theta \right) \mathrm{d}\theta = \frac{3}{2}\pi.$$

于是

$$\iint\limits_{\Sigma} x^3 \mathrm{d}y\mathrm{d}z + y^3 \mathrm{d}z\mathrm{d}x + z^2 \mathrm{d}x\mathrm{d}y = \frac{11}{3}\pi - \frac{3}{2}\pi = \frac{13}{6}\pi.$$

例6.7.9 设 Ω 为空间区域,其内任何封闭曲面所围的立体都在 Ω 中. 又设三元函数 P,Q,R 在 Ω 上具有连续偏导数. 证明对于 Ω 内任何不自交的光滑封闭曲面 Σ 成立

$$\iint_{\Sigma} P\mathrm{d}y\mathrm{d}z + Q\mathrm{d}z\mathrm{d}x + R\mathrm{d}x\mathrm{d}y = 0$$

的充要条件是:在 Ω 内处处成立

$$\frac{\partial P}{\partial x} + \frac{\partial Q}{\partial y} + \frac{\partial R}{\partial z} = 0.$$

证 充分性. 对于 Ω 内任何不自交的光滑封闭曲面 Σ,记其所围区域为 V,则由 Gauss 公式直接得到

$$\iint_{\Sigma} P\mathrm{d}y\mathrm{d}z + Q\mathrm{d}z\mathrm{d}x + R\mathrm{d}x\mathrm{d}y = \iiint_{V}\left(\frac{\partial P}{\partial x} + \frac{\partial Q}{\partial y} + \frac{\partial R}{\partial z}\right)\mathrm{d}x\mathrm{d}y\mathrm{d}z = \iiint_{V} 0\mathrm{d}x\mathrm{d}y\mathrm{d}z = 0.$$

必要性. 设 M_0 为 Ω 内任一点. 取以 M_0 为中心,半径为 r 的小球体 V_r,并使其在 Ω 内,则由假设及 Gauss 公式,得

$$0 = \iint_{\partial V_r} P\mathrm{d}y\mathrm{d}z + Q\mathrm{d}z\mathrm{d}x + R\mathrm{d}x\mathrm{d}y = \iiint_{V_r}\left(\frac{\partial P}{\partial x} + \frac{\partial Q}{\partial y} + \frac{\partial R}{\partial z}\right)\mathrm{d}x\mathrm{d}y\mathrm{d}z.$$

由重积分的中值定理得

$$\iiint_{V_r}\left(\frac{\partial P}{\partial x} + \frac{\partial Q}{\partial y} + \frac{\partial R}{\partial z}\right)\mathrm{d}x\mathrm{d}y\mathrm{d}z = \left.\frac{\partial P}{\partial x} + \frac{\partial Q}{\partial y} + \frac{\partial R}{\partial z}\right|_{M} \cdot m(V_r),$$

其中 M 为小球体 V_r 中某一点,$m(V_r) = \dfrac{4}{3}\pi r^3$ 为 V_r 的体积. 以上两式结合得

$$\left.\frac{\partial P}{\partial x} + \frac{\partial Q}{\partial y} + \frac{\partial R}{\partial z}\right|_{M} = 0.$$

当 $r \to 0$ 时,因为 M 在小球体 V_r 中,所以 $M \to M_0$. 由于函数 P,Q,R 的偏导数在 Ω 上的连续,因此便有

$$\left.\frac{\partial P}{\partial x} + \frac{\partial Q}{\partial y} + \frac{\partial R}{\partial z}\right|_{M_0} = \lim_{r \to 0}\left.\frac{\partial P}{\partial x} + \frac{\partial Q}{\partial y} + \frac{\partial R}{\partial z}\right|_{M} = 0.$$

又因为 M_0 为 Ω 内任一点,所以在 Ω 内处处成立 $\dfrac{\partial P}{\partial x} + \dfrac{\partial Q}{\partial y} + \dfrac{\partial R}{\partial z} = 0$.

例6.7.10 设 Ω 是空间 $\mathbf{R}^3$ 中的有界闭区域,其边界为分片光滑闭曲面,函数 $u = u(x,y,z)$ 在某个包含 Ω 的区域上具有连续的二阶偏导数. 证明

$$\iint_{\partial\Omega}\frac{\partial u}{\partial \boldsymbol{n}}\mathrm{d}S = \iiint_{\Omega}\left(\frac{\partial^2 u}{\partial x^2} + \frac{\partial^2 u}{\partial y^2} + \frac{\partial^2 u}{\partial z^2}\right)\mathrm{d}x\mathrm{d}y\mathrm{d}z,$$

其中 $\boldsymbol{n}$ 为 $\partial\Omega$ 上的单位外法向量.

证 由于

$$\iint\limits_{\partial\Omega}\frac{\partial u}{\partial \boldsymbol{n}}\mathrm{d}S = \iint\limits_{\partial\Omega}\left(\frac{\partial u}{\partial x}\cos(\boldsymbol{n},x) + \frac{\partial u}{\partial y}\cos(\boldsymbol{n},y) + \frac{\partial u}{\partial z}\cos(\boldsymbol{n},z)\right)\mathrm{d}S$$

$$= \iint\limits_{\partial\Omega}\frac{\partial u}{\partial x}\mathrm{d}y\mathrm{d}z + \frac{\partial u}{\partial y}\mathrm{d}z\mathrm{d}x + \frac{\partial u}{\partial z}\mathrm{d}x\mathrm{d}y,$$

因此由 Gauss 公式得

$$\iint\limits_{\partial\Omega}\frac{\partial u}{\partial x}\mathrm{d}y\mathrm{d}z + \frac{\partial u}{\partial y}\mathrm{d}z\mathrm{d}x + \frac{\partial u}{\partial z}\mathrm{d}x\mathrm{d}y = \iiint\limits_{\Omega}\left[\frac{\partial}{\partial x}\left(\frac{\partial u}{\partial x}\right) + \frac{\partial}{\partial y}\left(\frac{\partial u}{\partial y}\right) + \frac{\partial}{\partial z}\left(\frac{\partial u}{\partial z}\right)\right]\mathrm{d}x\mathrm{d}y\mathrm{d}z$$

$$= \iiint\limits_{\Omega}\left(\frac{\partial^2 u}{\partial x^2} + \frac{\partial^2 u}{\partial y^2} + \frac{\partial^2 u}{\partial z^2}\right)\mathrm{d}x\mathrm{d}y\mathrm{d}z.$$

因此

$$\iint\limits_{\partial\Omega}\frac{\partial u}{\partial \boldsymbol{n}}\mathrm{d}S = \iiint\limits_{\Omega}\left(\frac{\partial^2 u}{\partial x^2} + \frac{\partial^2 u}{\partial y^2} + \frac{\partial^2 u}{\partial z^2}\right)\mathrm{d}x\mathrm{d}y\mathrm{d}z.$$

例 6.7.11   求锥面 $z = \sqrt{x^2 + y^2}$ 与平面 $z - \dfrac{1}{\sqrt{2}}x = 1$ 所围的立体 Ω 的体积.

解   记 Ω 的边界 $\partial\Omega$ 在锥面 $z = \sqrt{x^2 + y^2}$ 上的部分为 Σ_1,在平面 $z - \dfrac{1}{\sqrt{2}}x = 1$ 上的部分为 Σ_2,则立体 Ω 的体积为

$$V = \frac{1}{3}\iint\limits_{\partial\Omega}\boldsymbol{r}\cdot\boldsymbol{n}\mathrm{d}S = \frac{1}{3}\left(\iint\limits_{\Sigma_1}\boldsymbol{r}\cdot\boldsymbol{n}\mathrm{d}S + \iint\limits_{\Sigma_2}\boldsymbol{r}\cdot\boldsymbol{n}\mathrm{d}S\right),$$

其中 $\partial\Omega$ 取外侧,因此 Σ_1 取下侧,Σ_2 取上侧.

易知在锥面 $z = \sqrt{x^2 + y^2}$ 上成立 $\boldsymbol{r}\cdot\boldsymbol{n} = 0$,因此 $\iint\limits_{\Sigma_1}\boldsymbol{r}\cdot\boldsymbol{n}\mathrm{d}S = 0$.

在平面 $z - \dfrac{1}{\sqrt{2}}x = 1$ 上,其上侧的单位法向量为 $\boldsymbol{n} = \sqrt{\dfrac{2}{3}}\left(-\dfrac{1}{\sqrt{2}},0,1\right)$,因此

$$\iint\limits_{\Sigma_2}\boldsymbol{r}\cdot\boldsymbol{n}\mathrm{d}S = \iint\limits_{\Sigma_2}\sqrt{\frac{2}{3}}\left(-\frac{1}{\sqrt{2}}x + z\right)\mathrm{d}S = \sqrt{\frac{2}{3}}\iint\limits_{\Sigma_2}\mathrm{d}S.$$

注意 Σ_2 在 Oxy 平面的投影为椭圆 $\dfrac{(x - \sqrt{2})^2}{4} + \dfrac{y^2}{2} \leqslant 1$,其面积为 $2\pi\sqrt{2}$,而 $\cos(\boldsymbol{n},z) = \sqrt{\dfrac{2}{3}}$,所以 Σ_2 的面积为

$$\iint\limits_{\Sigma_2}\mathrm{d}S = \frac{2\pi\sqrt{2}}{\cos(\boldsymbol{n},z)} = 2\sqrt{3}\pi.$$

于是立体 Ω 的体积为

$$V = \frac{1}{3}\left(\iint\limits_{\Sigma_1}\boldsymbol{r}\cdot\boldsymbol{n}\mathrm{d}S + \iint\limits_{\Sigma_2}\boldsymbol{r}\cdot\boldsymbol{n}\mathrm{d}S\right) = \frac{1}{3}\left(0 + \sqrt{\frac{2}{3}}\iint\limits_{\Sigma_2}\mathrm{d}S\right) = \frac{2\sqrt{2}}{3}\pi.$$

例 6.7.12 计算第二类曲线积分 $\int_L y(z+1)\mathrm{d}x + z(x+1)\mathrm{d}y + x(y+1)\mathrm{d}z$,其中 L 为球面 $x^2 + y^2 + z^2 = a^2$ 与平面 $x + y + z = 0$ 的交线,从 z 轴的正向看为逆时针方向.

解 记 Σ 为平面 $x + y + z = 0$ 被球面 $x^2 + y^2 + z^2 = a^2$ 截得的圆盘,定向为上侧. 由 Stokes 公式得

$$\int_L y(z+1)\mathrm{d}x + z(x+1)\mathrm{d}y + x(y+1)\mathrm{d}z = \iint_\Sigma \begin{vmatrix} \cos(\boldsymbol{n},x) & \cos(\boldsymbol{n},y) & \cos(\boldsymbol{n},z) \\ \dfrac{\partial}{\partial x} & \dfrac{\partial}{\partial y} & \dfrac{\partial}{\partial z} \\ y(z+1) & z(x+1) & x(y+1) \end{vmatrix} \mathrm{d}S$$

$$= -\iint_\Sigma [\cos(\boldsymbol{n},x) + \cos(\boldsymbol{n},y) + \cos(\boldsymbol{n},z)]\mathrm{d}S.$$

由于 Σ 的定向取上侧,这时其单位法向量为 $\boldsymbol{n} = \dfrac{1}{\sqrt{3}}(1,1,1)$,即

$$\cos(\boldsymbol{n},x) = \frac{1}{\sqrt{3}}, \quad \cos(\boldsymbol{n},y) = \frac{1}{\sqrt{3}}, \quad \cos(\boldsymbol{n},z) = \frac{1}{\sqrt{3}}.$$

显然 Σ 为一个半径为 a 的圆盘,其面积为 πa^2,因此

$$\iint_\Sigma [\cos(\boldsymbol{n},x) + \cos(\boldsymbol{n},y) + \cos(\boldsymbol{n},z)]\mathrm{d}S = \sqrt{3}\iint_\Sigma \mathrm{d}S = \sqrt{3}\pi a^2.$$

于是

$$\int_L y(z+1)\mathrm{d}x + z(x+1)\mathrm{d}y + x(y+1)\mathrm{d}z = -\sqrt{3}\pi a^2.$$

例 6.7.13 计算第二类曲线积分 $\int_L y^2\mathrm{d}x + z^2\mathrm{d}y + x^2\mathrm{d}z$,其中,$L$ 是上半球面 $x^2 + y^2 + z^2 = a^2(z \geq 0)$ 与圆柱面 $x^2 + y^2 = ax$ 的交线$(a > 0)$,从 z 轴的正向看为顺时针方向.

解 记 Σ 为上半球面 $x^2 + y^2 + z^2 = a^2(z \geq 0)$ 被圆柱面 $x^2 + y^2 = ax$ 截得的上部,定向为下侧. 由 Stokes 公式得

$$\int_L y^2\mathrm{d}x + z^2\mathrm{d}y + x^2\mathrm{d}z = \iint_\Sigma \begin{vmatrix} \cos(\boldsymbol{n},x) & \cos(\boldsymbol{n},y) & \cos(\boldsymbol{n},z) \\ \dfrac{\partial}{\partial x} & \dfrac{\partial}{\partial y} & \dfrac{\partial}{\partial z} \\ y^2 & z^2 & x^2 \end{vmatrix} \mathrm{d}S$$

$$= -2\iint_\Sigma [z\cos(\boldsymbol{n},x) + x\cos(\boldsymbol{n},y) + y\cos(\boldsymbol{n},z)]\mathrm{d}S.$$

由于 Σ 的定向取下侧,这时其单位法向量为 $\boldsymbol{n} = -\dfrac{1}{a}(x,y,z)$,即

$$\cos(\boldsymbol{n},x) = -\frac{x}{a}, \quad \cos(\boldsymbol{n},x) = -\frac{y}{a}, \quad \cos(\boldsymbol{n},z) = -\frac{z}{a},$$

因此

$$\iint\limits_{\Sigma} [z\cos(\boldsymbol{n},x) + x\cos(\boldsymbol{n},y) + y\cos(\boldsymbol{n},z)]\mathrm{d}S = -\frac{1}{a}\iint\limits_{\Sigma}(zx + xy + yz)\mathrm{d}S.$$

由曲面 Σ 关于 Ozx 平面的对称性知

$$\iint\limits_{\Sigma} xy\mathrm{d}S = 0, \quad \iint\limits_{\Sigma} yz\mathrm{d}S = 0.$$

因为 Σ 的方程可表为

$$z = \sqrt{a^2 - x^2 - y^2}, \quad x^2 + y^2 \leqslant ax,$$

此时 $\sqrt{1 + z_x'^2 + z_y'^2} = \dfrac{a}{\sqrt{a^2 - x^2 - y^2}} = \dfrac{a}{z}$,所以

$$\iint\limits_{\Sigma} zx\mathrm{d}S = a\iint\limits_{x^2+y^2\leqslant ax} x\mathrm{d}x\mathrm{d}y = a\int_{-\frac{\pi}{2}}^{\frac{\pi}{2}}\mathrm{d}\theta\int_0^{a\cos\theta} r^2\cos\theta\mathrm{d}r$$

$$= \frac{a^4}{3}\int_{-\frac{\pi}{2}}^{\frac{\pi}{2}}\cos^4\theta\mathrm{d}\theta = \frac{1}{8}\pi a^4.$$

于是

$$\int_L y^2\mathrm{d}x + z^2\mathrm{d}y + x^2\mathrm{d}z = \frac{1}{4}\pi a^3.$$

例 6.7.14 计算曲线积分 $\int_L y\mathrm{d}x + z\mathrm{d}y + x\mathrm{d}z$,其中 L 是圆周 $\begin{cases} x^2 + y^2 + z^2 = a^2, \\ x + z = a, \end{cases}$ 从原点看去为顺时针方向.

解 记 Σ 为(在平面 $x + z = a$ 中)圆周 L 所围的圆盘,定向为:法向量与 z 轴的正向的夹角为锐角. 由 Stokes 公式得

$$\int_L y\mathrm{d}x + z\mathrm{d}y + x\mathrm{d}z = \iint\limits_{\Sigma} \begin{vmatrix} \cos(\boldsymbol{n},x) & \cos(\boldsymbol{n},y) & \cos(\boldsymbol{n},z) \\ \dfrac{\partial}{\partial x} & \dfrac{\partial}{\partial y} & \dfrac{\partial}{\partial z} \\ y & z & x \end{vmatrix} \mathrm{d}S$$

$$= -\iint\limits_{\Sigma} [\cos(\boldsymbol{n},x) + \cos(\boldsymbol{n},y) + \cos(\boldsymbol{n},z)]\mathrm{d}S.$$

由于 Σ 的单位法向量为 $\boldsymbol{n} = \dfrac{1}{\sqrt{2}}(1,0,1)$,即

$$\cos(\boldsymbol{n},x) = \frac{1}{\sqrt{2}}, \quad \cos(\boldsymbol{n},y) = 0, \quad \cos(\boldsymbol{n},z) = \frac{1}{\sqrt{2}},$$

因此

$$\iint\limits_{\Sigma} \left[\cos(\boldsymbol{n},x) + \cos(\boldsymbol{n},y) + \cos(\boldsymbol{n},z) \right] \mathrm{d}S = \sqrt{2} \iint\limits_{\Sigma} \mathrm{d}S.$$

因为原点到平面 $x + z = a$ 的距离为 $d = \dfrac{1}{\sqrt{2}} a$, 所以圆盘 Σ 的半径为 $\sqrt{a^2 - d^2}$ $= \dfrac{1}{\sqrt{2}} a$, 面积为 $\dfrac{1}{2}\pi a^2$, 即 $\iint\limits_{\Sigma} \mathrm{d}S = \dfrac{1}{2}\pi a^2$. 于是

$$\int\limits_{L} y\mathrm{d}x + z\mathrm{d}y + x\mathrm{d}z = -\frac{\pi a^2}{\sqrt{2}}.$$

例 6.7.15　计算第二类曲线积分 $\displaystyle\int\limits_{L} y\mathrm{d}x + z\mathrm{d}y + x\mathrm{d}z$, 其中 L 是圆周 $\begin{cases} x^2 + y^2 + z^2 = 2a(x + y), \\ x + y = 2a, \end{cases}$ 从 x 轴的正向看为逆时针方向.

解　此题可以用上题的方法来计算, 下面我们采用另一种方法. 记 Σ 为(在平面 $x + y = 2a$ 中)圆周 L 所围的圆盘, 定向为: 法向量与 x 轴的正向的夹角为锐角. 由 Stokes 公式得

$$\int\limits_{L} y\mathrm{d}x + z\mathrm{d}y + x\mathrm{d}z = \iint\limits_{\Sigma} \begin{vmatrix} \mathrm{d}y\mathrm{d}z & \mathrm{d}z\mathrm{d}x & \mathrm{d}x\mathrm{d}y \\ \dfrac{\partial}{\partial x} & \dfrac{\partial}{\partial y} & \dfrac{\partial}{\partial z} \\ y & z & x \end{vmatrix} = -\iint\limits_{\Sigma} \mathrm{d}y\mathrm{d}z + \mathrm{d}z\mathrm{d}x + \mathrm{d}x\mathrm{d}y.$$

因为圆盘 Σ 的法向量与 z 轴垂直, 所以 $\iint\limits_{\Sigma} \mathrm{d}x\mathrm{d}y = 0$.

Σ 的方程可表示为

$$x = 2a - y, \quad (y,z) \in D_{yz},$$

$D_{yz} = \left\{ (y,z) \,\middle|\, (y - a)^2 + \dfrac{z^2}{2} \leqslant a^2 \right\}$ 为 Σ 在 Oyz 平面的投影, 且因 Σ 的定向为前侧, 所以

$$\iint\limits_{\Sigma} \mathrm{d}y\mathrm{d}z = \iint\limits_{(y-a)^2 + \frac{z^2}{2} \leqslant a^2} \mathrm{d}y\mathrm{d}z = \sqrt{2}\,\pi a^2.$$

同理

$$\iint\limits_{\Sigma} \mathrm{d}z\mathrm{d}x = \iint\limits_{(x-a)^2 + \frac{z^2}{2} \leqslant a^2} \mathrm{d}y\mathrm{d}z = \sqrt{2}\pi a^2.$$

于是

$$\int\limits_{L} y\mathrm{d}x + z\mathrm{d}y + x\mathrm{d}z = -2\sqrt{2}\pi a^2.$$

例 6.7.16 计算第二类曲线积分 $\int_L (x + 2y + 3)\,\mathrm{d}x + (4x - 3y)\,\mathrm{d}y + (3x + 2z)\,\mathrm{d}z$，其中 L 是椭圆周 $\begin{cases} (2x + 3y - 6)^2 + (3x - 2y + 1)^2 = a^2, \\ z = 10, \end{cases}$ 从 z 轴的正向看为逆时针方向 $(a > 0)$.

解 记 Σ 为（在平面 $z = 10$ 中）L 所围的椭圆盘，定向为上侧. 由 Stokes 公式得

$$\int_L (x + 2y + 4)\,\mathrm{d}x + (4x - 2y)\,\mathrm{d}y + (3x + 2z)\,\mathrm{d}z$$

$$= \iint_\Sigma \begin{vmatrix} \mathrm{d}y\mathrm{d}z & \mathrm{d}z\mathrm{d}x & \mathrm{d}x\mathrm{d}y \\ \dfrac{\partial}{\partial x} & \dfrac{\partial}{\partial y} & \dfrac{\partial}{\partial z} \\ x + 2y + 3 & 4x - 3y & 3x + 2z \end{vmatrix} = \iint_\Sigma (-3)\,\mathrm{d}z\mathrm{d}x + 2\mathrm{d}x\mathrm{d}y.$$

显然 $\displaystyle\iint_\Sigma (-3)\,\mathrm{d}z\mathrm{d}x = 0$，且

$$\iint_\Sigma \mathrm{d}x\mathrm{d}y = \iint_{(2x+3y-6)^2+(3x-2y+1)^2 \leq a^2} \mathrm{d}x\mathrm{d}y.$$

作变量代换 $u = 2x + 3y - 6, v = 3x - 2y + 1$，便得

$$\iint_{(3x+2y-5)^2+(x-y+1)^2 \leq a^2} \mathrm{d}x\mathrm{d}y = \iint_{u^2+v^2 \leq a^2} \frac{1}{13}\mathrm{d}u\mathrm{d}v = \frac{1}{13}\pi a^2.$$

于是

$$\int_L (x + 2y + 3)\,\mathrm{d}x + (4x - 3y)\,\mathrm{d}y + (3x + 2z)\,\mathrm{d}z = \frac{2}{13}\pi a^2.$$

例 6.7.17 计算第二类曲线积分 $\displaystyle\int_L \frac{(-y)\,\mathrm{d}x + x\mathrm{d}y + z(x^2 + y^2)\,\mathrm{d}z}{x^2 + y^2}$，其中 L 是曲线 $\begin{cases} \dfrac{x^2}{a^2} + \dfrac{y^2}{b^2} = 1, \\ x + y + z = 1, \end{cases}$ 从 z 轴的正向看为逆时针方向 $(a, b > 0)$.

解 记 $P(x, y) = \dfrac{-y}{x^2 + y^2}, Q(x, y) = \dfrac{x}{x^2 + y^2}, R(x, y) = z$，则当 $x^2 + y^2 \neq 0$ 时成立

$$\frac{\partial Q}{\partial x} = \frac{\partial P}{\partial y}, \quad \frac{\partial R}{\partial y} = \frac{\partial Q}{\partial z}, \quad \frac{\partial P}{\partial z} = \frac{\partial R}{\partial x}.$$

注意 L 环绕 z 轴，不能直接取仅以 L 为边界的曲面来应用 Stokes 公式. 现取

$$L_1: \begin{cases} x^2 + y^2 = 1, \\ z = 0, \end{cases}$$

其定向取为与 L 相同，并任取一张不与 z 轴相交的光滑曲面 Σ，使它的边界为 $L \cup L_1$. 于是应用 Stokes 公式得

$$\int_L \frac{(-y)\mathrm{d}x + x\mathrm{d}y + z(x^2+y^2)\mathrm{d}z}{x^2+y^2} - \int_{L_1} \frac{(-y)\mathrm{d}x + x\mathrm{d}y + z(x^2+y^2)\mathrm{d}z}{x^2+y^2}$$

$$= \iint_\Sigma \left(\frac{\partial R}{\partial y} - \frac{\partial Q}{\partial z}\right)\mathrm{d}y\mathrm{d}z + \left(\frac{\partial P}{\partial z} - \frac{\partial R}{\partial x}\right)\mathrm{d}z\mathrm{d}x + \left(\frac{\partial Q}{\partial x} - \frac{\partial P}{\partial y}\right)\mathrm{d}x\mathrm{d}y = 0.$$

L_1 的参数方程可取为 $x = \cos t, y = \sin t, z = 0 (t:0 \to 2\pi)$，因此

$$\int_{L_1} \frac{(-y)\mathrm{d}x + x\mathrm{d}y + z(x^2+y^2)\mathrm{d}z}{x^2+y^2} = \int_0^{2\pi} 1\mathrm{d}t = 2\pi.$$

于是

$$\int_L \frac{(-y)\mathrm{d}x + x\mathrm{d}y + z(x^2+y^2)\mathrm{d}z}{x^2+y^2} = \int_{L_1} \frac{(-y)\mathrm{d}x + x\mathrm{d}y + z(x^2+y^2)\mathrm{d}z}{x^2+y^2} = 2\pi.$$

例 6.7.18 设 Γ 为曲线

$$\begin{cases} x^2 + y^2 + z^2 = 1, \\ x + z = 1 \end{cases} (x \geqslant 0, y \geqslant 0, z \geqslant 0)$$

上从 $A(1,0,0)$ 到 $B(0,0,1)$ 的一段，求曲线积分

$$I = \int_\Gamma y\mathrm{d}x + z\mathrm{d}y + x\mathrm{d}z.$$

解 记 Γ_1 为从 B 到 A 的直线段，则 Γ_1 的方程可表为

$$\begin{cases} x = t, \\ y = 0, \qquad 0 \leqslant t \leqslant 1, \\ z = 1 - t, \end{cases}$$

于是

$$\int_{\Gamma_1} y\mathrm{d}x + z\mathrm{d}y + x\mathrm{d}z = -\int_0^1 t\mathrm{d}t = -\frac{1}{2}.$$

记 Σ 为 Γ 和 Γ_1 围成的平面区域（显然它在平面 $x+z=1$ 上），法向取与 Γ 和 Γ_1 的环绕方向成右手定则，则此时 Σ 的单位法向量为

$$(\cos\alpha, \cos\beta, \cos\gamma) = \frac{1}{\sqrt{2}}(1,0,1).$$

由 Stokes 公式得

$$\left(\int_\Gamma + \int_{\Gamma_1}\right) y\mathrm{d}x + z\mathrm{d}y + x\mathrm{d}z = \iint_\Sigma \begin{vmatrix} \cos\alpha & \cos\beta & \cos\gamma \\ \dfrac{\partial}{\partial x} & \dfrac{\partial}{\partial y} & \dfrac{\partial}{\partial z} \\ y & z & x \end{vmatrix} \mathrm{d}S$$

$$= -\iint_{\Sigma}(\cos\alpha + \cos\beta + \cos\gamma)\mathrm{d}S = -\sqrt{2}\iint_{\Sigma}\mathrm{d}S.$$

显然 Σ 的方程为 $x + z = 1$, 在 Oxy 平面的投影区域为

$$\frac{\left(x - \dfrac{1}{2}\right)^2}{\dfrac{1}{4}} + \frac{y^2}{\dfrac{1}{2}} \le 1, \quad y \ge 0,$$

因此 Σ 的面积为

$$\iint_{\Sigma}\mathrm{d}S = \iint_{\frac{(x-1/2)^2}{1/4}+\frac{y^2}{1/2}\le 1, y \ge 0}\sqrt{2}\,\mathrm{d}x\mathrm{d}y = \frac{\pi}{4}.$$

于是

$$I = \int_{\Gamma} y\mathrm{d}x + z\mathrm{d}y + x\mathrm{d}z$$

$$= -\int_{\Gamma_1} y\mathrm{d}x + z\mathrm{d}y + x\mathrm{d}z - \sqrt{2}\iint_{\Sigma}\mathrm{d}S$$

$$= \frac{1}{2} - \frac{\sqrt{2}}{4}\pi.$$

习　　题

1. 利用 Gauss 公式计算下列曲面积分:

(1) $\displaystyle\iint_{\Sigma} xz\mathrm{d}y\mathrm{d}z + x^2 y\mathrm{d}z\mathrm{d}x + y^2 z\mathrm{d}x\mathrm{d}y$, 其中 Σ 是两曲面 $z = x^2 + y^2, x^2 + y^2 = 1$ 和 3 个坐标平面在第一卦限所围立体的外侧;

(2) $\displaystyle\iint_{\Sigma} x^2\mathrm{d}y\mathrm{d}z + y^2\mathrm{d}z\mathrm{d}x + z^2\mathrm{d}x\mathrm{d}y$, 其中 Σ 是球面 $(x - a)^2 + (y - b)^2 + (z - c)^2 = R^2$ 的外侧 $(R > 0)$;

(3) $\displaystyle\iint_{\Sigma} xz\mathrm{d}y\mathrm{d}z + 2yz\mathrm{d}z\mathrm{d}x + 3xy\mathrm{d}x\mathrm{d}y$, 其中 Σ 是曲面 $z = 1 - x^2 - \dfrac{y^2}{4}(0 \le z \le 1)$ 的上侧;

(4) $\displaystyle\iint_{\Sigma} \frac{ax\mathrm{d}y\mathrm{d}z + (a + z^2)\mathrm{d}x\mathrm{d}y}{(x^2 + y^2 + z^2)^{1/2}}$, 其中 Σ 是下半球面 $z = -\sqrt{a^2 - x^2 - y^2}$ 的上侧 $(a > 0)$;

(5) $\displaystyle\iint_{\Sigma} \frac{x\mathrm{d}y\mathrm{d}z + y\mathrm{d}z\mathrm{d}x + z\mathrm{d}x\mathrm{d}y}{\left(\dfrac{x^2 + y^2}{a^2} + \dfrac{z^2}{b^2}\right)^{3/2}}$, 其中 Σ 是上半球面 $z = \sqrt{h^2 - x^2 - y^2}$ 的上侧 $(a > b > 0, h > a)$;

(6) $\displaystyle\iint_{\Sigma} x^2\mathrm{d}y\mathrm{d}z + y^2\mathrm{d}z\mathrm{d}x + z^2\mathrm{d}x\mathrm{d}y$, 其中 Σ 是曲面 $(x - 1)^2 + (y - 1)^2 + \dfrac{z^2}{4} = 1(y \ge 1)$ 的右侧.

2. 利用 Stokes 公式计算下列曲线积分:

(1) $\displaystyle\int_{L} (x + 2y)\mathrm{d}x + (4x - 2y)\mathrm{d}y + (3x + z)\mathrm{d}z$, 其中 L 是椭圆 $\begin{cases} (3x + 2y - 5)^2 + (x - y + 1)^2 = 1, \\ z = 4, \end{cases}$ 从

z 轴的正向看为逆时针方向；

(2) $\int_{L}(z-y)\mathrm{d}x + (x-z)\mathrm{d}y + (x-y)\mathrm{d}z$，其中 L 是曲线 $\begin{cases} x^2 + y^2 = 1, \\ x - y + z = 2, \end{cases}$ 从 z 轴的负向看为顺时针方向；

(3) $\int_{L}(y^2 + z^2)\mathrm{d}x + (z^2 + x^2)\mathrm{d}y + (x^2 + y^2)\mathrm{d}z$，其中 L 是球面 $x^2 + y^2 + z^2 = 4x$ 与圆柱面 $x^2 + y^2 = 2x$ 的交线在 $z \geq 0$ 的部分，从顶视为逆时针方向；

(4) $\int_{L}(x+y)\mathrm{d}x + (3x+y)\mathrm{d}y + z\mathrm{d}z$，其中 L 是曲线 $x = a\sin^2 t, y = 2a\sin t\cos t, z = a\cos^2 t$ $(a > 0)$，其方向按参数 t 从 0 到 π 的方向；

(5) $\int_{L}(y^2 - z^2)\mathrm{d}x + (2z^2 - x^2)\mathrm{d}y + (3x^2 - y^2)\mathrm{d}z$，其中的 L 是平面 $x + y + z = 2$ 与柱面 $|x| + |y| = 1$ 的交线，从 z 轴的正向看为逆时针方向.

3. 设 f 是具有连续导数的一元函数，计算 $\iint_{\Sigma}\dfrac{1}{y}f\left(\dfrac{x}{y}\right)\mathrm{d}y\mathrm{d}z + \dfrac{1}{x}f\left(\dfrac{x}{y}\right)\mathrm{d}z\mathrm{d}x + z\mathrm{d}x\mathrm{d}y$，其中 Σ 是曲面 $y = x^2 + z^2$ 和 $y = 8 - x^2 - z^2$ 所围立体的外侧.

4. 计算第二类曲面积分 $I = \iint_{\Sigma}\dfrac{x\mathrm{d}y\mathrm{d}z + y\mathrm{d}z\mathrm{d}x + z\mathrm{d}x\mathrm{d}y}{(ax^2 + by^2 + cz^2)^{\frac{3}{2}}}$，其中 Σ 为球面 $x^2 + y^2 + z^2 = 1$ 的外侧 (a,b,c 均为正常数).

5. 设法利用 Gauss 公式，计算第一类曲面积分 $\oiint_{\Sigma}\dfrac{b^2c^2x^2 + c^2a^2y^2 + a^2b^2z^2}{\sqrt{b^4c^4x^2 + c^4a^4y^2 + a^4b^4z^2}}\mathrm{d}S$，其中 Σ 为椭球面 $\dfrac{x^2}{a^2} + \dfrac{y^2}{b^2} + \dfrac{z^2}{c^2} = 1$.

6. 已知流体的速度场为 $\boldsymbol{v} = (2x - z)\boldsymbol{i} + x^2y\boldsymbol{j} - xz^2\boldsymbol{k}$，求流体通过正方体 $\Omega = \{(x,y,z) \mid 0 \leq x \leq a, 0 \leq y \leq a, 0 \leq z \leq a\}$ 全表面的外侧的流量.

7. 设 Ω 是空间 $\mathbf{R}^3$ 中的有界闭区域，其边界为分片光滑曲面，函数 $u = u(x,y,z)$ 在某个包含 Ω 的区域上具有连续偏导数，且满足 $\dfrac{\partial u}{\partial x} \geq 0, \dfrac{\partial u}{\partial y} \geq 0, \dfrac{\partial u}{\partial z} \geq 0$. 证明：若在 Ω 的边界 $\partial\Omega$ 上恒有 $u = 0$，则在 Ω 上也成立 $u = 0$.

§6.8 场 论

知 识 要 点

一、梯度

定义 6.8.1 设数量场(函数)$f(x,y,z)$ 可偏导，称向量

$$\mathbf{grad}f = \frac{\partial f}{\partial x}\boldsymbol{i} + \frac{\partial f}{\partial y}\boldsymbol{j} + \frac{\partial f}{\partial z}\boldsymbol{k}$$

为 f 的**梯度**.

由一个数量场的梯度构成的向量场称为**梯度场**.

梯度满足以下的运算规则:

(1) $\mathbf{grad}c = 0$, 其中 c 为常数.

(2) 设 f 和 g 是连续可微的函数, α, β 是常数, 则
$$\mathbf{grad}(\alpha f + \beta g) = \alpha\mathbf{grad}f + \beta\mathbf{grad}g;$$
$$\mathbf{grad}(fg) = f\mathbf{grad}g + g\mathbf{grad}f;$$
$$\mathbf{grad}\left(\frac{f}{g}\right) = \frac{g\mathbf{grad}f - f\mathbf{grad}g}{g^2}, \text{其中 } g \neq 0.$$

(3) 设 f 为连续可微的一元函数, φ 是连续可微的函数, 则
$$\mathbf{grad}(f \circ \varphi) = f'(u)\mathbf{grad}\varphi, \text{其中 } u = \varphi(x).$$

二、通量和散度

定义 6.8.2 设 $\mathbf{F} = P(x,y,z)\mathbf{i} + Q(x,y,z)\mathbf{j} + R(x,y,z)\mathbf{k}$ 是向量场, 其中 P, Q, R 连续, 称曲面积分
$$\iint_{\Sigma} \mathbf{F} \cdot \mathbf{n}\mathrm{d}S = \iint_{\Sigma} P\mathrm{d}y\mathrm{d}z + Q\mathrm{d}z\mathrm{d}x + R\mathrm{d}x\mathrm{d}y$$
为向量场 $\mathbf{F}$ 通过有向曲面 Σ 指定侧的**通量**, 其中 $\mathbf{n}$ 是 Σ 在指定侧的单位法向量. 进一步, 若 P, Q, R 具有连续一阶偏导数, 则称 $\dfrac{\partial P}{\partial x} + \dfrac{\partial Q}{\partial y} + \dfrac{\partial R}{\partial z}$ 为向量场 $\mathbf{F}$ 的**散度**, 记作 $\mathrm{div}\mathbf{F}$, 即
$$\mathrm{div}\mathbf{F} = \frac{\partial P}{\partial x} + \frac{\partial Q}{\partial y} + \frac{\partial R}{\partial z}.$$

散度满足以下的运算规则:

(1) 设 $\mathbf{F}$ 和 $\mathbf{G}$ 是连续可微的向量值函数, α, β 是常数, 则
$$\mathrm{div}(\alpha\mathbf{F} + \beta\mathbf{G}) = \alpha\mathrm{div}\mathbf{F} + \beta\mathrm{div}\mathbf{G}.$$

(2) 对连续可微的向量值函数 $\mathbf{F}$ 和数值函数 φ, 有
$$\mathrm{div}(\varphi\mathbf{F}) = \varphi\mathrm{div}\mathbf{F} + \mathbf{grad}\varphi \cdot \mathbf{F}.$$

利用散度的记号, 可以将 Gauss 公式表为
$$\iiint_{\Omega} \mathrm{div}\mathbf{F}\mathrm{d}V = \iint_{\partial\Omega} \mathbf{F} \cdot \mathbf{n}\mathrm{d}S,$$
其中 $\mathbf{n}$ 为 $\partial\Omega$ 的单位外法向量.

若向量场 $\mathbf{F}$ 在任何一点的散度 $\mathrm{div}\mathbf{F} = 0$, 则称 $\mathbf{F}$ 为**无源场**.

三、环量和旋度

定义 6.8.3 设 $\mathbf{F} = P(x,y,z)\mathbf{i} + Q(x,y,z)\mathbf{j} + R(x,y,z)\mathbf{k}$ 是一个向量场, 其

中 P,Q,R 连续,称 F 沿有向闭曲线 L 的第二类曲线积分

$$\oint_L F \cdot dr = \oint_L P(x,y,z)dx + Q(x,y,z)dy + R(x,y,z)dz$$

为向量场 F 沿 L 的**环量**. 进一步,如果 P,Q,R 具有连续的偏导数,则称向量 $(R'_y - Q'_z)i + (P'_z - R'_x)j + (Q'_x - P'_y)k$ 为向量场 F 的**旋度**,记作 $\mathbf{rot}F$,即

$$\mathbf{rot}F = (R'_y - Q'_z)i + (P'_z - R'_x)j + (Q'_x - P'_y)k.$$

利用算子的记号,旋度可表示为

$$\mathbf{rot}F = \begin{vmatrix} i & j & k \\ \dfrac{\partial}{\partial x} & \dfrac{\partial}{\partial y} & \dfrac{\partial}{\partial z} \\ P & Q & R \end{vmatrix},$$

并且利用旋度的记号,可以把 Stokes 公式表述为

$$\oint_{\partial\Sigma} F \cdot \tau ds = \iint_\Sigma \mathbf{rot}F \cdot n dS.$$

旋度满足如下的运算规则:

(1) 设 F,G 是连续可微的向量值函数,α,β 是常数,则

$$\mathbf{rot}(\alpha F + \beta G) = \alpha \mathbf{rot}F + \beta \mathbf{rot}G;$$

(2) 对于连续可微的向量值函数 F 和数值函数 φ,有

$$\mathbf{rot}(\varphi F) = \varphi \mathbf{rot}F + \mathbf{grad}\varphi \times F.$$

四、无旋场、保守场和势量场

若一个向量场的旋度恒为 $\mathbf{0}$,则称该向量场为**无旋场**. 若一个向量场的第二类曲线积分只与路径的端点有关,而与路径的几何形状无关(简称与路径无关),则称该向量场为**保守场**. 一个数量场(函数)的梯度(若存在的话)构成一个向量场,称为该数量场的**梯度场**. 若一个向量场是某个数量场(函数)的梯度场,则称该向量场为**势量场**. 此时,这个函数称为该向量场的一个**势函数**.

设 Ω 为一空间区域,如果 Ω 中任意一条闭曲线都可以不触及 $\partial\Omega$ 连续地收缩到一点,即 Ω 内存在一个以该闭曲线为边界的曲面,则称 Ω 为**一维单连通区域**,否则称为**一维复连通区域**. 下面的定理说明,对一维单连通区域而言,无旋场、保守场和势量场本质上是一致的.

定理 6.8.1 设 Ω 是 $\mathbf{R}^3$ 中的一维单连通区域,

$$F = P(x,y,z)i + Q(x,y,z)j + R(x,y,z)k$$

是 Ω 上的一个向量场,其中 P,Q,R 具有连续偏导数,则以下 3 个命题等价:

(1) 在 Ω 上第二类曲线积分

$$\int_L \boldsymbol{F} \cdot \mathrm{d}\boldsymbol{r}$$

与路径无关,即 $\boldsymbol{F}$ 是一个保守场;

(2) 在 Ω 上存在势函数 U,使得

$$\mathbf{grad}U = \boldsymbol{F},$$

即 $\boldsymbol{F}$ 是一个势量场;

(3) 在 Ω 上成立

$$\mathbf{rot}\boldsymbol{F} = \boldsymbol{0},$$

即 $\boldsymbol{F}$ 是一个无旋场.

注意,在 Ω 上第二类曲线积分 $\int_L \boldsymbol{F} \cdot \mathrm{d}\boldsymbol{r}$ 与路径无关等价于:对于 Ω 中的任何封闭路径成立 $\oint_L \boldsymbol{F} \cdot \mathrm{d}\boldsymbol{r} = 0$.

事实上,对于一维单连通区域,在以上定理中的命题之一成立的情形,函数

$$U(x,y,z) = \int_{(x_0,y_0,z_0)}^{(x,y,z)} P\mathrm{d}x + Q\mathrm{d}y + R\mathrm{d}z$$

(这里的积分表示沿任意一条从 (x_0,y_0,z_0) 到 (x,y,z) 的分段光滑曲线的第二类曲线积分) 便满足

$$\mathbf{grad}U = P\boldsymbol{i} + Q\boldsymbol{j} + R\boldsymbol{k},$$

即 $U(x,y,z)$ 是 $\boldsymbol{F}$ 的一个势函数. 等价地,便是

$$\mathrm{d}U = P\mathrm{d}x + Q\mathrm{d}y + R\mathrm{d}z,$$

即 U 是 $P\mathrm{d}x + Q\mathrm{d}y + R\mathrm{d}z$ 的原函数(见下面的定义).

五、原函数

如果 $\mathrm{d}U = P\mathrm{d}x + Q\mathrm{d}y + R\mathrm{d}z$,即 $P\mathrm{d}x + Q\mathrm{d}y + R\mathrm{d}z$ 是函数 U 的全微分,则称 U 是 $P\mathrm{d}x + Q\mathrm{d}y + R\mathrm{d}z$ 的**原函数**. 类似于 Newton-Leibniz 公式,有以下定理.

定理 6.8.2 若在空间区域 Ω 内,函数 U 是微分形式 $P\mathrm{d}x + Q\mathrm{d}y + R\mathrm{d}z$ 的一个原函数,则对 Ω 内任意两点 A,B,有

$$\int_A^B P\mathrm{d}x + Q\mathrm{d}y + R\mathrm{d}z = U(B) - U(A).$$

六、Hamilton 算子和 Laplace 算子

记

$$\nabla = \boldsymbol{i}\frac{\partial}{\partial x} + \boldsymbol{j}\frac{\partial}{\partial y} + \boldsymbol{k}\frac{\partial}{\partial z},$$

它称为 **Hamilton 算子**.

对于数值函数 f 和向量值函数 $\boldsymbol{F} = P\boldsymbol{i} + Q\boldsymbol{j} + R\boldsymbol{k}$,数量场 f 的梯度 **grad** f 可以表示为

$$\nabla f = \left(\boldsymbol{i}\,\frac{\partial}{\partial x} + \boldsymbol{j}\,\frac{\partial}{\partial y} + \boldsymbol{k}\,\frac{\partial}{\partial z} \right)f = \frac{\partial f}{\partial x}\boldsymbol{i} + \frac{\partial f}{\partial y}\boldsymbol{j} + \frac{\partial f}{\partial z}\boldsymbol{k};$$

向量场 $\boldsymbol{F}$ 的散度 ${\rm div}\boldsymbol{F}$ 可以表示为

$$\nabla \cdot \boldsymbol{F} = \left(\boldsymbol{i}\,\frac{\partial}{\partial x} + \boldsymbol{j}\,\frac{\partial}{\partial y} + \boldsymbol{k}\,\frac{\partial}{\partial z} \right) \cdot (P\boldsymbol{i} + Q\boldsymbol{j} + R\boldsymbol{k}) = \frac{\partial P}{\partial x} + \frac{\partial Q}{\partial y} + \frac{\partial R}{\partial z};$$

向量场 $\boldsymbol{F}$ 的旋度 **rot** $\boldsymbol{F}$ 可以表示为

$$\nabla \times \boldsymbol{F} = \left(\boldsymbol{i}\,\frac{\partial}{\partial x} + \boldsymbol{j}\,\frac{\partial}{\partial y} + \boldsymbol{k}\,\frac{\partial}{\partial z} \right) \times (P\boldsymbol{i} + Q\boldsymbol{j} + R\boldsymbol{k})$$

$$= \left(\frac{\partial R}{\partial y} - \frac{\partial Q}{\partial z} \right)\boldsymbol{i} + \left(\frac{\partial P}{\partial z} - \frac{\partial R}{\partial x} \right)\boldsymbol{j} + \left(\frac{\partial Q}{\partial x} - \frac{\partial P}{\partial y} \right)\boldsymbol{k}.$$

由此,Gauss 公式可以表示为

$$\iint\limits_{\partial\Omega} \boldsymbol{F} \cdot \boldsymbol{n}\,{\rm d}S = \iiint\limits_{\Omega} \nabla \cdot \boldsymbol{F}\,{\rm d}V;$$

Stokes 公式可以表示为

$$\int\limits_{\partial\Sigma} \boldsymbol{F} \cdot {\rm d}\boldsymbol{r} = \iint\limits_{\Sigma} (\nabla \times \boldsymbol{F}) \cdot \boldsymbol{n}\,{\rm d}S.$$

称

$$\Delta = \nabla \cdot \nabla = \frac{\partial^2}{\partial x^2} + \frac{\partial^2}{\partial y^2} + \frac{\partial^2}{\partial z^2}$$

为 **Laplace 算子**. 这个算子作用于二阶连续可微函数 f 后,便是

$$\Delta f = \frac{\partial^2 f}{\partial x^2} + \frac{\partial^2 f}{\partial y^2} + \frac{\partial^2 f}{\partial z^2}.$$

满足 $\Delta f = 0$ 的二阶连续可微函数称为**调和函数**.

定理 6.8.3(调和函数的平均值公式) 设

$$\Omega = \{(x,y,z) \mid (x-x_0)^2 + (y-y_0)^2 + (z-z_0)^2 \le R^2\},$$

若 u 是 Ω 上的三元调和函数,则

$$u(x_0,y_0,z_0) = \frac{1}{4\pi R^2} \iint\limits_{\partial\Omega} u(x,y,z)\,{\rm d}S.$$

定理 6.8.4(调和函数极值原理) 设 u 在空间有界闭区域 Ω 上连续,且在 Ω 内是调和函数. 若 u 不是常数函数,则 u 的最大值和最小值只能在 Ω 的边界 $\partial\Omega$ 上取到.

例 题 分 析

例 6.8.1 设数量场 $u = \ln(x^2 + y^2 + z^2)$,$(x,y,z) \in \mathbf{R}^3 \backslash \{(0,0,0)\}$,求:

（1）$\mathbf{grad}u$；（2）$\mathrm{div}(\mathbf{grad}u)$；（3）$\mathbf{rot}(\mathbf{grad}u)$.

解　（1）由定义

$$\mathbf{grad}u = \frac{\partial u}{\partial x}\boldsymbol{i} + \frac{\partial u}{\partial y}\boldsymbol{j} + \frac{\partial u}{\partial z}\boldsymbol{k} = \frac{2x}{x^2+y^2+z^2}\boldsymbol{i} + \frac{2y}{x^2+y^2+z^2}\boldsymbol{j} + \frac{2z}{x^2+y^2+z^2}\boldsymbol{k}.$$

（2）直接计算得

$$\frac{\partial}{\partial x}\left(\frac{x}{x^2+y^2+z^2}\right) = \frac{1}{x^2+y^2+z^2} - \frac{2x^2}{(x^2+y^2+z^2)^2};$$

$$\frac{\partial}{\partial y}\left(\frac{y}{x^2+y^2+z^2}\right) = \frac{1}{x^2+y^2+z^2} - \frac{2y^2}{(x^2+y^2+z^2)^2};$$

$$\frac{\partial}{\partial z}\left(\frac{z}{x^2+y^2+z^2}\right) = \frac{1}{x^2+y^2+z^2} - \frac{2z^2}{(x^2+y^2+z^2)^2}.$$

因此

$$\mathrm{div}(\mathbf{grad}u) = \mathrm{div}\left(\frac{2x}{x^2+y^2+z^2}\boldsymbol{i} + \frac{2y}{x^2+y^2+z^2}\boldsymbol{j} + \frac{2z}{x^2+y^2+z^2}\boldsymbol{k}\right)$$

$$= \frac{\partial}{\partial x}\left(\frac{2x}{x^2+y^2+z^2}\right) + \frac{\partial}{\partial y}\left(\frac{2y}{x^2+y^2+z^2}\right) + \frac{\partial}{\partial z}\left(\frac{2z}{x^2+y^2+z^2}\right)$$

$$= \frac{2}{x^2+y^2+z^2}.$$

注　也可用公式 $\mathrm{div}(\mathbf{grad}u) = \Delta$ 来直接计算.

（3）由定义

$$\mathbf{rot}(\mathbf{grad}u) = \begin{vmatrix} \boldsymbol{i} & \boldsymbol{j} & \boldsymbol{k} \\ \dfrac{\partial}{\partial x} & \dfrac{\partial}{\partial y} & \dfrac{\partial}{\partial z} \\ \dfrac{\partial u}{\partial x} & \dfrac{\partial u}{\partial y} & \dfrac{\partial u}{\partial z} \end{vmatrix}$$

$$= \left(\frac{\partial^2 u}{\partial y\partial z} - \frac{\partial^2 u}{\partial z\partial y}\right)\boldsymbol{i} + \left(\frac{\partial^2 u}{\partial z\partial x} - \frac{\partial^2 u}{\partial x\partial z}\right)\boldsymbol{j} + \left(\frac{\partial^2 u}{\partial x\partial y} - \frac{\partial^2 u}{\partial y\partial x}\right)\boldsymbol{k} = \mathbf{0},$$

最后一步是利用了函数 u 在 $\mathbf{R}^3\backslash\{(0,0,0)\}$ 上具有二阶连续偏导数的条件.

注　若函数 u 具有二阶连续偏导数,则有公式 $\mathbf{rot}(\mathbf{grad}u) = \mathbf{0}$.

例 6.8.2　设 $r = \sqrt{x^2+y^2+z^2}$,一元函数 f 具有二阶连续导数.

（1）求 $\mathrm{div}(\mathbf{grad}f(r))$;

（2）问当 f 为何种函数时,$\mathrm{div}(\mathbf{grad}f(r)) = 0$?

解　（1）直接计算得

$$\mathbf{grad}r = \frac{x}{r}\boldsymbol{i} + \frac{y}{r}\boldsymbol{j} + \frac{z}{r}\boldsymbol{k} = \frac{1}{r}\boldsymbol{r},$$

其中 $\boldsymbol{r} = x\boldsymbol{i} + y\boldsymbol{j} + z\boldsymbol{k}$. 于是由梯度的运算法则得

$$\mathbf{grad}f(r) = f'(r)\mathbf{grad}r = \frac{f'(r)}{r}\boldsymbol{r}.$$

利用散度的运算法则得

$$\mathrm{div}\mathbf{grad}f(r) = \mathbf{grad}\left(\frac{f'(r)}{r}\right)\cdot\boldsymbol{r} + \frac{f'(r)}{r}\mathrm{div}\boldsymbol{r}.$$

因为

$$\mathrm{div}\boldsymbol{r} = 3,$$

$$\mathbf{grad}\left(\frac{f'(r)}{r}\right)$$

$$= \frac{f''(r)xr - f'(r)x}{r^3}\boldsymbol{i} + \frac{f''(r)yr - f'(r)y}{r^3}\boldsymbol{j} + \frac{f''(r)zr - f'(r)z}{r^3}\boldsymbol{k}$$

$$= \frac{rf''(r) - f'(r)}{r^3}\boldsymbol{r},$$

且 $\boldsymbol{r}\cdot\boldsymbol{r} = r^2$，所以

$$\mathrm{div}\mathbf{grad}f(r) = \frac{rf''(r) - f'(r)}{r^3}\boldsymbol{r}\cdot\boldsymbol{r} + \frac{3f'(r)}{r}$$

$$= \frac{rf''(r) - f'(r)}{r} + \frac{3f'(r)}{r} = \frac{rf''(r) + 2f'(r)}{r}.$$

（2）若 $\mathrm{div}(\mathbf{grad}f(r)) = 0$，由（1）知，此时 $rf''(r) + 2f'(r) = 0$，因此

$$r^2f''(r) + 2rf'(r) = 0,$$

即

$$\frac{\mathrm{d}}{\mathrm{d}r}[r^2f'(r)] = 0,$$

因此

$$r^2f'(r) = c_1，即 f'(r) = \frac{c_1}{r^2},$$

于是

$$f(r) = -\frac{c_1}{r} + c_2.$$

这就是说，当 $f(r) = -\dfrac{c_1}{r} + c_2$ 时，$\mathrm{div}(\mathbf{grad}f(r)) = 0$，其中 c_1,c_2 是任意常数.

例 6.8.3 （1）设 u 是具有二阶连续偏导数的三元函数，证明

$$\mathrm{div}(u\mathbf{grad}u) = u\Delta u + \|\mathbf{grad}u\|^2;$$

（2）设 $u = \dfrac{1}{r}$，其中 $r = \sqrt{x^2 + y^2 + z^2}$，求 Δu；

（3）求 $\mathrm{div}\left(\dfrac{1}{r}\mathbf{grad}\dfrac{1}{r}\right).$

解 （1）**证** 由梯度的运算法则与 $\mathrm{div}(\mathbf{grad}u) = \Delta$ 得

$$\mathrm{div}(u\mathbf{grad}u) = u\,\mathrm{div}(\mathbf{grad}u) + \mathbf{grad}u \cdot \mathbf{grad}u = u\Delta u + \|\mathbf{grad}u\|^2.$$

（2）**解** 直接计算得

$$\frac{\partial u}{\partial x} = -\frac{1}{r^2}\frac{\partial r}{\partial x} = -\frac{1}{r^2}\cdot\frac{x}{r} = -\frac{x}{r^3};$$

$$\frac{\partial^2 u}{\partial x^2} = -\frac{r^3 - 3xr^2\dfrac{x}{r}}{r^6} = -\frac{1}{r^3} + \frac{3x^2}{r^5}.$$

同理

$$\frac{\partial^2 u}{\partial y^2} = -\frac{1}{r^3} + \frac{3y^2}{r^5}, \qquad \frac{\partial^2 u}{\partial z^2} = -\frac{1}{r^3} + \frac{3z^2}{r^5}.$$

于是

$$\Delta u = \frac{\partial^2 u}{\partial x^2} + \frac{\partial^2 u}{\partial y^2} + \frac{\partial^2 u}{\partial z^2} = 0.$$

（3）记 $u = \dfrac{1}{r}$，则

$$\mathbf{grad}u = \frac{\partial u}{\partial x}\mathbf{i} + \frac{\partial u}{\partial y}\mathbf{j} + \frac{\partial u}{\partial z}\mathbf{k} = -\frac{1}{r^3}(x\mathbf{i} + y\mathbf{j} + z\mathbf{k}),$$

于是，由（1）和（2）得

$$\mathrm{div}\left(\frac{1}{r}\mathbf{grad}\frac{1}{r}\right) = \mathrm{div}(u\mathbf{grad}u)$$

$$= u\Delta u + \|\mathbf{grad}u\|^2 = \|\mathbf{grad}u\|^2$$

$$= \frac{1}{r^4} = \frac{1}{(x^2 + y^2 + z^2)^2}.$$

例 6.8.4 求向量场 $\mathbf{F} = yz\mathbf{i} + xz\mathbf{j} + xy\mathbf{k}$ 通过圆柱面 $\Sigma: x^2 + y^2 = a^2 \ (0 \leqslant z \leqslant h)$ 外侧的通量.

解 通过圆柱面 Σ 外侧的通量为

$$\Phi = \iint\limits_{\Sigma} \mathbf{F}\cdot\mathbf{n}\mathrm{d}S = \iint\limits_{\Sigma} yz\mathrm{d}y\mathrm{d}z + xz\mathrm{d}z\mathrm{d}x + xy\mathrm{d}x\mathrm{d}y,$$

其中 Σ 取外侧.

添加两个辅助平面片

$$\Sigma_1: x^2 + y^2 \leqslant a^2,\ z = h; \quad \Sigma_2: x^2 + y^2 \leqslant a^2,\ z = 0,$$

且 Σ_1 取上侧，Σ_2 取下侧. 记 Σ, Σ_1 和 Σ_2 所围区域为 Ω，由 Gauss 公式得

$$\iint\limits_{\Sigma + \Sigma_1 + \Sigma_2} yz\mathrm{d}y\mathrm{d}z + xz\mathrm{d}z\mathrm{d}x + xy\mathrm{d}x\mathrm{d}y$$

$$= \iiint\limits_{\Omega}\left[\frac{\partial(yz)}{\partial x} + \frac{\partial(xz)}{\partial y} + \frac{\partial(xy)}{\partial z}\right]\mathrm{d}x\mathrm{d}y\mathrm{d}z = \iiint\limits_{\Omega} 0\,\mathrm{d}x\mathrm{d}y\mathrm{d}z = 0.$$

因此

$$\iint_{\Sigma} yz\mathrm{d}y\mathrm{d}z + xz\mathrm{d}z\mathrm{d}x + xy\mathrm{d}x\mathrm{d}y$$

$$= - \iint_{\Sigma_1} yz\mathrm{d}y\mathrm{d}z + xz\mathrm{d}z\mathrm{d}x + xy\mathrm{d}x\mathrm{d}y - \iint_{\Sigma_2} yz\mathrm{d}y\mathrm{d}z + xz\mathrm{d}z\mathrm{d}x + xy\mathrm{d}x\mathrm{d}y.$$

将曲面积分化为二重积分,注意由于 Σ_1 取上侧,Σ_2 取下侧,因此得

$$\iint_{\Sigma_1} yz\mathrm{d}y\mathrm{d}z + xz\mathrm{d}z\mathrm{d}x + xy\mathrm{d}x\mathrm{d}y = \iint_{\Sigma_1} xy\mathrm{d}x\mathrm{d}y = \iint_{x^2+y^2 \leqslant a^2} xy\mathrm{d}x\mathrm{d}y,$$

$$\iint_{\Sigma_2} yz\mathrm{d}y\mathrm{d}z + xz\mathrm{d}z\mathrm{d}x + xy\mathrm{d}x\mathrm{d}y = \iint_{\Sigma_2} xy\mathrm{d}x\mathrm{d}y = -\iint_{x^2+y^2 \leqslant a^2} xy\mathrm{d}x\mathrm{d}y.$$

于是,通过圆柱面 Σ 外侧的通量为

$$\Phi = \iint_{\Sigma} yz\mathrm{d}y\mathrm{d}z + xz\mathrm{d}z\mathrm{d}x + xy\mathrm{d}x\mathrm{d}y = 0.$$

例 6.8.5 设有向量场 $\boldsymbol{F} = (y - z)\boldsymbol{i} + (z - x)\boldsymbol{j} + (x - y)\boldsymbol{k}$,

(1) 求 $\mathbf{rot}\boldsymbol{F}$;

(2) 设 L 为椭圆 $\begin{cases} x^2 + y^2 = a^2, \\ \dfrac{x}{a} + \dfrac{z}{h} = 1, \end{cases}$ $a > 0, h > 0$,定向为:从 x 轴正向看去是逆时

针方向,求 $\boldsymbol{F}$ 沿 L 的环量.

解 (1) 直接计算得

$$\mathbf{rot}\boldsymbol{F} = \begin{vmatrix} \boldsymbol{i} & \boldsymbol{j} & \boldsymbol{k} \\ \dfrac{\partial}{\partial x} & \dfrac{\partial}{\partial y} & \dfrac{\partial}{\partial z} \\ y - z & z - x & x - y \end{vmatrix} = -2\boldsymbol{i} - 2\boldsymbol{j} - 2\boldsymbol{k}.$$

(2) $\boldsymbol{F}$ 沿 L 的环量为

$$\Gamma = \int_L \boldsymbol{F} \cdot \mathrm{d}\boldsymbol{r} = \int_L (y - z)\mathrm{d}x + (z - x)\mathrm{d}y + (x - y)\mathrm{d}z.$$

记平面 $\dfrac{x}{a} + \dfrac{z}{h} = 1$ 被柱面 $x^2 + y^2 = a^2$ 所截得的椭圆盘为 Σ,其定向取为:法

向量与 x 轴正向成锐角,则由 Stokes 公式得

$$\int_L (y - z)\mathrm{d}x + (z - x)\mathrm{d}y + (x - y)\mathrm{d}z = \iint_{\Sigma} \mathbf{rot}\boldsymbol{F} \cdot \boldsymbol{n}\mathrm{d}S = -2\iint_{\Sigma} \mathrm{d}y\mathrm{d}z + \mathrm{d}z\mathrm{d}x + \mathrm{d}x\mathrm{d}y.$$

由于 Σ 在 Oxy 平面的投影为 $D_{xy} = \{(x,y) \mid x^2 + y^2 \leqslant a^2\}$,且根据 Σ 的定向,

知

$$\iint_{\Sigma} \mathrm{d}x\mathrm{d}y = \iint_{x^2+y^2 \leqslant a^2} \mathrm{d}x\mathrm{d}y = \pi a^2.$$

由于 Σ 在 Ozx 平面的投影为直线 $\begin{cases} \dfrac{x}{a} + \dfrac{z}{h} = 1 \\ y = 0 \end{cases}$ 上的一段线段,因此

$$\iint\limits_{\Sigma} \mathrm{d}z\mathrm{d}x = 0.$$

又由于 Σ 在 Oyz 平面的投影为 $D_{yz} = \left\{ (y,z) \ \middle| \ \dfrac{y^2}{a^2} + \dfrac{(z-h)^2}{h^2} \leqslant 1 \right\}$,且根据 Σ 的定向,知

$$\iint\limits_{\Sigma} \mathrm{d}y\mathrm{d}z = \iint\limits_{\frac{y^2}{a^2}+\frac{(z-h)^2}{h^2}\leqslant 1} \mathrm{d}y\mathrm{d}z = \pi a h.$$

于是,$\boldsymbol{F}$ 沿 L 的环量为

$$\Gamma = -2\iint\limits_{\Sigma} \mathrm{d}y\mathrm{d}z + \mathrm{d}z\mathrm{d}x + \mathrm{d}x\mathrm{d}y = -2\pi a(a+h).$$

例 6.8.6 证明向量场 $\boldsymbol{F} = yz(2x+y+z)\boldsymbol{i} + xz(x+2y+z)\boldsymbol{j} + xy(x+y+2z)\boldsymbol{k}$ 是 $\mathbf{R}^3$ 上的势量场,并求它的势函数.

解 记 $\mathbf{R}^3$ 上的函数

$$\begin{aligned}
P(x,y,z) &= yz(2x+y+z), \\
Q(x,y,z) &= xz(x+2y+z), \\
R(x,y,z) &= xy(x+y+2z),
\end{aligned}$$

则在 $\mathbf{R}^3$ 上成立

$$\frac{\partial Q}{\partial z} = x^2 + 2xy + 2xz = \frac{\partial R}{\partial y},$$

$$\frac{\partial R}{\partial x} = 2xy + y^2 + 2yz = \frac{\partial P}{\partial z},$$

$$\frac{\partial P}{\partial y} = 2xz + 2yz + z^2 = \frac{\partial Q}{\partial x}.$$

因此在 $\mathbf{R}^3$ 上成立 $\mathbf{rot}\boldsymbol{F} = \boldsymbol{0}$,即 $\boldsymbol{F}$ 为 $\mathbf{R}^3$ 上的无旋场,因此也是势量场.

$\boldsymbol{F}$ 的势函数为

$$U(x,y,z) = \int_{(0,0,0)}^{(x,y,z)} yz(2x+y+z)\mathrm{d}x + xz(x+2y+z)\mathrm{d}y + xy(x+y+2z)\mathrm{d}z + c,$$

其中 c 是任意常数.

取积分路径为折线 $OABP'$,其中点 O,A,B,P' 的坐标依次是 $(0,0,0)$,$(x,0,0)$,$(x,y,0)$,(x,y,z),则

$$U(x,y,z) = \left(\int\limits_{OA} + \int\limits_{AB} + \int\limits_{BP'} \right) yz(2x+y+z)\mathrm{d}x + xz(x+2y+z)\mathrm{d}y$$

$$+ xy(x+y+2z)\mathrm{d}z + c$$

$$= \int_0^x 0 \mathrm{d}x + \int_0^y 0 \mathrm{d}y + \int_0^z xy(x + y + 2z)\mathrm{d}z + c$$

$$= x^2 yz + xy^2 z + xyz^2 + c = xyz(x + y + z) + c,$$

其中 c 是任意常数.

F 的势函数 $U(x,y,z)$ 也可以这样得到:由于

$$\frac{\partial U}{\partial x} = P(x,y,z) = yz(2x + y + z),$$

关于 x 积分得

$$U(x,y,z) = yz(x^2 + xy + xz) + \varphi(y,z) = xyz(x + y + z) + \varphi(y,z).$$

由于

$$Q(x,y,z) = xz(x + 2y + z) = \frac{\partial U}{\partial y} = zx^2 + 2xyz + xz^2 + \frac{\partial \varphi}{\partial y},$$

所以 $\dfrac{\partial \varphi}{\partial y} = 0$,因此 $\varphi(y,z) = \psi(z)$. 于是

$$U(x,y,z) = xyz(x + y + z) + \psi(z).$$

由于

$$R(x,y,z) = xy(x + y + 2z) = \frac{\partial U}{\partial z} = yx^2 + xy^2 + 2xyz + \frac{\partial \psi}{\partial z},$$

所以 $\dfrac{\partial \psi}{\partial z} = 0$,因此 $\psi(z) = c$(c 是任意常数). 于是

$$U(x,y,z) = xyz(x + y + z) + c.$$

例 6.8.7 证明向量场 $F = f(r)r$ 是 $\mathbf{R}^3 \backslash \{(0,0,0)\}$ 上的势量场,并求它的势函数,其中 f 是具有连续偏导数的一元函数,$r = x\mathbf{i} + y\mathbf{j} + z\mathbf{k}, r = \sqrt{x^2 + y^2 + z^2}$.

解 显然 $F = f(r)r = f(r)(x\mathbf{i} + y\mathbf{j} + z\mathbf{k})$,记

$$P(x,y,z) = f(r)x, \quad Q(x,y,z) = f(r)y, \quad R(x,y,z) = f(r)z,$$

则

$$\frac{\partial Q}{\partial z} = f'(r)\frac{yz}{r} = \frac{\partial R}{\partial y}, \quad \frac{\partial R}{\partial x} = f'(r)\frac{xz}{r} = \frac{\partial P}{\partial z}, \quad \frac{\partial P}{\partial y} = f'(r)\frac{xy}{r} = \frac{\partial Q}{\partial x}.$$

因此在 $\mathbf{R}^3 \backslash \{(0,0,0)\}$ 上成立 $\mathbf{rot}F = \mathbf{0}$,即 F 为 $\mathbf{R}^3 \backslash \{(0,0,0)\}$ 上的无旋场. 注意到 $\mathbf{R}^3 \backslash \{(0,0,0)\}$ 是一维单连通区域,因此 F 也是势量场.

取定一固定点 $(x_0,y_0,z_0) \in \mathbf{R}^3 \backslash \{(0,0,0)\}$,则 F 的势函数为

$$U(x,y,z) = \int_{(x_0,y_0,z_0)}^{(x,y,z)} f(r)x \mathrm{d}x + f(r)y \mathrm{d}y + f(r)z \mathrm{d}z + c = \int_{r_0}^{r} f(r)r \mathrm{d}r + c,$$

其中 $r = \sqrt{x^2 + y^2 + z^2}, r_0 = \sqrt{x_0^2 + y_0^2 + z_0^2}, c$ 是任意常数.

例 6.8.8 设 Σ 为空间中光滑封闭曲面,记 $\mathbf{n} = (\cos\alpha, \cos\beta, \cos\gamma)$ 为其单位外法向量,且记 Σ 所围的有界闭曲域为 Ω. 若 f 在 Ω 上具有二阶连续偏导数,且为调

和函数(即满足 $\Delta f = 0$),证明:

(1) $\displaystyle\iint\limits_{\Sigma} \nabla f \cdot \boldsymbol{n}\mathrm{d}S = 0$;

(2) $\displaystyle\iint\limits_{\Sigma} f\nabla f \cdot \boldsymbol{n}\mathrm{d}S = \iiint\limits_{\Omega} \parallel \nabla f \parallel^2 \mathrm{d}V$;

(3) 若 g 在 Ω 上具有二阶连续偏导数,且在 Σ 上有 $g - f = 0$,则

$$\iiint\limits_{\Omega} \parallel \nabla f \parallel^2 \mathrm{d}V \leqslant \iiint\limits_{\Omega} \parallel \nabla g \parallel^2 \mathrm{d}V;$$

(4) 设 g 在 Ω 上具有二阶连续偏导数,且在 Σ 上有 $g - f = 0$,若 g 还是调和函数,则在 Ω 上成立 $g = f$.

证 (1) 因为 $\nabla f = \dfrac{\partial f}{\partial x}\boldsymbol{i} + \dfrac{\partial f}{\partial y}\boldsymbol{j} + \dfrac{\partial f}{\partial z}\boldsymbol{k}$,且由已知 $\Delta f = \dfrac{\partial^2 f}{\partial x^2} + \dfrac{\partial^2 f}{\partial y^2} + \dfrac{\partial^2 f}{\partial z^2} = 0$,则

利用 Gauss 公式,得

$$\begin{aligned}
\iint\limits_{\Sigma} \nabla f \cdot \boldsymbol{n}\mathrm{d}S &= \iint\limits_{\Sigma} \left(\frac{\partial f}{\partial x}\cos\alpha + \frac{\partial f}{\partial y}\cos\beta + \frac{\partial f}{\partial z}\cos\gamma \right)\mathrm{d}S \\
&= \iint\limits_{\Sigma} \frac{\partial f}{\partial x}\mathrm{d}y\mathrm{d}z + \frac{\partial f}{\partial y}\mathrm{d}z\mathrm{d}x + \frac{\partial f}{\partial z}\mathrm{d}x\mathrm{d}y \\
&= \iiint\limits_{\Omega} \left(\frac{\partial^2 f}{\partial x^2} + \frac{\partial^2 f}{\partial y^2} + \frac{\partial^2 f}{\partial z^2} \right)\mathrm{d}V = \iiint\limits_{\Omega} 0\mathrm{d}V = 0.
\end{aligned}$$

(2) 利用 Gauss 公式,得

$$\begin{aligned}
\iint\limits_{\Sigma} f\nabla f \cdot \boldsymbol{n}\mathrm{d}S &= \iint\limits_{\Sigma} \left(f\frac{\partial f}{\partial x}\cos\alpha + f\frac{\partial f}{\partial y}\cos\beta + f\frac{\partial f}{\partial z}\cos\gamma \right)\mathrm{d}S \\
&= \iint\limits_{\Sigma} f\frac{\partial f}{\partial x}\mathrm{d}y\mathrm{d}z + f\frac{\partial f}{\partial y}\mathrm{d}z\mathrm{d}x + f\frac{\partial f}{\partial z}\mathrm{d}x\mathrm{d}y \\
&= \iiint\limits_{\Omega} \left[\frac{\partial}{\partial x}\left(f\frac{\partial f}{\partial x} \right) + \frac{\partial}{\partial y}\left(f\frac{\partial f}{\partial y} \right) + \frac{\partial}{\partial z}\left(f\frac{\partial f}{\partial z} \right) \right]\mathrm{d}V \\
&= \iiint\limits_{\Omega} \left[f\left(\frac{\partial^2 f}{\partial x^2} + \frac{\partial^2 f}{\partial y^2} + \frac{\partial^2 f}{\partial z^2} \right) + \left(\frac{\partial f}{\partial x} \right)^2 + \left(\frac{\partial f}{\partial y} \right)^2 + \left(\frac{\partial f}{\partial z} \right)^2 \right]\mathrm{d}V \\
&= \iiint\limits_{\Omega} \left[\left(\frac{\partial f}{\partial x} \right)^2 + \left(\frac{\partial f}{\partial y} \right)^2 + \left(\frac{\partial f}{\partial z} \right)^2 \right]\mathrm{d}V = \iiint\limits_{\Omega} \parallel \nabla f \parallel^2 \mathrm{d}V.
\end{aligned}$$

(3) 同(2)可证明,若 h 在 Ω 上具有二阶连续偏导数,则

$$\iint\limits_{\Sigma} h\nabla f \cdot \boldsymbol{n}\mathrm{d}S = \iiint\limits_{\Omega} (h\Delta f + \nabla f \cdot \nabla h)\mathrm{d}V.$$

在上式中取 $h = g - f$,由已知 $\Delta f = 0$,且在 Σ 上 $h = 0$,得

$$\iiint\limits_{\Omega} \nabla f \cdot \nabla (g - f)\mathrm{d}V = 0,$$

即

$$\iiint\limits_{\Omega} \parallel \nabla f \parallel^2 \mathrm{d}V = \iiint\limits_{\Omega} \nabla f \cdot \nabla g \mathrm{d}V.$$

因为 $\nabla f \cdot \nabla g \leqslant \parallel \nabla f \parallel \cdot \parallel \nabla g \parallel \leqslant \dfrac{1}{2}(\parallel \nabla f \parallel^2 + \parallel \nabla g \parallel^2)$，由上式便得

$$\iiint\limits_{\Omega} \parallel \nabla f \parallel^2 \mathrm{d}V \leqslant \frac{1}{2} \iiint\limits_{\Omega} (\parallel \nabla f \parallel^2 + \parallel \nabla g \parallel^2) \mathrm{d}V.$$

于是，有

$$\iiint\limits_{\Omega} \parallel \nabla f \parallel^2 \mathrm{d}V \leqslant \iiint\limits_{\Omega} \parallel \nabla g \parallel^2 \mathrm{d}V.$$

（4）若 h 在 Ω 上具有二阶连续偏导数，则由 Gauss 公式得

$$\iint\limits_{\Sigma} h \nabla h \cdot \boldsymbol{n} \mathrm{d}S = \iiint\limits_{\Omega} (h \Delta h + \nabla h \cdot \nabla h) \mathrm{d}V.$$

取 $h = g - f$，则在 Ω 内有 $\Delta(g - f) = 0$，且在 Σ 上有 $h = 0$，于是

$$\iiint\limits_{\Omega} \nabla h \cdot \nabla h \mathrm{d}V = 0,$$

即 $\iiint\limits_{\Omega} \left[\left(\dfrac{\partial h}{\partial x} \right)^2 + \left(\dfrac{\partial h}{\partial y} \right)^2 + \left(\dfrac{\partial h}{\partial z} \right)^2 \right] \mathrm{d}V = 0.$ 由此可得，在 Ω 内有

$$\frac{\partial h}{\partial x} = \frac{\partial h}{\partial y} = \frac{\partial h}{\partial z} = 0.$$

故在 Ω 内有 $h =$ 常数. 又在 Ω 的边界 Σ 上有 $h = 0$，由连续性可知，在 Ω 上成立 $h = 0$，即 Ω 上成立 $g = f$.

例 6.8.9 设一元函数 f 具有二阶连续导数，二元函数 $z = f(r)$ 满足

$$\frac{\partial^2 z}{\partial x^2} + \frac{\partial^2 z}{\partial y^2} \geqslant 0,$$

其中 $r = \sqrt{x^2 + y^2}$，证明函数 f 在 $[0, +\infty)$ 上单调增加.

证 作极坐标变换 $x = r\cos\theta$，$y = r\sin\theta$，则

$$\frac{\partial^2 z}{\partial x^2} + \frac{\partial^2 z}{\partial y^2} = \frac{1}{r} \frac{\partial z}{\partial r} + \frac{\partial^2 z}{\partial r^2} + \frac{1}{r^2} \frac{\partial^2 z}{\partial \theta^2} = \frac{1}{r} \frac{\mathrm{d}f}{\mathrm{d}r} + \frac{\mathrm{d}^2 f}{\mathrm{d}r^2},$$

于是由条件 $\dfrac{\partial^2 z}{\partial x^2} + \dfrac{\partial^2 z}{\partial y^2} \geqslant 0$ 得

$$f'(r) + rf''(r) \geqslant 0,$$

即

$$(rf'(r))' \geqslant 0,$$

所以 $rf'(r)$ 单调增加. 于是，当 $r \geqslant 0$ 时成立

$$rf'(r) \geqslant 0 \cdot f'(0) = 0,$$

因此
$$f'(r) \geqslant 0,$$
所以函数 f 在 $[0, +\infty)$ 上单调增加.

例 6.8.10 设
$$\boldsymbol{F} = P_1(x,y,z)\boldsymbol{i} + Q_1(x,y,z)\boldsymbol{j} + R_1(x,y,z)\boldsymbol{k}$$
和
$$\boldsymbol{G} = P_2(x,y,z)\boldsymbol{i} + Q_2(x,y,z)\boldsymbol{j} + R_2(x,y,z)\boldsymbol{k}$$
是向量场,其中 $P_1, P_2, Q_1, Q_2, R_1, R_2$ 具有连续偏导数,证明
$$\operatorname{div}(\boldsymbol{F} \times \boldsymbol{G}) = \boldsymbol{G} \cdot \operatorname{rot}\boldsymbol{F} - \boldsymbol{F} \cdot \operatorname{rot}\boldsymbol{G}.$$

证 由定义知,
$$\operatorname{div}(\boldsymbol{F} \times \boldsymbol{G}) = \left(\boldsymbol{i}\frac{\partial}{\partial x} + \boldsymbol{j}\frac{\partial}{\partial y} + \boldsymbol{k}\frac{\partial}{\partial z} \right) \cdot \begin{vmatrix} \boldsymbol{i} & \boldsymbol{j} & \boldsymbol{k} \\ P_1 & Q_1 & R_1 \\ P_2 & Q_2 & R_2 \end{vmatrix}$$

$$= \begin{vmatrix} \dfrac{\partial}{\partial x} & \dfrac{\partial}{\partial y} & \dfrac{\partial}{\partial z} \\ P_1 & Q_1 & R_1 \\ P_2 & Q_2 & R_2 \end{vmatrix}$$

$$= \frac{\partial}{\partial x}(Q_1 R_2 - R_1 Q_2) + \frac{\partial}{\partial y}(R_1 P_2 - P_1 R_2) + \frac{\partial}{\partial z}(P_1 Q_2 - Q_1 P_2)$$

$$= P_2\left(\frac{\partial R_1}{\partial y} - \frac{\partial Q_1}{\partial z} \right) + Q_2\left(\frac{\partial P_1}{\partial z} - \frac{\partial R_1}{\partial x} \right) + R_2\left(\frac{\partial Q_1}{\partial x} - \frac{\partial P_1}{\partial y} \right)$$

$$\quad - P_1\left(\frac{\partial R_2}{\partial y} - \frac{\partial Q_2}{\partial z} \right) - Q_1\left(\frac{\partial P_2}{\partial z} - \frac{\partial R_2}{\partial x} \right) - R_1\left(\frac{\partial Q_2}{\partial x} - \frac{\partial P_2}{\partial y} \right)$$

$$= \begin{vmatrix} P_2 & Q_2 & R_2 \\ \dfrac{\partial}{\partial x} & \dfrac{\partial}{\partial y} & \dfrac{\partial}{\partial z} \\ P_1 & Q_1 & R_1 \end{vmatrix} - \begin{vmatrix} P_1 & Q_1 & R_1 \\ \dfrac{\partial}{\partial x} & \dfrac{\partial}{\partial y} & \dfrac{\partial}{\partial z} \\ P_2 & Q_2 & R_2 \end{vmatrix}$$

$$= (P_2\boldsymbol{i} + Q_2\boldsymbol{j} + R_2\boldsymbol{k}) \cdot \begin{vmatrix} \boldsymbol{i} & \boldsymbol{j} & \boldsymbol{k} \\ \dfrac{\partial}{\partial x} & \dfrac{\partial}{\partial y} & \dfrac{\partial}{\partial z} \\ P_1 & Q_1 & R_1 \end{vmatrix} - (P_1\boldsymbol{i} + Q_1\boldsymbol{j} + R_1\boldsymbol{k}) \cdot \begin{vmatrix} \boldsymbol{i} & \boldsymbol{j} & \boldsymbol{k} \\ \dfrac{\partial}{\partial x} & \dfrac{\partial}{\partial y} & \dfrac{\partial}{\partial z} \\ P_2 & Q_2 & R_2 \end{vmatrix}$$

$$= \boldsymbol{G} \cdot \operatorname{rot}\boldsymbol{F} - \boldsymbol{F} \cdot \operatorname{rot}\boldsymbol{G}.$$

例 6.8.11 设一元函数 f 在 $(-\infty, +\infty)$ 上连续,证明在 $\mathbf{R}^3$ 上成立
$$\int_{(x_1,y_1,z_1)}^{(x_2,y_2,z_2)} f(x+y+z)(\mathrm{d}x + \mathrm{d}y + \mathrm{d}z) = \int_{x_1+y_1+z_1}^{x_2+y_2+z_2} f(t)\,\mathrm{d}t.$$

证 令 $u = x + y + z$，则 $\mathrm{d}u = \mathrm{d}x + \mathrm{d}y + \mathrm{d}z$. 取 (x_0, y_0, z_0) 为一定点，记 $u_0 = x_0 + y_0 + z_0$. 由微分的形式不变性得

$$\mathrm{d}\int_{u_0}^{x+y+z} f(t)\,\mathrm{d}t = f(u)\,\mathrm{d}u$$

$$= f(u)(\mathrm{d}x + \mathrm{d}y + \mathrm{d}z) = f(x + y + z)(\mathrm{d}x + \mathrm{d}y + \mathrm{d}z).$$

所以 $\int_{u_0}^{x+y+z} f(t)\,\mathrm{d}t$ 是 $f(x + y + z)(\mathrm{d}x + \mathrm{d}y + \mathrm{d}z)$ 的原函数，于是

$$\int_{(x_1, y_1, z_1)}^{(x_2, y_2, z_2)} f(x + y + z)(\mathrm{d}x + \mathrm{d}y + \mathrm{d}z)$$

$$= \int_{u_0}^{x_2+y_2+z_2} f(t)\,\mathrm{d}t - \int_{u_0}^{x_1+y_1+z_1} f(t)\,\mathrm{d}t = \int_{x_1+y_1+z_1}^{x_2+y_2+z_2} f(t)\,\mathrm{d}t.$$

例 6.8.12 设 $\rho(x,y,z)$ 表示原点到椭球面 $\Sigma: \dfrac{x^2}{a^2} + \dfrac{y^2}{b^2} + \dfrac{z^2}{c^2} = 1\,(a,b,c > 0)$

上点 $P(x,y,z)$ 处的切平面的距离，求 $\iint\limits_{\Sigma} \rho(x,y,z)\,\mathrm{d}S$ 和 $\iint\limits_{\Sigma} \dfrac{\mathrm{d}S}{\rho(x,y,z)}$.

解 我们用与例 6.5.4 不同的方法来计算. 显然椭球面 $\Sigma: \dfrac{x^2}{a^2} + \dfrac{y^2}{b^2} + \dfrac{z^2}{c^2} = 1$ 在

点 $P(x,y,z)$ 处的一个外法向量为 $\boldsymbol{N} = \left(\dfrac{x}{a^2}, \dfrac{y}{b^2}, \dfrac{z}{c^2}\right)$，记 $\boldsymbol{r} = \overrightarrow{OP} = (x,y,z)$，则

$$\rho(x,y,z) = \frac{|\boldsymbol{N} \cdot \boldsymbol{r}|}{\|\boldsymbol{N}\|} = \frac{\dfrac{x^2}{a^2} + \dfrac{y^2}{b^2} + \dfrac{z^2}{c^2}}{\sqrt{\left(\dfrac{x}{a^2}\right)^2 + \left(\dfrac{y}{b^2}\right)^2 + \left(\dfrac{z}{c^2}\right)^2}} = \frac{1}{\sqrt{\left(\dfrac{x}{a^2}\right)^2 + \left(\dfrac{y}{b^2}\right)^2 + \left(\dfrac{z}{c^2}\right)^2}}.$$

易知单位外法向量为

$$\boldsymbol{n} = (\cos\alpha, \cos\beta, \cos\gamma) = \frac{1}{\sqrt{\left(\dfrac{x}{a^2}\right)^2 + \left(\dfrac{y}{b^2}\right)^2 + \left(\dfrac{z}{c^2}\right)^2}}\left(\dfrac{x}{a^2}, \dfrac{y}{b^2}, \dfrac{z}{c^2}\right),$$

于是利用 Gauss 公式得

$$\iint\limits_{\Sigma} \rho(x,y,z)\,\mathrm{d}S = \iint\limits_{\Sigma} \frac{1}{\sqrt{\left(\dfrac{x}{a^2}\right)^2 + \left(\dfrac{y}{b^2}\right)^2 + \left(\dfrac{z}{c^2}\right)^2}}\,\mathrm{d}S$$

$$= \iint\limits_{\Sigma} \frac{\dfrac{x^2}{a^2} + \dfrac{y^2}{b^2} + \dfrac{z^2}{c^2}}{\sqrt{\left(\dfrac{x}{a^2}\right)^2 + \left(\dfrac{y}{b^2}\right)^2 + \left(\dfrac{z}{c^2}\right)^2}}\,\mathrm{d}S = \iint\limits_{\Sigma}(x\cos\alpha + y\cos\beta + z\cos\gamma)\,\mathrm{d}S$$

$$= \iiint\limits_{\frac{x^2}{a^2}+\frac{y^2}{b^2}+\frac{z^2}{c^2}\leqslant 1} 3\,\mathrm{d}x\mathrm{d}y\mathrm{d}z = 4\pi abc,$$

以及

$$\iint_{\Sigma} \frac{\mathrm{d}S}{\rho(x,y,z)} = \iint_{\Sigma} \sqrt{\left(\frac{x}{a^2}\right)^2 + \left(\frac{y}{b^2}\right)^2 + \left(\frac{z}{c^2}\right)^2} \mathrm{d}S$$

$$= \iint_{\Sigma} \left(\frac{x}{a^2}\cos\alpha + \frac{y}{b^2}\cos\beta + \frac{z}{c^2}\cos\gamma\right)\mathrm{d}S = \iiint_{\frac{x^2}{a^2}+\frac{y^2}{b^2}+\frac{z^2}{c^2}\leqslant 1} \left(\frac{1}{a^2} + \frac{1}{b^2} + \frac{1}{c^2}\right)\mathrm{d}x\mathrm{d}y\mathrm{d}z$$

$$= \frac{4\pi abc}{3}\left(\frac{1}{a^2} + \frac{1}{b^2} + \frac{1}{c^2}\right).$$

习　题

1. 求向量场 $v = (3x^2z + 2y)i + (y^2 - 3xz)j + 3xyzk$ 的散度和旋度.

2. 证明:若函数 u 具有二阶连续偏导数,则 $\mathrm{rot}(\mathrm{grad}u) = \mathbf{0}$.

3. 设二元函数 f 在 $\mathbf{R}^2$ 上可微,且满足 $\lim\limits_{x^2+y^2\to+\infty} \frac{|f(x,y)|}{\sqrt{x^2+y^2}} = +\infty$. 证明:对于任何向量 $v = (a,b)$,存在 $(x_0,y_0) \in \mathbf{R}^2$,使得 $\mathrm{grad}f(x_0,y_0) = v$.

4. 证明向量场 $F = (x^2 - 2yz)i + (y^2 - 2xz)j + (z^2 - 2xy)k$ 是 $\mathbf{R}^3$ 上的势量场,并求它的势函数.

5. 设 Σ 为光滑封闭曲面,且原点不在 Σ 的边界上. 记 n 为 Σ 上点 (x,y,z) 处的单位外法向量,$r = xi + yj + zk$,求 $I = \oiint_{\Sigma} \frac{\cos(r,n)}{r^2}\mathrm{d}S$,其中 $r = \sqrt{x^2+y^2+z^2}$,(r,n) 为 r 与 n 的夹角.

6. 设二元函数 u 在 $\mathbf{R}^2$ 上具有二阶连续偏导数.证明 u 是调和函数的充要条件为:对于 $\mathbf{R}^2$ 中任意光滑封闭曲线 C,成立 $\int_C \frac{\partial u}{\partial n}\mathrm{d}s = 0$,其中 $\frac{\partial u}{\partial n}$ 为沿 C 的外法线方向的方向导数.

7. 设二元函数 u 在 $D = \{(x,y) \mid x^2 + y^2 \leqslant 1\}$ 上连续,在 D 的内部具有二阶连续偏导数,且满足 $\frac{\partial^2 u}{\partial x^2} + \frac{\partial^2 u}{\partial y^2} = ku(k > 0)$. 证明:若在 ∂D 上成立 $u(x,y) > 0$,则在 D 上恒有 $u(x,y) \geqslant 0$.

8. 设二元函数 f 具有连续偏导数,三元函数 u,v 具有连续偏导数,证明函数 $f(u(x,y,z), v(x,y,z))$ 满足

$$\mathrm{grad}f = \frac{\partial f}{\partial u}\mathrm{grad}u + \frac{\partial f}{\partial v}\mathrm{grad}v.$$

9. 设三元函数 u,v 具有二阶连续偏导数. 证明

$$\Delta(uv) = u\Delta v + v\Delta u + 2\nabla u \cdot \nabla v.$$

10. 设 a,b 为常向量,$r = (x,y,z)$,并记 $a \times b = (k_1,k_2,k_3)$.

(1) 证明:$\mathrm{rot}[(a \cdot r)b] = a \times b$;

(2) 求向量场 $A = (a \cdot r)b$ 沿闭曲线 $L: \begin{cases} x^2 + y^2 + z^2 = 1, \\ x + y + z = 0 \end{cases}$ 的环量,其中 L 的定向:从 z 轴正向看为逆时针方向.

11. 求向量场 $F = x^3i + y^3j + z^3k$ 通过球面 $x^2 + y^2 + z^2 = x$(定向为外侧)的通量.

12. 设一元函数 f,g 在 $(-\infty, +\infty)$ 上连续,证明在 $\mathbf{R}^2$ 上成立

$$\int_{(x_1,y_1)}^{(x_2,y_2)} f(x)\,\mathrm{d}x + g(y)\,\mathrm{d}y = \int_{x_1}^{x_2} f(x)\,\mathrm{d}x + \int_{y_1}^{y_2} g(y)\,\mathrm{d}y.$$

13. 设三元函数 f 在区域 $\Omega = \{(x,y,z) \mid x^2 + y^2 + z^2 \leqslant 1\}$ 上具有连续二阶偏导数,且满足

$$\frac{\partial^2 f}{\partial x^2} + \frac{\partial^2 f}{\partial y^2} + \frac{\partial^2 f}{\partial z^2} = \sqrt{x^2 + y^2 + z^2},$$

求

$$\iiint\limits_{\Omega} \left(x\,\frac{\partial f}{\partial x} + y\,\frac{\partial f}{\partial y} + z\,\frac{\partial f}{\partial z} \right)\mathrm{d}x\mathrm{d}y\mathrm{d}z.$$

第七章

级　　数

§7.1　数　项　级　数

一、级数的概念

设 $x_1, x_2, \cdots, x_n, \cdots$ 是一数列,称用加号将这列数按顺序连接起来的表达式

$$x_1 + x_2 + \cdots + x_n + \cdots$$

为**无穷级数**(简称**级数**),记为 $\sum\limits_{n=1}^{\infty} x_n$,其中 x_n 称为级数的**通项**或**一般项**.

对级数 $\sum\limits_{n=1}^{\infty} x_n$ 作它的**部分和**(即前 n 项和):

$$S_n = x_1 + x_2 + \cdots + x_n = \sum_{k=1}^{n} x_k \quad (n = 1, 2, \cdots),$$

称数列 $\{S_n\}$ 为级数 $\sum\limits_{n=1}^{\infty} x_n$ 的**部分和数列**.

定义 7.1.1　如果级数 $\sum\limits_{n=1}^{\infty} x_n$ 的部分和数列 $\{S_n\}$ 收敛于有限数 S,则称级数 $\sum\limits_{n=1}^{\infty} x_n$ **收敛**,其和为 S,记作

$$\sum_{n=1}^{\infty} x_n = S.$$

如果部分和数列 $\{S_n\}$ 发散,则称无穷级数 $\sum\limits_{n=1}^{\infty} x_n$ **发散**.

当级数 $\sum\limits_{n=1}^{\infty} x_n$ 收敛时,称 $r_n = S - S_n = \sum\limits_{k=n+1}^{\infty} x_k$ 为级数 $\sum\limits_{n=1}^{\infty} x_n$ 的**余项**. 当 n 适当大时,S_n 可以看成 S 的近似值,其产生的误差就是 $|r_n|$.

二、级数的基本性质

性质 7.1.1（级数收敛的必要条件） 若级数 $\sum\limits_{n=1}^{\infty} x_n$ 收敛,则其通项所构成的数列 $\{x_n\}$ 是无穷小量,即

$$\lim_{n \to \infty} x_n = 0.$$

性质 7.1.2 设级数 $\sum\limits_{n=1}^{\infty} a_n$ 和 $\sum\limits_{n=1}^{\infty} b_n$ 收敛,α,β 是常数,则级数 $\sum\limits_{n=1}^{\infty} (\alpha a_n + \beta b_n)$ 也收敛,且

$$\sum_{n=1}^{\infty} (\alpha a_n + \beta b_n) = \alpha \sum_{n=1}^{\infty} a_n + \beta \sum_{n=1}^{\infty} b_n.$$

性质 7.1.3 在级数中去掉有限项、加上有限项或改变有限项的值,都不会改变级数的收敛性或发散性.

性质 7.1.4 设级数 $\sum\limits_{n=1}^{\infty} x_n$ 收敛,则在它的求和表达式中任意添加括号后所得的级数仍然收敛,且其和不变.

三、级数的 Cauchy 收敛准则

定理 7.1.1（级数的 Cauchy 收敛准则） 级数 $\sum\limits_{n=1}^{\infty} x_n$ 收敛的充分必要条件是:对于任意给定的 $\varepsilon > 0$,存在正整数 N,使得对一切 $n > m > N$,成立

$$|x_{m+1} + x_{m+2} + \cdots + x_n| = \left| \sum_{k=m+1}^{n} x_k \right| < \varepsilon.$$

推论 7.1.1 若对一个数项级数 $\sum\limits_{n=1}^{\infty} x_n$ 逐项取绝对值后得到新级数 $\sum\limits_{n=1}^{\infty} |x_n|$,那么当 $\sum\limits_{n=1}^{\infty} |x_n|$ 收敛时,$\sum\limits_{n=1}^{\infty} x_n$ 也收敛.

定义 7.1.2 如果级数 $\sum\limits_{n=1}^{\infty} |x_n|$ 收敛,则称 $\sum\limits_{n=1}^{\infty} x_n$ 为**绝对收敛**级数.如果级数 $\sum\limits_{n=1}^{\infty} x_n$ 收敛而 $\sum\limits_{n=1}^{\infty} |x_n|$ 发散,则称为 $\sum\limits_{n=1}^{\infty} x_n$ **条件收敛**级数.

四、正项级数的比较判别法

定义 7.1.3 如果级数 $\sum\limits_{n=1}^{\infty} x_n$ 的各项都是非负实数,即

$$x_n \geqslant 0, \quad n = 1, 2, \cdots,$$

则称此级数为**正项级数**.

定理 7.1.2 正项级数收敛的充分必要条件是它的部分和数列有上界.

定理 7.1.3(比较判别法) 设 $\sum\limits_{n=1}^{\infty} x_n$ 和 $\sum\limits_{n=1}^{\infty} y_n$ 是正项级数,若存在常数 $A > 0$,使得

$$x_n \leqslant A y_n, \quad n \geqslant N_0,$$

则

(1) 当 $\sum\limits_{n=1}^{\infty} y_n$ 收敛时, $\sum\limits_{n=1}^{\infty} x_n$ 也收敛;

(2) 当 $\sum\limits_{n=1}^{\infty} x_n$ 发散时, $\sum\limits_{n=1}^{\infty} y_n$ 也发散.

定理 7.1.3′(比较判别法的极限形式) 设 $\sum\limits_{n=1}^{\infty} x_n$ 和 $\sum\limits_{n=1}^{\infty} y_n$ 是正项级数,若

$$\lim_{n \to \infty} \frac{x_n}{y_n} = l,$$

则

(1) 当 $0 < l < +\infty$ 时, $\sum\limits_{n=1}^{\infty} x_n$ 与 $\sum\limits_{n=1}^{\infty} y_n$ 同时收敛或同时发散;

(2) 当 $l = 0$ 时,若 $\sum\limits_{n=1}^{\infty} y_n$ 收敛,则 $\sum\limits_{n=1}^{\infty} x_n$ 收敛;若 $\sum\limits_{n=1}^{\infty} x_n$ 发散,则 $\sum\limits_{n=1}^{\infty} y_n$ 发散;

(3) 当 $l = +\infty$ 时,若 $\sum\limits_{n=1}^{\infty} x_n$ 收敛,则 $\sum\limits_{n=1}^{\infty} y_n$ 收敛;若 $\sum\limits_{n=1}^{\infty} y_n$ 发散,则 $\sum\limits_{n=1}^{\infty} x_n$ 发散.

五、正项级数的 Cauchy 判别法、D'Alembert 判别法和 Raabe 判别法

定理 7.1.4(Cauchy 判别法) 设 $\sum\limits_{n=1}^{\infty} x_n$ 是正项级数. 若

$$\lim_{n \to \infty} \sqrt[n]{x_n} = r,$$

则

(1) 当 $r < 1$ 时,级数 $\sum\limits_{n=1}^{\infty} x_n$ 收敛;

(2) 当 $r > 1$ 时,级数 $\sum\limits_{n=1}^{\infty} x_n$ 发散.

定理 7.1.5(D'Alembert 判别法) 设 $\sum\limits_{n=1}^{\infty} x_n$ 是正项级数,且 $x_n \neq 0(n = 1, 2, \cdots)$. 若

$$\lim_{n \to \infty} \frac{x_{n+1}}{x_n} = r,$$

则

（1）当 $r < 1$ 时，级数 $\sum_{n=1}^{\infty} x_n$ 收敛；

（2）当 $r > 1$ 时，级数 $\sum_{n=1}^{\infty} x_n$ 发散.

注   当 $r = 1$ 时，这两个判别法失效，即级数可能收敛，也可能发散.

定理 7.1.6（Raabe 判别法）   设 $\sum_{n=1}^{\infty} x_n$ 是正项级数，且 $x_n \neq 0 (n = 1, 2, \cdots)$.

若

$$\lim_{n \to \infty} n \left(\frac{x_n}{x_{n+1}} - 1 \right) = r,$$

则

（1）当 $r > 1$ 时，级数 $\sum_{n=1}^{\infty} x_n$ 收敛；

（2）当 $r < 1$ 时，级数 $\sum_{n=1}^{\infty} x_n$ 发散.

六、正项级数的积分判别法

设函数 f 在 $[1, +\infty)$ 上连续，单调减少，且 $f(x) \geqslant 0 (x \in [1, +\infty))$，因此有

$$0 \leqslant f(n) \leqslant \int_{n-1}^{n} f(x) \mathrm{d}x \leqslant f(n-1), \quad n = 2, 3, \cdots.$$

记 $x_n = f(n)$，则有下面的结论.

定理 7.1.7（Cauchy 积分判别法）   正项级数 $\sum_{n=1}^{\infty} x_n$ 与广义积分 $\int_{1}^{+\infty} f(x) \mathrm{d}x$ 同时收敛或同时发散.

七、任意项级数

所谓任意项级数，就是对通项不作正负限制的级数.

形式为 $\sum_{n=1}^{\infty} (-1)^{n+1} u_n$ 或 $\sum_{n=1}^{\infty} (-1)^n u_n (u_n > 0)$ 的级数，称为**交错级数**.

定义 7.1.4   若交错级数 $\sum_{n=1}^{\infty} (-1)^{n+1} u_n$ 满足 $\{u_n\}$ 单调减少且收敛于 0，则称这样的交错级数为 **Leibniz 级数**.

定理 7.1.8（Leibniz 判别法）   Leibniz 级数必定收敛，且成立

$$0 \leqslant \sum_{n=1}^{\infty} (-1)^{n+1} u_n \leqslant u_1.$$

注 对于 Leibniz 级数的余项 $r_n = \sum_{k=n+1}^{\infty} (-1)^{k+1} u_k$ 有如下估计：

$$|r_n| \leqslant u_{n+1}.$$

它在近似计算中有着重要应用.

定理 7.1.9 若级数 $\sum_{n=1}^{\infty} x_n$ 满足

$$\lim_{n \to \infty} \left| \frac{x_{n+1}}{x_n} \right| = l, \ 或 \lim_{n \to \infty} \sqrt[n]{|x_n|} = l,$$

则

(1) 当 $l < 1$ 时,级数 $\sum_{n=1}^{\infty} x_n$ 绝对收敛;

(2) 当 $l > 1$ 时,级数 $\sum_{n=1}^{\infty} x_n$ 发散.

定理 7.1.10 若下列两个条件之一满足,则级数 $\sum_{n=1}^{\infty} a_n b_n$ 收敛:

(1) (**Abel 判别法**) 数列 $\{a_n\}$ 单调有界,级数 $\sum_{n=1}^{\infty} b_n$ 收敛;

(2) (**Dirichlet 判别法**) 数列 $\{a_n\}$ 单调趋于 0,且数列 $\left\{ \sum_{k=1}^{n} b_k \right\}$ 有界.

将一个级数 $\sum_{n=1}^{\infty} x_n$ 的项任意重新排列,得到的新级数 $\sum_{n=1}^{\infty} x_n'$,称之为 $\sum_{n=1}^{\infty} x_n$ 的**更序级数**.下面的两个定理说明,能否满足加法交换律,是绝对收敛级数与条件收敛级数的一个本质区别.

定理 7.1.11 若级数 $\sum_{n=1}^{\infty} x_n$ 绝对收敛,则它的更序级数 $\sum_{n=1}^{\infty} x_n'$ 也绝对收敛,且和不变,即

$$\sum_{n=1}^{\infty} x_n' = \sum_{n=1}^{\infty} x_n.$$

定理 7.1.12(Riemann) 设级数 $\sum_{n=1}^{\infty} x_n$ 条件收敛,则对于任意给定的 $a(-\infty \leqslant a \leqslant +\infty)$,必定存在 $\sum_{n=1}^{\infty} x_n$ 的更序级数 $\sum_{n=1}^{\infty} x_n'$,满足 $\sum_{n=1}^{\infty} x_n' = a$.

八、级数的乘法

设 $\sum\limits_{n=1}^{\infty} a_n$ 与 $\sum\limits_{n=1}^{\infty} b_n$ 是两个收敛的级数.

(1) 作

$$c_1 = a_1 b_1, c_2 = a_1 b_2 + a_2 b_1, \cdots, c_n = \sum_{i+j=n+1} a_i b_j = a_1 b_n + a_2 b_{n-1} + \cdots + a_n b_1, \cdots,$$

这样得到级数

$$\sum_{n=1}^{\infty} c_n = \sum_{n=1}^{\infty} (a_1 b_n + a_2 b_{n-1} + \cdots + a_n b_1),$$

称为级数 $\sum\limits_{n=1}^{\infty} a_n$ 与 $\sum\limits_{n=1}^{\infty} b_n$ 的 **Cauchy 乘积.**

(2) 作

$$d_1 = a_1 b_1, d_2 = a_1 b_2 + a_2 b_2 + a_2 b_1, \cdots,$$

$$d_n = a_1 b_n + a_2 b_n + \cdots + a_n b_n + a_n b_{n-1} + \cdots + a_n b_1, \cdots$$

这样得到的级数 $\sum\limits_{n=1}^{\infty} d_n$,称为级数 $\sum\limits_{n=1}^{\infty} a_n$ 与 $\sum\limits_{n=1}^{\infty} b_n$ **按正方形排列的乘积.**

定理 7.1.13(Cauchy)   如果级数 $\sum\limits_{n=1}^{\infty} a_n$ 与 $\sum\limits_{n=1}^{\infty} b_n$ 绝对收敛,则将 $a_i b_j (i = 1, 2, \cdots; j = 1, 2, \cdots)$ 按任意方式排列求和而成的级数也绝对收敛,且其和等于 $\left(\sum\limits_{n=1}^{\infty} a_n \right) \left(\sum\limits_{n=1}^{\infty} b_n \right)$.

例 题 分 析

例 7.1.1   按定义说明下列级数的敛散性,若收敛,求出和:

(1) $\ln \dfrac{1}{2} + \sum\limits_{n=2}^{\infty} \ln \left(1 - \dfrac{2}{n(n+1)} \right)$;   (2) $\sum\limits_{n=1}^{\infty} \left(\dfrac{1}{\sqrt{n}} - \dfrac{1}{n+1} \right)$;

(3) $\sum\limits_{n=1}^{\infty} \dfrac{1}{n(n+2)(n+4)}$.

解   (1) 因为

$$1 - \frac{2}{n(n+1)} = \frac{(n-1)(n+2)}{n(n+1)},$$

所以当 $n \geqslant 2$ 时,该级数的部分和

$$S_n = \ln \frac{1}{2} + \sum_{k=2}^{n} \ln \left(1 - \frac{2}{k(k+1)} \right) = \ln \frac{1}{2} + \sum_{k=2}^{n} \ln \frac{(k-1)(k+2)}{k(k+1)}$$

$$= \ln \frac{1}{2} + \sum_{k=2}^{n} \left[\ln \frac{k+2}{k} - \ln \frac{k+1}{k-1} \right] = \ln \frac{1}{2} + \ln \frac{n+2}{n} - \ln 3.$$

因为 $\lim\limits_{n \to \infty} S_n = -\ln 6$，所以级数 $\ln \dfrac{1}{2} + \sum\limits_{n=2}^{\infty} \ln \left(1 - \dfrac{2}{n(n+1)} \right)$ 收敛，且和为 $-\ln 6$.

（2）因为当 $n \geqslant 2$ 时，级数的部分和

$$S_n = \sum_{k=1}^{n} \left(\frac{1}{\sqrt{k}} - \frac{1}{k+1} \right) > \sum_{k=1}^{n} \left(\frac{1}{\sqrt{k}} - \frac{1}{k} \right) = \sum_{k=1}^{n} \left(\frac{\sqrt{k}-1}{k} \right) \geqslant (\sqrt{2}-1) \sum_{k=2}^{n} \frac{1}{k},$$

且因为 $\lim\limits_{n \to \infty} \sum\limits_{k=2}^{n} \dfrac{1}{k} = +\infty$，所以 $\{S_n\}$ 发散，于是级数 $\sum\limits_{n=1}^{\infty} \left(\dfrac{1}{\sqrt{n}} - \dfrac{1}{n+1} \right)$ 发散.

（3）因为当 $k \geqslant 1$ 时，有

$$\frac{1}{k(k+2)(k+4)} = \frac{1}{8} \left(\frac{1}{k} - \frac{2}{k+2} + \frac{1}{k+4} \right),$$

所以

$$S_n = \sum_{k=1}^{n} \frac{1}{k(k+2)(k+4)} = \frac{1}{8} \sum_{k=1}^{n} \left(\frac{1}{k} - \frac{2}{k+2} + \frac{1}{k+4} \right)$$

$$= \frac{1}{8} \sum_{k=1}^{n} \left[\left(\frac{1}{k} - \frac{1}{k+2} \right) - \left(\frac{1}{k+2} - \frac{1}{k+4} \right) \right]$$

$$= \frac{1}{8} \left(\frac{11}{12} - \frac{1}{n+1} - \frac{1}{n+2} + \frac{1}{n+3} + \frac{1}{n+4} \right).$$

因为 $\lim\limits_{n \to \infty} S_n = \dfrac{11}{96}$，所以级数 $\sum\limits_{n=1}^{\infty} \dfrac{1}{n(n+2)(n+4)}$ 收敛，且和为 $\dfrac{11}{96}$.

例 7.1.2 用级数的 Cauchy 收敛准则判别下列级数是否收敛：

（1）$\displaystyle\sum_{n=2}^{\infty} \frac{\sin na}{n(n+\sin na)}$（$a$ 是常数）；

（2）$1 + \dfrac{1}{2} - \dfrac{1}{3} + \dfrac{1}{4} + \dfrac{1}{5} - \dfrac{1}{6} + \cdots + \dfrac{1}{3n-2} + \dfrac{1}{3n-1} - \dfrac{1}{3n} + \cdots.$

解　（1）记 $x_n = \dfrac{\sin na}{n(n+\sin na)}$. 因为当 $n \geqslant 2$ 时

$$|x_n| = \left| \frac{\sin na}{n(n+\sin na)} \right| \leqslant \left| \frac{1}{n(n-1)} \right| = \frac{1}{n-1} - \frac{1}{n}.$$

所以对于任何正整数 n, m，当 $n > m > 1$ 时，有

$$\left| \sum_{k=m+1}^{n} x_k \right| \leqslant \sum_{k=m+1}^{n} |x_k| \leqslant \sum_{k=m+1}^{n} \left(\frac{1}{k-1} - \frac{1}{k} \right) = \frac{1}{m} - \frac{1}{n} < \frac{1}{m}.$$

于是，对任意给定的 $\varepsilon > 0$，只要取 $N = \left[\dfrac{1}{\varepsilon} \right] + 2$，当 $n > m > N$ 时，便有

$$\left| \sum_{k=m+1}^{n} x_k \right| < \varepsilon.$$

由 Cauchy 收敛准则可知,级数 $\sum\limits_{n=2}^{\infty} \dfrac{\sin na}{n(n+\sin na)}$ 收敛.

(2) 记 x_n 为原级数表达式中的第 n 项. 取 $\varepsilon = \dfrac{1}{6}$,由于对于任何正整数 n,有

$$| x_{3n+1} + x_{3n+2} + x_{3n+3} + \cdots + x_{6n-2} + x_{6n-1} + x_{6n} |$$

$$= \frac{1}{3n+1} + \frac{1}{3n+2} - \frac{1}{3n+3} + \cdots + \frac{1}{6n-2} + \frac{1}{6n-1} - \frac{1}{6n}$$

$$> \frac{1}{3n+1} + \frac{1}{3n+4} + \cdots + \frac{1}{6n-2} \geqslant \frac{n}{6n-2} > \frac{1}{6},$$

因此由 Cauchy 收敛准则知,$\{a_n\}$ 是发散的.

例 7.1.3　判断下列正项级数的敛散性:

(1) $\sum\limits_{n=1}^{\infty} (n+1)\ln\left(\dfrac{n+1}{n}\right)$;　　　　(2) $\sum\limits_{n=1}^{\infty} \dfrac{1}{3^{\ln n}}$;

(3) $\sum\limits_{n=1}^{\infty} \dfrac{1}{n^{1+1/n}}$;　　　　(4) $\sum\limits_{n=1}^{\infty} (\sqrt[n^2]{a}-1)(a>1)$;

(5) $\sum\limits_{n=1}^{\infty} \left(1+\dfrac{3}{n}\right)^{n^2}$;　　　　(6) $\sum\limits_{n=1}^{\infty} \dfrac{n^n}{5^n n!}\cos^2 nx$;

(7) $\sum\limits_{n=1}^{\infty} \dfrac{3+(-1)^n}{3^n}$;　　　　(8) $\sum\limits_{n=1}^{\infty} \left(\dfrac{1}{\sqrt{n}} - \sqrt{\ln\dfrac{n+1}{n}}\right)$;

(9) $\sum\limits_{n=2}^{\infty} \dfrac{1}{\ln(n!)}$;　　　　(10) $\sum\limits_{n=1}^{\infty} \sqrt{\dfrac{1}{n} - \sin\dfrac{1}{n}}$;

(11) $\sum\limits_{n=1}^{\infty} (\mathrm{e}^{\frac{2}{n}}-1)\sin\dfrac{1}{\sqrt[3]{n}}$;　　　　(12) $\sum\limits_{n=1}^{\infty} (\sqrt[n]{a} - \sqrt[n+1]{a})(a>1)$;

(13) $\sum\limits_{n=1}^{\infty} \int_0^1 x^n \arctan x \, \mathrm{d}x$;　　　　(14) $\sum\limits_{n=3}^{\infty} \dfrac{1}{n(\ln\ln n)^p}(p>0)$;

(15) $\sum\limits_{n=1}^{\infty} \left[\mathrm{e} - \left(1+\dfrac{1}{1!}+\dfrac{1}{2!}+\cdots+\dfrac{1}{n!}\right)\right]$;

(16) $\sum\limits_{n=1}^{\infty} \dfrac{x^{\frac{1}{2}n^2}}{(1+x)(1+x^2)\cdots(1+x^n)}(x>0)$;

(17) $1 + \sum\limits_{n=1}^{\infty} \dfrac{(2n-1)!!}{(2n)!!} \cdot \dfrac{1}{2n+1}$.

解　(1) 因为

$$\lim_{n\to\infty}(n+1)\ln\frac{n+1}{n} = \lim_{n\to\infty}\ln\left(1+\frac{1}{n}\right)^{n+1} = \ln\mathrm{e} = 1,$$

所以由收敛的必要条件知,级数 $\sum\limits_{n=1}^{\infty}(n+1)\ln\left(\dfrac{n+1}{n}\right)$ 发散.

（2）因为
$$3^{\ln n} = e^{\ln 3 \ln n} = (e^{\ln n})^{\ln 3} = n^{\ln 3},$$

而 $\ln 3 > 1$，所以
$$\sum_{n=1}^{\infty} \frac{1}{3^{\ln n}} = \sum_{n=1}^{\infty} \frac{1}{n^{\ln 3}}$$

收敛.

（3）因为
$$\lim_{n \to \infty} \frac{\dfrac{1}{n^{1+1/n}}}{\dfrac{1}{n}} = \lim_{n \to \infty} \frac{1}{\sqrt[n]{n}} = 1,$$

而级数 $\sum\limits_{n=1}^{\infty} \dfrac{1}{n}$ 发散，由比较判别法的极限形式知，级数 $\sum\limits_{n=1}^{\infty} \dfrac{1}{n^{1+1/n}}$ 发散.

（4）因为 $a^x - 1 \sim x \ln a (x \to 0)$，所以
$$\lim_{n \to \infty} \frac{\sqrt[n^2]{a} - 1}{\dfrac{1}{n^2}} = \lim_{n \to \infty} \frac{a^{\frac{1}{n^2}} - 1}{\dfrac{1}{n^2}} = \ln a,$$

而级数 $\sum\limits_{n=1}^{\infty} \dfrac{1}{n^2}$ 收敛，由比较判别法的极限形式知，级数 $\sum\limits_{n=1}^{\infty} (\sqrt[n^2]{a} - 1)$ 收敛.

（5）记 $x_n = \left(1 + \dfrac{3}{n}\right)^{n^2}$. 因为
$$\lim_{n \to \infty} \sqrt[n]{x_n} = \lim_{n \to \infty} \left(1 + \frac{3}{n}\right)^n = e^3 > 1,$$

所以由 Cauchy 判别法知，$\sum\limits_{n=1}^{\infty} \left(1 + \dfrac{3}{n}\right)^{n^2}$ 发散.

（6）记 $x_n = \dfrac{n^n}{5^n n!}$. 因为
$$\lim_{n \to \infty} \frac{x_{n+1}}{x_n} = \lim_{n \to \infty} \frac{\dfrac{(n+1)^{n+1}}{5^{n+1}(n+1)!}}{\dfrac{n^n}{5^n n!}} = \lim_{n \to \infty} \frac{1}{5}\left(1 + \frac{1}{n}\right)^n = \frac{e}{5} < 1,$$

所以由 D'Alembert 判别法知，$\sum\limits_{n=1}^{\infty} \dfrac{n^n}{5^n n!}$ 收敛.

因为
$$0 \leqslant \frac{n^n}{5^n n!} \cos^2 nx \leqslant \frac{n^n}{5^n n!},$$

所以由比较判别法知 $\displaystyle\sum_{n=1}^{\infty} \frac{n^n}{5^n n!}\cos^2 nx$ 收敛.

(7) 记 $x_n = \dfrac{3+(-1)^n}{3^n}$. 因为

$$\frac{2}{3^n} \leqslant x_n \leqslant \frac{4}{3^n},$$

而 $\displaystyle\lim_{n\to\infty}\sqrt[n]{\frac{2}{3^n}} = \lim_{n\to\infty}\frac{1}{3}\sqrt[n]{2} = \frac{1}{3}$, $\displaystyle\lim_{n\to\infty}\sqrt[n]{\frac{4}{3^n}} = \frac{1}{3}$, 所以由极限的夹逼性知

$$\lim_{n\to\infty}\sqrt[n]{x_n} = \frac{1}{3} < 1,$$

于是由 Cauchy 判别法知, $\displaystyle\sum_{n=1}^{\infty}\frac{3+(-1)^n}{3^n}$ 收敛.

(8) 因为对于每个正整数 n, 在 $[n, n+1]$ 上成立

$$\frac{1}{n+1} \leqslant \frac{1}{x} \leqslant \frac{1}{n},$$

所以

$$\frac{1}{n+1} < \int_n^{n+1}\frac{1}{x}\mathrm{d}x < \frac{1}{n}, \text{即} \frac{1}{n+1} < \ln\frac{n+1}{n} < \frac{1}{n}.$$

于是

$$0 < \frac{1}{\sqrt{n}} - \sqrt{\ln\frac{n+1}{n}} < \frac{1}{\sqrt{n}} - \frac{1}{\sqrt{n+1}} = \frac{\sqrt{n+1}-\sqrt{n}}{\sqrt{n}\sqrt{n+1}}$$

$$< \frac{\sqrt{n+1}-\sqrt{n}}{n} = \frac{1}{n(\sqrt{n+1}+\sqrt{n})} < \frac{1}{2n^{3/2}}.$$

因为 $\displaystyle\sum_{n=1}^{\infty}\frac{1}{n^{3/2}}$ 收敛, 所以由比较判别法知 $\displaystyle\sum_{n=1}^{\infty}\left(\frac{1}{\sqrt{n}} - \sqrt{\ln\frac{n+1}{n}}\right)$ 收敛.

(9) 因为当 $n \geqslant 2$ 时, 成立

$$\frac{1}{\ln(n!)} = \frac{1}{\ln 1 + \ln 2 + \cdots + \ln n} > \frac{1}{n\ln n},$$

而反常积分 $\displaystyle\int_2^{+\infty}\frac{1}{x\ln x}\mathrm{d}x$ 发散, 所以由积分判别法知 $\displaystyle\sum_{n=2}^{\infty}\frac{1}{n\ln n}$ 发散. 因此由比较判别法知 $\displaystyle\sum_{n=2}^{\infty}\frac{1}{\ln(n!)}$ 发散.

(10) 由 Taylor 公式得

$$\sin\frac{1}{n} = \frac{1}{n} - \frac{1}{6n^3} + o\left(\frac{1}{n^3}\right) \quad (n\to\infty),$$

因此

$$\frac{1}{n} - \sin\frac{1}{n} = \frac{1}{6n^3} + o\left(\frac{1}{n^3}\right) \quad (n \to \infty).$$

于是

$$\lim_{n \to \infty} \frac{\sqrt{\dfrac{1}{n} - \sin\dfrac{1}{n}}}{\dfrac{1}{n^{3/2}}} = \lim_{n \to \infty} \sqrt{\frac{1}{6} + o(1)} = \frac{1}{\sqrt{6}}.$$

因为 $\displaystyle\sum_{n=1}^{\infty} \frac{1}{n^{3/2}}$ 收敛,所以 $\displaystyle\sum_{n=1}^{\infty} \sqrt{\frac{1}{n} - \sin\frac{1}{n}}$ 收敛.

(11) 因为 $e^{\frac{2}{n}} - 1 \sim \dfrac{2}{n}, \sin\dfrac{1}{\sqrt[3]{n}} \sim \dfrac{1}{\sqrt[3]{n}} \quad (n \to \infty)$,所以

$$\left(e^{\frac{2}{n}} - 1\right)\sin\frac{1}{\sqrt[3]{n}} \sim \frac{2}{n^{4/3}} \quad (n \to \infty).$$

因为 $\displaystyle\sum_{n=1}^{\infty} \frac{1}{n^{4/3}}$ 收敛,所以 $\displaystyle\sum_{n=1}^{\infty} \left(e^{\frac{2}{n}} - 1\right)\sin\frac{1}{\sqrt[3]{n}}$ 收敛.

(12) 因为

$$\sqrt[n]{a} - \sqrt[n+1]{a} = a^{\frac{1}{n+1}}\left(a^{\frac{1}{n(n+1)}} - 1\right) \sim a^{\frac{1}{n(n+1)}} - 1 \sim \frac{\ln a}{n(n+1)} \quad (n \to \infty),$$

而 $\displaystyle\sum_{n=1}^{\infty} \frac{1}{n(n+1)}$ 收敛,所以 $\displaystyle\sum_{n=1}^{\infty} \left(\sqrt[n]{a} - \sqrt[n+1]{a}\right)$ 收敛.

(13) 因为

$$\int_0^1 x^n \arctan x \, dx = \frac{1}{n+1} \int_0^1 \arctan x \, d(x^{n+1}) = \frac{\pi}{4(n+1)} - \frac{1}{n+1} \int_0^1 \frac{x^{n+1}}{1+x^2} dx,$$

且

$$0 < \int_0^1 \frac{x^{n+1}}{1+x^2} dx \leqslant \int_0^1 x^{n+1} dx = \frac{1}{n+2}, \quad n = 1, 2, \cdots,$$

所以

$$\int_0^1 x^n \arctan x \, dx = \frac{\pi}{4(n+1)} + o\left(\frac{1}{n}\right) \quad (n \to \infty).$$

于是

$$\lim_{n \to \infty} \frac{\displaystyle\int_0^1 x^n \arctan x \, dx}{\dfrac{1}{n}} = \frac{\pi}{4}.$$

由于 $\displaystyle\sum_{n=1}^{\infty} \frac{1}{n}$ 发散,因此 $\displaystyle\sum_{n=1}^{\infty} \int_0^1 x^n \arctan x \, dx$ 发散.

（14）令 $f(x) = \dfrac{1}{x(\ln \ln x)^p} \; (x \geqslant 3)$，则 f 是单调下降的正值函数，且

$$\sum_{n=3}^{\infty} \frac{1}{n(\ln \ln n)^p} = \sum_{n=3}^{\infty} f(n).$$

因为当 $p > 0$ 时反常积分 $\displaystyle\int_3^{+\infty} \frac{1}{x(\ln \ln x)^p}\mathrm{d}x$ 发散（事实上，它的发散性可由

$\displaystyle\int_{\ln 3}^{+\infty} \frac{1}{(\ln u)^p}\mathrm{d}u$ 的发散性推出），所以由积分判别法知 $\displaystyle\sum_{n=3}^{\infty} \frac{1}{n(\ln \ln n)^p}$ 发散.

（15）对于每个正整数 n，由 Taylor 公式知

$$\mathrm{e} = 1 + \frac{1}{1!} + \frac{1}{2!} + \cdots + \frac{1}{n!} + \frac{1}{(n+1)!}\mathrm{e}^{\theta}, \quad 0 < \theta < 1.$$

于是

$$0 < \mathrm{e} - \left(1 + \frac{1}{1!} + \frac{1}{2!} + \cdots + \frac{1}{n!}\right) = \frac{1}{(n+1)!}\mathrm{e}^{\theta} < \frac{\mathrm{e}}{(n+1)!}.$$

根据 D'Alembert 判别法可以推断 $\displaystyle\sum_{n=1}^{\infty} \frac{1}{(n+1)!}$ 收敛，所以我们得出

$\displaystyle\sum_{n=1}^{\infty}\left[\mathrm{e} - \left(1 + \frac{1}{1!} + \frac{1}{2!} + \cdots + \frac{1}{n!}\right)\right]$ 收敛.

（16）记 $x_n = \dfrac{x^{\frac{1}{2}n^2}}{(1+x)(1+x^2)\cdots(1+x^n)}$. 因为

$$l = \lim_{n \to \infty} \frac{x_{n+1}}{x_n} = \lim_{n \to \infty} \frac{x^{n+\frac{1}{2}}}{1+x^{n+1}} = \begin{cases} 0, & 0 < x < 1, \\[2mm] \dfrac{1}{2}, & x = 1, \\[2mm] \dfrac{1}{\sqrt{x}}, & x > 1, \end{cases}$$

所以，当 $x > 0$ 时，总有 $l < 1$，由 D'Alembert 判别法可知 $\displaystyle\sum_{n=1}^{\infty} \frac{x^{\frac{1}{2}n^2}}{(1+x)(1+x^2)\cdots(1+x^n)}$
收敛.

（17）记 $x_n = \dfrac{(2n-1)!!}{(2n)!!} \cdot \dfrac{1}{2n+1}$，则

$$\lim_{n \to \infty} n\left(\frac{x_n}{x_{n+1}} - 1\right) = \lim_{n \to \infty} \frac{n(6n+5)}{(2n+1)^2} = \frac{3}{2} > 1.$$

所以由 Raabe 判别法可知，级数 $1 + \displaystyle\sum_{n=1}^{\infty} \frac{(2n-1)!!}{(2n)!!} \cdot \frac{1}{2n+1}$ 收敛.

例 7.1.4 讨论下列正项级数的敛散性：

(1) $\displaystyle\sum_{n=1}^{\infty} \frac{p^n}{1 + 2p^{2n}}$ $(p > 0)$;

(2) $\displaystyle\sum_{n=2}^{\infty} \frac{1}{n^p \ln n}$;

(3) $\displaystyle\sum_{n=1}^{\infty} \left(a - \tan\frac{1}{n}\right)^n$ $(a > 0)$;

(4) $\displaystyle\sum_{n=1}^{\infty} \left(n\ln\frac{2n+1}{2n-1} - 1\right)^p$.

解 （1）记 $x_n = \dfrac{p^n}{1 + 2p^{2n}}$.

当 $p = 1$ 时，级数的通项为 $x_n = \dfrac{1}{3}$，它不趋于 0，所以级数发散.

当 $p > 1$ 时，因为

$$\lim_{n\to\infty} \frac{x_n}{\left(\dfrac{1}{p}\right)^n} = \lim_{n\to\infty} \frac{p^{2n}}{1 + 2p^{2n}} = \lim_{n\to\infty} \frac{1}{p^{-2n} + 2} = \frac{1}{2},$$

且级数 $\displaystyle\sum_{n=1}^{\infty} \left(\frac{1}{p}\right)^n$ 收敛，所以 $\displaystyle\sum_{n=1}^{\infty} \frac{p^n}{1 + 2p^{2n}}$ 收敛.

当 $0 < p < 1$ 时，因为

$$\lim_{n\to\infty} \frac{x_n}{p^n} = \lim_{n\to\infty} \frac{1}{1 + 2p^{2n}} = 1,$$

而几何级数 $\displaystyle\sum_{n=1}^{\infty} p^n$ 收敛，所以 $\displaystyle\sum_{n=1}^{\infty} \frac{p^n}{1 + 2p^{2n}}$ 收敛.

综上所述，$\displaystyle\sum_{n=1}^{\infty} \frac{p^n}{1 + 2p^{2n}}$ 当 $p \neq 1$ 时收敛，当 $p = 1$ 时发散.

（2）当 $p = 1$ 时，因为反常积分 $\displaystyle\int_2^{+\infty} \frac{1}{x\ln x}\mathrm{d}x$ 发散，所以由积分判别法知 $\displaystyle\sum_{n=2}^{\infty} \frac{1}{n\ln n}$ 发散.

当 $0 < p < 1$ 时，由 L'Hospital 法则知

$$\lim_{x\to+\infty} \frac{x^{1-p}}{\ln x} = \lim_{x\to+\infty} \frac{\dfrac{1-p}{x^p}}{\dfrac{1}{x}} \lim_{x\to+\infty}(1-p)x^{1-p} = +\infty,$$

因此

$$\lim_{n\to\infty} \frac{\dfrac{1}{n^p\ln n}}{\dfrac{1}{n}} = \lim_{n\to\infty} \frac{n^{1-p}}{\ln n} = \lim_{x\to+\infty} \frac{x^{1-p}}{\ln x} = +\infty,$$

而级数 $\displaystyle\sum_{n=2}^{\infty} \frac{1}{n}$ 发散，由比较判别法的极限形式知，级数 $\displaystyle\sum_{n=2}^{\infty} \frac{1}{n^p\ln n}$ 发散.

此时也可以这样判断:因为

$$\frac{1}{n^p \ln n} \geqslant \frac{1}{n \ln n},$$

由级数 $\sum\limits_{n=2}^{\infty} \frac{1}{n \ln n}$ 发散可知,$\sum\limits_{n=2}^{\infty} \frac{1}{n^p \ln n}$ 也发散.

当 $p > 1$ 时,因为当 $n > 2$ 时,成立

$$\frac{1}{n^p \ln n} < \frac{1}{n^p},$$

且 $\sum\limits_{n=2}^{\infty} \frac{1}{n^p}$ 收敛,所以 $\sum\limits_{n=2}^{\infty} \frac{1}{n^p \ln n}$ 收敛.

综上所述,$\sum\limits_{n=2}^{\infty} \frac{1}{n^p \ln n}$ 当 $p > 1$ 时收敛,当 $0 < p \leqslant 1$ 时发散.

(3) 因为

$$\lim_{n \to \infty} \sqrt[n]{\left(a - \tan \frac{1}{n} \right)^n} = \lim_{n \to \infty} \left(a - \tan \frac{1}{n} \right) = a,$$

所以由 Cauchy 判别法知,当 $0 < a < 1$ 时,级数收敛;当 $a > 1$ 时级数发散.

当 $a = 1$ 时. 利用 $\ln(1 + x) \sim x(x \to 0)$,得

$$\lim_{n \to \infty} n \ln \left(1 - \tan \frac{1}{n} \right) = \lim_{n \to \infty} \frac{\ln \left(1 - \tan \frac{1}{n} \right)}{\frac{1}{n}} = \lim_{n \to \infty} \frac{- \tan \frac{1}{n}}{\frac{1}{n}} = -1,$$

于是

$$\lim_{n \to \infty} \left(1 - \tan \frac{1}{n} \right)^n = e^{\lim_{n \to \infty} n \ln \left(1 - \tan \frac{1}{n} \right)} = e^{-1}.$$

这时所论级数的通项不趋于 0,因此发散.

综上所述,$\sum\limits_{n=1}^{\infty} \left(a - \tan \frac{1}{n} \right)^n$ 当 $0 < a < 1$ 时收敛,当 $a \geqslant 1$ 时发散.

(4) 由 Taylor 公式知

$$\ln \frac{2n+1}{2n-1} = \ln \left(1 + \frac{2}{2n-1} \right) = \frac{2}{2n-1} - \frac{2}{(2n-1)^2} + \frac{8}{3(2n-1)^3} + o \left(\frac{1}{n^3} \right) \quad (n \to \infty),$$

因此

$$n \ln \frac{2n+1}{2n-1} - 1 = - \frac{1}{(2n-1)^2} + \frac{8n}{3(2n-1)^3} + o \left(\frac{1}{n^2} \right) \quad (n \to \infty).$$

于是

$$n \ln \frac{2n+1}{2n-1} - 1 \sim \frac{1}{12n^2} \quad (n \to \infty).$$

因此
$$\left(n\ln\frac{2n+1}{2n-1}-1\right)^p \sim \frac{1}{12^p n^{2p}} \quad (n\to\infty).$$

于是,级数 $\displaystyle\sum_{n=1}^{\infty}\left(n\ln\frac{2n+1}{2n-1}-1\right)^p$ 当 $p>\dfrac{1}{2}$ 时收敛,当 $0<p\leqslant\dfrac{1}{2}$ 时发散.

例 7.1.5 设 $x_n = 1+\dfrac{1}{\sqrt{2}}+\cdots+\dfrac{1}{\sqrt{n}}-2\sqrt{n}$ $(n=1,2,\cdots)$.

(1) 证明数列 $\{x_n\}$ 收敛;

(2) 求 $\displaystyle\lim_{n\to\infty}\frac{1}{\sqrt{n}}\left(1+\frac{1}{\sqrt{2}}+\cdots+\frac{1}{\sqrt{n}}\right)$.

(1) **证** 因为 $x_n = \displaystyle\sum_{k=1}^{n-1}(x_{k+1}-x_k)+x_1$ $(n=2,3,\cdots)$,所以

$$x_n = -1 + \sum_{k=1}^{n-1}\left[\frac{1}{\sqrt{k+1}}-2(\sqrt{k+1}-\sqrt{k})\right] = -1 - \sum_{k=1}^{n-1}\left[\frac{1}{\sqrt{k+1}(\sqrt{k+1}+\sqrt{k})^2}\right].$$

由于 $\dfrac{1}{\sqrt{k+1}(\sqrt{k+1}+\sqrt{k})^2} \sim \dfrac{1}{4k^{3/2}}$ $(k\to\infty)$,因此级数 $\displaystyle\sum_{k=1}^{\infty}\left[\frac{1}{\sqrt{k+1}(\sqrt{k+1}+\sqrt{k})^2}\right]$ 收敛,即极限 $\displaystyle\lim_{n\to\infty}\sum_{k=1}^{n-1}\left[\frac{1}{\sqrt{k+1}(\sqrt{k+1}+\sqrt{k})^2}\right]$ 存在,从而 $\{x_n\}$ 的极限存在,即 $\{x_n\}$ 收敛.

(2) **解** 由于 $\{x_n\}$ 收敛,所以 $\displaystyle\lim_{n\to\infty}\frac{x_n}{\sqrt{n}}=0$,即

$$\lim_{n\to\infty}\frac{1}{\sqrt{n}}\left(1+\frac{1}{\sqrt{2}}+\cdots+\frac{1}{\sqrt{n}}-2\sqrt{n}\right)=0,$$

因此

$$\lim_{n\to\infty}\frac{1}{\sqrt{n}}\left(1+\frac{1}{\sqrt{2}}+\cdots+\frac{1}{\sqrt{n}}\right)=2.$$

例 7.1.6 设 $\{x_n\}$ 为单调增加且有界的正数列,证明:级数 $\displaystyle\sum_{n=1}^{\infty}\left(1-\frac{x_n}{x_{n+1}}\right)$ 收敛.

证 显然 $1-\dfrac{x_n}{x_{n+1}}\geqslant 0$,所以 $\displaystyle\sum_{n=1}^{\infty}\left(1-\frac{x_n}{x_{n+1}}\right)$ 是正项级数. 由于 $\{x_n\}$ 单调增加,则级数的部分和

$$0\leqslant S_n = \sum_{k=1}^{n}\left(1-\frac{x_k}{x_{k+1}}\right)=\sum_{k=1}^{n}\frac{x_{k+1}-x_k}{x_{k+1}}\leqslant\sum_{k=1}^{n}\frac{x_{k+1}-x_k}{x_1}=\frac{x_{n+1}-a_1}{a_1}.$$

因为数列 $\{x_n\}$ 有界,所以 $\{S_n\}$ 有界,显然它还单调增加,因此 $\{S_n\}$ 收敛,于是级数

$\sum\limits_{n=1}^{\infty}\left(1 - \dfrac{x_n}{x_{n+1}}\right)$ 收敛.

例 7.1.7 设 $\{x_n\}$ 为正数列,且满足 $\dfrac{x_{n+1}}{x_n} < 1 - \dfrac{2n+1}{(n+1)^2}$ $(n = 1,2,\cdots)$,证明级数 $\sum\limits_{n=1}^{\infty} x_n$ 收敛.

证 因为

$$\dfrac{x_{n+1}}{x_n} < 1 - \dfrac{2n+1}{(n+1)^2} = \dfrac{(n+1)^2 - 2n - 1}{(n+1)^2} = \dfrac{n^2}{(n+1)^2},$$

所以

$$(n+1)^2 x_{n+1} \leqslant n^2 x_n \quad (n = 1,2,\cdots),$$

即 $\{n^2 x_n\}$ 是单调减少的正数列,因此

$$n^2 x_n \leqslant 1^2 \cdot x_1, \quad \text{即} \quad x_n \leqslant \dfrac{x_1}{n^2} \quad (n = 1,2,\cdots).$$

因为 $\sum\limits_{n=2}^{\infty} \dfrac{1}{n^2}$ 收敛,所以由比较判别法知 $\sum\limits_{n=1}^{\infty} x_n$ 收敛.

例 7.1.8 设 $\{x_n\}$ 为正数列,$\sum\limits_{n=1}^{\infty} x_n$ 收敛,且其和为 S. 记 $r_n = \sum\limits_{k=n+1}^{\infty} x_k$ $(n = 0,$ $1,2,\cdots)$,并作数列

$$c_n = \dfrac{1}{\sqrt{r_{n-1}} + \sqrt{r_n}}, \quad n = 1,2,\cdots.$$

证明:$\sum\limits_{n=1}^{\infty} c_n x_n$ 收敛,且 $\sum\limits_{n=1}^{\infty} c_n x_n = \sqrt{S}$.

证 因为 $x_n = r_{n-1} - r_n$ $(n = 1,2,\cdots)$,且 $r_0 = S$,所以

$$\sum_{k=1}^{n} c_k x_k = \sum_{k=1}^{n} \dfrac{r_{k-1} - r_k}{\sqrt{r_{k-1}} + \sqrt{r_k}} = \sum_{k=1}^{n}\left(\sqrt{r_{k-1}} - \sqrt{r_k}\right) = \sqrt{r_0} - \sqrt{r_n} = \sqrt{S} - \sqrt{r_n}.$$

因为 $\sum\limits_{n=1}^{\infty} x_n$ 收敛,所以 $\lim\limits_{n\to\infty} r_n = 0$. 于是

$$\lim_{n\to\infty}\sum_{k=1}^{n} c_k x_k = \lim_{n\to\infty}\left(\sqrt{S} - \sqrt{r_n}\right) = \sqrt{S}.$$

这说明 $\sum\limits_{n=1}^{\infty} c_n x_n$ 收敛,且 $\sum\limits_{n=1}^{\infty} c_n x_n = \sqrt{S}$.

注 这个例子说明,对于每个收敛的正项级数 $\sum\limits_{n=1}^{\infty} x_n$,仍会有收敛的正项级数 $\sum\limits_{n=1}^{\infty} y_n$,它的一般项满足 $\lim\limits_{n\to\infty} \dfrac{y_n}{x_n} = +\infty$. 这就说明,关于比较判别法,没有收敛的正

项级数可以作为比较的"标准",使得任何正项级数通过与之比较来得出其敛散性.

例 7.1.9 设 $\{x_n\}$ 为正数列,$S_n = \sum_{k=1}^{n} x_k$.

(1) 证明级数 $\sum_{n=1}^{\infty} \dfrac{x_n}{S_n^p}$ $(p > 1)$ 收敛;

(2) 若级数 $\sum_{n=1}^{\infty} x_n$ 发散,证明级数 $\sum_{n=1}^{\infty} \dfrac{x_{n+1}}{S_n^p}$ $(0 < p \leqslant 1)$ 也发散.

证 (1) 利用 $x_k = S_k - S_{k-1}(k = 1,2,\cdots,$ 记 $S_0 = 0)$,得

$$\frac{x_k}{S_k^p} = \frac{S_k - S_{k-1}}{S_k^p} = \int_{S_{k-1}}^{S_k} \frac{1}{S_k^p} \mathrm{d}x < \int_{S_{k-1}}^{S_k} \frac{1}{x^p} \mathrm{d}x,$$

因此当 $n > 1$ 时,正项级数 $\sum_{n=1}^{\infty} \dfrac{x_n}{S_n^p}$ 的部分和

$$\sum_{k=1}^{n} \frac{x_k}{S_k^p} < x_1^{1-p} + \sum_{k=2}^{n} \int_{S_{k-1}}^{S_k} \frac{1}{x^p} \mathrm{d}x = x_1^{1-p} + \int_{S_1}^{S_n} \frac{1}{x^p} \mathrm{d}x$$

$$< x_1^{1-p} + \int_{S_1}^{+\infty} \frac{1}{x^p} \mathrm{d}x = x_1^{1-p} + \frac{1}{p-1} S_1^{1-p},$$

这说明级数 $\sum_{n=1}^{\infty} \dfrac{x_n}{S_n^p}$ 的部分和数列 $\left\{ \sum_{k=1}^{n} \dfrac{x_k}{S_k^p} \right\}$ 有上界,因此 $\sum_{n=1}^{\infty} \dfrac{x_n}{S_n^p}$ 收敛.

(2) 利用 $x_{k+1} = S_{k+1} - S_k(k = 1,2,\cdots)$,得

$$\frac{x_{k+1}}{S_k^p} = \frac{S_{k+1} - S_k}{S_k^p} = \int_{S_k}^{S_{k+1}} \frac{1}{S_k^p} \mathrm{d}x > \int_{S_k}^{S_{k+1}} \frac{1}{x^p} \mathrm{d}x,$$

于是当 $n > 1$ 时,有

$$\sum_{k=1}^{n} \frac{x_{k+1}}{S_k^p} > \sum_{k=1}^{n} \int_{S_k}^{S_{k+1}} \frac{1}{x^p} \mathrm{d}x = \int_{S_1}^{S_{n+1}} \frac{1}{x^p} \mathrm{d}x.$$

因为级数 $\sum_{n=1}^{\infty} x_n$ 发散,所以 $\lim\limits_{n \to \infty} S_n = +\infty$. 又因为当 $0 < p \leqslant 1$ 时 $\int_{S_1}^{+\infty} \dfrac{1}{x^p} \mathrm{d}x$ 发散,所以 $\lim\limits_{n \to \infty} \int_{S_1}^{S_{n+1}} \dfrac{1}{x^p} \mathrm{d}x = +\infty$. 于是级数 $\sum_{n=1}^{\infty} \dfrac{x_{n+1}}{S_n^p}$ 的部分和数列 $\left\{ \sum_{k=1}^{n} \dfrac{x_{k+1}}{S_k^p} \right\}$ 无上界,因此 $\sum_{n=1}^{\infty} \dfrac{x_{n+1}}{S_n^p}$ 发散.

例 7.1.10 判别下列级数的敛散性(在收敛时说明是绝对收敛还是条件收敛):

(1) $\sum_{n=1}^{\infty} (-1)^n \dfrac{\ln^3 n}{n}$; (2) $\sum_{n=1}^{\infty} \left[\dfrac{1}{\sqrt[3]{n}} + \arctan \dfrac{(-1)^n}{\sqrt{n}} \right]$;

(3) $\displaystyle\sum_{n=1}^{\infty} \sin \frac{n^2 + \alpha n + \beta}{n}\pi$;   (4) $\displaystyle\sum_{n=2}^{\infty} \ln\left[1 + \frac{(-1)^n}{n^p}\right](p > 0)$;

(5) $\displaystyle\sum_{n=1}^{\infty} (-1)^n \frac{(2n-1)!!}{(2n)!!}$;   (6) $\displaystyle\sum_{n=1}^{\infty} (-1)^n\left[e - \left(1 + \frac{1}{n}\right)^n\right]$;

(7) $\displaystyle\sum_{n=1}^{\infty} \frac{(-1)^n}{2n-1}\left(\frac{1-x}{1+x}\right)^n$;   (8) $\displaystyle\sum_{n=1}^{\infty} \frac{2^n[2 + (-1)^n]\sin^n x}{n^2}$;

(9) $\displaystyle\sum_{n=1}^{\infty} \frac{a^n}{a^n + b^n}(a \neq -b)$.

解 (1) 因为函数 $f(x) = \dfrac{\ln^3 x}{x}$ 的导数

$$f'(x) = \frac{\ln^2 x(3 - \ln x)}{x^2} < 0, \quad x > e^3,$$

所以数列 $\left\{\dfrac{\ln^3 n}{n}\right\}$ 自第 21 项开始单调减少,且由 L'Hospital 法则知

$$\lim_{n\to\infty} \frac{\ln^3 n}{n} = \lim_{x\to+\infty} \frac{\ln^3 x}{x} = \lim_{x\to+\infty} \frac{3\ln^2 x}{x} = \lim_{x\to+\infty} \frac{6\ln x}{x} = \lim_{x\to+\infty} \frac{6}{x} = 0.$$

因此由 Leibniz 判别法知 $\displaystyle\sum_{n=1}^{\infty} (-1)^n \frac{\ln^3 n}{n}$ 收敛.

因为当 $n > 2$ 时成立

$$\frac{\ln^3 n}{n} > \frac{1}{n},$$

所以 $\displaystyle\sum_{n=1}^{\infty} \left|(-1)^n \frac{\ln^3 n}{n}\right|$ 发散,因此 $\displaystyle\sum_{n=1}^{\infty} (-1)^n \frac{\ln^3 n}{n}$ 条件收敛.

(2) 因为

$$\arctan \frac{(-1)^n}{\sqrt{n}} = (-1)^n \arctan \frac{1}{\sqrt{n}},$$

且数列 $\left\{\arctan \dfrac{1}{\sqrt{n}}\right\}$ 单调减少趋于 0,所以由 Leibniz 判别法知 $\displaystyle\sum_{n=1}^{\infty} \arctan \frac{(-1)^n}{\sqrt{n}}$ 收敛. 而级数 $\displaystyle\sum_{n=1}^{\infty} \frac{1}{\sqrt[3]{n}}$ 发散,于是级数 $\displaystyle\sum_{n=1}^{\infty} \left[\frac{1}{\sqrt[3]{n}} + \arctan \frac{(-1)^n}{\sqrt{n}}\right]$ 发散.

(3) 因为级数的一般项

$$x_n = \sin \frac{n^2 + \alpha n + \beta}{n}\pi = \sin\left[n\pi + \left(\alpha + \frac{\beta}{n}\right)\pi\right] = (-1)^n \sin\left(\alpha + \frac{\beta}{n}\right)\pi,$$

所以

(i) 当 $\alpha \neq 0, \pm 1, \pm 2, \cdots$ 时,级数的一般项不趋于 0,因此级数发散;

(ii) 当 $\alpha = 0, \pm 1, \pm 2, \cdots$ 时,有

$$x_n = \pm (-1)^n \sin\frac{\beta}{n}\pi,$$

且此正、负号的选取并不随 n 的改变而改变.

当 $\beta = 0$ 时,$x_n = 0$,级数显然绝对收敛.

当 $\beta \neq 0$ 时,由 Leibniz 判别法知,$\sum\limits_{n=1}^{\infty} x_n = \pm \sum\limits_{n=1}^{\infty} (-1)^n \sin\frac{\beta}{n}\pi$ 收敛,且显然条件收敛.

（4）由 Taylor 公式得

$$\ln\left(1 + \frac{(-1)^n}{n^p}\right) = \frac{(-1)^n}{n^p} - \frac{1}{2n^{2p}} + o\left(\frac{1}{n^{2p}}\right) \quad (n \to \infty).$$

（ⅰ）当 $0 < p \leqslant \dfrac{1}{2}$ 时,由 Leibniz 判别法知 $\sum\limits_{n=2}^{\infty} \dfrac{(-1)^n}{n^p}$ 收敛,而由于

$$\frac{1}{2n^{2p}} + o\left(\frac{1}{n^{2p}}\right) \sim \frac{1}{2n^{2p}} \quad (n \to \infty),$$

因此 $\sum\limits_{n=2}^{\infty} \left[-\dfrac{1}{2n^{2p}} + o\left(\dfrac{1}{n^{2p}}\right)\right]$ 发散. 所以原级数发散.

（ⅱ）当 $\dfrac{1}{2} < p \leqslant 1$ 时,显然 $\sum\limits_{n=2}^{\infty} \dfrac{(-1)^n}{n^p}$ 条件收敛,而 $\dfrac{1}{2n^{2p}} + o\left(\dfrac{1}{n^{2p}}\right) \sim \dfrac{1}{2n^{2p}}$

$(n \to \infty)$,所以 $\sum\limits_{n=2}^{\infty} \left[-\dfrac{1}{2n^{2p}} + o\left(\dfrac{1}{n^{2p}}\right)\right]$ 绝对收敛,因此原级数条件收敛.

（ⅲ）当 $p > 1$ 时,显然 $\sum\limits_{n=2}^{\infty} \dfrac{(-1)^n}{n^p}$ 和 $\sum\limits_{n=2}^{\infty} \left[-\dfrac{1}{2n^{2p}} + o\left(\dfrac{1}{n^{2p}}\right)\right]$ 都绝对收敛,因此原级数绝对收敛.

（5）记 $a_n = (-1)^n \dfrac{(2n-1)!!}{(2n)!!}$,因为

$$\frac{|a_{n+1}|}{|a_n|} = \frac{\dfrac{(2n+1)!!}{(2n+2)!!}}{\dfrac{(2n-1)!!}{(2n)!!}} = \frac{2n+1}{2n+2} < 1,$$

所以 $\{|a_n|\}$ 单调减少.

因为

$$|a_n|^2 = \left(\frac{1 \times 3}{2^2}\right)\left(\frac{3 \times 5}{4^2}\right)\cdots\left(\frac{(2n-1) \times (2n+1)}{(2n)^2}\right)\frac{1}{2n+1} < \frac{1}{2n+1},$$

以及

$$|a_n|^2 = \frac{1}{2}\left(\frac{3^2}{2 \times 4}\right)\left(\frac{5^2}{4 \times 6}\right)\cdots\left(\frac{(2n-1)^2}{(2n-2) \times (2n)}\right)\frac{1}{2n} > \frac{1}{4n},$$

所以

$$\frac{1}{2\sqrt{n}} < |a_n| < \frac{1}{\sqrt{2n+1}}.$$

因此 $\lim\limits_{n\to\infty} |a_n| = 0$. 由 Leibniz 判别法知，$\sum\limits_{n=1}^{\infty} (-1)^n \dfrac{(2n-1)!!}{(2n)!!}$ 收敛.

因为 $\dfrac{1}{2\sqrt{n}} < |a_n|$，而 $\sum\limits_{n=2}^{\infty} \dfrac{1}{\sqrt{n}}$ 发散，所以 $\sum\limits_{n=1}^{\infty} \dfrac{(2n-1)!!}{(2n)!!}$ 发散.

综上所述，级数 $\sum\limits_{n=1}^{\infty} (-1)^n \dfrac{(2n-1)!!}{(2n)!!}$ 条件收敛.

(6) 因为数列 $\left\{\left(1+\dfrac{1}{n}\right)^n\right\}$ 单调增加，所以数列 $\left\{e-\left(1+\dfrac{1}{n}\right)^n\right\}$ 单调减少，且

$\lim\limits_{n\to\infty}\left[e-\left(1+\dfrac{1}{n}\right)^n\right] = 0$，因此级数 $\sum\limits_{n=1}^{\infty} (-1)^n \left[e-\left(1+\dfrac{1}{n}\right)^n\right]$ 收敛.

由 Taylor 公式得

$$e-\left(1+\frac{1}{n}\right)^n = e-e^{n\ln\left(1+\frac{1}{n}\right)} = e\left[1-e^{n\ln\left(1+\frac{1}{n}\right)-1}\right]$$

$$= e\left[1-e^{-\frac{1}{2n}+o\left(\frac{1}{n}\right)}\right] = e\left[1-\left(1-\frac{1}{2n}+o\left(\frac{1}{n}\right)\right)\right] = \frac{e}{2n}+o\left(\frac{1}{n}\right),$$

所以

$$\lim_{n\to\infty} \frac{e-\left(1+\dfrac{1}{n}\right)^n}{\dfrac{1}{n}} = \frac{e}{2}.$$

因为 $\sum\limits_{n=1}^{\infty} \dfrac{1}{n}$ 发散，所以 $\sum\limits_{n=1}^{\infty} \left[e-\left(1+\dfrac{1}{n}\right)^n\right]$ 也发散.

综上所述，级数 $\sum\limits_{n=1}^{\infty} (-1)^n \left[e-\left(1+\dfrac{1}{n}\right)^n\right]$ 条件收敛.

(7) 记 $x_n = \dfrac{(-1)^n}{2n-1}\left(\dfrac{1-x}{1+x}\right)^n$，因为

$$\lim_{n\to\infty}\left|\frac{x_{n+1}}{x_n}\right| = \left|\frac{1-x}{1+x}\right|, \quad x \neq -1.$$

所以

（i）当 $\left|\dfrac{1-x}{1+x}\right| < 1$，即当 $x > 0$ 时，级数 $\sum\limits_{n=1}^{\infty} \dfrac{(-1)^n}{2n-1}\left(\dfrac{1-x}{1+x}\right)^n$ 绝对收敛；

（ii）当 $\left|\dfrac{1-x}{1+x}\right| > 1$，即当 $x < 0$ 时，级数 $\sum\limits_{n=1}^{\infty} \dfrac{(-1)^n}{2n-1}\left(\dfrac{1-x}{1+x}\right)^n$ 发散；

（iii）当 $x = 0$ 时，原级数为 $\sum\limits_{n=1}^{\infty} \dfrac{(-1)^n}{2n-1}$，条件收敛.

（8）$x_n = \dfrac{2^n[2 + (-1)^n]\sin^n x}{n^2}$. 因为

$$\frac{2^n |\sin x|^n}{n^2} \leqslant |x_n| \leqslant \frac{2^n \cdot 3 |\sin x|^n}{n^2},$$

由极限的夹逼性质得

$$\lim_{n \to \infty} \sqrt[n]{|x_n|} = 2 |\sin x|,$$

所以

（i）当 $|\sin x| < \dfrac{1}{2}$ 时,级数 $\displaystyle\sum_{n=1}^{\infty} \dfrac{2^n[2 + (-1)^n]\sin^n x}{n^2}$ 绝对收敛;

（ii）当 $|\sin x| > \dfrac{1}{2}$ 时,级数 $\displaystyle\sum_{n=1}^{\infty} \dfrac{2^n[2 + (-1)^n]\sin^n x}{n^2}$ 发散;

（iii）当 $|\sin x| = \dfrac{1}{2}$ 时,原级数为 $\displaystyle\sum_{n=1}^{\infty} \dfrac{(\pm 1)^n[2 + (-1)^n]}{n^2}$,它绝对收敛.

由于 $|\sin x| \leqslant \dfrac{1}{2}$ 等价于 $x \in \left[k\pi - \dfrac{\pi}{6}, k\pi + \dfrac{\pi}{6}\right] (k \in \mathbf{Z})$,因此当

$$x \in \left[k\pi - \frac{\pi}{6}, k\pi + \frac{\pi}{6}\right] (k \in \mathbf{Z})$$

时,级数绝对收敛. 在其他情形级数发散.

（9）记 $x_n = \dfrac{a^n}{a^n + b^n}$.

（i）当 $|a| < |b|$ 时,因为

$$\lim_{n \to \infty} \left|\frac{x_{n+1}}{x_n}\right| = \lim_{a \to \infty} |a| \left|\frac{a^n + b^n}{a^{n+1} + b^{n+1}}\right| = \lim_{n \to \infty} |a| \left|\frac{\left(\frac{a}{b}\right)^n + 1}{a\left(\frac{a}{b}\right)^n + b}\right| = \left|\frac{a}{b}\right| < 1,$$

所以级数 $\displaystyle\sum_{n=1}^{\infty} \dfrac{a^n}{a^n + b^n}$ 绝对收敛.

（ii）当 $a = b \neq 0$ 时,级数的通项为 $x_n = \dfrac{1}{2}$,显然级数发散.

（iii）当 $|a| > |b|$ 时,因为级数的通项满足

$$\lim_{n \to \infty} x_n = \lim_{n \to \infty} \frac{a^n}{a^n + b^n} = \lim_{n \to \infty} \frac{1}{1 + \left(\frac{b}{a}\right)^n} = 1,$$

所以级数 $\displaystyle\sum_{n=1}^{\infty} \dfrac{a^n}{a^n + b^n}$ 发散.

例 7.1.11 （1）设 $f(x) = \displaystyle\int_x^{x^2} \left(1 + \dfrac{1}{t}\right)^t \dfrac{1}{\sqrt{t}} \mathrm{d}t$ （$x > 1$）,判别级数 $\displaystyle\sum_{n=2}^{\infty} \dfrac{1}{f(n)}$ 的

敛散性；

(2) 设 $P > 0, f(x) = \int_x^{x+1} \dfrac{\sin\pi t}{t^P + 1}\,\mathrm{d}t\,(x \geq 0)$，判别级数 $\sum\limits_{n=1}^{\infty} f(n)$ 的敛散性.

解 (1) 因为当 $x > 1$ 时，有

$$f(x) = \int_x^{x^2} \left(1 + \frac{1}{t}\right)^t \frac{1}{\sqrt{t}}\mathrm{d}t \geq \int_x^{x^2} \frac{1}{\sqrt{t}}\mathrm{d}t = 2(x - \sqrt{x}),$$

所以 $\lim\limits_{x \to +\infty} f(x) = +\infty$. 因此由 L'Hospital 法则得

$$\lim_{x \to +\infty} \frac{x}{f(x)} = \lim_{x \to +\infty} \frac{1}{2x\left(1 + \dfrac{1}{x^2}\right)^{x^2} \dfrac{1}{x} - \left(1 + \dfrac{1}{x}\right)^x \dfrac{1}{\sqrt{x}}} = \frac{1}{2e},$$

于是 $\lim\limits_{n \to \infty} n \cdot \dfrac{1}{f(n)} = \dfrac{1}{2e}$，所以级数 $\sum\limits_{n=2}^{\infty} \dfrac{1}{f(n)}$ 发散.

(2) 由积分中值定理得

$$f(n) = \int_n^{n+1} \frac{\sin\pi t}{t^P + 1}\,\mathrm{d}t = \frac{1}{\xi_n^P + 1}\int_n^{n+1} \sin\pi t\,\mathrm{d}t = \frac{2(-1)^n}{\pi(\xi_n^P + 1)},\ n \leq \xi_n \leq n + 1.$$

显然 $\dfrac{2}{\pi(\xi_n^P + 1)} > 0\,(n \geq 1)$，所以 $\sum\limits_{n=1}^{\infty} f(n)$ 是交错级数.

显然，当 $n \geq 1$ 时，有 $n \leq \xi_n \leq n + 1 \leq \xi_{n+1}$，于是

$$|f(n)| = \frac{2}{\pi(\xi_n^P + 1)} \geq \frac{2}{\pi(\xi_{n+1}^P + 1)} = |f(n+1)|,$$

且

$$|f(n)| = \frac{2}{\pi(\xi_n^P + 1)} \leq \frac{2}{\pi(n^P + 1)},$$

这说明数列 $\{|f(n)|\}$ 单调减少且趋于 0，因此 $\sum\limits_{n=1}^{\infty} f(n)$ 是 Leibniz 级数，故收敛.

例 7.1.12 (1) 证明方程 $x^n + nx - 1 = 0$ 有唯一的正根 $(n = 1, 2, \cdots)$；

(2) 证明 $\sum\limits_{n=1}^{\infty} x_n^\alpha$ 收敛 $(\alpha > 1)$；

(3) 证明 $\sum\limits_{n=1}^{\infty} (-1)^n x_n$ 收敛.

证 (1) 记 $f(x) = x^n + nx - 1$，则 $f'(x) = nx^{n-1} + n > 0\,(x > 0)$，因此函数 f 在 $(0, +\infty)$ 上严格单调增加. 又因为

$$f\left(\frac{1}{n+1}\right) = \left(\frac{1}{n+1}\right)^n + \frac{n}{n+1} - 1 = \frac{1}{(n+1)^n} - \frac{1}{n+1} \leq 0,$$

$$f\left(\frac{1}{n}\right) = \left(\frac{1}{n}\right)^n > 0,$$

所以由零点存在定理知,存在 $x_n \in \left[\dfrac{1}{n+1}, \dfrac{1}{n}\right)$,使得 $f(x_n) = 0$. 注意由函数 $f(x)$ 在 $(0, +\infty)$ 上的严格单调增加性知,x_n 也是方程 $x^n + nx - 1 = 0$ 的唯一正根.

(2) 由 $x_n \in \left[\dfrac{1}{n+1}, \dfrac{1}{n}\right)$,得

$$0 < x_n < \frac{1}{n}, \quad n = 1, 2, \cdots.$$

于是

$$0 < x_n^\alpha < \frac{1}{n^\alpha}, \quad n = 1, 2, \cdots.$$

因为 $\displaystyle\sum_{n=1}^{\infty} \frac{1}{n^\alpha}$ 收敛 $(\alpha > 1)$,所以 $\displaystyle\sum_{n=1}^{\infty} x_n^\alpha$ 收敛.

(3) 由于 $x_n \in \left[\dfrac{1}{n+1}, \dfrac{1}{n}\right) (n = 1, 2, \cdots)$,因此 $\{x_n\}$ 单调减少,且 $\displaystyle\lim_{n\to\infty} x_n = 0$.

于是由 Leibniz 判别法知,$\displaystyle\sum_{n=1}^{\infty} (-1)^n x_n$ 收敛.

例 7.1.13 讨论级数 $\displaystyle\sum_{n=1}^{\infty} \frac{\sin nx}{n^p} (p > 0)$ 的敛散性.

证 当 $x = k\pi (k \in \mathbf{Z})$ 时,级数的通项为 0,所以绝对收敛.

当 $x \neq k\pi (k \in \mathbf{Z})$ 时. 由于

$$2\sin\frac{x}{2} \cdot \sum_{k=1}^{n} \sin kx = \cos\frac{x}{2} - \cos\frac{2n+1}{2}x,$$

因此对一切正整数 n,成立

$$\left| \sum_{k=1}^{n} \sin kx \right| \leq \frac{1}{\left| \sin\dfrac{x}{2} \right|}.$$

而 $\left\{\dfrac{1}{n^p}\right\}$ 单调减少趋于 0,所以由 Dirichlet 判别法知 $\displaystyle\sum_{n=1}^{\infty} \frac{\sin nx}{n^p}$ 收敛.

(i) 当 $p > 1$,由 $\dfrac{\sin nx}{n^p} \leq \dfrac{1}{n^p}$ 可知,级数 $\displaystyle\sum_{n=1}^{\infty} \frac{\sin nx}{n^p}$ 绝对收敛.

(ii) 当 $0 < p \leq 1$,由于

$$\frac{|\sin nx|}{n^p} \geq \frac{\sin^2 nx}{n^p} = \frac{1}{2n^p} - \frac{\cos 2nx}{2n^p},$$

由 Dirichlet 判别法可知级数 $\displaystyle\sum_{n=1}^{\infty} \frac{\cos 2nx}{2n^p}$ 收敛,但由于 $\displaystyle\sum_{n=1}^{\infty} \frac{1}{2n^p}$ 发散,因此 $\displaystyle\sum_{n=1}^{\infty} \frac{|\sin nx|}{n^p}$ 发散. 于是,级数 $\displaystyle\sum_{n=1}^{\infty} \frac{\sin nx}{n^p}$ 条件收敛.

例 7.1.14 证明级数 $\sum\limits_{n=1}^{\infty} \dfrac{\sin nx}{n}\left(1 + \dfrac{1}{n}\right)^n$ 收敛.

证 由上例知 $\sum\limits_{n=1}^{\infty} \dfrac{\sin nx}{n}$ 收敛. 由于数列 $\left\{\left(1 + \dfrac{1}{n}\right)^n\right\}$ 单调增加, 且有界(事实上, $0 < \left(1 + \dfrac{1}{n}\right)^n < 3, n = 1, 2, \cdots$), 因此由 Abel 判别法知, 级数 $\sum\limits_{n=1}^{\infty} \dfrac{\sin nx}{n}\left(1 + \dfrac{1}{n}\right)^n$ 收敛.

例 7.1.15 设 $\sum\limits_{n=1}^{\infty} a_n x^n (|x| < 1)$ 收敛, 证明 $\sum\limits_{n=1}^{\infty} a_n \dfrac{x^n}{1 - x^n}$ 也收敛.

证 因为 $\sum\limits_{n=1}^{\infty} a_n x^n$ 收敛, 所以 $\lim\limits_{n \to \infty} a_n x^n = 0$. 由于收敛数列必有界, 因此存在常数 $M > 0$, 使得 $|a_n x^n| \leq M \quad (n = 1, 2, \cdots)$. 因此
$$|a_n x^{2n}| = |a_n x^n| |x|^n \leq M |x|^n, \quad n = 1, 2, \cdots.$$
因为当 $|x| < 1$ 时, $\sum\limits_{n=1}^{\infty} |x|^n$ 收敛, 所以由比较判别法知 $\sum\limits_{n=1}^{\infty} a_n x^{2n}$ 绝对收敛.

将原级数表示为
$$\sum_{n=1}^{\infty} a_n \frac{x^n}{1 - x^n} = \sum_{n=1}^{\infty} a_n \frac{x^n(1 + x^n)}{(1 - x^n)(1 + x^n)} = \sum_{n=1}^{\infty} a_n \frac{x^n + x^{2n}}{1 - x^{2n}}$$
$$= \sum_{n=1}^{\infty} a_n x^n \frac{1}{1 - x^{2n}} + \sum_{n=1}^{\infty} a_n x^{2n} \frac{1}{1 - x^{2n}}.$$

由于 $\sum\limits_{n=1}^{\infty} a_n x^n$ 收敛, 数列 $\left\{\dfrac{1}{1 - x^{2n}}\right\}$ 单调减少, 且有界(事实上, 当 n 充分大时有 $1 \leq \dfrac{1}{1 - x^{2n}} < 2$), 因此由 Abel 判别法知, $\sum\limits_{n=1}^{\infty} a_n \dfrac{1}{1 - x^{2n}}$ 收敛.

同理, 由于 $\sum\limits_{n=1}^{\infty} a_n x^{2n}$ 收敛, 数列 $\left\{\dfrac{1}{1 - x^{2n}}\right\}$ 单调有界, 因此 $\sum\limits_{n=1}^{\infty} a_n x^{2n} \dfrac{1}{1 - x^{2n}}$ 收敛. 于是, $\sum\limits_{n=1}^{\infty} a_n \dfrac{x^n}{1 - x^n}$ 收敛.

例 7.1.16 设 $\sum\limits_{n=1}^{\infty} x_n$ 收敛, 且 $\lim\limits_{n \to \infty} n x_n = 0$. 证明 $\sum\limits_{n=1}^{\infty} n(x_n - x_{n+1})$ 收敛, 且
$$\sum_{n=1}^{\infty} n(x_n - x_{n+1}) = \sum_{n=1}^{\infty} x_n.$$

证 因为
$$\sum_{k=1}^{n} k(x_k - x_{k+1}) = (x_1 - x_2) + 2(x_2 - x_3) + \cdots + n(x_n - x_{n+1})$$

$$= x_1 + x_2 + \cdots + x_n - nx_{n+1} = \sum_{k=1}^{n} x_k - nx_{n+1},$$

又因为 $\sum\limits_{n=1}^{\infty} x_n$ 收敛且 $\lim\limits_{n \to \infty} nx_n = 0$,则

$$\lim_{n \to \infty} nx_{n+1} = \lim_{n \to \infty} \left[(n+1)x_{n+1} - x_{n+1} \right] = 0,$$

所以

$$\lim_{n \to \infty} \sum_{k=1}^{n} k(x_k - x_{k+1}) = \lim_{n \to \infty} \left(\sum_{k=1}^{n} x_k - nx_{n+1} \right) = \lim_{n \to \infty} \sum_{k=1}^{n} x_k = \sum_{k=1}^{\infty} x_k.$$

这说明 $\sum\limits_{n=1}^{\infty} n(x_n - x_{n+1})$ 收敛,且 $\sum\limits_{n=1}^{\infty} n(x_n - x_{n+1}) = \sum\limits_{n=1}^{\infty} x_n.$

例 7.1.17 设一元函数 f 在点 $x = 0$ 的三阶导数存在,证明级数

$$\sum_{n=1}^{\infty} \left\{ n \left[f\left(\frac{1}{n} \right) - f\left(-\frac{1}{n} \right) \right] - 2f'(0) \right\}$$

绝对收敛.

证 因为函数 f 在 $x = 0$ 点的三阶导数存在,由带 Peano 余项的 Taylor 公式得,在 $x = 0$ 附过成立

$$f(x) = f(0) + f'(0)x + \frac{1}{2}f''(0)x^2 + \frac{1}{3!}f'''(0)x^3 + o(x^3),$$

所以当 n 充分大时,有

$$n \left[f\left(\frac{1}{n} \right) - f\left(-\frac{1}{n} \right) \right] - 2f'(0)$$

$$= n \left\{ \left[f(0) + f'(0)\frac{1}{n} + \frac{1}{2}f''(0)\frac{1}{n^2} + \frac{1}{3!}f'''(0)\frac{1}{n^3} + o\left(\frac{1}{n^3} \right) \right] \right.$$

$$\left. - \left[f(0) - f'(0)\frac{1}{n} + \frac{1}{2}f''(0)\frac{1}{n^2} - \frac{1}{3!}f'''(0)\frac{1}{n^3} + o\left(\frac{1}{n^3} \right) \right] \right\} - 2f'(0)$$

$$= \frac{1}{3n^2}f'''(0) + o\left(\frac{1}{n^2} \right).$$

因此

$$\frac{\left| n\left[f\left(\frac{1}{n} \right) - f\left(-\frac{1}{n} \right) \right] - 2f'(0) \right|}{\frac{1}{n^2}} = \left| \frac{1}{3}f'''(0) + o(1) \right| \to \frac{1}{3} \left| f'''(0) \right| \quad (n \to \infty).$$

于是,由比较判别法知正项级数 $\sum\limits_{n=1}^{\infty} \left| n\left[f\left(\frac{1}{n} \right) - f\left(-\frac{1}{n} \right) \right] - 2f'(0) \right|$ 收敛,即题目所给级数绝对收敛.

例 7.1.18 设 $\sum\limits_{n=1}^{\infty} (-1)^{n+1} \dfrac{x^n}{n}$ $(-1 < x \leqslant 1)$,求它与自身的 Cauchy 乘积,

并说明这个 Cauchy 乘积收敛.

解 记 $\sum\limits_{n=1}^{\infty}(-1)^{n+1}\dfrac{x^n}{n}$ 与自身的 Cauchy 乘积为 $\sum\limits_{n=1}^{\infty}c_n$. 由 Cauchy 乘积的定义得,对于每个正整数 n,有

$$c_n = \sum_{i=1}^{n}(-1)^{i+1}\frac{x^i}{i}(-1)^{n+1-i+1}\frac{x^{n+1-i}}{n+1-i} = (-1)^{n+1}x^{n+1}\sum_{i=1}^{n}\frac{1}{i(n+1-i)}$$

$$= \frac{(-1)^{n+1}x^{n+1}}{n+1}\sum_{i=1}^{n}\left(\frac{1}{i}+\frac{1}{n+1-i}\right) = \frac{(-1)^{n+1}x^{n+1}}{n+1}\cdot 2\sum_{i=1}^{n}\frac{1}{i}.$$

当 $-1 < x < 1$ 时,易知 $\sum\limits_{n=1}^{\infty}(-1)^{n+1}\dfrac{x^n}{n}$ 绝对收敛,所以 Cauchy 乘积也收敛,且

$$\left(\sum_{n=1}^{\infty}(-1)^{n+1}\frac{x^n}{n}\right)\cdot\left(\sum_{n=1}^{\infty}(-1)^{n+1}\frac{x^n}{n}\right) = \sum_{n=1}^{\infty}c_n = \sum_{n=1}^{\infty}\frac{2(-1)^{n+1}}{n+1}\left(1+\frac{1}{2}+\cdots+\frac{1}{n}\right)x^{n+1}.$$

当 $x = 1$ 时,Cauchy 乘积为

$$\sum_{n=1}^{\infty}\frac{2(-1)^{n+1}}{n+1}\left(1+\frac{1}{2}+\cdots+\frac{1}{n}\right).$$

因为 $\left|\sum\limits_{k=1}^{n}(-1)^{k+1}\right|\leqslant 1(n=1,2,\cdots)$,数列 $\left\{\dfrac{1}{n+1}\left(1+\dfrac{1}{2}+\cdots+\dfrac{1}{n}\right)\right\}$ 单调减少(直接验证即可),且由 Stolz 定理知

$$\lim_{n\to\infty}\frac{1}{n+1}\left(1+\frac{1}{2}+\cdots+\frac{1}{n}\right) = \lim_{n\to\infty}\frac{1+\dfrac{1}{2}+\cdots+\dfrac{1}{n}}{n+1} = \lim_{n\to\infty}\frac{\dfrac{1}{n}}{1} = 0,$$

所以由 Dirichlet 判别法知,级数 $\sum\limits_{n=1}^{\infty}\dfrac{2(-1)^{n+1}}{n+1}\left(1+\dfrac{1}{2}+\cdots+\dfrac{1}{n}\right)$ 收敛.

因此,当 $-1 < x \leqslant 1$ 时,Cauchy 乘积收敛.

例 7.1.19 设 $\{x_n\}$ 为正数列,且满足 $\lim\limits_{n\to\infty}n\left(\dfrac{x_n}{x_{n+1}}-1\right)=\lambda>0$,证明交错级数 $\sum\limits_{n=1}^{\infty}(-1)^{n-1}x_n$ 收敛.

证 取正数 k_1 和 k_2 满足 $0 < k_1 < k_2 < \lambda$. 从 $\lim\limits_{n\to\infty}n\left(\dfrac{x_n}{x_{n+1}}-1\right)=\lambda$ 可知,当 n 充分大时成立 $n\left(\dfrac{x_n}{x_{n+1}}-1\right)>k_2$,即

$$\frac{x_n}{x_{n+1}} > 1+\frac{k_2}{n}.$$

这说明当 n 充分大时,数列 $\{x_n\}$ 单调减少.

又因为 $\lim\limits_{x\to 0}\dfrac{(1+x)^{k_1}-1}{x}=k_1<k_2$,所以当 $|x|$ 充分小时成立 $\dfrac{(1+x)^{k_1}-1}{x}<k_2$,

— 530 —

于是当 n 充分大时成立

$$\frac{\left(1 + \dfrac{1}{n}\right)^{k_1} - 1}{\dfrac{1}{n}} < k_2.$$

结合 $n\left(\dfrac{x_n}{x_{n+1}} - 1\right) > k_2$ 便得到

$$x_{n+1}(n + 1)^{k_1} < n^{k_1} x_n.$$

这说明当 n 充分大时 $\{n^{k_1} x_n\}$ 是单调减少的正数列,因而数列 $\{n^{k_1} x_n\}$ 有界,从而可

知 $\lim\limits_{n \to \infty} x_n = 0$. 于是由 Leibniz 判别法可知交错级数 $\sum\limits_{n=1}^{\infty} (-1)^{n-1} x_n$ 收敛.

例 7.1.20 设级数 $\sum\limits_{n=1}^{\infty} x_n$ 收敛.

(1) 证明 $\lim\limits_{n \to \infty} \dfrac{\sum\limits_{k=1}^{n} k x_k}{n} = 0$;

(2) 记 $y_n = \dfrac{\sum\limits_{k=1}^{n} k x_k}{n(n+1)}(n = 1, 2, \cdots)$,证明级数 $\sum\limits_{n=1}^{\infty} y_n$ 也收敛,且 $\sum\limits_{n=1}^{\infty} y_n = \sum\limits_{n=1}^{\infty} x_n$.

证 (1) 记 $\sum\limits_{n=1}^{\infty} x_n = S, S_0 = 0, S_n = \sum\limits_{k=1}^{n} x_k(n = 1, 2, \cdots)$,则 $\lim\limits_{n \to \infty} S_n = S$. 因为

$$\sum_{k=1}^{n} k x_k = \sum_{k=1}^{n} k(S_k - S_{k-1}) = nS_n - (S_1 + S_2 + \cdots + S_{n-1}),$$

且由 $\lim\limits_{n \to \infty} S_n = S$ 可知,$\lim\limits_{n \to \infty} \dfrac{S_1 + S_2 + \cdots + S_n}{n} = S$(见例 1.2.10),所以

$$\lim_{n \to \infty} \frac{\sum\limits_{k=1}^{n} k x_k}{n} = \lim_{n \to \infty} \frac{nS_n - (S_1 + S_2 + \cdots + S_{n-1})}{n}$$

$$= \lim_{n \to \infty} \left(S_n - \frac{S_1 + S_2 + \cdots + S_{n-1} + S_n}{n} + \frac{S_n}{n}\right) = S - S + 0 = 0.$$

(2) 记 $z_n = \sum\limits_{k=1}^{n} k x_k(n = 1, 2, \cdots), z_0 = 0$,则 $x_n = \dfrac{z_n - z_{n-1}}{n}$,于是

$$\sum_{k=1}^{n} y_k = \sum_{k=1}^{n} \frac{x_1 + 2x_2 + \cdots + k x_k}{k(k+1)} = \sum_{k=1}^{n} \frac{z_k}{k(k+1)} = \sum_{k=1}^{n} \left(\frac{z_k}{k} - \frac{z_k}{k+1}\right)$$

$$= \sum_{k=1}^{n} \frac{z_k - z_{k-1}}{k} + \sum_{k=1}^{n} \left(\frac{z_{k-1}}{k} - \frac{z_k}{k+1}\right) = \sum_{k=1}^{n} x_k - \frac{z_n}{n+1}.$$

由 (1) 知 $\lim\limits_{n\to\infty}\dfrac{z_n}{n+1}=0$，而 $\sum\limits_{n=1}^{\infty}x_n$ 收敛，于是

$$\lim_{n\to\infty}\sum_{k=1}^{n}y_k=\lim_{n\to\infty}\left(\sum_{k=1}^{n}x_k-\frac{z_n}{n+1}\right)=\sum_{k=1}^{\infty}x_k.$$

这说明级数 $\sum\limits_{n=1}^{\infty}y_n$ 也收敛，且 $\sum\limits_{n=1}^{\infty}y_n=\sum\limits_{n=1}^{\infty}x_n$.

习　题

1. 按定义说明下列级数的敛散性，若收敛，求出和：

(1) $\displaystyle\sum_{n=1}^{\infty}\frac{(-1)^{n-1}}{n(n+2)}$；　　　　(2) $\displaystyle\sum_{n=1}^{\infty}\sin\frac{1}{2^n}\cos\frac{3}{2^n}$.

2. 用 Cauchy 收敛准则证明级数 $\displaystyle\sum_{n=1}^{\infty}\frac{\cos n-\cos(n+1)}{n}$ 收敛.

3. 设级数 $\displaystyle\sum_{n=1}^{\infty}a_n$ 和 $\displaystyle\sum_{n=1}^{\infty}b_n$ 均收敛. 若数列 $\{x_n\}$ 满足

$$a_n\leqslant x_n\leqslant b_n,\quad n=1,2,\cdots,$$

证明级数 $\displaystyle\sum_{n=1}^{\infty}x_n$ 收敛.

4. 判断下列正项级数的敛散性：

(1) $\displaystyle\sum_{n=1}^{\infty}\tan\frac{\pi}{\sqrt{n^3+2n+3}}$；　　　　(2) $\displaystyle\sum_{n=1}^{\infty}\frac{1}{\sqrt[n]{\ln n}}$；

(3) $\displaystyle\sum_{n=1}^{\infty}\sin\frac{\pi}{n^2}\cos\frac{\pi}{2n}$；　　　　(4) $\displaystyle\sum_{n=1}^{\infty}\frac{5^n}{7^n-2^n}$；

(5) $\displaystyle\sum_{n=1}^{\infty}\frac{1}{(\ln\ln n)^{\ln n}}$；　　　　(6) $\displaystyle\sum_{n=1}^{\infty}\frac{3^n}{n^2 2^n}$；

(7) $\displaystyle\sum_{n=1}^{\infty}\frac{[2-(-1)^n]n^2}{2^n}\cos^2\frac{n}{2}\pi$；　　　　(8) $\displaystyle\sum_{n=1}^{\infty}\frac{1}{n\ln(5+n^5)}$；

(9) $\displaystyle\sum_{n=2}^{\infty}\frac{n^{\ln n}}{(\ln n)^n}$　　　　(10) $\displaystyle\sum_{n=1}^{\infty}\int_0^{\frac{1}{n}}\frac{\sqrt{x}}{1+\mathrm{e}^x}\mathrm{d}x$；

(11) $\displaystyle\sum_{n=1}^{\infty}\frac{1}{\int_0^n\sqrt[4]{2+3x}\mathrm{d}x}$；　　　　(12) $\displaystyle\sum_{n=1}^{\infty}\left[1-\frac{\ln n}{\ln(n+1)}\right]$；

(13) $\displaystyle\sum_{n=1}^{\infty}\left(\cos\frac{1}{\sqrt{n}}-\frac{\sqrt{n^2-n}}{n}\right)$；　　　　(14) $\displaystyle\sum_{n=1}^{\infty}\left(\tan\frac{1}{n}-\arctan\frac{1}{n}\right)$.

5. 讨论下列正项级数的敛散性：

(1) $\displaystyle\sum_{n=1}^{\infty}n^\alpha\beta^n\quad(\beta>0)$；　　　　(2) $\displaystyle\sum_{n=1}^{\infty}\frac{x^n}{(1+x)(1+x^2)\cdots(1+x^n)}\quad(x\geqslant0)$；

(3) $\displaystyle\sum_{n=1}^{\infty}\left(\frac{1}{n}-\sin\frac{1}{n}\right)^p\quad(p>0)$；　　　　(4) $\displaystyle\sum_{n=1}^{\infty}\left[\ln\frac{1}{n^\alpha}-\ln\left(\sin\frac{1}{n^\alpha}\right)\right]\quad(\alpha>0)$；

(5) $\sum_{n=1}^{\infty} \int_{n}^{+\infty} \frac{1}{x^{\alpha}+x^{\beta}} dx \quad (1 \leqslant \alpha \leqslant \beta \leqslant 2)$; (6) $\sum_{n=1}^{\infty} \frac{n!}{(1+x)(2+x)\cdots(n+x)} \quad (x \geqslant 0)$.

6. 设 $a_n > 0 (n = 1, 2, \cdots)$, 且 $\lim_{n \to \infty}\left(\ln \frac{1}{a_n}\right)(\ln n)^{-1} = l$. 证明: 级数 $\sum_{n=1}^{\infty} a_n$ 当 $l > 1$ 时收敛; 当 $l < 1$ 时发散.

7. 设 $\{x_n\}$ 是正数列, 若级数 $\sum_{n=1}^{\infty} \frac{1}{x_n}$ 发散, 证明级数 $\sum_{n=1}^{\infty} \frac{1+x_n}{1+x_n^2}$ 发散.

8. 若正项级数 $\sum_{n=1}^{\infty} x_n$ 收敛, 证明级数 $\sum_{n=1}^{\infty} x_n^2$, $\sum_{n=1}^{\infty} \frac{x_n}{1-x_n}$ 和 $\sum_{n=1}^{\infty} \sqrt{x_n x_{n+1}}$ 均收敛.

9. 设 $\{x_n\}$ 是正数列, 若 $\lim_{n \to \infty}\left[\frac{n^2(e^{\frac{1}{n}}-1)}{x_n}\right] = 1$, 证明级数 $\sum_{n=1}^{\infty} x_n$ 发散.

10. 设 $\{x_n\}$ 是单调减少的正数列, 且 $\sum_{n=1}^{\infty} x_n$ 收敛.

(1) 证明 $\sum_{n=1}^{\infty} n(x_n - x_{n+1})$ 收敛; (2) 证明 $\lim_{n \to \infty} n x_n = 0$;

(3) 证明 $\sum_{n=1}^{\infty} n x_n^2$ 收敛; (4) 证明 $\sum_{n=1}^{\infty} \frac{n}{\frac{1}{x_1} + \frac{1}{x_2} + \cdots + \frac{1}{x_n}}$ 收敛.

11. 判别下列级数的敛散性(在收敛时说明是绝对收敛还是条件收敛):

(1) $\sum_{n=1}^{\infty} \cos(\pi \sqrt{n^2 + 1})$; (2) $\sum_{n=2}^{\infty} \frac{(-1)^n}{\sqrt{n} + (-1)^n}$;

(3) $\sum_{n=2}^{\infty} (-1)^{n+1} \frac{\ln n}{\sqrt{n}}$; (4) $\sum_{n=1}^{\infty} \frac{\cos n\pi}{\sqrt{n^3 + n}}$;

(5) $\sum_{n=2}^{\infty} \frac{(-1)^n}{[n + (-1)^n]^p} \quad (p > 0)$; (6) $\sum_{n=1}^{\infty} \frac{(-1)^n}{n} \frac{a}{1+a^n} \quad (a > 0)$;

(7) $\sum_{n=2}^{\infty} \frac{\sin 3n}{n \ln^2 n}$; (8) $\sum_{n=1}^{\infty} \frac{n}{n+1}\left(\frac{x}{2x+1}\right)^n$;

(9) $\sum_{n=1}^{\infty} \sqrt[n]{|x|^{n^2} + |y|^{n^2}}$; (10) $\sum_{n=1}^{\infty} (-1)^{n+1} n^4 e^{-nx}$.

12. 判断下列交错级数 $\sum_{n=1}^{\infty} (-1)^{n+1} x_n$ 的敛散性:

(1) $1 - \frac{1}{2} + \frac{1}{3} - \frac{1}{2^2} + \frac{1}{5} - \frac{1}{2^3} + \cdots \quad (x_{2n-1} = \frac{1}{2n-1}, x_{2n} = \frac{1}{2^n})$;

(2) $\frac{1}{2} - 1 + \frac{1}{5} - \frac{1}{4} + \frac{1}{8} - \frac{1}{7} + \cdots \quad (x_{2n-1} = \frac{1}{3n-1}, x_{2n} = \frac{1}{3n-2})$.

13. 判别下列级数的敛散性:

(1) $\sum_{n=2}^{\infty} \frac{1}{\ln^2 n} \cos \frac{n^2 \pi}{n+1}$; (2) $\sum_{n=1}^{\infty} \frac{\sin n a \sin(n^2 a)}{n}$.

14. 问级数 $\sqrt{2} + \sqrt{2 - \sqrt{2}} + \sqrt{2 - \sqrt{2 + \sqrt{2}}} + \sqrt{2 - \sqrt{2 + \sqrt{2 + \sqrt{2}}}} + \cdots$ 是否收敛?

15. 已知 λ 为常数,且级数 $\sum\limits_{n=1}^{\infty} a_n^2$ 收敛,证明级数 $\sum\limits_{n=1}^{\infty} \dfrac{\sin a_n}{\sqrt{n^2 + \lambda^2}}$ 绝对收敛.

16. 设数列 $\{a_n\}$ 单调减少且趋于 0,证明级数 $\sum\limits_{n=1}^{\infty} (-1)^n \dfrac{a_1 + a_2 + \cdots + a_n}{n}$ 收敛.

17. 设 $f(x) = \arctan x^p (p > 0)$,$a_n = f(n) - \displaystyle\int_n^{n+1} f(x)\,\mathrm{d}x (n = 1, 2, \cdots)$,讨论级数 $\sum\limits_{n=1}^{\infty} a_n$ 的敛散性.

18. 设 $a_n \neq 0 (n = 1, 2, \cdots)$,且 $\lim\limits_{n \to \infty} \dfrac{n}{a_n} = 1$,证明级数 $\sum\limits_{n=1}^{\infty} (-1)^{n+1} \left(\dfrac{1}{a_n} + \dfrac{1}{a_{n+1}} \right)$ 条件收敛.

19. 设 g 是 $(-\infty, +\infty)$ 上的周期为 1 的连续函数,且 $\displaystyle\int_0^1 g(x)\,\mathrm{d}x = 0$. 又设 f 在 $[0,1]$ 上具有连续导数. 记 $a_n = \displaystyle\int_0^1 f(x) g(nx)\,\mathrm{d}x \quad (n = 1, 2, \cdots)$,证明级数 $\sum\limits_{n=1}^{\infty} a_n^2$ 收敛.

20. 问级数 $\sum\limits_{n=1}^{\infty} \dfrac{(-1)^{[\sqrt{n}]}}{n}$ 是否收敛?其中 $[x]$ 表示不超过 x 的最大整数.

21. 设一元函数 f 定义在 $(-\infty, +\infty)$ 上,在 $x = 0$ 附近有连续导数,且满足

$$\lim_{x \to 0} \frac{f(x)}{\sin x} = a > 0.$$

证明:级数 $\sum\limits_{n=1}^{\infty} (-1)^n f\left(\dfrac{1}{n} \right)$ 收敛,$\sum\limits_{n=1}^{\infty} f\left(\dfrac{1}{n} \right)$ 发散.

22. 设 $\sum\limits_{n=1}^{\infty} a_n = \sum\limits_{n=1}^{\infty} b_n = \sum\limits_{n=1}^{\infty} \dfrac{(-1)^{n+1}}{\sqrt{n}}$,证明 $\sum\limits_{n=1}^{\infty} a_n$ 与 $\sum\limits_{n=1}^{\infty} b_n$ 的 Cauchy 乘积发散.

§7.2 幂 级 数

知 识 要 点

一、函数项级数

设 $u_n (n = 1, 2, \cdots)$ 是一列定义在数集 I 上的函数(这时也称 $\{u_n\}$ 为**函数序列**),称用加号按顺序将这列函数连接起来的表达式

$$u_1 + u_2 + \cdots + u_n + \cdots$$

为**函数项级数**,记为 $\sum\limits_{n=1}^{\infty} u_n$,也常记作 $\sum\limits_{n=1}^{\infty} u_n(x)$.

定义 7.2.1 若对于固定的 $x_0 \in I$,数项级数 $\sum\limits_{n=1}^{\infty} u_n(x_0)$ 收敛,则称函数项级数 $\sum\limits_{n=1}^{\infty} u_n(x)$ 在点 x_0 收敛,或称 x_0 是 $\sum\limits_{n=1}^{\infty} u_n(x)$ 的**收敛点**. 这些收敛点全体所构成的集

合 D 称为 $\sum\limits_{n=1}^{\infty} u_n(x)$ 的**收敛域**.

记 $S_n(x) = \sum\limits_{k=1}^{n} u_k(x)$,它称为 $\sum\limits_{n=1}^{\infty} u_n(x)$ 的**部分和函数**. 在收敛域 D 上定义的函数

$$S(x) = \lim_{n \to \infty} S_n(x) \left(= \sum_{n=1}^{\infty} u_n(x) \right), \ x \in D,$$

称为函数项级数 $\sum\limits_{n=1}^{\infty} u_n(x)$ 的**和函数**. 称函数

$$r_n(x) = S(x) - S_n(x) = \sum_{k=n+1}^{\infty} u_k(x)$$

为函数项级数 $\sum\limits_{n=1}^{\infty} u_n(x)$ 的**余项**.

二、幂级数的收敛半径

以下形式的函数项级数

$$\sum_{n=0}^{\infty} a_n(x - x_0)^n = a_0 + a_1(x - x_0) + a_2(x - x_0)^2 + \cdots + a_n(x - x_0)^n + \cdots$$

称为**幂级数**,其中 $a_n(n = 0, 1, 2, \cdots)$ 为常数,称为该幂级数的**系数**.

下面只关于 $x_0 = 0$ 的情形叙述结论,$x_0 \neq 0$ 的情形的相应结论只需对自变量作一个平移便可得出.

定理 7.2.1(Abel 定理) 如果幂级数 $\sum\limits_{n=0}^{\infty} a_n x^n$ 在点 $x_0(x_0 \neq 0)$ 收敛,那么对于一切满足 $|x| < |x_0|$ 的 x,它绝对收敛;如果幂级数 $\sum\limits_{n=0}^{\infty} a_n x^n$ 在点 x_0 发散,那么对于一切满足 $|x| > |x_0|$ 的 x,它也发散.

这个定理说明,一定存在一个 $R(0 \leq R \leq +\infty)$,使得幂级数 $\sum\limits_{n=0}^{\infty} a_n x^n$ 的收敛域就是从 $-R$ 到 R 的整个区间(R 为正实数时可能包含端点也可能不包含端点;$R = 0$ 时就是一点 $x = 0$),并且在区间内部,它绝对收敛. 这个区间也称为该幂级数的**收敛区间**,而 R 称为幂级数 $\sum\limits_{n=0}^{\infty} a_n x^n$ 的**收敛半径**.

设有 $A = \lim\limits_{n \to \infty} \sqrt[n]{|a_n|}$,记

$$R = \begin{cases} +\infty, & A = 0, \\ \dfrac{1}{A}, & A \in (0, +\infty), \\ 0, & A = +\infty. \end{cases}$$

定理 7.2.2（Cauchy-Hadamard 定理）　　若幂级数 $\sum\limits_{n=0}^{\infty} a_n x^n$ 的系数满足

$$\lim_{n\to\infty} \sqrt[n]{|a_n|} = A,$$

且 R 同上定义,那么级数 $\sum\limits_{n=0}^{\infty} a_n x^n$ 当 $|x| < R$ 时绝对收敛;当 $|x| > R$ 时发散. 因此 R 为幂级数 $\sum\limits_{n=0}^{\infty} a_n x^n$ 的收敛半径.

注　　若 $\lim\limits_{n\to\infty}\left|\dfrac{a_{n+1}}{a_n}\right| = A$,则同样可如上确定幂级数 $\sum\limits_{n=0}^{\infty} a_n x^n$ 的收敛半径 R.

三、幂级数的性质

设幂级数 $\sum\limits_{n=0}^{\infty} a_n x^n$ 的收敛半径为 R, $\sum\limits_{n=0}^{\infty} b_n x^n$ 的收敛半径为 R',且 $R,R' > 0$,那么 $\sum\limits_{n=0}^{\infty} a_n x^n$ 和 $\sum\limits_{n=0}^{\infty} b_n x^n$ 都在 $|x| < \min\{R,R'\}$ 上绝对收敛,且在 $|x| < \min\{R,R'\}$ 上成立

$$\sum_{n=0}^{\infty} a_n x^n \pm \sum_{n=0}^{\infty} b_n x^n = \sum_{n=0}^{\infty} (a_n \pm b_n) x^n,$$

以及

$$\sum_{n=0}^{\infty} a_n x^n \cdot \sum_{n=0}^{\infty} b_n x^n = \sum_{n=0}^{\infty} \left(\sum_{k=0}^{n} a_k b_{n-k} \right) x^n,$$

上式右边就是这两个级数的 Cauchy 乘积.

定理 7.2.3（和函数的连续性）　　设 $\sum\limits_{n=0}^{\infty} a_n x^n$ 的收敛半径为 $R(R > 0)$,则其和函数在 $(-R, R)$ 连续,即对于每个 $x_0 \in (-R, R)$,有

$$\lim_{x\to x_0} \sum_{n=0}^{\infty} a_n x^n = \sum_{n=0}^{\infty} a_n x_0{}^n.$$

若它在 $x = R(x = -R)$ 收敛,则和函数在 $x = R(x = -R)$ 左(右)连续,即

$$\lim_{x\to R-0} \sum_{n=0}^{\infty} a_n x^n = \sum_{n=0}^{\infty} a_n R^n \quad \left(\lim_{x\to -R+0} \sum_{n=0}^{\infty} a_n x^n = \sum_{n=0}^{\infty} a_n (-R)^n \right).$$

以上两式意味着求极限运算可以和无限求和运算交换次序.

定理 7.2.4（逐项可积性）　　设 $\sum\limits_{n=0}^{\infty} a_n x^n$ 的收敛半径为 $R(R > 0)$,则对于任意 $x \in (-R, R)$,成立逐项积分公式

$$\int_0^x \sum_{n=0}^{\infty} a_n t^n \mathrm{d}t = \sum_{n=0}^{\infty} \frac{a_n}{n+1} x^{n+1}.$$

上式意味着积分运算可以和无限求和运算交换次序.

定理 7.2.5(逐项可导性) 设 $\sum_{n=0}^{\infty} a_n x^n$ 的收敛半径为 $R(R > 0)$,则它在 $(-R,R)$ 上可以逐项求导,即

$$\frac{\mathrm{d}}{\mathrm{d}x} \sum_{n=0}^{\infty} a_n x^n = \sum_{n=0}^{\infty} \frac{\mathrm{d}}{\mathrm{d}x} a_n x^n = \sum_{n=1}^{\infty} n a_n x^{n-1}.$$

上式意味着求导运算可以和无限求和运算交换次序.

定理 7.2.6 设幂级数 $\sum_{n=0}^{\infty} a_n x^n$ 的收敛半径为 R,那么 $\sum_{n=0}^{\infty} \frac{a_n}{n+1} x^{n+1}$ 和

$\sum_{n=1}^{\infty} n a_n x^{n-1}$ 的收敛半径也为 R.

这就是说,对幂级数逐项积分或逐项求导后所得的幂级数与原幂级数有相同的收敛半径.

四、函数的 Taylor 级数

若函数 f 在 x_0 的某个邻域 $O(x_0,r)$ 上任意阶可导,就可以构造幂级数

$$\sum_{n=0}^{\infty} \frac{f^{(n)}(x_0)}{n!} (x - x_0)^n,$$

这一幂级数称为 f 在点 x_0 的 **Taylor 级数**,记为

$$f(x) \sim \sum_{n=0}^{\infty} \frac{f^{(n)}(x_0)}{n!} (x - x_0)^n.$$

而称

$$a_k = \frac{f^{(k)}(x_0)}{k!} \ (k = 0,1,2,\cdots)$$

为 f 在点 x_0 的 **Taylor 系数**. 特别地,当 $x_0 = 0$ 时,常称

$$\sum_{n=0}^{\infty} \frac{f^{(n)}(0)}{n!} x^n$$

为 f 的 **Maclaurin 级数**.

若在点 x_0 的某邻域 $O(x_0,r)$ 上成立 $f(x) = \sum_{n=0}^{\infty} a_n (x - x_0)^n$,则称 f 在 $O(x_0,r)$ 上可以展开成幂级数,或者称 $\sum_{n=0}^{\infty} a_n (x - x_0)^n$ 是 f 在 $O(x_0,r)$ 上的幂级数展开或 Taylor 展开($x_0 = 0$ 时也称为 Maclaurin 展开). 注意此时必有

$$a_n = \frac{f^{(n)}(x_0)}{n!}, \quad n = 0,1,2,\cdots,$$

因此 $\sum\limits_{n=0}^{\infty} a_n (x - x_0)^n$ 就是 f 在点 x_0 的 Taylor 级数. 这就是说,函数的幂级数展开是唯一的.

五、初等函数的 Taylor 展开

下面是一些基本初等函数的 Maclaurin 展开:

(1) $e^x = \sum\limits_{n=0}^{\infty} \dfrac{x^n}{n!} = 1 + \dfrac{x}{1!} + \dfrac{x^2}{2!} + \dfrac{x^3}{3!} + \cdots + \dfrac{x^n}{n!} + \cdots,\ x \in (-\infty, +\infty)$;

(2) $\sin x = \sum\limits_{n=0}^{\infty} \dfrac{(-1)^n}{(2n+1)!} x^{2n+1},\ x \in (-\infty, +\infty)$;

(3) $\cos x = \sum\limits_{n=0}^{\infty} \dfrac{(-1)^n}{(2n)!} x^{2n},\ x \in (-\infty, +\infty)$;

(4) $\arctan x = \sum\limits_{n=1}^{\infty} \dfrac{(-1)^{n-1}}{2n-1} x^{2n-1},\ x \in [-1,1]$;

(5) $\ln(1+x) = \sum\limits_{n=1}^{\infty} \dfrac{(-1)^{n+1}}{n} x^n,\ x \in (-1,1]$;

(6) $(1+x)^{\alpha} = \sum\limits_{n=0}^{\infty} \dbinom{\alpha}{n} x^n$, $\begin{cases} x \in (-1,1), \text{当 } \alpha \leqslant -1, \\ x \in (-1,1], \text{当 } -1 < \alpha < 0, \\ x \in [-1,1], \text{当 } \alpha > 0, \text{且 } \alpha \text{ 不是正整数}, \end{cases}$

其中 $\dbinom{\alpha}{n} = \dfrac{\alpha(\alpha-1)\cdots(\alpha-n+1)}{n!}$ $(n = 1,2,\cdots)$ 和 $\dbinom{\alpha}{0} = 1$;

(7) $\arcsin x = x + \sum\limits_{n=1}^{\infty} \dfrac{(2n-1)!!}{(2n)!!} \dfrac{x^{2n+1}}{2n+1},\ x \in [-1,1]$.

一般来说,通过计算一个函数的 Taylor 级数,进而得到它的幂级数展开的方法非常困难. 因此常采用间接方法,即利用幂级数展开的唯一性,通过已知函数的幂级数展开,来计算所求函数的幂级数展开. 这种方法多种多样,例如,利用代入法,利用幂级数的运算法则,利用幂级数的逐项可导和逐项可积的性质等,下面将通过例题来介绍.

幂级数的和函数在某点的值,就是一个数项级数的和. 因此求数项级数的和的问题,常转化为求幂级数的和函数问题. 这是由于幂级数具有逐项可导、逐项可积等性质,因此有更多的方法和工具来求其和函数,从而也为数项级数求和提供了有效的方法.

将函数展开为幂级数有着许多重要应用,作近似计算就是其中之一. 用一个函数的幂级数展开的部分和多项式来近似该函数,其误差可由 Taylor 公式的余项来估计.

例 7.2.1 求下列函数项级数的收敛域:

(1) $\sum\limits_{n=1}^{\infty}\left(\dfrac{x}{x-1}\right)^{n}$ $(x\neq 1)$;　　　　(2) $\sum\limits_{n=0}^{\infty}\dfrac{1}{1+x^{n}}$ $(x\neq -1)$.

解 (1) 由于几何级数 $\sum\limits_{n=0}^{\infty}q^{n}$ 当 $|q|<1$ 时收敛,当 $|q|\geqslant 1$ 时发散,因此 $\sum\limits_{n=1}^{\infty}\left(\dfrac{x}{x-1}\right)^{n}$ 仅当 $\left|\dfrac{x}{1-x}\right|<1$,即当 $x<\dfrac{1}{2}$ 时收敛. 于是函数项级数 $\sum\limits_{n=1}^{\infty}\left(\dfrac{x}{x-1}\right)^{n}$ 的收敛域为 $\left(-\infty,\dfrac{1}{2}\right)$.

(2) 当 $|x|<1$ 时,因为 $\lim\limits_{n\to\infty}\dfrac{1}{1+x^{n}}=1$,即 $\sum\limits_{n=0}^{\infty}\dfrac{1}{1+x^{n}}$ 的一般项不趋于0,所以它发散.

当 $x=1$ 时,$\sum\limits_{n=0}^{\infty}\dfrac{1}{1+x^{n}}$ 为 $\sum\limits_{n=0}^{\infty}\dfrac{1}{2}$,它也发散.

当 $|x|>1$ 时,由于 $\left|\dfrac{1}{1+x^{n}}\right|\sim\left|\dfrac{1}{x}\right|^{n}$ $(n\to\infty)$,而几何级数 $\sum\limits_{n=0}^{\infty}\left|\dfrac{1}{x}\right|^{n}$ 收敛,因此 $\sum\limits_{n=0}^{\infty}\dfrac{1}{1+x^{n}}$ 绝对收敛.

综上所述,函数项级数 $\sum\limits_{n=0}^{\infty}\dfrac{1}{1+x^{n}}$ 的收敛域为 $(-\infty,-1)\cup(1,+\infty)$.

例 7.2.2 求下列幂级数的收敛半径和收敛域:

(1) $\sum\limits_{n=2}^{\infty}(-1)^{n}\dfrac{\ln n}{2^{n}}x^{n}$;　　　　(2) $\sum\limits_{n=2}^{\infty}(\sqrt[n]{n}-1)(x+2)^{n}$;

(3) $\sum\limits_{n=0}^{\infty}\left(\dfrac{n+2}{2n+1}\right)^{4n}x^{n}$;　　　　(4) $\sum\limits_{n=1}^{\infty}\left(1+\dfrac{1}{n}\right)^{n^{2}}(x-1)^{n}$;

(5) $\sum\limits_{n=1}^{\infty}(-1)^{n}\dfrac{1+\frac{1}{2}+\cdots+\frac{1}{n}}{n}(x-1)^{2n}$;　(6) $\sum\limits_{n=1}^{\infty}n^{n}2^{n^{2}}x^{n^{2}}$;

(7) $\sum\limits_{n=1}^{\infty}\left[\dfrac{1}{5^{n}+(-4)^{n}}\right]\dfrac{x^{n}}{n}$.

解 (1) 记 $a_{n}=(-1)^{n}\dfrac{\ln n}{2^{n}}$. 因为

$$\lim\limits_{n\to\infty}\left|\dfrac{a_{n+1}}{a_{n}}\right|=\lim\limits_{n\to\infty}\dfrac{\ln(1+n)}{2\ln n}=\dfrac{1}{2},$$

所以收敛半径 $R = 2$.

当 $x = 2$ 时,原级数为 $\sum\limits_{n=1}^{\infty}(-1)^n \ln n$,它的一般项不趋于 0,因此发散.

当 $x = -2$ 时,原级数为 $\ln n$,它的一般项不趋于 0,因此也发散.

于是所论幂级数的收敛域为 $(-2, 2)$.

(2)作变换 $t = x + 2$,则原级数变为 $\sum\limits_{n=2}^{\infty}(\sqrt[n]{n} - 1)t^n$. 记 $a_n = \sqrt[n]{n} - 1$. 因为

$$\lim_{n\to\infty}\left|\frac{a_{n+1}}{a_n}\right| = \lim_{n\to\infty}\frac{\sqrt[n+1]{n+1} - 1}{\sqrt[n]{n} - 1} = \lim_{n\to\infty}\frac{e^{\frac{1}{n+1}\ln(n+1)} - 1}{e^{\frac{1}{n}\ln n} - 1}$$

$$= \lim_{n\to\infty}\frac{\dfrac{1}{n+1}\ln(n+1)}{\dfrac{1}{n}\ln n} = \lim_{n\to\infty}\frac{\ln(n+1)}{\ln n}\frac{n}{n+1} = 1,$$

其中运算中利用了无穷小量的等价关系 $e^x - 1 \sim x\,(x \to 0)$,所以 $R = 1$.

当 $t = 1$ 时,级数 $\sum\limits_{n=2}^{\infty}(\sqrt[n]{n} - 1)t^n$ 为 $\sum\limits_{n=2}^{\infty}(\sqrt[n]{n} - 1)$. 因为 $\sqrt[n]{n} - 1 = e^{\frac{\ln n}{n}} - 1 \sim \frac{\ln n}{n}$,

而级数 $\sum\limits_{n=2}^{\infty}\frac{\ln n}{n}$ 发散,所以 $\sum\limits_{n=2}^{\infty}(\sqrt[n]{n} - 1)$ 发散.

当 $t = -1$ 时,级数 $\sum\limits_{n=2}^{\infty}(\sqrt[n]{n} - 1)t^n$ 为 $\sum\limits_{n=2}^{\infty}(-1)^n(\sqrt[n]{n} - 1)$,因为数列 $\left\{\frac{\ln n}{n}\right\}$ 单调

减少趋于零,而 $\sqrt[n]{n} - 1 = e^{\frac{\ln n}{n}} - 1$,所以数列 $\{\sqrt[n]{n} - 1\}$ 也单调减少趋于 0,于是由

Leibniz 判别法知 $\sum\limits_{n=2}^{\infty}(-1)^n(\sqrt[n]{n} - 1)$ 收敛.

于是幂级数 $\sum\limits_{n=2}^{\infty}(\sqrt[n]{n} - 1)t^n$ 的收敛半径为 1,收敛域为 $[-1, 1)$. 从而幂级数

$\sum\limits_{n=2}^{\infty}(\sqrt[n]{n} - 1)(x + 2)^n$ 的收敛半径 $R = 1$,收敛域为 $[-3, -1)$.

(3)记 $a_n = \left(\dfrac{n+2}{2n+1}\right)^{4n}$. 因为

$$\lim_{n\to\infty}\sqrt[n]{\left(\frac{n+2}{2n+1}\right)^{4n}} = \lim_{n\to\infty}\left(\frac{n+2}{2n+1}\right)^4 = \frac{1}{16},$$

所以幂级数 $\sum\limits_{n=0}^{\infty}\left(\dfrac{n+2}{2n+1}\right)^{4n}x^n$ 的收敛半径 $R = 16$.

当 $x = 16$ 时,原级数为 $\sum\limits_{n=0}^{\infty}\left(\dfrac{n+2}{2n+1}\right)^{4n}16^n$. 因为

$$\lim_{n\to\infty}\left(\frac{n+2}{2n+1}\right)^{4n}16^n = \lim_{n\to\infty}\left(\frac{2n+4}{2n+1}\right)^{4n} = \lim_{n\to\infty}\left(1+\frac{3}{2n+1}\right)^{4n} = \mathrm{e}^6,$$

所以级数 $\sum\limits_{n=0}^{\infty}\left(\frac{n+2}{2n+1}\right)^{4n}16^n$ 的一般项不趋于 0,因此发散.

同理,当 $x=-16$ 时,原级数为 $\sum\limits_{n=0}^{\infty}(-1)^n\left(\frac{n+2}{2n+1}\right)^{4n}16^n$,它也发散.

于是幂级数 $\sum\limits_{n=0}^{\infty}\left(\frac{n+2}{2n+1}\right)^{4n}x^n$ 的收敛域为 $(-16,16)$.

（4）作变换 $t=x-1$,则原级数变为 $\sum\limits_{n=1}^{\infty}\left(1+\frac{1}{n}\right)^{n^2}t^n$.

记 $a_n=\left(1+\frac{1}{n}\right)^{n^2}$.因为

$$\lim_{n\to\infty}\sqrt[n]{a_n} = \lim_{n\to\infty}\left(1+\frac{1}{n}\right)^n = \mathrm{e},$$

所以幂级数 $\sum\limits_{n=1}^{\infty}\left(1+\frac{1}{n}\right)^{n^2}t^n$ 的收敛半径为 $\frac{1}{\mathrm{e}}$.

当 $t=\frac{1}{\mathrm{e}}$ 时,级数 $\sum\limits_{n=1}^{\infty}\left(1+\frac{1}{n}\right)^{n^2}t^n$ 为 $\sum\limits_{n=1}^{\infty}\left(1+\frac{1}{n}\right)^{n^2}\left(\frac{1}{\mathrm{e}}\right)^n$.由 L'Hospital 法则得,该级数的一般项的对数的极限

$$\lim_{n\to\infty}\ln\left[\left(1+\frac{1}{n}\right)^{n^2}\left(\frac{1}{\mathrm{e}}\right)^n\right] = \lim_{n\to\infty}\left[n^2\ln\left(1+\frac{1}{n}\right)-n\right] = \lim_{n\to\infty}\frac{\ln\left(1+\frac{1}{n}\right)-\frac{1}{n}}{\frac{1}{n^2}}$$

$$= \lim_{x\to0}\frac{\ln(1+x)-x}{x^2} = \lim_{x\to0}\frac{\frac{1}{1+x}-1}{2x}$$

$$= \lim_{x\to0}\left[-\frac{1}{2(1+x)}\right] = -\frac{1}{2}.$$

因此 $\lim\limits_{n\to\infty}\left(1+\frac{1}{n}\right)^{n^2}\left(\frac{1}{\mathrm{e}}\right)^n = \mathrm{e}^{-\frac{1}{2}}$.这就是说级数 $\sum\limits_{n=1}^{\infty}\left(1+\frac{1}{n}\right)^{n^2}\left(\frac{1}{\mathrm{e}}\right)^n$ 的一般项不趋于 0,因此级数发散.

同理,当 $t=-\frac{1}{\mathrm{e}}$ 时,级数 $\sum\limits_{n=1}^{\infty}\left(1+\frac{1}{n}\right)^{n^2}t^n$ 也发散.

于是,幂级数 $\sum\limits_{n=1}^{\infty}\left(1+\frac{1}{n}\right)^{n^2}t^n$ 的收敛半径为 $\frac{1}{\mathrm{e}}$,收敛域为 $\left(-\frac{1}{\mathrm{e}},\frac{1}{\mathrm{e}}\right)$,从而幂级数 $\sum\limits_{n=1}^{\infty}\left(1+\frac{1}{n}\right)^{n^2}(x-1)^n$ 的收敛半径为 $\frac{1}{\mathrm{e}}$,收敛域为 $\left(1-\frac{1}{\mathrm{e}},1+\frac{1}{\mathrm{e}}\right)$.

（5）这是缺项幂级数，不能直接用前面提到的计算收敛半径的公式. 但可以借助于讨论绝对收敛时的判别法.

记 $u_n = \dfrac{1 + \dfrac{1}{2} + \cdots + \dfrac{1}{n}}{n}(x-1)^{2n}$. 因为

$$\frac{1}{n}(x-1)^{2n} \le |u_n| \le (x-1)^{2n},$$

所以由极限的夹逼性质得

$$\lim_{n \to \infty} \sqrt[n]{|u_n|} = (x-1)^2.$$

因此当 $(x-1)^2 < 1$，即 $0 < x < 2$ 时，$\displaystyle\sum_{n=1}^{\infty} (-1)^n \dfrac{1 + \dfrac{1}{2} + \cdots + \dfrac{1}{n}}{n}(x-1)^{2n}$ 收敛，当 $(x-1)^2 > 1$，即当 $x < 0$ 或 $x > 2$ 时级数发散.

当 $(x-1)^2 = 1$，即当 $x = 0$ 或 $x = 2$ 时，级数 $\displaystyle\sum_{n=1}^{\infty} (-1)^n \dfrac{1 + \dfrac{1}{2} + \cdots + \dfrac{1}{n}}{n} \times$

$(x-1)^{2n}$ 为 $\displaystyle\sum_{n=1}^{\infty} (-1)^n \dfrac{1 + \dfrac{1}{2} + \cdots + \dfrac{1}{n}}{n}$，由 Leibniz 判别法可知它收敛.

于是幂级数 $\displaystyle\sum_{n=1}^{\infty} (-1)^n \dfrac{1 + \dfrac{1}{2} + \cdots + \dfrac{1}{n}}{n}(x-1)^{2n}$ 的收敛半径为 1，收敛域为 $[0,2]$.

（6）这是一个缺项幂级数. 记 $u_n = n^n 2^{n^2} x^{n^2}$，则

$$\lim_{n \to \infty} \sqrt[n]{|u_n|} = \lim_{n \to \infty} n|2x|^n = \begin{cases} 0, & |x| < 1/2, \\ +\infty, & |x| \ge 1/2. \end{cases}$$

因此级数 $\displaystyle\sum_{n=1}^{\infty} n^n 2^{n^2} x^{n^2}$ 当 $|x| < \dfrac{1}{2}$ 时收敛，$|x| \ge \dfrac{1}{2}$ 当时发散.

于是幂级数 $\displaystyle\sum_{n=1}^{\infty} n^n 2^{n^2} x^{n^2}$ 的收敛半径为 $\dfrac{1}{2}$，收敛域为 $\left(-\dfrac{1}{2}, \dfrac{1}{2}\right)$.

（7）记 $a_n = \left[\dfrac{1}{5^n + (-4)^n}\right]\dfrac{1}{n}$，则

$$\lim_{n \to \infty} \left|\frac{a_{n+1}}{a_n}\right| = \lim_{n \to \infty} \frac{[5^n + (-4)^n]n}{[5^{n+1} + (-4)^{n+1}](n+1)} = \lim_{n \to \infty} \frac{\left[1 + \left(-\dfrac{4}{5}\right)^n\right]n}{\left[5 - 4\left(-\dfrac{4}{5}\right)^n\right](n+1)} = \frac{1}{5},$$

因此所给幂级数的收敛半径 $R = 5$.

当 $x = 5$ 时,级数 $\sum_{n=1}^{\infty} \left[\dfrac{1}{5^n + (-4)^n} \right] \dfrac{x^n}{n}$ 为 $\sum_{n=1}^{\infty} \left[\dfrac{5^n}{5^n + (-4)^n} \right] \dfrac{1}{n}$,因为

$$\left[\frac{5^n}{5^n + (-4)^n} \right] \frac{1}{n} \sim \frac{1}{n} \ (n \to \infty),$$

所以 $\sum_{n=1}^{\infty} \left[\dfrac{5^n}{5^n + (-4)^n} \right] \dfrac{1}{n}$ 发散.

当 $x = -5$ 时,级数 $\sum_{n=1}^{\infty} \left[\dfrac{1}{5^n + (-4)^n} \right] \dfrac{x^n}{n}$ 为 $\sum_{n=1}^{\infty} \left[\dfrac{(-5)^n}{5^n + (-4)^n} \right] \dfrac{1}{n}$,级数的一般

项

$$\left[\frac{(-5)^n}{5^n + (-4)^n} \right] \frac{1}{n} = (-1)^n \frac{1}{n} - \left[\frac{4^n}{5^n + (-4)^n} \right] \frac{1}{n}.$$

因为 $\left[\dfrac{4^n}{5^n + (-4)^n} \right] \dfrac{1}{n} \sim \left(\dfrac{4}{5} \right)^n \dfrac{1}{n} \ (n \to \infty)$,所以 $\sum_{n=1}^{\infty} \left[\dfrac{4^n}{5^n + (-4)^n} \right] \dfrac{1}{n}$ 收敛. 显然

级数 $\sum_{n=1}^{\infty} (-1)^n \dfrac{1}{n}$ 收敛,所以 $\sum_{n=1}^{\infty} \left[\dfrac{(-5)^n}{5^n + (-4)^n} \right] \dfrac{1}{n}$ 收敛.

于是幂级数 $\sum_{n=1}^{\infty} \left[\dfrac{1}{5^n + (-4)^n} \right] \dfrac{x^n}{n}$ 的收敛域为 $[-5, 5)$.

例 7.2.3 求下列幂级数的和函数:

(1) $\sum_{n=1}^{\infty} (n-1)(n+1)x^n$;   (2) $\sum_{n=2}^{\infty} \dfrac{2^n n}{n^2 - 1} x^n$;

(3) $\sum_{n=0}^{\infty} (-1)^n \dfrac{(n+1)(n+2)}{n!} x^n$;   (4) $\sum_{n=1}^{\infty} \dfrac{1}{4n-3} (x-1)^{4n-3}$.

解 (1) 易知 $\sum_{n=1}^{\infty} (n-1)(n+1)x^n$ 的收敛半径为 1,收敛域为 $(-1, 1)$.

当 $x \in (-1, 1)$ 时,利用 $\sum_{n=0}^{\infty} x^n = \dfrac{1}{1-x}$ 得

$$\sum_{n=1}^{\infty} (n-1)(n+1)x^n = \sum_{n=1}^{\infty} n^2 x^n - \sum_{n=1}^{\infty} x^n = \sum_{n=1}^{\infty} n^2 x^n - \frac{x}{1-x}.$$

现在求 $\sum_{n=1}^{\infty} n^2 x^n$ 的和函数. 对 $\sum_{n=0}^{\infty} x^n = \dfrac{1}{1-x}$ 逐项求导,得

$$\sum_{n=1}^{\infty} n x^{n-1} = \frac{1}{(1-x)^2},$$

两边同时乘上 x,得

$$\sum_{n=1}^{\infty} n x^n = \frac{x}{(1-x)^2}.$$

再逐项求导,得

$$\sum_{n=1}^{\infty} n^2 x^{n-1} = \frac{1+x}{(1-x)^3}.$$

两边同时乘上 x, 便得

$$\sum_{n=1}^{\infty} n^2 x^n = \frac{x+x^2}{(1-x)^3}.$$

因此

$$\sum_{n=1}^{\infty} (n-1)(n+1) x^n = \sum_{n=1}^{\infty} n^2 x^n - \frac{x}{1-x} = \frac{x+x^2}{(1-x)^3} - \frac{x}{1-x}$$

$$= \frac{3x^2 - x^3}{(1-x)^3}, \quad x \in (-1,1).$$

(2) 令 $t = 2x$, 则原幂级数变为 $\sum_{n=2}^{\infty} \dfrac{n}{n^2-1} t^n$, 先求它的和函数.

易知 $\sum_{n=2}^{\infty} \dfrac{n}{n^2-1} t^n$ 的收敛半径为 1, 收敛域为 $[-1,1)$. 当 $t \in (-1,1)$ 时, 有

$$\sum_{n=2}^{\infty} \frac{n}{n^2-1} t^n = \sum_{n=2}^{\infty} \frac{1}{2}\left(\frac{1}{n-1} + \frac{1}{n+1}\right) t^n = \frac{1}{2}\sum_{n=2}^{\infty} \frac{1}{n-1} t^n + \frac{1}{2}\sum_{n=2}^{\infty} \frac{1}{n+1} t^n.$$

由于 $\sum_{n=2}^{\infty} \dfrac{1}{n-1} t^n = t\sum_{n=1}^{\infty} \dfrac{1}{n} t^n$, 而对 $S_1(t) = \sum_{n=1}^{\infty} \dfrac{1}{n} t^n$ 逐项求导得

$$S_1'(t) = \sum_{n=1}^{\infty} t^{n-1} = \frac{1}{1-t},$$

因此

$$S_1(t) = S_1(0) + \int_0^t \frac{1}{1-u} du = -\ln(1-t).$$

于是

$$\sum_{n=2}^{\infty} \frac{1}{n-1} t^n = -t\ln(1-t), \quad t \in (-1,1).$$

由于 $\sum_{n=2}^{\infty} \dfrac{1}{n+1} t^n = \dfrac{1}{t}\sum_{n=2}^{\infty} \dfrac{1}{n+1} t^{n+1} (t \neq 0)$, 而对 $S_2(t) = \sum_{n=2}^{\infty} \dfrac{1}{n+1} t^{n+1}$ 逐项求导得

$$S_2'(t) = \sum_{n=2}^{\infty} t^n = \frac{1}{1-t} - 1 - t,$$

因此

$$S_2(t) = S_2(0) + \int_0^t \left(\frac{1}{1-u} - 1 - u\right) du = -\ln(1-t) - t - \frac{1}{2} t^2.$$

于是

$$\sum_{n=2}^{\infty} \frac{1}{n+1} t^n = -\frac{\ln(1-t)}{t} - 1 - \frac{1}{2} t, \quad t \neq 0, t \in (-1,1).$$

综合上面的计算，并注意到当 $t = -1$ 时 $\sum_{n=2}^{\infty} \dfrac{n}{n^2 - 1} t^n$ 收敛，则有

$$\sum_{n=2}^{\infty} \frac{n}{n^2 - 1} t^n = \begin{cases} \dfrac{1}{2}\Big[-t\ln(1-t) - \dfrac{\ln(1-t)}{t} - 1 - \dfrac{t}{2} \Big], & t \in [-1, 1) \text{ 且 } t \neq 0 \\ 0, & t = 0. \end{cases}$$

于是

$$\sum_{n=2}^{\infty} \frac{2^n n}{n^2 - 1} x^n = \begin{cases} \dfrac{1}{2}\Big[-2x\ln(1-2x) - \dfrac{\ln(1-2x)}{2x} - 1 - x \Big], & x \in [-1/2, 1/2) \text{ 且 } x \neq 0, \\ 0, & x = 0. \end{cases}$$

(3) 记 $S(x) = \sum_{n=0}^{\infty} (-1)^n \dfrac{(n+1)(n+2)}{n!} x^n$，易知该幂级数的收敛域为 $(-\infty, +\infty)$. 对它逐项积分，得

$$\int_0^x S(t)\,\mathrm{d}t = \sum_{n=0}^{\infty} (-1)^n \frac{n+2}{n!} x^{n+1},$$

再逐项积分得

$$\int_0^x \Big[\int_0^u S(t)\,\mathrm{d}t \Big]\mathrm{d}u = \sum_{n=0}^{\infty} (-1)^n \frac{1}{n!} x^{n+2} = x^2 \sum_{n=0}^{\infty} (-1)^n \frac{1}{n!} x^n = x^2 \mathrm{e}^{-x},$$

这里利用了 $\mathrm{e}^x = \sum_{n=0}^{\infty} \dfrac{1}{n!} x^n$. 对上式求导得

$$\int_0^x S(t)\,\mathrm{d}t = (2x - x^2)\mathrm{e}^{-x}.$$

再求导得

$$\sum_{n=0}^{\infty} (-1)^n \frac{(n+1)(n+2)}{n!} x^n = S(x) = (2 - 4x + x^2)\mathrm{e}^{-x}, \quad x \in (-\infty, +\infty).$$

(4) 令 $t = x - 1$，则原幂级数变为 $\sum_{n=1}^{\infty} \dfrac{1}{4n-3} t^{4n-3}$，易知它的收敛半径为1，收敛域为 $(-1, 1)$.

记 $S(t) = \sum_{n=1}^{\infty} \dfrac{1}{4n-3} t^{4n-3}$. 逐项求导得

$$S'(t) = \sum_{n=1}^{\infty} t^{4n-4} = \sum_{n=1}^{\infty} t^{4(n-1)} = \frac{1}{1-t^4},$$

因此

$$S(t) = S(0) + \int_0^x S'(t)\,\mathrm{d}t = \int_0^x \frac{1}{1-t^4}\,\mathrm{d}t = \frac{1}{2}\arctan t - \frac{1}{4}\ln\frac{1-t}{1+t}, \quad t \in (-1, 1).$$

于是原幂级数的和函数为

$$\sum_{n=1}^{\infty} \frac{1}{4n-3}(x-1)^{4n-3} = \frac{1}{2}\arctan(x-1) - \frac{1}{4}\ln\frac{2-x}{x}, \quad x \in (0, 2).$$

注 在 $\sum\limits_{n=1}^{\infty} \dfrac{1}{4n-3} t^{4n-3} = \dfrac{1}{2}\arctan t - \dfrac{1}{4}\ln\dfrac{1-t}{1+t}$ ($t \in (-1,1)$) 中,当 $0 \leqslant x < 1$

时,令 $t = \sqrt[4]{x}$,则得

$$\sum_{n=1}^{\infty} \frac{1}{4n-3} x^n = x^{\frac{3}{4}}\left(\frac{1}{2}\arctan\sqrt[4]{x} - \frac{1}{4}\ln\frac{1-\sqrt[4]{x}}{1+\sqrt[4]{x}}\right).$$

请读者考虑一下:当 $-1 \leqslant x < 0$ 时,如何得到 $\sum\limits_{n=1}^{\infty} \dfrac{1}{4n-3} x^n$ 的和函数?

例 7.2.4 求幂级数 $1 + \sum\limits_{n=1}^{\infty} \dfrac{(2n-1)!!}{(2n)!!} x^n$ 的和函数,并求级数 $1 + \sum\limits_{n=1}^{\infty} (-1)^n \times$

$\dfrac{(2n-1)!!}{(2n)!!}$ 的和.

解 易知该幂级数的收敛半径为 1,且由例 7.1.10 知它在点 $x = -1$ 收敛,在
点 $x = 1$ 发散,所以该幂级数的收敛域为 $[-1,1)$.

记 $S(x) = 1 + \sum\limits_{n=1}^{\infty} \dfrac{(2n-1)!!}{(2n)!!} x^n$. 在 $(-1,1)$ 上逐项求导,得

$$
\begin{aligned}
S'(x) &= \sum_{n=1}^{\infty} \frac{(2n-1)!!}{(2n)!!} n x^{n-1} = \frac{1}{2}\sum_{n=1}^{\infty}\frac{(2n-1)!!}{(2n-2)!!} x^{n-1} \\
&= \frac{1}{2}\left[1 + \sum_{n=1}^{\infty}\frac{(2n+1)!!}{(2n)!!} x^n\right] = \frac{1}{2}\left[1 + \sum_{n=1}^{\infty}\frac{(2n-1)!!}{(2n)!!}(2n+1) x^n\right] \\
&= \frac{1}{2}\left[1 + \sum_{n=1}^{\infty}\frac{(2n-1)!!}{(2n)!!} x^n + \sum_{n=1}^{\infty}\frac{(2n-1)!!}{(2n-2)!!} x^n\right] \\
&= \frac{1}{2}S(x) + xS'(x),
\end{aligned}
$$

即 $S(x)$ 满足

$$(1-x)S'(x) = \frac{1}{2}S(x).$$

此时在 $(-1,1)$ 上成立

$$\left[\sqrt{1-x}\,S(x)\right]' = \frac{1}{\sqrt{1-x}}\left[(1-x)S'(x) - \frac{1}{2}S(x)\right] = 0,$$

因此在 $(-1,1)$ 上 $\sqrt{1-x}\,S(x)$ 是常数. 注意到 $S(0) = 1$,于是 $S(x) = \dfrac{1}{\sqrt{1-x}}$

($x \in (-1,1)$). 由于当 $x = -1$ 时 $1 + \sum\limits_{n=1}^{\infty}\dfrac{(2n-1)!!}{(2n)!!} x^n$ 收敛,因此 $S(x)$ 在点

$x = -1$ 右连续,于是

$$S(x) = \frac{1}{\sqrt{1-x}}, \quad x \in [-1,1).$$

取 $x = -1$，便得
$$1 + \sum_{n=1}^{\infty} (-1)^n \frac{(2n-1)!!}{(2n)!!} = \frac{1}{\sqrt{2}}.$$

注 在下一章中可以知道，通过分离变量法可以轻易得出微分方程 $(1-x)S'(x) = \frac{1}{2}S(x)$ 满足 $S(0) = 1$ 的解为 $S(x) = \frac{1}{\sqrt{1-x}}$.

例 7.2.5 求下列级数的和：

(1) $\sum\limits_{n=1}^{\infty} \dfrac{n^2}{3^n}$；   (2) $\sum\limits_{n=2}^{\infty} \dfrac{1}{2^n(n^2-1)}$；

(3) $\sum\limits_{n=0}^{\infty} \dfrac{(n+1)^2}{2^n n!}$；   (4) $\sum\limits_{n=1}^{\infty} \dfrac{(-1)^n n}{(2n+1)!}$；

(5) $\sum\limits_{n=1}^{\infty} \dfrac{(-1)^n}{(3n-2)(3n+1)}$.

解 (1) 在例 7.2.3 中已经得到
$$\sum_{n=1}^{\infty} n^2 x^n = \frac{x+x^2}{(1-x)^3}, \quad x \in (-1,1).$$

取 $x = \dfrac{1}{3}$，便得
$$\sum_{n=1}^{\infty} \frac{n^2}{3^n} = \frac{3}{2}.$$

(2) 将所考虑的级数作如下分解：
$$\sum_{n=2}^{\infty} \frac{1}{2^n(n^2-1)} = \sum_{n=2}^{\infty} \frac{1}{2^{n+1}}\left(\frac{1}{n-1} - \frac{1}{n+1}\right) = \sum_{n=2}^{\infty} \frac{1}{2^{n+1}(n-1)} - \sum_{n=2}^{\infty} \frac{1}{2^{n+1}(n+1)}.$$

利用 $\ln(1+x) = \sum\limits_{n=1}^{\infty} (-1)^{n+1} \dfrac{1}{n} x^n \, (-1 < x \leqslant 1)$，得
$$\sum_{n=2}^{\infty} \frac{1}{2^{n+1}(n-1)} = \sum_{n=1}^{\infty} \frac{1}{2^{n+2} n} = -\frac{1}{4} \sum_{n=1}^{\infty} (-1)^{n+1} \frac{1}{n}\left(-\frac{1}{2}\right)^n$$
$$= -\frac{1}{4}\ln\left(1 - \frac{1}{2}\right) = \frac{1}{4}\ln 2,$$

以及
$$\sum_{n=2}^{\infty} \frac{1}{2^{n+1}(n+1)} = \sum_{n=3}^{\infty} \frac{1}{2^n n} = -\sum_{n=3}^{\infty} (-1)^{n+1} \frac{1}{n}\left(-\frac{1}{2}\right)^n$$
$$= -\sum_{n=1}^{\infty} (-1)^{n+1} \frac{1}{n}\left(-\frac{1}{2}\right)^n - \frac{1}{2} - \frac{1}{2}\left(-\frac{1}{2}\right)^2.$$
$$= -\ln\left(1 - \frac{1}{2}\right) - \frac{1}{2} - \frac{1}{8} = \ln 2 - \frac{5}{8}.$$

于是
$$\sum_{n=2}^{\infty} \frac{1}{2^n(n^2-1)} = \frac{5}{8} - \frac{3}{4}\ln2.$$

（3）由 $e^x = \sum\limits_{n=0}^{\infty} \dfrac{x^n}{n!}$ （$x \in (-\infty, +\infty)$）得

$$xe^x = \sum_{n=0}^{\infty} \frac{x^{n+1}}{n!},$$

逐项求导,得

$$(1+x)e^x = \sum_{n=0}^{\infty} \frac{(n+1)x^n}{n!},$$

两边再乘 x,得

$$(x+x^2)e^x = \sum_{n=0}^{\infty} \frac{(n+1)x^{n+1}}{n!},$$

再逐项求导,得

$$(1+3x+x^2)e^x = \sum_{n=0}^{\infty} \frac{(n+1)^2 x^n}{n!}, \quad x \in (-\infty, +\infty).$$

取 $x = \dfrac{1}{2}$,便得

$$\sum_{n=0}^{\infty} \frac{(n+1)^2}{2^n n!} = \frac{11}{4}\sqrt{e}.$$

（4）作 $S(x) = \sum\limits_{n=1}^{\infty} \dfrac{(-1)^n n}{(2n+1)!} x^{2n-1}$（它的收敛域为 $(-\infty, +\infty)$）,则逐项积分
得

$$\int_0^x S(t)\,dt = \frac{1}{2} \sum_{n=1}^{\infty} \frac{(-1)^n}{(2n+1)!} x^{2n} = \frac{1}{2x} \sum_{n=1}^{\infty} \frac{(-1)^n}{(2n+1)!} x^{2n+1}$$

$$= \frac{1}{2x}(\sin x - x), \quad x \in (-\infty, +\infty).$$

再求导,得

$$S(x) = \frac{x\cos x - \sin x}{2x^2}, \quad x \in (-\infty, +\infty).$$

取 $x = 1$,便得

$$\sum_{n=1}^{\infty} \frac{(-1)^n n}{(2n+1)!} = \frac{1}{2}(\cos1 - \sin1).$$

（5）显然

$$\sum_{n=1}^{\infty} \frac{(-1)^n}{(3n-2)(3n+1)} = \frac{1}{3} \sum_{n=1}^{\infty} \frac{(-1)^n}{3n-2} - \frac{1}{3} \sum_{n=1}^{\infty} \frac{(-1)^n}{3n+1},$$

而

$$\sum_{n=1}^{\infty} \frac{(-1)^n}{3n+1} = \sum_{n=2}^{\infty} \frac{(-1)^{n-1}}{3n-2} = -\sum_{n=1}^{\infty} \frac{(-1)^n}{3n-2} - 1,$$

于是

$$\sum_{n=1}^{\infty} \frac{(-1)^n}{(3n-2)(3n+1)} = \frac{2}{3} \sum_{n=1}^{\infty} \frac{(-1)^n}{3n-2} + \frac{1}{3}.$$

考虑 $S(x) = \sum_{n=1}^{\infty} \frac{(-1)^n}{3n-2} x^{3n-2}$ (它的收敛域为 $(-1,1]$). 逐项求导得

$$S'(x) = \sum_{n=1}^{\infty} (-1)^n x^{3n-3} = \sum_{n=1}^{\infty} (-1)^n x^{3(n-1)} = -\frac{1}{1+x^3},$$

因此

$$S(1) = S(0) + \int_0^1 S'(x)\,\mathrm{d}x = -\int_0^1 \frac{1}{1+x^3}\mathrm{d}x = -\frac{1}{3}\ln 2 - \frac{1}{9}\sqrt{3}\pi.$$

于是

$$\sum_{n=1}^{\infty} \frac{(-1)^n}{(3n-2)(3n+1)} = \frac{2}{3} \sum_{n=1}^{\infty} \frac{(-1)^n}{3n-2} + \frac{1}{3} = \frac{2}{3}S(1) + \frac{1}{3} = -\frac{1}{27}(6\ln 2 + 2\sqrt{3}\pi - 9).$$

例 7.2.6 求幂级数 $\sum_{n=1}^{\infty} (-1)^{n-1} \left[1 + \frac{1}{n(2n-1)} \right] x^{2n}$ 的收敛域与和函数 $S(x)$.

解 所给幂级数是缺项幂级数. 记 $u_n = (-1)^{n-1} \left[1 + \frac{1}{n(2n-1)} \right] x^{2n}$, 则

$$\lim_{n \to \infty} \frac{|u_{n+1}|}{|u_n|} = x^2,$$

所以级数 $\sum_{n=1}^{\infty} (-1)^{n-1} \left[1 + \frac{1}{n(2n-1)} \right] x^{2n}$ 当 $|x| < 1$ 时收敛, 当 $|x| > 1$ 发散. 因此所给幂级数的收敛半径 $R = 1$. 易知当 $x = \pm 1$ 时幂级数发散, 因此所给级数的收敛域为 $(-1,1)$.

记 $S_1(x) = \sum_{n=1}^{\infty} (-1)^{n-1} \frac{1}{2n(2n-1)} x^{2n}$ (其收敛域为 $[-1,1]$), 则

$$S_1'(x) = \sum_{n=1}^{\infty} (-1)^{n-1} \frac{1}{2n-1} x^{2n-1}, \quad S_1''(x) = \sum_{n=1}^{\infty} (-1)^{n-1} x^{2n-2} = \frac{1}{1+x^2},$$

$x \in (-1,1)$.

于是

$$S_1'(x) = S_1'(0) + \int_0^x S_1''(t)\,\mathrm{d}t = \int_0^x \frac{1}{1+t^2}\mathrm{d}t = \arctan x, \quad x \in [-1,1],$$

$$S_1(x) = S_1(0) + \int_0^x S_1'(t)\,\mathrm{d}t = \int_0^x \arctan t\,\mathrm{d}t$$

$$= x\arctan x - \frac{1}{2}\ln(1 + x^2), \quad x \in [-1, 1].$$

显然

$$S_2(x) = \sum_{n=1}^{\infty} (-1)^{n-1} x^{2n} = x^2 \sum_{n=1}^{\infty} (-1)^{n-1} x^{2n-2} = \frac{x^2}{1 + x^2}, \quad x \in (-1, 1).$$

于是所求幂级数的和函数

$$S(x) = 2S_1(x) + S_2(x) = 2x\arctan x - \ln(1 + x^2) + \frac{x^2}{1 + x^2}, \quad x \in (-1, 1).$$

例 7.2.7 将下列函数展开为 Maclaurin 级数,并指出展开式成立的范围:

(1) $\dfrac{x + 1}{(2 - x)(1 - x)^2}$; (2) $\ln(1 + x + x^2 + x^3)$;

(3) $2x\arctan x - \ln(1 + x^2)$; (4) $\displaystyle\int_0^x \frac{1 - \cos\sqrt{t}}{t}\mathrm{d}t$.

解 (1) 作分解得

$$\frac{x + 1}{(2 - x)(1 - x)^2} = \frac{3}{2 - x} - \frac{3}{1 - x} + \frac{2}{(1 - x)^2}.$$

由于

$$\frac{1}{1 - x} = \sum_{n=0}^{\infty} x^n, \quad x \in (-1, 1),$$

对其逐项求导得

$$\frac{1}{(1 - x)^2} = \sum_{n=1}^{\infty} n x^{n-1} = \sum_{n=0}^{\infty} (n + 1) x^n, \quad x \in (-1, 1),$$

而且

$$\frac{1}{2 - x} = \frac{1}{2} \cdot \frac{1}{1 - \dfrac{x}{2}} = \frac{1}{2} \sum_{n=0}^{\infty} \left(\frac{1}{2}x\right)^n = \sum_{n=0}^{\infty} \frac{1}{2^{n+1}} x^n, \quad x \in (-2, 2),$$

因此

$$\frac{x + 1}{(2 - x)(1 - x)^2} = \frac{3}{2 - x} - \frac{3}{1 - x} + \frac{2}{(1 - x)^2}$$

$$= 3 \sum_{n=0}^{\infty} \frac{1}{2^{n+1}} x^n - 3 \sum_{n=0}^{\infty} x^n + 2 \sum_{n=0}^{\infty} (n + 1) x^n$$

$$= \sum_{n=0}^{\infty} \left(\frac{3}{2^{n+1}} + 2n - 1\right) x^n, \quad x \in (-1, 1).$$

(2) 因为 $\ln(1 + x) = \displaystyle\sum_{n=1}^{\infty} \frac{(-1)^{n+1}}{n} x^n \quad (x \in (-1, 1])$,所以

$$\ln(1 - x^4) = -\sum_{n=1}^{\infty} \frac{1}{n} x^{4n}, \quad x \in (-1, 1),$$

$$\ln(1-x) = -\sum_{n=1}^{\infty} \frac{1}{n}x^n, \quad x \in [-1,1).$$

于是

$$\ln(1+x+x^2+x^3) = \ln\frac{1-x^4}{1-x}$$

$$= \ln(1-x^4) - \ln(1-x) = -\sum_{n=1}^{\infty} \frac{x^{4n}}{n} + \sum_{n=1}^{\infty} \frac{x^n}{n}, \quad x \in (-1,1).$$

(3) 设 $f(x) = 2x\arctan x - \ln(1+x^2)$，则 $f'(x) = 2\arctan x$. 因为

$$\arctan x = \sum_{n=1}^{\infty} \frac{(-1)^{n-1}}{2n-1}x^{2n-1}, \quad x \in [-1,1].$$

所以利用逐项积分定理得，当 $x \in (-1,1)$ 时,有

$$f(x) = f(0) + \int_0^x f'(t)\,\mathrm{d}t = \int_0^x 2\arctan t\,\mathrm{d}t$$

$$= \int_0^x \left[2\sum_{n=1}^{\infty} \frac{(-1)^{n-1}}{2n-1}t^{2n-1}\right]\mathrm{d}t = \sum_{n=1}^{\infty} \frac{(-1)^{n-1}}{n(2n-1)}x^{2n}.$$

因为 $\displaystyle\sum_{n=1}^{\infty} \frac{(-1)^{n-1}}{n(2n-1)}x^{2n}$ 在点 $x = \pm 1$ 收敛,由和函数的连续性定理知,上式在点 $x = \pm 1$ 也成立. 于是

$$2x\arctan x - \ln(1+x^2) = \sum_{n=1}^{\infty} \frac{(-1)^{n-1}}{n(2n-1)}x^{2n}, \quad x \in [-1,1].$$

(4) 因为 $\displaystyle\cos x = \sum_{n=0}^{\infty} \frac{(-1)^n}{(2n)!}x^{2n} \quad (x \in (-\infty,+\infty))$，所以

$$\frac{1-\cos\sqrt{x}}{x} = \sum_{n=1}^{\infty} \frac{(-1)^{n+1}}{(2n)!}x^{n-1}, \quad x \in [0,+\infty),$$

上式中左端的函数在点 $x = 0$ 的值定义为 $\frac{1}{2}$. 利用逐项积分定理及和函数的连续性定理,得

$$\int_0^x \frac{1-\cos\sqrt{t}}{t}\,\mathrm{d}t = \int_0^x \left[\sum_{n=1}^{\infty} \frac{(-1)^{n+1}}{(2n)!}t^{n-1}\right]\mathrm{d}t = \sum_{n=1}^{\infty} \frac{(-1)^{n+1}}{n(2n)!}x^n, \quad x \in [0,+\infty).$$

例 7.2.8 将函数 $f(x) = \arctan\dfrac{1-2x}{1+2x}$ 展开为 x 的幂级数,并求级数 $\displaystyle\sum_{n=0}^{\infty} \frac{(-1)^n}{2n+1}$ 的和.

解 因为

$$f'(x) = -\frac{2}{1+4x^2} = -2\sum_{n=0}^{\infty} (-1)^n 4^n x^{2n}, \quad x \in \left(-\frac{1}{2}, \frac{1}{2}\right),$$

— 551 —

且 $f(0) = \dfrac{\pi}{4}$，对上式逐项积分得

$$f(x) - f(0) = \int_0^x f'(t)\,\mathrm{d}t = -2\int_0^x \Big[\sum_{n=0}^{\infty}(-1)^n 4^n t^{2n}\Big]\mathrm{d}t = -2\sum_{n=0}^{\infty}\frac{(-1)^n 4^n}{2n+1}x^{2n+1},$$

即

$$f(x) = \frac{\pi}{4} - 2\sum_{n=0}^{\infty}\frac{(-1)^n 4^n}{2n+1}x^{2n+1}, \quad x \in \left(-\frac{1}{2}, \frac{1}{2}\right).$$

因为 $\displaystyle\sum_{n=0}^{\infty}\frac{(-1)^n 4^n}{2n+1}x^{2n+1}$ 在点 $x = \dfrac{1}{2}$ 收敛，由和函数的连续性定理知，上式在点 $x = \dfrac{1}{2}$ 也成立. 于是

$$f(x) = \frac{\pi}{4} - 2\sum_{n=0}^{\infty}\frac{(-1)^n 4^n}{2n+1}x^{2n+1}, \quad x \in \left(-\frac{1}{2}, \frac{1}{2}\right].$$

特别地，当 $x = \dfrac{1}{2}$ 时，有

$$\frac{\pi}{4} - \sum_{n=0}^{\infty}\frac{(-1)^n}{2n+1} = f\left(\frac{1}{2}\right) = 0,$$

因此

$$\sum_{n=0}^{\infty}\frac{(-1)^n}{2n+1} = \frac{\pi}{4}.$$

例 7.2.9 将函数 $\arctan x \ln(1+x^2)$ 展开为 Maclaurin 级数.

解 因为 $\ln(1+x) = \displaystyle\sum_{n=1}^{\infty}\frac{(-1)^{n+1}}{n}x^n \quad (x \in (-1,1])$，所以

$$\ln(1+x^2) = \sum_{n=1}^{\infty}\frac{(-1)^{n+1}}{n}x^{2n}, \ x \in [-1,1],$$

且对于每个 $x \in (-1,1)$，它绝对收敛.

由于 $\arctan x = \displaystyle\sum_{n=1}^{\infty}\frac{(-1)^{n-1}}{2n-1}x^{2n-1}\ (x \in [-1,1])$，且对于每个 $x \in (-1,1)$，它绝对收敛. 由级数乘法的 Cauchy 定理，对于每个 $x \in (-1,1)$，成立

$$\arctan x \ln(1+x^2) = \left(\sum_{n=1}^{\infty}\frac{(-1)^{n-1}}{2n-1}x^{2n-1}\right)\left(\sum_{n=1}^{\infty}\frac{(-1)^{n+1}}{n}x^{2n}\right) = \sum_{n=1}^{\infty}c_n,$$

其中 $\displaystyle\sum_{n=1}^{\infty}c_n$ 是 $\displaystyle\sum_{n=1}^{\infty}\frac{(-1)^{n-1}}{2n-1}x^{2n-1}$ 与 $\displaystyle\sum_{n=1}^{\infty}\frac{(-1)^{n+1}}{n}x^{2n}$ 的 Cauchy 乘积. 此时

$$c_n = \sum_{k=1}^{n}(-1)^{k+1}\frac{1}{k}x^{2k}(-1)^{n+1-k-1}\frac{1}{2(n+1-k)-1}x^{2(n+1-k)-1}$$

$$= \sum_{k=1}^{n}(-1)^{n+1}\frac{1}{k}\cdot\frac{1}{2n-2k+1}x^{2n+1} = (-1)^{n+1}x^{2n+1}\sum_{k=1}^{n}\frac{1}{k}\cdot\frac{1}{2n-2k+1}$$

$$= \frac{2(-1)^{n+1}x^{2n+1}}{2n+1} \sum_{k=1}^{n} \left(\frac{1}{2k} + \frac{1}{2n-2k+1} \right)$$

$$= \frac{2(-1)^{n+1}x^{2n+1}}{2n+1} \left(1 + \frac{1}{2} + \cdots + \frac{1}{2n} \right).$$

于是

$$\arctan x \ln(1+x^2) = \sum_{n=1}^{\infty} \frac{2(-1)^{n+1}}{2n+1} \left(1 + \frac{1}{2} + \cdots + \frac{1}{2n} \right) x^{2n+1}, \quad x \in (-1,1).$$

由 Leibniz 判别法知, $\sum_{n=1}^{\infty} \frac{2(-1)^{n+1}}{2n+1} \left(1 + \frac{1}{2} + \cdots + \frac{1}{2n} \right) x^{2n+1}$ 在点 $x = \pm 1$ 都收

敛,因此由和函数的连续性定理知,上式在点 $x = \pm 1$ 也成立. 于是

$$\arctan x \ln(1+x^2) = \sum_{n=1}^{\infty} \frac{2(-1)^{n+1}}{2n+1} \left(1 + \frac{1}{2} + \cdots + \frac{1}{2n} \right) x^{2n+1}, \quad x \in [-1,1].$$

例 7.2.10 求下列函数在指定点的 Taylor 展开,并指出展开式成立的范围:

(1) $\dfrac{4x-3}{x^2+x-6}$, $x = -2$; \qquad (2) $\sin^2 x$, $x = \dfrac{\pi}{2}$.

解 (1) 因为

$$\frac{4x-3}{x^2+x-6} = \frac{1}{x-2} + \frac{3}{x+3},$$

而

$$\frac{1}{x+3} = \frac{1}{1+(x+2)} = \sum_{n=0}^{\infty} (-1)^n (x+2)^n, \quad x \in (-3,-1),$$

$$\frac{1}{x-2} = -\frac{1}{4} \frac{1}{1-\frac{x+2}{4}} = -\frac{1}{4} \sum_{n=0}^{\infty} \left(\frac{x+2}{4} \right)^n = -\sum_{n=0}^{\infty} \frac{1}{4^{n+1}} (x+2)^n, \quad x \in (-6,2),$$

所以

$$\frac{4x-3}{x^2+x-6} = \frac{1}{x-2} + \frac{3}{x+3} = \sum_{n=0}^{\infty} \left[3(-1)^n - \frac{1}{4^{n+1}} \right] (x+2)^n, \quad x \in (-3,-1).$$

(2) 因为 $\sin^2 x = \dfrac{1}{2}(1-\cos 2x)$,所以

$$\sin^2 x = \frac{1}{2}(1-\cos 2x) = \frac{1}{2} \left\{ 1 - \cos \left[\pi + 2\left(x - \frac{\pi}{2} \right) \right] \right\} = \frac{1}{2} \left[1 + \cos 2\left(x - \frac{\pi}{2} \right) \right].$$

而由 $\cos x = \displaystyle\sum_{n=0}^{\infty} \frac{(-1)^n}{(2n)!} x^{2n}$ $(x \in (-\infty, +\infty))$ 得

$$\sin^2 x = \frac{1}{2} \left[1 + \sum_{n=0}^{\infty} \frac{(-1)^n}{(2n)!} 2^{2n} \left(x - \frac{\pi}{2} \right)^{2n} \right]$$

$$= 1 + \sum_{n=1}^{\infty} \frac{(-1)^n 2^{2n-1}}{(2n)!} \left(x - \frac{\pi}{2} \right)^{2n}, \quad x \in (-\infty, +\infty).$$

例 7.2.11　将函数 $\dfrac{x\sin a}{1 - 2x\cos a + x^2}$ $(\mid x \mid < 1)$ 展开为 Maclaurin 级数.

解　利用待定系数法. 设

$$\frac{x\sin a}{1 - 2x\cos a + x^2} = \sum_{n=0}^{\infty} a_n x^n,$$

因此

$$x\sin a = (1 - 2x\cos a + x^2) \sum_{n=0}^{\infty} a_n x^n$$

$$= \sum_{n=0}^{\infty} a_n x^n - \sum_{n=0}^{\infty} 2\cos a \cdot a_n x^{n+1} + \sum_{n=0}^{\infty} a_n x^{n+2}$$

$$= a_0 + (a_1 - 2a_0\cos a)x + \sum_{n=2}^{\infty} (a_n - 2a_{n-1}\cos a + a_{n-2})x^n.$$

比较 $x^k (k = 0,1,2,\cdots)$ 的系数,得

$$a_0 = 0, \quad a_1 = \sin a, \quad a_{n+2} = 2a_{n+1}\cos a - a_n (n = 0,1,2,\cdots).$$

因此

$$a_2 = 2a_1\cos a - a_0 = 2\sin a\cos a = \sin 2a,$$

$$a_3 = 2a_2\cos a - a_1 = 2\sin 2a\cos a - \sin a = \sin 3a.$$

利用恒等式 $\sin(n+1)a = 2\sin na\cos a - \sin(n-1)a$,用归纳法可以证明

$$a_n = \sin na, \quad n = 1,2,\cdots.$$

于是

$$\frac{x\sin a}{1 - 2x\cos a + x^2} = \sum_{n=1}^{\infty} x^n \sin na.$$

注意到当 $\mid x \mid < 1$ 时,右面的级数收敛,所以上式就是 Maclaurin 级数.

例 7.2.12　求函数 f 在点 x_0 的 n 阶导数 $f^{(n)}(x_0)$:

(1) $f(x) = x^2\ln(1 - x^2)$, $x_0 = 0$;　　　　　　(2) $f(x) = \dfrac{1}{5 - 2x + x^2}$, $x_0 = 1$.

解　(1) 因为

$$\ln(1 + x) = \sum_{n=1}^{\infty} \frac{(-1)^{n+1}}{n}x^n, \quad x \in (-1,1],$$

用 $-x^2$ 替换 x,得

$$\ln(1 - x^2) = -\sum_{n=1}^{\infty} \frac{1}{n}x^{2n}, \quad x \in (-1,1),$$

所以

$$f(x) = x^2\ln(1 - x^2) = -\sum_{n=1}^{\infty} \frac{1}{n}x^{2n+2}$$

$$= -x^4 - \frac{1}{2}x^6 - \frac{1}{3}x^8 - \cdots - \frac{1}{n}x^{2n+2} - \cdots, \quad x \in (-1,1).$$

由函数的幂级数展开式的唯一性得

$$\frac{f'(0)}{1!} = 0, \quad \frac{f''(0)}{2!} = 0, \quad \frac{f'''(0)}{3!} = 0,$$

$$\frac{f^{(2n+1)}(0)}{(2n+1)!} = 0, \quad n = 2,3,\cdots,$$

$$\frac{f^{(2n+2)}(0)}{(2n+2)!} = -\frac{1}{n}, \quad n = 1,2,\cdots.$$

于是

$$f^{(2n-1)}(0) = 0, \quad n = 1,2,\cdots;$$

$$f''(0) = 0, \quad f^{(2n)}(0) = -\frac{(2n)!}{n-1}, \quad n = 2,3,\cdots.$$

(2) 由 $\dfrac{1}{1-x} = \displaystyle\sum_{n=0}^{\infty} x^n \quad (x \in (-1,1))$ 得

$$f(x) = \frac{1}{5 - 2x + x^2} = \frac{1}{4} \frac{1}{1 + \left(\dfrac{x-1}{2}\right)^2}$$

$$= \frac{1}{4} \sum_{n=0}^{\infty} (-1)^n \left(\frac{x-1}{2}\right)^{2n} = \sum_{n=0}^{\infty} \frac{(-1)^n}{4^{n+1}} (x-1)^{2n}, \quad x \in (-1,3),$$

所以由函数的幂级数展开式的唯一性得

$$\frac{f^{(2n-1)}(1)}{(2n-1)!} = 0, \quad n = 1,2,\cdots,$$

$$\frac{f^{(2n)}(1)}{(2n)!} = \frac{(-1)^n}{4^{n+1}}, \quad n = 1,2,\cdots.$$

于是

$$f^{(2n-1)}(1) = 0, \quad n = 1,2,\cdots,$$

$$f^{(2n)}(1) = \frac{(-1)^n(2n)!}{4^{n+1}}, \quad n = 1,2,\cdots.$$

例 7.2.13 设 $\dfrac{1}{1-x-x^2} = \displaystyle\sum_{n=0}^{\infty} a_n x^n$，证明：$\displaystyle\sum_{n=0}^{\infty} \frac{a_{n+1}}{a_n a_{n+2}} = 2.$

证 由假设知

$$(1 - x - x^2) \sum_{n=0}^{\infty} a_n x^n = 1,$$

因此

$$\sum_{n=0}^{\infty} a_n x^n - \sum_{n=0}^{\infty} a_n x^{n+1} - \sum_{n=0}^{\infty} a_n x^{n+2} = 1,$$

即

$$a_0 + (a_1 - a_0)x + \sum_{n=2}^{\infty}(a_n - a_{n-1} - a_{n-2})x^n = 1.$$

于是 $a_0 = 1, a_1 = 1,$ 且

$$a_{n+2} = a_{n+1} + a_n, \quad n = 0,1,2\cdots.$$

因此

$$\sum_{k=0}^{n}\frac{a_{k+1}}{a_k a_{k+2}} = \sum_{k=0}^{n}\frac{a_{k+2} - a_k}{a_k a_{k+2}} = \sum_{k=0}^{n}\left(\frac{1}{a_k} - \frac{1}{a_{k+2}}\right)$$

$$= \left(\frac{1}{a_0} - \frac{1}{a_2}\right) + \left(\frac{1}{a_1} - \frac{1}{a_3}\right) + \left(\frac{1}{a_2} - \frac{1}{a_4}\right) + \cdots + \left(\frac{1}{a_n} - \frac{1}{a_{n+2}}\right)$$

$$= \frac{1}{a_0} + \frac{1}{a_1} - \frac{1}{a_{n+1}} - \frac{1}{a_{n+2}} = 2 - \frac{1}{a_{n+1}} - \frac{1}{a_{n+2}}.$$

由 $a_{n+2} = a_{n+1} + a_n$ 用归纳法可知 $a_n \geqslant n \quad (n \geqslant 2)$, 因此 $\lim\limits_{n\to\infty}\frac{1}{a_n} = 0.$ 于是

$$\sum_{n=0}^{\infty}\frac{a_{n+1}}{a_n a_{n+2}} = \lim_{n\to\infty}\sum_{k=0}^{n}\frac{a_{k+1}}{a_k a_{k+2}} = \lim_{n\to\infty}\left(2 - \frac{1}{a_{n+1}} - \frac{1}{a_{n+2}}\right) = 2.$$

例 7.2.14 求函数项级数 $\sum\limits_{n=1}^{\infty}\frac{(-1)^{n+1}}{n(n+1)}\left(\frac{2+x}{2-x}\right)^{2n}$ 的收敛域及和函数.

解 令 $y = \left(\frac{2+x}{2-x}\right)^2$, 则原级数化为 $\sum\limits_{n=1}^{\infty}\frac{(-1)^{n+1}}{n(n+1)}y^n$, 易知这个幂级数的收敛域为 $[-1,1]$. 因此仅当 $\left(\frac{2+x}{2-x}\right)^2 \leqslant 1$ 时, 即当 $x \leqslant 0$ 时, $\sum\limits_{n=1}^{\infty}\frac{(-1)^{n+1}}{n(n+1)}\left(\frac{2+x}{2-x}\right)^{2n}$ 收敛, 即该函数项级数的收敛域为 $(-\infty, 0]$.

记 $S(y) = \sum\limits_{n=1}^{\infty}\frac{(-1)^{n+1}}{n(n+1)}y^{n+1}$, 则逐项求导得

$$S'(y) = \sum_{n=1}^{\infty}\frac{(-1)^{n+1}}{n}y^n = \ln(1+y), \quad y \in (-1,1).$$

于是

$$\sum_{n=1}^{\infty}\frac{(-1)^{n+1}}{n(n+1)}y^{n+1} = S(y) = S(0) + \int_0^y S'(t)\mathrm{d}t = \int_0^y \ln(1+t)\mathrm{d}t = (y+1)\ln(1+y) - y.$$

注意到当 $y = \pm 1$ 时, 左面的级数也收敛, 由和函数的连续性知

$$\sum_{n=1}^{\infty}\frac{(-1)^{n-1}}{n(n+1)}y^{n+1} = \begin{cases}(y+1)\ln(1+y) - y, & y \in (-1,1], \\ 1, & y = -1.\end{cases}$$

因此

$$\sum_{n=1}^{\infty}\frac{(-1)^{n+1}}{n(n+1)}y^n = \begin{cases}\dfrac{(y+1)\ln(1+y)}{y} - 1, & y \in (-1,1], y \neq 0, \\ 0, & y = 0, \\ -1, & y = -1.\end{cases}$$

于是

$$\sum_{n=1}^{\infty}\frac{(-1)^{n+1}}{n(n+1)}\left(\frac{2+x}{2-x}\right)^{2n}=\begin{cases}\dfrac{2(x^2+4)\ln\dfrac{2(x^2+4)}{(2+x)^2}}{(2+x)^2}-1,\ x\in(-\infty,0],x\neq-2,\\[4mm]0,\qquad\qquad\qquad x=-2.\end{cases}$$

例 7.2.15　求当 $x\to1-0$ 时,与 $\displaystyle\sum_{n=0}^{\infty}x^{n^2}$ 等价的无穷大量.

解　由指数函数的单调性得,当 $0<x<1$ 时,成立

$$\int_{n-1}^{n}x^{t^2}\mathrm{d}t>x^{n^2}>\int_{n}^{n+1}x^{t^2}\mathrm{d}t,\quad n=1,2,\cdots,$$

所以

$$\int_{0}^{+\infty}x^{t^2}\mathrm{d}t>\sum_{n=1}^{\infty}x^{n^2}>\int_{1}^{+\infty}x^{t^2}\mathrm{d}t.$$

于是

$$\int_{0}^{+\infty}x^{t^2}\mathrm{d}t<\sum_{n=0}^{\infty}x^{n^2}<1+\int_{0}^{+\infty}x^{t^2}\mathrm{d}t.$$

注意到

$$\int_{0}^{+\infty}x^{t^2}\mathrm{d}t=\int_{0}^{+\infty}\mathrm{e}^{-t^2\ln\frac{1}{x}}\mathrm{d}t=\frac{1}{\sqrt{\ln\dfrac{1}{x}}}\int_{0}^{+\infty}\mathrm{e}^{-t^2}\mathrm{d}t=\frac{\sqrt{\pi}}{2}\frac{1}{\sqrt{\ln\dfrac{1}{x}}}$$

(这里利用了 $\displaystyle\int_{0}^{+\infty}\mathrm{e}^{-t^2}\mathrm{d}t=\frac{\sqrt{\pi}}{2}$),且当 $x\to1-0$ 时,有如下的等价无穷大量关系:

$$\frac{1}{\sqrt{\ln\dfrac{1}{x}}}=\frac{1}{\sqrt{-\ln x}}=\frac{1}{\sqrt{-\ln[1-(1-x)]}}\sim\frac{1}{\sqrt{1-x}},$$

于是当 $x\to1-0$ 时,$\displaystyle\sum_{n=0}^{\infty}x^{n^2}$ 是与 $\dfrac{\sqrt{\pi}}{2}\dfrac{1}{\sqrt{1-x}}$ 等价的无穷大量.

例 7.2.16　已知幂级数 $\displaystyle\sum_{n=0}^{\infty}a_nx^n$ 在收敛区间 $(-R,R)$ 上的和函数为 $S(x)$,求

幂级数 $\displaystyle\sum_{n=1}^{\infty}na_nx^{5n}$ 的收敛半径 R_1 及在 $(-R_1,R_1)$ 上的和函数.

解　令 $x^5=t$,则当 $t\in(-R,R)$ 时,有

$$\sum_{n=1}^{\infty}na_nx^{5n}=\sum_{n=1}^{\infty}na_nt^n=t\sum_{n=1}^{\infty}na_nt^{n-1}=t\left(\sum_{n=0}^{\infty}a_nt^n\right)'=tS'(t),$$

因为 $\displaystyle\sum_{n=0}^{\infty}a_nx^n$ 的收敛半径为 R,所以其逐项求导所得幂级数 $\displaystyle\sum_{n=1}^{\infty}na_nx^{n-1}$ 的收敛半径

也为 R. 于是从上式知，$\sum_{n=1}^{\infty} na_n x^{5n}$ 的收敛半径 $R_1 = \sqrt[5]{R}$，且有

$$\sum_{n=1}^{\infty} na_n x^{5n} = x^5 S'(x^5), \quad x \in (-\sqrt[5]{R}, \sqrt[5]{R}).$$

例 7.2.17 将函数 $f(x) = e^{\alpha x}\cos\beta x$ 和 $g(x) = e^{\alpha x}\sin\beta x$ 展开为 Maclaurin 级数（α, β 为实数）.

解 利用 $e^z = \sum_{n=0}^{\infty} \dfrac{z^n}{n!}(z \in \mathbf{C})$ 得，对于 $x \in (-\infty, +\infty)$，成立

$$f(x) + ig(x) = e^{\alpha x}(\cos\beta x + i\sin\beta x) = e^{(\alpha + i\beta)x}$$

$$= \sum_{n=0}^{\infty} \frac{(\alpha + i\beta)^n}{n!}x^n = \sum_{n=0}^{\infty} \frac{\left(\sqrt{\alpha^2 + \beta^2}\, e^{i\theta}\right)^n}{n!}x^n$$

$$= \sum_{n=0}^{\infty} \frac{(\alpha^2 + \beta^2)^{\frac{n}{2}}e^{in\theta}}{n!}x^n = \sum_{n=0}^{\infty} \frac{(\alpha^2 + \beta^2)^{\frac{n}{2}}(\cos n\theta + i\sin n\theta)}{n!}x^n$$

$$= \sum_{n=0}^{\infty} \frac{(\alpha^2 + \beta^2)^{\frac{n}{2}}\cos n\theta}{n!}x^n + i\sum_{n=0}^{\infty} \frac{(\alpha^2 + \beta^2)^{\frac{n}{2}}\sin n\theta}{n!}x^n,$$

其中 $\theta = \arg(\alpha + i\beta)$.

比较上式的实、虚部得

$$f(x) = \sum_{n=0}^{\infty} \frac{(\alpha^2 + \beta^2)^{\frac{n}{2}}\cos n\theta}{n!}x^n, \quad x \in (-\infty, +\infty),$$

$$g(x) = \sum_{n=1}^{\infty} \frac{(\alpha^2 + \beta^2)^{\frac{n}{2}}\sin n\theta}{n!}x^n, \quad x \in (-\infty, +\infty).$$

例 7.2.18 计算 $\sqrt{5}$ 的近似值，使误差小于 10^{-5}.

解 将 $\sqrt{5}$ 写为

$$\sqrt{5} = \frac{9}{4}\sqrt{\frac{80}{81}} = \frac{9}{4}\left(1 + \frac{1}{80}\right)^{-\frac{1}{2}}.$$

因为 $\dfrac{1}{\sqrt{1 + x}} = 1 + \sum_{n=1}^{\infty}(-1)^n \dfrac{(2n - 1)!!}{(2n)!!}x^n$，所以

$$\sqrt{5} = \frac{9}{4}\left(1 + \frac{1}{80}\right)^{-\frac{1}{2}} = \frac{9}{4}\left[1 - \frac{1}{2}\left(\frac{1}{80}\right) + \frac{1 \cdot 3}{2 \cdot 4}\left(\frac{1}{80}\right)^2 - \frac{1 \cdot 3 \cdot 5}{2 \cdot 4 \cdot 6}\left(\frac{1}{80}\right)^3 + \cdots\right].$$

注意到右边的级数是 Leibniz 级数，且第四项满足

$$\frac{9}{4} \cdot \frac{1 \cdot 3 \cdot 5}{2 \cdot 4 \cdot 6}\left(\frac{1}{80}\right)^3 < 10^{-5},$$

所以用级数的前 3 项之和近似 $\sqrt{5}$ 时，误差会小于 10^{-5}，因此

$$\sqrt{5} \approx \frac{9}{4}\left[1 - \frac{1}{2}\left(\frac{1}{80}\right) + \frac{1 \cdot 3}{2 \cdot 4}\left(\frac{1}{80}\right)^2\right] \approx 2.236\,07.$$

例 7.2.19 计算 $\int_0^1 \dfrac{\mathrm{sh}x}{x}\mathrm{d}x$ 的近似值, 使误差小于 10^{-5}.

解 因为

$$\mathrm{e}^x = \sum_{n=0}^{\infty} \frac{x^n}{n!},\ \mathrm{e}^{-x} = \sum_{n=0}^{\infty} \frac{(-1)^n x^n}{n!},\quad x \in (-\infty, +\infty),$$

所以

$$\frac{\mathrm{sh}x}{x} = \frac{\mathrm{e}^x - \mathrm{e}^{-x}}{2x} = \sum_{n=0}^{\infty} \frac{x^{2n}}{(2n+1)!},\quad x \in (-\infty, +\infty),$$

其中左面的函数在点 $x = 0$ 的值定义为 1. 因此通过逐项积分得

$$\int_0^1 \frac{\mathrm{sh}x}{x}\mathrm{d}x = \sum_{n=0}^{\infty} \int_0^1 \frac{x^{2n}}{(2n+1)!}\mathrm{d}x = \sum_{n=0}^{\infty} \frac{1}{(2n+1)!(2n+1)}$$

$$= 1 + \frac{1}{3! \times 3} + \frac{1}{5! \times 5} + \frac{1}{7! \times 7} + \frac{1}{9! \times 9} + \cdots.$$

若取级数的前 4 项之和作为积分的近似值, 其误差

$$|r_4| = \frac{1}{9! \times 9} + \frac{1}{11! \times 11} + \frac{1}{13! \times 13} + \cdots < \frac{1}{9! \times 9}\left(1 + \frac{1}{9^2} + \frac{1}{9^4} + \cdots\right) = \frac{1}{9! \times 9} \cdot \frac{81}{80} < 10^{-5}.$$

于是

$$\int_0^1 \frac{\mathrm{sh}x}{x}\mathrm{d}x \approx 1 + \frac{1}{3! \times 3} + \frac{1}{5! \times 5} + \frac{1}{7! \times 7} \approx 1.057\,25.$$

习 题

1. 求下列幂级数的收敛半径和收敛域:

(1) $\displaystyle\sum_{n=1}^{\infty} \frac{\ln(1+n)}{n}x^n$;

(2) $\displaystyle\sum_{n=1}^{\infty} \frac{(x-1)^n}{n \cdot 3^n}$;

(3) $\displaystyle\sum_{n=1}^{\infty} \frac{2n-1}{2^n}x^{2n-2}$;

(4) $\displaystyle\sum_{n=1}^{\infty} 4^{n^2}x^{n^2}$;

(5) $\displaystyle\sum_{n=1}^{\infty} (-1)^{n+1}\frac{(3n-1)^{3n}}{(2n-3)^{3n}}(x-2)^n$;

(6) $\displaystyle\sum_{n=1}^{\infty} (\sqrt[n]{a}-1)x^n \quad (a>0)$.

2. 求下列幂级数的和函数:

(1) $\displaystyle\sum_{n=1}^{\infty} (-1)^{n+1}nx^{n-1}$;

(2) $\displaystyle\sum_{n=1}^{\infty} \left(n + \frac{1}{n+1}\right)x^n$;

(3) $\displaystyle\sum_{n=1}^{\infty} \frac{n(n+1)}{(n-1)!}x^n$;

(4) $\displaystyle\sum_{n=1}^{\infty} (-1)^n \frac{1}{2n-1}\left(\frac{x-2}{3}\right)^{2n+1}$.

3. 求下列级数的和:

(1) $\displaystyle\sum_{n=1}^{\infty} (-1)^{n+1}\frac{n(n+1)}{2^n}$;

(2) $\displaystyle\sum_{n=0}^{\infty} \frac{\mathrm{e}^{-n}}{n+1}$;

(3) $\displaystyle\sum_{n=1}^{\infty} \frac{n!+1}{2^n(n-1)!}$;

(4) $\displaystyle\sum_{n=1}^{\infty} \frac{(-1)^{n-1}}{(2n-1)(2n+1)}$.

4. 将下列函数展开为 Maclaurin 级数,并指出展开式成立的范围:

(1) $\dfrac{2x-3}{(x-1)^2}$;

(2) $\ln(x^3 + \sqrt{x^6+9})$;

(3) $\dfrac{1}{4}\ln\dfrac{1+x}{1-x} + \dfrac{1}{2}\arctan x - x$;

(4) $\dfrac{1}{4}(e^x + e^{-x} + 2\cos x)$.

5. 求下列函数在指定点的 Taylor 展开,并指出展开式成立的范围:

(1) $\cos x,\ x = -\dfrac{\pi}{3}$;

(2) $\dfrac{x}{x^2-5x+6},\ x=5$.

6. 求函数 $f(x) = \arcsin x$ 在点 $x=0$ 的 n 阶导数 $f^{(n)}(0)$.

7. 求函数 $f(x) = \ln(x^2+4x+5)$ 在点 $x=-2$ 的 n 阶导数 $f^{(n)}(-2)$.

8. 证明:

$$\left(\frac{\arctan x}{x}\right)^2 = 1 + \sum_{n=1}^{\infty}(-1)^n\left(1+\frac{1}{3}+\cdots+\frac{1}{2n+1}\right)\frac{x^{2n}}{n+1},\ |x|<1.$$

9. 设 $f(x) = \begin{cases}\dfrac{1+x^2}{x}\arctan x, & x \neq 0,\\ 1, & x=0,\end{cases}$ 将 $f(x)$ 展开成 x 的幂级数,并求级数 $\displaystyle\sum_{n=1}^{\infty}\dfrac{(-1)^n}{1-4n^2}$ 的

和.

10. 求幂级数 $\displaystyle\sum_{n=1}^{\infty}\left(\dfrac{1}{2n+1}-1\right)x^{2n}$ 的和函数.

11. 求幂级数 $\displaystyle\sum_{n=1}^{\infty}(-1)^{n+1}\dfrac{x^{2n-1}}{4^{2n-2}(2n-1)!}$ 的和函数.

12. 求幂级数 $\displaystyle\sum_{n=1}^{\infty}(-1)^{n+1}\dfrac{2n+1}{n}x^{2n}$ 的收敛域及和函数.

13. 求下列函数项级数的收敛域:

(1) $\displaystyle\sum_{n=1}^{\infty}\dfrac{1}{2n+3}\left(\dfrac{1-x}{1+x}\right)^n$;

(2) $\displaystyle\sum_{n=1}^{\infty}\dfrac{1}{(x-1)^n}\tan\dfrac{\pi}{2^n}$.

14. 设 a_n 为曲线 $y=x^n$ 和 $y=x^{n+1}$ 所围成区域的面积 $(n=1,2,\cdots)$,记 $S_1 = \displaystyle\sum_{n=1}^{\infty}a_n$,$S_2 = \displaystyle\sum_{n=1}^{\infty}a_{2n-1}$,求 S_1 和 S_2 的值.

15. $f(x) = \displaystyle\sum_{n=1}^{\infty}\dfrac{1}{n^2}x^n,\ x\in[0,1]$.

(1) 证明:$f(x) + f(1-x) + \ln x \cdot \ln(1-x) \equiv \dfrac{\pi^2}{6}\ (x\in(0,1))$;

(2) 计算 $\displaystyle\int_0^1 \dfrac{1}{x-2}\ln x\,\mathrm{d}x$.

16. 计算 $\arctan\dfrac{1}{4}$ 的近似值,使误差小于 10^{-5}.

17. 计算 $\displaystyle\int_0^2 \dfrac{x-\sin x}{x^3}\,\mathrm{d}x$ 的近似值,使误差小于 10^{-4}.

18. 证明

$$1 - \frac{1}{5} + \frac{1}{9} - \frac{1}{13} + \frac{1}{17} - \frac{1}{21} + \cdots = \frac{\pi + 2\ln(\sqrt{2} + 1)}{4\sqrt{2}}.$$

19. 证明

$$1 + \frac{1}{3} - \frac{1}{5} - \frac{1}{7} + \frac{1}{9} + \frac{1}{11} - \frac{1}{13} - \frac{1}{15} + \cdots = \frac{\sqrt{2}\pi}{4}.$$

§7.3 Fourier 级 数

知 识 要 点

一、周期为 2π 的函数的 Fourier 展开

形如 $\frac{a_0}{2} + \sum_{n=1}^{\infty} (a_n\cos nx + b_n\sin nx)$ 的函数项级数称为**三角级数**,其中 $a_0, a_n,$ $b_n(n = 1,2,\cdots)$ 为常数.

设函数 $f(x)$ 以 2π 为周期或在 $[-\pi,\pi]$ 上有定义,并已按它在 $[-\pi,\pi]$ 上的值周期延拓到 $(-\infty, +\infty)$(这种延拓可以仅仅是在观念层次上). 若 $f(x)$ 还是 Riemann 可积的,定义

$$a_n = \frac{1}{\pi}\int_{-\pi}^{\pi} f(x)\cos nx \mathrm{d}x, \quad n = 0,1,2,\cdots,$$

和

$$b_n = \frac{1}{\pi}\int_{-\pi}^{\pi} f(x)\sin nx \mathrm{d}x, \quad n = 1,2,\cdots,$$

由这些 a_n 和 b_n 确定的三角级数 $\frac{a_0}{2} + \sum_{n=1}^{\infty} (a_n\cos nx + b_n\sin nx)$ 称为 $f(x)$ 的 **Fourier 级数**. 记为

$$f(x) \sim \frac{a_0}{2} + \sum_{n=1}^{\infty} (a_n\cos nx + b_n\sin nx).$$

函数 $f(x)$ 的 **Fourier 级数**的部分和函数为

$$S_n(x) = \frac{a_0}{2} + \sum_{k=1}^{n} (a_k\cos kx + b_k\sin kx).$$

二、正弦级数和余弦级数

形式为 $\sum_{n=1}^{\infty} b_n\sin nx$ 的三角级数称为**正弦级数**,形式为 $\frac{a_0}{2} + \sum_{n=1}^{\infty} a_n\cos nx$ 的三角

级数称为**余弦级数**.

若$f(x)$是奇函数,则

$$a_n = 0, \quad b_n = \frac{2}{\pi}\int_0^\pi f(x)\sin nx\,dx, \quad n = 1,2,\cdots.$$

此时$f(x)$的 Fourier 级数为

$$f(x) \sim \sum_{n=1}^\infty b_n\sin nx.$$

若$f(x)$是偶函数,则

$$b_n = 0, \quad a_n = \frac{2}{\pi}\int_0^\pi f(x)\cos nx\,dx, \quad n = 0,1,2\cdots.$$

此时$f(x)$的 Fourier 级数为

$$f(x) \sim \frac{a_0}{2} + \sum_{n=1}^\infty a_n\cos nx.$$

三、任意周期的函数的 Fourier 展开

如果函数$f(x)$的周期为$2T$,则

$$f(x) \sim \frac{a_0}{2} + \sum_{n=1}^\infty \left(a_n\cos\frac{n\pi}{T}x + b_n\sin\frac{n\pi}{T}x\right).$$

相应的 Fourier 系数为

$$a_n = \frac{1}{T}\int_{-T}^T f(x)\cos\frac{n\pi}{T}x\,dx, \quad n = 0,1,2,\cdots,$$

$$b_n = \frac{1}{T}\int_{-T}^T f(x)\sin\frac{n\pi}{T}x\,dx, \quad n = 1,2\cdots.$$

四、Fourier 级数的收敛性

定理 7.3.1   设$f(x)$是以$2T$为周期的函数,且满足下列两个条件之一:

(1)(**Dirichlet**)在$[-T,T]$上分段单调且有界;

(2)(**Lipschitz**)在$[-T,T]$上分段可导;

则$f(x)$的 Fourier 级数收敛,且

(1)当x是$f(x)$的连续点时,它收敛于$f(x)$;

(2)当x是$f(x)$的不连续点时(跳跃间断点或可去间断点),它收敛于

$$\frac{f(x-0) + f(x+0)}{2}.$$

这个定理也常称为**收敛定理**.

五、最佳平方逼近

设函数$f(x)$在$[-\pi,\pi]$上 Riemann 可积,**T**为**n**阶三角多项式

$$U_n(x) = \frac{A_0}{2} + \sum_{k=1}^{n} (A_k \cos kx + B_k \sin kx)$$

的全体. 记 $U_n(x)$ 与 $f(x)$ 的平均平方误差

$$\delta_n^2 = \frac{1}{\pi} \int_{-\pi}^{\pi} [f(x) - U_n(x)]^2 \mathrm{d}x,$$

称使 δ_n^2 取得最小值的 **T** 中元素为 $f(x)$ 在 **T** 中的**最佳平方逼近元素**.

定理 7.3.2(Fourier 级数的平方逼近性质) 设函数 $f(x)$ 在 $[-\pi, \pi]$ 上 Riemann 可积,则 $f(x)$ 在 **T** 中的最佳平方逼近元素恰为 $f(x)$ 的 Fourier 级数的部分和

$$S_n(x) = \frac{a_0}{2} + \sum_{k=1}^{n} (a_k \cos kx + b_k \sin kx),$$

且

$$\min_{U_n \in \mathbf{T}} \delta_n^2 = \frac{1}{\pi} \int_{-\pi}^{\pi} [f(x) - S_n(x)]^2 \mathrm{d}x = \frac{1}{\pi} \int_{-\pi}^{\pi} f^2(x) \mathrm{d}x - \left[\frac{a_0^2}{2} + \sum_{k=1}^{n} (a_k^2 + b_k^2)\right],$$

其中 $a_0, a_n, b_n (n = 1, 2, \cdots)$ 为 $f(x)$ 的 Fourier 系数.

推论 7.3.1(Bessel 不等式) 设函数 $f(x)$ 在 $[-\pi, \pi]$ 上 Riemann 可积,则 $f(x)$ 的 Fourier 系数满足不等式

$$\frac{a_0^2}{2} + \sum_{n=1}^{\infty} (a_n^2 + b_n^2) \leqslant \frac{1}{\pi} \int_{-\pi}^{\pi} f^2(x) \mathrm{d}x.$$

推论 7.3.2 设函数 $f(x)$ 在 $[-\pi, \pi]$ 上 Riemann 可积,则 $f(x)$ 的 Fourier 系数满足

$$\lim_{n \to \infty} a_n = 0, \quad \lim_{n \to \infty} b_n = 0.$$

定理 7.3.3 设函数 $f(x)$ 在 $[-\pi, \pi]$ 上 Riemann 可积,则

$$\lim_{n \to \infty} \int_{-\pi}^{\pi} [f(x) - S_n(x)]^2 \mathrm{d}x = 0.$$

定理 7.3.4(Parseval 等式) 设函数 $f(x)$ 在 $[-\pi, \pi]$ 上 Riemann 可积,则成立等式

$$\frac{a_0^2}{2} + \sum_{n=1}^{\infty} (a_n^2 + b_n^2) = \frac{1}{\pi} \int_{-\pi}^{\pi} f^2(x) \mathrm{d}x.$$

例 题 分 析

例 7.3.1 求 $f(x) = \mathrm{sgn}(\cos x)$ 的 Fourier 级数.

解 显然 $f(x)$ 是周期为 2π 的函数,且在 $[-\pi, \pi]$ 上的可表示为

$$f(x) = \begin{cases} 1, & |x| < \dfrac{\pi}{2}, \\ 0, & |x| = \dfrac{\pi}{2}, \\ -1, & \dfrac{\pi}{2} < |x| \leqslant \pi. \end{cases}$$

显然 $f(x)$ 是偶函数, 于是 $b_n = 0 (n = 1, 2, \cdots)$. 由于

$$a_0 = \frac{2}{\pi} \int_0^{\pi} f(x) \mathrm{d}x = \frac{2}{\pi} \Big(\int_0^{\frac{\pi}{2}} \mathrm{d}x - \int_{\frac{\pi}{2}}^{\pi} \mathrm{d}x \Big) = 0,$$

且对 $n = 1, 2, \cdots$, 有

$$a_n = \frac{2}{\pi} \int_0^{\pi} f(x) \cos nx \mathrm{d}x = \frac{2}{\pi} \Big(\int_0^{\frac{\pi}{2}} \cos nx \mathrm{d}x - \int_{\frac{\pi}{2}}^{\pi} \cos nx \mathrm{d}x \Big)$$

$$= \frac{2}{\pi n} \Big(\sin nx \Big|_0^{\frac{\pi}{2}} - \sin nx \Big|_{\frac{\pi}{2}}^{\pi} \Big) = \frac{4}{n\pi} \sin \frac{n\pi}{2}.$$

于是 $f(x)$ 的 Fourier 级数为

$$f(x) \sim \sum_{n=1}^{\infty} \frac{4}{(2n-1)\pi} \sin \frac{(2n-1)\pi}{2} \cos(2n-1)x.$$

例 7.3.2　将函数 $f(x) = |x|$ 按以下要求展开为 Fourier 级数:

(1) 在 $[-\pi, \pi]$ 上展开, 并指出该 Fourier 级数的和函数在 $x = 2\pi$ 的值;

(2) 在 $(0, 2\pi)$ 上展开, 并指出该 Fourier 级数的和函数在 $x = 2\pi$ 的值.

解　(1) 首先想象将 $f(x)$ 在 $[-\pi, \pi]$ 上的表示以周期 2π 作延拓, 此时 $f(x)$ 是偶函数, 则 $b_n = 0 (n = 1, 2, \cdots)$. 由定义得

$$a_0 = \frac{2}{\pi} \int_0^{\pi} |x| \, \mathrm{d}x = \frac{2}{\pi} \int_0^{\pi} x \mathrm{d}x = \pi,$$

而且对 $n = 1, 2, \cdots$, 有

$$a_n = \frac{2}{\pi} \int_0^{\pi} |x| \cos nx \mathrm{d}x = \frac{2}{\pi} \int_0^{\pi} x \cos nx \mathrm{d}x$$

$$= \frac{2}{n\pi} x \sin nx \Big|_0^{\pi} - \frac{2}{n\pi} \int_0^{\pi} \sin nx \mathrm{d}x = \frac{2[(-1)^n - 1]}{n^2 \pi}.$$

因此, 由收敛定理得

$$f(x) = \frac{\pi}{2} + \sum_{n=1}^{\infty} \frac{2[(-1)^n - 1]}{n^2 \pi} \cos nx$$

$$= \frac{\pi}{2} - \frac{4}{\pi} \sum_{n=1}^{\infty} \frac{1}{(2n-1)^2} \cos(2n-1)x, \quad x \in [-\pi, \pi].$$

由于 Fourier 级数 $\dfrac{\pi}{2} - \dfrac{4}{\pi} \sum_{n=1}^{\infty} \dfrac{1}{(2n-1)^2} \cos(2n-1)x$ 的和函数是以 2π 为周期

的,因此它在 2π 处的值等于它在 $x = 0$ 处的值,即为 0.

(2) 首先想象将 $f(x)$ 在 $[0, 2\pi)$ 上的表示以周期 2π 作延拓. 由定义得

$$a_0 = \frac{1}{\pi}\int_0^{2\pi} |x|\, dx = \frac{1}{\pi}\int_0^{2\pi} x\, dx = 2\pi,$$

且对 $n = 1, 2, \cdots,$ 有

$$a_n = \frac{1}{\pi}\int_0^{2\pi} |x|\cos nx\, dx = \frac{1}{\pi}\int_0^{2\pi} x\cos nx\, dx$$

$$= \frac{1}{n\pi}x\sin nx \Big|_0^{2\pi} - \frac{1}{n\pi}\int_0^{2\pi}\sin nx\, dx = 0.$$

$$b_n = \frac{1}{\pi}\int_0^{2\pi} |x|\sin nx\, dx = \frac{1}{\pi}\int_0^{2\pi} x\sin nx\, dx$$

$$= -\frac{1}{n\pi}x\cos nx \Big|_0^{2\pi} + \frac{1}{n\pi}\int_0^{2\pi}\cos nx\, dx = -\frac{2}{n}.$$

于是由收敛定理知

$$f(x) = \pi - 2\sum_{n=1}^{\infty}\frac{1}{n}\sin nx, \quad x \in (0, 2\pi).$$

由延拓后的函数的构造可知,该函数在 $x = 2\pi$ 的右极限便是 $f(x)$ 在 $x = 0$ 的右极限. 由收敛定理,Fourier 级数 $\pi - 2\sum\limits_{n=1}^{\infty}\frac{1}{n}\sin nx$ 的和函数在 2π 处的值为

$$\frac{f(2\pi - 0) + f(0 + 0)}{2} = \frac{2\pi + 0}{2} = \pi.$$

注 在这个例子中,对相同的函数表达式所得到的 Fourier 级数并不相同. 这是因为作展开的区间不同,从观念层面上认为的周期函数也并一定不相同.

例 7.3.3 设 $f(x) = \dfrac{e^x + e^{-x}}{e^{\pi} - e^{-\pi}}, \quad x \in [0, \pi].$

(1) 将 $f(x)$ 展开为余弦级数;   (2) 将 $f(x)$ 展开为正弦级数;

(3) 求级数 $\sum\limits_{n=1}^{\infty}\dfrac{(-1)^n}{1 + (2n)^2}$ 的和.

解 (1) 从考虑问题角度来说,应先将 $f(x)$ 作偶延拓,再在 $[-\pi, \pi]$ 上展开,但在实际计算时,直接利用关于偶函数的计算系数的公式. 于是

$$a_0 = \frac{2}{\pi}\int_0^{\pi} f(x)\, dx = \frac{2}{\pi}\int_0^{\pi}\frac{e^x + e^{-x}}{e^{\pi} - e^{-\pi}}\, dx = \frac{2}{\pi},$$

且对 $n = 1, 2, \cdots,$ 有

$$a_n = \frac{2}{\pi}\int_0^{\pi} f(x)\cos nx\, dx = \frac{2}{\pi}\int_0^{\pi}\frac{e^x + e^{-x}}{e^{\pi} - e^{-\pi}}\cos nx\, dx$$

$$= \frac{2}{\pi(e^{\pi} - e^{-\pi})}\Big[\int_0^{\pi} e^x\cos nx\, dx + \int_0^{\pi} e^{-x}\cos nx\, dx\Big]$$

$$= \frac{2}{\pi(e^{\pi} - e^{-\pi})}\left\{\left[\frac{e^{x}}{n^2 + 1}(n\sin nx + \cos nx)\right]\Big|_0^{\pi} + \left[\frac{e^{-x}}{n^2 + 1}(n\sin nx - \cos nx)\right]\Big|_0^{\pi}\right\}$$

$$= \frac{2(-1)^n}{\pi(n^2 + 1)}.$$

因此由收敛定理,得

$$f(x) = \frac{1}{\pi} + \frac{2}{\pi}\sum_{n=1}^{\infty}\frac{(-1)^n}{n^2 + 1}\cos nx, \quad x \in [0, \pi].$$

(2) 利用奇函数的计算系数的公式,对 $n = 1, 2, \cdots$,有

$$b_n = \frac{2}{\pi}\int_0^{\pi} f(x)\sin nx\,dx = \frac{2}{\pi}\int_0^{\pi}\frac{e^x + e^{-x}}{e^{\pi} - e^{-\pi}}\sin nx\,dx$$

$$= \frac{2}{\pi(e^{\pi} - e^{-\pi})}\left[\int_0^{\pi}e^x\sin nx\,dx + \int_0^{\pi}e^{-x}\sin nx\,dx\right]$$

$$= \frac{2}{\pi(e^{\pi} - e^{-\pi})}\left\{\left[\frac{e^x}{n^2 + 1}(\sin nx - n\cos nx)\right]\Big|_0^{\pi} + \left[\frac{e^{-x}}{n^2 + 1}(-\sin nx - n\cos nx)\right]\Big|_0^{\pi}\right\}$$

$$= \frac{2n}{\pi(n^2 + 1)(e^{\pi} - e^{-\pi})}\left[(-1)^{n+1}(e^{\pi} + e^{-\pi}) + 2\right].$$

因此

$$f(x) = \frac{2}{\pi(e^{\pi} - e^{-\pi})}\sum_{n=1}^{\infty}\frac{n}{n^2 + 1}\left[(-1)^{n+1}(e^{\pi} + e^{-\pi}) + 2\right]\sin nx, \quad x \in (0, \pi).$$

(3) 由(1)知

$$\frac{1}{\pi} + \frac{2}{\pi}\sum_{n=1}^{\infty}\frac{(-1)^n}{n^2 + 1}\cos nx = \frac{e^x + e^{-x}}{e^{\pi} - e^{-\pi}}, \quad x \in [0, \pi].$$

令 $x = \frac{\pi}{2}$ 得

$$\frac{1}{\pi} + \frac{2}{\pi}\sum_{n=1}^{\infty}\frac{(-1)^n}{n^2 + 1}\cos n\frac{\pi}{2} = \frac{e^{\frac{\pi}{2}} + e^{-\frac{\pi}{2}}}{e^{\pi} - e^{-\pi}},$$

即

$$\frac{1}{\pi} + \frac{2}{\pi}\sum_{n=1}^{\infty}\frac{(-1)^n}{(2n)^2 + 1} = \frac{e^{\frac{\pi}{2}} + e^{-\frac{\pi}{2}}}{e^{\pi} - e^{-\pi}}.$$

于是

$$\sum_{n=1}^{\infty}\frac{(-1)^n}{(2n)^2 + 1} = \frac{\pi}{2}\frac{e^{\frac{\pi}{2}} + e^{-\frac{\pi}{2}}}{e^{\pi} - e^{-\pi}} - \frac{1}{2}.$$

例 7.3.4 将函数 $f(x) = |\cos x|$ 按其周期展开为 Fourier 级数.

解 因为 $f(x)$ 是周期为 $2T = \pi$ 的偶函数,所以 $b_n = 0 \ (n = 1, 2, \cdots)$.

$$a_0 = \frac{2}{T}\int_0^T f(x)\,dx = \frac{4}{\pi}\int_0^{\frac{\pi}{2}}\cos x\,dx = \frac{4}{\pi}.$$

对 $n = 1, 2, \cdots$，有

$$a_n = \frac{2}{T} \int_0^T f(x) \cos 2nx \, dx = \frac{4}{\pi} \int_0^{\frac{\pi}{2}} \cos x \cos 2nx \, dx$$

$$= \frac{2}{\pi} \int_0^{\frac{\pi}{2}} [\cos(2n+1)x + \cos(2n-1)x] \, dx$$

$$= \frac{2}{\pi} \left[\frac{\sin(2n+1)x}{2n+1} + \frac{\sin(2n-1)x}{2n-1} \right] \Bigg|_0^{\frac{\pi}{2}}$$

$$= \frac{2}{\pi} \left[\frac{(-1)^n}{2n+1} + \frac{(-1)^{n+1}}{2n-1} \right] = \frac{4(-1)^{n+1}}{\pi(4n^2-1)}.$$

由于 $f(x)$ 在 $(-\infty, +\infty)$ 上连续，因此由收敛定理得

$$|\cos x| = \frac{2}{\pi} + \frac{4}{\pi} \sum_{n=1}^{\infty} \frac{(-1)^{n+1}}{4n^2-1} \cos 2nx, \quad x \in (-\infty, +\infty).$$

例 7.3.5 设函数 $f(x) = \begin{cases} x, & 0 \leqslant x \leqslant 1, \\ 1, & 1 < x \leqslant 2. \end{cases}$

（1）将 $f(x)$ 在 $[0,2]$ 上展开成 Fourier 级数，使其和函数 $S(x)$ 的周期为 2，并求 $S\left(\frac{31}{2}\right)$ 和 $S(30)$；

（2）将 $f(x)$ 在 $[0,2]$ 上展开成余弦级数，并求其和函数 $S(x)$.

解 （1）由于要展成周期为 2 的 Fourier 级数，即 $2T = 2$，则

$$a_0 = \int_0^2 f(x) \, dx = \int_0^1 x \, dx + \int_1^2 1 \, dx = \frac{3}{2}.$$

对 $n = 1, 2, \cdots$，有

$$a_n = \int_0^2 f(x) \cos n\pi x \, dx = \int_0^1 x \cos n\pi x \, dx + \int_1^2 \cos n\pi x \, dx$$

$$= \frac{1}{n\pi} x \sin n\pi x \Bigg|_0^1 - \frac{1}{n\pi} \int_0^1 \sin n\pi x \, dx = \frac{(-1)^n - 1}{n^2\pi^2},$$

以及

$$b_n = \int_0^2 f(x) \sin n\pi x \, dx = \int_0^1 x \sin n\pi x \, dx + \int_1^2 \sin n\pi x \, dx$$

$$= -\frac{1}{n\pi} x \cos n\pi x \Bigg|_0^1 + \frac{1}{n\pi} \int_0^1 \cos n\pi x \, dx - \frac{1}{n\pi} \cos n\pi x \Bigg|_1^2$$

$$= -\frac{(-1)^n}{n\pi} - \frac{1 - (-1)^n}{n\pi} = -\frac{1}{n\pi}.$$

因此

$$f(x) \sim \frac{3}{4} + \sum_{n=1}^{\infty} \left[\frac{(-1)^n - 1}{n^2\pi^2} \cos n\pi x - \frac{1}{n\pi} \sin n\pi x \right].$$

于是由收敛定理得,该 Fourier 级数的和函数为

$$S(x) = \frac{3}{4} + \sum_{n=1}^{\infty} \left[\frac{(-1)^n - 1}{n^2 \pi^2} \cos n\pi x - \frac{1}{n\pi} \sin n\pi x \right] = \begin{cases} x, & 0 < x \leqslant 1, \\ 1, & 1 < x < 2, \\ \frac{1}{2}, & x = 0,2. \end{cases}$$

因为 $S(x)$ 的周期为 2,所以

$$S\left(\frac{31}{2}\right) = S\left(14 + \frac{3}{2}\right) = S\left(\frac{3}{2}\right) = 1,$$

$$S(30) = S(0) = \frac{1}{2}.$$

(2) 由于要展成余弦级数,想象将 $f(x)$ 在 $[-2,0)$ 上作偶延拓,此时 $T = 2$,则

$$a_0 = \int_0^2 f(x)\,\mathrm{d}x = \int_0^1 x\,\mathrm{d}x + \int_1^2 1\,\mathrm{d}x = \frac{3}{2}.$$

对 $n = 1,2,\cdots$,有

$$a_n = \int_0^2 f(x) \cos \frac{n\pi}{2} x\,\mathrm{d}x = \int_0^1 x \cos \frac{n\pi}{2} x\,\mathrm{d}x + \int_1^2 \cos \frac{n\pi}{2} x\,\mathrm{d}x$$

$$= \frac{2}{n\pi} x \sin \frac{n\pi}{2} x \bigg|_0^1 - \frac{2}{n\pi} \int_0^1 \sin \frac{n\pi}{2} x\,\mathrm{d}x + \frac{2}{n\pi} \sin \frac{n\pi}{2} x \bigg|_1^2$$

$$= -\frac{2}{n\pi} \int_0^1 \sin \frac{n\pi}{2} x\,\mathrm{d}x = \frac{4}{n^2 \pi^2} \left(\cos \frac{n\pi}{2} - 1 \right).$$

因此

$$f(x) \sim \frac{3}{4} + \frac{4}{\pi^2} \sum_{n=1}^{\infty} \frac{1}{n^2} \left(\cos \frac{n\pi}{2} - 1 \right) \cos \frac{n\pi}{2} x.$$

于是由收敛定理得该余弦级数的和函数为

$$S(x) = \frac{3}{4} + \frac{1}{\pi^2} \sum_{n=1}^{\infty} \frac{1}{n^2} \left(\cos \frac{n\pi}{2} - 1 \right) \cos \frac{n\pi}{2} x = \begin{cases} x, & 0 \leqslant x \leqslant 1, \\ 1, & 1 < x \leqslant 2. \end{cases}$$

例 7.3.6 将函数 $f(x) = 2x - x^2 \ (x \in [0,2])$ 展开为正弦级数,并求级数 $\sum_{n=1}^{\infty} \frac{(-1)^n}{(2n-1)^3}$ 的和.

解 此时取 $T = 2$,因此

$$b_n = \int_0^2 (2x - x^2) \sin \frac{n\pi}{2} x\,\mathrm{d}x = -\frac{2}{n\pi} \int_0^2 (2x - x^2)\,\mathrm{d}\cos \frac{n\pi}{2} x$$

$$= \left[-\frac{2}{n\pi} (2x - x^2) \cos \frac{n\pi}{2} x \right] \bigg|_0^2 + \frac{4}{n\pi} \int_0^2 (1 - x) \cos \frac{n\pi}{2} x\,\mathrm{d}x$$

$$= \frac{4}{n\pi} \int_0^2 (1 - x) \cos \frac{n\pi}{2} x\,\mathrm{d}x = \frac{8}{n^2 \pi^2} \int_0^2 (1 - x)\,\mathrm{d}\sin \frac{n\pi}{2} x$$

$$= \left[\frac{8}{n^2\pi^2}(1-x)\sin\frac{n\pi}{2}x \right]\Bigg|_0^2 + \frac{8}{n^2\pi^2}\int_0^2 \sin\frac{n\pi}{2}x\mathrm{d}x$$

$$= \frac{16}{n^3\pi^3}(1-\cos n\pi) = \frac{16}{n^3\pi^3}\left[1-(-1)^n \right].$$

于是由收敛定理,得

$$2x - x^2 = \frac{32}{\pi^3}\sum_{n=1}^{\infty}\frac{1}{(2n-1)^3}\sin\frac{2n-1}{2}\pi x, \quad x \in [0,2].$$

在上式取 $x = 1$,便得

$$1 = \frac{32}{\pi^3}\sum_{n=1}^{\infty}\frac{1}{(2n-1)^3}\sin\frac{2n-1}{2}\pi = \frac{32}{\pi^3}\sum_{n=1}^{\infty}\frac{(-1)^{n-1}}{(2n-1)^3}.$$

于是

$$\sum_{n=1}^{\infty}\frac{(-1)^n}{(2n-1)^3} = -\frac{\pi^3}{32}.$$

例 7.3.7 函数 $f(x) = \begin{cases} x, & 0 \leqslant x \leqslant \dfrac{1}{2} \\ 2-2x, & \dfrac{1}{2} < x < 1 \end{cases}$ 的一种 Fourier 级数为 $S(x) =$

$\dfrac{a_0}{2} + \sum\limits_{n=1}^{\infty} a_n\cos n\pi x$,其中 $a_n = 2\int_0^1 f(x)\cos n\pi x\mathrm{d}x$,求 $S\left(-\dfrac{5}{2}\right)$.

解 显然,所给的 Fourier 级数是对函数 f 作偶延拓,再按周期 2 的函数作展开得到. 由收敛定理得

$$S\left(-\frac{5}{2}\right) = S\left(-\frac{1}{2}-2\right) = S\left(-\frac{1}{2}\right) = S\left(\frac{1}{2}\right) = \frac{f\left(\frac{1}{2}+0\right)+f\left(\frac{1}{2}-0\right)}{2} = \frac{3}{4}.$$

例 7.3.8 已知函数 $f(x) = x$ 在 $(-\pi,\pi)$ 上的 Fourier 展开为

$$x = \sum_{n=1}^{\infty}\frac{2(-1)^{n-1}}{n}\sin nx, \quad x \in (-\pi,\pi),$$

求 $g(x) = x\sin x$ 在 $(-\pi,\pi)$ 上的 Fourier 展开式.

解 由已知得

$$x\sin x = \sum_{n=1}^{\infty}\frac{2(-1)^{n-1}}{n}\sin x\sin nx, \quad x \in (-\pi,\pi).$$

因为 $\sin x\sin nx = -\dfrac{1}{2}\left[\cos(n+1)x - \cos(n-1)x\right]$,所以

$$x\sin x = \sum_{n=1}^{\infty}\frac{(-1)^n}{n}\left[\cos(n+1)x - \cos(n-1)x\right]$$

$$= 1 - \frac{1}{2}\cos x + 2\sum_{n=2}^{\infty}\frac{(-1)^{n-1}}{n^2-1}\cos nx, \quad x \in (-\pi,\pi).$$

例 7.3.9 证明：$\dfrac{3x^2 - 6\pi x + 2\pi^2}{12} = \displaystyle\sum_{n=1}^{\infty} \dfrac{\cos nx}{n^2}, \; 0 \leqslant x \leqslant 2\pi.$

证 考虑函数 $f(x) = \dfrac{1}{4}(x^2 - 2\pi x) = \dfrac{1}{4}x(x - 2\pi) \; (0 \leqslant x \leqslant 2\pi)$. 易知 $f(\pi + x) = f(\pi - x)$, 因此 f 的图像关于直线 $x = \pi$ 对称. 将 f 在 $[0, \pi]$ 上的部分作偶延拓, 再将所得函数作周期为 2π 的周期延拓得函数 $\tilde{f}$. 由 f 的图像关于直线 $x = \pi$ 对称知, 在 $[0, 2\pi]$ 上成立 $f = \tilde{f}$.

再将 $\tilde{f}$ 展开为余弦级数. 此时

$$a_0 = \frac{2}{\pi}\int_0^\pi \tilde{f}(x)\,\mathrm{d}x = \frac{2}{\pi}\int_0^\pi f(x)\,\mathrm{d}x = \frac{2}{\pi}\int_0^\pi \frac{1}{4}(x^2 - 2\pi x)\,\mathrm{d}x = -\frac{\pi^2}{3},$$

且对 $n = 1, 2, \cdots$, 有

$$a_n = \frac{2}{\pi}\int_0^\pi \tilde{f}(x)\cos nx\,\mathrm{d}x = \frac{2}{\pi}\int_0^\pi f(x)\cos nx\,\mathrm{d}x$$

$$= \frac{2}{\pi}\int_0^\pi \frac{1}{4}(x^2 - 2\pi x)\cos nx\,\mathrm{d}x = \frac{1}{n^2}.$$

于是, 由收敛定理得

$$\frac{1}{4}(x^2 - 2\pi x) = \tilde{f}(x) = -\frac{\pi^2}{6} + \sum_{n=1}^{\infty} \frac{\cos nx}{n^2}, \quad 0 \leqslant x \leqslant 2\pi,$$

移项便得

$$\frac{3x^2 - 6\pi x + 2\pi^2}{12} = \sum_{n=1}^{\infty} \frac{\cos nx}{n^2}, \quad 0 \leqslant x \leqslant 2\pi.$$

例 7.3.10 (1) 将 $f(x) = x^2 \; (-\pi \leqslant x \leqslant \pi)$ 展开为 Fourier 级数;

(2) 求级数 $\displaystyle\sum_{n=1}^{\infty} \frac{1}{n^2}$ 的和;

(3) 求级数 $\displaystyle\sum_{n=1}^{\infty} \frac{1}{n^4}$ 的和;

(4) 求积分 $\displaystyle\int_0^{+\infty} \frac{1}{x^3(\mathrm{e}^{\frac{\pi}{x}} - 1)}\,\mathrm{d}x$;

(5) 设 g 是以 2π 为周期的连续函数, 其 Fourier 级数为

$$g(x) \sim \frac{3}{2\pi} + \sum_{n=1}^{\infty} \left[\frac{(-1)^n}{2n}\cos nx + \frac{1}{4n^2}\sin nx \right],$$

记 $F(x) = \dfrac{1}{\pi}\displaystyle\int_{-\pi}^{\pi} t^2 g(x - t)\,\mathrm{d}t$, 求函数 F 的 Fourier 级数.

解 (1) 因为 $f(x)$ 是偶函数, 所以 $b_n = 0 \; (n = 1, 2\cdots)$.

$$a_0 = \frac{2}{\pi}\int_0^\pi f(x)\,\mathrm{d}x = \frac{2}{\pi}\int_0^\pi x^2\,\mathrm{d}x = \frac{2}{3}\pi^2.$$

对 $n = 1, 2 \cdots$, 有

$$a_0 = \frac{2}{\pi} \int_0^\pi f(x) \cos nx \, dx = \frac{2}{\pi} \int_0^\pi x^2 \cos nx \, dx = \frac{4(-1)^n}{n^2}.$$

于是由收敛定理得

$$x^2 = \frac{\pi^2}{3} + 4 \sum_{n=1}^\infty \frac{(-1)^n}{n^2} \cos nx, \quad -\pi \leqslant x \leqslant \pi.$$

（2）对（1）中的 Fourier 展开式取 $x = \pi$ 得

$$\pi^2 = \frac{\pi^2}{3} + 4 \sum_{n=1}^\infty \frac{(-1)^n}{n^2}(-1)^n,$$

因此

$$\sum_{n=1}^\infty \frac{1}{n^2} = \frac{\pi^2}{6}.$$

（3）由 Parseval 等式得

$$\frac{2}{9}\pi^4 + 16 \sum_{n=1}^\infty \frac{1}{n^4} = \frac{1}{\pi} \int_{-\pi}^\pi x^4 \, dx = \frac{2}{5}\pi^4,$$

所以

$$\sum_{n=1}^\infty \frac{1}{n^4} = \frac{\pi^4}{90}.$$

（4）作变换 $u = \dfrac{1}{x}$, 并利用（2）的结果得

$$\int_0^{+\infty} \frac{1}{x^3(e^{\frac{\pi}{x}} - 1)} dx = -\int_0^{+\infty} \frac{1}{x(e^{\frac{\pi}{x}} - 1)} d\left(\frac{1}{x}\right) = \int_0^{+\infty} \frac{u}{e^{\pi u} - 1} du$$

$$= \int_0^{+\infty} \frac{u e^{-\pi u}}{1 - e^{-\pi u}} du = \int_0^{+\infty} u \sum_{n=0}^\infty e^{-(n+1)\pi u} du = \sum_{n=0}^\infty \int_0^{+\infty} u e^{-(n+1)\pi u} du$$

$$= \sum_{n=0}^\infty \frac{-1}{(n+1)\pi} \int_0^{+\infty} u \, d e^{-(n+1)\pi u} = \sum_{n=0}^\infty \frac{1}{(n+1)\pi} \int_0^{+\infty} e^{-(n+1)\pi u} du$$

$$= \sum_{n=0}^\infty \frac{1}{(n+1)^2 \pi^2} = \frac{1}{\pi^2} \sum_{n=1}^\infty \frac{1}{n^2} = \frac{1}{6}.$$

（5）记 F 的 Fourier 系数为 A_n, B_n, 则利用（1）的结果及已知条件, 得

$$A_0 = \frac{1}{\pi} \int_{-\pi}^\pi F(x) \, dx = \frac{1}{\pi} \int_{-\pi}^\pi t^2 \, dt \frac{1}{\pi} \int_{-\pi}^\pi g(x-t) \, dx = \frac{2\pi^2}{3} \cdot \frac{3}{\pi} = 2\pi;$$

$$A_n = \frac{1}{\pi} \int_{-\pi}^\pi F(x) \cos nx \, dx = \frac{1}{\pi} \int_{-\pi}^\pi t^2 \, dt \frac{1}{\pi} \int_{-\pi}^\pi g(x-t) \cos nx \, dx$$

$$= \frac{1}{\pi^2} \int_{-\pi}^\pi t^2 \, dt \int_{-\pi-t}^{\pi-t} g(u) \cos n(u+t) \, du$$

$$= \frac{1}{\pi^2} \int_{-\pi}^{\pi} t^2 dt \int_{-\pi-t}^{\pi-t} g(u) [\cos nu \cos nt - \sin nu \sin nt] du$$

$$= \frac{1}{\pi} \int_{-\pi}^{\pi} t^2 \cos nt dt \cdot \frac{1}{\pi} \int_{-\pi-t}^{\pi-t} g(u) \cos nu du - \frac{1}{\pi} \int_{-\pi}^{\pi} t^2 \sin nt dt \cdot \frac{1}{\pi} \int_{-\pi-t}^{\pi-t} g(u) \sin nu du$$

$$= \frac{4(-1)^n}{n^2} \cdot \frac{(-1)^n}{2n} = \frac{2}{n^3}.$$

同理 $B_n = \dfrac{(-1)^n}{n^4}$. 于是

$$F(x) \sim \pi + \sum_{n=1}^{\infty} \left[\frac{2}{n^3} \cos nx + \frac{(-1)^n}{n^4} \sin nx \right].$$

例 7.3.11 设函数 f 的导数 f' 在 $[-\pi, \pi]$ 上连续, $f(-\pi) = f(\pi)$, 且 $\int_{-\pi}^{\pi} f(x) dx = 0$. 证明

$$\int_{-\pi}^{\pi} f^2(x) dx \leqslant \int_{-\pi}^{\pi} f'^2(x) dx,$$

且等号成立当且仅当 $f(x) = a\cos x + b\sin x$ (a, b 为常数).

证 记 f 的 Fourier 系数为 a_n 和 b_n, f' 的 Fourier 系数为 a_n' 和 b_n'. 注意到 $f(-\pi) = f(\pi)$, 则有

$$a_0' = \frac{1}{\pi} \int_{-\pi}^{\pi} f'(x) dx = \frac{1}{\pi} [f(\pi) - f(-\pi)] = 0,$$

$$a_n' = \frac{1}{\pi} \int_{-\pi}^{\pi} f'(x) \cos nx dx = \frac{1}{\pi} \int_{-\pi}^{\pi} \cos nx df(x)$$

$$= \frac{f(x) \cos nx}{\pi} \bigg|_{-\pi}^{\pi} + \frac{n}{\pi} \int_{-\pi}^{\pi} f(x) \sin nx dx = nb_n, \quad n = 1, 2, \cdots.$$

同理

$$b_n' = \frac{1}{\pi} \int_{-\pi}^{\pi} f'(x) \sin nx dx = -na_n, \quad n = 1, 2, \cdots,$$

于是

$$f'(x) \sim \sum_{n=1}^{\infty} (-a_n n \sin nx + b_n n \cos nx).$$

由已知得 $a_0 = \dfrac{1}{\pi} \int_{-\pi}^{\pi} f(x) dx = 0$, 所以由收敛定理得

$$f(x) = \sum_{n=1}^{\infty} (a_n \cos nx + b_n \sin nx), \quad x \in [-\pi, \pi].$$

进一步, 由 Parseval 等式得到

$$\frac{1}{\pi} \int_{-\pi}^{\pi} f^2(x) dx = \sum_{n=1}^{\infty} (a_n^2 + b_n^2), \quad \frac{1}{\pi} \int_{-\pi}^{\pi} f'^2(x) dx = \sum_{n=1}^{\infty} n^2 (a_n^2 + b_n^2),$$

以及

$$\int_{-\pi}^{\pi} f'^2(x)\,\mathrm{d}x - \int_{-\pi}^{\pi} f^2(x)\,\mathrm{d}x = \pi \sum_{n=2}^{\infty} (n^2 - 1)(a_n^2 + b_n^2).$$

上式说明 $\int_{-\pi}^{\pi} f'^2(x)\,\mathrm{d}x - \int_{-\pi}^{\pi} f^2(x)\,\mathrm{d}x \geqslant 0$，并且等号成立当且仅当 $a_n = 0, b_n = 0 (n = 2, 3, \cdots)$. 此时

$$f(x) = a_1 \cos x + b_1 \sin x.$$

习　题

1. 求 $f(x) = \arcsin(\cos x)$ 的 Fourier 级数.

2. 求 $f(x) = \mathrm{e}^x (x \in [-2, 2])$ 的 Fourier 级数.

3. 将 $f(x) = 2\sin\dfrac{x}{3}(x \in [-\pi, \pi])$ 展开为 Fourier 级数.

4. 将 $f(x) = 1 - x^2 (x \in [-1/2, 1/2])$ 展开为 Fourier 级数.

5. 将 $f(x) = x - \dfrac{x^2}{2}(x \in [0, 2])$ 展开为余弦级数.

6. 将 $f(x) = \begin{cases} x, & 0 \leqslant x \leqslant 1/2 \\ 1 - x, & 1/2 < x \leqslant 1 \end{cases}$ 展开为正弦级数.

7. 将 $f(x) = 1 - x^2 (x \in [0, \pi])$ 展开为余弦级数，并求级数 $\displaystyle\sum_{n=1}^{\infty} \dfrac{(-1)^{n+1}}{n^2}$ 的和.

8. 设 $f(x) = x^2 (x \in [0, 1))$，且 Fourier 级数为 $S(x) = \displaystyle\sum_{n=1}^{\infty} b_n \sin n\pi x$，其中 $b_n = 2\displaystyle\int_0^1 f(x)\sin n\pi x \mathrm{d}x$，求 $S\left(-\dfrac{1}{2}\right)$.

9. 设 $f(x) = \begin{cases} x^2, & 0 \leqslant x \leqslant \dfrac{1}{2}, \\ 1 - x, & \dfrac{1}{2} < x \leqslant 1, \end{cases}$ 且其 Fourier 级数为 $S(x) = \dfrac{a_0}{2} + \displaystyle\sum_{n=1}^{\infty} a_n \cos n\pi x$，其中 $a_n = 2\displaystyle\int_0^1 f(x)\cos n\pi x \mathrm{d}x (n = 0, 1, 2, \cdots)$. 求 $S\left(-\dfrac{9}{2}\right)$.

10. 设 $f(x) = \pi x + x^2$ 在 $(-\pi, \pi)$ 上的 Fourier 级数为 $\dfrac{a_0}{2} + \displaystyle\sum_{n=1}^{\infty} (a_n \cos nx + b_n \sin nx)$，求系数 b_3.

11. 证明：对于任意 $x \in (-\infty, +\infty)$ 有

$$|\sin x| = \frac{2}{\pi} - \frac{4}{\pi} \sum_{n=1}^{\infty} \frac{1}{4n^2 - 1} \cos 2nx.$$

12. 已知周期为 2π 的连续函数 f 的 Fourier 系数为 $a_0, a_n, b_n (n = 1, 2, \cdots)$. 求函数 $f_h(x) = \dfrac{1}{2h} \displaystyle\int_{x-h}^{x+h} f(t)\,\mathrm{d}t$ 的 Fourier 系数 $A_0, A_n, B_n (n = 1, 2, \cdots)$，其中 $h > 0$ 为常数.

13. 设 $0 < \alpha < \pi$. 写出 $f(x) = \begin{cases} 1, & |x| \leqslant \alpha, \\ 0, & \alpha < |x| < \pi \end{cases}$ 的 Fourier 系数，并利用 Parsevel 等式求

级数 $\displaystyle\sum_{n=1}^{\infty} \frac{\sin^2 n\alpha}{n^2}$ 及 $\displaystyle\sum_{n=1}^{\infty} \frac{\cos^2 n\alpha}{n^2}$ 的和.

第八章
常微分方程

§8.1　一阶常微分方程

一、常微分方程的概念

含有未知函数的导数或微分的方程称为**微分方程**. 如果微分方程中的未知函数只是一个自变量的函数,就称该方程为**常微分方程**. 一个常微分方程中所出现的未知函数的导数的最高阶数称为该方程的**阶**.

n 阶常微分方程的一般形式为
$$F(x,y,y',\cdots,y^{(n)}) = 0.$$
如果一个函数 $y = \varphi(x)$ 在区间 (a,b) 上 n 阶可导,且满足
$$F(x,\varphi(x),\varphi'(x),\cdots,\varphi^{(n)}(x)) = 0,$$
那么就称 $y = \varphi(x)$ 是该方程在区间 (a,b) 上的**解**. 它在 Oxy 平面上表示一条曲线,因此微分方程的解也称为**积分曲线**.

如果一个常微分方程的解中含有相互独立的任意常数(即它们不能合并而使任意常数的个数减少),且任意常数的个数与该方程的阶数相同,这样的解就称为该方程的**通解**. 如果对方程的解要求满足一定的条件,例如,对方程 $F(x,y,y',\cdots,$ $y^{(n)}) = 0$ 的解要求满足
$$y(x_0) = y_0, y'(x_0) = y_1, \cdots, y^{(n-1)}(x_0) = y_{n-1},$$
其中 $x_0, y_0, y_1, \cdots, y_{n-1}$ 是给定的常数,则这样的定解问题称为**初值问题**,所得的解称之为**特解**.

形如
$$y^{(n)} + a_1(x)y^{(n-1)} + \cdots + a_{n-1}(x)y' + a_n(x)y = R(x)$$
的方程为(**n 阶**)**线性常微分方程**,其中 $a_1(x),\cdots,a_{n-1}(x),a_n(x)$ 和 $R(x)$ 为已知函数. 当 $R(x) \equiv 0$ 时,称为(**n 阶**)**齐次线性微分方程**,否则称为**非齐次线性微分方程**.

二、解的存在与唯一性定理

导数已解出的一阶常微分方程可以表示为如下的一般形式

$$\begin{cases} \dfrac{\mathrm{d}y}{\mathrm{d}x} = f(x,y), \\ y(x_0) = y_0. \end{cases}$$

对于这类定解问题,有以下解的存在与唯一性定理.

定理 8.1.1(解的存在与唯一性定理)　如果 $f(x,y)$ 和 $\dfrac{\partial f}{\partial y}(x,y)$ 在矩形区域 $\{(x,y) \mid |x - x_0| < a, |y - y_0| < b\}$ 上连续,那么存在一个正数 $h(0 < h \leqslant a)$,使得定解问题 $\begin{cases} \dfrac{\mathrm{d}y}{\mathrm{d}x} = f(x,y) \\ y(x_0) = y_0 \end{cases}$ 在 $|x - x_0| < h$ 上有唯一的解 $y = \varphi(x)$,即在 $|x - x_0| < h$ 上成立

$$\varphi'(x) = f(x, \varphi(x)), \ \text{及} \ \varphi(x_0) = y_0.$$

三、变量可分离方程

形如

$$\frac{\mathrm{d}y}{\mathrm{d}x} = g(x) \cdot h(y)$$

的方程称为**变量可分离方程**.

若 $g(x)$ 与 $h(y)$ 连续,把原方程改写成

$$\frac{\mathrm{d}y}{h(y)} = g(x)\mathrm{d}x,$$

对两边取不定积分,得

$$\int \frac{\mathrm{d}y}{h(y)} = \int g(x)\mathrm{d}x,$$

若 $G(x)$ 是 $g(x)$ 的一个原函数,$H(y)$ 是 $\dfrac{1}{h(y)}$ 的一个原函数,就得到方程的通解

$$H(y) = G(x) + C,$$

这里 C 是任意常数. 这种形式的解也称为**隐式解**.

若 y_0 是方程 $h(y) = 0$ 的根,则函数 $y = y_0$ 也是该方程的解,而且这个解并不一定包含在通解的表达式中.

四、齐次方程

若对于任何 $\tau \neq 0$,有

$$f(\tau x, \tau y) = f(x, y),$$

则称函数 $f(x, y)$ 为(0 次) **齐次函数**,相应的微分方程 $\dfrac{\mathrm{d}y}{\mathrm{d}x} = f(x, y)$ 称为 **齐次方程**.

令 $y = ux$,代入方程 $\dfrac{\mathrm{d}y}{\mathrm{d}x} = f(x, y)$,得

$$\frac{\mathrm{d}(ux)}{\mathrm{d}x} = u + x\frac{\mathrm{d}u}{\mathrm{d}x} = f(x, ux) = f(1, u),$$

化简后就是变量可分离方程

$$x\frac{\mathrm{d}u}{\mathrm{d}x} = f(1, u) - u.$$

解出方程后,用 $u = \dfrac{y}{x}$ 代入便得到方程的解.

形式为 $\dfrac{\mathrm{d}y}{\mathrm{d}x} = f\left(\dfrac{a_1 x + b_1 y + c_1}{a_2 x + b_2 y + c_2}\right)$ 的方程,也可以通过适当变量代换化为齐次方

程或变量可分离方程. 例如,当 c_1, c_2 不全为零,且行列式 $\begin{vmatrix} a_1 & b_1 \\ a_2 & b_2 \end{vmatrix} \neq 0$ 时,取 ξ, η 为

线性方程组 $\begin{cases} a_1\xi + b_1\eta = c_1 \\ a_2\xi + b_2\eta = c_2 \end{cases}$ 的解,再作变换 $\begin{cases} x = \tilde{x} - \xi, \\ y = \tilde{y} - \eta, \end{cases}$ 则原方程可化为齐次方

程 $\dfrac{\mathrm{d}\tilde{y}}{\mathrm{d}\tilde{x}} = f\left(\dfrac{a_1\tilde{x} + b_1\tilde{y}}{a_2\tilde{x} + b_2\tilde{y}}\right).$

五、全微分方程

若存在函数 $u(x, y)$,使得

$$\mathrm{d}u(x, y) = f(x, y)\mathrm{d}x + g(x, y)\mathrm{d}y,$$

则方程

$$f(x, y)\mathrm{d}x + g(x, y)\mathrm{d}y = 0$$

称为 **全微分方程**. 它的解可以表示为 $u(x, y) = C$.

已经知道,$f(x, y)\mathrm{d}x + g(x, y)\mathrm{d}y$ 在单连通区域上是某个函数的全微分的充分必要条件是

$$\frac{\partial f(x, y)}{\partial y} = \frac{\partial g(x, y)}{\partial x}.$$

此时,若 (x_0, y_0) 是所考虑区域中的任一定点,则可以通过曲线积分

$$u(x, y) = \int_{(x_0, y_0)}^{(x, y)} f(x, y)\mathrm{d}x + g(x, y)\mathrm{d}y$$

计算出 $u(x, y)$.

若条件 $\dfrac{\partial f(x,y)}{\partial y} = \dfrac{\partial g(x,y)}{\partial x}$ 不满足,则方程

$$f(x,y)\mathrm{d}x + g(x,y)\mathrm{d}y = 0$$

不是全微分方程. 但是,如果能够找到一个函数 $\mu(x,y)$,使得

$$\mu(x,y)f(x,y)\mathrm{d}x + \mu(x,y)g(x,y)\mathrm{d}y = 0$$

是全微分方程,那么,还是可以按上述方法求解. $\mu(x,y)$ 称为**积分因子**. 一般说来,求积分因子并不是很容易的事,但有时可以通过观察凑出积分因子. 下面列出一些常用的二元函数的全微分,以备查阅:

(1) $\mathrm{d}(xy) = y\mathrm{d}x + x\mathrm{d}y$;

(2) $\mathrm{d}\left(\dfrac{x}{y}\right) = \dfrac{y\mathrm{d}x - x\mathrm{d}y}{y^2}$;

(3) $\mathrm{d}\left(\sqrt{x^2+y^2}\right) = \dfrac{x\mathrm{d}x + y\mathrm{d}y}{\sqrt{x^2+y^2}}$;

(4) $\mathrm{d}(\ln(x^2+y^2)) = 2 \cdot \dfrac{x\mathrm{d}x + y\mathrm{d}y}{x^2+y^2}$;

(5) $\mathrm{d}\left(\arctan\dfrac{x}{y}\right) = \dfrac{y\mathrm{d}x - x\mathrm{d}y}{x^2+y^2}$;

(6) $\mathrm{d}((xy)^n) = n(xy)^{n-1}(y\mathrm{d}x + x\mathrm{d}y)$;

(7) $\mathrm{d}((x^2+y^2)^n) = 2n(x^2+y^2)^{n-1}(x\mathrm{d}x + y\mathrm{d}y)$.

六、一阶线性微分方程

一阶线性常微分方程的一般形式为

$$\dfrac{\mathrm{d}y}{\mathrm{d}x} + f(x)y = g(x).$$

利用分离变量法,可得出相应的齐次线性微分方程 $\dfrac{\mathrm{d}y}{\mathrm{d}x} + f(x)y = 0$ 的通解为 $y = C\mathrm{e}^{-\int f(x)\mathrm{d}x}$,并且可以利用常数变易法,得出非齐次线性微分方程的通解为

$$y = \left(\int g(x)\mathrm{e}^{\int f(x)\mathrm{d}x}\mathrm{d}x + C\right)\mathrm{e}^{-\int f(x)\mathrm{d}x}.$$

这个公式也称为一阶线性微分方程的**通解公式**.

七、Bernoulli 方程

形如

$$\dfrac{\mathrm{d}y}{\mathrm{d}x} + f(x)y = g(x)y^n$$

的方程称为 **Bernoulli 方程**. 当 $n = 0$ 和 1 时,它就是线性微分方程.

当 $n \neq 0$ 和 1 时,方程两端除以 y^n,便得到

$$\frac{1}{y^n}\frac{\mathrm{d}y}{\mathrm{d}x} + f(x)\frac{1}{y^{n-1}} = g(x).$$

令 $u = \dfrac{1}{y^{n-1}}$,可将方程化为关于 u 的线性方程

$$\frac{\mathrm{d}u}{\mathrm{d}x} + (1-n)f(x)u = (1-n)g(x).$$

按前面的方法解出方程后用 $u = \dfrac{1}{y^{n-1}}$ 代入,便可得到原方程的解.

注意当 $n > 0$ 时, $y = 0$ 是方程的解.

例 题 分 析

例 8.1.1 解定解问题 $\begin{cases} y' = \cos(x-y) + \cos(x+y), \\ y\big|_{x=0} = 0. \end{cases}$

解 将方程 $y' = \cos(x-y) + \cos(x+y)$ 改写成 $\dfrac{\mathrm{d}y}{\mathrm{d}x} = 2\cos x\cos y$,即

$$\frac{\mathrm{d}y}{\cos y} = 2\cos x\mathrm{d}x.$$

对上式两边积分,得

$$\ln|\sec y + \tan y| = 2\sin x + C.$$

取指数得 $\sec y + \tan y = C\mathrm{e}^{2\sin x}$(注意以上两式中的 C 并不一定相同,但都表示任意常数,本章中对任意常数均采用这种表示).

由 $y\big|_{x=0} = 0$ 得 $C = 1$,因此定解问题的解为

$$\sec y + \tan y = \mathrm{e}^{2\sin x}.$$

例 8.1.2 求微分方程 $\dfrac{\mathrm{d}y}{\mathrm{d}x} = 2xy + x^2 + y^2 + 1$ 的通解.

解 将原方程改写为

$$\frac{\mathrm{d}y}{\mathrm{d}x} = (x+y)^2 + 1.$$

令 $u = x + y$,则 $\dfrac{\mathrm{d}y}{\mathrm{d}x} = \dfrac{\mathrm{d}u}{\mathrm{d}x} - 1$,代入上面的方程得 $\dfrac{\mathrm{d}u}{\mathrm{d}x} = u^2 + 2$,再分离变量,得

$$\frac{\mathrm{d}u}{2 + u^2} = \mathrm{d}x.$$

对上式两边积分得

$$\frac{1}{\sqrt{2}}\arctan\frac{u}{\sqrt{2}} = x + C.$$

于是原方程的通解为

$$y = \sqrt{2}\tan\sqrt{2}(x + C) - x.$$

例 8.1.3 解定解问题 $\begin{cases} (y + \sqrt{x^2 + y^2})\,\mathrm{d}x - x\mathrm{d}y = 0 & (x > 0), \\ y\big|_{x=1} = 0. \end{cases}$

解 将方程 $(y + \sqrt{x^2 + y^2})\,\mathrm{d}x - x\mathrm{d}y = 0$ 化为

$$\frac{\mathrm{d}y}{\mathrm{d}x} = \frac{y}{x} + \sqrt{1 + \left(\frac{y}{x}\right)^2}.$$

它是一个齐次方程,令 $y = ux$,得

$$x\frac{\mathrm{d}u}{\mathrm{d}x} + u = u + \sqrt{1 + u^2}.$$

化简并分离变量,得

$$\frac{\mathrm{d}u}{\sqrt{1 + u^2}} = \frac{\mathrm{d}x}{x}.$$

对上式两边积分,得

$$\ln(u + \sqrt{1 + u^2}) = \ln x + \ln C.$$

即 $u + \sqrt{1 + u^2} = Cx$. 因此原方程的通解为

$$\frac{y}{x} + \sqrt{1 + \left(\frac{y}{x}\right)^2} = Cx, \quad \text{即} \quad y + \sqrt{x^2 + y^2} = Cx^2.$$

由初始条件 $y\big|_{x=1} = 0$ 得 $C = 1$,因此定解问题的解为

$$y + \sqrt{x^2 + y^2} = x^2, \quad \text{即} \quad y = \frac{1}{2}x^2 - \frac{1}{2}.$$

例 8.1.4 求微分方程 $\left(1 + 4\mathrm{e}^{\frac{x}{y}}\right)\mathrm{d}x + 4\mathrm{e}^{\frac{x}{y}}\left(1 - \frac{x}{y}\right)\mathrm{d}y = 0$ 的通解.

解 将原方程化为

$$\frac{\mathrm{d}x}{\mathrm{d}y} = \frac{4\mathrm{e}^{\frac{x}{y}}\left(\frac{x}{y} - 1\right)}{1 + 4\mathrm{e}^{\frac{x}{y}}}.$$

令 $x = uy$,将上式化为

$$y\frac{\mathrm{d}u}{\mathrm{d}y} + u = \frac{4\mathrm{e}^u(u - 1)}{1 + 4\mathrm{e}^u}.$$

化简并分离变量得

$$\frac{4\mathrm{e}^u + 1}{4\mathrm{e}^u + u}\mathrm{d}u = -\frac{\mathrm{d}y}{y}.$$

对上式两边积分得

$$\ln | 4e^u + u | = \ln \left| \frac{1}{y} \right| + \ln C,$$

再取指数得 $y(u + 4e^u) = C$. 因此原方程的通解为

$$x + 4ye^{\frac{x}{y}} = C.$$

例8.1.5 求微分方程 $\dfrac{dy}{dx} = \dfrac{-2x + 4y}{x + y + 3}$ 的通解.

解 解线性方程组

$$\begin{cases} -2\xi + 4\eta = 0, \\ \xi + \eta = 3, \end{cases}$$

得 $\xi = 2, \eta = 1$. 作变换

$$\begin{cases} x = \tilde{x} - \xi = \tilde{x} - 2, \\ y = \tilde{y} - \eta = \tilde{y} - 1, \end{cases}$$

便得齐次方程

$$\frac{d\tilde{y}}{d\tilde{x}} = \frac{-2\tilde{x} + 4\tilde{y}}{\tilde{x} + \tilde{y}}.$$

令 $\tilde{y} = u\tilde{x}$, 得到

$$u + \tilde{x} \frac{du}{d\tilde{x}} = \frac{-2 + 4u}{1 + u},$$

整理后, 得

$$\left(\frac{3}{u - 2} - \frac{2}{u - 1} \right) du = -\frac{d\tilde{x}}{\tilde{x}}.$$

从此解得

$$(u - 2)^3 \tilde{x} = C(u - 1)^2.$$

还原变量, 便得原方程的通解

$$(y - 2x - 3)^3 = C(y - x - 1)^2.$$

例8.1.6 求微分方程 $\dfrac{dy}{dx} = \dfrac{y}{2x} + \dfrac{1}{2y} \cot \dfrac{y^2}{x}$ 的通解.

解 将原方程写为

$$2y \frac{dy}{dx} = \frac{y^2}{x} + \cot \frac{y^2}{x}.$$

令 $y^2 = ux$, 则 $2y \dfrac{dy}{dx} = x \dfrac{du}{dx} + u$, 代入上式得

$$x \frac{du}{dx} + u = u + \cot u,$$

化简并分离变量, 得

$$\tan u\, du = \frac{\mathrm{d}x}{x}.$$

对上式两边积分,得

$$-\ln|\cos u| = \ln|x| - \ln C,$$

再取指数,得

$$x\cos u = C.$$

还原变量,便得原方程的通解

$$x\cos\frac{y^2}{x} = C.$$

例 8.1.7 求微分方程 $2yy' = \mathrm{e}^{\frac{x^2+y^2}{x}} + \frac{x^2+y^2}{x} - 2x$ 的通解.

解 令 $u = x^2 + y^2$,则 $\dfrac{\mathrm{d}u}{\mathrm{d}x} = 2x + 2y\dfrac{\mathrm{d}y}{\mathrm{d}x}$,代入原方程,得

$$\frac{\mathrm{d}u}{\mathrm{d}x} = \mathrm{e}^{\frac{u}{x}} + \frac{u}{x}.$$

再令 $v = \dfrac{u}{x}$,将这个方程化为

$$x\frac{\mathrm{d}v}{\mathrm{d}x} = \mathrm{e}^{v}.$$

用分离变量法可知它的通解为 $\mathrm{e}^{-v} + \ln|x| = C.$ 还原变量,便得原方程的通解

$$\mathrm{e}^{-\frac{x^2+y^2}{x}} + \ln|x| = C.$$

例 8.1.8 求微分方程 $(2x + y\mathrm{e}^{xy})\mathrm{d}x + (x\mathrm{e}^{xy} - 2y)\mathrm{d}y = 0$ 的通解.

解 记 $f(x,y) = 2x + y\mathrm{e}^{xy}, g(x,y) = x\mathrm{e}^{xy} - 2y.$ 因为

$$\frac{\partial f}{\partial y} = \mathrm{e}^{xy} + xy\mathrm{e}^{xy} = \frac{\partial g}{\partial x},$$

所以原方程是全微分方程. 下面求 $u(x,y)$,使得 $\mathrm{d}u = f(x,y)\mathrm{d}x + g(x,y)\mathrm{d}y.$

解法一 利用曲线积分的方法. 此时

$$u(x,y) = \int_{(0,0)}^{(x,y)} f(x,y)\mathrm{d}x + g(x,y)\mathrm{d}y$$

$$= \int_0^x 2x\mathrm{d}x + \int_0^y (x\mathrm{e}^{xy} - 2y)\mathrm{d}y = x^2 + \mathrm{e}^{xy} - 1 - y^2.$$

于是原方程的通解为

$$x^2 + \mathrm{e}^{xy} - y^2 = C.$$

解法二 直接用不定积分的方法. 对

$$\frac{\partial u}{\partial x} = f(x,y) = 2x + y\mathrm{e}^{xy}$$

关于 x 取积分得 $u(x,y) = x^2 + \mathrm{e}^{xy} + \varphi(y).$ 再令

$$\frac{\partial u}{\partial y} = x\mathrm{e}^{xy} + \varphi'(y) = g(x,y) = x\mathrm{e}^{xy} - 2y,$$

得 $\varphi'(y) = -2y$. 因此 $\varphi(y) = -y^2 + C$, 于是原方程的通解为

$$x^2 + \mathrm{e}^{xy} - y^2 = C.$$

解法三 利用凑微分的方法. 将原方程 $(2x + y\mathrm{e}^{xy})\mathrm{d}x + (x\mathrm{e}^{xy} - 2y)\mathrm{d}y = 0$ 写为 $y\mathrm{e}^{xy}\mathrm{d}x + x\mathrm{e}^{xy}\mathrm{d}y + 2x\mathrm{d}x - 2y\mathrm{d}y = 0$, 即

$$\mathrm{d}(\mathrm{e}^{xy}) + \mathrm{d}(x^2) - \mathrm{d}(y^2) = \mathrm{d}(\mathrm{e}^{xy} + x^2 - y^2) = 0.$$

于是原方程的通解为

$$x^2 + \mathrm{e}^{xy} - y^2 = C.$$

例 8.1.9 求微分方程 $\left(x + \dfrac{y}{1 - x^2y^2}\right)\mathrm{d}x + \left(y + \dfrac{x}{1 - x^2y^2}\right)\mathrm{d}y = 0$ 的通解.

解 可以验证原方程是全微分方程. 将该方程表为

$$x\mathrm{d}x + y\mathrm{d}y + \frac{y}{1 - x^2y^2}\mathrm{d}x + \frac{x}{1 - x^2y^2}\mathrm{d}y = 0,$$

即

$$\frac{1}{2}\mathrm{d}(x^2 + y^2) + \frac{1}{2}\left(\frac{1}{1 + xy} + \frac{1}{1 - xy}\right)\mathrm{d}(xy) = 0,$$

因此原方程的通解为

$$\ln\left|\frac{1 + xy}{1 - xy}\right| + x^2 + y^2 = C.$$

例 8.1.10 求微分方程 $x\mathrm{d}x + y\mathrm{d}y + 6y^5(x^2 + y^2)^2\mathrm{d}y = 0$ 的通解.

解 可以验证原方程不是全微分方程. 但将方程两边乘以 $\dfrac{1}{(x^2 + y^2)^2}$, 得

$$\frac{x\mathrm{d}x + y\mathrm{d}y}{(x^2 + y^2)^2} + 6y^5\mathrm{d}y = 0,$$

即

$$\mathrm{d}\left(-\frac{1}{2(x^2 + y^2)}\right) + \mathrm{d}(y^6) = 0.$$

于是, 原方程的通解为

$$-\frac{1}{2(x^2 + y^2)} + y^6 = C.$$

例 8.1.11 解初值问题 $\begin{cases} 4y\mathrm{d}x + (4x + 2x^5y^6)\mathrm{d}y = 0, \\ y\big|_{x=1} = 1. \end{cases}$

解 将方程 $4y\mathrm{d}x + (4x + 2x^5y^6)\mathrm{d}y = 0$ 表示为

$$4(y\mathrm{d}x + x\mathrm{d}y) + 2x^5y^6\mathrm{d}y = 0.$$

它并不是全微分方程,但将方程两边乘以 $\dfrac{1}{(xy)^5}$,得

$$4 \cdot \frac{y\mathrm{d}x + x\mathrm{d}y}{(xy)^5} + 2y\mathrm{d}y = 0,$$

即

$$\mathrm{d}\left(-\frac{1}{(xy)^4}\right) + \mathrm{d}(y^2) = 0.$$

于是,原方程的通解为

$$-\frac{1}{(xy)^4} + y^2 = C.$$

注意到 $y\big|_{x=1} = 1$,此时 $C = 0$,因此初值问题的解为

$$-\frac{1}{(xy)^4} + y^2 = 0, \text{即 } y = x^{-\frac{2}{3}}.$$

例 8.1.12 求微分方程 $\dfrac{\mathrm{d}y}{\mathrm{d}x} = \dfrac{2(x - 1 - xy)}{x^2}$ 满足 $y(1) = 0$ 的特解.

解 将原方程写为

$$\frac{\mathrm{d}y}{\mathrm{d}x} + \frac{2}{x}y = \frac{2(x - 1)}{x^2},$$

这是线性方程. 于是,利用通解公式便得原方程的通解

$$y = \mathrm{e}^{-\int \frac{2}{x}\mathrm{d}x}\left[\int \frac{2(x - 1)}{x^2}\mathrm{e}^{\int \frac{2}{x}\mathrm{d}x}\mathrm{d}x + C\right]$$

$$= \mathrm{e}^{-\ln x^2}\left[\int \frac{2(x - 1)}{x^2}\mathrm{e}^{\ln x^2}\mathrm{d}x + C\right] = \frac{1}{x^2}\left[\int 2(x - 1)\mathrm{d}x + C\right]$$

$$= \frac{1}{x^2}(x^2 - 2x + C).$$

由 $y(1) = 0$ 得 $C = 1$,因此特解为

$$y = \left(\frac{x - 1}{x}\right)^2.$$

例 8.1.13 求微分方程 $\cos y\mathrm{d}x - (\cos y\sin 2y - x\sin y)\mathrm{d}y = 0$ 的通解.

解 将原方程写为

$$\frac{\mathrm{d}x}{\mathrm{d}y} = \frac{\cos y\sin 2y - x\sin y}{\cos y} = \sin 2y - x\tan y,$$

即

$$\frac{\mathrm{d}x}{\mathrm{d}y} + x\tan y = \sin 2y.$$

将 x 看作未知函数,它是线性方程,则由通解公式得

$$x = e^{-\int \tan y \, dy} \left(\int \sin 2y e^{\int \tan y \, dy} \, dy + C \right)$$

$$= e^{\ln \cos y} \left(\int \sin 2y e^{-\ln \cos y} \, dy + C \right) = \cos y \left(\int 2 \sin y \, dy + C \right)$$

$$= \cos y (C - 2\cos y).$$

例 8.1.14　求微分方程 $\dfrac{1}{\sqrt{y}} \dfrac{dy}{dx} + \dfrac{4x}{1+x^2} \sqrt{y} = 2x^4$ 的通解.

解　作变换 $z = \sqrt{y}$, 则 $\dfrac{dz}{dx} = \dfrac{1}{2\sqrt{y}} \dfrac{dy}{dx}$, 代入原方程, 得

$$\frac{dz}{dx} + \frac{2x}{1+x^2} z = x^4.$$

这是线性方程, 于是由通解公式得

$$z = e^{-\int \frac{2x}{1+x^2} dx} \left[\int x^4 e^{\int \frac{2x}{1+x^2} dx} \, dx + C \right] = e^{-\ln(1+x^2)} \left[\int x^4 e^{\ln(1+x^2)} \, dx + C \right]$$

$$= \frac{1}{1+x^2} \left[\int x^4 (1+x^2) \, dx + C \right] = \frac{1}{1+x^2} \left(\frac{1}{5} x^5 + \frac{1}{7} x^7 + C \right).$$

还原变量, 便得原方程的通解

$$y = \frac{1}{(1+x^2)^2} \left(\frac{1}{5} x^5 + \frac{1}{7} x^7 + C \right)^2.$$

例 8.1.15　求微分方程 $2\sec^2 y \tan y \dfrac{dy}{dx} = 2x \tan^2 y + \dfrac{e^{x^2}}{1+x^2}$ 的通解.

解　作变换 $z = \tan^2 y$, 则 $\dfrac{dz}{dx} = 2\tan y \sec^2 y \dfrac{dy}{dx}$, 代入原方程得

$$\frac{dz}{dx} - 2xz = \frac{e^{x^2}}{1+x^2}.$$

于是, 由通解公式得

$$z = e^{\int 2x \, dx} \left[\int \frac{e^{x^2}}{1+x^2} e^{\int (-2x) \, dx} \, dx + C \right]$$

$$= e^{x^2} \left(\int \frac{1}{1+x^2} dx + C \right) = e^{x^2} (\arctan x + C).$$

于是, 原方程得通解为

$$\tan^2 y = e^{x^2} (\arctan x + C).$$

例 8.1.16　求微分方程 $\dfrac{dy}{dx} = \dfrac{y^2 - x}{2y(x-2)}$ 的通解.

解　作变换 $x - 2 = t$, 则 $dx = dt$, 可将原方程化为

$$\frac{dy}{dt} = \frac{y^2 - t - 2}{2yt}, \quad 即 \ 2y \frac{dy}{dt} = \frac{y^2 - t - 2}{t}.$$

再作变换 $u = y^2$,将这个方程化为

$$\frac{\mathrm{d}u}{\mathrm{d}t} = \frac{u - t - 2}{t}, 即 \frac{\mathrm{d}u}{\mathrm{d}t} - \frac{u}{t} = -\frac{t + 2}{t}.$$

这是线性方程,由通解公式得它的通解

$$u = \mathrm{e}^{\int \frac{1}{t}\mathrm{d}t}\left(-\int \frac{t + 2}{t}\mathrm{e}^{-\int \frac{1}{t}\mathrm{d}t}\mathrm{d}t + C\right) = 2 - t\ln t + Ct.$$

于是,原方程的通解为

$$y^2 = 2 - (x - 2)\ln(x - 2) + C(x - 2).$$

例8.1.17 设有微分方程 $\dfrac{\mathrm{d}y}{\mathrm{d}x} - 2y = \varphi(x)$,其中 $\varphi(x) = \begin{cases} x, & x < 1, \\ 0, & x > 1. \end{cases}$ 求定义在 $(-\infty, +\infty)$ 上的连续函数 $y = y(x)$,使之在 $(-\infty, 1)$ 和 $(1, +\infty)$ 上都满足所给方程,且满足初始条件 $y(0) = 0$.

解 当 $x < 1$ 时,原方程为 $\dfrac{\mathrm{d}y}{\mathrm{d}x} - 2y = x$,其通解为

$$y = \mathrm{e}^{\int 2\mathrm{d}x}\left[\int x\mathrm{e}^{\int(-2)\mathrm{d}x}\mathrm{d}x + C_1\right]$$

$$= \mathrm{e}^{2x}\left(\int x\mathrm{e}^{-2x}\mathrm{d}x + C_1\right) = C_1\mathrm{e}^{2x} - \frac{1}{4}(2x + 1).$$

由于 $y(0) = 0$,则 $C_1 = \dfrac{1}{4}$,因此

$$y = \frac{1}{4}(\mathrm{e}^{2x} - 2x - 1), \quad x < 1.$$

当 $x > 1$ 时,原方程为 $\dfrac{\mathrm{d}y}{\mathrm{d}x} - 2y = 0$,其通解为

$$y = C_2\mathrm{e}^{2x}, \quad x > 1.$$

要得到在 $(-\infty, +\infty)$ 上的连续解,需成立 $\lim\limits_{x \to 1+0} y(x) = \lim\limits_{x \to 1-0} y(x)$,即

$$\lim_{x \to 1+0} C_2\mathrm{e}^{2x} = \lim_{x \to 1-0} \frac{1}{4}(\mathrm{e}^{2x} - 2x - 1), 亦即 C_2\mathrm{e}^2 = \frac{1}{4}(\mathrm{e}^2 - 3),$$

因此 $C_2 = \dfrac{1}{4}(1 - 3\mathrm{e}^{-2})$. 此时

$$y = \frac{1}{4}(1 - 3\mathrm{e}^{-2})\mathrm{e}^{2x}, \quad x > 1.$$

若再补充定义 $y(1) = \dfrac{1}{4}(\mathrm{e}^2 - 3)$,则在 $(-\infty, +\infty)$ 上定义的连续函数

$$y(x) = \begin{cases} \dfrac{1}{4}(\mathrm{e}^{2x} - 2x - 1), & x < 1, \\[2mm] \dfrac{1}{4}(1 - 3\mathrm{e}^{-2})\mathrm{e}^{2x}, & x \geqslant 1 \end{cases}$$

便为所求.

例 8.1.18 解定解问题 $\begin{cases} 3xy' = y(1 + 3xy^3 \ln x), \\ y|_{x=1} = 1. \end{cases}$

解 将方程 $3xy' = y(1 + 3xy^3 \ln x)$ 化为 $3y' - \dfrac{1}{x}y = 3y^4 \ln x$,这是 Bernoulli 方程,等式两边同除以 y^4,得

$$\frac{3}{y^4}y' - \frac{1}{x}y^{-3} = 3\ln x,$$

作变换 $z = y^{-3}$,得

$$z' + \frac{1}{x}z = -3\ln x.$$

这是一阶线性方程,其解为

$$z = \mathrm{e}^{-\int \frac{1}{x}\mathrm{d}x}\left(-3\int \ln x \mathrm{e}^{\int \frac{1}{x}\mathrm{d}x}\mathrm{d}x + C\right)$$

$$= \frac{1}{x}\left(-3\int x\ln x\mathrm{d}x + C\right) = \frac{1}{x}\left(-\frac{3}{2}x^2\ln x + \frac{3}{4}x^2 + C\right).$$

由 $y|_{x=1} = 1$ 得 $z|_{x=1} = 1$,于是 $C = \dfrac{1}{4}$.再还原变量得定解问题的解

$$y^{-3} = \frac{1}{x}\left(-\frac{3}{2}x^2\ln x + \frac{3}{4}x^2 + \frac{1}{4}\right).$$

例 8.1.19 求微分方程 $\dfrac{\mathrm{d}y}{\mathrm{d}x} = 1 - x(y-x) - x^3(y-x)^2$ 的通解.

解 令 $u = y - x$,则 $\dfrac{\mathrm{d}y}{\mathrm{d}x} = \dfrac{\mathrm{d}u}{\mathrm{d}x} + 1$,代入原方程得

$$\frac{\mathrm{d}u}{\mathrm{d}x} + xu = -x^3u^2.$$

这是 Bernoulli 方程,上式两边同除以 u^2,得

$$u^{-2}\frac{\mathrm{d}u}{\mathrm{d}x} + xu^{-1} = -x^3,$$

再令 $z = u^{-1}$,将这个方程化为

$$\frac{\mathrm{d}z}{\mathrm{d}x} - xz = x^3,$$

其通解为

$$z = \mathrm{e}^{\int x\mathrm{d}x}\left(\int x^3\mathrm{e}^{-\int x\mathrm{d}x}\mathrm{d}x + C\right) = C\mathrm{e}^{\frac{1}{2}x^2} - x^2 - 2.$$

再还原变量,得原方程的通解

$$\left(C\mathrm{e}^{\frac{1}{2}x^2} - x^2 - 2\right)(y-x) = 1.$$

例 8.1.20 求微分方程 $\dfrac{\mathrm{d}y}{\mathrm{d}x} = \dfrac{1}{x}(4x^2\mathrm{e}^y - 1)$ 的通解.

解 将方程两边乘以 e^y, 得

$$\mathrm{e}^y \frac{\mathrm{d}y}{\mathrm{d}x} = \frac{1}{x}(4x^2\mathrm{e}^{2y} - \mathrm{e}^y).$$

再令 $u = \mathrm{e}^y$, 得

$$\frac{\mathrm{d}u}{\mathrm{d}x} = \frac{1}{x}(4x^2u^2 - u), \quad \text{即} \quad \frac{\mathrm{d}u}{\mathrm{d}x} + \frac{1}{x}u = 4xu^2.$$

这是 Bernoulli 方程, 解之得

$$u = \frac{1}{Cx - 4x^2}.$$

还原变量便得原方程的通解

$$y = -\ln(Cx - 4x^2).$$

例 8.1.21 求微分方程 $x\left(\dfrac{\mathrm{d}y}{\mathrm{d}x}\right)^3 = 1 + \dfrac{\mathrm{d}y}{\mathrm{d}x}$ 的通解.

解法一 令 $p = \dfrac{\mathrm{d}y}{\mathrm{d}x}$, 则原方程化为

$$x = \frac{1}{p^2} + \frac{1}{p^3}.$$

对此式关于 y 求导, 得

$$\frac{\mathrm{d}x}{\mathrm{d}y} = \left(-\frac{2}{p^3} - \frac{3}{p^4}\right)\frac{\mathrm{d}p}{\mathrm{d}y}.$$

注意到 $\dfrac{\mathrm{d}x}{\mathrm{d}y} = \dfrac{1}{p}$, 则上式可化为

$$(3 + 2p)\mathrm{d}p + p^3\mathrm{d}y = 0.$$

从此式可得

$$y = \frac{2}{p} + \frac{3}{2p^2} + C.$$

于是, 原方程的参数形式的解为

$$\begin{cases} x = \dfrac{1}{p^2} + \dfrac{1}{p^3}, \\ y = \dfrac{2}{p} + \dfrac{3}{2p^2} + C, \end{cases}$$

其中 p 为参数, C 为任意常数.

解法二 令 $\dfrac{\mathrm{d}y}{\mathrm{d}x} = \dfrac{1}{t}$, 则原方程化为

$$x = t^2 + t^3.$$

由于

$$\mathrm{d}y = \frac{\mathrm{d}x}{t} = \frac{1}{t}\mathrm{d}(t^2 + t^3) = (2 + 3t)\mathrm{d}t,$$

所以

$$y = 2t + \frac{3}{2}t^2 + C.$$

于是,原方程的参数形式的解为

$$\begin{cases} x = t^2 + t^3, \\ y = 2t + \dfrac{3}{2}t^2 + C, \end{cases}$$

其中 t 为参数, C 为任意常数.

例 8.1.22 已知函数 $y = y(x)$ 在 $(-\infty, +\infty)$ 具有连续导数,且满足

$$\int_0^x y(t)\cos t\,\mathrm{d}t = \sin x + y(x),$$

求 $y(x)$.

解 首先注意 $y(x)$ 满足 $y(0) = 0$. 再对 $\int_0^x y(t)\cos t\,\mathrm{d}t = \sin x + y(x)$ 两边求导,得

$$y(x)\cos x = \cos x + y'(x).$$

这说明函数 $y(x)$ 就是一阶线性方程

$$y' - y\cos x = -\cos x$$

满足 $y(0) = 0$ 的特解. 由通解公式知,这个方程的解为

$$y = \mathrm{e}^{\int \cos x\,\mathrm{d}x}\left(-\int \cos x\,\mathrm{e}^{-\int \cos x\,\mathrm{d}x}\,\mathrm{d}x + C\right) = C\mathrm{e}^{\sin x} + 1.$$

由 $y(0) = 0$ 知, $C = -1$. 因此所求函数为

$$y(x) = 1 - \mathrm{e}^{\sin x}.$$

例 8.1.23 已知一上半平面上的曲线,它过点 $(1,2)$. 记曲线上每一点 $P(x,y)$ 处的法线与 x 轴的交点为 Q,若线段 PQ 总被 y 轴平分,求该曲线的方程.

解 设曲线方程为 $y = y(x)$. 曲线在 $P(x,y)$ 处的法线的斜率为 $-\dfrac{1}{y'}$,因此在该点的法线方程(也是线段 PQ 所在的直线)为

$$Y - y = -\frac{1}{y'}(X - x).$$

它与 X 轴的交点,即点 Q 的坐标为 $(yy' + x, 0)$. 它与 Y 轴的交点为 $R\left(0, \dfrac{yy' + x}{y'}\right)$.

由假设知线段 RQ 与 PR 的长度相等,因此

$$(yy' + x)^2 + \left(\frac{yy' + x}{y'}\right)^2 = x^2 + \left(\frac{x}{y'}\right)^2,$$

化简得
$$(yy' + 2x)yy' = 0.$$

注意到题设中蕴含了 $y \neq 0$ 以及 $y' \neq 0$,因此曲线满足方程
$$yy' + 2x = 0.$$

解之得
$$y^2 = -2x^2 + C.$$

又曲线过点 $(1,2)$,所以 $C = 6$. 因此,所求的曲线方程为
$$y = \sqrt{6 - 2x^2}.$$

例 8.1.24 已知光滑曲线 $y = y(x)(x \geqslant 0)$ 在第一象限上,且它与两坐标轴及直线 $x = t(t > 0)$ 所围成的曲边梯形的面积等于该段曲线长度的两倍. 若该曲线还过点 $(3,2)$,求它的方程.

解 题目中所述的曲边梯形的面积等于曲线长度的两倍,就是
$$\int_0^t y(x)\,\mathrm{d}x = 2\int_0^t \sqrt{1 + [y'(x)]^2}\,\mathrm{d}x.$$

对上式两边求导得 $y(t) = 2\sqrt{1 + [y'(t)]^2}$,于是
$$[y'(t)]^2 = \frac{1}{4}[y(t)]^2 - 1, \quad t > 0.$$

由于曲线过点 $(3,2)$,所以函数 $y(x)$ 就是方程
$$\left(\frac{\mathrm{d}y}{\mathrm{d}x}\right)^2 = \frac{1}{4}y^2 - 1$$

满足初始条件 $y(3) = 2$ 的特解. 对于该方程分离变量,得
$$\frac{\mathrm{d}y}{\sqrt{y^2 - 4}} = \pm \frac{1}{2}\mathrm{d}x,$$

再取积分,得
$$\ln(y + \sqrt{y^2 - 4}) = \pm \frac{1}{2}(x + C), \quad \text{即} \quad \mathrm{ch}^{-1}\frac{y}{2} = \pm \frac{1}{2}(x + C).$$

所以
$$y = 2\mathrm{ch}\frac{1}{2}(x + C).$$

注意到 $y(3) = 2$,因此 $C = -3$,于是所求曲线的方程为
$$y = 2\mathrm{ch}\frac{1}{2}(x - 3).$$

例 8.1.25 设位于第一象限的曲线 $L: y = f(x)$ 过点 $\left(\frac{\sqrt{2}}{2}, \frac{1}{2}\right)$,且其上任一动

点 $P(x,y)$ 处的法线与 y 轴的交点为 Q,已知线段 PQ 总被 x 轴平分.

(1) 求曲线 L 的方程;

(2) 记曲线 $y = \sin x$ 在 $[0,\pi]$ 上的弧长为 l,试用 l 表示曲线 $y = f(x)$ 的弧长.

解 (1) 曲线 $y = f(x)$ 在 $P(x,y)(y = f(x))$ 点处的法线方程为

$$Y - f(x) = -\frac{1}{f'(x)}(X - x).$$

它与 Y 轴的交点为 $Q = \dfrac{x}{f'(x)} + f(x)$. 因为线段 PQ 被 X 轴平分,所以

$$\frac{1}{2}\Big[\frac{x}{f'(x)} + f(x) + f(x)\Big] = 0,$$ 即 $f(x)$ 满足微分方程

$$\frac{x}{y'} + 2y = 0.$$

将此方程变形得

$$x\,dx + 2y\,dy = 0, \quad 即 \quad d\Big(\frac{1}{2}x^2 + y^2\Big) = 0,$$

因此 $x^2 + 2y^2 = C$. 因为曲线过点 $\Big(\dfrac{\sqrt{2}}{2}, \dfrac{1}{2}\Big)$,所以 $C = 1$. 于是,所求曲线 L 的方程为

$$y = \frac{1}{\sqrt{2}}\sqrt{1 - x^2}, \quad x \in [0,1].$$

(2) 曲线 $y = \sin x$ 在 $[0,\pi]$ 上的弧长为

$$l = \int_0^\pi \sqrt{1 + \cos^2 x}\,dx = \int_0^{\frac{\pi}{2}} \sqrt{1 + \cos^2 x}\,dx + \int_{\frac{\pi}{2}}^\pi \sqrt{1 + \cos^2 x}\,dx$$

$$= 2\int_0^{\frac{\pi}{2}} \sqrt{1 + \cos^2 x}\,dx.$$

注意,曲线 L 的参数方程为 $x = \cos t, y = \dfrac{1}{\sqrt{2}}\sin t \,(t \in [0,\frac{\pi}{2}])$,所以曲线 L 的弧长为

$$\int_0^{\frac{\pi}{2}} \sqrt{\sin^2 t + \frac{1}{2}\cos^2 t}\,dt = \frac{1}{\sqrt{2}}\int_0^{\frac{\pi}{2}} \sqrt{1 + \sin^2 t}\,dt$$

$$\underline{\underline{t = \pi/2 - x}} \frac{1}{\sqrt{2}}\int_0^{\frac{\pi}{2}} \sqrt{1 + \cos^2 x}\,dx = \frac{l}{2\sqrt{2}}.$$

例 8.1.26 一子弹以速度 $v_0 = 400\text{m/s}$ 穿进一厚 $h = 20\text{cm}$ 的墙壁,穿透墙壁后以速度 100m/s 飞出. 若墙壁对子弹的阻力与子弹速度的平方成正比,求子弹穿过墙壁所用时间.

解 设在 $t = 0$ 时刻子弹穿入墙壁,并记子弹的速度为 $v = v(t)$. 由假设,子弹

所受的阻力为 $kv^2(k > 0$ 为常数$)$，因此由 Newton 第二定律知

$$\frac{\mathrm{d}v}{\mathrm{d}t} = -kv^2.$$

解这个方程得

$$v = \frac{1}{kt + C}.$$

由假设，$t = 0$ 时子弹的速度为 $v_0 = 400$，因此 $C = \frac{1}{400}$. 于是

$$v = \frac{400}{400kt + 1}.$$

记子弹穿透 $h = 20\mathrm{cm} = 0.2\mathrm{m}$ 的墙壁所用的时间为 T，由于它穿透墙壁后以速度 100m/s 飞出，因此

$$v(T) = \frac{400}{400kT + 1} = 100,$$

由此得到 $400kT = 3$.

注意 $\int_0^T v(t)\mathrm{d}t$ 就是墙壁的厚度，因此

$$0.2 = \int_0^T v(t)\mathrm{d}t = \int_0^T \frac{400}{400kt + 1}\mathrm{d}t = \frac{1}{k}\ln(400kT + 1).$$

于是

$$\mathrm{e}^{0.2k} = 400kT + 1 = 4.$$

由此得到 $k = 10\ln 2$. 于是，从 $400kT = 3$ 得到子弹穿透墙壁所用的时间为

$$T = \frac{3}{4\,000\ln 2} \approx 0.001(\mathrm{s}).$$

例 8.1.27 已知一半径为 a 的半球形容器，其底端有一个半径为 b 的小孔. 若开始时容器装满水，且水在重力作用下从底端小孔漏失，问水全部漏失需要多少时间？

解 将半球的底端取为原点，半球的中心轴取为 y 轴，方向垂直向上（见图 8.1.1）. 已知开始时，即 $t = 0$ 时的水面高度为 a. 记时刻 t 的水面高度为 y，时刻 $t + \mathrm{d}t$ 的水面高度为 $y + \mathrm{d}y$，则在 $[t, t + \mathrm{d}t]$ 时间段内，容器中水的减少量为

$$\mathrm{d}V = \pi x^2 \mathrm{d}y, \text{且 } x^2 + y^2 = 2ay,$$

其中 V 是容器中水的体积.

由 Torricelli 定律知，水从容器底端的小孔流出的速度为 $\sqrt{2gh}$，其中 g 是重力加速度，h 是水面离小孔的高度. 因此在 $[t, t + \mathrm{d}t]$ 时间段内，容器中水的减少量还可以表示为

$$\mathrm{d}V = -\pi b^2\sqrt{2gy}\,\mathrm{d}t,$$

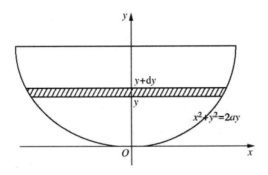

图 8.1.1

其中的负号表示容器中水的体积 V 随 t 的增加而减少.

将 dV 的两种表达式比较得

$$\pi(2ay - y^2)\mathrm{d}y = -\pi b^2 \sqrt{2gy}\,\mathrm{d}t,$$

即

$$(2a\sqrt{y} - \sqrt{y^3})\mathrm{d}y = -b^2 \sqrt{2g}\,\mathrm{d}t,$$

解这个方程得

$$t = -\frac{1}{\sqrt{2g}\,b^2}\left(\frac{4a}{3}y^{\frac{3}{2}} - \frac{2}{5}y^{\frac{5}{2}}\right) + C.$$

注意到 $t = 0$ 时 $y = a$,因此 $C = \dfrac{14}{15\sqrt{2g}\,b^2}a^{\frac{5}{2}}$,于是

$$t = \frac{1}{\sqrt{2g}\,b^2}\left(\frac{14}{15}a^{\frac{5}{2}} + \frac{2}{5}y^{\frac{5}{2}} - \frac{4a}{3}y^{\frac{3}{2}}\right), \quad 0 \leqslant y \leqslant a.$$

当 $y = 0$ 时,$t = \dfrac{14a^2}{15b^2}\sqrt{\dfrac{a}{2g}}$. 因此容器中的水全部漏失需要时间 $\dfrac{14a^2}{15b^2}\sqrt{\dfrac{a}{2g}}$.

例 8.1.28 求幂级数 $\displaystyle\sum_{n=0}^{\infty} \frac{x^{2n+1}}{(2n+1)!!}$ 的收敛域,并求其和函数.

解 记 $u_n = \dfrac{x^{2n+1}}{(2n+1)!!}$. 对于每个 $x \neq 0$,由于

$$\lim_{n\to\infty} \frac{|u_{n+1}|}{|u_n|} = \lim_{n\to\infty} \frac{|x|^2}{2n+3} = 0,$$

所以 $\displaystyle\sum_{n=0}^{\infty} \frac{x^{2n+1}}{(2n+1)!!}$ 收敛,因此幂级数 $\displaystyle\sum_{n=0}^{\infty} \frac{x^{2n+1}}{(2n+1)!!}$ 的收敛域为 $(-\infty, +\infty)$.

记 $S(x) = \displaystyle\sum_{n=0}^{\infty} \frac{x^{2n+1}}{(2n+1)!!}$,则

$$S'(x) = \sum_{n=0}^{\infty} \left(\frac{x^{2n+1}}{(2n+1)!!}\right)' = 1 + \sum_{n=1}^{\infty} \frac{x^{2n}}{(2n-1)!!}$$

$$= 1 + x \sum_{n=0}^{\infty} \frac{x^{2n+1}}{(2n+1)!!} = 1 + xS(x).$$

注意到 $S(0) = 0$,所以 $S(x)$ 是一阶线性方程 $S' - xS = 1$ 满足 $S(0) = 0$ 的特解,因此

$$S(x) = e^{\int_0^x t\,dt} \int_0^x e^{-\int_0^t s\,ds} dt = e^{\frac{x^2}{2}} \int_0^x e^{-\frac{t^2}{2}} dt, \quad x \in (-\infty, +\infty).$$

例 8.1.29 设 $f(x)$ 在 $(-\infty, +\infty)$ 上连续.

(1) 求初值问题 $\begin{cases} y' + ay = f(x) \\ y\big|_{x=0} = 0 \end{cases}$ 的解 $y(x)$,其中 $a > 0$ 是常数;

(2) 若恒成立 $|f(x)| \leqslant k$(k 为正常数),证明:当 $x \geqslant 0$ 时成立 $|y(x)| \leqslant \frac{k}{a}(1 - e^{-ax})$.

解 (1) 由通解公式得方程 $y' + ay = f(x)$ 的通解为

$$y = e^{-\int a\,dx} \left(\int f(x) e^{\int a\,dx} dx + C \right) = e^{-ax} \left(\int f(x) e^{ax} dx + C \right) = e^{-ax}(F(x) + C),$$

其中 $F(x)$ 是 $f(x)e^{ax}$ 的一个原函数. 由于 $y\big|_{x=0} = 0$,因此 $C = -F(0)$,于是

$$y(x) = e^{-ax}(F(x) - F(0)) = e^{-ax} \int_0^x f(t) e^{at} dt.$$

(2) **证** 因为 $|f(x)| \leqslant k$,所以

$$|y(x)| = \left| e^{-ax} \int_0^x f(t) e^{at} dt \right| \leqslant e^{-ax} \int_0^x |f(t)| e^{at} dt$$

$$\leqslant k e^{-ax} \int_0^x e^{at} dt = \frac{k}{a} e^{-ax}(e^{ax} - 1) = \frac{k}{a}(1 - e^{-ax}).$$

例 8.1.30 求满足函数方程

$$f(x + y) = \frac{f(x) + f(y)}{1 - f(x)f(y)}$$

的可微函数 f.

解 在所给函数方程中令 $y = 0$,得

$$f(x) = \frac{f(x) + f(0)}{1 - f(x)f(0)},$$

因此 $f(0)[1 + f^2(x)] = 0$,于是函数 f 须满足 $f(0) = 0$.

又从函数方程可得到

$$\frac{f(x + y) - f(x)}{y} = \frac{f(y) - f(0)}{y} \cdot \frac{1 + f^2(x)}{1 - f(x)f(y)},$$

因此,令 $y \to 0$ 得,函数 f 须满足

$$f'(x) = f'(0)[1 + f^2(x)],$$

即 $\dfrac{f'(x)}{1 + f^2(x)} = f'(0)$. 对此式积分得

$$\arctan f(x) = f'(0)x + C_0.$$

因为 $f(0) = 0$, 所以 $C_0 = 0$, 因此函数 f 的表达式为 (记 $C = f'(0)$)

$$f(x) = \tan(Cx),$$

其中 C 为任意常数.

例 8.1.31 已知函数 $u_n(x)(n = 1, 2, \cdots)$ 满足

$$u_n'(x) = u_n(x) + x^{n-1}\mathrm{e}^x,$$

且 $u_n(1) = \dfrac{\mathrm{e}}{n}$, 求函数项级数 $\displaystyle\sum_{n=1}^{\infty} u_n(x)$ 的和函数.

解 先解微分方程 $u_n'(x) = u_n(x) + x^{n-1}\mathrm{e}^x \ (n = 1, 2, \cdots)$. 这是一阶线性方程, 其通解为

$$u_n(x) = \mathrm{e}^{\int \mathrm{d}x}\left(\int x^{n-1}\mathrm{e}^x \mathrm{e}^{-\int \mathrm{d}x}\mathrm{d}x + C\right) = \mathrm{e}^x\left(\frac{1}{n}x^n + C\right).$$

又由于 $u_n(1) = \dfrac{\mathrm{e}}{n}$, 所以 $C = 0$. 于是, 对于 $n = 1, 2, \cdots$, 有

$$u_n(x) = \frac{1}{n}x^n \mathrm{e}^x.$$

注意, 函数项级数 $\displaystyle\sum_{n=1}^{\infty} u_n(x) = \sum_{n=1}^{\infty}\frac{1}{n}x^n\mathrm{e}^x$ 的收敛域与幂级数 $\displaystyle\sum_{n=1}^{\infty}\frac{1}{n}x^n$ 的收敛域相同, 为 $[-1, 1)$, 从而

$$\sum_{n=1}^{\infty} u_n(x) = \sum_{n=1}^{\infty}\frac{1}{n}x^n\mathrm{e}^x = \mathrm{e}^x\sum_{n=1}^{\infty}\frac{1}{n}x^n = -\mathrm{e}^x\ln(1 - x), \quad x \in [-1, 1).$$

习　题

1. 求下列微分方程的通解:

(1) $y - xy' = 2(y^2 + y')$;

(2) $y\mathrm{d}x + (x^2 - 4x)\mathrm{d}y = 0$;

(3) $(x^2 + 2xy - y^2)\mathrm{d}x + (y^2 + 2xy - x^2)\mathrm{d}y = 0$;

(4) $xy' - y = x\tan\dfrac{y}{x}$;

(5) $y' = 2\left(\dfrac{y+2}{x+y-1}\right)^2$;

(6) $\mathrm{e}^y\mathrm{d}x + (x\mathrm{e}^y - 2y)\mathrm{d}y = 0$;

(7) $(x\cos^2 y - 1)\mathrm{d}x + (3y^2 - x^2\sin y\cos y)\mathrm{d}y = 0$;

(8) $x\mathrm{d}x + y\mathrm{d}y + 4y^3(x^2 + y^2)\mathrm{d}y = 0$;

(9) $(x - xy)\mathrm{d}x + (y + x^2)\mathrm{d}y = 0$;

(10) $y' + 2xy = x\mathrm{e}^{-x^2}$;

(11) $x^2 y' - y = x^2\mathrm{e}^{x - \frac{1}{x}}$;

(12) $(y^2 - 6x)y' + 2y = 0$;

(13) $y' = \dfrac{y}{2y\ln y + y - x}$;

(14) $xy\mathrm{d}x + (y^4 - x^2)\mathrm{d}y = 0$;

(15) $\dfrac{1}{\sqrt{y}}y' + \dfrac{4x}{x^2-1}\sqrt{y} = x$;

(16) $xy' - y[\ln(xy) - 1] = 0$;

(17) $xyy' - y^2 + 2x^3\cos x = 0$;

(18) $\sqrt{1+x^2}\,y'\sin 2y = 2x\sin^2 y + e^{2\sqrt{1+x^2}}$;

(19) $(x^2y^2 - 1)y' + 2xy^3 = 0$;

(20) $xy' = (x^2 + y^2)^2 + y$.

2. 求下列微分方程的特解:

(1) $y\ln x\,\mathrm{d}x = x\ln y\,\mathrm{d}y, y\big|_{x=1} = 1$;

(2) $y' = \dfrac{y}{x} + \tan\dfrac{y}{x}, y\big|_{x=1} = \dfrac{\pi}{6}$;

(3) $xy' - y - \sqrt{y^2 - x^2} = 0, \ y\big|_{x=1} = 1$;

(4) $\dfrac{(x+2y)\mathrm{d}x + y\mathrm{d}y}{(x+y)^2} = 0, \ y\big|_{x=0} = 1$;

(5) $x\mathrm{d}y - y\mathrm{d}x - (1-x^2)\mathrm{d}x = 0, y\big|_{x=1} = 0$;

(6) $y'\cos x + y\sin x = \cos^2 x, y\big|_{x=0} = 1$;

(7) $(x - \sin y)\mathrm{d}y + \tan y\,\mathrm{d}x = 0, y\big|_{x=1} = \dfrac{\pi}{6}$;

(8) $xy'\ln x\sin y + \cos y(1 - x\cos y) = 0, y\big|_{x=1} = 0$.

3. 试确定具有连续导数的一元函数 φ, 它满足 $\varphi(0) = -2$, 使得
$$[\sin 2x - \varphi(x)\tan x]y\mathrm{d}x + \varphi(x)\mathrm{d}y = 0$$
是全微分方程, 并求此全微分方程的通解.

4. 试确定在 $(0, +\infty)$ 具有连续导数的一元函数 φ, 它满足
$$\int_1^x \left(\varphi^2(t)\ln t - \dfrac{\varphi(t)}{t}\right)\mathrm{d}t = \varphi(x) + 1.$$

5. 有一曲线 $y = f(x)(f(x) > 0)$, 它通过点 $(1,1)$, 且该曲线在 $[1,x]$ 上所形成的曲边梯形的面积等于 $\dfrac{2x}{y} - 2$, 其中 $y = f(x)$. 求 $f(x)$.

6. 设 $f(x)$ 具有连续导数, 且满足
$$f(x) = \int_0^x (x^2 - t^2)f'(t)\mathrm{d}t + x^2,$$
求 $f(x)$ 的表达式.

7. 设 $f(u,v)$ 具有二阶连续偏导数, 且满足 $f'_u(u,v) + f'_v(u,v) = uv$, 求 $y(x) = e^{-2x}f(x,x)$ 所满足的一阶微分方程, 并求这个方程的通解.

8. 设 $u(x,y)$ 具有二阶连续导数, 且不恒等于 0. 证明: $u(x,y) = f(x)g(y)$ 的充要条件为
$u\dfrac{\partial^2 u}{\partial x\partial y} = \dfrac{\partial u}{\partial x}\dfrac{\partial u}{\partial y}$.

9. 求幂级数 $\displaystyle\sum_{n=2}^{\infty}\dfrac{x^{2n}}{(2n)!!}$ 的收敛域, 并求其和函数.

10. 设函数 $\varphi(x) = f(x)g(x)$, 其中 $f(x), g(x)$ 在 $(-\infty, +\infty)$ 上满足
$$f'(x) = g(x), \ g'(x) = f(x), \ f(0) = 0, \ f(x) + g(x) = 2e^x.$$

(1) 求 $\varphi(x)$ 满足的一阶微分方程;

(2) 求 $\varphi(x)$ 的表达式.

11. 设 $f(x)$ 具有连续导数,且满足

$$f(x) = \mathrm{e}^x + \mathrm{e}^x \int_0^x [f(t)]^2 \mathrm{d}t,$$

求 $f(x)$ 的表达式.

12. 已知方程 $xy' + ay = f(x)$,其中 $f(x)$ 连续,$a > 0$. 求该方程满足 $\lim\limits_{x \to 0^+} y(x)$ 存在的解 $y(x)$,且求出 $\lim\limits_{x \to 0} y(x)$.

13. 有一下凸曲线 $y = f(x)$,它过 $A(0, -1)$ 和 $B(1, 0)$ 两点,且对于曲线弧 AB 上任一点 P(其横坐标为 x),由曲线弧 AP 与弦 AP 所围之弓形面积为 $(x^2 - 2x + 2)\mathrm{e}^x$,求函数 $f(x)$ 的表达式.

14. 某湖泊的水量为 V,每年排入湖泊内含污染物 A 的污水量为 $\dfrac{V}{6}$,流入湖泊内不含 A 的水量为 $\dfrac{V}{6}$,流出湖泊的水量为 $\dfrac{V}{3}$. 已知 1999 年底湖中 A 的含量为 $5m_0$,超过国家标准. 为了治理污染,从 2000 年起,限定排入湖泊中含 A 污水的浓度不超过 $\dfrac{m_0}{V}$. 问至多需经过多少年,湖泊中的污染物 A 的含量会降至 m_0 以内(假定湖水中 A 的浓度是均匀的)?

15. 一摩托艇以 10km/h 的速度在静水上运动,全速时停止发动机. 过了 20s 后,摩托艇的速度减至 6km/h,试确定发动机停止 2min 后,摩托艇的速度. 假定水的阻力与摩托艇的运动速度成正比.

16. 有一平底容器,其内壁是由曲线 $x = \varphi(y)(y \geq 0)$ 绕 y 轴旋转一周而成的旋转曲面,容器的底面圆的半径为 2m. 根据设计要求,当以 $3\mathrm{m}^3/\mathrm{min}$ 的速率向容器内注入液体时,液面的面积将以 $\pi\mathrm{m}^2/\mathrm{min}$ 的速率均匀扩大(假设注入液体前容器内无液体).

(1) 根据 t 时刻液面的面积,写出 t 与 $\varphi(y)$ 的关系;

(2) 求函数 $x = \varphi(y)$ 的表达式.

17. 一条河的宽为 h,在其岸边码头 A 处有一渡船驶向正对岸的码头 B 处. 已知河水的流速为 a,渡船在静水中的航速为 $b(b > a)$,且渡船在行驶的过程中始终朝向码头 B,求该船行驶的轨迹方程.

§8.2 二阶线性微分方程

一、解的存在与唯一性定理

二阶线性微分方程的一般形式为

$$\frac{\mathrm{d}^2 y}{\mathrm{d}x^2} + p(x)\frac{\mathrm{d}y}{\mathrm{d}x} + q(x)y = f(x).$$

当 $f(x) \equiv 0$ 时为齐次线性微分方程,即

$$\frac{\mathrm{d}^2 y}{\mathrm{d}x^2} + p(x)\frac{\mathrm{d}y}{\mathrm{d}x} + q(x)y = 0.$$

当 $p(x), q(x)$ 都等于常数时,称上述方程为**常系数线性微分方程**,否则称其为**变系数线性微分方程**.

关于二阶线性微分方程的定解问题,有以下解的存在与唯一性定理.

定理 8.2.1(解的存在与唯一性定理) 设 $p(x), q(x)$ 和 $f(x)$ 在区间 (a,b) 上连续,$x_0 \in (a,b)$,那么对于任意常数 y_0, y_0',定解问题

$$\begin{cases} \dfrac{\mathrm{d}^2 y}{\mathrm{d}x^2} + p(x)\dfrac{\mathrm{d}y}{\mathrm{d}x} + q(x)y = f(x), \\ y(x_0) = y_0, \quad y'(x_0) = y_0' \end{cases}$$

在 (a,b) 上的解存在,而且解是唯一的.

二、线性微分方程的解的结构

以下我们总假定 $p(x), q(x)$ 和 $f(x)$ 在区间 $I = (a,b)$ 上连续. 先考虑齐次线性微分方程的情况.

定理 8.2.2(齐次线性方程解的线性性质) 若 $y_1(x)$ 和 $y_2(x)$ 是齐次线性微分方程

$$\frac{\mathrm{d}^2 y}{\mathrm{d}x^2} + p(x)\frac{\mathrm{d}y}{\mathrm{d}x} + q(x)y = 0$$

在 I 上的两个解,则其任意线性组合 $\alpha y_1(x) + \beta y_2(x)$($\alpha, \beta$ 为常数)也是该方程的解.

设 $y_1(x), y_2(x)$ 为 I 上的两个可微函数,称

$$W(x) = \begin{vmatrix} y_1(x) & y_2(x) \\ y_1'(x) & y_2'(x) \end{vmatrix} = y_1(x)y_2'(x) - y_2(x)y_1'(x)$$

为它们的 **Wronsky 行列式**.

定理 8.2.3(Liouville 公式) 设 $y_1(x), y_2(x)$ 为齐次线性微分方程

$$\frac{\mathrm{d}^2 y}{\mathrm{d}x^2} + p(x)\frac{\mathrm{d}y}{\mathrm{d}x} + q(x)y = 0$$

在 I 上的两个解,则它们的 Wronsky 行列式可表示为

$$W(x) = W(x_0)\mathrm{e}^{-\int_{x_0}^{x} p(t)\mathrm{d}t}, \quad x \in I,$$

其中 x_0 为 I 中一定点.

推论 8.2.1 设 $y_1(x), y_2(x)$ 为齐次线性微分方程 $\dfrac{\mathrm{d}^2 y}{\mathrm{d}x^2} + p(x)\dfrac{\mathrm{d}y}{\mathrm{d}x} + q(x)y = 0$ 在 I 上的两个解,则它们的 Wronsky 行列式在 I 上或者恒等于零,或者恒不等于零.

定义 8.2.1 设 $\{y_j(x)\}_{j=1}^m$ 是 m 个 I 上的函数,若存在一组不全为 0 的常数 $\{\lambda_j\}_{j=1}^m$,使得

$$\sum_{k=1}^m \lambda_k y_k(x) = 0, \quad x \in I,$$

则称这 m 个函数在 I 上是**线性相关**的,否则称这 m 个函数在 I 上是**线性无关**的.

注意,如果齐次线性方程的两个解 $y_1(x)$ 和 $y_2(x)$ 的 Wronsky 行列式在 I 上某一点不等于零,那么它们在 I 上线性无关.

定理 8.2.4 若 $y_1(x),y_2(x)$ 是齐次线性微分方程 $\dfrac{d^2 y}{dx^2} + p(x)\dfrac{dy}{dx} + q(x)y = 0$ 在 I 上的两个线性无关的解,则

$$y = C_1 y_1(x) + C_2 y_2(x)$$

表示了该方程的全部解,这里 C_1, C_2 是任意常数.

定理 8.2.5 非齐次线性微分方程的通解等于该方程的一个特解加上相应的齐次线性微分方程的通解.

定理 8.2.6(解的叠加原理) 若 $y_1(x),y_2(x)$ 分别是线性微分方程

$$\frac{d^2 y}{dx^2} + p(x)\frac{dy}{dx} + q(x)y = f_1(x)$$

和

$$\frac{d^2 y}{dx^2} + p(x)\frac{dy}{dx} + q(x)y = f_2(x)$$

的解,则 $y_1(x) + y_2(x)$ 是线性微分方程

$$\frac{d^2 y}{dx^2} + p(x)\frac{dy}{dx} + q(x)y = f_1(x) + f_2(x)$$

的解.

注 以上结论对于任何 n 阶线性常微分方程都成立.

三、二阶常系数齐次线性微分方程

对于二阶常系数齐次线性微分方程

$$\frac{d^2 y}{dx^2} + p\frac{dy}{dx} + qy = 0,$$

称

$$\lambda^2 + p\lambda + q = 0.$$

为它的**特征方程**.

(1)若特征方程 $\lambda^2 + p\lambda + q = 0$ 有 2 个不同的实根 λ_1 和 λ_2,则该微分方程的通解为

$$y = C_1 \mathrm{e}^{\lambda_1 x} + C_2 \mathrm{e}^{\lambda_2 x}.$$

(2) 若特征方程 $\lambda^2 + p\lambda + q = 0$ 有 2 个相同的实根 λ_1,则该微分方程的通解为

$$y = (C_1 + C_2 x) \mathrm{e}^{\lambda_1 x}.$$

(3) 若特征方程 $\lambda^2 + p\lambda + q = 0$ 有一对共轭复根 $a \pm ib$,则该微分方程的通解为

$$y = \mathrm{e}^{ax}(C_1 \cos bx + C_2 \sin bx).$$

这里 C_1, C_2 为任意常数.

一般地,n 阶常系数齐次线性微分方程的形式为

$$\frac{\mathrm{d}^n y}{\mathrm{d}x^n} + p_1 \frac{\mathrm{d}^{n-1} y}{\mathrm{d}x^{n-1}} + \cdots + p_{n-1} \frac{\mathrm{d}y}{\mathrm{d}x} + p_n y = 0,$$

这里 $p_1, p_2, \cdots, p_n$ 为常数,其特征方程为

$$\lambda^n + p_1 \lambda^{n-1} + \cdots + p_{n-1}\lambda + p_n = 0,$$

它在复数范围恰有 n 个根(重根计重数).同样地,有:

(1) 若 λ 是实的单重根,则 $\mathrm{e}^{\lambda x}$ 是微分方程的解;

(2) 若 λ 是实的 k 重根,则 $\mathrm{e}^{\lambda x}, x\mathrm{e}^{\lambda x}, x^2 \mathrm{e}^{\lambda x}, \cdots, x^{k-1} \mathrm{e}^{\lambda x}$ 是微分方程的 k 个线性无关的解;

(3) 若 $\lambda \pm \mathrm{i}\mu$ 是单重共轭复根,则 $\mathrm{e}^{\lambda x} \cos \mu x$ 和 $\mathrm{e}^{\lambda x} \sin \mu x$ 是微分方程的两个线性无关的解;

(4) 若 $\lambda \pm \mathrm{i}\mu$ 是 k 重共轭复根,则 $\mathrm{e}^{\lambda x} \cos \mu x, \mathrm{e}^{\lambda x} \sin \mu x, x\mathrm{e}^{\lambda x} \cos \mu x, x\mathrm{e}^{\lambda x} \sin \mu x, \cdots, x^{k-1} \mathrm{e}^{\lambda x} \cos \mu x, x^{k-1} \mathrm{e}^{\lambda x} \sin \mu x$ 是微分方程的 $2k$ 个线性无关的解.

这样,恰好可以找到 n 个线性无关的解 $y_1(x), y_2(x), \cdots, y_n(x)$,于是,微分方程的通解为

$$y = C_1 y_1(x) + C_2 y_2(x) + \cdots + C_n y_n(x),$$

其中 $C_1, C_2, \cdots, C_n$ 为任意常数.

四、二阶常系数非齐次线性微分方程

对于二阶常系数线性微分方程

$$\frac{\mathrm{d}^2 y}{\mathrm{d}x^2} + p \frac{\mathrm{d}y}{\mathrm{d}x} + qy = f(x),$$

当 $f(x)$ 是多项式、指数函数、正弦及余弦函数或它们的乘积时,由于这些类函数求导数后不改变函数的形式,因此,可以设方程的解是同类函数,利用待定系数法求出其特解 y^*.

(1) 如果 $f(x) = U_n(x)\mathrm{e}^{\lambda^* x}$($U_n(x)$ 是 n 次多项式),若 λ^* 是其特征方程

$$\lambda^2 + p\lambda + q = 0$$

的 m 重根$(m = 0, 1, 2; 0$ 重根指不是方程的根$)$,则方程

$$\frac{\mathrm{d}^2 y}{\mathrm{d}x^2} + p\frac{\mathrm{d}y}{\mathrm{d}x} + qy = f(x)$$

有形式为

$$y^* = x^m V_n(x) \mathrm{e}^{\lambda^* x}$$

的特解,其中 $V_n(x)$ 也是 n 次多项式.

（2）如果 $f(x) = U_n(x)\mathrm{e}^{ax}\cos bx$ 或 $U_n(x)\mathrm{e}^{ax}\sin bx(b \neq 0)$,其中 $U_n(x)$ 是 n 次多项式,则方程

$$\frac{\mathrm{d}^2 y}{\mathrm{d}x^2} + p\frac{\mathrm{d}y}{\mathrm{d}x} + qy = f(x)$$

有形式为

$$y^* = x^m \mathrm{e}^{ax}\left[V_n(x)\cos bx + \tilde{V}_n(x)\sin bx \right]$$

的特解,这里 $V_n(x)$ 和 $\tilde{V}_n(x)$ 也是 n 次多项式,而 m 根据 $a + \mathrm{i}b$(或 $a - \mathrm{i}b$) 不是其特征方程 $\lambda^2 + p\lambda + q = 0$ 的根或是特征方程单根依次取为 0 或 1.

五、用常数变易法解二阶非齐次线性微分方程

对于非齐次线性微分方程

$$\frac{\mathrm{d}^2 y}{\mathrm{d}x^2} + p(x)\frac{\mathrm{d}y}{\mathrm{d}x} + q(x)y = f(x),$$

若已经知道其相应的齐次微分方程

$$\frac{\mathrm{d}^2 y}{\mathrm{d}x^2} + p(x)\frac{\mathrm{d}y}{\mathrm{d}x} + q(x)y = 0$$

的两个线性无关解 $y_1(x)$ 和 $y_2(x)$,则该齐次微分方程的通解为

$$y = C_1 y_1(x) + C_2 y_2(x).$$

为求非齐次微分方程的解,采用常数变易法. 设其解为如下形式:

$$y = C_1(x)y_1(x) + C_2(x)y_2(x),$$

其中 $C_1(x)$, $C_2(x)$ 是待定函数. 通过解线性方程组

$$\begin{cases} C_1'(x)y_1(x) + C_2'(x)y_2(x) = 0, \\ C_1'(x)y_1'(x) + C_2'(x)y_2'(x) = f(x), \end{cases}$$

可以解得

$$C_1'(x) = -\frac{y_2(x)f(x)}{W(x)}, \quad C_2'(x) = \frac{y_1(x)f(x)}{W(x)},$$

从而得到 $C_1(x)$ 和 $C_2(x)$,其中 $W(x)$ 是 $y_1(x)$ 和 $y_2(x)$ 的 Wronsky 行列式. 这时

$y = C_1(x)y_1(x) + C_2(x)y_2(x)$ 便是方程

$$\frac{d^2 y}{dx^2} + p(x)\frac{dy}{dx} + q(x)y = f(x)$$

的通解.

六、Euler 方程

形如

$$x^2 \frac{d^2 y}{dx^2} + px\frac{dy}{dx} + qy = f(x)$$

的微分方程称为**二阶 Euler 方程**,其中 p, q 为常数.

作变量代换 $x = e^t$,即 $t = \ln x$,则可将原方程化为

$$\frac{d^2 y}{dt^2} + (p-1)\frac{dy}{dt} + qy = f(e^t),$$

这是一个以 t 为自变量的常系数线性微分方程.

同样地,作变量代换 $x = e^t$,即 $t = \ln x$,可以将形如

$$x^n \frac{d^n y}{dx^n} + p_1 x^{n-1}\frac{d^{n-1} y}{dx^{n-1}} + \cdots + p_{n-1}x\frac{dy}{dx} + p_n y = f(x)$$

的 n **阶 Euler 方程**变为以 t 为自变量的常系数线性微分方程.

七、微分方程的幂级数解法

所谓幂级数解法,就是把方程的解形式地表示为系数待定的幂级数,代入方程后逐个确定它的系数,从而得到方程的解. 对于二阶线性微分方程,有以下结论.

定理 8.2.7   对于二阶齐次线性微分方程

$$\frac{d^2 y}{dx^2} + p(x)\frac{dy}{dx} + q(x)y = 0,$$

若 $p(x)$ 和 $q(x)$ 在 $|x - x_0| < R$ 上可以展开为 $x - x_0$ 的幂级数,则对于任意常数 y_0, y_0',该方程在 $|x - x_0| < R$ 上有唯一的解 $y = y(x)$,满足

$$y(x_0) = y_0, \quad y'(x_0) = y_0',$$

且 $y(x)$ 在 $|x - x_0| < R$ 上可以展开为 $x - x_0$ 的幂级数.

推论 8.2.2   在以上定理的假设下,在 $|x - x_0| < R$ 上一定存在方程

$$\frac{d^2 y}{dx^2} + p(x)\frac{dy}{dx} + q(x)y = 0$$

的两个线性无关的幂级数解.

如果 $p(x)$ 和 $q(x)$ 在点 x_0 附近不一定都能展开为 $x - x_0$ 的幂级数,但

$(x - x_0)p(x)$ 和 $(x - x_0)^2 q(x)$ 在点 x_0 的某个邻域上却可以展开为 $x - x_0$ 的幂级数,则在 x_0 的某个邻域上(但可能要去掉点 x_0),方程

$$\frac{\mathrm{d}^2 y}{\mathrm{d}x^2} + p(x)\frac{\mathrm{d}y}{\mathrm{d}x} + q(x)y = 0$$

至少有一个形式为

$$y(x) = (x - x_0)^r \sum_{n=0}^{\infty} c_n (x - x_0)^n$$

的解,其中 $r, c_n (n = 0, 1, 2, \cdots)$ 均为常数.

例 题 分 析

例 8.2.1　求下列微分方程的通解:

(1) $y'' - 12y' + 36y = 0$;　　　　(2) $y'' + 2y' + 3y = 0$;

(3) $y^{(4)} - 6y'' + 9y = 0$;　　　　(4) $y''' - 2y'' + 9y' - 18y = 0$.

解　(1) 因为方程 $y'' - 12y' + 36y = 0$ 的特征方程 $\lambda^2 - 12\lambda + 36 = 0$ 有二重根 $\lambda = 6$,所以该微分方程的通解为

$$y = \mathrm{e}^{6x}(C_1 + C_2 x).$$

(2) 因为方程 $y'' + 2y' + 3y = 0$ 的特征方程 $\lambda^2 + 2\lambda + 3 = 0$ 有共轭复根 $-1 \pm \sqrt{2}\mathrm{i}$,所以该微分方程的通解为

$$y = \mathrm{e}^{-x}(C_1 \cos\sqrt{2}x + C_2 \sin\sqrt{2}x).$$

(3) 方程 $y^{(4)} - 6y'' + 9y = 0$ 的特征方程为

$$\lambda^4 - 6\lambda^2 + 9 = 0, 即 (\lambda^2 - 3)^2 = 0,$$

它有两个二重根 $\lambda = \sqrt{3}$ 和 $\lambda = -\sqrt{3}$. 因此该微分方程的通解为

$$y = \mathrm{e}^{\sqrt{3}x}(C_1 + C_2 x) + \mathrm{e}^{-\sqrt{3}x}(C_3 + C_4 x).$$

(4) 方程 $y''' - 2y'' + 9y' - 18 = 0$ 的特征方程为

$$\lambda^3 - 2\lambda^2 + 9\lambda - 18 = 0, 即 (\lambda^2 + 9)(\lambda - 2) = 0,$$

它有一个实根 $\lambda = 2$ 和共轭复根 $\lambda = \pm 3\mathrm{i}$. 因此该微分方程的通解为

$$y = C_1 \mathrm{e}^{2x} + C_2 \cos 3x + C_3 \sin 3x.$$

例 8.2.2　求微分方程 $y'' + 5y' + 6y = (2x^2 - 3)\mathrm{e}^{-x}$ 的通解.

解　这个方程对应的齐次微分方程为 $y'' + 5y' + 6y = 0$,其特征方程为

$$\lambda^2 + 5\lambda + 6 = 0,$$

它的根为 $\lambda = -2, \lambda = -3$,因此齐次微分方程的通解为

$$y = C_1 \mathrm{e}^{-2x} + C_2 \mathrm{e}^{-3x}.$$

再求非齐次微分方程的特解. 由于右端函数是 $(2x^2 - 3)\mathrm{e}^{-x}$,而 -1 不是特征方程的根,因此可以设其特解为

$$y^* = (a_2x^2 + a_1x + a_0)\mathrm{e}^{-x}.$$

代入非齐次方程并整理后,得

$$2a_2x^2 + (6a_2 + 2a_1)x + 2a_2 + 3a_1 + 2a_0 = 2x^2 - 3,$$

比较系数得

$$2a_2 = 2, \quad 6a_2 + 2a_1 = 0, \quad 2a_2 + 3a_1 + 2a_0 = -3.$$

于是

$$a_2 = 1, \quad a_1 = -3, \quad a_0 = 2.$$

因此原方程的特解为

$$y^* = (x^2 - 3x + 2)\mathrm{e}^{-x},$$

通解为

$$y = C_1\mathrm{e}^{-2x} + C_2\mathrm{e}^{-3x} + (x^2 - 3x + 2)\mathrm{e}^{-x}.$$

例 8.2.3 求微分方程 $y'' + 4y = 4x^2 + 2x + 5 + \cos2x$ 的通解.

解 这个方程对应的齐次微分方程为 $y'' + 4y = 0$,其特征方程为

$$\lambda^2 + 4 = 0,$$

它的根为 $\lambda = \pm 2\mathrm{i}$,因此齐次微分方程的通解为

$$y = C_1\cos2x + C_2\sin2x.$$

先求方程 $y'' + 4y = 4x^2 + 2x + 5$ 的特解. 由于右端函数是 $(4x^2 + 2x + 5)\mathrm{e}^{0\cdot x}$,而 0 不是特征方程的根,因此可以设其特解为

$$y_1 = a_2x^2 + a_1x + a_0.$$

代入 $y'' + 4y = 4x^2 + 2x + 5$ 并整理,得

$$4a_2x^2 + 4a_1x + 2a_2 + 4a_0 = 4x^2 + 2x + 5,$$

比较系数,解得

$$a_2 = 1, \quad a_1 = \frac{1}{2}, \quad a_0 = \frac{3}{4}.$$

因此 $y'' + y = x^2 + 2x + 5$ 的特解为

$$y_1 = x^2 + \frac{1}{2}x + \frac{3}{4}.$$

再求 $y'' + 4y = \cos2x$ 的特解. 由于右端函数是 $\cos2x\mathrm{e}^{0\cdot x}$,而 $2\mathrm{i}$ 是特征方程的根,因此可以设其特解为

$$y_2 = ax\cos2x + bx\sin2x.$$

代入 $y'' + 4y = \cos2x$ 并整理,得

$$-4a\sin2x + 4b\cos2x = \cos2x.$$

比较系数得 $a = 0, b = \dfrac{1}{4}$. 于是方程的特解为

$$y_2 = \frac{1}{4}x\sin2x.$$

由解的叠加原理知

$$y^* = y_1 + y_2 = x^2 + \frac{1}{2}x + \frac{3}{4} + \frac{1}{4}x\sin2x$$

是方程 $y'' + 4y = 4x^2 + 2x + 5 + \cos2x$ 的特解. 于是,它的通解为

$$y = C_1\cos2x + C_2\sin2x + x^2 + \frac{1}{2}x + \frac{3}{4} + \frac{1}{4}x\sin2x.$$

例 8.2.4 求微分方程 $y'' - 2y' + 5y = \mathrm{e}^x\sin2x$ 满足 $y(0) = 0, y'(0) = 1$ 的特解.

解 这个方程对应的齐次微分方程为 $y'' - 2y' + 5y = 0$,其特征方程为

$$\lambda^2 - 2\lambda + 5 = 0,$$

它的根为 $\lambda = 1 \pm 2\mathrm{i}$,因此齐次微分方程的通解为

$$y = \mathrm{e}^x(C_1\cos2x + C_2\sin2x).$$

再求非齐次微分方程的特解. 由于右端函数是 $\mathrm{e}^x\sin2x$,而 $1 + 2\mathrm{i}$ 是特征方程的根,因此可以设其特解为

$$y^* = x\mathrm{e}^x(a\cos2x + b\sin2x).$$

代入 $y'' - 2y' + 5y = \mathrm{e}^x\sin2x$ 并整理,得

$$-4a\sin2x + 4b\cos2x = \sin2x.$$

比较系数得 $a = -\frac{1}{4}, b = 0$. 于是方程 $y'' - 2y' + 5y = \mathrm{e}^x\sin2x$ 的特解为

$$y^* = -\frac{1}{4}x\mathrm{e}^x\cos2x.$$

通解为

$$y = \mathrm{e}^x(C_1\cos2x + C_2\sin2x) - \frac{1}{4}x\mathrm{e}^x\cos2x.$$

由 $y(0) = 0$ 知 $C_1 = 0$. 此时 $y = C_2\mathrm{e}^x\sin2x - \frac{1}{4}x\mathrm{e}^x\cos2x$,且

$$y' = 2C_2\mathrm{e}^x\cos2x + C_2\mathrm{e}^x\sin2x - \frac{1}{4}\left[\mathrm{e}^x\cos2x + x(\mathrm{e}^x\cos2x)'\right].$$

由 $y'(0) = 1$ 得 $C_2 = \frac{5}{8}$. 于是,所求特解为

$$y = \frac{5}{8}\mathrm{e}^x\sin2x - \frac{1}{4}x\mathrm{e}^x\cos2x.$$

例 8.2.5 求微分方程 $y'' + 2y' + 5y = 4\cos^3x$ 的通解.

解 这个方程对应的齐次微分方程为 $y'' + 2y' + 5y = 0$,其特征方程为

$$\lambda^2 + 2\lambda + 5 = 0,$$

它的根为 $\lambda = -1 \pm 2i$,因此齐次微分方程的通解为
$$y = e^{-x}(C_1\cos2x + C_2\sin2x).$$

由于 $\cos^3x = \dfrac{3}{4}\cos x + \dfrac{1}{4}\cos3x$,因此可设非齐次微分方程的特解为
$$y^* = a\cos x + b\sin x + c\cos3x + d\sin3x.$$

代入 $y'' + 2y' + 5y = 4\cos^3x = 3\cos x + \cos3x$ 并整理,得
$$(4a + 2b)\cos x + (4b - 2a)\sin x + (6d - 4c)\cos3x - (4d + 6c)\sin3x$$
$$= 3\cos x + \cos3x.$$

比较系数得 $a = \dfrac{3}{5}, b = \dfrac{3}{10}, c = -\dfrac{1}{13}, d = \dfrac{3}{26}.$ 于是原方程的特解为
$$y^* = \dfrac{3}{5}\cos x + \dfrac{3}{10}\sin x - \dfrac{1}{13}\cos3x + \dfrac{3}{26}\sin3x.$$

通解为
$$y = e^{-x}(C_1\cos2x + C_2\sin2x) + \dfrac{3}{5}\cos x + \dfrac{3}{10}\sin x - \dfrac{1}{13}\cos3x + \dfrac{3}{26}\sin3x.$$

例 8.2.6 (1) 说明 x 与 $\cos x$ 在 $(-\infty, +\infty)$ 上线性无关;

(2) 求出以 x 和 $\cos x$ 为特解的二阶线性齐次微分方程.

解 (1) 因为在 $(-\infty, +\infty)$ 上,
$$\frac{x}{\cos x} \neq 常数,$$

所以 x 与 $\cos x$ 线性无关.

(2) 对于以 x 和 $\cos x$ 为特解的二阶线性齐次微分方程,由于 x 与 $\cos x$ 线性无关,其解必可以表示为
$$y = C_1x + C_2\cos x.$$

因此存在不全为零的常数 $\lambda_1, \lambda_2, \lambda_3$,使得
$$\lambda_1y + \lambda_2x + \lambda_3\cos x = 0.$$

求导后得到
$$\begin{cases} \lambda_1y + \lambda_2x + \lambda_3\cos x = 0, \\ \lambda_1y' + \lambda_2 - \lambda_3\sin x = 0, \\ \lambda_1y'' \qquad - \lambda_3\cos x = 0. \end{cases}$$

把它看成以 $\lambda_1, \lambda_2, \lambda_3$ 为未知量的线性方程组,已经知道它有非零解,所以其系数行列式
$$\begin{vmatrix} y & x & \cos x \\ y' & 1 & -\sin x \\ y'' & 0 & -\cos x \end{vmatrix} = 0,$$

即
$$(x\sin x + \cos x)y'' - (x\cos x)y' + (\cos x)y = 0.$$
这就是以 x 和 $\cos x$ 为特解的二阶线性齐次微分方程.

例 8.2.7 已知 $y_1 = 3, y_2 = 3 + x^2, y_3 = 3 + e^x$ 是某二阶非齐次线性微分方程的解,求该微分方程及其通解.

解 由已知, $y_2 - y_1 = x^2, y_3 - y_1 = e^x$ 是所求非齐次微分方程所对应的齐次方程的解,显然 x^2 与 e^x 线性无关,而 $y_1 = 3$ 是所求非其次方程的特解,因此所求方程的通解为
$$y = 3 + C_1 x^2 + C_2 e^x, \quad C_1, C_2 \text{ 是任意常数}.$$
将上式求导得
$$y' = 2C_1 x + C_2 e^x,$$
$$y'' = 2C_1 + C_2 e^x.$$
从以上 3 式消去 C_1, C_2,便得所求的非齐次线性微分方程
$$(2x - x^2)y'' + (x^2 - 2)y' + 2(1 - x)y = 6(1 - x).$$

例 8.2.8 已知 $y = x$ 是齐次微分方程 $x(x-1)y'' - 2xy' + 2y = 0$ 的一个解,求该方程的通解.

解 设 $y = xC(x)$($C(x)$ 是待定函数) 为方程 $x(x-1)y'' - 2xy' + 2y = 0$ 的解. 由于
$$y' = C(x) + xC'(x), \quad y'' = 2C'(x) + xC''(x),$$
因此代入原方程并整理,得
$$(x^2 - x)C''(x) = 2C'(x).$$

记 $C'(x) = p$,则上式化为 $p' = \dfrac{2}{x^2 - x}p$,利用分离变量法,可得
$$C'(x) = p = C_1\left(1 - \frac{1}{x}\right)^2,$$
于是, $C(x) = C_1\left(x - 2\ln|x| - \dfrac{1}{x}\right) + C_2$,其中 C_1, C_2 是任意常数. 于是
$$y = xC(x) = C_1(x^2 - 2x\ln|x| - 1) + C_2 x$$
是原方程的通解.

例 8.2.9 求微分方程 $x^2 y'' - 3xy' + 4y = 5x$ 的通解.

解 先求齐次微分方程 $x^2 y'' - 3xy' + 4y = 0$ 的一个解. 这个方程的系数都是 x 的幂函数,所以猜想 $y = x^k$ 为解. 代入齐次微分方程得
$$k(k-1)x^k - 3kx^k + 4x^k = 0, \quad \text{即} \quad k^2 - 4k + 4 = 0.$$
因此 $k = 2$,即 $y = x^2$ 为齐次微分方程的解.

再设 $y^* = x^2 u(x)$ 为非齐次微分方程 $x^2 y'' - 3xy' + 4y = 5x$ 的解. 此时

$$y' = 2xu + x^2u', \quad y'' = 2u + 4xu' + x^2u''.$$

代入方程,得

$$x^4u'' + x^3u' = 5x, \quad 即 \quad u'' + \frac{1}{x}u' = \frac{5}{x^3}.$$

这是一个关于 u' 的一阶线性方程,解此方程得

$$u' = -\frac{5}{x^2} + C_1\frac{1}{x}.$$

再积分得

$$u = \frac{5}{x} + C_1\ln|x| + C_2.$$

于是原方程的通解为

$$y = x^2\left(\frac{5}{x} + C_1\ln|x| + C_2\right) = 5x + C_1x^2\ln|x| + C_2x^2.$$

例 8.2.10 利用常数变易法求微分方程 $y'' - y = x^2\mathrm{e}^{\frac{1}{2}x^2}$ 的通解.

解 易知 e^x 和 e^{-x} 为齐次微分方程 $y'' - y = 0$ 的两个线性无关的解. 设
$$y = C_1(x)\mathrm{e}^x + C_2(x)\mathrm{e}^{-x}$$

为方程 $y'' - y = x^2\mathrm{e}^{\frac{1}{2}x^2}$ 的解. 由线性方程组

$$\begin{cases} C_1'(x)\mathrm{e}^x + C_2'(x)\mathrm{e}^{-x} = 0, \\ C_1'(x)\mathrm{e}^x - C_2'(x)\mathrm{e}^{-x} = x^2\mathrm{e}^{\frac{1}{2}x^2}. \end{cases}$$

解得

$$C_1'(x) = \frac{1}{2}x^2\mathrm{e}^{-x}\mathrm{e}^{\frac{1}{2}x^2}, \quad C_2'(x) = -\frac{1}{2}x^2\mathrm{e}^x\mathrm{e}^{\frac{1}{2}x^2}.$$

再积分,得

$$C_1(x) = \frac{1}{2}(x+1)\mathrm{e}^{\frac{1}{2}x^2-x} + C_1, \quad C_2(x) = -\frac{1}{2}(x-1)\mathrm{e}^{\frac{1}{2}x^2+x} + C_2,$$

其中 C_1, C_2 是任意常数. 实际上,

$$\int x^2\mathrm{e}^{-x}\mathrm{e}^{\frac{1}{2}x^2}\mathrm{d}x = \int x\mathrm{e}^{-x}\mathrm{d}\mathrm{e}^{\frac{1}{2}x^2} = x\mathrm{e}^{-x}\mathrm{e}^{\frac{1}{2}x^2} + \int(x-1)\mathrm{e}^{\frac{1}{2}x^2-x}\mathrm{d}x$$

$$= x\mathrm{e}^{\frac{1}{2}x^2-x} + \int\mathrm{e}^{\frac{1}{2}x^2-x}\mathrm{d}\left(\frac{1}{2}x^2 - x\right) = (x+1)\mathrm{e}^{\frac{1}{2}x^2-x} + C.$$

同理, $\int x^2\mathrm{e}^x\mathrm{e}^{\frac{1}{2}x^2}\mathrm{d}x = (x-1)\mathrm{e}^{\frac{1}{2}x^2+x} + C.$

因此,原方程的通解为

$$y = \mathrm{e}^x\left[\frac{1}{2}(x+1)\mathrm{e}^{\frac{1}{2}x^2-x} + C_1\right] + \mathrm{e}^{-x}\left[-\frac{1}{2}(x-1)\mathrm{e}^{\frac{1}{2}x^2+x} + C_2\right],$$

即

$$y = C_1 \mathrm{e}^x + C_2 \mathrm{e}^{-x} + \mathrm{e}^{\frac{1}{2}x^2}.$$

例 8.2.11 求微分方程 $y'' + y = 1 - \csc x$ 的通解.

解 易知 $\sin x$ 和 $\cos x$ 为齐次微分方程 $y'' + y = 0$ 的两个线性无关的解.

显然 $y_1 = 1$ 是方程 $y'' + y = 1$ 的特解.

现在求 $y'' + y = -\csc x$ 的一个特解. 采用常数变易法. 设

$$y_2 = C_1(x)\sin x + C_2(x)\cos x$$

为方程 $y'' + y = -\csc x$ 的解. 由线性方程组

$$\begin{cases} C_1'(x)\sin x + C_2'(x)\cos x = 0, \\ C_1'(x)\cos x - C_2'(x)\sin x = -\csc x \end{cases}$$

解得

$$C_1'(x) = -\cot x, \quad C_2'(x) = 1.$$

再取积分,得

$$C_1(x) = -\ln|\sin x| + C_1, \quad C_2(x) = x + C_2.$$

其中 C_1, C_2 是任意常数. 取 $C_1 = C_2 = 0$,便得方程 $y'' + y = -\csc x$ 的一个特解

$$y_2 = -\sin x \ln|\sin x| + x\cos x.$$

由解的叠加原理知,$y = y_1 + y_2 = 1 - \sin x \ln|\sin x| + x\cos x$ 就是方程 $y'' + y = 1 - \csc x$ 的一个特解,从而它的通解为

$$y = C_1\sin x + C_2\cos x + 1 - \sin x \ln|\sin x| + x\cos x.$$

例 8.2.12 求 Euler 方程 $x^2 y'' - xy' + y = 2x$ 的通解.

解 作变量代换 $x = \mathrm{e}^t$ 即 $t = \ln x$,则有

$$\frac{\mathrm{d}y}{\mathrm{d}x} = \frac{\mathrm{d}y}{\mathrm{d}t}\frac{\mathrm{d}t}{\mathrm{d}x} = \frac{1}{x}\frac{\mathrm{d}y}{\mathrm{d}t},$$

$$\frac{\mathrm{d}^2 y}{\mathrm{d}x^2} = \frac{\mathrm{d}}{\mathrm{d}x}\left(\frac{1}{x}\frac{\mathrm{d}y}{\mathrm{d}t}\right) = \frac{1}{x^2}\left(\frac{\mathrm{d}^2 y}{\mathrm{d}t^2} - \frac{\mathrm{d}y}{\mathrm{d}t}\right).$$

代入方程,得

$$\frac{\mathrm{d}^2 y}{\mathrm{d}t^2} - 2\frac{\mathrm{d}y}{\mathrm{d}t} + y = 2\mathrm{e}^t.$$

这个方程的相应齐次微分方程为 $\dfrac{\mathrm{d}^2 y}{\mathrm{d}t^2} - 2\dfrac{\mathrm{d}y}{\mathrm{d}t} + y = 0$,其特征方程为

$$\lambda^2 - 2\lambda + 1 = 0,$$

它的根为 $\lambda = 1$(二重根),因此齐次微分方程的通解为

$$y = (C_1 + C_2 t)\mathrm{e}^t.$$

再求方程

$$\frac{\mathrm{d}^2 y}{\mathrm{d}t^2} - 2\frac{\mathrm{d}y}{\mathrm{d}t} + y = 2\mathrm{e}^t$$

的特解. 注意 1 是特征方程的二重根, 所以设 $y^* = at^2\mathrm{e}^t$ 是其特解, 代入方程, 比较系数得 $a = 1$, 即 $y^* = t^2\mathrm{e}^t$ 为特解. 于是

$$\frac{\mathrm{d}^2 y}{\mathrm{d}t^2} - 2\frac{\mathrm{d}y}{\mathrm{d}t} + y = 2\mathrm{e}^t$$

的通解为

$$y = (C_1 + C_2 t)\mathrm{e}^t + t^2\mathrm{e}^t.$$

还原变量, 便得原方程的通解为

$$y = x(C_1 + C_2\ln x) + x\ln^2 x.$$

例 8.2.13   求方程 $(2+x)^2 y'' - 2(2+x)y' + 2y = \dfrac{1}{2+x}$ 满足 $y(0) = 0$, $y'(0) = 0$ 的特解.

解   作变量代换 $2 + x = \mathrm{e}^t$ 即 $t = \ln(x+2)$, 则有

$$\frac{\mathrm{d}y}{\mathrm{d}x} = \frac{\mathrm{d}y}{\mathrm{d}t}\frac{\mathrm{d}t}{\mathrm{d}x} = \frac{1}{x+2}\frac{\mathrm{d}y}{\mathrm{d}t},$$

$$\frac{\mathrm{d}^2 y}{\mathrm{d}x^2} = \frac{\mathrm{d}}{\mathrm{d}x}\left(\frac{1}{x+2}\frac{\mathrm{d}y}{\mathrm{d}t}\right) = \frac{1}{(x+2)^2}\left(\frac{\mathrm{d}^2 y}{\mathrm{d}t^2} - \frac{\mathrm{d}y}{\mathrm{d}t}\right).$$

代入原方程, 得

$$\frac{\mathrm{d}^2 y}{\mathrm{d}t^2} - 3\frac{\mathrm{d}y}{\mathrm{d}t} + 2y = \mathrm{e}^{-t}.$$

易知这个常系数二阶线性方程的通解为

$$y = C_1\mathrm{e}^t + C_2\mathrm{e}^{2t} + \frac{1}{6}\mathrm{e}^{-t}.$$

于是原方程的通解为

$$y = C_1(x+2) + C_2(x+2)^2 + \frac{1}{6(x+2)}.$$

由 $y(0) = 0, y'(0) = 0$ 得 $C_1 = -\dfrac{1}{8}$, $C_2 = \dfrac{1}{24}$. 因此所求特解为

$$y = -\frac{1}{8}(x+2) + \frac{1}{24}(x+2)^2 + \frac{1}{6(x+2)}.$$

例 8.2.14   设 $y(x) = \displaystyle\sum_{n=0}^{\infty} \frac{x^{3n}}{(3n)!}$.

(1) 求幂级数 $\displaystyle\sum_{n=0}^{\infty} \frac{x^{3n}}{(3n)!}$ 的收敛域; (2) 求 $y(x)$.

解   (1) 记 $u_n = \dfrac{x^{3n}}{(3n)!}$. 对于每个 $x \neq 0$, 因为

$$\lim_{n\to\infty} \frac{|u_{n+1}|}{|u_n|} = \lim_{n\to\infty} \frac{|x|^3}{(3n+1)(3n+2)(3n+3)} = 0,$$

所以 $\sum\limits_{n=0}^{\infty} \dfrac{x^{3n}}{(3n)!}$ 收敛. 因此幂级数 $\sum\limits_{n=0}^{\infty} \dfrac{x^{3n}}{(3n)!}$ 的收敛域为 $(-\infty, +\infty)$.

（2）因为

$$y'(x) = \sum_{n=1}^{\infty} \frac{x^{3n-1}}{(3n-1)!}, \quad y''(x) = \sum_{n=1}^{\infty} \frac{x^{3n-2}}{(3n-2)!},$$

所以

$$y''(x) + y'(x) + y(x) = 1 + \sum_{n=1}^{\infty} \frac{x^{3n}}{(3n)!} + \sum_{n=1}^{\infty} \frac{x^{3n-1}}{(3n-1)!} + \sum_{n=1}^{\infty} \frac{x^{3n-2}}{(3n-2)!}$$

$$= 1 + \sum_{n=1}^{\infty} \frac{x^n}{n!} = e^x.$$

因此 $y(x)$ 是常系数二阶线性微分方程 $y'' + y' + y = e^x$ 的解.

由于齐次方程 $y'' + y' + y = 0$ 的通解为

$$y = e^{-\frac{x}{2}} \left(C_1 \cos \frac{\sqrt{3}}{2} x + C_2 \sin \frac{\sqrt{3}}{2} x \right),$$

且易知方程 $y'' + y' + y = e^x$ 的一个特解为 $y^*(x) = \dfrac{1}{3} e^x$，因此 $y'' + y' + y = e^x$ 的通解为

$$y = \frac{1}{3} e^x + e^{-\frac{x}{2}} \left(C_1 \cos \frac{\sqrt{3}}{2} x + C_2 \sin \frac{\sqrt{3}}{2} x \right).$$

由于 $y(x) = \sum\limits_{n=0}^{\infty} \dfrac{x^{3n}}{(3n)!}$ 还满足 $y(0) = 1, y'(0) = 0$，对应于 $C_1 = \dfrac{2}{3}, C_2 = 0$，因此

$$y(x) = \frac{1}{3} e^x + \frac{2}{3} e^{-\frac{x}{2}} \cos \frac{\sqrt{3}}{2} x, \quad x \in (-\infty, +\infty).$$

例 8.2.15 设函数 f 在 $(-\infty, +\infty)$ 上连续，且满足

$$f(x) = \sin x - \int_0^x (x-t) f(t) \, dt,$$

求 f.

解 从 $f(x) = \sin x - \int_0^x (x-t) f(t) \, dt$ 可知 $f(x)$ 可导，对该式两边求导，得

$$f'(x) = \cos x - \int_0^x f(t) \, dt.$$

再求导，得

$$f''(x) = -\sin x - f(x).$$

所以 $f(x)$ 满足方程 $y'' + y = -\sin x$.

由于齐次方程 $y'' + y = 0$ 的通解为

$$y = C_1\cos x + C_2\sin x,$$

且易知方程 $y'' + y = -\sin x$ 的一个特解为 $y^*(x) = \dfrac{1}{2}x\cos x$，因此 $y'' + y = -\sin x$ 的通解为

$$y = C_1\cos x + C_2\sin x + \dfrac{1}{2}x\cos x.$$

由于 f 还满足 $f(0) = 0, f'(0) = 1$，因此 $C_1 = 0, C_2 = \dfrac{1}{2}$. 于是

$$f(x) = \dfrac{1}{2}(\sin x + x\cos x).$$

例 8.2.16 设函数 $f(y), g(y)$ 在 $(-\infty, +\infty)$ 上具有二阶连续导数，且在全平面上曲线积分

$$\int_L 2[xf(y) + g(y)]\,\mathrm{d}x + [x^2g(y) + 2xy^2 - 2xf(y)]\,\mathrm{d}y$$

与路径无关. 若 $f(0) = -2, g(0) = 1$，求 $f(y)$ 和 $g(y)$.

解 因为在全平面上曲线积分与路径无关，因此

$$\dfrac{\partial}{\partial y}[2(xf(y) + g(y))] = \dfrac{\partial}{\partial x}[x^2g(y) + 2xy^2 - 2xf(y)],$$

即

$$2[xf'(y) + g'(y)] = 2xg(y) + 2y^2 - 2f(y),$$

因此

$$x[f'(y) - g(y)] = y^2 - f(y) - g'(y).$$

于是

$$f'(y) - g(y) = 0, \text{以及} \ y^2 - f(y) - g'(y) = 0.$$

从这两式得 $f''(y) + f(y) = y^2$. 解此方程得

$$f(y) = C_1\cos y + C_2\sin y + y^2 - 2.$$

因为 $f(0) = -2$，所以 $C_1 = 0$. 又从 $f'(y) - g(y) = 0$ 知 $g(y) = f'(y) = C_2\cos y + 2y$，且由 $g(0) = 1$ 得 $C_2 = 1$. 于是

$$f(y) = \sin y + y^2 - 2,$$

以及

$$g(y) = \cos y + 2y.$$

例 8.2.17 已知一半径为 R 的圆柱形浮筒垂直放入水中，把浮筒向下压后放开，浮筒在水中作周期为 T 的上下运动，求此浮筒的质量.

解 设浮筒放开后浸在水中的部分的高度为 y，浮筒受到重力 mg 和浮力 $\pi R^2 yg$ 的作用，由 Newton 第二定律知

$$m\frac{\mathrm{d}^2y}{\mathrm{d}t^2} = mg - \pi R^2 gy,$$

即

$$\frac{\mathrm{d}^2y}{\mathrm{d}t^2} + \frac{\pi R^2 g}{m}y = g.$$

这是一个常系数二阶线性方程,其解就是浮筒上下运动的规律,即

$$y = C_1\cos\sqrt{\frac{\pi g}{m}}Rt + C_2\sin\sqrt{\frac{\pi g}{m}}Rt + \frac{m}{\pi R^2}.$$

从上式可看出浮筒上下运动的周期

$$T = \frac{2\pi}{R}\sqrt{\frac{m}{\pi g}},$$

因此浮筒的质量为

$$m = \frac{R^2 T^2 g}{4\pi}.$$

例 8.2.18 用幂级数解法解微分方程 $y'' - xy' - 2y = 0$.

解 因为 $p(x) = -x, q(x) = -2$ 都可以展开为幂级数,所以原方程有幂级数解.

设 $y = \sum_{n=0}^{\infty} a_n x^n$ 为方程的解,则 $y' = \sum_{n=1}^{\infty} na_n x^{n-1}, y'' = \sum_{n=2}^{\infty} n(n-1)a_n x^{n-2}$,代入原方程,得

$$\sum_{n=2}^{\infty} n(n-1)a_n x^{n-2} - \sum_{n=1}^{\infty} na_n x^n - 2\sum_{n=0}^{\infty} a_n x^n = 0,$$

即

$$\sum_{n=0}^{\infty}\left[(n+2)(n+1)a_{n+2} - (n+2)a_n\right]x^n = 0.$$

因此 $(n+2)(n+1)a_{n+2} - (n+2)a_n = 0$,即

$$a_{n+2} = \frac{1}{n+1}a_n, \quad n = 0,1,2,\cdots.$$

取 $a_0 = 1, a_1 = 0$,由上式得

$$a_{2n} = \frac{1}{(2n-1)(2n-3)\cdots3\cdot1}a_0 = \frac{1}{(2n-1)!!}, \; a_{2n+1} = 0, \quad n = 1,2,\cdots.$$

这样便得

$$y_1(x) = 1 + \sum_{n=1}^{\infty}\frac{1}{(2n-1)!!}x^{2n}.$$

易知这个幂级数的收敛域是 $(-\infty, +\infty)$,因此它是原方程在 $(-\infty, +\infty)$ 上的一个解.

同样地,取 $a_0 = 0, a_1 = 1$,则

$$a_{2n} = 0, \quad a_{2n+1} = \frac{1}{(2n)!!}, \quad n = 1, 2, \cdots.$$

这样便得原方程在 $(-\infty, +\infty)$ 上的另一个解

$$y_2(x) = \sum_{n=0}^{\infty} \frac{1}{(2n)!!} x^{2n+1}.$$

因为 $y_1(x)$ 和 $y_2(x)$ 的 Wronsky 行列式 $W(x)$ 满足

$$W(0) = \begin{vmatrix} y_1(0) & y_2(0) \\ y_1'(0) & y_2'(0) \end{vmatrix} = \begin{vmatrix} 1 & 0 \\ 0 & 1 \end{vmatrix} = 1,$$

所以 $y_1(x)$ 和 $y_2(x)$ 是两个线性无关解,因此原方程的通解为

$$y = C_1 y_1(x) + C_2 y_2(x),$$

其中 C_1, C_2 是任意常数.

例 8.2.19 用幂级数解法求微分方程 $x^2 y'' - x(x+4)y' + 4y = 0$ 的一个解.

解 将原方程化为 $y'' - \frac{x+4}{x} y' + \frac{4}{x^2} y = 0$. 因为 $x \cdot \frac{x+4}{x} = x+4, x^2 \cdot \frac{4}{x^2} = 4$ 都

可以展开为 x 的幂级数,所以可设方程有幂级数解 $y = x^r \sum_{n=0}^{\infty} c_n x^n$. 代入原方程,并

比较首项得 $r^2 - 5r + 4 = 0$,因此 $r = 1$ 或 $r = 4$.

取 $r = 1$. 此时,可将幂级数解表为 $y = \sum_{n=1}^{\infty} a_n x^n$. 代入原方程得

$$\sum_{n=2}^{\infty} \left[(n^2 - 5n + 4) a_n - (n-1) a_{n-1} \right] x^n = 0.$$

因此当 $n \neq 4$ 时,要求

$$a_n = \frac{1}{n-4} a_{n-1}.$$

当 $n = 4$ 时,要求 $a_3 = 0$,进而 $a_2 = 0, a_1 = 0$. 于是

$$a_5 = a_4, \quad a_6 = \frac{1}{2} a_5 = \frac{1}{2} a_4, \quad a_7 = \frac{1}{3} a_6 = \frac{1}{3!} a_4.$$

总之,有

$$a_k = \frac{1}{(k-4)!} a_4, \quad k = 5, 6, \cdots.$$

取 $a_4 = C$ 为任意常数,则得原方程的一种解

$$y = C \sum_{n=4}^{\infty} \frac{1}{(n-4)!} x^n = C x^4 e^x.$$

例 8.2.20 设 $a_0 = 1, a_1 = 3, a_n = \frac{1}{n(n-1)} a_{n-2} (n \geq 2)$,求幂级数 $\sum_{n=0}^{\infty} a_n x^n$

的和函数.

解 设 $S(x) = \displaystyle\sum_{n=0}^{\infty} a_n x^n$. 由假设可知 $0 < a_n \leqslant 3(n \geqslant 0)$, 因此对于每个满足 $|x| < 1$ 的 x, 成立 $|a_n x^n| \leqslant 3|x|^n (n \geqslant 0)$, 于是 $\displaystyle\sum_{n=0}^{\infty} a_n x^n$ 绝对收敛. 这说明幂级数 $\displaystyle\sum_{n=0}^{\infty} a_n x^n$ 有不小于 1 的收敛半径 (事实上, 对 $a_n = \dfrac{1}{n(n-1)} a_{n-2}$ 作进一步讨论还可知, $\displaystyle\sum_{n=0}^{\infty} a_n x^n$ 在 $(-\infty, +\infty)$ 上收敛), 因此可用逐项求导的方法.

由于 $S'(x) = \displaystyle\sum_{n=1}^{\infty} n a_n x^{n-1}$, 且由 $a_n = \dfrac{1}{n(n-1)} a_{n-2} (n \geqslant 2)$ 得

$$S''(x) = \sum_{n=2}^{\infty} n(n-1) a_n x^{n-2} = \sum_{n=2}^{\infty} a_{n-2} x^{n-2} = \sum_{n=0}^{\infty} a_n x^n = S(x),$$

即 $S(x)$ 满足微分方程 $y'' - y = 0$, 因此 $S(x) = C_1 e^x + C_2 e^{-x}$. 由已知 $S(0) = a_0 = 1$, $S'(0) = a_1 = 3$, 因此 $C_1 = 2, C_2 = -1$. 于是

$$S(x) = 2e^x - e^{-x}.$$

习　题

1. 求下列微分方程的通解:

(1) $y'' + 2y' - 8y = 0$;

(2) $y'' + 4y' + 6y = 0$;

(3) $y^{(4)} - y = 0$;

(4) $y^{(4)} - 2y''' + y'' = 0$;

(5) $y'' + y' = 2x^2 + 1$;

(6) $y'' + 3y' + 2y = 3xe^{-x}$;

(7) $y'' - 2y' + 5y = e^x \sin 2x$;

(8) $y'' + y = x + \cos x$;

(9) $y'' - 2y' + 2y = xe^x \cos x$;

(10) $y'' + y = \sin x \sin 2x$;

(11) $x^2 y'' - 3xy' + 3y = 0$;

(12) $x^2 y'' - xy' + 2y = x \ln x$;

(13) $(2x - 1)^2 y'' + 4(2x - 1)y' - 8y = 4x - 3$.

2. 求下列微分方程的特解:

(1) $y'' - 4y' + 13y = 0, y|_{x=0} = 0, y'|_{x=0} = 3$;

(2) $y'' - y = 4xe^x, y|_{x=0} = 0, y'|_{x=0} = 1$;

(3) $y'' + y = 2xe^x + 4\sin x, y|_{x=0} = 0, y'|_{x=0} = 0$;

(4) $y'' - 5y' + 6y = (12x - 7)e^{-x}, y|_{x=0} = 0, y'|_{x=0} = 0$.

3. 已知 $y = e^x$ 是方程 $(1 + x)y'' - y' - xy = 0$ 的一个解, 求这个方程的通解.

4. 用常数变易法求方程 $y'' + 2y' + y = \dfrac{1}{xe^x}$ 的通解.

5. 设 $y = e^x(C_1 \sin x + C_2 \cos x)(C_1, C_2$ 是任意常数) 为某二阶常系数线性齐次微分方程的通解, 求出一个这样的方程.

6. 设 $y = C_1 e^{-x} + C_2 x e^{-x} + C_3 e^x (C_1, C_2, C_3$ 是任意常数$)$ 为某三阶常系数齐次线性微分方程的通解,求出一个这样的方程.

7. 用变量代换 $x = \cos t (0 < t < \pi)$ 化简微分方程 $(1 - x^2) y'' - x y' + y = 0$,并求其满足 $y|_{x=0} = 1, y'|_{x=0} = 2$ 的特解.

8. 设一元函数 f 具有二阶连续导数,且 $f(0) = f'(0) = 1$. 试确定 f,使得在全平面上曲线积分

$$\int_L \left[5e^{2x} - f(x) \right] y \mathrm{d}x + \left[f'(x) - \sin y \right] \mathrm{d}y$$

与路径无关,并求 $\int_{(0,0)}^{(\pi,\pi)} \left[5e^{2x} - f(x) \right] y \mathrm{d}x + \left[f'(x) - \sin y \right] \mathrm{d}y$.

9. 设一元函数 f 具有二阶连续导数,$z = f(e^x \sin y)$ 满足方程 $\dfrac{\partial^2 z}{\partial x^2} + \dfrac{\partial^2 z}{\partial y^2} = e^{2x} z$,求 f.

10. 设函数 $y = y(x)$ 在 $(-\infty, +\infty)$ 上具有二阶导数,且 $y' \neq 0$. 记 $x = x(y)$ 为 $y = y(x)$ 的反函数:

(1) 试将 $x = x(y)$ 所满足的微分方程 $\dfrac{\mathrm{d}^2 x}{\mathrm{d}y^2} + (y + \sin x) \left(\dfrac{\mathrm{d}x}{\mathrm{d}y} \right)^3 = 0$ 变换为 $y = y(x)$ 满足的微分方程;

(2) 求变换后的微分方程满足初始条件 $y(0) = 0, y'(0) = \dfrac{3}{2}$ 的解.

11. 设 $y = y(x)$ 是 $(-\pi, \pi)$ 上的光滑曲线,且过点 $\left(-\dfrac{\pi}{\sqrt{2}}, \dfrac{\pi}{\sqrt{2}} \right)$. 当 $-\pi < x < 0$ 时,该曲线上任一点处的法线均过原点;当 $0 \leqslant x < \pi$ 时,函数 $y(x)$ 满足方程 $y'' + y + x = 0$,求函数 $y(x)$ 的表达式.

12. 已知方程 $y'' + 3y' + 2y = f(x)$,其中 $f(x)$ 在 $[1, +\infty)$ 上连续,且 $\lim\limits_{x \to +\infty} f(x) = 0$. 证明:这个方程的每个解 $y(x)$ 均满足 $\lim\limits_{x \to +\infty} y(x) = 0$.

13. 设幂级数 $\sum\limits_{n=0}^{\infty} a_n x^n$ 在 $(-\infty, +\infty)$ 上收敛,其和函数 $S(x)$ 满足方程 $y'' - 2xy' - 4y = 0$,以及 $S(0) = 0, S'(0) = 1$.

(1) 证明:$a_{n+2} = \dfrac{2}{n+1} a_n (n = 1, 2, \cdots)$;

(2) 求 $S(x)$ 的表达式.

14. 某种飞机在机场降落时,为了减少滑行距离,在触地瞬间,飞机尾部张开减速伞以增大阻力,使飞机减速停下. 现有一质量为 9 000kg 的飞机,着陆时的水平速度为 700km/h. 经测试,减速伞打开后,飞机所受阻力与飞机的速度成正比(比例系数 $k = 6.0 \times 10^6$). 问从着陆点算起,飞机滑行的最大距离是多少?

15. 一长为 20m 且质量均匀的链条悬挂在钉子上,开始挂上时有一端为 8m. 求不计钉子对链条的摩擦力时,链条自然滑下所需的时间.

16. 有一质量为 m 的物体,在倾角为 α 的斜面上滑下. 设摩擦系数为 $\mu (\mu < \tan \alpha)$,空气阻力与下滑速度成正比,比例系数为 $k (k > 0)$,下滑初速度为 v_0,求下滑路程函数 $s(t)$.

§8.3 可降阶的微分方程

二阶以上的微分方程称为**高阶微分方程**. 一般来说,阶数低的方程较阶数高的方程容易求解,所以一种常用的方法是用适当的变换将高阶方程化为低阶方程,如果该低阶方程是可以求解的,那么进而再得到原高阶方程的解.

一、方程形式为 $F(x, y^{(n)}) = 0$

(1) 若可以从 $F(x, y^{(n)}) = 0$ 中解出 $y^{(n)} = f(x)$,由 $y^{(n)} = (y^{(n-1)})'$,取积分得

$$y^{(n-1)} = \int f(x)\mathrm{d}x = \varphi(x) + C_1,$$

将以上过程重复 n 次,便会得到带有 n 个任意常数的通解.

(2) 若不便从 $F(x, y^{(n)}) = 0$ 中解出 $y^{(n)}$,有时可将该方程表为参数形式

$$\begin{cases} x = \varphi(t), \\ y^{(n)} = \psi(t), \end{cases}$$

它满足

$$F(\varphi(t), \psi(t)) \equiv 0.$$

这时,就有

$$y^{(n-1)} = \int y^{(n)}\mathrm{d}x = \int \psi(t)\varphi'(t)\mathrm{d}t = \psi_1(t) + C_1.$$

重复这样的过程,便得到通解的参数表示

$$\begin{cases} x = \varphi(t), \\ y = \psi_n(t, C_1, C_2, \cdots, C_n). \end{cases}$$

二、方程形式为 $F(x, y^{(k)}, y^{(k+1)}, \cdots, y^{(n)}) = 0$

这类方程中不显含 y. 若令 $y^{(k)} = p$,则

$$y^{(k+1)} = (y^{(k)})' = p', \cdots, y^{(n)} = p^{(n-k)},$$

于是,原方程化成了 $n - k$ 阶方程

$$F(x, p, p', \cdots, p^{(n-k)}) = 0.$$

如果上述方程的通解为

$$p = \varphi(x, C_1, C_2, \cdots, C_{n-k}),$$

那么对 $y^{(k)} = p = \varphi(x, C_1, C_2, \cdots, C_{n-k})$ 积分 k 次,就得到原方程的通解.

三、方程形式为 $F(y, y', y'', \cdots, y^{(n)}) = 0$

这类方程中不显含自变量 x. 仍令 $y' = p$, 并设法将其化为 p 与 y 的关系. 由复合函数求导公式得

$$y'' = \frac{\mathrm{d}p}{\mathrm{d}x} = \frac{\mathrm{d}p}{\mathrm{d}y} \frac{\mathrm{d}y}{\mathrm{d}x} = p \frac{\mathrm{d}p}{\mathrm{d}y},$$

$$y''' = \frac{\mathrm{d}}{\mathrm{d}x}\left(\frac{\mathrm{d}^2 y}{\mathrm{d}x^2}\right) = \frac{\mathrm{d}}{\mathrm{d}x}\left(p \frac{\mathrm{d}p}{\mathrm{d}y}\right) = \frac{\mathrm{d}}{\mathrm{d}y}\left(p \frac{\mathrm{d}p}{\mathrm{d}y}\right) \cdot \frac{\mathrm{d}y}{\mathrm{d}x} = p^2 \frac{\mathrm{d}^2 p}{\mathrm{d}y^2} + p\left(\frac{\mathrm{d}p}{\mathrm{d}y}\right)^2.$$

可以证明 $y^{(n)} = h(p, p', \cdots, p^{(n-1)})$. 于是, 原方程就可化成形式为以 y 为自变量的 $n - 1$ 阶方程

$$\tilde{F}(y, p, p', \cdots, p^{(n-1)}) = 0.$$

若该方程的通解为 $p = \varphi(y, C_1, C_2, \cdots, C_{n-1})$, 将方程 $\dfrac{\mathrm{d}y}{\mathrm{d}x} = p = \varphi(y, C_1, C_2, \cdots, C_{n-1})$ 分离变量后再积分, 便得原方程的通解

$$\int \frac{\mathrm{d}y}{\varphi(y, C_1, C_2, \cdots, C_{n-1})} = x + C_n.$$

例 题 分 析

例 8.3.1　求微分方程 $y''' = \ln x$ 满足初始条件 $y|_{x=1} = 0, y'|_{x=1} = 1, y''|_{x=1} = 1$ 的特解.

解　利用 Newton-Leibniz 公式, 得

$$y'' = \int_1^x y''' \mathrm{d}t + y''|_{x=1} = \int_1^x \ln t \mathrm{d}t + 1 = x\ln x - x + 2.$$

同理

$$y' = \int_1^x y'' \mathrm{d}t + y'|_{x=1} = \int_1^x (t\ln t - t + 2)\mathrm{d}t + 1 = \frac{x^2}{2}\ln x - \frac{3x^2}{4} + 2x - \frac{1}{4}.$$

于是

$$y = \int_1^x y' \mathrm{d}t + y|_{x=1} = \int_1^x \left(\frac{t^2}{2}\ln t - \frac{3t^2}{4} + 2t - \frac{1}{4}\right)\mathrm{d}t$$

$$= \frac{x^3}{6}\ln x - \frac{11}{36}x^3 + x^2 - \frac{1}{4}x - \frac{4}{9}.$$

例 8.3.2　解定解问题 $\begin{cases} xy'' = y'\ln y', \\ y|_{x=1} = 0, \quad y'|_{x=1} = \mathrm{e}. \end{cases}$

解　方程 $xy'' = y'\ln y'$ 不显含 y. 令 $p = \dfrac{\mathrm{d}y}{\mathrm{d}x}$, 则 $\dfrac{\mathrm{d}^2 y}{\mathrm{d}x^2} = \dfrac{\mathrm{d}p}{\mathrm{d}x}$, 此时该方程变为

$$x \frac{\mathrm{d}p}{\mathrm{d}x} = p \ln p.$$

这是变量可分离的方程,将其化为$\frac{\mathrm{d}p}{p \ln p} = \frac{\mathrm{d}x}{x}$,再取积分,解得

$$p = \mathrm{e}^{C_1 x}.$$

由于$p|_{x=1} = y'|_{x=1} = \mathrm{e}$,因此$C_1 = 1$. 此时

$$\frac{\mathrm{d}y}{\mathrm{d}x} = p = \mathrm{e}^x.$$

再取积分,得

$$y = \mathrm{e}^x + C_2.$$

由于$y|_{x=1} = 0$,因此$C_2 = -\mathrm{e}$. 于是定解问题的解为

$$y = \mathrm{e}^x - \mathrm{e}.$$

例 8.3.3   求微分方程$x\left(\frac{\mathrm{d}y}{\mathrm{d}x}\right)^2 \frac{\mathrm{d}^2 y}{\mathrm{d}x^2} - \left(\frac{\mathrm{d}y}{\mathrm{d}x}\right)^3 = \frac{1}{3}x^4$ 的通解.

解   这个方程不显含y. 令$p = \frac{\mathrm{d}y}{\mathrm{d}x}$,则$\frac{\mathrm{d}^2 y}{\mathrm{d}x^2} = \frac{\mathrm{d}p}{\mathrm{d}x}$,于是原方程变为

$$xp^2 \frac{\mathrm{d}p}{\mathrm{d}x} - p^3 = \frac{1}{3}x^4, \quad \text{即} \quad \frac{\mathrm{d}(p^3)}{\mathrm{d}x} - \frac{3}{x}p^3 = x^3.$$

令$z = p^3$,将上式化为

$$\frac{\mathrm{d}z}{\mathrm{d}x} - \frac{3}{x}z = x^3.$$

这是一阶线性微分方程,其解为$z = x^3(x + C_1)$. 因此

$$\left(\frac{\mathrm{d}y}{\mathrm{d}x}\right)^3 = p^3 = x^3(x + C_1), \quad \text{即} \quad \frac{\mathrm{d}y}{\mathrm{d}x} = x(x + C_1)^{\frac{1}{3}},$$

再取积分,得原方程的通解

$$y = \frac{3}{7}(x + C_1)^{\frac{7}{3}} - \frac{3}{4}C_1(x + C_1)^{\frac{4}{3}} + C_2.$$

例 8.3.4   求微分方程$\frac{\mathrm{d}^3 y}{\mathrm{d}x^3} - \frac{\mathrm{d}^2 y}{\mathrm{d}x^2} - 2\frac{\mathrm{d}y}{\mathrm{d}x} = \sin x$ 的通解.

解   这个方程不显含y,令$p = \frac{\mathrm{d}y}{\mathrm{d}x}$,则$\frac{\mathrm{d}^2 y}{\mathrm{d}x^2} = \frac{\mathrm{d}p}{\mathrm{d}x}, \frac{\mathrm{d}^3 y}{\mathrm{d}x^3} = \frac{\mathrm{d}^2 p}{\mathrm{d}x^2}$,于是原方程变为

$$\frac{\mathrm{d}^2 p}{\mathrm{d}x^2} - \frac{\mathrm{d}p}{\mathrm{d}x} - 2p = \sin x.$$

这是二阶常系数线性微分方程,其解为

$$p = C_1 \mathrm{e}^{-x} + C_2 \mathrm{e}^{2x} + \frac{1}{10}\cos x - \frac{3}{10}\sin x.$$

于是原方程的通解为

$$y = \int p \mathrm{d}x + C_3 = \int \left(C_1 \mathrm{e}^{-x} + C_2 \mathrm{e}^{2x} + \frac{1}{10}\cos x - \frac{3}{10}\sin x \right)\mathrm{d}x + C_3$$

$$= - C_1 \mathrm{e}^{-x} + \frac{1}{2}C_2 \mathrm{e}^{2x} + \frac{1}{10}\sin x + \frac{3}{10}\cos x + C_3,$$

即通解为

$$y = \frac{1}{10}\sin x + \frac{3}{10}\cos x + C_1 \mathrm{e}^{-x} + C_2 \mathrm{e}^{2x} + C_3.$$

例 8.3.5 （1）解 **Clairaut** 方程 $y = x\dfrac{\mathrm{d}y}{\mathrm{d}x} + a\left(\dfrac{\mathrm{d}y}{\mathrm{d}x}\right)^2 (a \neq 0$ 为常数$)$；

（2）解微分方程 $x\dfrac{\mathrm{d}^2 y}{\mathrm{d}x^2} + \dfrac{1}{8}\left(\dfrac{\mathrm{d}^2 y}{\mathrm{d}x^2}\right)^2 = \dfrac{\mathrm{d}y}{\mathrm{d}x}$.

解 （1）令 $p = \dfrac{\mathrm{d}y}{\mathrm{d}x}$，则原方程为

$$y = xp + ap^2.$$

对上式关于 x 求导，得

$$p = p + x\frac{\mathrm{d}p}{\mathrm{d}x} + 2ap\frac{\mathrm{d}p}{\mathrm{d}x}, \quad 即 \quad \frac{\mathrm{d}p}{\mathrm{d}x}(2ap + x) = 0.$$

分两种情况讨论：

（i）由 $\dfrac{\mathrm{d}p}{\mathrm{d}x} = 0$ 得 $p = C_1$，代入 $y = xp + ap^2$，由此得原方程的通解

$$y = C_1 x + aC_1^2.$$

（ii）由 $2ap + x = 0$ 得 $p = -\dfrac{x}{2a}$，代入 $y = xp + ap^2$，得原方程的特解

$$y = -\frac{x^2}{4a}.$$

注 若通过 $p = -\dfrac{x}{2a}$ 再积分得 $y = -\dfrac{x^2}{4a} + C$，此时，代入原方程得 $C = 0$，因此特解为 $y = -\dfrac{x^2}{4a}$. 这就是说，当遇到这种情况时，需要验证所得到的结果是否为原方程的解.

（2）令 $p = \dfrac{\mathrm{d}y}{\mathrm{d}x}$，则 $\dfrac{\mathrm{d}^2 y}{\mathrm{d}x^2} = \dfrac{\mathrm{d}p}{\mathrm{d}x}$，于是原方程化为

$$p = x\frac{\mathrm{d}p}{\mathrm{d}x} + \frac{1}{8}\left(\frac{\mathrm{d}p}{\mathrm{d}x}\right)^2.$$

这是 Clairaut 方程，由（1）得

（i）$p = C_1 x + \dfrac{1}{8}C_1^2$，即 $\dfrac{\mathrm{d}y}{\mathrm{d}x} = C_1 x + \dfrac{1}{8}C_1^2$，积分得原方程的通解

$$y = C_1 x^2 + \frac{1}{2} C_1^2 x + C_2.$$

（ii）$p = -2x^2$，即 $\dfrac{\mathrm{d}y}{\mathrm{d}x} = -2x^2$，积分得原方程的特解

$$y = -\frac{2}{3} x^3 + C_3.$$

例 8.3.6 解微分方程 $y'' + \dfrac{y'^2}{1-y} = 0$.

解 这个方程不显含自变量 x，令 $y' = p$，则由复合函数求导公式，得

$$y'' = \frac{\mathrm{d}p}{\mathrm{d}x} = \frac{\mathrm{d}p}{\mathrm{d}y} \frac{\mathrm{d}y}{\mathrm{d}x} = p \frac{\mathrm{d}p}{\mathrm{d}y},$$

因此原方程化为

$$p \frac{\mathrm{d}p}{\mathrm{d}y} + \frac{p^2}{1-y} = p \left(\frac{\mathrm{d}p}{\mathrm{d}y} + \frac{p}{1-y} \right) = 0.$$

分两种情况讨论：

（i）由 $p = 0$ 得原方程得特解 $y = C (C \neq 1)$.

（ii）由 $\dfrac{\mathrm{d}p}{\mathrm{d}y} + \dfrac{p}{1-y} = 0$ 得 $\dfrac{\mathrm{d}p}{p} = -\dfrac{\mathrm{d}y}{1-y}$，取积分，便得

$$\frac{\mathrm{d}y}{\mathrm{d}x} = p = C_1(y-1),$$

再用分离变量法，便得原方程的通解

$$y = 1 + C_2 \mathrm{e}^{C_1 x} \quad (C_2 \neq 0).$$

综上所述，原方程的解为

$$y = 1 + C_2 \mathrm{e}^{C_1 x} \quad (C_2 \neq 0).$$

例 8.3.7 求微分方程 $2yy'' = 1$ 的通解.

解 这个方程不显含自变量 x，令 $y' = p$，则 $y'' = p \dfrac{\mathrm{d}p}{\mathrm{d}y}$，因此原方程化为

$$2yp \frac{\mathrm{d}p}{\mathrm{d}y} = 1.$$

它是变量可分离的方程，解之得 $y = C_1 \mathrm{e}^{p^2}, C_1 \neq 0$. 由于

$$\frac{\mathrm{d}x}{\mathrm{d}y} = \frac{1}{\dfrac{\mathrm{d}y}{\mathrm{d}x}} = \frac{1}{p},$$

因此

$$\mathrm{d}x = \frac{1}{p} \mathrm{d}y = \frac{1}{p} 2C_1 p \mathrm{e}^{p^2} \mathrm{d}p = 2C_1 \mathrm{e}^{p^2} \mathrm{d}p,$$

因此

$$x = 2C_1 \int e^{p^2} \mathrm{d}p + C_2.$$

于是得到原方程的参数形式的通解

$$\begin{cases} x = 2C_1 \int e^{p^2} \mathrm{d}p + C_2, \\ y = C_1 e^{p^2}, \end{cases} \quad C_1 \neq 0.$$

例 8.3.8 解微分方程 $y \dfrac{\mathrm{d}^2 y}{\mathrm{d}x^2} = \dfrac{\mathrm{d}y}{\mathrm{d}x} \sqrt{1 + \left(\dfrac{\mathrm{d}y}{\mathrm{d}x}\right)^2}$.

解 这个方程不显含自变量 x，令 $y' = p$，则 $y'' = p \dfrac{\mathrm{d}p}{\mathrm{d}y}$，因此原方程化为

$$yp \frac{\mathrm{d}p}{\mathrm{d}y} = p \sqrt{1 + p^2},$$

分两种情况讨论：

（i）由 $p = 0$ 得方程的特解 $y = C$.

（ii）由 $y \dfrac{\mathrm{d}p}{\mathrm{d}y} = \sqrt{1 + p^2}$ 得

$$\frac{\mathrm{d}p}{\sqrt{1 + p^2}} = \frac{\mathrm{d}y}{y}.$$

积分得 $p + \sqrt{1 + p^2} = C_1 y (C_1 \neq 0)$. 由此式得

$$p - \sqrt{1 + p^2} = -\frac{1}{C_1 y}.$$

将上两式相加，得

$$p = \frac{1}{2}\left(C_1 y - \frac{1}{C_1 y}\right).$$

于是 $\dfrac{\mathrm{d}y}{\mathrm{d}x} = \dfrac{1}{2}\left(C_1 y - \dfrac{1}{C_1 y}\right)$. 再分离变量，得

$$\frac{2C_1 y \mathrm{d}y}{(C_1 y)^2 - 1} = \mathrm{d}x,$$

取积分，便得原方程的通解

$$x = \frac{1}{C_1} \ln\left[(C_1 y)^2 - 1\right] + C_2 \quad (C_1 \neq 0).$$

例 8.3.9 求微分方程 $yy'' + (y')^2 + 3x^2 + 2 = 0$ 的通解.

解 注意到 $yy'' + (y')^2 = (yy')'$，则原方程可以写为

$$(yy')' + (x^3 + 2x)' = 0,$$

积分得

$$yy' + x^3 + 2x = C_1, \text{即 } yy' = C_1 - x^3 - 2x,$$

再取积分,便得原方程的通解

$$\frac{1}{2}y^2 = C_1 x - \frac{1}{4}x^4 - x^2 + C_2.$$

例 8.3.10 求微分方程 $xyy'' - 2x(y')^2 - yy' = 0$ 的通解.

解 若 $y' \equiv 0$,即 $y = C$,它显然是方程的解.

若 y' 不恒等于 0,将方程两边同乘积分因子 $\dfrac{1}{xyy'}$,得

$$\frac{y''}{y'} - 2\frac{y'}{y} - \frac{1}{x} = 0,$$

积分得

$$\ln y' - 2\ln y - \ln x = \ln C_1, \quad 即 \quad \frac{y'}{y^2} = C_1 x.$$

分离变量,得

$$\frac{\mathrm{d}y}{y^2} = C_1 x\mathrm{d}x,$$

再取积分,得

$$-\frac{1}{y} = \frac{1}{2}C_1 x^2 + C_2.$$

于是,原方程的通解为

$$y = \frac{1}{C_1 x^2 + C_2}.$$

例 8.3.11 求微分方程 $xyy'' - xy'^2 = yy'$ 的通解.

解 将方程改写成

$$x\frac{y''}{y} - x\left(\frac{y'}{y}\right)^2 = \frac{y'}{y}.$$

令 $z = \dfrac{y'}{y}$,则 $y' = zy, y'' = z'y + zy'$,代入原方程,得

$$x\frac{z'y + zy'}{y} - xz^2 = z, \quad 即 \quad xz' = z.$$

这是变量可分离的方程,解之得 $z = C_1 x$. 因此

$$\frac{y'}{y} = C_1 x,$$

再取积分得

$$\ln y = \frac{1}{2}C_1 x^2 + \ln C_2,$$

于是原方程的通解为

$$y = C_2 e^{C_1 x^2}.$$

例 8.3.12 设非负函数 $y = y(x)$ $(x \in [0, +\infty))$ 满足微分方程 $xy'' - y' + 2 = 0$,且 $y(0) = 0$. 若曲线 $y = y(x)$ 与两直线 $y = 0, x = 1$ 所围成的平面图形 D 的面积为 2,求 D 绕 y 轴旋转一周所得旋转体的体积.

解 先解方程 $xy'' - y' + 2 = 0$. 令 $y' = p$,则 $y'' = p'$,该方程化为

$$p' - \frac{1}{x}p = -\frac{2}{x},$$

这是一阶线性微分方程,其解为

$$p = 2 + C_1 x,$$

即 $y' = 2 + C_1 x$. 进而得到

$$y = 2x + \frac{1}{2}C_1 x^2 + C_2.$$

因为 $y(0) = 0$,所以 $C_2 = 0$. 此时,该曲线与直线 $x = 1$ 及 $y = 0$ 所围成的平面区域 D 的面积为

$$\int_0^1 y(x)\,\mathrm{d}x = \int_0^1 \left(2x + \frac{1}{2}C_1 x^2\right)\mathrm{d}x = 1 + \frac{1}{6}C_1.$$

由题设 D 的面积为 2,所以 $C_1 = 6$. 此时,曲线的方程为

$$y = 2x + 3x^2, \quad x \in [0, +\infty).$$

于是,D 绕 y 轴旋转一周所得旋转体的体积为

$$2\pi \int_0^1 xy(x)\,\mathrm{d}x = 2\pi \int_0^1 x(2x + 3x^2)\,\mathrm{d}x = \frac{17}{6}\pi.$$

注 由曲线 $y = f(x)$ $(f(x) \geqslant 0)$,直线 $x = a$, $x = b$ $(0 \leqslant a < b)$ 及 x 轴所围平面图形绕 y 轴旋转一周所得旋转体的体积 V 可如下计算:

$$V = 2\pi \int_a^b xf(x)\,\mathrm{d}x.$$

例 8.3.13 设一元函数 f 在 $(0, +\infty)$ 上具有二阶导数,且函数 $z = f(\sqrt{x^2 + y^2})$ 满足方程 $\frac{\partial^2 z}{\partial x^2} + \frac{\partial^2 z}{\partial y^2} = x^2 + y^2$. 若还已知 $f(1) = 0$, $f'(1) = 1$,求 f.

解 记 $u = \sqrt{x^2 + y^2}$,则

$$\frac{\partial z}{\partial x} = f'(u)\frac{x}{\sqrt{x^2 + y^2}}, \qquad \frac{\partial z}{\partial y} = f'(u)\frac{y}{\sqrt{x^2 + y^2}},$$

$$\frac{\partial^2 z}{\partial x^2} = f''(u)\frac{x^2}{x^2 + y^2} + f'(u)\frac{y^2}{(x^2 + y^2)^{\frac{3}{2}}},$$

$$\frac{\partial^2 z}{\partial y^2} = f''(u)\frac{y^2}{x^2 + y^2} + f'(u)\frac{x^2}{(x^2 + y^2)^{\frac{3}{2}}}.$$

因此,由 $\dfrac{\partial^2 z}{\partial x^2} + \dfrac{\partial^2 z}{\partial y^2} = x^2 + y^2$ 得

$$uf''(u) + f'(u) = u^3, \quad 即 \quad (uf'(u))' = u^3,$$

从而

$$uf'(u) = \frac{1}{4}u^4 + C_1, \quad 即 \quad f'(u) = \frac{u^3}{4} + \frac{C_1}{u}.$$

因此

$$f(u) = \frac{u^4}{16} + C_1 \ln u + C_2.$$

由已知 $f(1) = 0, f'(1) = 1$ 得 $C_1 = \dfrac{3}{4}$, $C_2 = -\dfrac{1}{16}$. 于是

$$f(u) = \frac{u^4}{16} + \frac{3}{4}\ln u - \frac{1}{16}.$$

例 8.3.14 求 $y^2 y'' + 1 = 0$ 的积分曲线方程,使该曲线过点 $\left(0, \dfrac{1}{2}\right)$,且在该点处的切线的斜率为 2.

解 这是求解定解问题 $\begin{cases} y^2 y'' + 1 = 0, \\ y\big|_{x=0} = \dfrac{1}{2}, \quad y'\big|_{x=0} = 2. \end{cases}$

注意到方程 $y^2 y'' + 1 = 0$ 不显含自变量 x,令 $y' = p$,则 $y'' = p\dfrac{\mathrm{d}p}{\mathrm{d}y}$. 因此该方程化为

$$y^2 p \frac{\mathrm{d}p}{\mathrm{d}y} + 1 = 0, \quad 即 \quad p\,\mathrm{d}p = -\frac{\mathrm{d}y}{y^2}.$$

对上式积分,得

$$\frac{1}{2}p^2 = \frac{1}{y} + C_1.$$

由 $p\big|_{x=0} = y'\big|_{x=0} = 2, y\big|_{x=0} = \dfrac{1}{2}$ 得 $C_1 = 0$,此时有

$$\frac{1}{2}\left(\frac{\mathrm{d}y}{\mathrm{d}x}\right)^2 = \frac{1}{y}.$$

注意到 $y'\big|_{x=0} = 2$,因此

$$\frac{\mathrm{d}y}{\mathrm{d}x} = \sqrt{\frac{2}{y}}, \quad 即 \quad \sqrt{y}\,\mathrm{d}y = \sqrt{2}\,\mathrm{d}x.$$

再取积分,得

$$\frac{2}{3}y^{\frac{3}{2}} = \sqrt{2}x + C_2.$$

由 $y\big|_{x=0} = \dfrac{1}{2}$ 得 $C_2 = \dfrac{2}{3}\left(\dfrac{1}{2}\right)^{\frac{3}{2}}$，因此所求积分曲线的方程为

$$y^3 = \frac{1}{2}\left(3x + \frac{1}{2}\right)^2.$$

例 8.3.15　设函数 f 在 $(-1, +\infty)$ 上定义，具有连续导数，且满足方程

$$f'(x) + f(x) - \frac{1}{x+1}\int_0^x f(t)\,dt = 0,\ f(0) = 1.$$

（1）求 $f'(x)$；

（2）证明：$e^{-x} \leqslant f(x) \leqslant 1, x \geqslant 0$.

解　（1）**解法一**　对 $f'(x) + f(x) - \dfrac{1}{x+1}\int_0^x f(t)\,dt = 0$ 两边求导得

$$f''(x) + f'(x) + \frac{1}{(x+1)^2}\int_0^x f(t)\,dt - \frac{1}{x+1}f(x) = 0.$$

再将题设方程乘以 $\dfrac{1}{x+1}$ 与上式相加，得

$$f''(x) + \frac{x+2}{x+1}f'(x) = 0.$$

解此关于 f' 的方程，便得

$$f'(x) = \frac{Ce^{-x}}{x+1}.$$

在已知的方程中令 $x = 0$，得 $f'(0) = -f(0) = -1$，因此 $C = -1$. 于是

$$f'(x) = -\frac{e^{-x}}{x+1}.$$

解法二　将题设方程化为

$$(x+1)f'(x) + (x+1)f(x) - \int_0^x f(t)\,dt = 0.$$

对此两边求导，得

$$(x+1)f''(x) + (x+2)f'(x) = 0.$$

余下的求解过程同解法一.

（2）**证**　显然当 $x \geqslant 0$ 时，$f'(x) < 0$，因此 f 在 $[0, +\infty)$ 上单调减少，于是

$$f(x) \leqslant f(0) = 1, \quad x \geqslant 0.$$

进一步，由 Newton-Leibniz 公式可知，当 $x \geqslant 0$ 时，有

$$f(x) = f(0) + \int_0^x f'(t)\,dt = 1 - \int_0^x \frac{e^{-t}}{t+1}\,dt$$

$$\geqslant 1 - \int_0^x e^{-t}\,dt = 1 + e^{-t}\Big|_0^x = e^{-x}.$$

1. 求解下列微分方程：

(1) $y'' = \dfrac{1}{1+x^2}$；　　　　　　(2) $y'' = y' + x$；

(3) $y'' + y' + y'^3 = 0$；　　　　　　(4) $y'' = 2x\sqrt{1+y'^2}$；

(5) $y'' = y'^3 + y'$；　　　　　　　(6) $y''' = \sqrt{1+y''^2}$；

(7) $yy'' - y'^2 = y^2 y'$；　　　　　　(8) $xyy'' + xy'^2 = 3yy'$.

2. 求下列微分方程的特解：

(1) $y'y'' + x = 0$, $y\big|_{x=0} = 1$, $y'\big|_{x=0} = 1$；

(2) $y'' + y'^2 = 1$, $y\big|_{x=0} = 0$, $y'\big|_{x=0} = 0$；

(3) $yy'' + y'^2 = 0$, $y\big|_{x=0} = 1$, $y'\big|_{x=0} = \dfrac{1}{2}$；

(4) $y''(x + y'^2) = y'$, $y\big|_{x=1} = 1$, $y'\big|_{x=1} = 1$；

(5) $3y''^2 - y'y''' = 0$, $y\big|_{x=0} = 1$, $y'\big|_{x=0} = 1$, $y''\big|_{x=0} = 1$.

3. 设对于任意 $x > 0$，曲线 $y = f(x)$ 上点 $(x, f(x))$ 处的切线在 y 轴上的截距为 $\dfrac{1}{x}\displaystyle\int_0^x f(t)\,\mathrm{d}t$，求函数 f 的表达式.

4. 设函数 $y = y(x)$ 满足

$$y(x) = x^3 - x\int_1^x \frac{y(t)}{t^2}\,\mathrm{d}t + y'(x) \quad (x > 0),$$

且 $\lim\limits_{x \to +\infty} \dfrac{y(x)}{x^3}$ 存在，求 $y(x)$.

5. 设 $y_n(x)$ 是定解问题 $\begin{cases} x\dfrac{\mathrm{d}^2 y}{\mathrm{d}x^2} - n\dfrac{\mathrm{d}y}{\mathrm{d}x} = x^{n-1} \\ y(1) = 0,\ y'(1) = 0 \end{cases}$ 的解 $(n = 2,3,\cdots)$.

(1) 求 $y_n(x)(n = 2,3,\cdots)$；

(2) 问级数 $\displaystyle\sum_{n=2}^\infty y_n(0)\ln n$ 是否收敛？

6. 设有一两端固定的均匀且柔软的绳索，它仅受重力的作用而下垂，问该绳索在平衡状态时是怎样的一条曲线？

7. 一个质量为 1 kg 的爆竹，以初速度 $v_0 = 21\,\mathrm{m/s}$ 铅直向上飞向高空。已知爆竹在上升过程中空气对它的阻力与它的运动速度的平方成正比，且比例系数为 $k = 0.025$，求该爆竹能够达到的最高高度。

答案与提示

第一章　极限与连续

§1.1　函　数

1. (1) $(-\infty, +\infty)$；(2) $\bigcup\limits_{k=-\infty}^{+\infty}\left[2k\pi - \dfrac{\pi}{3}, 2k\pi + \dfrac{\pi}{3}\right]$；(3) $(-\infty, -1) \cup (1,2)$；

   (4) $\left(-2, -\dfrac{\pi}{2}\right) \cup \left(-\dfrac{\pi}{2}, \dfrac{\pi}{2}\right) \cup \left(\dfrac{\pi}{2}, 2\right)$.

2. 略.

3. (1) 偶函数；(2) 奇函数；(3) 奇函数；(4) 偶函数.

4. 略.

5. 提示：$f(x + c + c) = -f(x + c)$.

6. (1) 不是；(2) $\dfrac{\pi}{2}$；(3) 不是；(4) $\dfrac{\pi}{3}$.

7. (1) 有界；(2) 有界；(3) 无界；(4) 无界.

8. $f \circ g(x) = \begin{cases} 0, & x \leqslant 0, \\ 2^{x^2}, & x > 0; \end{cases}$ $g \circ f(x) = \begin{cases} 0, & x \leqslant 0, \\ 2^{2x}, & x > 0; \end{cases}$

   $f \circ f(x) = \begin{cases} 0, & x \leqslant 0, \\ 2^{2^x}, & x > 0; \end{cases}$ $g \circ g(x) = \begin{cases} -x^4, & x \leqslant 0, \\ x^4 & x > 0. \end{cases}$

9. (1) $f = g \circ h \circ i$，其中 $g(u) = \sqrt{u}, h(v) = 1 + e^v, i(x) = 2x$；

   (2) $f = g \circ h \circ i$，其中 $g(u) = \ln(u), h(v) = 1 + v^2, i(x) = \arctan x$；

   (3) $f = g \circ h \circ i \circ j$，其中 $g(u) = u^3, h(v) = \cos v, i(w) = 1 + w, j(x) = \sqrt{x}$.

10. (1) $f^{-1}(x) = 2\pi + 2\arctan x$；(2) $f^{-1}(x) = \log_2 \dfrac{1 - x}{1 + x}$；

    (3) $f^{-1}(x) = -\sqrt{2x - x^2}, x \in (0,1]$；(4) $f^{-1}(x) = \begin{cases} \pi - \arcsin x, & x \in [-1,0], \\ \pi - \sqrt{x}, & x \in (0, \pi^2]. \end{cases}$

11. $f(x) = \dfrac{x}{x^2 - 2}$.

12. 提示：用数学归纳法.

13. 提示：$f(x) = (k^{\frac{1}{T}})^x g(x)$，函数 g 以 T 为周期.

14. 该函数以 2π 为周期. 在一个周期区间 $\left[\dfrac{\pi}{2}, \dfrac{5\pi}{2}\right]$ 上的表达式为

$$y = \begin{cases} x - \dfrac{\pi}{2}, & x \in \left[\dfrac{\pi}{2}, \dfrac{3\pi}{2} \right], \\ \dfrac{5\pi}{2} - x, & x \in \left(\dfrac{3\pi}{2}, \dfrac{5\pi}{2} \right]. \end{cases} \quad \text{图像略.}$$

§1.2 数列的极限

1. 略.

2. (1) 2;(2) 0;(3) $+\infty$;(4) 0;(5) -1;(6) 1;(7) $\dfrac{1}{2}$;(8) e^{-1};(9) 1;(10) $\dfrac{1}{1-x}$.

3. $\dfrac{1}{2}$.

4. (1) $\lim\limits_{n \to \infty} x_n = -1$;(2) $\lim\limits_{n \to \infty} x_n = 2$;(3) $\lim\limits_{n \to \infty} x_n = \dfrac{1 + \sqrt{5}}{2}$.

5. $\lim\limits_{n \to \infty} a_n = 0, \lim\limits_{n \to \infty} \dfrac{a_{n+1}}{a_n} = \dfrac{1}{2}$.

6. $\lim\limits_{n \to \infty} \dfrac{x_{n+1}}{x_n} = 2$.

7. $\lim\limits_{n \to \infty} x_n = \dfrac{1 + \sqrt{5}}{2}$.

8. 提示:记 $a_n = \left(1 + \dfrac{1}{n} \right)^n$,证明$\dfrac{a_{n+1}}{a_n} > 1$;记 $b_n = \left(1 + \dfrac{1}{n} \right)^{n+1}$,证明$\dfrac{b_n}{b_{n+1}} > 1$.

9. (1) 提示:$a_n = \sum\limits_{k=1}^{n} \left[\dfrac{1}{k} - \ln\left(1 + \dfrac{1}{k} \right) \right] + \ln\left(1 + \dfrac{1}{n} \right)$;(2) 和(3)提示:考虑 $a_{2n} - a_n$ 并利用

(1) 的结论.

10. (1) 收敛;(2) 收敛;(3) 发散.

§1.3 函数的极限

1. 略.
2. 略.

3. (1) $\dfrac{1}{2}$;(2) $\dfrac{3}{2}$;(3) 1;(4) 2;(5) 2;(6) $\dfrac{3}{4}$;(7) $\sec^2 x$;(8) e^6;

   (9) $e^{-\frac{3}{2}}$;(10) $e^{\frac{1}{3}}$;(11) $\dfrac{3}{2}$;(12) 1;(13) -1;(14) 1.

4. $f(0 + 0) = \dfrac{1}{2}, f(1 - 0) = \sqrt{2} - 1, f(1 + 0) = -1, f(2 - 0) = 2,$

   $f(2 + 0) = 2, f(3 - 0) = \dfrac{3}{2}\sqrt{3}.$

5. $f(0 - 0) = -1, f(0 + 0) = 0, f\left(\dfrac{\pi}{2} - 0 \right) = 0, f\left(\dfrac{\pi}{2} + 0 \right) = 0, f(\pi - 0) = 0, f(\pi + 0) = -1.$

6. 0.

7. $-\dfrac{1}{4}$.

8. $\dfrac{1}{2}\displaystyle\sum_{k=1}^{n} ka_k.$

9. $m = 1, n = -2.$

10. 提示:利用 $xf(x) - 1 \leqslant [xf(x)] \leqslant xf(x).$

11. 提示:对于每个 $x_0 \in (-\infty, +\infty)$,总成立 $f(x_0) = f(x_0 + nT)$,再令 $n \to \infty.$

§1.4　连续函数

1. 略.

2. (1) $x = 0,1$ 为无穷间断点;(2) $x = 1$ 为可去间断点,$x = -1$ 为无穷间断点;

(3) $x = 0$ 为可去间断点,$x = k\pi + \dfrac{\pi}{2}(k \in \mathbf{Z})$ 为可去间断点,$x = k\pi(k \neq 0, k \in \mathbf{Z})$ 为无穷间断点;

(4) $x = 0$ 为振荡间断点;(5) $x = k(k \in \mathbf{Z})$ 为可去间断点;(6) $x = 0$ 为可去间断点.

3. (1) $\dfrac{1}{6}$;(2) -1;(3) 1;(4) $27(\ln 3 - 1)$;(5) e^2;

(6) $\ln a$;(7) 1;(8) e^{-1};(9) $\dfrac{25}{12}$;(10) $\mathrm{e}^{\frac{1}{\ln 4}}.$

4. (1) x^2;(2) x;(3) x^2;(4) $x^2.$

5. $k = \dfrac{3}{4}.$

6. $a = -1, b = \dfrac{1}{1 + \pi}.$

7. 斜渐近线 $y = x + 1$ 和 $y = -x - 1.$

8. 垂直渐近线 $x = -2$ 和 $x = 3$,斜渐近线 $y = x + 1.$

9. 垂直渐近线 $x = 0$,水平渐近线 $y = 0$,斜渐近线 $y = x.$

10. $1.$

11. $\dfrac{a_1^2 + a_2^2 + \cdots + a_n^2}{2}.$

12. 提示:$f(\sqrt{x}) = f(x).$

13. 提示:作函数 $F(x) = f(x + a) - f(x).$

14. 提示:记 f 的周期为 T, a, b 分别为 f 在 $[0, T]$ 上的最大值和最小值点,则 $F(x) = f(x + L) - f(x)$ 满足 $F(a) \cdot F(b) \leqslant 0.$

15. 提示:作函数 $F(x) = f\left(x + \dfrac{1}{n}\right) - f(x)$,注意 $\displaystyle\sum_{k=0}^{n-1} F\left(\dfrac{k}{n}\right) = 0.$

16. 提示:(1) 从 $\displaystyle\lim_{x \to -\infty}\left(x^3 + 2x + \dfrac{1}{n}\right) = -\infty$, $\displaystyle\lim_{x \to +\infty}\left(x^3 + 2x + \dfrac{1}{n}\right) = +\infty$ 可知方程有实根.唯一性可直接用反证法证明;

(2) 证明数列 $\{x_n\}$ 单调增加且有上界.

(3) $0.$

17. 提示:利用介值定理.

18. 提示：证明$\{x_n\}$是单调数列.

19. 提示：(1) 略;(2) 说明函数$F(x) = f(x) - x_0$至少有两个零点,且它们也满足题目要求.

20. 提示：(1) 利用$f(x + \Delta x) - f(x) = f(\Delta x)$;

　　　(2) 先证明对有理数成立$f(x) = f(1)x$.

第二章　一元函数微分学

§2.1　微分与导数的概念

1. 当$\Delta r = 0.1$时,$\Delta S \approx 2\pi r\Delta r \approx 3.14 \text{ cm}^2$;当$\Delta r = 0.2$时,$\Delta S \approx 6.28 \text{ cm}^2$.

2. (1) $\mathrm{d}y = \dfrac{1}{x + 1}\mathrm{d}x$;(2) $\mathrm{d}y = \cos x\mathrm{d}x$.

3. (1) $\mathrm{e}^{\frac{f'(a)}{f(a)}}$;(2) $\mathrm{e}^{\frac{2f'(a)}{f(a)}}$.

4. 0.

5. $f'_-(1) = -\ln 2$,$f'_+(1) = \ln 2$,$f(x)$在$x = 1$处不可导.

6. 切线方程$y = \mathrm{e}x$,法线方程$y - \mathrm{e} = -\dfrac{1}{\mathrm{e}}(x - 1)$.

7. $3A$.

8. 2.

9. 0.

10. (1) $f(x) = kx(x + 2)(x + 4)$;(2) $-\dfrac{1}{2}$.

§2.2　求导运算

1. (1) $f'(x) = \dfrac{2}{x} + 3\sec^2 x$;(2) $f'(x) = \sin x + x\cos x + (x^2 + 2x)\mathrm{e}^x$;

　(3) $f'(x) = \dfrac{1}{(1 + x^2)^{\frac{3}{2}}}$;(4) $f'(x) = 2x\arctan^2 x + 2\arctan x$;

　(5) $f'(x) = \mathrm{e}^{-2x}[(1 - 2x)\sin 4x + 4x\cos 4x]$;

　(6) $f'(x) = -\dfrac{4(1 - x)}{(1 + x)^3}$;(7) $f'(x) = \dfrac{2}{\cos x}$;

　(8) $f'(x) = 5\mathrm{e}^x\sin 2x$;(9) $f'(x) = x^{\mathrm{e}^x}\mathrm{e}^x\left(\ln x + \dfrac{1}{x}\right)$;

　(10) $f'(x) = \dfrac{1}{4}\sqrt[4]{\dfrac{(x + 1)(x + 2)}{(x + 4)(x + 5)}}\left(\dfrac{1}{x + 1} + \dfrac{1}{x + 2} - \dfrac{1}{x + 4} - \dfrac{1}{x + 5}\right)$;

　(11) $f'(x) = \left(\dfrac{\sin x}{x}\right)^{x^2}\left(2x\ln\dfrac{\sin x}{x} + \dfrac{x^2\cos x - x\sin x}{\sin x}\right)$;

　(12) $f'(x) = -(\cos x)^{\frac{1}{x^2}}\left(\dfrac{2\ln\cos x}{x^3} + \dfrac{\tan x}{x^2}\right)$.

2. 略.

3. $a = \dfrac{1}{2e}$.

4. $(1)\ f''(x) = \dfrac{2(\ln x + 1)}{x}$; $(2)\ f''(x) = \dfrac{2}{(1 + x^2)^2}$;

$(3)\ f''(x) = e^{-x}(4\sin 2x - 3\cos 2x)$; $(4)\ f''(x) = e^{-2x}(6x - 12x^2 + 4x^3)$.

5. $(1)\ f^{(n)}(x) = (-1)^{n-1}(n - 1)!\left(\dfrac{1}{(x + 1)^n} - \dfrac{1}{(x - 1)^n}\right)$;

$(2)\ f^{(n)}(x) = \dfrac{1}{2}4^n\cos\left(4x + \dfrac{n}{2}\pi\right)$;

$(3)\ f'(x) = -\dfrac{1}{2}(1 - x)^{-\frac{1}{2}}, f^{(n)}(x) = -\dfrac{(2n - 3)!!}{2^n}(1 - x)^{-\frac{2n-1}{2}}, n = 2, 3, \cdots$;

$(4)\ f^{(n)}(x) = 5^{\frac{n}{2}}e^{-x}\cos(2x + n\varphi)$, 其中 $\sin\varphi = \dfrac{2}{\sqrt{5}}, \cos\varphi = -\dfrac{1}{\sqrt{5}}$.

6. $(1)\ f^{(8)}(0) = -3\,584$; $(2)\ f^{(10)}(x) = \dfrac{8!}{x^9}$.

7. $f^{(n)}(x) = \dfrac{1}{4}\left[2^n\cos\left(2x + \dfrac{n}{2}\pi\right) + 4^n\cos\left(4x + \dfrac{n}{2}\pi\right) + 6^n\cos\left(6x + \dfrac{n}{2}\pi\right)\right]$.

8. $y = e^{f(x)}\left[e^x f'(e^x) + f(e^x)f'(x)\right]$.

9. $2e^3$.

10. -9.

11. $a = -\dfrac{1}{2}, b = 1$.

12. $f'(0) = 0, f'(x) = \begin{cases} 2x\sin\dfrac{1}{x} - \cos\dfrac{1}{x}, & x \neq 0, \\ 0, & x = 0, \end{cases} \lim\limits_{x \to 0} f'(x)$ 不存在.

13. 提示:用数学归纳法.

§2.3 微 分 运 算

1. $(1)\ dy = (2x\tan 2x + 2x^2\sec^2 2x)dx$; $(2)\ dy = -e^{-2x}(2\cos x + \sin x)dx$;

$(3)\ dy = -\dfrac{x}{(1 + x^2)^{\frac{3}{2}}}dx$; $(4)\ dy = \left[2x\ln(1 + x^2) + \dfrac{2x^3}{1 + x^2}\right]dx$;

$(5)\ dy = -\dfrac{1}{\sin x}dx$; $(6)\ dy = \dfrac{1}{2\sqrt{x}(1 + x)}dx$.

2. $(1)\ dy = \dfrac{f'(x)}{2\sqrt{f(x)}}dx$; $(2)\ dy = \dfrac{f'(x)}{f(x)}dx$;

$(3)\ dy = 4xf(x^2)f'(x^2)dx$; $(4)\ dy = \dfrac{2f'(2x)}{1 + f^2(2x)}dx$.

3. $(1)\ \dfrac{dy}{dx} = \dfrac{2y - x}{y - 2x}$; $(2)\ \dfrac{dy}{dx} = \dfrac{1 - y\cos(xy)}{1 + x\cos(xy)}$.

4. $(1)\ \dfrac{d^2y}{dx^2} = \dfrac{e^{2y}(2 - xe^y)}{(1 - xe^y)^3}$; $(2)\ \dfrac{d^2y}{dx^2} = -\dfrac{x + y}{(x + y - 1)^3}$;

$(3)\ \dfrac{d^2 y}{dx^2} = \dfrac{1}{(x-y)^3};\ (4)\ \dfrac{d^2 y}{dx^2} = \dfrac{e^{xy}}{(1-xe^{xy})^3}\big[(y-x)^2 + 2(1-xe^{xy})(ye^{xy}-1)\big].$

5. $-\dfrac{[1-f'(y)]^2 - f''(y)}{x^2[1-f'(y)]^3}.$

6. $x + y = -1$ 和 $x + y = \sqrt[3]{3}$.

7. $y - 3x - 1 = 0.$

8. $0.$

9. $(1)\ \dfrac{d^2 y}{dx^2} = -\dfrac{1}{4}\csc^4\dfrac{t}{2};(2)\ \dfrac{d^2 y}{dx^2} = -\dfrac{1+t^2}{t^3};(3)\ \dfrac{d^2 y}{dx^2} = \dfrac{2}{3(1-t)^3(1+t)}.$

10. $y + \dfrac{2}{e}x = 1.$

11. $(1)\ 0.600\,6;(2)\ 0.874\,7;(3)\ 0.01;(4)\ 2.012\,5.$

12. $\delta_A = 37.70\ \text{cm}^2, \delta_A^* = 0.33\%.$

13. $\delta_R^* = 0.33\%.$

§2.4 微分学中值定理

1. $x_{1,2} = \dfrac{-2 \pm \sqrt{7}}{3} \in (-2,1),$ 使 $f'(x_i) = 0, i = 1,2.$

2. 提示:作函数 $f(x) = x^3 + 3px^2 + 3qx + r$, 证明 $f(x)$ 递增.

3. 提示:作函数 $F(x) = f(x) - x.$

4. 提示:存在 $a_1, a_2 \in (a,b),$ 使 $f(a_i) = 0, i = 1,2.$

5. 提示:利用 Lagrange 中值定理证明. $\lim\limits_{x \to 0+0} \theta(x) = \dfrac{1}{4}, \lim\limits_{x \to +\infty} \theta(x) = \dfrac{1}{2}.$

6. 略.

7. 提示:作函数 $F(x) = f(x)f(1-x).$

8. 提示:作函数 $F(x) = \dfrac{x}{1+x^2} - f(x),$ 证明 F 有最大值点 $x_0 \in (0, +\infty).$

9. 提示:作函数 $F(x) = f(x)e^{g(x)}.$

10. 提示:(1) 用反证法.并利用 Rolle 定理导出矛盾;(2) 作函数 $F(x) = f(x)g'(x) - f'(x)g(x),$ 再应用 Rolle 定理.

11. 提示:对函数 $F(x) = f^2(x)$ 应用 Lagrange 中值定理.

12. $1 + \ln 2.$

13. 提示:(1) 从 $f'(a)f'(b) > 0$ 可推出 f 在 (a,b) 上既取正值也取负值;(2) 考虑函数 $e^{-x}f(x),$ 先证有两点使 $f'(x) - f(x) = 0,$ 再作函数 $F(x) = e^x[f'(x) - f(x)].$

14. 提示:对函数 f 和 $\ln x$ 应用 Cauchy 中值定理.

15. 提示:作函数 $F(x) = f\left(x + \dfrac{b-a}{2}\right) - f(x), x \in \left[a, \dfrac{a+b}{2}\right].$

16. 提示:利用 Lagrange 中值定理先证有两点 $\xi_1 \in (-2,0), \xi_2 \in (0,2)$ 使 $|f'(\xi_i)| \leqslant 1,$ $i = 1,2,$ 再证函数 $F(x) = f^2(x) + [f'(x)]^2$ 在 $[\xi_1, \xi_2]$ 内部取到最大值.

§2.5　L'Hospital 法则

1. (1) $\dfrac{3}{2}$;(2) $\dfrac{1}{2}$;(3) 1;(4) 2;(5) $\dfrac{7}{32}$;(6) 4;(7) $\dfrac{2}{3}$;(8) -2;

   (9) 1;(10) -2;(11) e^{-1};(12) -1;(13) 1;(14) 1;(15) $-\dfrac{e}{2}$;(16) $2\sec^2 x\tan x$;

   (17) $\dfrac{2}{3}$;(18) 1;(19) $e^{\frac{1}{6}}$;(20) $e^{\frac{\ln^2 a-\ln^2 b}{2}}$.

2. $e^{\frac{n+1}{2}e}$.

3. 垂直渐近线:$x=0$;斜渐近线:$y=x+\dfrac{3}{2}$.

4. 提示:由假设可得 $f(1)=1$. 利用 $\lim\limits_{x\to 1}\dfrac{(\ln x)^2}{x-1}=0$ 得 $\lim\limits_{x\to 1}\left[\dfrac{f(x)-f(1)}{x-1}-\dfrac{x^2-1}{x-1}\right]=0$, 因此
   $f'(1)=2$.

5. $a=2,b=-1$.

6. e^{-2}.

7. 提示:(1) $\{x_n\}$ 单调减少;(2) 应用 Stolz 定理.

§2.6　Taylor 公式

1. (1) $\dfrac{1}{\sqrt{(1-x)^3}}=1+3x+\dfrac{15}{8}x^2+\dfrac{35}{16}x^3+\dfrac{315}{128}x^4+o(x^4)$;

   (2) $\dfrac{x}{\sqrt{1+x^2}}=x-\dfrac{1}{2}x^3+o(x^4)$;

   (3) $\sqrt{(1+x)^5}=1+\dfrac{5}{2}x+\dfrac{15}{8}x^2+\dfrac{5}{16}x^3-\dfrac{5}{128}x^4+o(x^4)$.

2. (1) $\ln(2+x)=\ln 2+\dfrac{1}{2}x-\dfrac{1}{8}x^2+\cdots+(-1)^{n-1}\dfrac{1}{n2^n}x^n+o(x^n)$;

   (2) $\ln(2-3x+x^2)=\ln 2-\dfrac{3}{2}x-\dfrac{5}{8}x^2-\cdots-\dfrac{2^n+1}{n2^n}x^n+o(x^n)$;

   (3) $\dfrac{1}{\sqrt{1-x}}=1+\dfrac{1}{2}x+\dfrac{3}{8}x^2+\cdots+\dfrac{(2n-1)!!}{2^n n!}x^n+o(x^n)$;

   (4) $x^2\cos^2 x=x^2-x^4+\cdots+(-1)^{n-1}\dfrac{2^{2n-3}}{(2n-2)!}x^{2n}+o(x^{2n})$.

3. (1) $\tan x=x+\dfrac{1}{3}x^3+o(x^4)$;

   (2) $e^{\frac{x^2}{2}}\cos x=1-\dfrac{1}{12}x^4+o(x^5)$.

4. $x\ln x=(x-1)+\dfrac{1}{2}(x-1)^2-\dfrac{1}{6}(x-1)^3+o((x-1)^3)$.

5. $A=2,B=1,C=\dfrac{5}{4}$.

6. $\sqrt{62} \approx 7.874\,02$,误差 $\left| 8R_2\left(-\dfrac{1}{32} \right) \right| < 0.000\,017$.

7. $\left| R_3\left(\dfrac{1}{4} \right) \right| < 0.000\,21$.

8. $(1)\ -\dfrac{1}{2}\,;(2)\ -\dfrac{1}{4}\,;(3)\ \dfrac{2}{3}\,;(4)\ -\dfrac{1}{2}\,;(5)\ 1\,;(6)\ 2\pi.$

9. 提示:由条件可推出 $f(0) = 0, f'(0) = 1$,再在 $x = 0$ 点应用 Taylor 公式.

10. 提示:对 $f(x) = \mathrm{e}^x$ 在 $x = 1$ 点应用二阶 Taylor 公式.

11. 提示:对 $f(x)$ 在点 x 处用 Taylor 公式.

12. 提示:对 $f(x)$ 在点 x 处用 Taylor 公式,再分别代入 $x - h, x + h$.

13. 提示:对 $f(x)$ 在点 $x = \dfrac{a+b}{2}$ 用 Taylor 公式,再分别代入 $x = a, b$.

14. 提示:对 $f(x_0 + h)$ 写出在点 $x = x_0$ 的 $n + 1$ 阶的带 Peano 余项 Taylor 公式.

15. $f(0) = 0, f'(0) = 0, f''(0) = 4, \lim\limits_{x \to 0}\left(1 + \dfrac{f(x)}{x} \right)^{\frac{1}{x}} = \mathrm{e}^2.$

16. 0.

17. 提示:用 e^x 的带 Lagrange 余项的 Taylor 公式表示 e,并用反证法.

18. 提示:考虑 $P(x)$ 在 $x = a$ 点的 Taylor 公式.

19. 提示:(1) $P_{2n}(x)$ 至多只有负零点. 考虑 e^x 的带 Lagrange 余项的 $2n$ 阶 Taylor 公式,再用反证法.(2) 用反证法,并用 Rolle 定理及 (1) 的结论.

§2.7　函数的单调性和凸性

1. (1) $f(x)$ 在 $(-\infty, -1]$ 和 $[5, +\infty)$ 上分别递增,在 $[-1, 5]$ 上递减,在 $x = -1$ 处取到极大值 13,在 $x = 5$ 处取到极小值 -95;

(2) $f(x)$ 在 $\left(-\infty, -\dfrac{1}{\sqrt{2}} \right]$ 和 $\left(\dfrac{1}{\sqrt{2}}, +\infty \right)$ 上分别递减,在 $\left[-\dfrac{1}{\sqrt{2}}, \dfrac{1}{\sqrt{2}} \right]$ 上递增,在 $x = -\dfrac{1}{\sqrt{2}}$ 处取到极小值 $-\dfrac{1}{\sqrt{2}}\mathrm{e}^{-\frac{1}{2}}$,在 $x = \dfrac{1}{\sqrt{2}}$ 处取到极大值 $\dfrac{1}{\sqrt{2}}\mathrm{e}^{-\frac{1}{2}}$;

(3) $f(x)$ 在 $(-\infty, -2]$ 和 $[0, +\infty)$ 上分别递增,在 $[-2, -1)$ 和 $(-1, 0]$ 上分别递减,在 $x = -2$ 处取到极大值 -4,在 $x = 0$ 处取到极小值 0;

(4) $f(x)$ 在 $[\mathrm{e}^{-1} - 1, +\infty)$ 上递增,在 $(-1, \mathrm{e}^{-1} - 1]$ 上递减,在 $x = \mathrm{e}^{-1} - 1$ 处取到极小值 $-\mathrm{e}^{-1}$.

2. 提示:$(1),(2)$ 略;

(3) 考虑函数 $f(x) = a\ln(a + x) - (a + x)\ln a$ 的单调性;

(4) 考虑函数 $f(x) = \arctan x - \arctan a - \dfrac{x - a}{\sqrt{1 + x^2}\,\sqrt{1 + a^2}}$ 的单调性;

(5) 考虑函数 $f(x) = \cos x(\ln\sin x) - \sin x(\ln\cos x)$ 的单调性.

3. 提示:令 $x = \dfrac{b}{a}$,考虑函数 $f(x) = \ln x - \dfrac{2(x - 1)}{x + 1}$.

4. 提示:考虑函数 $f(x) = \ln^2 x - \dfrac{4}{e^2}x$ 在 $[e, e^2]$ 上的单调性.

5. 略.

6. (1) $f_{max} = f(-3) = 36, f_{min} = f(1) = 4;$

   (2) $f_{min} = f(1) = \dfrac{1}{2};$

   (3) $f_{min} = f(-2) = -9, f_{max} = f\left(-\dfrac{5}{7}\right) = \dfrac{144}{49}\left(\dfrac{2}{7}\right)^{\frac{1}{3}};$

   (4) $f_{min} = f(0) = 3, f_{max} = f(\ln 2) = 4.$

7. $k < 4$ 时无交点; $k = 4$ 时有一个交点; $k > 4$ 时有两个交点.

8. 当 $a \geqslant e^{-e}$ 时,方程有一个实根;当 $a < e^{-e}$ 时,方程有 3 个实根.

9. $a_5 = \dfrac{800}{243}.$

10. 提示:证明 $f(x) = \dfrac{\ln x}{\ln(x-1)}$ 在 $(2, +\infty)$ 上严格单调减少.

11. 最优批量为 70 711 件.

12. 所求点为 $\left(\dfrac{a}{4}, \dfrac{a}{4}\right)$,最大面积为 $\dfrac{a^2}{8}$.

13. $\dfrac{r}{\sqrt{2}}.$

14. (1) 曲线在 $(-\infty, 1]$ 上上凸,在 $[1, +\infty)$ 上下凸,拐点为 $(1, -2);$

    (2) 曲线在 $[0, +\infty)$ 上上凸,在 $(-\infty, 0]$ 上下凸,拐点为 $(0, 0);$

    (3) 曲线在 $(-\infty, -2]$ 上上凸,在 $[-2, +\infty)$ 上下凸,拐点为 $(-2, -2e^{-2});$

    (4) 曲线在 $(-\infty, -\sqrt{3}], [0, \sqrt{3}]$ 上上凸,在 $[-\sqrt{3}, 0], [\sqrt{3}, +\infty)$ 上下凸,拐点为
    $\left(-\sqrt{3}, -\dfrac{\sqrt{3}}{4}\right), (0, 0), \left(\sqrt{3}, \dfrac{\sqrt{3}}{4}\right).$

15. (1) 拐点为 $(1, 4)$; (2) 拐点为 $\left(\pm \dfrac{2a}{\sqrt{3}}, \dfrac{3a}{2}\right).$

16. 略.

17. 提示:若有 $f'(x_0) \neq 0$,利用 Taylor 公式可得
    $$f(x) \geqslant f(x_0) + f'(x_0)(x - x_0).$$
    由此可推出 f 在 $(-\infty, +\infty)$ 上无界,因此 $f'(x) \equiv 0.$

18. 提示:利用中值定理先证明 $\dfrac{f'(x)}{g'(x)} \geqslant \dfrac{f(x) - f(a)}{g(x) - g(a)}(x > a)$,再证明 $\dfrac{f(x) - f(a)}{g(x) - g(a)}$ 的导数非
    负.

19. 提示:用反证法,再考虑 f 在极值点的情况.

20. 提示:取 $x_0 = \displaystyle\sum_{i=1}^{n} \lambda_i x_i \in (a, b)$,利用 Taylor 公式证明
    $$f(x_i) \geqslant f(x_0) + f'(x_0)(x_i - x_0), i = 1, 2, \cdots, n.$$
    再将每个不等式乘上相应的 λ_i 后相加.

21. 提示:(1) 考虑函数 $f(x) = x^p$;(2) 考虑函数 $f(x) = x\ln x$.

第三章　一元函数积分学

§3.1　定积分的概念、性质和微积分基本定理

1. (1) $\int_0^1 x^3 \mathrm{d}x$;(2) $\int_0^1 \frac{x\mathrm{d}x}{1+x^2}$;(3) $\int_0^1 \frac{x\mathrm{d}x}{\sqrt{1+x^2}}$;(4) $\mathrm{e}^{\int_0^1 \ln(1+x)\,\mathrm{d}x}$.

2. (2) 提示:$1 + x^6 \leqslant (1+x^3)^2$.

3. (1) $2\sqrt{1+\tan^4 x}\,\tan x \sec^2 x$;(2) $\dfrac{\ln[1+\ln^2(1+x)]}{1+x} + \ln(1+x^2)$.

4. (1) $\dfrac{1}{3}$;(2) $\dfrac{8}{3}$.

5. (1) $\dfrac{1}{2}$;(2) $\ln 2$;(3) $\sqrt{2}-1$;(4) e.

6. 提示:作函数 $f(x) = \int_0^x \sqrt{1+t^4}\,\mathrm{d}t + \int_{\cos x}^0 \mathrm{e}^{-t^2}\mathrm{d}t$,证明 $f(x)$ 单调.

7. 提示:$\int_{-\frac{1}{a}}^a \left(x + \dfrac{1}{a}\right)(a-x)f(x)\mathrm{d}x \geqslant 0$.

8. 提示:作函数 $F(t) = \int_a^t x f(x)\mathrm{d}x - \dfrac{1}{2}\left(t\int_0^t f(x)\mathrm{d}x - a\int_0^a f(x)\mathrm{d}x\right)$,证明 $F(x)$ 递增.

9. 提示:用 Cauchy 不等式.

10. 提示:记 $c = \dfrac{a+b}{2}$,$\int_a^b |f(x)|\,\mathrm{d}x = \int_a^c |f(x)|\,\mathrm{d}x + \int_c^b |f(x)|\,\mathrm{d}x$,在这两个积分中,分别对 $f(x)$ 用 Lagrange 中值定理.

11. 提示:注意 $f(x) = \int_0^x f'(t)\mathrm{d}t$,$f(x) = \int_1^x f'(t)\mathrm{d}t$ 再分别用 Cauchy 不等式.

12. $a = 1, b = 12, c = -2$.

13. 提示:(1) 用反证法,否则,估计积分 $\int_0^1 \left| x - \dfrac{1}{2} \right| |f(x)|\,\mathrm{d}x$,得 $\int_0^1 \left| x - \dfrac{1}{2} \right|(|f(x)|-4)\mathrm{d}x = 0$;
   (2) 先证明存在 $\xi \in [0,1]$,使得 $|f(\xi)| < 4$.

14. 证明函数 $F(t) = \left[\int_0^t f(x)\mathrm{d}x\right]^2 - \int_0^t f^3(x)\mathrm{d}x$ 在 $[0,1]$ 上满足 $F'(t) \geqslant 0$.

15. 提示:对 $s = \dfrac{|f(x)|}{\left(\int_a^b |f(x)|^p \mathrm{d}x\right)^{\frac{1}{p}}}$ 和 $t = \dfrac{|g(x)|}{\left(\int_a^b |g(x)|^q \mathrm{d}x\right)^{\frac{1}{q}}}$ 应用 Young 不等式后,再将所得不等式在 $[a,b]$ 上取定积分.

16. 提示:(1) 对函数 $F(x) = x^2$,$G(x) = \int_0^x f(t)\mathrm{d}t$ 运用 Cauchy 中值定理;
   (2) 利用 $f(\xi) - f(a) = f'(\eta)(\xi - a)$ $(\eta \in (a,\xi))$ 及(1)的结论.

17. 提示:先证 $\int_{-a}^u (u^2+1)^2 f(x)\mathrm{d}x \leqslant \int_{-a}^u (ux+1)^2 f(x)\mathrm{d}x$,再放大后一个积分.

18. $A = \sin1, B = \dfrac{\cos1 - 1}{2}$.

§3.2 不定积分的计算

1. (1) $\dfrac{2^x 3^{-x}}{\ln2 - \ln3} + c$; (2) $\dfrac{2}{7}x^{\frac{7}{2}} - 2\sqrt{x} + c$; (3) $x - \dfrac{1}{3}x^3 - \arcsin x + c$;

　(4) $\dfrac{1}{2}x^2 + 3x + 3\ln|x| - \dfrac{1}{x} + c$; (5) $\tan x + \sec x - x + c$;

　(6) $\dfrac{x + \sin x}{2} + 3\arctan x + c$.

2. (1) $\dfrac{1}{4}\ln(2x^2 + 5) + c$; (2) $2\ln(x^2 + 2x + 2) - \arctan(x + 1) + c$;

　(3) $\sqrt{x^2 + 4} + \ln(x + \sqrt{x^2 + 4}) + c$; (4) $\dfrac{1}{2}\arcsin^2 x + c$;

　(5) $\dfrac{4}{3}\ln(3e^x + 1) - x + c$; (6) $-\dfrac{1}{3}(1 - x^2)^{\frac{3}{2}} + c$;

　(7) $\dfrac{1}{2}\cos\dfrac{2}{x} + c$; (8) $\ln|\tan x| + c$;

　(9) $\arccos e^{-x} + c$; (10) $\dfrac{2}{5}(x + 1)^{\frac{5}{2}} - \dfrac{2}{3}(x + 1)^{\frac{3}{2}} - \dfrac{2}{5}x^{\frac{5}{2}} + c$;

　(11) $-2\sqrt{4 - \sin^2 x} + c$; (12) $-\dfrac{\sqrt{4x^2 + 1}}{x} + c$;

　(13) $\ln|x + \ln x| + c$; (14) $\dfrac{1}{3}\ln\left|\dfrac{x^3}{x^3 + 1}\right| + c$;

　(15) $\ln\left|x + \sqrt{x + 1}\right| + \dfrac{1}{\sqrt{5}}\ln\left|\dfrac{\sqrt{x + 1} + \dfrac{1 - \sqrt{5}}{2}}{\sqrt{x + 1} + \dfrac{1 + \sqrt{5}}{2}}\right| + c$;

　(16) $\arcsin\sqrt{x} - (2 + \sqrt{x})\sqrt{1 - x} + c$;

　(17) $\arcsin x + \sqrt{1 - x^2} + c$;

　(18) $\ln\left|\dfrac{\sqrt{1 + x} - 1}{\sqrt{1 + x} + 1}\right| + c$;

　(19) $\dfrac{1}{2}\ln\dfrac{x^2}{x^2 + 1} - \dfrac{\arctan x}{x} - \dfrac{1}{2}\arctan^2 x + c$;

　(20) $\dfrac{\sqrt{2}}{4}\ln\left|\dfrac{\sqrt{1 - x^2} - \sqrt{2}}{\sqrt{1 - x^2} + \sqrt{2}}\right| + c$.

3. (1) $\dfrac{3}{8}x - \dfrac{1}{4}\sin2x + \dfrac{1}{32}\sin4x + c$; (2) $\dfrac{1}{4}\ln|\cos2x| + c$;

　(3) $\dfrac{1}{5}x + \dfrac{2}{5}\ln|2\sin x + \cos x| + c$; (4) $x + \cot x - \csc x + c$;

(5) $\dfrac{3}{\sqrt{2}}\arctan(\sqrt{2}\tan x) - 2x + c$；(6) $\dfrac{1}{\sqrt{6}}\ln\left|\dfrac{\tan\dfrac{x}{2} - 1 + \sqrt{6}}{\tan\dfrac{x}{2} - 1 - \sqrt{6}}\right| + c$；

(7) $\dfrac{1}{2}\sec^2 x + \ln|\tan x| + c$；(8) $\dfrac{1}{3}(\tan^3 x - \cot^3 x) + 3(\tan x - \cot x) + c$；

(9) $\dfrac{1}{2}(\sin x - \cos x) + \dfrac{\sqrt{2}}{4}\ln\left|\csc\left(x + \dfrac{\pi}{4}\right) + \cot\left(x + \dfrac{\pi}{4}\right)\right| + c$；

(10) $\dfrac{1}{\sin a}\ln\left|\dfrac{\cos\dfrac{x-a}{2}}{\cos\dfrac{x+a}{2}}\right| + c.$

4. (1) $\left(\dfrac{x}{\ln 2} - \dfrac{1}{\ln^2 2}\right)2^x + c$；(2) $x\arctan x - \dfrac{1}{2}\ln(1 + x^2) + c$；

(3) $\dfrac{1}{16}x^4(4\ln x - 1) + c$；(4) $-\dfrac{\arcsin x}{x} - \ln\left|\dfrac{1 + \sqrt{1 - x^2}}{x}\right| + c$；

(5) $\dfrac{1}{6}x^3 + \dfrac{1}{8}(2x^2 - 1)\sin 2x + \dfrac{1}{4}x\cos 2x + c$；

(6) $-x\cot x + \ln|\sin x| - \dfrac{1}{2}x^2 + c$；

(7) $(\ln\ln x - 1)\ln x + c$；

(8) $\left(x + \dfrac{1}{2}\right)\ln(\sqrt{x} + \sqrt{1 + x}) - \dfrac{1}{2}\sqrt{x^2 + x} + c$；

(9) $\dfrac{1}{8}(2x^3 + x)\sqrt{x^2 + 1} - \dfrac{1}{8}\ln(x + \sqrt{x^2 + 1}) + c$；

(10) $\dfrac{1}{2}\dfrac{\arcsin x}{1 - x^2} - \dfrac{1}{2}\dfrac{x}{\sqrt{1 - x^2}} + c$；

(11) $\dfrac{1}{2}(x + 1)^2\sqrt{\dfrac{x}{x + 1}} - \dfrac{5}{4}(x + 1)\sqrt{\dfrac{x}{x + 1}} + \dfrac{3}{8}\ln\left|\dfrac{1 + \sqrt{\dfrac{x}{x + 1}}}{1 - \sqrt{\dfrac{x}{x + 1}}}\right| + c$；

(12) $\dfrac{1}{3}(x^2 + x + 1)^{\frac{3}{2}} + \dfrac{1}{4}\left(x + \dfrac{1}{2}\right)\sqrt{x^2 + x + 1} + \dfrac{3}{16}\ln\left(x + \dfrac{1}{2} + \sqrt{x^2 + x + 1}\right) + c.$

5. (1) $\dfrac{1}{4}\ln\left|\dfrac{x - 1}{x + 3}\right| + c$；(2) $\dfrac{1}{4}\ln\left|\dfrac{x^2 - 1}{x^2 + 1}\right| + c$；

(3) $\dfrac{1}{4}\ln\left|\dfrac{x^2 - 3}{x^2 - 1}\right| + c$；(4) $\dfrac{1}{2}\ln(x^2 + 1) + 2\arctan x - \dfrac{x + 1}{x^2 + 1} + c$；

(5) $\dfrac{3}{2}\ln|x - 3| - 2\ln|x - 2| + \dfrac{1}{2}\ln|x - 1| + c$；

(6) $\dfrac{x - 3}{4(x^2 - 2x + 5)} + \dfrac{1}{8}\arctan\dfrac{x - 1}{2} + c$；

(7) $\dfrac{1}{6}\ln|x - 1| - \dfrac{4}{15}\ln|x + 2| + \dfrac{1}{20}\ln(x^2 + 1) + \dfrac{3}{10}\arctan x + c$；

(8) $\frac{1}{2}\ln\frac{(x-1)^2}{x^2+1}+\frac{1}{x^2+1}-\arctan x+c.$

6. 提示:考虑两个积分的和及两个积分的差.

$$\int\frac{\sin^3 x}{\sin x+\cos x}dx=\frac{1}{2}x+\frac{1}{8}\cos 2x-\frac{1}{8}\sin 2x-\frac{1}{8}\ln(1+\sin 2x)+c;$$

$$\int\frac{\cos^3 x}{\sin x+\cos x}dx=\frac{1}{2}x+\frac{1}{8}\cos 2x+\frac{1}{8}\sin 2x+\frac{1}{8}\ln(1+\sin 2x)+c.$$

7. $f(x)=\frac{1}{2}\ln^2 x.$

8. $-\frac{3}{2}x-\frac{1}{4}\sin 2x+c.$

9. $f(x)=\frac{1}{\sqrt{2x}(1+x)}.$

10. $\int\max\{1,e^x\}dx=\begin{cases}x+1+c,&x\leqslant 0,\\e^x+c,&x>0.\end{cases}$

11. $f(x)=e^{-\frac{1}{x}}.$ 提示:先说明 f 在 $(0,+\infty)$ 上满足 $\frac{f'(x)}{f(x)}=\frac{1}{x^2}.$

12. $f(x)=e^x.$ 提示:先说明 f 在 $(-\infty,+\infty)$ 上可导,且满足 $f'(x)=f(x).$

13. 提示:说明等式右面函数的导数便是左面的被积函数.

14. $I_n=-\frac{\cos x}{(n-1)\sin^{n-1}x}+\frac{n-2}{n-1}I_{n-2}.$

15. $-\sum\limits_{k=0}^{n-1}\frac{p_n^{(k)}(a)}{k!(n-k)(x-a)^{n-k}}+\frac{p_n^{(n)}(a)}{n!}\ln|x-a|+c.$ 提示:利用 Taylor 公式.

§3.3 定积分的计算

1. (1) $\pi-2$;(2) $\frac{2}{3}\pi$;(3) $\frac{1}{5}(1+2e^\pi)$;(4) $\frac{\pi}{8}$;(5) $\frac{\pi-2}{4}$;(6) $\ln 2-2+\frac{\pi}{2}$;(7) $\frac{\pi}{4}-\frac{\pi^2}{32}$

   $-\frac{1}{2}\ln 2$;(8) $\frac{3}{8}\sqrt{2}-\frac{1}{8}\ln(1+\sqrt{2}).$

2. (1) $\ln(1+\ln 2)$;(2) $\frac{\pi}{12}+\sqrt{3}-\sqrt{2}$;(3) $\sqrt{2}\ln(1+\sqrt{2})$;(4) $\frac{\sqrt{2}\pi}{8}+\frac{1}{\sqrt{2}}-1$;

   (5) $-\frac{\sqrt{e-1}}{e}+\frac{\pi}{2}-\arcsin e^{-\frac{1}{2}}$;(6) $\frac{\pi-1}{4}$;(7) $\frac{\sqrt{2}\pi}{4}$;(8) $\frac{2}{15}.$

3. (1) $\frac{17}{6}$;(2) $2(e-1)$;(3) 1;(4) $\frac{4}{3}$;(5) 0;(6) 3.

4. (1) $I_n=2^{2n}\frac{(n!)^2}{(2n+1)!}$;(2) $I_n=2\sum\limits_{k=1}^{n}\frac{1}{2k-1}.$

5. $\frac{1}{2}.$

6. 略.

7. $\frac{7}{3}-e^{-2}.$

8. $f(x) = \sin x + \dfrac{4}{1 - 2\pi}$.

9. 提示：$f(k) = \displaystyle\int_{k-1}^{k} f(k)\,\mathrm{d}x \leqslant \int_{k-1}^{k} f(x)\,\mathrm{d}x$.

10. (1) 提示：先作变换 $x = a + b - t$，证明 $\displaystyle\int_a^b f(x)\,\mathrm{d}x = \int_a^b f(a + b - x)\,\mathrm{d}x$；

$\quad$ (2) $\displaystyle\int_0^\pi \frac{x\sin x}{1 + \cos^2 x}\,\mathrm{d}x = \frac{\pi^2}{4}, \int_0^{\frac{\pi}{2}} \frac{1}{1 + \tan^a x}\,\mathrm{d}x = \frac{\pi}{4}$.

11. 提示：对 $F(x) = \displaystyle\int_a^x f(t)\,\mathrm{d}t$ 和 $G(x) = \displaystyle\int_a^x g(t)\,\mathrm{d}t$ 应用 Cauchy 中值定理.

12. 提示：(1) 对等式右面的积分运用分部积分法；(2) 利用(1) 的结论.

13. 提示：对函数 $F(x) = \mathrm{e}^{-x}\displaystyle\int_a^x f(t)\,\mathrm{d}t$ 应用 Rolle 定理.

14. 提示：将 $f(x)$ 分别在 $x = 0, 1$ 点展开成二阶 Taylor 公式，再分别取积分，并对 $f''(x)$ 运用介值定理.

15. 提示：将 $[0, \pi]$ n 等分，注意，存在 $\xi_k \in \left[\dfrac{k}{n}\pi, \dfrac{k+1}{n}\pi\right]$，使得

$$\int_{\frac{k}{n}\pi}^{\frac{k+1}{n}\pi} |\sin nx|\, f(x)\,\mathrm{d}x = f(\xi_k) \int_{\frac{k}{n}\pi}^{\frac{k+1}{n}\pi} |\sin nx|\,\mathrm{d}x.$$

16. 提示：作函数 $F(x) = \displaystyle\int_0^x g(t)f'(t)\,\mathrm{d}t + \int_0^1 f(t)g'(t)\,\mathrm{d}t - f(x)g(1)$，证明 $F'(x) \leqslant 0$，因此 $F(\alpha) \geqslant F(1) = 0$.

17. 提示：f 在点 $x = 1$ 取 $[0, +\infty)$ 上的最大值.

18. 提示：(1) 对 $a\omega(x) \leqslant x\omega(x) \leqslant b\omega(x)$ 在 $[a, b]$ 上取定积分；

$\quad$ (2) 对于点 $x_0 = \displaystyle\int_a^b x\omega(x)\,\mathrm{d}x$，由 Taylor 公式可得

$$f(x) \geqslant f(x_0) + f'(x_0)(x - x_0), x \in [a, b].$$

因此

$$\omega(x)f(x) \geqslant f(x_0)\omega(x) + f'(x_0)[x\omega(x) - x_0\omega(x)], x \in [a, b].$$

在 $[a, b]$ 上取定积分便可得结论.

19. $f(x) = \dfrac{1}{2}\arctan\sqrt{1 + 2\tan^2 x} - \dfrac{\pi}{8}$. 提示：对所给表达式求导.

20. 提示：(1) 直接验证；(2) 利用 Leibniz 公式直接计算；(3) 应用分部积分法便知 $\displaystyle\int_0^\pi f(x)\sin x\,\mathrm{d}x$ 为整数；进一步，当 $0 \leqslant x \leqslant \pi = \dfrac{a}{b}$ 时成立 $0 \leqslant f(x) \leqslant \dfrac{\pi^n}{n!}\left(\dfrac{a}{4}\right)^n (n = 1, 2, \cdots)$，从而可得出正数 $\displaystyle\int_0^\pi f(x)\sin x\,\mathrm{d}x = 0$ 这个矛盾.

21. (1) 略；(2) 提示：利用 $f(x)$ 的凸性，分别证明 $\displaystyle\int_a^{x_0} f(x)\,\mathrm{d}x < y_0(x_0 - x_1)$ 和 $\displaystyle\int_{x_0}^b f(x)\,\mathrm{d}x < y_0(x_2 - x_0)$.

§3.4　定积分的应用

1. $\dfrac{32}{3}$.

2. $\dfrac{4}{3}$.

3. 3.

4. $3\pi a^2$.

5. $\dfrac{\pi}{2} - 1$.

6. $\dfrac{5}{4}\pi$.

7. $\pi a^2 \left(1 + \dfrac{4}{3}\pi^2 \right)$.

8. $V_x = 6\pi^2$, $V_y = 4\pi^2$.

9. $5\pi^2 a^3$.

10. $\dfrac{8}{3}\pi$.

11. $V_x = 2\pi a^3$.

12. （1）$\ln \dfrac{1 + \sqrt{2}}{e^{-2} + \sqrt{e^{-4} + 1}} + \sqrt{1 + e^4} - \sqrt{2}$;（2）$e - e^{-1}$;（3）$2\pi^2 a$;

　　（4）$\pi \sqrt{1 + 4\pi^2} a + \dfrac{a}{2}\ln(2\pi + \sqrt{1 + 4\pi^2})$.

13. （1）$K = \dfrac{2}{25}\sqrt{5}$;（2）$K = \dfrac{\sqrt{2}}{24}$.

14. （1）$K = \dfrac{2x^3}{(2x^4 - 2x^2 + 1)^{\frac{3}{2}}}$, $R = \dfrac{(2x^4 - 2x^2 + 1)^{\frac{3}{2}}}{2x^3}$;

　　（2）$K = \dfrac{6 \mid x \mid}{[1 + 9(x^2 + 1)^2]^{\frac{3}{2}}}$, $R = \dfrac{(1 + 9(x^2 + 1)^2)^{\frac{3}{2}}}{6 \mid x \mid}$;

　　（3）$K = \dfrac{2 + \theta^2}{a(1 + \theta^2)^{\frac{3}{2}}}$, $R = \dfrac{a(1 + \theta^2)^{\frac{3}{2}}}{2 + \theta^2}$;

　　（4）$K = \dfrac{1}{4a \left| \sin \dfrac{t}{2} \right|}$, $R = 4a \left| \sin \dfrac{t}{2} \right|$.

15. 在点 $\left(\dfrac{1}{\sqrt{2}}, -\dfrac{1}{2}\ln 2 \right)$ 处曲率最大,曲率圆方程为 $(x - 2\sqrt{2})^2 + \left(y + \dfrac{3}{2} + \dfrac{1}{2}\ln 2 \right)^2 = \dfrac{27}{4}$.

16. （1）$2\pi[\sqrt{2} + \ln(1 + \sqrt{2})]$;（2）$\dfrac{64}{3}\pi a^2$;（3）$2\pi a^2(2 - \sqrt{2})$.

17. $\dfrac{\pi}{6}$.

18. $S(1) = \dfrac{2}{3}$ 为最大值, $S\left(\dfrac{1}{4}\right) = \dfrac{1}{4}$ 为最小值.

19. (1) 上凸; (2) 切点为 $(2,3)$, 切线方程为 $y = x + 1$; (3) $\dfrac{7}{3}$.

20. (1) $V_1 = \dfrac{4\pi}{5}(32 - a^5)$, $V_2 = \pi a^4$; (2) $a = 1$ 时取最大值, 最大值为 $\dfrac{129}{5}\pi$.

21. (1) $\dfrac{1}{2}\mathrm{e} - 1$; (2) $\dfrac{\pi}{6}(5\mathrm{e}^2 - 12\mathrm{e} + 3)$.

22. $\dfrac{1}{6}ah^2 g$.

23. $(2\rho - 1)H\pi g R^3$.

24. (1) $\left(0,0, -\dfrac{2aGM}{r(a^2 + r^2)^{\frac{3}{2}}}\right)$; (2) $\left(0,0, -\dfrac{2aGM}{r^2}\left(\dfrac{1}{a} - \dfrac{1}{\sqrt{a^2 + r^2}}\right)\right)$;

    (3) $\left(0,0, \dfrac{2mGM}{r^2}\left(\dfrac{2a + l}{\sqrt{(a + l)^2 + r^2} + \sqrt{a^2 + r^2}} - 1\right)\right)$.

§3.5　反常积分

1. (1) $\dfrac{\ln 4}{3}$; (2) 0; (3) 1; (4) $\dfrac{3}{32}\pi^2$; (5) $\dfrac{1}{72}\pi^2$; (6) 1; (7) $\dfrac{1}{2}\ln\dfrac{2 + \sqrt{5}}{1 + \sqrt{2}}$; (8) $\dfrac{\pi - 2}{2}$; (9) 0;

    (10) $\ln 2$.

2. (1) 收敛; (2) 发散; (3) 收敛; (4) 收敛; (5) 收敛; (6) 发散.

3. (1) $\dfrac{4}{3}$; (2) $\dfrac{3}{2}\pi$; (3) $-\dfrac{5}{4}$; (4) $-\dfrac{\pi}{2}$.

4. (1) 收敛; (2) 发散; (3) 收敛; (4) 发散.

5. (1) $\dfrac{3}{2}(\sqrt[3]{4} - 1)$; (2) 0.

6. (1) $\dfrac{1}{3}\Gamma\left(\dfrac{2}{3}\right)$; (2) $\dfrac{1}{\ln^3 2}\Gamma(3)$.

7. (1) $\dfrac{1}{6}\sqrt{\dfrac{\pi}{3}}$; (2) $\dfrac{1}{3}$.

8. (1) $\dfrac{5}{2^{12}}\pi$; (2) $\dfrac{3\sqrt{2}}{64}\pi$; (3) $\dfrac{\pi}{2\sqrt{2}}$; (4) $\dfrac{\pi}{n\sin\dfrac{\pi}{n}}$.

9. $\dfrac{\pi}{4}$.

10. $a = b = 2(\mathrm{e} - 1)$.

11. 提示: 函数 f 单调增加, 并利用 $f(x) = f(1) + \displaystyle\int_1^x f'(t)\mathrm{d}t$ 说明 f 的上界.

12. 提示: 对 $\displaystyle\int_1^A \sin x^2 \mathrm{d}x = \int_1^A \dfrac{1}{x}\mathrm{d}\left(-\dfrac{\cos x^2}{2}\right)$ 进行分部积分, 指出 $A \to +\infty$ 时它的极限存在.

13. 提示: 令 $ax - \dfrac{b}{x} = t$.

14. 提示:由假设可得 $\int_x^{2x} f(t)\,\mathrm{d}t \leqslant xf(x) \leqslant 2\int_{\frac{x}{2}}^x f(t)\,\mathrm{d}t.$

15. $\dfrac{1}{1+k}\left(\sqrt{\dfrac{1+k}{1-k}}\right)^{\alpha}\dfrac{\pi}{\sin\frac{\alpha}{2}\pi}.$ 提示:利用万能代换、B 函数与 Γ 函数的关系.

16. $\dfrac{\sqrt{\pi}}{2}.$

第四章　空间解析几何

§4.1　向量的内积、外积与混合积

1. (1) 3;(2) -11;(3) -190;(4) $\arccos\left(-\dfrac{11}{21}\right)$;(5) $(-16,-8,0)$;(6) 0.

2. 20.

3. $\dfrac{5\sqrt{3}}{2}.$

4. 提示:将向量写成坐标形式,再利用向量的线性相关性质.

5. $3\sqrt{2}.$

6. $2x+y+3z=0.$

7. 提示:直接验证. 几何意义:平行四边形两对角线长度的平方和等于相邻边长的平方和的两倍.

8. 4.

9. 3.

10. 共面.

11. (1) 不等价;(2) 不等价;(3) 等价.

12. 提示:利用 $|(a\times b)\cdot c|\leqslant \|a\|\cdot\|b\|\cdot\|c\|.$

§4.2　平面和直线

1. $2x-z=0.$

2. $9x-y+3z-16=0.$

3. $x-4=y+1=z-2.$

4. $\dfrac{x-3}{3}=\dfrac{y+2}{-2}=\dfrac{z-7}{7}.$

5. $\begin{cases} 4x+3y+z-5=0, \\ 2x+y-5z+15=0. \end{cases}$

6. $x+2y+5z-9=0.$

7. $x-2y+z=0.$

8. $z-x-1=0.$

9. $x-2y-2z+2=0.$

10. $\dfrac{x-3}{7} = \dfrac{y-3}{-3} = \dfrac{z+1}{-2}$.

11. $x + y - z - 1 = 0$.

12. $\dfrac{4\sqrt{61}}{7}$.

13. 共面,平面为 $9x + 5y - 2z - 20 = 0$.

14. $x + 3y = 0$ 或 $3x - y = 0$.

15. $\arccos\dfrac{17}{70}\sqrt{14}$.

16. 3.

17. $\dfrac{x}{3} = \dfrac{y}{-2} = \dfrac{z-1}{1}$.

18. (1) $\dfrac{x}{a} - \dfrac{y}{b} - \dfrac{z}{c} + 1 = 0$;(2) 提示:直接计算.

19. 提示:利用点到平面的距离公式.

20. 提示:作过其中一条直线且平行于另一条直线的平面,并利用点到平面的距离公式.

§4.3　曲面、曲线和二次曲面

1. 相交,交点为 $(3,7,-6)$.

2. $\dfrac{4x^2}{9} - y^2 + \dfrac{2z^2}{9} = 1$.

3. $x^2 + y^2 + 3z^2 = 9$.

4. $(x-a)^2 + y^2 = z^2$.

5. $\dfrac{x^2}{a^2} + \dfrac{y^2}{a^2} - \dfrac{z^2}{c^2} = 0$.

6. $\begin{cases} 5y^2 - 8y + x^2 - 12 = 0, \\ z = 0. \end{cases}$

7. $\begin{cases} (y^2 + z^2)^2 = 32(z^2 - y^2), \\ x = 0. \end{cases}$

8. $\begin{cases} x = -1 + \sqrt{2}\cos t, \\ y = 1 + 2\sin t, \qquad t \in [0, 2\pi). \\ z = 7 - 4\sqrt{2}\cos t + 4\sin t, \end{cases}$

9. $40x^2 - 9y^2 - 9z^2 - 160x + 160 = 0$.

10. $(l^2 + m^2 + n^2)(ax + by + cz)^2 = (al + bm + cn)^2(x^2 + y^2 + z^2)$.

11. $4x^2 - (y - z)^2 - 1 = 0$.

12. 当 $t < 0$ 时,为单叶双曲面;当 $t = 0$ 时,为锥面;当 $t > 0$ 时,为双叶双曲面.

13. $\begin{cases} x = u\cos v, \\ y = \dfrac{1}{2}u\sin v, \quad u \in [0, +\infty), v \in [0, 2\pi). \\ z = u^2 - 1, \end{cases}$

14. $(3,4,-2)$ 和 $(6,-2,2)$.

15. $(1)\ x^2 + y^2 = 2z^2 - 2z + 1;(2)\ \dfrac{2}{3}\pi.$

16. $(1)\ \Sigma_1$ 的方程:$\dfrac{x^2}{4} + \dfrac{y^2 + z^2}{3} = 1,\Sigma_2$ 的方程:$(x - 4)^2 - 4y^2 - 4z^2 = 0;$

    $(2)\ \pi.$

第五章　　多元函数微分学

§5.1　多元函数的极限与连续

1. 略.

2. $(1)\ 0;(2)$ 不存在;$(3)\ 0;(4)$ e.

3. (1) 不连续;(2) 连续.

4. $(1)\ \dfrac{1}{x} - \dfrac{1 - \pi x}{\arctan x};(2)\ \pi.$

5. 提示:利用有界闭区域上连续函数的最大最小值定理.

§5.2　偏导数、全微分、方向导数和梯度

1. $(1)\ \dfrac{\partial z}{\partial x} = \dfrac{y}{x^2 + y^2},\dfrac{\partial z}{\partial y} = -\dfrac{x}{x^2 + y^2};$

    $(2)\ \dfrac{\partial z}{\partial x} = y^2(1 + xy)^{y-1},\dfrac{\partial z}{\partial y} = (1 + xy)^y\left[\ln(1 + xy) + \dfrac{xy}{1 + xy}\right];$

    $(3)\ \dfrac{\sqrt{2}}{2}(\ln 2 - 1);$

    $(4)\ \dfrac{2}{x^2 + y^2 + z^2}(x\mathrm{d}x + y\mathrm{d}y + z\mathrm{d}z);$

    $(5)\ 2e\mathrm{d}x + (e + 2)\mathrm{d}y;$

    $(6)\ 4\mathrm{d}x - 2\mathrm{d}y.$

2. (1) 连续;(2) 可偏导;(3) 不连续;(4) 可微.

3. $f'_x(1,0) = 2,f'_y(1,0) = 1.$

4. $\dfrac{\pi}{4}.$

5. $(1)\ (2,2);(2)\ \dfrac{14}{5}.$

6. 提示:通过计算验证.

7. $(2 - x)\sin y - \dfrac{1}{y}\ln|1 - xy| + y^2.$

8. $\dfrac{\partial z}{\partial x} = \dfrac{|y|}{x^2 + y^2},\dfrac{\partial^2 z}{\partial x^2} = -\dfrac{2x|y|}{(x^2 + y^2)^2},\dfrac{\partial^2 z}{\partial y\partial x} = \begin{cases} \dfrac{x^2 - y^2}{(x^2 + y^2)^2}, & y > 0, \\[2mm] \dfrac{y^2 - x^2}{(x^2 + y^2)^2}, & y < 0. \end{cases}$

9. 提示:直接验证.

10. 提示:直接验证.

11. $f(x,y) = \dfrac{1}{2}(x^2 y + xy^2) + c_1 x + c_2 y + c_3$, c_1,c_2,c_3 是任意常数.

12. 0.

13. 大约减少 5cm.

14. $f(t) = \dfrac{1}{25}e^{5t} + c_1 t + c_2$, 其中 c_1,c_2 为任意常数.

§5.3 复合函数和隐函数的微分法

1. $\dfrac{y^2 - e^x}{\cos y - 2xy}$.

2. $\mathrm{d}z = \mathrm{d}x + \dfrac{z - x}{(z - x)^2 + y^2 + y}\mathrm{d}y$.

3. $\dfrac{\partial u}{\partial x} = -\dfrac{xu + yv}{x^2 + y^2}, \dfrac{\partial u}{\partial y} = \dfrac{xv - yu}{x^2 + y^2}$.

4. $\dfrac{\partial z}{\partial x} = \dfrac{x}{x^2 + y^2}\arctan\dfrac{y}{x} - \dfrac{y}{2(x^2 + y^2)}\ln(x^2 + y^2)$,

$\dfrac{\partial z}{\partial y} = \dfrac{y}{x^2 + y^2}\arctan\dfrac{y}{x} + \dfrac{x}{2(x^2 + y^2)}\ln(x^2 + y^2)$.

5. $-4xyf_{11}'' + 2(x^2 - y^2)e^{xy}f_{12}'' + xye^{2xy}f_{22}'' + e^{xy}(1 + xy)f_2'$.

6. $\dfrac{\partial z}{\partial x} = \dfrac{z}{x + z}, \dfrac{\partial^2 z}{\partial x^2} = -\dfrac{z^2}{(x + z)^3}, \dfrac{\partial^2 z}{\partial x \partial y} = \dfrac{xz^2}{y(x + z)^3}$.

7. 提示:对方程取微分,利用微分的形式不变性.

8. 提示:利用隐函数求导法直接验证.

9. $a = 3$.

10. $\dfrac{\partial w}{\partial u} = 0$.

11. $F(x,y) = c_1(x^2 + y^2) + c_2, c_1, c_2$ 是任意常数.

12. 提示:$\dfrac{\partial^2 z}{\partial x^2} + \dfrac{\partial^2 z}{\partial y^2} = 4(x^2 + y^2)\dfrac{\partial^2 f}{\partial \xi^2} + \dfrac{\partial^2 f}{\partial \eta^2}$.

13. $x^2 + y^2$.

14. 提示:对 $f(tx,ty,tz) = t^n f(x,y,z)$ 关于 t 求二阶导数,再令 $t = 1$.

15. $-\dfrac{g'(v)}{g^2(v)}$.

16. $\dfrac{\partial f}{\partial x} - \dfrac{y}{x}\dfrac{\partial f}{\partial y} + \left[1 - \dfrac{e^x(x - z)}{\sin(x - z)}\right]\dfrac{\partial f}{\partial z}$.

17. $\dfrac{\partial u}{\partial x} = \dfrac{\partial f}{\partial x}, \dfrac{\partial u}{\partial y} = \dfrac{D(f,g,h)}{D(y,z,t)}\bigg/\dfrac{D(g,h)}{D(z,t)}$.

§5.4 可 微 映 射

1. $\begin{pmatrix} -1 & 0 \\ 0 & -1 \\ 0 & 1 \end{pmatrix}.$

2. $\begin{pmatrix} \dfrac{4uy + xv}{2(x^2 + y^2)} & \dfrac{4vy + xu}{2(x^2 + y^2)} \\ \dfrac{4ux - yv}{2(x^2 + y^2)} & \dfrac{4vx - uy}{2(x^2 + y^2)} \end{pmatrix}.$

3. (1) 略;

   (2) $f = (x + C_1, y + C_2, z + C_3)^{\mathrm{T}}, C_1, C_2, C_3$ 是任意常数;

   (3) $f = \left(\int p(x)\,\mathrm{d}x, \int q(y)\,\mathrm{d}y, \int r(z)\,\mathrm{d}z \right)^{\mathrm{T}}.$

4. $\begin{pmatrix} 2r & 0 \\ 2r\cos 2\theta & -2r^2\sin 2\theta \\ r\sin 2\theta & r^2\cos 2\theta \end{pmatrix}.$

5. $(1 - r^2)^{-\frac{5}{2}}.$

§5.5 Taylor 公式

1. $8 - 3(x - 1) + 11(y - 2) + (x - 1)^2 - 3(x - 1)(y - 2) + 4(y - 2)^2.$
2. $1 + (x - 1) - (y - 1) - (x - 1)(y - 1) + (y - 1)^2 + (x - 1)(y - 1)^2 - (y - 1)^3.$
3. $x^2 - y^2.$
4. $-x - \dfrac{1}{2}x^4 - \dfrac{1}{2}x^2 y^2; \dfrac{\partial^2 f}{\partial x \partial y}(0,0) = 0; \dfrac{\partial^4 f}{\partial x^4}(0,0) = -12.$
5. 提示:利用 Taylor 公式.
6. $1 + 2(x - 1) - (y - 1) - 8(x - 1)^2 + 10(x - 1)(y - 1) - 3(y - 1)^2.$

§5.6 偏导数的几何应用

1. 切线方程:$x - \dfrac{1}{4} = y - \dfrac{1}{3} = z - \dfrac{1}{2}$;法平面方程:$x + y + z - \dfrac{13}{12} = 0.$

2. $2x + y - 4 = 0.$

3. $2x + 2y - z - 2 = 0.$

4. $\begin{cases} x - y - 2 = 0, \\ z = 0. \end{cases}$

5. $6x + y + 2z - 5 = 0$ 或 $10x + 5y + 6z - 5 = 0.$

6. $\dfrac{\sqrt{6}}{12}\pi a.$

7. $x + y - z = 0.$

8. (1) $2x + 2y + z - 4 = 0$ 或 $2x + 2y + z + 4 = 0$;(2) $\dfrac{1}{3}.$

9. $3x - 9y - 12z + 17 = 0$.

10. $\dfrac{\pi}{3}$.

11. 略.

12. 略.

13. 提示:平行于常向量 (b, a, c).

14. 提示:求出切平面方程.

15. 提示:利用例 $5.6.13$ 的方法.

§5.7 极 值

1. $f(3, 2) = 108$ 为极大值.

2. $f(-1, -1) = f(1, 1) = -2$ 为极小值.

3. $z(0, 0) = 0$ 为最小值; $z(\pm 1, 0) = z(0, \pm 1) = 1$ 为最大值.

4. $z = 1$ 为极小值; $z = 3$ 为极大值;

5. 最小值: $\dfrac{1}{a^2 + b^2 + c^2}$.

6. $z(3, -4) = -75$ 为最小值; $z(-3, 4) = 125$ 为最大值.

7. 长半轴为 $\sqrt{3}$,短半轴为 1.

8. 1.

9. 最远点: $(-5, -5, 5)$;最近点 $(1, 1, 1)$.

10. 棱长为 a 的正方体.

11. $\dfrac{\pi ab}{C} \sqrt{A^2 + B^2 + C^2}$.

12. $\left(\dfrac{1}{2}, -\dfrac{1}{2}, 0 \right)$.

13. 利用 Lagrange 乘数法.

14. 提示:椭球面的中心在原点,考虑原点到椭球面的点的距离的平方.

15. 提示:对于每个固定的 $x \geq 1$,函数 $f(y) = x\ln x - x + e^y - xy$ 的最小值在 $y = \ln x$ 处取到.

第六章 多元函数积分学

§6.1 二 重 积 分

1. $\dfrac{\pi}{2}(a + b)r^2$.

2. 提示:考虑二重积分 $\displaystyle\iint\limits_{[a, b] \times [a, b]} [f(x) - f(y)]^2 \mathrm{d}x\mathrm{d}y$.

3. 提示:考虑二重积分 $\displaystyle\iint (x - y)[f(x) - f(y)]\mathrm{d}x\mathrm{d}y$.

4. $\dfrac{A^2}{2}$.

5. 提示:交换积分次序.

6. (1) $\dfrac{1}{2}$; (2) $\dfrac{\pi}{2}-1$; (3) $\dfrac{a^3}{16}\Big(\dfrac{\pi}{2}-1\Big)$; (4) $\dfrac{\pi}{2}+\dfrac{22}{9}$; (5) $\dfrac{\pi ab}{4}(a^2+b^2)$;

    (6) $\dfrac{\pi}{4}-\dfrac{1}{3}$; (7) $\dfrac{1}{4}(e-1)$; (8) $\dfrac{75}{4}$; (9) $\dfrac{45}{32}\pi a^4$; (10) $\dfrac{a^4 b^5}{840 c^6}$.

7. (1) 4; (2) $\dfrac{1}{6}-\dfrac{1}{3e}$; (3) $\dfrac{1}{2}\sin 1$.

8. $\dfrac{2}{3}f'(0)$.

9. $\dfrac{19}{4}+\ln 2$.

10. $\dfrac{\pi a^2}{4}$.

11. $\dfrac{2\pi abc}{3}$.

12. $\dfrac{4}{27}$.

13. $f'_y(0,0)$(提示:先交换积分次序,再用 L'Hospital 法则).

14. $\dfrac{49}{20}$.

15. $\dfrac{\pi}{4e}$(提示:作极坐标变换).

16. $(1-\cos 2)^2$.

§6.2 三重积分

1. $\dfrac{1}{2}(1-\cos 1)$.

2. (1) $\dfrac{1}{8}$; (2) $2\pi e^2$; (3) $\dfrac{\pi}{8}$; (4) $\dfrac{\pi^2 abc}{4}$; (5) $\dfrac{16}{3}\pi$; (6) $\dfrac{\pi abc}{20}(a^2+b^2+4c^2)$;

    (7) $\pi\Big(2-\dfrac{3}{2}\ln 3\Big)$.

3. $\dfrac{\pi}{5}a^5\Big(18\sqrt{3}-\dfrac{97}{6}\Big)$.

4. $\dfrac{ab+bc+ca}{15(a+b)(b+c)(c+a)}R^5$.

5. $\dfrac{28}{15}\pi$.

6. $\dfrac{1}{3}\pi$.

7. 提示:取 f 的一个原函数 F,则

$$\int_0^1 \mathrm{d}x\int_0^x \mathrm{d}y\int_0^y f(x)f(y)f(z)\,\mathrm{d}z = \int_0^1 f(x)\,\mathrm{d}x\int_0^x f(y)\big[F(y)-F(0)\big]\mathrm{d}y$$

$$= \int_0^1 f(x) \, dx \int_0^x [F(y) - F(0)] \, d[F(y) - F(0)].$$

8. 分别利用球坐标和极坐标变换将问题中的三重积分和二重积分化为定积分,再分别对(1)、(2) 讨论一元函数的单调性问题.

§6.3 重积分的应用

1. (1) $\dfrac{\pi a^3}{12}$;(2) $\dfrac{\pi^2 a^3}{4}$;(3) $\dfrac{5}{12}\pi abc(3 - \sqrt{5})$.

2. (1) $2a^2$;(2) 24π;(3) $\dfrac{a^2}{9}(20 - 3\pi)$.

3. (1) $\left(0, 0, \dfrac{9}{10}a\right)$;(2) $\dfrac{4}{15}\pi a^5$.

4. $I_{xy} = \dfrac{4}{15}\pi abc^3, I_{yz} = \dfrac{4}{15}\pi a^3 bc, I_{zx} = \dfrac{4}{15}\pi ab^3 c$.

5. $(0, 0, 2\pi G\rho h(1 - \cos\alpha))$,其中 G 为引力常数.

6. $\dfrac{4\pi R^3}{3r_0}$.

7. (1) $\dfrac{\pi}{4}$;(2) $\ln\dfrac{2e}{1 + e}$.

8. $\dfrac{3\cos y^3 - 2\cos y^2}{y}$.

9. (1) $\pi\ln\dfrac{\alpha + \sqrt{\alpha^2 - 1}}{2}$;(2) 0.

10. 提示:利用积分号下求导定理直接验证.

§6.4 两类曲线积分

1. (1) $\dfrac{2}{3}p^2(2\sqrt{2} - 1)$;(2) $\dfrac{5}{8}\pi a^3$;(3) $\dfrac{\sqrt{3}}{2}(1 - e^{-2\pi})$;

   (4) $\dfrac{a^2}{256\sqrt{2}}\left(100\sqrt{38} - 72 - 17\ln\dfrac{25 + 4\sqrt{38}}{17}\right)$.

2. $4l$.

3. (1) 0;(2) 0;(3) -4;(4) $2\pi a^2(\cos\alpha - \sin\alpha)$.

4. ap.

5. $\left(\dfrac{\sqrt{3}}{3}a, \dfrac{\sqrt{3}}{3}b, \dfrac{\sqrt{3}}{3}c\right)$.

6. 提示:利用两类曲线积分的关系将所求积分化为第一类曲线积分计算.

§6.5 两类曲面积分

1. (1) $2\sqrt{3}$;(2) $\dfrac{149}{30}\pi$;(3) $\dfrac{64}{15}\sqrt{2}a^4$;(4) $\dfrac{\pi h^4}{2}\cos^2\alpha\sin\alpha$.

2. $2\pi R^2$.

3. $R = \dfrac{4}{3}a$.

4. 提示:作正交变换 $\begin{cases} u = k(ax + by + cz), \\ v = a_1 x + b_1 y + c_1 z, \\ w = a_2 x + b_2 y + c_2 z, \end{cases}$ 其中 $k = \dfrac{1}{\sqrt{a^2 + b^2 + c^2}}$,则

$$\iint\limits_{\Sigma} f(ax + by + cz)\, \mathrm{d}S = \iint\limits_{u^2 + v^2 + w^2 = 1} f(u\sqrt{a^2 + b^2 + c^2})\, \mathrm{d}S.$$

5. (1) 0;(2) πR^4;(3) $40\pi \mathrm{e}^{81}$;(4) $\dfrac{4}{3}(a + b)\pi R^3$;(5) $\dfrac{\pi^2 R}{2}$.

6. $4\pi R^3$.

7. $\dfrac{2\pi}{15}(6\sqrt{3} + 1)$.

8. $\dfrac{4}{3}\pi R^4 \rho_0$.

§6.6　Green 公式及其应用

1. a^2.

2. (1) $\dfrac{25}{6}$;(2) $\dfrac{\pi}{2}a^2(b - a) + 2a^2 b$;(3) π;(4) $5\pi a^2$.

3. $\dfrac{3}{2} - \mathrm{e}\sin 1$.

4. $\dfrac{1}{3}$.

5. 原函数为 $\dfrac{1}{2\sqrt{2}}\arctan\dfrac{3x - y}{2\sqrt{2}y} + c$,$c$ 是任意常数.

6. $a = -1, b = -1. \ u(x,y) = \dfrac{x - y}{x^2 + y^2} + c$($c$ 是任意常数).

7. $Q(x,y) = x^2 + 2y - 1$.

8. (1) 略;(2) $I = \dfrac{c}{d} - \dfrac{a}{b}$.

9. (1) 提示:作一条环绕原点的适当定向的简单曲线 l_0,使其两不同端点都在 C 上,且将 C 分割为与之同向的两段曲线 C_1 和 C_2,则

$$\oint_C \dfrac{f(y)\,\mathrm{d}x + 2xy\,\mathrm{d}y}{2x^2 + y^4} = \oint_{l_0 + C_1} \dfrac{f(y)\,\mathrm{d}x + 2xy\,\mathrm{d}y}{2x^2 + y^4} - \oint_{l_0 - C_2} \dfrac{f(y)\,\mathrm{d}x + 2xy\,\mathrm{d}y}{2x^2 + y^4} = 0;$$

(2) $f(x) = -x^2$.

10. 提示:(1) 利用 Green 公式;(2) 利用(1) 的结论.

11. 提示:先对二重积分进行极坐标变换,再设法将关于 θ 的积分化为曲线积分,并利用 Green 公式.

§6.7 Gauss 公式和 Stokes 公式

1. $(1)\ \dfrac{\pi}{8}; (2)\ \dfrac{8}{3}\pi R^3(a+b+c); (3)\ \pi; (4)\ \pi a^2-\dfrac{\pi}{6}a^3; (5)\ 2\pi a^2 b; (6)\ \dfrac{25\pi}{3}.$

2. $(1)\ \dfrac{2}{5}\pi; (2)\ 2\pi; (3)\ 4\pi; (4)\ -\pi a^2; (5)\ -24.$

3. $16\pi.$

4. $\dfrac{4\pi}{\sqrt{abc}}.$

5. $4\pi abc$(提示:将所求积分化为第二类曲面积分).

6. $a^3\left(2-\dfrac{a^2}{6}\right).$

7. 提示:利用 $0=\displaystyle\iint\limits_{\partial\Omega} u\mathrm{d}y\mathrm{d}z+u\mathrm{d}z\mathrm{d}x+u\mathrm{d}x\mathrm{d}y=\iiint\limits_{\Omega}\left(\dfrac{\partial u}{\partial x}+\dfrac{\partial u}{\partial y}+\dfrac{\partial u}{\partial z}\right)\mathrm{d}x\mathrm{d}y\mathrm{d}z$ 证明在 Ω 上成立 $\dfrac{\partial u}{\partial x}=\dfrac{\partial u}{\partial y}$

   $=\dfrac{\partial u}{\partial z}=0.$

§6.8 场　　论

1. $\mathrm{div}\,\boldsymbol{v}=6xz+2y+3xy; \mathbf{rot}\boldsymbol{v}=(3xz+3x)\boldsymbol{i}+(3x^2-3yz)\boldsymbol{k}+(-3z-2)\boldsymbol{k}.$

2. 提示:直接验证.

3. 提示:先证成立 $\displaystyle\lim_{x^2+y^2\to+\infty} f(x,y)=+\infty$ 或 $-\infty$,再考虑函数 $f(x,y)-(ax+by)$ 的最值问题.

4. 势函数 $U=\dfrac{1}{3}(x^3+y^3+z^3)-2xyz+c,c$ 是任意常数.

5. 当 Σ 所围区域不含有原点时,$I=0$;当 Σ 所围区域含有原点时,$I=4\pi.$

6. 提示:利用 Green 公式.

7. 提示:用反证法.若在 D 上有点使 $u(x,y)<0$,此时,可知在 D 的内部必有 u 的最小值点 $(x_0,$ $y_0)$(也是极小值点),且 $u(x_0,y_0)<0$,则函数 $U(x)=u(x,y_0)$ 在点 x_0 取极小值,因此 $U''(x_0)=u''_{xx}(x_0,y_0)\geqslant 0.$ 同理 $u''_{yy}(x_0,y_0)\geqslant 0$,因此 $ku(x_0,y_0)=u''_{xx}(x_0,y_0)+u''_{yy}(x_0,y_0)\geqslant 0$,便得出矛盾.

8. 提示:直接计算验证.

9. 提示:直接计算验证.

10. (1) 略$;(2)\ \dfrac{1}{\sqrt{3}}(k_1+k_2+k_3)\pi.$

11. $\dfrac{\pi}{5}.$

12. 提示:考虑原函数.

13. $\dfrac{\pi}{6}.$

第七章   级   数

§7.1   数 项 级 数

1. （1）收敛,和为 $\dfrac{1}{4}$;（2）收敛,和为 $\dfrac{1}{2}\sin 2$.

2. 略.

3. 提示:利用 Cauchy 收敛准则.

4. （1）收敛;（2）发散;（3）收敛;（4）收敛;（5）收敛;（6）发散;（7）收敛;（8）发散;（9）收敛;（10）收敛;（11）收敛;（12）发散;（13）收敛;（14）收敛.

5. （1）当 $0<\beta<1$ 时,收敛;当 $\beta>1$ 时,发散;当 $\beta=1$ 时,若 $\alpha<-1$,收敛,若 $\alpha\geqslant-1$,发散;
   （2）收敛;（3）当 $p>\dfrac{1}{3}$ 时,收敛;当 $0<p\leqslant\dfrac{1}{3}$ 时,发散;（4）当 $\alpha>\dfrac{1}{2}$ 时,收敛;当 $0<\alpha\leqslant\dfrac{1}{2}$ 时,发散;（5）发散;（6）当 $x>1$ 时,收敛;当 $0\leqslant x\leqslant1$ 时,发散(提示:利用 Raabe 判别法).

6. 提示:可由已知条件化为与级数 $\displaystyle\sum_{n=1}^{\infty}\dfrac{1}{n^p}$ 比较.

7. 提示:分 $\{x_n\}$ 趋于 $+\infty$ 或不趋于 $+\infty$ 两种情况讨论.

8. 略.

9. 提示:对 $\mathrm{e}^{\frac{1}{n}}-1$ 应用 Taylor 公式.

10. 提示:（1）$\displaystyle\sum_{k=1}^{n}k(x_k-x_{k+1})=\sum_{k=1}^{n}x_k-nx_{n+1}\leqslant\sum_{k=1}^{n}x_k$;（2）利用（1）中提示的式子可得 $\displaystyle\lim_{n\to\infty}nx_n=a$,再讨论;（3）利用（2）的结论及比较判别法;（4）利用 $\dfrac{2n}{\dfrac{1}{x_1}+\dfrac{1}{x_2}+\cdots+\dfrac{1}{x_{2n}}}\leqslant 2x_n$ 和
   $\dfrac{2n+1}{\dfrac{1}{x_1}+\dfrac{1}{x_2}+\cdots+\dfrac{1}{x_{2n+1}}}\leqslant 2x_n$.

11. （1）发散;（2）发散;（3）条件收敛;（4）绝对收敛;
   （5）当 $0<p\leqslant1$ 时条件收敛,当 $p>1$ 绝对收敛;
   （6）当 $0<a\leqslant1$ 时条件收敛,当 $a>1$ 时,绝对收敛;
   （7）绝对收敛;
   （8）当 $x<-1$ 或 $x>-\dfrac{1}{3}$ 时绝对收敛,其他情形发散;
   （9）当 $\max\{|x|,|y|\}<1$ 时绝对收敛,其他情形发散;
   （10）当 $x>0$ 时绝对收敛;当 $x\leqslant0$ 时发散.

12. （1）发散;（2）收敛.

13. （1）收敛;（2）收敛.

14. 收敛.

15. 提示:$\dfrac{|\sin a_n|}{\sqrt{n^2+\lambda^2}}\leqslant\dfrac{|a_n|}{\sqrt{n^2+\lambda^2}}\leqslant\dfrac{1}{2}\left(a_n^2+\dfrac{1}{n^2+\lambda^2}\right)$.

16. 提示:利用 Leibniz 判别法.

17. 绝对收敛.

18. 提示:考虑级数的部分和.

19. 提示:记 $G(x) = \int_0^x g(nt)\,\mathrm{d}t, M = \max\limits_{x \in [0,1]} |g(x)|, M_1 = \max\limits_{x \in [0,1]} |f'(x)|$,则由 $\int_0^1 g(x)\,\mathrm{d}x = 0$

可得 $G(1) = 0$. 由分部积分法可推知 $|a_n| = \left| -\int_0^1 G(x)f'(x)\,\mathrm{d}x \right| \leqslant M_1 \int_0^1 |G(x)|\,\mathrm{d}x$. 再估

计 $G(x) = \dfrac{1}{n}\int_0^{nx} g(u)\,\mathrm{d}u$,可得 $|G(x)| \leqslant \dfrac{1}{n}M$. 因此 $a_n^2 \leqslant \dfrac{1}{n^2}(M_1 M)^2$.

20. 收敛. 提示: $\displaystyle\sum_{n=1}^{\infty} \dfrac{(-1)^{[\sqrt{n}]}}{n} = \sum_{k=1}^{\infty} (-1)^k \left(\dfrac{1}{k^2} + \dfrac{1}{k^2+1} + \cdots + \dfrac{1}{(k+1)^2 - 1} \right)$.

21. 提示: $f(0) = 0, f'(0) = a > 0$,因此在 $x = 0$ 附近有 $f'(x) > 0$. 再说明当 n 充分大时,数列 $\left\{ f\left(\dfrac{1}{n}\right) \right\}$ 单调减少趋于零.

22. 提示: $\displaystyle\sum_{n=1}^{\infty} a_n$ 与 $\displaystyle\sum_{n=1}^{\infty} b_n$ 的 Cauchy 乘积 $\displaystyle\sum_{n=1}^{\infty} c_n$ 的一般项 $c_n = (-1)^{n+1} \displaystyle\sum_{i+j=n+1} \dfrac{1}{\sqrt{i \cdot j}}$.

§7.2 幂 级 数

1. (1) $R = 1$,收敛域: $[-1,1)$;　　　　(2) $R = 3$,收敛域: $(-2,4)$;

(3) $R = \sqrt{2}$,收敛域: $(-\sqrt{2}, \sqrt{2})$;　　(4) $R = \dfrac{1}{4}$,收敛域: $\left(-\dfrac{1}{4}, \dfrac{1}{4} \right)$;

(5) $R = \dfrac{8}{27}$,收敛域: $\left(\dfrac{46}{27}, \dfrac{62}{27} \right)$;　　(6) $R = 1$,收敛域: $[-1,1)$.

2. (1) $\dfrac{1}{(1+x)^2}, x \in (-1,1)$;　　(2) $\begin{cases} \dfrac{x}{(1-x)^2} - \dfrac{\ln(1-x)}{x} - 1, & x \in (-1,1) \text{ 且 } x \neq 0, \\ 0, & x = 0; \end{cases}$

(3) $\mathrm{e}^x(x^3 + 4x^2 + 2x), x \in (-\infty, +\infty)$;

(4) $-\left(\dfrac{x-2}{3} \right)^2 \arctan \dfrac{x-2}{3}, x \in [-1,5]$.

3. (1) $\dfrac{8}{27}$; (2) $\mathrm{e}\ln\dfrac{\mathrm{e}}{\mathrm{e}-1}$; (3) $2 + \dfrac{\sqrt{\mathrm{e}}}{2}$; (4) $\dfrac{\pi - 2}{4}$.

4. (1) $-\displaystyle\sum_{n=0}^{\infty} (n+3)x^n, x \in (-1,1)$;

(2) $\ln 3 + \dfrac{x^3}{3} + \displaystyle\sum_{n=1}^{\infty} \dfrac{(-1)^n(2n-1)!!}{3^{2n+1}(2n)!!(2n+1)} x^{6n+3}, x \in [-\sqrt[3]{3}, \sqrt[3]{3}]$;

(3) $\displaystyle\sum_{n=1}^{\infty} \dfrac{1}{4n+1} x^{4n+1}, x \in (-1,1)$;

(4) $\displaystyle\sum_{n=0}^{\infty} \dfrac{1}{(4n)!} x^{4n}, x \in (-\infty, +\infty)$.

5. (1) $\dfrac{1}{2} \displaystyle\sum_{n=0}^{\infty} (-1)^n \left[\dfrac{1}{(2n)!}\left(x + \dfrac{\pi}{3} \right)^{2n} + \dfrac{\sqrt{3}}{(2n+1)!}\left(x + \dfrac{\pi}{3} \right)^{2n+1} \right], x \in (-\infty, +\infty)$;

(2) $\sum\limits_{n=0}^{\infty}(-1)^n\left[\dfrac{3}{2^{n+1}}-\dfrac{2}{3^{n+1}}\right](x-5)^n,x\in(3,7)$.

6. $f'(0)=1,f^{(2n+1)}(0)=[(2n-1)!!]^2,f^{(2n)}(0)=0,n=1,2,\cdots$.

7. $f^{(2n-1)}(-2)=0,f^{(2n)}(-2)=(-1)^{n-1}\dfrac{(2n)!}{n},n=1,2,\cdots$.

8. 提示:利用 Cauchy 乘积.

9. $f(x)=1+\sum\limits_{n=1}^{\infty}\dfrac{2(-1)^n}{1-4n^2}x^{2n}\,(x\in[-1,1]),\sum\limits_{n=1}^{\infty}\dfrac{(-1)^n}{1-4n^2}=\dfrac{\pi}{4}-\dfrac{1}{2}$.

10. $\begin{cases}\dfrac{1}{2x}\ln\dfrac{1+x}{1-x}-\dfrac{1}{1-x^2}, & x\in(-1,1)\text{ 且 }x\neq0,\\[2mm] 0, & x=0;\end{cases}$

11. $4\sin\dfrac{x}{4},x\in(-\infty,+\infty)$.

12. 收敛域:$x\in(-1,1)$,和函数:$\ln(1+x^2)+\dfrac{2x^2}{1+x^2},x\in(-1,1)$.

13. (1) $x>0$;(2) $|x-1|>\dfrac{1}{2}$.

14. $S_1=\dfrac{1}{2},S_2=1-\ln2$.

15. (1) 提示:将$[0,1]$上的连续函数 $F(x)=\begin{cases}f(x)+f(1-x)+\ln x\cdot\ln(1-x), & x\in(0,1)\\ f(1), & x=0,1\end{cases}$

　　 在$(0,1)$上的导数展开为幂级数可得 $F'(x)\equiv0\,(x\in(0,1))$,于是 $F(x)\equiv F(1)=f(1)$

　　 $=\dfrac{\pi^2}{6}$;

　　 (2) $\dfrac{\pi^2}{12}-\dfrac{1}{2}\ln^22$. 提示:将$\dfrac{1}{x-2}\ln x=-\dfrac{1}{2}\sum\limits_{n=0}^{\infty}\dfrac{1}{2^n}x^n\ln x$ 在$[0,1]$上逐项积分得$\int_0^1\dfrac{1}{x-2}\ln x\mathrm{d}x$

　　 $=f\left(\dfrac{1}{2}\right)$. 在(1)中取 $x=\dfrac{1}{2}$ 便可计算出$f\left(\dfrac{1}{2}\right)$.

16. 0. 244 99.

17. 0. 312 3.

18. 提示:考虑幂级数 $\sum\limits_{n=0}^{\infty}\dfrac{(-1)^n}{4n+1}x^{4n+1}$.

19. 提示:将$\dfrac{1+x^2}{1+x^4}$展开为 Maclaurin 级数,再逐项积分.

§7.3 Fourier 级数

1. $\dfrac{4}{\pi}\sum\limits_{n=1}^{\infty}\dfrac{1}{(2n-1)^2}\cos(2n-1)x$.

2. $\dfrac{1}{4}(\mathrm{e}^2-\mathrm{e}^{-2})+\sum\limits_{n=1}^{\infty}\left[\dfrac{2(-1)^n(\mathrm{e}^2-\mathrm{e}^{-2})}{4+n^2\pi^2}\cos\dfrac{n\pi x}{2}+\dfrac{(-1)^{n+1}n\pi(\mathrm{e}^2-\mathrm{e}^{-2})}{4+n^2\pi^2}\sin\dfrac{n\pi x}{2}\right]$.

3. $f(x)=\dfrac{18\sqrt{3}}{\pi}\sum\limits_{n=1}^{\infty}(-1)^{n+1}\dfrac{n}{9n^2-1}\sin nx,x\in(-\pi,\pi)$.

4. $f(x) = \dfrac{11}{12} + \dfrac{1}{\pi^2} \sum\limits_{n=1}^{\infty} \dfrac{(-1)^{n+1}}{n^2} \cos 2n\pi x, x \in \left[-\dfrac{1}{2}, \dfrac{1}{2}\right].$

5. $f(x) = \dfrac{1}{3} - \dfrac{4}{\pi^2} \sum\limits_{n=1}^{\infty} \dfrac{1+(-1)^n}{n^2} \cos \dfrac{n\pi}{2} x, \ x \in [0,2].$

6. $f(x) = \dfrac{4}{\pi^2} \sum\limits_{n=1}^{\infty} \dfrac{(-1)^{n+1}}{(2n-1)^2} \sin(2n-1)\pi x, x \in [0,1].$

7. $f(x) = 1 - \dfrac{\pi^2}{3} + 4 \sum\limits_{n=1}^{\infty} \dfrac{(-1)^{n+1}}{n^2} \cos nx; \ \sum\limits_{n=1}^{\infty} \dfrac{(-1)^{n+1}}{n^2} = \dfrac{\pi^2}{12}.$

8. $-\dfrac{1}{4}.$

9. $\dfrac{3}{8}.$

10. $\dfrac{2}{3}\pi.$

11. 提示:将 $|\sin x|$ 展开为 Fourier 级数.

12. $A_0 = a_0, A_n = \dfrac{a_n \sinh h}{nh}, B_n = \dfrac{b_n \sinh h}{nh} (n = 1, 2, \cdots).$

13. $a_0 = \dfrac{2\alpha}{\pi}, \ a_n = \dfrac{2\sin n\alpha}{\pi n}, \ b_n = 0 \ (n = 1, 2, \cdots).$

$$\sum_{n=1}^{\infty} \dfrac{\sin^2 n\alpha}{n^2} = \dfrac{(\pi - \alpha)\alpha}{2}, \ \sum_{n=1}^{\infty} \dfrac{\cos^2 n\alpha}{n^2} = \dfrac{\pi^2 - 3\pi\alpha + 3\alpha^2}{6}.$$

第八章　常微分方程

§8.1　一阶常微分方程

1. (1) $y = C(2+x)(1-2y);$ 　　　(2) $\ln|y| = \dfrac{1}{4}\ln\left|\dfrac{x}{4-x}\right| + C;$

(3) $\dfrac{x^2 + y^2}{x + y} = C;$ 　　　(4) $y = x\arcsin Cx;$

(5) $\ln(y+2) + 2\arctan\dfrac{y+2}{x-3} = C;$ 　　(6) $xe^y - y^2 = C;$

(7) $\dfrac{1}{2}x^2\cos^2 y - x + y^3 = C;$ 　　(8) $\dfrac{1}{2}\ln(x^2 + y^2) + y^4 = C;$

(9) $\dfrac{1}{\sqrt{x^2 + y^2}} - \dfrac{y}{\sqrt{x^2 + y^2}} = C;$ 　(10) $y = \dfrac{1}{2}x^2 e^{-x^2} + Ce^{-x^2};$

(11) $y = e^{-\frac{1}{x}}(e^x + C);$ 　　(12) $x = \dfrac{1}{2}y^2 + Cy^3;$

(13) $x = \dfrac{C}{y} + y\ln y;$ 　　(14) $x^2 = y^2(C - y^2);$

(15) $y = \left[\dfrac{x^2(x^2-2) + C}{8(x^2-1)}\right]^2;$ 　　(16) $xy = e^{cx};$

(17) $y^2 = x^2(C - 4\sin x)$;　　　　　　(18) $\sin^2 y = \mathrm{e}^{2\sqrt{1+x^2}}[C + \ln(x + \sqrt{1 + x^2})]$;

(19) $x^2 y^2 + 1 = Cy$;　　　　　　　(20) $y = x\tan(x + C) - x^2$.

2. (1) $(\ln y)^2 = (\ln x)^2$;　　　　　　(2) $\sin\dfrac{y}{x} = \dfrac{1}{2}x$;

(3) $y + \sqrt{y^2 - x^2} = x^2$;　　　　(4) $\ln(x + y) + \dfrac{x}{x + y} = 0$;

(5) $y = -(x - 1)^2$;　　　　　　　(6) $y = (x + 1)\cos x$;

(7) $2x\sin y = \sin^2 y + \dfrac{3}{4}$;　　　　(8) $\ln x = (x - 1)\cos y$.

3. $\varphi(x) = -2\cos^2 x$；全微分方程的通解：$y = C\sec^2 x$.

4. $\varphi(x) = -\dfrac{2}{x(2 + \ln^2 x)}$.

5. $f(x) = x\sqrt{\dfrac{2}{x^2 + 1}}$.

6. $f(x) = \mathrm{e}^{x^2} - 1$.

7. 满足的方程：$y' + 2y = x^2\mathrm{e}^{-2x}$；通解：$y = \left(\dfrac{1}{3}x^3 + C\right)\mathrm{e}^{-2x}$.

8. 提示：必要性：直接验证. 充分性：令 $\dfrac{\partial u}{\partial y} = v$，则从 $u\dfrac{\partial^2 u}{\partial x \partial y} = \dfrac{\partial u}{\partial x}\dfrac{\partial u}{\partial y}$ 可得 $u\dfrac{\partial v}{\partial x} - v\dfrac{\partial u}{\partial x} = 0$，从而 $\dfrac{\partial}{\partial x}\left(\dfrac{v}{u}\right) = 0$，于是 $\dfrac{\partial u}{\partial y} = u\varphi(y)$.

9. 收敛域：$(-\infty, +\infty)$；和函数 $-\dfrac{x^2}{2} + \mathrm{e}^{\frac{x^2}{2}} - 1$（提示：和函数满足微分方程 $y' - xy = \dfrac{x^3}{2}$）.

10. (1) $y' + 2y = 4\mathrm{e}^{2x}$; (2) $\varphi(x) = \mathrm{e}^{2x} - \mathrm{e}^{-2x}$.

11. $f(x) = \dfrac{2}{3\mathrm{e}^{-x} - \mathrm{e}^x}$.

12. $y(x) = x^{-a}\displaystyle\int_0^x f(t)t^{a-1}\mathrm{d}t$, $\displaystyle\lim_{x\to 0}y(x) = \dfrac{f(0)}{a}$.

13. $y = 2x\mathrm{e}^x - 1 + (1 - 2\mathrm{e})x$（提示：$\dfrac{x}{2}(y - 1) - \displaystyle\int_0^x y\mathrm{d}x = (x^2 - 2x + 2)\mathrm{e}^x$）.

14. $6\ln 3$.

15. $10\left(\dfrac{3}{5}\right)^6 \mathrm{km/h}$.

16. (1) $t = \varphi^2(y) - 4$; (2) $x = 2\mathrm{e}^{\frac{\pi}{6}y}$.

17. $y = \dfrac{h}{2}\left[\left(\dfrac{x}{h}\right)^{1-\frac{a}{b}} - \left(\dfrac{x}{h}\right)^{1+\frac{a}{b}}\right], 0 \leqslant x \leqslant h$.

§8.2　二阶线性微分方程

1. (1) $y = C_1\mathrm{e}^{-4x} + C_2\mathrm{e}^{2x}$;

(2) $y = \mathrm{e}^{-2x}(C_1\cos\sqrt{2}x + C_2\sin\sqrt{2}x)$.

(3) $y = C_1\mathrm{e}^x + C_2\mathrm{e}^{-x} + C_3\cos x + C_4\sin x$;

(4) $y = C_1 + C_2 x + (C_3 + C_4 x)\mathrm{e}^x$;

(5) $y = C_1 + C_2\mathrm{e}^{-x} + \dfrac{2}{3}x^3 - 2x^2 + 5x$;

(6) $y = C_1\mathrm{e}^{-x} + C_2\mathrm{e}^{-2x} + \left(\dfrac{3}{2}x^2 - 3x\right)\mathrm{e}^{-x}$;

(7) $y = \mathrm{e}^x(C_1\cos 2x + C_2\sin 2x) - \dfrac{1}{4}x\mathrm{e}^x\cos 2x$;

(8) $y = C_1\cos x + C_2\sin x + x + \dfrac{1}{2}x\sin x$;

(9) $y = \mathrm{e}^x(C_1\cos x + C_2\sin x) + \dfrac{1}{4}\mathrm{e}^x(x\cos x + x^2\sin x)$;

(10) $y = C_1\cos x + C_2\sin x + \dfrac{1}{4}x\sin x + \dfrac{1}{16}\cos 3x$;

(11) $y = C_1 x + C_2 x^3$;

(12) $y = x(C_1\cos\ln x + C_2\sin\ln x) + x\ln x$;

(13) $y = (2x - 1)\left[C_1 + \dfrac{1}{6}\ln\left(x - \dfrac{1}{2}\right)\right] + \dfrac{C_2}{(2x-1)^2} + \dfrac{1}{8}$.

2. (1) $y = \mathrm{e}^{2x}\sin 3x$;   (2) $y = \mathrm{e}^x - \mathrm{e}^{-x} + \mathrm{e}^x(x^2 - x)$;

(3) $y = x\mathrm{e}^x - \mathrm{e}^x + \cos x + 2\sin x - 2x\cos x$;   (4) $y = \mathrm{e}^{2x} - \mathrm{e}^{3x} + x\mathrm{e}^{-x}$.

3. $y = C_1\mathrm{e}^x + C_2(2x + 3)\mathrm{e}^{-x}$.

4. $y = (C_1 + C_2 x)\mathrm{e}^{-x} + x\mathrm{e}^{-x}\ln|x|$.

5. $y'' - 2y' + 2y = 0$.

6. $y''' + y'' - y' - y = 0$.

7. $y = 2x + \sqrt{1 - x^2}$.

8. $f(x) = \mathrm{e}^{2x} - \sin x$; $(2\mathrm{e}^{2\pi} + 1)\pi - 2$.

9. $f(x) = C_1\mathrm{e}^x + C_2\mathrm{e}^{-x}$.

10. (1) $y'' - y = \sin x$; (2) $y = \mathrm{e}^x - \mathrm{e}^{-x} - \dfrac{1}{2}\sin x$.

11. $y = \begin{cases} \sqrt{\pi^2 - x^2}, & -\pi < x < 0, \\ \pi\cos x + \sin x - x, & 0 \le x < \pi. \end{cases}$

12. 提示:先用常数变易法给出解的表达式.

13. (1) 提示:将 $S(x)$ 的幂级数的表达式代入所给方程,再比较系数;(2) $S(x) = x\mathrm{e}^{x^2}$.

14. 1.05km.

15. 2.29s.

16. $s(t) = \dfrac{mg}{k}(\sin\alpha - \mu\cos\alpha)t - \dfrac{m}{k}(\mathrm{e}^{-\frac{k}{m}t} - 1)\left[v_0 - \dfrac{mg}{k}(\sin\alpha - \mu\cos\alpha)\right]$ (g 为重力加速度). 提

示:s 满足方程 $m\dfrac{\mathrm{d}^2 s}{\mathrm{d}t^2} = mg\sin\alpha - \mu mg\cos\alpha - k\dfrac{\mathrm{d}s}{\mathrm{d}t}$.

§8.3 可降阶的微分方程

1. (1) $y = x\arctan x - \dfrac{1}{2}\ln(1 + x^2) + C_1 x + C_2$；　　(2) $y = C_1 e^x - \dfrac{1}{2}x^2 - x + C_2$；

   (3) $y = C_2 \pm \arcsin C_1 e^{-x}\,(C_1 > 0)$；　　(4) $y = \dfrac{1}{2}\int[\,e^{x^2 + C_1} - e^{-(x^2 + C_1)}\,]dx + C_2$；

   (5) $y = \arcsin(C_2 e^x) + C_1$；　　(6) $y = \mathrm{sh}(x + C_1) + C_2 x + C_3$；

   (7) $\dfrac{1}{C_1}\ln\dfrac{y}{y + C_1} = x + C_2\,(C_1 \neq 0)$；　　(8) $y^2 = C_1 x^4 + C_2$.

2. (1) $y = \dfrac{1}{2}(x\sqrt{1 - x^2} + \arcsin x) + 1$；　　(2) $y = \ln\mathrm{ch}x$；

   (3) $y = \sqrt{x + 1}$；　　(4) $y = \dfrac{2}{3}x^{\frac{3}{2}} + \dfrac{1}{3}$；

   (5) $y = 2 - \sqrt{1 - 2x}$.

3. $f(x) = C_1\ln x + C_2$.

4. $\dfrac{2}{3}x^3 + x^2 + \dfrac{10}{3}$.

5. (1) $y_n(x) = \dfrac{1}{n + 1}x^{n+1} - \dfrac{1}{n}x^n + \dfrac{1}{n(n + 1)}\,(n = 2, 3, \cdots)$；

   (2) 级数 $\displaystyle\sum_{n=2}^{\infty} y_n(0)\ln n$ 收敛.

6. 若取 y 轴通过绳索最低点,且铅直向上. 取 x 轴为水平向右,且在绳索之下,则绳索的方程为
$y = a\,\mathrm{ch}\dfrac{x}{a}$,其中 a 为原点与绳索最低点的距离.

7. $\dfrac{1}{2k}\ln\left(1 + \dfrac{k}{g}v_0^2\right) \approx 15.\,1\mathrm{m}$.

参 考 文 献

[1] 白红,吴勃英等.工科数学分析学习指导.科学出版社,2004

[2] 陈纪修,於崇华,金路.数学分析(第二版).高等教育出版社,2004

[3] 陈绍菱,傅若男.空间解析几何习题试析.北京师范大学出版社,1984

[4] 陈文灯,黄先开.考研数学复习指南.世界图书出版公司,2009

[5] 陈兆斗、郑连存等.大学数学竞赛习题精讲.清华大学出版社,2010

[6] 陈仲.高等数学竞赛题解析.东南大学出版社,2008

[7] 龚成通,李红英,王刚.高等数学例题与习题(第二版).华东理工大学出版社,2005

[8] 国防科学技术大学数学竞赛指导组.大学数学竞赛指导.清华大学出版社,2009

[9] 华东师范大学数学系.数学分析(第四版).高等教育出版社,2010

[10] 华东师范大学数学系几何教研室.解析几何习题集.华东师范大学出版社,1981

[11] 韩云瑞.高等数学典型题精讲.大连理工大学出版社,2001

[12] 贺才兴.高等数学解题方法与技巧.上海交通大学出版社,2011

[13] 黄宣国.空间解析几何.复旦大学出版社,2004

[14] 金路.微积分(第二版).北京大学出版社,2015

[15] 金路,童裕孙,於崇华,张万国.高等数学(第四版).高等教育出版社,2016

[16] 李忠,周建莹.高等数学简明教程.北京大学出版社,1998

[17] 廖玉麟,廖志芳等.高等数学试题精选题解(第二版).华中科技大学出版社,2001

[18] 林源渠,方企勤.数学分析解题指南.北京大学出版社,2003

[19] 楼红卫.微积分进阶.科学出版社,2009

[20] 裴礼文.数学分析中的典型问题与方法(第二版).高等教育出版社,1993

[21] 钱祥征.常微分方程解题方法.湖南科学技术出版社,1984

[22] 石建城.高等数学例题与习题集(第二版).西安交通大学出版社,2002

[23] 孙振绮等.工科数学分析例题与习题.机械工业出版社,2004

[24] 同济大学高等数学教研室.高等数学习题精编(全解).同济大学出版社,2001

［25］同济大学数学系.高等数学(第六版).高等教育出版社,2007

［26］王明春.高等数学导学与典型题解析.天津大学出版社,2009

［27］伍卓群,李勇.常微分方程.高等教育出版社,2004

［28］谢惠民,恽自求等.数学分析习题课讲义.高等教育出版社,2004

［29］严守权.微积分习题集.中国人民大学出版社,2004

［30］杨小远,邢家省.工科数学分析习题及题解集.机械工业出版社,2010

［31］姚允龙.数学分析(第二版).大学数学学习方法指导丛书,复旦大学出版社,2007

［32］张万国.高等数学(第二版).大学数学学习方法指导丛书,复旦大学出版社,2007

［33］周建莹,李正元.高等数学解题指南.北京大学出版社,2002

［34］周民强.数学分析习题演练.科学出版社,2006

［35］Б·П·吉米多维奇.李荣冻译.数学分析习题集(修订版).人民教育出版社,1958

［36］Г·М·菲赫金哥尔茨.路见可,叶彦谦等译.微积分学教程.人民教育出版社,1954

［37］И·И·利亚什科等.高策理,蔡大用,王小群译.高等数学例题与习题集(一):一元微积分.清华大学出版社,2002

［38］И·И·利亚什科等.高策理,苏宁译.高等数学例题与习题集(二):多元微积分.清华大学出版社,2003

［39］Р·德苏泽,J·席尔瓦.包雪松,林应举译.伯克利数学问题集.科学出版社,2003

［40］Finney, Weir, Giordano. *Thomas' Calculus* (Tenth Edition). Pearson Education Asia Limited and Higher Education Press,2004

图书在版编目(CIP)数据

高等数学同步辅导与复习提高/金路,徐惠平编. —3 版. —上海：
复旦大学出版社,2018.7 (2024.9 重印)
ISBN 978-7-309-13655-5

Ⅰ. 高⋯　Ⅱ. ①金⋯②徐⋯　Ⅲ. 高等数学-高等学校-教学参考资料　Ⅳ.013

中国版本图书馆 CIP 数据核字(2018)第 092763 号

高等数学同步辅导与复习提高(第 3 版)
金　路　徐惠平　编
责任编辑/陆俊杰

复旦大学出版社有限公司出版发行
上海市国权路 579 号　邮编：200433
网址：fupnet@ fudanpress. com　http://www. fudanpress. com
门市零售：86-21-65102580　　团体订购：86-21-65104505
出版部电话：86-21-65642845
江苏句容市排印厂

开本 787 毫米×960 毫米　1/16　印张 42.25　字数 787 千字
2024 年 9 月第 3 版第 4 次印刷
印数 9 301—10 900

ISBN 978-7-309-13655-5/O · 657
定价：80. 00 元